新曲线 New Curves | 用心雕刻每一本……
http://site.douban.com/110283/
http://weibo.com/nccpub

U0526124

用心字里行间　雕刻名著经典

商务印书馆(成都)有限责任公司出品

第11版

实用青年心理学

——从自我探索到心理调适

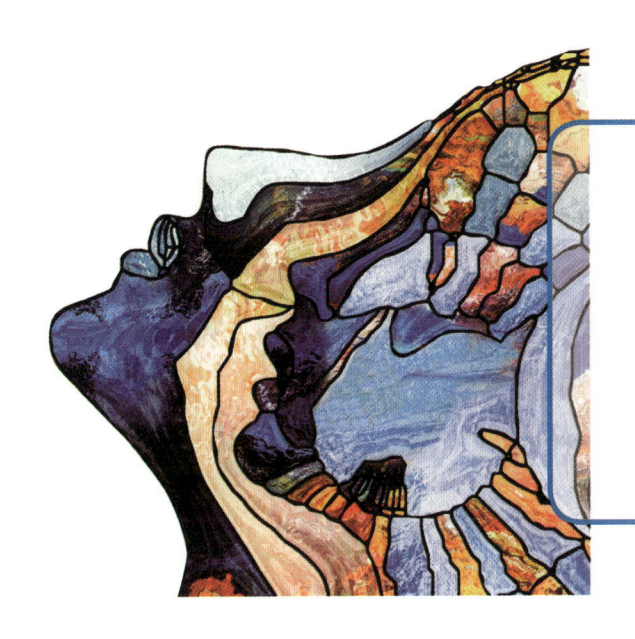

〔美〕韦恩·韦登
　　　达纳·邓恩　　　　著
　　　伊丽莎白·约斯特·哈默

杨金花　于海涛　黄雪娜　等译

金盛华　审校

商务印书馆

2024年·北京

Psychology Applied to Modern Life: Adjustment in the 21st Century, 11th Edition

Wayne Weiten   Dana S. Dunn   Elizabeth Yost Hammer

Copyright © 2015 by Cengage Learning.

Original edition published by Cengage Learning. All Rights reserved.

The Commercial Press is authorized by Cengage Learning to publish and distribute exclusively this simplified Chinese edition. This edition is authorized for sale in the People's Republic of China only (excluding Hong Kong, Macao SAR and Taiwan). Unauthorized export of this edition is a violation of the Copyright Act. No part of this publication may be reproduced or distributed by any means, or stored in a database or retrieval system, without the prior written permission of the publisher.

978-1-285-45995-0

Cengage Learning Asia Pte. Ltd.

151 Lorong Chuan, #02-08 New Tech Park, Singapore 556741

出版说明

当下，青年人越来越喜欢心理学，究其原因，除了心理学的研究成果如井喷般不断涌现、理论不断精进之外，还有两个与青年人直接相关的原因。其一是，好奇、渴望探索未知，是青年人的天性，他们想走进心理学的殿堂，尽情地探究和浏览一番；其二是，青年阶段是人一生中身心发生巨大变化且开始逐渐走向成熟的关键期，年轻人渴望借助心理学的智慧，解决他们生活和成长中遇到的一个又一个问题。

故此，在美国的大学里，有两门心理学课程开设得很普遍，也深受大学生们的欢迎。一门是 Introduction to Psychology，另一门是 Adjustment。前者是"心理学导论"课，旨在系统地向大学生介绍心理学学科知识；后者是"心理调适"课，旨在应用心理学的科学成果，帮助青年人正确认识和有效应对他们在学业、生活、求职或工作中遇到的方方面面的心理问题。与我们的"大学生心理健康"课有些类似，但比之更为丰富和深入。眼前的这本书的原版英文书名是 Psychology Applied to Modern Life: Adjustment in the 21st Century，是欧美高校"心理调适"课程的主流教材，40年不断再版，长销不衰。我们从圣智学习出版公司（CENGAGE Learning）购得中文版权后，五年多来，经过近20位专业人员的分工协作，今天，其完整版的中译本终于要与期待已久的读者见面了。

起初，我们将中文书名直译为《心理学与现代生活：21世纪的心理调适》，还颇为自得地以为，本书与我们新曲线策划编辑的那本《心理学与生活》刚好构成姊妹篇。那本书已畅销20年，发行近150万册，广大读者应该很清楚它是系统讲解妙趣横生的心理学学科知识的，重在理论。现在要出版的这本书，虽与上述之书目标读者相近，但写作目的迥然不同，本书是助力青年人解决各种心理问题的，重在实践。但是，市场测试的结果不免尴尬，普通读者乍一接触，还是不易一下子将两本书区分开来。

我们做心理学图书出版二十余载，一直有一个遗憾，挥之不去——新曲线乃至整个出版界，没能呈现一本广为青年人认同的《青年心理学》。如前所述，青年人喜欢心理学，一部分人是想系统了解心理学学科知识，而更多的人还是想借助心理学的科学成果，帮助自己和他人解决他们学习、生活、工作中遇到的各种各样的心理问题，在这个充满变革的时代，助力自己和同辈更好地成长。

众里寻它千百度，蓦然回首——那期盼已久之书不就在我们眼前吗？正如作者所言："It is about you. It is about life." 这不就是一本助力青年人解决他们关心的问题的实用之书——《实用青年心理学》吗？它虽然没有像标准学术著作那样给出青年心理学的严谨定义，界定青年心理学的研究范畴，陈述青年心理学的各种理论，但它紧紧围绕青年人生活和成长中可能遇到的问题，从当代心理学宝库中，撷取一颗颗能助力青年人解决问题的珍珠。我们诚惶诚恐，如履薄冰，雕刻再雕刻，用心再用心，只为向广大的中国青年奉献一部"真正为你而写的书"。

祝你开卷有益，在这个宝藏般的工具箱里找到能解决问题的钥匙，或认清解决问题的方向。祝福你们日新不已，与时偕行。

推荐序

感谢北京新曲线出版咨询有限公司的陆瑜、王欣宇两位女士，使得我有机会及时看到《实用青年心理学：从自我探索到心理调适》第11版。因为时间的关系，只能粗略地浏览一遍。深深感到，这是一部经过长时间实践检验的经典著作。该书的第一作者韦恩·韦登（他自己简称WW），1981年在美国伊利诺伊大学心理系获得博士学位。那个时候，我正在中科院心理所，做我的关于人的应激反应与行为的关系的研究生论文，根本没有想到，1985年这篇论文成为我进入美国伊利诺伊大学心理系攻读博士课程的砝码之一，也使我成了WW没有见过面的低班同学。更没有想到，今天我能在他这部书的中文版前面写几句话，似乎一切都在冥冥之中。实际上潜在的背景是，如今心理健康和调适已成为全人类的主要话题之一，将这一切都串连了起来。

为了写这几句话，我在两周之内快速拜读了全书。第一感觉便是，如果哪位朋友需要手边有一本实用的心理学参考书，那就是这本《实用青年心理学》。

张侃

发展中国家科学院院士（2006—）

国际心理科学联合会副主席（2008—2012）

中国心理学会理事长（2001—2009）

WW等三位教授撰写的这部《实用青年心理学》在欧美广受欢迎，四十年来不断再版（目前是第11版），成为欧美很多高校心理调适课程主流教材，受到大学生们的普遍欢迎，经久不衰。这在新教材频出、大学教材市场竞争十分激烈的欧美国家是非常罕见的事情。这本专著，既是内容科学严谨的大学教材，也是引人入胜的高级科普读本，更有符合年轻人需求、便于随时参考查阅具体问题的自助手册式的总体结构，这些特点应该是其经久不衰的三大密钥。

全书的篇章布局考虑周全，独具匠心。第一作者WW不愧是美国心理学协会颁发的卓越教学奖获得者。我的美国导师也曾因为撰写工程心理学教科书，在1986年获得这一奖项。当时全系举行招待会祝贺，欢送他去美国心理学协会年会领奖，全系老师都参加了，他的学生也都应邀参加，亲眼见证那个场面，印象深刻，可见获得这个奖是对心理学教材作者很高的认可。从《实用青年心理学》全篇看，作者不断汲取心理学研究的最新成果，按照从基础心理学原理到青年人必然要遇到的问题，再由普遍性的问题拓展到相对更特殊的问题，谋篇布局、层层递进，展示出心理学的科学原理和可以用于解决现实生活问题的具体内容和方法。每一章聚焦一个问题，综合科学内涵、基本原理、实用方法、典型案例和练习题，达到了科学性、实用性、可读性三个方面的结合。读者可以在通篇阅读之后，随时根据自己遇到的问题，查阅相对应的章节，使得这本书具有手册性的特征。凡是读过这本书的人，都能看出这是众多专业人士多年合作所达成的一项宏大的工程，不可多得。作者在为中文版写的序中还专门提及，虽然原著是由西方作者撰写的，但是收入了很多跨文化的研究成果，相信对中国的读者也一定有益，并且提醒读者注意可能由不同文化带来的差异，这是一种严谨的科学态度。实际上，他们对此不必有太多顾虑，正如两千多年前孔子所说，人都是"性相近"的，也就是人在本性上都是相似的。如今科学心理学证明，总体来说，全人类的心理都有共同的特征。因此，这部书所提供的知识、内容和方法，总体也适合我国的青年人。

改革开放以来，我国的心理学得到了很大发展，社会和政府也越来越意识到心理学的重要意义，尤其是青年人，越来越多地愿意利用心理学的原理和方法，提升自己的方方面面。可惜还一直缺少一本系统的青年心理学。新曲线的编辑经过大量调研，选中这本《实用青年心理学》，可谓独具慧眼，也恰到好处。为了将这部非常有用的心理学专著奉献给中国读者，新曲线经过多年的努力，获得了版权、组织了高水平的翻译和编辑队伍，还获得了WW等三位作者专门写给中国读者的祝福，才打造成这部高水平的中文版著作。在我所看到的中文心理学书籍中，这本《实用青年心理学》肯定是最新的精品。

人生就是一个心理调适的过程。一个人生活得如何，都是调适得好坏的结果。重视自我调适是中华民族哲学思想的优秀传统，从先秦的"吾日三省吾身""见贤思齐""诚意正心"，到明朝王阳明的"人不贵于无过，而贵于能改过"，再到孙中山推崇并发展的"知行合一"思想，无不包含自我调适的内涵。这些理念对几千年来中国人的修身养性起到了很大的作用。但是，只有现代的科学心理学才将自我调适提升到科学阶段，为其提供了大量可靠的实证研究证据，使得自我调适从抽象转为实际，从高深难以普及转为具体方便可行，从效果难以确认转为效果可以度量。这本书的英文书名为 *Psychology Applied to Modern Life: Adjustment in the 21st Century*（应用于当代生活的心理学：二十一世纪的心理调适），清楚地表明这部书主要是用心理学服务于当代人的调适。青年阶段是人自身和环境急剧变化的时期，因此青年是最需要心理调适的群体。调适得好坏将直接影响到他们自己、家庭和社会的各个方面。出版者和翻译团队为了准确传达原作的内容并使之符合中文读者的语言习惯，做了大量细致的工作，读者可以从书中以及编辑后记中看到这些努力。特别是经过反复推敲，将本书的中文版书名定为《实用青年心理学》，更是非常有见地，完全符合我国翻译先驱严复先生提出的"信达雅"的翻译标准，因为这部书实质就是实用青年心理学。

最后请允许我对每一位读者表示祝贺，您一定能从本书获得巨大的收益。毫无疑问，这本书是我国青年人必备的心理学手册，可以用作大学心理调适课程教材和青年人自学掌握心理调适方法的参考书，也可以作为所有愿意更多地了解自己和他人的读者以及心理服务工作者手边必备的参考书和工具书。

我还要对本书的翻译团队和出版团队表示由衷的敬意。正是他们全力以赴、持之以恒、精益求精的努力，才使得本书以最佳精品的状态奉献给中国读者。我肯定，这本书中文版的出版发行，一定能对青年人和广大民众的幸福生活有所贡献。

张侃

于北京海淀时雨园

2023年3月5日

审校者序

我们正处在一个前所未有的急剧变革的时代。科学技术的迅猛发展，尤其是深入每个人生活各个侧面的互联网，正深刻改变着我们的周围世界和人们的心理状态。虽然经济的大踏步增长让我们拥有了比以往任何时代都更加丰富的物质财富，互联网等现代技术也给我们带来了从未有过的生活便利，但我们并没有像预期的那样就此变得幸福快乐，反而面临着各方各面的快速变革所带来的压力和严峻挑战。例如，在沟通更加便捷的时代，人与人之间的善意却变得越来越淡漠，相互之间的信赖也变得更加难以建立和维持。在当今的社会环境中，人们正感受到越来越多的不确定性和不可预见性，各种生存和利益竞争日益激烈，人们的心灵非但没有因为物质的丰富而更加安宁，反而有更多的人处于一种精神浮躁的状态。幸福，似乎并没有因为科学技术的发展和物质的丰富而自动地离我们越来越近。

全新的生活方式带来了新的心理调适需求，这迫使人们不得不寻找应对各种生活挑战的更加有效的途径，而有效应对的开端，就是科学、系统地认识自我的心理和行为及其与所处环境的关系。心理学的飞速发展，恰好满足了人们应对挑战的需求。

心理学是一门与人们的日常生活紧密相联的学科，近年来在国内外都受到了研究者乃至全社会的高度关注，因而也成为发展最为迅速的学科之一。通过了解心理学的知识积淀和最新发现，人们可以更好地认识自己、自身行为的内外部原因及其与周围世界的关系，从而使工作变得更有效率，生活目的变得更为清晰，人生历程变得更加快乐和幸福。为此，我们翻译了美国心理学家 Wayne Weiten 等人的 *Psychology Applied to Modern Life: Adjustment in the 21st Century* 的最新版。截至 2016 年，该书已经出版到第 11 版，被美国 100 多所大学选作教材，赢得了社会各界人士的欢迎，并产生了广泛的社会影响。

本书的一大特点是结合现实来阐述心理学对生活各个侧面的独特价值，不仅从心理学视角对相关现象做了科学分析，还提供了应对各种现实问题和困扰的途径。全书引证了大量经典研究和新近研究成果，将心理科学与现实生活有机地结合到一起，在适应社会、认识自我和他人、健全人格、社会影响、人际沟通、职业发展、压力管理、身心健康、构建幸福家庭和营造积极心态等方面对人们有重要的指导意义，相信广大读者会发现开卷有益。

本书主要包括以下 16 章内容：

- **第 1 章 现代生活中的心理调适**　现代科技的发展为人们的生活带来快捷与便利的同时，也带来了焦虑和不确定感。作者分析了自助书籍及其所代表的通俗心理学诱人外表下的典型缺陷，介绍了研究行为的科学方法，提供了幸福感真正影响因素方面的研究证据。
- **第 2 章 人格理论**　人格的本质及其发展机制的主要理论视角，包括心理动力学视角、行为主义视角、人本主义视角和生物学视角，人格的现代实证研究，文化与人格的关系以及人格测量的方法。

- **第 3 章 压力及其影响** 压力无处不在，虽然它包含不同类型且因人而异，但是人们应对压力的反应却是类似的。本章的应用部分将教你使用自我控制来减轻压力。
- **第 4 章 应对策略** 如何应对压力；除了一些常见的应对方式，还关注那些健康的、具有建设性的应对方式，以及如何改善拖延的习惯、有效利用时间。
- **第 5 章 心理学与身体健康** 压力、人格与疾病的关系，不良生活方式和习惯对健康的影响，人们对疾病的反应，消遣性毒品的使用及其危害。
- **第 6 章 自我** 自我的概念及其影响因素，自尊的发展与意义，以及人类是如何认识、调节和在他人面前呈现自己的。
- **第 7 章 社会思维与社会影响** 人们在社会生活中如何思考和行动，如何认识他人和解释事件，偏见的实质及其产生的原因，人际间的说服、从众和服从。
- **第 8 章 人际沟通** 人际沟通的成分与发生过程，通过观察和学习沟通技巧增进沟通的有效性，沟通中可能存在的冲突或问题，如何培养自我坚定的沟通方式。
- **第 9 章 友谊与爱情** 亲近关系的要素，关系的建立，友谊的特征、性别差异和友谊中的冲突，爱情的性取向问题、性别差异、理论和实际进程，互联网与人际关系，如何认识和战胜孤独。
- **第 10 章 婚姻与亲密关系** 传统婚姻模式所面临的挑战，人们如何一步步走向婚姻，家庭的周期，婚姻调适的薄弱部分，离婚与再婚及其对孩子的影响，同性恋、同居和保持独身，亲密关系中的暴力问题。
- **第 11 章 性别与行为** 人们对性别的刻板印象，对性别间的相似性与差异的三种不同理论解释，性别角色随着时代的发展所发生的变化，两性的不同沟通风格，以及怎样进行跨性别沟通会更加高效。
- **第 12 章 性的发展与表达** 性别认同的关键，爱情持续的原因，性关系中的互动，人类的性反应周期和性别差异，性表达的方式，性行为的模式，避孕与性传播疾病，改善性关系的建议。
- **第 13 章 职业与工作** 职业选择中一些重要的影响因素，职业发展的模型，女性的职业问题；工作场所和劳动力的变化趋势，工作压力、性骚扰和失业；如何平衡工作和生活，如何增加找到理想工作的机会。
- **第 14 章 心理障碍** 什么是异常行为，异常行为的诊断标准和诊断系统，心理障碍的分类与患病率，焦虑障碍与强迫症、分离障碍、抑郁与双相障碍、精神分裂症、孤独症和进食障碍的症状、类型及形成原因等。
- **第 15 章 心理治疗** 心理治疗过程中的要素，包括治疗方法、来访者和治疗师；领悟疗法、行为疗法、生物医学疗法的原则、类型、效果；心理治疗目前的趋势，选择治疗师应该考虑的因素。
- **第 16 章 积极心理学** 积极心理学的定义和三条主线：积极的主观体验、积极的个人特质和积极的机构。积极心理学的问题与前景，提升幸福的实用技巧等。

各章译者分别为：第 1 章（金盛华、孙荣芳、章哲明）；第 2 章（黄雪娜）；第 3 章（王雪、封子奇）；第 4 章（王雪、封子奇）；第 5 章（董梦晨）；第 6 章（吴嵩）；第 7 章（吴嵩）；第 8 章（董梦晨、章哲明）；第 9 章（张卫青）；第 10 章（张卫青）；第 11 章（孙荣芳）；第 12 章（于海涛）；第 13 章（于海涛）；第 14 章（杨金花）；第 15 章（杨金花）；第 16 章（杨金花）。

在本书翻译的组织过程中，要特别感谢现为北京联合大学师范学院心理学系副教授的杨金花博士，她不仅参与了最多的翻译工作并高质量地完成了译稿，而且协助我完成了全书翻译的大量组织工作。此外，在本书的策划和编辑过程中，北京新曲线出版咨询有限公司的谢呈秋、朱公明、李仙杰、刘冰云、王伟平为本书的顺利出版付出了大量的辛勤劳动，在此一并表示衷心的谢忱。

在本书的翻译审校过程中，我们始终期待能够提供一本既适合用作国内相关课程教材，又适合普通读者阅读的高质量的心理学翻译著作，各位译者本着认真、严谨、求实的态度仔细翻译和反复校订，最后由我对全书进行了审校，但由于我们的学识和翻译水平有限，书中难免存在不足甚至错漏之处，恳请读者不吝赐教。

金盛华
2016 年 2 月 4 日于北京

*To two pillars of stability in this era
of turmoil—my parents*
W.W.

For Sarah
D.S.D.

*To Kristin Habashi Whitlock, one of my
favorite psychology teachers*
E.Y.H.

中文版序

——致中国青年读者

  我们的目标始终是以全面、严肃、研究导向的态度对待人类心理调适这一主题。我们认为，一本关于心理调适的参考书应该为读者提供有用的资源。我们构思和写作本书的一个着眼点是鼓励读者追寻与心理调适这一主题相关的更多信息。它应该成为自学更多内容的一个出发点。

  我们也相信各种理论的"兼容并包"，因此，本书不会强迫读者接受任何单一的理论流派。心理动力学、行为主义和人本主义学派都受到尊重，认知、生物、文化、进化等其他观点和理论取向也是如此。我们努力做到尽可能全面和与时俱进。

  最后，我们认为，有效的调适需要一个人对自己的生活负责。在整本书中，我们试图推广这样一种观点：积极的应对通常优于被动和自满。

  我们很高兴本书被翻译成中文，能够为广大师生和更多读者所用。虽然本书由西方作者撰写，但我们希望其中的绝大部分信息超越了文化，代表了人类的共同经验。事实上，我们在书中收录了许多跨文化研究，并在研究结果可能存在集体主义与个人主义的跨文化差异时谨慎地加以指出。

  得知中国的青年人喜欢心理学很是让人兴奋。在这个科技飞速进步、生活日新月异、新冠疫情和人类纷争带来诸多不确定性的新时代，掌握一些实用的心理学知识无疑大有裨益。《实用青年心理学》恰为你们的生活提供了大量切实可行的建议。我们真诚地希望中国青年读者能从中受益。

韦恩·韦登

达纳·邓恩

伊丽莎白·约斯特·哈默

2022 年 12 月 12 日

前　言

写给读者的话

　　当你满怀期待地打开这本《实用青年心理学》时，你想从中获得一些什么样的启发？你或许曾在当地的书店或购物网站的"心理学"门类下看到过很多自助书籍，并且这些自我标榜能够提供幸福秘诀的书仅需很少的钱就能买到。然而，大多数接受过心理学或心理咨询专业训练的人，对自助书籍及其所代表的通俗心理学普遍持相当消极的看法。心理学家往往认为这类书籍将复杂的问题过于简单化、陈述的知识不甚严谨且经常投机取巧。我们尝试用更成熟、基于当前科学研究的学术心理学来代替这类通俗心理学。

　　然而，让一本书在基于实证、可以作为教科书的同时又招人喜欢，着实不易。就其本质而言，这样的书必须介绍大量的新概念、新思想和新理论。若非如此，它就不会被许多大学选用。因此，我们努力在不减少学术内容的情况下，尽可能地让这本书生动、通俗、有趣、条理清晰、易于阅读且实用，偶尔还会有点儿幽默。我们的目标是在承认通俗心理学的存在并批判性地看待其贡献的同时，对"心理调适"这一主题进行全面、认真、以研究为导向的讨论。在你埋头阅读第 1 章之前，让我们先来解释一下本书的一些关键特点，以帮助你充分利用它。

- 在第 1 章，我们将直面自助书籍流行的事实。我们带领读者了解这些书籍诱人外表之下的本质，并分析它们的典型缺陷。我们的目标是鼓励读者关注实质内容而非时髦的主张，努力使人们成为这类作品更具批判性的消费者。
- 我们虽然鼓励人们对自助书籍持更为批判的态度，但并不建议摒弃所有这类书籍。相反，我们承认有些自助书籍的确能够提供有价值的洞见。出于这种考虑，我们在贯穿全书的"推荐阅读"专栏中，介绍了此类书籍中一些比较好的作品。这些推荐书籍与相邻的正文内容的主题有关，向大家展示了学术心理学与通俗心理学的交界地带。
- 我们力图使读者更好地认识到用实证方法来理解行为的优点。本书的第 1 章将阐明实证研究的重要性；关于心理调适的书籍很少阐释实证研究的作用，而我们则郑重地把它放在了第 1 章。
- 我们认识到，读者希望从这本书中获得具体的、对个人有用的知识，所以每章结尾都有一个应用部分。这个部分将讨论"如何"解决人们遇到的日常心理问题，虽然其聚焦的议题与各章的具体内容相关，但提供的建议则要比正文本身更为明确。

　　总之，我们力图使本书兼具挑战性和实用性。我们希望我们的方法能够帮助读者更好地认识科学心理学的价值和应用。

本书秉持的理念

对心理调适这一主题的任何系统性表述都蕴含了某种哲学理念。我们的理念可总结如下：

- 我们认为，严谨实用的自我调适书籍应该同时成为读者的资源手册，成为进一步学习的起点。因此，在设计和编排本书时，我们试图使其能够鼓励和方便读者查找更多与心理调适相关的信息。
- 我们信奉理论折衷主义。本书不会向读者灌输任何单一学派的观点或理论取向。传统的心理动力学、行为主义和人本主义学派的思想都会受到尊重，当代前沿的认知、生物学、文化、进化和其他理论视角亦是如此。
- 我们相信，有效的心理调适需要人们掌控自己的生活。在整本书中，我们试图推广这样一种理念，即积极的应对努力通常优于被动和自以为是。

写作风格

本书主要是为大学生、教师和广大青年读者而写。我们努力将本学科的专业术语整合到相对通俗和"接地气"的写作风格中。我们广泛使用具体的例子来阐明复杂的概念，并帮助保持读者的兴趣。虽然目前有三位作者，但本书最初的作者韦恩·韦登对全部16章均进行了最后的改写，以确保文体风格的一致性。

特色模块

本书包含很多旨在激发读者兴趣、提高学习效果的特色元素，包括每章开篇的自我探索练习，前面提到的"应用"和"推荐阅读"，以及"练习题"、插图和漫画等。

自我探索练习

本书的每一章都附有一个自我评估和一个自我反思练习。这些练习与每章的内容有关，有趣且发人深省，旨在帮助你加深对自己的了解。自我评估练习由心理测验或量表组成，你可以自测并为自己评分，然后看看自己在正文中讨论的多种特质上各得了多少分。自我反思练习包含一些问题，旨在帮助你思考个人生活中与正文讨论的概念和观点相关的问题。这些练习可以作为易于使用的家庭作业，有些还可以用来在课堂上激发热烈的讨论。我们鼓励你在读完相关章节的内容后，重新思索一下这些练习。

应 用

大多数读者可能会对章末的应用部分特别感兴趣。它们与章节内容紧密相关，具体展示了理论和研究的实际应用。虽然这部分涉及的一些材料也经常出现在其他关于心理调适的文章和书籍中，但其中大部分是独一无二的。下面是应用部分的一些主题：

- 了解亲密伴侣暴力
- 提高学业成绩
- 理解进食障碍
- 在求职中取得先机
- 树立自尊
- 改善性关系
- 提升你的幸福感

推荐阅读

这一专栏的主要目的是介绍一些当前较好的自助书籍。为此，我们从几百种自助书籍中选出了可能最为有用的一部分。有些推荐的书籍非常有名，另一些则不太有名。各章的推荐阅读专栏被放置在与其相关的正文附近。虽然我们并不认同这些推荐书籍中的所有观点，但我们认为每一本书都有一些可取之处。

练习题

每章结束前都有一个 10 道题目的练习题，能够非常实际地评估你对该章内容的掌握程度。测验采用了选择题的形式，是很有价值的练习。如果你是一名学生，这些题目可能会帮助你通过测验和考试。如果你是一名教师，有研究表明（Weiten, Guadagno, & Beck, 1996），学生很少关注一些标准的教学材料。他们对教学法很务实，反复说的一句话就是："我们想要能帮助我们通过下次测验的学习辅助材料。"考虑到这一要求，我们加入了练习题部分。

插　图

新版不仅重绘了很多图表，而且添加了很多新的图表。虽然图表是为了让书更有吸引力，并帮助保持读者的兴趣，但本书的图表可不仅仅是装饰性的。这些图表经过了仔细筛选和精心制作，对文本内容进行了更为直观形象和专业化的描述和总结。

漫　画

来点儿幽默通常有助于保持读者的兴趣，所以我们在书中穿插了许多漫画。与图表的作用一样，这些漫画中的大多数都可以强化文本中的观点。

辅助性元素

掌握本书的内容需要理解和消化吸收大量的信息。为了使这一学习过程更为便利，我们在书中设计了大量的辅助性元素。

- 每章开头的目录提供了本章内容的预览和概述。可以将其想象为一张路线图，请记住，知道自己要去什么地方能让你更容易到达目的地。

- 大量使用的标题使材料得到很好的组织。
- 为了帮助读者注意关键的知识点，每章的一级标题下都设置了学习目标。
- 关键术语用黑体字表示，以表明它们是重要词汇，是心理学专业术语的一部分。当这些术语在正文中首次出现时，我们对其进行了定义。
- 在正文中根据需要使用了大量的楷体字，以强调重点。
- 每章的末尾都有一个本章回顾，包括对本章核心内容的简要而全面的总结，以及本章介绍过的关键术语列表。阅读这些回顾材料有助于确保你消化了本章的关键内容。

结束语

我们由衷地希望你能喜欢这本书。如果你有任何有助于我们改进下一版本的评价或建议，请写信给圣智学习出版公司（Cengage Learning, 20 Davis Drive, Belmont, CA 94002），他们会转交给我们。最后，让我们祝你好运。我们希望你享受你的阅读，并学有所获。

韦恩·韦登

达纳·邓恩

伊丽莎白·约斯特·哈默

致 谢

撰写本书是一项巨大的工程，我们想对影响其进程的很多人表达我们的感激之情。首先，我们要感谢修读心理调适这门课程的学生们所做的贡献。他们一直在激励着我们，虽然这像是老生常谈，但他们的确激励了我们。

我们还要对各种辅助书籍和材料的作者们所投入的时间和精力表示感谢，他们是：Vinny Hevern（Le Moyne College），Bill Addison（Eastern Illinois University），Britain Scott（University of St. Thomas），Susan Koger（Willamette University），Jeffry Ricker（Scottsdale Community College），David Matsumoto（San Francisco State University），Lenore Frigo（Shasta College），Elizabeth Garner（Tallahassee Community College）和 Joan Thomas-Spiegel（Los Angeles Harbor College）。尽管日程很紧，但他们都做出了值得称赞的工作。

一本专业书的质量在很大程度上取决于出版之前由全国各地的心理学教授所做的书稿评审的质量。后面列出的评审人对本书的改进有重要贡献，他们对本版或之前版本书稿的各个部分都提出过许多建设性的意见。我们对他们所有人表示感谢。

我们还想对本版的产品经理蒂姆·马特雷表示感谢。他在克莱尔·维杜恩、艾琳·墨菲、伊迪丝·比尔得·布雷迪、米歇尔·索迪和乔恩–戴维·黑格等人的基础上做了出色的工作，一并对他们表示感谢。我们向在文字编辑和索引方面做了杰出工作的杰姬·埃斯特拉达、在产品编辑方面表现出色的琼·凯斯以及在装帧设计上展现出新风格的莉斯·哈拉森朱克也一并表示感谢。对本版做出重要贡献的人还包括：詹尼弗·里斯登（内容项目经理），特瑞纳·麦克马纳斯（内容开发），佩奇·利兹（内容协调），詹尼弗·利万达斯基（营销经理），妮可·理查兹（产品助理），贾丝明·托卡良（媒体开发）和弗农·伯斯（美术指导）。

此外，韦恩·韦登想谢谢他的妻子贝丝·特雷勒和儿子 T.J.，尽管妻子的医学职业非常忙碌，但一直为他提供稳定的情感支持，儿子则为父亲的生活增添了很多欢乐。达纳·邓恩要感谢他的妻子萨拉，以及孩子杰克和汉娜在其写作期间所给予的一贯支持。达纳还要感谢韦恩和伊丽莎白的友情，不论是作为共同作者还是朋友。他还要对在本版书稿筹备过程中提供卓越支持的圣智团队表达感谢。伊丽莎白·约斯特·哈默想要感谢她工作和娱乐上的伙伴埃利奥特·哈默，要感谢埃利奥特的事情太多了，难以在此一一列举。她特别要感谢马里昂·阿莱霍斯、乔妮·班克斯、特里卡·凯托、杰里卡·加纳、尚蒂·哈伯德和拉桑蒂·斯科特，感谢他们在研究方面的杰出协助。最后，她也要感谢奥利维娅·克拉姆给予她的宝贵支持。

韦恩·韦登

达纳·邓恩

伊丽莎白·约斯特·哈默

评论者和审稿者

David Ackerman
Rhodes College

David W. Alfano
Community College of Rhode Island

Gregg Amore
DeSales University

Jeff Banks
Pepperdine University

David Baskind
Delta College

Marsha K. Beauchamp
Mt. San Antonio College

Robert Biswas-Diener
Portland State University (USA) / Centre for Applied Positive Psychology

John R. Blakemore
Monterey Peninsula College

Barbara A. Boccaccio
Tunxis Community College

Paul Bowers
Grayson County College

Amara Brook
Santa Clara University

Tamara L. Brown
University of Kentucky

George Bryant
East Texas State University

James F. Calhoun
University of Georgia

Robert Cameron
Fairmont State College

David Campbell
Humboldt State University

Bernardo J. Carducci
Indiana University, Southeast

Richard Cavasina
California University of Pennsylvania

M. K. Clampit
Bentley College

Meg Clark
California State Polytechnic University–Pomona

Stephen S. Coccia
Orange County Community College

William C. Compton
Middle Tennessee State University

Dennis Coon
Santa Barbara City College

Katherine A. Couch
Eastern Oklahoma State College

Tori Crews
American River College

Salvatore Cullari
Lebenon Valley College

Kenneth S. Davidson
Wayne State University

Lugenia Dixon
Bainbridge College

Jean Egan
Asnuntuck Community College

Pamela Elizabeth
University of Rhode Island

Ron Evans
Washburn University

Belinda Evans-Ebio
Wayne County Community College

Richard Furhere
University of Wisconsin–Eau Claire

R. Kirkland Gable
California Lutheran University

Laura Gaudet
Chadron State College

Lee Gills
Georgia College

Chris Goode
Georgia State University

Lawrence Grebstein
University of Rhode Island

Bryan Gros
Louisiana State University

Kristi Hagen
Chippewa Valley Technical College

David Hamilton
Canadore College

Kyle Max Hancock
Utah State University

Barbara Hansen Lemme
College of DuPage

Jerry Harazmus
Western Technical College

Robert Helm
Oklahoma State University

Barbara Herman
Gainesville College

Jeanne L. Higbee
University of Minnesota

Robert Higgins
Central Missouri State University

Clara E. Hill
University of Maryland

Michael Hirt
Kent State University

Fred J. Hitti
Monroe Community College

William M. Hooper
Clayton College and State University

Joseph Horvat
Weber State University

Kathy Howard
Harding University

Teresa A. Hutchens
University of Tennessee–Knoxville

Howard Ingle
Salt Lake Community College

Brian Jensen
Columbia College

评论者和审稿者

Jerry Jensen
Minneapolis Community & Technical College
Walter Jones
College of DuPage
Wayne Joose
Calvin College
Bradley Karlin
Texas A&M University
Margaret Karolyi
University of Akron
Lambros Karris
Husson College
Martha Kuehn
Central Lakes College
Susan Kupisch
Austin Peay State University
Robert Lawyer
Delgado Community College
Jimi Leopold
Tarleton State University
Harold List
Massachusetts Bay Community College
Corliss A. Littlefield
Morgan Community College
Louis A. Martone
Miami Dade Community College
Richard Maslow
San Joaquin Delta College
Sherri McCarthy
Northern Arizona Community College
William T. McReynolds
University of Tampa
Fred Medway
University of South Carolina–Columbia
Fredrick Meeker
California State Polytechnic University–Pomona
Mitchell Metzger
Pennsylvania State University–Shenago Campus

John Moritsugu
Pacific Lutheran University
Jeanne O'Kon
Tallahassee Community College
Gary Oliver
College of DuPage
William Penrod
Middle Tennessee State University
Joseph Philbrick
California State Polytechnic University–Pomona
Barbara M. Powell
Eastern Illinois University
James Prochaska
University of Rhode Island
Megan Benoit Ratcliff
University of Georgia
Bob Riesenberg
Whatcom Community College
Katherine Elaine Royal
Middle Tennessee State University
Joan Royce
Riverside Community College
Joan Rykiel
Ocean County College
John Sample
Slippery Rock University
Thomas K. Savill
Metropolitan State College of Denver
Patricia Sawyer
Middlesex Community College
Carol Schachat
De Anza College
John Schell
Kent State University
Norman R. Schultz
Clemson University
Dale Simmons
Oregon State University
Gail Simpson
Wayne County Community College
Sangeeta Singg
Angelo State University

Valerie Smead
Western Illinois University
Krishna Stilianos
Oakland Community College
Dolores K. Sutter
Tarrant County College–Northeast
Karl Swain
Community College of Southern Nevada
Diane Teske
Penn State Harrisburg
Kenneth L. Thompson
Central Missouri State University
Joanne Viney
University of Illinois Urbana/Champaign
Davis L. Watson
University of Hawaii
Deborah S. Weber
University of Akron
Clair Wiederholt
Madison Area Technical College
J. Oscar Williams
Diablo Valley College
David Wimer
Pennsylvania State University, University Park
Raymond Wolf
Moraine Park Technical College
Raymond Wolfe
State University of New York at Geneseo
Michael Wolff
Southwestern Oklahoma State University
Madeline E. Wright
Houston Community College
Norbet Yager
Henry Ford Community College

简要目录

1 现代生活中的心理调适　1
2 人格理论　37
3 压力及其影响　80
4 应对策略　119
5 心理学与身体健康　155
6 自　我　199
7 社会思维与社会影响　238
8 人际沟通　276
9 友谊与爱情　314
10 婚姻与亲密关系　348
11 性别与行为　383
12 性的发展与表达　421
13 职业与工作　463
14 心理障碍　505
15 心理治疗　545
16 积极心理学　584
　术语表　618
　参考文献　626
　编辑后记　627

详细目录

第 1 章　现代生活中的心理调适

自我评估：自恋人格量表　1
自我反思：你的学习习惯是怎样的？　3
进步的悖论　5
寻找方向感　7
　　自助书籍　9
　　本书的方法　12
调适心理学　13
　　什么是心理学　13
　　什么是调适　14
研究行为的科学方法　14
　　坚持实证主义　14
　　科学方法的优势　15
　　实验研究：探寻因果　15
　　相关研究：寻找关联　17
幸福的根源：实证分析　21
　　什么是不太重要的　22
　　什么是比较重要的　23
　　什么是非常重要的　24
　　总　结　25
应用：提高学业成绩　27
　　培养良好的学习习惯　27
　　提高阅读能力　29
　　从课堂中学到更多知识　29
　　应用记忆规律　31
本章回顾　34
练习题　35

第 2 章　人格理论

自我评估：感觉寻求量表　37
自我反思：你是谁？　39
人格的本质　41
  什么是人格　41
  什么是人格特质　41
  人格五因素模型　42
心理动力学视角　44
  弗洛伊德的精神分析理论　44
  荣格的分析心理学　50
  阿德勒的个体心理学　51
  对心理动力学视角的评价　52
行为主义视角　53
  巴甫洛夫的经典条件作用　53
  斯金纳的操作性条件作用　56
  班杜拉的社会认知理论　58
  对行为主义视角的评价　59
人本主义视角　60
  罗杰斯以人为中心的理论　60
  马斯洛的自我实现理论　62
  对人本主义视角的评价　64
生物学视角　64
  艾森克的理论　65
  近期的行为遗传学研究　65
  人格的神经科学　66
  人格的演化取向　67
  对生物学视角的评价　68
人格的当代实证取向　68
  感觉寻求：快节奏的生活　69
  对自恋的再度关注　69
  恐惧管理理论　70
文化与人格　72
应用：评估你的人格　73
  心理测量中的关键概念　74
  自陈量表　75
  投射测验　76
本章回顾　78
练习题　79

第3章 压力及其影响

自我评估：生活经历调查表 80
自我反思：压力——你是怎样控制它的？ 83

压力的本质 85
压力无处不在 85
压力具有主观性 86
压力可能存在于环境之中 87
压力受文化影响 88

压力的主要来源 89
挫 折 90
内在冲突 90
生活变迁 91
表现和服从的压力 93

对压力的反应 94
情绪反应 94
生理反应 98
行为反应 101

压力的潜在影响 102
任务表现受损 102
认知功能受干扰 103
倦 怠 103
心理问题与心理障碍 104
躯体疾病 106
积极的影响 106

影响压力耐受性的因素 107
社会支持 107
坚 毅 109
乐 观 109

应用：通过自我控制减轻压力 110
确定目标行为 111
收集基线数据 111
设计计划 112
执行并评估计划 114
结束计划 115

本章回顾 116
练习题 117

第 4 章　应对策略

自我评估：巴恩斯 – 武尔卡诺理性测验　119
自我反思：分析应对策略　121

应对的概念　123
价值有限的常见应对模式　124
　　放　弃　125
　　攻击性行为　125
　　自我放纵　127
　　自　责　129
　　防御性应对　129
建设性应对的本质　131
评价聚焦的建设性应对　133
　　埃利斯的理性思维理论　133
　　以幽默缓解压力　135
　　积极的再解释　136
问题聚焦的建设性应对　137
　　使用系统的问题解决方法　137
　　寻求帮助　139
　　改善时间管理　139
情绪聚焦的建设性应对　140
　　提高情绪智力　140
　　表达情绪　141
　　管理敌意和宽恕他人　142
　　运　动　143
　　使用冥想和放松法　143
　　精神修行　145
应用：更有效地利用时间　146
　　浪费时间的原因　146
　　拖延症问题　148
　　时间管理技巧　149
本章回顾　152
练习题　153

第 5 章　心理学与身体健康

自我评估：多维度健康控制点量表　155
自我反思：你的健康习惯可以打多少分？　157

压力、人格与疾病　160
- 人格、情绪与心脏病　160
- 压力与癌症　164
- 压力与其他疾病　165
- 压力与免疫功能　166
- 结　论　166

习惯、生活方式与健康　167
- 吸　烟　169
- 饮　酒　171
- 过量进食　174
- 营养不良　177
- 缺乏运动　180
- 行为与艾滋病　182

对疾病的反应　185
- 求医决策　185
- 病人角色　186
- 与卫生保健提供者沟通　186
- 遵医嘱　187

应用：了解毒品的作用　188
- 与毒品有关的概念　188
- 麻醉剂　190
- 镇静剂　191
- 兴奋剂　191
- 致幻剂　192
- 大　麻　193
- 摇头丸（MDMA）　194

本章回顾　196
练习题　197

第6章 自我

自我评估：自我监控量表　199
自我反思：你的自我概念与自我理想相比如何？　201

自我概念　203
自我概念的本质　203
自我差异　205
塑造自我概念的因素　207

自 尊　211
自尊的重要性　213
自尊的发展　215
种族、性别与自尊　216

自我知觉的特征和基本原理　217
认知过程　217
自我归因　218
解释风格　219
引导自我理解的动机　221
自我抬升的方法　223

自我调节　226
自我效能感　227
自我挫败行为　228

自我呈现　229
印象管理　230
自我监控　232

应用：建立自尊　233
本章回顾　236
练习题　237

第 7 章　社会思维与社会影响

自我评估：争论倾向量表　238
自我反思：你能识别出你带有偏见的刻板印象吗？　239

形成对他人的印象　241
　　信息的主要来源　241
　　快速判断与系统判断　242
　　归　因　243
　　知觉者期望　244
　　认知歪曲　246
　　人知觉的关键主题　251

偏见问题　252
　　传统歧视与现代歧视　253
　　偏见的原因　254
　　减少偏见　258

说服的力量　259
　　说服过程的要素　260
　　说服的原因　262

社会压力的力量　264
　　从众和依从压力　264
　　权威人物的压力　267

应用：看穿依从战术　269
　　一致性原则　270
　　互惠性原则　271
　　稀缺性原则　272

本章回顾　274
练习题　275

第8章 人际沟通

自我评估：开启他人心扉量表　276
自我反思：你对自我表露有何看法？　277

人际沟通的过程　279
沟通过程的组成部分和特征　279
科技与人际沟通　281
社交网站：隐私与安全问题　282
沟通与调适　283

非言语沟通　284
基本原则　284
非言语沟通的组成要素　285
识别欺骗　292
非言语沟通的重要性　294

迈向更有效的沟通　295
交谈技巧　295
自我表露　296
有效倾听　299

沟通中的问题　300
沟通恐惧　300
有效沟通的障碍　301

人际冲突　302
关于冲突的信念　303
冲突管理风格　304
建设性地处理冲突　305

应用：培养自我坚定型的沟通方式　306
自我坚定的性质　307
自我坚定训练的步骤　308

本章回顾　312
练习题　313

第9章　友谊与爱情

自我评估：社交回避及苦恼量表　314
自我反思：你是如何与朋友相处的？　315

亲近关系的要素　317

关系的发展　318
　　初次相遇　318
　　变得熟悉　323
　　已建立的关系　324

友　谊　327
　　怎样才是好朋友　327
　　性别和性取向问题　327
　　友谊中的冲突　328

浪漫爱情　328
　　性取向与爱情　329
　　性别差异　329
　　爱情理论　330
　　浪漫爱情的进程　334

互联网与人际关系　337
　　在网上发展亲近关系　338
　　建立网上亲密关系　339
　　超越网上关系　339

应用：克服孤独　340
　　孤独的本质及其普遍性　340
　　孤独的根源　341
　　与孤独相关的因素　342
　　战胜孤独　343

本章回顾　346
练习题　347

第10章 婚姻与亲密关系

自我评估：激情之爱量表　348
自我反思：想一想你对婚姻和同居的态度　349

传统婚姻模式面临的挑战　351

决定结婚　353
　　文化对婚姻的影响　354
　　选择配偶　355
　　成功婚姻的预测因素　356

贯穿家庭生命周期的婚姻调适　358
　　家庭之间：未婚的年轻人　358
　　结合：新婚夫妻　359
　　有年幼孩子的家庭　360
　　有青春期孩子的家庭　361
　　孩子进入成人世界　361
　　晚年生活中的家庭　362

婚姻调适中的薄弱部分　362
　　角色期望的差距　362
　　工作和职业的问题　363
　　财务困难　365
　　缺乏沟通　365

离婚及其后果　366
　　离婚率　367
　　决定离婚　368
　　离婚调适　368
　　离婚对孩子的影响　369
　　再婚和再婚家庭　370

非传统类型关系的生活方式　371
　　同性恋关系　371
　　同　居　373
　　保持单身　374

应用：理解亲密伴侣暴力　375
　　伴侣虐待　376
　　约会强奸　377

本章回顾　380
练习题　381

第 11 章　性别与行为

　　　　　　　自我评估：个人特征问卷　383
　　　　　　　自我反思：你对性别角色有何感受？　385
　　　性别刻板印象　387
　　　性别的相似性与差异性　389
　　　　　　认知能力　389
　　　　　　人格特质与社会行为　391
　　　　　　心理障碍　393
　　　　　　正确看待性别差异　394
　　　性别差异的生物学起源　395
　　　　　　演化学解释　395
　　　　　　大脑半球的功能和连接　396
　　　　　　激素影响　397
　　　性别差异的环境起源　397
　　　　　　性别角色社会化的过程　398
　　　　　　性别角色社会化的来源　399
　　　性别角色期望　403
　　　　　　对男性的角色期望　403
　　　　　　男性角色的问题　404
　　　　　　对女性角色的期望　406
　　　　　　女性角色的问题　406
　　　　　　性别歧视：女性所面临的特殊问题　408
　　　过去与未来的性别　410
　　　　　　性别角色正在变化的原因　410
　　　　　　传统性别角色的替代选择　411
　　　应用：理解不同性别之间的沟通　413
　　　　　　工具性与表达性沟通风格　414
　　　　　　非言语沟通　414
　　　　　　说话风格　415
　　　本章回顾　418
　　　练习题　419

第12章　性的发展与表达

　　自我评估：性量表　421
　　自我反思：你对性的态度是如何形成的？　423
成为一名"性"个体　425
　　性同一性的关键方面　425
　　生理的影响　426
　　心理社会的影响　428
　　性社会化的性别差异　431
　　性取向　432
性关系中的互动　436
　　性行为的动机　436
　　性沟通　436
人类的性反应　437
　　性反应周期　438
　　性高潮模式的性别差异　439
性表达　440
　　性幻想　441
　　亲吻和爱抚　441
　　自我刺激　442
性行为的模式　443
　　承诺关系之外的性行为　444
　　承诺关系中的性行为　444
　　承诺关系中的不忠行为　446
性活动中的实际问题　447
　　避　孕　447
　　性传播疾病　450
应用：改善性关系　454
　　一般性建议　454
　　理解性功能失调　455
　　应对具体问题　457
本章回顾　460
练习题　461

© michaeljung/Shutterstock.com

第 13 章 职业与工作

自我评估：求职自信问卷　463
自我反思：你对自己感兴趣的职业了解多少？　465

选择职业　468
考察个人特征和家庭对职业选择的影响　468
研究工作的特性　470
在职业选择中使用心理测验　471
把重要因素考虑在内　472

职业选择与发展模型　473
霍兰德的个人-环境匹配模型　473
休珀的发展模型　475
女性的职业发展　477

变化中的职场　478
职场趋势　478
教育与收入　480
劳动力的变迁　481

应对职业危害　485
工作压力　485
性骚扰　488
失　业　490

平衡工作与生活的其他领域　492
工作狂　492
工作与家庭角色　493
休闲与娱乐　495

应用：在求职游戏中取得先机　496
制作简历　497
寻找你想为之工作的公司　499
获得面试机会　500
打磨你的面试技巧　500

本章回顾　502
练习题　503

第 14 章　心理障碍

自我评估：显性焦虑量表　505

自我反思：你对精神疾病的态度是怎样的？　507

异常行为：一般概念　509
　　适用于异常行为的医学模型　509
　　异常行为的标准　511
　　心理诊断：障碍的分类　512
　　心理障碍的患病率　513

焦虑障碍和强迫症　514
　　广泛性焦虑障碍　514
　　恐惧性障碍　515
　　惊恐障碍与广场恐怖症　515
　　强迫症　516
　　病　因　516

分离障碍　519
　　分离性遗忘症　519
　　分离性身份障碍　519
　　病　因　520

抑郁和双相障碍　521
　　抑郁症　522
　　双相障碍　523
　　心境功能失调与自杀　524
　　病　因　525

精神分裂症　529
　　症　状　529
　　病程和结果　531
　　病　因　532

孤独症谱系障碍　535
　　症状和患病率　536
　　病　因　536

应用：理解进食障碍　537
　　进食障碍的类型　537
　　历史和患病率　539
　　病　因　540

本章回顾　542

练习题　543

第15章 心理治疗

自我评估：对寻求专业心理帮助的态度　545
自我反思：你对心理治疗有什么看法？　547

治疗过程的要素　549
治疗：有多少种类型？　549
来访者：谁在寻求治疗？　550
治疗师：谁在提供专业治疗？　551

领悟疗法　553
精神分析　553
来访者中心疗法　556
受积极心理学激发的疗法　558
团体治疗　559
夫妻治疗和家庭治疗　560
评估领悟疗法　561
治疗与关于恢复记忆的争论　562

行为疗法　563
系统脱敏　564
厌恶疗法　565
社交技能训练　565
认知行为疗法　566
评价行为疗法　567

生物医学疗法　568
药物疗法　568
电休克疗法（ECT）　573

治疗的当前趋势　574
混合疗法　574
提高治疗中对多元文化的敏感性　575
利用技术扩大临床服务的提供范围　576

应用：寻找治疗师　577
在哪里可以找到治疗服务？　578
治疗师的专业或性别重要吗？　578
治疗总是很昂贵吗？　579
治疗师的理论取向重要吗？　579
治疗是什么样的？　580

本章回顾　582
练习题　583

第16章 积极心理学

自我评估：你的幸福概貌是什么样的？ 584
自我反思：想一想你如何理解幸福 585

积极心理学的范畴 587
积极心理学的定义及其简史 587
用积极心理学的视角重新审视过去的研究 589
介绍积极心理学探究的三条主线 590

积极的主观体验 590
积极心境 591
积极情绪 594
心　流 596
正　念 599
品味：刻意让快乐持久 601

积极的个人特质 602
希望：实现未来的目标 602
心理韧性：对生活的挑战做出良好的反应 603
坚毅：付出长期的努力 605
感恩：心怀感激的力量 606
精神性：寻求更深层的意义 606

积极的机构 608
积极的工作场所 608
积极的学校 609
有美德的机构 610

积极心理学：问题与前景 610
问　题 610
前　景 611

应用：提升你的幸福感 611
每天数一数你的幸运之事，并坚持一周 612
写一封感恩信并寄出去 612
分享一个故事来展现你最好的一面 613
与他人分享好消息并进行资本化 614
亲社会消费让你快乐 614

本章回顾 616
练习题 617

术语表　618

参考文献　626

编辑后记　627

第1章 现代生活中的心理调适

自我评估：自恋人格量表（Narcissistic Personality Inventory）*

指导语

阅读下面的每一对陈述。请在最能描述你对自身的感受和看法的陈述前划"√"。你可能会觉得两个陈述都不能很好地描述你，那就选最接近的那个。请完成所有的题目。

量 表

1. ___ A. 当人们称赞我时，我有时会觉得尴尬。
   ___ B. 我知道自己很好，因为每个人都这样对我说。
2. ___ A. 我喜欢混在人群中。
   ___ B. 我喜欢成为人们注意的焦点。
3. ___ A. 我并不比大多数人更好或更坏。
   ___ B. 我认为自己是个特别的人。
4. ___ A. 我喜欢对他人有权力。
   ___ B. 我不介意遵从命令。
5. ___ A. 我发现操纵他人很容易。
   ___ B. 我不喜欢操纵他人。
6. ___ A. 我坚持要得到自己应有的尊重。
   ___ B. 我常常会得到自己应有的尊重。
7. ___ A. 我尽量不炫耀。
   ___ B. 我常常一有机会就炫耀。
8. ___ A. 我总是知道自己在做什么。
   ___ B. 有时我不确定自己在做什么。
9. ___ A. 有时我会讲一些好故事。
   ___ B. 所有人都喜欢听我的故事。
10. ___ A. 我期望从他人身上得到许多东西。
    ___ B. 我喜欢为他人做事。
11. ___ A. 我真的喜欢成为人们注意的焦点。
    ___ B. 成为人们注意的焦点会让我感到不舒服。
12. ___ A. 成为权威对我来说不那么重要。
    ___ B. 人们似乎总是认可我的权威。
13. ___ A. 我将成为一个伟大的人。
    ___ B. 我希望自己成功。
14. ___ A. 人们有时相信我告诉他们的话。
    ___ B. 我可以让任何人相信我想让他们相信的任何事情。
15. ___ A. 我比他人更有能力。
    ___ B. 我能从他人身上学到很多东西。
16. ___ A. 我与其他人很像。
    ___ B. 我是个与众不同的人。

---

* 本书每章前的测验为英文测验的翻译版，未经本土化修订，所测分数仅供个人参考。——译者注

计分方法

计分标准如下所示。如果你的回答跟下面的一致的话，就将它圈起来。数一数你圈出来多少个回答。这一数字便是你在自恋人格量表上的得分。请在下面的横线上填写你的得分。

1. B   2. B   3. B   4. A
5. A   6. A   7. B   8. A
9. B   10. A   11. A   12. B
13. A   14. B   15. A   16. B

我的得分：_____

测量的内容

自恋是一种人格特质，其特征是夸大的重要感、对关注和赞赏的需求、特权感以及剥削他人的倾向。那些自恋得分高的人往往会表现出优越感，不过，他们的自尊实际上相当脆弱，并且总是需要确证（Rhodewalt & Morf, 2005）。这种不安全感会使他们对他人的赞赏产生一种无法满足的需求，而这会导致浮夸的自我展示（Rhodewalt & Peterson, 2009）。鲍迈斯特和沃斯（Baumeister & Vohs, 2001）将自恋者对认可和赞赏的渴望比作成瘾。特韦奇和坎贝尔（Twenge & Campbell, 2009）则强调自恋者的特权感——期望一切都围着他们转，并认为自己应该得到特别的喜爱和待遇。

自恋人格量表（NPI）由罗伯特·拉斯金及其同事（Raskin & Hall, 1979, 1981; Raskin & Terry, 1988）编制，用来在一个连续谱上评估正常的自恋程度。本量表在1988年由最初的54道题减至40道题。你在此作答的16道题的版本是由埃姆斯、罗斯和安德森（Ames, Rose, & Anderson, 2006）编制和检验的。大量证据表明，NPI的各个版本均能准确测量自恋水平。

分数解读

我们的常模基于埃姆斯、罗斯和安德森所报告的5项研究的数据。高分和低分为高于和低于平均值约0.75个标准差（标准差是一个衡量测量结果有多大差异的指标）。大体上来讲，这意味着，在自恋这个特质上，高分者排在前25%，中等分数者排在中间50%，低分者排在后25%。NPI-16量表存在一些微弱的性别差异，所以我们分开报告了男性和女性的常模。

常模

	男性	女性
高分：	9~16	7~16
中等分数：	4~8	3~6
低分：	0~3	0~2

资料来源：Ames, D. R., Rose, P., & Anderson, C. P. (2006). The NPI-16 as a short measure of narcissism. *Journal of Research in Personality, 40*(4), 440–450. Appendix A. Reprinted with permission from Elsevier.

自我反思：你的学习习惯是怎样的？

你通常按时完成课堂作业吗？	是	否
你通常找时间为考试做充分的准备吗？	是	否
你经常把作业拖到最后一刻才写吗？	是	否

你通常在什么时候学习（早上、晚上、周末等）？

你会制订并遵守学习计划吗？	是	否
你的学习时间是否安排在你精力充沛的时候？	是	否
学习时，你是否留出短暂的休息时间？	是	否

你一般在哪里学习（图书馆、厨房或卧室等）？

你是否有专门用于学习的地方？	是	否

在你学习的区域存在哪些听觉、视觉和社交上的干扰？

你能做出什么改变来减少你学习区域的干扰？

资料来源：© Cengage Learning

第1章

现代生活中的心理调适

进步的悖论
寻找方向感
　自助书籍
　本书的方法
调适心理学
　什么是心理学
　什么是调适
研究行为的科学方法
　坚持实证主义
　科学方法的优势
　实验研究：探寻因果
　相关研究：寻找关联
幸福的根源：实证分析
　什么是不太重要的
　什么是比较重要的
　什么是非常重要的
　总结
应用：提高学业成绩
　培养良好的学习习惯
　提高阅读能力
　从课堂中学到更多知识
　应用记忆规律
本章回顾
练习题

巨大的波音747缓慢地滑入停机坪，等待着乘客登机。急切的乘客们加快了他们的步伐。在几百米外的高塔中，地勤人员兢兢业业地监控着雷达屏幕、无线电广播和天气信息。机场候机楼的接待处，工作人员通过电脑终端核对机票信息，快速地让客流通过。安装在墙上的大屏幕每分钟都在更新着航班到达、起飞和延误的情况。而在飞机的驾驶舱中，机组人员冷静地检查着复杂的仪表盘和指示灯，评估飞机的起飞准备情况。几分钟后，飞机就将飞入芝加哥上空乌云密布、大雪纷飞的天空。再过三个多小时，机上的乘客将远离芝加哥刺骨的寒冬，享受到巴哈马温暖的沙滩。科技的又一个日常胜利即将诞生。

进步的悖论

学习目标

- 描述三个进步悖论的例子
- 解释进步悖论的含义，并描述理论家们如何解释该问题

我们是科技之子。我们对在几小时内将300人运送到2 400多公里之外这样的惊人壮举习以为常。毕竟，我们生活在一个空前进步的时代。现代社会在交通运输、能源、通信、农业和医疗领域都取得了非凡的进步。然而，尽管有如此绚丽的科技进步，但社会问题和个人的困惑看起来却比以往任何时候都更加普遍和突出。这种悖论在当代生活的许多方面都很明显，我们将在接下来的几个例子中看到这一点。

观点1 现代技术给我们提供了无数节约时间的工具。汽车、电话、吸尘器、洗碗机、影印机、个人电脑等都能节约时间。如今，带耳机的手机让我们能一边应付高峰期的交通拥堵，一边与朋友或者同事沟通。个人电脑则可以在几秒钟内就完成原本手动计算需要几个月才能完成的运算。

反面观点 虽然如此，我们中的大多数还是抱怨没有足够的时间。我们的日程表里充满了各项预约、承诺和计划。调查显示，大多数人主观上都觉得留给自己的时间越来越少。该问题的部分原因是，在当今社会，工作被带到了家中。彼得·怀布罗（Whybrow, 2005, p.158）评论道："公民们发现自己时时刻刻被同样的'游牧'工具束缚在工作上——手机、传呼机、电子邮件——而这些最初被认为是解放人类的工具。"为了应对时间的短缺，更多的人开始压缩他们的睡眠时间，以便平衡工作和家庭责任。睡眠专家宣称美国社会普遍存在睡眠不足问题（Walsh, Dement, & Dinges, 2011）。不幸的是，研究发现，长期的睡眠不足对人们白天的机能有显著的负面影响，同时还会危害人们的身体和心理健康（Banks & Dinges, 2011）。

观点2 最近几十年来，现代社会人们可选择的生活方式呈指数级增长。例如，巴里·施瓦茨（Schwartz, 2004）描述道，仅仅在一家本地超市里，消费者就有285种饼干、61种美黑霜、150种口红、175种色拉调味料可供选择。尽管在消费品和服务领域最容易感受到选择的增加，但施瓦茨认为这种增加也延伸到了生活中更重要的领域。如今，人们拥有前所未有的机会来选择自己受教育的方式（大学课程的选择更加灵活，网络授课已司空见惯），工作的地点和类型（远程办公使得雇员能有许多完成工作的新方式），亲密关系的发展方式（人们在晚婚、同居、不生小孩等方

面变得更自由），甚至是自己的长相（整容技术的进步使个人外表变得可以选择）。

反面观点 尽管选择的增加听起来很诱人，近期的研究却发现，过多的选择会让人们付出预想不到的代价。有研究表明，当面对太多的选择时，人们会体验到"选择过载"并出现决策困难（White & Hoffrage, 2009）。决策困境会消耗人们的心理资源并降低自我控制能力（Vohs et al., 2008）。此外，施瓦茨（Schwartz, 2004）认为，当决策变得复杂后，人们更容易犯错。他还解释了为什么选项的增多会增加过度思虑、"决定后懊悔"和"预期性懊悔"的可能。他认为选择过载带来的不适最终会降低人们的幸福感，并导致抑郁。与该分析一致，研究数据表明，抑郁症的发病率在过去50年中有所上升（Hidaka, 2012）。最近几十年人们的焦虑水平也大幅上升（Twenge, 2000, 2011）。虽然很难断言选择过载就是这一切的罪魁祸首，但毫无疑问，选择自由的增加并没有带来内心的宁静或心理健康的改善。

巴里·施瓦茨认为，现代人承受着选择过载的痛苦。他坚持认为，人们面临的无尽选择导致他们浪费大量的时间权衡琐碎的决定，反复思考自己的决定是否最佳。

观点3 现代科技逐渐使我们对周围的世界有了前所未有的控制。农业上的进步极大地提高了粮食产量，生物技术的倡导者声称转基因作物将使我们的食物供应比以往任何时候都更加可靠。由数百公里长的运河、隧道和管道以及大坝、水库和泵站构成的复杂的供水系统，让环境恶劣的荒漠也能发展出大规模的城市。由于医学的进步，医生可以再植断肢，使用激光治疗极其微小的眼睛缺陷，甚至更换人的心脏。

反面观点 不幸的是，现代科技同样给环境带来了毁灭性的危害。它导致了全球变暖、臭氧层破坏、森林过度砍伐、大部分渔业资源枯竭、大范围的空气和水污染，以及有毒化学物质对动植物的侵害。许多专家担心，过不了几代人，地球所剩的资源将不足以维持人类正常生活的需求。对大多数人来说，这些危机听起来像是技术性问题，需要技术来解决，然而这些危机同样是行为问题，是由过度消费和浪费造成的（Koger & Winter, 2010）。北美和欧洲的主要问题在于过度消耗地球的自然资源。正如基茨等人（Kitzes et al., 2008, p. 468）所言，"如果人人都采用北美或西欧人的典型生活方式，那么国际社会将需要三到五个地球的生态承载力。"

所有这些矛盾都反映了一个共同的主题：过去一个世纪的科技进步，尽管看起来令人惊叹，但却没有明显地提升集体的健康和快乐。实际上，许多社会评论家认为我们的生活质量和个人成就感不但没有上升，反而下降了。这就是进步的悖论。

是什么导致了这个悖论？人们对此提出了许多解释。阿尔文·托夫勒（Toffler, 1980）提出，人们的集体异化和痛苦是由文化的迅速变迁所致。罗伯特·基根（Kegan, 1994）认为，现代生活对人们心理的要求已变得如此复杂、令人困惑和相互矛盾，超出了大多数人的掌控。蒂姆·卡塞尔（Kasser, 2002）推测，过度的物质主义削弱了人与人之间的关系纽带，促生了不安全感，降低了人们的集体幸福感。米基·麦吉（McGee, 2005）认为，当代性别角色的变化、工作稳定性的降低和其他一些社会趋势，都使人们强迫式地沉迷于自我提高，最终侵蚀了大多数人的安全感和对自我认同的满意度。根据麦吉的观点，我们的"粉饰文化"让我们相信，我们可以按照需要改造自我，然而这样的假设带来的却是巨大的压力，"诱发而不是消除人们的焦虑"（p.17）。雪莉·特克（Turkle, 2011）断言，在现代社会的数字化社交网络生活中，我们将越来越多的时间用在电子设备上，而花在彼此身上的时间则越来越少。尽管人们在社交媒体上有着数量巨大的"好友"，但美国人却报告说他们的朋友比以往任何时代都少（Turkle, 2011）。由此产生的孤独与疏离感加深了人们对网络世界中肤浅的人际交流的依赖，使越来越多的人遭受亲密感缺失的痛苦。

无论各自的解释是什么，很多持不同视角的理论家一致认为，现代生活的基本挑战已变为寻找生活的意义，获得方向感，以及形成个人的人生哲学（Dolby, 2005; Emmons, 2003; Sagiv, Roccas, & Hazan, 2004）。这一过程要求人们形成牢固的自我同一性，建立一套完整的价值体系，发展出对未来清晰而又现实的愿景。几个世纪前，类似的问题可能要简单得多。正如我们将在下一节中看到的，如今，似乎我们中的大多数人都已被困惑之海吞没。

寻找方向感

学习目标
- 提供几个人们寻找方向感的例子
- 描述自助书籍的一些常见问题，以及应该在优质自助书籍中寻找什么
- 总结本书背后的哲学思想

我们生活在社会与科技空前变革的时代。许多社会评论家认为，我们身边瞬息万变的世界给我们带来焦虑和不确定性，而我们需要通过寻找方向感来缓解这种不安。这种有时会出错的寻找有多种表现方式。

例如，成千上万的美国人投入了大笔的资金来加入"自我实现"的课程，比如科学教、西瓦心灵控制术、约翰·格雷男女关系讲座和托尼·罗宾斯的"掌控人生"研讨班。这些课程通常承诺提供深刻的启示，并迅速扭转一个人的生活。许多参与者也宣称这些课程彻底改变了他们的生活。然而，大多数专家认为这些课程在理智上站不住脚，并且书籍和杂志的曝光揭示了它们只是单纯的赚钱工具（Behar, 1991; Pressman, 1993）。在一篇关于这些课程的尖锐分析中，史蒂夫·萨勒诺（Salerno, 2005）披露了这些课程开发者的巨额收入，比如托尼·罗宾斯（年收入8 000万美元）、菲尔博士（年收入2 000万美元）和约翰·格雷（每次演讲收入5万美元）。在他的批评中，萨勒诺还抨击许多自助"大师"虚伪和夸大资历。例如，他指出约翰·格雷的博士学位来自一所不计算学分的函授大学；菲尔博士有对婚姻不忠的历史，并且他的一些视频片段之做作足以令臭名昭著的杰里·斯普林格（以恶俗的脱口秀节目而闻名——编者注）都感到汗颜；劳拉博士指责婚前和婚外性行为但自己却深陷其中（Salerno, 2005, p.44）。最重要的是，这些自助"大师"和自我实现课程的巨大成功，证明了人们是多么渴望找到生活的目标和方向感！

大多数"自我实现"课程只是无害的骗局，它们为参与者提供了虚幻的目标感和暂时的自信提升。但在有些情况下，它们会误导人们做出不明智的选择，进而带来伤害。比如，2009年10月发生在亚利桑那州塞多纳的事件就是最极端的例子。在一项名为"精神战士"的静修活动中，参与者被要求在一个临时搭建的汗蒸

这是位于塞多纳用防水布搭建的汗蒸小屋内部，有三名参加"耐力挑战"活动的人丧生于此。自助"大师"詹姆斯·雷是这次事件的组织者，于2010年2月被捕，后被宣判犯有三项过失杀人罪。

小棚中待上数小时，结果造成了3人死亡，18人住院，其中多人伤情严重（Harris & Wagner, 2009）。这项活动由詹姆斯·雷主持，他是近年来非常受欢迎的自助"大师"。他在网站中承诺，可以教人们"激发自身潜意识，进而自动增加财富和个人满足感"。他通过撰写励志书籍和参加热门的电视访谈节目，创建了年入900万美元的"自助帝国"。参加他那场注定失败的静修活动的五六十人每人为此支付了9 000多美元。参与者在沙漠中经历了36小时的禁食（他称之为"灵境追寻"）后，被带到一个用防水布临时搭建的汗蒸小屋中经受耐力挑战。该挑战原本是为了向参与者展示，他们可以通过克服肉体上的不适获得自信（Kraft, 2009）。

不幸的是，这个临时搭建的茅屋通风很差且温度过高，所以不到一个小时，人们就开始呕吐、呼吸困难、晕倒。雷却不管不顾地敦促他的追随者们坚持，并告之他们呕吐有好处，"你们必须克服这些障碍"（Doughtery, 2009）。没有人受到肢体上的强迫（有几个人确实离开了），但雷是个令人生畏的存在，他极力劝诫每个人坚持下去，这样才能证明自己的精神意念比肉体强大。可悲的是，他对参与者身体的逼迫超过了极限，仪式结束后很多人都病得很重。然而，有报道说，"活动结束后，雷以胜利者的姿态出现，似乎没有意识到周围躺着的失去知觉的尸体。目击者说，他挥舞着拳头，因为他通过了自己的耐力测试"（Whelan, 2009）。

这一事件的后续结果也很能说明问题。与"一切都是为了钱"的说法一致，詹姆斯·雷给死于这场活动的柯比·布朗的家人退了一部分钱（Martinez, 2009）。雷的某些追随者在汗蒸小屋惨案发生后的反应也很有启发性。你可能会想，在雷无意却鲁莽地让人们身处险境后，他的追随者可能会弃他而去。但你错了，报道此次可怕事件的记者毫不费力地发现，雷的拥护者们仍在狂热地支持他的"自我完善"愿景（Kraft, 2009）。追随者们对雷的坚定信念证明了这类自我实现课程的"魅力型"领导者的强大说服力。尽管如此，2011年，亚利桑那州的一个陪审团经过不到12小时的商议便判定詹姆斯·雷犯有三项过失杀人罪（Riccardi, 2011）。

我们还可以讨论一些非正统的宗教团体（通常被称为邪教或异教）如何能吸引无数的信众，让他们自愿接受一种纪律严苛的、顺从的生活方式和狂热的意识形态。虽然获得高质量的数据较难，但有研究表明，超过200万美国年轻人加入了这样的邪教团体（Robinson, Frye, & Bradley, 1997）。这些团体大多在悄无声息中发展壮大，除非一些离奇的事件，比如1997年"天门教"在圣地亚哥附近的大规模自杀，吸引了公众的注意。人们普遍认为邪教团体通过洗脑和精神控制来引诱孤独的离群者（Richardson & Introvigne, 2001），但事实上，皈依者是各种各样的普通人，他们被普通的（虽

我们寻找方向感的表现有许多，包括"劳拉博士"惊人的受欢迎程度。

然是复杂的）社会影响策略所左右（Singer, 2003; Zimbardo, 2002）。人们之所以会加入这些团体，似乎是因为它们能够提供解决复杂问题的简单方式，提供一种目的感和归属感，提供一种结构化的生活方式以降低不确定感（Coates, 2011; Zimbardo, 1992）。亨特（Hunter, 1998）认为，人际疏离、自我同一性混乱及社区关系的淡化使一些人特别容易受这些邪教团体的引诱。

如果你想要一个关于人们寻找方向感的平凡、日常的例子，你只需听听你收音机里最热门的"劳拉博士"施莱辛格的节目就行，她为数百万听众提供建议。尽管每期节目只有七八位听众能与她通话，但每天仍有惊人的 75 000 人打电话来寻求她特有的毫不客气、直言不讳且充满评判性的建议。劳拉博士并不是心理学家或精神病学家（她的博士学位来自生理学），她更多是根据道德而不是心理学的框架来分析来电者的问题。与大多数治疗师不同，她极具对抗性，对来电者几乎没有任何同情，并向听众说教他们应该如何生活（Arkowitz & Lilienfeld, 2010）。在许多情况下，她侮辱来电者，为不宽容做示范，并提供可疑的建议。在《今日心理学》（Psychology Today）的一篇社论中，罗伯特·爱泼斯坦指出，"没有任何合格的心理健康专家会给出施莱辛格每天所散播的那种可恨的撕裂性建议"（Robert Epstein, 2001, p.5）。然而，她的指令式建议的极大流行再次说明了许多人在生活中渴望指引和方向。

尽管我们可以选择详细探讨上述人们寻找方向感的例子中的任何一个，但我们将把更深层次的分析留给与我们关注的日常心理调适更为密切相关的一种表现形式：畅销自助书籍的巨大成功。

自助书籍

美国人每年大约花 6 亿 5 千万美元购买那些教人们依靠自己处理常见个人问题的"自助书籍"（Arkowitz & Lilienfeld, 2006）。根据市场数据公司（Marketdata Enterprises）最近的调查报告，如果加上自助录音带、CD、DVD、软件、网站、讲座、研讨班和人生教练等品类，自我完善将成为一个年产值达 100 亿美元的产业。这种对自我完善的迷恋并不新鲜。几十年来，美国读者一直对自助书籍青睐有加，比如《我好，你好》《高效能人士的七个习惯》《不老的身心》《别为小事抓狂》《目标驱动的生活》《秘密》《活出全新的你：天天活出生命巨大潜能的七把关键之匙》《习惯的力量：为什么我们这样生活，那样工作？》以及《你比自己想象中强大》。

手握这些获得幸福的简单秘方，这些书的作者通常不羞于承诺改变读者的生活质量。不幸的是，仅仅阅读一本书不太可能改变你的生活。要是这么容易就好了！要是有人能给你一本可解决你所有问题的书再好不过！如果阅读这些文化麻醉品真能有一丁点出版商声称的那种效果，那么美国民众早就应该是一个宁静、快乐、适应良好的群体了。然而显而易见，宁静并不是美国国民的主导情绪。相反，正如之前提到的，焦虑和抑郁的发病率在近几十年里持续攀升。大量的自助书籍挤满了书店的货架，这只是我们的集体苦恼和对难以捉摸的幸福奥秘的追寻的又一个症状。

自助书籍的价值

全盘批评所有的自助书籍是不公平的，因为它们的质量千差万别（Norcross et al., 2003）。有研究调查了心理治疗师对自助书籍的评价，结果发现有些优秀的著作确实提供了真正的洞见和合理的建议（Starker, 1992）。许多治疗师鼓励患者阅读一些

精心挑选出的自助书籍（Campbell & Smith, 2003）。少数自助书籍甚至在临床试验中取得了良好的效果（Floyd, 2003; Gregory et al., 2004），尽管这些研究常常存在方法学上的缺陷（Arkowitz & Lilienfeld, 2006）。因此，忽视所有自助书籍的价值，将它们都看作是浅薄的胡言乱语，也是不明智的。实际上，本书在"推荐阅读"专栏中就列出了一些不错的自助书籍。不幸的是，这些优秀的书籍很容易被淹没在大量的垃圾作品中。大部分的自助书籍几乎没有给读者提供任何有价值的信息。总体来看，它们存在四个方面的根本问题。

第一，这些书中通篇都是"心理呓语"。由罗森（Rosen, 1977）创造的心理呓语一词似乎很适合形容此类书中出现的许多"时髦"却很模糊的语言。"你不开心是美丽的""你必须聆听自己的感受""你必须勇敢面对""你必须成为你自己，因为你就是你自己"以及"你需要真实的高能量体验"，诸如此类的陈述便是典型的例证。说好听点，这些表述定义不清；说难听些就是毫无意义。这些作者会为了使用行话术语而牺牲清晰性，这些行话会阻止而不是加强有效的交流。

第二，自助书籍往往重视销量但忽视科学性。这些书中提出的建议大多没有坚实的科学基础（Ellis, 1993; Paul, 2001; Rosen, 1993）。实际上，书中的观点经常只是基于作者的直觉分析，可能很大程度上是推测性质的。即使某些书籍是基于有良好证据支持的治疗方法，在专家监督的临床条件下有效的干预手段也可能在没有专家指导的自助情境中丧失效果（Rosen, Glasgow, & Moore, 2003）。此外，即便负责任的作者提供了科学有效的建议，并细心地不去误导读者，但那些只关注销量的出版商们总是在封面上添加离谱的、不负责任的承诺，往往令作者也十分愕然（Rosen et al., 2003）。

第三，自助书籍通常不提供关于如何改变行为的明确指导。这些书往往文字流畅，语气"富有人情味"。它们通过描述我们大部分人都经历过的普遍问题来博得读者的共鸣。读者会说："对，我就是这样！"不幸的是，当需要讨论如何解决这些问题时，它们仅仅提供经过模糊提炼的简单常识，这些内容只需2页便能讲清而无需浪费200页的篇幅。这些书缺乏具体可行的建议，往往只依赖啦啦队式的加油助威。

第四，很多这类书籍都在宣扬一种过分自我中心的、自恋的生活方式（Justman, 2005）。自恋（narcissism）是一种人格特质，表现为对自身重要性的夸大、对关注与崇拜的过度渴求、特权感以及剥削他人的倾向。自恋一词来源于希腊神话，一个名叫纳西索斯的迷人青年在寻找爱情时爱上了自己在水中的倒影。尽管存在一些例外，但自助书籍所普遍传达的基本信息仍然是"做任何自己想做的事，别担心对他人造成什么样的后果"。按照麦吉（McGee, 2005, p.50）的说法，这种心态从20世纪70年代开始在书中蔓延，诸如"每个人都应该'争第一'或'通过恐吓取胜'等赤裸裸的建议，标志着自助领域刮起了一股冷酷无情之风"。这种"以我为先"的人生哲学强调自我崇拜，使人产生自己应得到特殊待遇的特权感，并诱使人们在人际交往中采用剥削的方式。有趣的是，研究表明最近几代大学生的自恋水平上升了（Twenge & Campbell, 2009; 见第2章）。很难说流行的自助书籍在多大程度上助长了

第 1 章 现代生活中的心理调适 11

这种趋势，但它们肯定起了推波助澜的作用（做一做本章前面的自我评估）。

挑选自助书籍时应该关注哪些方面

由于自助书籍的质量良莠不齐，因此有必要就如何挑选一本真正有用的书籍为大家提供一些指导原则。接下来的几点给出了判断这类书籍的一些标准：

1. 语言清晰易懂是关键。如果你理解不了书中的建议，那这些建议对你来说就没什么用处。尽量避免使自己陷入心理呓语的泥沼中。
2. 听起来有些倒退，但请尽量寻找那些不承诺太多快速改变的书籍。真正有用的书籍会谨慎地做出承诺，会现实地看待改变行为的挑战。正如阿科维茨和利林费尔德（Arkowitz & Lilienfeld, 2006, p.79）所言，"对那些许下显然无法兑现的诺言的书要保持警惕，比如在五分钟内治愈恐惧症，或在一周内修复一段失败的婚姻。"
3. 尝试查证作者（们）的背景和证书信息。书的封面经常会夸大作者的专业性，但如今，在网上快速搜索一下往往就能得到更客观的作者履历信息，或许还能获得一些对该书颇具洞察力的评论。
4. 你要寻找的书籍至少应该简要提及它们倡导的项目背后的理论或研究基础。你可能对支持书中建议的具体研究细节不感兴趣，但你必须关注这些建议是基于已发表的研究、广为接纳的理论、轶事证据、与患者的临床互动，还是纯粹的

作者推测。那些不是仅仅根据个人轶事和猜测而编著的书籍应该在书的末尾处（或者在每一章之后）列出参考文献。

5. 寻找那些为如何改变你的行为提供具体的、明确的指导的书籍。总体上，这些指导代表着该书的核心内容。如果书里缺乏细节，那你就上当了。

6. 只针对特定问题（比如暴食、孤独或婚姻问题）的自助书籍，通常比那些承诺只需几个简单的观念就能应对生活中所有问题的书籍更加可靠。"面面俱到"的书籍往往肤浅且令人失望。对某个特定主题倾注大量心血的书籍，往往是由在该领域具有真正专业知识的作者撰写的。这样的书更有可能为你带来回报。

本书的方法

显然，尽管我们在科技上取得了惊人的进步，却仍被大量的个人问题所困扰。在复杂的现代社会中生活更是一种令人生畏的挑战。本书便是针对这种挑战，针对你，针对生活而作。具体地说，本书总结了对与这一挑战相关的人类行为的科学研究。它们主要（但不仅仅）取自我们称之为心理学的科学。

本书力图解决焦虑、压力、人际关系、挫折、孤独、抑郁、自我控制等问题，这些与那些自助书籍、自我实现课程和大众媒体"治疗师"声称要解决的问题类型相同。然而本书并不会冒失地做出解决你的个人问题、改变你的生活或帮助你达到心神宁静的诱人承诺。这样的承诺是不现实的。心理学家早就认识到，改变一个人的行为是一场艰难的挑战，充满了挫折和失败（Seligman, 1994）。有些受此类问题困扰的人花几年的时间接受治疗，也未能解决他们的问题。

这种现实并不意味着你应该对你个人成长的潜力持悲观态度。你当然能改变你的行为，并且，即使不咨询职业心理学家，你也能靠自己改变行为。如果我们不相信这本书对读者有益，我们就不会费力去写作了。但是你的期待要现实，这点很重要。读这本书并不会给你瞬间顿悟的体验，它也不会向你揭开什么神奇的秘密。这本书所能做的只是给你提供一些有用的信息，为你指出一些可能有益的方向，剩下的便全靠你自己了。

鉴于我们对自我实现课程和自助书籍的批评，明确地列出本书背后的写作哲学就显得十分必要了。下列陈述便是对本书的假设和目标的总结：

1. 本书是基于这样一个前提——对心理学原理的准确了解能给你的日常生活带来益处。有人曾说过知识就是力量。更深入地了解人们为什么会这样做，有助于你与他人互动，也有助于你了解自己。

2. 本书试图培养对心理问题的批判性态度，提高你的批判性思维能力。信息固然重要，但人们同样需要有效的策略来评价信息。批判性思维涉及将观点置于系统的、质疑的审视之下。批判性思考者善于提出尖锐的问题，比如：这个论点到底在阐释什么？该论点背后的假设是什么？有什么证据或推理支持该论点？有没有矛盾性的证据？有没有其他的解释？评判性思考者会尽量避免情绪化的推理和过于简单化。他们也认识到有时他们需要容忍不确定性。在评价自助书籍时，我们已经阐述了批判性态度的重要性，我们也将把这种态度贯穿到整本书中。

3. 本书将为你开启一扇门。本书的覆盖面很广，包含许多主题。因此，在某些地方，它可能缺少你想要的深度细节。不过，你可以把本书当作线索，它可以引领你去寻找其他的书籍、技术和疗法，你可以独立地对其进行探索。
4. 本书假设有效调适的关键是掌控自己的生活。如果你对生活的某些方面不满意，坐在那里闷闷不乐是没有用的。你必须积极主动地去尝试改善自己的生活质量，比如去学习一项新技能或寻求某种特殊的帮助。在任何情况下，直面困难往往都比回避问题要好。

调适心理学

学习目标

- 描述心理学的两个关键方面
- 解释调适的概念

在阐明了写作本书的思路后，我们将介绍几个基本概念。在这一节中，我们将探讨心理学的本质和调适的概念。

什么是心理学

心理学（psychology）是研究行为和行为背后的生理、心理过程的科学，它也是一项将这门科学积累的知识应用到实际问题当中的职业。心理学因此既是一门科学，又是一种职业。首先让我们来看看心理学的科学层面。心理学和生物学、物理学一样，都是科学研究的一个领域。生物学关注生命过程，物理学关注物质与能量，心理学关注的则是行为和相关的心理、生理过程。

行为（behavior）是有机体一切外在的（可观察的）反应或活动。心理学并没有将自身的研究领域局限在人类的行为上。许多心理学家相信，所有动物的行为原则大抵是类似的，这其中就包括人类。因此，这些心理学家倾向于研究动物——主要是因为他们能对影响动物行为的因素实现更多的控制。

心理学也对伴随行为的心理过程（例如思维、感受和期望等）感兴趣。研究心理过程比研究行为困难得多，因为心理过程是私密的，无法直接观察。然而，心理过程对人类行为有巨大的影响，因此心理学家一直在努力提高"透视心灵"的能力。

最后，心理学还包括对行为背后的生理过程的研究。因此，一些心理学家尝试探索人类的生理过程，比如神经冲动、激素分泌和基因编码，如何调节行为。

实际上，这一切意味着心理学的研究领域十分广泛。心理学家既研究老鼠的迷宫之旅、狗的唾液分泌、猫的大脑机能，也研究人类的视觉感知、儿童的游戏和成年人的社会交往。

正如你可能知道的那样，心理学并非全部是纯科学。它也有高度实践的一面，以众多为公众提供各种专业服务的心理学家为代表。尽管当前心理学已凸显出其应用价值，但实际上这方面的发展依旧缓慢。直到20世纪50年代，心理学家还仅仅被局限在学术领域，只能从事教学和研究工作。然而，20世纪40年代的二战刺激了心理学的第一个应用领域临床心理学的迅速成长。**临床心理学**（clinical psychology）是心理学的一个分支，主要关注心理问题和心理障碍的诊断与治疗。二战期间，大量从事学术研究的心理学家被迫成为临床医生，进行新兵入伍的筛选工作，并为遭受精神创伤的士兵提供治疗。许多人发现他们的临床工作很有趣，他们从战场回国后开办了培训课程，以满足持续高涨的临床服务的需要。不久，新毕业的心理学博士中，近半数在从事临床工作。心理学也因此迎来了应用的时代。

什么是调适

我们已经多次提到调适这个概念，但都没有阐明其确切的含义。调适这个概念是从生物学借用的。它仿照了适应（adaptation）这一生物学概念，后者指某个物种适应环境变化的努力。正如田鼠需要适应某个异常寒冷的冬天，人们也需要适应环境的变化，比如面对新工作、财务危机或是失去所爱之人。因此，**调适**（adjustment）是指人们管理和应对日常生活的要求和挑战的心理过程。

日常生活的要求多种多样，因此在研究调适的过程时，我们会接触到许多主题。在本书的前几章，我们将探讨一般性的问题，比如人格如何影响人们的调适模式，压力如何影响个体以及人们如何使用不同的策略来应对压力。之后，我们将探讨人际背景下的调适问题。探讨的主题包括：偏见、说服、社会冲突、群体内行为、友情、爱情、婚姻、离异、性别角色、职业发展、性相关问题，等等。在本书的最后部分，我们将探讨调适过程如何影响一个人的心理健康，了解如何治疗心理障碍，并将介绍最近发展起来的积极心理学领域。正如你所看到的，调适研究几乎深入人们生活中的每一个角落，我们也将探讨一系列的问题。不过，在我们开始认真考虑这些问题之前，我们需要更详细地了解心理学研究行为的方法，即科学的方法。

研究行为的科学方法

学习目标
- 解释实证主义的本质以及用科学方法研究行为的优势
- 描述实验法，区分自变量与因变量、实验组与控制组
- 区分正、负相关，解释相关系数所代表的意义
- 描述三种相关研究方法
- 比较实验研究与相关研究的优缺点

我们都会花费大量的精力去试图理解自己与他人的行为。我们会对许多行为问题感到困惑：为什么我与陌生人接触会感到紧张？为什么萨姆在办公室总想成为被关注的中心？为什么丈夫那么优秀朱厄妮塔还要出轨？外向的人比内向的人快乐吗？圣诞节期间人们比平时更容易抑郁吗？既然心理学家的主要目标是解释行为，那么他们的努力与其他人的有何不同？最关键的区别在于心理学是一门科学，坚持实证主义。

坚持实证主义

实证主义（empiricism）认为知识应该通过观察获取。当我们说心理学是实证科学时，我们指的是它的结论是基于系统性的观察，而不是基于推理、推测、传统信念或常识。科学家们并不满足于听起来很有道理的观点，他们必须用研究来检验自

己的观点。日常生活中的推测具有非正式性、非系统性和高度主观性，而科学研究则具有正式性、系统性和客观性。

在调查研究中，科学家们提出可检验的假设，收集与假设相关的研究数据（进行观察），使用统计学方法对这些数据进行分析，并将研究结果报告给公众和其他科学家，最后这一步一般通过在科技杂志上发表研究成果的方式来实现。发表科学研究的过程使其他研究者得以对新的研究发现进行评价和质疑。

科学方法的优势

科学当然不是可用来得出关于行为的结论的唯一方法。我们也可以求助于逻辑、随意的观察或者好的老式常识。科学的方法往往需要艰苦的努力，因此我们似乎有理由问：实证性方法到底有什么优势？

科学的研究方法有两个主要优势。首先是它的清晰性与精确性。与行为有关的常识观念往往是含糊的或有歧义的。想想那句老话"孩子不打不成器"。这句关于养育孩子的概括相当于什么？什么程度的惩罚才算不"娇惯"孩子？如何去判断孩子是否"被惯坏"？不同的人对此有着不同的理解。当人们不同意这个论断时，可能是因为他们在谈论完全不同的事情。相比之下，实证方法要求研究者在提出假设（他们想验证的观点）时，确切地说明他们指的是什么。这种清晰性与精确性可以加强关于重要思想的沟通。

科学方法的第二个优势是它对错误的相对低容忍性。科学家们用实证的方式检验自己的观点，并用批判的眼光审视彼此的发现。在接受一个观点之前，他们需要看到客观的数据和完整的记录。当两个研究的结论相互冲突时，他们会试图弄清这些研究为何会得出不同的结论，通常是通过进行额外的研究。相比之下，常识与随意的观察则往往能容忍相悖的概括，例如"相异相吸"与"物以类聚"。此外，常识分析很少涉及概念验证或错误检测，因此很多关于行为的神话得以广泛流传。

这一切并不是说科学是真理的独家代言。然而，科学方法确实可比随意的分析和纸上谈兵的推测得出更准确和可靠的信息。因此，来源于实证数据的知识可作为一个有用的基准，用以评判来自其他种类来源的主张和信息。

现在我们已经对科学事业如何运作有了一个大致的了解，下面我们来看看心理学家们最常采用的一些具体研究方法。心理学的两种主要研究方法是实验法和相关法。我们将分别对其加以讨论，因为两者之间存在重要的区别。

实验研究：探寻因果

人在痛苦的时候喜欢他人陪伴吗？这个问题引起了社会心理学家斯坦利·沙赫特的兴趣。当人们感到焦虑的时候，他们是想一个人待着，还是喜欢身边有人陪伴？沙赫特假设，焦虑水平的升高，会增强人们与他人在一起的渴望，心理学家们把它称为归属需要。为检验这个假设，沙赫特（Schachter, 1959）设计了一个巧妙的实验。**实验**（experiment）是一种研究方法，使用这种方法的研究者在精心控制的条件下操纵一个变量（自变量），并观察另一个变量（因变量）是否会因此而发生变化。实验法是心理学家最常用的方法。

自变量与因变量

实验的目的是检验一个变量（简称 X）的变化是否会引起另一个变量（简称 Y）的变化。更简单地说，我们想知道 X 如何影响 Y。在这个公式中，我们将 X 称为自变量，Y 称为因变量。**自变量**（independent variable）是一种实验条件或事件，实验者为了观察它对另一个变量的影响而对其加以改变。自变量是实验者控制或操纵的变量。实验者假设它对因变量有一定的影响，做实验就是为了验证这种影响。**因变量**（dependent variable）是被认为受自变量操纵影响的变量。在心理学研究中，因变量通常是对被试行为的某个方面的测量。

在沙赫特的实验中，自变量是被试的焦虑水平，他通过以下方式对其进行了操纵：齐尔斯坦博士告诉集结在实验室的被试，他们将参与一项电击的生理反应研究，并将受到一系列的电击。一半被试被告知电击将非常痛苦，他们组成了高焦虑组；另一半被试被告知电击将是温和无痛的，他们组成了低焦虑组。这些程序只是为了引起被试不同水平的焦虑，实际上并没有人受到电击。研究者表示，在他准备电击设备时被试需要等待片刻，然后询问他们愿意单独等待还是与他人一起等待。这个测量被试与他人在一起的归属意愿的指标即因变量。

实验组与控制组

在进行实验时，研究者通常将被试分为两组，进行不同自变量水平的处理。一组为实验组，一组为控制组。**实验组**（experimental group）的被试接受与自变量有关的特殊处理，而**控制组**（control group）的被试组成与实验组相似，但不接受实验组受到的那种特殊处理。

以沙赫特的实验为例，其中的高焦虑组即为实验组，他们受到的特别处理是为了让他们体验到非同寻常的高焦虑水平。而另一组低焦虑水平的被试则为控制组。

实验组与控制组的被试除了接受的自变量处理不同外，其他方面应该相似，这一点非常关键。这一规定把我们引向实验研究的基本逻辑。如果两个组除了因对自变量的操纵而产生的不同外，在其他方面都相同，那么两组之间在因变量上的任何差异肯定是由于对自变量的这种操纵。通过这种方式，研究人员可以分离出自变量对因变量的影响。沙赫特在实验中分离出了自变量（焦虑水平）对因变量（归属需要）的影响。那他发现了什么？正如他所预测的，焦虑水平的上升引起了归属需求的增加。高焦虑组的被试渴望与他人一起等待的人数几乎是低焦虑组的两倍。

实验研究法的逻辑高度依赖如下假定：除了接受的自变量处理不同，实验组与控制组在其他重要方面应该非常相似。两组间的任何其他差异都可能让情况变得模糊，让我们很难对因变量和自变量的关系得出可靠结论。图 1.1 以沙赫特的实验为例，概述了实验研究法的基本要素。

优点与缺点

实验是一种非常有效的研究方法。它的主要优点在于研究者可以通过这种方法得出关于变量间因果关系的结论。实验法的精确控制使研究者能够分离出自变量与因变量之间的关系，从而得出因果结论。这是其他研究方法所不具备的优点。

虽然有强大的效力，但实验研究法也有局限性。其中一个缺点是：有时因为伦理问题或现实条件，研究者无法对感兴趣的变量（作为自变量）进行操纵。例如，你可能对成长于农村与城市的人们是否存在价值观差异感兴趣。真实验研究要求你把相似的家庭分别安排到农村与城市生活，而这显然是做不到的。对这个问题的研究可以使用我们接下来要讲的相关研究法。

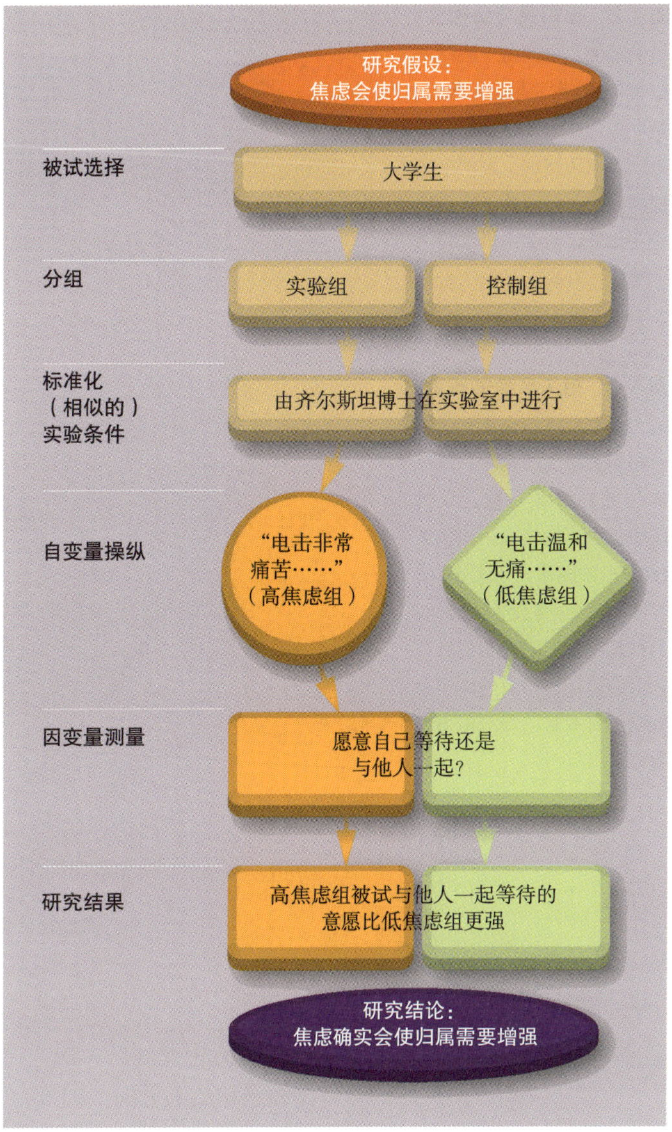

相关研究：寻找关联

正如上文所述，在某些情况下心理学家不能对实验变量进行操纵。此时研究者所能做的就是进行系统的观察，看看感兴趣的变量之间是否存在关联或联系。这种关联被称为**相关**（correlation）。两个变量相互关联，它们之间就存在相关关系。有一点很明确：在相关研究中，研究者无法控制研究中的变量。

相关的测量

相关研究的结果通常用一个被称为相关系数的统计值来表示。我们在下文中讨论各种研究时，会频繁提到这个被广泛使用的统计值。**相关系数**（correlation coefficient）是衡量两个变量间关系紧密程度的数字指标。相关系数可以表明：（1）变量间相关的紧密程度；（2）变量间相关的方向（正或负）。

相关关系的方向有两种。正相关表示两个变量的变化方向相同。即变量 x 数值大，则对应的变量 y 数值也大；变量 x 数值小，对应的变量 y 数值也小。例如，学生的高中阶段学业绩点与大学阶段学业绩点呈正相关。也就是说，高中阶段学业绩点高的学生在大学阶段学业绩点也通常比较高，而高中阶段绩点低的学生通常在大学也表现较差（见**图 1.2**）。

负相关则表示两个变量的变化方向相反。在变量 x 上得分高的人，在变量 y 上得分往往较低；而那些在变量 x 上得分低的人，在变量 y 上的得分则往往较高。例如，在大多数大学课程的学习中，学生的缺席率和期末考试成绩之间就存在负相关，缺席率低的学生往往期末成绩高，而缺席率高的学生期末考试成绩往往低（见**图 1.2**）。

正、负号表示变量间相关的方向，相关系数的数值大小则表示变量间相关的紧密程度。相关系数介于 0 到 1.00 之间（正相关）或 0 到 –1.00 之间（负相关）。相关系数接近于 0 表示变量间不存在关联，越接近 1.00 或 –1.00 则表示关联程度越强。因此，相关系数为 0.90 的变量间的关联程度要强于相关系数为 0.40 的变量间的关联程度（见**图 1.3**）。同样，相关系数为 –0.75 的变量间的关联程度要比相关系数为 –0.45

图 1.1 实验的基本要素

本图解以沙赫特对焦虑与归属感的研究为例，概述了实验法的关键特征。实验法的逻辑在于，除了自变量的操纵外，对实验组和控制组的一切处理都应该一致。

图 1.2　正相关与负相关
如果两个变量倾向于同时增加或减少，则变量呈正相关；如果一个变量减少时另一个变量倾向于增加，则两个变量呈负相关。因此，正相关和负相关这两个术语是指两个变量间关系的方向。

图 1.3　相关系数的解读
相关系数数值的大小表示变量间相关程度的强弱。数值越接近 1.00 或 –1.00，变量间的相关程度越高。相关系数的平方被称为决定系数，表示相关的强度与预测能力。此图表明随着相关系数数值的增加，相应的决定系数以及对变量的预测能力也增大。

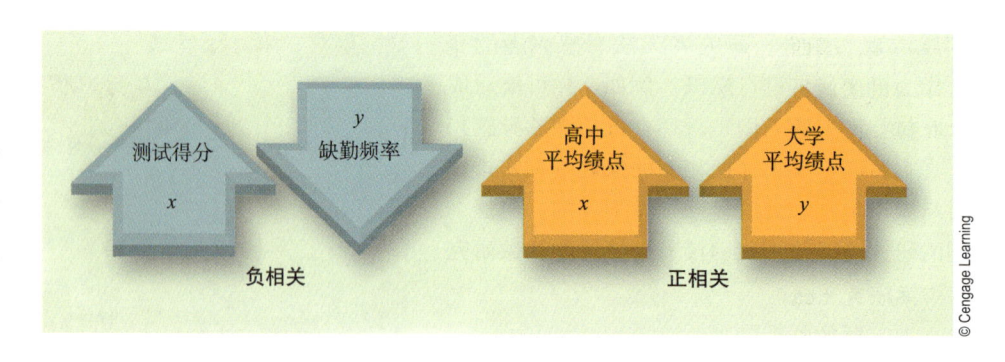

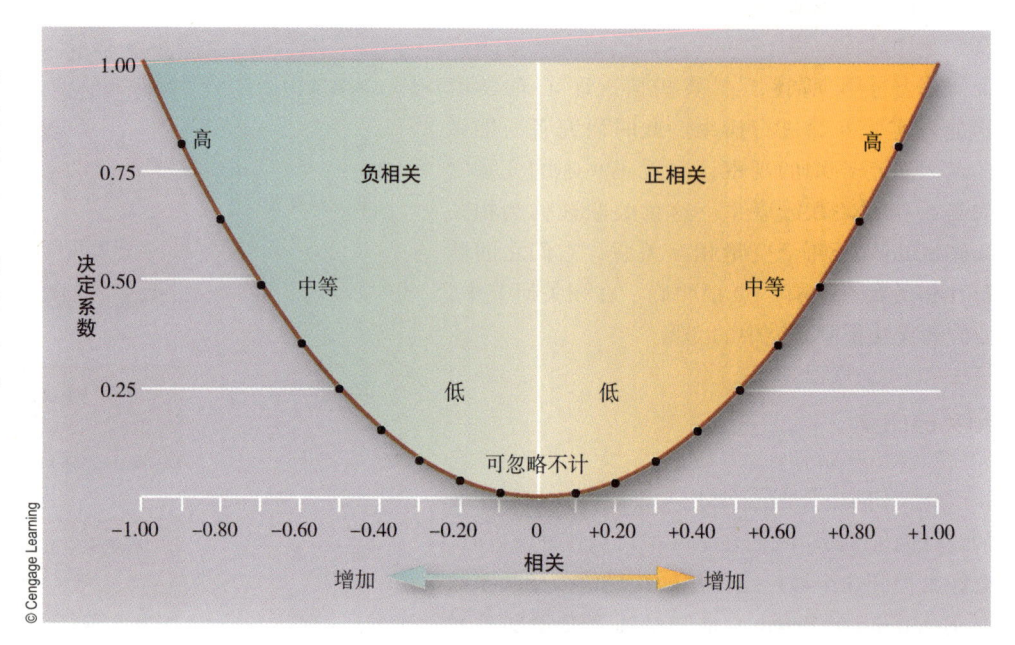

的变量间的关联程度强。请记住：相关的强度仅取决于相关系数绝对值的大小，正负号仅表示相关的方向。因此，相关系数为 –0.60 的变量间的关联程度要比相关系数为 0.30 的变量间的关联程度强。

相关研究的方法有很多，包括自然观察法、个案研究法与问卷调查法。下文我们将逐一探讨研究者如何用这些方法来探测变量间的联系。

自然观察法

在**自然观察法**（naturalistic observation）中，研究者在不直接干预研究对象的情况下，对其行为进行仔细的观察。因为行为可在其自然环境中——也就是说它通常发生的环境——自然（无干扰）地展开，所以这种方法被称为自然观察法。当然，研究者必须制定详细的计划以确保观察的系统性和一致性（Angrosino, 2007）。

让我们以拉米雷斯－埃斯帕扎及其同事（Ramirez-Esparza et al., 2009）的研究为例，他们用一种创新性的"电子激活录音仪"（electronically activated recorder, EAR）研究不同族裔之间的社交能力差异。EAR 是一种不显眼的便携式录音机，由参与者携带，定期记录他们日常生活中的谈话以及周围的声音（Mehl, 2007）。研究人员用这种巧妙的装置调查了一个有趣的悖论：在人们的刻板印象中，墨西哥人外向且善于交际，但当被问及时，他们却认为自己的社交能力不如美国人。该研究发现，和往常一样，墨西哥参与者给自己的外向性评分比美国参与者给自己的评分低。但EAR记录的墨西哥参与者的实际日常行为数据却显示，他们比美国参与者更乐于交际。自然观察法的主要优势在于它使研究者能够在比实验室更自然的环境中研究行为。

个案研究法

个案研究（case study）是对单一个体的深入调查。心理学家们通常会在诊断和治疗心理问题的临床环境中收集个案资料。为了理解某个个体，临床医生可能会采用多种方法，包括访谈个体本人及熟悉其情况的亲友、直接观察、查阅以往记录以及心理测试等。当临床医生为诊断目的而收集个案资料时，他们通常不是在进行实证研究。采用个案研究法进行实证研究通常需要调查者分析个案集合或连续的一系列个案，以寻找可得出一般性结论的模式。

例如，一项研究评估了人际心理疗法（interpersonal psychotherapy, IPT）的一个改进版对暴食症（一种进食障碍，特征为失控性暴饮暴食、暴食后自我诱发的呕吐、禁食和过量运动）患者的疗效（Arcelus et al., 2009）。在两年的时间里，59名暴食症患者在英国的一家饮食失调诊所接受了IPT治疗。每一名患者的病历都被整理出来，他们还接受了一系列测试，以评估他们的异常进食行为及心理功能的其他方面。IPT疗法有16个疗程，研究者在3个时间点，即治疗的中期、末期以及治疗结束后三个月，对患者进行了仔细的评估。结果表明，人际疗法是治疗暴食症的有效方法。个案研究法尤其适合于研究某些现象，特别是心理障碍的根源和选定治疗方法的疗效（Fishman, 2007）。

问卷调查法

问卷调查法（surveys）使用结构化的问卷，旨在收集有关参与者行为的特定方面的信息。这种方法有时被用来测量实验研究的因变量，但主要还是用于相关研究。问卷调查法广泛用于收集关于人们的态度和无法直接观察到的行为（比如夫妻间的互动）方面的数据。例如，一项研究调查了久坐行为（具体来说就是用于看电视以及其他基于屏幕的娱乐的时间）对健康的影响。斯塔马塔基斯与他的同事（Stamatakis et al., 2009）对苏格兰成年人群体的一个代表性样本进行了家庭访谈。近8 000名参与者被问及每天花在电视或其他屏幕娱乐上的时间（包括电子游戏和电脑上的消遣活动）。参与者还回答了关于他们的体育活动、整体健康状况、心血管健康以及其他人口学特征（收入、教育和其他社会阶层指标）的调查问卷。最后，研究者测量了参与者的身高和体重，以计算其体重指数（body mass index, BMI，也称为身体质量指数或体质指数），这是一个广泛使用的肥胖指标。

问卷调查数据向我们揭示了什么？数据显示，花费在屏幕娱乐上的时间与健康受损之间存在明显的关联。人们看电视的时间越长，越有可能肥胖或患有医生诊断的糖尿病或心血管疾病，也越有可能总体健康状况不佳（见图1.4）。数据还揭示了社会阶

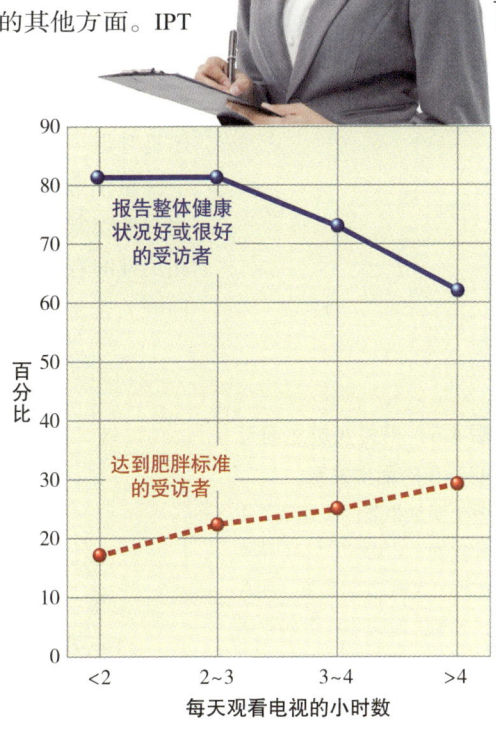

图 1.4 看电视的时间与健康指标的关系

在斯塔马塔基斯及其同事的调查中，参与者报告了每天看电视的习惯，回答了关于身体健康状况的问题，并测量了身高和体重，以便计算肥胖标准指数——体重指数（BMI）。图中的实线表示与看电视时间相对应的报告总体健康状况好或非常好的人的百分比，虚线表示与看电视时间相对应的达到肥胖标准的参与者的百分比。很明显，随着看电视的时间增加，总体健康水平呈下降趋势，而肥胖比率呈上升趋势。

资料来源：Stamatakis et al., 2009.

层与花在屏幕上的娱乐时间之间的一个相当牢固的关联：来自较低社会经济阶层的人花在电视和其他屏幕前的时间要多得多。研究结果强调了久坐行为对健康的影响，并表明社会经济阶层较低是久坐行为高企的一个关键风险因素。

优点与缺点

相关研究法为心理学家探索无法用实验程序考察的问题提供了一种途径。例如，回想一下关于看电视时长是否影响健康的研究。研究者显然无法让被试在 10 年或 20 年的时间中，每天观看固定时长的电视，以研究这种操纵对其健康的影响。但斯塔玛塔基斯及其同事所用的相关法使他们得以收集大量关于久坐行为与健康之间联系的启发性的数据。因此，相关研究法拓宽了心理学家可研究现象的范围。

然而，相关法有一个主要的缺点：调查者无法以某种能够分离出因果关系的方式控制事件。因此，相关研究无法确定地证明两个变量之间存在因果关系。问题的关键在于相关性并不能保证因果关系。

当我们发现变量 x 与 y 相关时，我们只能有把握地得出 x 与 y 相关的结论。我们无法知道 x 与 y 如何相关，到底是 x 导致了 y，还是 y 导致了 x，或者两个变量皆由第三个变量引起。例如，调查结果显示，伴侣关系满意度与性关系满意度呈正相关（Schwartz & Young, 2009）。尽管和谐的性关系与良好的伴侣关系是相伴相随的，但却很难说清谁是因谁是果。我们不能确定是良好的伴侣关系促进了和谐的性关系，还是和谐的性关系提升了良好的伴侣关系。此外，我们也无法排除两者都是由第三个变量引起的可能性。或许，伴侣关系的满意度和性关系的满意度都是由价值观的相容性引起的。我们在**图 1.5** 中为你绘制了本例中可能存在的因果关系，说明了解释相关性时存在的"第三变量问题"。这种问题在相关研究中经常出现。我们在下一节回顾关于幸福感决定因素的实证研究时，将会看到这种情况。

图 1.5 相关变量之间可能存在的因果关系

两个变量相关存在着以下几种可能：x 导致了 y，y 导致了 x，或第三个变量 z 导致了 x 和 y 的变化。正如伴侣关系满意度与性关系满意度相关的例子所表明的，相关性本身并不能给出确切的答案。这个难题有时被称为"第三变量问题"。

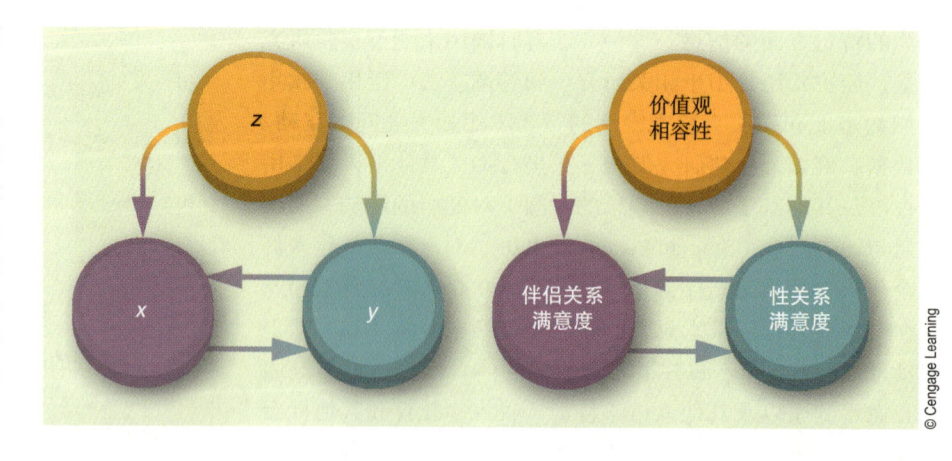

幸福的根源：实证分析

学习目标
- 找出与幸福感无关的各种意想不到的因素
- 描述对幸福感有几分影响或特别重要的因素
- 总结关于幸福感决定因素的结论

究竟什么使人幸福？这个问题引发了许多猜测，其中包含很多常识性假说。比如，你肯定听说过金钱不能买到幸福。但你相信这种说法吗？一个电视广告说："拥有健康，你就拥有了一切。"那么健康才是关键？如果你很健康，但却贫穷、没有工作、孤独，那你还会幸福吗？我们经常听到为人父母的快乐，年轻的快乐，以及简单的乡村生活的乐趣。这些是提升幸福的因素吗？

近年来，社会科学家开始采用实证研究来检验这些假说。相当数量的调查研究探讨了**主观幸福感**（subjective well-being）——个体对其整体幸福感或生活满意度的个人评价——的决定因素。这些研究的结果非常有趣。我们将较为详细地回顾一下主观幸福感研究，因为它涉及调适这一主题的核心，也体现了数据收集与实证研究的价值。你将看到，许多关于幸福的常识性观点似乎并不准确。

第一个广为流传的观点是：大多数人都相对不幸福。作家、社会科学家和普通大众似乎认为，世界各地的人们普遍对生活不满，但实证调查总是发现大多数的被调查者，即使是穷人或残疾人，都认为自己比较幸福（Diener & Diener, 1996）。当要求人们评价自己的幸福程度时，只有小部分人的评分在所用各类量表的中间值以下（见图1.6）。当根据近1 000项调查计算每个国家的平均主观幸福感时，其均值向量表的正向一端聚集，如图1.7所示（Tov & Diener, 2007）。此外，从20世纪80年代

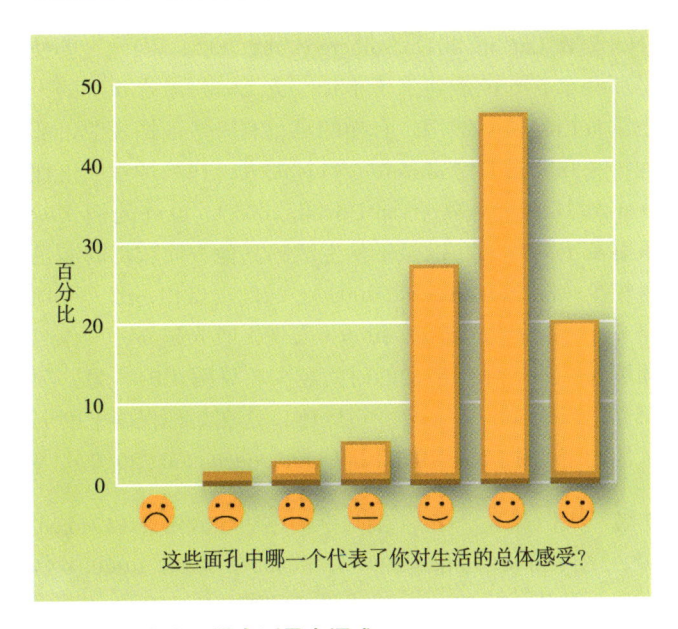

图1.6 用非言语量表测量幸福感
研究者使用了各种方法来估计幸福感的分布情况。例如，在美国的一项研究中，受访者需要从七种面部表情中选取一种"最能表达自己整体生活感受"的表情。正如你所看到的，大多数参与者都选择了笑脸。
资料来源：Myers, 1992.

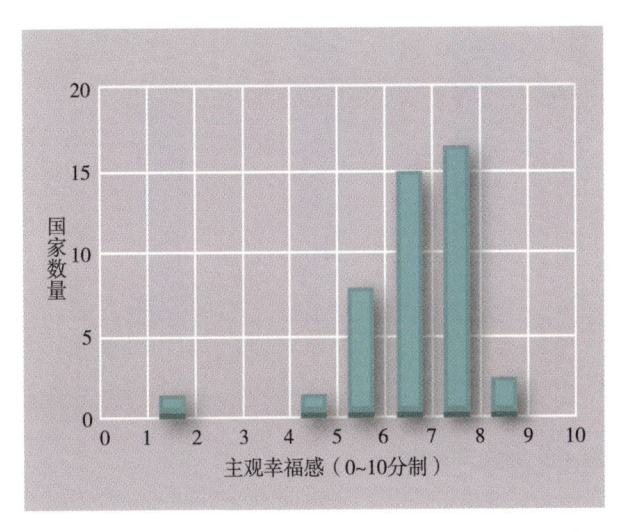

图1.7 不同国家的主观幸福感
温霍芬（Veenhoven, 1993）结合了近千个调查的结果，计算了来自43个国家的代表性样本的平均主观幸福感。各国的幸福感平均值很明显分布在高评分的一端，只有两个国家的得分低于中间值5。
资料来源：Diener & Diener, 1996.

起，这些国家的主观幸福感得分一直在提升（Inglehart et al., 2008）。这并不是说每个人都同样幸福。研究人员发现，人们在主观幸福感方面存在巨大的、发人深省的差距，稍后我们将对此进行分析。但总体情况似乎好于预期。

什么是不太重要的

让我们通过强调那些对主观幸福感相对不重要的决定因素，来开始我们对幸福感个体差异的讨论。许多可能人们以为会有影响的因素，似乎与总体幸福感几乎或根本没有什么关系。

金钱 大多数人认为，如果拥有更多的金钱，他们会更幸福。尽管收入水平与幸福感之间存在正相关，但这种联系出奇地弱（Diener & Seligman, 2004）。在特定的国家内，收入水平与幸福感之间的相关往往介于 0.12 和 0.20 之间。不可否认，贫穷使人苦恼，但似乎一旦人们的收入超过了某个水平，更多的收入不会带来额外的幸福感。美国近期的一项研究表明，一旦人们的收入超过 75 000 美元左右，财富与主观幸福感之间的关系就很小了（Kahneman & Deaton, 2010）。

为什么金钱不能更好地预测幸福感？原因之一在于，人们的实际收入和他们对自己经济状况的感知存在脱节。近期的一项研究（Johnson & Krueger, 2006）表明，实际财富与人们对自己是否有足够的钱满足需求的主观感知之间的相关之低令人惊讶（0.30 左右）。

另一个问题在于，在这个贪婪消费的时代，收入的增加助长了物质欲望的升级（Kasser et al., 2004）。拥有很多好东西的人往往想要更多，当人们负担不起这种增长的物质需求时，沮丧情绪就会破坏他们的幸福感（Norris & Larsen, 2011; Solberg et al., 2002）。因此，即使是那些拿着 6 位数薪水（单位：美元——译者注）的人也常常抱怨钱不够用。有趣的是，有一些证据表明，那些特别强调追求财富和物质目标的人，在某种程度上往往不如其他人幸福（Van Boven, 2005）。也许他们太看重财富上的成功，以至于从生活的其他方面获得的满足感较少（Nickerson et al., 2003）。与此观点相一致，一项研究（Kahneman et al., 2006）发现，收入越高，工作时间越长，用于休闲活动的时间越少（见图 1.8）。另一项研究结果表明，富人会变得厌倦，这在某种程度上削弱了他们享受积极体验的能力（Quoidbach et al., 2010）。

年龄 人们普遍发现，年龄与幸福感估计值无关（Lykken, 1999; Myers & Diener, 1997）。例如，一项对 7 000 多名成年人的研究表明，幸福感并不随年龄而变化（Cooper et al., 2011）。不过最近的一些研究发现，年龄与主观幸福感之间存在较弱的相关。例如，盖洛普调查公司在对 34 万人进行了电话调查后发现，年龄与幸福感之间存在 U 型关系（Stone et al., 2010）。二三十岁的人幸福感

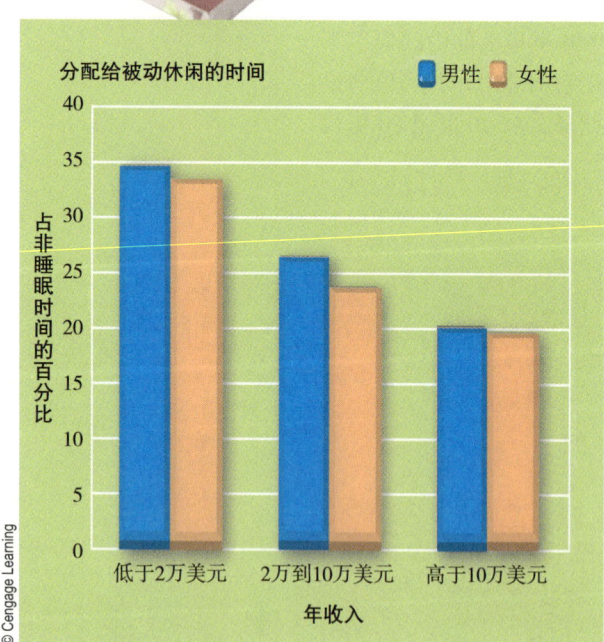

图 1.8 收入与休闲

在一项有影响力的幸福感研究中，诺贝尔奖得主丹尼尔·卡尼曼和他的同事（Kahneman et al., 2006）尝试解释为什么收入与主观幸福感之间的联系如此微弱。他们的主要发现之一是，随着收入的增加，用于工作的时间会增加，因此留给闲暇的时间会相应减少。该图显示了三个收入水平的人群用于被动休闲活动的非睡眠时间的百分比。

相对较高，四五十岁的人幸福感略有下降，而六七十岁的人幸福感稳步攀升。因此，虽然还需要更多的研究，但关于年龄与幸福感关系的结论可能需要修正。

性别 女性接受抑郁症治疗的频率大约是男性的两倍（Nolen-Hoeksema, 2002），因此人们可能会认为女性的平均幸福水平较低。有研究者发现"尽管男性仍然倾向有更好的工作，而且即便从事相同的工作，男性的报酬也更高……但女性报告的幸福感依然和男性的一样高"（Lykken, 1999, p.181）。因此，出乎人们的意料，研究表明性别只能解释人们主观幸福感不到1%的变异量（Myers, 1992）。

为人父母 孩子既可以是快乐和满足感的巨大源泉，也可以是头痛和麻烦的源泉。与没有孩子的夫妇相比，做父母的夫妻有更多的忧虑，婚姻问题也更多。显然，成为父母所带来的好处和坏处相互平衡，因为有研究显示有孩子的人和没有孩子的人，幸福感差不多（Argyle, 2001）。

智力 智力在当今社会是一项极受尊崇的特质，但研究者没有发现智商与幸福感之间存在联系（Diener, Kesebir, & Tov, 2009）。教育程度似乎也同样与生活满意度无关（Ross & Van Willigen, 1997）。

外表吸引力 与长相平平的人相比，外表吸引力高的人拥有许多得天独厚的优势。外表吸引力在西方社会是一种重要的资源，因此，我们可能会认为长得好看的人过得更幸福，但现有的数据表明，外表吸引力与幸福感之间的相关可以忽略不计（Diener, Wolsic, & Fujita, 1995）。

什么是比较重要的

研究发现，生活的四个方面似乎对主观幸福感有着中等程度的影响，它们分别是：健康、社交活动、宗教信仰和文化。

健康 拥有健康的身体似乎应该是幸福必不可少的因素，但实际上人们能够适应健康问题。研究者发现，那些身患重病或残疾的人们并不像人们想象的那么不快乐（Riis et al., 2005）。健康本身可能不会产生幸福感，因为人们往往把健康视为理所当然。这也许解释了为什么健康与主观幸福感只呈现中等的正相关（平均为0.32; Argyle, 1999）。良好的健康可能会适当提升人们的幸福感，而幸福感也可能促进健康，因为研究发现幸福感与长寿之间存在正相关（Veenhoven, 2008）。

社交活动 人类是社会性动物，人际关系似乎确实会影响人们的幸福感。那些对自己的友情网络满意、积极参与社会交往的人，报告了超过平均值的幸福感（Diener & Seligman, 2004）。并且，幸福感得分特别高的人，也往往比其他人对自己的社会关系更满意（Diener & Seligman, 2002）。一项定时记录人们日常交谈的研究发现，那些进行更多深入、实质性交谈的人比那些主要闲聊的人更幸福（Mehl et al., 2010）。这一发现并不是那么令人惊讶，因为人们会预期拥有更丰富的人际网络的人会更多地进行深度交谈。

宗教 尽管宗教信仰与主观幸福感之间的相关并不高，但有些研究表明，那些虔诚的宗教信徒比认为自己无宗教信仰的人更可能感到幸福（Myers, 2008）。宗教信仰与幸福感的相关在处境困难、充满压力的社会中似乎较强，而在环境威胁较小的富裕社会中要弱一些（Diener, Tay, & Myers, 2011）。这些研究表明宗教信仰可能会帮助人们应对逆境，这也有助于解释为什么在很多富裕的、总体生活逆境较低的国家，人们会脱离有组织的宗教。

文化 调查表明，不同国家的平均主观幸福感存在中等程度的差异。这些差异与国家的经济发展水平相关。国民幸福感最高的国家往往是富裕国家，而那些国民幸福感最低的则往往是最贫穷的国家（Diener, Kesebir, & Tov, 2009）。尽管在同一个文化体内部，财富并不能很好地预测主观幸福感，但在比较不同文化体时，国家财富与国民的平均幸福感有着较强的相关（Tov & Diener, 2007）。理论家们如何解释这个悖论？他们认为，国家富裕程度是一个相对容易测量的指标，与影响幸福感的诸多文化条件有关联。具体地说，他们指出国家的经济发展往往与国民权利、分配平等、性别平等等方面的改善联系在一起（Tov & Diener, 2007）。因此，可能不是富裕程度本身造成了不同文化体之间的主观幸福感差异。近年的一项研究表明，收入的不平等与幸福感的下降相关（Oishi, Kesebir, & Diener, 2011）。

什么是非常重要的

那些被证明是幸福感重要组成部分的因素少得惊人，只有少数几个变量与整体幸福感存在高相关。

爱情、婚姻与关系满意度 尽管浪漫关系可能会带来压力，但人们一致认为爱情是幸福感最重要的组成成分之一（Myers, 1999）。此外，人们虽然经常抱怨各自的婚姻，但有证据显示，婚姻状态是幸福感的重要相关因素。无论是男人还是女人，已婚的人们总是比未婚或离婚的人拥有更高的幸福感（Myers & Diener, 1995），并且这种差异存在于世界各地的不同文化之中（Diener et al., 2000）。在已婚人士中，婚姻满意度可预测个人的幸福感（Proulx, Helms, & Buehler, 2007）。这一领域的研究通常将婚姻状况作为关系满意度的一个粗略但容易测量的指标。在这种联系中，十有八九是关系的满足孕育了幸福感。换句话说，不结婚的个体也可以感到幸福。同居的异性恋情侣和同性恋情侣的关系满意度可能也与幸福感存在同样的关联。最近的研究支持了这一观点，已婚或同居人士的幸福感水平均高于单身人士（Musick & Bumpass, 2012）。

工作 鉴于人们经常抱怨自己的工作，我们或许不会期望工作是幸福感的重要来源，但事实与此相反。尽管不如关系满意度那么重要，但工作满意度与整体幸福感之间存在高相关（Judge & Klinger, 2008）。研究同样证实失业对主观幸福感有强烈的负性影响（Lucas et al., 2004）。虽然很难辨别是工作满意导致了幸福感还是幸福感导致了工作满意，但有证据表明这种因果关系是双向的。

对幸福感相关因素的研究表明，主观幸福感的一个关键因素是有回报的职场生活。

基因和人格 一个人未来幸福感的最

第 1 章　现代生活中的心理调适　25

好预测因素是他过去的幸福感（Lucas & Diener, 2008）。有些人似乎注定是快乐的，而另一些人似乎注定是不快乐的，无论他们获得成功还是遭遇挫折。有研究发现，近期彩票中奖者和近期因意外事故而四肢瘫痪的人在整体幸福感上只有些许差异（Brickman, Coates, & Janoff-Bulman, 1978），这反映出生活事件对幸福感的影响是有限的。如此极端的幸运事件和可怕事故都没能极大地影响幸福感的事实让研究者感到惊讶。实际上，各种证据表明，幸福感并不取决于外部因素，比如买下一栋豪宅、获得晋升，而是更多地取决于内部因素，比如一个人的人生观（Lyubomirsky, Sheldon, & Schkade, 2005）。

考虑到这一点，研究者们探索了幸福感差异是否有遗传基础。这些研究发现，人们的遗传倾向可以解释很大一部分幸福感差异，可能达到了50%之多（Lyubomirsky et al., 2005）。基因为何会影响幸福感？或许是通过塑造人们的气质和人格，这两者的高度可遗传性是众所周知的。因此，研究者开始转而探索人格与主观幸福感之间的联系，并发现了一些相对较强的相关（Steel, Schmidt, & Schultz, 2008）。例如，外倾性就是较好的幸福感预测因素之一。那些外向、积极和善于交际的人往往更快乐。另一个有力的预测因素则是神经质，即容易焦虑、敌对、不安和自我关注的倾向。高神经质得分的人通常比其他人更不快乐。这种人格特质可能通过塑造人们回忆和评估个人经历的方式而影响幸福感（Zhang & Howell, 2011）。外向的人通常戴着玫瑰色的眼镜看待自己的人生，倾向于做出积极评价，并且更少后悔；而神经质的人则倾向于用带有偏见的负面态度评价自己的经历。

总　结

在推断幸福感产生的原因时，我们必须谨慎，因为大多数现有数据都只具有相关性质（见图1.9）。不过，实证证据表明，关于幸福来源的许多流行观点是缺乏根据的。这些数据还证明，幸福感受各种变量的复杂组合的影响。虽然存在这样的复杂性，但主观幸福感的相关研究还是能告诉我们许多关于人类心理调适的宝贵见解。

第一，关于幸福感的研究表明，主观幸福感的决定要素正是它的主观性。客观现实不如主观感受重要。换句话说，你的健康、财富、职业和年龄不如你对自己这些属性的感受影响大（Schwarz & Strack, 1999）。

第二，谈到幸福感时，所有的一切都是相对的。换句话说，你相对于你周围的人来评估自己拥有什么。因此，富有的人会通过和富有的朋友或邻居比较，来评价自己拥有什么，因此他们的相对排名是关键（Boyce, Brown, & Moore, 2010）。这也是财富和幸福感在同一个社会内部只有低相关的原因之一。你也许拥有不错的房子，但是如果它的旁边是邻居宫殿般的豪宅，那你的房子带来的有可能是失望而不是幸福感。

第三，对幸福感的研究发现，人们特别不擅长预测什么会给他们带来幸福。我们以为我们知道什么对自己最有利，但关于**情感预测**（affective forecasting）——预测个人对未来事件的情绪反应——的研究表明恰恰相反（Gilbert, 2006b;

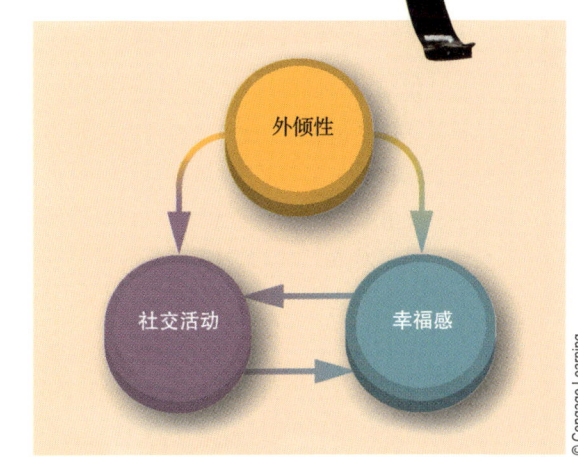

图1.9　幸福感的相关因素之间可能存在的因果关系
尽管我们有大量关于幸福感相关因素的研究数据，但想要解读其中的因果关系仍然十分困难。举例而言，我们知道幸福感与社交活动有中等程度的正相关，但我们无法断言究竟是活跃的社交活动带来了幸福还是幸福感致使人们更积极地参与社交活动。此外，由于发现第三变量（外倾性）与这两个变量都存在相关，我们不得不考虑外倾性可能同时导致了活跃的社交活动与高幸福感。

Wilson & Gilbert, 2005)。人们通常高估了自己购买昂贵汽车、出国度假、获得重大升职、搬到美丽的沿海城市，以及建造理想居所后将获得的快乐（在推荐阅读部分及第 6 章中可看到更多有关情感预测的内容）。同样地，人们往往会高估由失恋、没考取理想大学、没得到升职机会或得了重病所带来的痛苦与遗憾。因此，通向幸福的路标并不像人们假定的那么清晰。

第四，对主观幸福感的研究表明，人们往往会适应自己的处境。这种适应效应便是为什么收入增加不一定带来幸福感增加的原因之一。因此，当人们用于评判自身体验是否愉快的心理尺度发生变化，从而改变了他们的中点或用于比较的基线时，便产生了**享乐适应**（hedonic adaptation；"hedonic" 指与快乐相关）。不幸的是，当人们的体验有所改善时，享乐适应有时可能会将人们推上"快乐水车"（hedonic treadmill）——他们的基线向上移动了，因此这些改善并没有真正带来好处（Kahneman, 1999）。然而，当人们不得不应对巨大的挫折时，享乐适应可能有助于保护人们的心理和生理健康。例如，当人们被送进监狱或患上重病时，他们并不像他人假定的那样不快乐，因为他们适应了处境的改变，能从新的角度评价这些事件（Frederick & Loewenstein, 1999）。这并不是说在面对生活中的挫折时，享乐适应是必然的或彻底的，而是说人们适应挫折的能力比人们普遍认为的要好得多（Lucas, 2007）。

下面我们来看一个如何将心理学研究应用于日常问题的例子。在本书的第一个应用部分，我们将回顾与如何取得学业成功相关的研究证据。

推荐阅读

《幸福的绊脚石》（Stumbling on Happiness）
作者：丹尼尔·吉尔伯特

你认为自己知道什么会使你幸福吗？再好好想想。如果你读了这本书，对什么在未来的岁月里会给你带来快乐这一问题，你可能就不再那么自信了。哈佛大学心理学家丹尼尔·吉尔伯特率先对情感预测——人们预测自己对未来事件的情感反应的倾向——进行了研究。吉尔伯特发现，人们可以比较准确地预测自己会对事件有积极还是消极的情绪反应，但对情绪反应的强度与持续时间的预测就比较离谱了。为什么人们对自己情绪反应的预测出人意料地不准确呢？影响因素可能有许多种。一种考虑是，人们往往认为他们会花很多时间沉溺于挫折或享受胜利，但在现实中，大量其他事件和问题会分散人们的注意力。另一方面，大多数人并未充分认识到人类在合理化、淡化和忽视自己的错误与失败方面是多么高效。在面对人生困境时，人们会表现出各种认知偏差，以帮助他们将自己与困境引发的情绪影响隔离开来，但人们在预测自己对挫折的情绪反应时，并没有将这种奇特的"天赋"考虑进去。在这本内容丰富的书中，吉尔伯特并未局限于情感预测，他还对大量相关主题（尤其是决策的怪异性）的研究进行了分析整理，但本书的中心主题是，人们对什么能带给他们幸福的预期出人意料地不准确。你可能已经知道，这本书本身并不是一本自助书，但它读来有趣，对人们永无止境地追寻幸福有重要的启示。虽然吉尔伯特描述了大量研究，但他的文笔是如此亲切、幽默、引人入胜，你从来不会感觉像是在读研究综述。

应用：提高学业成绩

学习目标
- 列出培养良好学习习惯的三个步骤
- 讨论提高阅读理解能力和从课堂中吸取更多知识的策略
- 描述各种帮助记忆的策略

判断下列问题的对错：
____ 1. 如果教授讲课没有条理，难以听懂，那你去上课就没什么意义。
____ 2. 考试前一晚临时抱佛脚是一种有效的学习方式。
____ 3. 在做课堂笔记时，你应该像"人肉录音机"一样（就是把教授讲的所有内容准确记录下来）。
____ 4. 列出阅读作业的大纲是浪费时间。

很快你就会知道，上面这些说法都是错误的。如果你都答对了，你可能已经掌握了取得学业成功的各种技巧，养成了良好的习惯。然而像你这样的学生并不多。如今，大量的学生在进入大学时学习技巧和学习习惯都非常糟糕，但这并不完全是他们的错。一般来说，美国的教育系统没有提供多少关于良好学习技巧的正规指导。因此，在本书的第一个应用中，我们将从基础训练开始，通过分享一些心理学能够提供的关于如何提高学习成绩的见解，在一定程度上弥补这一欠缺。我们将讨论如何养成更好的学习习惯，如何加强阅读，如何从课堂中获得更多知识，以及如何使你的记忆更有效。

培养良好的学习习惯

人们倾向于认为大学的学习成绩在很大程度上取决于智力或一般心理能力。这一观点得到了如下事实的支持：美国大学入学考试（SAT 和 ACT）考察的基本上是一般认知能力，其结果能够很好地预测大学成绩（Kobrin et al., 2008）。然而，鲜为人知的是，学生的学习技巧、习惯与态度也能很好地预测学生的成绩表现。在一项对 344 个独立样本（包括 72 000 多名学生）的大规模综述中，克雷德和昆赛尔（Crede & Kuncel, 2008）报告说，学生的学习技巧、学习习惯的综合测量指标在预测学生成绩表现时，几乎与入学考试一样出色，并且这一指标解释了入学考试所不能解释的成绩差异。也就是说，这个大型综述表明，在决定学习成绩上，学习习惯的影响几乎与学习能力齐平。这一研究的实际意义是，大多数学生可能低估了学习技能的重要性。虽然大多数成年人的认知能力难以大幅提升，但学习习惯却可以大大改善。

无论如何，养成良好学习习惯的第一步是正视这样一个现实：学习通常需要刻苦努力。你不必为不喜欢学习而内疚，很多学生都不喜欢。一旦你接受了学习不是自然而然的这个前提，那么很明显，你需要制定一个系统的计划来促进充分的学习。根据希伯特和卡尔（Siebert & Karr, 2008）的观点，这样的学习计划应包括如下考虑。

制定学习日程表 对成功与不成功大学生之间差异的研究表明，成功的大学生能更有效地监控与调节他们的时间利用情况（Allgood et al., 2000）。如果你想等到学习的

冲动袭来，那么考试来临时你可能还在等待。因此，分配出确定的学习时间非常重要。检查一下你需要做的事（比如工作、家务等），提前弄清楚你什么时候可以学习。在分配学习时间时，请记住，应该是在你大脑完全清醒与警觉的时段。同时，对于在疲惫不堪之前自己一次能够学习多长时间，也要现实一些。在学习过程中留出一些休息时间，这样有助于恢复已经下降的注意力。

将学习计划写出来很重要（Tracy, 2006）。这样可以起到一种提示的作用，同时增加你对时间表的承诺。如**图1.10**（原著将图、表统称为图，本书沿用此做法——译者注）所示，你应该先制定每学期或每季度的学习计划。然后，在每个星期开始前，将具体的学习任务分配到每个学习单元里。用这种方法就可以避免考试前临时抱佛脚。对大多数人来说，临时抱佛脚是一种无效的学习策略（Wong, 2012）。它会使你的记忆力吃紧，消耗你的精力，还可能引发考试焦虑。

	周一	周二	周三	周四	周五	周六	周日
上午8点						工作	
上午9点	历史	学习	历史	学习	历史	工作	
上午10点	心理学	法语	心理学	法语	心理学	工作	
上午11点	学习		学习		学习	工作	
中午	数学	学习	数学	学习	数学	工作	学习
下午1点							学习
下午2点	学习	英语	学习	英语	学习		学习
下午3点	学习		学习		学习		
下午4点							
下午5点							
下午6点	工作	学习	工作				学习
下午7点	工作	学习	工作				学习
下午8点	工作	学习	工作				学习
下午9点	工作	学习	工作				学习
下午10点	工作		工作				

图1.10 活动日程表示例
这是一名学生一学期的一般活动日程表。每一周，这名学生都会把要上的课程的特定作业填入各学习单元内。

在做每周计划时，尽力避免把重要任务推后，比如学期论文或报告等。时间管理专家指出，人们总是倾向于先完成简单的、例行性的任务，把更复杂的大任务留给想象中有更多时间的未来。这种常见的倾向会导致大多数人把主要任务推迟到来不及好好完成的时刻。你可以通过将大任务分割为可单独计划的小任务来避免这种陷阱。

找一个能集中精力的地方学习 在哪里学习也很重要。关键是要找一个干扰少的地方。大多数人都不能一边看电视、听大声的音乐或谈话，一边进行有效的学习。不要依靠意志力帮你克服这些干扰。提前做好计划，一次性避免这些干扰可能要简单得多。

对学习进行奖励 人很难激励自己有规律地学习的原因之一是，学习的回报经常是在遥远的将来。最终的回报——学位，可能等要几年之后。即使是短期回报，比如课程成绩拿到A，也要经过数星期或数月时间才能得到。学习时给自己及时的奖励有助于解决这个问题。给自己可触碰的奖励将更容易激励自己去学习，比如：完成学习任务后奖励自己一些零食、看会儿电视节目或者给好朋友打个电话。因此，你应该制定现实的学习目标，并在完成后奖励自己。

提高阅读能力

你的大部分学习时间都用于阅读和吸收信息。提高阅读理解能力的关键是：逐节预习阅读作业，努力主动地加工信息的含义，了解每段的主要观点，并在每节结束时细心回顾这些观点。现代的教科书通常包含各种学习辅助工具，可以用来提高阅读能力。如果书中有章节大纲、小结和学习目标的话，不要忽略它们，这些学习元素可以帮你识别这章的重点内容。作者们在制定这些以及其他学习辅助材料时，投入了大量的努力和思考。利用好这些辅助材料才是明智的。

与阅读教科书相关的另一个重要问题是，学生是否应该以及如何标记自己的阅读作业。许多学生拿荧光笔在书上随意地划几个句子，并以此欺骗自己，认为自己是在学习。如果没有深思熟虑的选择性，他们这样做只是把一本教科书变成了涂色书，所以一些教授怀疑用这种方式标记教材中的内容是否有价值。不过，研究表明，如果学生能够有效地聚焦于材料的主要观点，并在之后复习他们所标记的内容，那么标记教材内容确实是一种有效的学习策略（Caverly, Orlando, & Mullen, 2000）。

若执行有效，标记重点可以培养积极的阅读习惯，提高阅读理解能力，并减少后续需要复习的篇幅（Van Blerkom, 2012）。有效进行重点内容标记的关键在于只找出（并标记）主要观点、关键的支撑细节及专业术语。大多数教科书都是经过精心设计的，每段都有存在的理由。试着找出一两句最能表达每个段落目的的句子。进行标记时要把握好度，如果你标记的内容过少，那么你很难把握住文章的核心观点；但如果你标记过多，那有效压缩复习篇幅的目的就不能达成。

还有一些方法可以提高你的阅读效率。其中一个方法是在每阅读一节后，合上书本，尝试尽可能地回忆读过的内容，然后复习书中材料，再一次进行回忆。对这种提取练习的研究发现，这种方法明显优于同等时间的简单重复学习，甚至优于精心制作概念导图的方法（Karpicke & Blunt, 2011）。另一个相近的学习方法是在阅读一段后自我提问并自我回答。研究发现用这种方法能够比简单地重复阅读掌握更多的学习内容（Weinstein, McDermott, & Roediger, 2010）。

从课堂中学到更多知识

尽管老师讲的有时有些枯燥乏味，但高缺席率与成绩差相关是不争的事实。例如，林格伦（Lindgren, 1969）发现，成绩差的学生（平均成绩为 C- 或低于 C-）比成绩好的学生（平均成绩为 B 或高于 B）普遍缺席率更高，如**图1.11**所示。即使某个老师的课难以理解，你几乎学不到任何知识，去上课依然非常重要。即使没有别的，你还可以感受到老师的思路。这样做有助于你预测考试范围并以老师喜欢的方式答题。

所幸的是，大多数老师的课都相当连贯。研究表明，在大学课堂上认真记笔记与学习成绩和表现的提高相关（Titsworth & Kiewra, 2004）。然而，研究也显示很多学生的课堂笔

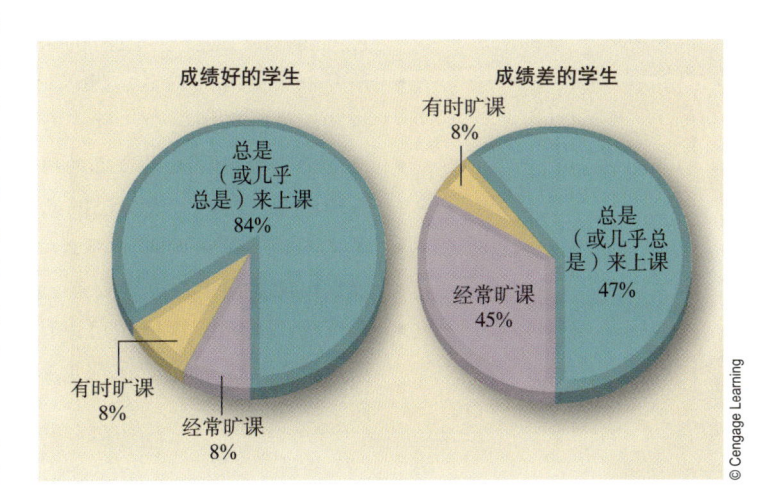

图 1.11　成绩好与成绩差的学生的课堂出席率

林格伦（Lindgren, 1969）发现，成绩好的学生课堂出席率高于成绩差的学生。

记不完整得令人吃惊，学生平均只能记录一堂课中不足 40% 的重要观点（Armbruster, 2000）。因此，在课堂上学到更多的关键在于保持学习动力和专注力，努力使你的笔记尽可能完整。讲授学习技巧的书籍中有很多关于如何做高质量课堂笔记的建议（Downing, 2011; McWhorter & Sember, 2013）。这些建议包括：

- 积极主动地倾听。积极倾听意味着将注意力完全集中于讲课者。尝试预测讲课者接下来要讲的内容，并思考背后更深层的意义。关注讲课者的非言语信息，它可能有助于进一步澄清讲课者的意图以及他想表达的意义。
- 预习相关科目的内容，做课前准备。当你第二遍看学习材料时，需要消化的全新知识就会变得更少。这一方法在学习比较复杂和有难度的知识时尤其有效。
- 把老师讲授的观点用自己的语言记录下来。不要试图做一台"人肉录音机"。把老师讲的"翻译"成自己的语言会逼迫你将知识组织成对你有意义的形式。
- 寻找各种（细微的或不那么细微的）线索，了解老师认为什么是重要的。这些线索可能是简单地重复要点，或随口说出的"你还会遇到这种情况"之类的话。
- 在课堂上提问。这样做可以让你积极地参与其中，并有机会澄清你可能误解的观点。很多学生羞于在课堂上提出本应该提出的问题，但实际上教授们非常欢迎学生提问。

应用记忆规律

对记忆过程的科学研究可以追溯到 1885 年，当时赫尔曼·艾宾浩斯发表了一系列有关记忆的深刻研究。从那时起，心理学家们发现了一些有助于人们提高学习技能的记忆规律。

进行足够的练习

或许你听说过练习成就完美。实际上，练习不一定能保证完美的表现，但不断复习通常有利于信息的保持。研究表明，记忆保持率随复述次数的增加而提高（Greene, 1992）。有证据表明，过度学习甚至都是有好处的。**过度学习**（overlearning）是指在首次表现出对材料的掌握之后，继续对其进行复述。在一个经典研究中，当参与者掌握了一个名词列表（即能丝毫不错地背诵）之后，克鲁格（Krueger, 1929）要求他们再复述 50% 或 100% 的试次（重复）。测量记忆保持量的时间间隔最长达 28 天，克鲁格发现，过度学习能使人更好地回忆列表。现代研究也表明，过度学习可以提高一周内的考试成绩，但目前还没有关于其长期（超过一个月）效益的一致证据（Rohrer et al., 2005）。

尽管练习的益处为人们所熟知，但人们有一种奇怪的倾向，即高估自己对某一主题的知识，以及随后在对这一知识的记忆测验中的表现（Koriat & Bjork, 2005）。在学习了材料之后，人们还倾向于低估额外学习和练习的价值（Kornell et al., 2011）。这就是为什么在真正的考试来临之前，非正式地测试一下你认为自己已经掌握的信息是个好主意。近期研究表明，除了检查你的掌握程度，测验实际上还可以提升保持率，这种现象被称为测验效应（Roediger & Butler, 2011）。有研究表明，对所学知识进行测验比在相等时间内进行学习更能提高记忆的效果（见图 1.12）。参与者若能得到反馈，测验的积极效应将会增强（Butler & Roediger, 2008）。此外，研究还表明，实验室中的测验效应可在真实的学校环境中重复（McDaniel et al., 2011; Roediger et al., 2011）。遗憾的是，由于这是比较近期的发现，意识到测验价值的学生相对较少（Karpicke, Butler, & Roediger, 2009）。

为什么测验如此有益？关键似乎在于，测验迫使学生努力提取信息，从而促进了之后的保持（Roediger et al., 2010）。实际上，即使不成功的提取努力也能促进保持（Kornell, Hays, & Bjork, 2009）。在任何情况下，自我测验似乎都是一个很好的记忆工具，这意味着读者认真做一下每章后面的练习题将是非常明智的。

采用分散练习法

假设你要为某个考试学习 9 个小时。是把所有的学习任务都"塞进"一个 9 小时的学习时段（即集中练习），还是分为每天学习 3 小时，连续学习三天（即分散练习），效果更好？有证据表明，分散练习的记忆效果要优于集中练习（Kornell et al., 2010; Rohrer & Pashler, 2010）。此外，一项包括 300 多个实验的综述（Cepeda et al., 2006）表明，学习与

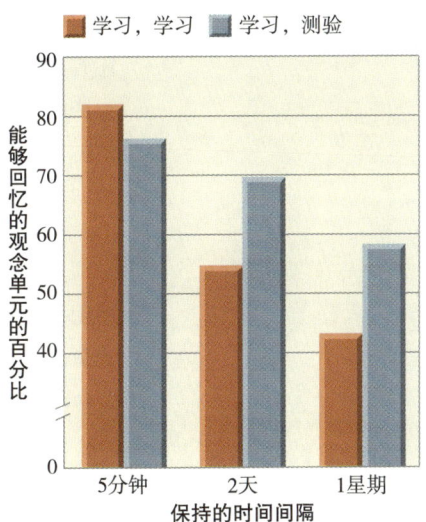

图 1.12 测验效应

在罗迪格和卡尔皮克（Roediger & Karpicke, 2006b）的一项研究中，参与者用 7 分钟时间学习一段短文。之后一部分参与者再学习 7 分钟，另一部分对所学内容进行 7 分钟的测验。在研究的第二部分，参与者分别在学习后的 5 分钟、2 天以及 1 星期进行测验。在间隔 5 分钟后的测验中，两组参与者的成绩并没有大的差异，然而在 2 天以及 1 星期后的测验中，测验组参与者的成绩有明显的优势。

资料来源：Roediger, III, H. L., & Karpicke, J. D. (2006). Test-enhanced learning: Taking memory tests improves long-term retention. *Psychological Science*, 17, 3, 249–255. Copyright © 2006 Blackwell Publishing. Reprinted by permission of Sage Publications.

图 1.13 集中练习与分散练习的记忆效果

一项包括 300 多个实验的综述考察了时间间隔的重要性。如图所示,在所有时间间隔上,分散练习法的记忆效果均优于集中练习法。间隔时间越长,两种练习法的差异越明显。这些发现表明,当你需要或想长期记住材料时,分散练习法尤其有利。

资料来源:Cepeda et al., 2006.

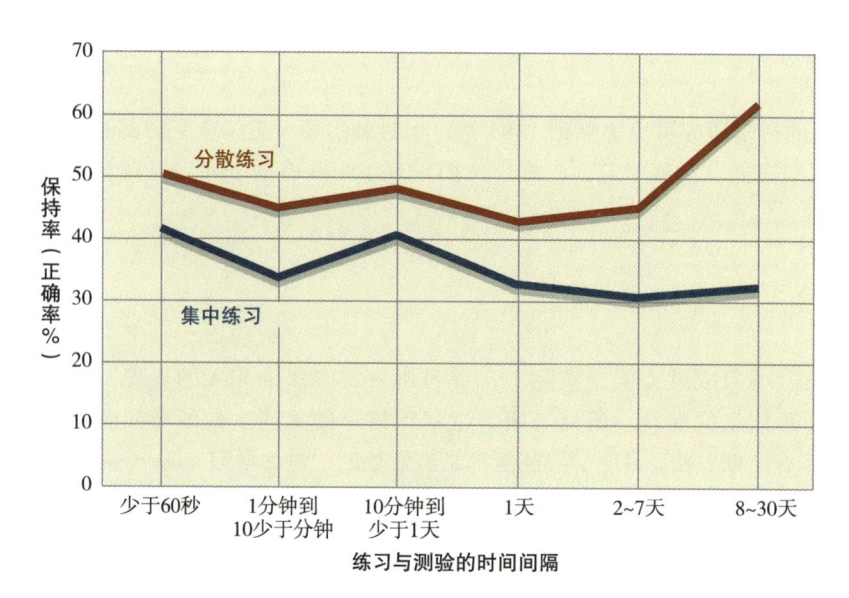

测试的间隔时间越长,分散练习的记忆优势越明显(如**图 1.13**)。这篇综述还总结道:学习与测试的间隔时间越长,两次练习之间的最佳间隔时间也越长。如果距离考试还有两天以上,那么练习时段的最佳间隔在 24 小时左右。分散练习法较之于集中练习法的优越性,是为什么考试前临时抱佛脚不可取的另一个原因。

对记忆材料进行组织

组织良好的信息材料,记忆保持率往往更高(Einstein & McDaniel, 2004)。在适用的情况下,层级组织特别有用。因此,列出学校阅读作业的大纲是个非常好的主意。与这一推理相一致,有证据表明,提炼出教材的大纲能够增强对内容的记忆(McDaniel, Waddill, & Shakesby, 1996)。

强调深度加工

还有研究表明,你读材料的频率不如你加工的深度重要(Craik & Tulving, 1975)。因此,如果你想记住你读到的信息,你就必须全力以赴地思考它的含义(Einstein & McDaniel, 2004)。如果能少花些时间死记硬背,多花些时间关注和分析阅读作业的意思,很多学生可能都会获益。特别是,使材料具有个人意义是有帮助的。当你阅读教材时,试着将信息与你自己的生活和经历联系起来。例如,在心理学教材中读到自信这一人格特质时,你可以想想你认识的哪些人特别自信,以及你为什么会认为他具有这种特质。

使用各种记忆术

当然,让学习材料具有个人意义有时是非常困难的。比如,学习化学知识的时候,你很难将多聚体与个人相关联。这种困难导致出现了多种**记忆术**(mnemonic devices),或增强记忆的策略,旨在使抽象的材料变得更有意义。

"藏头诗"与缩写词 "藏头诗"是一些短语(或诗歌),其中每个单词(或行)的首字母起提示作用，帮助你回忆以同一个字母开头的抽象词。例如，你可以用"Every good boy does fine"（或"deserves favor"）来记住音符的顺序。"藏头诗"的一个变体是缩写词，即用一系列单词的首字母组成一个新的单词。例如，学生们在记忆光谱的颜色顺序时，经常会记一个人名"Roy G. Biv"，它是红（red）、橙（orange）、黄（yellow）、绿（green）、蓝（blue）、靛（indigo）、紫（violet）的首字母缩写。人们创造的具有个人意义的"藏头诗"与缩写词，是辅助记忆的有效工具（Hermann, Raybeck, & Gruneberg, 2002）。

联想法 联想法即想象出一幅将需要记忆的事物联系在一起的心理图像。例如，你打算在回家路上的杂货店买最新杂志、剃须膏、胶卷和钢笔。为记住这几个物品，你可以想象一位公众人物的肖像印在杂志上，相机正在拍摄他（她）用钢笔剃须的画面。有研究者认为联想到的心理图像越离奇，记忆效果越好（Iaccino, 1996）。

定位法 定位法是想象在一条熟悉的路线上漫步，而此前你已将要记忆的项目与路线中的位置联系起来。首先，你需要记住一系列定位，或者说是路线上的位置。通常，这些定位是你家或附近的特定位置。然后，想象你要记住的每样东西出现在其中一个位置。尽量将每个场景想象得独特而生动。当你需要回忆这些项目的时候，想象自己沿着这条熟悉的小路行走。小路上的各个定位可作为你想象的画面的提取线索（见图 1.14）。定位法可确保记忆内容的顺序是正确的，因为这些项目的顺序是由路线上位置的顺序决定的。实证研究结果也支持了这种方法在记忆列表信息时的价值（Massen & Vaterrodt-Plünnecke, 2006）。一项研究发现，用路线上的位置作为记忆锚点时，从家到办公室的路线优于家中的路线（Massen et al., 2009）。

图 1.14 定位法

在这个来自鲍尔（Bower, 1970）的例子中，一个人在去购物前，将需要购买的物品与熟悉位置（定位）的自然顺序配对：(1) 热狗/车道 (2) 猫粮/车库 (3) 西红柿/前门 (4) 香蕉/衣橱 (5) 威士忌/厨房水槽。如最后的模块所示，购物者可以通过在脑海中走一遍相关的定位来回忆起需要购买的物品。

资料来源：Bower, G. H. (1970). Analysis of a mnemonic device. *American Scientist*, *58*, 496–499. Copyright © 1970 by Scientific Research Society. Reprinted by permission.

本章回顾

主要观点

进步的悖论

- 尽管现代社会见证了巨大的科技进步，但个人问题并未减少。即便有许多节约时间的设备，人们的自由时间却越来越少。人们可选择的生活方式大大增加了，但有证据表明，选择过载反而会破坏个体的幸福感。
- 尽管我们对周围世界的控制力超出以往任何时代，但我们制造的麻烦似乎与我们解决的问题一样多。因此，许多理论家认为科技进步带来了新的、甚至可能更困难的心理调适问题。

寻找方向感

- 许多理论家认为，现代生活的基本挑战是寻找方向感和意义感。这种寻找有许多表现形式，包括求助于自我实现课程、宗教团体和媒体上的"治疗师"。
- 自助书籍的广泛流行是人们努力寻求方向感的有趣表现形式。部分自助书籍提供了有价值的建议，但剩下的大多数则充斥着心理呓语，也没有科学研究依据。许多自助书籍缺乏关于如何改变行为的明确建议，有些还鼓励用自我中心的、自恋的方式来处理人际关系。
- 尽管本书与自我实现课程、自助书籍及其他形式的流行心理学试图处理的问题有许多重合，但其理念和方法却大相径庭。本书基于这样一个前提：对心理学原理的准确认识在日常生活中是有价值的。

调适心理学

- 心理学既是科学又是一种职业，它关注行为以及相关的心理和生理过程。调适是一个十分广泛的心理学研究领域，它关注人们如何有效或无效地适应日常生活的要求和压力。

研究行为的科学方法

- 实证法是研究行为的科学方法。心理学家的结论依据的是对其假设所进行的正式的、系统的、客观的检验，而非推理、猜测或常识。科学研究方法的优势在于它对清晰性的重视以及对错误的不包容性。
- 实验法通过操纵自变量来观察其对因变量的影响。实验法往往通过比较实验组和控制组来达到此目的，除了对自变量的操纵所产生的不同外，这两组在其他方面必须相似。实验法能够得出变量间因果关系的结论，但此方法不适用于很多研究问题。
- 在兴趣变量无法操纵的情况下，心理学家可以采用相关研究法。相关系数是两变量相关程度的一个数字指标。相关研究包括自然观察法、个案研究法和问卷调查法。相关研究法有助于对许多不适合实验研究的问题进行调查，但无法证明两个变量间是因果关系。

幸福的根源：实证分析

- 对幸福感的科学分析告诉我们，许多有关幸福根源的常识观点是不正确的，包括大多数人都不幸福这种观点。金钱、年龄、性别、为人父母、智力和外表吸引力等因素与主观幸福感只有微弱的相关。
- 健康的身体、社会关系、宗教信仰和文化对幸福感有中度的影响。与幸福感明显且强烈相关的因素只有爱与婚姻、工作满意度以及人格，而人格很可能反映了遗传的影响。
- 幸福感是一个相对的概念，受人们对自己生活高度主观的评价的影响。对情感预测的研究表明，人们在预测什么事物能使自己幸福时，表现出奇地糟糕。个体会适应生活中的积极和消极事件，从而产生一种"快乐水车"效应。

应用：提高学业成绩

- 研究表明，在决定大学学业成功与否方面，学习习惯与能力的影响几乎同样重要。为了养成良好的学习习惯，你应该制定一份书面的学习计划，并在遵守了计划时奖励自己。你还应该尽量选择一个相对没有干扰的学习环境。
- 你应该采用积极阅读法，找出阅读材料中最重要的观点。在教材中标出重点是一种有效的策略，前提是你能足够有效地聚焦于材料的主要思想，并随后复习你标出的内容。做好笔记可以帮你从课堂上学到更多。应用积极倾听技巧，并用自己的语言记录课堂要点也很重要。
- 复述（即使有时达到了过度学习的程度）有利于记忆。对学习内容进行测验似乎能够帮助记忆。分散练习法与深层加工策略也有利于提高记忆。研究还表明，对学习材料进行组织有利于记忆，因此列出阅读材料的提纲很有价值。
- "藏头诗"与缩写词等记忆术可丰富材料的意义。联想法与定位法等记忆术依赖的是视觉表象的价值。

关键术语

自恋	相关
心理学	相关系数
行为	自然观察法
临床心理学	个案研究
调适	问卷调查法
实证主义	主观幸福感
实验	情感预测
自变量	享乐适应
因变量	过度学习
实验组	记忆术
控制组	

练习题

1. 科技进步并没有给我们的集体健康和幸福带来显著的提升。该陈述定义了_____。
   a. 逃避自由
   b. 正面与反面观点现象
   c. 现代社会
   d. 进步的悖论

2. 巴里·施瓦茨（Schwartz, 2004）认为_____。
   a. 现代社会人们的生活选择急剧增加
   b. 充裕的生活选择有未被预料到的代价
   c. 选择过载增加了选择前多虑与选择后懊悔的倾向
   d. 以上选项全部正确

3. 以下哪项不是本书对自助书籍的批判?_____。
   a. 它们很少基于可靠的研究
   b. 它们中的大多数不提供行为改变的明确指导
   c. 它们涵盖的主题十分有限
   d. 许多书中充斥着心理呓语

4. 动物在环境改变时的适应类似于人类的_____。
   a. 定向
   b. 进化
   c. 同化
   d. 调适

5. 在实验研究法中研究者可以操纵_____，观察_____是否因此发生改变。
   a. 自变量；因变量
   b. 控制；实验
   c. 实验；控制
   d. 因变量；自变量

6. 某研究者想要确定某种饮食是否能提高学校中儿童的学习成绩。在这个研究中，自变量是_____。
   a. 饮食的类型
   b. 学习成绩的测量
   c. 儿童的年龄或年级
   d. 儿童的智力水平

7. 心理学家收集了一名变态杀手的背景信息，访谈了凶手以及认识凶手的人，并对凶手进行了心理测试，这种研究方法是_____。
   a. 个案研究法
   b. 自然观察法
   c. 问卷调查法
   d. 实验研究法

8. 实验研究法的主要优点是_____。
   a. 有着科学基础，因此对人有说服力
   b. 实验复制了真实的情境
   c. 任何研究问题都可以应用实验法
   d. 它可以使研究者得出因果关系的结论

9. 研究表明_____与幸福呈中等程度的相关。
   a. 收入
   b. 智力
   c. 为人父母
   d. 社交活动

10. 用自己的语言而不是逐字逐句地记笔记的理由是____。
    a. 大部分老师都相当啰唆
    b. 当场"翻译"是一种良好的心理练习
    c. 可以避免日后发生剽窃的可能
    d. 它迫使你用对自己有意义的方式吸收知识

答案

1. d
2. d
3. c
4. d
5. a
6. a
7. a
8. d
9. d
10. d

第 2 章 人格理论

自我评估：感觉寻求量表（Sensation-Seeking Scale）

指导语

下面的每个题目均包含 A、B 两个选项。请在题目左侧的横线上填写最能描述你喜好或感受的选项。重要的是，你在回答所有题目时都只能选一个选项，A 或 B。在某些情况下，你可能觉得两个选项都能描述你的喜好或感受，请选择更能描述你喜好或感受的那个选项；在某些情况下，你可能觉得两个选项都与你不符，请选择相对符合的那个选项。我们只对你的喜好和感受感兴趣，并不关心其他人对这些事情有何看法，也不关心一个人应当有何感受。答案没有对错之分，请坦率、诚实地评价自己。

量　表

____ 1. A. 我想找一份需要经常出差的工作。
　　　B. 我喜欢在一个地方工作。
____ 2. A. 凉爽寒冷的天气会使我精神抖擞。
　　　B. 寒冷的天气会让我想要赶紧回到室内。
____ 3. A. 我能从按部就班的工作中体会到某种乐趣。
　　　B. 尽管有时是必要的，但我往往不喜欢按部就班的工作。
____ 4. A. 我经常希望自己能成为一名登山者。
　　　B. 我不能理解那些冒着生命危险登山的人。
____ 5. A. 我不喜欢所有的身体气味。
　　　B. 我喜欢一些带有泥土气息的身体气味。
____ 6. A. 我厌倦看到同样的老面孔。
　　　B. 我喜欢老朋友带来的令人舒适的熟悉感。
____ 7. A. 我喜欢自己一个人去探索一个陌生的城市或城区，即使可能会迷路。
　　　B. 当我身处一个不太熟悉的地方时，我喜欢找一名导游。
____ 8. A. 一旦我发现了去某个地方最快、最便捷的路线，我就会一直走这条路。
　　　B. 我有时会走不同的路线去我经常去的地方，只是为了多样化的体验。
____ 9. A. 我不想尝试任何可能有奇怪和危险作用的药物。
　　　B. 我想尝试一些能让人产生幻觉的新药。
____ 10. A. 我喜欢生活在一个人人都安全、有保障、幸福的理想社会里。
　　　 B. 我喜欢生活在我们历史中的动荡年代。
____ 11. A. 我有时喜欢做一些有点儿吓人的事情。
　　　 B. 一个明智的人不会去做危险的活动。
____ 12. A. 我会点自己熟悉的菜肴，以避免失望和不快。
　　　 B. 我喜欢尝试一些我以前从未吃过的新食物。
____ 13. A. 我无法忍受乘坐一个喜欢超速驾驶的人的车。
　　　 B. 我有时喜欢把车开得很快，因为我觉得这令人兴奋。

____ 14. A. 如果我是一名销售人员，我更愿意拿一份固定工资，而不愿选择佣金制的工作，因为这样会有赚得少或分文不赚的风险。
　　　 B. 如果我是一名销售人员，如果有机会赚到比固定工资更多的钱，那我更愿意选择佣金制的工作。
____ 15. A. 我想参加滑水运动。
　　　 B. 我不想参加滑水运动。
____ 16. A. 我不喜欢和那些信仰与我大相径庭的人争论，因为这样的争论永远得不到解决。
　　　 B. 我发现不赞同我的人比那些赞同我的人更能激发我的兴趣。
____ 17. A. 当我旅行时，我喜欢相当细致地规划我的路线和时间表。
　　　 B. 我想在没有预先计划、明确路线和时间表的情况下就开始一段旅行。
____ 18. A. 我享受观看赛车比赛所带来的惊险刺激。
　　　 B. 我觉得观看赛车比赛令人不适。
____ 19. A. 大部分人在人寿保险上花的钱太多了。
　　　 B. 所有人都应该购买人寿保险。
____ 20. A. 我想去学开飞机。
　　　 B. 我不想学开飞机。
____ 21. A. 我不想被催眠。
　　　 B. 我想体验被催眠的感觉。
____ 22. A. 人生最重要的目标就是要过得充实，尽可能多地体验生活。
　　　 B. 人生最重要的目标就是要去寻找安宁和幸福。
____ 23. A. 我想尝试跳伞。
　　　 B. 不管有没有降落伞，我永远都不想从飞机上跳下来。
____ 24. A. 我会逐渐进入冷水中，给自己一点时间去适应它。
　　　 B. 我喜欢一头扎进或直接跳进海水或冷水池里。

____ 25. A. 我不喜欢大多数现代音乐的不规则和不和谐。
       B. 我喜欢听新的、不寻常的音乐。
____ 26. A. 我喜欢令人兴奋的、难以捉摸的朋友。
       B. 我喜欢可靠和按常理出牌的朋友。
____ 27. A. 当我去度假时，我喜欢舒适的房间和床。
       B. 当我去度假时，我喜欢在不同的地方露营。
____ 28. A. 优秀艺术的本质在于它的明晰性、形式的对称性以及色彩的和谐性。
       B. 我经常在现代绘画"冲突"的色彩和不规则的形式中发现美。
____ 29. A. 粗鲁是最坏的社交之罪。
       B. 无聊是最坏的社交之罪。
____ 30. A. 在繁忙的一天后，我希望能睡个好觉。
       B. 我希望自己不用浪费那么多时间去睡觉。
____ 31. A. 我喜欢那些表露情绪的人，即使他们有点情绪不稳定。
       B. 我喜欢那些冷静、平和的人。
____ 32. A. 一幅好画应该冲击、震撼人们的感官。
       B. 一幅好画应该给人们带来平和、安全的感觉。
____ 33. A. 当我感到气馁时，我会通过放松和做一些令人舒缓的事情来恢复。
       B. 当我感到气馁时，我会通过到室外做些新的、刺激的事情来恢复。
____ 34. A. 骑摩托车的人一定有某种伤害自己的无意识需求。
       B. 我想骑摩托车。

计分方法

计分标准如下所示。如果你的回答跟下面的一致的话，就把它圈起来。数一数你圈出来多少个回答。这一数字便是你在感觉寻求量表上的得分。请在下面的横线上填写你的得分。

1. A	2. A	3. B	4. A	5. B	6. A	7. A
8. B	9. B	10. B	11. A	12. B	13. B	14. B
15. A	16. B	17. B	18. A	19. A	20. A	21. B
22. A	23. A	24. C	25. B	26. A	27. B	28. B
29. B	30. B	31. A	32. A	33. B	34. B	

我的得分：_____

测量的内容

顾名思义，感觉寻求量表（SSS）测量的是个体对高水平刺激的需要。感觉寻求涉及对那些很多人觉得很有压力的体验的主动寻求。马文·朱克曼（Zuckerman, 1994, 2007）认为，这种对感觉的渴望是一种具有高度遗传性的人格特质，会导致人们寻求刺激、冒险和新体验。

你刚才所做的量表是感觉寻求量表的第 2 版（Zuckerman, 1979），但它与当前的版本有很多重叠之处（Arnaut, 2006）。个体的感觉寻求水平分布在一个连续谱上，很多人处于中间位置。因素分析表明，感觉寻求这一人格特质由 4 个相关的成分组成。与低感觉寻求者相比，高感觉寻求者会表现出以下四个方面的特征（Arnaut, 2006; Zuckerman, 1994）：

- 寻求刺激和冒险。他们更愿意参加可能会有身体风险的活动。因此，他们更可能去登山、跳伞、冲浪和水肺潜水。
- 寻求体验。他们更愿意自愿参与他们不太了解的、非同寻常的实验或活动。他们往往喜欢到处旅行，喜欢有冲击力的艺术、狂野的聚会和不寻常的朋友。
- 缺乏抑制。他们比较无拘无束。因此，他们容易酗酒、使用消遣性毒品、赌博以及发生随意性行为。
- 易感厌倦。他们的主要敌人是单调乏味。他们不太能容忍平淡和重复，并且很快、很容易感到厌倦。

感觉寻求量表有相当高的重测信度，并且有充分的证据支持它的预测效度。例如，研究表明，与低感觉寻求者相比，高感觉寻求者认为假想情境的风险更低，他们也更愿意自愿参加会被催眠的实验。本量表还与变化寻求、新奇寻求和冲动性的测量工具有很强的正相关。有趣的是，人们在该量表上的得分往往随着年龄的增长而降低。

分数解读

我们的常模基于朱克曼及其同事所报告的 62 名本科生样本的百分位数。虽然男性在感觉寻求量表上的得分往往比女性高一些，但差异小到我们可以只报告一组（平均）常模。请记住，人们的感觉寻求得分往往会随着年龄的增长而下降。所以，如果你不属于大学生的年龄范围（17~23 岁），这些常模对你而言可能有点高。

常模

高分：   21~34
中等分数：   11~20
低分：   0~10

资料来源：Zuckerman, M. (1979). *Sensation seeking: Beyond the optimal level of arousal* (pp. 385–387). Hillsdale, NJ: Lawrence Erlbaum Associates. Reprinted with permission of Taylor & Francis Group LLC.

自我反思：你是谁？

下面的 75 个人格特质词汇摘自安德森（Anderson, 1968）整理的一个有影响力的列表。请从中选出 20 个最能描述你的特质（只能选 20 个！），并在上面打钩。

真诚的	健忘的	讲真话的	富于想象力的	外向的
悲观的	狡猾的	成熟的	粗鲁的	可靠的
开明的	有条理的	怀疑的	勤奋的	执着的
多疑的	虚伪的	高效的	高傲的	有序的
耐心的	固执的	机智的	乐观的	精力充沛的
紧张的	天真的	有洞察力的	体贴的	谦虚的
合作的	懒散的	守时的	彬彬有礼的	聪明的
整洁的	好抱怨的	有偏见的	坦率的	善良的
逻辑性强的	有道德感的	友好的	理想主义的	脾气好的
自负的	有说服力的	和蔼可亲的	温暖的	无私的
好交际的	神经质的	害羞的	多才多艺的	热情的
傲慢的	笨拙的	易怒的	勇敢的	健全的
高兴的	叛逆的	强迫性的	老练的	慷慨的
诚实的	好学的	讥讽的	忠诚的	自夸的
通情达理的	体谅人的	恭敬的	可信赖的	大胆的

审视你所选择的 20 个特质。总体而言，你所勾勒的概貌是正面的还是负面的？

考虑卡尔·罗杰斯的观点：我们经常歪曲现实，构建一个过于正面的自我概念。你觉得自己客观吗？

哪些特质使你独一无二？

你最大的优势是什么？

你最大的弱点是什么？

资料来源：© Cengage Learning

第 2 章

人格理论

人格的本质
　什么是人格
　什么是人格特质
　人格五因素模型

心理动力学视角
　弗洛伊德的精神分析理论
　荣格的分析心理学
　阿德勒的个体心理学
　对心理动力学视角的评价

行为主义视角
　巴甫洛夫的经典条件作用
　斯金纳的操作性条件作用
　班杜拉的社会认知理论
　对行为主义视角的评价

人本主义视角
　罗杰斯以人为中心的理论
　马斯洛的自我实现理论
　对人本主义视角的评价

生物学视角
　艾森克的理论
　近期的行为遗传学研究
　人格的神经科学
　人格的演化取向
　对生物学视角的评价

人格的当代实证取向
　感觉寻求：快节奏的生活
　对自恋的再度关注
　恐惧管理理论

文化与人格

应用：评估你的人格
　心理测量中的关键概念
　自陈量表
　投射测验

本章回顾

练习题

想象一下：你正与另外 3 个人站在急速上升的电梯里，突然，大楼停电了，电梯停在了 45 层。面对这种困境，这些同行者的调适方式可能不同。有人可能会开玩笑来缓解紧张。另一个人可能会做出不祥的预言："我们永远出不去了。"第三个人可能冷静地思考如何从电梯里逃出去。这些对相同压力情境的不同应对方式之所以会出现，是因为每个人都有不同的人格。人格差异显著地影响着人们的调适模式。因此，旨在解释人格的理论有助于我们理解调适过程。

在本章中，我们将向你介绍各种尝试解释人格结构及其发展的理论。我们对人格理论的回顾也有助于你了解心理学的四个主要理论视角：心理动力学、行为主义、人本主义和生物学视角。这些理论取向是有助于解释行为的概念模型。熟知它们将有助于理解你将在本书及其他心理学书籍中遇到的许多观点。

人格的本质

学习目标
- 阐释人格及人格特质的含义
- 描述人格五因素模型以及大五特质与生活结果之间的关系

为了有效地探讨人格理论，我们需要暂时偏离主题，先介绍人格的定义，并对人格特质这一概念加以讨论。

什么是人格

如果你说一位朋友具有乐观的个性，这意味着什么？你的陈述表明，这个人有相当一致的倾向性，即在各种情况下，总是以一种快乐的、充满希望的和热情的方式行事，总是看到事物光明的一面。同样，如果你认为一个朋友有着外向的性格，你是指他（她）在各种情况下都一致性地表现出友好的、开放的和外向的行为方式。尽管没有人的行为是完全一致的，但这种跨情境的一致性是人格概念的核心所在。

独特性也是人格概念的核心。每个人都有一些与他人相同的特质，但也有一组自己独特的人格特质。每个人都是独一无二的。因此，就像前面电梯故事所显示的，人格概念有助于解释为什么在同样的情境下，人们会有不同的行为表现。

综上所述，我们用人格概念来解释：（1）人们在不同时间和情境下行为的稳定性（一致性）；（2）在同一情境下人们行为反应的差异性（独特性）。我们可以将这些观点整合到下面的定义中：**人格**（personality）是指个体的一致性的行为特征的独特集合。接下来，我们将详细地阐述特质的概念。

什么是人格特质

我们都说过"梅拉妮非常机灵"或"道格太胆小了，无法胜任那份工作"或"我希望自己能像安东尼那样自信"之类的话。当我们试图描述一个人的人格时，我们通常从特定的方面，即特质入手。**人格特质**（personality trait）是一种在各种情境下以特定方式行事的持久的性情。人们常用诸如诚实、可靠、喜怒无常、冲动、多疑、焦虑、兴奋、专横和友好之类的形容词来描述代表人格特质的性情。

Lucian Coman/Shutterstock.com

大多数人格特质理论都假定某些特质比其他特质更基本。根据这种观点，少量的基本特质决定了其他更为表层的特质。例如，某人常常表现得冲动、焦躁、易怒、爱吵闹以及没有耐心，这些特质可能源于一个更基本的特质——兴奋性。

许多心理学家接受了确定构成人格核心的基本特质这一挑战。例如，雷蒙德·卡特尔（Cattell, 1950, 1966）使用因素分析的统计程序将奥尔波特（Allport, 1937）编制的 171 个人格特质列表缩减至 16 个基本人格维度。**因素分析**（factor analysis）通过分析多个变量间的相关性来确定由紧密相关的变量组成的变量簇。如果一些变量（此处是人格特质）的测量值彼此高度相关，那么就可以假定一个单一因素影响了所有这些变量。研究者用因素分析来确定这些潜藏的因素。基于他的因素分析工作，卡特尔得出结论，只需测量 16 个特质就可以完整地描述个体的人格。**图 2.23** 中列有这 16 个基本特质，你可以在本章后面的"应用"部分找到该图，在那里我们将讨论卡特尔编制的测量这些特质的人格测验。

人格五因素模型

近年来，罗伯特·麦克雷和保罗·科斯塔（McCrae & Costa, 2003, 2008a）使用因素分析得出了一个更精简的人格五因素模型。他们认为，绝大多数人格特质都源于后来被称为"大五"的五个高阶特质，它们是：外向性、神经质、开放性、宜人性和尽责性（见**图 2.1**）。下面我们将详细介绍这五个特质。

1. 外向性（extraversion）。外向性得分高的人具有外向、善于社交、乐观、友好、坚定、合群的特点。这类人也有着更为积极的人生观，并会主动寻求社会交往、亲密感和相互依赖（Wilt & Revelle, 2009）。
2. 神经质（neuroticism）。神经质得分高的人往往焦虑、带有敌意、自我意识强、缺乏安全感和脆弱。他们往往会对压力反应过度（Mroczek & Almeida, 2004）。与其他人相比，他们通常也会表现出更多的冲动行为和情绪上的不稳定（Widiger, 2009）。
3. 开放性（openness to experience）。开放性与好奇心、灵活性、生动的幻想、想象力、艺术敏感性以及非传统的态度有关。开放性得分高的人往往能容忍模糊的局面，也不太需要对问题做个了结（McCrae & Sutin, 2009）。
4. 宜人性（agreeableness）。宜人性得分高的人通常富有同情心、相信他人、善于合作、谦逊、坦率。在此人格维度另一端的个体则具有多疑、敌对和富有攻击性等特点。宜人性与同理心和助人行为呈正相关（Graziano & Tobin, 2009）。然而，宜人性与收入呈负相关，这一点在男性群体中尤为明显（Judge, Livingston, & Hurst, 2012）。
5. 尽责性（conscientiousness）。责任心强的人往往勤奋、自律、有条理、守时并且可靠。尽责性与高自律性以及有效管理自己的能力有关（Roberts et al., 2009）。研究还表明，尽责性可促进员工的勤奋和可靠性（Lund et al., 2007）。

近年的研究表明，大五特质与社会经济地位（SES）

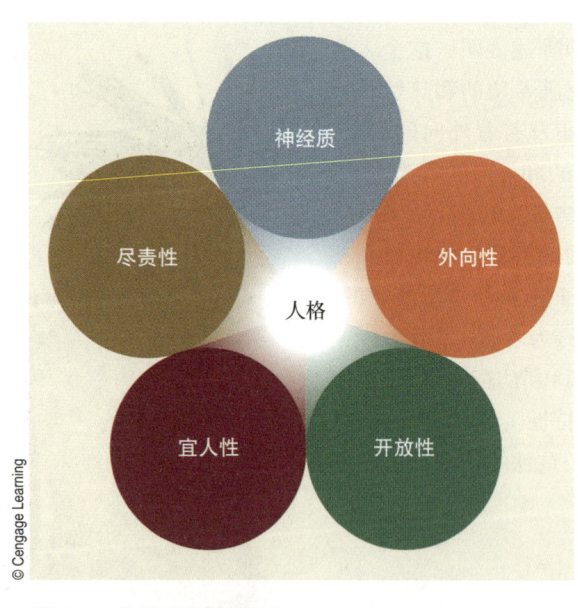

图 2.1　人格五因素模型

特质模型试图将人格拆分为几个基本维度。麦克雷和科斯塔（McCrae & Costa, 1987, 1997, 2003）认为，图中所示的五个高阶特质（即广为人知的大五特质）可以充分地描述人格。
资料来源：McCrae, R. R., & Costa, P. T. (1986). Clinical assessment can benefit from recent advances in personality psychology. *American Psychologist, 41*, 1001–1003.

之间可能存在一些有趣的关联。查普曼及其同事（Chapman et al., 2010）所做的一项关于人格、社会阶层和死亡率的大规模研究发现，在特定的大五特质上得高分的人数因社会阶层而异。图2.2显示了不同社会经济地位的个体在每个大五特质上得分处于前20%的概率。正如你所看到的，随着社会阶层的上升，个体为高尽责性的概率急剧上升。个体为高开放性和高外向性的概率也随着社会经济水平的上升而增加，不过增幅相对平缓。相反，高宜人性和神经质在高社会阶层中并不普遍。这些相关关系背后可能的因果关系目前还不甚清楚。

研究者还发现，大五人格特质与各种重要的人生结果之间存在着相关。例如，不论是在高中还是大学，平均绩点（GPA）高都与高尽责性相关，主要是因为尽责性高的学生学习更努力（Noftle & Robins, 2007）。大五特质中的几个特质与职业成就（事业成功）相关。外向性和尽责性与职业成就呈正相关，而神经质则与职业成就呈负相关（Miller Burke & Attridge, 2011; Roberts, Caspi, & Moffitt, 2003）。人格特质也可以预测离婚的可能性，因为神经质会提高离婚的概率，而宜人性和尽责性则会降低离婚的可能性（Roberts et al., 2007）。最后，可能也是最重要的一点，大五特质中的两个特质与个体的健康和死亡率相关。神经质与几乎所有主要精神障碍的高患病率相关，更不用说一些躯体疾病（Lahey, 2009; Widiger, 2009）；而尽责性则与较低的患病率和死亡率有关（Kern & Friedman, 2008）。其中的原因并不难理解，因为尽责性与你能想到的几乎每一种损害健康的行为，包括酗酒、过度进食、吸烟、吸毒、缺乏锻炼以及各种冒险的做法，都存在负相关（Roberts et al., 2009）。

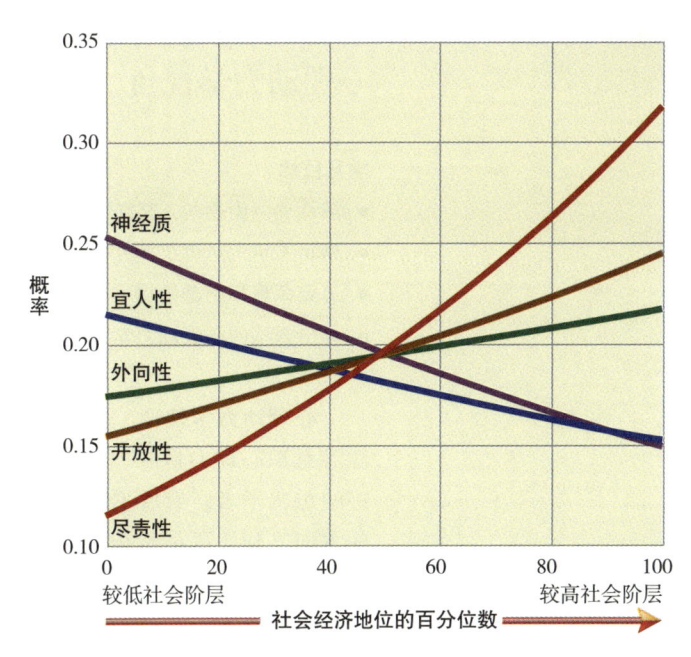

图2.2 大五人格特质与社会阶层

在一项关于人格和社会阶层如何共同影响健康和死亡率的调查中，查普曼及其同事（Chapman et al., 2010）绘制出了特定大五人格特质与社会经济地位之间的关系图。本图显示了不同社会经济地位的个体在每个大五特质上得分处于前20%的概率。例如，高尽责性更可能出现在较高的社会阶层，这可能是较高社会阶层死亡率较低的部分原因。

资料来源：Chapman. B. P., Fiscella, K., Kawachi, I., & Duberstein, P. R. (2010). Personality, socioeconomic status, and all-cause mortality in the United States. *American Journal of Epidemiology, 171*, 83–92. By permission of Oxford University Press.

麦克雷和科斯塔认为，通过测量他们确定的五个基本特质，就可以充分地描述人格。这一大胆的论断得到了许多其他研究的支持。在当代心理学中，五因素模型已成为人格结构的主导性概念（John, Naumann, & Soto, 2008）。这些特质被描述为绘制人格图所应依据的"经纬度"（Ozer & Reise, 1994, p. 361）。

然而，一些理论家对大五模型提出了批评。一个批评者阵营认为需要更多的人格特质来解释人格的多样性（Boyle, 2008）。例如，有人认为，"诚实－谦虚"应被看作人格的第六个基本因素（Lee & Ashton, 2008）。具有讽刺意味的是，其他的理论家则认为，应建立一个更简单的三因素人格模型（De Radd et al., 2010）。关于究竟需要多少个维度来描述人格的争论可能还要持续很多年。正如你将在本章中看到的，人格研究是一个有着悠久"理论决斗"历史的心理学领域。我们将通过分析弗洛伊德及其追随者极富影响力的工作，来开启这段理论考察之旅。

心理动力学视角

学习目标
- 解释弗洛伊德的人格结构观以及冲突和焦虑的作用
- 确定关键的防御机制并概述弗洛伊德的发展观
- 总结荣格和阿德勒提出的心理动力学理论
- 评价人格的心理动力学取向的优势与不足

心理动力学理论（psychodynamic theories）包括由西格蒙德·弗洛伊德创建的关注潜意识心理力量的理论及其所有的衍生理论。弗洛伊德激励了许多追随其思想足迹的杰出学者。有些追随者只是完善或更新了弗洛伊德的理论。另一些则转向了新的方向，建立了虽然相关但独立的思想流派。如今，心理动力学这项巨伞覆盖了众多相关的理论。在本节中，我们将详细探讨弗洛伊德的思想，随后简要介绍他的两个重要追随者卡尔·荣格和阿尔弗雷德·阿德勒的理论。

弗洛伊德的精神分析理论

西格蒙德·弗洛伊德（Sigmund Freud）生于1856年，在奥地利维也纳的一个中产阶级犹太家庭中长大。他很早就表现出对知识的兴趣，并成长为一个热情勤奋的年轻人。弗洛伊德梦想通过一项重大发现而成名，为此他曾在医学院解剖了400条雄性鳗鱼，并首次证明了鳗鱼有睾丸。他对鳗鱼的研究并没有使他成名。然而，他后来对人的研究使其成为现代最有影响力也最具争议的人物之一。

19世纪末，弗洛伊德开始在维也纳行医，那时的他是一名专攻神经病学的医生。与同期的其他神经学家一样，他经常治疗受无端恐惧、强迫观念、焦虑等神经质问题困扰的患者。最终，他投身于精神障碍的治疗之中，并开发了创新的治疗方法，这种方法被称为精神分析。在治疗过程中，医师需要与病人进行长时间的言语交流，并深入了解病人的生活。几十年的临床经验为弗洛伊德的人格理论提供了大量灵感。

尽管弗洛伊德的理论逐渐获得了声望，但同时代的大多数人却对他的理论感到不适，原因至少有以下三种。第一，弗洛伊德认为，潜意识力量掌控着人类的行为。这一观点令人不安，因为它表明人们并不是自身思想的主人。第二，弗洛伊德声称，童年经验强有力地决定着人们成年后的人格。这一观念也让很多人感到痛苦，因为它表明人们不是自己命运的主宰。第三，弗洛伊德认为，个体的人格取决于其如何应对自身的性冲动。这一主张冒犯了维多利亚时代保守的价值观。因此，弗洛伊德忍受了大量的批评、谴责和公然的嘲讽，即使是在他的工作吸引了更多有利的关注之后。是什么想法引起了如此之多的争议？

西格蒙德·弗洛伊德

弗洛伊德的精神分析理论建立在数十年临床工作的基础之上。他在上图的咨询室里治疗了很多病人。这个房间里有许多来自其他文化的艺术品以及最初的精神分析沙发。

人格结构

弗洛伊德将人格结构分为三个组成部分：本我、自我和超我（Freud, 1901, 1920）。他认为个体的行为是这三个部分相互作用的结果。

本我（id）是人格原始的、本能的部分，其运作遵循快乐原则。弗洛伊德把本我称作精神能量的蓄水池。他的意思是，本我包含了激发人类行为的原始生物冲动（进食、睡眠、排便、交配，等等）。本我的运作遵循快乐原则，该原则要求冲动的即时满足。本我参与初级加工思维（primary process thinking），即一种原始的、不合逻辑的、非理性的以及幻想取向的思维。

自我（ego）是人格的决策部分，其运作遵循现实原则。自我在本我与外部社会之间进行调解，因为本我强烈渴求即时满足，而外部社会则有着关于恰当行为的期望和规范。在决定如何行事方面，自我会考虑社会现实，即社会规范、礼仪、规则和风俗。自我受"现实原则"的指引，该原则试图延迟满足本我的冲动，直到发现适当的宣泄途径和情境。总之，为了避免麻烦，自我的任务常常是驯服本我不受控制的欲望。正如弗洛伊德所言，自我就像"马背上的骑手，必须控制住骏马强劲的力量"（Freud, 1923, p. 15）。

从长远来看，自我想要得到欲望的最大化满足，正如本我一样。然而，自我参与次级加工思维（secondary process thinking），即相对理性的、现实的、问题解决取向的思维。因此，自我会通过"恰当"行事来竭力避免来自社会及其代表的消极后果（如父母或老师的惩罚）。自我还会试图实现一些有时需要延迟满足的长期目标。

自我关注现实，而**超我**（superego）则是人格的道德部分，它包含着代表是非对错的社会标准。个体在一生中，特别是在童年期，都在接受关于什么是好行为、什么是坏行为的教育。最终，个体将这些社会规范中的许多内化于心，即他们真正接受了某些道德准则，然后他们迫使自己符合这些标准。超我在3~5岁时从自我中产生。有些人的超我会提出不合理的要求，以达到道德上的完美，这样的人会受过度内疚的折磨。

根据弗洛伊德的理论，本我、自我和超我分布在三种觉知水平上。他将潜意识与意识和前意识进行了对比（见**图 2.3**）。**意识**（conscious）包括个体在特定时间点

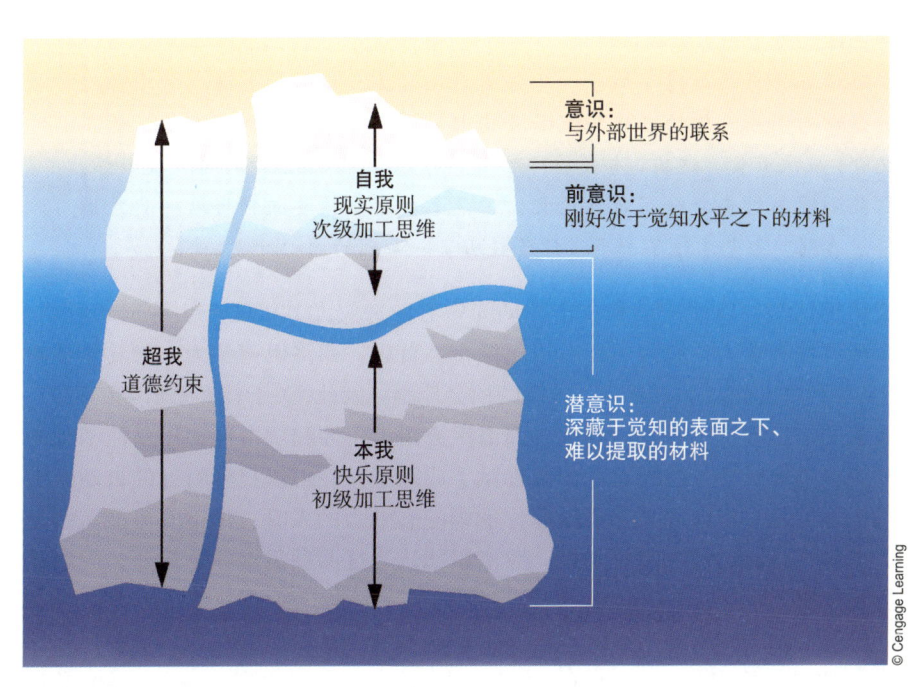

图 2.3 弗洛伊德的人格结构模型
弗洛伊德的理论认为，个体的觉知有三种水平：意识、前意识和潜意识。为了生动地描述潜意识的大小，人们常常将其比作冰山位于水面下的部分。弗洛伊德将人格结构也分为三个部分：本我、自我和超我。它们按照不同的原则运作，并表现出不同的思维模式。在弗洛伊德的模型中，本我是完全潜意识的，而自我和超我则在觉知的三个水平上运作。

所觉知到的所有内容。例如，此刻你的意识可能包括对本章内容的思考，以及略微觉知到的眼睛疲劳和饥饿。**前意识**（preconscious）包含易于提取的、刚好在觉知水平之下的材料。比如，你的小名、昨晚吃的食物或是昨天和朋友的争论等。**潜意识**（unconscious）包含的思想、记忆和欲望深藏于有意识觉知的表面之下，但会对个体的行为产生巨大的影响。你的潜意识中可能存在遗忘了的童年创伤或深藏着的对父母的敌对情感。

冲突与防御机制

弗洛伊德认为行为是一系列持续不断的内部冲突的结果。本我、自我与超我之间经常出现冲突。为什么会这样呢？因为本我想立即满足其冲动，而这常常与文明社会所倡导的规范相违背。例如，你的本我可能会有一种强烈的冲动，想痛打某个总是激怒你的同事。然而，社会不赞同这种行为，所以你的自我会尽力压制这一冲动，你会发现自己处于冲突之中。此时此刻，你可能正在经历冲突。用弗洛伊德的话说，你的本我可能正暗暗地催促你放弃阅读本章，这样你就能去看电视或者上网了，你的自我可能会在这一极富吸引力的选项与在学校中表现优异（或者至少通过这门课）这个社会诱导的需要之间进行权衡。

弗洛伊德认为，冲突主导着人们的生活。他坚称，个体从一个冲突转到另一个冲突。下面的场景很好地说明了人格的三个部分如何相互作用，进而产生持续不断的冲突。

想象一下：你的闹钟很烦人地响了起来，你昏昏沉沉地翻身将它关掉。现在7点了，是时候起床去上历史课了。然而，你的本我（遵循快乐原则运作）催促你回到补觉的即时满足状态；你的自我（遵循现实原则运作）指出，你真的必须得去上课，因为单凭自学你无法理解课本的内容。你的本我（以它典型的不切实际的方式）自以为是地使你确信，你肯定能得到你所需要的A。它建议你继续睡觉，在梦里好好享受室友羡慕的眼神。就在你放松下来的时候，你的超我冲了出来，加入了这场战斗。它试图让你因父母为你想逃的这堂课所付的学费而感到内疚。你还没有从床上爬起来，你的内心却已经经历了一场激战。

假设你的自我赢得了战争，你强迫自己起床，然后去上课。途中你经过一个甜甜圈店，你的本我叫嚷着要吃肉松卷。你的自我则提醒你，你正在发胖，应该节食。这次，本我最终胜出。历史课结束后，你的自我提醒你，你需要到图书馆查资料写哲学论文，但是本我则坚持要回宿舍看一集重播的情景喜剧。上午才过了一半，你已经历了一系列的内心冲突。

弗洛伊德认为，以性冲动和攻击冲动为中心的冲突尤其可能产生深远的影响。他为什么强调性和攻击？原因主要有以下两个。首先，弗洛伊德认为，与其他基础动机相比，性和攻击受制于更复杂和模糊的社会控制。因此，关于什么是恰当的行为，人们所获取的信息常常不一致。其次，弗洛伊德指出，性和攻击冲动比其他基础的生物冲动更经常地受挫。想想看：如果你饿了或渴了，你可以直奔附近的自动贩卖机或饮水机。但是，当你看到一个激起你欲望的有魅力的人时，你不太可能直接走上前去，提议在附近的储物室里勾搭。弗洛伊德认为这两种需求非常重要，因为社会规范使其经常受挫。

大多数心理冲突都微不足道，而且都能以某种方式迅速得到解决。然而，有时某个冲突会持续几天、几个月甚至几年，造成内部的紧张状态。的确，弗洛伊德认为，根植于童年经历的长期冲突导致了大多数人格障碍。多数情况下，这些旷日持久且令人烦恼的冲突涉及社会想要驯服的性冲动和攻击冲动。这些冲突通常完全在潜意识之中上演。虽然你可能没有觉察到这些潜意识冲突，但它们却会产生滑向有意识觉知表面的焦虑。这种焦虑源于你的自我担心本我失控，做一些可怕的事情。

在弗洛伊德的人格功能理论中，焦虑的唤醒是一个至关重要的事件（见图 2.4）。焦虑使人痛苦，所以人们会尽可能地摆脱这种令人不快的情绪。对焦虑的努力摆脱通常涉及防御机制的使用。**防御机制**（defense mechanisms）主要是潜意识的反应，保护个体免受焦虑和内疚等痛苦情绪的伤害。通常情况下，防御机制是通过自我欺骗而起作用的心理策略。较为常见的例子是**合理化**（rationalization），即编造出错误但看似可信的理由为无法接受的行为辩护。在某次商业交易中欺骗了他人之后，如果你通过告诉自己"每个人都会这样做"来减轻内疚感，你就是在进行合理化。

压抑被喻为"精神分析防御机制舰队中的旗舰"（Paulhus, Fridhandler, & Hayes, 1997, p. 545），是最基本、使用最广泛的防御机制。**压抑**（repression）是指个体将令人痛苦的想法和感受埋藏在潜意识之中。人们往往会压抑使其内疚的欲望、使其焦虑的冲突以及痛苦的记忆。压抑是"动机性遗忘"。如果你忘记了牙科预约或你讨厌的人的名字，就可能是压抑在起作用。

自我欺骗也会在投射和替代机制中出现。**投射**（projection）是指个体将自己的想法、感受或动机归因于他人。例如，如果你对某个同事的欲望使你感到内疚，你可能会把你们两人之间潜在的性紧张归因于对方想要引诱你。**替代**（displacement）是指个体将情感体验（通常是愤怒）从其原始来源转移到替代目标上。如果你的老板让你在工作中很不顺心，你回家时可能会摔门而入、对宠物大叫、冲配偶发火。此时，你正在将怒气转移到其他不相干的目标上。不幸的是，社会约束常常迫使人们忍住怒气，最终导致人们将怒气指向他们所爱的人。

其他主要的防御机制包括反向形成、退行和认同。**反向形成**（reaction formation）指个体的所作所为与其真实感受正好相反。与性欲有关的内疚常常导致反向形成。弗洛伊德认为，一些男性对同性恋者的嘲弄正是在抵御自己潜在的同性恋冲动。反

"我想从它们那儿得到的只是一个简单的多数派意见。"

图 2.4 弗洛伊德的人格动力学模型

弗洛伊德认为，本我、自我和超我之间的潜意识冲突有时会导致焦虑。这种不适可能会使防御机制登场，这可能会暂时缓解焦虑。

向形成的警示标志是对相反行为的夸大（例如为掩饰敌对情感而表现得过分热情）。

退行（regression）是指个体退回到不成熟的行为模式。当对自我价值感到焦虑时，一些成年人会用幼稚的吹嘘和炫耀来回应，而不是用微妙的努力去赢得他人的认可。例如，一个被解雇的主管很难找到新工作，他可能会开始夸口，声称自己的能力和成就举世无双。当自我吹嘘过分夸张，任何人都能看穿时，这种行为就是退行性的。

认同（identification）是指个体通过与某个人或群体形成想象的或真实的联结来增强自己的自尊。例如，年轻人往往通过认同摇滚明星、电影明星或著名运动员来支撑不稳定的自我价值感。成年人则可能会加入一些他们所认同的乡村俱乐部或民间组织。

图 2.5 中列有上述防御机制的其他示例。弗洛伊德认为，每个人都会或多或少地使用防御机制。只有当个体过度依赖防御机制时，它们才会引起问题。当防御机制导致了对现实的大规模扭曲时，心理障碍的种子就播下了。

最近几十年，防御机制研究再度引起了人们的兴趣。例如，一系列的研究已发现了一种压抑性应对方式，并表明"压抑者"对可能引发不愉快情绪的事件记忆很差，而且会回避关于自己的负面信息（Myers, 2010）。此外，研究还发现，压抑性应对与身体健康状况不佳（包括心脏病）之间存在关联（Denollet et al., 2008; Myers et al., 2007）。另一个研究方向也为弗洛伊德的假设——反向形成是同性恋恐惧症背后的原因——提供了支持。**同性恋恐惧症**（homophobia）涉及对同性恋的强烈恐惧和不容忍（Weinstein et al., 2012）。该研究发现，有些人声称自己是异性恋，但在微妙的心理测验中，却表现出在潜意识中受同性的吸引。这些人往往会表现出对同性恋者的高度敌视，并支持反同性恋政策。该研究表明，同性恋恐惧者之所以会害怕同性恋者，

防御机制及其示例	
定义	示例
压抑指个体将令人痛苦的想法和感受埋藏在潜意识之中。	一名受过创伤的士兵不记得与死神擦肩而过时的细节。
投射指个体将自己的想法、感受或动机归因于他人。	一位实际上不喜欢自己老板的女士，认为自己喜欢老板，但感觉老板不喜欢她。
替代是指个体将情感体验（通常是愤怒）从其原始来源转移到替代目标上。	被父母责备后，小女孩把怒气发泄到弟弟身上。
反向形成是指个体的所作所为与其真实感受完全相反。	一名潜意识中憎恨孩子的父母用奇特的礼物来溺爱孩子。
退行是指个体退回到不成熟的行为模式。	一个成人如果不能按自己的方式做事，就会勃然大怒。
合理化是指个体编造出错误但看似可信的理由来为无法接受的行为辩护。	一名学生看电视而不是学习，并且说"额外的学习反正也没有任何好处"。
认同是指个体通过与某个人或团体形成想象的或真实的联结来增强自己的自尊。	一名缺乏安全感的年轻人参加学校里的兄弟会来增强自尊。

图 2.5　防御机制

弗洛伊德认为，人们使用各种防御机制来保护自己免受痛苦情绪的伤害。本图左侧是七种常用防御机制的定义，右侧是每种机制的示例。

是因为后者会让他们想起自己潜在的同性恋欲望，这使他们感到不舒服。因此，他们充满敌意地抨击同性恋者，以此来掩饰自己对同性恋的矛盾感受。

发展：心理性欲阶段

弗洛伊德做出了一个惊人的论断：个体人格的基础由其 5 岁前的经历奠定。为了详细解释这关键的几年，弗洛伊德构建了发展阶段理论，该理论强调儿童如何应对其不成熟却强有力的性欲冲动（他用"性"这个词来泛指获得生理快感的诸多冲动，而不仅仅是性交的冲动）。弗洛伊德认为，随着儿童从一个阶段发展到另一个阶段，其主要的性欲冲动也在变化。事实上，这些发展阶段（口唇期、肛门期、生殖器期等）就是根据某一阶段儿童性能量所聚积的部位而命名的。因此，**心理性欲阶段**（psychosexual stages）是具有特征性的性欲焦点的发展阶段，并会在成年期人格上留下印记。

弗洛伊德理论认为，每个心理性欲阶段都有其独特的发展挑战或任务，如图 2.6 所示。儿童应对这些挑战的方式塑造了其人格。在这一过程中，固着这一概念起着重要作用。**固着**（fixation）是指个体未按预期从一个阶段发展到另一个阶段。从本质上讲，即儿童的发展停滞了一段时间。固着是在某一特定阶段对需要的过度满足或过度的挫败感造成的。无论是哪种情况，个体童年期遗留下的固着都会影响其成年后的人格。固着通常会导致个体过分强调其固着阶段突出的心理性欲需要。

弗洛伊德描述了心理性欲发展的五个阶段，让我们看看每个阶段的一些主要特点。

口唇期（oral stage） 此阶段通常为个体生命的第一年。在这个阶段，性刺激的主要来源是口部（咬噬、吮吸、咀嚼等）。照护者如何处理儿童的喂养体验对其随后的发展起着至关重要的作用。弗洛伊德认为儿童断奶（母乳或奶瓶）的方式相当重要。他认为，口唇期固着可能是日后过度饮食或吸烟（以及许多其他行为）的基础。

肛门期（anal stage） 弗洛伊德认为，在生命的第二年，儿童会用排出或憋住粪便的方式从肠运动中获得性

根据弗洛伊德的理论，儿童的喂养经历对以后的发展至关重要。例如，个体固着在口唇期会使其在成年期吸烟成瘾或贪食。

弗洛伊德的心理性欲发展阶段			
阶段	大概年龄	性欲关注点	关键任务和经历
口唇期	0~1	口部（吮吸、咬噬）	断奶（母乳或奶瓶）
肛门期	2~3	肛门（排出或憋住粪便）	如厕训练
性器期	4~5	生殖器（手淫）	认同成人榜样；应对俄狄浦斯危机
潜伏期	6~12	无（性欲压抑）	扩大社会交往
生殖期	青春期及之后	生殖器（性亲密）	建立亲密关系；通过工作为社会做贡献

图 2.6 弗洛伊德的心理性欲发展阶段
弗洛伊德理论认为，人们的发展要经历这里所总结的一系列心理性欲阶段。个体在每个阶段处理关键任务和经历的方式会在其成年后的人格上留下长久的印记。

快感。此阶段的关键事件是如厕训练，它代表着社会为管控儿童生物冲动所做的第一次系统性努力。严厉的惩罚性如厕训练会导致多种可能的后果。例如，过度的惩罚可能会导致儿童对"训练者"产生潜在的敌意，由于训练者多为儿童的母亲，这种敌意可能会扩散到全体女性身上。另一种可能的后果是，过度依赖惩罚手段可能会使儿童将其对生殖器的关注与惩罚所唤起的焦虑联系起来，这种源于严苛如厕训练的生殖器焦虑会演变成以后对性行为的焦虑。

性器期（phallic stage） 临近4岁时，生殖器成为儿童性能量的焦点，主要是通过自我刺激。在这个关键的阶段里，俄狄浦斯情结出现了。小男孩对他们的母亲产生了一种带有性欲色彩的偏爱；他们还会将父亲视为母亲情感的竞争者，并对其怀有敌意。小女孩则会对父亲产生特殊的依恋。与此同时，她们发现自己的性器官与男孩的非常不同，并可能会产生阴茎嫉妒。弗洛伊德认为，女孩会对母亲产生敌意，因为她们会因自身的生理"缺陷"而责备母亲。总之，在**俄狄浦斯情结（Oedipal complex）**中，儿童会对异性父母表现出带有性欲色彩的欲望，并伴有对同性父母的敌意。这种综合征的名字取自希腊神话里的俄狄浦斯王，他在刚出生时就与父母分开了，由于不知道生身父母是谁，他无意中杀死了自己的父亲，并娶了自己的母亲。

弗洛伊德认为，父母和儿童处理俄狄浦斯情结中性欲和攻击冲突的方式至关重要。儿童必须通过放弃对异性父母的性渴求及对同性父母的敌意来解决这一两难困境。健康的心理性欲发展取决于俄狄浦斯冲突的解决。为什么这样说？因为和同性父母持久的敌对关系会妨碍儿童充分地认同同性父母。弗洛伊德的理论预测，如果缺乏这种同性认同，儿童发展的许多方面就不会取得进步。

潜伏期（latency stage）和生殖期（genital stage） 弗洛伊德认为，从6岁到青春期，儿童的性欲处于被抑制状态，即变得"潜伏"起来。潜伏期的重要事件集中在扩大家庭之外的社会交往。随着青春期的到来，儿童发展至生殖期。个体的性冲动再次出现，并再次聚焦于生殖器。在此阶段，个体的性能量通常指向朋辈中的异性，而不是像在性器期那样指向自身。

弗洛伊德认为早期经验塑造了人格，但他并不是说人格发展在童年中期就戛然而止。然而，他确实相信，个体成年期人格的基础至此已牢固地确立起来了。他认为，个体未来的发展根植于早期有重大影响的经验，而后期的重大冲突是童年危机的重演。

事实上，弗洛伊德相信，根植于童年经验的潜意识的性冲突是大多数人格障碍的成因。他对心理障碍源于心理性欲的坚定信念最终使得他与两个最杰出的同事——荣格和阿德勒——产生了激烈的理论之争。他们都认为弗洛伊德过分强调性。弗洛伊德断然地拒绝了他们的观点，这两位理论家觉得必须走自己的路，发展自己的人格心理动力学理论。

Monkey Business Images/Shutterstock.com

荣格的分析心理学

瑞士精神病学家卡尔·荣格将其新的理论取向命名为分析心理学，以区别于弗洛伊德的精神分析理论。同弗洛伊德一样，荣格（Jung, 1921, 1933）也强调潜意识对人格的决定作用。不过，他提出，潜意识包含两个层面。第一层被称为个体潜意识，本质上与弗洛伊德所说的潜意识相同。个体潜意识存放着来自个人生活的材料，这些材料由于压抑或遗忘而不在个体的意识觉察之内。此外，荣格还从理论上论证了更深层的集体潜意识的存在。**集体潜意识**（collective unconscious）是一个潜在记忆痕迹的仓库，这些痕迹是从人类祖先的过去继承下来的，并为全人类所共有。荣格将这些祖先的记忆称作原始意象。**原始意象**（archetypes）不是对真实的个人经历的记忆，而是具有普遍意义的充满情感的形象和思维形式。这些原型形象和观念经常在梦中显现，并经常体现在一种文化对艺术、文学和宗教符号的使用上。荣格认为对原始意象符号的理解有助其弄懂病人的梦。这样做对他来说非常重要，因为他在对病人的治疗中非常依赖于梦的解析。

荣格关于集体潜意识的不同寻常的观念对心理学的主流思想几乎没有影响。这些观念更多地影响了其他领域，如人类学、哲学、艺术和宗教研究等。然而，荣格的许多其他观点已经被纳入心理学的主流。例如，荣格最先描述了人格的内–外倾维度，该维度最终成为了大多数人格特质理论的核心维度。

阿德勒的个体心理学

阿尔弗雷德·阿德勒本是弗洛伊德核心圈子——维也纳精神分析学会——的创建者之一。不过，他很快就开始构建自己的人格理论，并称之为个体心理学。阿德勒（Adler, 1917, 1927）认为，人类最重要的驱力不是性欲，而是对卓越的追求。他将这种追求视为人类适应世界、完善自我和应对生活挑战的普遍驱力。他指出，与更有能力的年长儿童和成人相比，年幼的儿童感到弱小和无助是可以理解的。这种早期自卑感会促使个体习得新技能、发展新能力。

阿德勒断言，每个人都必须努力克服某些自卑感。**补偿**（compensation）是指通过发展自身能力来克服想象的或真实的劣势。他认为补偿是完全正常的。然而，某些人的自卑感会变得过强，最终导致今天广为人知的自卑情结（夸大的虚弱感和能力不足感）。阿德勒认为，父母对孩子的纵容或忽视（或身体残疾）都会导致自卑问题。因此，他在强调儿童早期的重要性上与弗洛伊德观点一致，尽管他关注的是亲子关系的不同方面。

阿德勒认为自卑情结会打乱个体追求卓越的正常过程，并以此来解释人格障碍（见**图 2.7**）。他认为，某些人会进行过度补偿，以隐藏自身的自卑感，甚至是对他们自己。具有自卑情结的人会极力获取社会地位、支配他人的权力以及成功的标志物（高档服装、名车以及任何对他们来说重要的事物），而不是努力应对生活的挑战。他们

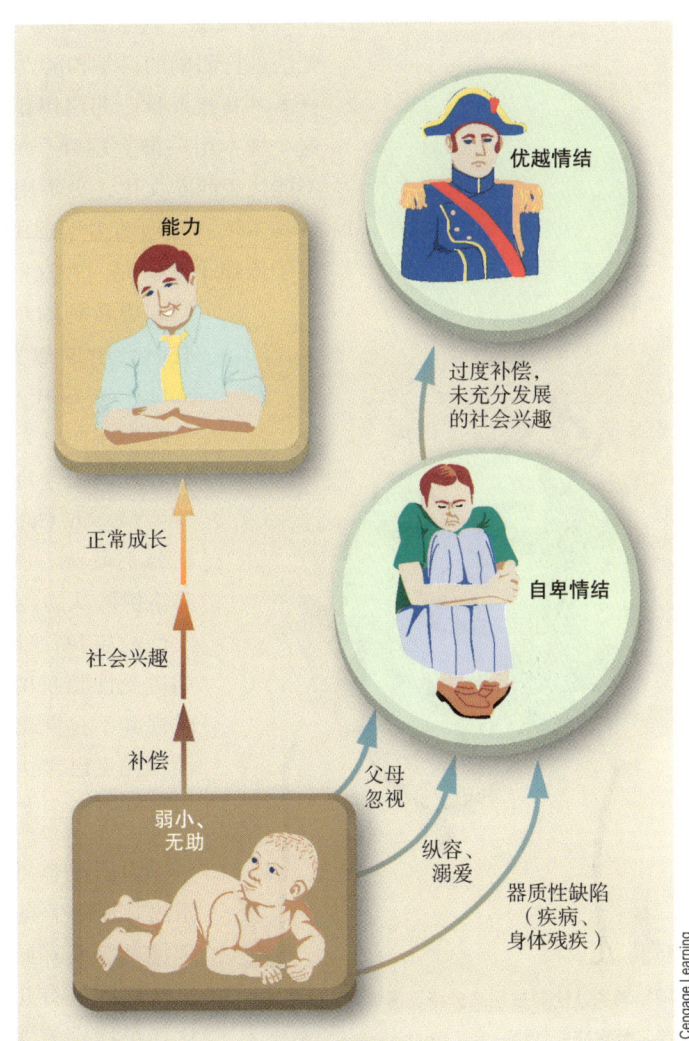

图 2.7 阿德勒的人格发展观

与弗洛伊德一样，阿德勒认为童年早期经验对成年后的人格有着重大的影响。然而，他关注的是儿童的社会互动，而非他们与自身性欲的斗争。根据阿德勒的理论，人格障碍的根源通常在于父母对孩子的过度忽视或纵容，而这可能会导致过度补偿。

往往会炫耀他们的成就，试图以此来掩盖他们潜在的自卑情结。问题在于，这些人陷入了无意识的自我欺骗，更担忧表象而非现实。

对心理动力学视角的评价

心理动力学取向为我们提供了多种影响深远的人格理论。这些理论为其所处的时代带来了一些大胆的新见解。心理动力学理论和研究表明：（1）潜意识力量可以影响行为；（2）内部冲突往往在心理痛苦的产生上起着关键作用；（3）童年早期经验会对成年后的人格产生重大影响；（4）人们确实会依靠防御机制来减少令人不快的情绪体验（Bornstein, 2003; Porcerelli et al., 2010; Westen, Gabbard, & Ortigo, 2008）。

但是，心理动力学取向也受到了如下几个方面的批评（Crews, 2006; Kramer, 2006; Torrey, 1992）。

1. 可检验性差。科学研究需要可检验的假设。心理动力学的观点往往过于模糊，无法进行明确的科学检验。像超我、前意识、集体潜意识这样的概念很难测量。
2. 样本不具代表性。弗洛伊德的理论是基于一个覆盖面异常狭窄的样本而得出的。这个样本由一群上层社会的、神经质的、性压抑的维也纳女性组成，她们甚至不能代表西欧文化，更不用说其他文化了。
3. 证据不足。心理动力学理论的实证证据经常被认为是不充分的。这一理论取向过于依赖个案研究，在这些研究中，治疗师很容易看到（基于他们的理论）他们期望看到的东西。对弗洛伊德自身临床工作的重新审视表明，他有时会歪曲患者的病史，使之与他的理论相吻合（Esterson, 2001; Sulloway, 1991），而且弗洛伊德在著作中的描述与其实际的治疗方法之间也存在巨大的差异（Lynn & Vaillant, 1998）。就研究者已经积累的心理动力学理论的证据而言，它仅为其核心假设提供了有限的支持（Westen, Gabbard, & Ortigo, 2008; Wolitzky, 2006）。
4. 性别歧视。很多批评者认为，心理动力学理论对女性持有偏见。弗洛伊德认为，女性的阴茎妒忌使其感觉自己不如男性。与男性相比，女性的超我往往更弱小，更容易患神经症。他对女性患者关于童年期遭受性骚扰的报告不屑一顾，认为那只是幻想。不可否认，性别歧视并不是弗洛伊德理论所独有的，并且当代心理动力学理论中的性别偏见已经大大减少。但是心理动力学取向总体上提供了一种相当男性中心主义的观点（Lerman, 1986; Person, 1990）。

人们很容易因为阴茎忌妒之类的概念嘲讽弗洛伊德，也很容易指出其理论中经证明有误的观点。不过，要记住的是，弗洛伊德、荣格、阿德勒等人开始构建理论的时间是在一个多世纪以前。将他们的理论与那些只有几十年历史的理论模型相比较并不完全公平，这就好比让莱特兄弟去跟超音速飞机比赛。弗洛伊德和他的心理动力学同僚们应为开辟了新领域而获得伟大的荣誉。处在一个世纪后的今天，我们不得不感叹心理动力学理论对现代思想的非凡影响。在心理学中，没有哪个理论观点能有此种影响力，除了我们马上要介绍的行为主义。

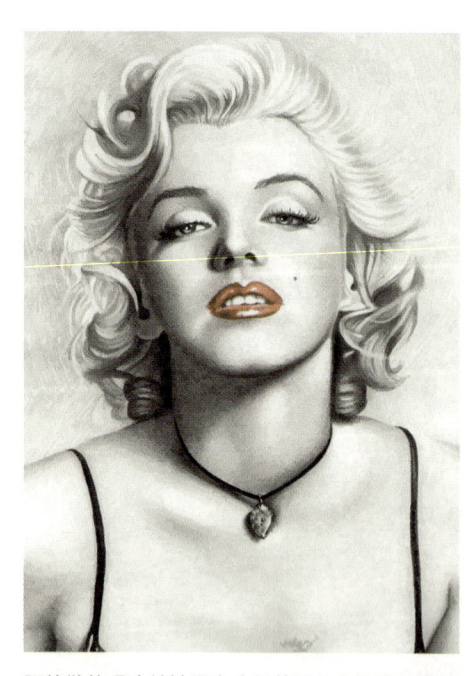

阿德勒的理论曾被用来分析美国传奇女演员玛丽莲·梦露悲剧性的一生（Ansbacher, 1970）。在童年时，梦露遭到了父母的忽视，这让她感到极度自卑。她的自卑感致使她过度补偿，如炫耀美貌，嫁给名人（乔·迪马乔和阿瑟·米勒），让电影剧组等她数个小时以及渴望粉丝的崇拜。

行为主义视角

学习目标
- 描述巴甫洛夫的经典条件作用，以及该作用对理解人格的贡献
- 探讨如何将斯金纳操作性条件作用的原理应用于人格发展
- 描述班杜拉的社会认知理论和自我效能感概念
- 评价人格的行为主义理论的优势与不足

行为主义（behaviorism）是一种以"科学心理学应该研究可观察的行为"这一前提为基础的理论取向。自 1913 年约翰·华生（John Watson）发表了一篇影响深远的论文以来，行为主义一直是心理学的一个主要思想流派。在这篇论文中，华生提出，心理学应该放弃早期对心智和心理过程的关注，只专注于外在的行为。他认为，心理学无法用科学的方式研究心理过程，因为这些过程是私密的，无法被外界观察到。

华生完全拒绝将心理过程作为科学研究的合适对象，这是一种极端的立场，在现代行为主义者中已不再占主导地位。但是，他的影响却是巨大的，因为心理学将其主要关注点从对心智的研究转向了对行为的研究。

行为主义者对弗洛伊德的本我、自我和超我等内在人格结构并不感兴趣，因为此类人格结构无法观察到。他们更喜欢从"反应倾向"的角度来思考，这是可以观察到的。因此，大多数行为主义者将个体的人格视为与各种刺激情境相关的反应倾向的集合。一个特定的情境可能与众多不同强度的反应倾向有关，这取决于个体过去的经验（见**图 2.8**）。

尽管行为主义者对人格结构缺乏兴趣，但他们非常关注人格的发展。他们对发展的解释和对其他一切的解释是一样的——都是通过学习获得的。具体而言，行为主义者关注儿童的反应倾向是如何通过经典条件作用、操作性条件作用和观察学习而形成的。让我们来看看这些过程。

巴甫洛夫的经典条件作用

在工作中，当你收到让你去见老板的通知时，是否会觉得双膝发软？与一些重

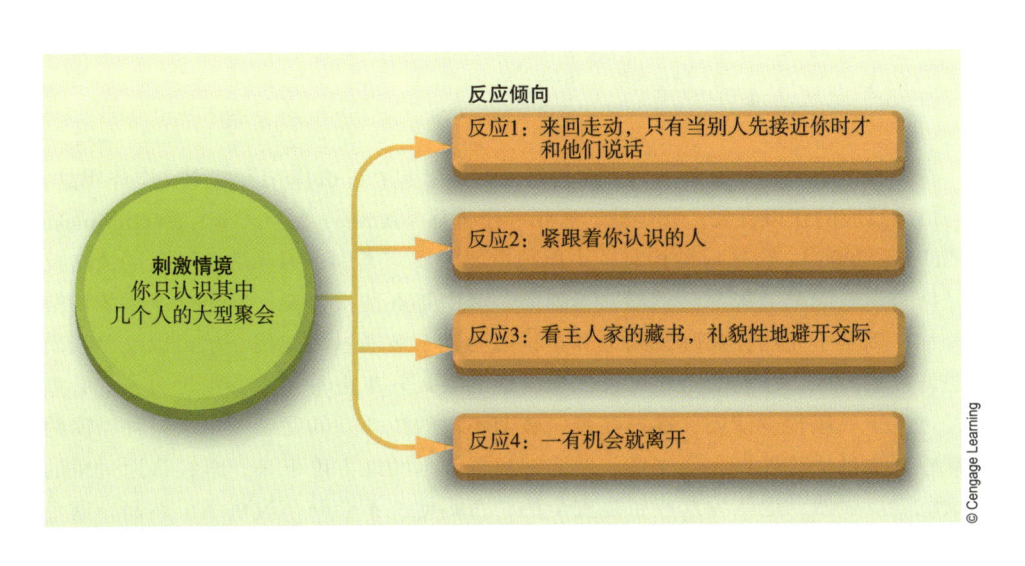

刺激情境
你只认识其中几个人的大型聚会

反应倾向
- 反应1：来回走动，只有当别人先接近你时才和他们说话
- 反应2：紧跟着你认识的人
- 反应3：看主人家的藏书，礼貌性地避开交际
- 反应4：一有机会就离开

图 2.8 人格的行为主义观点

行为主义者很少关注人格结构，因其不可观察。不过，他们实际上将人格视为个体反应倾向的集合。本图显示了对一个特定刺激情境的反应倾向的可能层级。在行为主义观点中，人格是由无数个针对不同情境的反应层级构成的。

要人物在一起时,你是否会紧张?开车时看到警车,你的心脏是否会停跳一拍,即使你没有超速?如果真是这样的话,那你可能通过经典条件作用获得了这些常见反应。**经典条件作用**(classical conditioning)是一种学习类型,即通过学习,中性刺激获得了唤起反应的能力,而这一反应最初是由另一种刺激引发的。1903年,俄罗斯著名生理学家伊万·巴甫洛夫(Ivan Pavlov)首次描述了这一过程,他在消化方面的研究获得了诺贝尔奖。

条件反射

巴甫洛夫(Pavlov, 1906)在研究狗的消化时发现,狗可以经训练对声音产生唾液分泌反应。当声音响起狗就分泌唾液,这有什么大不了的?问题的关键在于,声音一开始是一种中性刺激,也就是说,它最初并不会引起唾液分泌反应(毕竟,也不该如此)。然而,巴甫洛夫通过将声音与能引发唾液分泌反应的刺激(肉粉)配对,成功地改变了这一点。在这个过程中,声音获得了触发唾液分泌反应的能力。巴甫洛夫所展示的是习得性反射获得的过程和机制。

在此,我们需要介绍一下"经典条件作用"这个特殊词汇(见**图2.9**)。在巴甫洛夫的实验中,肉粉与唾液分泌之间的关联是一种自然的联系,不是通过条件作用创建的。在无条件关联中,**无条件刺激**(unconditioned stimulus, UCS)是一种无需预先的条件作用就能引起无条件反应的刺激。**无条件反应**(unconditioned response, UCR)是一种无需预先的条件作用就能对无条件刺激做出的不学而能的反应。

与之相反,声音与唾液分泌之间的联系是通过条件作用建立起来的。在条件关联中,**条件刺激**(conditioned stimulus, CS)原本是一种中性刺激,通过条件作用获得了引发条件反应的能力。**条件反应**(conditioned response, CR)是由于预先的条件作用,对条件刺激做出的习得性反应。需要注意的是,无条件反应和条件反应往往涉及相同的行为(虽然可能有细微的差别)。在巴甫洛夫最初的实验中,当唾液分泌被无条件刺激(肉粉)引发时,它是一种无条件反应;当唾液分泌被条件刺激(声音)引发时,它是一种条件反应。**图2.9**简要地描述了经典条件作用的过程。

巴甫洛夫的发现被称为条件反射。经典条件作用的反应被视为反射,因为它们大多数是相对非自主的。人们认为通过经典条件作用而产生的反应,是被引发的。使用这个词是为了传达这样一种观点,即这些反应是自动触发的。

日常生活中的经典条件作用

在日常生活中,经典条件作用在人格的塑造上起着什么作用?其中一个作用是,它与情绪反应的获得有关,如焦虑、害怕和恐怖症(Antony & McCabe, 2003; Mineka & Zinbarg, 2006)。这是一种相对较小但很重要的反应类别,因为适应不良的情绪反应是许多适应问题的根源。例如,美国的一名中年女性报告说,她患有严重的桥梁恐怖症,以至于无法在州际公路上开车,因为她不敢通过高架桥。她可以准确指出其恐怖症的成因。在她的童年时代,每次她的家人开车去看望她的祖母时,都必须要经过乡下一座很少使用、摇摇晃晃、破旧不堪的桥。她的父亲,出于一种错误的幽默感,拿过桥这件事大做文章。他会在离桥不远的地方停下来,继续谈论过桥的巨大危险。显然,他认为这座桥是安全的,否则他就不会开车过桥了。然而,这个

图 2.9　经典条件作用的过程

本图描述了经典条件作用中的事件序列。当我们在本书各处遇到经典条件作用的新例子时，你会看到类似于本图第 4 栏的图解，它对经典条件作用的过程进行了总结。

条件作用之前
无条件刺激引发无条件反应，中性刺激则无法引发此反应

中性刺激　声音　→　无反应

无条件刺激　肉粉　引发　无条件反应　唾液分泌

条件作用期间
中性刺激与无条件刺激配对出现

中性刺激　声音

无条件刺激　肉粉　引发　无条件反应　唾液分泌

条件作用之后
中性刺激单独引发此反应；中性刺激现在为条件刺激，对它的反应则是条件反应

条件刺激　声音　→　条件反应　唾液分泌

总结
最初的中性刺激可引发它之前无法引发的反应

条件刺激　声音　可以引发　条件反应　唾液分泌　无条件反应

无条件刺激　肉粉　引发

天真的小女孩被她父亲的恐吓战略吓坏了。这座桥变成了会引发巨大恐惧的条件刺激（见图 2.10）。不幸的是，这种恐惧蔓延到了所有的桥梁。40 年后，这位女士仍然受着这种恐怖症的折磨。尽管许多过程可能导致恐怖症，但很明显，经典条件作用是许多人非理性恐惧的原因。

经典条件作用似乎也能解释更为现实和温和的焦虑反应。例如，请想象一名工作压力极大的新闻记者，他总是收到老板的负面反馈。这些负面反馈是引发焦虑的无条件刺激。因为这些训斥总是与新闻编辑室中的声音和景象一同出现，所以新闻编辑室就成了引发焦虑的条件刺激，甚至老板不在时，也是如此（见图 2.11）。这名可怜的记者甚至可能会到这样一种地步：即使身在别处，只要一想到新闻编辑室就会感到焦虑。

幸运的是，并非所有可怕的经历都会让人产生条件恐惧。个体在特定情境下是否会习得条件反应受多种因素的影响。此外，新形成的刺激-反应联结不一定永久地持续下去，恰当的情境会引发**消退**（extinction）——条件反应倾向的逐渐减弱和消失。在经典条件作用中，

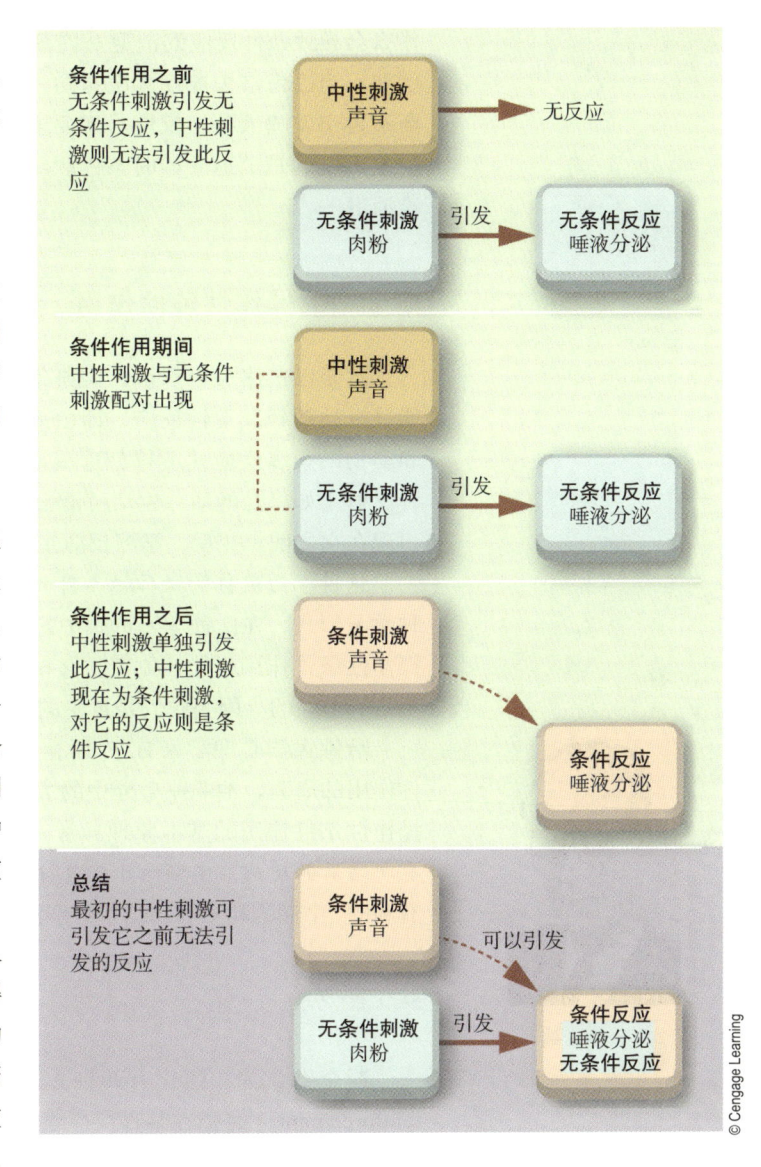

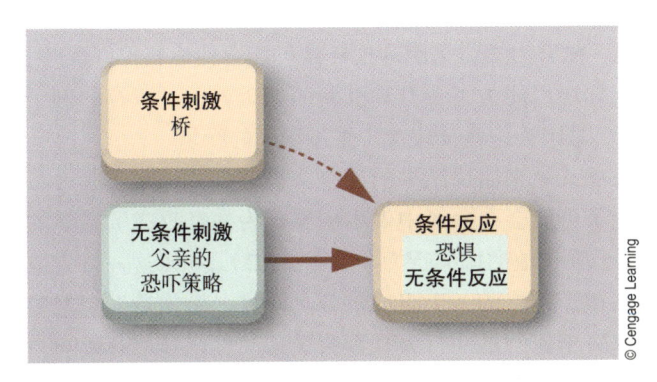

图 2.10　恐怖症的经典条件作用

条件刺激　桥

无条件刺激　父亲的恐吓策略　→　条件反应　恐惧　无条件反应

许多原本令人费解的情绪反应可被解释为经典条件作用的结果。就这位女士的桥梁恐怖症而言，最初由她父亲的恐吓策略引发的恐惧，变成了对桥梁刺激的条件反应。

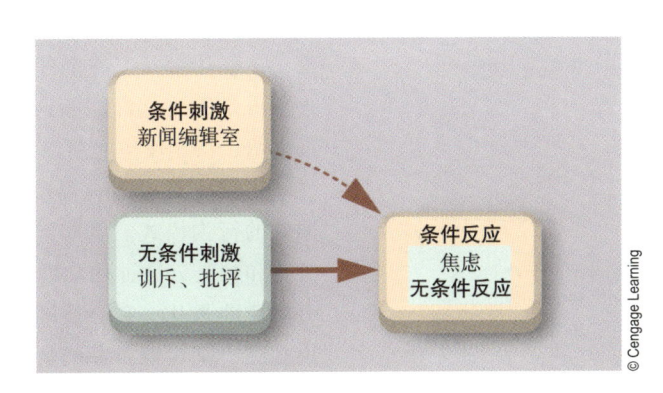

图 2.11　焦虑的经典条件作用

条件刺激　新闻编辑室

无条件刺激　训斥、批评　→　条件反应　焦虑　无条件反应

一个经常与焦虑唤醒事件（批评）同时出现的刺激（新闻编辑室），可能会通过经典条件作用单独引发焦虑。

什么会导致条件反应的消退？答案是，连续地只呈现条件刺激，不呈现无条件刺激。例如，当巴甫洛夫连续多次只向一只已经产生条件反应的狗呈现声音时，声音就逐渐不再引发唾液分泌反应。需要多长时间才能使条件反应消退取决于很多因素，其中最重要的是消退开始时条件联结的强度。有些条件反应消退得很快，而有些则很难消退。

斯金纳的操作性条件作用

甚至巴甫洛夫也承认，经典条件作用并非条件作用的唯一形式。经典条件作用能最好地解释反射性反应，即由先于该反应出现的刺激所控制的反应。然而，人类和动物的很多反应并不符合这一描述。想想你当下的反应——学习。这绝对不是一种反射（如果是的话，生活可能会更轻松）。控制它的刺激物（考试和成绩）并没有出现在它之前。相反，学习反应主要受之后事件的影响——具体而言，学习的结果。

这种学习被称为操作性条件作用。**操作性条件作用**（operant conditioning）是一种学习形式，在此种学习形式中，自主反应受其结果的控制。与经典条件作用相比，操作性条件作用可能控制着更多的人类行为，因为人类的大多数反应都是自主的而不是反射性的。因为它们是自主的，所以操作性反应被认为是发出的，而不是引发的。

哈佛大学心理学家 B. F. 斯金纳（Skinner, 1953, 1974, 1990）发起了对操作性条件作用的研究，他职业生涯中的大部分时间都在研究实验室大鼠和鸽子的简单反应。操作性条件作用的基本原理异常简单。斯金纳证明了有机体倾向于重复那些伴随着有利结果的反应，不倾向于重复伴随着中性或不利结果的反应。在斯金纳的理论中，有利的、中性的和不利的结果分别涉及强化、消退和惩罚。我们将逐一介绍这些概念。

强化的力量

斯金纳认为，强化有两种方式，他称之为正强化和负强化。**正强化**（positive reinforcement）是指在某种反应之后出现了（假定是）令人愉快的刺激，该反应因而得以增强（频率增加）。正强化大致等同于奖赏的概念。然而，需要注意的是，强化是根据其对行为的影响事后定义的。为什么这样说？因为强化是主观性的，某一事物对某人而言是强化物，对另一人可能就不是。例如，大多数人认为同伴赞赏是一种有力的强化物，但并非所有人都这样认为。

正强化激发了许多日常行为。你努力学习是因为这样做可能会使你获得好成绩，去上班是因为这样能领到工资，你还可能为了晋升和涨薪而加班苦干。所有的例子都表明，特定反应之所以会发生，是因为这些反应曾产生过积极的结果。

正强化直接影响着人格的发展。带来愉快结果的反应会被强化，并逐渐成为习惯性的行为模式。例如，一个孩子可能会在班级中做出搞笑行为并且收获了同学的笑容和赞赏，这种社会赞赏可能会强化他的搞笑行为（见**图 2.12**）。如果这一行为被有规律地强化，它会逐渐成为这孩子人格的一个组成部分。同样，个体是否会发展出独立、坚定或自私的特质，取决于他的这些行为是否会受到父母或其他有影响力的人的强化。

负强化（negative reinforcement）是指反应之后（假定是）令人不快的刺激被移除，该反应因而得以增强（频率增加）。请不要让"负"字干扰你，负强化也是强化。与正强化一样，它会增强某一反应。然而，之所以会出现反应的增强，是因为该反应消除了令人反感的刺激。请思考以下例子：冬天你快速跑回家，以躲避严寒；你打扫房间，以消灭"脏乱差"；父母让步于孩子的乞求，以使其闭嘴。

负强化在个体回避倾向的发展中起主要作用。你可能已经注意到，很多人倾向于回避直面尴尬的境地和棘手的个人问题。这种人格特质的发展通常是由于回避行为摆脱了焦虑，因而被负强化。回顾一下前面那个虚构的新闻记者的例子。他的工作环境（新闻编辑室）会引发焦虑反应（经典条件作用）。他可能注意到，在请病假的日子里，自己的焦虑会消退，所以请病假会通过负强化被逐渐增强（见**图2.12**）。如果他的回避行为可以持续有效地降低他的焦虑，这种行为就可能扩展到他生活的其他方面，进而成为他人格的核心部分。

消退与惩罚

如经典条件作用的效应一样，操作性条件作用的效应可能也无法永久维持。在这两种条件作用中，消退指的是某种反应的逐渐减弱和消失。在操作性条件作用中，当先前被强化的反应不再产生正性结果时，消退便开始出现。随着消退的进一步发展，该反应出现的次数越来越少，最终消失不见。

因此，构成个体人格的反应倾向并不一定永久不变。例如，那个在小学因搞笑行为而得到同学赞赏的孩子可能会发现，到了中学，自己的搞笑行为除了同学冷漠的目光以外什么也没有得到。这种强化的终止可能会导致其搞笑行为的逐渐消退。操作性反应的消退速度取决于个体早期行为强化经历中的许多因素。

某些反应可能会因惩罚而减弱。在斯金纳的理论中，如果某个反应带来了（可能）令人不快的刺激，进而导致该反应被削弱（频率降低），这时便发生了**惩罚**（punishment）。在操作性条件作用中，惩罚的概念在以下两方面使许多同学感到困惑：第一，人们常把惩罚与负强化相混淆，因为两者都涉及令人反感（令人不快）的刺激。但请注意，它们是有着相反结果的完全不同的事件。在负强化中，行为反应会移除令人反感的事物，因而该行为反应得到增强；而在惩罚中，行为反应会带来令人反感的事物，因而该行为反应往往会被削弱。

第二，人们往往只是将惩罚视为父母、教师和其他权威人物所使用的约束手段。在操作性条件作用模型中，只要行为反应会导致负性结果，惩罚便会发生。从这个角度定义的话，惩罚的概念所涵盖的远不止父母打骂孩子、老师罚学生留校之类的行为。例如，如果朋友对你新外套的取笑让你很不舒服，那你穿这件外套的行为便被惩罚了，你穿这件外套的倾向就会减弱。同样，如果你走进一家饭店，那儿的饭难以下咽，用斯金纳的术语讲，你的行为反应导致了惩罚，你今后就不太可能来这儿吃饭了。

惩罚对人格发展的影响与强化正好相反。一般而言，那些导致惩罚性（负性）结果的行为模式往往会被削弱。例如，如果你因冲动做出的决定总是事与愿违，那你冲动的行为倾向应该会降低。

斯金纳认为，人类的条件作用与其在实验室研究的大鼠和鸽子的条件作用运作

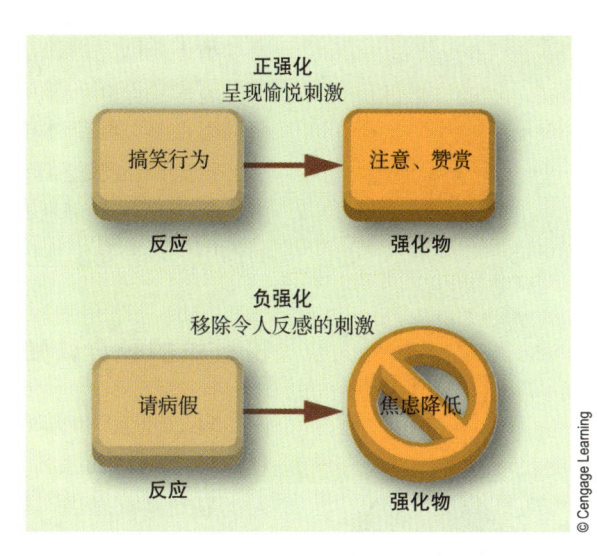

图2.12 操作性条件作用中的正强化和负强化

正强化是指反应之后出现了令人愉快的刺激，该反应因而得以增强。在负强化中，令人反感的刺激的移除起到了强化物的作用。正强化会产生与负强化同样的结果：个体做出被强化反应的倾向得以增强（反应变得更频繁）。

方式基本相同。因此，他提出假设，条件作用"机械地"增强和减弱人们的行为倾向，即无需个体意识的参与。就像他之前的华生（Watson, 1913）一样，斯金纳断言，我们可以在不关注个体心理过程的情况下解释其行为。

斯金纳的思想仍然具有影响力，但他关于条件作用的机械观点受到了其他行为主义者的挑战。班杜拉等理论家提出了略有不同的行为模型，在其中认知起着一定的作用。认知是思维过程的另一个名称，行为主义者历来对其鲜有关注。

班杜拉的社会认知理论

自 20 世纪 60 年代起，一些理论家在行为主义中加入了认知元素，阿尔伯特·班杜拉（Albert Bandura）便是其中之一。他们对斯金纳的观点持有异议。他们指出，人类显然是有意识、有思维、有感觉的生物。此外，这些理论家认为，斯金纳忽视认知过程就是忽视了人类行为最独特、最重要的特征。班杜拉以及与其想法相似的理论家们最初将他们修改后的行为主义称为社会学习理论（social learning theory）。如今，班杜拉将他的理论模型称为社会认知理论（social cognitive theory）。

班杜拉（Bandura, 1986, 1999b）同意行为主义的基本观点，即人格主要是通过学习塑造的。然而，他认为，条件作用不是一种人们被动参与的机械的过程。相反，他认为人们会主动地寻找和加工环境信息，以使有利结果最大化。

阿尔伯特·班杜拉

观察学习

班杜拉最突出的理论贡献是他对观察学习的描述。当有机体的反应受其对他人（榜样）的观察的影响时，便发生了**观察学习**（observational learning）。班杜拉不认为观察学习完全独立于经典条件作用和操作性条件作用。相反，他认为，当一个人观察另一个人的条件作用时，经典条件作用和操作性条件作用都可以间接发生。

为了说明上述论断，假设你观察到你的朋友在跟汽车销售人员态度坚定地讨价还价。让我们假设，他的坚定性因为买到了一辆特别划算的车而得到了强化。这一观察可能会强化你在跟销售人员打交道时表现坚定的倾向。请注意，体验到这种有利结果的人是你的朋友，而不是你。你朋友坚定地讨价还价的倾向会被直接强化，而你坚定地讨价还价的倾向则可能被间接强化（见图 2.13）。

斯金纳和巴甫洛夫的理论都没有考虑这种间接学习。毕竟，观察学习需要你注意你朋友的行为，理解此行为的结果，并将此信息存储在记忆中。显然，注意、理解、信息和记忆都涉及认知，而行为主义者一贯忽视认知。

随着社会认知理论的完善，班杜拉认识到，某些榜样往往比其他人更有影响力（Bandura, 1986）。儿童和成人都更倾向于模仿他们所喜爱或尊重的对象。人们也特别愿意模仿他们认为有吸引力或有权势的个体（如

图 2.13 观察学习
在观察学习中，观察者会关注并存储榜样行为（例如坚定地讨价还价）及其结果（如购买到很划算的商品）的心理表征。根据社会认知理论，我们的许多特征性反应都是通过观察他人的行为获得的。

名人）的行为。除此之外，人们更可能模仿与自己有共同点的榜样，因此，儿童模仿同性榜样要比模仿异性榜样多一些。最后，如前所述，当人们看到榜样的行为能带来积极的结果时，更可能去模仿榜样的行为。

自我效能感

班杜拉（Bandura, 1993, 1997）认为，自我效能感是人格的一个关键成分。**自我效能感**（self-efficacy）是个体对自己做出会带来预期结果的行为的能力的信念。如果个体的自我效能感较高，就会对做出必要的反应以获得强化物感到自信；如果个体的自我效能感较低，就会担心必要的行为反应可能超出了自己的能力范围。自我效能感是主观的，并随不同的任务类型而变化。例如，你可能对自己处理复杂社会情境的能力极其自信，但却怀疑自己能否解决学术问题。

对自我效能的感知会影响人们选择应对哪些挑战，以及他们的表现。研究表明，自我效能感与人们在许多方面的表现有关。自我效能感高的人拖延行为较少（Steel, 2007），有更好的学习习惯（Prat-Sala & Redford, 2010）和更好的学业表现（Weiser & Riggio, 2010），找新工作时成功率更高（Saks, 2006），服务业的员工更积极主动地关心客户（Raub & Liao, 2012）。他们戒烟成功率较高（Schnoll et al., 2011），能更好地坚持锻炼计划（Ayotte, Margrett, & Hicks-Patrick, 2010），更有效地减肥（Linde et al., 2006），具有这一人格特征的青少年活动量更大（Rutkowski & Connelly, 2012）。自我效能感高的人在浪漫关系中较少忌妒（Hu, Zhang, & Li, 2005），童年期不容易焦虑和抑郁（Muris, 2002），在面对巨大压力时不容易患创伤后应激障碍（Hirschel & Schulenberg, 2009），具有更好的抗压能力（Jex et al., 2001）。具有这一人格特征的人在心脏病发作后拥有较高的生活质量（Brink et al., 2012），由慢性疼痛问题引发的残疾较轻（Hadjistavropoulos et al., 2007）。自我效能感对人们的影响不仅仅限于上述领域。

对行为主义视角的评价

行为主义理论坚实地建立在实证研究而非临床直觉之上。巴甫洛夫的模型揭示了条件作用如何解释人们有时令人烦恼的情绪反应；斯金纳的理论阐明了行为的结果如何塑造人格；班杜拉的社会认知理论表明了人们的观察如何塑造其典型行为。

行为主义者，特别是米舍尔（Mischel, 1973, 1990），也最细致地解释了为什么人们的行为只有中度的一致性。例如，一个在某个情境中害羞的人，在另一个情境中可能相当外向。其他人格理论在很大程度上忽视了这种不一致性。行为主义者认为这种现象产生的原因，是人们以他们认为在当前情境中能得到强化的方式行事，换句话说，情境是行为的重要决定因素。因此，行为主义观的一个主要贡献是阐明了人格因素和情境因素共同地、相互作用地塑造着人们的行为（Funder, 2009; Reis & Holmes, 2012）。

当然，每种理论取向都有其缺陷，行为主义取向也不例外。对它的批评主要包括以下两个方面（Liebert & Liebert, 1998; Pervin & John, 2001）：

1. 行为主义取向的稀释。早期的行为主义者常常由于忽视认知过程这个人类行为的重要因素而饱受批评。社会认知理论的兴起则减弱了这种批评。然而，社会认知理论却削弱了行为主义的根基，即心理学家应该只研究可观察的行为。因此，一些批评者认为，现在的行为主义理论已经不再行为主义了。
2. 过度依赖动物研究。行为主义理论的许多原理都是通过动物研究发现的。一些批评者，特别是人本主义理论家，认为行为主义者过于依赖动物研究，并且不加区分地将动物行为的研究结果推广到人类的行为上。

人本主义视角

学习目标
- 描述人本主义兴起的原因并阐述罗杰斯对自我概念的看法
- 描述马斯洛的需要层次并总结他关于自我实现者的发现
- 评价人格的人本主义理论的优势与不足

人本主义理论出现于20世纪50年代，是对行为主义和心理动力学理论的一种抵制（Cassel, 2000; DeCarvalho, 1991）。对这两种理论的主要批评是它们的去人性化。弗洛伊德理论因其认为原始的动物性驱力主导行为而受到批评；行为主义则因专注于动物研究而受到批评。批评者认为，这两种理论流派都将人视为受环境和过去经验摆布的无能为力的棋子，几乎没有自我引导的能力。这些批评者中的许多人融入了一个松散的联盟，该联盟因其对人类行为的独特兴趣被称为"人本主义"。**人本主义**（humanism）是一种理论取向，它强调人类的独特品质，特别是人类的自由意志和个人成长的潜力。人本主义心理学家认为我们无法从动物研究中了解到任何有关人类状况的有意义的东西。

人本主义理论家，如罗杰斯和马斯洛，对人性持乐观态度。他们认为：(1) 人性中有一种朝向个人成长的内在驱力；(2) 个体有制定行动路线的自由，而不是环境的棋子；(3) 人类在很大程度上是有意识和理性的存在，不会被潜意识的、非理性的需求和冲突所支配。人本主义理论家还认为，个体对世界的主观看法比客观现实更重要。根据这一观点，如果你认为自己是朴实的或聪明的、爱交际的，那么这种信念要比实际情况更能影响你的行为。

罗杰斯以人为中心的理论

卡尔·罗杰斯（Rogers, 1951, 1961）是人类潜能运动的发起人之一，该运动强调通过敏感性训练、会心团体以及其他旨在帮助人们接触真实自我的练习来实现个人成长。同弗洛伊德一样，罗杰斯的人格理论也建立在他与众多来访者的治疗互动之上。由于强调个体的主观视角，罗杰斯称他的取向为以人为中心的理论。

卡尔·罗杰斯

自我及其发展

罗杰斯只从一个概念的角度来看待人格结构。他将其称为自我，尽管它现在更广为人知的名称是自我概念。**自我概念**（self-concept）是个体关于自身本性、独特品

质和典型行为的信念集合。你的自我概念就是你对自己的心理描绘。它是自我感知的集合。例如，自我概念可能包括"我很随和""我很漂亮"或"我很勤奋"等信念。

罗杰斯强调自我概念的主观性。你的自我概念可能与你的实际经历并不完全一致。更直白地说，你的自我概念可能是不准确的。大多数人容易在一定程度上歪曲自己的经历，以形成一个相对有利的自我概念。例如，你可能认为自己在学术上相当聪明，但你的成绩单却可能表明并非如此。罗杰斯用**不协调**（incongruence，也译为不一致）这个概念来指个体的自我概念与实际经验之间的差异。相反，如果个体的自我概念相当准确，它与现实就是协调的。每个人都会经历或多或少的不协调，问题的关键在于不协调的程度（见图2.14）。罗杰斯认为，过多的不协调会损害个体的心理幸福感。

在人格发展方面，罗杰斯关注的是个体的童年经验如何促进协调或不协调性。他认为，每个人都有获得他人的情感、爱和接纳的强烈需求。在生命早期，父母提供了大部分的关爱。罗杰斯认为，有些父母的关爱是有条件的。也就是说，他们的关爱取决于孩子是否表现良好并且符合他们的期望。如果父母的关爱是有条件的，孩子们常常会歪曲和封锁那些让他们感到不值得爱的记忆。而在另一端，有些父母对孩子的关爱是无条件的。他们的孩子不太需要屏蔽那些让自己觉得不值得爱的经历，因为他们确信无论做什么，他们都值得爱。

罗杰斯认为，来自父母的无条件的爱会促进孩子的协调状态，而有条件的爱则会促进孩子的不协调状态。他进一步推论，那些在成长过程中相信来自他人（除父母外）的关爱是有条件的人，会越来越多地歪曲自己的经历，以感到值得被更多的人接纳，从而加剧了这种不协调。

焦虑与防御

根据罗杰斯的理论，危害到人们对自己看法的经历是引起令人烦恼的焦虑的主要原因。你的自我概念越不准确，你就越可能有与你的自我感知相冲突的体验。因此，自我概念高度不协调的个体尤其可能受到反复出现的焦虑的折磨（见图2.15）。为了避免这种焦虑，个体通常会做出防御行为，即努力重新解释自己的经历，使之看起来与他们的自我概念一致。因此，他们会忽视、否认或歪曲现实，以保护和延续他们的自我概念。例如，一位自私却无法面对这一事实的年轻女士可能会认为，朋友们之所以说她自私，是因为她们在忌妒她的美貌。

罗杰斯的理论能够解释防御行为和人格障碍，但他也强调了心理健康的重要性。他认为，心理健康根植于协调的自我概念。反过来，自我概念的协调根植于个体的价值感，这种价值感来源于充满父母和他人无条件的关爱的童年。这些主题与另一

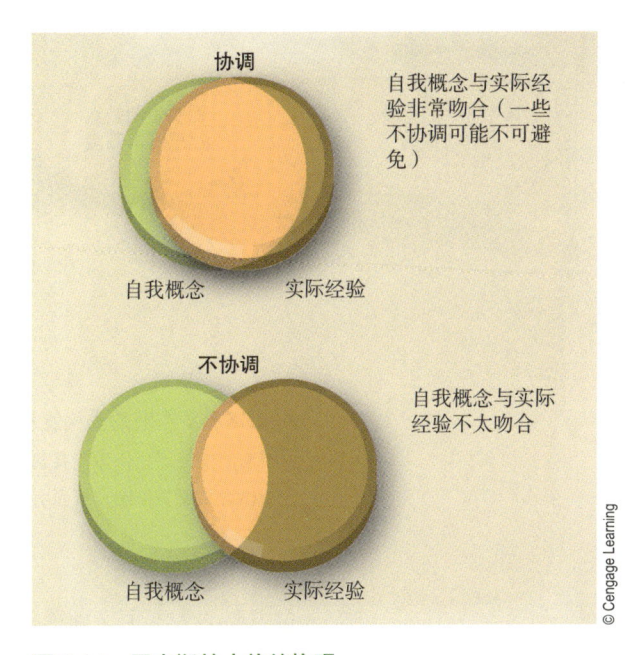

图 2.14　罗杰斯的人格结构观

在罗杰斯的理论模型中，自我概念是唯一重要的结构性概念。然而，罗杰斯承认，个体的自我概念可能与其实际经历的现实并不相符，这种状态被称为不协调。不同个体的自我概念与现实不协调的程度不同。

"记住，儿子，输或赢都没关系——除非你想得到老爸的爱"

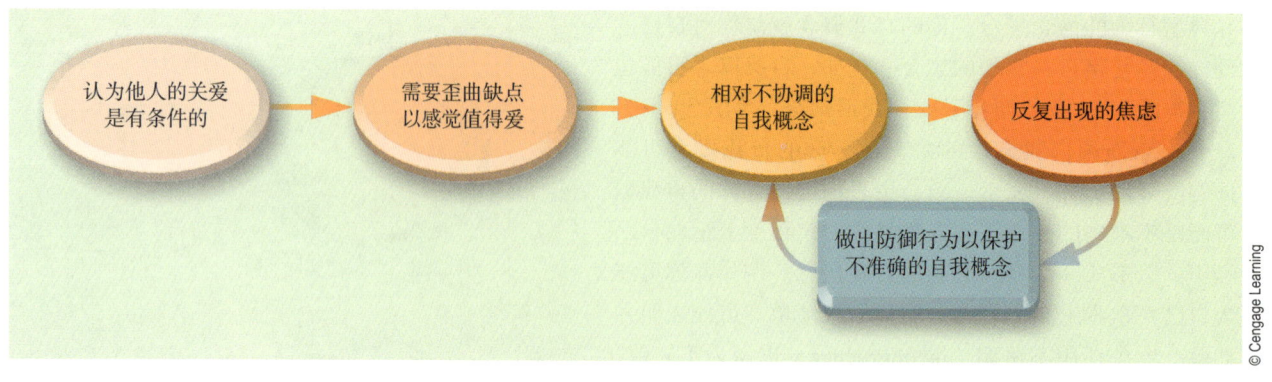

图2.15 罗杰斯的人格发展与动力观

罗杰斯的发展理论认为,有条件的爱会导致扭曲经验的需要,而这会助长不协调的自我概念。不协调状态使个体容易反复焦虑,从而引发防御行为,进而加剧不协调。

位主要的人本主义理论家马斯洛所强调的主题相似。

马斯洛的自我实现理论

亚伯拉罕·马斯洛(Maslow, 1970)是一位杰出的人本主义理论家,他认为心理学应更多地关注健康人格的本质,而不是一味地寻找人格障碍的成因。他说:"简单地讲,就好比弗洛伊德为我们呈现了心理学病态的一半,现在我们必须给心理学注入健康的另一半"(Maslow, 1968, p. 5)。马斯洛的主要贡献是他对动机如何按层次组织的分析,以及对健康人格的描述。

亚伯拉罕·马斯洛

需要层次

马斯洛提出,人类的动机被组织成一个**需要层次**(hierarchy of needs)——根据优先级对需要的一种系统排列。在这个结构中,只有在基础需要得到满足之后,较不基础的需要才会被唤起。这种层次排列通常被描绘成一个金字塔(见**图2.16**)。靠近金字塔底部的需要,如生理的需要和安全的需要,是最基础的需要。金字塔的更高层次则由逐渐不太基础的需要组成。当个体设法合理地满足了某一层次的需要时(不需要完全满足),这种满足会激活上面一个层次的需要。

与罗杰斯一样,马斯洛认为人类有一种追求个人成长的内在驱力,即向更高的存在状态发展。因此,他将需要层次中最上面几层的需要描述为成长的需要,包括对知识、理解、秩序和审美的需要。成长需要中最高级的需要是**自我实现的需要**(the need for self-actualization),即实现个人潜能的需要,它是马斯洛动机层次中最高级的需要。马斯洛用一个简单的陈述总结了这个概念:"一个人能够成为什么样的人,他就必须成为什么样的人。"马斯洛认为,如果人们不能充分利用自己的才能,或者不能追求真正的兴趣,就会感到沮丧。例如,如果你有很高的音乐天赋,却必须从事会计工作,或者你对学术研究感兴趣,却必须做一名销售员,你的自我实现的需要就会受挫。马斯洛的需要金字塔已深深地渗透进了流行文化之中。例如,彼得森和帕克(Peterson & Park, 2010)指出,谷歌搜索引擎在互联网上找到了766 000幅马斯洛金字塔的图片,这一数字超过了《蒙娜丽莎》和《最后的晚餐》的图片数量!

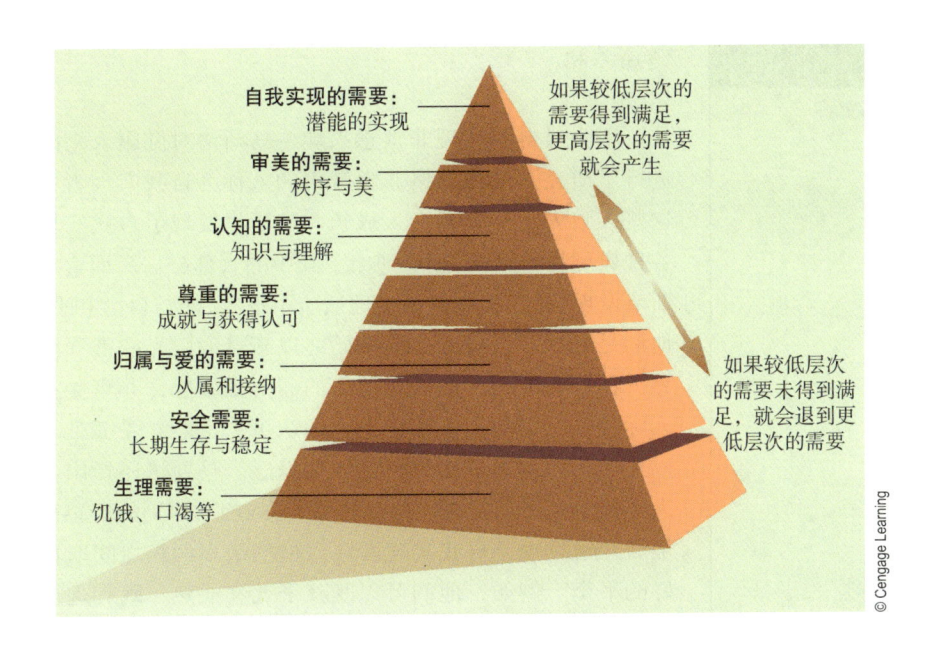

图 2.16 马斯洛的需要层次

马斯洛认为人类的需要按层次排列，个体必须先满足基础需要，然后逐步满足更高层次的需要。在本图中，金字塔中较高的层次表示逐渐不太基础的需要。当较低层次的需要得到合理的满足时，人们会在金字塔中向上移动；但如果基本需要不再得到满足，他们可能会退回至较低的层次。

近年来，在马斯洛首次提出其极具影响力的需要金字塔近 70 年后，理论家们提出了一个重大革新。肯里克及其同事（Kenrick et al., 2010）从演化的视角出发，主张修改马斯洛需要层次中较高层次的需要。他们承认，数十年的研究和理论为前四个层次需要的优先级提供了支持。不过，他们认为，需要金字塔中较高层次的需要并不那么基础，这些都是服务于尊重的需要，即人们寻求知识、美和自我实现是为了给他人留下深刻的印象。在将马斯洛的高层次需要并入尊重的需要后，肯里克等人将与繁殖适合度（即传递基因）相关的需要补充进了修订后的需要层次中。具体而言，他们提出，位于需要金字塔顶端的三个需要应该是寻找伴侣、留住伴侣以及成功养育子女的需要（见**图 2.17**）。

很难说对马斯洛需要金字塔的这一全面修订是否会获得支持。到目前为止，大多数评论承认，肯里克及其同事收集了一些支持他们修订的需要金字塔的有力证据。然而，对一个标志性的理论模型进行如此激进的更改，势必会招致批评。例如，批评者认为，修订后的需要层次不再为人类独有（Kesebir, Graham, & Oishi, 2010），现在就摒弃自我实现的需要还为时过早（Peterson & Park, 2010）。

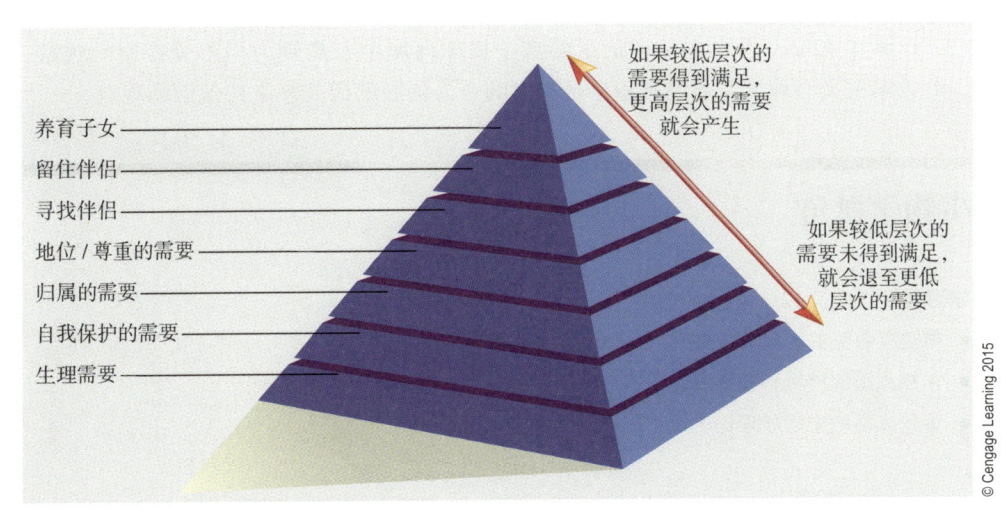

图 2.17 马斯洛需要金字塔的修订版

肯里克及其同事（Kenrick et al., 2010）认为，马斯洛需要层次中的低层次需要已被研究证实，但是其需要金字塔中的高层次需要应被替换。他们从演化的视角出发，认为人类最高层次的需要涉及与繁殖适合度有关的动机。

自我实现者的特征
• 清晰、高效的现实感知,并与之相处融洽
• 自发性、简单性、自然性
• 以问题为中心(将某些身外之事视为"必须"去做的使命)
• 超然及独处的需要
• 自主、独立于文化和环境
• 始终带有欣赏的眼光
• 神秘的巅峰体验
• 对人类有亲切感和认同感
• 牢固的友谊,但朋友数量有限
• 民主的性格结构
• 对目的与手段,善良与邪恶有道德判断
• 达观的、不带敌意的幽默感
• 人格两极间的平衡

© Cengage Learning

图 2.18 自我实现者的特征

人本主义理论家强调心理健康而非适应不良。马斯洛对自我实现者的描述提供了健康人格的一个有争议的画面。

健康人格

因为对自我实现非常感兴趣,马斯洛对健康人格的本质进行了研究。他将人格非常健康的人称为自我实现者,因为这些人致力于不断的个人成长。马斯洛发现了自我实现者的各种典型特质,**图 2.18** 列出了其中的大部分。简而言之,马斯洛发现,自我实现者精准地适应了现实,能与自己和平相处。他们是开放且自发的。他们始终以新奇的眼光欣赏周围的世界。在社交方面,他们对他人的需要很敏感,并享受有益的人际关系,但他们不依赖他人的认可,也能忍受孤独。他们以工作为乐,并且享受自己的幽默感。马斯洛还指出,这些人比其他人更经常有"巅峰体验"(强烈而深刻的情感高潮)。最后,他发现,自我实现者在人格的诸多两极之间取得了很好的平衡。例如,他们可以既孩子气又成熟,既有理性又有直觉,既顺从又叛逆。

对人本主义视角的评价

人本主义者为人格研究提供了一个令人耳目一新的视角。他们关于个体的主观看法可能比客观现实更重要的论点已被证明是令人信服的。人本主义取向使自我概念成为心理学中的一个重要建构,它也应因此得到赞扬。最后,我们可以说,人本主义者乐观、成长、健康导向的取向为积极心理学运动的出现奠定了基础,后者在当代心理学中正变得越来越有影响力(Sheldon & Kasser, 2001b; Taylor, 2001)。

当然,人格的人本主义取向也有缺陷。批评者们发现了以下不足(Burger, 2008; P. T. P. Wong, 2006):

1. 可检验性差。与心理动力学派理论家一样,人本主义者也因其假设难以被科学地检验而备受批评。某些人本主义概念,如个人成长和自我实现,很难定义和测量。
2. 对人性的看法不切实际。批评者认为,人本主义者对人性的假设过于乐观,对健康人格的描述也与现实不符。例如,马斯洛的自我实现者看起来很完美。
3. 证据不充分。人本主义理论主要基于临床环境中有辨别力但不受控制的观察。人本主义心理学家还没有积累足够多的令人信服的研究来支持他们的观点。

生物学视角

学习目标

- 概述艾森克的人格观,并对人格的行为遗传学研究进行总结
- 总结人格的神经科学和演化研究
- 评价人格的生物学理论的优势与不足

人格会是遗传的吗?直到 20 世纪 60 年代艾森克提出遗传影响的观点之前,这

种可能性在数十年的人格研究中基本上被忽视了。在本节中，我们将讨论艾森克的理论，并回顾近年对人格遗传力的行为遗传学研究。我们还将探讨人格的神经科学和演化视角。

艾森克的理论

汉斯·艾森克（Eysenck）出生于德国，在纳粹统治期间逃亡至英国伦敦，后来成为英国最杰出的心理学家之一。艾森克（Eysenck, 1967, p. 20）认为："人格在很大程度上由个体的基因决定。"在艾森克的模型中，遗传是如何与人格发生关联的？部分是通过借用行为主义理论的条件作用概念。艾森克（Eysenck, 1967, 1982, 1991）的理论认为，由于生理功能（特别是唤醒水平）上的遗传差异，有些人比其他人更容易形成条件反应。他认为"条件化能力"的差异会影响人们通过条件作用获得的人格特质。

艾森克将人格结构视为特质层次。大量的表层特质是从少量的基本特质衍生出来的，而后者是从少数几个更为基本的高阶特质衍生出来的（见**图 2.19**）。艾森克对解释个体在外倾-内倾上的差异表现出特别的兴趣，该维度在此前数年最先由荣格提出。艾森克认为，内向者的生理唤醒水平往往比外向者更高。这种较高的生理唤醒促使内向者回避会进一步增强其唤醒水平的社会情境，并使其比外向者更容易形成条件反应。与其他人相比，这些容易形成条件反应的个体更容易产生条件性抑制。这些抑制，再加上相对较高的唤醒水平，使他们在社会情境中更为害羞、犹豫不决和不安。这种社交不适感使其转向内部心理活动，进而变得内向。有些研究结果支持艾森克对内倾性根源的分析，有些并不支持（de Geus & Neumann, 2008; Stelmack & Rammsayer, 2008）。部分原因在于"生理唤醒"和"反应性"这两个概念比艾森克最初预期的更多面化，更难以测量。

近期的行为遗传学研究

近年的双生子研究有力地支持了艾森克的假设，即人格在很大程度上是遗传的。在**双生子研究**（twin studies）中，研究者通过对比同卵双生子和异卵双生子在某个人格特质上的相似度来评估遗传的影响。这种对比背后的逻辑是：同卵双生子由

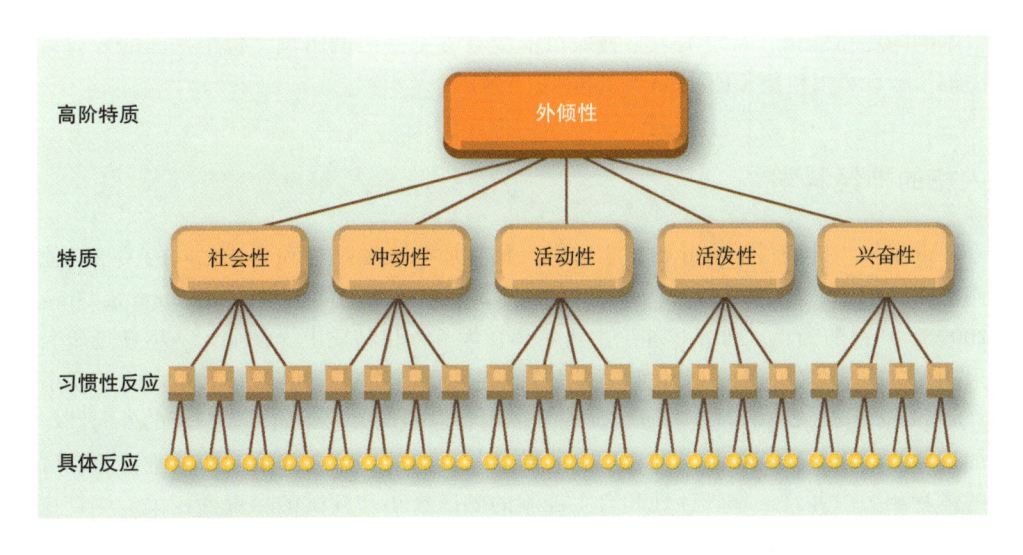

图 2.19 艾森克的人格结构模型

艾森克将人格结构描述为特质层次。在这个模型中，几个高阶特质（如外倾性）决定了一些低阶特质（如社会性），而后者又决定了个体的习惯性反应（如经常参加聚会）。

资料来源：Eysenck, H. J. (1967). *The biological basis of personality*, p. 36. Springfield, IL: Charles C. Thomas. Courtesy of Charles C. Thomas.

同一个受精卵分裂发育而成，因此他们的基因组成完全相同（100%重合）。异卵双生子由两个卵子同时受精发育而来，其基因重合度只有50%。这两种双生子通常在同一个家庭、同一时间长大，接触同样的亲戚、邻居、同辈、教师，面对同样的事件，等等。因此，两种双生子通常都在相似的环境条件下成长，但同卵双生子在基因上有更近的亲缘关系。所以，如果同卵双生子比异卵双生子表现出更高的人格相似性，那么这种高相似性可能就要归因于遗传而非环境。双生子研究的结果可用来估计人格特质或其他特征的遗传力。**遗传率**（heritability ratio）是种群中由遗传差异决定的特质差异比例的估计值。我们可以估计任何特质的遗传力。例如，身高的遗传力估计在80%左右（Johnson, 2010），智力的遗传力似乎在50%~70%之间（Petrill, 2005）。

来自双生子研究的越来越多的证据表明，遗传对许多人格特质有相当大的影响（Rowe & van den Oord, 2005）。例如，对大五人格特质的研究发现，同卵双生子比异卵双生子在这五个特质上均更为相似（Plomin et al., 2008）。一些持怀疑态度的人仍然猜测，同卵双生子可能比异卵双生子表现出更多的人格相似性，是否是因为他们的养育方式更相似。换言之，他们在想是否是环境因素（而非遗传因素）导致了同卵双生子间更高的相似性。这个恼人的问题只能通过研究分开抚养的同卵双生子来回答。

幸运的是，明尼苏达大学所做的一项有影响力的双生子研究为此提供了必要的数据（Tellegen et al., 1988）。在此研究中，分开抚养的双生子大都很早就分开了（年龄的中位数为2.5个月），并且分开的时间相当长（分开时间的中位数为34年）。结果发现，分开抚养的同卵双生子的人格比一起抚养的异卵双生子更为相似。此研究所考察的人格特质的遗传力的估计值从40%到58%不等。总之，对大五特质决定因素50年的研究表明，每个特质的遗传力都在50%左右（Krueger & Johnson, 2008）。

将特定基因与特定人格特质相关联的研究报告令人兴奋，同时也引起了相当大的争议。近年研发的基因图谱技术使研究者能够探究特定基因与特定行为的关联。许多研究发现，某个特定基因与外向性、新颖寻求性和冲动性指标相关，但也有很多未能重复出这一关联的报道（Canli, 2008; Munafo et al., 2008）。与此类似，很多研究者报告，另一个基因与神经质相关，但很多重复研究均未能得出相同结论（Canli, 2008; Sen, Burmeister, & Ghosh, 2004）。总之，研究证据表明，这两个关联都确实存在，但由于相关性非常弱，所以难以得到一致性的重复（Canli, 2008; Ebstein, 2006）。因此，不同研究在取样或人格测量工具上的细微差异会导致不一致的研究结果。然而，根本的问题可能是，特定的人格特质可能受数百个基因的影响，每个基因的效应可能都很小且难以检测（Kreuger & Johnson, 2008）。

人格的神经科学

近年来，神经科学家开始探索特定人格特质与大脑结构和功能之间的关系。他们认为，反映人格特质的行为规律可能源于个体间大脑的差异（DeYoung & Gray, 2009）。到目前为止，研究和理论主要聚焦在大五人格特质上。例如，一项新近研究采用磁共振成像（MRI）技术来探究大五人格特质与特定脑区相对大小之间的联系（DeYoung et al., 2010）。这项研究发现了一些有趣的现象。例如，参与者的外向性与加工奖赏的脑区体积相关。神经质上的差异与受威胁、惩罚和负性情绪激活的脑区的体积相关。并且，掌管计划和自主控制的脑区大小与被试的尽责性相关。尽管这

Tomasz Trojanowski/Shutterstock.com

个研究方向是个全新的领域，但初步结果表明，探索人格特质的神经学基础可能会硕果累累。

人格的演化取向

在人格的生物学取向研究领域，最新的进展是演化观的出现。演化心理学家们声称，物种的行为模式是演化的产物，其演化方式与解剖学特征的演化方式相同。**演化心理学**（evolutionary psychology，也译作进化心理学）从对几代物种成员适应价值的角度对行为过程进行考察。演化心理学的基本前提是，自然选择偏爱那些能提高有机体生殖成功率——将基因传递给下一代——的行为。演化理论家认为人格有生物学基础，因为自然选择在人类历史进程中偏爱某些人格特质（Figueredo et al., 2005, 2009）。因此，对人格的演化分析聚焦于不同的人格特质——以及在他人身上识别出这些特质的能力——是如何提高人类祖先的生殖适合度的。

例如，戴维·巴斯（Buss, 1991, 1995）认为，大五人格特质在各种文化中都是重要的人格维度，因为这些特质具有显著的适应意义。他指出，人类历来非常依赖群体，群体能够使其免受捕食者或外敌的侵害，并提供分享食物和其他各种利益的机会。在这些群体互动的背景下，人们不得不对他人的特点做出艰难但至关重要的判断，提出诸如此类的问题：谁会成为我们联盟中的优秀成员？在需要时，我能依赖谁？谁将分享他们的资源？因此，巴斯（Buss, 1995, p. 22）认为："那些能够准确辨别这些个体差异，并据此行事的人可能具有巨大的生殖优势。"根据巴斯的观点，大五特质之所以成为人格的基本维度，是因为人类已经演化出对个体在以下方面差异的特殊敏感性：与他人建立关系的能力（外向性）、与人合作或结盟的意愿（宜人性）、可靠和讲究道德的倾向（尽责性）、创新性地解决问题的能力（开放性）和应对压力的能力（低神经质）。简而言之，巴斯认为，大五特质反映了演化史上他人适应行为的最显著特征。

丹尼尔·列托（Nettle, 2006）将这一思路向前推进了一步。他认为这些特质本身（相对于在他人身上识别出它们的能力）是演化的产物，在人类祖先所生存的环境中具有适应性。例如，他探讨了外向性如何能够促进求偶成功，神经质如何能够激发竞争和避免危险，宜人性如何能够促进联盟的有效建立，等等。列托还谈到大五特质中的每一个在适应的过程中可能都会产生代价。例如，外向性与风险行为和较多的地位之争有关。因此，他认为，从演化的角度分析人格时需要权衡大五特质的适应性优势与劣势。

近年的一篇文章根据这种观点假设，人们外向性水平的差异可能是由其在两种身体特征上的状态决定的，这两种特征可能决定了外向性在人类祖先生存环境中的生殖价值（Lukaszewski & Roney, 2011）。文章的作者声称，在人类历史的进程中，外向行为的生殖回报在具有以下特征的个体身上更高：(1) 身体吸引力更强的男性和女性；(2) 体力更强的男性。他们认为，在某种程度上，个体学会了调整或校正其外向性水平，以反映他们的吸引力和体力水平。因此，他们预测，吸引力应该与男女两性的外向性呈正相关，而体力可预测男性的外向性，他们在两项研究中发现了这一结果。所以，除了解释为什么某些特质是人格的重要维度，演化分析可能还有助于解释这些维度上的个体差异的起源。

推荐阅读

《人格解码》
(*Making Sense of People: Decoding the Mysteries of Personality*)

作者：塞缪尔·巴伦德斯

这本内容广泛的书就人格这一主题提出了许多实用的见解。作者巴伦德斯是一位精神病学家和神经科学家，他回顾了多个阐释人格的相互交叉的研究方向。他的目标是给读者提供一些简单易用的工具，以帮助他们更好地理解人们行为方式背后的原因。他首先描述了大五人格特质，为读者提供了描述人格的语言。然后，他描述了10种与已知的人格障碍相对应的功能失调型人格综合征。他以玛丽莲·梦露、拉尔夫·纳德、伯纳德·麦道夫和O.J.辛普森等名人为例，使这些综合征变得生动起来。

本书的中间章节阐述了人格的发展，重点讨论了遗传对品格的影响以及人格的发展神经科学。后面的章节讨论了人物和同一性的话题。关于同一性的那一章特别有趣，因为它分析了奥普拉·温弗瑞和史蒂夫·乔布斯的生活，向读者展示了人们是如何编织他们的个人故事的。最后一章总结了如何对他人的人格做出系统、精细的评估。

总之，本书读来轻松有趣，短短150页的篇幅涵盖了大量的人格研究成果。本书所包含的信息准确、不过时，并且有详细的注释。更重要的是，巴伦德斯用通俗易懂的方式解释了复杂的理论和研究，他在这一点上做得非常棒。

对生物学视角的评价

近年的行为遗传学研究提供了令人信服的证据，证明生物因素参与塑造人格。演化理论家们就自然选择如何雕刻人格的基本轮廓提出了引人深思的假设。不过，我们仍需注意人格生物学取向的不足之处。

1. 估计遗传影响的问题。采用统计学方法，努力将人格划分为遗传和环境成分，终究是一种人为手段。遗传和环境的影响在复杂的相互作用中缠绕在一起，无法清楚地分开（Rutter, 2007）。例如，某种受基因影响的人格特质，比如一个小孩子暴躁、乖戾的性情，可能会唤起某种特定的养育方式。所以本质上，这个孩子的基因塑造了他（她）的环境。因此，遗传和环境对人格的影响并不是完全独立的，因为人们所处的环境可能在一定程度上是由其基因决定的。

2. 演化论的后见之明偏差。**后见之明偏差**（hindsight bias）——塑造自己对过去事件的解释以使其符合实际结果的普遍倾向——给演化理论家带来了棘手的问题，因为他们往往从已知的结果出发，逆向推断出过去人类祖先的适应性压力如何导致了这些结果（Cornell, 1997）。大五特质在人类历史进程中具有适应性意义的论断似乎有道理，但如果其他特质，如支配性或感觉寻求，出现在了大五特质中，结果又将怎样？有了后见之明，演化理论家肯定能为这些特质如何在遥远的过去促进生殖成功构建出看似合理的解释。因此，一些批评者认为，演化的解释是事后的、猜测性的，无法摆脱后见之明偏差的影响。

人格的当代实证取向

学习目标
- 描述感觉寻求和自恋特质
- 解释恐惧管理理论的主要概念和假设

我们在前几节阐述了几个宏大且全面的人格理论。在本节中，我们将考察一些范围较窄的当代实证取向。在当代的人格研究项目中，研究者通常试图描述和测量某个重要的人格特质，阐释其发展，并确定其与其他特质及行为的关系。为了对此类研究有所了解，我们来看看关于两个特质的研究：感觉寻求和自恋。同时，也将考察一个有影响力的新的理论取向——恐惧管理理论，该理论关注人格动力而非人格特质。

感觉寻求：快节奏的生活

也许你有喜欢"快节奏生活"的朋友。如果是这样的话，他们可能在感觉寻求这个人格特质上有较高的水平。**感觉寻求**（sensation seeking）是对高水平或低水平感官刺激的总体偏好。高感觉寻求者偏爱高水平的刺激，他们总在寻找新奇且令人兴奋的体验；低感觉寻求者偏爱适度的刺激，他们往往选择平静而非兴奋。马文·朱克曼（Zuckerman, 1979）最先描述了感觉寻求，他是一位深受艾森克观点影响的生物学取向的理论家。朱克曼（Zuckerman, 1996, 2008）认为，高水平或低水平的感觉寻求有很强的先天倾向。

感觉寻求倾向可用朱克曼（Zuckerman, 1984）编制的感觉寻求量表来测量。感觉寻求呈连续分布，很多人处于中间水平。因素分析表明，感觉寻求特质包括四个相关的成分（Arnaut, 2006）：（1）寻求刺激和冒险；（2）受不寻常的体验吸引；（3）缺乏抑制；（4）容易感到厌倦。

高感觉寻求者对行动的热情影响着他们感兴趣的运动和娱乐的类型。在运动方面，他们更可能被高风险运动所吸引，如攀岩、极限跳伞、悬挂式滑翔运动，而低感觉寻求者更可能参与高尔夫、游泳或棒球运动（Arnaut, 2006）。在娱乐方面，高感觉寻求者往往更喜欢暴力片、恐怖片和快节奏的动作冒险片，而低感觉寻求者更可能享受音乐片和浪漫片（Zuckerman, 2006）。

朱克曼认为，感觉寻求上的不一致会给亲密关系带来压力。他的理论认为，感觉寻求程度非常高和非常低的人可能难以互相理解并觉得和对方有共同点，更别提找到双方都喜欢的活动了。这些因素或许可以解释为什么与大多数其他人格特质相比，夫妻双方往往在感觉寻求上更为相似（Bratko & Butkovic, 2003）。高感觉寻求者的一个优势是他们对压力的容忍度相对较高，即与其他人相比，他们觉得许多类型的潜在压力事件不太具有威胁性，也不易引起焦虑（Arnaut, 2006）。

最重要的是，感觉寻求与高风险行为有关。高感觉寻求者比其他人更可能有高危性行为，如无保护措施的性行为和有多个性伴侣（Hoyle, Fejfar, & Miller, 2000; Zuckerman, 2007）；有损害健康的生活习惯，如吸烟（Urbán, 2010）、酗酒和吸食消遣性毒品（Zuckerman, 2008）；鲁莽驾驶（Zuckerman, 2009）；有攻击行为（Wilson & Scarpa, 2011）以及赌博成瘾（Fortune & Goodie, 2010）。因此，高感觉寻求给适应带来的更多的可能是不利的影响。

对自恋的再度关注

正如我们在第 1 章中提到的，**自恋**（narcissism）是一种人格特质，其特征是自我夸大的重要性、对关注和赞美的需求、特权感以及利用他人的倾向。一个多世纪以前，性学研究先驱哈夫洛克·埃利斯（Havelock Ellis）和弗洛伊德最先使用了自恋的概念（Levy, Ellison, & Reynoso, 2011）。精神分析著作将自恋者描述为有着浮夸但脆弱不堪的自我概念的人，他们需要大量的防御策略来保护这种虚幻的优越感（Rhodewalt & Peterson, 2009）。当然，这些膨胀的自我概念被认为是源于童年期不良的亲子关系。

直到 1980 年美国精神病学协会出版了经过大规模修订的心理障碍（见第 14 章）诊断系统之后，自恋综合征才在精神分析界之外得到广泛讨论。修订后的诊断系统增加了自恋型人格障碍（NPD）（Reynolds & Lejuez, 2011）。这种人格障碍的关键症状包括：（1）自我夸大的重要性；（2）沉迷于对无限权力和成功的幻想；（3）对关注的持续需求；（4）难以应对批评；（5）特权感；（6）人际剥削。自恋型人格障碍被看作一种极端的、病态的自恋表现，约 5%~6% 的人有此障碍（Pulay, Goldstein, & Grant, 2011）。

自恋型人格障碍的官方描述激发了一些研究者的兴趣，他们开始在普通人群中调查较微弱的非病态的自恋表现。此类研究促使人们编制量表，将自恋作为正常的人格特质来进行评估。其中，罗伯特·拉斯金及其同事（Raskin & Hall, 1979, 1981; Raskin & Terry, 1988）编制的自恋人格量表（NPI）成为了使用最广泛的自恋测量工具（Tamborski & Brown, 2011）。数以百计的研究采用了这一量表。你可以做一做第 1 章前面的自我评估，看看你在此量表上的得分。

这些研究描绘了一幅有趣的高自恋者肖像（Rhodewalt & Peterson, 2009）。自恋者有着非常积极但容易受到威胁的自我概念。最重要的是，他们的行为受维持其脆弱自尊的需要所驱使。同与他人建立长久的纽带相比，自恋者对让自己看起来强大和成功更感兴趣（Campbell & Foster, 2007）。他们不遗余力地吹嘘自己的成就，以给他人留下深刻印象。正如你可能猜到的，在这个互联网社交的时代，高自恋者往往会在脸书及类似网站上发布相对明目张胆的自我推销内容（Buffardi, 2011; Carpenter, 2012）。研究还表明，自恋者往往比其他人更可能在高校考试和作业中作弊（Brunell et al., 2011），他们也容易无缘无故地发起攻击（Reidy, Foster, & Zeichner, 2010）。

自恋对社交的影响很有趣（Back, Schmukle, & Egloff, 2010）。初次见面时，人们常常认为自恋者迷人、自信，甚至有魅力。因此，他们往往最初很受欢迎。然而，随着接触的增加，他们对关注的持续需求、厚颜无耻的吹嘘和特权感常常会使他人的好感减弱。最终，他们往往被视为自大、自我中心和不招人喜欢的人。有趣的是，近年的研究表明，自恋者能在某种程度上意识到这样的事实，即他们会给人们留下良好的第一印象，但这种印象会随着时间的推移而变差（Carlson, Vazire, & Oltmanns, 2011）。

基于各种社会趋势，琼·特韦奇及其同事（Twenge et al., 2008）猜测，自恋在近几代人中可能在不断增加。为了检验这一假设，他们收集了 85 项研究的数据，这些研究可以追溯到 20 世纪 80 年代。在这些研究中，美国大学生接受了自恋人格量表（NPI）测试。他们的分析表明，NPI 的平均得分一直在上升，从 20 世纪 80 年代的约 15.5 分上升到了 2005—2006 年的约 17.5 分。2010 年的一项研究重复了这一结果，即截至 2009 年，这种上升趋势仍在延续（Twenge & Foster, 2010）。

在讨论这一趋势可能产生的后果时，特韦奇和坎贝尔（Twenge & Campbell, 2009）认为，不断增长的自恋助长了年轻人对外表吸引力的过度关注，导致他们不健康地节食、过度整容，以及服用类固醇类药物来健身塑形。特韦奇和坎贝尔断言，自恋者"唯我独尊"的态度导致了物质主义的盛行，以及对地球资源的过度消耗，加剧了目前的环境危机和经济衰退。他们还探讨了人们经常在网站（如脸书、谷歌＋）上看到的"看我"（"look at me"）心态，如何反映出当代社会中自恋现象的增加。

恐惧管理理论

恐惧管理理论诞生于 20 世纪 90 年代，是一种有影响力的理论视角。尽管该理论借鉴了弗洛伊德和演化论的观点，但它提供了对人类处境的独特分析。恐惧管理理论由所罗门、格林伯格和匹茨辛斯基（Solomon, Greenberg, Pyszczynski, 1991, 2004b）创建。目前，这个新的理论视角正在引发大量的研究。

恐惧管理理论的主要目标之一是解释人类为什么需要自尊。不同于其他动物，人类演化出了复杂的认知能力，使其能够认识自我和思考未来。这种认知能力让人类敏锐地意识到，生命随时会消亡。人类自我保护的本能与其对死亡必然性的认识之间的冲突，使人类一想到自己必死的命运就可能感到焦虑、惊慌和恐惧（见**图 2.20**）。

人类如何应对这种潜在的恐惧呢？根据恐惧管理理论，"拯救我们的是文化。文化为我们提供了看世界的方式，即世界观，它'解决'了人类因觉知死亡而产生的存在危机"（Pyszczynski, Solomon, & Greenberg, 2003, p. 16）。文化世界观通过回答诸如"我为何在此处""生命的意义是什么"之类的普遍性问题来消除焦虑。文化创造了故事、传统和习俗，赋予其成员一种成为永恒遗产一部分的感觉，进而抚平他们对死亡的恐惧。

自尊在其中起着什么作用？自尊被看作个体的自我价值感，它取决于个体对自身文化世界观有效性的信心，以及达到了该世界观所设立的标准的信念。因此，自尊有助于防止人们因觉知到自己只是有短暂一生的必死的动物而感受到强烈的焦虑。换言之，自尊起到了恐惧管理的作用（见**图 2.20**）。

自尊起焦虑缓冲作用的观点得到了大量研究的支持（Pyszczynski et al., 2004; Schmeichel et al., 2009）。在许多这样的实验中，研究者会操纵死亡凸显（必死性在被试头脑中的突出程度）这一变量。一般而言，让被试简短地想一下自己将来会死亡，死亡凸显会暂时升高。与焦虑缓冲假设一致的是，提醒被试他们将会死亡这一事实，会使其做出各种有可能提升自尊的行为，从而降低焦虑（第6章对自尊的恐惧管理功能有更多的论述）。

提高死亡凸显还会使人们更努力地维护自身的文化世界观（Arndt & Vess, 2008; Burke, Martens, & Faucher, 2010）。例如，短暂地思索死亡后，研究参与者会：（1）更严厉地惩罚违反道德者；（2）对批评自己国家的人做出更负面的回应；（3）更尊重如国旗之类的文化符号。这种维护自身文化世界观的需要甚至可能会加剧偏见和攻击（Greenberg et al., 2009）。让被试想起自己终将死去

图 2.20　恐惧管理理论概述

本图标示了恐惧管理理论关键概念之间的关系。该理论断言，人类对必死性的独特认识助长其维护自己文化世界观和自尊的需要，这有助于帮助人们远离与死亡相关的焦虑。

恐惧管理理论已被应用于众多领域。例如，该理论甚至被用来解释炫耀性消费。

会使他们：（1）对不同宗教或种族背景的人做出更负面的评价；（2）对少数群体成员的看法更刻板；（3）对持相反政治观点的人做出更多攻击行为。

恐惧管理理论对很多现象做出了新颖的假设。例如，所罗门、格林伯格和匹茨辛斯基（Solomon, Greenberg, & Pyszczynski, 2004a）用自尊的焦虑缓冲功能来解释过度的物质主义。他们认为，"炫耀性的占有和消费是人们在毫不掩饰地宣称自己是独特的，因而不只是一种终将死亡和腐烂的动物"（p.134）。有研究发现，死亡凸显会增加名望的吸引力以及人们对名人的崇拜，这一现象似乎也是由类似的动机导致的（Greenberg et al., 2010）。有些研究甚至将恐惧管理理论应用到了政治过程之中。此类研究表明，死亡凸显会增加被试对"魅力型"候选人的偏好，因为这些候选人描述了一个宏伟的目标，使人们感觉自己就是这项有着长远意义的重要运动的一部分（Cohen & Solomon, 2011）。虽然恐惧管理理论乍看之下似乎有些难以置信，但该理论的预测已得到数百个实验的支持（Burke, Martens, & Faucher, 2010）。

文化与人格

学习目标
- 讨论五因素模型在非西方文化中是否适用
- 解释研究者如何发现人格的跨文化相似性和差异性

文化与人格之间有关联吗？近几十年来，心理学愈加注重文化因素，引发了文化-人格研究的复兴（Church, 2010）。这类研究试图确定西方的人格建构在其他文化中是否适用，以及特定人格特质的强度是否存在文化差异。这些研究发现，不同文化中的人格既有连续性，又存在着差异。

在大多数情况下，在人格特质结构的跨文化比较中，连续性是显而易见的。当英语人格量表在其他文化中被翻译和使用时，研究者通过因素分析得到了预期的人格维度（Chiu, Kim, & Wan, 2008）。例如，在其他文化中使用挖掘大五人格特质的量表并进行因素分析，这五个特质通常会出现（McCrae & Costa, 2008b）。因此，研究初步表明，人格特质结构的基本维度可能具有普遍性。

另一方面，当研究者比较来自不同文化群体的样本的特质平均分时，某些跨文化差异就显现出来了。例如，在一项比较51种文化的研究中，麦克雷等人（McCrae et al., 2005）发现，巴西人的神经质得分、澳大利亚的外向性得分、德国人的经验开放性得分、捷克人的宜人性得分以及马来西亚人的尽责性得分都相对较高。这些发现只是初步的结果，因为各种方法上的问题使来自不同文化的样本和分数间的可比性难以得到保证（Church et al., 2011; Heine, Buchtel, & Norenzayan, 2008）。不过，这些研究发现表明，某些人格特质可能确实存在文化差异。虽说如此，研究者观察到的人格特质平均分数的文化差异只有中等大小。

上面提到的麦克雷等人的研究数据使特拉奇亚诺等人（Terracciano et al., 2005）得以重新审视国民性格这一概念。特拉奇亚诺及其同事采用参考五因素模型编制的评定量表，让来自不同文化的被试描述他们各自文化中的典型成员。一般来说，被试对其文化典型特征的评分相当一致。随后，研究者将每种文化的平均评定分数作为其国民性格，并考察其与麦克雷等人研究中相应文化的实际特质平均分的相关。结果很明确：绝大多数的相关系数非常低，甚至常常是负的。换句话说，对国民性

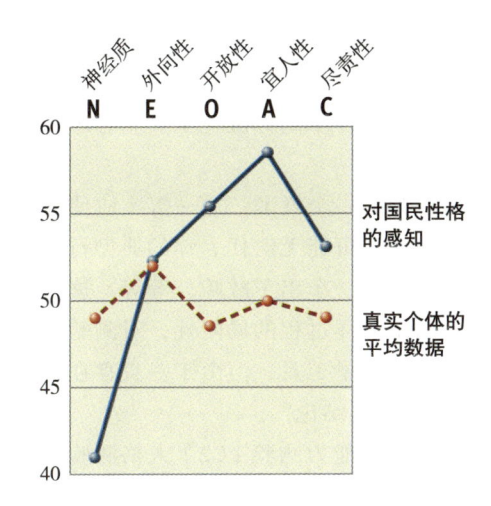

图 2.21 不准确的国民性格认知示例

特拉奇亚诺等人（Terracciano et al., 2005）发现，对国民性格（特定文化的原型或典型人格）的认知在很大程度上是不准确的。本图显示的加拿大人的数据说明了这种不准确性。虚线表示加拿大真实个体样本的大五人格特质平均分，实线表示对加拿大人国民性格的平均认知。从图中可以看出，认知与事实之间的差异很明显。特拉奇亚诺等人发现，他们所研究的绝大多数文化均存在类似的差异，即对国民性格的认知不同于实际的特质得分。

资料来源：McCrae & Terracciano, 2005.

格的看法与不同文化的实际特质分数之间几乎没有关系（见图 2.21）。人们关于国民性格的信念常常会助长文化偏见，而这些信念却不过是极不准确的刻板印象（McCrae & Terracciano, 2006）。

应用：评估你的人格

学习目标
- 解释标准化、测验常模、信度和效度等概念
- 讨论自陈量表和投射测验的价值和局限

判断下列陈述的对错：
____ 1. 对人格测验的回答会受潜意识扭曲的影响。
____ 2. 人格测验的结果常常被曲解。
____ 3. 我们应谨慎地解释人格测验的分数。
____ 4. 人格测验或许可以在很大程度上帮助人们了解自身。

如果你对以上四个问题的回答都是"对"，那你就是满分。是的，人格测验容易被扭曲。不可否认，测验结果常常被曲解，它们应被谨慎地解释。然而，尽管存在这些问题，心理测验仍然是非常有用的。

我们都在努力评估自己和他人的人格。当你对自己说"这个销售员不可信"，或当你对一个朋友说"霍华德很懦弱并且任人摆布"时，你就是在进行人格评估。所以，从这种意义上讲，人格评估是我们日常生活的一部分。然而，心理测验可提供远比随意观察更为系统的评估。

心理测验的价值在于，它能帮助人们描绘出一幅关于自身特点的真实写照。因此，我们在各章前面的自我评估练习中收纳了多种人格测验。我们希望你能通过回答这些量表获得一些感悟。但是，理解此类测验的逻辑和局限也很重要。为了使你更好地使用这些及其他测验，本节将探讨心理测量的一些基础知识。

心理测量中的关键概念

心理测验（psychological test）是测量个体行为样本的标准化工具。心理测验可用来测量能力、能力倾向和人格特质。

请注意，你对心理测验的回答代表着你行为的一个样本。这一事实应使你意识到心理测验的关键局限之一：一个特定的行为样本可能无法代表你的典型行为。我们都有生活不顺的时候：胃痛、跟朋友发生了争执、车出了故障，等等，这些都可能影响你在某天对某个测验所做出的反应。由于取样过程的局限性，对测验分数的解释应该谨慎。虽然大多数心理测验都是可靠的测量工具，但由于一直存在的取样问题，测验结果不应被看作个体人格和能力的"最终结论"。

大多数心理测验可被划分为两大类：（1）心理能力测验；（2）人格测验。心理能力测验，比如智力测验、能力倾向测验和成就测验，通常被用作学校教育、培训项目和工作的筛选手段。人格测验测量人格的各个方面，包括动机、兴趣、价值观和态度。很多心理学家喜欢称这些测验为人格量表，因为人格测验问题的答案不像心理能力测验那样有对错之分。

标准化与常模

人格量表和心理能力测验都是对行为的标准化测量。**标准化**（standardization）是指测验的实施和计分都采用统一的程序。所有的被试都得到同样的指导语、同样的问题、同样的时间限制，等等，这样才能对他们的分数进行有意义的比较。

测验计分系统的标准化包括测验常模的制定。**测验常模**（test norms）提供的是关于某个心理测验分数相对于该测验其他分数的排名信息。我们为什么需要测验常模？因为在心理测验中，所有分数都是相对的。心理测验告诉你的是，你的分数相对于他人的情况。例如，心理测验能够告诉你，你的冲动性分数处于平均水平，坚定自信分数略高于平均水平，或者焦虑分数远低于平均水平。这些解释参照的都是测验常模。

信度和效度

任何测量工具，无论是轮胎压力计、秒表还是心理测验，都应该具有合理的一致性。也就是说，重复测量应该得到基本相同的结果。为了理解信度的重要性，设想下如果某个轮胎压力计对同一只轮胎给出了几个截然不同的读数，你会有什么反应。你肯定会认为这个压力计坏了并将其扔掉，因为你知道测量结果的一致性对准确性至关重要。

信度（reliability）是指一种测验的测量一致性。一个可靠的测验会在重复测量时产生相似的结果（见**图2.22**）。与多数其他类型的测量工具一样，心理测验并不完全可靠。在重复测量时，它们通常不会产生完全相同的分数。由于人类行为的可变性，一定程度的不一致是不可避免的。人格测验的信度往往低于心理能力测验，因为心境的日常波动会影响人们对此类测验的反应。

即使一个测验相当可靠，我们仍需关注它的效度。**效度**（validity）是指一个测验测出它所要测量的事物的能力。如果我们编制了一个新的自我肯定测验，我们必须提供一些能证明这个测验确实能测量自我肯定的证据。效度可用多种方法来证明，

第 2 章 人格理论 75

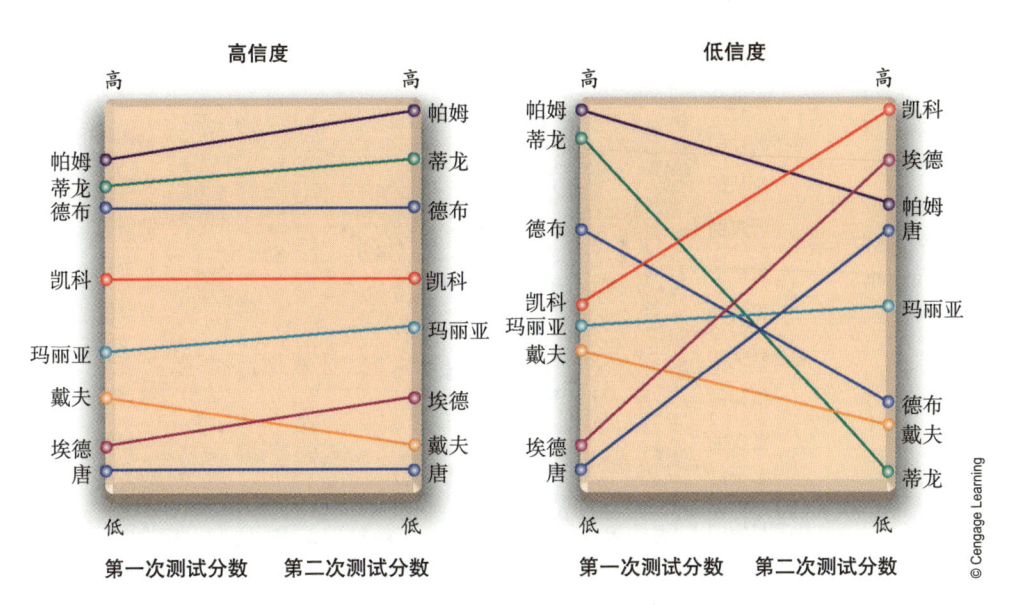

图 2.22 测验信度
两图的左侧显示的是被试在第一次自信测试中的得分，右侧显示的是在第二次（几周后）测试中的得分。如果被试在两次测试中所得的分数接近，那么此测验能较为一致地测量自信，有较高的信度。如果被试在第二次测试时所得分数与第一次有很大差别，那么此测验的信度就很低。

其中的多数涉及考察某个测验分数与测量同一特质的其他测验分数（或与相关特质）的相关系数。

自陈量表

绝大部分人格测验都是自陈量表。**自陈量表**（self-report inventories）要求个体回答一系列关于他们典型行为的问题。当填写自陈人格量表时，你表明陈述是否适用于你，指出自己以特定方式行事的频率，或是就某些特征给自己打分。例如，在明尼苏达多相人格测验中，人们通过选择"正确""错误"或者"不确定"来对 567 个陈述进行回应。这些陈述的内容和形式如下所示：

我得到大多数人的公平对待。
我在聚会上玩得很开心。
我很高兴我还活着。
有几个人到处跟着我。

这种方法背后的逻辑很简单：谁能比你更了解你？谁能比你认识你更久？谁能比你更知道你的私人感受？

所有人格特质都可以用自陈量表进行测量。某些量表只测量一个特质维度，如感觉寻求量表（SSS），你可以做一做本章前面的自我评估。其他量表则可以同时测量多种特质。卡特尔及其同事（Cattell, Eber, & Tatsuoka, 1970）编制的 16 种人格因素问卷（16PF），就是多特质量表的一个例子。16PF 由 187 个条目组成，可以测量 16 个基本人格维度（基本人格维度被称作源特质，见**图 2.23**）。目前，该测验的第五版仍在广泛使用（Cattell & Mead, 2008）。

正如前面提到的，一些理论家认为，仅需五个特质维度就可以全面地描述人格。克斯塔和麦克雷正是基于五因素模型编制了 NEO 人格量表（Costa & McCrae, 1992）。此量表可用来测量大五特质：神经质、外向性、开放性、宜人性和尽责性，在学术研究和临床工作中被广泛使用。目前，NEO 人格量表的最新修订版已经发布（Costa

图 2.23　16 种人格因素问卷（16PF）

卡特尔的 16PF 旨在评估 16 个基本的人格维度，即图中所示的 16 对特质。图中的轮廓为一组飞行员在此测验中的平均分数。

资料来源：Cattell, R. B. (1973, July). Personality pinned down. *Psychology Today*, 40–46. Reprinted by permission of Psychology Today Magazine. Copyright © 1973 Sussex Publishers, Inc.

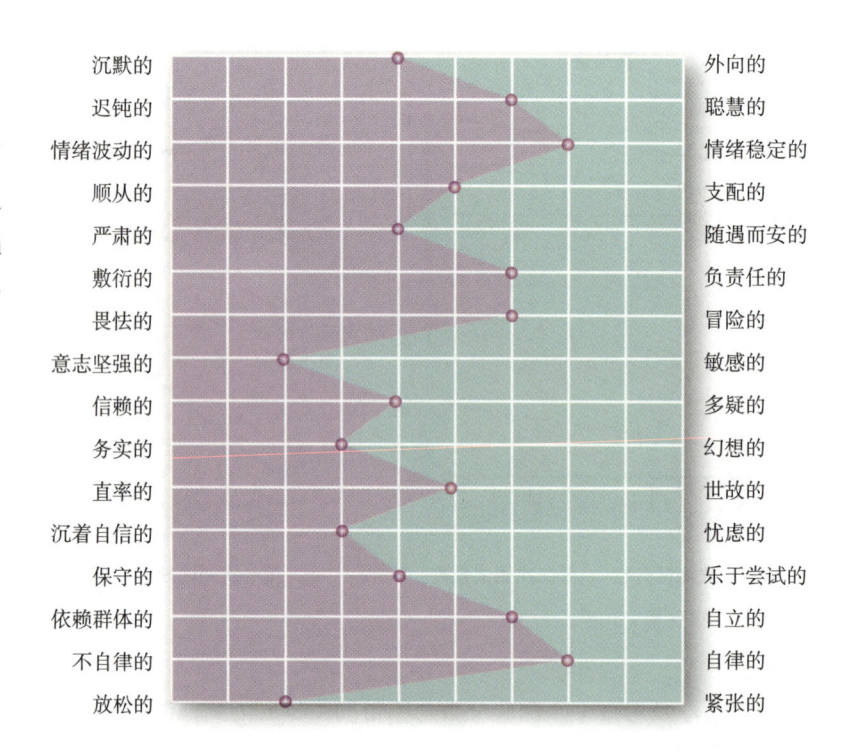

左	右
沉默的	外向的
迟钝的	聪慧的
情绪波动的	情绪稳定的
顺从的	支配的
严肃的	随遇而安的
敷衍的	负责任的
畏怯的	冒险的
意志坚强的	敏感的
信赖的	多疑的
务实的	幻想的
直率的	世故的
沉着自信的	忧虑的
保守的	乐于尝试的
依赖群体的	自立的
不自律的	自律的
放松的	紧张的

& McCrae, 2008）。

为了理解自陈量表的优势，设想下你还能用什么方法来评估自己的人格。例如，你有多自信？你可能有一些模糊的想法，但你能准确地估计与他人相比自己有多自信吗？要做到这一点，你需要大量关于他人典型行为的比较信息，而我们都缺乏这些信息。与之相比，一个自陈量表会询问你在各种需要自信的情境下的典型行为，并将之与许多其他作答者在同样情境下的典型行为进行准确的比较。因此，与日常的随意观察相比，自陈量表要周密和准确得多。

然而，这些测验的准确性取决于作答者所提供的信息（Ben-Porath, 2003），因此，故意欺骗是这些测验所面临的一个问题（Rees & Metcalfe, 2003）。此外，有的人还会无意识地受社会赞许性或问题陈述可接受性的影响（Kline, 1995），即在没有意识到的情况下，作答者只认可那些让他们看起来很好的陈述。这两个问题使人格测验的结果应被视为建议性的而非确定性的。

投射测验

投射测验是一种间接的人格评估方法，在临床工作中应用很广泛。**投射测验**（projective tests）要求人们对模糊不清的刺激做出反应，这些反应可能会揭示出作答者的需要、情感和人格特质。例如，罗夏测验由 10 张墨迹图组成，被试需要描述他们在墨迹中看到了什么。在主题统觉测验（TAT）中，被试看到的是一系列简单场景的图片，他们需要根据这些图片，讲述正在发生什么以及图中人物的感受。例如，一张 TAT 卡片显示了一个小男孩在对着面前桌子上的一把小提琴苦苦思索。

投射测验背后的假设是，模糊材料可以作为人们投射自身担忧、冲突和渴望的空白屏幕。因此，如果一个竞争性强的人看到那张"小男孩、桌子、小提琴"的 TAT 卡片，这个人讲的故事可能是，小男孩儿正在为一场即将到来的音乐比赛冥思苦想，他很想在这次比赛中胜出。如果一个冲动性高的人看到这张卡片，他讲的故事可能是小男孩正在盘算着如何偷偷溜出门，好跟朋友们一起骑越野摩托车。

　　投射测验的拥护者们坚称，投射测验有两个独特的优势。第一，它们对被试而言并不透明。也就是说，被试不知道测验如何向施测者提供信息。因此，人们可能很难进行有意的欺骗（Groth-Marnat, 1997）。第二，这些测验所采用的间接方法或许可以使它们敏锐地测出人格潜意识的、潜在的特征。

　　不幸的是，有关投射测验的科学证据并不令人信服（Garb, Florio, & Grove, 1998; Hunsley, Lee, & Wood, 2003）。利林费尔德、伍德和加伯（Lillienfeld, Wood, & Garb, 2000）在对相关研究进行了全面的考察后，得出结论：投射测验往往有着计分不一致、信度低、测验常模不足、存在文化偏差和效度估计值低等缺陷。他们还坚称，与投射测验拥护者的看法相反，投射测验易受某种故意欺骗的影响（主要为假装有精神问题）。基于这些分析，利林费尔德及其同事认为，应把投射测验看作投射"技术"或"工具"而不是测验，因为"这些在日常临床实践中使用的技术大多不符合传统的心理测验标准"（p. 29）。尽管存在这些问题，投射测验仍在被很多治疗师使用。虽然其可疑的科学地位确实是个问题，但投射测验的持续流行表明，它能为很多治疗师提供他们认为有用的主观信息（Viglione & Rivera, 2003）。

本章回顾

主要观点

人格的本质
- 人格的概念解释了个体行为跨时间和跨情境的一致性，同时也解释了其独特性。人格特质是以某种方式行事的倾向。
- 一些理论家认为，人格的复杂性可缩减为 5 个基本特质：外向性、神经质、开放性、宜人性和尽责性。大五人格特质可以预测重要的生活结果，如成绩、职业成就、离婚、健康和死亡。

心理动力学视角
- 弗洛伊德的精神分析理论强调潜意识的重要性。弗洛伊德用三个组成部分（本我、自我和超我）来描述人格结构，它们在意识的三个层面上运作，会产生内部冲突，进而引发焦虑。
- 弗洛伊德认为，人们经常使用防御机制来抵御焦虑和其他令人不快的情绪，而防御机制通过自我欺骗起作用。他描述了儿童在人格发展中所经历的五个心理性欲阶段。
- 荣格的分析心理学强调集体潜意识的重要性。阿德勒的个体心理学强调人们如何为补偿自卑感而追求卓越。

行为主义视角
- 行为主义理论将人格看作通过学习形成的反应倾向的集合。巴甫洛夫的经典条件作用可解释人们如何获得情绪反应。
- 斯金纳的操作性条件作用模型显示了强化、消退和惩罚等后果如何塑造行为。班杜拉的社会认知理论展示了人们如何通过观察间接地习得条件反应。他认为自我效能感是一种特别重要的人格特质。

人本主义视角
- 人本主义理论对人们有意识、理性地规划自己行动路线的能力持乐观的态度。罗杰斯认为，个体自我概念与现实的不协调会引发焦虑并导致防御行为。马斯洛认为需要是按层级排列的。他认为心理健康取决于自我实现需要的满足。

生物学视角
- 艾森克认为，个体在生理功能上遗传而来的差异会影响其条件作用，进而影响人格。行为遗传学研究表明，每个大五人格特质的遗传力均在 50% 左右。
- 近年来，神经科学家开始探索特定人格特质与某些大脑结构和功能之间的关系。演化心理学家们认为，自然选择使大五特质成为至关重要的人格维度。

人格的当代实证取向
- 感觉寻求是对高水平或低水平感觉刺激的一种总体偏好，高感觉寻求与较多的冒险行为有关。自恋是一种以膨胀的自我感、对注意的需求和特权感为特征的人格特质。自恋水平在近几代人中不断增加。恐惧管理理论提出，自尊和对文化世界观的信念使人们远离与必死性有关的强烈焦虑。

文化与人格
- 研究表明，人格的基本特质结构在不同文化中可能基本一致，因为大五特质在跨文化研究中经常出现。人们对国民性格的感知似乎相当不准确。

应用：评估你的人格
- 心理测验是标准化的行为测量工具。心理测验在重复测试时应得到一致的结果，这一特点被称为信度。效度指的是一个测验能够测量其所要测量的事物的程度。
- 自陈量表，如 16PF 和 NEO 人格问卷，要求作答者描述自己。投射测验，如罗夏测验和主题统觉测验（TAT），假定人们对模糊刺激的反应揭示了他们的人格。

关键术语

人格	心理性欲阶段	人本主义
人格特质	固着	自我概念
因素分析	俄狄浦斯情节	不协调
心理动力学理论	集体潜意识	需要层次
本我	原始意象	自我实现的需要
自我	补偿	双生子研究
超我	行为主义	遗传率
意识	经典条件作用	演化心理学
前意识	无条件刺激	后见之明偏差
潜意识	无条件反应	感觉寻求
防御机制	条件刺激	自恋
合理化	条件反应	心理测验
压抑	消退	标准化
投射	操作性条件作用	测验常模
替代	正强化	信度
反向形成	负强化	效度
退行	惩罚	自陈量表
认同	观察学习	投射测验
同性恋恐惧症	自我效能感	

练习题

1. _____不是麦克雷和科斯塔五因素人格模型中的特质。
   a. 神经质
   b. 外向性
   c. 尽责性
   d. 威权主义

2. 你吃完三杯冰淇淋后感到很内疚。你告诉自己这没关系，因为你昨天没吃午饭。这是_____防御机制在起作用。
   a. 概念化
   b. 替代
   c. 合理化
   d. 认同

3. 阿德勒认为，_____是个体适应世界、完善自我和应对生活挑战的普遍驱力。
   a. 补偿
   b. 追求卓越
   c. 回避自卑感
   d. 社会兴趣

4. 如果一个反应消除了某个令人不快的刺激，该反应倾向进而得到强化，这一过程属于_____。
   a. 正强化
   b. 负强化
   c. 初级强化
   d. 惩罚

5. 自我效能感是指_____。
   a. 实现自身潜能的能力
   b. 自身有能力做出可带来预期结果的行为的信念
   c. 在各种情境中以特定方式行事的持久的性情
   d. 有关人的本质、独特个性和典型行为的信念的集合

6. 罗杰斯认为，个体的自我概念和实际经验的不一致被称为_____。
   a. 妄想的系统
   b. 不和谐
   c. 冲突
   d. 不协调

7. 根据马斯洛的观点，_____不是自我实现者的特点。
   a. 对现实的准确感知
   b. 开放且自发
   c. 对孤独感到不适
   d. 对他人的需要很敏感

8. 如果同卵双生子比异卵双生子表现出更多的人格相似性，这可能主要是因为_____。
   a. 父母对待他们的方式相似
   b. 他们的基因重叠更多
   c. 彼此的认同较强
   d. 别人认为他们应该相似

9. 恐惧管理理论的研究表明，死亡凸显的增加会导致下面的情况，除了_____。
   a. 努力维护自尊
   b. 对少数群体的看法更刻板
   c. 偏爱魅力型政治候选人
   d. 对文化偶像的尊重程度下降

10. 在心理测量中，重复测试结果的一致性与_____有关。
    a. 标准化
    b. 效度
    c. 统计显著性
    d. 信度

答案

1. d   6. d
2. c   7. c
3. b   8. b
4. b   9. d
5. b   10. d

第 3 章 压力及其影响

自我评估：生活经历调查表（The Life Experiences Survey, LES）

指导语

下面列出了一些事件，这些事件有时会改变那些经历过它们的人的生活，并且使他们需要重新进行社会调适。请仔细查看列表中的每个事件。如果你的生活在过去一年中发生过相应的事件，请指出事件发生时，你认为它们对你的生活产生积极或消极影响的程度。也就是说，在对应的一行圈出表示事件影响的类型和程度的数字。评分为 −3 表示非常消极的影响；0 表示没有影响，既不积极也不消极；+3 表示非常积极的影响。

量 表

	非常消极	中等消极	有点消极	没有影响	有点积极	中等积极	非常积极
第一部分							
1. 结婚	−3	−2	−1	0	+1	+2	+3
2. 被关押在监狱或类似机构	−3	−2	−1	0	+1	+2	+3
3. 丧偶	−3	−2	−1	0	+1	+2	+3
4. 睡眠习惯发生重大改变	−3	−2	−1	0	+1	+2	+3
5. 某位亲密的家人去世	−3	−2	−1	0	+1	+2	+3
a. 母亲	−3	−2	−1	0	+1	+2	+3
b. 父亲	−3	−2	−1	0	+1	+2	+3
c. 哥哥或弟弟	−3	−2	−1	0	+1	+2	+3
d. 姐姐或妹妹	−3	−2	−1	0	+1	+2	+3
e. 奶奶或姥姥/外婆	−3	−2	−1	0	+1	+2	+3
f. 爷爷或姥爷/外公	−3	−2	−1	0	+1	+2	+3
g. 其他（请注明： ）	−3	−2	−1	0	+1	+2	+3
6. 饮食习惯发生重大改变（进食增加或减少很多）	−3	−2	−1	0	+1	+2	+3
7. 失去房贷或其他贷款抵押物的赎回权（例如因断供房子被银行收回）	−3	−2	−1	0	+1	+2	+3
8. 某位亲密朋友去世	−3	−2	−1	0	+1	+2	+3
9. 杰出的个人成就	−3	−2	−1	0	+1	+2	+3
10. 轻微的违法行为	−3	−2	−1	0	+1	+2	+3
11. 男性：妻子/女友怀孕	−3	−2	−1	0	+1	+2	+3
12. 女性：怀孕	−3	−2	−1	0	+1	+2	+3
13. 工作情境发生变化（不同的工作职责，工作条件、工作时长等发生重大变化）	−3	−2	−1	0	+1	+2	+3
14. 新工作	−3	−2	−1	0	+1	+2	+3
15. 亲密的家人重病或重伤	−3	−2	−1	0	+1	+2	+3
a. 母亲	−3	−2	−1	0	+1	+2	+3
b. 父亲	−3	−2	−1	0	+1	+2	+3
c. 哥哥或弟弟	−3	−2	−1	0	+1	+2	+3
d. 姐姐或妹妹	−3	−2	−1	0	+1	+2	+3
e. 奶奶或姥姥/外婆	−3	−2	−1	0	+1	+2	+3
f. 爷爷或姥爷/外公	−3	−2	−1	0	+1	+2	+3
g. 配偶	−3	−2	−1	0	+1	+2	+3
h. 其他（请注明： ）	−3	−2	−1	0	+1	+2	+3

	非常消极	中等消极	有点消极	没有影响	有点积极	中等积极	非常积极
16. 性功能失调	−3	−2	−1	0	+1	+2	+3
17. 与雇主发生矛盾（面临失业、停职、降职等风险）	−3	−2	−1	0	+1	+2	+3
18. 与姻亲发生矛盾	−3	−2	−1	0	+1	+2	+3
19. 财务状况发生重大变化（好了或差了很多）	−3	−2	−1	0	+1	+2	+3
20. 与家人的关系发生重大变化（变得更亲密或更生疏）	−3	−2	−1	0	+1	+2	+3
21. 新增一位家人（生孩子、领养孩子或家人搬入等）	−3	−2	−1	0	+1	+2	+3
22. 居住地变更	−3	−2	−1	0	+1	+2	+3
23. （因为冲突）夫妻分居	−3	−2	−1	0	+1	+2	+3
24. 参加教堂活动的次数发生重大改变（变多或者变少）	−3	−2	−1	0	+1	+2	+3
25. 与配偶和解	−3	−2	−1	0	+1	+2	+3
26. 与配偶争吵的次数发生重大改变（变得更多或更少）	−3	−2	−1	0	+1	+2	+3
27. 已婚男士：妻子的工作发生改变（开始上班、停止上班、换新工作等）	−3	−2	−1	0	+1	+2	+3
28. 已婚女士：丈夫的工作发生改变（失业、换新工作、退休等）	−3	−2	−1	0	+1	+2	+3
29. 娱乐活动的类型和/或数量发生重大改变	−3	−2	−1	0	+1	+2	+3
30. 为一项大的开销而借款（买房、做生意等）	−3	−2	−1	0	+1	+2	+3
31. 为一项较小的开销借款（买车或电视、申请助学贷款等）	−3	−2	−1	0	+1	+2	+3
32. 被解雇	−3	−2	−1	0	+1	+2	+3
33. 男性：妻子/女朋友堕胎	−3	−2	−1	0	+1	+2	+3
34. 女性：堕胎	−3	−2	−1	0	+1	+2	+3
35. 自己生了重病或者受了重伤	−3	−2	−1	0	+1	+2	+3
36. 聚会、看电影、拜访朋友等社交活动发生重大改变（频率增加或者减少）	−3	−2	−1	0	+1	+2	+3
37. 家庭居住条件发生重大改变（建了新房、重新装修、房屋或邻里环境恶化等）	−3	−2	−1	0	+1	+2	+3
38. 离婚	−3	−2	−1	0	+1	+2	+3
39. 亲密朋友重病或重伤	−3	−2	−1	0	+1	+2	+3
40. 退休	−3	−2	−1	0	+1	+2	+3
41. （因为结婚、求学等原因）儿子或者女儿离开了家	−3	−2	−1	0	+1	+2	+3
42. 学生生涯结束	−3	−2	−1	0	+1	+2	+3
43. （由于工作、旅行等原因）与配偶分开	−3	−2	−1	0	+1	+2	+3
44. 订婚	−3	−2	−1	0	+1	+2	+3
45. 和男朋友/女朋友分手	−3	−2	−1	0	+1	+2	+3
46. 第一次离开家	−3	−2	−1	0	+1	+2	+3
47. 与男朋友/女朋友和好	−3	−2	−1	0	+1	+2	+3

请列出并评价其他对你生活产生影响的近期经历

48. _____	−3	−2	−1	0	+1	+2	+3
49. _____	−3	−2	−1	0	+1	+2	+3
50. _____	−3	−2	−1	0	+1	+2	+3

第二部分　仅适用于学生

	非常消极	中等消极	有点消极	没有影响	有点积极	中等积极	非常积极
51. 去新的学校（大学、研究生院、专业学院）开始一段更高学业水平的求学经历	-3	-2	-1	0	+1	+2	+3
52. 转到同一学业水平（本科、研究生等）的新学校	-3	-2	-1	0	+1	+2	+3
53. 留校察看	-3	-2	-1	0	+1	+2	+3
54. 被从宿舍或其他住所开除	-3	-2	-1	0	+1	+2	+3
55. 某次重要考试不及格	-3	-2	-1	0	+1	+2	+3
56. 换专业	-3	-2	-1	0	+1	+2	+3
57. 挂科	-3	-2	-1	0	+1	+2	+3
58. 退课	-3	-2	-1	0	+1	+2	+3
59. 加入大学生联谊会	-3	-2	-1	0	+1	+2	+3
60. 与求学有关的经济问题（面临没有足够的钱继续读书的风险）	-3	-2	-1	0	+1	+2	+3

计分方法

计算你在生活经历调查表上的得分非常简单。将右边所有积极影响的评分加起来，就是你的积极改变分数。你的消极改变分数就是左边所有消极影响评分的总和。将两个值加起来，就是你的改变总分。请在下面的横线上填写你的得分：

我的积极改变分数：_____
我的消极改变分数：_____
我的改变总分：_____

测量的内容

生活经历调查表（LES）由欧文·萨拉松及其同事（Sarason et al., 1978）编制，在当今的研究中已成为广泛使用的压力测量工具（如 Ames et al., 2001; Denisoff & Endler, 2000; Malefo, 2000）。LES 认识到压力不仅仅涉及生活改变，因此还要求作答者说明这些事件对他们有积极影响还是消极影响。这种策略有助于研究者更深入地了解压力的哪一方面最关键。LES 也考虑了人们在评估压力时的差异，因此取消了标准权重，代之以个体对相关事件的影响所赋予的权重。LES 允许作答者写出量表中不包含的重要个人事件。最后，LES 还有一个专门针对学生的部分。

分数解读

下面列出了三个分数的大致常模，以便你理解自己分数的含义。当前的研究表明，消极改变分数最为关键，它与各种消极的调适结果有关；积极改变分数并不能很好地预测个体的调适结果。

估计你最近经受了多大的压力是有好处的，但是我们应当谨慎地解释 LES 的分数。如果你的消极改变分数处于高分区间，请不必慌张。首先，压力与调适问题之间只存在中度相关。其次，压力会与很多其他因素（如生活方式、应对技巧、社会支持、坚毅性、基因遗传）相互作用，共同影响个体的身心健康。

LES 的常模

改变分数	消极改变	积极改变	总体改变
高	14 分及以上	16 分及以上	28 分及以上
中	4~13	7~15	12~27
低	0~3	0~6	0~11

资料来源：Sarason, I. G., Johnson, J. H., & Siegel, J. M. (1978). Assessing the impact of life changes: Development of the life experiences survey. *Journal of Consulting and Clinical Psychology, 46*, 943–946. © American Psychological Association. Adapted with permission of the publisher and Irwin G. Sarason. No further reproduction or distribution is permitted without written permission from the American Psychological Association.

自我反思：压力——你是怎样控制它的？

1. 现代的生活方式是否比过去的生活方式造成了更多的压力？为什么会这样？

2. 你是如何在生活中给自己制造压力的？

3. 你会如何改变我们社会的性质，以使其带给人们更小的压力？

4. 可以说，某些压力源于"失衡"的生活。人们如何才能保持简单的生活？此外，个体可以用什么方法来提前控制他们将遇到的压力源？

5. 你将如何改变应对学业或工作的方式，以改变你感受到的压力？

资料来源：© Cengage Learning

第 3 章

压力及其影响

压力的本质
- 压力无处不在
- 压力具有主观性
- 压力可能存在于环境之中
- 压力受文化影响

压力的主要来源
- 挫折
- 内在冲突
- 生活变迁
- 表现和服从的压力

对压力的反应
- 情绪反应
- 生理反应
- 行为反应

压力的潜在影响
- 任务表现受损
- 认知功能受干扰
- 倦怠
- 心理问题与心理障碍
- 躯体疾病
- 积极的影响

影响压力耐受性的因素
- 社会支持
- 坚毅
- 乐观

应用：通过自我控制减轻压力
- 确定目标行为
- 收集基线数据
- 设计计划
- 执行并评估计划
- 结束计划

本章回顾
练习题

假设你正开车从学校回家,此时路上的车几乎纹丝不动。广播提示堵车会越来越严重,你忍不住抱怨了几句。一辆车想插进你的车道,差点撞上你的车。你大声辱骂那个司机,心跳都加快了,但他根本听不见。一想起今晚你必须写的期末论文,你感到自己的肠胃一阵痉挛。如果不尽快写完论文,你根本就抽不出时间来学习数学,准备即将到来的数学考试,更别提后面的生物测验了。突然你又想起来自己答应过恋人今晚见面。现在看来这根本办不到。又一场大战即将来临。还有一件非常头疼的事,你的同学问你对昨天学校宣布涨学费的事有什么看法。你一直努力不去想这件事,因为你已经负债了。最近父母一直在唠叨你转学的事,但你舍不得离开这里的朋友。一想起自己将要与父母争吵,你的心跳得更快了。当你意识到生活中的压力似乎无穷无尽时,你感到非常紧张。

正如这个例子所示,许多情境都会给人们的生活带来压力。压力各种各样:有大有小,或美或丑,可简单可复杂。很多时候压力的出现出乎人们的意料。在本章我们将分析压力的本质,概括压力的主要来源,并讨论人们如何在多个水平上回应生活中的压力事件。我们还将讨论一些影响个体压力耐受性的因素。

从某种意义上说,压力是调适课程的全部内容。回想一下第1章的内容,调适本质上就是人们如何努力应对各种要求和压力。这些要求和压力代表了压力体验的核心内容。因此,这样一门课程的核心主题是:人们如何适应压力,如何更有效地进行调适?

压力的本质

学习目标
- 描述日常生活中的压力体验,区分压力的初级评估和次级评估
- 总结环境压力、种族相关的压力和文化适应压力方面的证据

多年来,不同的理论家以不同的方式使用着压力(stress)这个术语。一些人将其看作带来困难要求的刺激事件(比如离婚),而另一些人则将其视为麻烦事件引发的生理唤起反应(中文常用"应激"或"应激反应"表示这一含义,本书将根据中文语言习惯酌情使用——编者注)。许多当代研究者认为,压力既不仅仅是一种刺激也不仅仅是一种反应,而是一种特殊的刺激-反应交互过程,在此过程中个体会感受到威胁或是经历损失或伤害(Contrada, 2011)。因此,我们将**压力**(stress)定义为任何威胁或被视为威胁个体幸福,因而损耗个体应对能力的情境。这种威胁可能指向人们即时的人身安全、长期的安全、自尊、声誉,或是内心的平静。压力是一个复杂的概念,因此让我们来更深入地探讨一下。

压力无处不在

压力是日常生活的一部分。"压力"一词如此常见,以至于已成为我们日常口语的一部分。"压力"可以是一个名词(如我们有"压力"),可以是一个形容词(如他拥有一份"有压力的"工作),可以是一个副词(她很"有压力地"做事),还可以是一个动词(写论文给我"带来压力")。的确,美国心理学协会(American Psychological Association, 2010)的民意调查显示,很多人认为他们的压力很大,而且还在上升。三分之一的受访美国人表示"生活在极度的压力下",近一半人认为他们的压力"在过去五年内有所上升"。这样看来"压力山大"似乎成了现代生活的标志。

图 3.1 造成压力的原因

2010年，美国心理学协会在全美进行了一项关于压力的调查。大部分被调查者报告了中等及以上的压力，近一半的人报告他们的压力在过去五年有所增加。本图显示了报告各种压力原因的被调查者的百分比。请注意，经济问题占据了顶端的位置。

资料来源：The American Psychological Association (2010). *Stress In America findings*. Washington, DC: APA.

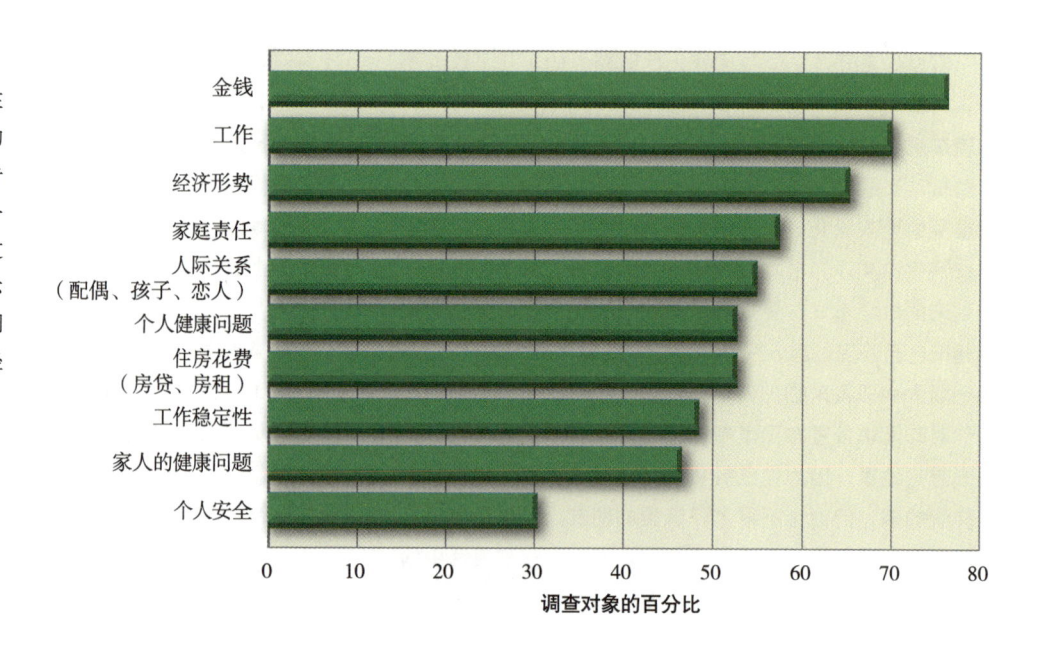

压力原因	调查对象的百分比
金钱	~76
工作	~70
经济形势	~65
家庭责任	~57
人际关系（配偶、孩子、恋人）	~55
个人健康问题	~53
住房花费（房贷、房租）	~52
工作稳定性	~49
家人的健康问题	~47
个人安全	~30

不可否认，压力与巨大的创伤性危机有关，如爆炸、洪水、地震和核事故。在此类事件发生之后进行的研究通常发现，受影响的社区中心理问题和躯体疾病的发生率较高（Dougall & Swanson, 2011）。然而，这些不经常发生的事件只是压力冰山的一角。很多日常事件，如排队、汽车故障、忘记带钥匙、看到自己付不起的账单等，都会带来压力。当然，重大的和微小的压力源并不是完全独立的。一个大的压力事件，比如离婚，可能引发一系列较小的压力源，如寻找律师，承担新的家庭责任，等等。

你可能会猜测较小的压力源影响也小，但事实未必如此。研究表明，日常的麻烦也会对人的身心健康产生重大的负面影响（Almeida, 2005）。实际上，美国心理学协会（APA, 2010）进行的全国性调查发现，与金钱、工作和经济有关的日常问题是造成压力的前三项原因（见**图 3.1**）。

为什么小麻烦也会与心理健康有关？许多理论家认为，压力事件会产生累积的或者叠加的效应（Seta, Seta, & McElroy, 2002）。换言之，压力会累积起来。家庭、学校和工作中的日常压力，单独看可能是相当温和的，但合起来却可以产生巨大的压力。无论是什么原因，日常琐事显然对心理困扰有重要影响（Serido, Almeida, & Wethington, 2004）。

然而，并不是每个人都会被日常琐事带来的压力压倒。本章的后面我们将看到，某些个人特质，例如心理韧性和乐观心态，可对日常琐事带来的痛苦影响起到缓冲的作用。研究表明，那些能引发强烈负性情绪的日常小事，与压力的联系最为紧密（McIntyre, Korn, & Mastuo, 2008）。此外，把一个情境知觉为威胁情境，会引发消极情绪（Schneider, 2008）。因此，个体知觉对人们的压力体验有重要影响。

压力具有主观性

感觉受威胁的体验取决于你注意到的事件，以及你对这些事件的解释或者评估。评估可以解释对潜在压力源反应的诸多个体差异（Folkman, 2011）。让一个人感到有压力的事件，对另一个人来说也许只是平常事件。比如，很多人觉得乘坐飞机有一定的压力，但是经常乘飞机出行的人却可能眼都不眨一下。有些人非常享受与新认识的人约会所带来的刺激，但另一些人却觉得这种不确定性令人恐惧。

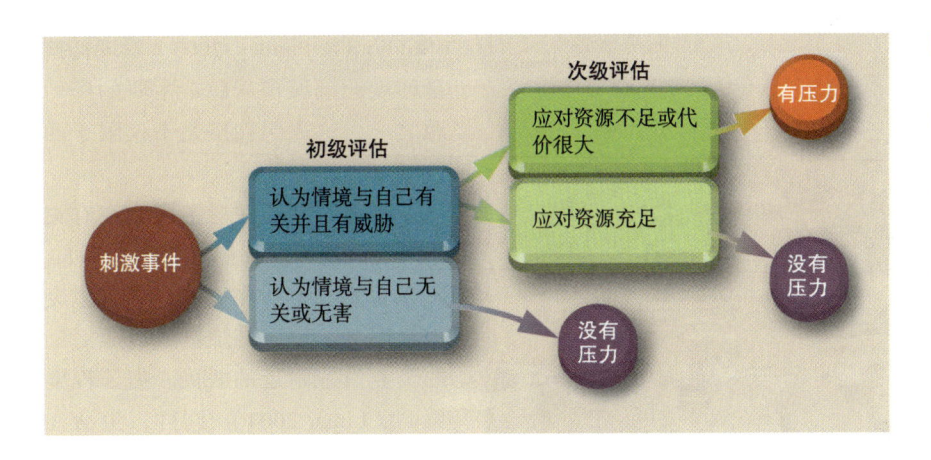

图 3.2　压力的初级评估和次级评估

初级评估是对事件的最初评估，旨在判断这个事件是否：（1）与自己无关；（2）有关，但没有威胁；（3）有压力。当你觉得一个事件有压力时，你就可能进行次级评估，即对自己应对压力的资源和选项的评估。

资料来源：Lazarus & Folkman, 1994.

在讨论压力评估时，拉扎勒斯和福尔克曼（Lazarus & Folkman, 1984）区分了初级评估和次级评估（见**图 3.2**）。**初级评估**（primary appraisal）指最初评估一个事件是否：（1）与自己无关；（2）虽然有关，但没有威胁；（3）有压力。当你觉得某个事件有压力时，你就可能会做出**次级评估**（secondary appraisal），即对自己应对压力的资源和选项的评估。例如，初级评估决定了你是否认为即将进行的工作面试是压力事件。根据你处理该事件的能力，次级评估将决定这次面试的压力有多大。

不难理解，人们对压力事件的评估可改变事件本身的影响。研究发现，对事件的负面解读常常会增加这些事件引发的痛苦。例如，"9·11"恐怖袭击发生后，在一项以儿童为调查对象的研究中，伦古阿及其同事（Lengua et al., 2006）发现，儿童对事件的评估在预测压力症状时，与他们的应对方式和袭击发生前的压力大小等因素一样好。

人们很少能对潜在的压力事件进行客观的评价。一项对等待外科手术的住院病人的经典研究发现，手术的客观严重性与人们实际感受到的恐惧仅有弱相关（Janis, 1958）。很明显，有些人更倾向于对生活中的困难事件进行负面解读。研究表明，焦虑、神经质的人比不太焦虑的人更可能将事件评估为有威胁，并且报告更多与压力有关的负性情绪（Schneider et al., 2004）。因此，压力存在于评估者的眼中（实际上是头脑中），人们对压力事件的评价主观性非常高。

压力可能存在于环境之中

尽管压力知觉相当个人化，但很多压力来自个体与他人共有的环境。**环境压力**（ambient stress）包括一些长期的环境条件，它们虽然并不紧迫，但却是负面的，因此要求人们做出调适。环境特征，如过高的噪音、交通拥堵和污染都会威胁人们的幸福，并影响人们的身心健康。例如，一项以在洛杉矶国际机场附近上学的儿童为对象的研究发现，长期暴露于强噪音环境与血压升高有关（Cohen et al., 1980）。同样，对住在慕尼黑国际机场附近的儿童的研究（Evans, Hygge, & Bullinger, 1995）发现，学龄儿童样本的应激激素（也译为压力激素——编者注）水平升高、阅读和记忆缺陷更高发，并且对任务的坚持性较差。

拥挤是环境压力的一个主要来源。即使是短暂的拥挤体验，比如乘坐挤得水泄不通的火车上下班，也会给人带来压力（Evans & Wener, 2007）。然而，大部分关于拥挤的研究侧重于居住密度的影响。一般来说，研究表明高人口密度与生理唤醒升高、心理痛苦以及社交退缩之间存在关联（Evans & Stecker, 2004）。西迪基和潘迪

污染、过强的噪声、拥挤、交通拥堵和城市衰败等环境因素都会造成压力。

（Siddiqui & Pandey, 2003）发现拥挤是印度北部城市居民最主要的压力源之一，这表明拥挤是不仅限于西方城市的重要问题。

心理学家还探讨了居住在有灾难风险的地区对人们的影响。例如，研究表明，生活在核电厂、有害废物填埋场、垃圾焚烧厂或造成污染的工业设施附近的居民，痛苦程度更高（Lima, 2004）。同样，生活在地震或飓风高发地区的居民也会体验到更高水平的压力（Dougall & Baum, 2000）。

与压力有关的环境因素并非只有噪音和拥挤。有相当多的证据表明，暴露于社区暴力，无论是作为受害者还是目击者，都与城市青年的焦虑、抑郁、愤怒和攻击性存在相关（Margolin & Gordis, 2004）。虽然暴露于暴力与精神痛苦之间显然存在关联，但研究者仍在探索这种关联背后的机制。其中一个机制是与社区暴力体验有关的压力（Overstreet, 2000）。报告最近经历过创伤事件的儿童应激激素水平升高（Bevans, Cerbone, & Overstreet, 2008）。

最后，研究者将贫困作为一种环境压力的来源进行了考察。与高收入家庭的同龄孩子相比，低收入家庭的孩子应激激素水平更高（Blair et al., 2011）。与贫困相关的压力对个体的生理和心理健康都造成了损害（Chandola & Marmot, 2011）。研究表明，贫困与调适不良之间的某些关联可用感知到的社会阶层歧视来解释（Fuller-Rowell, Evans, & Ong, 2012）。

压力受文化影响

尽管某些类型的事件（如失去所爱的人）可能在几乎所有人类社会中都被视为有压力，但不同文化中人们所体验的主要压力形式有很大差异。显然，居住在蒙特利尔和费城等现代西方城市的人们所遇到的日常生活挑战，与非洲或南美土著社会所经历的日常困难大不相同。确实，文化设定了人们体验和评估压力的背景。在某些情况下，某个特定的文化群体可能会被置于这个群体所独有的普遍压力之下。例如，2004年海啸给印度尼西亚和其他东南亚地区造成的大范围的毁灭性破坏，是这些社会特有的极端压力形式。本书对压力的讨论主要集中在当代西方社会所面临的压力源类型，但你应该意识到，西方社会的生活并不一定代表世界各地的生活。

此外，即使在现代西方社会内部，不同文化群体所体验到的压力源集合也存在着差异。社会科学家考察了非裔美国人、西班牙裔美国人、亚裔美国人以及其他少数种族群体所体验的与种族有关的压力源的影响，发现种族歧视会给被歧视群体的心理健康和福祉带来负面影响（Brondolo et al, 2011）。并且，暴露于社会排斥、污名化、骚扰等形式的种族主义会影响对压力事件的评估。极端形式的种族主义依然存在。在2010年报告的所有仇恨犯罪事件中，48.2%是出于种族原因，并且其中大部分是反黑人的歧视（见图3.3）。

尽管在美国近几十年来公开的种族歧视已经减少，但隐蔽的种族偏见仍然司空见惯（Dovidio & Gaertner, 1999）。日常歧视有多种形式，包括言语侮辱（种族歧视性词语）、负面评价、回避、拒绝平等对待以及攻击性威胁。费尔德曼－巴雷特和斯维姆（Feldman-Barrett & Swim, 1998）强调，这些歧视行为常常是微妙和模糊的（例如，"那个办事员好像忽视了我"）。因此，少数群体成员体验到的压力不仅来自外显的歧视，还来自在模糊情境中对歧视的主观感知（Williams & Mohammed, 2007）。在一项研究中，黑人参与者在模糊的（但不是公然的）偏见之后表现出认知受损，很明显这是纠结于模糊情境的结果（Salvatore & Shelton, 2007）。这种感知到的歧视与各种少数群体（包括性少数群体）更多的心理痛苦、更严重的抑郁以及福祉下降有关（Lewis et al., 2006; Moradi & Risco, 2006; Swim, Johnston, & Pearson, 2009）。

对移民来说，**文化适应**（acculturation）或改变自己以适应一种新文化，是与个体幸福感降低相关的压力的主要来源。的确，文化适应的压力与抑郁及焦虑有关（Revollo et al., 2011）。研究发现，个体在移民之前的预期和他们移民之后的实际体验的落差，与他们报告的文化适应压力的大小有关（Negy, Schwartz, & Reig-Ferrer, 2009）。施瓦茨及其同事（Schwartz et al., 2010）指出，新文化对个体的接纳程度（例如，带有蔑视或不悦）也与文化适应的压力水平有关。少数群体成员体验到的这些额外压力显然会产生不利影响，但科学家们仍在探索与种族相关的压力对个体身心健康的影响程度。

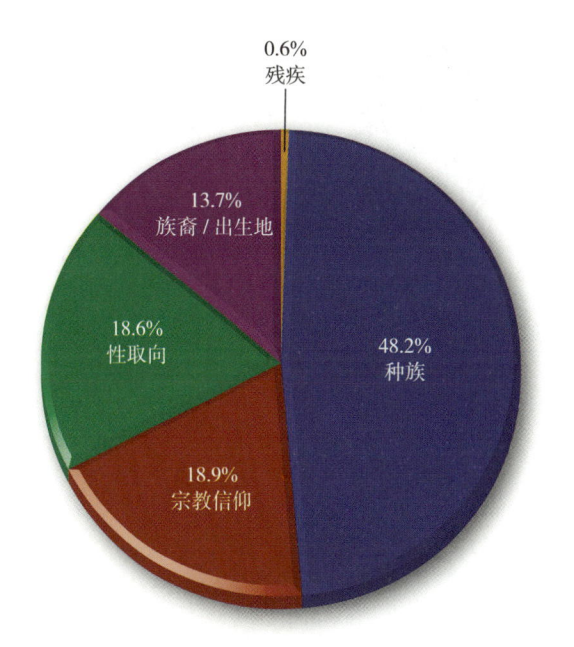

图3.3 仇恨犯罪背后的动机

社会科学家考察了非裔美国人、拉丁裔美国人、亚裔美国人以及其他少数族裔群体所体验的与种族有关的压力的影响。暴露于社会排斥、污名化、骚扰等形式的种族主义会影响人们对压力事件的评估。然而，极端形式的种族主义依然存在。在2010年报告的所有仇恨犯罪事件中，48.2%是出于种族动机，并且其中的大部分是反黑人的歧视。

资料来源：Federal Bureau of Investigation (2011). *Hate crime statistics*, 2010.

压力的主要来源

学习目标

- 区分急性、慢性和预期性压力源
- 从现代生活压力源的角度描述挫折、内在冲突、生活变迁及表现和服从的压力

各种各样的事件可能会给一个人或另一个人带来压力。为更好地理解压力，理论家们试图分析压力事件的本质，并对它们进行分类。一种明智的分类是将压力源区分为急性和慢性。**急性压力源**（acute stressors）指持续时间相对较短且有明确结束点的威胁性事件。比如，遇到一个好斗的醉汉，等待医学检查的结果，或者你的家受到洪水的威胁。**慢性压力源**（chronic stressors）指持续时间相对较长且没有明确结束点的威胁性事件。例如，巨额信用卡债务造成的持续财务压力，工作中来自敌对老板的持续压力，或者多年照顾生病家人的需要。当然，这种分类方式远非完美，因为短期和长期压力源的分界线很难确定，甚至短期存在的压力源也可能产生长期的影响。

罗伯特·萨波斯基（Robert Sapolsky）是压力领域的权威研究者，他提出了另一

种人类独有的压力源。**预期性压力源**（anticipatory stressors）指即将发生的或未来的被认为具有威胁性的事件。也就是说，即使事件还没有发生，我们也会预期该事件带来的冲击。例如，我们可能担心尚未发生的分手，也可能担心我们从未得到过的低分，或者其实从未发生过的飓风。预期性压力的问题在于，它在心理和生理上对我们的影响与实际的压力源一样强烈（Sapolsky, 2004）。无论我们如何分类（急性、慢性或预期性），压力源都来自生活的方方面面。接下来我们将讨论四种主要的压力来源：挫折、内在冲突、生活变迁以及表现和服从。当你读到它们中的每一个时，你一定会认出一些熟悉的"对手"。

罗伯特·萨波斯基

挫 折

"看着父母的关系迅速恶化，我感到十分沮丧。他们从一两年前开始不断争吵，并拒绝寻求任何专业帮助。我试图与他们沟通，但是他们似乎有点不想让我和弟弟插手他们的问题。我感到非常无助，有时甚至特别生气，不是对他们，而是对整个现状。"

这一场景说明了挫折感。在心理学家看来，在任何情况下，只要追求的目标受阻，就会产生**挫折**（frustration）。从本质上讲，当你想要某个东西却得不到时，你就会体验到挫折。每个人几乎每天都要面对挫折。例如，每天长时间的通勤、交通堵塞、恼人的司机等都是常见的挫折来源，而挫折会引发消极情绪，增加压力（Wener & Evans, 2011）。这种挫折感往往会导致攻击行为，即使是在实验室环境中人为诱发的挫折感也会使参与者的攻击性增强（Verona & Curtin, 2006）。有些挫折，例如失败和丧失，可能带来巨大的压力。幸运的是，大部分挫折都是短暂的和无关紧要的。当你去汽修厂取车却发现他们还没有按承诺把车修好时，你可能会非常生气。但是，几天后当你把爱车取回时，所有的不快都会被你忘掉。

当人们受环境压力困扰时，挫折似乎常常是罪魁祸首（Graig, 1993）。强噪音、高温、污染和拥挤最可能带来压力，因为它们使人们追求安静、舒适的温度、清洁的空气和私人空间的愿望受阻。挫折在与"路怒"有关的攻击行为中也起到了一定的作用（Jovanović, Stanojević, & Stanojević, 2011）。此外，职场中的挫折常会导致倦怠（Lewandowski, 2003），它是压力的一种特殊效应，我们将在本章后面的部分加以讨论。

内在冲突

"我应不应该接受？在圣诞节这一天我订婚了。我的未婚夫出人意料地给我送了戒指。我当时想，如果我拒绝接受他的戒指，他肯定会很受伤，我们的关系也会受损。然而，我现在并不真正清楚自己到底想不想嫁给他。另一方面，我也不想失去他。"

与挫折一样，内在冲突也是日常生活不可避免的特性。"我应不应该？"这一令人困惑的问题，我们每天都会遇到无数次。当两个或两个以上不相容的动机或行为冲动竞相表达时就会产生**内在冲突**（internal conflict）。如第 2 章所述，早在一百多年前弗洛伊德就提出内在冲突会产生相当大的心理痛苦。劳拉·金和罗伯特·埃蒙斯（King & Emmons, 1990, 1991）的研究精确地测量了心理冲突和痛苦之间的联系。他们用精心设计的问卷对被试所体验到的内在冲突总量进行了评估。结果发现，高水平的冲突与高水平的心理痛苦有关联。

库尔特·勒温最早描述了冲突的三种类型（Lewin, 1935），尼尔·米勒后来对此进行了广泛的研究（Miller, 1944, 1959）。三种类型分别为双趋冲突、双避冲突和趋避冲突，如图 3.4 所示。

双趋冲突（approach-approach conflict）指必须在两个有吸引力的目标之间做选择时的内在冲突。问题当然在于，你只能在两个目标中选择一个。例如，你有一个下午的空闲时间，你愿意去打网球，还是看一场电影？假如你外出就餐，你是点比萨饼，还是吃意大利面？假定你没有钱同时买两件衣服，你是买蓝色毛衣，还是买灰色外套？在三种冲突类型里，双趋冲突让人感到的压力最小。从几种美食中选择一种的压力，通常不会使人们在走出餐厅时感到精疲力竭。在双趋冲突里，无论你选择哪一个，你往往都会得到一个相当满意的结果。但是，如果双趋冲突涉及比较重要的问题，可能有时也很麻烦。比如，当你需要在两个吸引人的大学专业或是两个心动的工作邀请之间进行选择时，或许会觉得决策过程非常有压力。

双避冲突（avoidance-avoidance conflict）指必须在两个想要避免的目标之间做选择时的内在冲突。必须在两个讨厌的选项之间做选择，的确令人"进退两难"。例如，倘若你现在有背部疼痛问题，你是应该去做令你恐惧的外科手术，还是应该继续忍受这种疼痛？或者你必须决定维持不满的恋爱关系还是恢复单身。显而易见，双避冲突是最令人感到不快和有压力的。面对这种情况，人们往往尽可能地拖延做决策，希望自己能以某种方式逃离这种冲突情境。比如，你会推迟手术时间，希望背部疼痛能够自愈。

趋避冲突（approach-avoidance conflict）指必须决定是否追求一个既有吸引人的一面又有令人反感的一面的目标时的内在冲突。比如，假如你获得一个工作晋升的机会，这意味着薪酬将大幅增加。但问题是，你必须去一个自己讨厌的城市工作。趋避冲突很常见，而且可能会带来很大的压力。每当你需要冒着风险去追求一个想要的结果时，你可能就会发现自己陷入了趋避冲突。你是否应该冒着被拒绝的风险去邀请一个令你着迷的同学去跟你约会？你是否应该冒险将自己的积蓄投入一项可能失败的创业中去？趋避冲突往往会让人摇摆不定。也就是说，人们会犹豫不决，因难以决断而感到压力。幸运的是，一旦做出了决定，我们有一种聚焦决策积极方面的能力（Brehm, 1956）。

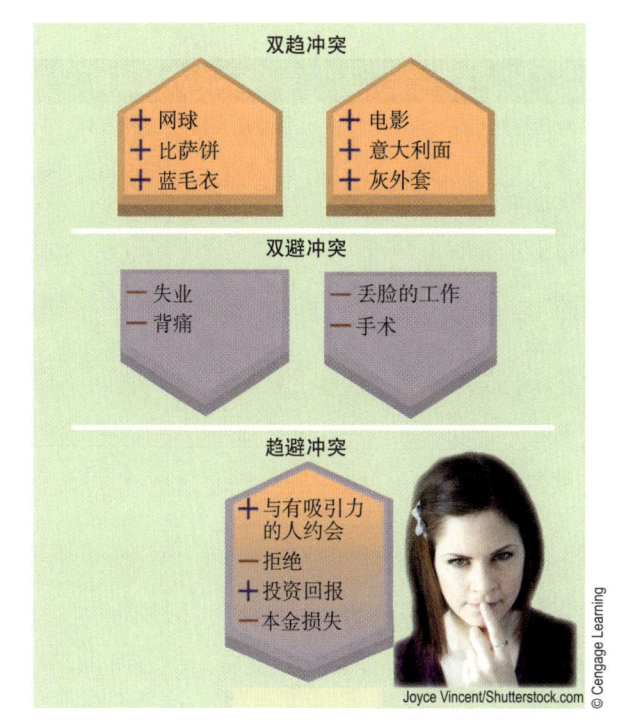

图 3.4 冲突的类型
心理学家已经确认了三种基本的冲突。在双趋冲突和双避冲突中，个体在两个目标之间左右为难。在趋避冲突中，人们考虑的目标只有一个，但这个目标有正负两个方面。

生活变迁

"毕业之后，我得到了梦想的工作，搬到了另一个州生活。那是我第一次远离朋友和家人，独自一人生活。我最大的压力是适应新生活。这里的一切都是新的。我学习如何做新工作，努力结交新朋友，努力熟悉这个新城市的交通路线。我喜欢现在的工作和城市，但很难一下子适应所有这些变化。"

生活变迁可能代表了一种重要的压力类型。**生活变迁**（life changes）指生活环境中任何需要重新调适的明显变动。生活变迁的研究始于霍姆斯和雷赫等人对有压力的生活事件与躯体疾病关系的探索（Holmes & Rahe, 1967; Rahe & Arthur, 1978）。他们访谈了数千名结核病人，试图找出该病发病前的先兆事件。令人惊讶的是，人们列出的高频事件并不都是负面的。高频事件包括很多令人厌恶的事件，这与研究的预期一致，但是病人们也提及许多看似积极的事件，比如结婚、有了孩子或得到晋升。

为什么积极事件（如搬到更好的新家）也会带来压力？根据霍姆斯和雷赫的解释，这是因为这些事件也会带来生活的变迁。他们的论点是：日常生活规律的打破会使人感到压力。按照他们的理论，人际关系、工作和财务的变化都会给我们带来压力，即使这种变化是令人喜悦的。

基于此种分析，霍姆斯和雷赫（Holmes & Rahe, 1967）编制了社会再调适评定量表（Social Readjustment Rating Scale, SRRS）来测量生活变迁所带来的压力。他们给43种主要的生活事件赋予了不同的数值，以此反映每种变迁所需再调适的程度（见图3.5）。要求被调查者指出他们在一段特定的时间内（通常是过去的一年）经历这43种事件的频次。然后，将经历事件所对应的分值相加，总分就表示这个人最近所经历的与生活变迁有关的压力值。

世界各地的研究者在成千上万的研究中使用了社会再调适评定量表和其他类似的量表。总体上，这些研究表明在该量表上得分越高的人，越容易出现各种躯体疾病和心理问题（Scully, Tosi, & Banning, 2000）。然而，有些学者批评了这项研究，指出了它在方法上存在的问题，并质疑这些研究结果的意义（Anderson, Wethington, & Kamarck, 2011）。这些专家认为该量表并没有专门测量生活变迁。量表所列的生活变迁主要是负面的和不受欢迎的事件（如丧偶、分居等）。这

社会再调适评定量表			
生活事件	平均压力值	生活事件	平均压力值
丧偶	100	子女离开家庭	29
离婚	73	姻亲矛盾	29
分居	65	个人做出杰出的成就	28
入狱	63	配偶开始工作或辞职	26
丧亲	63	入学或毕业	26
受伤或生病	53	生活条件变化	25
结婚	50	个人习惯的变化	24
被解雇	47	与上司发生矛盾	23
婚姻和解	45	工作时间或条件的变化	20
退休	45	住所发生变化	20
家人的身体不好	44	转学	20
怀孕	40	娱乐方式变化	19
性方面不和谐	39	教堂活动的变化	19
有了新的家庭成员	39	社会活动的变化	18
业务调整	39	小额购物贷款（买车、电视等）	17
财务状况改变	38	睡眠习惯的改变	16
好朋友去世	37	家人聚会次数的变化	15
换工作	36	饮食习惯的变化	15
与配偶吵架的次数发生变化	35	度假	13
购买大宗商品的贷款	31	过圣诞节	12
丧失贷款抵押品的赎回权	30	轻微触犯法律	11
工作责任发生变化	29		

图3.5 社会再调适评定量表（SRRS）

该量表由霍姆斯和雷赫（Holmes & Rahe, 1967）编制，旨在测量与生活变迁有关的压力。每个事件右边的数字代表其带来的平均压力（再调适）值。被调查者需要依次核查近期发生在自己身上的事件，并将相应的数值相加以得到压力分数。

资料来源：Holmes, T. H., & Rahe, R. H. (1967). The Social Readjustment Rating Scale. *Journal of Psychosomatic Research, 11*(12), 213–218. Copyright © 1967 with permission from Elsevier Science Publishing Co.

些负面的生活事件可能令人产生巨大的挫折感。因此，该量表虽然包含一些积极事件，但有可能是挫折（由负面事件引发）而不是生活变迁造成了测量到的大部分压力。实际上，当研究者让参与者表明自己对量表所列事件的渴望程度时，他们发现生活变迁并不是该量表所测量的关键维度；相反，负面的、不受欢迎的事件引发了量表所测到的大部分压力（McLean & Link, 1994; Turner & Wheaton, 1995）。

那么我们应该摒弃生活变迁充满压力的说法吗？答案是：不能完全否定。虽然还需进一步的研究，但生活变迁构成人们生活中的一种主要压力类型似乎是顺理成章的。然而，我们几乎没有理由相信，生活变迁本身具有内在的或者说是不可避免的压力。有些生活变迁可能充满挑战性，而有些则非常容易接受。

表现和服从的压力

"父亲在饭桌上问了一些我不想讨论的问题。我知道他不想听到我的回答，至少不想听到实话。小时候父亲告诉我，我是他的最爱，因为我'近乎完美'，我一生都在努力保持这种状态，尽管这显然不是真的。近来，他好像意识到了这一点，这使我们的关系变得紧张而痛苦。"

大多数人都可能一度感叹过自己"有压力"。这一表述究竟是什么意思？在这里，**压力**（pressure）指个体应以某种方式行事的期望或要求。它可以分成两类：表现的压力和服从的压力。当有人期望你迅速、高效、成功地完成任务或履行责任时，你便有了表现的压力。例如，销售人员通常有卖出大量商品的压力。研究所的教授通常有在权威期刊上发表文章的压力。喜剧演员有让观众发笑的压力。服从他人的期望所带来的压力同样普遍。商务人士应该穿西装打领带。市郊的居民得时常保持庭院草坪的整洁。青少年需要遵从家长的价值观和规矩。

这两种压力是公众广泛讨论的话题。然而，具有讽刺意味的是，它们很少受到研究者的关注。不过韦登（Weiten, 1988, 1998）编制了一个量表，将其作为生活压力的一种形式来测量。使用该量表的研究发现，这些压力与许多心理症状和问题有着密切的联系。实际上，与社会再调适评定量表和其他已确立的指标相比，表现和服从的压力与精神健康的联系更为紧密（见**图** 3.6）。

对 12 000 名护士为期 15 年的研究发现，工作压力的增加与心脏病风险的增加有关（Väänänen, 2010）。报告工作压力过大的参与者比经历正常压力水平的参与者患心脏病的可能性高 50%。世界各地的学生普遍面临的学业压力与焦虑和抑郁的增加有关，并且会影响学生的动机和专注力（Andrews & Hejdenberg, 2007）。研究还表明，学业表现造成的压力实际上可能会妨碍学业成绩（Kaplan, Liu, & Kaplan, 2005），并导致酗酒等逃避行为（Kieffer, Cronin & Gawet, 2006）。

我们倾向于认为压力是一种外部力量强加给我们的东西。但是，学生常常报告压力是自我施加的（Hamaideh, 2011）。比如，你可能会选修更多的课程以便更快毕业，或者主动寻求额外的领导职位来给家人留下好印象。完成学业后，自我施加的压力并不会停止。人们经常自我

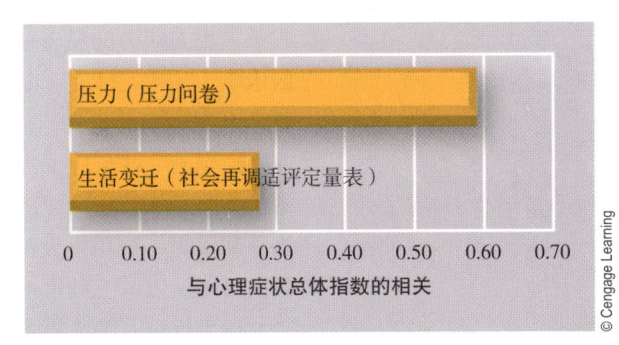

图 3.6 表现和服从的压力与心理症状

将表现和服从与生活变迁作为压力源的比较表明，前者与心理健康的关系可能比后者更为密切。在一项研究中韦登（Weiten, 1988）发现，压力量表（PI）得分与心理痛苦症状的相关为 0.59。在同一个样本中，社会再调适评定量表评分与心理症状的相关仅为 0.28。

压力有两种：表现压力和服从压力。例如，装配线上的工人通常被期望保持高生产率和低犯错率（表现压力），而郊区的户主通常被期望精心打理室外环境（服从压力）。

施压，为了更快地在公司升迁，或者做完美的父母。即使是现代人力图保持工作与家庭适当平衡的愿望本身，也可能成为一种压力源。那些认为未能达到极高标准难以接受的个体（即悲观的完美主义者）更容易疲劳和抑郁（Dittner, Rimes, & Thorpe, 2011）。总之，由于人们可能因对自己抱有不切实际的期望而产生压力，所以他们控制压力的能力可能比自己意识到的要强。

对压力的反应

学习目标

- 总结对压力的典型情绪反应（积极和消极）的研究，并讨论情绪唤起的一些影响
- 描述人们对压力的一些生理反应，包括"战斗或逃跑"反应，一般适应综合征，以及大脑向内分泌系统发出指令的两条主要路径
- 讨论应对的概念

人类对压力的反应是复杂而多维的（Segerstrom & O'Connor, 2012）。压力在不同的水平上影响着人们。回想一下本章的开篇场景：你开车回家，路上拥堵严重，想着马上要到期的论文、恋爱关系冲突、上涨的学费和来自父母的压力。让我们看看前面提到的一些反应。当你听到路况报告时抱怨，你便体验到对压力的情绪反应——本例为烦恼和愤怒。当你脉搏加快、肠胃痉挛时，你便表现出对压力的生理反应。当你朝着另一个司机大声辱骂时，你的言语攻击便是对当前压力的行为反应。因此，我们可以从以下三种水平来分析人们对压力的反应：（1）情绪反应；（2）生理反应；（3）行为反应。图 3.7 描述了这三种不同的水平。

情绪反应

情绪是一个难以界定的概念。关于如何定义情绪，心理学家们的观点并不一致，许多相互矛盾的理论都声称能解释人们的情感。然而，每个人对情绪都有着广泛的个人经验。每个人都对什么是焦虑、欣快、忧郁、嫉妒、厌恶、兴奋、内疚或紧张

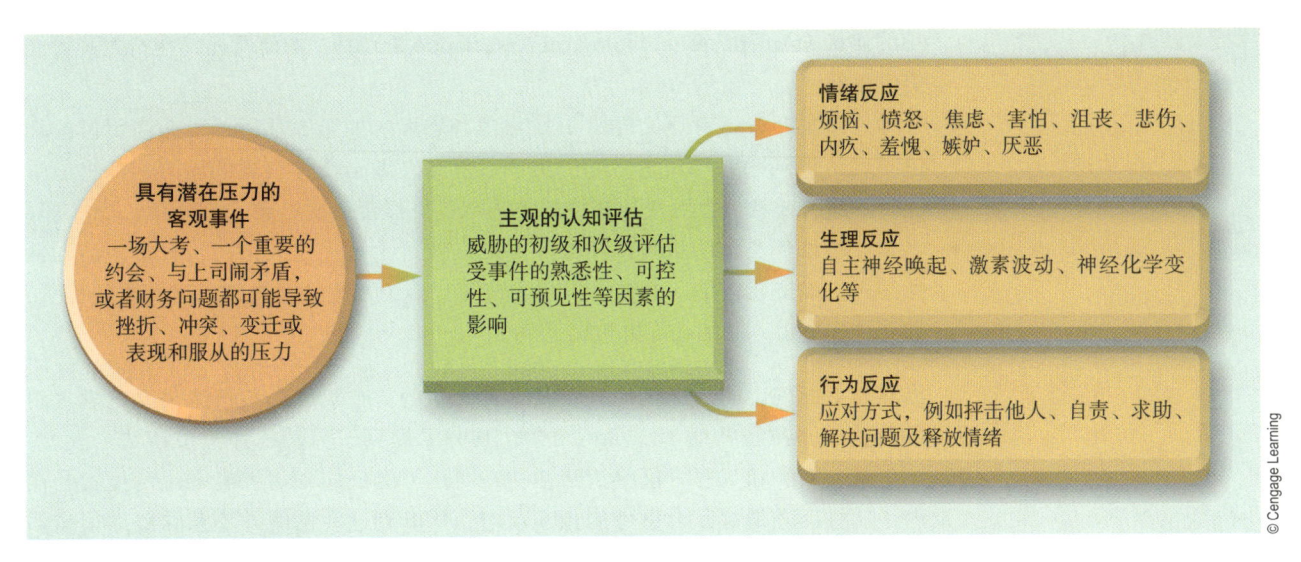

图 3.7 对压力的多维反应

潜在的压力事件，如重要的考试，会引发个体对事件威胁性的主观认知评估。如果该事件被视为具有威胁性，那么压力可能会引发情绪、生理和行为上的反应。人类对压力的反应是多维度的。

有着清醒的认识。因此，与其继续关于情绪的专业性争论，不如依据我们对这一概念的熟悉度简单地指出：**情绪**（emotions）是一种伴随生理变化的基本无法控制的强烈感受。当人们处于压力之下时，他们通常会有情绪上的反应。压力往往会引发不愉快的情绪。在对近代最严重的灾难之一——2004 年的印度洋海啸进行研究时，人们发现近 84% 的幸存者表现出严重的情绪困扰，包括抑郁和焦虑（Souza et al., 2007）。压力的情绪反应似乎具有跨时间和跨文化的一致性。例如，一位历史学家分析了公元前 2100—2000 年的文献，发现对心理创伤的核心消极情绪反应几千年来并没有真正改变（Ben-Ezra, 2004）。

2010 年 1 月的海地大地震给无数人造成了巨大的创伤。承受严重压力的人会有情绪、生理和行为上的反应。对极端压力的情绪反应（例如悲痛、焦虑、恐惧）似乎具有跨文化的一致性。

消极情绪

特定类型的压力事件与特定的情绪并不存在简单的一对一的关联，但是研究者已经发现，对压力的特定认知反应与特定情绪之间存在很强的关联（Lazarus, 2006）。例如，自责易导致内疚，无助易导致悲伤，等等。尽管压力事件会引发多种消极情绪，但是某些消极情绪肯定比另一些更可能出现。根据理查德·拉扎勒斯（Lazarus, 1993）的研究，压力的一些常见消极情绪反应包括：

- 烦恼、生气和大怒。压力经常导致愤怒的感觉，强度从温和的烦恼到不可控制的大怒。实际上，在一项全美调查中，参与者报告说易怒或者愤怒是压力最常见的症状（American Psychological Association, 2010）。如前所述，挫折尤其可能引发愤怒。
- 忧心、焦虑和恐惧。压力经常引发焦虑和恐惧。如第 2 章所述，弗洛伊德的理论早就认识到冲突与焦虑之间的关联。但是，做出良好表现的压力、即将遭受挫折的威胁或者与生活变迁有关的不确定性也都会引发焦虑。
- 沮丧、难过和悲痛。有时候压力（尤其是挫折）只会令人消沉。日常生活的常见挫折，如交通罚单、糟糕的学习成绩等常会令人产生沮丧感。更严重的挫折，如死亡和离婚，通常会令人极度悲伤。

当然，上面列出的消极情绪并不是详尽无遗的。在对压力与情绪关系的颇具洞察力的分析中，拉扎勒斯（Lazarus, 1991, 1993）提到了另外 5 种消极情绪：内疚、羞耻、羡慕、嫉妒和厌恶。这些情绪往往在对压力的反应中占据着突出的位置。在短期内，这些反应是对压力事件的预期反应。体验到这些情绪并不意味着你很脆弱或你很失败。对大多数人来说，这些反应通常都会随着时间而消失。如果这样的消极反应无限期地持续下去，并且干扰了个体的社会、职业或家庭功能，那么就可能是创伤后应激障碍（本章稍后详述）。如果你对创伤事件的反应特别严重、持久、令你衰弱，那么寻求专业帮助可能是明智的。

积极情绪

尽管研究一般侧重于压力与消极情绪的关系，但也有研究表明，人们在压力之下也会产生积极情绪（Finan, Zautra, & Wershba, 2011; Folkman, 2008）。这一研究结果尽管听起来与直觉相反，但研究者发现，即使在最可怕的情况下，人们也会体验到各种愉悦情绪。比如，苏珊·福尔克曼及其同事（Folkman et al., 1997）在一项长达 5 年的研究中，考察了 253 名照护男性艾滋病患者的伴侣的应对模式。令人吃惊的是，在研究进行期间，这些照护者报告的积极情绪体验大约与消极情绪体验一样多，除了病人死亡前后的短暂时期。

一些研究试图在严重的压力事件中寻找积极情绪，也发现了类似的结果。其中一项考察了美国参与者在 2001 年初和"9·11"恐怖袭击之后几周的情绪表现（Fredrickson et al., 2003）。像大多数美国人一样，这些参与者在"9·11"事件之后报告了许多消极情绪，包括愤怒、悲伤和恐惧。但是，在"痛苦的乌云笼罩"之下，也出现了积极情绪。比如，人们会因自己亲人的安全而感恩，许多人盘点了自己的幸事，还有不少人报告恢复了与家人和朋友的感情。上述研究还发现，愉悦情绪（例如快乐和满足）的频率和人们的韧性呈正相关，不愉悦的情绪（例如悲伤和恼怒）与韧性呈负相关。根据他们的分析，这些研究者得出结论："危机之后的积极情绪可以帮助有韧性的人抵抗抑郁，促进积极向上的人生"（p. 365）。在 2001 年萨尔瓦多大地震的幸存者身上，也发现了类似的结果（Vazquez et al., 2005）。因此，与人们的常识相反，在严重的压力情境下，积极的情绪并不会消失。此外，这些积极情绪似乎在帮助人们从与压力有关的消极情绪中恢复方面发挥着关键作用（Zautra & Reich, 2011）。

一个特别有意思的研究结果是，积极的情绪风格与免疫反应的增强有关（Cohen & Pressman, 2006）。积极情绪似乎还能预防心脏病（Davidson, Mostofsky, & Whang, 2010）。上述效应可能促成了近年发现的积极情绪与长寿之间的相关（Ong, 2010; Xu

& Roberts, 2010）。的确，那些报告高水平积极情绪体验的人，似乎比其他人活得更长！一项近期的研究考察了这种联系。研究者仔细查看了1952年在美国职业棒球大联盟注册的主要球员的照片，并将球员照片的笑容强度作为他们体验积极情绪倾向的粗略指标，然后计算了笑容强度与寿命之间的相关。从图3.8中你可以看到，笑得越开心的人寿命越长（Abel & Kruger, 2010）。

简单地说，积极情绪可帮助人们积累有助于应对压力的社会、智力和生理资源，并使人们体验到生机勃勃的心理健康（Fredrickson & Losada, 2005）。实际上，积极情绪的作用如此之大，以至于弗雷德里克森（Fredrickson, 2006）认为，人们应该"培养自己和身边人的积极情绪，以此作为逐步实现心理成长、促进身心健康的手段"（p. 85）。第16章会更加详细地讨论积极情绪。

情绪唤起的影响

情绪反应是正常而自然的，是生活的一部分。即使是不愉悦的情绪也有着重要的作用。就像生理痛苦一样，痛苦的情绪也起着警示信号的作用，提醒个体采取行动。然而，强烈的情绪唤起也会妨碍人们应对压力。例如，研究发现强烈的情绪唤起有时会妨碍人们的注意力和记忆提取，并会妨碍判断和决策（Janis, 1993）。

众所周知的考试焦虑问题说明了情绪唤起如何影响成绩。在考试中成绩不佳的学生常常会坚持说自己知悉考试内容。他们中的很多人可能说的是实话。研究者发现，考试焦虑与考试成绩之间存在负相关。也就是说，考试焦虑程度高的学生往往在考试中得分低（Bin Kassim, Hanafi, & Hancock, 2008）。考试焦虑会通过多种途径干扰考试，但一种关键的途径似乎是干扰对考试的注意。许多对考试感到焦虑的学生浪费太多的时间担心自己的表现，并操心别人是否也有类似的问题。此外，有证据表明，考试焦虑还会损耗人们的自控力，增大表现不佳的可能性（Oaten & Cheng, 2005）。换言之，一旦分心，有考试焦虑问题的学生可能没有足够的自控力让自己回到正轨。这种倾向与我们将在第6章讨论的一个叫作自我耗损的概念有关。

虽然情绪唤起可能会损害应对，但未必总是如此。倒U型曲线假说预测，任务表现会随着情绪唤起的提高而改善，唤起达到某个点后，情绪唤起的进一步提高会产生破坏性影响，表现会变差（Mandler, 1993）。这种观点被称为倒U型曲线假说，因为将表现绘制为情绪唤起的函数会产生近似于倒U的图形（见图3.9）。在这些图中，表现峰值所对应的情绪唤起水平就称作该任务的最佳唤起水平。

最佳唤起水平似乎部分取决于当前任务的复杂度。人们普遍认为，随着任务的复杂度增加，最佳唤起水平（对应于表现峰值）倾向于降低。这一关系如图3.9所示。对于简单的任务（比如驾车8小时去救一个处在危机中的朋友），较高的唤起水平应该是最佳的。然而，对于相对复杂的任务（比如你必须衡量许多因素来做一个重要决定），表现峰值应该出现在较低的唤起水平上。

关于倒U型曲线假说的研究证据并不一致，并且存在不同的解释。该假设的最初构想更多地与压力情境下的动物学习有关，而不是人类的表现（Hancock & Ganey, 2003）。因此，将这一原理推广到日常应对的复杂性上可能是有风险的。尽管如此，

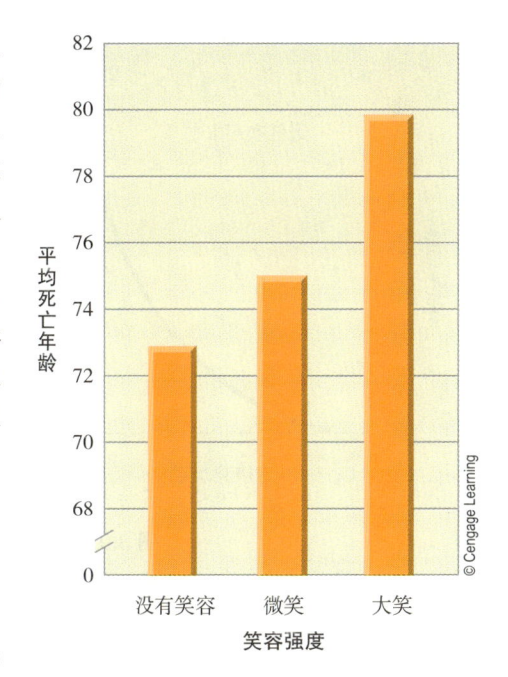

图3.8 积极情绪与长寿

为研究积极情绪与长寿的关系，埃布尔和克鲁格（Abel & Kruger, 2010）将棒球球员们照片的笑容强度作为他们情绪基调的粗略指标。他们分析了棒球注册中心1952年所有在册球员的照片，然后把照片分为没有笑容、微笑和大笑三类。之后他们计算了球员的寿命（除了在2009年仍活着的46名球员）。正如你所看到的，笑得越开心的人活得越久。

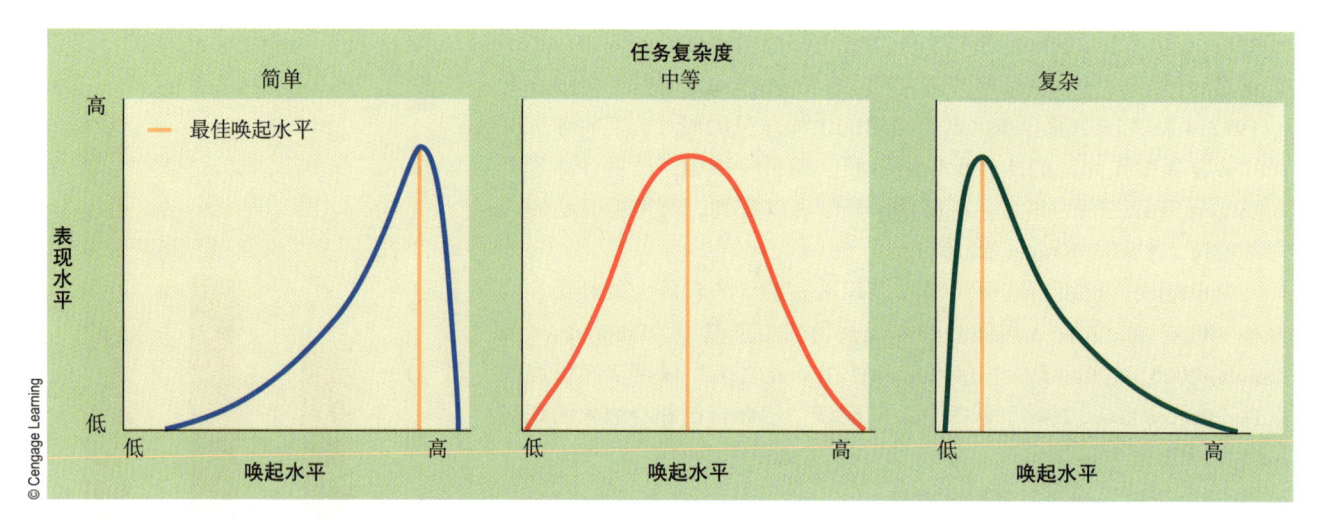

图 3.9 情绪唤起与表现

情绪唤起与任务表现的关系图往往类似于倒置的 U，即任务表现随唤起水平而提高，但达到某个点之后，唤起的进一步提高将导致表现变差。任务的最佳唤起水平依赖于任务的复杂度。对于复杂的任务，相对较低的唤起水平往往是最佳的。然而对于简单的任务，表现可能会在更高的唤起水平上达到顶峰。

科学家们认为，该理论应该被完善，而不是被抛弃（Landers, 2007）。

生理反应

正如我们所见，压力常常会引发强烈的情绪反应。情绪反应也会带来重要的生理变化。例如，考试焦虑与血压升高有关（Conley & Lehman, 2012）。即使压力中等，你也能注意到自己心率加快，呼吸变得困难，并且比平时流的汗更多。这一切（以及更多）是如何发生的？让我们一起来看看。

"战斗或逃跑"反应

虽然沃尔特·坎农（Cannon, 1929, 1932）并没有把他的研究主题称为"压力"，但他对"战斗或逃跑"反应的研究使他成为压力研究的先驱之一。**"战斗或逃跑"反应**（fight-or-flight response）是一种对威胁的生理反应，它动员有机体攻击（战斗）或逃离（逃跑）敌人。例如，当你看到一个危险的身影时，你的心跳会加快、血压会升高、呼吸会变得急促、出汗会增多、消化会变慢——这些都为你采取行动提供了准备，因此具有进化上的优势（Sapolsky, 2004）。这些反应来自身体的自主神经系统。**自主神经系统**（autonomic nervous system, ANS）主要由通向心脏、血管、平滑肌和腺体的神经组成。顾名思义，自主神经系统在某种程度上是自主的。也就是说，它控制着人们通常不会去想的不随意内脏活动，比如心率、消化和排汗。

自主神经系统分为两部分（见**图 3.10**）。其中，副交感神经系统的功能总体上是保存身体资源。例如，它可以减慢心率、促进消化，以帮助身体节省和储存能量。"战斗或逃跑"反应受自主神经系统中的交感神经系统调节，它能够调动身体资源来应对紧急情况。在一个实验中，坎农研究了猫在面对狗时的"战斗或逃跑"反应。例如，他注意到猫的呼吸和心跳瞬间加快，消化过程变缓。

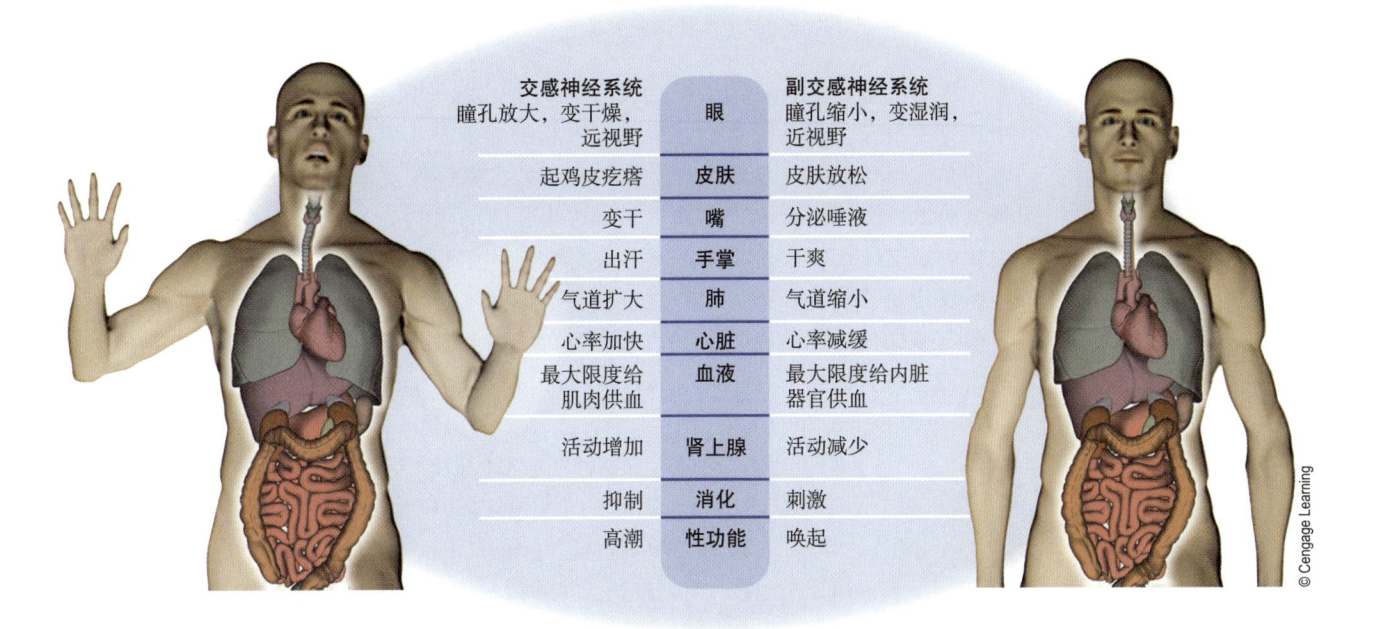

交感神经系统		副交感神经系统
瞳孔放大，变干燥，远视野	眼	瞳孔缩小，变湿润，近视野
起鸡皮疙瘩	皮肤	皮肤放松
变干	嘴	分泌唾液
出汗	手掌	干爽
气道扩大	肺	气道缩小
心率加快	心脏	心率减缓
最大限度给肌肉供血	血液	最大限度给内脏器官供血
活动增加	肾上腺	活动减少
抑制	消化	刺激
高潮	性功能	唤起

图 3.10　自主神经系统（ANS）

自主神经系统主要由通向心脏、血管、平滑肌和腺体的神经组成。自主神经系统可分为交感神经系统（在需要时调动身体资源）和副交感神经系统（保存身体资源）。图中列出了每种系统的一些关键功能。

　　谢利·泰勒及其同事（Taylor & Master, 2011）质疑"战斗或逃跑"反应模式是否对男性和女性同样适用。她们指出，在大多数物种中，雌性都比雄性承担着更多照顾后代的责任。从进化的视角看，这种差异使"战斗或逃跑"模式不利于雌性的适应性，因为这两种反应都可能危及后代，从而减少其基因传递的可能性。泰勒和同事认为，进化过程在女性身上培养的更多地是一种对压力的"照料和结盟"反应。根据这一分析，在应对压力时，女性会把更多的精力放在照顾后代以及寻求帮助和支持上。与这个理论一致，戴维和莱昂斯－拉什（David & Lyons-Rush, 2005）发现，婴儿对威胁的反应存在性别差异。具体而言，受到惊吓后，女婴比男婴做出了更多趋向母亲的行为。泰勒（Taylor, 2011a）推测，女性在面对社会困境时，催产素会发出亲和需要的信号。当然，要评估这个大胆的理论还需要更多的研究。尽管泰勒和同事假设压力反应存在一定的性别差异，但她们很快注意到，男女两性的"压力反应的基本神经内分泌核心机制"基本相同。

　　我们对压力的生理反应是在许多物种中都存在的"战斗或逃跑综合征"的一部分。从某种意义上说，这些自主反应是我们在进化过程中遗留下来的。对许多动物来说，这显然是一种适应性反应，因为面对捕食者的威胁，有机体需要快速做出战斗或逃跑的反应（想象一下《探索》节目中小羚羊狮口逃生的画面）。同样，"战斗或逃跑"反应对人类祖先或许具有适应性，因为他们经常需要应对各种威胁生命安全的急性压力源。但在现代社会中，"战斗或逃跑"反应对人类活动适应性的意义可能不像几千代之前那样重要了。大多数现代社会的压力源并不能简单地通过"战斗或逃跑"反应来应对。工作压力、婚姻问题、财务困难等都需要更复杂的反应方式。此外，这些慢性的（和预期性的）压力源通常会持续很长时间，因此"战斗或逃跑"反应会使人长期处于生理唤起状态。长期生理唤起对有机体的影响这一问题，最早是由加拿大科学家汉斯·塞利（Hans Selye）提出的，他对压力进行了广泛的研究。

一般适应综合征

汉斯·塞利（Selye, 1936, 1956, 1982）使应激（压力）这一概念在科学界和大众中得到了普及。虽然出生在维也纳，塞利的整个职业生涯都是在加拿大蒙特利尔的麦吉尔大学度过的。从20世纪30年代开始，塞利在实验中让动物暴露在各种不愉快的刺激（高温、低温、疼痛、轻微电击、活动限制等）之下。无论引发反应的不愉快刺激是什么，这些动物表现出的生理唤起模式都大体相同。于是塞利得出结论，应激反应是非特异性的。换言之，这些反应并不会因特定的情境而异。起初，塞利不确定该如何称呼这种对各种有害刺激的非特异性反应。直到20世纪40年代，他决定把它命名为应激，他影响深远的作品逐渐让这个词成为我们日常词汇的一部分（Cooper & Dewe, 2004）。

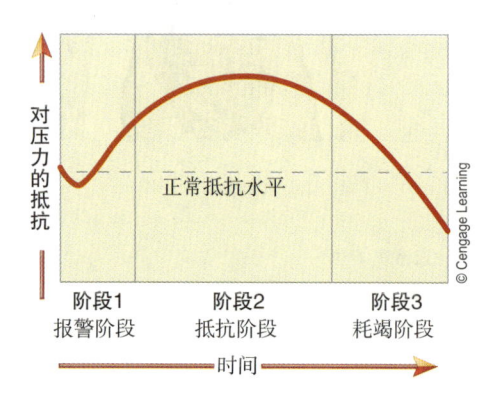

汉斯·塞利

为了捕捉所有物种在应对压力时表现出的一般模式，塞利（Selye, 1956, 1974）提出了一个开创性的理论——一般适应综合征（见图3.11）。**一般适应综合征**（general adaptation syndrome）是身体应激反应的一个模型，包括三个阶段：报警、抵抗和耗竭。在一般适应综合征的第一阶段，当有机体意识到威胁的存在（不论是一头狮子、重大事件的截止日期，还是抢劫犯）时，便会产生报警反应。当身体召集各种资源以对抗挑战时，生理唤起会随之增强。塞利提出的报警反应本质上就是坎农最初描述的"战斗或逃跑"反应。

然而，通过将实验室动物暴露于长期压力（类似于人类经常承受的慢性压力）之下，塞利将他对应激的研究向前推进了好几步。如果压力继续存在，有机体可能会进入一般适应综合征的第二阶段——抵抗阶段。在这个阶段，随着应对措施的进行，生理变化逐渐稳定下来。通常情况下，生理唤起会继续高于正常水平，尽管随着机体对这种威胁的习惯，这种唤起可能会趋于平稳。

图 3.11 一般适应综合征
根据塞利的理论，对压力的生理反应分为三个阶段。在第一阶段，身体在短暂的初始冲击后，调动其资源进行抵抗。在第二阶段，抵抗水平趋于平稳并最终开始下降。如果到了一般适应综合征的第三阶段，人们的抵抗就会耗尽，导致健康问题及耗竭。

如果压力持续很长一段时间，有机体可能会进入第三阶段，即耗竭阶段。根据塞利的理论，身体对抗压力的资源是有限的。如果压力无法被消除，身体资源就会耗尽，生理唤起也会降低。最终，个体会因为耗竭而崩溃。在这个阶段，有机体的抵抗力下降。这种抵抗力的降低可能会导致塞利所称的"适应性疾病"，如心血管疾病或高血压。

塞利的理论和研究将应激与躯体疾病联系在一起。他向人们展示了长期的生理唤起致病的机制，而生理唤起本应具有适应性。他的理论因忽视压力评估的个体差异而受到批评（Lazarus & Folkman, 1984），并且他的应激反应非特异性的观点也仍处于争议之中（Kemeny, 2003）。然而，他的模型为几代探索压力如何具体地影响身体的研究者提供了指导。我们下面就来看一些细节。

脑－体通路

当你感受到压力时，你的大脑会向由各种能向血液分泌化学物质（即激素）的腺体组成的**内分泌系统**（endocrine system）发送信号。这些信号主要沿着两条通路传到内分泌系统。下丘脑是靠近大脑底部的一块很小的结构，似乎通过这两条通路启动活动。

第一条通路（图3.12右侧部分）经由自主神经系统。下丘脑激活自主神经系统中的交感神经系统。这种激活的一个关键环节涉及刺激肾上腺的中央部分（即肾上腺髓质），将大量的儿茶酚胺释放到血液中。这种激素会扩散到全身，引发许多重要的生理变化。儿茶酚胺含量提高的最终结果是身体被动员起来，做好行动的准备。心率和血流加快，将更多的血液输送到人脑和肌肉组织。呼吸和氧气消耗加快，提高了个体的警觉性。同时，消化过程会被抑制以储存能量。瞳孔将扩大以提高视敏度。

第二条通路（图 3.12 左侧部分）涉及脑和内分泌系统之间更直接的沟通。下丘脑向被称为内分泌系统的主腺体的脑下垂体发送信号。脑下垂体分泌的一种激素（促肾上腺皮质激素，ACTH）会刺激肾上腺的外周部分（肾上腺皮质）分泌另一组非常重要的激素——皮质类固醇。这些激素在对压力的反应中起着重要作用。它们会刺激某些化学物质的释放，这些物质有助于增加机体的能量，并有助于抑制受伤组织发炎。皮质醇是皮质类固醇的一种，常被用作衡量人类压力的生理指标（Lundberg, 2011）。实际上，本章讨论的许多研究都是用皮质醇来衡量个体对压力的反应。

压力还会引起我们刚刚开始了解的一些其他生理变化。最关键的变化发生在免疫系统。人体的免疫系统能使你抵抗感染。然而，有证据表明，压力会抑制多层面免疫反应的某些部分，削弱免疫系统抵抗感染原入侵的整体有效性（Dhabhar, 2011）。免疫抑制的确切机制很复杂，但两类应激激素（儿茶酚胺和皮质类固醇）似乎都在其中扮演着角色（Dantzer & Mormede, 1995）。当代研究将压力引发的慢性炎症（一种疾病风险因素）看作免疫系统被长期激活的一个信号（Gouin et al., 2012）。矛盾的是，从长远看，这种高度警觉状态会削弱免疫系统抵御疾病的能力。无论具体机制如何，人们越来越清楚地看到，对压力的生理反应会扩展到身体的每一个角落。此外，其中的一些生理反应在压力事件消失后可能仍会持续很长时间。正如你将看到的，这些生理反应对身心健康都会产生影响。

图 3.12 压力下的脑-体通路

在压力下，大脑会向两条通路发出信号。经由自主神经系统的通路（右侧的通路）控制着儿茶酚胺类激素的释放，此类激素能够动员机体以备行动。通过脑下垂体和内分泌系统的通路（左侧的通路）控制着皮质类固醇激素的释放，该类激素能够积聚能量并防止组织发炎。

行为反应

尽管人们会在多个层次上对压力做出反应，但行为反应是其中最重要的维度。压力的情绪和生理反应（常常是不受欢迎的）在很大程度上是自动的。然而，在行为层面上有效地应对压力，可能会阻止这些具有潜在危害的情绪和生理反应。

对压力的大部分行为反应都涉及应对。**应对**（coping）是指主动努力去掌控、减轻或忍受压力带来的需求和挑战。请注意，对于应对努力是健康的还是适应不良的这一点，这个定义是中性的。这个词的通俗用法通常意味着它本质上是健康的。当我们说某人"应对了她的问题"时，我们的言下之意是她有效地处理了她的麻烦。

推荐阅读

《斑马为什么不得胃溃疡：备受赞誉的压力、压力相关疾病及应对指南》

(*Why Zebras Don't Get Ulcers: The Acclaimed Guide to Stress, Stress-Related Diseases, and Coping*)

作者：罗伯特·萨波斯基

本书对压力的本质及影响进行了广泛而精彩的讨论。作者是斯坦福大学的一名神经科学家，他的研究重点是压力与大脑海马区神经元衰退背后的细胞和分子变化之间的关系等问题。这样的简历通常不会让你联想到生动睿智的叙述，但本书却写得深入浅出、幽默有趣。萨波斯基的基本观点是：个体对压力的生理反应是进化的残留之物，对于人类现在面对的大部分压力情境已不再具有适应性。他详细讲述了压力引发的神经内分泌反应为何会导致或加重一系列躯体和心理疾病，包括心血管疾病、溃疡、结肠炎、腹泻、传染性疾病以及抑郁。

萨波斯基非常出色地将复杂的科学研究阐述得通俗易懂。虽然有些固执己见，但他对研究的总结在科学上是合理的，并且所引用的文献在书后的注释中都有详尽的记录。这不是一本教你如何应对压力的手册，但它对压力反应的剖析可能最有见地、最有趣，非常值得一读。

实际上，应对反应既可以是健康的，也可以是不健康的。例如，假设你期中考试时历史没有及格，你可能通过以下方式应对该压力：（1）更努力地学习；（2）向助教寻求帮助；（3）把你的低分归咎于授课教师；（4）放弃这门课程。显然，前两种应对反应比后两种更可能获得积极的结果。

人们以各种方式应对压力。应对努力可以指向降低压力源的威胁感，减少压力带来的消极情绪，或者直接解决问题（Carver, 2011）。由于应对过程的复杂性和重要性，我们将用整个下一章探讨各种应对方式。在这里我们只需指出应对策略有助于确定压力会对个体产生积极还是消极的影响。当我们在下一节讨论人们与压力抗争的各种可能结果时，你将会看到其中的一些影响。

压力的潜在影响

学习目标

- 解释压力对任务表现、认知功能和倦怠的影响
- 评估压力对身心健康的潜在影响
- 阐明压力可能带来积极影响的三种方式

人们每天都在与压力做斗争，大多数压力来了又去，并没有留下任何持久的印记。然而，当压力很严重或不断积累时，就会产生长期的影响，我们称之为"适应性结果"。尽管压力会产生有益的影响，但研究主要侧重于压力的消极结果，因此你会发现，我们的论述将偏向这一方向。请注意，我们将在下一章讨论如何减轻压力的影响（即应对）。

任务表现受损

压力通常会对有效完成任务的能力产生不利影响。例如，罗伊·鲍迈斯特（Baumeister, 1984）认为，完成任务的压力常常会提升人们的自我意识，而自我意识的增强会干扰注意力，因而妨碍表现。他认为这种干扰主要有两种形式。第一，自我意识增强会使注意偏离任务的需求，造成分心。第二，对于几乎可以自动加工的熟练任务，自我意识增强的人会将过多的注意力集中在任务上。因此，当事人对正在做的事情考虑过多。

鲍迈斯特进行了一系列实验。他在实验室中对完成简单的知觉-运动任务的压力进行了操控，实验结果支持了他的理论。他发现，许多人在压力之下都会"卡顿"（Bulter & Baumeister, 1998; Wallace, Baumeister, & Vohs, 2005）。此外，两项考察职业运动队在以往冠军赛表现的研究也为他的理论提供了一定的支持（Baumeister, 1995;

Baumeister & Steinhilber, 1984)。这些结果尤其令人印象深刻，因为有天赋的职业运动员在压力情境下出现"卡顿"的可能性几乎低于任何你能找到的样本。对"普通"个体的实验室研究表明，压力之下的卡顿现象相当普遍（Butler & Baumeister, 1998）。

近期研究表明，鲍迈斯特从注意的角度来解释压力妨碍任务表现是正确的。贝洛克（Beilock, 2010）认为，如果对表现的担心干扰了对当前任务的注意，并且耗尽了个体有限的认知资源，那么压力之下的卡顿现象往往会出现。与此分析一致，一项研究发现，长期压力（例如为困难且重要的医师资格考试备考）会损害参与者在需要注意转换的任务上的表现（Liston, McEwen, & Casey, 2009）。此外，利用功能性磁共振成像（fMRI）技术对大脑进行扫描，研究者能够精确地指出前额叶皮层活动减弱是参与者注意控制受损的原因。幸运的是，这些效应是短暂的。医师资格考试结束一个月后，当参与者的压力水平恢复正常时，他们的注意力也不再受影响。

人格似乎也影响个体在压力之下出现卡顿的倾向。一项对经验丰富的篮球运动员的研究发现，更害怕负面评价的运动员在高压情况下比不太害怕负面评价的运动员更容易出现卡顿、更焦虑（Mesagno, Harvey, & Janelle, 2012）。

认知功能受干扰

压力对任务表现的影响通常是由于思维或认知功能受到了干扰。在一项关于压力与决策的研究中，凯南（Keinan, 1987）测量了参与者在压力和非压力条件下的注意状态，发现压力干扰了注意的两个特定方面。第一，压力增强了参与者在没有充分考虑所有选项的情况下过快得出结论的倾向。第二，压力增强了参与者对现有选项进行不系统的审查的倾向。布兰德斯等人（Brandes et al., 2002）考察了几天前刚经历过创伤事件的幸存者，结果发现，与痛苦症状很少的人相比，创伤后应激障碍症状严重的人注意力受损更明显。布兰德斯推测，注意力差可能是影响个体对创伤性事件记忆的一个重要因素。

的确，研究表明，压力会对记忆功能的某些方面产生不利影响（Shors, 2004）。不是只有大的压力源才会影响记忆，即使微小的日常或预期性压力源也会产生不利影响（Lindau, Almkvist, & Mohammed, 2007）。有证据表明，压力会降低"工作记忆"系统的效率，而工作记忆系统使人们能够处理当下的信息（Markman & Worthy, 2006）。因此，在有压力的情况下，人们可能无法像正常情况下那样有效地加工、处理和整合新信息。

此外，默茨及其同事（Merz et al., 2010）证明，压力会干扰对社会性信息（如姓名）的记忆。这些研究者发现，在实验室中暴露于压力情境（做一个即席公开演讲）会导致皮质醇分泌增加、情绪更加消极、社会性记忆减少。虽然还需要更多的研究，但这项研究表明，应激激素可能影响对某些记忆的回忆。

讽刺的是，仅仅处在最需要认知资源的情境（如准备期末考试、在国外旅游），就会产生这种消耗认知资源的压力效应。不过，研究者提出，压力与记忆有着复杂的关系，短期的、轻度到中度的压力源实际上可以增强记忆，尤其是事件的情感方面（Sapolsky, 2004）。

倦　怠

倦怠是个被人们过度使用的流行词，对不同的人有不同的含义。尽管如此，一

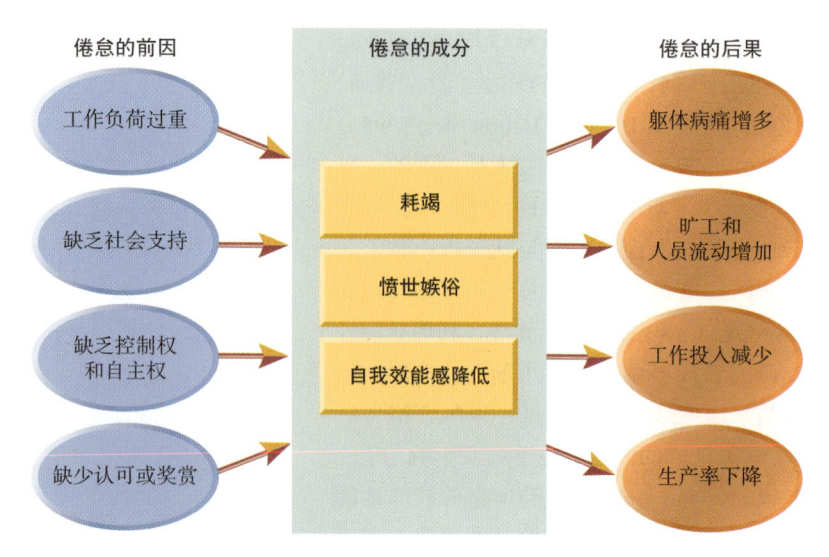

图 3.13 倦怠的前因、症状和后果

马斯拉奇和莱特建立了一个系统的倦怠模型，详细说明了倦怠的前因、症状和后果。图形左侧的前因是工作环境中令人感受到压力、进而导致倦怠的特征。倦怠综合征本身包括三部分，如图形中间部分所示。图的右侧列出了倦怠的一些不良结果。

资料来源：Maslach & Leiter, 2007.

些研究者系统地描述了倦怠，促进了人们对这种现象的科学研究（Maslach & Leiter, 1997, 2007）。**倦怠**（burnout）是一种因工作压力而导致的综合征，症状包括生理和情感耗竭、愤世嫉俗及自我效能感降低。耗竭是倦怠的核心，包括长期疲劳、虚弱以及精力不足。愤世嫉俗表现为对自己、工作和生活持非常消极的态度。自我效能感降低指工作胜任感下降，让位于绝望和无助感。

是什么导致了倦怠？根据马斯拉奇和莱特（Maslach & Leiter, 2007）的解释，"倦怠是对持续的职业压力源的一种累积的压力反应"（p. 368）。传统观点认为，倦怠的产生是个体自身的某些缺点或弱点所致，但马斯拉奇（Maslach, 2003）坚持认为，"研究结果更支持相反的观点，即倦怠更多地是情境的结果而非个人因素所致"（p. 191）。可能促发倦怠的职场因素有：工作负荷过重、工作中的人际冲突、缺乏对责任和结果的控制权，以及自己的工作得不到充分认可（见**图 3.13**）。噪声、光线和温度等物理环境因素也会造成工作压力，上夜班或者轮班也是如此（Lundberg, 2007; Sulsky & Smith, 2007）。正如你可能预期的那样，倦怠与缺勤率升高、生产率降低以及各种健康问题有关（Maslach & Leiter, 2007）。数十年的研究表明，倦怠现象在世界各地的各种文化中普遍存在（Schaufeli, Leiter, & Maslach, 2009）。

心理问题与心理障碍

根据临床印象，心理学家们长期以来一直怀疑，长期压力可能导致多种心理问题和心理障碍。自 20 世纪 60 年代后期以来，压力测量技术的进步使研究者能够在实证研究中验证这些怀疑。就常见的心理问题而言，研究表明压力可能导致学业不佳（Akgun & Ciarrochi, 2003）、失眠及其他睡眠障碍（Akerstedt, Kecklund, & Axelsson, 2007）、性障碍（Slowinski, 2007）和物质滥用（Grunberg, Berger, & Hamilton, 2011）。除了这些日常问题，研究还表明，压力常常导致各种符合诊断标准的心理障碍，包括抑郁症（Gutman & Nemeroff, 2011）、精神分裂症（McGlashan & Hoffman, 2000）、焦虑障碍（Falsetti & Ballenger, 1998）和进食障碍（Loth et al., 2008）。

前文曾提到日常的烦心事可以成为个体巨大的压力源。例如，随着全球经济衰退的影响不断显现，许多国家的失业率停留在历史高位，大多数国家的经济增长被经济停滞所取代，经济不稳定仍是全世界的一个主要问题。这些因素会造成压力，而后者会对人们的心理造成伤害。一项针对丧失抵押品赎回权的人的研究发现，29% 的人背负着他们负担不起的医疗费用，58% 的人因为缺钱而不得不减少用餐次数，47% 的人患有轻微或严重的抑郁，并且相当一部分人在丧失赎回权后，吸烟或饮酒量增加（Pollack & Lynch, 2009）。一项更为新近的研究发现，失业与心理健康问题（尤其是焦虑和抑郁）之间存在因果关系（McLaughlin et al., 2012）。事实上，有研究发现失业与自杀率升高之间存在关联（Classen & Dunn, 2012）；一项研究估计，长期经受失业困扰的人自杀率是其他人的4倍（Maki & Martikainen, 2012）。

除了日常压力源之外，有些人还可能遭遇压力极大的创伤性意外事件，这会给他们的心理功能留下长久的印记。**创伤后应激障碍**（posttraumatic stress disorder, PTSD）是指由于经历了重大的创伤性事件而产生的持久的心理障碍。1975年越南战争结束后，一大批心理受创的退伍军人返回美国，研究者们开始认识到创伤后应激障碍发生的频率以及严重性。这些退伍军人表现出各种各样的心理问题和症状，在许多情况下，这些问题和症状的持续时间远远超过预期。研究显示，战争结束十多年后，依然有近50万越战老兵在遭受创伤后应激障碍之苦（Schlenger et al., 1992）。直到1980年，创伤后应激障碍才成为一种正式的心理诊断，自此之后，学界对这种障碍进行了广泛的研究，以更好地了解暴露于创伤的长期影响。近年来，从阿富汗和伊拉克战争中返回美国的军人都要接受创伤后应激障碍检查。与越战老兵类似，这些美国军人归国后创伤后应激障碍发生率高，尤其是那些被多次调遣的军人（Munsey, 2008a）。

尽管创伤后应激障碍常与身为退伍老兵有关，但它也会出现于对其他创伤性事件的反应中。人们在遭遇强奸、严重车祸、抢劫、袭击或目睹他人死亡之后，也常会出现创伤后应激障碍。创伤后应激障碍在洪水、飓风、地震、火灾等重大灾害之后也很普遍。此外，暴露于诸如"9·11"恐怖袭击这样的创伤性事件也与创伤后应激障碍有关，并且这种影响可持续到多年以后（Neria, DiGrande, & Adams, 2011）。研究表明，大约9%的人在人生的某个阶段出现过创伤后应激障碍，并且女性的发生率是男性的两倍（Feeny, Stines, & Foa, 2007）。创伤后应激障碍不仅见于成人，也见于儿童，并且儿童的症状常常表现在他们的游戏或绘画中（La Greca, 2007）。在某些情况下，创伤后应激障碍在个体暴露于极端压力的数月或数年之后才出现（Holen, 2007）。

创伤后应激障碍的症状都有哪些？常见的症状包括以噩梦或闪回的形式再次体验创伤事件、情感麻木、疏离、社会交往问题，以及生理唤起、焦虑和内疚感增强。创伤后应激障碍还与物质滥用、抑郁和焦虑障碍以及各种身体健康问题的风险提高有关（Yehuda & Wong, 2007）。创伤后应激障碍症状的发生频率和严重性通常会随着时间的推移逐渐下降，但在某些案例中，症状从未完全消失。

虽然灾难事件后创伤后应激障碍的发生较为常见，但绝大多数经历过此类事件的人并不会出现这种障碍。因此，目前的一个研究重点是确定哪些因素使某些人比其他人更容易（或更不容易）受到严峻压力的伤害。麦基弗和赫夫（McKeever & Huff, 2003）认为，这种易感性可能取决于多种生物和环境因素之间复杂的交互作用。一篇对相关研究的综述发现，预测创伤后应激障碍的一个关键因素是人们在创伤事件发生时的反应强度（Ozer et al., 2003）。那些在创伤事件期间或过后不久有特别强烈的情绪反应的人，其后会表现出对创伤后应激障碍的高易感性。有些人的反应如此强烈，以至于自称有分离体验（例如感觉事情不是真实的，时间在延伸，或者是在看电影中的自己），这部分人的易感性似乎最高。

躯体疾病

压力也会对人的身体健康产生影响。压力会导致身体不适的观点并不新鲜。从20世纪30年代开始就不断有证据表明，压力会导致躯体疾病。到了20世纪50年代，心身疾病的概念已被广泛接受。**心身疾病**（psychosomatic diseases）是部分地由压力和其他心理因素引起的真实的躯体疾患。经典的心身疾病有高血压、消化性溃疡、哮喘、皮肤病（如湿疹、荨麻疹）、偏头疼、紧张性头痛等。请注意，这些病并不是想象中的躯体疾患。"心身"这个词经常被错误地用来指"只存在于脑子里的"躯体疾病，但那是一种完全不同的综合征（见第14章）。相反，心身疾病被视为真正的器质性疾病，与压力密切相关。

自20世纪70年代以来，心身疾病的概念逐渐被弃用，因为研究表明，压力会促使大量其他疾病的出现，而这些疾病之前被认为纯粹是生理原因引起的。尽管在某些特定的疾病上还有争论的余地，但压力可能会影响多种疾病的发病与病程，包括心脏病、中风、胃肠疾病、结核病、多发性硬化症、关节炎、糖尿病、白血病、癌症、各种传染病，可能还有许多其他种类的疾病。因此很明显，心身疾病并没什么需要自成一类的独特之处。第5章将对心理因素与健康的关系进行更为详细的论述，但目前的研究证据足以证明，传统的心身疾病受压力的影响，但许多其他疾病亦是如此（Bekkouche et al., 2011; Dougall & Swanson, 2011）。

当然，压力只是导致躯体疾病的众多因素之一。压力对身体的某些影响可能会因为人们在压力下更可能做出的危险行为而加剧（Friedman & Silver, 2007）。例如，压力似乎与物质滥用（如酗酒、吸烟）的增加有关（Grunberg et al., 2011）。显然，这些行为本身就对健康有害。再加上压力的影响，个体对疾病的易感性就会变得更高。

积极的影响

压力的影响并不完全是消极的。近年来，人们对压力过程的积极方面，包括压力带来的有利结果，产生了越来越大的兴趣。在某种程度上，学界对压力可能的益处的新关注反映了"积极心理学"的发展。一些有影响的理论家认为，过去心理学过于关注病理学、弱点、损害以及如何治愈痛苦（Seligman, 2003a）。这种理论取向为我们带来了有价值的洞见和进步，但也令人遗憾地导致了人们对能够让人生更有价值的力量的忽视。积极心理学运动试图转变心理学对消极经验的关注。这一运动与本书主题以及人们的生活关系非常密切，因此我们将用整个第16章介绍积极心理学。大家现在需要了解的是，积极心理学的倡导者们主张要更多地研究幸福、满足、希望、勇气、毅力、养育、耐受性以及其他人类优势和美德（Peterson & Seligman, 2004）。其中的一种优势是我们将在第16章提到的面对压力时的心理韧性。压力的益处可能比害处更难确定，因为前者可能更微妙。但是，压力的积极作用似乎至少体现在3个方面。

第一，压力能够促进积极的心理变化，或者泰代斯基和卡尔霍恩（Tedeschi & Calhoun, 1996）所称的创伤后成长。目前关于创伤后成长经历的记载很多，并且这种现象在面对各种压力情形的人们身上都能明显看到，比如丧亲、癌症、性侵犯和战斗（Tedeschi & Calhoun, 2004）。压力事件有时会迫使人们发展新的技能，重新评估事情的轻重缓急，学习新的见解，并获得新的优势。换言之，压力引发的适应过程可能会使个体变得更好。例如，与情侣分手可能使个体改变令人不满的行为。

第二，压力事件有助于满足人们对刺激和挑战的需要。研究表明，大多数人在生活中都需要中等强度的刺激与挑战（Sutherland, 2000）。尽管我们认为压力是由于刺激过载，但负荷不足也会带来压力（Goldberger, 1993）。因此，如果人们过一种毫无压力的生活，大多数人都会体验到一种令人窒息的厌倦感。从某种意义上说，压力满足了人的一种基本需要。

第三，今天的压力可以给个体"接种疫苗"，使其做好心理准备，较少受到明天的压力的影响。一些研究表明，压力暴露能够提高压力耐受性——只要压力不足以把人击垮（Meichenbaum, 1993）。此外，处理某些逆境为个体提供了一个发展应对技能的机会，这些技能可以减少新的压力源所带来的痛苦。或者说，压力可以培养人的"心理韧性"（Seery, 2011）。因此，一个曾经在事业上受过挫折的女性，在房子被银行收回时，可能比大多数人能更好地应对。鉴于压力可能产生的消极影响，提高压力耐受性是一个可取的目标。接下来我们将探讨影响压力耐受能力的因素。

影响压力耐受性的因素

学习目标
- 解释社会支持、坚毅和乐观如何调节压力的影响

某些人似乎更能承受压力的冲击，为什么？因为许多调节变量可以减弱压力对身心健康的影响。为了理解人们的压力耐受性差异，我们将分析几个在其中起关键作用的调节变量，包括社会支持、坚毅和乐观。正如你将看到的，这些因素会影响人们对压力的情绪、生理和行为反应。这些复杂的关系如图 3.14 所示，该图建立在图 3.7 的基础之上，旨在帮助我们更全面地认识影响个体压力反应的各种因素。

社会支持

朋友可能对你的健康有利！人们将社会支持作为压力的调节因素进行研究，得出了这个有些令人吃惊的结论。**社会支持**（social support）指个体的社会圈子中的成员为其提供的各种帮助和支持。近 20 年，大量研究发现，社会支持与个体的健康状况存在正相关（Taylor, 2007）。例如，杰莫托和马格洛伊尔（Jemmott & Magloire, 1988）考察了社会支持对处在期末考试压力下的学生的免疫反应的影响。他们发现，社会支持较强的学生体内某种抗体水平较高，而这种抗体在抵御呼吸道感染方面起着关键作用。其他研究者在非常不同的样本中，都发现了高社会支持与较强的免疫功能之间的正相关（Kennedy, 2007; Uchino, Cacioppo, & Kiecolt-Glaser, 1996）。

社会支持的积极效应甚至强大到能影响个体的预期寿命！包含 148 项研究的元分析发现，稳固的社会支持可使人们的生存概率提高约 50%（Holt-Lunstad, Smith, & Layton, 2010）。社会支持对预期寿命的影响之大令人惊讶。为了正确解读这一研究结果，研究者们比较了社会支持和其他公认的风险因素对预期寿命的影响。他们指出，社会支持不足带来的消极影响比肥胖、缺乏锻炼、酗酒和抽烟（每天不多于 15 支）还要严重。

社会支持似乎也是心灵健康的良药，因为大多数研究发现，社会支持与心理健康之间也存在关联（Uchino & Birmingham, 2011）。社会支持仿佛是高压力情境下起

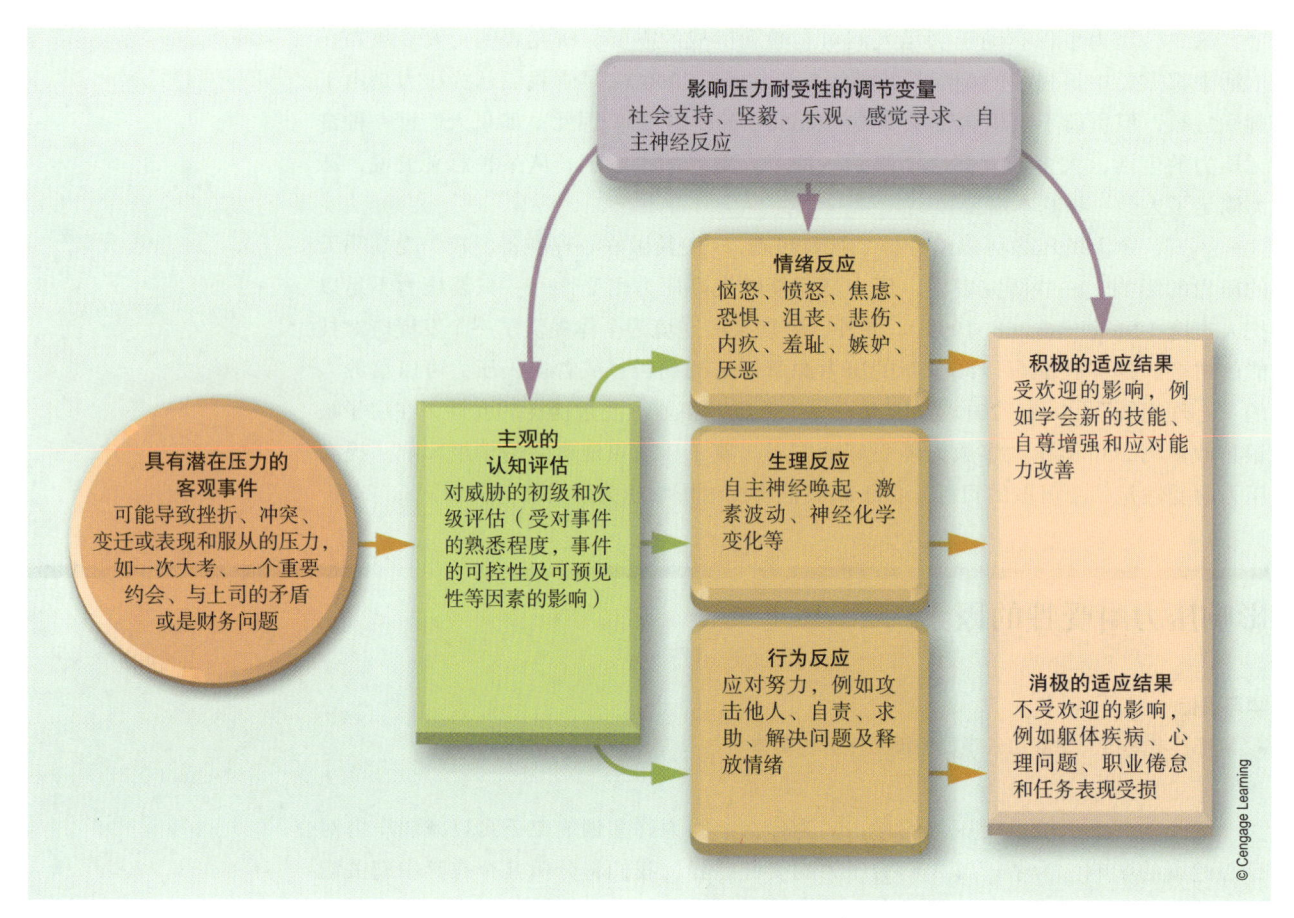

图 3.14 压力反应过程概览

此图建立在图 3.7（对压力的多维反应）的基础之上，但涉及的压力影响因素更全面。本图增加了压力的潜在影响（图形最右边），即压力可能导致的积极或消极的适应结果。同时，图中还补充了一些可能影响压力效应的调节变量（包括本章没提到的一些变量，见图形最上边）。

保护作用的缓冲器，能够减轻压力事件的消极影响。并且，社会支持本身也对健康有着积极作用，这一点即使在非压力情境下也很明显。此外，研究证明，职场的社会支持可以减少工作倦怠的发生（Greenglass, 2007）。至于更严重的压力，研究发现，社会支持似乎是降低越战老兵出现创伤后应激障碍可能性的关键因素（King et al., 1998）。一项元分析发现，社会支持是提高创伤后成长可能性的一个关键因素（Prati & Pietrantoni, 2009）。

社会支持与健康之间联系的机制一直是一个相当有争议的话题。许多因素可能在其中起着作用。社会支持促进健康的途径包括：使人们对压力事件的评估更温和，降低人们对压力事件生理反应的强度，减少损害健康的行为（如吸烟、酗酒等），鼓励定期锻炼和体检等预防行为，培养更有建设性的应对方式，等等（Taylor, 2007）。

研究表明，向别人提供社会支持也能够使心理（减轻抑郁和压力感）和身体（降低血压）受益（Brown et al., 2003; Piferi & Lawler, 2006）。一项研究发现，人格特质中的合群性（友好和宜人），即能够帮助人们建立支持性社会关系的特质，与传染病易感性的降低独立相关（Cohen et al., 2003）。因此，社会支持的许多方面似乎都对我们的

身心健康有影响。

虽然社会支持的益处多于害处，但社会支持网络有自身的缺点（角色冲突、更多的责任、依赖性）。另外，不真诚或不恰当的支持也会产生相反的效果，降低个体的幸福感（Rook, August, & Sorkin, 2011）。这个研究领域在今后一段时间值得关注。

坚　毅

还有一系列研究表明，一种被称为坚毅的特质可能调节压力事件的影响。科巴萨（苏珊娜·韦莱）推测，如果压力对某些人的影响比对其他人小，那么这些人肯定比其他人更坚毅。于是，她着手确定影响人们坚毅性差异的关键因素。

科巴萨（Kobasa, 1979）用修订版的霍姆斯和雷赫压力量表（Holmes & Rahe, 1967），测量了一组企业高管所承受的压力。与多数其他研究的结果一致，她发现压力与躯体疾病的发病率有着中度相关。然而，她的研究比其他研究更进了一步。她比较了高压力水平下身体不健康的和身体健康的高管之间的差异。通过一系列的心理测验，她发现更坚毅的高管"对工作有更强的承诺、更有控制感、更喜欢挑战"（Kobasa, 1984, p. 70）。许多其他关于坚毅性的研究也发现了这些特质（Maddi, 2007）。

因此，**坚毅**（hardiness）是一种以承诺、挑战和控制为特征的人格倾向，并且据称与强大的抗压能力有关。坚毅的积极作用在一项关于美国越战退伍军人的研究中得到了证实。这项研究发现，越坚毅的军人患创伤后应激障碍的可能性越低（King et al., 1998）。实际上，有研究发现，坚毅性是人们在高压力行业（如军队）中取得成功的重要预测指标（Bartone et al., 2008）。

坚毅可以通过改变评估或培养更积极的应对来减轻压力的影响。在一篇涵盖180项研究的元分析中，埃舍尔曼及其同事（Eschleman et al., 2010）发现，坚毅性与一些能保护个体免受压力的人格特质（例如乐观）呈正相关，与一些会加剧压力影响的人格特质（例如神经质）呈负相关。基于他们的研究结果，这些研究者认为"坚毅是预测幸福感的最佳特质变量之一"（p. 303）。幸运的是，坚毅似乎是可以学习的，它通常来自强大的社会支持和周围人的鼓励（Maddi, 2007）。

乐　观

有些人觉得杯中的水总是"半满的"，他们"戴着玫瑰色的眼镜"看世界，这些人就是乐观主义者。**乐观**（optimism）是一种预期好结果出现的总体倾向。迈克尔·希埃尔和查尔斯·卡弗（Scheier & Carver, 1985）在其开创性研究中发现，在一个大学生样本中，乐观与更好的身体健康状况存在正相关。另一项以手术病人为对象的研究发现，心态乐观与恢复速度更快以及手术后适应更好有关（Scheier et al., 1989; Shelby et al., 2008）。20多年的研究一致发现，乐观与更好的身心健康有关（Scheier & Carver, 2007）。

在一个相关方向的研究中，克里斯托弗·彼得森和马丁·赛利格曼研究了人们如何对糟糕的事件（个人挫折、不幸和失望等）进行解释。他们发现存在悲观主义解释风格（将失败归结于自身的不足）和乐观主义解释风格（将失败归结于暂时性的情境因素）。两项对数十年前出生的个体的回溯研究发现，乐观主义解释风格与相对好的健康状态（Peterson, Seligman, & Vaillant, 1988）及更长的寿命之间存在关联（Peterson et al., 1998）。许多其他的研究也表明，乐观主义解释风格与积极结果有关，比如更健康的身体、在各类领域更高的成就，以及更高的婚姻满意度（Peterson & Steen, 2009; 第 6 章将详述乐观和悲观解释风格所带来的各种结果）。

为什么乐观主义对多种理想的结果有促进作用？最重要的一点是，研究表明，乐观主义者会比悲观主义者采用更有适应意义的方式应对压力（Carver, Scheier, & Segerstrom, 2010）。乐观主义者更可能采取行动导向、问题聚焦、仔细规划的应对方式，并且比悲观主义者更乐于寻求社会支持。相比之下，悲观主义者在面对压力时，更倾向于回避、放弃或否认。一项关于大学生的研究发现，悲观主义解释风格与创伤性事件后更多的自杀想法有关（Hirsch et al., 2009）。我们将在下一章讨论应对方式的具体类型。

即使有这些好处，心理学家们仍在争论乐观是否总是有益的。当美好的展望不准确和不现实的时候，会怎么样？当某个职员升迁的机会其实并不大时，他对此保持乐观是否对他有益？此外，如果一个人总是抱着"不可能发生在我身上"的态度，乐观就会导致危险行为。研究发现，对乳腺癌的风险有乐观偏差的女性做筛查的可能性更小（Clarke et al., 2000）；乐观的吸烟者更可能认同一些谬论，比如"所有的肺癌都可以被治愈"，以及"如果你只吸几年烟，就不会得肺癌"（Dillard et al., 2006）。一项研究发现，乐观主义是否有用取决于压力体验的类型。也就是说，乐观在中等压力下是有益的，但在重大压力下则是无益的（O'Mara, McNulty, & Karney, 2011）。吉勒姆和瑞维克（Gillham & Reivich, 2007）认为，乐观主义在中间地带最具有适应性，此时"乐观与智慧的力量紧密相连"（p. 320）。

应用：通过自我控制减轻压力

学习目标
- 解释如何运用行为矫正来改善自我控制
- 总结自我矫正过程的五个步骤

用"是"或"否"回答下列问题：
____ 1. 你是否很难拒绝食物，即使你不饥饿？
____ 2. 你是否希望你用了更多的时间学习？
____ 3. 你是否希望少抽点烟或少喝点酒？
____ 4. 你是否觉得坚持锻炼是一件困难的事？
____ 5. 你是否希望自己多一些意志力？

很明显，控制感对人们的压力评估和体验很重要。如果你对上述任何一个问题的回答是肯定的，那么你曾在自我控制的挑战中挣扎过。自我控制——或者更确切地说是缺乏自我控制——是人们需要在日常生活中与之斗争的许多压力源背后真正的原因。回想一下压力的来源，其中很多都可以通过自我控制得到纾解。例如，人们可以通过锻炼减少身材走样带来的挫折感，也可以通过停止拖延来减轻课业压力。本应用将介绍如何通过行为矫正技术来增强自控力。

行为矫正（behavior modification）是一种利用条件作用原理来改变行为的系统方法。行为矫正的倡导者认为，行为是学习、条件作用和环境控制的产物。他们进一步假设，习得的东西可以被忘却。因此，他们着手对人们进行"再条件化"，以使人们做出更加符合期望的行为模式。行为矫正技术在学校、公司、医院、工厂、托儿所、监狱和精神康复中心等机构有着广泛而成功的应用（Goodall, 1972; Kazdin, 2001; Rachman, 1992）。此外，行为矫正技术也被用来治疗各种各样的问题，包括注意力障碍和儿童肥胖（Berry et al., 2004; Pelham, 2001）。

行为矫正技术已被证明对提高自我控制能力特别有价值。我们的讨论将大量借鉴戴维·沃森和罗兰·撒普（Watson & Tharp, 2007）的一本关于自我矫正的优秀著作。我们将着重讨论自我矫正过程的五个步骤，如**图3.15**所示。

确定目标行为

自我矫正计划的第一步是确定你想要改变的目标行为。行为矫正技术只适用于明确界定的反应，然而人们往往难以准确描述他们希望改变的行为。人们倾向于用不可观察的人格特质而不是外显行为来描述自己的问题。比如，问一个人想改变自己的什么行为，他可能会说"我太容易动怒了"。虽然这可能是真的，但对设计自我矫正计划却没什么帮助。为确定目标反应，你需要考虑以前的行为或密切观察将来的行为，并列出导致你做出这种特质描述的反应的具体案例。例如，认为自己"太易怒"的男士可能会发现两种过于频繁的反应，比如与妻子争吵和对孩子大喊大叫。他可以针对这些具体行为制订一个自我矫正计划。

收集基线数据

行为矫正的第二步是收集目标行为的基线数据。在制订详细计划之前，你需要系统地观察自己的目标行为一段时间（通常是一周或两周）。收集基线数据时，你需要记录三个方面的信息：

首先，你需要确定目标行为的初始反应水平。毕竟，如果没有用来比较的基线水平，你就无法评估所实施的程序是否有效。通常情况下，你只需简单地记录特定时间段内目标反应出现的次数。因此，你可以记录自己每天冲孩子发火、吸烟或者咬指甲的频次。如果目标行为是学习，那么你需要监控每天学习的小时数。如果你想改变自己的饮食习惯，你可以记录每天摄入的卡路里数（大卡——译者注）。无论测量单位是什么，收集准确的数据是关键。你应保存永久性的书面记录，最好是以图表的形式（见**图3.16**）。

第二，你需要监控目标行为的先行事件。**先行事件**（antecedents）是通常发生于目标反应之前的事件。这些事件在激发你的目标行为方面常常起着重要作用。例如，如果你的目标事件是暴饮暴食，你可能会发现自己的暴饮暴食行为多发生于夜晚看电视的时候。如果你能发现先行事件与目标行为的这种联系，你或许就能设计行动

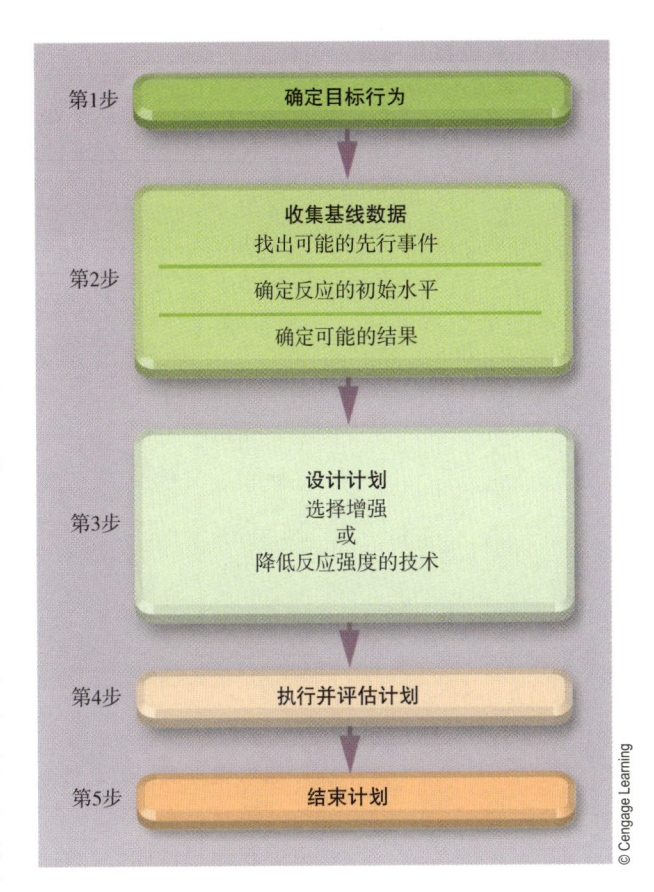

图3.15 自我矫正计划的步骤

这个流程图简明地介绍了执行自我矫正计划的必要步骤。

第1步 确定目标行为
第2步 收集基线数据 / 找出可能的先行事件 / 确定反应的初始水平 / 确定可能的结果
第3步 设计计划 / 选择增强 或 降低反应强度的技术
第4步 执行并评估计划
第5步 结束计划

图 3.16　减肥自我矫正计划的记录保存示例

图形记录是追踪自我矫正计划进展的理想之选。

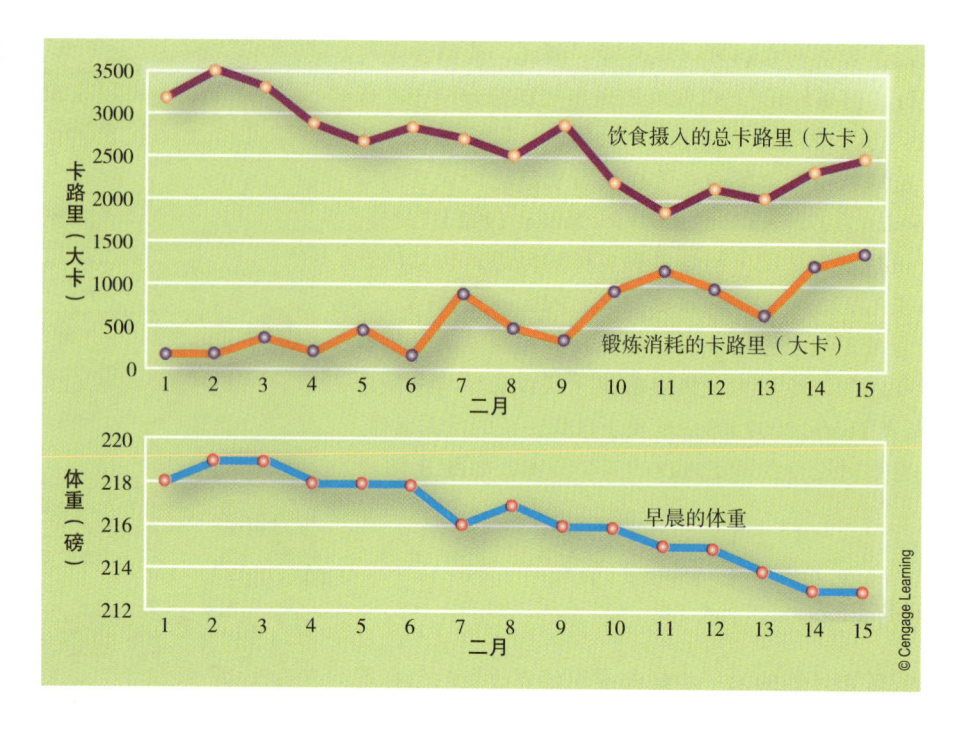

计划来规避或打破这种联系。

第三，你需要监控目标行为的典型后果。试着找出维持不良目标行为的强化物或抑制理想目标行为的不利结果。在寻找强化物时，请记住，回避式行为通常因负强化而得以维持（见第 2 章）。也就是说，回避式行为的回报往往是一些令人厌恶的事物的移除，比如焦虑或对自尊的威胁。你还应该考虑到这样一个事实，即反应可能不会每次都得到强化，因为大部分行为是通过间歇性强化来维持的。

设计计划

一旦你选定了目标行为并收集了足够的基线数据，那么就可以制订干预计划了。一般来说，你的计划旨在提高或降低目标反应的频率。

提高反应强度

人们主要通过使用正强化来提高目标反应的频率。换言之，你奖励自己行为得体。虽然基本策略相当简单，但要巧妙地运用还需要考虑很多因素。

选择强化物　要使用正强化，你必须找到一种对你有效的奖励。强化物具有主观性，对一个人有强化作用的事物对另一个人未必有效。图 3.17 列出的问题能够帮助你确定你的个人强化物。一定要现实一些，选择一种确实可得的强化物。

你不需要想出一种你从未体验过的令人惊叹的新强化物，你可以使用已有的强化物。然而，你需要重构强化条件，使自己仅在行动得当时才能得到奖赏。例如，假设你平时会在周四晚上收看自己喜欢的电视节目，那么你可以规定在一周内学习够一定时间才可以看电视。让自己通过努力才能赢得你过去认为理所当然的奖赏，是自我矫正计划中常用的技巧。

你的强化物是什么?	
1. 你实现目标的回报是什么?	12. 你喜欢收到什么礼物?
2. 你喜欢得到自己或他人什么样的表扬?	13. 什么事情对你很重要?
3. 你喜欢拥有哪些东西?	14. 如果你有额外的 100 元,你会买什么?如果是 300 元或 500 元呢?
4. 你的主要兴趣是什么?	15. 你每周都把钱花在什么地方?
5. 你的爱好是什么?	16. 哪些行为是你每天都会做的?(不要忽视显而易见或司空见惯的行为)
6. 你喜欢与什么样的人在一起?	17. 你经常会做哪些行为,而不是目标行为?
7. 你喜欢与这些人一起做什么?	18. 你不想失去什么?
8. 你平时都玩些什么?	19. 在你每天做的事情中,你不想放弃什么?
9. 你平常怎么放松自己?	20. 你最喜欢的白日梦和幻想是什么?
10. 你做什么来摆脱这一切?	21. 你能想到的最放松的情境是什么?
11. 什么能让你感觉良好?	

图 3.17 选择一种强化物

上述问题或许能帮助你确定你的个人强化物。

资料来源:Watson, D. L., & Tharp, R. G. (1993). *Self-directed behavior: Self-modification for personal adjustment*. Belmont, CA: Wadsworth. Reprinted by permission.

安排强化条件 一旦你选定了强化物,你就必须设置强化条件。这些条件需要描述必须达到的确切行为目标以及之后可能获得的强化。比如,在一项加强锻炼的计划中,你可以规定一周慢跑达 20 公里(目标行为)就可以花 300 元钱买衣服(强化物)。

尝试设定既有挑战性又现实可行的行为目标。你希望自己的目标具有挑战性,这样你的行为才能得以改善。然而,设置不切实际的高目标——自我矫正中的一个常见错误——往往会导致不必要的气馁。

你还需要注意不要给予太多的强化。如果强化太容易获得,你可能会感到厌倦,而强化物可能会失去它的激励作用。避免厌倦问题的一种有效方法是使用代币制。**代币制**(token economy)是一种发放象征性强化物的系统,这些象征物积攒后可以兑换各种真正的强化物。因此,你可以为锻炼行为设立一个积分系统,积累可用于买衣服、看电影、吃美餐等的积分。你也可以使用代币制来强化多种相关的目标行为,而不是单一的、特定的反应。例如,**图 3.18** 中的代币制就是为了强化三种不同但相关的反应(慢跑、网球和仰卧起坐)而设立的。

塑造 某些情况下,你想强化的目标反应是自己暂时还没有能力做到的,例如在一大群人面前演讲或一天跑 10 公里。这种情况就需要行为**塑造**(shaping),这是通过强化越来越接近期望目标的行为反应来实现的。因此,你可以开始每天跑 2 公里,每周增加半公里,直到达到你的目标。在塑造行为的过程中,你应该制订一个时间表,注明什么时候

获得代币的行为反应		
反应	反应量	获得代币数量
慢跑	1 公里	4
慢跑	2 公里	8
慢跑	3 公里	16
网球	1 小时	4
网球	2 小时	8
仰卧起坐	25 个	1
仰卧起坐	50 个	2
代币的兑换值		
强化物		需要的代币数
下载一张自己喜欢的唱片		30
看电影		50
吃大餐		100
参加特别的周末旅行		500

图 3.18 代币制用于强化运动的例子

这里的代币可用来强化 3 种锻炼行为。这个人可以将代币换成 4 种强化物。

需要调整目标行为和强化条件，以及如何调整。一般来说，循序渐进是个好主意。

降低反应强度

接下来我们要讨论如何降低不良反应发生的频率。完成这项任务的方法可以有很多种。主要方法有强化、控制先行事件和惩罚。

强化 可以利用强化物间接地降低某种反应的频率。这听起来可能有些矛盾，因为我们知道强化会增强相应的反应。这里的奥妙在于你如何定义目标行为。例如，在改变暴饮暴食的例子中，你可以把目标行为定义为每天摄入超过1800大卡（一个你想减少的反应），也可以定义为每天摄入少于1800大卡（一个你想增加的反应）。如果你选用后一种定义，你可以在每天摄入低于1800大卡的时候强化自己，这样就能最终减少暴饮暴食。

先行事件控制法 减少不合意反应的一种有价值的策略是识别出先行事件并避免暴露于此种情境之下。当你试图减少满足性行为时，比如吸烟或吃东西，这种策略尤其有用。在暴饮暴食的例子中，抵御诱惑最简单的方法就是避免面对诱惑。因此，你可以远离最喜欢的餐馆，尽量减少待在厨房的时间，在用餐之后再去购买食品杂货（此时你的意志力较强），并且避免购买最喜欢的食物。

惩罚 通过惩罚自己来减少不想要的行为显然是一种被人们过度使用的策略。在自我矫正过程中使用惩罚的最大问题是难以坚持下去。如果你希望使用惩罚策略，请记住两项指导原则。第一，不要单独使用惩罚，要与正强化联合使用。如果你制订了一项行为矫正计划，而你在其中只能得到负面结果，你可能不会坚持下去。第二，使用一种相对温和的惩罚，这样你就能把它真正用到自己身上。有研究者发明了一种创造性的自我惩罚方法（Nurnberger & Zimmerman, 1970）。他们要求参与者给一个自己憎恨的组织（例如他们鄙视的政治候选人的竞选班子）写一张支票，之后交由第三方保存。如果参与者未能达到其行为目标，第三方就会寄出这张支票。这种惩罚伤害性不大，但却是一种强大的动力来源。

执行并评估计划

一旦你设计好了你的计划，下一步就是执行你精心设计的计划以使其见效。在此期间，你需要继续准确地记录目标行为出现的频率，以便评估你的进步情况。计划的成功取决于不"作弊"。最常见的作弊形式是在你还没有真正做到时就奖励自己。

你可以做两件事来加强自己遵守计划的可能性。一是制定**行为契约**（behavioral contract）——一份承诺遵守行为矫正计划所设条件的书面协议（见图3.19）。在朋友或家人的见证下正式签订这样的契约似乎使许多人更认真地对待他们的计划。二是你可以通过让别人来实施强化和惩罚来进一步降低作弊的可能性。

行为矫正计划通常需要一些微调，所以如果你需要做一些调整，不要感到惊讶。在设计自我矫正计划时，有几种缺陷尤为常见。其中你应该注意的是：(1) 依赖弱强化物；(2) 目标行为与强化间隔时间过长；(3) 设置不切实际的目标，试图在短时间内做太多事情。通常，一两个小修改就能使一个失败的计划变身为一个成功的计划。

我，_____，在此同意启动我的自我改变计划，自_____（日期）开始，并坚持至少_____周，即直到_____（日期）。

我具体的自我改变计划是为了_____
_____。

我将尽最大努力执行这个计划，并且在诚实地执行完上面所规定的时间后再评估效果。

自我奖赏条款：如果我成功地执行这个契约_____天，我将奖励自己_____
_____。

此外，在我坚持所设定的最低时间要求后，我将对自己的持之以恒给予奖励，那时我将奖给自己
_____。

在此，我请求在下面签名的见证人支持我自我改变的努力，并对我遵守该契约的规定予以鼓励。感谢你们在整个过程中的帮助和鼓励。

签名_____
日期_____
见证人：
见证人：

图 3.19　行为契约示例
行为矫正专家建议使用上图所示的正式书面契约来增加对矫正计划的承诺。

结束计划

　　结束计划涉及设定最终目标，比如达到某一体重、有规律地学习，或者在某段时间内不吸烟。一般情况下，比较好的做法是有计划地逐渐减少对恰当行为的强化频率或强度。

　　如果你的计划是成功的，那么它可能会在不知不觉中退出你的生活。通常，新的、更好的行为模式，如合理饮食、有规律地锻炼以及刻苦学习等可自我延续。无论你是否有意地结束了自己的计划，当你发现自己又滑向旧的行为模式时，你都应该随时准备再度启用你的计划。具有讽刺意味的是，有时，正是我们试图减轻的压力，驱使我们重拾不健康的旧习惯。

本章回顾

主要观点

压力的本质

- 压力是人们在与环境交互作用时感知到的威胁,这种威胁会消耗个体的应对能力。压力是一种常见的日常事件,即使日常的小麻烦也会产生问题。在很大程度上,压力取决于人的主观体验。拉扎勒斯和和福尔克曼认为,压力的初级评估决定事件是否具有威胁性,而次级评估则可以评定个体是否有足够的资源来应对挑战。人们对事件的评估能改变事件带来的影响。

- 人们体验到的压力有些来自他们所处的环境。可能带来压力的环境刺激包括强噪声、拥挤、城市衰败以及社区暴力。压力因文化而异,在西方文化中,种族和歧视问题可能会以各种方式带来压力。适应一种新的文化也可能带来压力。

压力的主要来源

- 压力可以是急性的、慢性的或预期性的。压力的主要来源包括挫折、内在冲突、生活变迁,以及表现和服从。当某种障碍阻止个体达到某个目标时,便会产生挫折。内在冲突主要有三种:双趋冲突、双避冲突和趋避冲突。

- 大量使用了社会再调适评定量表的研究表明,生活变迁会带来压力。虽然可能确实如此,但目前已经很清楚,社会再调适评定量表测量的是总体压力,而不仅仅是生活变迁所带来的压力。试图表现和服从也会带来压力,并且这种压力往往是自我施加的。

对压力的反应

- 对压力的情绪反应通常涉及愤怒、恐惧或悲伤。但是,人们在压力下也会体验到积极情绪,并且这些积极情绪有助于提升人们的幸福感。情绪唤起可能干扰任务表现。随着任务越来越复杂,相应的最佳唤起水平不断下降。

- 压力反应中的生理唤醒最初被坎农称为"战斗或逃跑"反应。泰勒提出了另一个可能更适合女性的反应模式——"照料和结盟"。塞利提出的一般适应综合征模型描述了对压力的生理反应的三个阶段:报警、抵抗和耗竭。适应性疾病通常出现在衰竭阶段。

- 为了应对压力,大脑会通过两条主要的通路向内分泌系统发送信号。这两条通路的活动将向血液释放两组激素,即儿茶酚胺和皮质类固醇。压力还会导致免疫反应的抑制。

- 对压力的行为反应涉及应对,它可能是健康的,也可能是适应不良的。如果人们能有效地应对压力,他们就可以绕开有害的情绪和生理反应。

压力的潜在影响

- 压力的常见消极影响包括任务表现受损、注意及其他认知过程的中断以及全面的情绪耗竭(即倦怠)。其他消极影响包括一系列日常心理问题、符合诊断标准的心理障碍(包括创伤后应激障碍),以及对身体健康的各种损害。

- 然而,压力也有积极的影响。压力能满足人们对挑战的基本需求,能够促进个人成长和自我完善。压力还会产生接种效应,让我们为下一个压力事件做好准备。

影响压力耐受性的因素

- 人们对压力的耐受性是不同的。个体的社会支持是减缓压力影响的一个关键因素。与个体的坚毅性有关的人格特质——承诺、挑战和控制——能增强个体对压力的耐受性。乐观的人在应对压力上也具有优势,但不现实的乐观会带来一些问题。

应用:通过自我控制减轻压力

- 行为矫正运用学习原理来直接改变行为。行为矫正技术可用来增强个体的自我控制。自我矫正的第一步是明确要增强或减弱的外显目标行为。

- 第二步是收集关于目标反应初始频次的基线数据,并确定任何与目标行为相关的典型先行事件和后果。第三步是制订计划。如果你的目标是提高反应的强度,那么你要采用正强化的方法。降低目标反应强度的方法有多种,包括强化(间接方式)、先行事件控制和惩罚。

- 第四步是执行并评估计划。自我矫正计划往往需要一些微调。最后一步是决定如何以及何时逐步结束自己的计划。

关键术语

压力/应激	"战斗或逃跑"反应
初级评估	自主神经系统
次级评估	一般适应综合征
环境压力	内分泌系统
文化适应	应对
急性压力源	倦怠
慢性压力源	创伤后应激障碍
预期性压力	心身疾病
挫折	社会支持
内在冲突	坚毅
双趋冲突	乐观/乐观主义
双避冲突	行为矫正
趋避冲突	先行事件
生活变迁	代币制
(表现和服从的)压力	塑造
情绪	行为契约

练习题

1. 压力的次级评估指_____。
   a. 关于在压力情境下该做什么的新想法
   b. 关于事件是否确实有威胁性的新想法
   c. 对事件的相关性、威胁性和压力的最初评估
   d. 对应对资源及处理压力事件的选项的评估

2. 唐刚刚完成了自己 10 页的报告，当他正要保存时，电脑死机了，他所有的工作成果都丢失了。唐正在经历哪种压力？_____。
   a. 挫折
   b. 冲突
   c. 生活变迁
   d. 表现和服从

3. 贝蒂很难决定是否要买一件外套。一方面，这件名牌衣服正在打折，价格很划算；另一方面，这件衣服是她不喜欢的墨绿色的。贝蒂正在经历哪种冲突？_____。
   a. 双趋
   b. 双避
   c. 趋避
   d. 生活变迁

4. 完成任务时的最佳唤起水平似乎部分取决于_____。
   a. 个体在乐观主义/悲观主义量表上的得分
   b. 任务事件引起了多大的生理变化
   c. 手头任务的复杂程度
   d. 压力事件的紧急程度

5. "战斗或逃跑"反应受_____调节。
   a. 自主神经系统中的交感神经系统
   b. 内分泌系统中的交感神经系统
   c. 自主神经系统中的副交感神经系统
   d. 内分泌系统中的副交感神经系统

6. 塞利将实验室中的动物置于各种压力情境之下，结果发现_____。
   a. 每种压力都会引起特定的生理反应
   b. 每种动物对压力的反应都不同
   c. 无论压力类型如何，生理唤醒的模式都是相似的
   d. 即使压力源相似，生理唤醒的模式也是不同的

7. 压力可以_____免疫系统的功能。
   a. 刺激
   b. 破坏
   c. 抑制
   d. 增强

8. 萨尔瓦多在一家广告公司担任艺术总监。他的老板加给他过多的责任，但从不称赞他所有的辛勤工作。他在工作中感到疲惫、幻灭和无助。萨尔瓦多可能正在经历_____。
   a. 警戒反应
   b. 倦怠
   c. 创伤后应激障碍
   d. 心身疾病

9. 琼拥有一种以承诺、挑战和控制为标志的个人特质。她似乎能够承受压力。这种人格特质被称为_____。
   a. 坚毅
   b. 乐观
   c. 勇气
   d. 尽责性

10. 提供象征性强化物的系统叫作_____。
    a. 消退系统
    b. 代币制
    c. 内分泌系统
    d. 象征性强化系统

答案

1. d   6. c
2. a   7. c
3. c   8. b
4. c   9. a
5. a   10. b

第 4 章　应对策略

自我评估：巴恩斯-武尔卡诺理性测验（Barnes–Vulcano Rationality Test）

指导语

对下面每个陈述，请用以下 5 个等级，评价你同意或者不同意它们的程度。

1	2	3	4	5
非常同意	同意	不确定	不同意	非常不同意

量　表

____ 1. 我不需要觉得我遇见的每个人都喜欢我。
____ 2. 我经常担心那些我无法控制的事情。
____ 3. 我发现克服非理性的恐惧很容易。
____ 4. 我通常可以关闭那些让我感到焦虑的想法。
____ 5. 人生是一场与非理性的忧虑的无休止的战斗。
____ 6. 我经常担心死亡。
____ 7. 拥挤让我紧张。
____ 8. 我经常担心自己的健康状况。
____ 9. 我往往在事情尚未发生时就担心它们。
____ 10. 如果别人告诉我某人有犯罪记录，我不会雇用他（她）为我工作。
____ 11. 当我犯错时，我觉得自己一无是处、很没用。
____ 12. 当别人做错事情时，我一定会让他知道。
____ 13. 当我受挫时，我做的第一件事就是问问自己，我现在是否能做些什么来改变这种状况。
____ 14. 无论事情在何时出错，我都会问自己："为什么这件事会发生在我身上？"
____ 15. 无论事情在何时出错，我都会告诉自己："我不喜欢这样，我无法忍受。"
____ 16. 当我抑郁时，我通常能找到疗愈的方法。
____ 17. 一旦我抑郁了，我需要很长时间才能恢复。
____ 18. 我觉得我的沮丧或不开心都是别人或者发生的事情造成的。
____ 19. 人们几乎没有能力控制自己的悲伤或摆脱消极的感受。
____ 20. 当我生气的时候，我通常能够控制自己的愤怒。
____ 21. 我通常能够控制自己的食欲和酒瘾。
____ 22. 一个人的价值和他（她）的成就成正比；如果他（她）没有足够的能力和成就，那么他（她）不如默默等死。
____ 23. 玩游戏最重要的就是赢得胜利。
____ 24. 当我的成就不如他人时，我感觉很糟糕。
____ 25. 我觉得我做的每件事情都必须成功。
____ 26. 当我对某件事的成功感到怀疑时，我会避免参与这件事，以免冒失败的风险。
____ 27. 当我着手做一项任务时，我会坚持到最后。
____ 28. 如果我在生活中遇到什么困难，我会严格要求自己直面它们。
____ 29. 当我试图做一件事情而遇到困难时，我会轻易放弃。
____ 30. 我发现自己很难做那些回报周期长的任务。
____ 31. 我常常喜欢直面自己的问题。
____ 32. 人们永远不会从错误中吸取教训。
____ 33. 生活取决于你如何看待它。
____ 34. 不幸的童年势必会给成年生活带来问题。
____ 35. 我尽量不纠结于过去的错误。
____ 36. 自私的人让我很生气，因为他们真不应该那样。
____ 37. 如果我不得不唠叨某人才能得到自己想要的，我宁愿不找这个麻烦。
____ 38. 我常常觉得生活很无聊。
____ 39. 我经常希望发生一些新的、令人兴奋的事情。
____ 40. 我日复一日地过着同样的生活。
____ 41. 我常常希望生活多一些刺激。
____ 42. 我经常觉得每件事情都乏味、无趣。
____ 43. 我希望自己能和那些生活精彩的人互换人生。
____ 44. 我常常希望生活有所不同。

计分方法

在计算本量表的得分时，你需要将你在以下 12 个题目上所选的数字进行转换，这些题目为第 1、3、4、13、16、20、21、27、28、31、33 和 35 题。转换规则如下：将 1 转为 5；将 2 转为 4；3 保持不变；将 4 转为 2；将 5 转为 1。

现在把你在 44 个题目上所选的数字相加，12 个反向计分的题目需要使用转换后的新数字。总和便是你在巴恩斯-武尔卡诺理性测验上的得分，范围应该在44~220之间。请把你的得分填在下面。

我的得分：_____

测量的内容

由戈登·巴恩斯和布伦特·武尔卡诺（Barnes & Vulcano, 1982）编制的巴恩斯-武尔卡诺理性测验（BVRT）测量人们对阿尔伯特·埃利斯（Ellis, 1973）所描述的非理性假设的认同程度。埃利斯认为，消极的自我对话或灾难化思维会导致令人痛苦的情绪和对压力的过度反应。此类思维被认为是源于人们持有的非理性假设。BVRT的题目基于埃利斯所描述的10个非理性假设，例如认为一个人必须得到某些人的爱和喜欢，或者一个人必须在所有的任务中都完全胜任。

本量表的设置如下：高分表明个体倾向于相对理性地思考，而低分则表明个体倾向于埃利斯所描述的非理性思维。BVRT具有较高的信度，并且编制者采取了措施来减少社会赞许性偏差的影响。各种相关分析也为本量表的效度提供了证据。例如，BVRT的分数与神经质（-0.50）、抑郁（-0.55）和恐惧（-0.31）的测量结果呈负相关，这表明与BVRT的低分者相比，高分者往往不那么神经质、抑郁和恐惧。

分数解读

我们的常模基于巴恩斯和武尔卡诺（Barnes & Vulcano, 1982）研究中的两个成人样本的整合数据。第一个样本包括172名受试者（平均年龄22岁），第二个样本包括177名受试者（平均年龄27岁）。

常模

高分：　　　　　166~220
中等分数：　　　136~165
低分：　　　　　44~135

资料来源：Barnes, G. E., & Vulcano, B. A. (1982). Measuring rationality independent of social desirability. *Personality and Individual Differences, 3*, 303–309. Reprinted with permission from Elsevier and Brent Vulcano.

自我反思：分析应对策略

1. 假如你只是总体上感觉"糟糕"，但不确定原因是什么。你会如何找出问题所在？你会问自己什么问题，以确保自己得到的结论是准确的？

2. 处于"习得性无助"（见第 125 页）模式下的人可能会使用哪些短语？你会如何帮助人们区分他们可以控制和无法控制的事情？

3. 合理化是一种会带来各种后果的机制。请列举合理化在学校、工作、家庭、人际关系等领域中的消极后果。

4. 讨论你生活中的最后期限问题。你会如何应对最后期限所带来的压力？你在应对最后期限时，使用了哪些积极的和消极的应对策略？

5. 你如何解释发生在你生活中的消极事件？你的解释风格（见第 220 页）是什么样的？

资料来源：© Cengage Learning

第4章

应对策略

应对的概念
价值有限的常见应对模式
　　放弃
　　攻击性行为
　　自我放纵
　　自责
　　防御性应对
建设性应对的本质
评价聚焦的建设性应对
　　埃利斯的理性思维理论
　　以幽默缓解压力
　　积极的再解释
问题聚焦的建设性应对
　　使用系统的问题解决方法
　　寻求帮助
　　改善时间管理
情绪聚焦的建设性应对
　　提高情绪智力
　　表达情绪
　　管理敌意和宽恕他人
　　运动
　　使用冥想和放松法
　　精神修行
应用：更有效地利用时间
　　浪费时间的原因
　　拖延症问题
　　时间管理技巧
本章回顾
练习题

"我开始相信我在智力和情感上都超过了我丈夫。然而，我并不知道这意味着什么，我应该怎么做。也许这种感觉是正常的，我应该忽视它，与丈夫维持现在的关系。这看起来最安全。也许我可以在维持夫妻关系的同时在外面找一个情人。也许我应该重新开始，期待有一个美好的结局，不论是否能找到一个更好的伴侣。"

上面这位女士正在为棘手的冲突而痛苦。虽然很难准确地说她正在经受怎样的情感动荡，但显然她正处于巨大的压力之下。她应该怎么办？留在情感空洞的婚姻中是心理健康的人该有的做法吗？寻找外遇是应对这种不幸际遇的合理方式吗？还是她应该搬出去独自生活，顺其自然？这些问题并没有简单的答案。正如你很快就会看到的，决定如何应对生活中的困难是非常复杂的。

在上一章我们讨论了压力的本质及其影响。我们认识到，对于个人成长，压力可以是一种具有挑战性、令人兴奋的刺激。然而我们也看到，压力会损害人们的身心健康，因为压力常常引发可能有害的生理反应。控制压力的影响取决于人们对压力情境的行为反应。因此，个体的身心健康部分地取决于其有效应对压力的能力（Taylor & Stanton, 2007）。

本章着重探讨人们如何管理压力。我们将首先讨论应对的概念，然后回顾几种价值相对有限的常见应对模式。在对这些不明智的应对技术加以讨论之后，我们将概要地介绍何谓更健康的"建设性"应对。本章其余的大部分篇幅将详细介绍建设性应对的具体方法。在应用部分，我们将讨论如何应对最为常见的压力源之一：缺乏时间。我们希望本章的论述能为你提供一些关于如何应对现代生活压力的新知识。

应对的概念

学习目标

- 描述人们使用的各种应对策略
- 理解为什么使用各种应对策略是有益的，以及这些策略在适应价值上的差异

第 3 章曾提及，**应对**（coping）是指为了控制、减轻或忍耐压力制造的需求而做出的努力。让我们深入分析一下这个概念，并讨论关于应对的基本观点。

人们会用各种方法应对压力。很多研究者试图识别并对人们用来处理压力的应对技术加以分类。研究者揭示了相当数量的应对策略。事实上，一项综述研究发现了 400 多种各具特色的应对技术（Skinner et al., 2003）。为简单起见，卡弗建议考虑四个重要的区别或分组（Carver & Connor-Smith, 2010），如图 4.1 所示。因此，在与压力斗争时，人们可以选择的应对策略多种多样。

最具适应意义的方法是灵活使用多种应对策略。尽管可选择的应对方式很多，但大部分人往往更倚重其中的某些应对策略。然而，有研究者（Cheng, 2001, 2003）主张，灵活性比一直运用同样的应对策略更可取。运用多种应对策略的能力（被称为应对灵活性）已被证明与心理健康状况更好，抑郁、焦虑和痛苦更少相关（Kato, 2012）。灵活的应对者能够根据可控性和冲击力来区分不同的压力事件，这些信息在选择应对策略时很重要（Cheng & Cheung, 2005）。确实，面对具体逆境选取特定

应对策略类型	
应对分类	示例
问题聚焦的应对与情绪聚焦的应对	问题聚焦：我存钱以备失业。 情绪聚焦：我进行自我放松练习以应付失业带来的压力。
卷入式应对与剥离式应对	卷入式：我寻找新的生活住所，以备可能发生的离婚。 剥离式：我拒绝相信自己正面临离婚。
意义聚焦的应对	在火灾中失去房屋和财产让我想起什么才是生命中真正重要的：家人和朋友。
前瞻式应对	我知道即将与朋友发生的冲突很有挑战性，因此在问题摊牌之前，我要确保自己的思路清晰。

图 4.1 应对策略分类

应对技术虽然有几百种，但卡弗和康纳－史密斯（Carver & Connor-Smith, 2010）指出，被证明有意义的应对策略可分为四类。这里列出的是这些分类及每种类别的一个有代表性的例子。就像其他分类方法一样，这些类别之间可能有很大的重叠。正如你所看到的，人们使用的应对策略多种多样。

资料来源：Carver, C. S., & Connor-Smith, J. (2010). Personality and coping. *Annual Review of Psychology, 61*, 679–704.

应对策略的能力，有助于人们避免受不良应对策略的妨碍（Carbonell, Reinherz, & Beardslee, 2005）。尽管每个人面对生活的磨难都有自己的应对风格，但这种对灵活性的需要或许能解释为什么人们在不同情境下的应对方法只有中等程度的稳定性（Schwartz et al., 1999）。

各种应对策略的适应价值不同。在日常生活中我们说某个人"应对了她的问题"，往往指她有效地处理了这些问题。然而实际上，所有的应对策略未必效果一样。应对效果从有益到适得其反不等。例如，为应对考低分的沮丧而盘算着破坏教授的电脑，显然是一种有问题的应对方式。因此，我们要区分有帮助和适应不良的应对模式。总的来说，不良的应对策略与更差的心理调适相关，而适应性应对策略则与更高的幸福感相关（Aldo, Nolen-Hoeksema, & Schweizer, 2010）。但请记住，我们对各种应对策略适应价值的概括乃基于研究者发现的趋势或倾向。 与许多自助类书籍或脱口秀主持人试图让你相信的不同，没有哪种应对策略能保证你得到满意的结果。此外，应对策略的适应价值也取决于当时的具体情境。在下一节你会了解到，即使不明智的应对策略也可能在某些情况下具有适应价值。

价值有限的常见应对模式

学习目标

- 分析放弃作为一种压力反应的适应价值
- 描述攻击作为一种压力反应的适应价值，包括关于媒体暴力作为宣泄手段的研究
- 评估自我放纵作为一种压力反应的适应价值
- 讨论自责作为一种压力反应的适应价值
- 评估防御机制的适应价值，包括最近关于健康错觉的研究

"在订婚22个月后，未婚妻告诉我，她又爱上了别人，我们的亲密关系破裂了。从此以后，我变得失魂落魄，无法安心学习，因为我一直在想念她。我反复思考自己在相处的过程中到底做错了什么，为什么我就配不上她。喝得酩酊大醉是唯一能让我不想念她的方法。最近每周我都有五六个晚上喝醉了。我的学业受到了很大的影响，但是我好像并不在意。"

这个年轻人正在经历一段艰难的时期，而且似乎没有处理好自己的问题。他为自己的亲密关系破裂而自责，通过喝酒减轻痛苦，并且似乎要放弃自己的学业。这些应对反应在这种情况下并不鲜见，但这样做只会让他的问题变得更糟。

本节我们将讨论一些较常见但效果并不理想的应对模式。具体而言，我们将讨论放弃、攻击、自我放纵、自责和防御机制。其中的一些应对策略在某些情境下可

能有用，但更多的时候会适得其反。

放 弃

在面对压力时，人们有时会简单地选择放弃，从这场战斗中退出。这种冷漠和不作为的反应往往与悲伤和沮丧的情绪反应有关。马丁·塞利格曼（Seligman, 1974, 1992）提出了一个放弃综合征的模型，揭示了该现象的成因。在塞利格曼最初的研究中，实验动物会遭受无法逃避的电击。然后，让这些动物学习一种可逃避电击的反应。然而，许多动物变得如此无动于衷和无精打采，它们甚至根本没有尝试学习逃跑反应。当研究者以人类为研究对象，用不能躲避的噪音（而非电击）作为压力源并进行同样的实验操作时，他们观察到了相同的结果（Hiroto & Seligman, 1975）。这种现象被称为习得性无助。**习得性无助**（learned helplessness）指因暴露于不可避免的厌恶事件而产生的消极行为。不幸的是，这种行为倾向也会发生在个体并非完全无助的情况下。因此，有些人习惯性地以宿命论和听天由命的态度来回应压力，消极地接受本可以有效解决的挫折。在青少年中，习得性无助与辍学及抑郁症增多有关（Maatta, Nurmi, & Stattin, 2007）。有趣的是，埃文斯和斯特克（Evans & Stecker, 2004）认为，环境压力源，如过强的噪音、拥挤和交通问题（见第3章），往往会使人们产生一种类似于习得性无助的综合征。

塞利格曼最初认为习得性无助是条件作用的结果。但是，以人类为对象的研究使塞利格曼及其同事对其理论进行了修订。他们目前的理论模型认为，人们对厌恶事件的认知解释决定了他们是否会产生习得性无助。具体来说，当人们开始相信事件超出了他们的掌控时，似乎就会出现无助感。这种信念尤其可能出现在表现出悲观解释风格的人身上。正如第3章所述，这类人通常将挫折归结于自身的缺点而非情境因素。这种解释风格与更糟的身体状况以及更重的抑郁和焦虑相关（Wise & Rosqvist, 2006）。

总的来说，放弃并不是一种值得称道的应对方法。卡弗及其同事（Carver et al., 1989, 1993）对这种他们称之为行为剥离（behavioral disengagement）的应对策略进行了研究，并发现它与痛苦的增加而非减少相关。"9·11"恐怖袭击事件发生后对大学生的研究证实了这种观点。该研究发现，袭击发生后不久，行为剥离与更严重的焦虑相关，即使那些间接受到影响的人也是如此（Liverant, Hofmann, & Litz, 2004）。

然而，在某些情况下，放弃可能具有适应意义。例如，如果你被派去做一份自己没有能力应付的工作，那么与面对持续的压力和自尊降低相比，辞职可能是一种更好的选择。研究发现，那些能够更快从无法达到的目标中抽身而出的人自我报告的健康状况更好，一种关键的应激激素水平也更低（Wrosch, 2011; Worsch et al., 2007）。在美国的竞争文化中，人们往往贬低"放弃"这一概念。因此，研究者认为，将这种应对策略描述为"目标调整"可能更好。不管怎样，人们有必要认识到自己的局限性，避免追求不切实际的目标，尽量减少自我强加的压力。

攻击性行为

在洛杉矶科罗娜高速公路上，一个17岁的小伙子小心地将车慢慢开进车流。他缓慢的车速显然激怒了身后皮卡车里的人。不幸的是，他激怒了不该激怒的人——他们拿出枪把这个小伙子射杀了。在同一个周末，洛杉矶地区发生了其他6起路边枪杀案。所有枪杀案都是由很小的事件或轻微碰撞引起的。恼怒的司机越来越频繁地互相攻击,尤其是在超负荷的洛杉矶高速公路上。

这种悲剧性的高速公路暴力事件,即人们所称的"路怒",是司机在应对驾驶时所体验到的压力、焦虑和敌意的不良方式的一个例证。不幸的是,这些暴力事件已经变得非常普遍,一些专业人士呼吁将路怒症列为一种正式的精神疾病诊断(Ayar, 2006)。路怒症生动地说明,人们通常以攻击性行为应对压力事件。**攻击**(aggression)指意图在身体上或言语上伤害别人的任何行为。咆哮、诅咒和侮辱比枪击和殴打更常见,但任何形式的攻击都可能是有问题的。

正如第 3 章所述,挫折是压力的一个主要来源。一个心理学家团队(Dollard et al., 1939)多年前提出了挫折–攻击假说,认为攻击总是由挫折引起的。近几十年的研究最终表明,挫折与攻击并没有必然联系,但这些研究也证实挫折的确经常引发攻击行为(Berkowitz, 1989)。

人们经常冲那些与自己的挫折毫无关系的人发火,尤其是当他们无法对挫折的真正根源发泄愤怒的时候。因此,当警察给你开罚单时,你可能会暂时抑制自己的愤怒,而不是冲警察大发雷霆。然而 20 分钟后,你可能会非常粗暴地斥责慢吞吞上菜的服务员。正如第 2 章所述,弗洛伊德早就注意到这种将愤怒转嫁到替代对象上的现象,并称其为替代(displacement)。不幸的是,研究发现,当人们受到挑衅时,替代性攻击是一种常见的反应(Hoobler & Brass, 2006)。事实上,替代性攻击是造成路怒现象的原因之一(Sansone & Sansone, 2010)。

如果个体反复回想被激怒的事,如果其自控力已耗尽,那么对挫折的攻击性反应就更有可能发生(Denson, DeWall, & Finkel, 2012)。饮酒也有影响(Denson et al., 2008)。个人空间的安全感和匿名感也会影响攻击倾向。例如,在那些报告对自己的车有领地归属感,或者因为车门上锁或深色车窗而产生匿名感或隔离感的司机中,攻击性驾驶行为更为常见(Conkle & West, 2008; Szlemko et al., 2008)。

弗洛伊德认为,攻击性行为能够将个体系统内被压抑的情感释放出来,因而具有适应意义。他用**宣泄**(catharsis)一词来指情绪紧张的释放。弗洛伊德的这种观点(即发泄愤怒是有益的)在现代社会得到广泛传播,并被人接受。书籍、杂志以及自封的专家经常宣扬"宣泄怒气"可释放和减少愤怒,有利于健康。然而,实验研究总体上并不支持宣泄假说。事实上,大部分研究得出了恰好相反的结论:以攻击性的方式行事往往会激发更多的愤怒和攻击(Lohr et al., 2007)。

传统智慧认为,观看暴力节目或玩暴力游戏有宣泄作用:观看电视节目中的谋杀或与游戏里的虚拟角色打斗,能释放被压抑的愤怒和敌意。然而,研究证据有力地表明,这种观点根本不正确(Anderson et al., 2010)。在一项对暴力视频游戏研究的元分析中,安德森和布什曼(Anderson & Bushman, 2001)取得了突破性的发现:玩暴力游戏与攻击性更强、生理唤起更高、攻击性想法更多以及亲社会行为更少相关。实际上,他们发现,媒体暴力与攻击性行为的关系几乎跟吸烟与癌症之间的关系一样强(Bushman & Anderson, 2001;见图 4.2)。暴露于媒体暴力不仅会使人们对暴力行为脱敏,还会促发攻击性的自我观和自动的攻击性反应(Bartholow, Bushman, & Sestir, 2006),并增强敌意(Arriaga et al., 2006a)。而且,在模糊情境下这种暴露还会增强个体对他人敌意的感知(Hasan, Bègue, & Bushman, 2012)。

使用各种暴力媒体、不同的实验室条件和多种参与者的实验研究不断发现,视

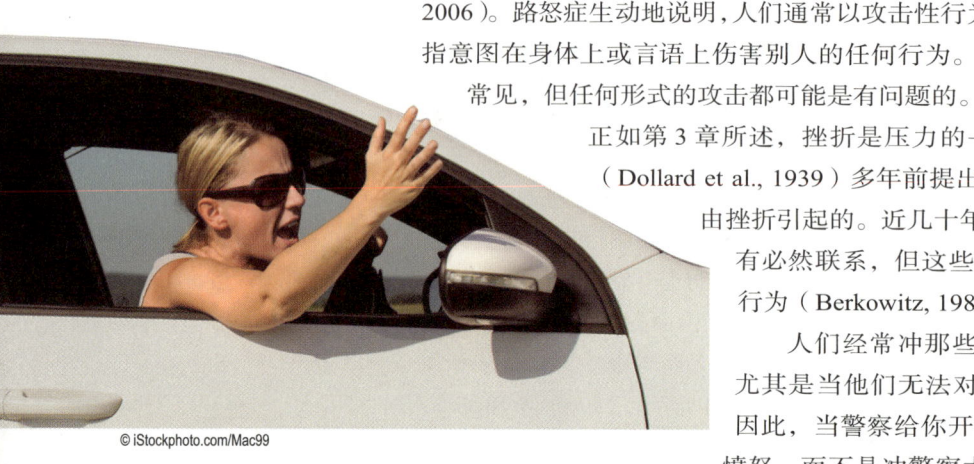

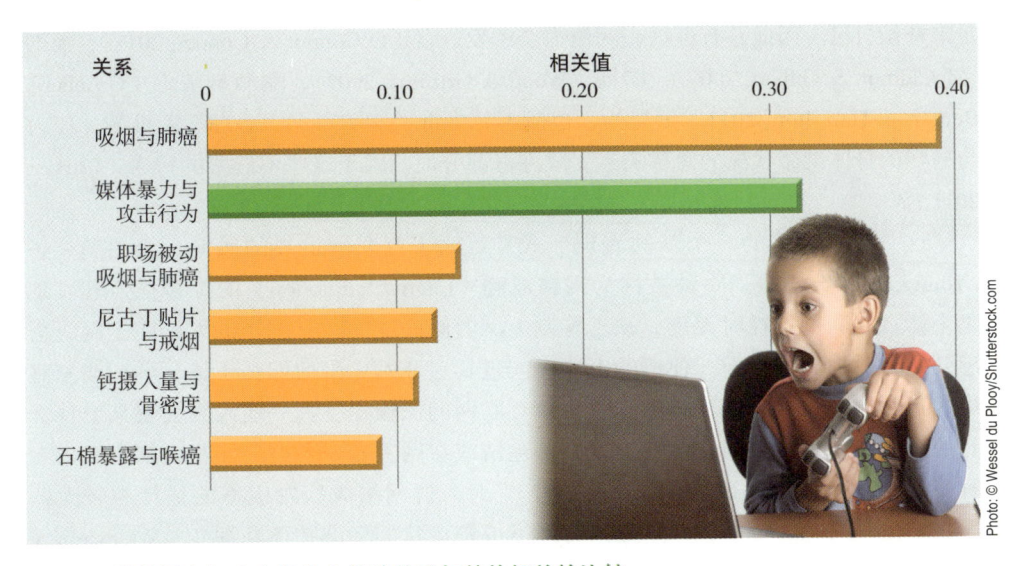

图4.2　媒体暴力与攻击行为之间的关系与其他相关的比较

很多研究发现暴露于媒体暴力与攻击行为之间存在相关。然而，一些批评者认为，这种相关性太弱，在现实世界中没有任何实际意义。布什曼和安德森在反驳这种批评时指出，在关于媒体暴力与攻击性行为的研究中，这一相关系数的平均值是0.31。他们认为该相关水平几乎同吸烟与肺癌发生风险之间的相关一样强，而后者被大家认为具有现实意义。同时，媒体暴力与攻击性行为的相关显著高于图中列出的其他一些被认为具有实际意义的相关。

资料来源：Bushman, B. J., & Anderson, C. A. (2001). Media violence and the American public. *American Psychologist, 56* (6-7), 477–489. (Figure 2). Copyright © 2001 American Psychological Association. Reprinted by permission of the publisher and authors.

频游戏或其他形式的暴力媒体并不具有情感宣泄作用；相反，它们还会增强攻击倾向（Bushman & Huesmann, 2012）。如今我们可以使用更为精密的仪器来研究大脑活动（例如，功能性磁共振成像技术）。一些采用脑成像技术的初步研究表明，尽管人们知道视频游戏中的暴力不过是幻想，但大脑的反应就像它是真实的一样。因此，"实施虚拟暴力对神经系统的影响与实施实际暴力的影响类似"（Carnagey, Anderson, & Bartholow, 2007, p. 181）。

愤怒和攻击有好的一面吗？有人认为，当一个人即将从事对抗性任务时，感到愤怒是有益的（Tamir, 2009）。然而，作为一种应对策略，攻击性行为乏善可陈。塔维斯（Tavris, 1982, 1989）指出，攻击性行为通常会适得其反，因为它会引起他人的攻击性反应，从而产生更多的愤怒。她断言，"攻击性宣泄在持续的人际关系中几乎不可能出现，因为父母、孩子、配偶、老板通常会觉得必须还击"（Tavris, 1982, p. 131）。实际上，由攻击性行为引发的人际冲突会带来更多的压力。

自我放纵

压力有时会导致冲动控制减弱或者说自我放纵。例如，在经历特别有压力的一天后，有些人可能会奔向厨房、商店或餐馆去寻找甜食。另一些人则可能直奔最近的购物中心疯狂购物，以应对压力。还有一些人对压力的反应是沉溺于饮酒、吸烟、赌博或吸毒等不明智的行为。

穆斯和比林斯（Moos & Billings, 1982）将形成替代性奖赏列为一种常见的压力反应。这是有道理的，当你在生活的某个领域不顺时，你可能会通过追求替代性满足来补偿自己。因此，有证据表明压力会诱发进食（O'Connor & Conner, 2011）、吸烟（McClernon & Gilbert, 2007）、赌博（Wood & Griffiths, 2007）、酗酒和吸毒（Grunberg, Berger, & Hamilton, 2011）等行为，也就不足为奇了。实际上，心理学家推测，压力与糟糕的身体健康状况的总体关系，或许可部分地归因于这些不健康的行为（Carver, 2011）。

这一应对策略的一个新的表现形式是沉溺于互联网世界的倾向。金柏莉·杨（Young, 2009）描述了一种被称为**网络成瘾**（Internet addiction）的综合征，其表现是个体在互联网上耗时无度，缺乏控制上网时间的能力。有网瘾的人不能上网时会感到焦虑、抑郁或空虚。他们的上网时间过长，开始妨碍他们在工作、学校或家庭中的正常表现，导致其开始隐瞒自己对互联网的依赖程度。一些人为实现某个特殊目的病态地使用互联网，比如追求网络色情或在网上赌博，而另一些人则表现出一种一般性的全面网络成瘾（Davis, 2001）。对人群网络成瘾发生率的估计有较大差异，从 1.5% 到 8.2% 不等，这是因为网络成瘾症状的标准在不断演变（Weinstein & Lejoyeux, 2010），不过这一症状并不罕见。研究表明，网络成瘾并不像人们想象的那样仅限于内向的男性电脑高手（Young, 1998）。另外它也不完全是西方国家特有的现象，比如中国的网络成瘾比例也很高（Zhang, Amos, & McDowell, 2008）。在青少年和成年人中，网络成瘾都与抑郁程度存在正相关（Morrison & Gore, 2010）。尽管并非所有的心理学家都赞同将过度地在网上冲浪划分为一种成瘾（Czincz & Hechanova, 2009; Pies, 2009），但这种应对策略显然会消耗太多时间，并最终增加个体的压力水平（Chou, Condron, & Belland, 2005）。

将自我放纵作为一种应对生活压力的方式本身谈不上适应不良。如果一份热巧克力圣代、一些新衣服或上网聊天能让你在经历重大挫折后平静下来，谁又能反对呢？事实上，网络上的社会支持已被证明可缓解压力和焦虑（Leung, 2007）。但是，如果个体面对压力一直过分地放纵自己，显然会出问题。压力诱发的进食行为往往不健康（在艰难的一天结束之后，人们很少会想吃西兰花或葡萄柚），可能会导致营养不良或肥胖。酗酒和吸毒可能危害健康，影响工作或人际关系质量。此外，这些自我放纵行为会引发矛盾的情感，因为一时的快感之后会出现后悔、自责或羞愧（Ramanathan & Williams, 2007）。考虑到与自我放纵

尽管专家们在是否把过度使用网络归为成瘾行为上意见不一，但无法控制互联网使用似乎是一种越来越普遍的综合征。

相关的各种风险，它仅是一种适应价值有限的应对方式。

自　责

在一场艰难的橄榄球赛中失利后，著名的主教练在记者会上进行了严厉的自我批评。他说自己的赛事指导不如对方优秀，做出了错误的决定，整个比赛计划都是错误的。他把输球的责任几乎全部归咎于自己。实际上，他的几次风险决定都是合理的，只是结果不如预期，并且球员表现也不尽人意。客观地说，输掉比赛是球员和教练近 50 人团队的集体责任。然而，这名教练不切实际的消极自我评价却是非常典型的挫折反应。当面对压力情境时（尤其是挫折和表现与服从的压力），人们往往变得高度自责。

许多有影响力的理论家注意到，人们面对压力时倾向于进行"消极自我对话"。正如本章稍后将详细讨论的那样，埃利斯（Ellis, 1973, 1987）将这一现象称为"灾难性思维"，并着重分析了它如何根植于非理性的假设。贝克（Beck, 1976, 1987）将这种消极自我对话分解为具体的倾向。比如他断言人们往往：（1）不合理地将失败归因于个人缺点；（2）注意别人给予的消极反馈却忽视积极反馈；（3）对未来做过分悲观的预测。因此，如果你某次考试失利，面对这种压力你可能会把成绩差归结为自己可悲的愚蠢。有同学认为这次考试不公平，你会忽视这种意见，并歇斯底里地预期自己可能会被开除。

根据埃利斯的解释，非理性思维会引发、放大并延长压力所致的情绪反应，而这类情绪反应往往是有问题的。更为严重的是，研究人员发现，对于经历过性侵犯、战争、自然灾害等创伤的人来说，自责会加重痛苦和抑郁（DePrince, Chu, & Pineda, 2011; Kraaij & Garnefski, 2006）。对于性侵犯的受害者，自责与更严重的创伤后应激障碍症状以及更强的羞愧感相关（Ullman et al., 2007; Vidal & Petrak, 2007）。同样，在有严重健康问题的人中，自责与更严重的抑郁及焦虑存在相关（Hill et al., 2011; Kraaij, Garnefski, & Vlietstra, 2008）。尽管客观地看待自己并且承认自己的弱点是有价值的，尤其是在解决问题时，但埃利斯和贝克一致认为，自责作为一种应对方式可能会产生巨大的反作用。我们将在本章后面讨论埃利斯关于建设性思维的建议，并在"心理治疗"一章（第 15 章）讨论贝克关于有效应对的建议。

防御性应对

防御性应对是对压力的一种常见反应。我们在第 2 章曾提到，防御机制这一概念最早是由弗洛伊德提出的。虽然源于精神分析学派，这一概念已得到大多数心理学流派的认可。在弗洛伊德最初见解的基础上，现代心理学家拓宽了这一概念，并为弗洛伊德的防御机制补充了新的内容。

防御机制的本质

防御机制（defense mechanisms）主要是无意识的反应，可使个体免受不良情绪（如焦虑、内疚）的影响。许多应对策略都符合这个定义。例如，有研究者曾列举了 49 种不同的防御机制（Laughlin, 1979）。在第 2 章对弗洛伊德理论的讨论中，我们曾介绍了 7 种常见的防御机制。图 4.3 列举了另外 5 种较常见的防御机制。虽然

常见的防御机制	
防御机制	举例
否认。拒绝承认或面对生活中令人不快的现实。	学生同意家人为她准备一次毕业旅行,而实际上她的毕业考试有一门不及格。
幻想。在想象中实现意识或潜意识中的愿望和冲动。	不受欢迎的人想象自己交际广泛,拥有很多外向和受欢迎的朋友。
理智化。以一种超然的、抽象的方式看待并应对困难,从而抑制自己的情绪反应。	一个刚被诊断出患有绝症的人,试图了解关于这种疾病的所有知识及治疗细节。
撤销。试图通过赎罪来抵消负罪感。	女儿因辱骂妈妈而自责,会在每次辱骂之后称赞妈妈的外貌。
过度补偿。通过专注于或夸大受欢迎的特征来弥补真实或臆想的缺陷。	一个没有交到新朋友的转校生把精力全放在提高学习成绩上。

图 4.3　更多的防御机制

就像在第 2 章讨论弗洛伊德理论时描述的 7 种防御机制一样（见图 2.5），面对压力时,这 5 种防御机制也常为人们所用。

在大众媒体上被广泛讨论,但防御机制经常被误解。我们将采用问答形式来阐述防御机制的本质,以期消除任何误解。

防御机制究竟防御什么? 首先,防御机制可帮助人们抵御压力引发的情绪不适。其主要目的是避开或削弱不良情绪。防御机制首先防御的是焦虑情绪。如果焦虑是因自尊受威胁所致,个体尤其具有防御性。人们还会利用防御机制来防止危险的愤怒情绪爆发成攻击行为。内疚和沮丧是另外两种人们经常通过防御机制来逃避的情绪。

防御机制怎样发挥作用? 防御机制主要通过自我欺骗起作用。防御机制会曲解现实,使其看似不那么具有威胁性,从而达到目的（Aldwin, 2007）。例如,假设你学业糟糕,有被开除的危险。起初,你可能使用否认这一防御机制来阻断自己对失败可能性的觉知。这种方法可能会暂时让你摆脱焦虑感。当现实变得显而易见、难以否认时,你可能会诉诸幻想,梦想自己在接下来的期末考试中得到特别高的分数,以挽救自己的绩点,但客观现实是你的功课落下太多,根本无望赶上。因此,防御机制正是通过以自我服务的方式扭曲现实来发挥作用（Bowins, 2004）。

防御机制是有意识还是无意识的? 弗洛伊德学派的主流理论最初认为,防御机制完全是在潜意识层面运作的。然而,防御机制概念后来得到了扩展,纳入了一些人们可能有所觉察的防御性操作。因此,防御机制可在不同的意识层面运作,既可以是有意识的,也可以是潜意识的（Kramer, 2010）。

防御机制正常吗? 当然。大多数人经常使用防御机制（Thobaben, 2005）,它们是完全正常的应对模式。只有神经质的人才会使用防御机制的说法是不准确的。

防御机制可以是健康的吗?

这是一个重要且复杂的问题。更多的时候,答案是否定的。事实上,防御式应

对与消极情绪、抑郁及自杀风险的增加有关（Hovanesian, Isakov, & Cervellione, 2009; Steiner et al., 2007）。总体上看，防御机制是一种糟糕的应对方式，原因有多种。第一，防御式应对是一种逃避策略，而逃避往往不能真正解决问题。实际上，霍拉汉及其同事（Holahan et al., 2005）发现，逃避式应对与生活中慢性和急性压力源的增多以及抑郁症状的加重有关。第二，否认、幻想和投射等防御机制代表的是"一厢情愿式思维"，可能效果甚微。一项研究考察了学生对医学院入学考试压力的应对方式，结果发现，在考试临近时更多运用"一厢情愿式思维"的学生体验到更多的焦虑（Bolger, 1990）。第三，防御式应对与健康状况不佳有关，部分原因是它常会使人们不及时面对问题（Weinberger, 1990）。例如，如果你屏蔽明显的癌症或糖尿病的警示信号，没有接受必要的治疗，那么你的防御式行为就可能是致命的。虽然幻想可在短期内使人们远离焦虑，但从长远来看，它们可能会造成严重的问题。

很多理论学家一度将"与现实的准确联系"作为心理健康的标志。但是谢利·泰勒和乔纳森·布朗（Taylor & Brown, 1988, 1994）总结多方面的证据后发现，防御式的"错觉"对心理健康和幸福可能是有利的。例如，他们指出，"正常"人（即非抑郁者）往往有着过于有利的自我形象，与此相反，抑郁的人则有着不那么有利但却更切合实际的自我概念。此外，"正常"人会过高估计自己控制随机事件的能力，相反，抑郁的参与者更少出现这种控制错觉。最后，"正常"人在预测未来时比抑郁的人更可能表现出不现实的乐观。

许多其他研究也支持这一假说，即积极的错觉能够促进幸福感和身心健康（Taylor, 2011b）。例如，一项对艾滋病病人的研究发现，那些对可能的病程抱有不切实际的乐观期望的病人，病程的发展的确较慢（Reed et al., 1999）。在一项实验室研究中，泰勒等人（Taylor et al., 2003）发现，倾向于产生积极错觉的参与者，在面对压力时心血管的反应更小、恢复更快，并且一种关键的应激激素的水平更低。此外，一项对退休人员的研究发现，与那些对自己的年龄有准确认识的人相比，那些有着夸张的年轻偏差的人表现出更高的自尊、更好的健康感和更少的无聊感（Gana, Alaphilippe, & Bailly, 2004）。

正如你可能猜想到的，批评者对错觉具有适应性的说法提出了诸多怀疑。例如，科尔文和布洛克（Colvin & Block, 1994）为传统观点——准确的认知和现实主义才是健康的——提供了强有力的支持。另外，他们报告的数据表明，过于良好的自我评价与适应不良的人格特质存在相关（Colvin, Block, & Funder, 1995）。鲍迈斯特（Baumeister, 1989）的理论可能是解决该争论的一个方案，这是一个度的问题，并且存在一个"最佳的错觉边界"。鲍迈斯特认为，极端的自我欺骗是有害的，而轻度的错觉通常有益。

建设性应对的本质

学习目标
- 描述建设性应对的本质
- 区分3类建设性应对

到目前为止，我们讨论的都是不太理想的应对策略。当然，人们在应对压力时也会用到很多健康的策略。我们将采用**建设性应对**（constructive coping）一词来指那些被认为相对健康的应对压力事件的努力。请记住，即使最健康的应对反应在某些情况下也可能无效。因此，建设性应对的概念仅仅是为了传达一种健康和积极的含义，并不保证成功。

怎样判断一种应对策略是建设性的呢？坦率地说，在给某些应对反应贴上建设性或健康的标签时，心理学家是在做价值判断。这是一个灰色地带，人们的观点会有分歧，但随着应对和压力管理的研究越来越多，心理学家们已经取得了一些共识。这方面文献的核心主题包括以下几个方面（Kleinke, 2007）：

1. 建设性应对要直接面对问题。它是与任务相关的，并且以行动为导向。在努力解决问题的过程中，人们要有意识地理性评价自己的选择。
2. 建设性应对需要努力。利用建设性策略减轻压力是一个积极主动的过程，需要谋划。
3. 建设性应对基于对自己所面对的压力情境和应对资源的合理而现实的评估。虽然有时轻微的自我欺骗可能有适应意义，但过分的自我欺骗和不切实际的消极想法则毫无益处。
4. 建设性应对要求人们学会辨识和管理潜在有害的压力情绪反应。
5. 建设性应对要求人们学会在一定程度上控制潜在有害的或破坏性的行为习惯。这需要人们具有一些自我控制能力。

以上几点可以让你对建设性应对的含义有一个大体的了解。它们也将引导本章稍后关于如何更有效地应对压力的讨论。为论述方便，我们将采用穆斯和比林斯（Moos & Billings, 1982）提出的分类方法，把建设性应对分为3大类：评价聚焦的应对（旨在改变个体对压力事件的解释），问题聚焦的应对（旨在改变压力情境本身）和情绪聚焦的应对（旨在管理个体潜在的情绪痛苦）。图4.4显示了属于每个类别的常见应对策略。需要注意的是，许多应对策略可以归入不止一个类别中。例如，个体寻求社会支持可能是为了讨论和理解一个问题（评价聚焦），也可能是为了得到实际的帮助（问题聚焦），还可能是为了获取情感支持（情绪聚焦）。另外，这些类别也不是互斥的（Carver, 2011）。例如，迎头解决一个问题可以缓解令人不快的消极情绪。

图4.4 建设性应对策略概述

应对策略的分类方法有多种，我们采用的分类法将其分为图中显示的3类：评价聚焦、问题聚焦和情绪聚焦的应对策略。每个类别的应对策略列表并非详尽无遗。我们将讨论这里列出的大部分建设性应对策略。

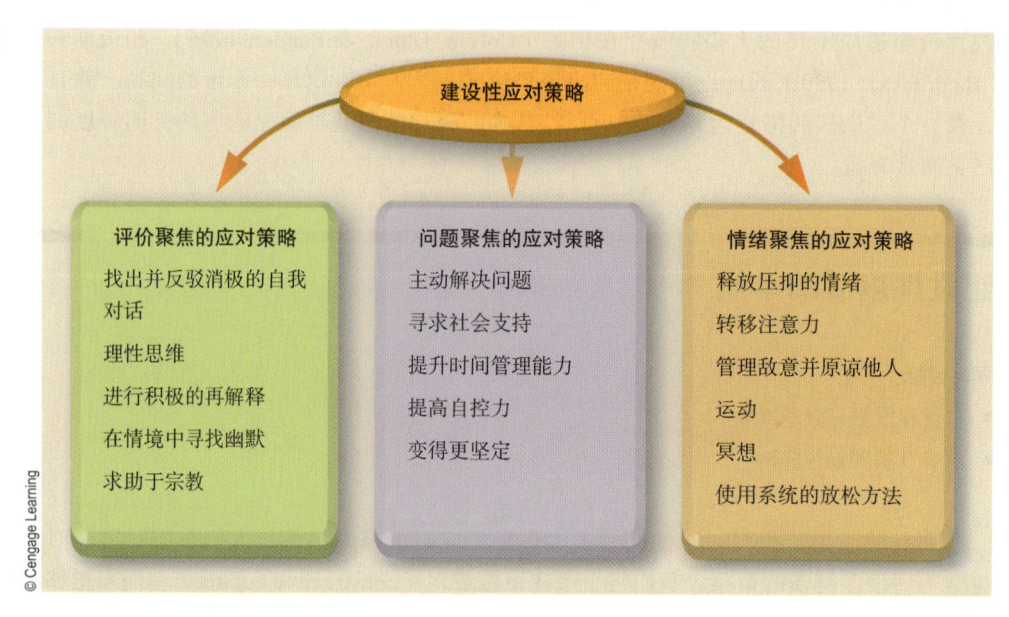

建设性应对策略

评价聚焦的应对策略
- 找出并反驳消极的自我对话
- 理性思维
- 进行积极的再解释
- 在情境中寻找幽默
- 求助于宗教

问题聚焦的应对策略
- 主动解决问题
- 寻求社会支持
- 提升时间管理能力
- 提高自控力
- 变得更坚定

情绪聚焦的应对策略
- 释放压抑的情绪
- 转移注意力
- 管理敌意并原谅他人
- 运动
- 冥想
- 使用系统的放松方法

评价聚焦的建设性应对

学习目标
- 请运用埃利斯的灾难性思维理论解释为什么理性思维是一种评价聚焦的应对策略
- 讨论幽默在应对压力中的价值，包括关于不同类型的幽默的研究结果
- 评估积极的再解释和发现益处作为评价聚焦的应对策略的效果

如前所述，压力体验取决于我们如何评价或解释威胁性事件。人们往往会低估应激过程中评价阶段的重要性。他们对高度主观的感觉认识不足，而这种感觉会给他们对威胁的感知涂上主观的色彩。事实上，处理压力的一种有效方式是改变自己对威胁性事件的评价。在本节中，我们将探讨埃利斯的再评价观点，并讨论使用幽默和积极的再解释来应对压力的价值。

埃利斯的理性思维理论

艾伯特·埃利斯（Ellis, 1977, 1985, 1996, 2001b）是一位有影响力的杰出理论家，于2007年以93岁高龄辞世。他认为人们可以通过改变对压力事件的评价来避免对压力的情绪反应。埃利斯关于压力评价的洞见，是其应用广泛的治疗体系的基础（Ellis & Ellis, 2011）。他的**理性情绪行为疗法**（rational-emotive behavior therapy）是一种心理治疗方法，主要通过改变来访者的非理性思维模式来缓解适应不良的情绪和行为。

埃利斯认为，你感受的是你思考的方式。他认为，有问题的情绪反应是由前面提到的消极的自我对话引起的，他称之为"灾难性思维"。**灾难性思维**（catastrophic thinking）指夸大问题严重性的不切实际的压力评价。埃利斯用一个简单的"A-B-C序列"来解释自己的理论（见**图4.5**）：

A. 诱发事件。在埃利斯的系统中，A代表带来压力的诱发事件。诱发事件可以是任何潜在的压力事件，例如交通事故、约会被取消、在银行排队时的延误，或者没有得到自己期望的晋升。

B. 信念系统。B代表对诱发事件所持有的信念，表示你对压力事件的评价。埃利斯认为，人们常常将小挫折视为

常识观点

A 诱发事件
压力：
某人没有去赴你期待的约会。

→ C 结果
为情所困：
你感到愤怒、焦虑、烦躁和沮丧。

埃利斯的观点

A 诱发事件
压力：
某人没有去赴你期待的约会。

→ B 信念系统
非理性评价：
"这糟透了。这个周末我会无聊透顶。我永远找不到伴侣了。我一定是一个没有价值的人。"

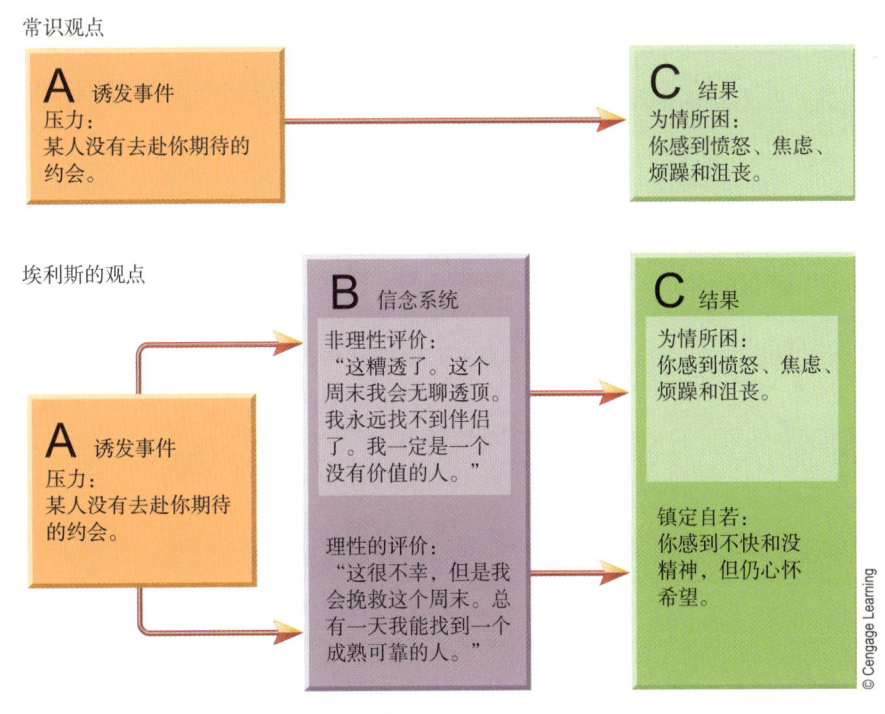

→ C 结果
为情所困：
你感到愤怒、焦虑、烦躁和沮丧。

理性的评价：
"这很不幸，但是我会挽救这个周末。总有一天我能找到一个成熟可靠的人。"

→ 镇定自若：
你感到不快和没精神，但仍心怀希望。

图4.5 埃利斯的A-B-C情绪反应模型
很多人将自己的消极情绪C直接归因于压力事件A。但是埃利斯认为，情绪反应是由人们对这些事件所持的信念B造成的。

大灾难，从而导致灾难性思维："太可怕了，我受不了了！""事情从来没有对我公平过。""我永远要在这排队了。""我永远不会得到晋升。"

C. 结果。C代表消极思维的结果。当你对压力事件的评价非常消极时，结果往往是情绪上的痛苦。于是，你会感到生气、暴怒、焦虑、恐慌、厌恶或沮丧。

埃利斯强调，大多数人认识不到B阶段在这个三阶段的序列中的重要性。他们不自觉地认为诱发事件（A）直接导致了随后的情绪混乱（C）。但埃利斯提醒我们，A并不会导致C，只是表面上看起来如此。相反，埃利斯断言，真正导致C的是B。情绪痛苦实际上是由人们评价压力事件时的灾难性思维所致。

埃利斯认为，人们经常会把小麻烦视为大灾难，小题大做。例如，你热切地盼望着某次约会，结果对方爽约了，你可能会想，"喔，这太糟糕了。我又将度过一个无聊的周末，我总是遭受不公平待遇。我永远找不到自己喜欢的人了。我肯定是一个丑陋又没有价值的人。"埃利斯认为，这些想法是非理性的，对方爽约与下列事情并没有逻辑上的因果联系：(1)你将度过一个糟糕的周末；(2)你再也找不到爱情；(3)你是一个没有价值的人。这样思考一无是处，除了徒增烦恼。实际上，研究表明，灾难性思维倾向是创伤后应激障碍发作的风险因素之一（见第3章；Bryant & Guthrie, 2005）。因此，美国军方为军官开设了十天的训练课程，让军官学习埃利斯的"ABC序列"，以增强他们的心理韧性（Reivich, Seligman, & McBride, 2011）。

灾难性思维的根源

埃利斯推测，人们对压力事件不切实际的评价源于其持有的非理性假设。他指出，如果你仔细审视你的灾难性思维，你会发现你的推理是基于不合理的前提，例如，"我必须得到每个人的认可"或者"我必须在所有方面都表现出色"。大多数人都无意识地持有这些错误假设，从而导致灾难性思维和情绪波动。为了促进情绪的自我控制，学会发现不合理的假设及其产生的不健康的思维模式很重要。以下是4种特别普遍的非理性假设：

1. 我必须得到某个人的关爱。我们每个人都希望有人喜欢和爱自己，这很正常。但是，很多人愚蠢地认为，自己应该得到所遇到的每个人的喜爱。如果你停下来想一想，你会发现这显然不现实。人们一旦坠入爱河，便倾向于认为自己未来的幸福完全取决于这段特殊关系的持续。他们相信，如果现在的恋爱关系结束了，他们就再也找不到可与之媲美的新关系了。这是对未来的一种不切实际的看法，这种看法会使个体在一段关系中焦虑不安，也会因为关系的终结而严重抑郁。

2. 我必须在所有方面都表现出色。我们生活在一个高度竞争的社会。我们被灌输胜利带来幸福。因此，我们认为自己必须永远获胜。例如，许多体育运动员从不满意自己的表现，除非达到最佳水平。然而，根据定义，他们的最佳水平显然不是他们的日常水平，因此他们将不可避免地受挫。

3. 其他人必须永远表现得称职，并且体谅我。人们时常会被他人的愚蠢和自私激怒。例如，当一个修理工没有修好你的车，或者一个售货员粗鲁地对待你时，你会感到非常愤怒。如果其他人总是能干又体贴，那再好不过，但你很清楚，他们做不到！然而，许多人在生活中不切实际地期望别人在任何情况下都高效又善良。

4. 事情应该总是按我希望的那样进行。有些人不能忍受任何挫折，他们认为事情一定要按自己的愿望进行。例如，有些人遇到交通堵塞时，总会感到紧张和愤怒。他们似乎认为，自己每天都应该轻松到家，尽管他们知道高峰时段很难快速地行驶。这些期望明显不现实，并且注定要落空。然而，很少有人认识到自己愤怒背后假设的明显不合理性，除非有人提醒他们。

减少灾难性思维

如何才能减少对压力不切实际的评价？埃利斯强调，我们必须学会：（1）如何发现灾难性思维；（2）如何反驳导致这种思维的非理性假设。其中的第一步涉及发现思维中不切实际的悲观和疯狂的夸张的能力。仔细分析一下你的自我对话。问问自己，你为什么不高兴。强迫自己用语言把想法表达出来，出声或默想都可以。从中找出灾难性思维中常出现的关键词，比如应该、理应、总是、从不和必须。

要反驳你的非理性假设，就需要仔细审视你的整个推理过程。尝试找出你的结论的来源，即衍生出这些结论的假设。大多数人没有意识到自己的假设。这些想法一旦被挖掘出来，其非理性的本质可能就相当明显了。如果你的假设看起来是合理的，那么请检查随后的结论推导是否合乎逻辑。尝试用更谨慎的理性分析去替换自己的灾难性思维。这样的策略应该有助于你重新认识压力情境，使其不那么具有威胁性。质疑自己的假设并非唯一的基于评价的应对策略，另一种化解这种情况的方法是转向幽默。

以幽默缓解压力

2012年底美国东海岸的飓风"桑迪"过后，歌手艾美·曼以巴瑞·曼尼洛的《曼迪》曲调，演唱了一首搞笑歌曲《桑迪》。在飓风卡特里娜过后的新奥尔良市郊，一辆被淹过的脏兮兮的雪佛兰皮卡车停在一栋倒塌的两层建筑外，上面有一个闪亮的新标牌："出售。跟新的一样。开起来很棒。"显然，灾难并没有摧毁人们的幽默感。当事情变得艰难时，从身边寻找点幽默的做法并不罕见，并且通常是有益的。

在过去的几十年里，证明幽默能调节压力影响的实证证据越来越多（Lefcourt, 2005）。例如，在一项有影响的研究中，马丁和赖夫考特（Martin & Lefcourt, 1983）发现，良好的幽默感能减轻压力对情绪的消极影响。他们得出的部分结果见**图 4.6**，上面显示了两组参与者——高幽默组和低幽默组——的情绪困扰如何随着压力的增加而改变。你是否注意到高幽默的参与者比低幽默的参与者受压力的影响要小？近年的研究还表明，幽默与较强的自我效能感、积极心境和乐观主义有关，同时与压力、抑郁和焦虑的减少有关（Crawford & Caltabiano, 2011）。

幽默还可以减少工作场所的压力。一篇包含49项研究的综述表明，那些能在职场使用幽默的员工，绩效、满

人们常常利用幽默帮助自己应对难关，正如这张卡特里娜飓风之后拍摄的照片所说明的那样。研究发现，幽默能减轻压力事件的消极影响。

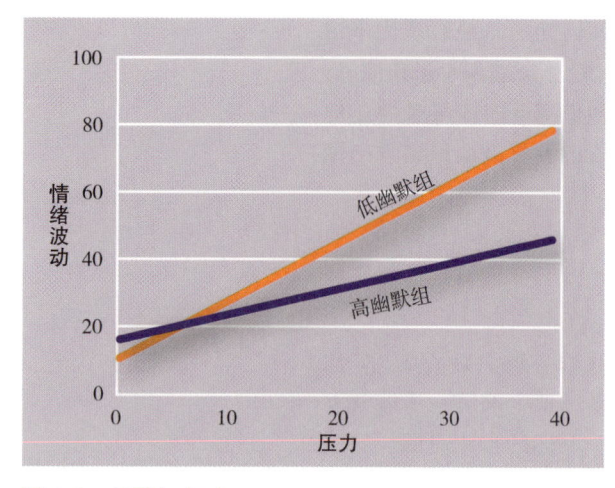

图 4.6 幽默与应对

马丁和赖夫考特（Martin & Lefcourt, 1983）计算了高幽默组和低幽默组参与者的情绪波动与压力水平的相关。在高幽默组中，情绪波动随压力上升的幅度较小，表明幽默在压力应对上有一定的价值。

资料来源：Martin, R. A., & Lefcourt, H. M. (1983). Sense of humor as a moderator of the relation between stressors and moods. *Journal of Personality and Social Psychology, 45*(6), 1313–1324. Copyright © 1983 by the American Psychological Association. Adapted by permission.

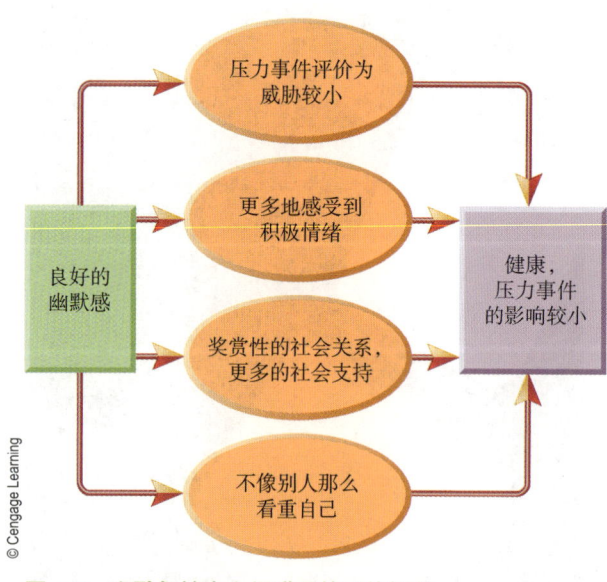

图 4.7 幽默与健康之间联系的可能解释

研究表明，良好的幽默感能够缓解压力并促进健康。图形中间部分提供了关于压力与健康之间联系的 4 种假设的解释。正如你看到的，幽默可能有多种益处。

意度、健康水平都更高，倦怠和压力水平更低。如果领导善于运用幽默，那么员工的工作绩效更高，对工作和上司都更为满意（Mesmer-Magnus, Glew, & Viswesvaran, 2012）。这些结果表明，幽默感与身心健康的关联途径之一是减少职场压力的消极影响。

某些类型的幽默在减压方面似乎比其他的类型更有效。研究者（Chen & Martin, 2007）发现，亲和型幽默（用于拉近或逗乐他人）或自强型幽默（面对困境仍然保持幽默的态度）与更好的心理健康有关。相比之下，自贬型幽默（以自我为代价）或攻击型幽默（批评或者嘲笑他人）则与更差的心理健康有关。同样，大量使用自贬型幽默、很少使用亲和型和自强型幽默都与抑郁症状增加有关（Frewen et al., 2008）。

幽默为何有助于减轻压力的影响并促进健康？这个问题有多种解释（见**图 4.7**）。一种可能是，幽默影响人们对压力事件的评价。笑话能够使人们觉得艰难困苦并没有那么可怕。研究者（Kuiper, Martin, & Olinger, 1993）发现，使用幽默应对策略的学生，能够将一场压力很大的考试视为一个积极的挑战，这又反过来使其感受到的压力水平降低。

另一种可能是，幽默增加了积极的情绪体验。一项关于职场笑声的研究发现，如果参与者每天练习发笑 15 分钟，连续练习三周，那么他们的积极情绪会显著增加，即使研究结束 90 天后，这一效应依然存在（Beckman, Regier, & Young, 2007）。如第 3 章所述，积极情绪能够使人们尽快地从压力事件中恢复过来（Tugade, 2011）。一项研究比较了不同的建设性应对策略的效果，发现那些能增加积极情绪的应对策略与健康的关系最强（Shiota, 2006）。

还有一种假设是，良好的幽默感有助于积极的社会互动，而后者有利于获得更多的社会支持（Martin, 2002）。在一项关于越南战俘的研究中，亨曼发现利用幽默建立人际联结"帮助了这些人生存下来并回归正轨"（Henman, 2001, p.83）。最后，赖夫考特等人（Lefcourt et al., 1995）认为，幽默的人之所以获益，是因为他们并不像缺乏幽默的人那样把自己看得太重了。正如他们所言："如果人们不那么看重自己，没有膨胀地觉得自己非常重要，那么失败、困窘甚至悲剧也很少会对他们的情绪产生巨大的影响"（p. 375）。因此，幽默是非常有用的应对方式，会让我们获益良多。

积极的再解释

当你感到生活中的困难难以承受时，也许会试着使用这个常识性策略："事情没有变得更糟"。不论你遇到的问题看上去多可怕，你都可能知道某个比自己处境更困难的人。这并不是要鼓励大家从别人的不幸中得到快乐，而是说将自己的困境与别人更艰难的处境相比，可以帮助你更客观地看待自己的问题。研究表明，这种与他人进行积极比较的策略是一种常见的应对机制，能缓解情绪和增强自尊（Wills & Sandy, 2001）。另外，这种策略未必需要在现实中寻找一个比自己处境更惨的人。你可以仅仅想象自己置身于类似情境之中，但是得到了更糟的结果（例如，骑马时不慎摔断了两条腿，而不是一条）。这种积极的再解释的一个好处是，它能帮助人们更冷静地评价压力事件，且不必歪曲事实。久而久之，这个策略可以减轻情境带来的压力（Aldwin, 2007）。

进行积极的再解释的另一种方法是在糟糕的经历中寻找一些好的东西。尽管事情很糟，但很多糟糕的事情都存在积极成分。很多人在经历了离婚、患病、失业等事情后，都会感叹"我能走出来比困在那里更好"或"我获得了成长"。一项以自然灾害的受害者、经历了心脏病发作和丧亲之痛的人为对象的研究发现，这种在威胁之下寻找益处（benefit finding）的应对方式与相对健康的身心状态有关（Lechner, Tennen, & Affleck, 2009; Nolen-Hoeksema & Davis, 2005）。研究者已开始考察作为一种评价聚焦的应对策略，寻找益处是否可以帮助士兵适应战争带来的挑战（Wood et al., 2012）。伍德及其同事（Wood et al., 2011）测试了近2 000名被部署到伊拉克的美国士兵，发现寻找益处的应对方式与较轻的创伤后应激障碍和抑郁有关。

当然，在压力事件过去之后，创伤经历和个人挫折中的积极方面可能容易看出来。挑战在于当你还在经受压力事件的折磨时看到事件的积极方面，从而让它们变得不太有压力。

问题聚焦的建设性应对

学习目标
- 列出并描述系统地解决问题的四个步骤
- 讨论寻求帮助作为应对方式的适应价值
- 讨论人们的时间导向会如何影响他们的时间管理

问题聚焦的应对旨在修复或解决导致压力的问题本身。这一应对策略与一些积极的结果相关，例如个体在压力下的情绪成长（Karlsen, Dybdahl, & Vitterso, 2006）。本节我们将讨论系统的问题解决、寻求帮助的重要性以及时间管理。

使用系统的问题解决方法

在处理生活中遇到的问题时，最明显（通常也最有效）的方法是直面问题。事实上，问题解决已被证明与更好的心理调适、更轻的抑郁、更少的酗酒行为以及更少的健康问题有关（Heppner & Lee, 2005）。显然，人们解决问题的能力各不相同。然而，有证据表明，这些技能可以通过训练得到提高（Heppner & Lee, 2005）。带着这个想法，我们将为大家勾勒出如何更系统地解决问题的大致轮廓。这里描述的行动计划综合了不同领域的专家——特别是马奥尼（Mahoney, 1979）、米勒（Miller, 1978）和凯利（Chang & Kelly, 1993）——的研究成果。

澄清问题

如果你不确定问题是什么，你就无法解决它。因此，任何系统的问题解决方法的第一步都是澄清问题。有时问题显而易见，有时问题的根源却难以确定。在任何情况下，你都需要给你的问题下一个清晰而具体的定义。

两种普遍的倾向会阻碍我们对问题的清晰认识。首先，人们常常模糊而宽泛地描述自己的问题（如"我的生活不会有任何改变"或者"我的时间总不够用"）。其次，人们常常过多地关注消极情感，因而混淆了问题的结果（"我总是很苦闷"或者"我太紧张了，无法集中注意力"）和问题本身（"我在新学校里交不到任何朋友"或者"我总是承担超出自己能力的责任"）。

想出替代的行动方案

系统的问题解决方法的第二步是想出替代的行动方案。请注意，我们并没有将它称作解决方案，因为很多问题并没有彻底解决它的现成办法。如果你想的是寻求彻底的解决方案，你可能会阻止自己考虑许多有价值的行动方案。相反，更为现实的做法是寻找可能改善你处境的替代方案。

除了避免坚持寻找彻底的解决方案外，你还需要避免使用头脑中出现的第一种替代方案的诱惑。很多人在这方面都有些冲动，他们会不假思索地试图跟着第一反应走。很多研究表明，运用头脑风暴的方法来思考问题是明智的。**头脑风暴法**（brainstorming）指尽可能多地想出新主意而不予置评。换言之，你想出一些替代方案而不必关注其实用性。这种方式有助于创造性地表达思想，并可产生更多的备选行为方案。

评价替代方案并进行选择

一旦你想出了尽可能多的替代方案，你就需要开始对这些可能性进行评估。并没有简单的标准可用来评估替代方案的相对优劣。然而，你可能需要解决三个一般性问题。第一，问问自己每一种替代方案是否现实可行。换言之，替代方案成功施行的可能性有多大？试着想想还有哪些你可能没有预料到的障碍。在进行这种评估时，既要避免盲目的乐观主义，也要避免不必要的悲观主义。

第二，考虑与每种替代方案相关的任何代价或风险。有时问题的"解决方案"可能比问题本身更糟糕。假设你能成功地实施预期的行动方案，那该方案可能的负面后果是什么？第三，比较每种替代方案可能结果的价值。在做决策时，你必须问自己"什么对我最重要？哪一种结果我最看重？"通过仔细评估，你肯定能够选择最优的行动方案。

灵活地执行方案

你在计划行动方案时可以考虑得尽可能周全，但是如果你不执行，任何方案都不会起作用。在执行方案时，请保持一定的灵活性。不要仅囿于某种特定的方案，很少有方案是真正不可更改的。你需要仔细监控行动结果，并且不断地进行审视和修正。

在评价自己的行动方案时，要避免简单的不是成功就是失败的二分法。你需要寻找任何可以改进的地方。如果你的方案不太成功，分析一下是否存在事先没有预估到的环境因素。最后，请记住失败是成功之母，即使没达到自己预想的效果，你现在也可能掌握了新的信息，这有助于重新解决问题。

寻求帮助

如第 3 章所述，社会支持是一种强大的力量，可以缓解压力的消极影响，并且有其自身的积极效应（Taylor, 2011a; Uchino & Birmingham, 2011）。在你准备直接解决问题时，请记住你可以向朋友、家人、同事和邻居寻求帮助，这非常有价值。到目前为止，我们在讨论社会支持时将其假定为一种因人而异的稳定的外部资源。在现实中，社会支持会随着时间的推移而波动，并随着个体与他人的互动而演变。一些人拥有比别人更多的社会支持，因为他们具有吸引更多支持的人格特质，或者他们更努力地去寻求帮助。

虽然大量文献表明社会支持有利于身心健康，但在有些情况下，亲朋好友的出现并不能起到支持作用。泰勒（Taylor, 2011a）指出，朋友有时会加剧对压力的生理反应和对评价的恐惧。另外，在某些情况下，社会支持网络可能带有侵入性，或者会提供糟糕的建议，或者提供的帮助与需求不符。最后，仅仅是不得不寻求帮助这一事实本身就可能损害个体的自我感觉，从而增加压力。

有趣的是，常常被研究者忽视的文化因素，似乎对人们将什么看作问题以及如何解决这些问题有很大影响。文化因素尤其影响哪些人会寻求社会支持（Taylor, 2011b）。泰勒及其同事（Taylor et al., 2004）发现，与欧洲裔美国人相比，亚洲人和亚裔美国人面对压力时更少寻求帮助。她们仔细分析后发现，这种差异似乎是因为亚裔文化对人际关系的关注。也就是说，来自高度集体主义文化（见第 6 章）的个体在面对压力时，不愿冒着造成关系紧张或破坏群体和谐的风险去寻求帮助（Kim et al., 2006）。使用社会支持进行应对时，如果亚裔美国人不去倾诉自己的苦恼，也就是说不给别人带来情绪负担，那么他们会从支持中获得更多益处（Kim, Sherman, & Taylor, 2008）。当然，不同文化背景的人对压力的反应，仍然存在广泛的相似性。例如，来自集体主义文化或个人主义文化的个体都把得到他人的安慰视为一种有效的应对策略。然而，个体寻求这种帮助的主动性却似乎存在文化差异（Mortenson, 2006）。鉴于社会支持是一种如此重要的应对资源，研究者无疑将继续在文化背景下对其进行研究。

改善时间管理

随便找个人聊聊你就会发现，现代生活的许多压力都源于缺乏时间。每个人看待时间的方式不同。有些人是未来导向的，能够看到现在的行为对未来目标的影响；而另一些人则是当下导向的，他们只关注眼前的事情，不担心后果。这些导向会对人们如何管理时间以及履行与时间有关的承诺产生影响。例如，未来导向的个体不太可能拖延，并且在履行承诺方面更可靠（Harber, Zimbardo, & Boyd, 2003）。不论个体的时间导向是哪一种，大多数人都可以从有效的时间管理中获益。因为这是一种非常重要的应对策略，所以我们将在本章最后的应用部分专门介绍时间管理。

情绪聚焦的建设性应对

学习目标
- 阐明情绪智力的本质和价值
- 分析表达情绪的适应价值
- 讨论管理敌意和原谅他人过失的重要性
- 理解运动为何能促进情绪功能的改善
- 总结关于冥想和放松训练效果的证据

推荐阅读

《情绪智力——为什么它比智商更重要》
(*Emotional Intelligence: Why It Can Matter More Than IQ*)
作者：丹尼尔·戈尔曼

这样一本书荣登畅销榜是我们喜闻乐见的。这本书严谨、专业又不失可读性，为我们分析了情绪功能在日常生活中的重要作用。丹尼尔·戈尔曼既是一位心理学家，也是一名为《纽约时报》撰写行为科学科普文章的记者。在这本书中，他综合了许多学者的研究成果来论证，对于成功，情绪智力可能比高智商更重要。情绪智力的概念最早由皮特·沙洛维和约翰·梅耶提出（Salovey & Mayer, 1990），但在戈尔曼的著作出版之后才引起人们的关注。他对情绪智力的看法比沙洛维和梅耶更宽泛，后者主要关注人们认识、监控和表达自己情绪的能力以及解释和理解他人情绪的能力。戈尔曼在这些成分的基础之上增加了社交风度和技巧、强烈的动机和毅力以及一些理想的人格特质，如乐观和尽责性。

有人可能会说戈尔曼的情绪智力概念是一个大杂烩，包含的特质太多，难以测量或者说没有意义，但他的开阔视野催生了这本涉猎甚广的书，书中讨论了无数的例子，说明社交技巧和情绪敏感性如何促进事业成功、婚姻满意度和身心健康。在分析的过程中，戈尔曼以一种异常清晰的方式，讨论了一系列不同主题的研究。后来，戈尔曼还将这一理论应用到领导力领域——《领导力：情绪智力的力量》（*Leadership: The Power of Emotional Intelligence*, 2011）。

我们必须承认一个事实：在某些情况下，评价聚焦的应对和问题聚焦的应对都不能成功地抵御情绪困扰。有些问题太严重了，再评价的应对方式无法真正解决问题，而有些问题则根本无法"解决"。此外，即使是执行得很好的应对策略，也可能需要一定的时间才能让紧张情绪开始消退。由于有证据表明在应对压力时识别和控制情绪是有益的（Stanton, 2011），我们将在本节讨论各种主要与情绪调节有关的应对能力和策略。

提高情绪智力

一些理论家认为，情绪智力是个体在面对压力时保持心理韧性的关键。情绪智力的概念最初是由皮特·沙洛维和约翰·梅耶（Salovey & Mayer, 1990）提出的。**情绪智力**（emotional intelligence）包括感知和表达情绪的能力、利用情绪促进思维的能力、用情绪理解和推理的能力以及调节情绪的能力。情绪智力包括 4 个基本组成部分（Mayer, Salovey, & Caruso, 2008）。第一，人们需要能够准确地感知自己和他人的情绪，并且拥有有效地表达自己情绪的能力。第二，人们需要意识到自己的情绪如何塑造他们的思维、决策和压力应对。第三，人们应该能够理解和分析自己的情绪，这往往是复杂和矛盾的。第四，人们要能够调节自己的情绪，以便抑制消极情绪，同时有效地利用积极情绪。

研究者开发了许多测量情绪智力的工具。其中实证基础最强的测验是梅耶-沙洛维-库索情绪智力测验（Mayer-Salovey-Caruso Emotional Intelligence Test, 2002）。几位作者努力使该测验成为一种基于表现的测量工具，用以测量人们有效处理情绪的能力，而不是测量他们的人格或气质。结果表明，他们在这一目标上取得了相当大的进展，因为该量表能够有效预测个体在现实世界中的情绪智能管理能力（Mayer et al., 2001）。人们还发现该测验能可靠地预测个体社会交往的质量（Lopes et al., 2004）、领导效能（Antoniou & Cooper, 2005），以及身心健康（Martins, Ramalho, & Morin, 2010; Schutte et al., 2007）。

有人考察了情绪智力与应对的关系。帕夏和辛格（Pashang & Singh, 2008）发现，情绪智力高的人更可能采用解决问题的策略来应对焦虑，而情绪智力低的人则更多地采用转移注意力或否认的方式。低情绪智力往往也与更多的担忧和回避行为有关（Matthews et al., 2006）。在工作中，低情绪智力与更多的职业倦怠有关（Xie, 2011）。因为情绪智力似乎对整体幸福感很重要，研究者们正在探索在课堂、工作场所和咨询环境中培养情绪智力的方法。一项研究发现，积极的情绪表达可以提升个体的情绪智力（Wing, Schutte, & Byrne, 2006），这与我们的下一个话题有关。

表达情绪

尽管你努力尝试去重新定义或解决压力情境，但毫无疑问，有些时候你仍会感觉到压力诱发的紧张。当这种情况发生时，下面这个常识性观点是有一定道理的：我们应该释放内心奔涌的情绪。这样说的原因是因为伴随情绪反应的生理唤起可能成为问题。比如，研究发现，总是压抑自己的愤怒或其他情绪的人更可能出现高血压（Jorgensen et al., 1996）。此外，研究表明，主动抑制情绪会导致压力增大和自主神经系统唤起增强（Butler et al., 2003; Gross, 2001）。一项包含了6 500多名参与者的元分析表明，压抑消极情绪的应对方式与心血管疾病（尤其是高血压）的风险增高有关（Mund & Mitte, 2012）。请注意，这样的研究结果并不意味着你要将愤怒的情绪以攻击的方式表达出来（本章前面说过，这种应对策略效果有限）。我们在这里关注的是恰当的、健康的情绪表达。

彭尼贝克及其同事（Baddeley & Pennebaker, 2011）发现，通过写下创伤性事件来表达情绪可以产生有益的效果。比如，在一项研究中，研究者要求一半的大学生参与者写3篇文章，主题是他们在适应大学生活中的遇到困难，另一半则只需要写3篇关于肤浅话题的文章。在接下来的几个月中，写下了个人困境和创伤的参与者比其他参与者健康状况更好（Pennebaker, Colder, & Sharp, 1990）。此外，情绪表露或"敞开心扉"与更好的心境、更积极的自我感知、更少的看医生次数和更强的免疫系统存在联系（Niederhoffer & Pennebaker, 2005; Smyth & Pennebaker, 2001）。情绪表露甚至与大学生学习成绩的提高有关（Lumley & Provenzano, 2003）。史密斯和彭尼贝克（Smyth & Pennebaker, 1999）认为，"当人们把他们的情绪动荡用语言表达出来时，他们的身心健康似乎得到了显著的改善。"他们的结论是，"自我表露行为本身就是一种强效治疗剂"（p. 70）。

关于情绪表露的研究表明，书写和谈论重要的个人问题都对个体有益（Smyth, Pennebaker, & Arigo, 2012）。因

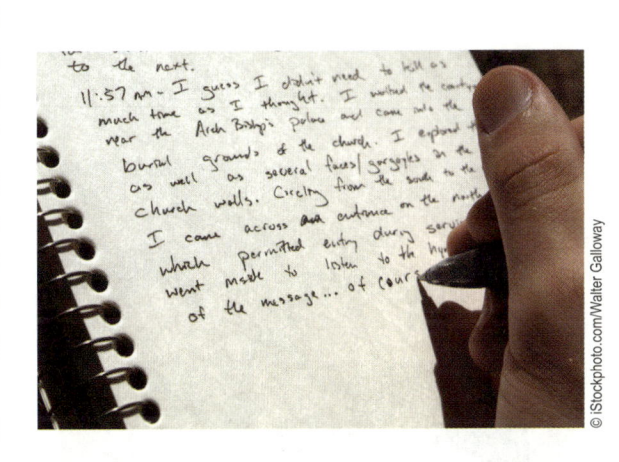

个人经历写作建议

- 计划每天花20分钟左右写作。
- 试着连续写3天或更长时间。
- 写下目前生活中发生的任何压力事件、情绪困扰或过去的创伤性事件带给你的最深刻的想法和感受。
- 你可以讨论一下这个主题与你的人际关系有何关联，比如与父母、朋友或其他亲密的人的关系。
- 你可以分析一下这个主题跟现在你是谁，或你将来期望成为谁有何关联。
- 顺着思路写下去，不必担心拼写或语法问题。
- 请记住，你只是在为自己而写，这是一种私人的尝试。

图4.8 将写下自己的情绪体验作为一种应对策略
许多研究表明，写下创伤性经历和敏感问题会对身心健康产生有益的影响。这些写作建议能够帮助你使用这种应对策略。
资料来源：Gortner, Rude, & Pennebaker, 2006.

此，如果你能找到一个好的倾听者，那么让自己隐秘的恐惧、忧虑和怀疑在坦诚的对话中流露出来，可能是明智的。当然，向别人倾诉自己的问题可能是尴尬和困难的。这就是写作这种方式的魅力所在，它可以保持私密性。**图 4.8** 总结了一些关于个人问题和创伤的写作指南，这些建议能够使这一应对策略更有效。

管理敌意和宽恕他人

1944 年，在第二次世界大战期间，只有 10 岁的伊娃和她的孪生妹妹在波兰的奥斯维辛集中营里被迫成为致命实验的试验品。最后她的父母和姐姐都去世了，只有她和双胞胎妹妹得以幸存。成年以后，她做了一件常人难以想象的事情：她原谅了纳粹，称这种宽恕让她重新拥有了她在作为受害者时失去的力量（Pope, 2012）。有人可能会问：为什么她选择这么做？她是如何克服与她早期经历有关的愤怒和敌意的？事实上，研究者们已经证明，伊娃的选择是对的，我们稍后将讨论这样说的原因。

科学家们已经收集了大量的证据，证明敌意对人有害。例如，敌意与心脏病及其他疾病的风险增加有关（见第 5 章）。那么个体怎样才能有效管理和控制包括愤怒和敌意在内的消极情绪？敌意管理的目标不只是压抑其公开表达（那样的话敌意可能仍在平和的表面下暗流涌动），而是要真正减少敌对情绪的频率和强度。实现这个目标的第一步是学会快速识别自己的愤怒。可以使用多种策略来减轻敌意，包括对愤怒事件的积极再解释，分散注意力，以及埃利斯提出的理性自我对话。增强同理心和容忍性也有助于敌意管理，宽恕亦是如此，该领域已成为一个当代心理学研究方向的焦点。

当人们感到自己被"不公正地对待"，即认为他人的行动有害、不道德或不公平时，往往会体验到敌意和其他消极情绪。人们的自然倾向是报复，或者避免与冒犯者再次接触（McCullough & Witvliet, 2005）。虽然研究者们对宽恕的确切定义还存在争议，但**宽恕**（forgiveness）涉及对抗报复或回避冒犯者的自然倾向，从而使此人不再为其冒犯行为承担进一步的责任。研究发现，宽恕是一种有效的情绪聚焦的应对方式，与更好的调适和幸福感有关（Worthington, Soth-McNett, & Moreno, 2007）。例如，在一项对离婚或永久性分居的女性的研究中，女性宽恕前夫的程度与幸福的几种测量指标存在正相关，与焦虑和抑郁的指标存在负相关（McCullough, 2001）。在另一项研究中，当研究者要求人们主动思考自己心中的一个积怨并考虑宽恕它时，这些宽恕的想法与积极情绪增多和生理唤起降低有关（Witvliet, Ludwig, & Vander Laan, 2001）。宽恕不仅可以减少个体的心理痛苦，还可以增加个体对冒犯者的同理心和积极认知（Riek & Mania, 2012; Williamson & Gonzales, 2007）。

相形之下，研究表明，报复与更多的思维反刍、消极情绪及更低的生活满意度存在相关（McCullough et al., 2001）。此外，研究者还发现，某些人格特质如自恋的特权感会妨碍个体宽恕他人（Exline et al., 2004）。有趣的是，一些研究者开始考察宽恕可能带来的消极影响（McNulty, 2011）。例如，

1994 年 9 月，雷格和玛吉·格林一家人在意大利度假时，他们 7 岁的儿子尼古拉斯在一次高速公路抢劫中被枪杀。但他们随后的宽恕行为震惊了整个欧洲，他们选择将自己儿子的器官捐献给 7 个意大利人。照片是灾难发生 5 年后的格林一家，他们比大多数人更好地面对了这样的家庭灾难，也许部分原因是他们愿意宽恕。

宽恕是否会过度减轻罪犯的负罪感，使他更有可能再次犯罪？尽管这一领域还有许多工作要做，但目前的研究表明，学会更快地宽恕他人可能是有益的。

运　　动

体力活动可以带来很多益处，既有预防性的也有治疗性的。第 5 章将详细介绍运动对健康的影响，因此这里仅将其作为一种情绪聚焦的应对策略来讨论。体育运动是一种处理与压力有关的强烈情绪的健康的方式（Edenfield & Blumenthal, 2011）。实际上，一项研究发现，参加了为期两个月的定期锻炼项目的人，情绪控制力增强，情绪困扰减少（Oaten & Cheng, 2006）。即使是每次 20 分钟的定期有氧运动也可以改善心理健康（Rendi et al., 2008）。运动是一种理想的应对方式，因为它提供了多种与应对相关的益处：一个发泄挫折情绪的出口，一种转移注意力的方式，以及对身心健康的益处（Sapolsky, 2004）。有规律的运动与抑郁、焦虑和敌意的减少有关，同时也与自尊的提高和精力的增加有关（Puetz, O'Connor, & Dishman, 2006; Spencer, 1990）。同样，精神病患者在接受 8 到 12 周的自愿运动干预后，心理健康状况也显著改善（Tetlie et al., 2008）。

当然，在解读这些结果时我们必须谨慎。虽然运动似乎可以提高生活质量，但也可能是生活质量较高的人更愿意运动（de Geus & Stubbe, 2007）。然而，即使有这个提醒，运动也是一种有效的应对策略。实际上，心理学家们开始认识到，心理健康专家应该更经常地推荐这种策略（Walsh, 2011）。

萨波斯基（Sapolsky, 2004）断言，为了从运动中获得最大的好处，应该注意三条原则。第一，你应该自己想要运动。强迫自己做你不想做的事情，即使那件事是有益的，这本身就是一种压力。第二，你应该参加有氧运动（如慢跑、游泳或骑车），因为大部分的积极影响来自这类运动。第三，你应该有规律地运动。当然，有规律的运动需要自律和自控。运动坚持性的主要预测因素之一是自我效能感，即你对自己能够做到这件事的信念（Sullum, Clark, & King, 2000）。如果你现在的体力活动没有你希望的那么多，也许你可以采用第 3 章末尾的应用部分介绍的自我矫正技术来改善你的运动习惯。第 5 章也就如何制订一个有效的运动计划提出了建议。

与其他类型的运动一样，越来越多的证据表明瑜伽对心理健康有益（Novotney, 2009）。瑜伽是一种特殊的运动，通常包含冥想和放松，这是我们接下来要讨论的问题。

使用冥想和放松法

近年来，人们对利用冥想来调节压力引起的负性情绪越来越感兴趣。**冥想**（meditation）是一系列有意识地尝试以非分析的方式集中注意力的心理练习。冥想的方法有很多种。在美国，练习得最多的是与瑜伽、坐禅、超觉静坐和正念相关的方法。放松是冥想的益处之一，但冥想并不是实现放松的唯一方法。

冥想的倡导者声称，在减轻压力引起的紧张和焦虑的同时，冥想还能改善学习、精力、工作效率、身体健康、心理健康及整体的幸福感（Shapiro, Schwartz, & Santerre, 2005）。这些不能算是很谦虚的说法。让我们来考察一下关于冥想的科学证据。

进入冥想状态的直接生理效应是什么？大多数研究表明，冥想者的心率、呼吸频率、氧气消耗、二氧化碳排放都有所降低（White-house, Orne, & Orne, 2007）。冥想还与血压改善有关（Barnes, Treiber, & Davis, 2001）。这些生理变化表明，冥想能使身体进入一种有益的生理状态，其特征是放松和低唤起（Travis, 2001）。

冥想带来的长期心理收益有哪些？研究表明，冥想或许能在一定程度上减轻压力带来的影响（Walsh, 2011）。具体而言，定期冥想与某些压力激素的水平更低有关（Infante et al., 2001）。研究还发现，冥想练习可以减轻焦虑和抑郁，进而促进心理健康（Hofmann et al., 2010）。其他研究还发现，冥想有益于自尊（Emavardhana & Tori, 1997）、心境和控制感（Easterlin & Cardena, 1999）、快乐（Smith, Compton, & West, 1995）以及总体幸福感（Reibel et al., 2001）。沃尔德及其同事（Waelde et al., 2008）研究了卡特里娜飓风发生之后对新奥尔良心理健康工作者进行的一项冥想干预项目。参与者加入了一个4小时的冥想工作坊，期间接受了关于如何进行冥想练习、如何呼吸、重复"咒语"以及放弃侵入的念头的指导。然后他们每周6天在家进行冥想练习，持续8周。结果显示，冥想练习使个体的创伤后应激障碍症状和焦虑减少，并且这些改变与每天冥想练习的数量存在正相关。

研究者们也开始关注冥想如何提升幸福感（见第16章）。冥想的效果可能部分是由于冥想技术能够增加积极的情绪体验（Garland et al., 2010）。实际上，加兰及其同事（Garland et al., 2011）认为，冥想和对消极事件的积极再解释互相支持，从而创造心理健康的"上升螺旋"。

乍看之下这些结果令人印象深刻，但是我们需要谨慎地看待它们。批评者怀疑某些研究结果里的益处可能是安慰剂效应、取样偏差或其他方法学上的问题促成的（Sedlmeier et al., 2012; Shapiro et al., 2005）。此外，至少有些冥想带来的益处也可以从其他精神集中训练中获得，例如系统性放松训练（Shapiro, 1984; Walsh, 2011）。

事实上，大量证据表明，放松程序可以缓解情绪困扰，降低压力所致的生理唤起（Smyth et al., 2001）。一项控制实验对比了冥想和放松，发现两者能同样有效地减少痛苦，增加积极情绪（Jain et al., 2007）。达到这种有益的放松状态的方法有许多种。例如，放松可以通过听舒缓的音乐来实现。然而，这种方法的减压效果取决于音乐的类型。一项研究发现，与听重金属音乐的大学生相比，听古典音乐或自选舒缓音乐的大学生在面对压力时更能放松，消极情绪更少，心理唤起更低（Labbé et al., 2007；见图4.9）。下面我们继续讨论另一种放松方法，这个方法非常简单，相信人人都能学会。

哈佛大学医学院心脏病专家赫伯特·本森在研究了各种冥想方法之后发现，宗教仪式和信仰并非从冥想中获益的必要条件，冥想的益处来自它所引发的放松状态。在对冥想"去神秘化"之后，本森（Benson, 1975）着手创建一种简单、不带宗教色彩，同时能够达到相似效果的方法，他将这种方法称为"放松反应"。要练习这种反应，你需要舒适地坐下来，闭上眼睛、放松肌肉。用鼻子吸气，呼气的时候念"one"，持续10到20分钟。要达到更好的效果，最好每天都练习。本森认为，要想有效地练习放松反应，四个因素至关重要：

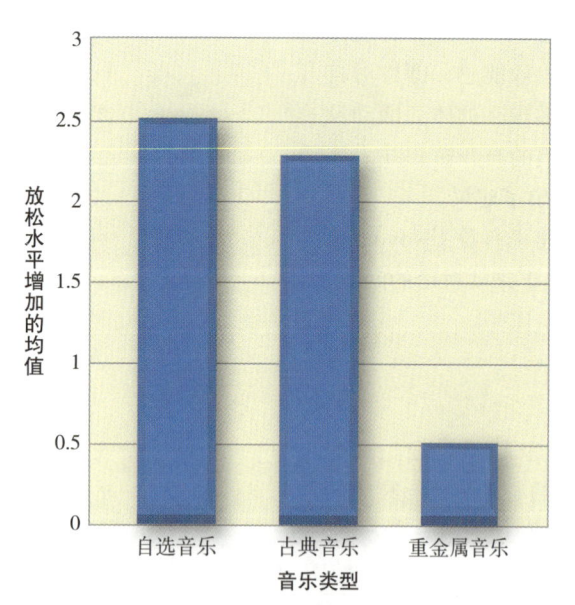

图4.9 放松效果与音乐类型的关系

研究发现听舒缓的音乐可以让人放松。拉韦及其同事（Labbé et al., 2007）发现，与听重金属音乐相比，听古典音乐或自选舒缓轻音乐的大学生更为放松。

资料来源：Benson, H., & Klipper, M. Z. (1975, 1988). *The relaxation response*. New York: Morrow.

1. **安静的环境**。在没有打扰的环境中最容易进入放松状态。当你非常熟练地掌握了放松反应后,你也能在喧闹的地铁站里进行。但是,在最开始练习时,你需要一个安静的环境。
2. **心理锚点**。为了将注意力转移到内部并保持,你需要将注意力集中在一个稳定的刺激上,比如一个不断重复的声音或词语。你也可以凝视一个静物,比如一个花瓶。不论你选取什么锚点,你需要将注意力集中在某个东西上。
3. **随意的态度**。当你的注意力跑到了其他分心的想法上时,不要生气,这一点很重要。你必须意识到这样的分心是不可避免的。每当你的注意力偏离你的焦点时,冷静地将它重新转移到那个心理锚点上。
4. **舒服的姿势**。为了避免分心的影响,请先选择一种舒服的姿势。简单地坐直对于大多数人来说都是舒适的。一些人可以平躺着练习放松反应,但对于大多数人来说这个姿势很容易睡着。

精神修行

有专家估计,全球约 90% 的人认同某种宗教或精神修行(Koenig, 2004)。人们常常报告说,宗教信仰可以在有压力的时候带来一丝安慰。哈罗德·凯尼格(Koenig, 2010)是一位医生,也是该领域的主要研究者,他认为精神修行是一种应对压力的手段。这种方法常与一些适应性应对策略(如社会支持、再解释、宽恕和冥想等)结合使用,可用于应对过程的每个环节(Pargament, 2011)。与其他策略一样,精神修行可被视为评价聚焦、问题聚焦或情绪聚焦的应对策略,这取决于它的目标。无论其目标是什么,凯尼格及其同事发现,精神上的参与与更好的身心健康有关。

具体来说,精神修行与降低自杀率、减少物质滥用、减轻焦虑及增强乐观心态有关。在生理方面,它与增强免疫功能、降低血压、减少心脏病及改善一般健康行为有关(Koenig, 2004)。还有证据进一步表明,宗教信仰与自我控制有关,而后者是身心健康的重要特征。在一项创新性研究中,朗丁及其同事(Rounding et al., 2012)发现,用宗教话题启动的心理学专业的学生比没有经过这种启动的学生,在随后的任务中表现出更多的自我控制(见**图 4.10**)。

研究者指出,精神修行与幸福感之间的关系可能比表面看起来更复杂(相关讨论见第 16 章),因为在某些情况下,它作为一种减压因素可能会适得其反。侧重于惩罚和内疚(与爱和宽恕的积极主题相反)的宗教活动往往不利于心理健康(Walsh, 2011)。此外,个体与自己的精神信仰做斗争本身也会导致压力(Pargament, 2011)。尽管如此,关于精神修行的积极效应的证据非常有力,因此研究者建议心理学家和医生在为病人设计治疗方案时,要考虑到他们的"精神历史"(Koenig, 2004)。

现在我们已经讨论了多种建设性的应对策略,在下面的应用部分,我们将转向压力最常见的来源之一——糟糕的时间管理,并研究如何更有效地利用时间。

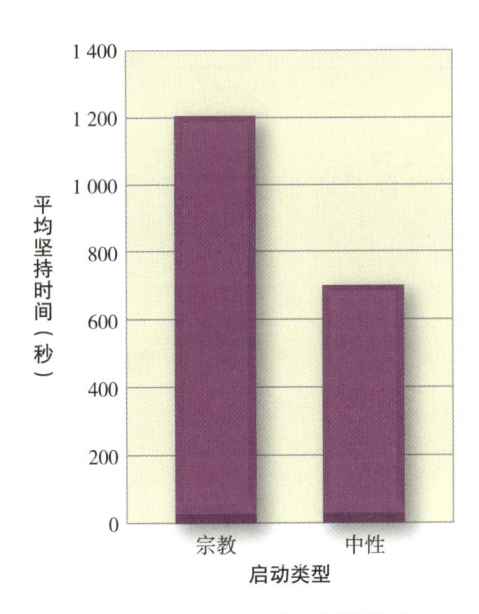

图 4.10 宗教启动对自我控制的影响

研究发现,宗教相关概念与自我控制有关,而后者是压力应对的一个重要特征。朗丁及其同事通过测量参与者在不可能完成的任务(谜题)上坚持的时间来衡量其自力力。他们发现,与那些接受中性启动的学生相比,被宗教概念启动的学生在随后的任务中自我控制力更强。

资料来源:Rounding, K., Lee, A., Jacobson, J. A., & Ji, L. (2012). Religion replenishes self-control. *Psychological Science, 23*(6), 635–642.

应用：更有效地利用时间

学习目标
- 解释浪费时间的 5 个常见原因
- 找出拖延的原因和后果
- 总结有效管理时间的建议

请用"是"或"否"回答以下问题：
____ 1. 你是否一直感到自己要做的事情太多，而时间却太少？
____ 2. 你是否感到被学校、单位和家庭的责任压得喘不过气？
____ 3. 你是否觉得自己总是急匆匆，尝试完成不可能的日程安排？
____ 4. 你是否经常在学习或工作中拖延？
____ 5. 你是否经常在任务之间跳来跳去？

如果你对上面多数问题的回答是肯定的，那么你正在与时间压力做斗争。时间压力是现代社会的一个巨大压力源。你可以通过回答**图 4.11** 中的简易量表来估计一下自己管理时间的能力。如果结果表明你不能很好地掌控时间，那么你可以通过学习正确的时间管理技巧来缓解生活中的压力。

著名时间管理研究者麦肯齐（Mackenzie, 1997）指出，时间是一种不可再生的资源。它不像金钱、食物或其他珍贵的事物一样可以储存。你无法让时间倒流。此外，每一个人，无论贫富，都享有同等份额的时间——每周 7 天，每天 24 小时。尽管时间是世界上分配最公平的资源，有些人还是能更明智地利用时间。我们一起来看看人们如何让时间从指缝中溜走，却没有取得多少成就。

浪费时间的原因

当人们抱怨自己"浪费了时间"时，他们往往因为没有把时间花在真正想做的事情上而感到沮丧。浪费时间是指把时间花在不必要、不重要或并不享受的活动上。人们把时间浪费在这些活动上的原因有很多。

不能设定或坚持优先次序。时间管理顾问艾伦·莱肯（Lakein, 1996）强调，在处理困难的大任务之前先处理日常琐事，往往很有诱惑力。因此，有些学生写论文之前（或教授开始写书稿之前）总会先刷刷社交网络、叠叠衣物或者整理桌子，而不是直接专注于写作。为什么会这样？因为日常任务容易完成，而做这些事情可以让人们对自己回避重要的工作进行合理化。不幸的是，大多数人都会花大量时间做这类琐碎的事情，而将重要的事情束之高阁。

不能"说不"。他人总想占用你的时间。他们想让你在走廊里交流八卦、周五晚上出去吃饭、帮他们顶班、帮他们完成某个项目、听他们的电话推销、参加某个协会或是指导儿童的棒球俱乐部。显然，我们不可能答应并做到每个人想要我们做的事情。然而，有些人就是不能拒绝他人占用时间的要求。这些人将别人的事情看得比自己的事情还重要。因此，麦克杜格尔（McDougle, 1987）的结论是，"也许防止自己浪费时间的最有效方法是对别人说不"（p. 112）。

不能将责任委派给他人。 有些任务应该分派给其他人——助手、下属、委员会成员、伙伴、配偶、孩子，等等。然而，很多人觉得把任务委派给别人很困难，他们的障碍包括：不愿意放弃任何控制、对下属不信任、害怕被人讨厌、感到被需要的需要，以及"我自己能做得更好"的态度（Mitchell, 1987）。当然，问题在于，不能分派任务的人会在琐碎的工作或别人的工作上浪费大量时间。

不能放弃。 一些人有"收集癖"，不舍得丢弃任何东西。他们的桌面上信件、报纸、杂志、报告和书籍堆积如山。他们的文件柜里充斥着各种旧笔记或很久以前的备忘录。在家中，他们的厨房抽屉里塞满了很少使用的餐具，衣橱里塞满了各种不穿的旧衣服。这些人会浪费时间去寻找消失在混乱中的东西，最终会重新整理同一份报纸，重读同一份邮件，重新整理同一堆文件。按照麦肯齐（Mackenzie, 1997）的说法，如果能更多地使用他们的废纸篓和垃圾桶，他们会过得更好。

不能避免干扰。 我们的生活充满各种各样的干扰。朋友在我们学习的时候来拜访；同事在我们工作的关键时刻想跟我们聊几句；家里也会出现紧急情况，不论我们是否有时间去处理。此外，电话、短信、邮件等都会影响我们的工作。因此，人们必须保证有不受干扰的大段时间来完成他们的目标。关掉你的手机，关上你的门，这些方法能保护你在工作时间不受干扰。当然，研究表明，我们也需要在计划中为突发事件保留灵活性（Pandey et al., 2011）。

你的时间管理情况如何？

下面列出的 10 条陈述反映了人们普遍接受的良好时间管理原则。请圈出最符合你自己工作情况的选项。请诚实作答，没人会知道你的回答，除了你自己。

1. 每天我都留出一点时间来计划和思考我的工作。
   0 几乎从不　1 有时　2 经常　3 几乎总是
2. 我会设定并写下具体的工作目标，并且规定最后期限。
   0 几乎从不　1 有时　2 经常　3 几乎总是
3. 我会制定每日"待办事项清单"，按重要程度排序，并尽快完成重要的事项。
   0 几乎从不　1 有时　2 经常　3 几乎总是
4. 我知道"二八法则"，并且用它来指导工作。（"二八原则"指出，80% 的效用基本来自仅实现 20% 的目标。）
   0 几乎从不　1 有时　2 经常　3 几乎总是
5. 我会让自己的时间表宽松一些，以应对危机或意外。
   0 几乎从不　1 有时　2 经常　3 几乎总是
6. 我把能委派的每件事情都委派给其他人。
   0 几乎从不　1 有时　2 经常　3 几乎总是
7. 我试着每份文件仅处理一次。
   0 几乎从不　1 有时　2 经常　3 几乎总是
8. 我午饭会吃得清淡一点，这样下午就不会犯困。
   0 几乎从不　1 有时　2 经常　3 几乎总是
9. 我努力避免常见的干扰（访客、会议、电话等）不断打断我的工作。
   0 几乎从不　1 有时　2 经常　3 几乎总是
10. 如果别人占用我时间的要求会妨碍我完成重要的任务，我能够拒绝。
    0 几乎从不　1 有时　2 经常　3 几乎总是

为了算出最后的得分，请赋予"几乎总是"3 分；"经常"2 分；"有时"1 分；"几乎从不"0 分。把每一题的分数相加就得到总分。

如果你的分数处于
0~15 分 最好考虑一下如何管理你的时间。
15~20 分 你做得不错，但还有改进的空间。
20~25 分 非常好。
25~30 分 你没有诚实作答！

图 4.11　评估你的时间管理

这个简短的问卷能评估你时间管理的质量。尽管它是为已工作的成人设计的，但学生也可以通过这个量表大体掌握自己的时间管理情况。

资料来源：Le Boeuf, M. (1980, February). Managing time means managing yourself. *Business Horizons Magazine*, p. 45. Copyright © by the Foundation for the School of Business at Indiana University. Used with permission.

不能接受任何不完美的事物。为最大限度地利用时间，人们应该避免完美主义（Pandey et al., 2011）。为自己设立高标准固然令人敬佩，但有些人难以完成任务是因为他们希望自己的工作完美无瑕。他们难以容忍不完美，纠缠于一些小问题，一直修改论文、计划、提案中的一些细枝末节。他们深陷伊曼纽尔（Emanuel, 1987）所称的"完美的瘫痪"而无法自拔。其结果是，他们在原地打转，一遍又一遍地重复同样的工作，而不是开始下一个任务。完美主义会带来很多方面的问题，比如，完美主义与疲劳增加有关（Dittner, Rimes, & Thorpe, 2011）。在一个关于完美主义的综述中，伦纳德和哈维（Leonard & Harvey, 2008）报告，完美主义与抑郁、焦虑、工作压力、物质滥用、进食障碍、人际冲突及拖延症有关。拖延症正是我们下面要讲述的内容。

拖延症问题

拖延症（procrastination）是一种将任务拖到最后一刻才处理的倾向。几乎每个人都有拖延的时候。例如，70%~90%的大学生在开始写作业前都会拖延（Knaus, 2000）。然而，研究显示，大约20%的成年人有慢性拖延症（Ferrari, 2001）。拖延症并不是美国特有的现象，它在很多文化下都会出现（Ferrari et al., 2007）。当人们不得不完成反感的任务或担心任务表现会被评价时，更可能发生拖延（Milgram, Marshevsky, & Sadeh, 1995; Senecal, Lavoie, & Koestner, 1997）。

有趣的是，研究表明拖延者对愉快的任务也会拖延。例如，一项研究发现，与常识性预期相悖，人们在兑换期限较长的礼券时比兑换期限较短的礼券时更拖延，因而兑换长期礼券的可能性更低（Shu & Gneezy, 2010；见**图 4.12**）。这些研究者还发现，在旅游名胜城市里，时间不受限制的人（例如当地居民）会推迟游览名胜古迹。

人们为什么会拖延？斯蒂尔（Steel, 2007）在一项综述研究中发现，拖延与低自我效能感、低尽责性、自制力缺乏、条理性差、低成就动机以及注意力分散密切相关。埃利斯描述的非理性思维似乎会助长拖延（Bridges & Roig, 1997），对失败的强烈恐惧（Chow, 2011）和过度的完美主义也有类似的影响（Flett, Hewitt, & Martin, 1995; Rice, Richardson, & Clark, 2012）。

人格之外的其他因素也会影响拖延。施劳及其同事（Schraw et al., 2007）发现了6条与学业拖延有关的一般原则，其中的3条如下：

1. 希望尽可能地缩短花在任务上的时间。如你所见，现在的学生都非常忙碌——学习、工作、社交和维持个人生活。时间是一种非常稀缺的资源。有时人们会尽可能地拖延任务（如学业任务）以便让自己拥有更多的私人时光。正如一个学生所说，"事实是，我只是没时间不拖延，如果每件事我都按应该的方式来做，我就没有了自己的生活"（Schraw et al., 2007, p. 21）。

2. 追求最佳效率。换个角度看，拖延症可以让人们达到最佳效率，在有限的时间里集中完成学业任务。学生们报告说，时间紧迫意味着没有太多的机会做徒劳的事情、无聊或开错头。

3. 很快就能得到回报。学生经常拖延是因为他们能从中得到奖赏。将作业拖到最后一刻，学生们不仅会立即得到反馈（学分），而且压力会迅速得到释放。这样看来，拖延与其他寻求刺激的行为相似。

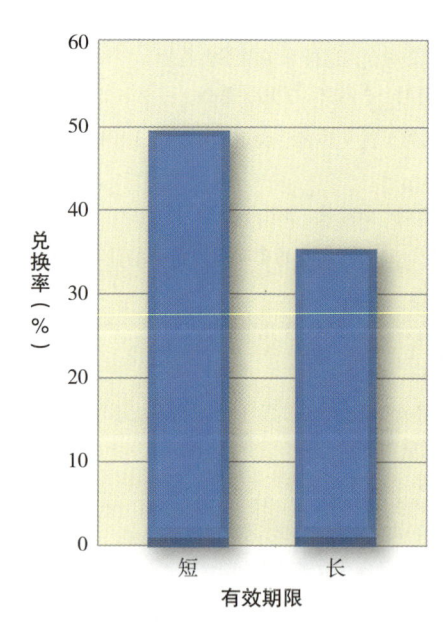

图 4.12 礼券兑换率与截止时长的关系
研究表明，拖延者会像拖延反感的任务一样拖延愉快的任务。例如，舒和格尼茨（Shu & Gneezy, 2010）发现，人们在兑换期限较长的礼券时比兑换期限较短的礼券时拖延得更厉害，因而兑换期限长的礼券的可能性较小。

资料来源：Shu, S. B., & Gneezy, A. (2010). Procrastination of enjoyable experiences. *Journal of Marketing Research, 47*(5), 933–944.

尽管这些原则看似合理,也有很多人用"我在压力之下能更好地发挥"这样的话对拖延进行合理化(Ferrari, 1992; Lay, 1995),但实证证据表明情况并非如此。研究表明,拖延往往对任务表现的质量产生负面影响(Ferrari, Johnson, & McCown, 1995)。实际上,布里顿和特赛尔(Britton & Tesser, 1991)发现,时间管理能力比入学考试成绩能更好地预测大学生的绩点!拖延者可能经常低估有效完成任务所需的时间,或者因遇到无法预料的延迟而不能按时完成任务,因为他们没有预留任何缓冲时间。另一个需要考虑的因素是,等到最后一分钟才去做可能会让任务变得更有压力,虽然释放这种累积的压力可能非常刺激,但在高压力的情况下,任务表现往往会下降(正如我们在第3章中看到的那样)。此外,人们在拖延时,受影响的不仅仅是工作质量。研究表明,随着截止日期的临近,拖延者会体验到更强的焦虑和更多的健康问题(Tice & Baumeister, 1997)。

与拖延做斗争的人们经常给自己设定最后期限和惩罚。这种做法可能会有帮助,但是自我设置的最后期限不如外加的有效。我们接下来将讨论一些有效的时间管理方法。

时间管理技巧

更好的时间管理的关键是什么?大多数人认为是提高效率,即学会更快地完成任务。提高效率可能会有一些帮助,但时间管理专家指出,效率的作用被高估了。他们强调,更好的时间管理的关键是提高效力,即学会把时间分配给最重要的任务。时间管理文献中广泛引用的一句口号形象地说明了两者的区别:"效率是正确地做事,而效力是做正确的事。"下面列出了一些更有效地利用时间的建议(基于 Lakein, 1996; Mackenzie, 1997; Morgenstern, 2000):

1. 监控你的时间使用。朝向更好的时间管理的第一步是监控自己的时间使用,弄清楚时间都花在了哪里。这需要你每天书面记录你的活动,如**图 4.13** 所示。在每周结束后,你需要分析自己的时间是如何分配的。根据你的个人角色和责任,将时间使用分类,如学习、照顾孩子、做家务、通勤、在办公室工作、在家中工作、上网、与朋友共度时光、吃饭、睡觉等。每一天你都要计算每种任务所消耗的时间。将这些信息记录在如**图 4.14** 所示的表格里。持续两周的记录就可以让你得出结论,看看时间究竟花在了哪里。你的记录将有助于你合理地做出时间再分配的决策。当你开始执行时间管理计划时,这些记录也可以作为基线水平帮助你进行对比,了解自己的时间计划的效果。
2. 澄清目标。只有确定了自己的目标,你才能明智地分配时间。有些人缺乏目标来指导自己的时间安排,另一些人的目标则太多,难以全部实现。对于短期目标(例如完成期末论文或者一个房屋修缮项目),最好设立一些指向理想结果的较小的优先项,并照着去做。请确保这些目标的可行性。对于长期目标,莱肯(Lakein, 1996)建议你问问自己:"我的人生目标是什么?"写下你能想到的所有目标,即使是天马行空的目标(比如去深海垂钓或成为品酒专家)也可以。你列出的一些目标可能存在冲突,比如你不可能在你位于威奇托市的公司成为副总裁的同时又生活在美国的西海岸。因此,接下来才是困难的部分。你必须在这些冲突的目标之间权衡,考虑哪个目标对你更重要,然后按优先程度排序。你在制订每一天、每一周或每一月的行动计划时,应以这个优先顺序表为指导。

图 4.13　时间日志示例

专家建议，如果你想改进自己的时间管理，请详细记录你的时间是如何分配的。这个例子告诉你应该如何记录。

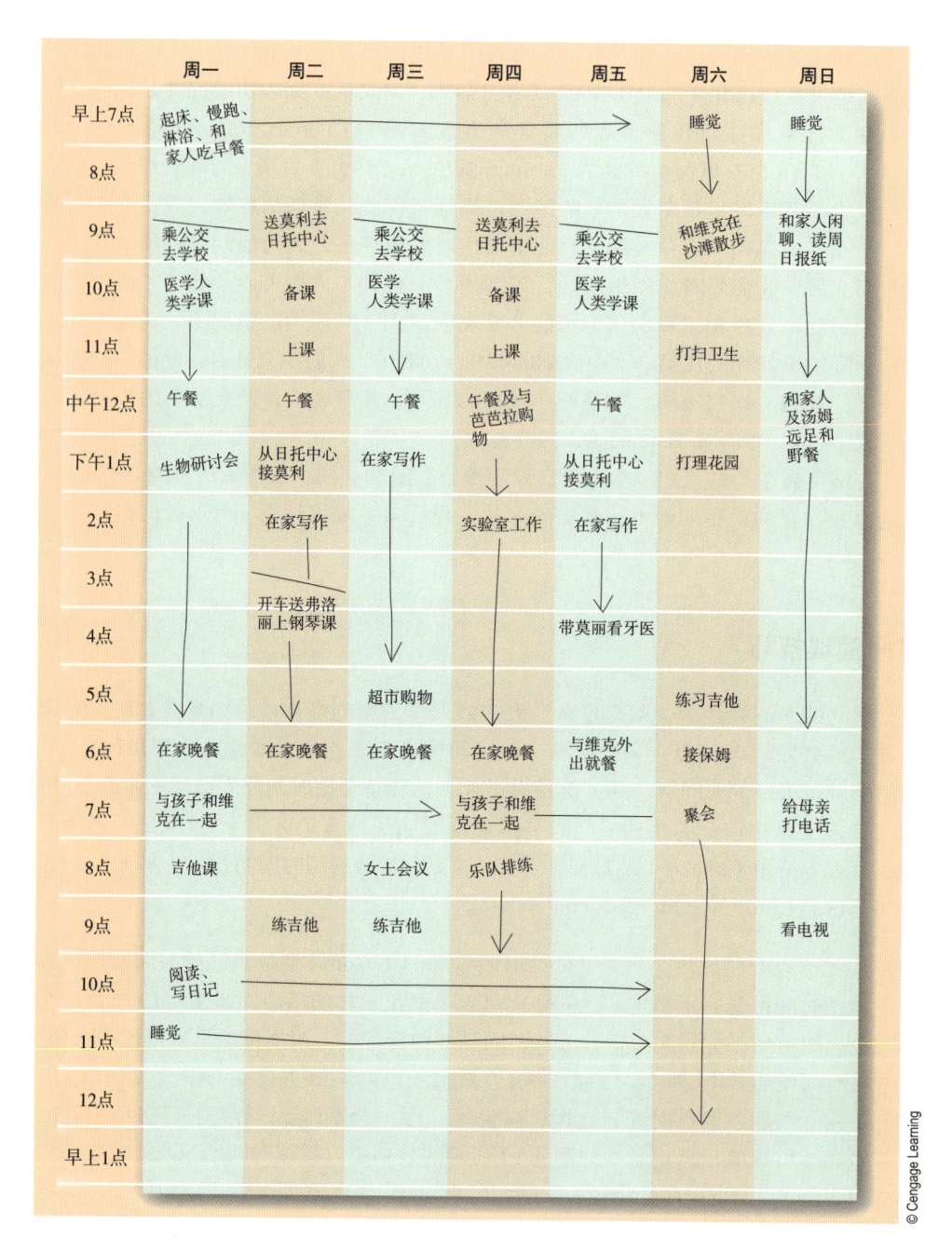

	周一	周二	周三	周四	周五	周六	周日
早上7点	起床、慢跑、淋浴、和家人吃早餐 →				→	睡觉	睡觉
8点						↓	↓
9点	乘公交去学校	送莫利去日托中心	乘公交去学校	送莫利去日托中心	乘公交去学校	和维克在沙滩散步	和家人闲聊、读周日报纸
10点	医学人类学课	备课	医学人类学课	备课	医学人类学课		
11点		上课		上课		打扫卫生	
中午12点	午餐	午餐	午餐	午餐及与芭芭拉购物	午餐		和家人及汤姆远足和野餐
下午1点	生物研讨会	从日托中心接莫利	在家写作		从日托中心接莫利	打理花园	
2点		在家写作		实验室工作	在家写作		
3点		开车送弗洛丽上钢琴课					
4点				带莫丽看牙医			
5点			超市购物			练习吉他	
6点	在家晚餐	在家晚餐	在家晚餐	在家晚餐	与维克外出就餐	接保姆	
7点	与孩子和维克在一起 →		与孩子和维克在一起			聚会	给母亲打电话
8点	吉他课		女士会议	乐队排练			
9点		练吉他	练吉他				看电视
10点	阅读、写日记 →				→		
11点	睡觉 →				→		↓
12点							
早上1点							

© Cengage Learning

3. 利用时间表安排你的活动。人们抗拒做计划，因为他们觉得做计划耽误时间，但从长期看，做计划能为你节省时间。详细的计划对有效的时间管理必不可少。在每一周的开始，你应该列一个短期目标清单。将这个清单转化为每天要做的任务清单。为了避免拖延大任务的倾向，你需要将它们分解为便于管理的小任务，并且设定完成这些小任务的最后期限。在这个书面时间表上，你需要将计划完成的任务分配到不同的时间区段，将最重要的活动安排在你状态最好的时间段。

4. 保护好自己的黄金时段。再好的计划也会因为干扰而很快出问题。没有什么万无一失的方法能消除这些干扰，但你可以将这些干扰转移到特定的时间段内，以保护自己状态最好的黄金时间段。例如你可以把收发邮件、信息、电话的时

时间使用汇总表									
活动	周一	周二	周三	周四	周五	周六	周日	总计	百分比
1. 睡觉	8	6	8	6	8	7	9	52	31
2. 吃饭	2	2	3	2	3	2	3	17	10
3. 通勤	2	2	2	2	2	0	0	10	6
4. 家务	0	1	0	3	0	0	2	6	4
5. 上课	4	2	4	2	4	0	0	16	9
6. 兼职	0	5	0	5	0	3	0	13	8
7. 学习	3	2	4	2	0	4	5	20	12
8. 放松	5	4	3	2	7	8	5	34	20
9.									
10.									

图 4.14 时间使用汇总
为了分析你的时间都花在了哪里，你需要仔细看一下你的时间日志，并且做一个每周时间使用的总结，如本图所示。左侧的具体活动类别取决于你的个人情况和职责。

间安排在早上一次和下午晚些时候一次。诀窍在于你要提前告知家人、朋友和同事某个时间段你需要安静，将不会见访客或接电话。当然，你必须划分出"可访问的时间"来专门处理每个人的问题。

5. 提高自己的效率。虽然效率不是改善时间管理的关键，但也不是毫不相干。时间管理专家的确提出了一些提高效率的建议，包括如下几点（Klassen, 1987; Schilit, 1987）：

- 一次性地处理文件。当你的案头堆满了电子邮件、信件和报告时，不要把它们搁置一边，以后再一遍一遍地读。大多数文件能够（也应该）立即处理。
- 一次做一项任务。不断地在任务之间切换是没有效率的。尽可能地坚持做一件事情，直至做完。在做计划表时，尽量留出足够的时间来完成任务。
- 将相似的任务归类。将相似的小任务打包是一个非常好的方法。这种技巧对于处理账单、回复电子邮件、回拨电话等都是非常实用的。
- 利用好自己的"宕机"时间。我们每天会经历许多"宕机"时间，比如在医生诊室门口等候、听一个不必要的会议或者乘坐公交地铁。在这些情境中，你可以利用这些碎片时间完成一些简单的任务——如果你提前这样安排并带着这些任务的话。
- 留出一些时间进行放松。每个人都需要时间给自己"充电"。花点时间放松和参加健康愉快的活动可以帮助你在工作的时候更有效率。

时间管理并不是一种轻松就能学会的技能，但在当今的快节奏世界里，时间管理至关重要。遵循这里提供的建议，让任务处于掌控之中，在实现目标的道路上你就可以避免压力。

本章回顾

主要观点

"应对"的概念

- "应对"是指为了控制、减轻或忍耐压力制造的需求而做出的行为上的努力。人们应对压力的方式多种多样，在选择应对策略时，灵活性很重要。各种应对策略的适应价值并不相同。

价值有限的常见应对模式

- 放弃（从习得性无助的角度可能更好理解）是一种常见的应对模式，但往往价值有限。另一种是攻击性行为。它通常由挫折引发，效果往往适得其反，因为攻击常常制造新的压力来源。
- 自我放纵是一种常见的应对策略，它并非本身不健康，但常常会被过度使用，因而变得适应不良。网络成瘾是一种较新的自我放纵方式。用消极的自我对话来自责也往往会事与愿违。
- 防御型应对很常见，可能涉及各种防御机制中的任何一种。但是，防御性应对的适应价值往往不理想。尽管有些错觉可能有益于健康，但极端形式的自我欺骗是适应不良的。

建设性应对的本质

- 建设性应对指那些被认为相对健康的应对压力事件的努力。建设性应对是行动导向的，需要付出努力，并且立足于现实。它涉及情绪管理和自我控制。

评价聚焦的建设性应对

- 评价聚焦的建设性应对依赖于改变对威胁事件的评价。埃利斯认为，灾难性思维会导致有问题的情绪反应，他断言，深挖导致灾难性思维的非理性假设可以减少这种思维。
- 研究表明，运用幽默可以通过各种机制减少压力的消极效应。积极再解释和寻找益处也都是应对某些种类的压力的有价值的策略。

问题聚焦的建设性应对

- 遵循下面4个步骤有利于系统地解决问题：(1) 澄清问题；(2) 想出替代的行动方案；(3) 评估替代方案并进行选择；(4) 灵活地执行方案。
- 一种有潜在价值的问题聚焦的建设性应对是寻求社会支持。人们在寻求社会支持上存在文化差异。提高自己的时间管理能力也有助于问题聚焦的应对。

情绪聚焦的建设性应对

- 情绪智力可以帮助人们在压力面前更有韧性。情绪抑制似乎与健康问题的增多有关，因此恰当的情绪表达似乎具有适应性。
- 研究表明，学会管理敌意是非常明智的。新的研究证据也表明，原谅他人的冒犯比怀恨在心更有益于健康。
- 运动是应对情绪困扰的一种健康的方法。体力活动为挫折提供了一个发泄渠道，可以分散人们对压力的注意力，并且与身心健康的改善有关。
- 冥想有助于舒缓情绪波动。冥想与较低的压力激素水平、更好的心理健康以及其他健康指标有关。放松程序，如聆听舒缓的音乐或者使用本森的放松反应法，也能有效地降低不良的情绪唤起。
- 精神修行与应对过程的每个环节都有关。它与更好的生理和心理健康相关。这种关系是复杂的，因为宗教活动在某些情况下反而会增加压力。

应用：更有效地利用时间

- 浪费时间的原因有很多，包括不能很好地坚持优先顺序、不能"说不"、不能把任务委派给他人、不能丢弃无用的东西、不能避免干扰、不能接受不完美的事情。拖延往往会对工作质量产生负面影响，因此避免这种普遍的倾向是非常有益的。
- 有效的时间管理对提高效率的依赖程度，并不如对设定任务的优先顺序和合理地分配时间的依赖程度高。采用有效的时间管理技术可以减轻与时间相关的压力。

关键术语

应对	理性情绪行为疗法
习得性无助	灾难性思维
攻击	头脑风暴
宣泄	情绪智力
网络成瘾	宽恕
防御机制	冥想
建设性应对	拖延（症）

练习题

1. 下面关于媒体暴力宣泄效应的陈述中，哪一条得到了研究的支持？_____。
   a. 玩暴力视频游戏与攻击行为的增加有关
   b. 玩暴力视频游戏能释放被压抑的敌意
   c. 玩暴力视频游戏与亲社会行为增多有关
   d. 玩暴力视频游戏会降低生理唤起

2. 理查德确信自己的微积分考试不及格，他将不得不重修这门课程。他感到非常沮丧。回到家后，他点了一个特大号的比萨饼，喝了两包六瓶装的啤酒。理查德的行为体现了下列哪种应对策略？_____。
   a. 灾难性思维
   b. 防御性应对
   c. 自我放纵
   d. 积极的再解释

3. 防御机制涉及使用_____来防御消极的_____。
   a. 自我欺骗；行为
   b. 自我欺骗；情绪
   c. 自我否认；行为
   d. 自我否认；情绪

4. 在研究防御性错觉时，泰勒和布朗发现"正常"人的自我形象往往是_____；抑郁症患者的自我形象往往是_____。
   a. 准确的；不准确的
   b. 不太有利的；更有利的
   c. 过分有利的；更现实的
   d. 更现实的；过分有利的

5. 根据艾伯特·埃利斯的解释，人们对生活事件的情绪反应主要源自_____。
   a. 当时的唤起水平
   b. 他们对事件的信念
   c. 事件与期望的一致性
   d. 事件所产生的后果

6. 头脑风暴与下面哪种应对策略有关？_____。
   a. 系统的问题解决
   b. 灾难性思维
   c. 积极的再解释
   d. 自强型幽默

7. 旺达在一家软件公司工作。今天，因为一个新的项目落后于计划时间，她的老板不公平地责骂了她。这种不公平的公开批评确实影响了旺达。当天晚上，她进行了一次长跑，以控制住自己愤怒的情绪。旺达采取了哪种应对技巧？_____。
   a. 自我聚焦的应对方式
   b. 评价聚焦的应对方式
   c. 问题聚焦的应对方式
   d. 情绪聚焦的应对方式

8. 詹姆斯·彭尼贝克及其同事的研究表明，_____能促进健康。
   a. 采用更为成熟的防御机制
   b. 强烈的自我批评
   c. 写下创伤性经历
   d. 抑制愤怒的表达

9. 以下哪种情绪聚焦的应对策略能够有效地排解挫折感、转移对压力源的注意，并且有益于身心健康？_____。
   a. 系统性问题解决
   b. 防御性应对
   c. 寻找益处
   d. 锻炼

10. 下面哪种浪费时间的原因没有在本章中提到？_____。
    a. 不能设定任务的优先顺序
    b. 不能勤奋工作
    c. 不能把任务委派给他人
    d. 不能丢弃无用之物

答案

1. a   6. a
2. c   7. d
3. b   8. c
4. c   9. d
5. b   10. b

第 5 章 心理学与身体健康

自我评估：多维度健康控制点量表（Multidimensional Health Locus of Control Scales）

指导语

下面的每项简短陈述，你可能同意，也可能不同意。每项陈述的下面都有一个从（1）非常不同意到（6）非常同意的评分等级。对于每一项，我们希望你圈出符合自己同意或不同意程度的数字。你越同意某项陈述，圈出的数字就越大；你越不同意某项陈述，圈出的数字就越小。请确保回答每一个题目，并在每个题目上只圈出一个数字。这是一个测量你的个人信念的工具，答案显然没有对错之分。评分等级如下所示：

1	2	3	4	5	6
非常不同意	基本不同意	有点不同意	有点同意	基本同意	非常同意

量　表

1. 如果我生病了，我有能力让自己恢复健康。
   1　　2　　3　　4　　5　　6

2. 我经常觉得，如果我快生病了，不论我做什么都还是会生病。
   1　　2　　3　　4　　5　　6

3. 如果我定期去看医术高超的医生，我就不太可能出现健康问题。
   1　　2　　3　　4　　5　　6

4. 我的健康似乎很大程度上受到意外事件的影响。
   1　　2　　3　　4　　5　　6

5. 只有通过咨询医护人员，我才能保持自己的健康。
   1　　2　　3　　4　　5　　6

6. 我对自己的健康负有直接责任。
   1　　2　　3　　4　　5　　6

7. 其他人在我保持健康还是生病方面起着很大的作用。
   1　　2　　3　　4　　5　　6

8. 无论我的健康出了什么问题都是我的错。
   1　　2　　3　　4　　5　　6

9. 如果我生病了，我只需要顺其自然就好。
   1　　2　　3　　4　　5　　6

10. 医疗卫生专业人员让我保持健康。
    1　　2　　3　　4　　5　　6

11. 当我保持健康时，我只是运气好罢了。
    1　　2　　3　　4　　5　　6

12. 我的身体健康取决于我如何照顾自己。
    1　　2　　3　　4　　5　　6

13. 当我感到不舒服时，我知道这是因为我没有好好照顾自己。
    1　　2　　3　　4　　5　　6

14. 别人如何照顾我，决定了我从疾病中恢复的程度。
    1　　2　　3　　4　　5　　6

15. 即使我用心照顾自己，我也很容易生病。
    1　　2　　3　　4　　5　　6

16. 当我生病时，我会觉得这是命中注定的。
    1   2   3   4   5   6
17. 我只要好好照顾自己，就基本上能保持健康。
    1   2   3   4   5   6
18. 对我来说，严格遵从医嘱是保持健康的最佳方法。
    1   2   3   4   5   6

计分方法

这个评估工具实际上由三个测量与健康相关的态度和信念的分量表组成。请在下面的横线上填写你为所示题目圈出的数字。然后，将每列的数字相加，得到你在每个分量表上的得分，并填写在每列底部的"总分"处。

IHLC 量表	PHLC 量表	CHLC 量表
1. _____	3. _____	2. _____
6. _____	5. _____	4. _____
8. _____	7. _____	9. _____
12. _____	10. _____	11. _____
13. _____	14. _____	15. _____
17. _____	18. _____	16. _____
总分：_____	总分：_____	总分：_____

测量的内容

这三个量表都与一种被称为控制点（locus of control）的人格维度有关，这一概念最初由朱利安·罗特（Rotter, 1966）提出。控制点是指个体对自己能够在多大程度上掌控结果的总体预期。持有外控制点的个体认为，他们的成功和失败是由命运、运气和机会等外部因素决定的。他们觉得事情的结果在很大程度上是他们无法控制的——自己不过是命运的棋子。相反，持有内控制点的个体认为，他们的成功和失败是由自己的行动和能力（内部因素，或者说个人因素）决定的。因此，与那些持有外控制点的人相比，他们会觉得自己对自身的结果更有影响力。当然，控制点并不是非此即彼的。与人格的其他维度一样，控制点应该被认为是处于一个连续体上。有些人非常外控，有些人非常内控，但大多数人往往处于二者之间的某个位置。

多维度健康控制点量表由沃斯顿等人（Wallston, Wallston, & DeVellis, 1978）编制，评估的是个体与健康担忧有关的控制点。健康内控制点量表（IHLC）测量的是健康的内控性。另外两个量表测量的是外控性的不同方面。健康的重要他人控制点量表（PHLC）测量的是以认为自己的健康依赖于专业人员这一信念为特征的外控形式。健康的偶然性控制点量表（CHLC）测量的是以认为自己的健康由偶然性和运气决定这一信念为特征的外控形式。这些量表背后的假设是，人们的得分应该可以预测他们的健康相关行为，比如寻求与健康问题有关的信息、采取预防措施以保持健康以及遵从医疗建议等。一些研究为这一假设提供了支持，但结果并不一致，并且所得的相关性通常不高（Wallston, 2005）。

分数解读

我们的常模基于沃斯顿等人（Wallston, Wallston, & DeVellis, 1978）的研究数据。高分、低分的标准是高于、低于平均值 1 个标准差。

常模

	IHLC	PHLC	CHLC
高分：	30~36	27~36	21~36
中等分数：	21~29	15~26	10~20
低分：	0~20	0~15	0~9

资料来源：Scale reproduced with permission of Kenneth A. Wallston, Ph.D.

自我反思：你的健康习惯可以打多少分？

饮食习惯	几乎总是	有些时候	几乎从不
1. 我每天都会吃多种食物，比如水果和蔬菜、全麦面包和谷物、瘦肉、奶制品、干豌豆和豆类、坚果和种子等。	4	1	0
2. 我会限制脂肪、饱和脂肪和胆固醇（包括肉、蛋、黄油、奶油、酥油以及肝脏等内脏中的脂肪）的摄入量。	2	1	0
3. 我会限制食盐的摄入量，炒菜时只放少量食盐，不在餐桌上再给食物加盐，不吃含盐的零食。	2	1	0
4. 我避免吃太多的糖（尤其是糖果和软饮料之类的常见零食）。	2	1	0

饮食习惯得分：_____

运动与健身	几乎总是	有些时候	几乎从不
1. 我保持着理想体重，避免超重和体重过轻。	3	1	0
2. 我每周都会进行至少 3 次 15~30 分钟的高强度运动（比如跑步、游泳、快走等）。	3	1	0
3. 我每周都会进行至少 3 次 15~30 分钟增强肌肉张力的运动（比如瑜伽、健美操等）。	2	1	0
4. 我会利用部分闲暇时间参加能够锻炼身体的个人、家庭或团体活动（比如园艺、保龄球、高尔夫和棒球等）。	2	1	0

运动与健身得分：_____

酒精与药物	几乎总是	有些时候	几乎从不
1. 我不喝含酒精的饮料，或者每天只喝一两杯。	4	1	0
2. 我不会通过使用酒精或其他药物（尤其是违法药物）来应对生活中的压力情境或问题。	2	1	0
3. 在服用某些药物（比如安眠药、止痛药、感冒药和抗过敏药等）期间，我会非常谨慎，不让自己喝酒。	2	1	0
4. 在使用处方药或非处方药时，我会阅读并遵循标签上的说明。	2	1	0

酒精与药物得分：_____

分数解读

9~10	优秀
6~8	良好
3~5	一般
0~2	较差

你的这三项分数有没有使你感到惊讶的？为什么？

资料来源：© Cengage Learning

第5章

心理学与身体健康

压力、人格与疾病
    人格、情绪与心脏病
    压力与癌症
    压力与其他疾病
    压力与免疫功能
    结论

习惯、生活方式与健康
    吸烟
    饮酒
    过量进食
    营养不良
    缺乏运动
    行为与艾滋病

对疾病的反应
    求医决策
    病人角色
    与卫生保健提供者沟通
    遵医嘱

应用：了解毒品的作用
    与毒品有关的概念
    麻醉剂
    镇静剂
    兴奋剂
    致幻剂
    大麻
    摇头丸（MDMA）

本章回顾
练习题

珍妮特是一名很典型的学生。她一边学习全日制课程，一边兼职工作，并且打算毕业后从事有挑战性的护理工作。她希望在读研之前能先在医院工作几年。然而，她当下的生活正被工作占据：课后作业、兼职工作以及实习医院病房里与学业有关的更多工作。在一个典型的学期里，前几周珍妮特还觉得有掌控感，但随后工作不断堆积：考试、论文、阅读作业、约会、实验，等等。她感到焦虑和紧张。她根本得不到 8 小时的充足睡眠，睡的时间通常少得多。快餐成了一种熟悉和必要的安慰，因为她没有时间准备，更别说吃一顿健康且营养均衡的美食了。日常锻炼总被其他事情耽搁，没办法如自己所想那样去慢跑或者去健身房。她偶尔休息时一般看电视、与朋友在网上互动，或者给在另一所学校就读的男友发消息。在学期末她会紧张、焦虑、疲劳甚至崩溃。实际上，她庆祝学期结束的方式常常是生病，在床上躺好几天，而不是与朋友及家人共度休闲时光。下一学期这种恶性循环又会重现。

你与珍妮特有几分相像？在一个典型的学期内，你通常会生几次病？你是否在学期初感到精力充沛，却在期末感到疲惫不堪？如果你跟许多学生一样，你的生活方式就与你的健康和幸福有着密切的关联。在过去的几十年里，大量研究已经相当清楚地证明，除生物学因素以外，心理和社会因素也会影响健康。也就是说，健康不仅受细菌或病毒的影响，还受人们的行为选择以及生活方式的影响。

请思考从 20 世纪初到 21 世纪初，导致人类死亡的主要原因的变化情况。以美国为例，1900 年的死因中癌症占比 3.7%，而 2005 年则升至 22.8%（Kung et al., 2008）。同期因心脏病死亡的比例从 6.2% 升至 26.6%。该如何解释上述死亡原因的急剧上升呢？毫无疑问，在这逾百年的时间里，我们的寿命在不断增加（1900 年人类的预期寿命是 47.3 岁，今天已经超过 77 岁；U.S. Bureau of the Census, 1975, 2007），但仅此并不能充分解释癌症和心脏病发病率的增加。

人类历史上还从未出现过这样的情形：人们的健康更可能受慢性病（多年累积形成的疾病）而非传染病（由特定的感染原导致的疾病，如麻疹、肺炎或结核病）的危害。此外，与传染病相比，生活方式和压力在慢性病的形成过程中起着更大的作用。如今，三种主要的慢性病（心脏病、癌症和中风）在美国人的死因中占比近 60%，并且这些死亡统计数据只揭示了人类健康问题的冰山一角。心理和社会因素还会导致许多其他不太严重的疾病，如头痛、失眠、背痛、皮肤病、哮喘和溃疡。

鉴于这些趋势，我们看待疾病的方式正在发生改变也就不足为奇了。传统观点认为，疾病完全是一种生物学现象，由感染原或身体内部的生理病变所致（Papas, Belar, & Rozensky, 2004）。然而，疾病模式的改变以及压力与躯体疾病有关联的新研究结果都动摇了传统生物学模型的基础，一种新的模型正逐渐取而代之（Leventhal, Musumeci, & Leventhal, 2006）。**生物–心理–社会模型**（biopsychosocial model）认为，躯体疾病是由生物、心理和社会文化因素复杂的相互作用导致的。该模型并不否认生物学因素的重要性，而只是坚称，生物学因素是在心理社会的背景下起作用的，后者同样很有影响力。拥护生物–心理–社会模型的医学和心理学专家也关注包括文化价值观在内的其他因素（Landrine & Klonoff, 2001），这些因素会影响个体思考和应对慢性病的方式，尤其是医患互动和治疗的依从性（Fava & Sonino, 2008; Sperry, 2006）。图 5.1 说明了生物–心理–社会模型中的三个因素如何相互影响，进而影响健康。

图 5.1　生物–心理–社会模型

生物–心理–社会模型假设，健康不只是生物过程的结果。根据这种越来越有影响力的观点，个体的身体健康取决于生物学因素、心理因素和社会系统因素之间的相互作用。上图显示了每个类别下的一些关键因素。

人们对心理因素与身体健康的关系不断加深的认识促成了心理学领域一个新的专业方向的兴起（Friedman & Adler, 2007）。**健康心理学**（health psychology）关注心理社会因素与促进和维持健康的关系，以及疾病的起因、预防和治疗。健康心理学诞生于20世纪70年代后期，是一门相对年轻的学科（Baum, Perry, & Tarbell, 2004）。本章我们将集中探讨健康心理学这一快速发展的领域（Belar, 2008）。本章的第1节将分析压力与疾病之间的关联；第2节将考察一些常见的有损健康的生活习惯，如吸烟、过量进食等；第3节将探讨人们对疾病的反应如何影响其健康；应用部分将展开介绍一种特定的有损健康的习惯：消遣性毒品的使用。

压力、人格与疾病

学习目标

- 描述A型人格及其与敌意和心脏病的关联
- 总结情绪反应及抑郁与心脏病相关的证据
- 讨论压力与癌症、各种疾病及免疫功能相关的证据
- 评估压力与疾病之间关系的强度

人格会影响健康，这话是什么意思？一个指导性的假设是，个体特有的行为举止会影响其身体健康（Friedman & Martin, 2011; Kern & Friedman, 2011a）。如第2章所述，人格由行为特质的独特组合构成，这些特质具有跨情境的一致性。因此，与一个情感开放、总是热情友善待人、过着平衡生活的人相比，一个长期脾气暴躁、经常对他人怀有敌意、总是感到沮丧的人更可能患病，甚至可能更早死亡（Friedman, 2007）。当然，人格与疾病之间的关联更为复杂，但真实存在（Kern & Friedman, 2011b）。我们先来看看北美地区的主要死亡原因——心脏病。

人格、情绪与心脏病

如前所述，在美国，死于心脏病的人占每年死亡总数的近27%，而其中约90%由冠心病所致。**冠心病**（Coronary heart disease）是由于向心脏供血的冠状动脉的血流量减少造成的。动脉粥样硬化是冠心病的主要成因（Giannoglou et al., 2008）。**动脉粥样硬化**（Atherosclerosis）是冠状动脉逐渐变得狭窄，通常是血管内壁脂肪沉积物或其他碎片不断堆积造成的（见**图5.2**）。动脉粥样硬化是多年缓慢形成的。狭窄的冠状动脉可能最终会导致心脏暂时没有足够的血流，进而引发心肌缺血。这种局部缺血可能伴有短暂的胸疼（被称为心绞痛）以及气短等症状。如果冠状动脉完全堵塞（如被血凝块堵住），这种突发的血流阻断会导致严重的心脏病发作或心肌梗死。已确定的冠心病风险因素包括吸烟、糖尿病、高胆固醇和高血压（Greenland et al., 2003; Khot et al., 2003）。吸烟和糖尿病对于女性的冠心病风险要略高于男性（Stoney, 2003）。

与大众的认知相反，因心血管疾病（即与心脏和血管有关的疾病）死亡的女性与男性一样多（Liewer et al., 2008），但女性往往比男性约晚10年罹患此类疾病（Stoney, 2003）。有趣的是，当女性进入更年期（通常在50岁左右）时，她们患心脏

病的风险比男性高（Mattar et al., 2008）。

近年来，研究者开始转而关注炎症导致动脉粥样硬化以及冠心病风险提高的可能性（Pilote et al., 2007）。越来越多的证据表明，心脏动脉的红肿在动脉粥样硬化的发生和进展上起着关键作用，也在触发心脏病发作的多种急性并发症中起着关键作用（Abi-Saleh et al., 2008; Libby, Ridker, & Maseri, 2002）。压力和抑郁的出现也与炎症有关（Miller & Blackwell, 2006）。幸运的是，研究者发现了一种标记物，即血液中的C反应蛋白（CRP）水平，它可能有助于医生更准确地估计个体罹患冠心病的风险（Ridker, 2001）。CRP水平还能预测高血压的出现，这表明高血压可能是炎症综合征的一部分（Sesso et al., 2003）。

好消息是，很多心脏病患者成功地接受了心脏康复治疗。这类治疗通常包括心理学家的干预，他们帮助心脏病患者改变生活方式（饮食、锻炼以及与压力有关的习惯），以尽量减少可能导致心脏病再次发作的风险因素。然而，正如我们将看到的，战胜人格的倾向可能是一个挑战。

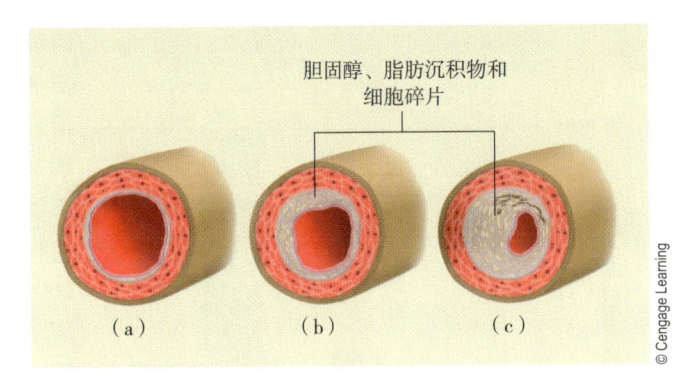

图5.2 动脉粥样硬化

动脉粥样硬化，即冠状动脉的窄化，是导致冠心病的主要原因。（a）正常的冠状动脉；（b）冠状动脉壁上的脂肪沉积物、胆固醇以及细胞碎片使血管变窄；（c）晚期动脉粥样硬化。在这种情况下，血凝块可能会突然堵塞动脉血流。

敌意与冠心病风险

20世纪60年代和70年代，心脏病学家迈耶·弗里德曼和雷·罗森曼（Friedman & Rosenman, 1974; Rosenman et al., 1975）对冠心病的病因进行了研究。起初，他们感兴趣的是那些被认为会导致心脏病发作的高风险因素：吸烟、肥胖、缺乏运动，等等。尽管他们发现这些因素都很重要，但最终意识到这个拼图中少了一块。许多长期吸烟、极少锻炼且严重超重的人仍然躲过了心脏病的危害。与此同时，一些在这些风险因素上表现好得多的人却不幸患上了心脏病。对这些令人费解的研究结果，他们给出的解释是什么？压力！具体而言，弗里德曼和罗森曼发现，冠心病风险与一种行为模式之间存在明显的关联。他们将这种行为模式称为A型人格，它涉及自我施加的压力，以及对压力的强烈反应（Allan, 2011）。

弗里德曼和罗森曼将人们分为两种基本类型（Friedman, 1996; Rosenman, 1993）。**A型人格**（Type A personality）包括三种要素：(1) 强烈的竞争导向；(2) 没有耐心及时间紧迫感；(3) 愤怒和敌意。与之相反，**B型人格**（Type B personality）的特点是相对放松、有耐心、随和、行为友善。有A型人格的人雄心勃勃，时间观念极强，是进取心十足的完美主义者。他们总是试图同时做几件事，稍有延迟就烦躁不安。他们关心数字，常常关注物质资源的获取。他们往往是争强好胜、以成就为导向的工作狂，会给自己设定很多最后期限。他们很容易被激怒，很快就会生气。与之相反，有B型人格的人行事更从容，竞争心较弱，也不容易被激怒。有证据表明，B型人格者在面对压力时会采取更多的预防措施，更少出现风险行为（Korotkov et al., 2011）。

数十年的研究发现，A型行为与冠心病风险增加有着令人捉摸不透的中度相关。多数情况下，研究发现A型人格与心脏病发病率升高之间存在关联，但关联度并不如预计的那样强或者一致（Smith & Gallo, 2001）。然而近年来，研究者通过关注A型人格的一个特定组成部分——愤怒和敌意，发现了人格与冠心病风险之间更强的关联（Myrtek, 2007; Rozanski, Blumenthal, & Kaplan, 1999）。**敌意**（hostility）指一种持续的负面态度，以愤世嫉俗和不信任的想法、愤怒感和公然的攻击性行为为特征。事实上，一位对敌意感兴趣的早期研究者认为，那些用愤怒回应人际问题的人患心脏病的风险比其他人高（Williams, 1989）。例如，在一项对近 13 000 名无既往心脏病史的男性和女性的研究中，研究者发现，表现出愤怒气质的参与者的心脏病发病率较高（Williams et al., 2000）。研究者将这些参与者分为低愤怒组（37.1%）、中愤怒组（55.2%）和高愤怒组（7.7%）（追踪时间中位数为 4.5 年）。结果发现，在血压正常的参与者中，高愤怒组的冠心病发病率几乎是低愤怒组的三倍（见**图 5.3**）。在另一项研究中，研究者使用 CT 扫描来探测 374 名男女动脉粥样硬化的迹象，而早在 10 年前，即在参与者 18~30 岁时，研究者就测量了他们愤世嫉俗的或悲观的敌意水平（Iribarren et al., 2000）。与敌意得分低于平均值的参与者相比，敌意得分高于平均值的参与者出现动脉粥样硬化的可能性高一倍。

许多其他研究也发现了敌意与心血管疾病的各个方面之间的关联（Eaker et al., 2004; Nelson, Franks, & Brose, 2005），包括 CRP 水平（Suarez, 2004）。因此，近年来的研究趋势表明，敌意可能是解释 A 型行为与心脏病之间的相关的关键有害成分。有趣的是，一些证据表明，敌意对黑人心血管疾病风险的影响比对白人大（Cooper & Waldstein, 2004）。

另有一些研究指出了敌意及其与心脏病关联的有趣的性别差异。如前所述，敌意作为人格变量能够预测男性的心血管疾病（Consedine, Magai, & Chin, 2004）。那么女性呢？至少有一项研究表明，焦虑或者忧虑倾向可能比敌意更能预测女性的心脏病（Consedine et al., 2004）。

为什么愤怒和敌意与冠心病风险有关？原因有以下几个方面。先让我们弄清这两种反应之间的一些差异。愤怒是一种伴有生理唤醒的不悦情绪，而敌意则涉及社交内容——一种负面的态度，通常是对他人的反应（Suls & Bunde, 2005）。然而，生活中人们都不可避免地会经历愤怒，这意味着它可能是患心脏病的一个较小的风险因素。不过，个体应对自身愤怒的方式可能相当重要，可能会导致对他人的敌意。研究揭示了愤怒和敌意与心脏病关联的几种可能的解释（见**图 5.4**）。第一，与敌意较弱的个体相比，易怒的个体似乎表现出了更强的生理反应性（Smith & Gallo, 1999），而心率和血压的频繁波动可能导致心血管系统磨损。这种生理反应性在非裔美国人身上尤其强烈（Merritt et al., 2004; Suarez et al., 2004）。对这一发现的一种解释是，这种高反应性是对歧视经历的情绪反应（Clark, 2003; Lepore et al., 2006）。

第二，有敌意的人可能会给自己制造额外的压力（Smith, 2006; Smith, Glazer, & Ruiz, 2004）。例如，他们的易怒可能引发与他人（包括朋友和家人）的争执和冲突。与这一观点一致的是，史密斯及其同事（Smith et al., 1988）发现，敌意强的参与者比敌意弱的参与者报告的困扰、负面的生活事件、婚姻冲突以及与工作有关的压力都更多。

第三，因为有敌意的个体会采取敌对的方式与人交往，所以他们得到的社会支持往往更少（Chen, Gilligan, & Coups, 2005; Smith, 2003）。在家中或职场感知到的社会支持很少或者根本没有的女性死于心脏病的风险更高（Kawachi et al., 1994）。心脏

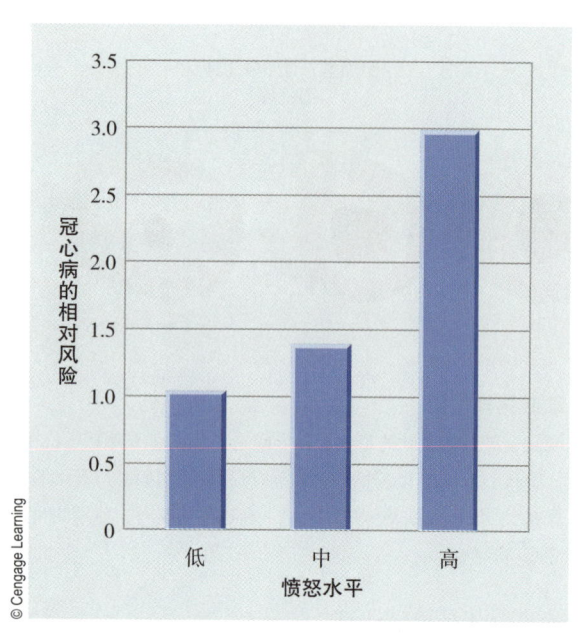

图 5.3 愤怒与冠心病风险
威廉斯等人（Williams et al., 2000）对大量健康的男女进行了追踪研究，追踪时间的中位数为 4.5 年。结果发现，个体的愤怒特质与冠心病发病可能性存在关联。在研究开始时血压正常的参与者中，中愤怒水平与冠心病风险增加 36% 有关，而高愤怒水平则使参与者的冠心病风险增至 3 倍。

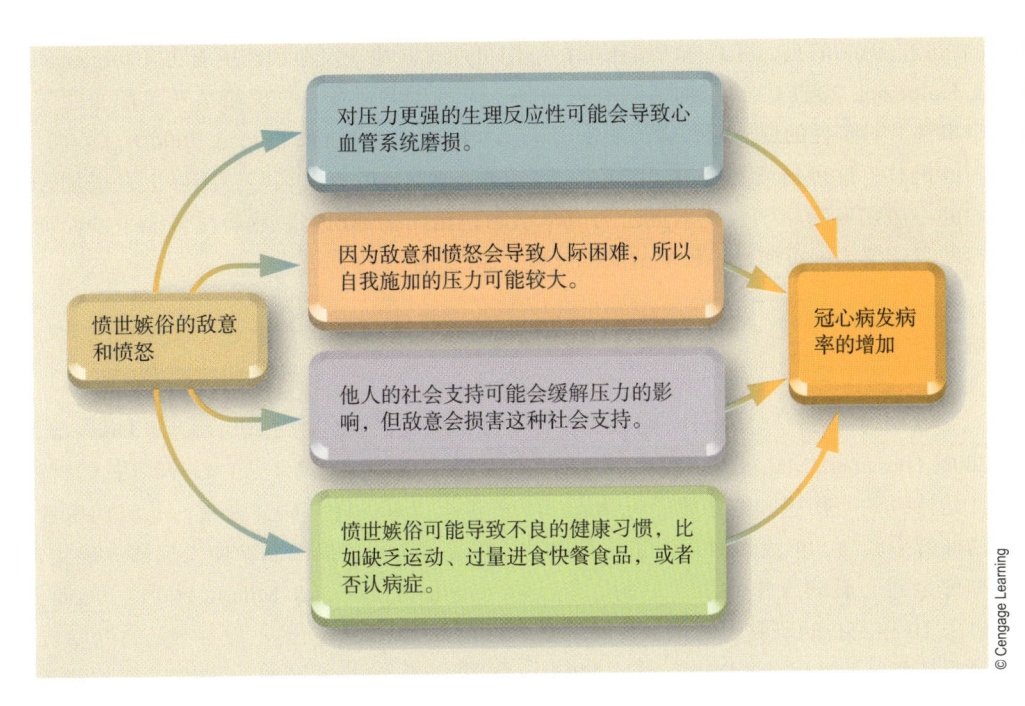

图 5.4 可能将敌意和愤怒与心脏病联系起来的机制

对愤世嫉俗的敌意与心脏病之间明显的关联有多种多样的解释。本图中间一栏总结了四种被广泛讨论的可能性。

愤世嫉俗的敌意和愤怒 →
- 对压力更强的生理反应性可能会导致心血管系统磨损。
- 因为敌意和愤怒会导致人际困难,所以自我施加的压力可能较大。
- 他人的社会支持可能会缓解压力的影响,但敌意会损害这种社会支持。
- 愤世嫉俗可能导致不良的健康习惯,比如缺乏运动、过量进食快餐食品,或者否认病症。

→ 冠心病发病率的增加

病发作之后独自生活会增加个体心脏病复发的风险。例如,威廉斯(Williams, 1996)发现,在心脏病初次发作后,与那些有配偶或亲密朋友的人相比,单身者或者那些无密友来分享秘密和担忧的人 5 年内死亡的可能性是前者的 3 倍。

第四,可能是由于他们的愤世嫉俗,愤怒和敌意强烈的人似乎有着更多的不良健康习惯,这导致心血管疾病的发生。例如,敌意强烈的人更可能吸烟、饮酒、喝咖啡和超重(Everson et al., 1997; Siegler et al., 1992)。这一点很重要的一个原因是,身体素质会居中调节心脏的反应性:身体素质较好者的心脏反应性要小于身体素质较差者(Wright et al., 2007)。

最后,请记住敌意并不总是导致心血管疾病的发生。一个大样本的研究项目并未发现敌意对心脏病的发生有任何整体影响(Surtees et al., 2005)。这一结果并不意味着敌意不是一个好的预测指标——前文探讨的大量证据表明它可以是。相反,敌意对于某些人可能是一个确定的风险因子,但对另一些人则不是,正如它可能通过一些其他路径促发心脏病。例如,某些人可能并不向他人直接表达敌意,但还是会体验到。这种压抑的情绪仍会带来不利影响(Pennebaker, 2002)。

情绪反应与心脏病

在心理机能导致心脏病的研究中,虽然人格风险因素方面的工作占据了主导,但近年来的研究表明,情绪反应可能也至关重要。一项研究支持以下假设:短暂的精神压力及由此引发的情绪会加重心脏负担。针对心脏病患者的实验室研究表明,短暂的精神压力会触发诸如心肌缺血和心绞痛等急性心脏病症状(Gottdiener et al., 1994)。

相关的研究探讨了抑制或压抑情绪(尤其是愤怒)

研究表明,过度的愤怒和敌意与各类心脏病风险的增加有关。

的影响。讽刺的是，将消极情绪压抑在心中可能比向他人发泄愤怒更有害（Jorgensen & Kolodziej, 2007）。与压抑情绪有关的另一个现象是反刍——反复地从负面去想某个事件。对事件的反复回顾会加重消极情感和抑郁（Hogan & Linden, 2004）。随着时间的推移，这种持续的精神"煎熬"会变成一种消极的应对策略，实际上会增加人们的心脏病风险。学会识别自己的情绪状态，比如感到愤怒，然后尽可能平静而理性地表达情绪，可能是一种更健康的反应（Siegman, 1994）。

抑郁与心脏病

近期另一个方向的研究则认为抑郁是心脏病的一个主要风险因素（Dornelas, 2008; Glassman, Maj, & Sartorius, 2011）。抑郁障碍是一类比较常见的心理障碍，其特征是持续的悲伤感和绝望感（见第14章）。多年以来，许多研究发现，心脏病患者的抑郁率较高，但大多数理论家认为这种相关是因为心脏病的确诊使人抑郁。确实，抑郁是对心脏病发作的最常见的心理反应（Artham, Lavie, & Milani, 2008）。然而，过去10年左右的研究表明，二者的因果关系也可能是反方向的，即抑郁的情绪功能障碍可能导致心脏病（Brown et al., 2011; Goldston & Baillie, 2008）。例如，普拉特及其同事（Pratt et al., 1996）考察了一个经过抑郁筛查的大样本13年。他们发现，在这13年间，在研究开始时抑郁的参与者得心脏病的可能性是其他人的4倍。因为参与者的抑郁障碍出现在心脏病发作以前，所以不能说他们的心脏病导致了抑郁。在一些支持性的研究中，研究者发现抑郁的青少年的心脏动脉受到了损伤（Tomfohr, Martin, & Miller, 2008）。

总体而言，研究发现，抑郁会使个体患心脏病的可能性大约翻倍（Lett et al., 2004; Rudisch & Nemeroff, 2003）。此外，抑郁似乎也会影响心脏病的进展，因为抑郁与心脏病患者较差的预后有关（Glassman et al., 2003），包括心脏病首次发作后6个月内更高的死亡率（Blumenthal, 2008）。尽管现在重视抑郁是如何导致心脏病的，但研究者警告说，这两种疾病的关系肯定是双向的，心脏病也会增加抑郁的易感性（Sayers, 2004）。

压力与癌症

如果有一个词能激起大多数人内心的恐惧，那可能就是癌症。我们通常认为癌症是一种人类的疾病，但其他动物甚至植物也会得癌症。人们一般认为癌症是一种最邪恶、悲惨、可怕和难以忍受的疾病。实际上，癌症是200多种相关疾病的统称，这些疾病在特征和治疗的有效性上各异（Nezu et al., 2003）。**癌症**（Cancer）指恶性的细胞增殖，可以在体内许多器官系统中出现。癌症的核心问题是细胞开始以一种快速而无序的方式增殖。当这一增殖过程失去控制时，拥挤的新生细胞就会聚集在一起形成肿瘤。如果这种疯狂增殖持续发展，扩散的肿瘤就会造成组织损伤，并开始干扰受影响器官的正常功能。

公众普遍认为，压力和人格在癌症的发展过程中起着重要作用（McKenna et al., 1999），研究者也考察了压力情境与个体特质的关系（Johansen, 2010）。一些心理学家试图寻找支持所谓的C型人格或"易患癌症的人格"的证据，却并未发现性情与癌症的发生之间存在任何联系（Temoshok, 2004）。事实上，把心理因素与癌症的发病联系在一起的研究非常薄弱。例如，一项对双胞胎的前瞻性研究发现，外倾性和神经质（大五人格特质中的两个维度；见第 2 章）与癌症发病风险的增加无关（Hansen et al., 2005）。然而，一些回顾性研究却发现，个体在患癌之前往往处于高强度的压力之下（Cohen, Kunkel, & Levenson, 1998; Katz & Epstein, 2005）。最近，一项对 165 项独立研究的元分析清晰地表明，与压力有关的心理社会变量与癌症存在关联（Chida et al., 2008）。该研究证实，在最初健康的人群中，压力能预测更高的癌症患病率；在癌症的确诊者中，压力能预测更低的存活率；压力还能预测总体上更高的癌症死亡率。当然，压力也会促使人们做出不健康的行为，加快癌症的发展（Carlson et al., 2007; Temoshok, 2004）。请注意这些结果只是提示性的，绝不是确定的结论。压力与癌症有关，但未必存在因果关联。因此，关于癌症与压力关系的争论仍在继续（Baum, Trevino, & Dougall, 2011; Tez & Tez, 2008）。

尽管将心理因素与癌症的发病联系起来的研究得出了模棱两可的结论，但更令人信服的证据表明，压力和人格会影响癌症的病程。癌症的发病经常引发压力事件的连锁反应（Andersen, Golden-Kreutz, & DiLillo, 2001），而人们在试图适应疾病及其后果的过程中会表现出不同的反应（Helgeson, Snyder, & Seltman, 2004）。患者通常不得不克服多方面的困难：对未知的恐惧；艰难且令人厌恶的治疗方案；恶心、疲劳以及其他治疗副作用；亲密关系和职业生涯的中断；就业歧视以及财务困扰。此外，在积极治疗期间，抑郁可能会成为癌症患者的一个问题（Reich, Lesur, & Perdrizet-Chevallier, 2008）。这些压力源可能通常通过损害免疫系统功能的某些方面而促进癌症的发展（Reich, Lesur, & Perdrizet-Chevallier, 2008）。所有这些压力的影响可能部分地取决于个体的人格。研究表明，有抑郁、压抑性应对或其他消极情绪反应的患者死亡率略高（Friedman, 1991）。与之相反，那些能够保持情绪稳定和积极心态的患者，前景似乎更好。

压力与其他疾病

生活压力问卷的开发使研究者能够探寻压力与各种疾病之间的相关性。考虑一下疾病连续谱一端的头痛，这是一种常见的问题或"日常疾病"，但有时可指向更严重的疾病。所谓的紧张性头痛，其特征是头部和颈部的肌肉僵硬，是最常见的头痛类型。压力被认为是导致头痛的主要原因之一（Deniz et al., 2004）。在传染病中，压力显然与患普通感冒有关（Cohen, 2005）。典型的研究范式是，研究者故意给健康的志愿者接种感冒病毒，并将其隔离在单独的酒店房间内，之后观察谁会感冒。结果如何？那些报告较高压力水平的人更可能感冒。有趣的是，善于社交且随和的人在暴露于病毒后得感冒的风险较低（Cohen et al., 2003）。

图 5.5 列出了更多的与压力有关的健康问题，包括几种慢性病。压力与疾病的这些关联有许多是基于初步或不一致的研究结果，但该列表的长度和疾病的多样性却引人注

可能与压力有关的健康问题	
健康问题	代表性的证据
普通感冒	Mohren et al. (2005)
溃疡	Levenstein (2002)
哮喘	Chen & Miller (2007)
偏头痛	Maki et al. (2007)
经前综合征	Stanton et al. (2002)
阴道感染	Williams & Deffenbacher (1983)
疱疹病毒	Ashcraft & Bonneau (2008)
皮肤病	Magnavita et al. (2011)
类风湿性关节炎	Motivala et al. (2008)
慢性背痛	Preuper et al. (2011)
糖尿病	Faulenbach et al. (2011)
妊娠并发症	Dunkel-Schetter et al. (2001)
甲状腺机能亢进	Yang, Liu, & Zang (2000)
血友病	Buxton et al. (1981)
中风	Tsutsumi, Kayaba, & Ishikawa (2011)
阑尾炎	Schietroma et al. (2012)
多发性硬化症	Riise et al. (2011)
牙周病	Reners & Brecx (2007)
高血压	O'Callahan, Andrews, & Krantz (2003)
癌症	Holland & Lewis (1993)
冠心病	Orth-Gomer et al. (2000)
艾滋病	Perez, Cruess, & Kalichman (2010)
炎症性肠病	Kuroki et al. (2011)
癫痫发作	Sawyer & Escayg (2010)

图 5.5 压力与健康问题

这里列出的健康问题的发生及发展可能都会受压力的影响。虽然在许多情况下证据是不完整的，但所列的健康问题的数量和多样性仍然令人吃惊。

目。为什么压力会增加这么多疾病的风险？部分原因可能与免疫功能有关。

压力与免疫功能

压力与多种疾病的明显关联可能反映了这样一个事实：压力会损害机体的免疫功能（Dhabhar, 2011）。**免疫反应**（immune response）是身体对细菌、病毒或其他外来物质入侵的防御反应。人类免疫反应的作用是保护身体免受多种疾病的侵害。大量研究表明，实验诱发的压力反应（应激）会损害动物的免疫功能（Moynihan & Ader, 1996）。也就是说，诸如拥挤、惊吓、食物限制和束缚之类的压力源会降低实验室动物免疫反应性的各个方面（Chiappelli & Hodgson, 2000）。当然，在自然环境中，压力也会影响动物的免疫功能（Nelson & Demas, 2004）。

基科尔-格拉泽及其同事所做的研究也将压力与人类免疫活动的抑制联系起来（Kiecolt-Glaser, 2009; Kiecolt-Glaser & Glaser, 1995）。在一项研究中，他们要求医学生提供自己的血液样本，以便在不同时间点测量其免疫反应（Kiecolt-Glaser et al., 1984）。学生们在期末考试前一个月提供基线样本，而在期末考试第一天提供"高压力"的样本。学生们还填写了社会再调适评定量表（SRRS；见第3章），作为衡量近期压力水平的一个指标。结果发现，在极其紧张的期末考试周，学生们的免疫活动水平有所下降。免疫活动的减弱也与社会再调适评定量表的较高得分相关。

慢性病对免疫功能有不良影响（Nelson et al., 2008），而压力的存在则使人们应对这些疾病的能力变得更差（Fang et al., 2008）。西格斯托姆和米勒（Segerstrom & Miller, 2004）对30年来的压力与免疫研究进行了全面回顾，得出结论，长期的压力（慢性应激）会削弱细胞免疫反应（该反应会攻击细胞内的病原体，如病毒）和体液免疫反应（该反应会攻击细胞外的病原体，如细菌）。他们还报告说，压力事件的持续时间是决定其对免疫功能影响的关键因素。与相对短暂的压力源相比，长期持续的压力源（比如照顾病重的配偶或连续几个月失业）与更严重的免疫抑制有关（Cohen et al., 1998）。

为了强调压力与免疫功能之间联系的重要性，最近的一项研究发现，长期的压力可能会导致免疫系统细胞过早老化（Epel et al., 2004）。该研究显示，女性长期承受沉重压力（照顾患有严重慢性病的孩子，如脑瘫的孩子），其免疫系统的细胞似乎要比其实际年龄老十岁。这项研究可能首次揭示了为什么承受沉重压力的人们往往看起来显老和憔悴。不幸的是，有证据表明，当人们变老时，在压力之下他们的免疫系统不能像年轻时那样抵御疾病（Gouin et al., 2012; Graham, Christian, & Kiecolt-Glaser, 2006）。总而言之，科学家们已经积累了令人印象深刻的证据：压力会暂时抑制人类的免疫功能，使人们更容易受传染性病原体的伤害。

结 论

大量证据表明，压力会影响身体健康。不过，几乎所有这方面的研究都是相关研究，因此无法最终证明压力会导致疾病（Smith & Gallo, 2001; Watson & Pennebaker, 1989）。压力与疾病的关联可能是由某个第三变量引起的（见图5.6）。可能是人格的某个方面或某种生理倾向使人们过度倾向于将事件解读为压力，将不适的身体感觉解读为疾病的症状。此外，此类研究的批评者指出，许多研究都采用了可能会夸大压力与疾病关联的设计（Schwarzer & Schulz, 2003）。或者，压力可能只是改变了个体的健康相关行为，提高了"坏习惯"（如吸烟、不良饮食、饮酒、使用违法药物、睡眠不足等）的发生率，而这些坏习惯会增加人们的患病风险，削弱免疫力（Segerstrom & Miller, 2004）。

尽管存在着倾向于夸大压力与健康之间相关的方法学问题，但该领域的研究却一致地表明，这一相关的强度是中等的。它们的相关系数通常在 0.20~0.30 之间（Cohen, Kessler, & Gordon, 1995）。显然，压力并不是一种会不可避免地影响健康的不可抗拒的力量。事实上，这一结论不足为奇。正如第 3 章所述，有些人能更好地处理压力。此外，压力只是影响健康的诸多因素中的一个。一个复杂的生物－心理－社会因素交织的网络影响着健康，包括遗传禀赋、暴露于感染原和环境毒素，以及人们在日常生活中做出的选择。在下一节考察有损健康的习惯和生活方式时，我们将考虑其中的一些因素。

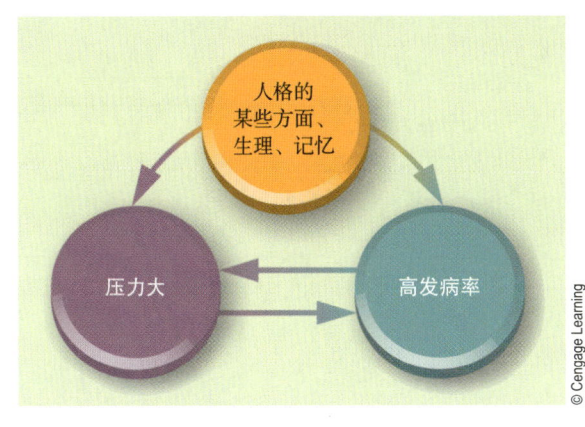

图 5.6 压力与疾病的相关关系
根据全部研究证据，大多数健康心理学家可能会接受这种说法：压力通常会导致疾病。然而，有些批评者认为，压力与疾病的相关关系可能反映了其他的因果过程。人格的某些方面、生理或记忆可能导致了压力大与高发病率之间的相关。

习惯、生活方式与健康

学习目标
- 找出人们养成损害健康习惯的一些原因
- 讨论吸烟对健康的影响以及戒烟的挑战
- 总结有关饮酒模式的数据以及饮酒带来的健康风险和社会成本
- 讨论肥胖的成因及健康风险，以及有效的减肥和锻炼方案
- 描述艾滋病，总结有关艾滋病病毒传播的证据

有些人似乎决意自掘坟墓，偏偏要做那些曾被警告过对健康极其不利的事情。例如，有些人尽管知道酒精会损害肝脏，仍然大量饮酒。还有人尽管知道某些食物会增加心脏病发作的风险，仍然会吃这些不好的食物。不幸的是，不良健康习惯导致的死亡远比人们意识到的要多得多。穆克达德及其同事（Mokdad et al., 2004）分析了美国人的死亡原因，他们估计，不健康的行为是每年约一半的死亡案例的原因。到目前为止，导致大多数的过早死亡的习惯有吸烟、不良饮食和缺乏运动（见图 5.7）。死亡的其他主要行为原因包括饮酒、不安全驾驶、性传播疾病以及非法的药物使用等。

人们以自毁的方式行事可能看上去令人费解。他们为什么这么做？这涉及若干因素。第一，许多不良健康习惯都是慢慢形成的。比如，药物的使用量可能会在数年间不知不觉地增加，或者运动的习惯可能会非常缓慢地逐渐减少。第二，许多有损健康的习惯都涉及当时让人相当愉悦的活动。吃最喜爱的食物、吸烟或是变得"兴奋"等行为都是强有力的强化事件，它们还常常得到我们的文化的鼓励甚至赞许。第三，与大多数不良健康习惯有关的风险都与慢性病有关，比如癌症通常要一二十年或三十年才会形成。相对而言，人们容易忽视存在于遥远未来的风险。

第四，人们似乎倾向于低估与自己的不良健康习惯有关的风险，但对他人的自毁行为的风险的估计却要准确得多（Weinstein, 2003）。换言之，大多数人都能意识到与某些习惯有关的风险，但涉及自己时他们常常会否认。因此，有些人会表现出

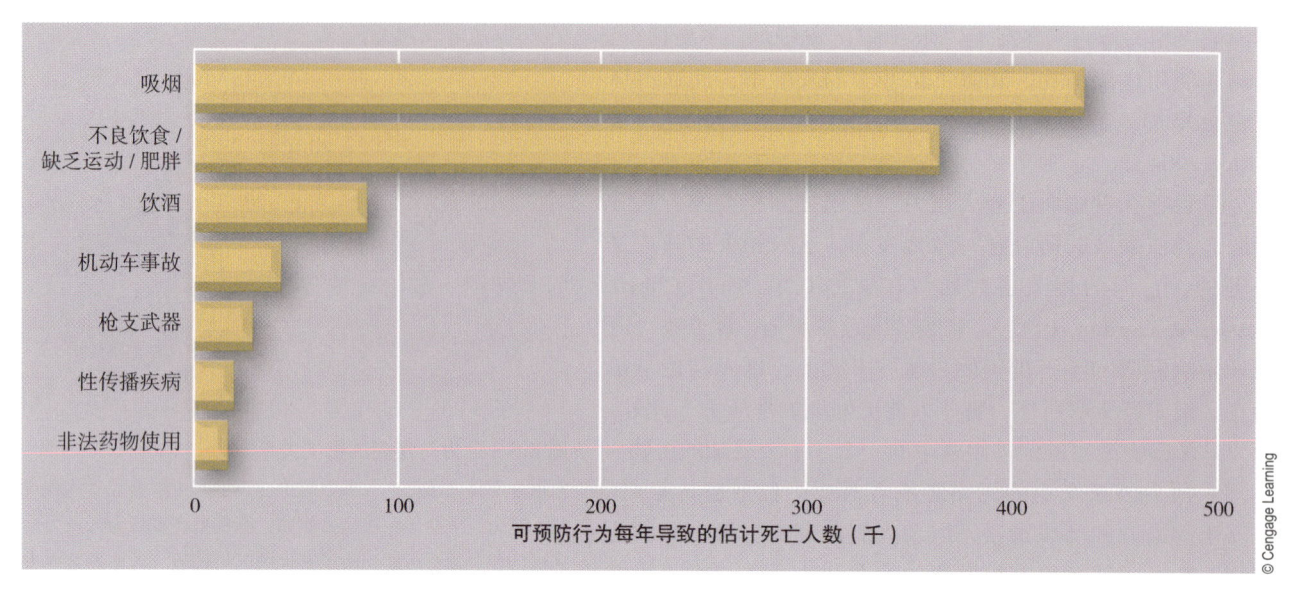

图 5.7 不良健康行为导致的死亡

穆克达德及其同事（Mokdad et al., 2004）在《美国医学协会杂志》发表的一篇文章通过整合多个来源的数据，估算了美国每年因各种不良健康行为而死亡的人数。正如你所见，他们的统计结果表明，吸烟和肥胖是可预防的死亡的主要原因。然而，他们对肥胖致死人数的估计已被证明是有争议的，也是某些争论的主题（一些专家认为他们的估计值过高）。

不切实际的乐观（unrealistic optimism），他们能够意识到某些健康相关行为是危险的，但他们错误地认为这些危险只会危及他人而不会危及自身。实际上，他们会对自己说"坏事很可能发生在别人身上，但不会落到我头上"（Gold, 2008; Sharot, Korn, & Dolan, 2011）。当然，我们已经知道，乐观总体上是一种有益的人格特质（见第 3 章）。然而在冒健康风险和做出不明智行为方面，不切实际的乐观可能会阻止人们采取恰

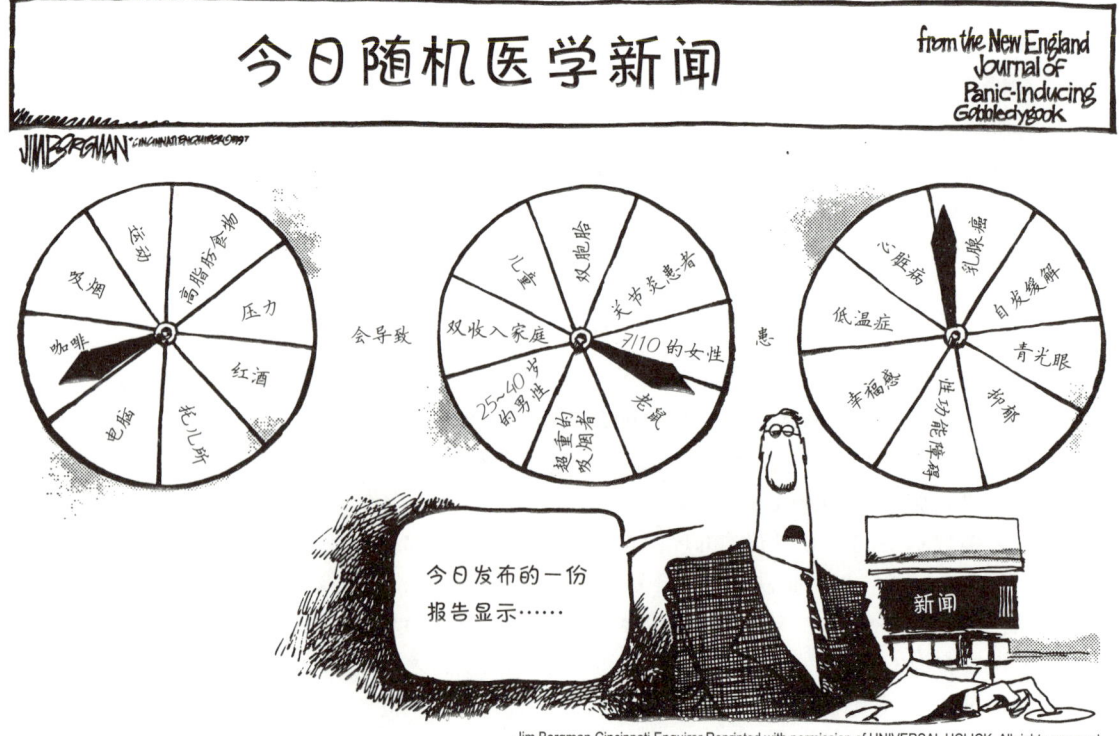

当的预防措施来保护自己的身心健康（Waters et al., 2011）。例如，一项近期研究发现不切实际的乐观与动脉粥样硬化的发病风险有关（Ferrer et al., 2012）。

然而另一个问题是，关于什么是健康的和什么是不健康的，人们面对着大量相互矛盾的信息。似乎每周都有媒体报道声称，昨天的标准健康建议已被新的研究推翻。这种明显的不一致使人们感到困惑，损害了他们追求健康的习惯的动机。有时健康和幸福好像更多地由运气而非其他因素决定。但事实上，个体所采取的行动以及表现出的自控力非常重要。

在本节中，我们将讨论健康如何受吸烟、饮酒、过量进食和肥胖、营养不良以及缺乏运动的影响。我们还将关注与艾滋病有关的行为因素。在应用部分，我们会介绍消遣性毒品的健康风险。

吸 烟

一个严酷而惊人的事实是：香烟每年导致的死亡人数比自杀、车祸、凶杀、饮酒、非法药物以及艾滋病加在一起还要多（American Cancer Society, 2008）。另一个事实是：吸烟实际上是美国最可预防的死亡原因。

人们为什么会吸烟？吸烟是在"新大陆"上发现的，在16世纪变得流行，此后成为我们生活的一部分（Kluger, 1996）。社会因素，如青少年中的同侪压力（Stewart-Knox et al., 2005）和广告的影响（Pierce et al., 2005），是明显的可能原因，但也有一些人吸烟是为了控制体重（Jenks & Higgs, 2007）。很多吸烟者声称，香烟能振奋精神，抑制饥饿的痛苦（他们认为这有助于保持苗条），并且能提高注意力和警觉性。

哪些人吸烟？自20世纪60年代中期起，吸烟者的比例显著下降（见**图5.8**）。尽管如此，美国约24%的成年男性和18%的成年女性仍然经常吸烟。大学生的吸烟率从近30%降至略低于20%（Harris, Schwartz, & Thompson, 2008）。但不幸的是，吸烟在其他许多国家仍然非常普遍。在美国，受教育水平较高的人吸烟的可能性较小（Rock et al., 2007; Wetter et al., 2005）。一项研究发现，拥有硕士或博士学位的人吸烟的比例还不到8%，而只有普通教育文凭（General Education Diploma, GED）的人吸烟的比例超过了50%（Rock et al., 2007）。吸烟可能是人们职业的一个合理预测指标。

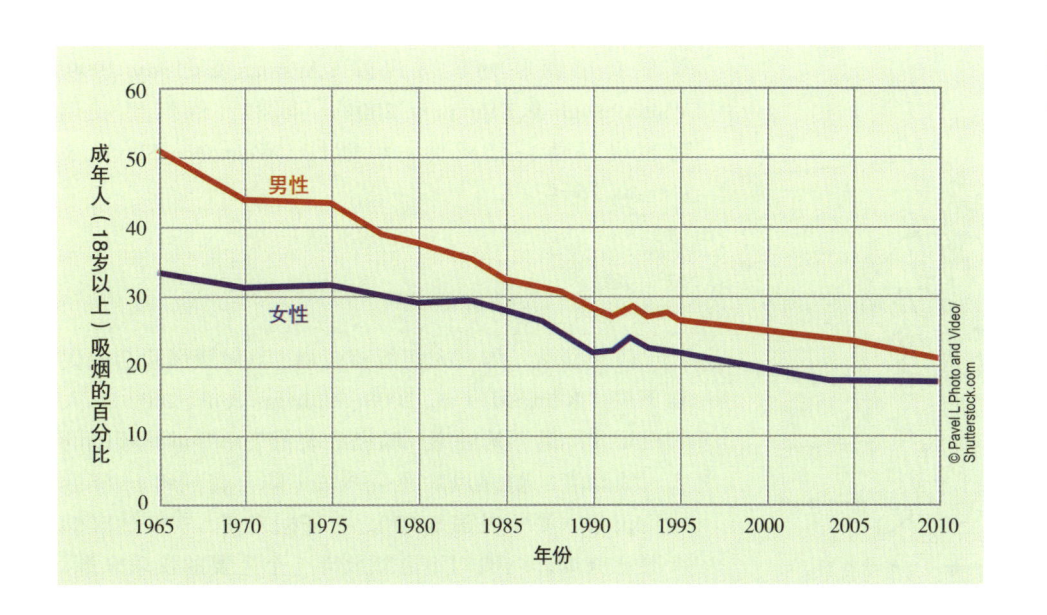

图5.8 美国的吸烟流行度

本图显示自20世纪60年代中期起，美国成年人吸烟的比例平稳下降。尽管已取得了相当大的进步，但吸烟每年仍导致约435 000人过早死亡。

资料来源：Centers for Disease Control.

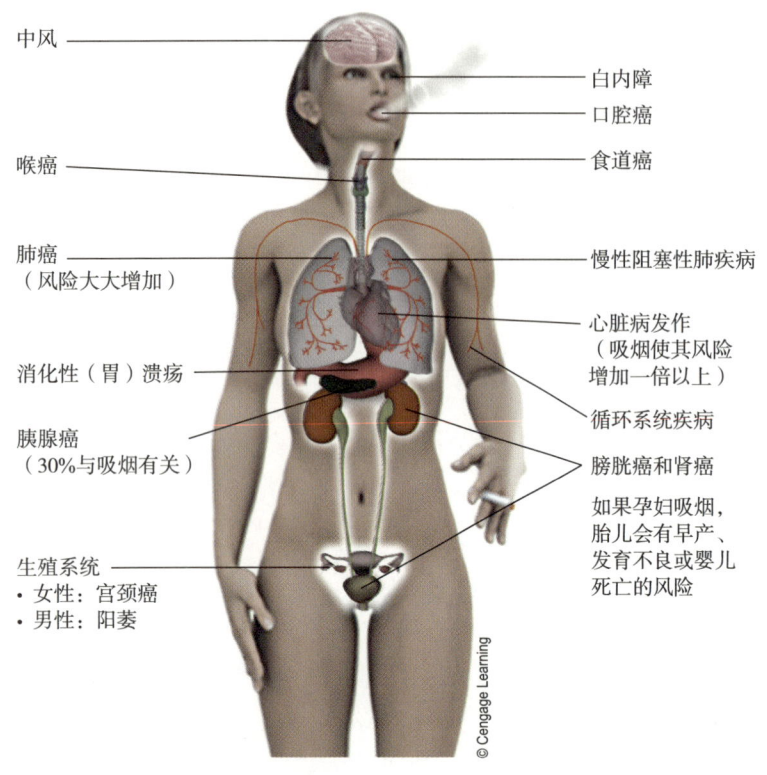

图 5.9　与吸烟有关的健康风险

本图总结了在吸烟者中更为常见的各种疾病。如你所见，烟草提高了个体对多种疾病的易感性，包括现代世界的三大死因：心脏病发作、癌症和中风。

图中标注：
- 中风
- 喉癌
- 肺癌（风险大大增加）
- 消化性（胃）溃疡
- 胰腺癌（30%与吸烟有关）
- 生殖系统
  - 女性：宫颈癌
  - 男性：阳萎
- 白内障
- 口腔癌
- 食道癌
- 慢性阻塞性肺疾病
- 心脏病发作（吸烟使其风险增加一倍以上）
- 循环系统疾病
- 膀胱癌和肾癌
- 如果孕妇吸烟，胎儿会有早产、发育不良或婴儿死亡的风险

"我们不会开枪的，我们只是让你一直吸烟罢了。"

你可能也猜到了，吸烟与收入有关：吸烟的人比不吸烟的人更穷（Zagorsky, 2004）。有趣的是，美国的这些趋势与欧洲的并不完全相似。例如，在英国的男性和女性以及意大利男性之中，吸烟与更高的受教育水平有关（Giskes et al., 2005）。

吸烟对健康的影响

不断累积的证据清晰地表明，吸烟者比不吸烟者过早死亡的风险大得多。例如，一般吸烟者的预期寿命估计要比类似的不吸烟者短 13~14 年（Schmitz & Delaune, 2005）。总体风险与吸烟的数量以及焦油和尼古丁含量呈正相关。近年来，抽雪茄的人数急剧上升。抽雪茄的健康风险几乎与吸烟一样大（Baker et al., 2000），但大众的认知却与之相反（O'Connor et al., 2007）。

为什么吸烟者的死亡率更高？首先，烟草含有约 500 种化学物质，而其释放的烟雾还包含另外 4 000 种化学物质（Dube & Green, 1982）。后者中至少有 60 种已知的致癌物（American Cancer Society, 2008）。如图 5.9 所示，吸烟会增加多种疾病的患病可能性，其范围之广令人吃惊（Schmitz & Delaune, 2005; Woloshin, Schwartz, & Welch, 2002）。吸烟者中死于肺癌和心脏病的人最多；事实上，吸烟者死于心血管疾病的可能性几乎是不吸烟者的两倍。吸烟者罹患口腔癌、膀胱癌、肾癌、喉癌、食道癌和胰腺癌、动脉粥样硬化、高血压、中风和其他心血管疾病，以及支气管炎、肺气肿和其他肺部疾病的风险也升高（U.S. Department of Health and Human Services, 2004）。

大多数吸烟者知道与吸烟有关的风险，但由于不切实际的乐观，他们往往会低估自己面临的实际风险（Ayanian & Cleary, 1999; Waltenbaugh & Zagummy, 2004）。同时，他们想戒烟时也会高估自己成功的可能性（Weinstein, Slovic, & Gibson, 2004）。

戒　烟

研究显示，如果人们能够戒烟，其健康风险会较快地下降（Kenfield et al., 2008; Williams et al., 2002）。人们戒烟 5 年后，其健康风险已显著低于那些继续吸烟的人。戒烟者的健康风险还会继续下降，直到约 15 年后达到正常水平（见**图 5.10**）。有证据表明，70% 的吸烟者愿意戒烟，但他们不愿意放弃一个主要的快乐来源，

还担心戒烟后渴望香烟，体重增加，变得焦虑和易怒，以及感觉应对压力的能力下降（Grunberg, Faraday, & Rahman, 2001）。

研究表明，戒烟的长期成功率只有25%左右（Cohen et al., 1989）。轻度吸烟者比重度吸烟者的戒烟成功率稍高（但参见 Schachter, 1982），年老的吸烟者也比年轻吸烟者的成功率要高一些（Ferguson et al., 2005）。令人沮丧的是，那些参加正式戒烟项目的人的戒烟成功率仅比试图独自戒烟的人略高（Swan, Hudman, & Khroyan, 2003）。事实上，据估计，绝大多数成功戒烟的人都没有依靠专业的帮助（Niaura & Abrams, 2002; Shiffman et al., 2008）。这里有一个神话可以被打破：男性并不比女性更容易戒烟——两性的戒烟成功率几乎没有差异（O'Connor, 2012）。

近年来，人们的注意力主要集中在尼古丁替代品的潜在价值上，这些替代品可以通过口香糖、药片（如畅沛）、皮肤贴片、鼻腔喷剂或是吸入器进入人体。尼古丁替代品的基本原理是，因为尼古丁具有成瘾性，所以在个体尝试戒烟的阶段使用替代品可能会有帮助。这些替代品有用吗？它们确实有帮助（Stead et al., 2008）。对照研究表明，与安慰剂相比，尼古丁替代品可提高戒烟的长期成功率（Stead et al., 2008; Swan, Hudman, & Khroyan, 2003）。不过，提高的幅度并不大，戒烟成功率依旧很低。它们并非灵丹妙药，也不能代替戒烟的坚定决心。各种尼古丁替代品似乎在疗效上相近，但几种方法结合使用似乎可以提高戒烟的成功率（Schmitz & Delaune, 2005）。

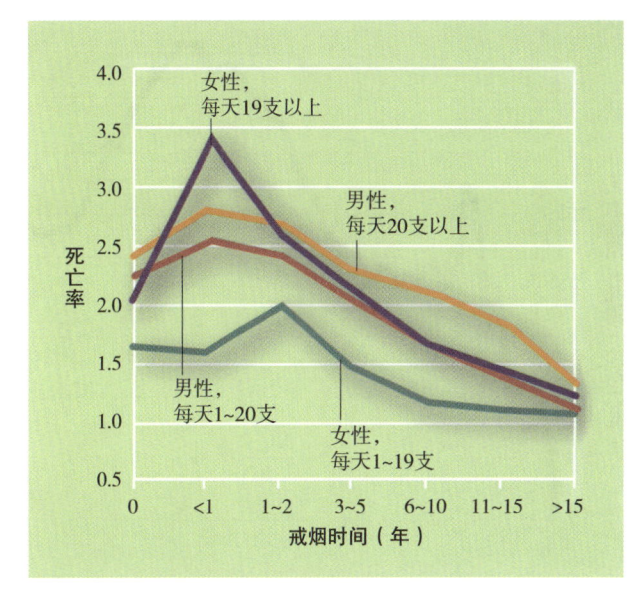

图 5.10 戒烟与死亡

研究表明，人们戒烟后，与吸烟有关的各种健康风险都会逐渐下降。本图显示的数据来自1990年美国医务总署（U.S. Surgeon General）关于吸烟的报告，说明了吸烟对死亡率的总体影响。纵轴的死亡率表示与不吸烟者相比，吸烟者及曾经的吸烟者死亡率升高的程度。例如，死亡率为3.0意味着吸烟者的死亡率是不吸烟者的3倍。

资料来源：U.S. Department of Health and Human Services, 1990.

饮 酒

酒和烟草一样都是导致北美健康问题的主要原因。酒包括各种含乙醇的饮品，如啤酒、葡萄酒和蒸馏酒（白酒）等。这些酒类的酒精含量从大多数啤酒的4%到80度（一个美制酒度相当于0.5%的酒精含量——译者注）烈酒的40%不等（更高度数的烈酒酒精含量甚至更高）。调查数据表明，美国约一半的成年人饮酒。如**图 5.11**所示，20世纪80年代和90年代，美国的人均饮酒量有所下降，但这是在数十年的稳步增长后出现的，并且饮酒量仍然相对较高，虽然肯定不是世界上最高的。**图 5.12**显示了美国成年人经常饮酒、偶尔饮酒和曾经饮酒的百分比。

饮酒在大学校园里尤其普遍。哈佛大学公共卫生学院的研究者对119所高校的近11 000名本科生进行了调查，发现81%的学生饮酒（Wechsler et al., 2002）。此外，49%的男生和41%的女生报告，他们曾为了喝醉而狂饮，并且40%的大学生表示自己每

图 5.11　美国的饮酒情况

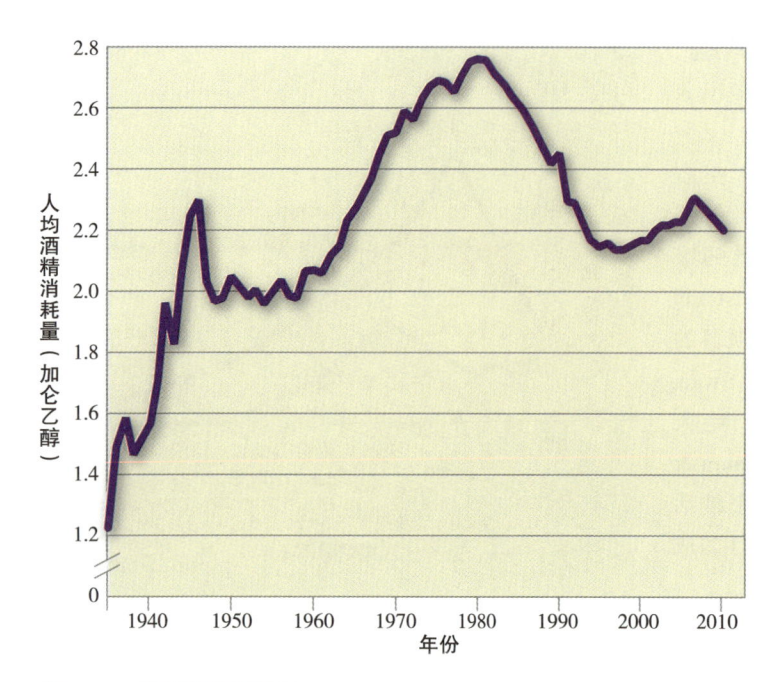

美国的饮酒量（用每人每年消耗的乙醇加仑数的平均数表示）虽然在 20 世纪 80 年代和 90 年代明显减少，但在 20 世纪的大部分时间都在稳定增长。

资料来源：National Institute on Alcohol Abuse and Alcoholism and U.S. Department of Health and Human Services.

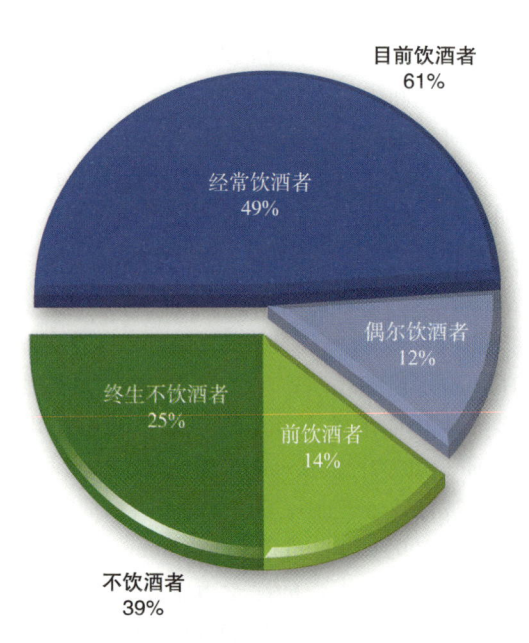

图 5.12　美国成年饮酒者的类型

在美国，略超 60% 的成年人将自己归为目前的饮酒者，大约 25% 的成年人终生不饮酒。

资料来源：*Healthy United States, 2007* (Table 68), 2007, by National Center for Health Statistics, Hyattsville, MD: U.S. Government Printing Office.

月至少有一次喝 5 杯或 5 杯以上的含酒精饮料（Johnston et al., 2009）。参加男生联谊会和女生联谊会的大学生要比不参加的学生喝更多的酒（Karam, Kypri, & Salamoun, 2007）。也许最能说明问题的是，大学生买酒的钱（每年 55 亿美元）远超他们买书的钱。

人们为什么饮酒

酒精对个体的作用受多种因素影响，包括饮酒者的经验、相对身高和体重、性别、动机、心境、胃中是否有食物、酒的度数以及饮酒的速度。因此，我们会发现酒精在不同场合对不同人的影响有很大差异。尽管如此，酒精的主要作用是带来一种"谁在乎"的欣快感，随着个人问题消失不见，饮酒者的自尊暂时大幅提升。诸如紧张、担忧、焦虑和抑郁之类的消极情绪会减弱，抑制可能也会被解除（Johnson & Ait-Daoud, 2005）。因此，当大一新生被问及为什么饮酒时，他们说饮酒的目的有：放松、在社交场合不那么紧张、陪伴朋友、忘记自己的困扰。当然，也有很多其他影响饮酒的因素（Wood, Vinson, & Sher, 2001）。家人和同伴群体常常会鼓励我们饮酒。在我们的文化中，饮酒是一种得到广泛认可和鼓励的社交礼仪。如果你想一想在婚礼、团聚、体育赛事、假日聚会等场合中喝掉的那些酒，它的核心作用就显而易见了。此外，酒水业花费了数亿美元做广告，试图使人们相信饮酒很酷、性感、成熟并且无害。

饮酒的短期风险和问题

饮酒有多种副作用，其中一些可能非常严重。先从常给我们带来羞愧和懊悔的"宿醉"讲起，它的症状可能包括头痛、眩晕、恶心和呕吐。然而，在饮酒诸多的风险中宿醉却是微不足道的。例如，危及生命的过量现象比人们想象的更为普遍。虽然可能只是饮酒过量，但更常见的问题是饮酒和镇静或麻醉类毒品的使用都过量。

大量的酒精对智力功能和知觉-运动协调性有明显的负面影响。当人们试图在酒后驾驶时，饮酒导致的判断力下降、反应变慢以及协调性降低结合在一起会造成致命的后果（Gmel & Rehm, 2003）。可能只喝几杯酒就会损害个体的驾驶能力，这取决于饮酒者的体重。据估计，在美国因车祸而导致的死亡中，40% 与饮酒有关（Yi, Chen, & Williams, 2006）。酒后驾驶是一个重要的社会问题，也是造成年轻人死亡的主要原因。饮酒还涉及许多其他的事故。38% 的火灾死亡者、49% 的溺水死亡者以及 63% 的摔倒死亡者的酒精检测呈阳性（Smith, Branas, & Miller, 1999）。

随着抑制被解除，一些饮酒者变得好争论和带有攻击性。哈佛大学对 119 所高校本科生的调查显示，29% 的没有酗酒的学生报告，他们曾被醉酒的同学辱骂或羞辱，19% 曾经历严重的争执，9% 曾被推搡、殴打或攻击，19.5% 的人曾经历性骚扰（Wechsler et al., 2002）。与没饮酒的人相比，刚喝过酒的人更可能与他人发生强迫的性行为，可能是加害者或者受害者（Testa, VazileTamsen, & Livingston, 2004）。更糟糕的是，90% 的学生强奸和 95% 的校园暴力犯罪似乎与饮酒有关。就整个社会而言，饮酒与多种暴力犯罪有关，包括谋杀、攻击、虐待儿童、亲密伴侣暴力（Foran & O'Leary, 2008），饮酒还与自杀尝试和自杀意念有关（Schaffer, Jeglic, & Stanley, 2008）。事实上，饮酒与自杀尝试之间的关联比其他药物更紧密（Rossow, Grøholt & Wichstrøm, 2005）。

饮酒对健康的长期影响

酒精的长期健康风险主要（但不完全）与长期大量饮酒有关。对风险人数的估计差别很大。根据舒克特（Schuckit, 2000）的估算，约 5%~10% 的美国男性和女性有习惯性的狂饮烂醉行为，并且另有 10% 的男性和 3%~5% 的女性可能患有酒精依赖，或者说酗酒。**酒精依赖**（alcohol dependence）或**酗酒**（alcoholism）是一种慢性和渐进性的障碍，其特点是不断增强的饮酒冲动和受损的饮酒控制能力，最终会妨碍个体的健康和社会行为。关于酗酒究竟是一种疾病还是自我控制问题，目前仍存在很大争议，但是专家们对饮酒问题和酒精滥用的警示信号达成了一定的共识。这些信号包括偷偷喝酒、经历短暂失忆、靠喝酒来应对压力或忧虑、忽视自己在家庭、学校或工作中应承担的责任，以及图 5.13 中列出的其他迹象。

酗酒和饮酒问题与很多严重健康问题的风险增加有关，图 5.14 对这些问题进行了总结（Mack, Franklin, & Frances, 2003; Moak & Anton, 1999）。虽然有一些发人深省的证据表

识别饮酒问题

你可能有饮酒问题，如果：

- 你会偷偷喝酒。
- 你对自己的饮酒状况感到担忧。
- 你喝的酒常常比自己预期的多。
- 你发生过"短暂失忆"，忘了自己在喝酒时说了什么或者做过什么。
- 你听到过家人和朋友对你饮酒状况的担忧。
- 你会隐瞒或谎报自己喝酒的频次及数量。
- 你对自己的饮酒状况感到羞耻。
- 你因为喝酒的问题与自己亲近的人发生过争执。

你可能存在酒精滥用问题，如果：

- 你常常为应对压力或忧虑而喝酒。
- 你知道喝酒有损于你的人际关系，却继续喝酒。
- 饮酒使你忽视了自己在家庭、学校或工作中的责任。
- 你的饮酒行为是违法的，会给他人带来危险（如酒后驾车）。
- 你想要戒酒，但似乎做不到。
- 你发现自己因为需要喝一杯而放弃了其他活动（如锻炼、爱好、与家人或朋友共度时光）。

图 5.13 识别饮酒问题
面对自己有饮酒问题这一现实总是很难。这里列出了一些可能存在饮酒问题的迹象，以及可能存在酒精滥用问题的迹象。

图 5.14 与饮酒有关的健康风险

本图总结了与不饮酒的人相比，在饮酒者中更为常见的各种疾病。如你所见，饮酒使个体更容易罹患各种各样的疾病。

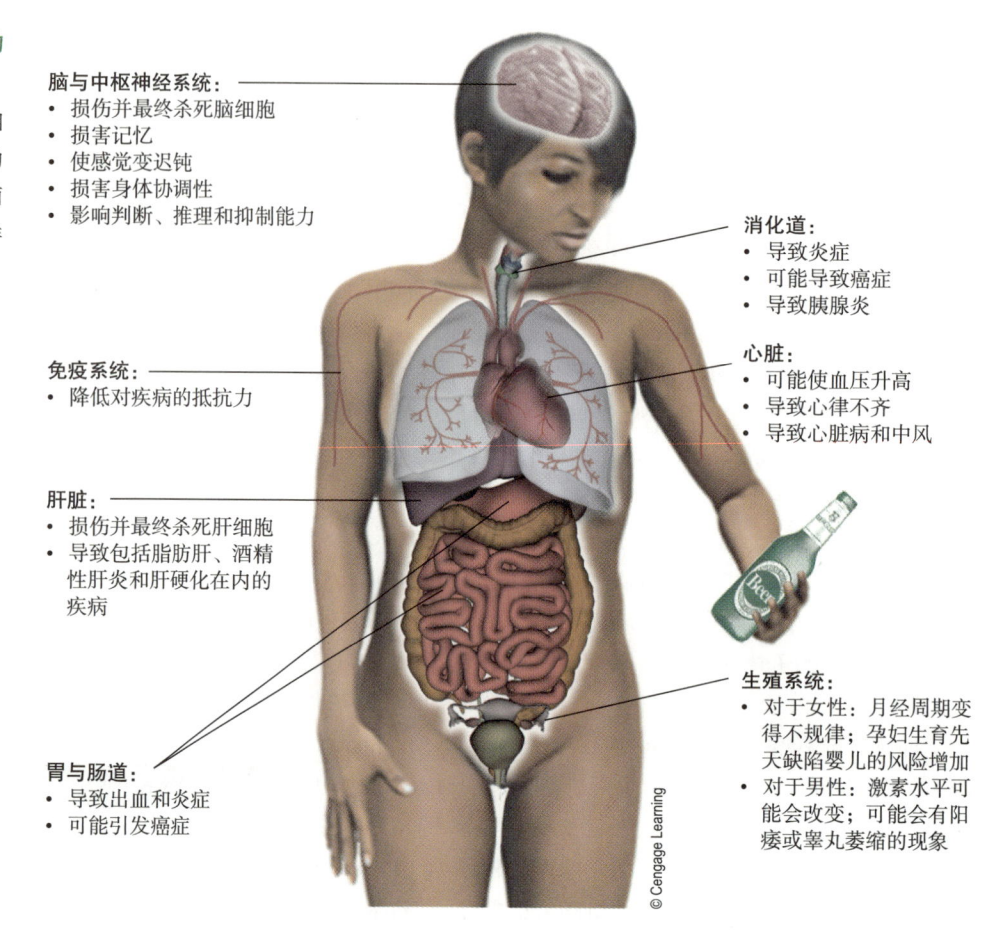

脑与中枢神经系统：
- 损伤并最终杀死脑细胞
- 损害记忆
- 使感觉变迟钝
- 损害身体协调性
- 影响判断、推理和抑制能力

消化道：
- 导致炎症
- 可能导致癌症
- 导致胰腺炎

免疫系统：
- 降低对疾病的抵抗力

心脏：
- 可能使血压升高
- 导致心律不齐
- 导致心脏病和中风

肝脏：
- 损伤并最终杀死肝细胞
- 导致包括脂肪肝、酒精性肝炎和肝硬化在内的疾病

生殖系统：
- 对于女性：月经周期变得不规律；孕妇生育先天缺陷婴儿的风险增加
- 对于男性：激素水平可能会改变；可能会有阳痿或睾丸萎缩的现象

胃与肠道：
- 导致出血和炎症
- 可能引发癌症

明适度饮酒有可能降低人们患冠心病（Klatsky, 2008; Mukamal et al., 2003）和 2 型糖尿病的风险（Hendriks, 2007），但大量饮酒显然会增加心脏病、高血压和中风的风险。过度饮酒也与各种癌症风险的增加有关，包括口腔癌、胃癌、胰腺癌、结肠癌和直肠癌。此外，严重的饮酒问题会导致肝硬化、营养不良、妊娠并发症、脑损伤和神经障碍。最后，酗酒会导致严重的精神病状态，表现为谵忘、定向障碍和幻觉。

过量进食

肥胖是一种常见的健康问题。判断肥胖的标准差别很大。一个简单的中间标准是把体重超过其理想体重 20% 的人归为肥胖。如果采用此标准，美国 31% 的男性和 35% 的女性符合肥胖的标准（Brownell & Wadden, 2000）。预计这一问题将持续到 21 世纪中叶（National Center for Health Statistics, 2006）。肥胖问题迫在眉睫且日益严重：例如在 20 世纪 80 年代，美国成年人肥胖的比例仅为 13%（Ogden, Carroll, & Flegal, 2008; Corsica & Perry, 2003）。

体重指数（body mass index, BMI）是体重（千克）除以身高（米）的平方（kg/m^2）得出的数值，许多专家倾向于用这个指数来评估肥胖程度。这个体重指数控制了身高差异，得到了越来越广泛的应用。BMI 值在 25.0~29.9 之间通常被视为超重，超过 30 则被视为肥胖（Björntorp, 2002）。如果将 BMI 值 25 作为临界点，那么近三分之二的美国成年人存在体重问题（Sarwer, Foster, & Wadden, 2004）。此外，未成年人也有类似的问题：儿童和青少年的体重问题在近几十年内上升了 15%~22%（West,

Harvey-Berino, & Raczynski, 2004）。

　　肥胖对健康的即时影响较弱，很容易被许多人忽视，这与吸烟类似。然而，肥胖的长期影响却可能很危险，是重大的健康问题，会提高个体的死亡风险（Allison et al., 1999）。事实上，肥胖可能是北美每年超过 25 万人过早死亡的原因（DeAngelis, 2004）。超重者更易罹患心脏病、糖尿病、高血压、呼吸系统疾病、胆囊疾病、中风、关节炎、某些癌症、肌肉和关节疼痛，背部也容易出现问题（Manson, Skerrett, & Willet, 2002; Pi-Sunyer, 2002）。例如，图 5.15 显示了糖尿病、高血压、冠心病及肌肉骨骼疼痛的患病率如何随 BMI 的增加而升高。

　　演化取向的研究者对肥胖现象的急剧增加给出了看似合理的解释（Pinel, Assanand, & Lehman, 2000）。他们指出，在历史的进程中，大多数动物和人类的生活环境都很恶劣，要为有限且不可靠的食物资源展开激烈的竞争，饥饿是一个非常真实的威胁。然而，在如今的现代工业化社会中，大多数人生存的环境中食物供给充足而可靠，而且食物美味，热量高。在这样的环境中，大多数人往往会进食超出自身生理需要的食物，但由于遗传、新陈代谢以及其他因素上的个体差异，只有部分人会变得超重。

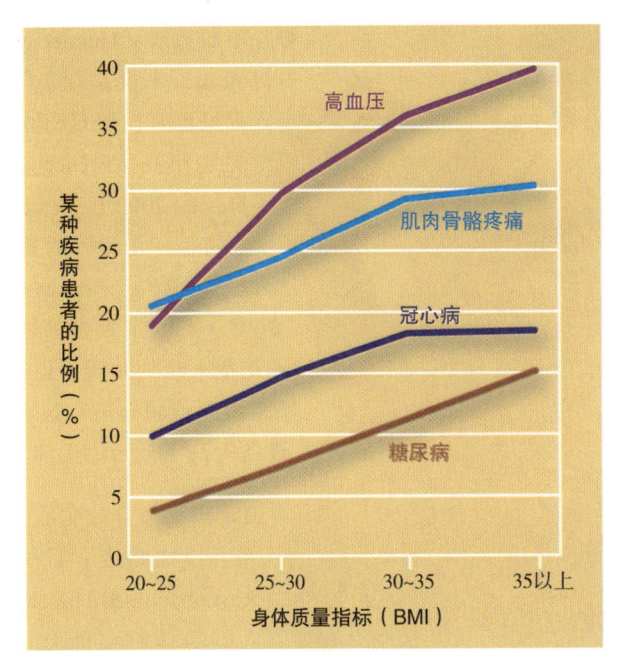

图 5.15　体重与四种疾病患病率的关系

本图显示了以 BMI 为指标的肥胖程度与四种常见疾病患病率的关系。随着 BMI 升高，糖尿病、心脏病、肌肉骨骼疼痛和高血压的患病率也升高。显然，肥胖是重大的健康风险（Brownell & Wadden, 2000）。

肥胖的决定因素

　　几十年前人们普遍相信，肥胖受人格的影响。人们认为抑郁、焦虑和有强迫特质的人（他们会过量进食以应对自己的消极情绪）或者懒惰和缺乏自制力的人容易肥胖。然而，研究最终表明，虽然某些特质与体重波动有关（Sutin et al., 2011），但并不存在"肥胖人格"这回事（Rodin, Schank, & Striegel-Moore, 1989）。相反，研究表明，决定人们是否会出现体重问题的是各种因素复杂的相互作用的结果，包括生物学、社会和心理因素（Berthoud & Morrison, 2008）。

遗传　遗传倾向是导致肥胖的主要因素之一（Bouchard, 2002）。在一项颇具影响力的研究中，研究者对比了在收养家庭长大的成年人与其亲生父母的体重指数（Stunkard et al., 1986）。他们发现，被收养者与其亲生父母而非养父母更为相似。在随后的双生子研究中，斯顿卡德等人（Stunkard et al., 1990）发现，分开抚养的同卵双生子体重指数的相似度要远远高于共同抚养的异卵双生子（双生子研究背后逻辑的讨论见第 2 章）。基于对 4 000 多对双生子的研究，艾利森及其同事（Allison et al., 1994）估计，遗传因素可以解释男性体重差异的 61% 和女性体重差异的 73%。这些遗传因素或许可以解释，为什么有些人可以不停地吃东西体重却不增加，而另一些人吃得不多却会发胖（Cope, Fernández, & Allison, 2004）。

过量进食和缺乏运动　超重者肥胖最重要的原因是，他们从食物中所摄取的能量长期超过其运动和静息代谢过程所消耗的能量。换言之，与他们的运动量相比，他们吃得太多了（Wing & Polley, 2001）。在现代的美国，人们吃得太多而运动太少的趋

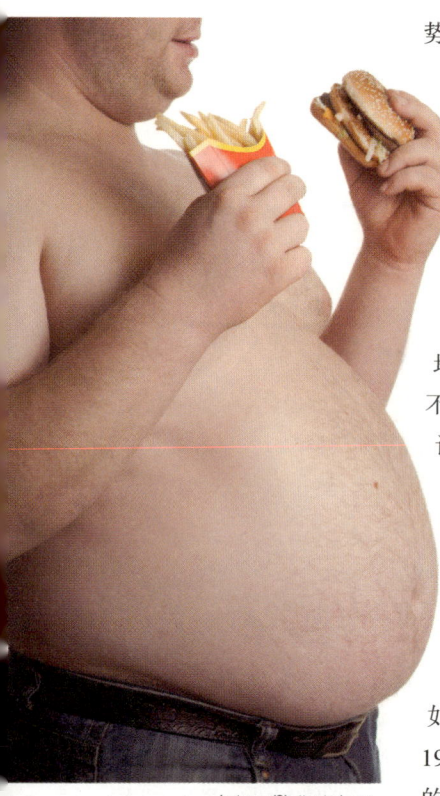

势并不难理解（Henderson & Brownell, 2004）。美味、高热量、高脂肪的食物几乎随处可见，不仅是在餐厅和杂货店，而且购物商场、机场、加油站、学校和工作场所里也有。并且，人们在外就餐时，往往比在家吃得更多，所吃食物的脂肪含量也更高（French, Harnack, & Jeffery, 2000）。食物的分量越来越大（Young & Nestle, 2002），人们对含糖苏打饮料的渴望也越来越强烈（Tam et al., 2006）。不幸的是，在美国随着这些高热量食物越来越唾手可得，人们的运动量却越来越少。美国人（Pereira et al., 2005）和发展中国家的人（Finkelstein, Ruhm, & Kosa, 2005）都吃了太多的快餐，然后在看电视、玩电子游戏或上网等活动上毫无节制地花费大量的时间。也想一下人们花了多少时间开车从一个地方到另一个地方，而不是走路或骑车。与过去几代人相比，人们工作和娱乐更少使用体力，许多省力的设备提高了今天的生活质量，但同时减少了人们燃烧卡路里的"天然"锻炼机会。

设定点 节食减肥成功的人往往会反弹回原来的体重，这一倾向很强也很令人沮丧。反之亦然：那些不得不努力增重的人通常也无法保住增加的体重（Leibel, Rosenbaum, & Hirsch, 1995）。基西（Keesey, 1995）认为，这些现象说明每个人的身体都可能有一个设定点或体重的天然稳定值。**设定点理论**（set-point theory）认为，我们的身体会监控脂肪细胞的水平，以使它们（以及体重）维持稳定。如果脂肪的储存降到某个关键的设定点以下，身体就会对这一变化进行补偿（Keesey, 1993）。这种补偿显然会导致饥饿感增强，新陈代谢水平减弱（Horvath, 2005）。后来的研究对设定点理论的各种细节提出了一些质疑，致使一些研究者提出了一种替代理论，即调定点理论（Pinel et al., 2000）。**调定点理论**（settling-point theory）认为，决定食物摄入和能量消耗的一系列因素会达成一种平衡，体重往往会围绕这一水平起伏。根据这一理论，只要影响体重的任何因素（如饮食、锻炼、压力、睡眠）都没有发生持续性变化，体重就倾向于保持稳定。设定点理论将体重的稳定性归因于特定的生理过程，而调定点理论涵盖的影响因素则广泛得多。两者的另一个差异在于，设定点理论断言肥胖者的身体会自行开启防止身体过重的过程，而调定点理论则认为如果肥胖者在运动或饮食上做出长期的改变，他们的体重调定点就会降低，身体无须主动抵抗。因此，对于想减肥的人而言，调定点理论更令人鼓舞一些。

缺乏充足的睡眠 睡眠剥夺也被认为是引起肥胖的一个原因。睡眠似乎与体重调节存在联系，缺乏休息与体重增加有关。一项研究发现，在一个有代表性的样本中，每晚睡眠不足 7 小时的人更可能存在超重或肥胖问题（Gangwisch et al., 2005）。另一项研究发现，这种关联在肥胖的儿童中同样存在（Latzer, Tzischinsky, & Roer, 2007）。造成这一现象的主要原因是什么？睡眠剥夺似乎会改变那些参与调节食欲、进食和饱腹感的激素的水平（Knutson & Van Cauter, 2008）。避免体重增加很可能是确保你每晚都要有充足睡眠的又一个原因。

减 肥

无论是出于对自身健康的担忧，还是为了满足虚荣心，越来越多的人正在尝试减肥。一项研究发现，在任一时间都有约 21% 的男性和 39% 的女性在节食（Hill, 2002），随后的一项调查也得出了类似的结果（Kruger et al., 2004）。科学研究为需要减肥的人士带来了一些好信息。研究证实，较为适度的减重能显著降低与肥胖有关的许多健康风险。例如，减重 10% 与糖尿病、癌症和心脏病风险的降低有关（Jeffery et al., 2000）。因此，肥胖治疗的传统目标——降至个体的理想体重——已经被更适度且现实的目标所取代（Sarwer et al., 2004）。

尽管导致肥胖的因素可能很多，但减肥只有一种方法：个体必须改变自己能量摄入（进食）与能量输出（运动）的比率。具体而言，想要减轻 1 磅（约 0.45 千克）的体重，个体就需要使自身消耗的能量比摄入的能量多 3 500 大卡。想减肥的人要改变自身能量摄入与能量输出的比率，有以下三种选择：（1）锐减进食；（2）猛增运动量；（3）适度地同时节食和运动。单靠节食并不足以减肥并保持减肥效果（Jeffery et al., 2004）。所以，几乎所有专家都推荐第三种选择。简言之，运动是有效的减肥法必不可少的一部分（Manson et al., 2004）。运动对保持减肥效果似乎尤为重要，因为它是长期减肥效果的最佳预测指标（Curioni & Lourenco, 2005）。

有些人选择手术来减轻体重，这种体重控制方法越来越流行（Vetter, Dumon, & Williams, 2011）。手术通常适用于极度肥胖或存在其他体重问题的人，这些问题使他们有必要采用激进的行动来快速减重。一种常见的手术方法是将胃束带放置在胃部，实质性地缩小胃的体积。另一种手术方法是胃旁路手术，它可以改变食物通过消化道的路径，使食物绕过大部分胃及部分肠道（Buchwald et al., 2004）。这两种方法都有风险，并会改变肥胖症患者的生活。患者通常必须服用膳食补充剂，还要在此后的生活中小心地监控自己的食物摄入（Tucker, Szomstein, & Rosenthal, 2007）。

最后，自我矫正技术（见第 3 章应用部分）有助于我们实现逐步减肥的目标。事实上，行为矫正程序是大多数声誉好、专业的减肥项目的基石。总体而言，有关减肥项目的证据表明，它们在短期内（开始的 6 个月）比较成功，但长远来看，绝大多数人所减的大部分重量都会反弹回来（Jeffery et al., 2000）。

营养不良

营养（nutrition）是多个过程（主要是食物摄入）的集合，有机体可以借此利用其生存和生长所需的物质（营养素）。英文"nutrition"也指研究这些过程的营养学。遗憾的是，我们大多数人对营养学都不甚了解。此外，毫无营养的食物的精心营销也使保持良好的营养习惯变得难上加难。

推荐阅读

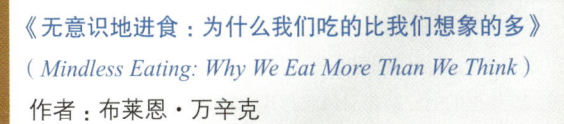

《无意识地进食：为什么我们吃的比我们想象的多》
（*Mindless Eating: Why We Eat More Than We Think*）
作者：布莱恩·万辛克

人们为什么会过量进食？其中一个原因是，环境中无处不在的线索（其中许多是由人们熟知的食品品牌设计的）具有诱导性，会影响我们的饮食习惯。问题在于，即使是那些不整天担心自己体重的人，也很可能吃得比他们需要的多得多。康奈尔大学的布莱恩·万辛克的一个巧妙实验研究表明，大多数人都不太擅长判断食物的分量。如果碗一直自动加满，你会喝多少汤？事实上，碗或盘子的大小可能对人们的饥饿感有很大的影响。另外，万辛克声称，大多数人每天要做 200 余次与饮食有关的决策，然而问题是其中的 90% 人们都意识不到。这本睿智且富有创造性的书讲述的是饮食心理学，而不只是节食。即使现实如此，如果人们能够学会关注身边问题的、基本上看不见的食物线索（所有那些巧妙设计和放置的包装），他们最终可能能够实际上控制自己的食物摄入，并最终控制自己的体重。

营养与健康

人如其食。越来越多的证据表明，营养模式会影响各种疾病和健康问题的易感性。例如，在一项对 42 000 多名女性进行的研究中，研究者发现，整体的饮食质量与死亡率存在联系。饮食质量较差的女性死亡率较高（Kant et al., 2000）。饮食与健康的具体关联是什么？除了与肥胖有关的问题外，饮食模式与健康其他可能的关联包括如下几方面。

1. 大量进食提升血清胆固醇水平的食物（如鸡蛋、奶酪、黄油、贝类、香肠等）似乎会增加心血管疾病的风险（Stamler et al., 2000；见图 5.16）。饮食习惯虽然只是影响血清胆固醇水平的若干因素之一，但它确实会产生重要影响。

2. 心血管疾病的易感性可能也受其他饮食因素的影响。例如，低纤维饮食可能会增加冠心病的可能性（Timm & Slavin, 2008），大量进食红肉、加工肉制品、甜食、土豆和精制谷物与心血管疾病风险的增加有关（Hu & Willett, 2002）。近年来的研究表明，在鱼肉和鱼油中发现的 ω−3 脂肪酸在一定程度上可以预防冠心病（Din, Newby, & Flapan, 2004）。

3. 高盐饮食被认为是高血压的一个致病因素（Havas, Dickinson, & Wilson, 2007）。不过研究者对高盐饮食的确切影响仍有一些争议。

4. 大量摄入咖啡因可能会增加个体患高血压（James, 2004）和冠心病的风险（Happonen, Voutilainen, Salonen, 2004），不过咖啡因对健康的负面影响似乎较小。

5. 高脂饮食可能是心血管疾病（Melanson, 2007）、某些类型的癌症——尤其是前列腺癌（Rose, 1997）、结肠癌和直肠癌（Shike, 1999）、乳腺癌（Wynder et al., 1997）——的致病因素。一些研究还表明，高纤维饮食或许可以减少个体患乳腺癌、结肠癌和糖尿病的风险（Timm & Slavin, 2008）。

当然，个体是否会罹患某种疾病是由营养习惯与遗传、运动、环境等因素的相互作用决定的。尽管如此，上述例子表明饮食习惯会影响身体健康。

营养目标

保证营养最健康的方法是遵循适度的食物摄入模式，在确保营养充足的同时，限制某些可能适得其反的物质的摄入。以下是一些实现这些目标的一般准则：

1. 要均衡摄入各种食物。食物包含各种成分，其中六种成分对我们的身体健康不可或缺：蛋白质、脂肪、碳水化合物、维生素、矿物质和纤维。蛋白质、脂肪和碳水化合物为身体提供能量。维生素和矿物质则有助于释放这些能量，同时还有其他重要功能。纤维为身体提供促进消化的粗糙材料。为促进所有基本营养素的充分摄入而开展的宣传教育通常会建议人们遵从美国农业部发布的经典

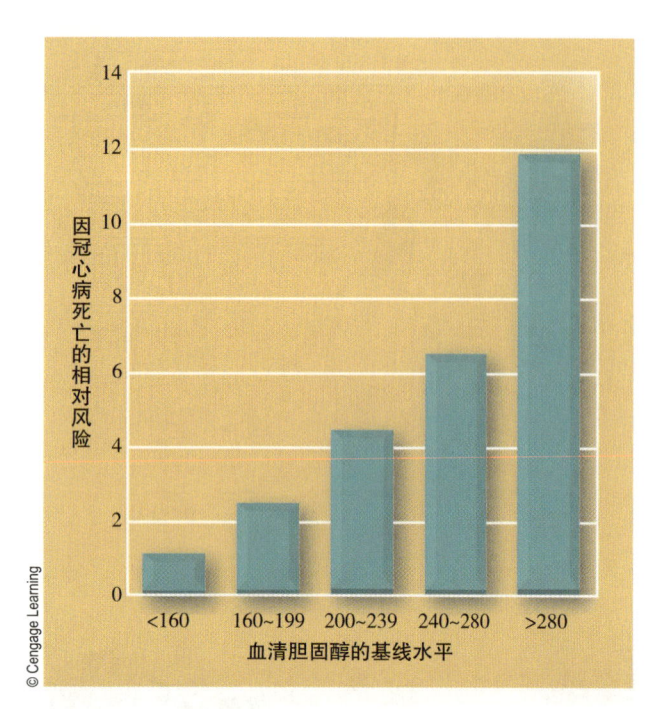

图 5.16 胆固醇与冠心病风险之间的关联

在一篇包含几项重要研究的综述中，斯塔姆勒等人（Stamler et al., 2000）总结了胆固醇水平与心血管疾病发病率之间联系的关键证据。研究者们在研究开始时（1967—1973 年）测量了 11 000 多名 18~39 岁男性的血清胆固醇水平。图中的数据描绘了参与者在接下来的 25 年里的冠心病相对风险与其初始胆固醇水平的关系。

第 5 章　心理学与身体健康　179

图 5.17　膳食指南金字塔

本图为 1992 年美国农业部认定的膳食金字塔，旨在为大众提供一份营养均衡膳食的简易指南。它确定了食物的主要种类，并就每类食物每天应该吃多少份提出了建议。但正如文中所述，该金字塔模型受到了很多批评。

■ 脂肪（天然和添加）
● 糖（添加）

脂肪、油和甜食　少量食用

牛奶、酸奶和奶酪　2~3 份

肉类、家禽、鱼肉、鸡蛋、干豆和坚果　2~3 份

蔬菜类　3~5 份

水果类　2~4 份

面包、谷物、米饭和面食类　6~11 份

膳食金字塔（见**图 5.17**）。虽然膳食金字塔仍然是一个有用的基准，但也受到了大量的批评，并在一片争议声中进行了修订（Norton, 2004）。膳食金字塔的主要问题在于，它没有区分不同类型的脂肪和碳水化合物以及不同来源的蛋白质（Willett & Stampfer, 2003）。例如，当前的主流观点认为，单不饱和脂肪和多不饱和脂肪是健康的，而饱和脂肪应少量食用。**图 5.18** 为修订后的膳食饼图，该图考虑了诸如此类的区分。

2. 避免过量摄入饱和脂肪、胆固醇、精制谷物碳水化合物、糖和盐。这些成分在典型的美国膳食中占比都过高。我们应特别谨慎地限制饱和脂肪的摄入，少吃牛肉、猪肉、火腿、热狗、香肠、午餐肉、全脂牛奶和油炸食品。为了减少胆固醇的摄入（胆固醇会影响心脏病的易感性），也应限制进食这其中的大部分食品。具体而言，牛肉、猪肉、羊肉、香肠、奶酪、黄油和鸡蛋的胆固醇含量都很高。白面包、面食和白米饭等精制谷物碳水化合

图 5.18　健康膳食饼图

正如你所看到的，修订后的健康膳食观鼓励人们主要吃水果和蔬菜，其次是谷物、面包和淀粉，再次是肉类、家禽、鱼类和奶制品。巧克力和其他含糖食品应当吃得最少，因为它们本来就应该是偶尔的享受。

物的问题是它们会过快地提升血液中的葡萄糖水平。精制（加工过的）糖的食用被认为严重过量。因此，人们应限制自己对软饮料、巧克力、糖果、糕点以及高糖谷类食品的依赖。最后，许多人都应该减少盐的摄入。做到这一点光是减少日常烹饪中的食盐使用量或是少吃薯条还不够，因为许多包装好的食品也含有很多盐。

3. 增加多不饱和脂肪、全谷物碳水化合物、天然糖和高纤维食物的摄入。要用多不饱和脂肪替代饱和脂肪，人们可以多吃些鱼肉、鸡肉、火鸡肉和小牛肉；仔细地切掉肉上的肥肉；喝脱脂牛奶；使用多不饱和脂肪含量高的植物油。健康的碳水化合物包括全麦面包、燕麦片和糙米等全谷物食品，它们要比精制谷物碳水化合物消化得更慢。水果和蔬菜一般可以为我们提供天然糖和丰富的纤维。

缺乏运动

大量证据表明，运动与健康之间存在关联。研究显示，经常运动与长寿有关（Lee & Skerrett, 2001）。并且，你不需要成为一个专业的运动员就能从运动中获益。即使较规律的中等强度的运动都与较低的死亡率有关（Richardson et al., 2004；见图 5.19）。不幸的是，美国人的身体素质似乎正在下降。仅有 25% 的美国成年人得到足够的定期锻炼（Dubbert et al., 2004）。为什么会这样？有多种可能的原因。例如，我们可以考虑一下科技的影响。现在儿童（和很多成年人）花多少时间玩电子游戏，而不是去户外参加体育活动？电子游戏和其他线上活动或许能训练人的思维，但正如你将看到的，我们需要严格且有规律的体育锻炼来保持身心的健康。

运动的益处

运动之所以与长寿相关，是因为它可以为我们带来多种特定的益处。第一，适

图 5.19 体能与死亡率

布莱尔等人（Blair et al., 1989）研究了不同体能水平的男女两性的死亡率。即使中等的体能都与男性和女性较低的死亡率有关。研究者指出，每天快走半小时，人们就能达到这种中等体能。

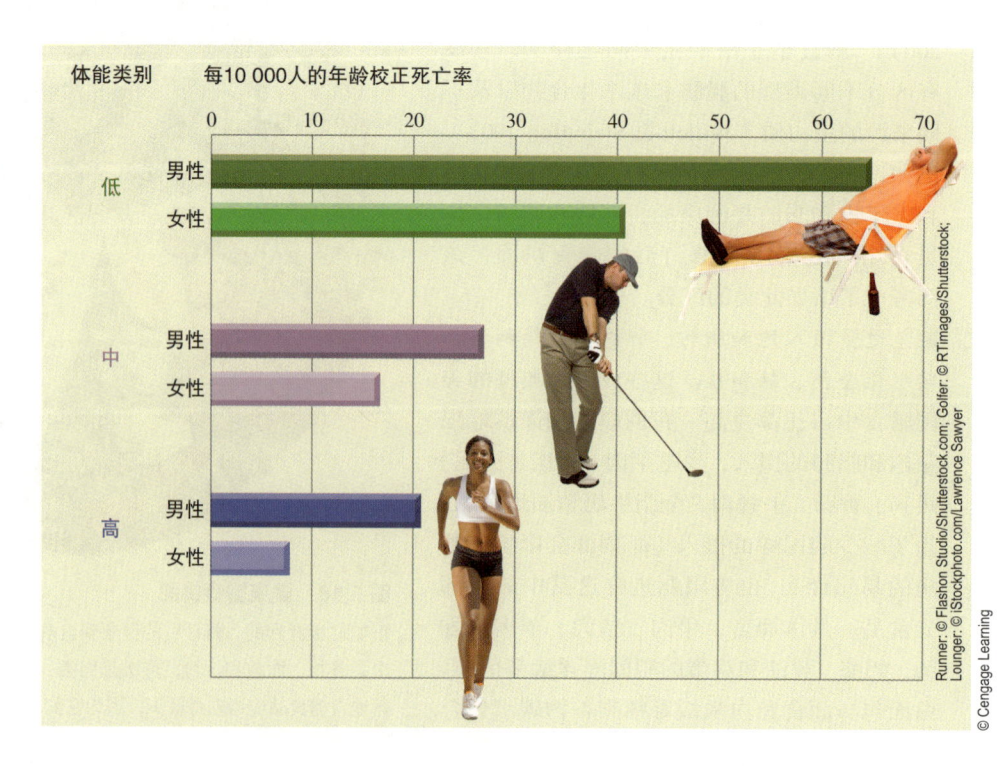

宜的运动计划可以增强心血管健康，从而降低个体对心血管疾病的易感性（Schlicht, Kanning, & Bös, 2007）。体能好与冠心病、中风和高血压风险降低有关（Blair, Cheng, & Holder, 2001）。第二，有规律的运动有助于避免肥胖（Hill & Wyatt, 2005; Jakicic & Otto, 2005），降低各种肥胖相关健康问题的风险，包括糖尿病、呼吸困难、关节炎和背疼等。第三，一些研究表明，体能也与降低患结肠癌以及女性患乳腺癌和生殖系统癌症的风险有关（Thune & Furberg, 2001）。运动与癌症风险下降之间明显的关联令科学家们感到惊喜，他们竞相重复这一研究结果，试图找出这种关联背后的生理机制（Rogers et al., 2008）。研究者甚至发现，运动对癌症患者也有帮助，包括帮助缓解治疗带来的疲劳（Cramp & Daniel, 2008）。

第四，运动可以起到缓冲作用，缓解压力潜在的破坏作用（Plante, Caputo, & Chizmar, 2000）。这种缓冲效应发生的原因可能是体能好的人对压力的生理反应比体能差的人少。第五，运动可能对心理健康有积极影响，由此也可能对身体健康有益。运动可以增强人的幸福感（Hyde et al., 2011）。研究还一致发现，不少于 8 周的定期运动与抑郁的减轻有关（Phillips, Kiernan, & King, 2001），鉴于有证据表明抑郁与心脏病易感性增加相关，这一点非常重要。第六，成功完成某项运动计划能使人格发生积极的变化，比如自尊提高（Ryan, 2008），这也会促进我们的身体健康。研究表明，体能训练能够改善个体的心境、自尊和工作效率，还可以缓解紧张和焦虑（Dunn, Trivedi, & O'Neal, 2001; Wipfli, Rethorst, & Landers, 2008）。

制订运动计划

制订一个好的运动计划对许多人来说是困难的。运动需要时间，如果你的身材走形，那么刚开始运动时，你可能会感到痛苦、厌恶和泄气。缺乏运动的人常以没时间、不方便和没有乐趣为借口（Jakicic & Gallagher, 2002）。想要避开这些问题，你可以参考以下建议（Greenberg, 2002; Jakicic & Gallagher, 2002; Phillips et al., 2001）：

1. 找一项自己喜欢的运动。可供选择的运动项目非常之多（见图 5.20）。你可以从中选一项你真正喜欢的运动，这会使你更容易坚持并定期锻炼。
2. 定期运动但不要过度。偶尔运动并不会提升你的体能。另一种极端情况是过度运动，这会导致挫败感，更不用说受伤。适度才是关键。运动量更大并不总是更好，甚至可能适得其反（Reynolds, 2012）。如果你受伤了，请不要像许多人那样不当回事。一项研究发现，与强度较高但频率较低的运动计划相比，人们更可能坚持强度适中但频率较高的运动计划（Perri et al., 2002）。
3. 逐渐增加运动时间。不要操之过急。慢慢开始运动然后不断累加，因为只要运动就比不运动好。18~65 岁的健康人每周都应该进行 5 次半小时中等强度的运动（或者每周 3 次 20 分钟的高强度运动）（Haskell et al., 2007）。
4. 运动后给自己强化。为抵消与运动有关的不便或痛苦，在运动后给自己强化不失为一个好方法。第 3 章讨论的行为矫正程序可能会对制订一个可行的运动计划有帮助。

体能	慢跑	骑自行车	游泳	滑冰或旱冰	手球或壁球	北欧滑雪	高山滑雪	篮球	网球	健美操	走路	高尔夫	垒球	保龄球
心肺耐力	21	19	21	18	19	19	16	19	16	10	13	8	6	5
肌肉耐力	20	18	20	17	18	19	18	17	16	13	14	8	8	5
肌肉力量	17	16	14	15	15	15	15	15	14	16	11	9	7	5
灵活性	9	9	15	13	16	14	14	13	14	19	7	9	9	7
平衡性	17	18	12	20	17	16	21	16	16	15	8	8	7	6
总体健康情况														
体重控制	21	20	15	17	19	17	15	19	16	12	13	6	7	5
肌肉轮廓	14	15	14	14	11	12	14	13	13	18	11	6	5	5
消化	13	12	13	11	13	12	9	10	12	11	11	7	8	7
睡眠	16	15	16	15	12	15	12	12	11	12	14	6	7	6
总分	148	142	140	140	140	139	134	134	128	126	102	67	64	51

图 5.20　14 种运动项目的好处记分卡

图中数据为 7 名专家对 14 种运动项目的打分（每一格最高分为 21）。评分基于每周 4 次的活跃运动。

资料来源：Conrad, C. C. (1976, May). How different sports rate in promoting physical fitness. *Medical Times*, pp. 45. Copyright 1976 by Romaine Pierson Publishers. Reprinted by permission.

5. 任何时候开始运动都为时不晚。事先提醒：随着年龄的增长，定期运动的人越来越少（Phillips et al., 2001）。然而，即使是中等强度的定期运动都有利于我们的健康，正如研究所显示的，70 岁到 90 多岁的人同样能从运动中获益（Everett, Kinser, & Ramsey, 2007）。随着年龄增长，人们可能会认为健康状况的衰退是不可避免的自然趋势（O'Brien & Vertinsky, 1991）。一个更好并且更恰当的信念应该是：用进废退。

行为与艾滋病

目前，与健康有关的行为中最有问题的可能是那些与艾滋病有关的行为。艾滋病是一种大流行病，或者说是全球性流行病。艾滋病（AIDS）是**获得性免疫缺陷综合征**（Acquired immune deficiency syndrome）的简称，是一种由人类免疫缺陷病毒（HIV）导致的免疫系统逐渐削弱并最终失去功能的疾病。感染 HIV 并不等于得了艾滋病。艾滋病是 HIV 感染过程的最后阶段，通常在感染 HIV 的 7~10 年后才表现出来（Carey & Vanable, 2003）。艾滋病一旦发作，个体对众多机会性感染原几乎毫无抵抗力。艾滋病的症状因个体所患的具体疾病群而迥异（Cunningham & Selwyn, 2005）。这一致命疾病的发病率在全世界一直以惊人的速度持续上升，尤其是在非洲的某些地区（UNAIDS, 2005）。不幸的是，一些感染了 HIV 的人坚信，没有证据表明这种病毒会导致艾滋病（Kalichman, Eaton, & Cherry, 2010）。

在 1996—1997 年之前，艾滋病患者发病后的平均存活时间约为 18~24 个月。高效抗逆转录病毒疗法在艾滋病治疗方面取得了可喜的进展，有望大幅延长患者的存活时间（Anthony & Bell, 2008; Hammer et al., 2006）。医学专家们担心，大众已经形成这样一种印象，即这些疗法已经把艾滋病从致命的疾病转变为可控的疾病，但现在下结论还为时过早。HIV 的毒株在不断演化，很多已经对当前可用的抗逆转录病毒药物产生了耐药性（Trachtenberg & Sande, 2002）。此外，这些新药在很多艾滋病患者身上并未取得良好的疗效，且常常产生不良的副作用（Beusterien et al., 2008）。另一个令人生畏的问题是，大部分发展中国家在治疗方面尚未取得进展，艾滋病患者基本上得不到这些昂贵的新药。受艾滋病的影响，在某些非洲国家，艾滋病已经使人们的预期寿命降到了数百年前的水平。例如，研究预测博茨瓦纳人的预期寿命已经从 66 岁降到了 33 岁（Carey & Vanable, 2003）。

在与艾滋病的持续斗争中也有一些好消息。例如，有证据表明，抗逆转录病毒药物的联合使用能延缓艾滋病毒在感染者体内的发展，并因此延长他们的寿命（UNAIDS, 2008）。寿命的延长是因为艾滋病的早发现、上文提及的药物疗法，以及提升健康和幸福的行为改变。因此，艾滋病患者和病毒感染者要戒烟、戒酒以及停止使用毒品，同时培养定期运动、健康饮食和充分休息的生活习惯，这些都有助于他们活得更长（Chou et al., 2004）。另外，积极乐观的人生态度也与艾滋病患者死亡率下降有关（Moskowitz, 2003）。

传　播

HIV 通过人与人之间的接触传播，主要涉及精液和血液等体液的交换。在美国，艾滋病的两种主要传播方式为性接触和静脉注射毒品者共用针头。其中，性传播主要发生在男同性恋者和男双性恋者群体中，但近年来异性恋者的性传播有所增长（Centers for Disease Control, 2006）。在全世界，通过异性性行为导致的感染从一开始就更为普遍（UNAIDS, 2007）。在异性性行为中，男性传播给女性的可能性估计约为女性传播给男性的 8 倍（Ickovics, Thayaparan, & Ethier, 2001）。尽管 HIV 可以在感染者的眼泪和唾液中找到，但浓度很低，并无证据表明偶然接触会导致感染。甚至大多数的非偶然接触，如与感染者接吻、拥抱、共享食物等都是安全的（Kalichman, 1995）。HIV 阳性的女性所生的孩子也可能感染这种疾病，通常是在分娩过程中，不过母乳喂养也会将病毒从母亲传给孩子（Steinbrook, 2004）。

错误观念

关于艾滋病的错误观念非常普遍。讽刺的是，持有这些错误观念的人分为两个极端阵营。一方面，很多人不切实际地担心艾滋病很容易通过与感染者的偶然接触感染。他们认为握手、打喷嚏或是食物器皿都可能传播艾滋病，因而产生不必要的担心。他们往往害怕与同性恋者接触，从而助长加剧了对同性恋者的歧视。有些人还认为献血很危险，但实际上正规献血没有任何风险。

另一方面，很多年轻的异性恋者性生活很活跃，性伴侣很多，他们愚蠢地低估了自己感染 HIV 的风险，天真地以为只要不使用静脉注射毒品并且不与男同性恋者或男双性恋者发生性关系，自己就是安全的。这些人极大地低估了自己的性伴侣曾使用过静脉注射的毒品或与感染者发生过无保护性行为的可能性。比如，他们不知道，大多数男双性恋者并不会向他们的女性伴侣透露他们的双性恋取向（Kalichman et al., 1998）。另外，因为艾滋病通常伴有可辨别的症状，所以很多年轻人认为，携带 HIV

艾滋病风险知识测验		
判断下列陈述的正误。		
正确	错误	1. 艾滋病病毒不会通过接吻传播。
正确	错误	2. 与艾滋病患者共用厨房和卫生间会感染艾滋病病毒。
正确	错误	3. 男性可以将艾滋病病毒传染给女性。
正确	错误	4. 艾滋病病毒会削弱人体抵御疾病的能力。
正确	错误	5. 别人打喷嚏会使你感染艾滋病病毒，就像感染感冒或流感那样。
正确	错误	6. 触碰艾滋病患者会让你感染艾滋病。
正确	错误	7. 女性可能将艾滋病病毒传给男性。
正确	错误	8. 如果某人因注射毒品而感染艾滋病病毒，就不会通过性行为将病毒传给他人。
正确	错误	9. 孕妇会将艾滋病病毒传染给未出生的胎儿。
正确	错误	10. 大多数避孕措施也能防止感染艾滋病病毒。
正确	错误	11. 避孕套可以使性交完全安全。
正确	错误	12. 口交是安全的，只要性伴侣"不吞咽"。
正确	错误	13. 一个人必须有很多不同的性伴侣才会有感染艾滋病的风险。
正确	错误	14. 在大城市做好预防艾滋病的措施比在小城市更重要。
正确	错误	15. 艾滋病病毒抗体检测的阳性结果经常出现在那些没有感染病毒的人身上。
正确	错误	16. 只有接受性（被动的）肛交才会传播艾滋病病毒。
正确	错误	17. 正规献血并不存在让献血者感染艾滋病的风险。
正确	错误	18. 大多数艾滋病病毒携带者看起来都病得很重。

答案：1. 正确 2. 错误 3. 正确 4. 正确 5. 错误 6. 错误 7. 正确 8. 错误 9. 正确 10. 错误 11. 错误 12. 错误 13. 错误 14. 错误 15. 错误 16. 错误 17. 正确 18. 错误

图 5.21　艾滋病知识测验

因为关于艾滋病的错误观念比比皆是，所以做一下这个简短的测验来测试你对艾滋病的了解也许是明智的。

资料来源：Kalichman, S. C. (1995). *Understanding AIDS: A guide for mental health professionals*. Washington, DC: American Psychological Association. Copyright © 1995 by the American Psychological Association. Adapted with permission of the author.

的潜在性伴侣会表现出一定的疾病迹象。然而，如前所述，罹患艾滋病和感染 HIV 并不相同，HIV 携带者常常在感染病毒后的数年内仍然健康，并不出现症状。事实上，一项研究对 5 000 多名男性进行了 HIV 筛查，发现 77% 的 HIV 检测阳性者并不知道自己被感染（MacKellar et al., 2005）。

总而言之，针对这一有争议的复杂疾病，虽然相关机构做了很多工作来教育民众，但许多关于艾滋病的错误观点仍然存在。图 5.21 是一个小测验，可以测测你对艾滋病的了解。

预　防

可将艾滋病风险降至最低的行为改变相当简单，尽管做出改变往往说起来容易做起来难（Coates & Collins, 1998）。在所有群体中，一个人的性伴侣越多，其暴露于 HIV 的风险就越高。因此，人们可以通过减少性伴侣的数量和使用避孕套避免精液接触来降低感染风险。减少某些会增加精液和血液混合可能性的性行为（尤其是肛交）也很重要。与目睹艾滋病最初出现的那代人相比，新一代的年轻人对 HIV 感染风险的关注似乎要少得多（Jaffe, Valdiserri, & De Cock, 2007; Mantell, Stein, & Susser, 2008）。专家们尤其担心的是，治疗方面的新进展可能导致人们对危险性行为的态度更为随意，这一事态发展对减缓艾滋病传播的公共卫生努力不是一个好兆头（Kalichman et al., 2007; van Kesteren, Hospers, & Kok, 2007）。年轻人的这种错误的安全感长期来看可能会产生可怕的后果，除非他们采取预防措施，并保持警惕的态度。

对疾病的反应

学习目标
- 总结有关求医行为模式的证据，包括"病人角色"的吸引力
- 指出有损医患沟通的因素，并讨论如何促进医患沟通
- 讨论不遵医嘱的普遍性及其原因

到目前为止，我们已经强调了保持健康和降低疾病风险的心理-社会方面的因素。但健康也受人们对身体症状和疾病反应方式的影响。一些人会否认和忽视疾病的早期预警信号，而另一些人则会采取积极的应对方式来战胜疾病。在本节中，我们将探讨求医决策、病人角色、与卫生保健提供者的沟通和遵从医嘱等内容。

求医决策

你是否经历过恶心、腹泻、僵硬、头痛、痉挛、胸痛或鼻炎等问题？你当然经历过，每个人都会偶尔碰到其中的一些问题。然而，是否将这些感受视为病症，则是个人解释的问题，而症状的严重程度是促使人们寻求医学建议的原因（Ringström et al., 2007）。假设两个人体验到同样的不舒服的感觉，一个人可能只是觉得有点烦，置之不理，而另一个人却可能赶紧去看医生（Leventhal, Cameron, & Leventhal, 2005）。研究表明，那些较为焦虑和神经质的人往往会报告更多的疾病症状（Feldman et al., 1999; Goodwin & Friedman, 2006）。那些极度关注身体感觉和健康问题的人也会报告更多的症状（Barsky, 1988）。当感觉自己生病时，女性报告的症状数量和痛苦程度甚于男性（Koopmans & Lamers, 2007）。

症状感知上的差异有助于解释人们为什么在求医意愿上有着如此大的差异（Cameron, Leventhal, & Leventhal, 1993）。一般而言，如果自身的症状不常见、看似严重、持续时间比预期更长，或者已妨碍工作或社会活动，人们更可能求医（Martin et al., 2003）。社会阶层也会影响求医意愿。与低收入群体相比，社会经济地位较高的群体报告的疾病症状更少、健康状况更好，但一旦生病，他们更可能求医（Grzywacz et al., 2004）。

另一个关键因素是家人和朋友对症状的反应。如果家人和朋友认为症状较为严重并鼓励个体求医，那么寻求医疗咨询的可能性要高得多，虽然反复劝说个体求医有时会适得其反（Martin et al., 2003）。性别也会影响求医决策，女性比男性更可能使用医疗服务（Galdas, Cheater, & Marshall, 2005）。最后，年龄也有影响：幼儿（5岁及以下）和年长的成人（成年中后期及以上）更可能使用医疗服务（U.S. Department of Health and Human Services, 1995）。这些事实并不奇怪，特别是幼儿经常会生病或者需要接种疫苗，并且有家长或照护者带他们去做检查。

求医的过程可划分为三个主动而复杂的问题解决阶段（Martin et al., 2003）。首先，人们必须判断自己的身体感觉确实是症状，即疾病的征兆。其次，他们必须判断自身明显的病症是否有医疗关注的必要。最后，他们必须不辞辛苦地为求医做出实际的安排，这可能很复杂且耗费时间。查看医疗保险的覆盖范围，寻找一位合适的医生，约定看病的时间，请假或请人照看孩子等，都可能是很麻烦的事情。

所以，无怪乎求医最大的问题是，很多人都有延迟寻求专业帮助的倾向。因为早期诊断和尽快干预有利于很多疾病的有效治疗，所以延迟就医可能带来严重的不利影响。不幸的是，拖延是一种常态，即使人们在面对诸如心脏病发作之类的紧急医疗事件时，也是如此（Martin & Leventhal, 2004）。

病人角色

虽然许多人倾向于推迟就医，但有些人实际上是渴望求医。鉴于这种现实，高达 60% 的就诊人次似乎都没有多少医学依据，也就不足为奇了（Ellington & Wiebe, 1999）。很多人急于求医可能是因为他们知道，扮演"病人角色"有潜在的好处（Hamilton, Deemer, & Janata, 2003）。例如，病人角色可以让"患者"不必为自己的不称职负责，也可以使他们摆脱很多正常的责任与义务（Segall, 1997）。人们很少向病人提要求，而病人通常也可以选择性地忽视他人的要求。生病可以为个体的失败提供一个方便和保全颜面的借口（Wolinksky, 1988）。病人也会感受到亲友们的很多关注（喜爱、关心和同情）。这种积极关注具有奖赏作用，会鼓励病人维持症状（Walker, Claar, & Garber, 2002）。

当然，也有一些人在任何情况下都拒绝扮演病人角色。也就是说，他们很可能已经生病了，但仍然坚决地继续正常的工作和生活。例如，那些担心失业的人即使生病了也会去上班（Bloor, 2005）。那些忠于职守或者与同事相处融洽的人也会如此（Biron et al., 2006）。

与卫生保健提供者沟通

当人们向医生和其他卫生保健提供者寻求帮助时，很多因素会妨碍沟通的有效性。很大一部分的病人在离开医生办公室时，不理解医生对他们说的话，也不知道自己该做些什么（Johnson & Carlson, 2004）。这种情况很糟糕，因为良好的沟通是病人做出合理的医疗决策、明智的治疗选择以及进行恰当的后续治疗的关键因素（Buckman, 2002）。

许多因素会妨碍有效的医患沟通（Beisecker, 1990; DiMatteo, 1997）。经济原因决定了问诊时间通常相当短暂，几乎没有时间让医患双方讨论。疾病和疼痛是主观问题，可能难以描述。许多医护人员使用太多的医学术语，高估了病人对专业术语的理解。一些医护人员会对病人的询问感到不耐烦，也

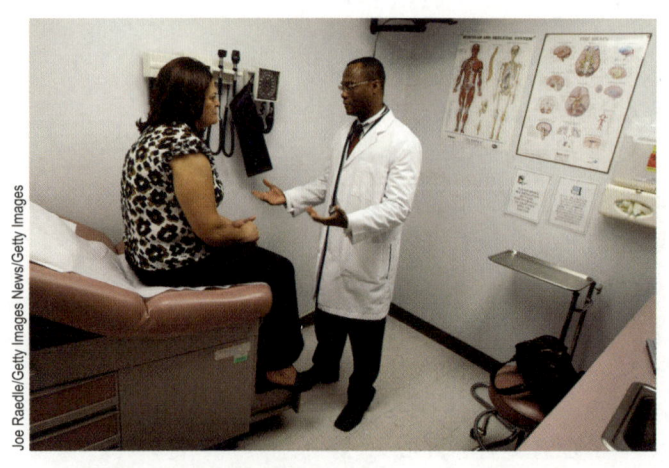

由于各种原因，医患沟通往往远非最佳。

不愿意病人向他们询问更多的信息。对自己病情感到不安和担忧的病人可能忘了向医生报告一些症状，或提出他们想问的问题。还有一些病人因为害怕自己被诊断为严重的疾病，所以对自己真正的担忧避而不谈。很多病人不愿意挑战医生的权威，在与医护人员的互动中过于被动。医生和护士通常认为他们的解释很清楚，然而，病人误解可能是一种常见的现象，这会给那些疾病诊断、治疗方案和用药指导很复杂的患者带来特殊的问题（Parker, 2000）。

遵医嘱

许多病人未能遵从医生和其他卫生保健专业人士的指示。当医生为急性病开出短期治疗方案时，不遵医嘱的情况为30%；当为慢性病开出长期治疗方案时，不遵医嘱的情况则为50%（Johnson & Carlson, 2004）。不遵医嘱有多种形式。病人可能压根儿就不去执行治疗方案，可能过早结束治疗，可能自行增减规定的治疗剂量，或是时断时续地参加后续治疗（Clifford, Barber, & Horn, 2008）。不遵医嘱是一个大问题，与疾病加重、治疗失败和更高的死亡率都存在关联（DiMatteo et al., 2002）。此外，不遵医嘱浪费了昂贵的就诊费用和大量药物，增加了住院人数，导致巨大的经济损失。罗宾·迪马特奥是一位研究依从性的权威人士，她推测仅在美国，不遵医嘱每年就可能使卫生保健系统白白损失3 000亿美元（DiMatteo, 2004）。迪马特奥（DiMatteo, 2004）还指出了一个令人深思的统计结果：在过去50年里依从率几乎没有提高，这通常是因为医疗从业者并没有采取什么措施来鼓励病人遵从他们的建议。

以下是一些影响遵医嘱可能性的因素（Dunbar-Jacob & Schlenk, 2001; Johnson & Carlson, 2004）：

1. 通常情况下，不遵医嘱只是因为病人忘了医嘱内容或不理解医嘱。医疗工作者常常忘记，对他们来说显而易见的简单知识，可能对很多病人却晦涩难懂。
2. 另一个关键因素是治疗的痛苦或困难程度。如果医生所开的治疗方案令人不适，依从性一般会减弱。例如，如果医生开的药有很多严重的副作用，或者医生的指示会干扰日常生活，那么依从性就会降低。
3. 如果病人对医生持否定态度，不遵医嘱的可能性就会增加。如果病人对自己与医生的互动感到不满，他们就更可能忽视医生的医疗建议。相反，如果病人与医生形成了对抗疾病的联盟关系，依从就更可能发生（Fuertes et al., 2007）。
4. 如果医生能够做到随访，那么治疗依从会提高。如果医生在做出诊断之后还能关注病人，病人就更可能遵从治疗方案（Llorca, 2008）。

针对不依从问题，研究者考察了很多提高病人对医疗建议依从性的方法（Martin et al., 2010）。干预方法包括：简化医嘱，更多地解释医嘱背后的原理，降低治疗方案的复杂度，帮助病人缓解不良情绪，以及培训病人使用行为矫正策略。这些干预方法都能提高依从性，虽然效果往往有限（Christensen & Johnson, 2002）。

应用：了解毒品的作用

学习目标
- 解释药物耐受性、生理和心理依赖以及过量的概念
- 总结麻醉剂、镇静剂、兴奋剂和致幻剂的主要作用和风险
- 概述大麻和摇头丸（MDMA）的主要作用和风险

请判断下列陈述的对错。
____ 1. 抽大麻会导致男性阳痿和不育。
____ 2. 可卡因导致的过量相对少见。
____ 3. 大量证据表明，LSD 会导致染色体损伤。
____ 4. 致幻剂具有成瘾性。
____ 5. 摇头丸是一种相对无害的毒品。

正如你将在本章的应用部分了解到的，所有这些陈述都是错的。如果你准确地回答了所有问题，你可能已经很了解毒品了。如果没有，那你应该能够正确回答这些问题。涉及毒品的明智决策需要以对它们的作用和风险的了解为前提。

本应用部分侧重于人们为了其愉悦效果而使用毒品，通常被称为**毒品滥用**或**消遣性毒品使用**。毒品滥用触及我们社会的每个角落，是一种有损健康的习惯。虽然近年来毒品滥用整体上似乎略有下降，但调查数据显示，自 20 世纪 60 年代以来非法毒品使用大多呈上升趋势（Winick & Norman, 2005）。毒品使用通常始于青少年期（Swendsen et al., 2012）。

消遣性毒品使用涉及人格、道德、政治和法律问题，偶尔还涉及宗教问题，这些都不是科学要解决的问题。然而，你对毒品越了解，对毒品的看法和决策就越明智。因此，本应用部分旨在客观而真实地为你介绍与消遣性毒品使用有关的问题。我们先来回顾一些与毒品有关的重要概念，然后考察六类被广泛滥用的毒品的作用和风险，它们分别是：麻醉剂、镇静剂、兴奋剂、致幻剂、大麻和摇头丸（MDMA）。

与毒品有关的概念

图 5.22 介绍了消遣性毒品的主要类型。图中列出了五种类别中每一种的代表性毒品以及它们的使用方法、主要医疗用途、预期效果和常见副作用。

大多数毒品都会产生耐受效应。**耐受性**（tolerance）是指个体对毒品的反应性随着持续使用而逐渐降低。耐受性通常导致人们消耗剂量越来越大的毒品，以获得自己渴望的效果。人体对某些毒品的耐受性比对其他毒品出现得更快。图 5.23 列出了与毒品滥用有关的各种风险，其中的第一列显示了各类毒品是倾向于产生快速还是逐渐的耐受性。

当我们评估与使用特定毒品有关的潜在问题时，要考虑的一个关键因素是出现生理或心理依赖的可能性。虽然这两种形式的毒品依赖都有生理基础（Di Chiara, 1999），但两种综合征之间存在着重要的差异。**生理依赖**（physical dependence）是指个体必须持续使用某种毒品以避免停用后的戒断性疾病。戒断性疾病（又称脱瘾综合征）的症状因毒品而异。戒断海洛因和巴比妥酸盐会引起发烧、寒战、颤抖、抽搐、

毒品名称	使用方法	主要医疗用途	预期效果	短期副作用
麻醉剂（鸦片制剂） 吗啡 海洛因	注射、烟吸、口服	止痛	欣快、放松、焦虑减轻、疼痛缓解	嗜睡、困倦、恶心、协调能力受损、心理功能受损、便秘
镇静剂 巴比妥酸盐 （如速可眠） 非巴比妥酸盐 （如安眠酮）	口服、注射	安眠药、抗惊厥药	欣快、放松、焦虑减轻、抑制减少	嗜睡、困倦、协调能力严重受损、心理功能受损、情绪波动、沮丧
兴奋剂 苯丙胺 可卡因	口服、鼻吸、注射、加热精炼、烟吸	多动症和嗜睡症治疗、局部麻醉（仅限于可卡因）	得意、兴奋、警觉性增强、能量增加、疲劳感减弱	血压和心率升高、话多、不安、易怒、失眠、食欲降低、出汗和排尿增多、焦虑、偏执、攻击性增强、恐慌
致幻剂 LSD 墨斯卡灵 裸盖菇素	口服		感官觉知能力增强、欣快、知觉改变、幻觉、有见地的体验	瞳孔放大、恶心、情绪波动、偏执、思维过程混乱、判断能力受损、焦虑、恐慌反应
印度大麻 大麻 大麻树脂 THC	烟吸、口服	青光眼治疗，其他用途仍在研究中	轻度欣快、放松、知觉改变、觉知能力增强	眼睛充血、口干、记忆力减退、运动协调能力和心理功能迟缓、焦虑

图 5.22　被滥用毒品的主要类别

本图总结了五类消遣性毒品的摄入方法、主要医疗用途及主要作用。（本章的第二节介绍了与酒精有关的内容。）

资料来源：Julien, 2008; Levinthal, 2008; Lowinson et al., 2005.

痉挛、呕吐、腹泻和严重的疼痛。戒断这些毒品的痛苦实际上会迫使成瘾者继续使用它们。戒断兴奋剂则会引发一种不同且相对温和的综合征，主要表现为疲劳、冷漠、易怒、抑郁和定向障碍。

心理依赖（psychological dependence）是指个体必须继续使用某种毒品以满足自己对该毒品强烈的精神和情感渴望。心理依赖比生理依赖更微妙，因为它没有明显的戒断反应。然而，心理依赖会使个体对毒品产生一种强烈而无法抗拒的渴望。这两种依赖常常同时存在，也就是说许多人会对某种毒品既表现出生理依赖，又表现出心理依赖。它们都是随着毒品的重复使用而逐渐形成的。然而，对不同毒品的依赖性相差很大。图 5.23 估计了个体对五类毒品产生两种依赖的风险。

过量（overdose）是指可严重危及个体生命的过大的毒品剂量。如果摄入足够的量，任何毒品都可能致命，但某些毒品比其他毒品过量的风险更大。在图 5.23 中，第五列估计了意外摄入致命剂量的各种毒品的风险。中枢神经系统抑制剂类毒品（麻醉剂和镇静剂）过量使用的风险最大。这些毒品的作用可以累加，理解这一点非常重要。许多毒品过量都涉及多种中枢神经系统抑制剂的致命组合。当人们过量使用这些毒品时会发生什么？他们的呼吸系统会渐渐停止运转，在短时间内导致昏迷、脑损伤和死亡。相形之下，致命的中枢神经系统兴奋剂（可卡因和苯丙胺类）过量一般会导致心脏病发作、中风或皮质性癫痫。

与主要类别的被滥用毒品相关的风险				
毒品类别	耐受性	生理依赖的风险	心理依赖的风险	致命性过量的可能性
麻醉剂（鸦片制品）	快速	高	高	高
镇静剂	快速	高	高	高
兴奋剂	快速	中	高	中到高
致幻剂	逐渐	无	非常低	非常低
印度大麻	逐渐	无	低到中	非常低

图 5.23　各类毒品的特定风险
本图显示了五大类毒品的耐受性、依赖性和过量的预估潜在风险。

既然基本概念已经讲清楚了，我们就可以开始考察主要消遣性毒品的作用和风险了。当然，我们会描述每种毒品的典型作用。但请记住，任何毒品的具体作用都取决于使用者的年龄、体重、生理状况、人格、心境、期望和之前使用该毒品的经历。毒品的剂量和效力、使用方式以及服用毒品的环境也会影响其作用（Leavitt, 1995）。

麻醉剂

麻醉剂［narcotics; 或阿片类（opiates）］是从鸦片中提取的物质，能够缓解疼痛。但在美国政府的法规中，麻醉剂一词的使用具有一定的随意性，还包括阿片类之外的各种毒品。滥用最广的阿片类是海洛因、吗啡和一种相比较新的止痛药奥施康定（羟考酮）。然而，效力较小的阿片类（如可待因、杜冷丁和维柯丁）也可能被滥用。

作　用

当代西方社会最严重的麻醉剂问题是海洛因的使用。大多数使用者都用皮下注射器进行静脉注射。海洛因的主要作用是使个体产生一种压倒一切的欣快感。这种毫不在乎的感受使海洛因成为一种逃避现实的诱人方式。海洛因常见的副作用包括恶心、嗜睡、困倦、便秘和呼吸变慢。

风　险

麻醉剂的心理和生理依赖风险都很高（Knapp, Ciraulo, & Jaffe, 2005）。据估计，美国大约有 60 万名海洛因成瘾者（Winick & Norman, 2005）。虽然海洛因戒断通常不会危及生命，但非常痛苦，这让"瘾君子们"对继续吸毒有着非常强烈的渴望。一旦依赖变得根深蒂固，吸毒者往往会形成一种以毒品为中心的生活方式，他们的生活围绕着获取更多海洛因的需求展开。这是因为海洛因非常昂贵，并且只能通过高度不可靠的黑市渠道获得。显然，如果个体的生活被获取海洛因的迫切需要所主导，那么人生很难有所建树。海洛因极高的费用迫使很多成瘾者诉诸犯罪活动来维持他们的习惯。自 20 世纪 90 年代以来，美国的海洛因使用一直趋于平稳（Johnston et al., 2008）。尽管如此，美国每年仍有 4 000 多人死于海洛因，所以，吸毒过量是一个非常真实的危险。阿片类的作用可与其他中枢神经系统抑制剂的作用叠加，并且大多数麻醉剂的过量使用都伴有镇静剂的使用或饮酒。成瘾者也有感染传染病的风险，因为他们经常共用皮下注射器，并且往往不认真消毒。过去这些疾病中最常见的是肝炎，但近年来艾滋病正在通过静脉注射吸毒者以惊人的速度传播（Des Jarlais, Hagan, & Friedman, 2005）。

镇静剂

镇静剂（sedatives）是能诱导睡眠的药物，往往会降低中枢神经系统和行为活动。在美国的街头行话中，镇静剂常常被称作"downers"（解嗨丸），因为伴随着代谢功能的降低，它们会带来一种放松感（Julien, 2008）。多年来，滥用最广的镇静剂是巴比妥酸盐，它们是从巴比妥酸中提取的化合物。然而，巴比妥酸盐在医疗领域已经逐渐被淘汰，变得越来越难获取，因此镇静剂滥用者不得不转而使用苯二氮䓬类药物，比如安定（Wesson et al., 2005）。

作　用

滥用镇静剂的人通常使用大于医生处方的剂量。大剂量的镇静剂可产生一种类似于大量饮酒所产生的欣快感（Wesson et al., 2005）。紧张、焦虑和抑郁的感受会暂时被一种放松而愉悦的陶醉状态所取代，这种状态下抑制可能被解除。不过，镇静剂有许多危险的副作用。运动协调能力严重受损，导致口齿不清和步态蹒跚等症状。智能也会变得迟钝，且判断力受损。镇静剂使用者的情绪状态可能变得不稳定，常在欣快心境中出现沮丧感。

风　险

镇静剂有可能产生心理和生理依赖。由于它们与其他中枢神经系统抑制剂（尤其是酒精）叠加性的相互作用，以及它们损害判断力的程度，镇静剂在美国也是过量的主要原因之一。在毒品引发的糊涂状态中，镇静剂滥用者可能会使用危险的剂量，而他们平常能够识别。因为镇静剂会严重影响运动协调能力，所以镇静剂使用者意外受伤的风险升高。

兴奋剂

镇静剂会降低人们的新陈代谢率（Julien, 2008），而兴奋剂则会使人产生一种警觉和精力充沛的感觉。**兴奋剂**（stimulants）是一类通常能够增强中枢神经系统和行为活动的药物，其范围从药效温和、容易获取的药物，如咖啡因和尼古丁，到药效强烈、受严格管控的兴奋剂药物，如可卡因和苯丙胺（安非他明）。所有兴奋剂都有一定的改变心境的作用。这里我们重点介绍后面两种。

可卡因是一种从古柯灌木提取的有机物。可卡因虽然可以口服或静脉注射，但使用者常以晶状粉末的形式从鼻腔吸入。"快克"是一种加工处理过的可卡因，呈小片状，一般通过烟吸的方式使用。烟吸快克往往比鼻吸可卡因粉末更危险，因为烟吸会使毒品更快地被血液吸收，同时将毒品更集中地输送至大脑。虽然存在这些差异，所有类型的可卡因和所有的摄入途径都可将剧毒剂量的毒品输送至大脑（Repetto &

Gold, 2005）。

苯丙胺是在制药实验室中合成的，通常口服。然而，苯丙胺也会以晶状粉末的形状（俗称"冰毒"）出售，可以鼻吸或静脉注射。在某些地区存在一种烟吸形式的甲基苯丙胺，这种毒品被称作"冰"。

作　用

苯丙胺和可卡因的作用几乎难以区分，除了可卡因带来的快感非常短暂（20~30分钟，除非使用更多），而苯丙胺带来的快感能持续数小时（Gold, Miller, & Jonas, 1992）。兴奋剂带来的欣快感迥然异于麻醉剂或镇静剂。伴随着警觉性的增强，兴奋剂会使个体产生一种轻快、兴高采烈、热情、精力充沛的"我能征服世界！"的感觉。常见的副作用包括血压升高、肌肉紧张、出汗和不安等。某些使用者也会体验到易怒、焦虑和偏执等不适感。

风　险

兴奋剂会导致生理依赖，但与麻醉剂或镇静剂相比，戒断兴奋剂所导致的生理痛苦较轻。对兴奋剂的心理依赖是一个更普遍的问题。可卡因可引发异常强烈的心理依赖，迫使使用者以一种通常只有在存在生理依赖时才会出现的狂热去寻求可卡因（Gold & Jacobs, 2005）。

可卡因和苯丙胺都会抑制食欲和干扰睡眠。因此，大量使用兴奋剂可能会导致食欲不佳、睡眠差，并最终导致身体健康恶化。此外，兴奋剂的使用会增加个体中风、心脏病发作以及罹患其他心血管疾病的风险，并且烟吸快克与很多呼吸道疾病有关（Gourevitch & Arnsten, 2005）。经常使用可卡因的人比非使用者心血管疾病的发病率更高，但即使是新手使用者也会使自己面临出现心脏病症状的风险（Darke, Kaye, & Duflou, 2006）。大量使用兴奋剂有时会导致一种被称为苯丙胺或可卡因精神病（取决于个体使用的毒品）的严重的心理障碍，其主要症状是强烈的偏执妄想（King & Ellinwood, 2005）。如果使用毒性更强的毒品（快克或冰），与兴奋剂使用有关的各种风险都会升高。过去，兴奋剂的过量使用现象相对较少（Kalant & Kalant, 1979）。然而近年来，随着更多的人尝试更危险的摄入方式，可卡因使用过量的情况急剧增加。

致幻剂

致幻剂（hallucinogens）包括各种不同的毒品，它们对精神和情绪功能有着强烈的影响，其中最主要的是个体感知觉体验的扭曲。主要的致幻剂有LSD、墨斯卡灵和裸盖菇素。这几种致幻剂的作用类似，但效力不同。墨斯卡灵提取自北美的一种仙人掌（peyote），裸盖菇素提取自一种特殊的蘑菇，LSD则是一种合成的毒品。

作　用

致幻剂以难以描述的方式增强和扭曲知觉，并会暂时性地损伤智能，因为思维过程变得急速而混乱。致幻剂可以使个体产生非常美妙的欣快感，有时甚至有一种与人类"一体"的神秘体验。这就是为什么它们在各种文化的宗教仪式中得以使用的原因。不幸的是，在情绪频谱的另一端，致幻剂也可以导致噩梦般的焦虑、恐惧和妄想，通常被称为一段"糟糕的旅程"。

风　险

致幻剂不会导致生理依赖，目前也没有已知的因过量而死亡的案例。心理依赖虽然有报道，但似乎很少见。关于 LSD 增加染色体断裂风险的报告在方法学上并不严谨（Dishotsky et al., 1971）。然而，与大多数毒品一样，孕妇使用致幻剂可能对胎儿有害。

虽然致幻剂的危险在大众媒体上可能被夸大了，但致幻剂确实有某些重大的风险（Pechnick & Ungerleider, 2005）。这类毒品会使人的情绪非常不稳定，所以使用者永远无法确定他们不会因为可怕的"糟糕旅程"而感到极度恐慌。一般而言，这种茫然的感觉会在数小时内逐渐消失，不会留下永久的情绪伤害。然而，在这种极度茫然状态下，个体可能会发生意外或自杀。在药物首次摄入后的很长一段时间内，会出现闪回这一生动的幻觉体验。虽然闪回似乎不是一个普遍的问题，但有证据表明重复的闪回体验给一些人带来了困扰。在一小部分使用者中，致幻剂可能会在一定程度上导致各种心理障碍（精神病、抑郁反应、偏执状态）（Pechnick & Ungerleider, 2005）。

大　麻

印度大麻（Cannabis）是一种大麻植物，大麻、大麻制剂和 THC 都是从这种植物中提取的。大麻是美国一种最普遍滥用和最容易获取的非法毒品。大麻由印度大麻晾干的叶子、花、茎和种子混合制成，而大麻制剂则来自印度大麻的树脂。THC 是印度大麻中的活性化学成分，可以合成以用于研究目的（比如用于动物实验）。

作　用

印度大麻一旦被烟吸摄入，几乎立即就会产生影响，作用可能持续数小时。印度大麻的作用差异很大，取决于使用者的期望、使用经历，印度大麻的效力和摄入量。印度大麻对情绪、知觉和认知都有轻微的影响（Grinspoon, Bakalar, & Russo, 2005）。在情绪方面，这种毒品往往会使人产生一种温和、放松的欣快状态。在感知方面，它可以增强传入刺激对机体的作用，因而使音乐更动听，食物更美味，等等。当吸食者处于兴奋状态时，印度大麻往往会轻微损伤他们的认知功能（尤其是短时记忆）和感觉－运动协调能力。然而，不同吸食者之间存在巨大差异。

风　险

大麻不存在过量和生理依赖的问题，但与其他能带来愉悦感的毒品一样，大麻可能会导致心理依赖（Grinspoon, Bakalar, & Russo, 2005）。大麻也会使某些人产生短暂的焦虑和抑郁问题。更令人担忧的是，近期的研究表明，在青少年期使用大麻可能会使那些本就具有精神分裂症遗传易感性的年轻人更易罹患精神分裂症（Compton, Goulding, & Walker, 2007；见第 14 章）。研究还表明，大麻对驾驶的消极影响可能超

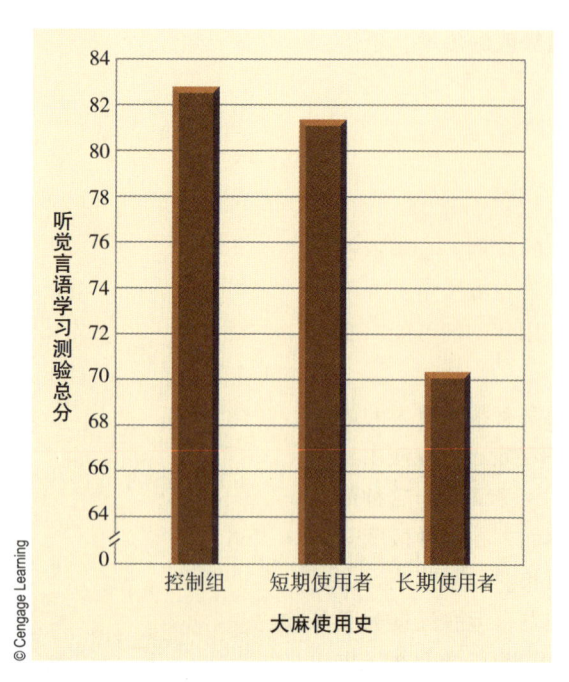

图 5.24　长期大麻使用与认知表现

索洛维及其同事（Solowij et al., 2002）对三组人进行了一系列神经心理测验。一组为 51 名长期大麻使用者，经常吸食大麻的平均年限为 24 年；一组为 51 名短期大麻使用者，经常吸食大麻平均有 10 年；另有 33 名控制组被试，他们很少或从未吸食过大麻。研究者要求大麻使用者至少在测试开始之前的 12 个小时内不要吸食大麻。结果发现，长期大麻使用者在多项测试中都表现出轻微的认知损伤。本图显示了三组被试在听觉言语学习测验上的整体表现，这一测验可以测量记忆功能的几个方面。

出了人们的普遍认知（Ramaekers, Robbe, & O'Hanlon, 2000）。事实上，人们经常在大麻的影响下做出更冒险的决定（Lane et al., 2005），这可能解释了大麻与更高的受伤风险之间的关联（Kalant, 2004）。与吸烟一样，烟吸大麻也会使致癌物质和杂质进入肺部，因而增加了个体罹患呼吸道和肺部疾病甚至是肺癌的风险（Kalant, 2004）。然而，关于其他广为流传的风险的证据仍然存在争议。以下是对这些争议证据的简单回顾：

- **大麻会降低人的免疫反应吗？** 动物研究清楚地表明，大麻会抑制免疫系统反应的各个方面（Cabral & Pettit, 1998）。然而，传染性疾病在大麻吸食者中似乎并不比在不吸食的人中更常见。因此，目前还不清楚大麻是否会增加人们对传染病的易感性（Bredt et al., 2002）。

- **大麻会导致男性阳痿和不育吗？** 对人的研究表明，大麻对睾酮和精子水平的影响是微弱、不一致和可逆的（Brown & Dobs, 2002）。目前，研究证据表明，大麻对男性吸食者的生育能力或性功能几乎没有持续的影响（Grinspoon, Bakalar, & Russo, 2005）。

- **大麻对认知功能有长期的负面影响吗？** 一些使用详细和精确的认知功能评估的研究发现，长期、大量吸食大麻与注意和记忆受损有关（见**图 5.24**），即使吸食者并未处在吸毒的兴奋状态时仍然如此（Ehrenreich et al., 1999; Solowij et al., 2002）。然而，研究者所观察到的认知缺陷并不严重，肯定不会致残。一项研究发现，在戒断大麻一个月后，这些认知缺陷就消失了（Pope, Gruber, & Yurgelun-Todd, 2001）。

摇头丸（MDMA）

西方社会关于毒品的一个相对新近争论主要围绕 MDMA，即众所周知的"**摇头丸**"（ecstasy）。MDMA 的主要成分为甲基苯丙胺，最早于 1912 年合成，但直到 20 世纪 90 年代才在美国的狂欢派对和舞厅等场合流行开来（Millman & Beeder, 1994）。摇头丸的流行约在 2001 年达到巅峰，之后开始式微（Johnston et al., 2008）；它在高中生中比在年轻成人中更为流行（Johnston et al., 2007）。MDMA 是一种与苯丙胺和致幻剂（尤其是墨斯卡灵）都有关的化合物，其引发的极度兴奋状态通常可以持续数小时甚至更久。服用者声称自己感到温暖、友好、欣快、性感、富有洞察力和同情心，但又警觉和精力充沛。其副作用包括血压升高、肌肉紧张、出汗、视力模糊、失眠和短暂性焦虑。

关于摇头丸的实证研究仍处于起步阶段，所以有关其风险和危险的主张带有暂时性和不确定性。由于绝大多数 MDMA 使用者还会摄入其他毒品，所以关于 MDMA 不良副作用的研究数据也变得很复杂（Pedersen & Skrondal, 1999）。有一些证据表明，摇头丸会导致体温维持和免疫系统方面的问题（Connor, 2004）。另一个使研究变得复杂的因素是，在 MDMA 非法生产的过程中，经常会掺入可能有害的杂

第 5 章 心理学与身体健康　195

MDMA 一个更广为人知的名字是"摇头丸"，20 世纪 90 年代在狂欢派对和舞厅等场合中突然流行起来。虽然很多人都认为 MDMA 是一种相对无害的毒品，但近期的研究却表明并非如此。

质、污染物和有毒副产品（Grob & Poland, 2005）。

　　MDMA 似乎并不特别容易成瘾，但对于某些人来说，心理依赖显然会成为一个问题。MDMA 与中风、心脏病发作、癫痫、中暑和肝损伤都有关，但鉴于 MDMA 使用者通常也会摄入其他毒品，所以很难准确地测量 MDMA 的影响（Burgess, O'Donohoe, & Gill, 2000; Grob & Poland, 2005）。长期大量服用摇头丸似乎与睡眠障碍、抑郁以及较高的焦虑和敌意有关（Morgan, 2000）。此外，对前 MDMA 使用者的研究表明，摇头丸可能对认知功能有轻微的长期影响（Medina, Shear, & Corcoran, 2005; Parrott, 2000）。有些研究发现曾经的使用者存在记忆缺陷（Bhattachary & Powell, 2001; Zakzanis & Young, 2001）。其他研究则发现，这些人在需要注意和学习的实验室任务上表现较差（Gouzoulis-Mayfrank et al., 2000）。因此，虽然还需要对摇头丸做更多的研究，但我们有很多理由对其可能的不良作用表示担忧。

本章回顾

主要观点

压力、人格与疾病

- 生物－心理－社会模型认为，身体健康受生物、心理和社会文化等因素交织的复杂网络影响。压力是可能影响身体健康的心理因素之一。愤世嫉俗的敌意被认为是导致冠心病的一个原因。这一关联背后存在多种可能的机制。
- 情绪反应也可能影响个体对心脏病的易感性。近年的研究表明，短期的精神压力和由此产生的负性情绪可能加重心脏的负担。另一个方向的研究发现抑郁的情绪功能障碍是心脏病的一个风险因素。
- 心理因素与癌症发病的关联还没有得到很好的证明，但压力和人格的确会影响癌症的病程。研究发现，压力与其他多种疾病的发病有关。因为压力会暂时抑制免疫功能，所以它可能在多种疾病中都起着一定的作用。尽管压力会加剧躯体疾病的发病这一点确定无疑，但两者只有中等程度的关联。

习惯、生活方式与健康

- 人们普遍有一些损害健康的习惯和生活方式。这些习惯是慢慢养成的，并且由于其危害很久以后才会显现，所以其风险很容易被忽略。
- 因为吸烟的人更容易患各种疾病，所以他们比不吸烟的人死亡率更高。戒烟能够降低个体的健康风险，但戒烟很困难，复吸率也高。
- 饮酒与吸烟一样，都会导致健康问题。从短期看，饮酒会影响驾驶，引发各种事故，增加人际攻击和鲁莽性行为发生的可能性。从长期看，长期过量饮酒会增加多种疾病的发病风险，包括肝硬化、心脏病、高血压、中风和癌症。
- 肥胖会增加多种健康问题的风险。体重受遗传、饮食和运动习惯的影响，可能还受设定点或调整点的影响。减肥最好的方法是减少热量摄入，同时增加运动量。
- 不良的营养习惯与很多健康问题（包括心血管疾病和某些类型的癌症）有关，不过其中的一些关联还只是初步的结论。均衡饮食的同时限制饱和脂肪、胆固醇、精制谷物碳水化合物以及糖和盐的摄入，是保证健康的最好方式。
- 缺乏运动与较高的死亡率有关。定期运动可以降低个体罹患心血管疾病、癌症、与肥胖有关的疾病的风险，缓解压力的影响，引发积极的人格改变。
- 尽管关于艾滋病的错误观念比比皆是，但HIV几乎只通过性接触和共用静脉注射毒品的针头传播。避免静脉注射毒品、减少性伴侣的数量、使用避孕套以及减少某些性行为方式都可以降低HIV感染的风险。

对疾病的反应

- 求医行为的差异受个体症状的严重性、持续时间、对工作和生活的干扰程度以及朋友和家人的反应的影响。最大的问题是许多人倾向于推迟所需的治疗。另一个极端是，少数人喜欢扮演病人角色，因为这可以让他们获得关注和逃避压力。
- 良好的沟通对有效的医疗服务至关重要，但许多因素会妨碍医患之间的沟通，比如问诊时间过短，医疗术语使用过多，以及病人不愿意提问题等。
- 不依从是一个主要问题，发生率约为30%~50%。如果医嘱较难理解，医疗建议难以执行，以及病人对医生不满意，那么不遵医嘱的可能性更高。

应用：了解毒品的作用

- 消遣性毒品在导致耐受效应、心理依赖、生理依赖和过量的可能性上存在差异。与麻醉剂使用有关的风险包括：心理依赖和生理依赖、过量以及感染传染病。
- 镇静剂也会导致心理依赖和生理依赖，容易使用过量，并会增加使用者意外受伤的风险。兴奋剂会导致心理依赖、过量、精神病以及身体健康状况恶化。近年来，可卡因过量现象大增。
- 在某些情况下，致幻剂会导致意外事故、自杀和心理障碍，还会引起闪回。大麻使用的风险包括心理依赖、驾驶能力受损、短暂的焦虑和抑郁问题，以及呼吸道和肺部疾病。近期研究表明，吸食大麻可能会对认知过程造成一些长期的不利影响。
- 虽然还需要做更多的研究，但摇头丸（MDMA）的使用似乎会导致各种急性和慢性的躯体疾病。MDMA可能对认知功能也有轻微的不利影响。

关键术语

生物－心理－社会模型	调定点理论
健康心理学	营养
冠心病	获得性免疫缺陷综合征
动脉粥样硬化	耐受性
A型人格	生理依赖
B型人格	心理依赖
敌意	过量
癌症	麻醉剂
免疫反应	镇静剂
不切实际的乐观	兴奋剂
酒精依赖	致幻剂
体重指数	印度大麻
设定点理论	摇头丸

练习题

1. 在当今社会中，健康的最大威胁是_____。
   a. 环境毒素
   b. 意外事故
   c. 慢性病
   d. 由特定感染原导致的传染病

2. _____与冠心病风险增加无关。
   a. 愤世嫉俗的敌意
   b. 对短期精神压力的强烈情绪反应
   c. 强迫症
   d. 抑郁

3. 为什么人们常常做出自毁行为？_____。
   a. 因为很多有损健康的习惯是慢慢养成的
   b. 因为很多有损健康的习惯在当时能带来很愉悦的体验
   c. 因为风险往往存在于遥远的未来
   d. 上述三项均正确

4. 饮酒的短期风险不包括_____。
   a. 宿醉；与其他毒品混合使用造成的致命的饮酒过量
   b. 知觉协调能力下降和酒后驾驶
   c. 攻击性增强和好争论
   d. 内啡肽诱发的闪回导致的短暂焦虑

5. 双生子研究和其他行为遗传学研究表明_____。
   a. 遗传因素对人们的体重几乎没有影响
   b. 遗传对BMI影响较小，但确实会影响体重
   c. 遗传可以解释体重差异的60%甚至更多
   d. 遗传是严重的病态肥胖的原因，但对正常人的体重几乎没有影响

6. _____不是艾滋病的传播方式。
   a. 男同性恋之间的性接触
   b. 静脉注射的毒品使用者共用针头
   c. 异性恋之间的性接触
   d. 分享食物

7. 关于求医行为，最大的问题是_____。
   a. 许多人都倾向于延迟求医
   b. 许多人都倾向于因为小问题而急于求医
   c. 医生的数量不能满足人们的需要
   d. 较高社会经济地位的人倾向于夸大他们的症状

8. 人们最可能遵从医护人员指示的情况是_____。
   a. 当指示复杂，并夹杂着令人印象深刻的医疗术语时
   b. 当人们未能完全理解医疗指示，但仍觉得需要做些什么时
   c. 当人们喜欢医护人员，并理解他们的指示时
   d. 以上三项均正确

9. _____风险通常与麻醉剂使用无关。
   a. 过量
   b. 传染病
   c. 生理依赖
   d. 闪回

10. 镇静剂的使用可能会导致身体受伤，这是因为镇静剂会_____。
    a. 导致运动协调能力变弱
    b. 极大地增强运动协调能力，使人们对自己的能力过度自信
    c. 抑制身体受伤的疼痛预警
    d. 触发幻觉，比如觉得自己在飞

答案

1. c   6. d
2. c   7. a
3. d   8. c
4. d   9. d
5. c   10. a

第6章 自我

自我评估：自我监控量表（Self-Monitoring Scale）

指导语

下面的陈述涉及你对多种情境的个人反应。各个陈述都不相同，因此作答前请仔细考虑每个陈述。如果陈述的内容符合或基本符合你的实际情况，请在题目左侧的横线上打"√"；如果陈述的内容不符合或基本不符合你的实际情况，请在题目左侧的横线上打"×"。请尽可能地如实作答，这一点很重要。

量　表

____ 1. 我发现自己很难模仿别人的行为。
____ 2. 我的行为通常是自己内心真实感受、态度和信念的表达。
____ 3. 在聚会和其他社交场合中，我不会试图按别人的喜好说话做事。
____ 4. 我只能为我相信的观点辩护。
____ 5. 即使面对我几乎一无所知的话题，我也能发表即兴演讲。
____ 6. 我想我会做出一些样子，以给人留下深刻印象或取悦别人。
____ 7. 当我在某种社交情境中不知所措时，我会从别人的行为中寻找线索。
____ 8. 我或许能够成为一名优秀的演员。
____ 9. 在选择电影、书籍或音乐时，我几乎不需要朋友的建议。
____ 10. 有时我在别人面前表现出的情绪超出了实际的程度。
____ 11. 我和别人一起看喜剧时，比自己一个人看时笑得更多。
____ 12. 在一群人中，我很少成为注意的中心。
____ 13. 身处不同的情境，面对不同的人，我经常表现得像是非常不同的人。
____ 14. 我不是特别善于让别人喜欢我。
____ 15. 即使玩得不开心，我也经常装作玩得很愉快。
____ 16. 我并不总是我所表现出来的那种人。
____ 17. 我不会为了取悦他人或赢得他人的喜爱而改变自己的观点（或行为方式）。
____ 18. 我考虑过当一名演员。
____ 19. 为了与人相处并被人喜欢，我常常表现得符合人们的期望。
____ 20. 我从来不擅长猜字谜、即兴表演之类的游戏。
____ 21. 我难以改变自己的行为以适应不同的人和不同的情境。
____ 22. 在聚会上，说笑话、讲故事一般都是别人的事。
____ 23. 与别人在一起时，我会觉得有点尴尬，不能自然地表现自己。
____ 24. 我能够直视他人的眼睛，面不改色地说假话（如果目的正当）。
____ 25. 对于实际上不喜欢的人，我可能会假装很友好。

计分方法

计分标准如下所示。当你的回答与下面的答案一致时，就把它圈起来。数一数你圈起来多少个回答。这一数字便是你在自我监控量表上的得分。请在下面的横线上填写你的得分。

1. ×	2. ×	3. ×	4. ×	5. √
6. √	7. √	8. √	9. ×	10. √
11. √	12. ×	13. √	14. ×	15. √
16. √	17. ×	18. √	19. √	20. ×
21. ×	22. ×	23. ×	24. √	25. √

我的得分：_____

测量的内容

自我监控量表由马克·斯奈德（Snyder, 1974）编制，测量的是你在社交互动中有意识地使用印象管理策略的程度。大体来说，本量表评估的是你对发送给他人的非言语信号的操纵程度，以及根据情境要求对自身行为的调整程度。研究表明，有些人会比其他人更努力地管理自己的公众形象。

斯奈德（Snyder, 1974）在其最初的研究中报告了非常高的重测信度（0.83，时间间隔为1个月），并为本量表的效度提供了充分的证据。在评估本量表的效度时，他发现，与低自我监控的个体相比，高自我监控的个体被同伴认为具有更好的情绪自我控制能力，也更擅长在新的社交情境中找到恰当的行为方式。而且，与人们的预期一致的是，斯奈德发现舞台演员的自我监控得分往往高于大学生。此外，伊克斯和巴恩斯（Ickes & Barnes, 1977）总结的证据表明，高自我监控者：（1）对情境线索非常敏感；（2）特别善于识别他人的谎言；（3）尤其懂得如何影响他人的情绪。

分数解读

我们的常模基于伊克斯和巴恩斯（Ickes & Barnes, 1977）所提供的指南。下面的分类基于207名本科生被试的数据。

常模

高分：	15~22
中等分数：	9~14
低分：	0~8

资料来源：Snyder, M. (1974). Self-monitoring of expressive behavior. *Journal of Personality and Social Psychology, 330*, 526–537. Table 1, p. 531 (adapted). Copyright © 1974 by the American Psychological Association. Adapted with permission of the publisher and Mark Snyder. No further reproduction or distribution is permitted without written permission from the American Psychological Association.

自我反思：你的自我概念与自我理想相比如何？

下面列出了 15 种特质，每一种都配有一个 9 点连续评分等级。请在每种特质上，用 "×" 标记你认为自己所处的位置。尽可能坦诚和准确；这些标记将共同描述你的一部分自我概念。完成后，请再次回到每个题目，圈出你希望自己在每种特质上所处的位置。这些标记描述的是你的自我理想。最后，请在右侧的横线上填写每种特质的自我概念与自我理想之间的差异大小（两个分数相减的绝对值）。

1. 果断的 　　　　　　　　　　　　　　　　　　　犹豫的 _____
   9　　8　　7　　6　　5　　4　　3　　2　　1
2. 焦虑的 　　　　　　　　　　　　　　　　　　　放松的 _____
   9　　8　　7　　6　　5　　4　　3　　2　　1
3. 易受影响的 　　　　　　　　　　　　　　　　　独立思考的 _____
   9　　8　　7　　6　　5　　4　　3　　2　　1
4. 非常聪明的 　　　　　　　　　　　　　　　　　不太聪明的 _____
   9　　8　　7　　6　　5　　4　　3　　2　　1
5. 身材好的 　　　　　　　　　　　　　　　　　　身材差的 _____
   9　　8　　7　　6　　5　　4　　3　　2　　1
6. 不可靠的 　　　　　　　　　　　　　　　　　　可靠的 _____
   9　　8　　7　　6　　5　　4　　3　　2　　1
7. 不诚实的 　　　　　　　　　　　　　　　　　　诚实的 _____
   9　　8　　7　　6　　5　　4　　3　　2　　1
8. 领导者 　　　　　　　　　　　　　　　　　　　追随者 _____
   9　　8　　7　　6　　5　　4　　3　　2　　1
9. 无抱负的 　　　　　　　　　　　　　　　　　　有抱负的 _____
   9　　8　　7　　6　　5　　4　　3　　2　　1
10. 自信的 　　　　　　　　　　　　　　　　　　 缺乏自信的 _____
    9　　8　　7　　6　　5　　4　　3　　2　　1
11. 保守的 　　　　　　　　　　　　　　　　　　 爱冒险的 _____
    9　　8　　7　　6　　5　　4　　3　　2　　1
12. 外向的 　　　　　　　　　　　　　　　　　　 内向的 _____
    9　　8　　7　　6　　5　　4　　3　　2　　1
13. 外表有吸引力的 　　　　　　　　　　　　　　 外表无吸引力的 _____
    9　　8　　7　　6　　5　　4　　3　　2　　1
14. 懒惰的 　　　　　　　　　　　　　　　　　　 勤奋的 _____
    9　　8　　7　　6　　5　　4　　3　　2　　1
15. 有趣的 　　　　　　　　　　　　　　　　　　 缺乏幽默感 _____
    9　　8　　7　　6　　5　　4　　3　　2　　1

总体而言，你会如何描述你的自我概念与自我理想之间的差距（较大、适中还是较小，抑或在某些特质上差距较大）？

某些差距较大的特质如何影响你的自尊？

你认为某些差距之所以存在，是因为你让别人把他们的理想强加于你，还是因为你草率地接受了别人的理想？

资料来源：© Cengage Learning

第 6 章

自　我

自我概念
　　自我概念的本质
　　自我差异
　　塑造自我概念的因素
自尊
　　自尊的重要性
　　自尊的发展
　　种族、性别与自尊
自我知觉的特征和基本原理
　　认知过程
　　自我归因
　　解释风格
　　引导自我理解的动机
　　自我抬升的方法
自我调节
　　自我效能感
　　自我挫败行为
自我呈现
　　印象管理
　　自我监控
应用：建立自尊
本章回顾
练习题

你终于离开家庭，进入大学，开始了独立的生活。面对新的生活和挑战，你有点儿紧张，但也感到兴奋。今天是你大学生活的第一天，而心理学是你的第一节课。你来得很早，在阶梯教室靠前的位置坐下，立刻感觉自己有些引人注目。你不认识教室里的其他人，实际上，你突然意识到，除了你的室友，整个学校都没有你认识的人，而室友也只是陌生人。许多同学看上去彼此相识，他们谈笑风生、打打闹闹，而你却独自安静地坐在那里。他们看起来很友好，但为什么他们不跟你说话呢？你应该先跟他们交谈吗？你今天的穿着还可以吗？发型怎么样？你开始问自己：在这个班上或大学里，你能交到朋友吗？噢，教授来了。她看上去很和蔼，但你不知道她期望的是什么。这门课难吗？你确实打算努力学习，但心理学在将来会对你有什么帮助？或许，你应该选择更加实用的课程，比如会计学，这能直接引导你走上职业道路。等一下，如果教授当着那些你不认识的同学（他们已经是朋友了）的面叫你的名字，会发生什么？你的名字听起来会让人觉得聪明还是愚蠢？教授开始点名了，你的大脑飞快地运转。快要叫到你的名字时，你开始感到紧张和不安。

这个场景展示了自我知觉的过程以及它对情绪、动机和目标设定的影响。人们经常进行这种自我反思，尤其是当他们想要理解自己的行为或者要决定如何行动的时候。

在这一章中，我们强调自我及其在调适中的重要作用。首先，我们从自我的两个重要成分入手：自我概念和自尊。然后，我们会回顾自我知觉过程的一些关键原则。接下来，我们转向自我调节这一重要话题。最后，我们聚焦于人们如何在他人面前展现自我。在本章的应用部分，我们提供了一些关于建立自尊的建议。

自我概念

学习目标

- 认识自我概念的一些主要方面
- 列举自我差异的两种类型，并说明它们的影响和应对方法
- 讨论影响自我概念形成的重要因素
- 解释个人主义和集体主义如何影响自我概念

如果让你描述一下自己，你会说些什么？你可能从一些身体特征开始，比如"我很高""我的体重中等""我的头发是金色的"。很快，你就会转向心理特征："我是友好的""我是诚实的""我比较聪明"，等等。人们通常会识别出任何让自己在某个特定情境中显得独特的属性。这些与众不同的品质符合他们的自我定义。我们将会了解到，自我既是一种认知建构，也是一种社会建构（Baumeister, 2012）。它出现于童年早期，并在整个青少年期逐渐显露（Harter, 2012）。你是如何形成关于自我的信念的？你的自我观是否随着时间发生了改变？请看下文。

自我概念的本质

虽然自我概念通常被认为是单一的实体，但它实际上是一个多层面的结构（Oyserman, Elmore, & Smith, 2012）。**自我概念**（self-concept）是一个关于自我的信念的有组织的集合。自我概念包括你对自己人格的信念（Markus & Cross, 1990），那些当你想到自己时浮现在脑海里的内容（Stets & Burke, 2003），以及你认为真实地反映了你自己的描述（Forgas & Williams, 2002）。这些信念也叫自我图式（self-schemas），它们塑造着个体的社会知觉（Showers & Zeigler-Hill, 2012）。它们由过去的经验发展

而来，涉及个体的人格特质、能力、身体特征、价值观、目标和社会角色等多个方面（Campbell, Assanand, & DiPaula, 2000）。人们在对自己重要的维度上有着自我图式，既包括优势也包括劣势。**图 6.1** 描绘了两个假设人物的自我概念。

每个自我图式都带有相对独特的思维和情感。例如，你可能对自己的社会技能非常了解，并且对此十分自信，但对自己的身体技能缺乏了解和自信。自我概念倾向于具有"关系性"，也就是说你的自我感是基于你现在和过去与生活中重要他人（例如朋友、家人和伴侣）的关系（Andersen & Chen, 2002）。

关于自我的信念不仅影响当前的行为，也会影响将来的行为。社会心理学家黑兹尔·马库斯认为，**可能自我**（possible selves）是个体对自己将来可能成为的人的概念（Erikson, 2007; Markus & Nurius, 1986）。如果你已经把自己的职业选择限定于人事管理或心理学家，那么它们就代表了职业领域中的两种可能自我。可能自我是由过去的经验、当前的行为和对未来的期望发展而来的，它使人们去注意与目标相关的信息和榜样人物，并且意识到需要练习与目标相关的技能。可见，可能自我不仅使个体预想将来的目标，而且还可以通过调节个体对积极和消极反馈的应对方式（Niedenthal, Setterlund, & Wherry, 1992）来帮助其实现目标（Hock, Deshler, & Schumaker, 2006; McElwee & Haugh, 2010）。有趣的是，研究发现，对于那些经历过创伤事件的人来说，能够设想各种积极自我的人具有最好的心理调适能力（Morgan & Janoff-Bulman, 1994）。然而，可能自我有时也会是消极的，代表的是你害怕成为的人。例如，像乔治叔叔一样的酒鬼，或是像你邻居一样缺乏亲密关系的隐居者。在这些情况下，可能自我作为需要避免的形象发挥作用（例如，Lee & Oyserman, 2009）。

是什么驱动人们去趋近或避免特定的可能自我？答案之一似乎是人们强化自我同一性的动机。维尼奥尔斯和同事（Vignoles et al., 2008）发现，除了其他动机外，人们渴望那些可以强化自尊、自我效能感、意义或目的感的可能自我。然而，与此同时，人们也害怕发展出会阻碍这些动机的自我同一性。

个体关于自我的信念既不是固定不变的，也不是轻易变化的。人们有强烈的动机在不同的时间和情境下保持一致的自我观。因此，自我概念一旦建立，个体就倾向于维持和保护它。然而，在这个稳定的背景下，自我信念确实具有某种动态性（Markus & Wurf, 1987）。例如，"学业上的可能自我"与教育策略相结合，会使参加研究的低收入少数族裔青少年在学业计划、测验分数、绩点和出勤率等方面发生积极的变化（Oyserman, Bybee, & Terry, 2006）。在学业或职业方面有可能自我的个体，会比有其他目标的个体更执着于学业成就（Leondari & Gonida, 2008）。当人们从一个

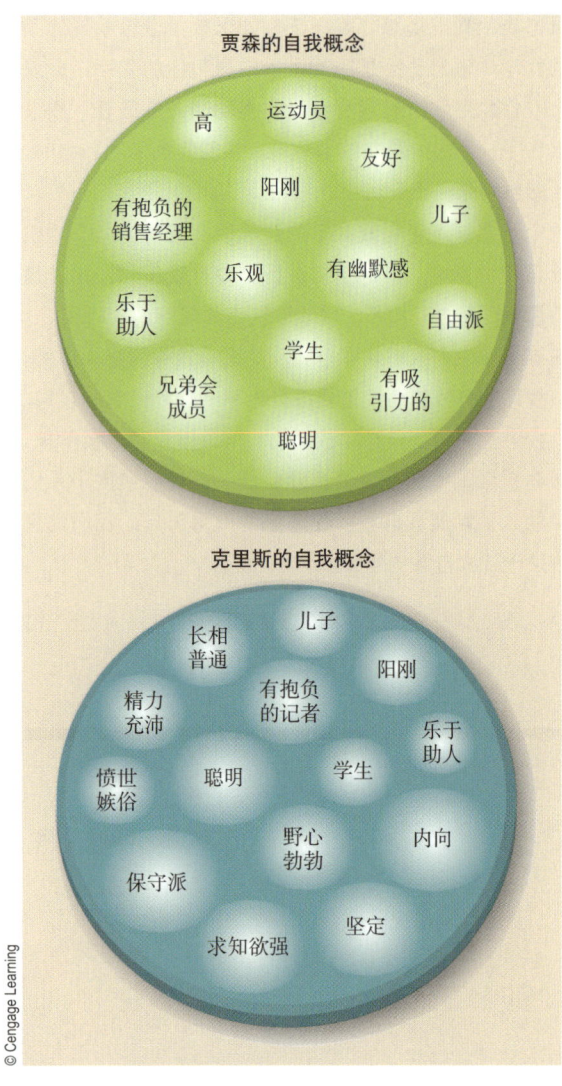

图 6.1 自我概念和自我图式
自我概念由许多自我图式或关于自我的信念组成。贾森和克里斯有不同的自我概念，部分原因是他们有不同的自我图式。

黑兹尔·马库斯

重要且熟悉的社会情境转移到另一个不熟悉的社会情境中时（比如，离家上大学或者到一个新的城市开始真正的第一份工作），自我概念最容易发生变化。

自我差异

有些人觉知到的自我与自己所希望的自我大致相当，而另一些人则会体验到他们实际看到的和他们希望看到的之间的差异。例如，内森用"害羞"来描述现实的自我，但他的理想自我是"外向的"。托里·希金斯（Higgins, 1987）认为，个体有多个有组织的自我知觉：现实自我（你认为自己实际拥有的特征）、理想自我（你所希望拥有的特征）和应该自我（你认为自己应该拥有的特征）。应该自我和理想自我是指导一个人行为的个人标准或者说是自我指南。**自我差异**（self-discrepancy）是指构成现实自我、理想自我和应该自我的自我知觉之间的不匹配。这些自我差异可以测量，并且会影响人们的思维、感觉和行动（Hardin & Lakin, 2009; Phillips & Silvia, 2010）。

自我差异及其影响

现实自我、理想自我和应该自我之间的差异会影响一个人对自己的感觉，并且可能造成一些特定的情绪易感性（Higgins, 1999）。希金斯认为，当人们达到了自己的个人标准（理想自我或应该自我）时，就会体验到较高的自尊；而当人们没有实现自己的期望时，自尊会受到损害（Moretti & Higgins, 1990）。此外，希金斯还认为，特定类型的自我差异与特定的情绪相关联（见**图 6.2**）。一种自我差异是现实自我与理想自我不一致。这种情况会引发与沮丧相关的情绪（悲伤、失望）。当现实与理想自我之间的差异多于一致性时，悲伤会增加而快乐会减少（Silvia & Eddington, 2012）。想想蒂法妮的情况：她知道自己有吸引力，但她有些胖，想变得苗条一些。自我差异理论预测她会感到不满意和沮丧。有趣的是，研究发现，对体型的现实和理想看法之间的差异与进食障碍相关（Sawdon, Cooper, & Seabrook, 2007）。

第二种类型的自我差异涉及现实自我与应该自我之间的不匹配。让我们假设，虽然你觉得自己应该和祖父母保持足够多的联系，但你并没有这样做。希金斯和其他研究者（Silvia & Eddington, 2012）认为，现实自我和应该自我之间的差异会产生与焦躁相关（agitation-related）的情绪（易怒、焦虑和内疚）。当现实与应该自我之间的差异多于它们之间的一致性时，焦虑会增加而平静的情绪会减少（Higgins, Shah, & Friedman, 1997）。这种类型的极端差异可导致焦虑相关的心理障碍。

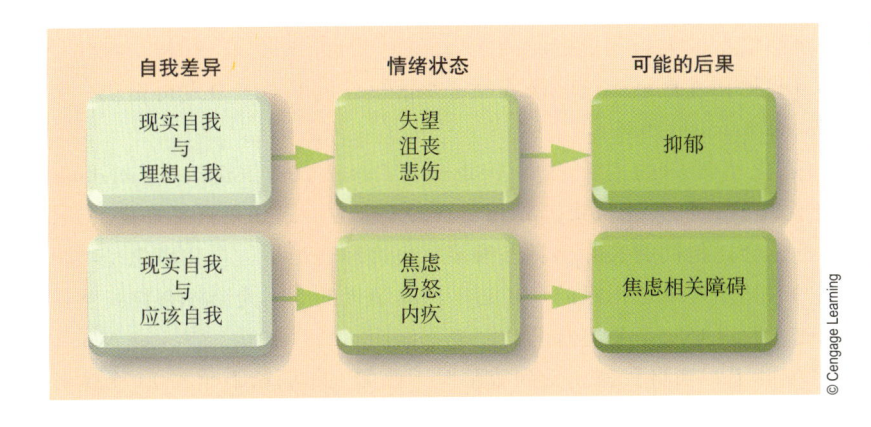

图 6.2 自我差异的类型及其对情绪状态的影响和可能的后果

希金斯（Higgins, 1989）认为，现实自我与理想自我之间的差异会产生失望和悲伤，而现实自我与应该自我之间的差异会导致易怒和内疚。这些自我差异会使个体易于出现更严重的心理问题，例如抑郁和焦虑相关障碍。

自我差异	情绪状态	可能的后果
现实自我与理想自我	失望 沮丧 悲伤	抑郁
现实自我与应该自我	焦虑 易怒 内疚	焦虑相关障碍

每个人都会感受到自我差异，但大多数人都能对自己感觉良好。这怎么可能呢？三个因素很重要：你所感受到的差异量，你对差异的觉知，以及差异对你来说是否真的重要（Higgins, 1999）。因此，当一个医学院预科生和一个英语专业的学生在微积分课程上都得到 C 时，前者可能会感觉糟糕得多。

应对自我差异

人们能否做些什么来减少与自我差异相关的消极情绪和对自尊的打击呢？回答是肯定的。首先，人们可以改变他们的行为，使之与自己的理想自我和应该自我相一致。举例来说，如果你的理想自我是一个成绩高于平均水平的人，而现实中的你在一次测验中只得到了 D，你可以为了下次考试更有效地学习，以提高自己的成绩。但当你不能到达你的理想标准时，又该怎么办呢？也许你一心想加入校网球队，但没能入选。有一种方法可以减轻这类差异带来的不适，那就是使你的理想自我与实际能力更加一致。你也许不能马上实现你的理想自我（如果有的话），但是通过以与那个自我相一致的方式行事，你会更接近它，也会更满足（Haidt, 2006; T. D. Wilson, 2011）。此外，鼓励自己去思考接近理想自我的方法（也许是来自朋友或老师的建设性的、友好的建议），也会以一种积极的方式让你振作起来（Shah & Higgins, 2001）。

当人们没有达到他们的个人标准时，自尊就会受损，有些人会用酒精来削弱他们对这种差异的觉知。

另外一个不那么积极的方法是淡化你的自我觉知，或者说别那么关注你喜欢或不喜欢自己的地方，以及自我感知到的优势和劣势，等等。你可以避免那些会增强自我觉知的场合——如果你不想显得害羞，那就不要参加那些你可能会在自言自语中度过整晚的聚会。如果你的体重令你困扰，你可以远离体重秤或者不要去逛街买新衣服（同样也不要照全身镜）。

有些人用酒精来冲淡自我觉知。一项研究首先根据测验分数把大学生分成高自我觉知组和低自我觉知组（Hull & Young, 1983）。然后，两组都接受一个简要版的智力测验以及对他们测验表现的虚假反馈。在高自我觉知组中，有一半的人被告知在测验中做得非常好，另一半则被告知在测验中做得很差。接下来，让参与者用 15 分钟时间品尝和评价各种葡萄酒，并让他们以为这是另一个单独的研究。实验者预期，与其他组相比，那些被告知在 IQ 测验中表现差的高自我觉知组参与者会喝更多的酒，而这正是研究所发现的（见图 6.3）。那些无法逃避关于自己的负面信息的人会喝更多的酒来降低他们的自我觉知。同样，在现实生活中，那些高自我觉知并且经历过消极或痛苦生活事件的酗酒者复发得更快、更彻底（Hull, Young, & Jouriles, 1986）。

高自我觉知强化了人们的内在感觉（Silvia & Duval, 2001; Silvia & Gendolla, 2001），但它并不总是让人们关注自我差异和自我的消极方面。如果真是那样的话，大多数人的自我感觉会比他们的实际感觉差得多。也许你还记得，自我概念是由很多自我信念组成的，其中许多是积极的，还有一些是消极的。因为个体有自我感觉良好的需要，因此人们更倾向于关注自己的积极方面而不是"缺点"（Tesser, Wood, & Stapel, 2005）。实际上，当自我概念受到威胁时（比如工作面试不顺利），个体可

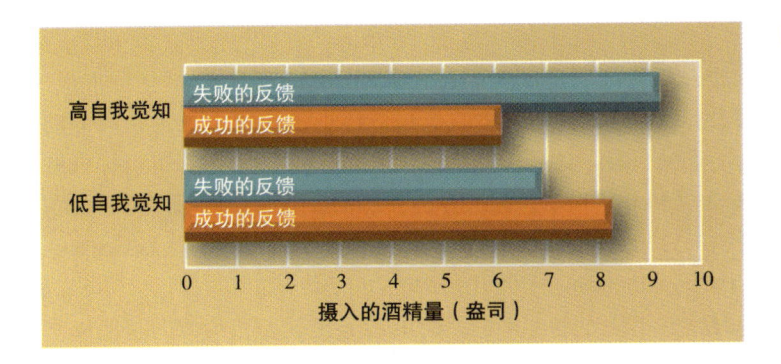

图6.3 自我觉知与酒精摄入

如果高自我觉知的个体相信自己在 IQ 测验中表现差,那么他们在 15 分钟内喝的酒显著多于其他组。这个发现说明,人们有时会试图通过削弱自我觉知来应对自我差异。

资料来源:Hull, J. G., & Young, R. D. (1983). Self-consciousness, self-esteem, and success—failure as determinants of alcohol consumption in male social drinkers. *Journal of Personality and Social Psychology, 44*, 1097–1109. Copyright © 1983 American Psychological Association. Reprinted by permission of the author.

以通过肯定自己在不相关领域的能力来复原(比如关注自己在萨尔萨舞上超乎寻常的天赋)(Aronson, Cohen, & Nail, 1999; Steele, Spencer, & Lynch, 1993)。此外,人们可以通过关注他们所信仰的重要价值观来肯定他们的自我同一性,这可以帮助人们反思生活中比自我相关的挫折更重要的问题(Wakslak & Trope, 2009)。

塑造自我概念的因素

一个人的自我概念受多方面因素的影响。其中最主要的是自己的观察、他人的反馈以及文化价值观。

自己的观察

人们从很小的时候就开始观察自己的行为并得出关于自己的结论。儿童能说出谁最高,谁跑得最快,或者谁跳得最高。利昂·费斯廷格(Festinger, 1954)的**社会比较理论**(social comparison theory)认为,个体通过与他人比较来评价自己的能力和观点。人们通过与他人比较来确定自己有多吸引人,在历史考试中考得怎么样,自己的社交技能如何,等等(Alicke, 2007; Dijkstra, Gibbons, & Buunk, 2010)。个体总是禁不住将自己的行为与他们的同辈进行比较(Stapel & Suls, 2004)。实际上,社会比较可以起到提升自我的作用(Helgeson & Mickelson, 1995),尤其是将自己与某个亲密的朋友或同辈进行比较时。然而,社会比较的方向似乎也很重要,因为当人们被要求与某个朋友或同辈进行比较时,他们关于自我的积极看法会减少(Pahl, Etser, & White, 2009)。

尽管费斯廷格最初的理论声称人们进行社会比较是为了准确评估自己的能力,但研究发现人们也会为了提高技能和维护自我意象进行社会比较(Wheeler & Suls, 2005)。有时社会比较是自我聚焦的,例如一位成功的职业女性把"当前自我"与高中时期消极孤僻的"过去自我"进行比较(Ross & Wilson, 2002)。然而,通常情况下,人们会将自己与具有某些特定属性的他人进行比较。**参照群体**(reference group)是指一组被用作社会比较标准的人。人们会有策略地选取他们的参照群体。例如,如果你想知道在第一次社会心理学测验中表现如何(能力评估),你的参照群体可能会是整个班级。如果你确信你的同学和你是相似的,那么这种社会比较是准确认识自身能力的好方法(Wheeler, Koestner, & Driver, 1982)。因此,人们会将他人甚至是完全陌生的人(Mussweiler, Rütter, & Epstude, 2004)作为比较的社会基准(Mussweiler

& Rütter, 2003）。

当人们把自己与比自己更好或更差的人进行比较时，结果会怎样？举例来说，如果你想提高你的网球技术（技能发展），你的参照群体应该仅限于更优秀的运动员，这些人的技能是你追求的目标。这种向上的社会比较可以激励你并指引你未来的努力方向（Blanton et al., 1999）。相反，如果你的自尊需要支持，你可以进行向下的社会比较，关注那些你认为比你差的人，从而使你对自己的感觉更好（Lockwood, 2002）。我们会在本章后面更多地讨论向下的社会比较。

人们对自己行为的观察并不完全是客观的。总的趋势是朝积极的方向歪曲事实（见图 6.4）。换句话说，大多数人倾向于把自己评价得比实际情况更积极（Taylor & Brown, 1988）。作为学习能力倾向测验（SAT）的一部分，一项针对高中高年级学生的大型调查突显了这种倾向的程度（Myers, 1980）。根据平均数的定义，在某个问题上必然有 50% 的学生高于平均水平，50% 的学生低于平均水平。然而，100% 的受访者认为自己在"与他人相处的能力"上高于平均水平。而且，25% 的受访者认为自己属于前 1%。这种"优于平均水平"效应似乎是一种常见现象（Kuyper & Dijkstra, 2009）。对此类自我膨胀现象的一种解释是，受访者所在高中的同辈群体大部分都比较普通，因此他们认为自己"鹤立鸡群"，至少在他们遇见更优秀的同辈之前是这样（Shepperd & Taylor, 1999）。

然而，在一些学业情境中，环境信息也可能减少社会比较。加西亚和托尔（Garcia & Tor, 2009）引入了他们所称的"N 效应"，即已知竞争者的数量（N 指数量）似乎

图 6.4　自我意象的歪曲

人们眼中的自己可能与别人眼中的自己大相径庭。这些图片和文字展示了自我概念和人们对他人感知的主观性。一般说来，自我意象会向积极的方向歪曲。

她这样看自己：22 岁以后就没有变过，好交际、才华横溢、性感十足。

她丈夫这样看她：比实际年龄更显老，更适合做郊区的家庭妇女和开家长会。

他这样看自己：发型时髦、仁慈、慷慨、有影响力。一个精明圆滑的人。

他的妻子这样看他：有些邋遢，情绪化，不是非常有决断力或强大。

会降低竞争的动力，这是进行特定的社会比较的结果。一项研究发现，一些人在完成一个简单的测试时，如果他们认为自己是在和 10 个人竞争，而不是和 100 个人竞争，那么他们的速度会快得多。另一项研究发现，随着 N 的增加，社会比较变得越来越不重要。那 SAT 分数呢？加西亚和托尔发现有证据表明 SAT 的分数会随着考场中考生人数的增加而降低。思考一下你自己的学业成就行为中的 N 效应：小班是否比大班更能激发你的竞争欲？

他人的反馈

来自生命中重要他人的反馈会在很大程度上影响一个人的自我概念。在早期，父母和其他家庭成员起着主要作用。父母会给孩子大量的直接反馈，例如对他们说"我们为你自豪"或者"如果你再努力一点，你的数学会学得更好"。大多数人，尤其是年龄小的人，会把这些反馈放在心上。因此，研究发现父母对孩子的看法与孩子的自我概念之间存在联系，也就不足为奇了（Burhans & Dweck, 1995）。更有力的证据表明，儿童所知觉到的父母对他的态度与儿童的自我概念之间存在关联（Felson, 1989, 1992）。

老师、少年棒球联盟教练、童子军队长、同学和朋友也会在童年期提供反馈。在童年后期和青少年时期，父母和同学是反馈和支持的重要来源（Harter, 2003）。在以后的生命中，来自亲密朋友和伴侣的反馈很重要。实际上，有证据表明，亲密伴侣的支持和肯定能使个体产生更接近理想自我的自我观和行为（Drigotas, 2002）。要让这种情况发生，伴侣对爱人的看法需符合爱人的理想自我，并且其行为方式要能激发出爱人最优秀的一面。如果目标人物的行为与理想自我非常接近，那么其自我观就会向理想自我靠近。研究者把这种过程称为米开朗基罗现象，以反映伴侣在把爱人的理想自我"塑造"成现实的过程中的作用（Rusbult, Finkel, & Kumashiro, 2009）。

无论是积极的还是消极的，来自他人的反馈在塑造青少年的自我概念中都起着重要作用。

请记住，人们会根据已经存在的自我感知来过滤他人的反馈。也就是说，人们眼中的自己并不完全是他人眼中的自己，而是人们认为的他人眼中的自己（Baumeister & Twenge, 2003; Tice & Wallace, 2003）。因此，他人的反馈经常会强化人们的自我观。当反馈与个体的核心自我概念相冲突时，个体很可能会选择性地忘记反馈；然而，当人们想要自我完善（包括他或她调节与他人亲密关系的方式）时，他们又会回忆起这些反馈（Green et al., 2009）。

社会背景

人们会从别人那里得到反馈，表明自我概念的发展并不是孤立的。当然，重要的不仅仅是人，发生互动的社会背景也很重要。想想看：和朋友出去跳舞或者吃饭而不是坐在教室里时，你变得更活泼（并且自我意识更弱）。社会背景还会影响人们如何看待和感受他人，包括在不同情境中人们可能有意传达给他人的印象（Carlson & Furr, 2009）。例如，在办公室环境中，上级在下属面前的行为和感觉像一个领导，而在同级别的人面前，他的举止和态度就会立刻改变（Moskowitz，1994）。

文化价值观

自我概念也会受到文化价值观的影响。其中，个体成长的社会界定了行为和人格中什么是令人赞许的，什么是不受欢迎的。例如，美国文化非常推崇个性、竞争成功、力量和技能。当个体达到了文化的期望时，他们会自我感觉良好并体验到自尊的提升（Cross & Gore，2003）。例如在美国，朋友间会经常相互称赞。这种自鸣得意的行为让日本游客感到困惑（日本人在称赞别人时往往会比较克制）。北山忍（Kitayama，1996）发现，美国人报告每天都会称赞同伴。而当询问日本民众同样的问题时，由于社会化使得他们对个人成就的自豪感较低，他们报告大约每四天才会称赞同伴一次。

跨文化研究表明，不同的文化会塑造不同的自我概念（Adams，2012；Cross & Gore，2003）。文化差异的一个重要维度是集体主义和个人主义（Triandis，2001）。**个人主义**（individualism；也译作"个体主义"）是指把个人目标置于集体目标之上，用个人特质而非群体归属来定义一个人的身份。相反，**集体主义**（collectivism）是指把集体目标置于个人目标之上，根据个人所属的群体（例如一个人的家庭、族群、工作组、社会阶层和种姓等）来定义一个人的身份。尽管人们很容易用非此即彼的方式思考这两个概念，但更恰当的方式是把它们看作是程度不同、可以测量的属性（Fischer et al.，2009）。因此，说某些文化比其他文化具有更多或更少的个人主义（或集体主义）特征，而不是把它们看成是个人主义或集体主义文化，可能更为准确。

有一个巧妙生动的例子可以说明个人主义文化和集体主义文化在简单选择方面的差异。让美国学生和印度学生在一支蓝色笔和四支红色笔中选出一支，美国学生总是选择唯一的蓝色笔，而印度学生总是选择红色笔（Nicholson，2006；也见 Connor Snibe & Markus，2005；Kim & Markus，1999；Stephens, Markus, & Townsend，2007）。西方文化中的人需要记住，"主体能动性"或者说人们在社会世界中表达他们的权力感和影响力的方式，在其他文化或文化背景中并不总是存在（Markus & Kitayama，2004）。在一项后续研究中，有些学生在做出了自己的选择后，被告知"实际上，你不能选那支笔，换成这支吧"。所有的学生都被要求试试自己的新笔，不论是自己选择的还是别人给的，并对新笔做出评价。美国人更喜欢他们最初选择的笔，因此贬低别人给的那支笔。印度学生又会如何反应呢？他们并没有表现出对自己自由选择的笔或是别人给的笔的偏好。个人主义文化鼓励自由和选择，生活在这种文化中的人们不希望其中的任何一个受到威胁。

影响一个社会崇尚集体主义或个人主义倾向的因素多种多样。此在诸多因素当中，某种文化的富裕程度、教育水平、城市化以及社会流动性的增加，往往会催生更多的个人主义（Triandis，1995）。当代的许多社会都处在转型期，但一般来说，北美和西欧的文化倾向于个人主义，而亚洲、非洲和拉丁美洲的文化则倾向于集体主义（Hofstede，1983）。

文化会塑造思维（Nisbett，2004；Nisbett et al.，2001）。在个人主义文化中成长的个体通常具有独立的自我观，即把自己看作是独特的、自立的、与他人不同的。相反，在集体主义文化中成长的个体通常具有互依的自我观。他们认为自己不可避免地和他人发生联系，相信和谐的人际关系是至关重要的。因此，在描述自己时，个人主义文化下的人可能会说"我很善良"，而集体主义文化下的人则会说"我的家人认为

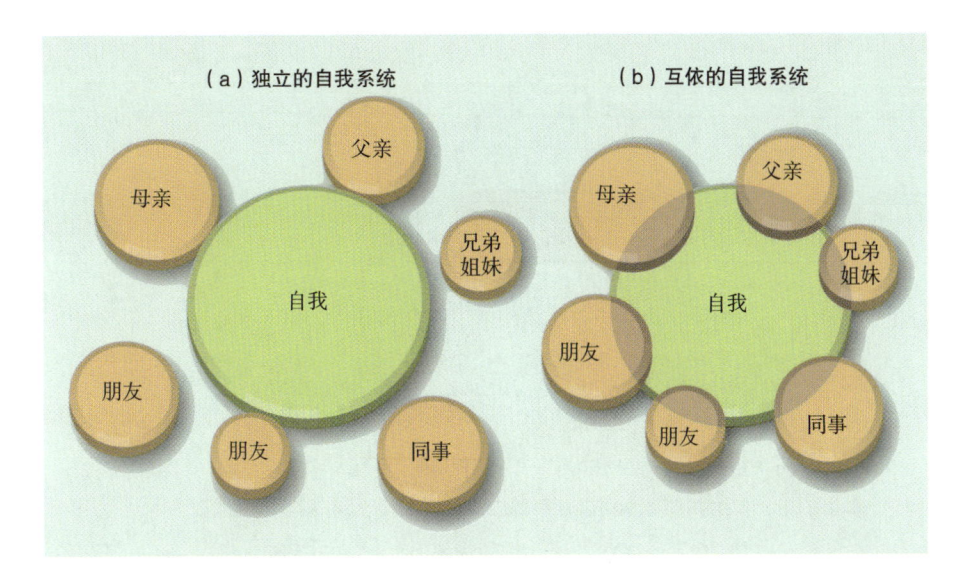

图 6.5 独立和互依的自我观
(a) 在支持独立观的文化中，个体认为自己和重要他人是明显分开的。(b) 在支持互依观的文化中，个体认为自己与他人有着不可分割的联系。
资料来源：Markus, H. R., & Kitayama, S. (1991). Culture and the self: Implications for cognition, emotion, and motivation. *Psychological Review, 98*, 224–253. Copyright 1991 American Psychological Association. Adapted by permission of the publisher and author. American Psychological Association. Reprinted by permission of the author.

我很善良"（Triandis, 2001）。图6.5描述了这两种迥异的文化中有代表性的自我概念。

研究者已经注意到，个人主义文化和集体主义文化所提倡的自我观与某些群体的自我观有相似之处。例如，女性通常比男性有更多互依的自我观（Cross & Madson, 1997）。但不要认为这一发现就意味着男性的社会性不如女性；其实，它意味着男性和女性用不同的方式来满足自己的社会需要（Baumeister & Sommer, 1997）。因此，女性通常置身于包括朋友和家庭的亲密关系中（关系依赖），而男性则更多地在俱乐部或体育团队等社会群体中互动（集体依赖）（Gabriel & Gardner, 1999）。自我观上的性别差异可以用来解释其他方面的性别差异，比如女性可能比男性更愿意与他人分享自己的感受和想法。

自　尊

学习目标
- 阐明自我概念混乱和自尊不稳定的含义
- 解释高自尊和低自尊与调适的关系
- 区分高自尊和自恋，并讨论自恋与攻击的联系
- 讨论影响自尊发展的重要因素

你对自己的看法主要是积极的还是消极的？自我概念的功能之一是评价自我，这种自我评价的结果称为自尊。**自尊**（self-esteem）是指个体对自己作为一个人的价值的总体评价。自尊是一个总体的评价，混合了许多关于一个人作为学生、运动员、工人、配偶、父母或任何与个人有关的具体评价。图6.6展示了自我概念的具体成分可能会如何影响自尊。如果你自我感觉基本良好，那么你很可能拥有较高的自尊。

高自尊的人是自信的，他们会以各种方式将成功归功于自己（Blaine & Crocker, 1993），并且会寻找各种场合来展示自己的技能（Baumeister, 1998）。高自尊个体不会因失败而过度气馁，因为他们通常会制定个人策略来淡化或忽视负面批评（Heimpel et al., 2002）。与低自尊的人相比，他们也相对更确定自己是谁（Campbell, 1990）。在

图 6.6　自尊的结构

自尊是一种全面的评价，它结合了对一个人的自我概念各个方面的评估，每个方面都是由许多具体的行为和经验建立起来的。

资料来源：Shavelson, Hubner, & Stanton, 1976.

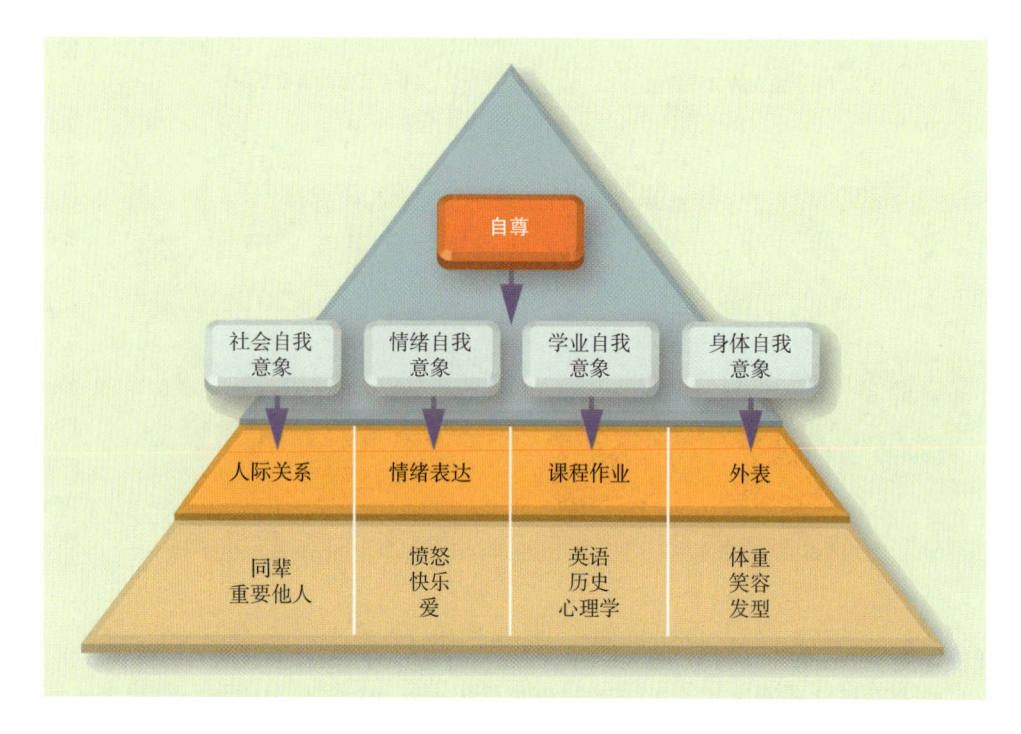

现实中，低自尊个体的自我观并不是更消极，而是更加混乱和不确定（Campbell & Lavallee, 1993），因此他们经常感受到情绪的跌宕起伏和心境波动（Campbell, Chew, & Scratchley, 1991）。换句话说，比起高自尊个体，低自尊个体的自我概念不那么清晰和完整，更自相矛盾，更容易受短期波动的影响。自我领域的杰出研究者罗伊·鲍迈斯特（Baumeister, 1998）认为，这种"自我概念混乱"意味着低自尊的人对自己的了解不够充分，因而不能强烈认同自尊测验中的许多个人特质描述，从而导致测验得分较低。低自尊的人更注重自我保护，即保持和避免失去他们所拥有的任何有利的价值感，而非自我抬升（指追求积极自我意象的倾向，详情请见第 222 页——编者注）（Baumeister, Hutton, & Tice, 1989）。

尽管自我概念混乱的问题可能会随着人们对真实自我的了解自行解决，但有令人信服的证据表明，低自尊在成年生活的各个阶段都是一种挑战。近期的纵向研究表明，自尊对现实生活的结果有显著影响（Orth, Robins, & Widaman, 2012），并且研究一致发现，在 18~88 岁人群中，低自尊是抑郁症状的风险因素（Orth et al., 2009b）。此外，低自尊与抑郁之间的关系是独立于其他因素的，比如压力性生活事件（Orth et al., 2009a）。

可以用两种主要的方式来理解自尊：作为一种特质或一种状态。特质自尊是指个体对自身能力（擅长运动，坚定）和性格（友好，乐于助人）持续的自信感。人们的特质倾向于保持稳定，如果一个人在童年时期有高自尊或低自尊，那么他在成年后很可能会有类似水平的自尊（Trzesniewski, Donnellan, & Robins, 2003）。图 6.7 展示了一个将自尊作为特质来研究时经常使用的基本的自评量表。与此相反，状态自尊是动态的和可变的，指的是个体在某一刻对自己的感受（Heatherton & Polivy, 1991）。来自他人的反馈、自我观察、在人生中所处的阶段、心境、暂时的财务危机甚至校队的失败都能降低一个人当前的自我价值感（Hirt et al., 1992）。那些自尊随日常经历而波动的人，对与自我价值有潜在关联的互动和事件高度敏感，甚至可能错误地把无关的事件看作是重要的（Kernis & Goldman, 2002）。他们总是感觉他们的自

罗森伯格自尊量表（1965）
在下面的量表上表明你对每项陈述的同意程度。 　1　　　　　2　　　　　3　　　　　4 强烈不同意　　不同意　　同意　　强烈同意
___1. 我感觉自己是一个有价值的人，至少和别人差不多。
___2. 我感觉自己有许多优良的品质。
___3. 总体而言，我倾向于觉得自己是个失败者。
___4. 我能够做得和大多数人一样好。
___5. 我觉得自己没有什么值得自豪的。
___6. 我对自己持肯定态度。
___7. 大体上我对自己感到满意。
___8. 我希望我能给自己更多尊重。
___9. 有时候，我的确感到自己很没用。
___10. 有时候，我认为自己一无是处。
要计算你的分数，先将五个负面措辞项目（3、5、8、9、10）反向计分如下：1=4，2=3，3=2，4=1。然后，把 10 个项目的分数相加，你的总分应该在 10 到 40 之间，分数越高说明自尊越高。

图 6.7　一个常用的自尊量表：罗森伯格自尊量表
这个量表是一种广泛使用的研究工具，测量的是答题者的总体自尊感。
资料来源：Rosenberg, M.(1965). *Society and the adolescent self-image.* Princeton, NJ: Princeton University Press. Copyright © by Princeton University Press.

我价值岌岌可危。

　　理解自尊的第三种方法是聚焦于特定的领域（Brown & Marshall, 2006）。当自尊与个体生活中的某个特定领域相联系时，最好用个体的自我评价来描述自尊。个体可能认为自己擅于运动（特质自尊），并且在赢得一场高尔夫比赛后感觉很好（状态自尊），但当被问及打网球时的跑动速度时，感觉就不那么好了（特定领域的自我评价）。特定领域的自尊比总体的自尊能相对更好地预测人们的表现。因此，拥有高学业自尊的人（这类人对自己的学业能力感觉良好）很可能取得高分（Marsh & O'Mara, 2008）。

　　研究自尊具有挑战性，原因有几个。首先，准确地测量自尊很难。研究者往往依赖被试的自我报告，这明显可能是有偏差的。正如我们在前面谈到的，大多数人通常对自己有着不切实际的积极看法（Buss, 2012），而且一些人会选择不在问卷上透露自己真实的自尊。（你怎么样？你是否如实回答了图 6.7 中的问题，不带任何自我抬升的偏差？你如何能确定？）其次，在探究自尊时，很多时候很难区分因果。数千项相关研究表明，高自尊和低自尊与各种行为特征相关。比如，第 1 章曾介绍过，自尊与幸福感存在相关。然而，很难说是高自尊产生了幸福感还是幸福感产生了高自尊。当我们进一步了解这个令人着迷的主题时，你要牢记因果关系的问题。

自尊的重要性

　　人们普遍认为，自尊是取得生命中几乎所有积极成果的关键。事实上，自尊的实际好处要少得多，但我们必须补充一点，它并非不重要（Krueger, Vohs, & Baumeister, 2009; Swann, Chang-Schneider, & McClarty, 2007）。一篇全面的研究综述考察了自尊所谓的优势和实际的优势（Baumeister et al., 2003）。让我们来看看与自尊和调适有关的发现。

自尊与调适

自尊最明显的优势是在情绪领域。自尊与幸福之间存在稳定且紧密的联系。实际上，鲍迈斯特和他的同事们相信，高自尊实际上会带来更高的幸福感，尽管他们承认研究还没有明确地确定因果关系的方向。另一方面，低自尊比高自尊更容易导致抑郁。

在成就领域，并无证据表明高自尊是良好学业表现的可靠原因（Forsyth et al., 2007）。实际上，高自尊可能是在学校表现良好的结果。鲍迈斯特和他的同事们推测，自尊和学业表现的背后可能都有其他因素。在工作表现方面，研究结果并不一致。一些研究发现高自尊与更好的工作表现相关，但另一些研究并没有发现差异。也可能是职业上的成功导致了高自尊。

在人际领域，鲍迈斯特和他的同事们报告，高自尊的人比低自尊的人认为自己更讨人喜欢，更有吸引力，有更好的人际关系，给别人留下了更好的印象。有趣的是，这些优势似乎主要存在于评价者自己的头脑中，因为客观数据（同伴评价）并不支持这些观点。实际上，马克·利里的社会计量器理论认为自尊是对个体在人际交往中受欢迎程度和成功程度的主观衡量（Leary, 2004b; Leary & Baumeister, 2000）。例如，在恋爱关系方面，低自尊者比高自尊者更可能不相信伴侣所表达的爱意和支持，并且更担心被抛弃。不过，现在仍然没有证据证明自尊的高低与关系结束的快慢有关。

应对是调适的一个关键方面，它与自尊之间的关系又如何呢？低自尊且有着自责归因风格的人在这方面绝对处于不利地位。首先，他们比高自尊的人在失败后更容易变得意志消沉。对他们而言，失败会导致抑郁并削弱其下次做得更好的动力。相反，高自尊的人在面对失败时坚持得更久。其次，如**图6.8**所示，低自尊的人对自己的行为往往有消极的预期（在社会情境、工作面试或考试中）。由于自尊会影响预期，所以它以自我延续的方式运作。因此低自尊且自责归因者会感到焦虑，并且可能没有为迎接挑战做好准备。然后，如果他们在做得不好时自责，他们会感到沮丧，并给他们本就脆弱的自尊带来又一次打击。当然，这种循环也会发生在高自尊者身上（以相反的方式）。无论哪种情况，重要的是自尊不仅影响现在，还会影响未来。

高自尊与自恋

尽管人们都希望自我感觉好，但当人们的自我观膨胀、不现实的时候，问题就出现了。事实上，高自尊可能并不像人们所说的那么好（Crocker & Park, 2004）。正如第1章和第2章提到的，自恋是把自己看得过度重要的倾向。自恋的个体热衷于高度评价自己，并且对批评非常敏感（Twenge & Campbell, 2003）。他们沉迷于成功的幻想，相信自己理应获得特殊的待遇，当他们感到自我观受到威胁时（自我威胁），会做出攻击性的反应。那些自尊脆弱（不稳定）的人也会做出这样的反应

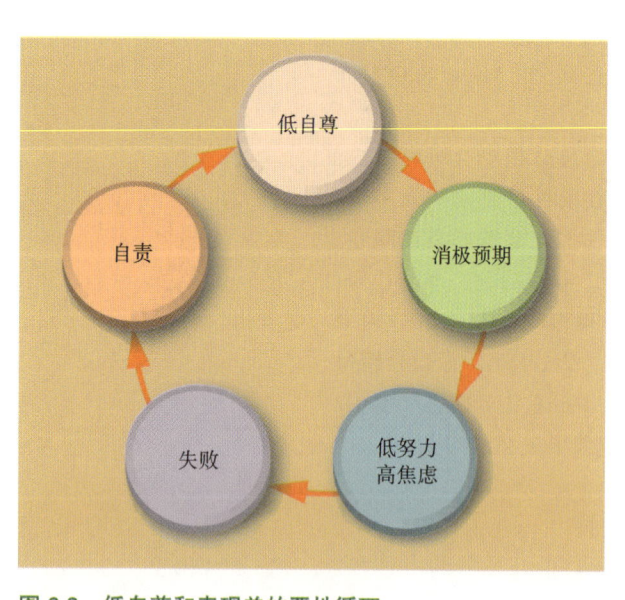

图6.8　低自尊和表现差的恶性循环

低自尊与对表现的低预期或消极预期有关。低预期往往导致准备不足和高度焦虑，增加了表现差的可能性。不成功的表现又会引发自责，而自责又导致自尊下降。

资料来源：Brehm, S. S., Kassin, S. M., & Fein, S. (2002). *Social psychology* (5th ed.). Boston: Houghton Mifflin.

（Kernis, 2003a, 2003b）。然而，与自恋者相比，高自尊的个体能够有节制地使用自我抬升的机会（Horvath & Morf, 2010）。有着安全和现实的自我积极评价的个体对自我威胁并不是那么敏感，在面对这种威胁时也较少诉诸敌意和攻击。需要注意的是，自恋者的攻击性一定是被激发的，若没有受到挑衅，他们并不比非自恋者更可能攻击他人（Twenge & Campbell, 2003）。

鲍迈斯特及其同事推测，自恋的人在体验到自我威胁后，更倾向于做出攻击行为，比如虐待伴侣、强奸、帮派暴力、个体或群体的仇恨犯罪以及政治恐怖主义（Baumeister, 1999; Bushman et al., 2003）。有证据支持这个观点吗？在一系列研究中，研究者让参与者有机会攻击那些羞辱或表扬他们所写文章的人（Bushman & Baumeister, 1998）。自恋的个体对"羞辱者"做出了攻击性特别高的反应（见图 6.9）。另一项研究比较了男性囚犯和男大学生的自恋和自尊水平，发现暴力罪犯在自恋上的得分明显高于大学生，但在自尊得分上与大学生相似（Bushman & Baumeister, 2002）。

这些发现具有重要的现实意义（Thomaes & Bushman, 2011）。大多数针对配偶虐待者、行为不良者和罪犯的改造计划都基于一个错误的信念，即认为这些人存在低自尊问题。迄今为止，几乎没有实证证据表明低自尊会导致直接（例如，打人）或间接（例如，给别人消极评价）的攻击行为（Bushman et al., 2009）。实际上，当前的研究发现，提高（本已过高的）自尊的努力是错误的，更好的方法是帮助个体获得更多的自我控制和更现实的自我观。

"你能相信这会发生在我身上吗？她的自尊得分非常低。"

自尊的发展

尽管人们的自我价值感在儿童早期就已出现，但个体的自尊差异在儿童中期和青少年期才开始显现（Erol & Orth, 2011），之后将持续一生（Hater, 2006）。自尊发展的典型模式包括以下几个阶段：儿童期自尊水平高，青少年期下降（尤其是女孩），成年期逐渐回升和提高，老年期再次急剧下降（Robins & Trzesniewski, 2005）。由于自尊的基础是在生命早期阶段奠定的（Harter, 2003），因此心理学家们把大部分的注意力集中于父母在自尊发展中的作用。事实上，有充分证据表明，父母的卷入、接纳和支持以及明确的界限都对儿童的自尊有显著影响（Harter, 1998）。

父母的教养行为有两个重要的维

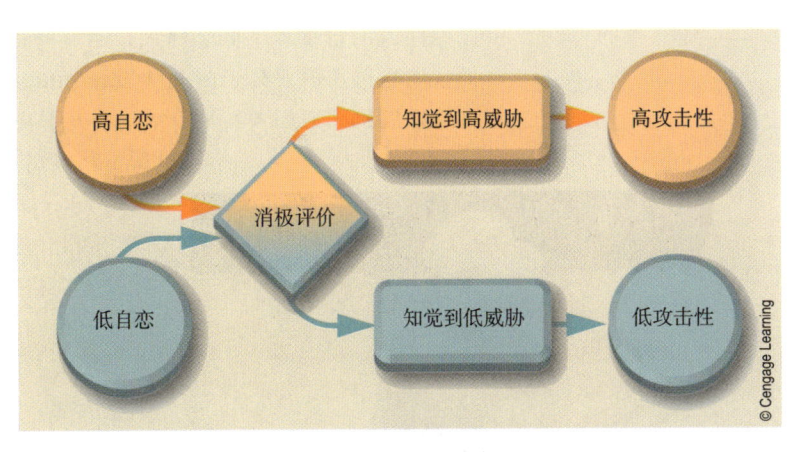

图 6.9 从自恋到攻击性的路径

自恋得分高的人，把别人对自己的消极评价看作是极端的威胁。这种自我威胁体验触发了对评价者强烈的敌意和攻击性行为，作为对感知到的批评的报复。自恋得分低的人不容易把别人的消极评价看成威胁，因此对评价者的攻击性也小得多。

资料来源：Bushman & Baumeister, 1998.

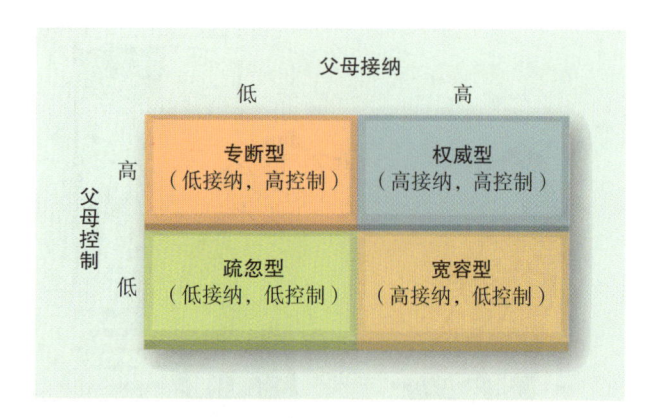

图 6.10　鲍姆林德提出的父母教养风格

戴安娜·鲍姆林德认为，父母控制和父母接纳的交互作用产生了四种教养风格。

资料来源：Baumrind, D. (1971). Current patterns of parental authority [Monograph]. *Developmental Psychology, 4* (1, Part 2), 1–103. Copyright 1971 American Psychological Association. Adapted by permission of the author.

度：接纳和控制（Maccoby & Martin, 1983）。黛安娜·鲍姆林德（Baumrind, 1971, 1978）将这两个维度的交互作用归结为四种教养风格（见图6.10）。权威型教养风格的父母对子女的情绪支持度高，限制严格但合理（高接纳，高控制）。专断型教养风格的父母情绪支持度低，限制严格（低接纳，高控制）。宽容型教养风格的父母情绪支持度高，限制很少（高接纳，低控制）。疏忽型教养风格的父母情绪支持度低，限制很少（低接纳，低控制）。鲍姆林德和其他研究者发现，教养风格与儿童的特质和行为（包括自尊）之间存在相关（Furnham & Cheng, 2000）。权威型教养风格与最高的自尊得分相关，并且这一结果在不同的种族群体中普遍成立（Wissink, Dekovic, & Meijer, 2006）。然而，在西班牙进行的一项研究发现，宽容型教养风格有时比权威型更好，而这两种风格都比专断型和疏忽型会产生更好的结果（García & Gracia, 2009）。在这项研究中，宽容型教养风格的特点是纵容，也就是宽容和理解。一般来说，专断型教养风格、宽容型教养风格和疏忽型教养风格排在第二、第三和第四位。这些结果表明，文化差异和传统可能对不同教养风格之间的优劣有一定的影响。不过，这些研究都只是相关研究，因此并不能证明教养风格导致了高自尊或者低自尊。

或许权威型教养风格会使儿童产生适当的自尊水平，并对其以后的行为有重要影响。一项研究发现，权威型教养风格通过减少青少年的吸烟和饮酒行为起到了保护作用（Piko & Balázs, 2012）。

种族、性别与自尊

由于偏见和歧视在美国依然盛行，人们通常假设少数群体成员的自尊水平低于多数群体成员。研究结果既支持又否定了这个假设。一方面，亚裔、西班牙裔和美国原住民的自尊水平低于白人，但差异很小（Twenge & Crocker, 2002）。另一方面，黑人的自尊水平要高于白人（Gray-Little & Hafdahl, 2000; Twenge & Crocker, 2002）。如果把性别因素加入其中，结果会变得更复杂。白人男性的自尊水平高于白人女性，但少数族裔男性的自尊水平低于少数族裔女性（Twenge & Crocker, 2002）。

因此，种族和性别以复杂的方式共同影响自尊。文化差异在自我概念中的作用可以为此提供一些视角。回想一下我们之前对个人主义和集体主义的讨论。请注意，这个维度上的差异不仅存在于国家之间，也存在于一个国家内部。还有另外一个事实是，高度个人主义与高自尊存在相关。有趣的是，个人主义的种族差异恰好反映了自尊的种族差异（Twenge & Crocker, 2002）。也就是说，黑人的得分高于白人，白人与西班牙裔没有显著差异，而西班牙裔的得分高于亚裔美国人。因此，自尊的种族差异很可能源于不同的群体如何基于文化信息看待

父母、教师、教练和其他成年人在塑造自尊方面起着关键作用。

自己。

尽管女性不是少数群体，但她们与少数族裔群体类似，因为她们的地位和权力往往低于男性。大众媒体充斥着关于少女和成年女性自尊低下的报道（Pipher, 1994）。这种论断有实证基础吗？一项对 115 个研究的元分析发现，男性在外貌、运动能力、心理自我（独立于身体或人际关系的对自己人格的评价）、自我满意度（自我幸福感）上有较高的特定领域自尊，而女性在行为举止（社会所接纳的行为）、道德伦理等领域有较高的自尊（Gentile et al., 2009）。有趣的是，外貌自尊的差异在 1980 年后才出现，并且这种差异在成年参与者中最大。这项元分析的作者推测，这可能是由于大众传媒越来越关注人们的外表。然而，男性和女性在学业能力、社会接纳性、家庭和情感（情绪幸福感）等方面的自尊水平没有差异。

在一项更早、更广泛的元分析中，研究者对数百项研究（受访者从 7 岁到 60 岁不等）的结果以及三项具有全国代表性的青少年和年轻人调查的数据进行了统计分析，总结了自尊的性别差异（Kling et al., 1999）。在两项分析中，男性的自尊得分都高于女性，但在大多数方面性别差异很小。差异最大的是 15~18 岁年龄组。对于这些结果，需要考虑到一个重要的限定条件：并不是女孩的自尊非常低，更可能的是男孩在青少年时期往往更为自负。此外，白人女孩也比少数族裔女孩自尊低。白人女孩往往比少数族裔女孩有更消极的身体意象，这可能是她们自尊较低的一个因素（Twenge & Crocker, 2002）。

自我知觉的特征和基本原理

学习目标
- 区分自动加工和控制加工
- 定义自我归因并确认归因的主要维度
- 解释乐观主义和悲观主义的解释风格与调适的关系
- 找出引导自我理解的三种动机
- 讨论自我抬升的四种方法

现在你已经熟悉了自我的一些主要方面，接下来让我们思考一下人们如何建立并维持一致和积极的自我观。首先我们来看看其中涉及的基本认知过程，然后是自我归因这个令人着迷的领域。最后我们会讨论解释风格和引导自我理解的主要动机，并且会特别强调自我抬升技术。

认知过程

人们每天都要面对许许多多的抉择，他们是如何避免被这些抉择压垮的呢？问题的关键在于人们如何加工信息。谢利·泰勒（Taylor, 1981）认为人类是"认知吝啬者"。因为认知资源（注意、记忆等）是有限的，所以人们通过走认知捷径来"囤积"认知资源。例如，你可能每天早晨都要经历相同的程序：洗澡、喝咖啡、吃早餐、检查电子邮件，等等。由于你做这些事情不需要太多思考，所以你可以保留你的注意、决策和记忆容量来完成重要的认知任务。这个例子说明了处理信息的默认模式：自动加工。另一方面，当你需要做出重要的决策，或者当你想弄明白为什么你没能得到自己想要的工作时，你会消耗这些宝贵的认知资源。这个模式被称作控制加工。埃伦·兰格（Langer, 1989）将这两种状态分别描述为"潜念"（mindlessness）和"专念"（mindfulness，又译作"正念"）。专念可提高认知灵活性，这反过来又可以导致自我接纳（Carson & Langer, 2006）、压力降低（Carmody & Baer, 2008）和幸福感（Langer, 2009a, 2009b）。相比之下，潜念会导致思维僵化，遗漏细节和重要的区别。

另一种保护认知资源的方式是选择性注意，即优先关注那些与自我相关的信息（Bargh, 1997）。这种倾向的一个例子就是所谓的鸡尾酒会效应：在满屋子喋喋不休的人之中，你能听见别人提到你的名字（Wood & Cowan, 1995）。有时选择性的自我关注会对我们不利，例如我们会过高估计自己受他人关注的程度，这种现象被称为聚光灯效应（Gilovich, Medvec, & Savitsky, 2000）。如果你穿着一件令人尴尬的T恤——一件印有巴瑞·曼尼洛的T恤——走进坐满同龄人的房间时，会发生什么？参与者估计会有一半的人注意到他们愚蠢的时尚选择，但实际上只有不到25%的人注意到了。

自我认知的另一个原则是人们努力去理解自己。正如你在我们对社会比较理论的讨论中所看到的，他们这样做的一种方法是把自己与他人进行比较（Wood & Wilson, 2003）。还有一种方法是下面将要讨论的归因思维。

自我归因

假设你为学校的网球队赢得了一场关键的比赛。你会把你的成功归因于什么？是你的新训练计划开始奏效了吗？是主场优势，还是因为你的对手带伤上场？日常生活中的这个例子说明了自我归因过程的本质。**自我归因**（self-attribution）是指人们对自己行为原因的推断。人们常常通过归因来理解他们的经历（Malle, 2006, 2011）。这些归因所包含的推断最终代表着每个人的猜测。

弗里茨·海德（Heider, 1958）首次提出，人们倾向于把行为的原因要么定位于个人内部，归因于个人因素，要么定位于外部，归因于环境因素。他据此建立了归因所依据的一个关键维度：内部与外部。另外两个维度是稳定与不稳定、可控与不可控。让我们更详细地讨论这些不同类型的归因。

内部或外部 在阐述海德的见解时，许多理论家一致认为对行为和事件的解释可以分为内部归因和外部归因（Bastian & Haslam, 2006; Kelley, 1967; Robins et al., 2004; Weiner, 2006）。**内部归因**（internal attributions）把行为的原因归结为个体的性情、特质、能力和情感。**外部归因**（external attributions）把行为的原因归结为情境需求和环境制约。例如，如果你认为自己统计学成绩差是因为没有充分地准备，或者是在考试中过于焦虑，你就做了内部归因。而外部归因可能是这门课程太难了、老师不公平，或者教材难以理解。图6.11提供了两种归因的例子。

一个人的自我归因是内部的还是外部的会对个人调适产生巨大的影响。研究发现，那些把失败更多地归因于个人内部原因而不是外部情境原因的人，可能比有相反归因倾向的人更容易抑郁（Riso et al., 2003）。

稳定或不稳定 归因的第二个维度是行为背后原因的稳定性（Weiner, 1994）。稳定的原因带有或多或少的永久性，不太可能随着时间的推移而改变。幽默感和智力是行为的稳定的内部原因。行为的稳定的外部原因包括法律和规则等（限速、禁烟区）。不稳定的行为原因是可变的或容易改变的。不稳定的内部原因包括心境（好或坏）

图6.11 内部归因与外部归因的比较

内部归因与外部归因的比较	
内部归因	**外部归因**
人格因素或特征	场所（例如，教室、诊所、公园、音乐厅）
年龄	他人
性别	引导行为的规则
技能	天气
种族	一天中的时间
教育	环境（例如，安静、拥挤、炎热）
智力	

内部归因是指将原因归结为与个体自身或行为相关的特质或属性。相反，外部归因是指将原因归结为个体行为所发生的背景或环境。这里列出了每种归因类型的一些原因示例。

和动机（强或弱）等方面。不稳定的外部原因可以是天气或者他人是否在场。伯纳德·韦纳（Weiner, 1994）认为稳定–不稳定维度与内部–外部维度相互交叉可以形成成功或失败的四种归因类型（见**图6.12**）。

让我们把韦纳的模型应用到一件具体的事情上。想象你正在思考为什么你刚刚得到了想要的工作。你可能把成功归功于内部的稳定因素（优秀的能力）或不稳定因素（精心地写了一份吸引人的简历），或者把结果归功于外部的稳定因素（缺乏一流的竞争者）或不稳定因素（运气）。如果你没有得到这份工作，你的解释也会是这四种之一：内部的–稳定的（能力不够），内部的–不稳定的（在简历上付出的努力不够），外部的–稳定的（所在领域竞争太激烈），外部的–不稳定的（运气不好）。

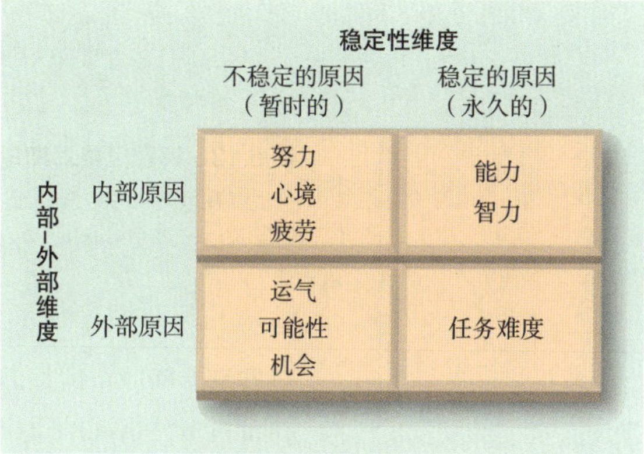

可控或不可控 归因过程的第三个维度承认这样一个事实：有的事情是人们能控制的，而有的事情是不可控的（Weiner, 1994）。譬如，在一项任务上付出多少努力通常是你可以控制的，而在音乐上的天赋则是天生的（超出了你的控制）。可控性会随着其他两个因素中的任何一个而变化。

这三个维度似乎是归因过程的中心维度。研究表明，自我归因具有动机性，会引导个体趋近或远离可能的行为路线。因此，自我信念会影响个体对未来的期望（成功或失败）和情绪（自豪、无助、内疚），而这些期望和情绪又会共同影响之后的表现（Weiner, 2006, 2012）。所以，自我归因在人们的感受、动机状态和行为中起着关键作用。

图6.12 归因思维中的重要维度

韦纳的模型假定人们对成功和失败的解释强调内部–外部维度和稳定–不稳定维度。例如，如果你把结果归因于努力或不努力，你就在做个人内部的归因。因为努力可以随时间变化，所以这种原因是不稳定的。图中还展示了符合韦纳模型的四个单元的其他因果因素的例子。

资料来源：Weiner, B., Frieze, I., Kukla, A., Reed, L.. & Rosenbaum, R. M. (1972). Perceiving the causes of success and failure. In E. E. Jones, D. E. Kanuouse, H. H. Kelly, R. E. Nisbett, S. Valins, & B. Weiner (Eds.), *Perceiving causes of behavior*. Morristown, NJ: General Learning Press. Reprinted by permission of the author.

解释风格

胡里奥和乔希都是刚开始尝试获得第一次校园约会的大学新生。在经历失望之后，他们开始反思可能的原因。胡里奥推测是由于他太不露声色了。回过头看，他认识到自己不是那么直接，因为他对约那位女士出去感到紧张。当她没有回应时，他没有跟进，因为他担心对方并不是真的想和他约会。经过进一步的思考，他推断

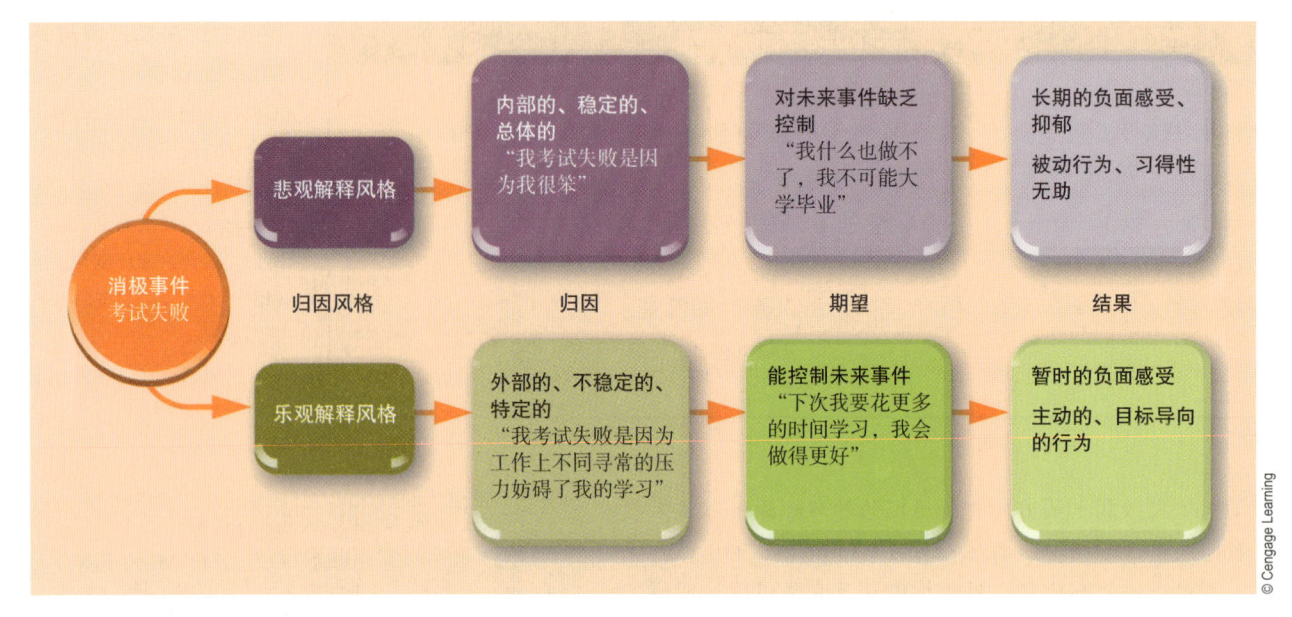

图 6.13　解释风格对期望、情绪和行为的影响

悲观解释风格在图中最上面一行。这种归因风格把失败归因于内部的、稳定的和总体的原因，倾向于产生对未来缺乏控制的期望、抑郁感受和被动行为。一种更具适应性、更乐观的归因风格在图中最下面的一行。

对方没有回应可能是因为不太确定他的意图。他发誓下次要更直接一些。另一方面，乔希对这种情况的反应是自怨自艾："我永远不会拥有一段关系。我是一个彻底的失败者。"根据这些反应，你认为谁在未来有机会约会？如果你猜的是胡里奥，那么你很可能是对的。让我们来看看为什么。

马丁·塞利格曼（Seligman, 1991）认为，人们倾向于在不同程度上表现出乐观解释风格或悲观解释风格（如**图 6.13** 所示）。正如我们在第 3 章所见，**解释风格**（explanatory style）是指人们对生活中各种事件进行类似的因果归因的倾向。具有乐观解释风格的人通常把失败归因于外部的、不稳定的、特定的因素（Peterson & Steen, 2009）。譬如，一个人可能会把没有得到向往的工作归因于面试环境中的因素（"房间实在是太热了""问题带有倾向性"）而不是自己的缺点。这种解释风格可能具有心理上的保护作用（Wise & Rosqvist, 2006），帮助人们看淡挫折，从而维持一个良好的自我意象（Gordon, 2008）。它还能帮助人们从失败中恢复。

相反，具有悲观解释风格的人倾向于把失败归因于内部的、稳定的、总体的（或普遍的）因素。这些归因让他们自我感觉糟糕，并怀疑自己是否有能力应对未来的挑战。正如第 4 章提到的，这种风格会助长消极行为，使人们更容易受习得性无助和抑郁的影响（Peterson, Maier, & Seligman, 1993），当人们预期事情不会按有利于自己的方向发展时尤其如此（Peterson & Vaidya, 2001）。更令人担忧的是，一些来自纵向样本的提示性证据表明，"灾难化"（将负面事件归因于总体因素）可预测意外和暴力死亡（Peterson et al., 1998）。幸运的是，解释风格是可测量的（Haeffel et al., 2008），而且认知行为疗法似乎在帮助有抑郁风险的个体（Seligman, Schulman, & Tryon, 2007）及鼓励抑郁个体改变其悲观解释风格（Seligman et al., 1999）方面是有效的。

引导自我理解的动机

无论是通过社会比较、归因思维还是其他方式来评价自己，人们都有很强的动机去寻求自我理解。在寻求过程中，人们主要受三种动机的驱动：评价、验证和抬升（Biernat & Billings, 2001）。

自我评价

自我评价的动机反映在人们对关于自己的真实信息的渴望上（Trope, 1986）。然而，问题是，人们并不完全了解自己（Dunning, 2006）。许多自我评价都存在很大的缺陷；好在人们通常并不知道这一事实（Dunning, Heath, & Suls, 2004）。这可能是由于评估自己的能力极具挑战性（Carter & Dunning, 2008）。

让我们用一个例子来说明人们在自我评价方面的能力局限。近来，社会心理学家对情绪准确性问题产生了兴趣：人们能在多大程度上预测自己未来对好事或坏事的感受？如第1章所述，这一过程被称为情感预测（Gilbert, Driver-Linn, & Wilson, 2002; Wilson & Gilbert, 2003）。威尔逊和吉尔伯特（Wilson & Gilbert, 2005）已经反复证明，人们会错误地预测一旦未来事件发生他们会感到快乐或不快乐的程度。人们面临的挑战并不是其感受的效价（或者说方向），他们能很好地判断哪些事情会让他们快乐或者不快乐。相反，问题在于对积极或消极感受的强度和持续时间的预测。

情感预测偏差的一个来源是影响偏差，它指的是人们误判自己对未来事件的情绪反应的强度和持续时间。在这种情况下，人们会高估而非低估他们的感受。这里有一个许多读者都能联想到的例子：大学宿舍。邓恩等人（Dunn, Wilson, & Gilbert, 2003）让大学生估计在被分配到合意或不合意的宿舍一年后，自己快乐或不快乐的程度。如图6.14所示，学生们预期最终居住的地方会对自己总体的快乐程度有非常重要的影响。然而，你会发现，在入住一年后，两组人报告的快乐程度实际上几乎相同（见图6.14）。换句话说，由于研究者所称的聚焦（focalism），即个体会过度强调某个事件未来在自己头脑中的分量，同时低估其他事件会如何争夺自己的认知和情绪，人们经常高估单个事件对情绪的影响（Schkade & Kahneman, 1998; Wilson et al., 2000）。

宿舍生活作为探索情感预测的例子也许并不那么引人注目，但其他一些更重要的生活事件也得到了研究。研究者发现人们会高估失恋几个月后的不快乐程度；女性会高估自己在得知不想要的孕检结果后的不快乐程度；没有终身教职的老师会错误判断自己在被拒绝给予终身教职5年后的不快乐程度（Loewenstein, O'Donoghue, & Rabin, 2003; Wilson & Gilbert, 2003）。因此，影响偏差和聚焦可对预期造成或大或小的歪曲，表明人们准确地进行自我评价的能力是有限的。

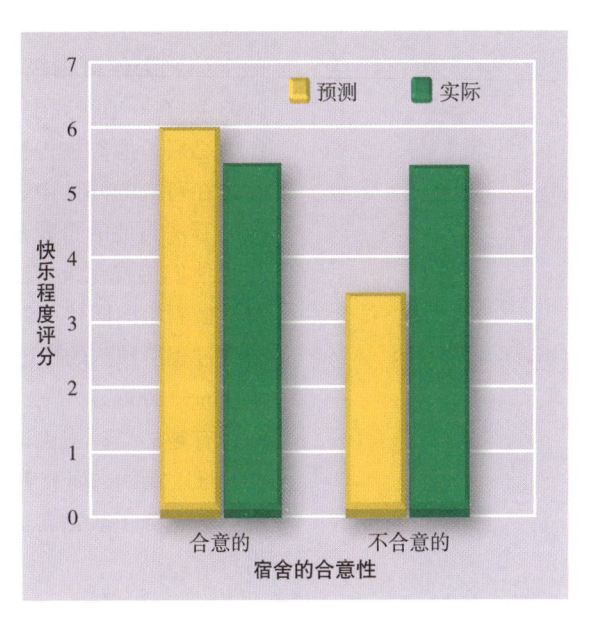

图6.14 影响偏差：学生们预测的和实际的被分配到合意或不合意的宿舍一年后的快乐水平

大学生使用7点量表（1代表不快乐，7代表快乐）来预测被随机分配到合意或不合意的宿舍一年后自己的快乐程度。学生们预期他们的宿舍分配会对他们的总体快乐程度产生显著的积极或消极影响（黄色条）；然而，入住一年后，那些住在合意宿舍和不合意宿舍的学生表现出基本一致的快乐程度（绿色条）。

资料来源：Wilson, T. D., & Gilbert, D. T. (2005). Affective forecasting: Knowing what to want. *Current Directions in Psychological Science, 14*, 131–134, Fig. 1. Copyright © 2006 Blackwell Publishing. Reprinted by permission of Sage Publications.

当然仍有一线希望。个体确实会寻求对多种信息的准确反馈，包括个人品质、能力、外貌特征，等等。人们寻求准确信息的原因是显而易见的。毕竟，这能帮助他们设定现实的目标并以合适的方式行事（Oettingen & Gollwitzer, 2001）。

自我验证

自我验证动机驱使人们寻找那些与他们对自己的信念相匹配的信息，无论是消极的还是积极的（North & Swann, 2009a; Swann, 2012）。这种追求一致的自我意象的倾向可确保个体自我概念的相对稳定。人们以许多微妙的方式来维持一致的自我知觉，但往往没有意识到这一点（Schlenker & Pontari, 2000）。例如，当过去的记忆与现在的行为相冲突时，人们会抹去记忆以维持两者的一致性。举例来说，一个曾经害羞而后变得外向的人回忆起自己时，会认为自己以前也一直是外向的（Ross & Conway, 1986）。

另一种维持自我一致性的方法是寻找能证实当前自我知觉的反馈和情境，避免可能否定自我知觉的情境或反馈。因此，自我验证不仅具有适应性，而且具有其他的积极属性（North & Swann, 2009b; Swann, 2012）。威廉·斯旺的**自我验证理论**（self-verification theory）认为，人们更愿意从他人那里收到与自己的自我观相一致的反馈。因此，有着积极自我概念的个体会偏好来自他人的积极反馈，而有着消极自我概念的个体则会偏好消极的反馈。研究发现情况通常如此（Swann, Rentfrow, & Guinn, 2003）。在一项研究中，大学生根据测验分数被分为消极自我概念组和积极自我概念组。之后，他们被告知要为接下来 2~3 小时的交流选择一个同伴。研究者让参与者相信在可选的同伴中，其中一个人对他的看法与他的自我观相一致，而另一个人对他的看法与他的自我观不一致。正如预期的那样，持有积极自我观的参与者偏好选择对他们持有积极看法的同伴，而持有消极自我观的参与者偏好选择那些对他们持有消极看法的同伴（Swann, Stein-Seroussi, & Geisler, 1999）。对抑郁人群来说，自我验证过程所预测的稳定自我观可能是治疗失败和对生活持续不安或不满的原因（Petit & Joiner, 2006）。

有趣的是，当验证自我观的机会被阻碍时，人们会做出相关的行为来验证自我同一性。例如，研究者（Brooks, Swann, & Mehta, 2011）发现，当自信的人在某个情境中被剥夺了表达自信本性的机会时，他们接下来会在另一个社会互动情境中表现出自信。

自我抬升

最后，人们也会受自我抬升动机的驱动。**自我抬升**（self-enhancement，也译作自我提升）是指寻求关于自身的积极信息（并且拒绝消极信息）的倾向。在心理学上，自我抬升至少会以四种方式表现出来：可观察的反应或行为、加工过程、人格特质或潜在的动机（Sedikides & Alicke, 2012）。自我抬升的一个例子是美化自己的个人特质的倾向，这一倾向又称作"优于平均效应"（Buckingham & Alicke, 2002）。你在前面已经知道了这个效应的一个例子：所有参加 SAT 考试的学生都认为自己的人际关系能力高于平均水平，而这在数学上是不可能的。如果学生知道老师也有同样的偏差，可能会感到释然：94% 的老师认为他们的教学能力高于平均水平（Cross, 1977）！

自我抬升的第二个例子是控制错觉（Langer, 1975）。控制错觉是指人们高估自己对结果的控制程度。因此，那些在彩票上选择自己的幸运数字的人，会错误地认为自己可以影响这种随机事件的结果，这种行为和推断让他们感觉良好（Dunn & Wilson, 1990; Wohl & Enzle, 2002）。

自我抬升的方法

强大的自我抬升动机驱使人们去寻找关于自己的积极信息（并拒绝消极信息）（Sanjuán, Magallares, & Gordillo, 2011）。让我们看看在这一过程中人们常用的四种认知策略。

向下比较

我们提到过，人们经常将自己与他人进行比较，从而更多地了解自己（社会比较）。然而，一旦自尊受到威胁，人们会调整策略，选择与那些境况比自己差的人进行比较（Wood, 1989）。**向下的社会比较**（downward social comparison）是指人们选择与那些问题比自己更严重的人进行比较的防御性倾向。在面对威胁时，人们为什么会改变策略？因为他们需要感觉更好，并且通常是通过与他人的经历相联系来做到这一点的（Wayment & O'Mara, 2008）。研究发现向下的社会比较与心境和自尊的提高相关（Reis, Gerrard, & Gibbons, 1993）。

如果你曾经遭遇过严重的交通事故，车报废了，你可能通过至少没有人严重受伤这一事实来安慰自己。同样，患慢性疾病的个体可能会将自己与那些患有危及生命的疾病的人进行比较。向下的社会比较的保护力量往往非常强大。最近的一项研究发现，与他人的经历进行策略性的比较能够让人们在生活中避免感到遗憾（Bauer & Wrosch, 2011）。

自我服务偏差

假设你和另外三个人竞争公园或者文娱部的一份兼职，而你被选中了。你会如何解释自己的成功？你很可能告诉自己，你之所以被聘用是因为你最适合这份工作。但另外三个人会如何解释他们的消极结果？难道他们会告诉自己，你得到这份工作是因为你最有能力？不太可能！相反，他们很可能把失败归因于运气不好或者没有时间准备面试。这种对成功和失败的不同解释反映了**自我服务偏差**（self-serving bias），也就是人们把成功归因于个人因素而把失败归因于环境因素的倾向（Mezulis et al., 2004; Shepperd, Malone, & Sweeny, 2008）。对自我服务偏差的一种解释是，无偏差的自我判断需要高度的自我控制，而这种自我控制经常被自动化的自我抬升动机所压倒（Krusemark, Campbell, & Clementz, 2008）。

例如，在一项实验中，两个陌生人共同完成一个测验。他们会收到测验成功或失败的虚假反馈，并且被要求对测验结果分担责任。成功的参与者将功劳归于自己，而失败的参与者则责怪同伴（Campbell et al., 2000）。但是，人们并不总是急于邀功。在该研究的另一项实验中，参与者是真正的朋友，结果发现参与者对成功和不成功的结果都分担责任。因此，友谊限制了自我服务偏差。

尽管自我服务偏差存在于各种文化之中（Fletcher & Ward, 1988），但它似乎在个人主义的西方社会尤为普遍，在那里，对竞争和高自尊的强调促使人们努力给他人和自己留下深刻印象。相反，日本被试在解释成功时展示出一种自我谦逊偏差（Akimoto & Sanbonmatsu, 1999），他们倾向于把自己的成功归因于别人的帮助或任务的轻松，同时淡化自己能力的重要性。在失败时，日本被试比来自个人主义文化的被试更倾向于自我批评（Heine & Renshaw, 2002）。

尽管如此，自我服务偏差是如此强大，以至于人们虽然否认自己有自我服务偏差，却乐于承认这种偏差在他人所表达的行为和信念中显而易见（Pronin, Gilovich, & Ross, 2004; Pronin, Lin, & Ross, 2002）。人们常常如此确信自己固定的正确性，以至于他们愿意在大大小小的事情上与他人争论甚至争斗一番，而这种偏差可能正是原因之一（Kennedy & Pronin, 2008; Pronin & Ross, 2006）。

分享荣誉

当你最喜欢的球队去年赢得全国冠军时，你有没有特意戴上球队的帽子？当你最好的朋友赢得了特别奖，你还记得自己多久告诉别人一次这个好消息吗？如果你在某人的成功中发挥了作用，那么你想分享荣誉是可以理解的；然而，即使人们没有对某项出色的成就有所贡献，他们也想要分享这一荣誉。**分享荣誉**（basking in reflected glory）是指通过公开宣布自己与成功者的联系来提升自我意象的倾向。

罗伯特·西奥迪尼及其同事（Cialdini et al., 1976）在有橄榄球队进入全国排名的大学中研究了这一现象。研究者预测，当学生被问及他们的球队在最近一场比赛中表现如何时，若球队胜了，他们更可能回答"我们赢了"（换言之，分享荣誉）；而当球队被打败时，他们会较少回答"我们输了"。研究确实发现，学生在球队胜利时更可能分享荣誉。此外，相比那些认为自己表现良好的被试，那些认为自己刚刚在一个虚假测验中失败的被试更可能使用"我们赢了"这样的表述。除了橄榄球迷（Spinda, 2011），分享荣誉效应也出现在足球迷杂志的文章中（Bernache-Assollant, Lacassagne, & Braddock, 2007）。

分享荣誉并不仅限于团队运动，显然，它在人们的政治信仰中也占有一席之地。2008年美国总统选举后进行的一项田野研究发现，那些在窗户上或院子里贴着支持奥巴马标志的人，保留标志的时间比那些张贴支持麦凯恩标志的房主要长（Miller, 2009）。奥巴马在2012年赢得了第二次选举，你觉得那些支持奥巴马的人会比那些支持另一候选人罗姆尼的人在选举后更长时间地展示这些标志吗？

另一个与之相关的自我抬升策略是**割袍断义**（cutting off reflected failure）。由于自尊在一定程度上与个人与他人的联系有关，人们经常通过疏远那些不成功的人来保护自己的自尊（Boen, VanBeselaere, & Feys, 2002; Miller, 2009）。因此，如果你的表弟因酒后驾驶而被捕，你可能告诉别人你跟他不熟。有趣的是，分享荣誉和割袍断义显然不仅限于美国或者公共场合。例如，比利时和荷兰队的网站在球队胜利后（分享荣誉）的访问量明显多于输了之后（割袍断义）（Boen, VanBeselaere, & Feys, 2002）。

人们经常声称与成功者交往（分享荣誉），以保持积极的自我感觉。

自我妨碍

如果人们在一项重要任务上失败了，他们需要挽回面子。在这种情况下，人们通常会想出一个挽回面子的借口（"我有严重的胃痛"）。奇怪的是，有些人会以注定会让他们失败的方式行事，这样一旦失败，他们就有了现成的借口。**自我妨碍**（self-handicapping）是指人们蓄意破坏自己的表现，从而为可能的失败提供借口的倾向。例如，当一场大考临近时，学生们不拖到最后一分钟不学习，或者在考试的前一晚出去喝酒。如果他们考得不好（这很有可能），他们会解释说自己没有准备。（毕竟，难道你不愿意让人认为你的糟糕表现是由于准备不充分而不是能力不足吗？）缺乏努力通常是自我妨碍的一种表现，缺少自我控制也是如此（Uysal & Knee, 2012）。然而，最近的一项研究发现，有时过度努力——讽刺的是，这是一种主动的行为策略——也是一种自我妨碍行为。让一组男性相信过度练习会损害他们未来在某个任务上的表现。结果发现，在这些人中，自我妨碍特质测验得分高的人比得分低的人练习时间更长。讽刺的是，通过过度准备来确保糟糕的表现，高自我妨碍的个体可以保全面子，他们很容易将失败归咎于过度练习而不是缺乏技能，而后者是一种更具心理威胁的解释（Smith, Hardy, & Arkin, 2009）。人们使用各种策略来妨碍他们的表现：酒精、药物、拖延、糟糕的心情、分心的事物、焦虑、抑郁和过度投入（Baumeister, 1998）。

自我妨碍不应与防御性悲观相混淆，后者是一种使人们在心理上认识到最糟糕的可能结果，然后努力确保这样的结果不会发生的特质（Norem, 2008, 2009; Norem & Smith, 2006; Thomas, 2011）。尽管这两个概念看起来相似，但防御性悲观是努力避免坏的结果，而自我妨碍则是暗中破坏自己的努力（Elliot & Church, 2003; Martin et al., 2003）。想象你在为一门课做一个重大的期末项目，这个项目会决定你的期末成绩。乐观主义者应对焦虑的方式是预期自己会尽最大的努力。防御性悲观者会做最坏的打算，然后马上开始工作，当他们做得很好时会感到愉快和惊喜。然而，自我妨碍的人会拖延时间或者做任何可能破坏他们成功完成项目的事情。

自我妨碍似乎是一种"双赢"的策略：如果你失败了，你有一个可以挽回面子的借口；如果你碰巧成功了，你就可以声称自己是不同寻常的天才！然而，你可能已经注意到自我妨碍有很高的风险。自我挫败行为虽然给你提供了失败的借口，但也很可能导致糟糕的表现（Zuckerman, Kieffer, & Knee, 1988）。此外，虽然自我妨碍可以让你免于关于能力的消极自我归因，但并不会阻止别人做出关于你的其他消极归因。别人可能会认为你懒惰、有酗酒倾向或高度焦虑（这取决于你自我妨碍的方式），而这些看法有时是准确的（Zuckerman & Tsai, 2005）。因此，这种自我抬升的策略存在严重的缺陷。

推荐阅读

《消极思维的积极力量：利用防御性悲观来控制焦虑，达到你的巅峰状态》

(*The Positive Power of Negative Thinking: Using Defensive Pessimism to Harness Anxiety and Perform at Your Peak*)

作者：朱莉·诺勒姆

消极思维，例如害怕失败或是表现糟糕，会变成好事吗？或许适当的焦虑能带来帮助而不是伤害。令人惊讶的是，威尔斯利学院的社会和人格心理学家朱莉·诺勒姆（Julie Norem）认为，一些消极的自我观实际上能激发人的决心，并导致成功。为什么会这样呢？想象一下"防御性悲观"的好处：在承担一项高难度或挑战性的任务之前想象最坏的结果，然后努力以避免这样的结果。一旦你认识到阻碍你达成目标的障碍和危险，你就能制定前进的策略。如果你最终的表现超出了你的开始基准，那么设定低水平或者中等水平的期望能给你带来巨大的情绪红利。防御性悲观至少能够有效地矫正不切实际的乐观和适应不良的自我策略（例如否认、拖延或自我妨碍）。

任何人都可能做出自我妨碍行为（当事情不顺利时，你总能想出一两个借口），但研究发现，男性比女性有更多的自我妨碍行为，这可能是由于女性更看重是否努力（McCrea et al., 2008）。低自尊个体往往缺乏自信，这会促使他们做出自我妨碍行为（Coudevylle, Gernigon, & Martin Ginis, 2011）。地位高的人也更可能将自我妨碍作为一种社交策略来使用（Lucas & Lovaglia, 2005）。为什么？因为自我妨碍通常发生在自尊受到威胁时。因此，地位高的人比地位低的人更有动力维护自我价值。有趣的是，当性别变量被控制时，种族和族裔的一些影响就显现出来了：欧裔美国人比非欧裔美国人有更多的自我妨碍行为（Lucas & Lovaglia, 2005）。自恋者也是如此，他们往往是傲慢或自负的（Rhodewalt, Tragakis, & Finnerty, 2006）。

自我调节

学习目标
- 定义自我调节并解释自我调节的自我损耗模型
- 解释自我效能感如何发展以及为何对心理调适很重要
- 描述自我挫败行为的三个类别

"我要吃那个巧克力圣代吗？""我想我应该开始写那篇英语论文了。""我是再浏览一次社交媒体还是去睡觉好呢？"人们总是在试图抵制冲动，并且让自己做不想做的事情。**自我调节**（self-regulation）是一个人引导和控制自身行为的过程。显然，管理和引导自己如何思考、感受和行动的能力，与你的职场成功、人际关系和身心健康密切相关（Baumeister & Vohs, 2007; Vohs & Baumeister, 2011; Vohs, Baumeister, & Tice, 2008）。能够放弃即时的满足（学习而不是聚会）并专注于重要的长期目标（毕业并找到一份好工作），对人生的成功至关重要（Doerr & Baumeister, 2010; Forgas, Baumeister, & Tice, 2009）。

人们的自我控制资源可能是有限的。如果你消耗这些资源去抵制特定情境中的诱惑，你可能很难抵制下一个诱惑或者不能在新任务中坚持下去。可见，自我控制是有代价的（Baumeister & Alquist, 2009）。至少自我调节的自我损耗模型是这么认为的（Baumeister et al., 1998）。为了研究这个假设，研究者让大学生参与一个有关味觉的研究（这个研究实际上是关于自我控制的）（Baumeister et al., 1998）。一些参与者被要求在5分钟内吃两三个小萝卜，但不能动旁边的巧克力糖和巧克力曲奇饼。另一些参与者要吃掉一些糖或曲奇饼，但不能吃旁边的小萝卜。控制组没有参加实验的这一部分。然后，当所有参与者以为他们在等待下一部分实验时，研究者让他们完成一些无法解决的难题（他们并不知道这一点）。研究者用参与者在难题上坚持的时间和尝试的次数来测量他们的自我控制水平。根据自我损耗模型，与吃巧克力的参与者（抵制小萝卜的诱惑）或没有食物的控制组相比，吃小萝卜的参与者（抵制巧克力的诱惑）会使用更多的自我控制资源，因此，这组参与者在坚持困难任务上的自我控制资源最少。如**图 6.15**所示，吃小萝卜的参与者比吃巧克力的参与者或控制组在难题任务上放弃得更快，尝试的次数也更少。

人们如此频繁依赖于习惯和自动化加工的原因之一是为了保存重要的自我控制资源（Baumeister, Muraven, & Tice, 2000）。如果不这样做，人们会不经意地损失一些积极的品质。例如，研究发现自我损耗会使人们较少帮助陌生人，但幸好对家人不是如此（DeWall et al., 2008）。当人们被要求做出大量的选择和决定时，自我控制资源也会减少（Vohs et al., 2008）。

自我调节发展较早，并保持相对稳定。一项研究发现，那些4岁时在延迟满足上表现更好的人，10年后在学业成绩和社交能力上也有更好的表现（Mischel, Shoda, & Peake, 1988; Shoda, Mischel, & Peake, 1990）。近期的证据表明自我调节具有可塑性，能够像肌肉一样得到增强，这意味着经常"训练"会使人们变得不那么容易受自我损耗效应的影响（Baumeister et al., 2006）。保持好的心情（Tice et al., 2007）和摄取糖分（Gailliot et al., 2009）能恢复人们的自我控制资源。在下一节，我们将考察自我效能感，这是自我调节的一个重要方面，然后讨论自我挫败行为，一种自我控制失败的情况。

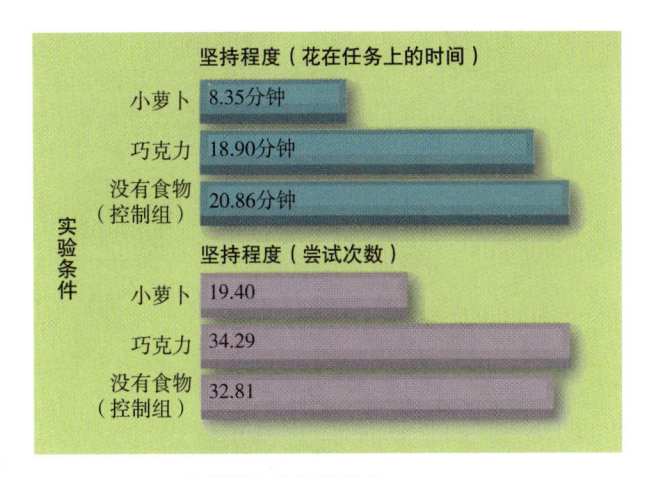

实验条件	坚持程度（花在任务上的时间）
小萝卜	8.35分钟
巧克力	18.90分钟
没有食物（控制组）	20.86分钟

实验条件	坚持程度（尝试次数）
小萝卜	19.40
巧克力	34.29
没有食物（控制组）	32.81

图6.15 在无解难题上的坚持程度

相比于吃巧克力而不吃小萝卜或什么都不吃的参与者，吃小萝卜而不吃巧克力的参与者使用了更多的自我控制资源。因为后者剩有相对少的自我控制资源帮助他们在一个困难任务（无解难题）中坚持下去，与其他两组相比，他们坚持的时间更短，尝试的次数也更少。

资料来源：Baumeister et al., 1998.

自我效能感

正如第2章所解释的，**自我效能感**（self-efficacy）指的是个体对自己做出某种行为以实现预期结果的能力的信念。它代表了一个人对自己能实现特定目标的坚定信念。艾伯特·班杜拉（Bandura, 2000, 2008a, b）认为，个体的效能信念因技能领域而异。在交朋友方面，你可能自我效能感较高，而在公开演讲方面，你可能自我效能感较低。然而，仅仅拥有某种技能并不能保证你能将其付诸实践。正如《小火车做到了》一书中提到的，你还必须相信自己有能力这样做（"我想我能做到，我想我能做到……"）[《小火车做到了》（*The Little Engine That Could*）是1930年由华提·派尔普撰写的经典童书，在美国家喻户晓。该书讲述了一辆小小的蓝色火车帮助别人的事，虽然小火车不确定自己微小的力量能不能帮上忙，但他还是大声地说："我想我能做到！"——译者注]。换句话说，自我效能感不在于你拥有的技能，而在于你对你能用这些技能做什么的信念。

艾伯特·班杜拉

自我效能感的相关变量

大量研究表明，自我效能感影响个体对目标的承诺、在任务上的表现以及面对障碍时对目标的坚持性（Maddux & Gosselin, 2003）。自我效能感已被证明与以下方面有关：健康促进（Bandura, 2004）、学业表现（Brady-Amoon & Fuertes, 2011; Prat-Sala & Redford, 2012）、职业选择（Betz & Klein, 1996）、工作绩效和工人生产率（Stajkovic & Luthans, 1998）以及失业应对（Creed, Lehman, & Hood, 2009）。由于自我效能感在心理调适方面的重要性（Bandura, 2008a），我们有必要记住自我效能感是习得的，并且是可以改变的。研究发现，提升自我效能感是改善健康（减肥和戒烟）（Maddux & Gosselin, 2003）和治疗各种心理问题的一种有效途径，包括考试焦虑（Smith, 1989）、对计算机使用的恐惧（Wilfong, 2006）、恐怖症（Williams, 1995）、对性侵犯的恐惧（Ozer & Bandura, 1990）、进食障碍（Goodrick et al., 1999）和物质滥用（DiClemente, Fairhurst, & Piotrowski, 1995），包括大麻依赖（Lozano, Stephens, & Roffman, 2006）。

发展自我效能感

自我效能感显然是一种有价值的品质。人们如何才能获得自我效能感？班杜拉（Bandura, 1997, 2000）确认了自我效能感的四种来源：掌握经验、替代经验、劝说或鼓励以及对情绪唤起的解释。

1. 掌握经验（mastery experiences）。提高自我效能感最有效的途径是掌握新的技能。有时候新技能很容易学会，比如学习如何使用图书馆的复印机。但有的事情却很难掌握，譬如学习如何驾驶手动挡汽车或者学习钢琴。在获得复杂技能的过程中，人们通常会犯错误。如果人们在经历失败后能坚持到最后的成功，他们就会获得自我效能感：我能做到！

2. 替代经验（vicarious experiences）。提高自我效能感的另一种方法是观察其他人执行某个你想学习的技能。选择一个能胜任某个任务的榜样是十分重要的，如果这个榜样与你相似（在年龄、性别、种族等方面），效果会更好。譬如，如果你对为自己说话感到害羞，那么观察那些擅长这样做的人可以帮助你培养这方面的自信。

3. 劝说和鼓励（persuasion and encouragement）。发展自我效能感的第三种途径是他人的鼓励，尽管不如前两种方法有效。例如，如果你很难邀请别人约会，朋友的鼓励可能会给你所需要的动力。

4. 对情绪唤起的解释（interpretation of emotional arousal）。自我效能感的另一个来源是伴随感受的生理反应和对该反应的解释。假设你坐在教室里等待教授分发试卷，你注意到你的掌心潮湿，胃有些不舒服，心怦怦直跳。如果你把这些行为归因于恐惧，你可能会暂时降低你的自我效能感，从而降低考好的可能性。相反，如果你把掌心潮湿和心跳加速归因于任何人表现良好所需要的唤醒，那么你就可能提高自我效能感，并增加你考好的可能性。当然，自我调节并不总是成功的。这就是我们的下一个主题——自我挫败行为。

讽刺的是，困难和失败最终可能有助于人们发展出强大的自我效能感。当年轻人学会在困难中坚持并克服失败时，自我效能感就会提升。

自我挫败行为

人们通常按照自我利益来行动。但是，有时候人们也会故意做一些对自己不利的事，例如抽烟、无保护性行为，以及把重要任务拖到最后一分钟才完成。**自我挫败行为**（self-defeating behaviors）是指看起来故意妨碍一个人的自我利益的行为。自我挫败行为一般会带来短期或即时的快乐，但却会为长期问题埋下隐患（Baumeister & Bushman, 2011; Twenge, 2008）。鲍迈斯特（Baumeister, 1997; Baumeister & Scher, 1988）认为故意的自我挫败行为有三类：蓄意的自我毁灭、折衷以及反作用策略。这三种行为的主要区别在于它们的故意程度。如**图 6.16** 所示，蓄意的自我毁灭行为故意程度最高，反作用策略故意程度最低，而折衷行为介于两者之间。

蓄意的自我毁灭是指人们想要伤害自己，并选择可以预见会导致这种后果的行为方式。这种行为常常出现在有精神障碍的人群中，在正常人群中似乎并不常见。

折衷是指人们虽然预见到伤害自己的可能性，但认为它是达成理想目标所必然产生的，从而接受它。过度进食、抽烟和过度饮酒就是人们很容易想到的例子。其他的例子包括拖延（推迟任务在短期内感觉很好，但赶上迫在眉睫的最后期限的挣扎会导致表现不佳，压力和疾病增加），不遵循医生的医疗保健建议（现在偷懒当然容易，但未来却会产生问题），害羞（避免社交情境可以防止焦虑，但可能导致孤独），以及自我妨碍（考试前饮酒能解释糟糕的表现，但增加了失败的可能）。人们做出折衷行为是因为它们能带来即时的、积极的和可靠的结果，而不是因为他们想在短期或者长期伤害自己。

反作用策略是指人们在追求理想的结果时，错误地选择了一条注定失败的途径。当然，你不可能总是预先知道一个策略是否会带来回报。因此，人们必须习惯性地使用这种策略，才能被定性为自我挫败。例如，一些人总是坚持没有成效的努力，比如追求一个遥不可及的职业目标或单恋。人们坚持这些行为是因为他们错误地相信自己会成功，而不是因为有意要自我挫败。

总之，尽管大多数人都会在某些时候做出自我挫败行为，但几乎没有证据表明他们试图故意伤害自己或者在任务中失败。相反，自我挫败行为似乎源于人们歪曲的判断或摆脱即时痛苦感受的强烈渴望（Twenge, Catanese, & Baumeister, 2002）。这种感受可能来自社会排斥（Twenge et al., 2002）或与自恋有关的冲动（Vazire & Funder, 2006）。

自我挫败行为的三种类别		
自我挫败行为的种类	是否预见到伤害	是否想要伤害
蓄意的自我毁灭	是	是
折衷	是	否
反作用策略	否	否

图 6.16　自我挫败行为的三种类别

鲍迈斯特和谢尔（Baumeister & Scher, 1988）根据自我挫败行为的故意程度区分了三类自我挫败行为。故意性由两个因素决定：一是人们是否知道行为可能带来伤害，二是人们是否想要伤害自己。有意的自我毁灭是故意程度最高的，接下来是折衷，最后是反作用策略。

自我挫败行为有多种形式，背后有多种动机。过度进食是一种折衷。人们知道从长期看，过度饮食会对自己造成伤害，但当时他们很享受。

自我呈现

学习目标
- 定义印象管理，并列举一些人们用来制造积极印象的策略
- 理解高自我监控者和低自我监控者的区别

你的自我概念涉及你如何看待自己，而你的公众自我则涉及你希望他人如何看待你。**公众自我**（public self）是在社会交往中呈现给他人的一种形象。这种公众自我的呈现听上去带有欺骗性，但它是完全正常的，每个人都会这样做（Schlenker, 2003）。许多自我呈现（例如礼节性的问候）都是无意识的、自动发生的。但当自我呈现很重要（例如工作面试）时，人们总是有意识地努力给别人留下最好的印象。

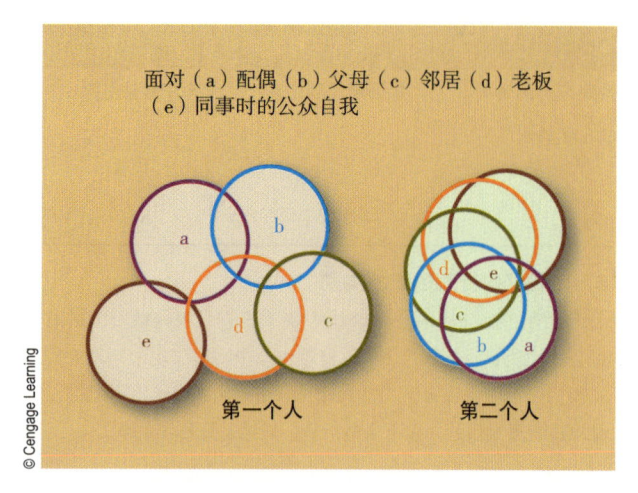

图 6.17 公众自我与调适

第一个人具有发散的公众自我，各个公众自我之间重叠较少。第二个人的公众自我之间具有更多的一致性，可能比第一个人调适得更好。

实际上，当人们努力展现他们"最好的一面"时，他们可能会向别人呈现出真实的自我（Human et al., 2012）。长期伴侣在计划"约会之夜"时也会这样做，他们会主动展示自己，并在此过程中创造一种积极的氛围（Dunn, Akin, & Norton, 2008）。

人们通常有多种公众自我，这些公众自我与特定的情境和人相联系。譬如，面对父母时，你有一个公众自我，而面对同伴时，你又有另一个公众自我。面对老师、老板和同事时，你又会有其他的公众自我。此外，人们在各种公众自我之间的重叠或一致性程度上存在差异（如图6.17）。你是否认为自己在不同的情境中本质上是同一个人？这一点重要吗？看起来是的。那些认为自己在不同的社会角色中（和朋友在一起时、工作时、在学校时、和父母在一起时以及和情侣在一起时）十分相似的人，比那些认为其不同角色的自我观难以整合的人，具有更强的调适能力（Lutz & Ross, 2003；不同观点见 Baird, Le, & Lucas, 2006）。

印象管理

正如前面提到的，聚光灯效应使人们认为他人对自己的注意和评价比实际上更多（Gilovich, Kruger, & Medvec, 2000）。另一个相关的现象是关联内疚效应，即人们错误地认为他们的社会形象会因为与他们有关联的人的尴尬行为或错误而受损（我的朋友让我很难堪！）（Fortune & Newby-Clark, 2008）。这两种自我关注的反应提醒我们，人们通常会努力给他人留下积极的印象，以使自己被人喜欢、尊重、雇佣等等（Baumeister & Twenge, 2003），正如他们必须小心不要由于自我吹嘘或吸引太多关注而疏远了他人（Anderson et al., 2006）。社会学家欧文·戈夫曼（Goffman, 1959）用"面子"这个词来形容我们想要在他人心目中创造的理想形象。**印象管理**（impression management）是指人们通常有意识地努力影响他人对自己的看法。作为一种技能，印象管理对人们的社会生活至关重要（Koslowsky & Pindek, 2011）。例如，想想你在社交媒体上发布的内容如何让你既能分享自己的所作所为，又能控制他人对你的认识。

为了了解印象管理的运作，让我们来看一个对模拟工作面试中行为的研究（von Baeyer, Sherk, & Zanna, 1981）。在这项研究中，女性求职者被引导去相信那些面试她们的男性对女性持有传统的大男子主义观点或相反观点。研究者发现，预期自己将会面对大男子主义者的求职者比其他条件下的女性求职者表现出更多传统的女性化。她们自我呈现的努力表现在外表（化了更多的妆）和交流方式上（她们更少说话，对有关婚姻和孩子的问题给出更传统的回答）。在求职面试中，人们尤其注意给人留下好印象，但印象管理也发生在日常互动中，尽管人们较少意识到它的存在（Schlenker, 2003）。让我们来看看一些常见的印象管理策略。

印象管理策略

人们进行印象管理的原因之一是为了表明自己的特定身份（Baumeister, 1998）。因此，你通过选择某一类型的衣服、发型和说话方式来呈现你自己的特定形象。文身和身体穿孔也创造出一种特定的形象。印象管理的第二个动机是获得他人的喜欢和赞许——通过编辑你对自己的评价和使用各种非言语线索，例如微笑、手势和目光接触。因为人们经常进行自我呈现，这种行为通常已自动化。然而，在另一些时候，人们也可能有意地使用印象管理，例如为了获得工作、约会或升职等。一些常见的自我呈现策略包括讨好、自我推销、以身作则、威慑和示弱（Jones, 1990）。在这个列表中，我们加入了一个鲜为人知的策略——承认缺点。

1. 讨好（ingratiation）。在所有的自我呈现策略中，讨好是最基本和最常用的。**讨好**（ingratiation）是指以讨人喜欢的方式行动。例如，只要你是真诚的（人们不喜欢伪善，而且经常能察觉到），称赞别人就是有效的。一项研究发现，服务员只要在顾客点餐时称赞他们所选的食物就可以增加自己的小费（Seiter, 2007）。帮别人的忙也是一个常见的策略，只要你的姿态不是那么引人注目以至于让别人感到亏欠（Gordon, 1996）。然而，在他们"乐于助人"的同时，讨好者也可能让人怀疑他们这样做的动机（Ham & Vonk, 2011）。

2. 自我推销（self-promotion）。自我推销背后的动机是赢得尊重。你通过呈现自己的优点来让别人认为你有能力。例如，在求职面试中，你可能会想方设法提及你在学校获得了很高的荣誉，你是学生会主席，还是校足球队的一员。为了避免给人留下吹牛的印象，你不应该过度使用自我推销策略。为此，虚假的谦虚（"噢，谢谢，其实那也没什么"）通常很管用。此外，直接一点有时候比间接更好，后者会让人觉得是故意操纵（Tal-Or, 2010）。

3. 以身作则（exemplification）。树立榜样并不总是一件容易的事。因为大多数人都想表现出一个诚实的形象，所以你必须表现出模范的行为，以证明自己的正直或品格。充满危险的职业，比如军队和执法部门，为人们提供了彰显道德美德或展示勇气的明显机会。一个不那么引人注目但仍然有效的策略是始终按照高道德标准行事，只要你给人的印象不是自以为是。此外，你的言行必须一致，除非你想被贴上伪君子的标签。

4. 威慑（intimidation）。这个策略传递的信息是："别惹我"或者"按我说的做"。威慑通常只在非自愿关系中起作用——例如，当工人很难找到另一个雇主或经济上依赖配偶的人很难结束一段关系时。明显的威慑策略包括威胁和收回重要资源（加薪、升职、性）。一种更微妙的策略是情感威慑：让对方感到如果你不如意，就会来一场带有攻击性的爆发。其他的自我呈现策略通过创造一个好的印象起作用，而威慑通常会引发厌恶和憎恨。尽管如此，它也能奏效。

5. 示弱（supplication）。这通常是最后的策略。为了得到别人的恩惠，个体试图表现出自己的软弱和依赖性，就像歌曲《低声下气来乞讨》（*Ain't Too Proud to Beg*）中唱的那样（Van Kleef, De Dreu, & Manstead, 2006）。学生为了修改自己的分数，可能会在老师的办公室里恳求或哭泣。由于社会规范是"帮助有需要的人"，示弱可能会起作用；然而，除非示弱者有什么可以提供给潜在的施惠者，否则示弱并不算是一个有效的策略。

6. 承认缺点（negative acknowledgment）。承认自己犯了一个相对较小的错误，会让别人更喜欢你吗？沃德和布伦纳（Ward & Brenner, 2006）发现，承认缺点（坦承自己有一些消极的品质）会引发积极的回应。在一项研究中，当一个假想的大学生透露他的高中分数一点也不突出时，他的分数比没有评论自己的学业历史时得到了更好的评价。也许承认缺点会让人们觉得一个人是诚实的。只要这个品质并不定义一个人，坦承自己不完美而且每个人都会犯一些小错误，有时可能是一种有效的做法。

人们会根据情境来调整自我呈现策略的使用。譬如，你不太可能威胁你的老板，而更可能讨好老板或者在老板面前推销自己。所有这些策略都有风险。因此，要给人留下好印象，你必须巧妙地使用这些策略。

"我听说你很吃威慑那一套。"

对印象管理的看法

令人好奇的是，几乎所有对自我呈现的研究都是关于陌生人的第一次会面，但绝大多数实际的社会互动都发生在已经相识的人之间。考虑到研究与现实的差别，黛安娜·泰斯和她的同事（Tice et al., 1995）考察了在这两种情境下自我呈现是否有所不同。他们发现，人们在与陌生人交往时会努力给对方留下积极的印象，但在与朋友交往时则转向谦虚和中性的自我呈现。为什么会有这样的区别？因为陌生人不了解你，你想要给他们一些积极的信息，让他们对你形成好的印象。此外，陌生人也无法知道你是否歪曲了事实。另一方面，你的朋友已经知道了你的积极品质。因此，跟他们啰唆是没有必要的，而且还可能让你显得自负。同样，你的朋友很了解你，知道你是否在炫耀，因此你就不必费心了。印象管理的最佳方式应该是一种平衡的方法。有研究者（Robinson, Johnson, & Shields, 1995）发现，与只使用自我贬低或自我推销的人相比，结合使用这两种方法的人被认为更加真诚和可爱。

自我监控

马克·斯奈德（Snyder, 1986; Fuglestad & Snyder, 2009; Gangestad & Snyder, 2000）认为，人们对他人如何看待自己的认识各不相同。**自我监控**（self-monitoring）是指人们对自己留给他人的印象的关注和控制程度。高自我监控者对自己给他人的影响非常敏感。相比之下，低自我监控者较少关注印象管理，行动更带有自发性。

与低自我监控者相比，高自我监控者希望给他人留下好印象，并且尝试相应地调整自己的行为，他们擅于推测别人想看见什么。实际上，高自我监控者能够很好地管理自己的社会关系，通过给他人提供帮助来获得在他人心中的地位，同时避免向别人寻求帮助（Flynn et al., 2006; Fuglestad & Snyder, 2000）。高自我监控者能够控制自己的情绪，有意识地调整自己的非言语信号，所以他们在自我呈现方面很有天赋（Gangestad & Snyder, 2000）。相比之下，低自我监控者更可能表达自己的真实信念，或者试图给别人留下真诚和正直的印象。

正如你可能推断的那样，这两种人格类型的人对自己的看法也不同（Gangestad & Snyder, 2000）。低自我监控者认为自己原则性强，而高自我监控者则认为自己是灵活务实的。由于高自我监控者并不认为他们的私人信念和公共行为之间存在必然联系，所以他们不会被信念和行为之间的差距所困扰，即使当行为涉及模仿群体性偏见时也是如此（Klein, Snyder, & Livingston, 2004）。

在下面的应用部分，我们把注意力转向自尊这个关键问题，并概述提高自尊的七个步骤。

应用：建立自尊

学习目标
- 列出建立自尊的七种方法

用"是"或"否"回答下列问题。
____ 1. 我担心别人不喜欢我。
____ 2. 我对自己的能力缺乏信心。
____ 3. 我在社交场合经常感到窘迫，不知道如何掌控局面。
____ 4. 我很难接受赞扬和恭维。
____ 5. 我很难从失败的经历中恢复过来。

如果你对大多数问题回答"是"，你可能自尊较低。正如我们前面提到的，低自尊的人更不快乐，更容易抑郁，在失败后更容易沮丧，在人际关系中更加焦虑。此外，即使整体自尊较高的人，也可能在某些方面自尊较低。例如，你可能对你的"社会自我"感觉很好，但对"学业自我"感觉不好。因此，这个应用部分会对许多人有用，因为研究清楚地表明，人们愿意为了提高自己的自尊而舍弃其他的乐趣（Bushman, Moeller, & Crocker, 2011）。

然而，我们有一点需要注意：自尊也会过高——想想我们前面对自恋、自我威胁和暴力的讨论。切合实际（且稳定）的高自尊与更好的调适有关。因此，我们的建议是针对那些应当提高自尊的人，而不是那些自尊已经膨胀的人。后者可以从发展更现实的自我观中获益。

正如你在关于"自我效能感"的讨论中看到的，有充分的证据表明，自我完善的努力可以通过提升自尊带来回报。以下是建立自尊的七条准则。这些建议是从许多专家的建议中提炼出来的，包括鲍迈斯特（Baumeister et al., 2003）、埃利斯（Ellis, 1989）、麦凯和范宁（McKay & Faning, 2000）以及津巴多（Zimbardo, 1990）。

1. 认识到你控制着你的自我意象

你要认识到，最终控制你如何看待自己的人是你自己。你的确有能力改变你的自我意象。诚然，我们详细讨论了他人的反馈如何影响你的自我概念。是的，社会比较理论认为人们需要这些反馈，完全忽略它们是不明智的。然而，接受还是拒绝这些反馈的选择最终取决于你自己。你的自我意象存在于你的头脑中，是你思维的产物。尽管他人可能影响你的自我概念，但你拥有最终的决定权。

2. 更多地了解自己

低自尊的人似乎并不像高自尊的人那样了解自己。因此，为了提升你的自尊，你需要对自己进行评估。回顾一下你对自己的外表、人格特质、人际关系、学校和工作表现、智力功能和性方面的了解。通过逐个思考每个方面，你可能会发现你对自己某些方面的了解是模糊的。为了更清楚地了解自己，请仔细关注你的想法、感受和行为，并利用他人的反馈。

3. 不要让别人为你设定目标

许多人常陷入的一个误区是用别人设定的标准来评价自己。其他人总是告诉你，你应该这样做或者那样做。你会听到别人说"你应该学习会计"或者"你应该减肥了"。这些建议大多是出于善意，其中也不乏好的建议。尽管如此，重要的是你要自己决定你要做什么，你要相信什么。想想你的个人目标和标准的来源与基础，它们真的代表了你所珍视的理想吗？或者它们只是你不假思索地从别人那里被动接受的信念？

4. 识别不现实的目标

你的目标现实吗？许多人对自己要求太多。他们总想表现出自己的最佳状态，这显然是不可能的。例如，作为一名女演员，你可能强烈地渴望获得全国的赞誉，但这一目标失败的可能性很大。认识到这个现实很重要，这样你就不会将自己推向失败的境地。一些过分苛求的人扭曲了社会比较过程，他们总是与最好的人而不是相似的人进行比较。他们通过与著名模特比较来评价自己的外貌，与媒体报道的大富豪比较来评价自己的财务状况。这种比较是不现实的，几乎不可避免地会损害自尊。因此要为自己设定合理、现实的目标。

5. 改变消极的自我对话

你对生活经历的看法会影响你如何看待自己（反之亦然）。低自尊的人倾向于采用起反作用的思维方式。例如，当他们成功时，他们可能将其归因于好运气；当他们失败时，他们可能会责怪自己。恰恰相反，你应该把成功归功于自己，并考虑到你的失败可能不是你的错。在第4章的讨论中，艾伯特·埃利斯指出，人们的思维经常是不理性的，并且对自己得出毫无根据的消极结论。如果一个人和你结束了浪漫关系，你会不会想："他不爱我。我肯定是一个没有价值、不招人喜欢的人？"从分手的事实中得出你是"没有价值的人"这个结论是不符合逻辑的。这种非理性思维和消极的自我对话会让人缺乏自尊。请认识到消极自我对话的潜在破坏性，并立即停止这种对话。

6. 强调你的优势

这个建议看起来是老生常谈，但它却有一定的价值。低自尊的人通常很少从他

亲爱的日记，抱歉又打扰你了

低自尊

如果你喜欢歌星泰勒·斯威夫特，那没问题，但她不是你评价自己的吸引力和成功的明智的标准。有些人扭曲了社会比较过程。

们的成就和美德中获得满足感。他们总是谈论自己的弱点和缺陷，很少注意到自己的优秀品质。事实上，每个人都有优势和缺点。你要接受那些你无力改变的缺点，不要被它们所困扰，努力改变那些可以改变的缺点。同时，你也要了解你的优势，学会欣赏它们。

7. 以积极的态度接近他人

一些低自尊的人不停地批评别人，试图以此将他人贬低至自己（主观）的水平。这种吹毛求疵的消极方法并不能起到很好的作用。相反，它会导致紧张、对抗和拒绝。这种拒绝又会进一步降低自尊（见**图 6.18**）。你可以通过认识和扭转这种自我挫败的倾向来提高自尊。当接近他人时，保持积极、支持性的态度，并养成习惯。这样做会促进回报性的互动，帮助你赢得别人的接纳。可能没有什么比他人的接纳和真诚的情感更能提高自尊了。

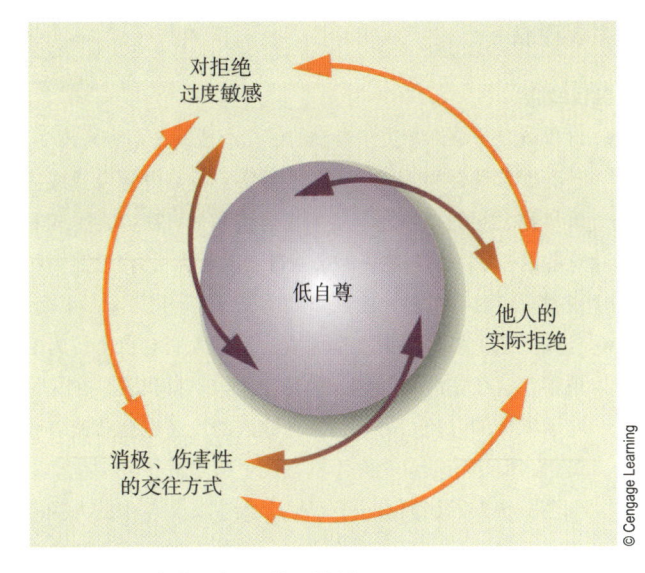

图 6.18　低自尊和拒绝的恶性循环
消极的自我意象会使被拒绝的预期成为一个自我实现的预言，因为低自尊的人倾向于以消极的、伤害性的方式接近他人。实际的或想象的拒绝会进一步降低自尊，形成恶性循环。

本章回顾

主要观点

自我概念
- 自我概念是由许多关于自己的信念组成的,不容易改变。它支配着现在和未来的行为。现实自我与理想自我或应该自我之间的差异会产生消极情绪和低自尊。为了应对这些消极状态,个体可能会使自己的行为符合理想自我,或者减弱对自我差异的觉知。
- 自我概念由多种因素塑造而成,包括人们对自己行为的观察,这往往涉及与他人的社会比较。自我观察往往偏向于积极的方向。另外,来自他人的反馈也会塑造自我概念,但这些信息也在不同程度上被过滤了。文化准则也会影响人们如何看待自己。个人主义文化中的人拥有独立的自我观,而集体主义文化中的人拥有互依的自我观。

自尊
- 自尊是一个人对自身价值的总体评价。与自我概念一样,自尊比较稳定,但它会随着日常的起伏而波动。
- 与高自尊的人相比,低自尊的人更不快乐,更容易抑郁,失败后更容易放弃,更不相信别人。
- 自恋的人在自尊受到威胁时,容易做出攻击行为。自尊是通过与重要他人的互动发展起来的。自尊、种族和性别以复杂的方式相互作用。

自我知觉的特征和基本原理
- 人们使用自动化加工来避免信息超载,而对于重要决策,他们会转向控制加工。人们会用自我归因来解释他们行为的原因。一般来说,人们把行为归因于内部或外部因素以及稳定或不稳定因素。可控或不可控是自我归因的另一个重要维度。
- 人们倾向于使用乐观或悲观的解释风格来理解生活中发生的各种事件,这些归因风格与心理调适有关。
- 人们在寻求自我理解的过程中受三种不同动机的驱使。自我评价动机驱使人们寻求关于自我的准确反馈。自我验证动机驱使人们寻求那些符合当前自我观的信息,尽管这样做可能会扭曲现实。自我抬升动机使人们对自己保持积极的看法。
- 常见的自我抬升策略包括:与那些问题比自己还严重的人进行向下比较;将成功归因于个人原因,而将失败归因于外部原因(自我服务偏差);分享其他成功人士的荣誉;以及通过破坏自己的表现来为可能的失败提供借口(自我妨碍)。

自我调节
- 自我调节包括设定目标和引导行为来达成这些目标。自我控制会暂时消耗一种看似有限的资源。自我调节的一个重要方面是自我效能感,即个体对能够实现特定目标的信念。自我效能感在调适中起着关键作用,并可通过掌握经验、替代经验、说服和对情绪唤起的积极解释来提高。
- 有时,正常人会故意做一些对自己不利的事。这种自我挫败行为可以分成三类:蓄意的自我毁灭、折衷和反作用策略。

自我呈现
- 公众自我是人们呈现给他人的各种形象。一般来说,人们使用多种策略来管理自己给别人留下的印象,这些策略包括讨好、自我推销、以身作则、威慑、示弱和承认缺点。高自我监控者比低自我监控者更关注自己给他人留下的印象,也更希望给别人留下良好的印象。

应用:建立自尊
- 提高自尊的七个基石是:1. 认识到你控制着你的自我意象;2. 更多地了解自己;3. 不要让别人为你设定目标;4. 识别不现实的目标;5. 改变消极的自我对话;6. 强调你的优势;7. 以积极的态度接近他人。

关键术语

自我概念	自我抬升
可能自我	向下的社会比较
自我差异	自我服务偏差
社会比较理论	分享荣誉
参照群体	自我妨碍
个人主义	自我调节
集体主义	自我效能感
自尊	自我挫败行为
自我归因	公众自我
内部归因	印象管理
外部归因	讨好
解释风格	自我监控
自我验证理论	

练习题

1. 关于自我概念的下列陈述_____是错误的。
   a. 它是由关于自我的一个主要信念组成的
   b. 它是由许多自我信念组成的
   c. 它具有跨时间的相对稳定性
   d. 它能影响当前和未来的行为

2. 现实自我和应该自我之间的不匹配会导致低自尊和_____。
   a. 与沮丧相关的感受
   b. 与焦躁相关的感受
   c. 自我抬升的感受
   d. 没有特殊的感受

3. 生长于集体主义文化的个体倾向于具有_____的自我观，生长于个人主义文化的个体倾向于具有_____的自我观。
   a. 自我差异；自我一致
   b. 自我一致；自我差异
   c. 独立；互依
   d. 互依；独立

4. 低自尊与_____相关联。
   a. 快乐
   b. 高度信任他人
   c. 自我概念混乱
   d. 从失败经历中恢复

5. 在自尊受到威胁时，_____更容易出现攻击性。
   a. 高自尊的人
   b. 低自尊的人
   c. 自恋的人
   d. 自我挫败的人

6. _____不是自我知觉的基本原则。
   a. 人们是"认知挥霍者"
   b. 人们的解释风格与调适相关
   c. 人们希望得到与其自我观一致的信息
   d. 人们希望保持积极的自我感觉

7. 凯莎的书被偷时，她很沮丧；但当她听说另一个人的书包被偷了，而且里面还有手机和钱包时，心里感觉好多了。这是关于_____例子。
   a. 自我服务偏差
   b. 分享荣誉
   c. 向下的社会比较
   d. 自我妨碍

8. 关于自我效能感的下列陈述_____是对的。
   a. 一个人在失败后坚持不懈直到成功，可以发展自我效能感
   b. 它是天生的
   c. 它本质上与自尊是一样的
   d. 它是指有意识地努力以给他人留下特定印象

9. 自我呈现策略中的讨好是指让别人_____。
   a. 尊重你
   b. 害怕你
   c. 同情你
   d. 喜欢你

10. _____不会帮你建立高自尊。
    a. 减少消极的自我对话
    b. 与某个领域中最好的人进行比较
    c. 努力提升自己
    d. 带着积极的期望接近别人

答案

1. a	6. a
2. b	7. c
3. d	8. a
4. c	9. d
5. c	10. b

第7章 社会思维与社会影响

自我评估：争论倾向量表（Argumentativeness Scale）

指导语

本问卷包含一些关于争论有争议问题的陈述。请表明每一陈述符合你个人情况的频率，并将相应的数字填写在每一陈述左侧的横线上。

1	2	3	4	5
几乎从不这样	很少这样	偶尔这样	经常这样	几乎总是这样

量表

____ 1. 争论时，我担心与我争论的人会对我产生不好的印象。
____ 2. 对争议问题进行争论可以提升我的智慧。
____ 3. 我喜欢回避争论。
____ 4. 我在争论时精力充沛、兴致勃勃。
____ 5. 一旦争论完，我就向自己保证以后不再与他人争论。
____ 6. 与他人争论带给我的问题要多于它解决的问题。
____ 7. 当我在争论中占上风时，我有一种愉悦感。
____ 8. 与他人争论后，我会感到紧张和心烦。
____ 9. 我喜欢就某个争议问题展开一场好的争论。
____ 10. 当我意识到自己即将卷入一场争论时，我有一种不舒服的感觉。
____ 11. 我喜欢在某个问题上为自己的观点辩护。
____ 12. 阻止争论的发生让我感到开心。
____ 13. 我不喜欢错过对某个争议问题进行争论的机会。
____ 14. 我喜欢跟很少反对我的人在一起。
____ 15. 我认为争论是令人兴奋的智力挑战。
____ 16. 我发现自己在争论时想不出有效的论点。
____ 17. 在争论完某个争议问题后，我感到神清气爽和满足。
____ 18. 我有能力在争论中做得很好。
____ 19. 我努力避免卷入争论之中。
____ 20. 当我预感对话即将导致争论时，我感到很兴奋。

计分方法

将你在第2、4、7、9、11、13、15、17、18和20题上所选的数字相加，总数反映了你趋近争论情境的倾向。然后，将第1、3、5、6、8、10、12、14、16和19题上的数字相加，总数反映了你回避争论的倾向。用趋近分数减去回避分数即为你的总分。

趋近分数（　　　）– 回避分数（　　　）= 总分（　　　）

测量的内容

本量表测量的是你的社会影响行为的一个方面。具体而言，它评估你在说服情境中与他人进行争论的倾向。在本量表上得分高者不会对解决争议问题感到羞怯，愿意用言语攻击他人以表明自己的观点，并且比普通人更少依从。本量表由因方特和兰斯（Infante & Rancer, 1982）编制，具有较高的重测信度（0.91，时间间隔为1周）。对其效度的研究表明，本量表与沟通倾向的其他测量工具以及朋友对被试争论倾向的评分存在较强相关。

分数解读

我们的常模基于因方特和兰斯上述研究中800余名本科生被试的数据。

常模

高分： 16分及以上
中等分数： 6~15分
低分： 7分及以下

资料来源：Infante, D. A., & Rancer, A. S. (1982). A Conceptualization and measure of argumentativeness. *Journal of Personality Assessment, 46*, 72–80. Copyright © Lawrence Erlbaum Associates, Inc. Reprinted by permission of Taylor & Francis, and Dominic Infante.

自我反思：你能识别出你带有偏见的刻板印象吗?

1. 请列举并简要描述 3 个你持有或曾经持有的带有偏见的刻板印象（见第 247 页）的例子。

   例 1：

   例 2：

   例 3：

2. 请努力确认上述 3 个刻板印象的来源（家庭、朋友、媒体等）。

   例 1：

   例 2：

   例 3：

3. 对于每个刻板印象，你与这些被刻板化的群体有过多少现实互动？这些互动影响你的观点了吗？

   例 1：

   例 2：

   例 3：

4. 你能想到基本归因错误（见第 249 页）或防御性归因（见第 250 页）通过哪些方式促成了这些刻板印象吗？

   基本归因错误：

   防御性归因：

资料来源：© Cengage Learning

第7章

社会思维与社会影响

形成对他人的印象
　信息的主要来源
　快速判断与系统判断
　归因
　知觉者期望
　认知歪曲
　人知觉的关键主题
偏见问题
　传统歧视与现代歧视
　偏见的原因
　减少偏见
说服的力量
　说服过程的要素
　说服的原因
社会压力的力量
　从众和依从压力
　来自权威人物的压力
应用：看穿依从战术
　一致性原则
　互惠性原则
　稀缺性原则
本章回顾
练习题

你在工作中迎来了一位新上司。以前的上司因为表现不好被辞退了。新上司看上去很严厉，他经常穿一件白衬衣，打一条保守的领带；他很少笑。你以前的上司十分友好，经常开玩笑，而现在这位却十分矜持。当你们在大厅或停车场相遇时，他甚至很少跟你打招呼。你想知道他是不喜欢你，还是对每个人都这样。也许他只是一心想着工作。你决定问问办公室里的人，看看他是如何对待你同事的。你知道他解雇了一位女士，她的工位与你隔几个房间。你不知道她被解雇的原因；她看起来不错，总是微笑着与人打招呼。她确实像一名努力的员工。也许新上司认为她太友好了？此外，新上司也不比你大太多，实际上，他可能与你是同龄人。如果他认为你工作不够努力，又会怎样？也许他认为你应该已经在更高一些的位置上，或者认为你太友好？他在考虑解雇你吗？

这个情景说明了日常生活中对人的知觉过程。每个人都会提出或者回答关于周围人的"为什么"的问题。个体不断形成对他人的印象，以试图弄懂自己遇见的人；不仅是为了理解他们，而且是为了预测他们的行动。本章将探索人们如何形成对他人的印象，以及这类判断为何可能是错误的。我们对社会认知（人们如何看待自己及他人）的思考还将包括偏见带来的问题。然后，我们看看他人如何试图影响我们的信念和行为。为此，我们将探索说服信息的力量以及从众与服从的社会压力。你会发现，社会思维和社会影响在个人调适中起着重要作用。

形成对他人的印象

学习目标

- 列举人们对他人形成印象的 5 个信息源
- 解释快速判断和系统判断的关键差异
- 定义归因；描述基于归因的两种扭曲观察者知觉的期望
- 识别 4 种重要的认知歪曲及其运转方式
- 识别对人的知觉中一些有效的、有选择性的和一致的方法

你还记得第一次遇见室友的情形吗？她看起来很友好，但有点害羞，而且还可能有洁癖，以至于你怀疑能否与她融洽相处。你摆放东西比较随意，不是杂乱，而是宜居或舒适。你担心自己必须改变生活方式，随时要整理好自己的空间。令人高兴的是，你对她的了解加深之后，她对你变得热情，接纳了你的物品散乱的状态，现在你们是好朋友了。人们在与他人互动时，总是在进行对**人的知觉**（person perception，也译为人知觉、人物知觉或识人），即形成对他人印象的过程。由于印象形成通常是如此自动化的过程，人们不会意识到它的发生。然而，该过程十分复杂，涉及知觉者、社交网络以及被知觉者（Baumeister, 2010b; Leising & Borkenau, 2011; Waggoner, Smith, & Collins, 2009）。让我们来回顾一下这一过程的一些基本方面。

信息的主要来源

因为你无法直接读心，所以你只能根据对他人的观察来确定他们是什么样的人（Uleman & Saribay, 2012）。在形成对他人印象的过程中，人们依赖于 5 个主要的观察性信息来源：外表、言语行为、行动、非言语信息和情境线索。

1. 外表。尽管常言道"人不可貌相"，人们还是频频以貌取人。身高、体重、肤色和发色等身体特征是用来解读他人的一些线索。不论这些线索准确与否，人

们都会利用与身体特征有关的信念来形成对他人的印象（Olivola & Todorov, 2010），包括他人的人格（Naumann et al., 2009）。着装风格、标示宗教信仰的服装或首饰、身体穿孔和纹身等也是知觉他人的线索。工作面试时着装不当会降低受聘机会（Turner-Bowker, 2001）。

2. 言语行为。关于他人的另一个明显的信息来源是人们所说的话。人们对他人印象的形成基于以下因素：他人自我表露的内容和程度，给出建议和提问的频率，以及他们评头论足的程度（Tardy & Dindia, 2006）。如果塔妮莎对她认识的大部分人都给予消极评价，那么你可能认为她是一个求全责备的人。

3. 行动。由于人们并不总是实话实说，你必须根据他们的行为来洞悉他们。例如，当你知道韦德每周都在收容所做 5 小时的志愿者时，你可能推断他是一个有爱心的人。在印象形成中，行胜于言。

4. 非言语信息。如第 8 章所述，关于他人的信息的一个关键来源是非言语沟通：面部表情、眼神接触、肢体语言和手势（Ekman, 2007; Knapp & Hall, 2006）。这些非言语线索提供了关于人们性情和情绪状态的信息。例如，在美国文化中，人们依据他人的面孔做判断（Ito, 2011; Montpare, 2010; Zebrowitz & Montepare, 2008），因此，灿烂的笑容和持续的目光接触表示友好和开放，而握手可能意味着外向（Bernieri & Petty, 2011）。而且，由于人们明白言语信息很容易被操纵，因此他们经常根据非言语线索来确定别人话语的真实性（Frank & Ekman, 1997）。当然我们也不应该忘记以书面形式出现的非言语线索（我们如何表达心中所想），因为电子邮件信息的内容会透露发件人的人格特质或情绪状态（McAndrew & De Jonge, 2011）。

5. 情境。行为发生的情境提供了解释个人行为的关键信息（Cooper & Withey, 2009; Reis & Holmes, 2012; Trope & Gaunt, 2003）。比如，假设没有情境线索（例如参加的是婚礼还是葬礼），人们很难判断一个人哭泣是因为开心还是悲伤。

当我们推断他人时，一条坏信息就能抵消或者盖过许多积极信息。社会心理学领域的研究不断表明，消极特质（如不可靠）的出现比许多积极特质（如热心、开放、友好、聪明）对印象形成的影响力更大（Vonk, 1993）。一次不道德的行为就会损害人们对过失者品格的看法，其他良好或道德的行为都不能抵消该不良行为的影响（Riskey & Birnbaum, 1974）。实际上，一次不良行为就能毁掉好名声，但一次良好的行为却不能挽回别人眼中的坏印象（Skowronski & Carlston, 1992）。因此，在知觉领域，"坏"印象往往比"好"印象更强大（Baumeister et al., 2001）。

快速判断与系统判断

人们在互动时接收到的信息远比他们能处理的信息多得多。为了避免被信息压垮，人们依靠不同的方式来

在形成对他人印象的过程中，人们依赖于各种线索，例如外表、行动、言语和非言语信息，以及情境的性质。

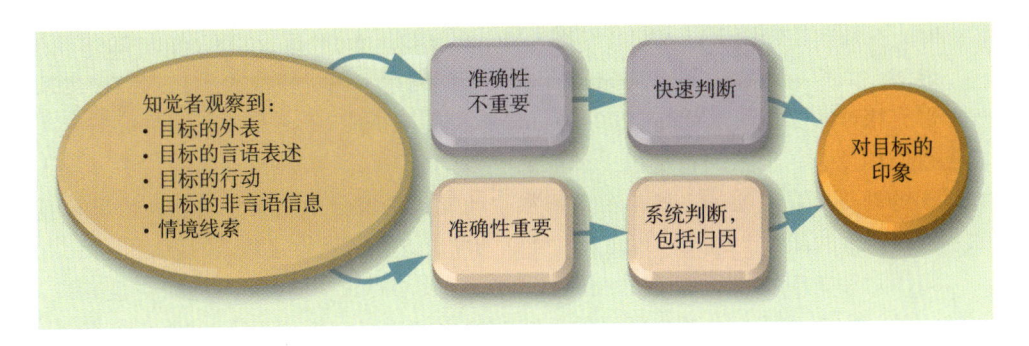

图 7.1 人知觉的过程

在形成对他人的印象时，知觉者依赖于多种观察性信息来源。当形成对他人的准确印象很重要时，人们会做系统判断，包括归因。当准确性不重要时，人们会对他人做快速判断。

资料来源：Kassin, Fein, & Markus, 2011.

加工信息（Kahneman, 2011）。对他人的快速判断是根据少量的信息和先入为主的观念快速做出的判断。因此这种判断可能不是特别准确。的确，有证据表明，当一位陌生人与我们熟识的某个人（如爱人）很相似时，我们会自动地、毫不费力地、（或多或少）无意识地喜欢这个人（Günaydin et al., 2012）。尽管如此，人们还是可以利用对他人的肤浅评价来应付一番。正如苏珊·菲斯克（Fiske, 2004, p. 132）所说，"形成足够精确的印象能够让我们在社会的海洋中顺利航行，不会经常发生碰撞或搁浅"。大多数人际互动通常很短暂或无足轻重，所以这类不精确的判断并无大碍。

另一方面，在选择朋友、伴侣或者职员时，印象尽可能地准确至关重要。因此，人们在这类评估中更为谨慎并不令人惊讶。在形成对那些可能影响其幸福和快乐的人的印象时，人们会采用系统判断，而非快速判断（如图 7.1）。也就是说，人们会花时间在各种情境下对这个人进行观察，并将其行为与其他人在类似情境下的行为进行比较。为确定他人行为的原因，人们会进行因果归因。

归　因

如前面章节所述，**归因**（attributions）指人们对自己的行为、他人的行为及事件发生的原因所做的推论。第 6 章重点讨论了自我归因。现在，我们要把归因理论运用到他人的行为上（Jones et al., 1972）。例如，假设你的老板因为你在一个不重要的项目上草率行事而冲你大喊大叫。你会把老板的苛责归因于什么？是你的工作真的很糟糕，还是你的老板正好心情不好？抑或你的老板压力太大？

第 6 章提到，归因有 3 个主要的维度：内部或外部，稳定或不稳定，可控或不可控（Jones & Davis, 1965; Weiner, 1974）。这里我们只关注内部与外部这一维度（Heider, 1958）。当人们把某人行为的原因归结于个人性情、特质、能力或情感时，就是在做内部归因。当人们把某人行为的原因归结于情境需求和环境束缚时，就是在做外部归因。例如，如果一位朋友的事业失败，你可能把他的失败归因于缺少经营技能（内部因素），或者经济不景气（外部因素）。

人们对他人所做归因的类型会强烈影响日常的社会互动。例如，想想人们对他人的情绪体验和反应的性质所下的判断。人们经常认为女性比男性更情绪化，而实际上两性在情绪化上并无差异，只是女性更容易表露情绪（DeAngelis, 2001；见第 11 章）。这种认知偏差会影响人们对类似情境下男女的情绪反应所下的判断。在两个实验中，研究者给参与者分别呈现情境性（"经历了糟糕的一天"）信息或特质性（"太情绪化"）信息，作为一系列照片中男女面部表情出现的原因（Barrett & Bliss-Moreau, 2009）。尽管呈现的信息是情境性的，参与者更可能将女性的表情归因于人格特质。这些结果或许可以解释为什么男性，而不是女性，在他人面前表现出太多情感时，往往会在归因上被人们所忽略（Mendoza-Denton, Park & O'Connor, 2008）。

显然，人们并不会对自己遇见的每一个人都进行归因。研究表明，人们在此过程中带有相对的选择性（Malle, 2004; Malle & Knobe, 1997）。人们在下列情况下更可能进行归因：（1）他人的行动出乎预料或者较消极；（2）事件与自己有关；（3）认为他人的动机可疑。比如，如果赛雷娜在本地学生的聚会中大笑，没人会惊讶。但如果她在严肃的课堂上大笑，其他人就会感到惊讶，并猜测她这样做的原因。

归因过程的某些方面是合乎逻辑的（Trope & Gaunt, 2003）。然而研究也发现，人知觉的过程有时是不合逻辑的和非系统的，比如快速判断。不同的知觉者可能对他人行为的性质看法一致，但由于其内隐的偏差，对行为原因的推测出现了错误（Robins et al., 2004）。其他来源的错误也会潜入归因过程中，这是我们接下来要探讨的内容。

知觉者期望

还记得那个四年级的坏小子埃文吗？他总是找机会取笑你，殴打你，把你的生活弄得一团糟。现在，当你遇见另一个也叫埃文的人时，你最初的反应是负面的，一段时间后才能对他热情起来（Andersen & Chen, 2002）。为什么？因为过去那个埃文带给你的消极经历，使你产生了最糟糕的预期，不管这样做是否有依据（Andersen, Reznik, & Manzella, 1996）。这只是知觉者期望影响对他人知觉的一个例子（de Calvo & Reich, 2009）。让我们来看看支配知觉者期望的两个原则：确认偏差（也译为证实偏差）和自我实现预言。

确认偏差

你与某个人开始交往后不久，就开始形成关于他是个什么样的人的假设。这些假设转而会影响你对这个人的行为，以证实你的期望。因此，如果你第一次碰见泽维尔时，他脖子上挂着一架相机，你可能会假设他对摄影感兴趣，会有选择地询问他的摄影活动。你可能会忽略问一些涉及面更广的问题，而这些问题会让你对他有更准确的了解。**确认偏差**（confirmation bias）指寻找支持自己信念的信息而忽略相反信息的倾向。

确认偏差是一种有据可查的现象（Dougherty, Turban, & Callander, 1994; Nickerson,

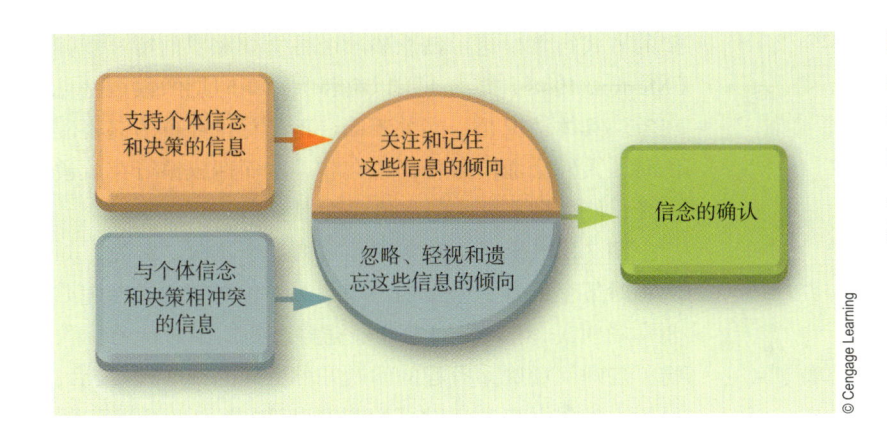

图 7.2 确认偏差

确认偏差是一种双管齐下的过程：一方面人们寻找和记忆那些支持自己信念的信息，另一方面人们忽略和遗忘那些与自己信念不一致的信息。这种常见的认知倾斜常常歪曲对人知觉的过程，导致对他人的印象不准确。

1998）。它发生在随意的社会交往和两性关系中（Traut-Mattausch et al., 2011），也发生在工作面试和法庭审判中，面试官和律师都可能提出诱导性问题（Fiske & Taylor, 1991）。因此，执法人员应谨慎地评估证据，不应对嫌疑人是否有罪有任何先入为主的想法（Lilienfeld & Landfield, 2008b）。当人们形成对他人的第一印象时，与其说"看见才相信"，还不如说"相信才看见"（如**图 7.2**），并且某些人可能更容易受确认偏差的影响（Rassin, 2008）。换言之，一些人的人格特质使他们倾向于关注符合自己看法的事实，而不是更严格地权衡所有可获取的信息。

确认偏差出现的另一个原因是，个体会选择性地回忆符合自己对他人看法的事实。在一个实验中，参与者观看了一段一位女性进行各种活动的录像，包括听古典音乐、喝啤酒和看电视（Cohen, 1981）。一半参与者被告知该女性是服务员，另外一半被告知她是位图书管理员。当要求参与者回忆该女性在录像中的活动时，参与者往往会想起与他们对服务员和图书管理员的刻板印象一致的活动。那些认为该女性是服务员的参与者回忆出她喝啤酒，而认为该女性是图书管理员的参与者回忆出她听古典音乐。

对个体行为的知觉有确认偏差，那么对群体行为的知觉也有这一特征吗？答案显然是肯定的。一项研究考察了确认偏差是否与普遍存在的性别双重标准有关联，即男性因性行为而得到奖赏，而女性则因此受到贬损（Marks & Fraley, 2006）。想想看：在美国文化中，男性滥交有时是否会被称赞（或至少被忽视）？然而，如果人们知道女性有多个性伴侣，她们就会有声誉扫地的风险。在马克斯和弗雷利（Marks & Fraley, 2006）的研究中，参与者要阅读一篇关于某个男性或女性性行为的简单描述，其中消极描述和积极描述数量一样。尽管认为性别平等取得了进步，并且生活在对性行为持日益开放态度的社会中，但参与者依然更可能回忆出能"确认"而非否定双重标准的信息（即支持男性，反对女性）。换言之，"男人就是男人"，他们可以不因滥交而受惩罚，而女性却不能避免声誉扫地。

我们能做什么来减少确认偏差呢？一些证据表明，有意给人们呈现一些与他们的感知和偏好不一致的信息，能促使他们进行更多的发散性思维（Schwind et al., 2012），但在日常生活中不可能太频繁地这么做。

自我实现预言

知觉者的期望有时真能改变另一个人的行为（Madon et al., 2011）。**自我实现预言**（self-fulfilling prophecy，又译自证预言）指对某个人的期望导致其以证实这种期望的方式行事。这一概念最早由社会学家罗伯特·默顿（Merton, 1948）提出，用以解释大萧条时期的银行挤兑现象。具体情况是，当关于银行不能兑付存单的谣言流传时，人们会涌向银行提取存款，从而造成银行存款被提光，使最初不真实的事情成为现实。

图 7.3 描绘了自我实现预言的 3 个步骤。首先，知觉者对某个人有一个最初的印象（一位老师相信珍妮弗非常聪明）。然后，知觉者根据自己的期望对待目标人物（老师问詹妮弗有趣的问题并称赞她的回答）。最后，目标人物根据知觉者的行为调整自己的行为，证实知觉者对目标人物的假设（珍妮弗在班上表现很好）。请注意，知觉者与目标人物都没有意识到这一过程正在发生。还请注意，因为知觉者并没有意识到自己的期望及其对别人的影响，所以他们错误地把目标人物的行为归因于内部原因（珍妮弗很聪明），而不是外部原因（知觉者自己的期望）。

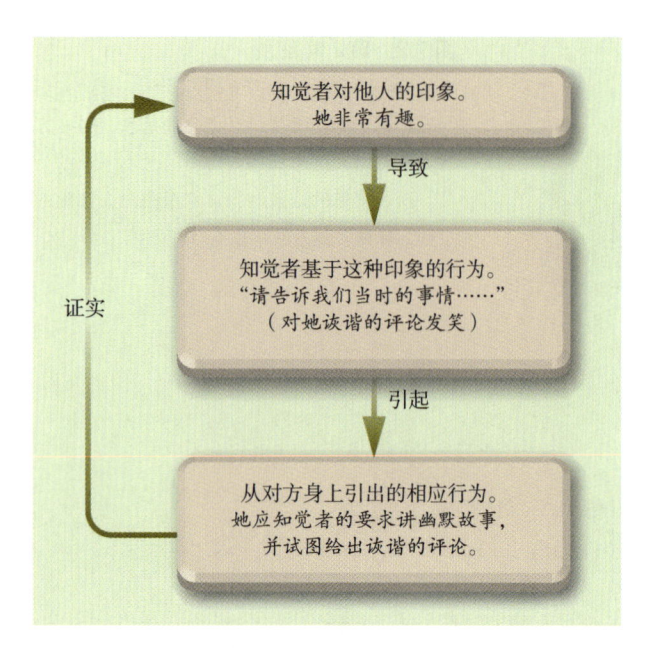

图 7.3 自我实现预言的 3 个步骤

通过这 3 个步骤，你对他人的期望可以导致他人以证实你期望的方式行事。首先，你形成对他人的印象。其次，你以与自己期望一致的方式对待这个人。最后，对方表现出你鼓励的行为，证实你最初的印象。

资料来源：Smith, E. R., & Mackie, D. M. (1995). *Social psychology*. New York: Worth, p. 103. Copyright © 1995 Worth Publishing. Reprinted with permission.

自我实现的预言在日常生活中如何发挥作用？斯廷森及其同事（Stinson et al., 2009）认为，我们通常会以我们期待别人对待我们的方式对待别人，即表现出人际间温暖（微笑；说"你好""请""谢谢"；真诚待人）。当我们预期会得到他人的接纳时，我们就会对他人很热情（"谢谢你的帮助！"），并且往往会受到同样的对待（"不用谢，我很高兴帮忙！"）。然而，当我们预期会被人拒绝时，我们就会对别人很冷漠（"你们航空公司让我错过了航班，你必须让我上下一个航班！"），并且也会得到同样冷淡的回复（"我在休息，不能帮你"）。

自我实现预言最有名的实验是在课堂进行的，考察了教师的期望对学生学业表现的影响（Rosenthal, 1985, 2002）。一篇包括 30 年间关于这一现象的 400 项研究的综述发现，在 36% 的实验中教师的期望显著地影响了学生的表现。与此关联的是，青春早期的"风暴和抑郁"，尤其是青少年的叛逆和冒险行为，以及可预见的父母反应，有时可能基于各方的预期（Buchanan & Hughes, 2009）。例如，当青少年及其父母都预期会发生紧张和疏远时，他们可能寻找和挑起这类行为，或认为其他行为符合各自的知觉。其他研究表明，心理学家相信自我实现预言这一信念本身就可能是一种自我实现的预言，因为研究者会高估这种偏差的存在及其影响（Jussim, 2012）。

认知歪曲

人知觉错误的另一个来源是知觉者的主观歪曲。当知觉者匆忙、分心或没有动机细心地注意他人时，这种判断错误最可能发生。

社会分类

依据客体（或人）的独特特征进行分类是人们有效地加工信息的一种方法（Macrae & Bodenhausen, 2001）。因此，人们常常基于国籍、种族、民族、性别、年龄、宗教和性取向等对他人进行分类（Crisp & Hewstone, 2006）。人们经常采用对他人分类这一简单的方式，以避免消耗形成更准确的印象所需的认知努力。

人们把与自己相似的人视为内群体（"我们"）成员，把与自己不相似的人视为外群体（"他们"）成员。这样分类有3个重要结果。第一，人们对外群体成员的态度通常不如对内群体成员积极（Brewer & Brown, 1998），以致对内群体成员的移情反应常常被夸大（Brewer, 2007）。第二，人们通常过高估计外群体成员之间的相似性，而把内群体成员看作独特的个体（Oakes, 2001）。换言之，人们通常以整个群体的特征来解释外群体成员的行为（"那些书呆子都是酒鬼"），而把内群体成员同样的行为归因于个体的人格特质（"布雷特是一个酒鬼"）。这种把外群体成员视为"个个一样"，而把内群体成员视为"各不相同"的现象被称为外群体同质性效应（Ostrom & Sedikides, 1992）。

分类的第三个结果是，当整个人群中只有少数几个外群体成员时，分类增加了外群体成员的可见性。也就是说，在一大群人之中，少数群体的身份使他们与众不同的特质，如民族、性别等更加突出。当人们被视为独特的或与众不同时，他们也被认为在群体中获得了更多的关注，其特质无论好坏都被给予了额外的权重（Crocker & McGraw, 1984）。值得注意的是，独特性（将个体与其他人区分开的某些特性）也会激发刻板印象。纳尔逊和米勒（Nelson & Miller, 1995）发现，当观察者被告知，某个人既是网球运动员又是跳伞运动员时，他们会将这个人主要视为跳伞运动员。人们倾向于依据罕见的、不寻常的或独特的特质或行为来定义他人。随后当研究者让观察者挑选一本书送给这个人时，观察者倾向于选择跳伞而非网球方面的书。

最后，由于人们的分类倾向，他们甚至可能认为外群体成员在长相上也比实际情况更为相似。许多研究发现，目击者辨认自己种族的人比辨认外种族的人更准确（Meissner & Brigham, 2001）。这一规律的例外发生在外群体成员愤怒时（Ackerman, Zuroff, & Moskowitz, 2000）。也就是说，愤怒的外群体成员比愤怒的内群体成员更易辨别，这表明人类的头脑会小心追踪那些可能带来威胁的陌生人。

刻板印象

刻板印象（stereotypes）是普遍持有的信念，认为人们由于属于某个特定群体而具有某些特征。例如，许多人认为犹太人精明而好强，黑人有特殊的运动和音乐才能，穆斯林都很虔诚。尽管某些刻板印象可能有一定的事实基础，但显而易见，并不是所有的犹太人、黑人、穆斯林行事方式都一样。如果你仔细思考一下，就会发现任何群体内的行为都存在巨大的差异。当然，问题的关键是刻板印象与偏见和歧视有关（Bodenhausen & Richeson, 2010）。

当我们遇见某个与刻板印象相悖的人会发生什么？比如，一个会计师外向、好热闹却不矜持、不安静。人们更可能将这种例外视为不匹配或者亚型，而不是调整或扩展自己的刻板印象（Altermatt & Dewall, 2003; Richards & Hewstone, 2001）。亚型是人们为理解那些不符合其一般刻板印象的人而使用的类别。如前所述，人们错误地认为女性比男性情绪化得多。假设你持有这种刻板印象，但是有一位女性好友却很少表露任何情绪，不论是积极的还是消极的。由于她的行为既不符合也不能证实你的刻板印象，你可能会存储这个信息，并将她视为"不情绪化的女性"这种亚型的一员。

刻板印象也可以基于外貌。有充分证据表明，外表有吸引力的人被认为有着令人向往的人格特质。这种普遍的知觉被称作"美的就是好的"刻板印象（Dion, Berscheid, & Walster, 1972）。具体而言，漂亮的人通常被认为比不太有吸引力的人更幸福、更有社交能力、更自信、适应能力更好、智力更高（Eagly et al., 1991; Jackson, Hunter, & Hodge, 1995）。实际上，人们相信，他们记得更多与有吸引力的人有关的积极品质，以及与没有吸引力的人有关的消极品质（Rohner & Rasmussen, 2012）。与吸引力有关的刻板印象并不局限于西方文化，但它在其他文化下会发生一些变化。例如，韩国人将诚实和对他人的关心看得非常重要，他们倾向于认为有吸引力的人在这些特质上的得分高于平均水平（Wheeler & Kim, 1997）。然而，大多数这样的看法实际上都没有什么依据。

有吸引力的人在社会领域的确有优势。有吸引力的儿童会被认为更受欢迎；很遗憾，老师也更喜欢这样的孩子（Dion, 1973; Dion, Berscheid, & Walster, 1972）。那么这种刻板印象是否会有长期的影响？是的，外貌好看的成年人社交技巧更好、更受欢迎、社会焦虑更少（尤其是与异性交往时）、更不孤独、性经验更多（Feingold, 1992b）。然而，他们的智力、幸福感、心理健康和自尊等与外貌普通的人并没有任何差异（Feingold, 1992b; Langlois et al., 2000）。因此，人们对有吸引力的人的感知的确比其实际情况更美好。不幸的是，对有吸引力之人的积极偏差反过来也起作用。因此，无吸引力的人被错认为比其他人适应能力更弱、智力更低。

这种吸引力刻板印象对大多数人有何影响？首先，坏消息是：吸引力强的人总是彼此结合（假如其他条件相同，完美的"10"可能与"9"结婚，而不可能与"4"或"5"配对）。如果要从中找些安慰，那就是大多数人都与吸引力同自己匹配的人走到了一起。因此，个体可能会跟那些吸引力与自己相近的人约会（Berscheid et al., 1971）。实际上，伴侣双方吸引力大小的相关非常强（Feingold, 1988）。有趣的是，男性朋友间外貌评分的关联强度也接近同样水平。因此，吸引力的刻板印象可对人们的生活造成深远影响。

当人们遇见通常被刻板化群体的成员时，刻板印象就会自动被激发，即使在那些没有偏见的人中也是如此（Devine, 1989; Dunning & Sherman, 1997）。更糟糕的是，基于种族的刻板印象可导致令人遗憾且有潜在危险的刹那间决策，让知觉者看到根本不存在的武器（Payne, 2006）。刻板印象可在人们的察觉之外存在（Bodenhausen, Macrae, & Hugenberg, 2003; Dasgupta, 2009）。由于刻板印象是自动的，一些心理学家对人们能否控制它持悲观态度（Bargh, 1999），另一些人则持乐观观点（Uleman et al., 1996）。例如，一项研究发现，当不同种族（除了黑人）的男性和女性在看黑人照片时，如果不露声色地诱使他们微笑，种族偏见的自动化就会减弱（Ito et al., 2006）。如果人们努力以友好和开放的态度对待那些在某些重要方面（种族、性取向）与己不同的人，这种积极的行为或许能减少其对待他人的自动化偏见。

这类研究的一个结论是，施加一定程度的自我控制是减少偏见的一种方法。然而，保持这种自我控制是一种挑战，因为研究发现施加自我控制会消耗身体能量，也就是说会降低血糖浓度（Gailliot, 2008）。如果让知觉者摄取糖分，以补充能量和提升自控力，能否削弱刻板印象倾向？在一项研究中（Gailliot et al., 2009），参与者分别饮用含糖和含蔗糖素（一种不含热量的甜味剂）的柠檬水，然后完成印象形成任务。与控制组（无糖组）相比，摄入糖的参与者在撰写的同性恋短文中较少提到刻板印象。此外，在存在高偏见的参与者中，摄糖组在短文里比控制组更少使用贬低的语言。可见，在某些情况下，人们能够战胜对刻板印象的偏好。

也有一些新证据表明，想象自己与外群体成员的会面可以减少与刻板印象有关的敌意。研究者（Brambilla, Ravenna, & Hewstone, 2012）让参与者想象自己与来自某个外群体的成员交往，这些外群体通常被认为有着不同的热情和能力水平。这种想象中的会面提升了参与者对通常被去人性化（如穷人）、被嫉妒（如富人）和被傲慢对待（如老年人）的群体成员的热情和能力评价。

为什么刻板印象会持续存在？原因之一是刻板印象是功能性的（Quinn, Macrae, & Bodenhausen, 2003），需要很少或不需要努力（Allport, 1954）。第 6 章曾提到，人们都是"认知吝啬者"。由于接收的信息远超自己的加工能力，所以人们倾向于化繁为简（Bodenhausen & Macrae, 1994），节省能量（Macrae, Milne, & Bodenhausen, 1994）。但如前所述，简单化的代价是不准确。刻板印象持续的另一个原因是确认偏差。因此，当人们遇见自己持有偏见的群体的成员时，他们可能会看见自己所期望看见的。自我实现的预言是刻板印象持续存在的第三个原因：人们对他人的信念可能真会诱发预期的行为，于是证实了有偏差的预期。

基本归因错误

人们在解释他人行为的原因时，会援引个人归因，而忽视情境因素的重要性。尽管并非人人如此（Choi, Nisbett, & Norenzayan, 1999; Miyamoto & Kitayama, 2002），但这种倾向足够强大，以至于李·罗斯（Ross, 1977）称之为"基本归因错误"。**基本归因错误**（fundamental attribution error）是指把他人的行为解释为个人原因而非情境因素的倾向。

这一倾向（有时称为对应偏差；Jones, 1990）有别于刻板印象，因为其推断基于实际的行为而非已有的信念。然而，这种推断依然可能是不准确的。如果杰里米上课时早退，你推断他不顾及他人可能是对的，但他也许有一个早就安排好的工作面试。因此，某个人在某一刻的行为可能反映也可能不反映其人格特质或性格特征，但观察者却往往认为反映了其人格特征。人们所面对的情境对行为有着深刻的影响，通常胜过他们性情的影响，只是他们没有认识到而已（Ross & Ward, 1996）。

忽视情境对行为的影响这一倾向背后的原因是什么？罪魁祸首还是人们做认知吝啬者的倾向。归因过程似乎包括两个步骤（Gilbert & Malone, 1995）。如**图 7.4** 所示，第一步是自动发生的，由于观察者关注人而非情境，因此做了内部归因。（在银行，如果你看见排你前面的人对出纳大喊大叫，你可能推测他是一个不友好的人。）第二

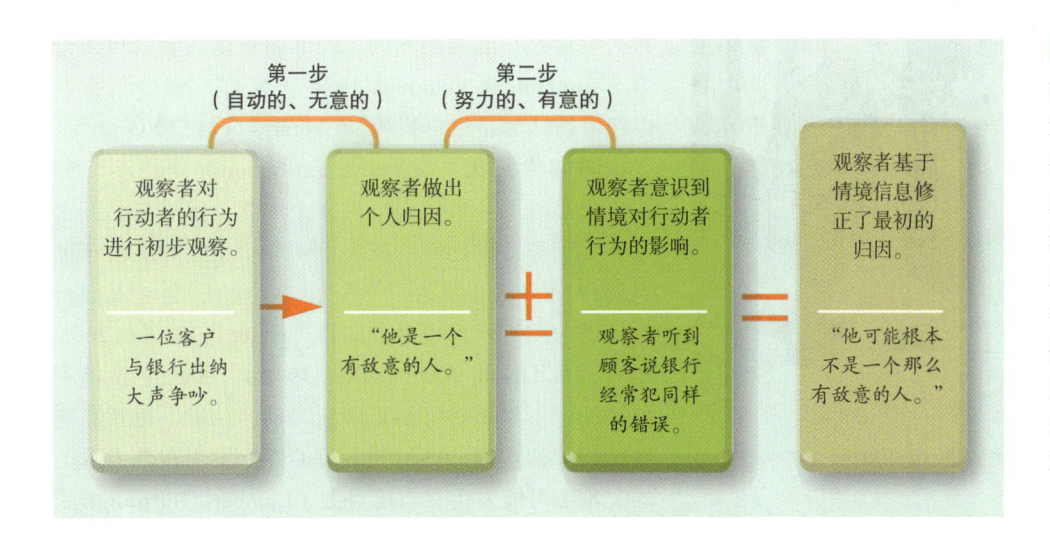

图 7.4　解释基本归因错误

在归因过程中人们会自动迈出第一步（进行个人归因）。但是，他们往往没有迈出第二步（考虑情境因素对个人行为的可能影响），因为这需要额外的努力。不考虑情境因素会导致观察者夸大个人因素在行为中的作用，也就是说他们会犯基本归因错误。

资料来源：Kassin, Fein, & Markus, 2011.

步，观察者权衡情境对目标人物行为的影响，并修正自己的推论。（如果你听见这位顾客说，三周内银行犯了三次同样的错误，你可能会改变你对他的敌意倾向的最初判断。）

归因过程的第一步是自发的，但第二步却需要认知努力和注意。因此，人们很容易在第一步之后就结束归因，尤其当人们匆忙或者分心时。不进行需要付出努力的第二个步骤会导致基本归因错误。然而，如果人们有动机对他人形成更准确的印象（Webster，1993），或者怀疑他人的意图时（Fein，1996），就会努力完成第二步。在这些情况下，人们更可能做出准确的归因。一些证据表明，这两个步骤可能与不同类型的大脑活动有关（Lieberman et al.，2004）。可惜的是，人们大部分时间忙于工作和社会生活，这严重限制了在解释他人的意图的行为时矫正归因的机会（Geeraert et al.，2004）。只有当人们被迫或有很强的动机对他人行为的原因做深入分析时，他们才能减少基本归因错误的影响（如 Stalder，2009）。

文化价值观似乎会促发不同的归因错误。在个人主义文化中，人们崇尚独立性，认为个体应该对自己的行动负责。在集体主义社会中，人们重视从众和对集体规范的服从，因此假定个体的行为反映了对集体期望的遵从（见第 6 章）。一些专家推测，不同的思维方式是归因风格文化差异的基础（Nisbett & Miyamoto，2005；Nisbett et al.，2001）。他们认为，西方的思维模式是分析性的（注意聚焦于客体，并把原因归结于客体自身），而东亚的思维方式是整体性的（注意聚焦于客体周围的环境，原因在于客体与环境的关系）（Masuda & Nisbett，2006；Miyamoto，Nisbett，& Masuda，2006）。与这两种观点都一致的是，研究者们发现，与印度人（Miller，1984）、中国人（Chua，Leu，& Nisbett，2005；Morris & Peng，1994）、日本人（Weisz，Rothbaum，& Blackburn，1984）和韩国人（Choi et al.，2003；Norenzayan，Choi，& Nisbett，2002）相比，美国人更多地用内部归因来解释他人行为。宗教也可能对基本归因错误有影响。研究者（Li et al.，2012）发现，新教徒比罗马天主教徒更倾向于进行内部归因，这可能是由于新教徒更关注灵魂的内在状态。

防御性归因

观察者在试图解释发生在别人身上的灾难和悲剧时，尤其可能做出内部归因。例如，当一位女性被男友或丈夫虐待时，人们经常责备受害者，说她与这种男人生活在一起是愚蠢的，而非谴责施虐者的攻击行为（Summers & Feldman，1984）。同样，强奸受害者也经常被认为是"自找的"（Abrams et al.，2003）。

防御性归因（defensive attribution）是将不幸归咎于受害者的一种倾向，这样个体就会感觉自己不太可能受到类似的伤害。把灾难归咎于受害者还能帮助人们维持自己生活在"公正世界"的信念：人们得到其所应得，所得也是其应得（Hafer & Bègue，2005；Haynes & Olson，2006；Lerner，1998）。承认世界是不公平的，不幸事件可能是偶然因素的结果，也就意味着必须承认这样一种可怕的可能性：发生在他人身上的灾难也可能发生在自己身上（Lambert，Burroughs &

让无家可归者为自己的困境负全责的倾向是防御性归因的一个常见例子。

Nguyen, 1999），尤其当受害者与自己相似时（Correia, Vala, & Aguiar, 2007）。防御性归因是一种非理性的自我保护策略，可使人们避免那些令人不安的想法，并帮助他们感觉自己的生活是可控的（Hafer, 2000; Lipkus, Dalbert, & Siegler, 1996）。不幸的是，当受害者因挫折而受到指责时，人们不公平地把不良特质赋予了受害者，例如无能、愚蠢和懒惰。因此，人们并不喜欢"失败者"，哪怕导致失败的决策是合乎情理的（Baron & Hershey, 1988）。

那么随机的好事会怎样？防御性归因是否可以用来解释幸运事件，同时又给人控制感？显然可以。一项研究发现，儿童认为幸运的同伴（例如在街上捡到钱）比那些不幸运的同伴更可能做出积极行动，对人更友好（Olson et al., 2008）。

人知觉的关键主题

人知觉的过程（即人们如何在心理上解释彼此的行为）很复杂（Trope & Gaunt, 2003）。尽管如此，我们可以在这个过程中找出 3 个反复出现的主题：高效性、选择性和一致性。

高效性

人们在形成对他人印象的过程中，往往不愿意付出不必要的认知努力和时间。因此，很多社会信息的加工是自动的和毫不费力的。苏姗·菲斯克（Fiske, 1993, p. 175）认为，人们就像政府官僚，"只会费心收集'需要知道'的信息"。高效性有两个重要的优势：人们可以快速做出判断；把事情变得简单。其最大缺点是快速判断容易出错。不过总的来说，高效性作为一种操作原则还是很管用的。

选择性

常言道，"人们看到他们期望看到的东西"，这一点已被社会科学家反复证实。在一项经典的研究中，哈罗得·凯利（Kelley, 1950）展示了人们的名誉如何先入为主地影响他人的知觉。麻省理工学院一个班级的学生被告知，一名新讲师今天会给他们讲课。在讲师到达之前，给学生简短地描述这位讲师，其中有一个重要的差异。一半的学生被引导去期待一个"热情"的人，而另一半的学生被引导去期待一个"冷漠"的人（如图 7.5）。全部学生都听了 20 分钟完全一样的授课，并与新讲师进行了同样的互动。然而，期待"热情"讲师的学生比期待"冷漠"讲师的学生认为这名讲师更为体贴、善交际、幽默、心地善良、随和且有人情味，并且两组学生的评分差异显著。

一致性

你的父母曾经多少次提醒你，当你第一次与人见面时，要表现自己最好的一面。事实证明，他们是正确的。大量研究证明第一印象强大无比（Asch, 1956;

> 布兰克先生是麻省理工学院经济和社会科学系的研究生。他在另一个学院有 3 个学期的心理学教学经验。这是他教经济学课程的第一个学期。他今年 26 岁，是名退伍军人，已婚。认识他的人认为他相当冷漠、刻苦、严厉、现实和有决心。

> 布兰克先生是麻省理工学院经济和社会科学系的研究生。他在另一个学院有 3 个学期的心理学教学经验。这是他教经济学课程的第一个学期。他今年 26 岁，是名退伍军人，已婚。认识他的人认为他很热情、刻苦、严厉、现实和有决心。

图 7.5　对凯利（Kelley, 1950）研究中客座讲师的描述
在讲师讲课之前，把这两份只有一个形容词不同的描述呈现给两组学生。但这两份看似只有微小差异的描述却导致两组学生对讲师形成了不同的印象。

Belmore，1987）。**首因效应**（primacy effect）是指起初的信息比随后的信息更有影响力。如果与我们第一次见面的知觉者心情很好（而不是糟糕），首因效应更可能发生（Forgas, 2011）。如果我们说一套做一套，如声称自己思想开放，然后却对某人发表尖锐的、判断性的评论，而不是说到做到，我们就可能被认为是伪君子（Barden, Rucker, & Petty, 2005）。最初的负面印象可能尤其难以改变（Mellers, Richards, & Birnbaum, 1992）。因此，一开始就给人留下不好的印象可能特别有害。如前所述，消极信息比积极信息更有力量，"坏的"确实比"好的"更强大。只有当人们有动机形成准确的印象并且不疲劳时，他们才不太可能陷入最初的印象而不能自拔（Webster, Richter, & Kruglanski, 1996）。

为什么首因效应如此强大？因为人们从认知一致性中获得安慰，而相互矛盾的认知则往往带来紧张和不适。因此，一旦人们相信自己对某人形成了准确的印象，便倾向于忽视和低估之后与这一印象不符的信息（Belmore, 1987）。推翻初始印象并非不可能，但对一致性的内在偏好的确使这样做更为困难，而大多数人认识不到这一点。

总之，尽管人知觉的过程非常主观，但人们对他人的感知相对准确（Fiske, 1998）。即使发生了错误，通常也无伤大雅。然而，在某些情况下，这种不准确显然是有问题的。我们下面要讨论的偏见，就是这样的例子。

偏见问题

学习目标
- 解释传统歧视与现代歧视有何不同
- 理解威权主义人格和认知歪曲如何导致偏见
- 阐明群际竞争和对社会同一性的威胁如何助长偏见
- 描述几种减少偏见的策略的运作机制

首先，让我们澄清一些常被混淆的概念。**偏见**（prejudice）是对某个群体的成员的负面态度；**歧视**（discrimination）涉及用不同的方式（通常不公平地）对待某个群体的成员。偏见和歧视确实经常同时出现，但未必总是如此（如**图 7.6**所示）。一项经典的社会心理学研究发现，在20世纪30年代，一对华人夫妇在白人教授的陪同下环游美国，一路上几乎没有受到任何歧视。在旅行之前，这位教授预期他们在住宿或就餐方面可能会遇到一些偏见，但他们三人只有少数几次被拒绝服务。这位教授在数月后给他们曾经去过的所有机构写了一封信，询问是否愿意接待华人，大多数的回答都带有偏见并且相当不讨人喜欢，说明态度并不总能预测行为（LaPiere, 1934）。为什么人们有时表现出

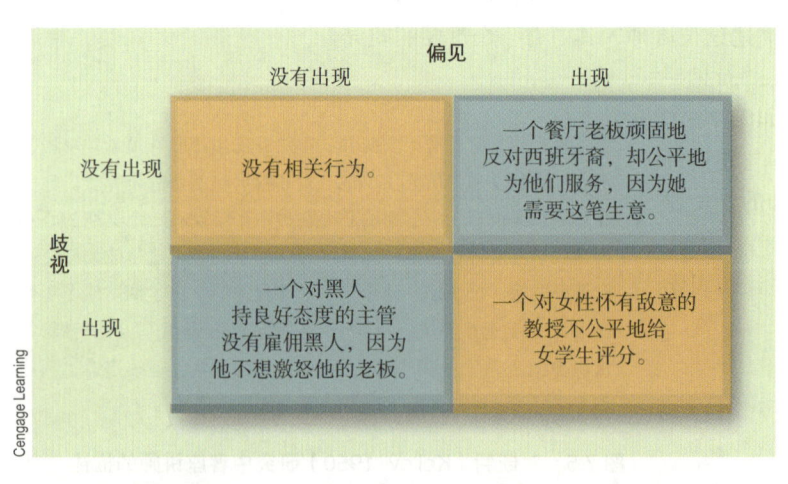

	偏见	
	没有出现	出现
歧视 没有出现	没有相关行为。	一个餐厅老板顽固地反对西班牙裔，却公平地为他们服务，因为她需要这笔生意。
歧视 出现	一个对黑人持良好态度的主管没有雇佣黑人，因为他不想激怒他的老板。	一个对女性怀有敌意的教授不公平地给女学生评分。

图 7.6　偏见和歧视
偏见和歧视高度相关，但未必同时出现。正如表中例子所示，存在没有偏见的歧视和没有歧视的偏见。

歧视，而有时又没有？这可能是由于餐厅老板虽然对华人抱有偏见，但为了自己的生意也会像对待其他人一样对待华人。这是只有偏见而没有歧视的一个例子。尽管并不普遍，但没有偏见的歧视也可能出现。例如，一位对黑人持积极态度的主管可能不会雇佣黑人，因为他不想让自己的老板生气。

有时，偏见和刻板印象也会在不为意识所觉察的情况下被激发，并可能对行为产生影响（Wittenbrink & Schwartz, 2007）。例如，在一项研究中，大学生需要完成一个句子填充任务，一半参与者的词语列表中包含与老年人刻板印象有关的词语（如皱纹、灰色、佛罗里达）。一旦"年迈"这一想法在参与者的思维中被悄悄启动，这些大学生要比控制组的大学生（接收中性词语列表）多花13%的时间走到电梯口（Bargh, Chen, & Burrows, 1996）。

传统歧视与现代歧视

在过去40年中，美国社会对少数群体的偏见和歧视有所减少。种族隔离不再合法，基于种族、民族、性别和宗教的歧视也不像20世纪50年代和60年代那么普遍。因此，好消息是：对于少数群体来说，公开的或者说传统的歧视已经减少。坏消息是：一些更微妙的偏见和歧视出现了（Dovidio & Gaertner, 1996; Gawronski et al., 2012）。也就是说，人们可能私下怀有种族主义和性别歧视的态度，但只有当他们感觉表达这些观点是合理的或者安全的，才会有所表露。这一新现象被称为现代歧视（也被称作现代种族主义）。现代歧视还表现在人们虽然赞同作为抽象原则的平等，但却以针对少数群体的歧视已不存在为由，反对那些旨在促进公平的项目（Wright & Taylor, 2003）。图 7.7 展示了一些测试传统的和现代的性别歧视的条目。

尽管现代种族主义者不希望回到隔离时代，但他们也认为，少数群体不应过快地推动进步，也不应受到政府的特殊对待。支持现代歧视言论的个体比不支持这种观点的人更可能投票反对黑人政治候选人、反对平权法案、赞成以牺牲黑人利益为代价使白人受益的税法（Murrell et al., 1994）。

在偏见研究中，人们越来越认识到，大多数白人对自己可能持有种族主义观点感到非常不安；事实上，他们对此十分矛盾。因此，他们避免做出任何可能被人甚至自己误解为种族主义的行为。其结果是那些好意的白人会卷入厌恶性种族主义：当人们对平等主义理想的有意识支持与对少数群体成员无意识的消极反应相冲突时，这种间接、微妙而矛盾的种族主义便会产生（Dovidio, Gaertner, & Pearson, 2005; Dovidio et al., 2009; Hodson, Dovidio, & Gaertner 2010）。一项研究发现，黑人患者与怀有厌恶性种族主义情绪的白人医生之间的积极互动较少（Penner et al., 2010）。一名厌恶性种族主义者如果有非种族主义的借口（例如"我面试了许多符合招聘条件的黑人，但我必须选择最优秀的应聘者，只不过他恰好是白人"），就可能出现种

与传统性别歧视有关的条目
1. 女性一般不如男性聪明。
2. 鼓励男孩运动比鼓励女孩运动更重要。

与现代性别歧视有关的条目
1. 对女性的歧视在美国已经不再是问题。
2. 在过去几年中，美国政府和新闻媒体对女性待遇的关注超过了现实需要。

计分：对这些陈述的可能反应从"非常同意"到"非常不同意"。比较同意或者非常同意上述条目的人，分别表现出传统的或现代的性别歧视。

图 7.7 测量传统的和现代的性别歧视

研究发现，种族及性别歧视的传统信念与现代信念具有相似性。研究者（Swim et al., 1995）设计了一个量表来测量传统的及现代的性别歧视。这里只展示了量表13个条目中的4个。传统性别歧视的特征是赞同传统的性别角色，接受女性能力不如男性的刻板印象。相反，微妙的现代性别歧视的特征是否认性别歧视仍然存在，并且反对旨在帮助女性的政策。

资料来源：Swim, J. K., Aikin, K. J., Hall, W. S., & Hunter, B. A. (1995). Sexism and racism: Old-fashioned and modern prejudices. *Journal of Personality and Social Psychology, 68*,199–214. Copyright © 1995 American Psychological Association. Adapted by permission of the publisher and the author.

族主义行为。幸运的是，研究者正在寻找方法来对抗这种对他人无意却真实的偏见（Gaertner & Dovidio, 2005）。例如，当人们无法调和他们表达的态度与实际行为之间的冲突时，他们的偏见就会减少（Son Hing, Li, & Zanna, 2002）。

偏见的原因

偏见显然是一个复杂的问题，有多种原因。尽管我们不能彻底研究偏见的所有原因，但我们将考察导致这一棘手问题的一些主要心理和社会因素。

威权主义

在偏见的早期研究中，罗伯特·阿多诺等人（Adorno et al., 1950）发现了威权人格（也译为权威人格），即对任何与己不同的群体存有偏见的一种人格类型。后来的研究发现该研究存在严重的方法学问题，对该人格类型的有效性提出了质疑。

在过去的半个世纪中，威权主义的定义和测试方法都发生了变化（Dion, 2003）。这一建构现在被称为右翼威权主义（right-wing authoritarianism, RWA）（Altemeyer, 1988a），其特征为威权主义服从（对掌权者过于顺从）、威权主义攻击（对权威惩罚的对象充满敌意）和因循守旧（强烈地坚持权威赞同的价值观）。由于威权主义倾向于支持既定的权威，因此右翼威权主义更普遍地出现在政治保守派而非政治开明派（他们是更愿意挑战现状的人）之中。威权人格与大五人格也有一定的联系（见第2章），威权主义的个体在开放性和尽责性上得分一般都较低（Sibley & Duckitt, 2008）。

什么原因导致右翼威权主义者存有偏见？罗伯特·埃特米耶（Altemeyer, 1998）认为有两个主要因素。第一，他们将社会世界区分为内群体和外群体，认为外群体威胁着自己所珍视的传统价值观。第二，他们往往自以为是：认为自己比其他人更有道德，觉得贬低那些被权威人物认定为不道德的群体是合理的。右翼威权主义者通常在非常虔诚和社会同质化的群体中长大，很少接触少数群体和非传统的行为。他们感觉受到社会变革的过度威胁——这种恐惧来自他们的父母，后者认为"这个世界充满危险和敌意"（Altemeyer, 1988b, p. 38）。埃特米耶同样指出，这种恐惧的态度通过大众传媒对犯罪和暴力的渲染而得到强化。体验文化移情和开放的心态（Nesdale, De Vries Robbé & Van Oudenhoven, 2012）、接触不同类型的人和观点都可以减弱右翼威权主义（Dhont & Van Hiel, 2012）。

威权主义行为与其他类型的人格也有关联。最近，一种相关的人格类型——社会支配取向（social dominance orientation, SDO）受到了很多研究的关注（Ho et al., 2012; Kahn et al., 2009; Sidanius & Pratto, 1999; Son Hing, Bobocel, & Zanna, 2007）。高社会支配取向者更偏好社会群体间的不平等，信仰某些人注定要支配他人的等级制度，例如男性支配女性，多数群体支配少数群体，或者异性恋者支配同性恋者（Kteily, Ho, & Sidanius, 2012）。低社会支配取向者不太可能根据社会等级思考问题，不认为社会地位高的人应该控制地位低的人。图7.8展示了评估社会支配取向量表中的一些条目。

社会支配取向量表中的样题
某些群体的人就是不如其他群体。
如果某些群体比其他群体机会更多，那也没什么关系。
如果某些群体安分守己，那我们的问题会更少。
某些群体处在顶层，另一些群体处在底层，这可能是一件好事。
有时其他群体必须留在原地。

图7.8 对社会等级的偏好

社会支配取向是指一个人偏好维持不同社会群体（基于种族、性别、宗教或社会阶层）间的不平等，因此一些群体可以支配另一些群体。上面5个样题是从16个条目的社会支配取向问卷中抽取的。回答为9分制，范围从"非常负面"到"非常正面"。

资料来源：Pratto, F., Sidanius, J., Stallworth, L. M., & Malle, B. F. (1994). Social dominance orientation: A personality variable predicting social and political attitudes. *Journal of Personality and Social Psychology, 67*, 741–763.

我们能否减少多数群体对少数群体所持有的社会支配感？尽管改变一个人的人格是一个相当大的挑战，但有一些证据表明，让那些相信群体间不平等的人接触有道德价值的行为，可以让他们变得更开放，哪怕只是很短的时间。弗里曼及其同事（Freeman et al., 2009）让参与者观看一段主角做好事的道德行为视频，引发他们温暖而敬佩的感受。随后，即使高群体支配（社会支配取向的一个成分）的个体，与控制组的人相比，也更有可能向黑人慈善项目捐钱。

认知歪曲和期望

很多偏见植根于自动的认知过程，其运作无需意识的参与（Wright & Taylor, 2003）。如前所述，社会分类使人们把社会世界分为内群体和外群体，这种区分可引发对外群体成员的消极态度。

也许没有什么因素比刻板印象对偏见的影响更重要（D. J. Schneider, 2004）。许多人对各种族裔群体有贬损性的刻板印象。尽管种族刻板印象在过去半个世纪已有所消减，但并未完全消失（Dovidio et al., 2003）。种族定性——执法人员只看肤色就拦截汽车司机、行人和航空旅客，就是一个很好的例子。同样，"9·11"事件使一些美国人认为中东的阿拉伯人都是潜在的恐怖分子（Hendricks et al., 2007）。

人们在评价偏见对象时更可能犯基本归因错误（Levy, Stroessner, & Dweck, 1998）。托马斯·佩蒂格鲁（Pettigrew, 2001）认为，把消极特征视为性格的体现（基于人格）并且归因于群体成员身份是终极归因错误。因此，当人们注意到少数族裔社区饱受犯罪和贫困的困扰时，他们把这些问题归咎为居民（他们懒惰和无知），轻视和忽略情境原因（就业歧视，糟糕的警察执法等）。老生常谈的"他们应该自力更生"全面否定了情境因素可能使少数族裔群体向上流动变得尤其困难。

防御性归因指人们不公平地谴责灾难的受害者以使自己确信同样的事情不会发生在自己身上。这一归因方式也会导致偏见。例如，那些声称感染艾滋病的人是自食其果的人，可能是在试图使自己确信自己不会遭受同样的厄运（Buunk & Dijkstra, 2001）。

期望也会助长和维持偏见。你已经知道，人们一旦形成印象就会努力维持它。例如，人们能更好地注意和回忆与刻板印象一致的行为，而非与自己信念不一致的信息（Bodenhausen, 1988）。此外，当一名外群体成员的行为与刻板印象相矛盾时，人们经常把这一行为解释为"例外"，以保证刻板印象不变（Ickes et al., 1982）。不幸的是，社会思维是自动的、选择性的和一致的，这意味着人们透过带有偏见的双眼，看见的通常是自己期望看到的，甚至当人们观看媒体的客观陈述时也是如此（Vallone, Ross, & Lepper, 1985）。

哪一个男性看起来有罪？ 如果你选择右边的男性，你就错了。错误在于你可能根据肤色对一个人做出判断。如果仔细观察你会发现他们是同一个人。不幸的是，这类种族刻板印象每天都在发生。在美国的高速公路上，警察根据肤色而非驾驶行为拦截汽车。如在佛罗里达州，80%被截停和搜查的司机都是黑人和西班牙裔，但他们只占全部司机的5%。

这张聪明的海报关注了种族定性这一敏感话题。基于种族的盘问是现代种族主义的表现，反映了刻板印象的影响。这一现象说明在日常生活中简单的（通常是自动的）认知歪曲为什么会带来不幸的后果。

群体间的竞争

早在1954年，谢里夫及其同事就在美国俄克拉哈马州的罗伯斯山洞公园里进行了经典的实验研究，以考察竞争和偏见（Sherif et al., 1961）。在这项研究中，11岁的男孩得到父母的允许，应邀参加了一个为期3周的夏令营。这些孩子并不知道自己已经成为实验对象。孩子们被随机分为两组，两组都直接到达自己的指定营地，且对另一组的存在一无所知。第一周男孩们通过传统的夏令营活动（如徒步旅行、游泳、野营）来认识自己小组的成员，每个小组还选择了自己队伍的名字（响尾蛇和老鹰）。

第二周响尾蛇组和老鹰组通过一些组间的竞争活动认识彼此。这些活动包括橄榄球比赛、寻宝、拔河等，胜利的组可以获得奖牌、战利品和其他一些心仪的奖励。在引入比赛活动后，小组间的敌意几乎立刻就爆发了，并且迅速升级为极具攻击性的行为：食堂里爆发了食物大战，住宿的小屋被洗劫，对方小组的旗帜被烧毁。这项经典研究和后来的研究（Schopler & Insko, 1992）都表明，群体对竞争的反应通常比个体更负面。

这个实验所展示的竞争对偏见的影响通常也发生在现实生活中。例如，领土争端经常引发敌意，例如巴以冲突问题。缺少对外群体成员的同理心是一股重要的推力（Castano, 2012），但就业岗位和其他重要资源的匮乏也会导致社会群体间的竞争。尽管如此，竞争未必总是滋生偏见。实际上，人们对内群体所受威胁（例如地位的丧失）的感知比实际威胁更可能引发群体间的敌对（Dovidio et al., 2003）。不幸的是，这类感知非常普遍，因为内群体成员经常假设外群体成员在与自己竞争，企图阻碍内群体的成功（Fiske & Ruscher, 1993）。总之，大量证据表明，对实际的或感知到的稀缺资源的竞争会使人们产生对外群体成员的偏见。

对社会同一性的威胁

如前所述，尽管群体成员的资格给个体提供了身份感和自豪感，但它也会助长偏见和歧视。群体成员的个人心理开始与群体甚至社会过程融合在一起（Turner & Reynolds, 2004）。为探索群体成员身份对偏见和歧视的影响，我们看看亨利·塔杰菲尔（Tajfel, 1982）和约翰·特纳（Turner, 1987）提出的社会认同理论。该理论认为，自尊部分地取决于个人的社会同一性或集体自我，而集体自我又与个人的群体成员身份有关（国籍、宗教、性别、专业、职业及所属党派等）（Ellemers & Haslam, 2012; Sidanius et al., 2004）。鉴于你的个人自尊会因自己的成功而提高（你的历史考试取得好成绩），你的集体自尊也会因内群体的成功而提高（你支持的球队赢了那场橄榄球赛）。同样，你的自尊也会在个人层面（你没有取得面试机会）和集体层面（你支持的球队输掉了决赛）受到威胁。

个人同一性和社会同一性受威胁都会促使个体维护自尊，但对社会同一性的威胁更可能引发助长偏见和歧视的反应（Crocker & Luhtanen, 1990）。当集体自尊受到威胁时，个体会用两种关键方式来支撑自尊。最常见的反应是内群体偏爱，例如选用内群体成员填补职位空缺，或者给内群体成员的表现打分比给外群体成员高（Stroebe, Lodewijkx & Spears, 2005）。实际上，当人们执着于群体认同时，他们对群体批评的反应就像这是对自己的批评一样（McCoy & Major, 2003）。应对社会同一性威胁的第二种方式是外群体贬抑，换言之，把具有威胁性的外群体视为废物。对内群体强烈认同的个体尤其可能采用后一种方法（Perreault & Bourhis, 1999）。图7.9

描述了社会认同理论的各种要素。

值得注意的是，大多数歧视的原因是对"内群体的爱"，而非对"外群体的恨"（Brewer, 1999）。换言之，内群体奖励自己的成员，不给外群体奖励，而不是故意阻止外群体获得所需的资源（Fiske, 2002）。最后一个问题是内群体偏爱通常较微妙，可被无足轻重的任意因素激发，如共同的音乐品味（Lonsdale & North, 2009）。

刻板印象威胁

本章前面侧重的是针对他人的刻板印象，也就是说人们如何依据简单的信念将群体与某种特质联系在一起。当个体成为他人刻板印象的目标，被认为具有所属群体的特征时，会发生什么？刻板印象会被忽略，还是说个体会内化它的影响？

请思考一下美国黑人。一种有害的刻板印象是，黑人学生的标准化测验得分低于白人学生。斯坦福大学的斯蒂尔（Steele, 1992, 1997）认为，尽管黑人社会经济地位的劣势可以作为黑人在此类测试中相对于白人表现不佳的一个解释因素，但可能还有其他合理的原因。为什么会这样？斯蒂尔认为，与各种被污名化的群体（包括黑人）相关的贬抑性刻板印象的存在及其感知，导致了刻板印象易感性，也称为刻板印象威胁。刻板印象易感性会影响群体成员的标准化测验以及其他学业成绩。

例如，斯蒂尔和阿伦森（Steele & Aronson, 1995）在一项研究中招募了学业能力得分远高于平均水平的黑人和白人大学生（他们相似的学业背景排除了该研究中文化劣势的影响）。所有参与者都要完成一个极具挑战性的 30 分钟的语言能力测试（题目选自美国研究生入学考试，即 GRE）。一种条件使刻板印象易感性变得突显：测试被描述为个人基本语言能力的一个优秀指标。而在另一种条件下，测试被描述为研究者分析人们问题解决策略的一种工具（也就是说不用来测量智力）。斯蒂尔和阿伦森发现了什么？当黑人学生的刻板印象易感性没有被强调时，黑人与白人学生的成绩没有差别（如图 7.10 左侧条形图所示）。而当刻板印象威胁被提高时，黑人学生在同样测验上的得分显著低于白人学生（如图 7.10 右侧条形图所示）。

刻板印象威胁的影响已被多次重复（Cadinu et al., 2005; Croizet et al., 2004; Shapiro & Neuberg, 2007）。斯蒂尔及其同事已经证明，刻板印象威胁可以影响各种群体的表现，而不仅仅是少数族裔群体，这表明它适用于多种行为现象（Steele, 2011）。例如，女性易受"男性的数学能力比女性强"这类刻板印象的威胁（Spencer,

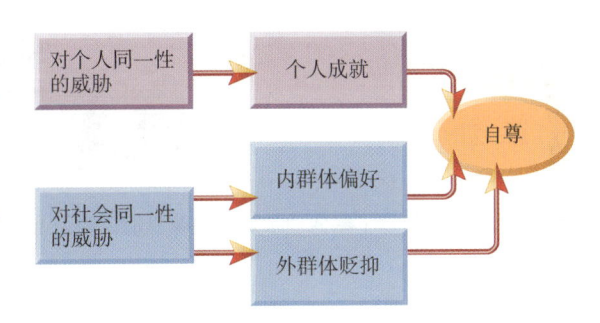

图 7.9　社会认同理论

塔杰菲尔（Tajfel, 1982）和特纳（Turner, 1987）认为，个体既有个人同一性（基于独特的自我感）也有社会同一性（基于群体成员身份）。当社会同一性受威胁时，人们会通过对内群体成员的偏爱或对外群体成员的贬抑来恢复自尊。这种策略会导致偏见和歧视。

资料来源：Kassin, Fein, & Markus, 2011.

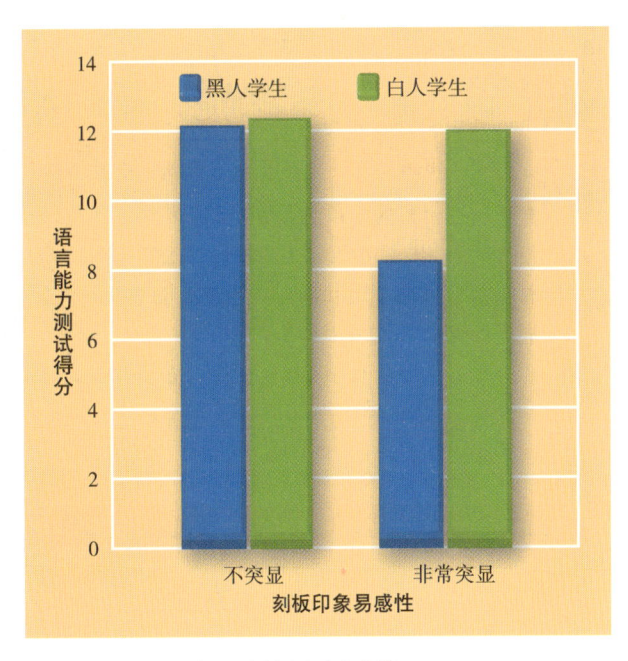

图 7.10　刻板印象易感性与测试成绩

斯蒂尔和阿伦森（Steele & Aronson, 1995）比较了黑人学生和白人学生在 30 道困难的 GRE 语言能力测试题上的得分。当黑人学生的刻板印象易感性不明显时，他们的成绩与白人学生没有差异；而当刻板印象易感性提高时，黑人学生的成绩显著低于白人学生。

资料来源：Steele, C. M., & Aronson, J. (1995). Stereotype threat and the intellectual test performance of African Americans. *Journal of Personality and Social Psychology, 69*, 797–811. Copyright © 1995 by the American Psychological Association. Reprinted by permission of the author.

Steele, & Quinn, 1999; Stone & McWhinnie, 2008）。反过来，白人男性又受到"亚裔男性的数学能力更强"这一刻板印象的威胁（Aronson et al., 1999）。

减少偏见

几十年来，心理学家一直在寻找减少偏见的方法。如此复杂的问题要在多个层面上解决。让我们来看看一些被证明行之有效的干预手段。

认知策略

因为刻板印象在社会生活中几乎无所不在，所以每个人实际上对各种群体都会持有刻板印象。这意味着对他人的刻板印象思维变成了一种无意识的习惯，即使那些被教导对与己不同之人要宽容的个体也是如此（Fiske, 2002）。

尽管刻板印象确实自动发生，没有意图，也无意识，但个体通过一定的认知努力可以克服它们（Fiske, 2002）。因此，如果你遇见某个说话带地方口音的人，你最初的自动化反应可能是消极的。然而，如果你相信偏见是错误的，认识到自己持有刻板印象，你就能有意识地抑制这种想法，努力避免带有偏见地说话和行事。一个问题是，这种自我调节是费力的，就像肌肉在使用后会变得疲劳一样（Richeson & Shelton, 2003; Richeson. Trawalter, & Shelton, 2005）。根据迪瓦恩（Devine, 1989）的偏见消除模型，消除偏见的过程需要刻意把自动化加工转变为有控制的加工，或者以埃伦·兰格的话来说，要从潜念（无心）到正念（有意）（见第6章和第16章）。因此，如果你有动机谨慎地注意你思考的内容和方式，你就能减少偏见。

推荐阅读

《维瓦尔第效应：刻板印象如何影响我们，我们又能做些什么》

（*Whistling Vivaldi: How Stereotypes Affect Us and What We Can Do*）

作者：克劳德·斯蒂尔

他人对我们所持的刻板印象会怎样影响我们的自我同一性？本书的书名来自一位美国黑人专栏作者布伦特·斯特普尔斯（Brent Staples）的经历，他在研究生阶段认识到自己的种族身份被校园大多数白人视为威胁（即刻板印象）。在社区散步时，他会以口哨吹出维瓦尔第的《四季》和披头士乐队的歌，以此抵抗刻板印象。他的策略成功了，他不再被视为一位有威胁的年轻黑人，而是一位有文化和有教养的人。

斯蒂尔认为，每个人都受过某种刻板印象期望的迷惑。有些人（像斯特普尔斯）找到了解决方法，而另一些人则被刻板印象妨碍了绩效，甚至成就。例如，有多少年轻女性由于受到"男性比女性更擅长数学"这一刻板印象的迷惑而放弃以科学和工程学作为职业？这本引人入胜的书讲述了斯蒂尔等人对刻板印象威胁普遍性开创性的社会心理学研究，包括其普遍性、对理解与群体身份（基于性别、种族、民族、年龄、性取向及其他任何能引发刻板印象期望的属性）有关的行为的启示，以及控制或减少刻板印象有害后果的方法。

群体间接触

让我们回到罗伯斯山洞研究。当研究者放任他们时，响尾蛇组和老鹰组进行了食物大战，还烧毁对方的旗帜。可以理解的是，实验者渴望恢复和平。首先，他们分别与每个组谈话，讨论另一组的优点，并且尽量抹杀两组的差异。他们也让响尾蛇和老鹰组成员在吃饭和娱乐（如看电影）时坐在一起。不幸的是，这些方法并未奏效。

接下来，实验者设计了基于超级目标原理的组间活动，即需要两个或更多组一起努力才能实现的共同目标。例如，只有每个孩子都为野炊做出贡献（如生火、准备食物），所有的人才能吃上饭。在孩子们参加了诸多此类活动后，两组之间的敌意大为减少。实际上，在3周的夏令营快要结束时，响尾蛇组和老鹰组投票决定乘坐同一辆公共汽车回家。通过合作实现共同的目标可减少冲突（Bay-Hinitz, Peterson & Quilitch, 1994）。

研究者确定了减少群体间敌意的4个必不可少的要素（Brewer & Brown, 1988）。第一，不同群体必须为了一个共同的目标而一起工作，只是让敌对的群体接触，不仅不能有效地减少群体间的敌意，还可能让情况变得更糟。第二，协同努力必须有成功的结果，如果群体在合作任务中失败，他们可能会相互指责。第三，群体成员必须有机会彼此建立有意义的联系，而不仅仅是走形式。第四个要素地位平等的接触要求以确保每个人都拥有平等地位的方式将不同群体的成员招集在一起。一项大型的元分析明确支持满足这些条件的群体间接触能减少偏见（Pettigrew & Tropp, 2000, 2006）。

接触假说在大学生的校园生活中表现如何？舒克和法齐奥（Shook & Fazio, 2008）做了一个田野实验，白人大学生被随机分配与黑人或白人做室友。尽管有跨种族室友的白人大学生的确比有同种族室友的白人大学生报告对室友更不满意，但有一个非常重要的积极结果：跨种族宿舍的学生随着时间的推移比同种族宿舍的学生的偏见更少。其他研究也支持接触能减少不同群体成员间的偏见（Binder et al., 2009; Tropp & Molina, 2012）。

说服的力量

学习目标
- 列举说服过程的关键要素，并描述每一种如何发挥作用
- 讨论正面信息和正反信息说服的证据，以及唤醒恐惧或积极感受在说服中的作用
- 解释说服的两条认知路径

每天你都会被试图改变你态度的说服轰炸。可能你还未起床，就从广播里听到说服你买牙膏、手机和运动鞋的广告。在你看早间新闻时，你听见许多政府官员的讲话，这些讲话都经过精心策划，以影响你的观点。在去学校的路上，你会看见广告牌上漂亮的模特趴在汽车上，这是希望让你把对模特的好感转移到汽车上。走进教室时，一个朋友想要你为他竞选学生会主席投票。你想知道，这些事到底有完没完？

如果你指的是说服，那么回答是"没完"。正如安东尼·普拉卡尼斯和埃利奥特·阿伦森（Pratkanis & Aronson, 2000）所说，美国人生活在一个"宣传的时代"。有鉴于此，让我们来考察一些决定说服是否有效的因素。

说服（persuasion）是指为了改变他人的态度而进行的论点和信息的交流。何谓态度？为便于讨论，我们把**态度**（attitudes）定义为关涉人、事、物和观点的信念与情感。该定义中的信念是指对人、事、物和观点的思考与判断。例如，你可能认为同工同酬是公平的政策，或者死刑并不能有效阻止犯罪。态度的"情感"成分是指个体对某个问题消极或积极的感受及其强度。例如，你可能非常赞同同工同酬，但只是温和地反对死刑能降低犯罪率的观点。心理学家假设态度能预测行为（Briñol & Petty, 2012; Petty & Fazio, 2008）：如果你喜欢一件新产品，你就可能会买它，如果不喜欢，就不会买（Eagly & Chaiken, 1988）。当然，态度与行为的关系对说服还有诸多影响，请往下读。

图 7.11 说服过程概览

说服过程本质上可归结为谁（信息源）通过什么方式（渠道）把什么（信息）传递给谁（接收者）。因此 4 种变量可影响说服过程：信息源、信息、渠道和接收者。图中列举了每种类别下比较重要的一些因素（包括一些限于篇幅在此并未讨论的因素）。

说服过程的要素

说服或者态度改变过程包括 4 个基本要素（见**图 7.11**; Crano & Prislin, 2008）。**信息源**（source）是指发送信息的人，而**接收者**（receiver）是指接收信息的人。因此，如果你在电视上观看总统演说，那么在这次说服中总统是信息源，而你和其他成千上万的观众都是接收者。**信息**（message）是指信息源传达的内容，**渠道**（channel）是指信息传送的媒介。在考察沟通渠道时，研究者们经常比较面对面的互动与经由大众传媒（如电视和广播）传达的诉求。尽管关于沟通渠道的研究十分有趣，但我们的讨论将限于信息源、信息和接收者这 3 个变量。

信息源因素

当信息源可信度较高（Petty, Wegener, & Fabrigar, 1997）或者知觉者相信传递者的确会兑现承诺时（Clark, Evans, & Wegener, 2011），说服往往更易成功。使传达者可信的 2 个因素是：专业性和可靠性（Hovland & Weiss, 1951）。人们试图通过提及自己的学位、培训和工作经历，或展示自己对当前问题的深刻见解来传达自己的专业性（Clark et al., 2012）。至于可靠性，如果有人告诉你，你的州需要削减企业税以刺激经济，一人是该州一个大企业的总裁，另一个人是其他州的一个经济学教授，那么你会相信谁？可能是后者。当信息源似乎有利可图时，可靠性就受损，例如信息源是企业总裁。相反，当人们的论点似乎有损自己的利益时，可靠性就提高了（Petty et al., 2001）。这一效应解释了为什么销售人员总是说诸如此类的话："老

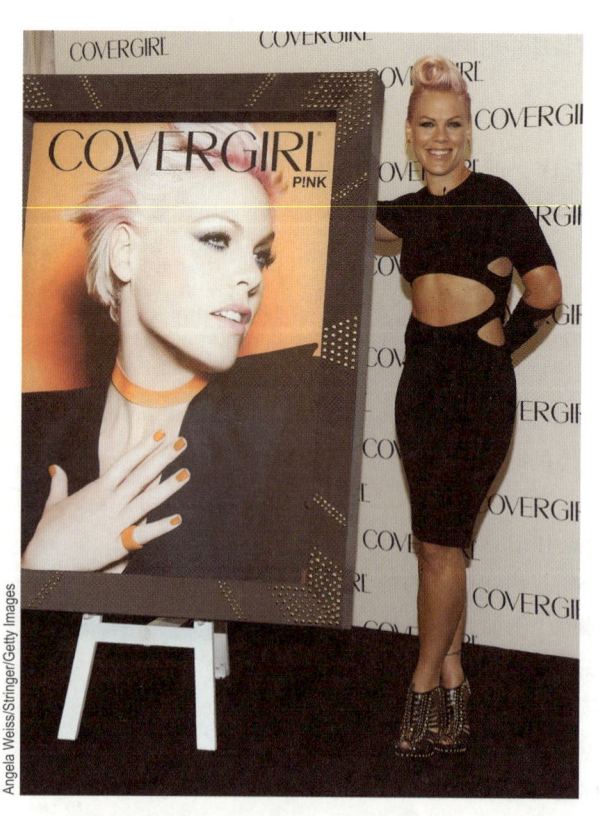

广告商经常雇请如歌手平平克这样大众喜欢的名人来代言自己的产品，期望观众对信息源的好感能转移到产品上。

实说，我们的除雪机并不是最好的，在这条街有一家更好的品牌，如果你愿意花更多钱的话……"

第二个主要的信息源因素是好感度，它包含许多次级因素。其中关键的一个是外表吸引力（Petty et al., 1997）。例如，研究者发现，有吸引力的学生比不太有吸引力的学生更可能让人在请愿书上签名（Chaiken, 1979）。人们对那些在当前问题的相关方面与自己相似的人回应更好（Mackie, Worth, & Asuncion, 1990）。因此，政治家总是强调他与选民们所共同持有的价值观。

信息源变量在广告中发挥着巨大作用。许多公司花大价钱聘请像艾伦·德杰尼勒斯或者瑞秋·雷这样集可信度、好感度与亲和度于一身的代言人。做广告的公司会迅速放弃一些好感度下降的代言人。例如，当篮球明星科比和高尔夫传奇伍兹陷入性丑闻时，许多公司取消了与他们的合约。阿姆斯特朗在遭受兴奋剂指控后失宠，这毫无疑问会影响他的公众形象以及企业赞助。总之，信息源变量对于说服极其重要。

信息因素

想象一下，你想提议找一位当红艺人担任你毕业典礼的发言人。在准备论据时，你反复思考最有效的组织信息的方法。一方面，你深知知名艺人肯定很受学生的欢迎，并且能提升学校在校友和社区中的形象。然而，你知道这一策划耗资颇巨，而且有些人认为艺人不适合担任毕业发言人。你应该呈现单一的正面论据而忽略可能存在的问题吗，还是应该呈现正反两方面的论据，承认存在的问题，然后淡化它们？

一般而言，正反两方面的论据似乎更有效（Crowley & Hoyer, 1994）。实际上，仅仅提及事物的两面性就能增加受众对你的信任（Jones & Brehm, 1970）。单方面的正面信息只有在受众对事件一无所知或者他们本已赞同你的观点时才有效。

说服者也会诉诸情感来转变态度，因为随着问题的严重性增加，信息因素更可能受到注意（Feng & MacGeorge, 2010）。保险公司会展示房屋焚毁的画面来唤醒恐惧。禁烟活动会强调癌症的威胁。除臭剂广告利用人们对尴尬的恐惧心理。恐惧唤醒真的有效吗？是的，针对诸多问题（如核政策、汽车安全和口腔卫生等）的研究已经发现，唤醒恐惧通常能增强说服力（Perloff, 1933）。如果人们觉得自己易受威胁事件的伤害，诉诸恐惧就有效（De Hoog, Stroebe, & De Wit, 2007）。然而如果你引起受众很强的恐惧，却又没有提供有效的解决问题的方法（比如肯定有效的戒烟或减肥计划），那你可能会激起受众的防御心理，促使他们拒绝你的说服（Petty & Wegener, 1998）。

激发积极情感有时也是一种说服他人的有效方法。这种策略熟悉的例子有：电视广告使用悦耳的音乐和有吸引力的演员；电视节目使用背景笑声；宴请潜在的客户。与严肃的信息相比，人们能更好地注意到幽默的信息（Duncan & Nelson, 1985），虽然他们后来可能会忘记事情本身，但依旧会记得这件事情很好笑（Cantor & Venus, 1980）。通过激发积极情感来说服人可能是有效的，前提是受众对涉及的议题并不太在意。如果人们非常在意该议题，仅仅激发积极情感是不够的。例如，一项研究发现，电视广告使用音乐能有效地说服观众，但只有当这些信息涉及的主题不重要时才有效（Park & Young, 1986）。

"您是对的。这身打扮确实传递了一个强有力的信息。"

接收者因素

信息的接收者对说服有什么影响？一些人比另一些人更容易被说服吗？是的，但答案非常复杂。例如，人们是否接受信息有时取决于他们的心境：乐观者比悲观者能更好地加工令人振奋的消息，而悲观者会被与自身态度相反的信息或与自己观点相反的观点所吸引（Wegener & Petty, 1994）。一些人渴望深入地思考问题，具有所谓的**认知需要**（need for cognition），即寻求并享受费力思考、深入分析和解决问题的倾向。这种真正喜欢智力交流和辩论的人，比那些喜欢肤浅的分析的人更可能被高质量的论据说服（Nettelhorst & Brannon, 2012）。此外，他们更可能有动力更为仔细地加工复杂的信息（See et al., 2009）。

暂时的因素也会影响对说服信息的接受。例如，预先警告接收者某个劝说的企图以及接收者在某个问题上的初始立场，似乎都比接收者的人格更有影响力。当你想买电视机或汽车时，你能预料到销售人员会努力说服你。在一定程度上，这种事先提醒削弱了销售人员的影响（Petty & Wegener, 1998）。预先警告接收者有人将在一个重要的议题上说服他，会使接收者变得更难被说服（Wood & Quinn, 2003）。但当接收者被告知将有人在一个不重要的议题上试图说服他们时，他们的态度会在说服开始之前就向说服诉求转变，以避免显得轻信。因此，"打草惊蛇"这句老话往往是正确的。

不难理解，当接收者面对与自己已有信念不一致的立场时更难被说服。一般而言，人们在评估这类论据时会出现证伪偏差（Edwards & Smith, 1996）。此外，不同文化背景的人会对说服信息蕴含的不同主题做出反应。在一项研究中，个人主义文化（美国）中的参与者偏爱强调独特性主题的杂志广告，而集体主义文化（韩国）中的参与者偏爱强调服从性主题的杂志广告（Kim & Markus, 1999）。

说服的原因

面对说服信息时，人们为什么会改变自己的态度？由于理查德·佩蒂和约翰·卡乔波（Petty & Cacioppo）的工作，心理学家对态度改变背后的认知过程有了很好的理解。

根据**精细加工可能性模型**（elaboration likelihood model），个体对说服信息的思考（而不是实际的说服信息本身）决定态度是否改变（Benoit & Benoit, 2008; Petty & Briñol, 2012; Petty et al., 2005; Wagner & Petty, 2011）。如前所述，人们有时会快速地做草率的决定（自动加工、漫不经心、快速判断），有时又会仔细地加工信息（有控制的加工、全神贯注、系统性判断）。有时人们选择思考，有时又不愿思考。这些过程在说服中也存在，信息有时通过外周路径说服接收者，有时通过中心路径。

当人们分心、疲劳或者对某条说服信息不感兴趣时，就认识不到产品真正的优点或者问题的关键。他们的确加工了信息，但并未用心。快乐心境也有这样的效果（Sinclair, Mark & Clore, 1994）。令人惊讶的是，即使人们并未仔细评估信息，态度也可能发生改变（Petty & Cacioppo, 1990）。背后的机制是，接收者被信息的外周线索

理查德·佩蒂

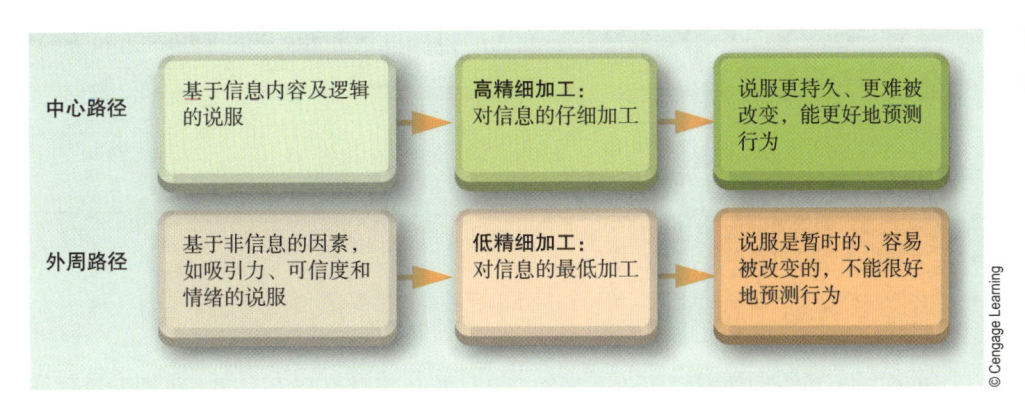

图7.12 说服的中心路径和外周路径

说服可通过2种路径发生。中心路径会导致精细加工，一般可比外周路径产生更持久的态度改变和更强烈的态度。

路径			
中心路径	基于信息内容及逻辑的说服	高精细加工：对信息的仔细加工	说服更持久、更难被改变，能更好地预测行为
外周路径	基于非信息的因素，如吸引力、可信度和情绪的说服	低精细加工：对信息的最低加工	说服是暂时的、容易被改变的，不能很好地预测行为

说服，也就是所说的外周路径（如**图7.12**）。只是因为没有用心分析果汁的电视广告，并不意味着你对其完全一无所知。你可能没有注意该广告的实质内容，但你却意识到广告的表层部分：你喜欢广告中的音乐，你喜欢的篮球明星在推销这个产品，海滩的景色也的确很美。

尽管说服通常经由外周路径起作用，但说服者也可以利用另一个路径来改变态度，这就是中心路径（见**图7.12**）。在这一过程中，接收者要思考相关论据（或中心论据）的逻辑性和优点，仔细加工说服信息。换言之，接收者会精细地加工说服信息，这就是该模型名称的由来。经过更全面、更深入加工的信息更能抵御说服（Blankenship & Wegener, 2008）。如果人们对其深入评估的反应是赞许的，态度就会发生积极改变；否则就会导致消极的态度改变。

政治候选人利用音乐、旗帜和口号来说服他人，就运用了外周路径；而当他们表达对某一事件的看法时，就会使用中心路径。

要让中心路径压制外周路径，必须满足两个条件。第一，接收者必须有仔细加工说服信息的动机。如果人们对某件事感兴趣，发现它与自己有关，有很强烈的认知需要，有仔细思考的时间和精力，精细加工的动机才会被激发。例如，如果你就读的大学在考虑改变成绩评分系统，你就可能会仔细思考各种选择及其影响。第二，接收者必须有能力领会信息，也就是说，信息必须是可理解的，而且个体必须有能力理解它。如果人们分心、疲倦或者发现信息无趣或无关，他们就不会仔细注意，那么表面线索就会突显。

最终，说服的两种路径效果不同。经由中心路径形成的态度比经由外周路径形成的态度更持久，更难以改变（Petty & Wegener, 1998），并且更能预测行为（Petty, Priester, & Wegener, 1994）。再者，精细加工可能性模型能预测说服何时容易产生效果，并且它在健康行为领域有着特殊的应用前景（Petty, Barden, & Wheeler, 2009），包括预防吸烟（Flynn et al., 2011）。

总之，尽管我们不能阻止那些每天轰炸你的说服信息，但我们希望你在面对说服企图时做一名警惕的接收者。当然，说服并不是人们试图影响你的唯一方法，下一节你将看到一些其他方法。

社会压力的力量

学习目标

- 总结阿施关于从众的发现
- 区分从众的规范性影响和信息性影响
- 描述米尔格拉姆对服从的研究，解释如何抵制权威提出的要求

前面介绍了人们如何试图改变你的态度，现在你将看到人们如何试图通过使你同意他们的请求和要求来改变你的行为。**图 7.13** 展示了社会影响是一个连续体。在连续体的一端，行为改变（即屈从社会压力）会导致从众、依从甚至服从。而在另一端，抵御社会压力可使人们保持独立、态度坚定或做出反抗。

从众和依从压力

如果你称赞某个流行乐队的才能，或者将草坪修剪得很整齐，你是否显示出从众？社会心理学家认为这取决于你的行为是自由选择的结果，还是迫于群体的压力。当人们屈服于现实或想象中的社会压力时，**从众**（conformity）就发生了。例如，如果你因为欣赏某个乐队的音乐而喜欢他们，那就不是从众。但是，如果你喜欢他们是因为这样做显得酷，并且如果你不这样做，朋友就会质疑你的品位，那么你就是在从众。同样，如果你保持草坪整齐只是为了避免邻居抱怨，你就屈从了社会压力。简言之，人们倾向于将他人的行为解释为从众，但却不会这样看待自己的行为（Pronin, Berger, & Moluki, 2007）。你的朋友买 iPod 可能只是跟风，而你买却似乎是出于个人的正当理由（认识不到所有那些跟风的人也可能把这点作为他们购买的动机）。当你阅读本节时，请记住个体经常认为自己"鹤立鸡群"，因为其他人都在从众（Pronin et al., 2007）。用动物比喻是非常恰当的，因为比较生物学家正在将从众作为动物间社会影响的一种重要形式来进行研究（Claidière & Whiten, 2012）。

从众比大多数人所认为的普遍得多。我们都以无数的不同方式遵从社会期望。遵从社会压力本身并无好坏之分，关键在于情境。但是，我们应该谨慎地认识到，社会期望有时可能对我们的行为产生深远的影响。

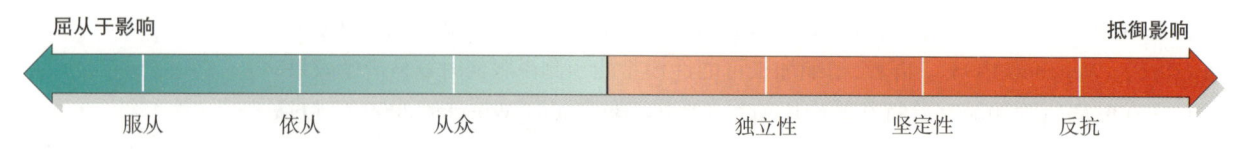

屈从于影响 ← 服从　依从　从众　　独立性　坚定性　反抗 → 抵御影响

图 7.13　社会影响的连续体

社会影响会给个体带来不同程度的压力。人们可能会遵从群体规范或保持自己的独立性，依从他人的请求或态度坚定，服从或反抗权威的要求。

资料来源：Kassin, S. M., Fein, S., & Markus, H. (2011). *Social psychology* (8th ed.), Figure 7.1 on page 252. Belmont, CA: Wadsworth/Cengage. Adapted with permission.

从众的动力机制

为讨论这个话题，我们将重新描述阿施（Asch, 1955）首创的一个经典实验。参与者都是男大学生，招募的名义是研究视知觉。给包含 7 名参与者的小组呈现一张大卡片，上面有一条竖线，并询问参与者第二张卡片上的三条线中哪一条与第一张的"标准线段"等长（如图 7.14）。7 个人需轮流完成任务，并且要让全组的人都听见他们的选择。第 6 名参与者并不知道小组其他人都是主试的助手（同谋）。

实验助手在前两轮任务都给出正确的回答。在第三轮任务中，第二条线段显然是正确答案，但前 5 名助手故意说第三条线与标准线段等长。真正的参与者简直不敢相信自己的耳朵。在整个实验过程中，实验助手们在 18 轮任务中有 12 轮给出同样的错误回答。阿施想知道真正的参与者在这种情况下会如何反应。线段判断是简单而明确的任务。在没有群体压力时，参与者的错误率不到 1%。因此，如果参与者一直赞同实验助手的判断，那他并非真正犯错，而是在从众。参与者会坚持自己的意见，还是跟随小组成员呢？阿施发现，参与者在 12 轮中有 37% 的试次出现了从众（犯错）。然而，参与者在从众的倾向上有很大的差异。50 名参与者中有 13 名没有出现一次从众，而 14 名参与者在一半以上的试次中从众。有人可能认为，实验结果表明，在面临众口一致的大多数时，人们一般倾向于抵御从众的压力。但考虑到线段判断任务是多么清楚和容易，大多数社会科学家将这些结果看作人类从众倾向的有力证明。

在后续研究中，阿施（Asch, 1956）确定了两个决定从众的关键因素：群体规模和群体一致性。为考察群体规模的影响，阿施分别在实验助手为 1~15 名的小组中重复了实验。当参与者只面对一名实验助手时，几乎没有出现从众。当群体由 2 人增加到 4 人时，从众快速增加，增至 7 人时达到峰值，随后趋于稳定（如图 7.15）。因此，阿施认为在到达某个点之前，从众随着群体规模而增加。值得注意的是，阿施发现

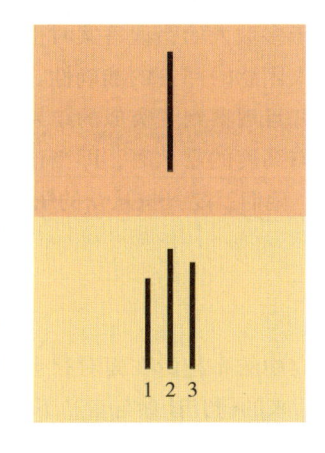

图 7.14　阿施从众研究中使用的刺激

参与者要从另一张卡片上的三条线段中（下图）选择与标准线段（上图）等长的线段。该任务很简单，直到实验助手开始给出明显错误的答案，创造了一种阿施评估参与者从众性的情境。

资料来源：Illustration on p. 32 by Sarah Love in Asch, S. (1955, November). Opinions and social pressure. *Scientific American, 193*(5), 31–35. Copyright © 1955 by Scientific American, Inc.

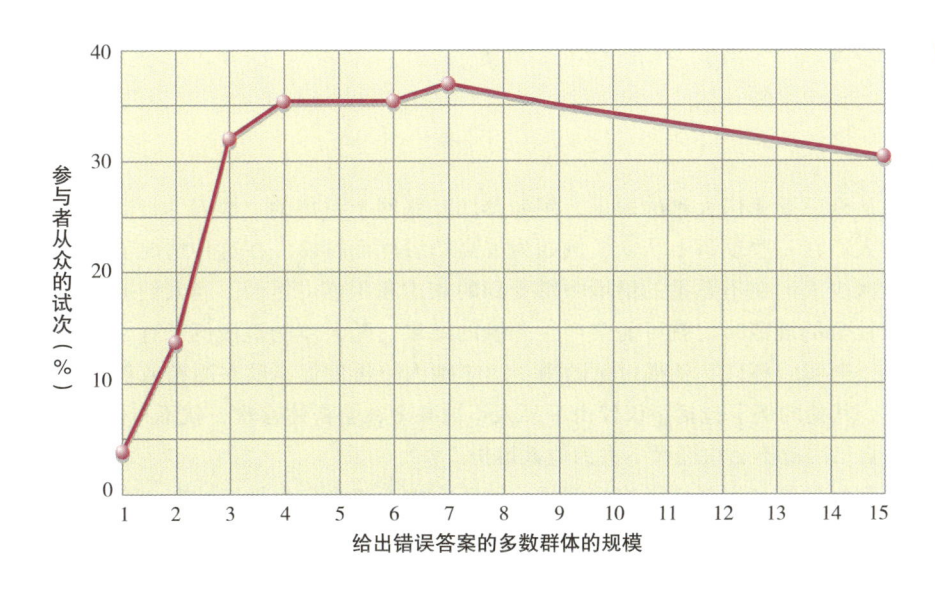

图 7.15　从众与群体规模

本图显示了从众试次的百分比如何受持相反观点的人数的影响。阿施发现，随着小组人数增多，从众变得更为频繁，增至 7 人之后从众开始趋于平缓。

资料来源：同图 7.14。

只要一名实验助手与其他助手的回答不一样，破坏了意见的一致性，群体大小就几乎不会影响从众。一名反对者的出现就使从众降至峰值的四分之一，甚至当反对者的判断是异于多数人的错误答案时也是如此。很明显，参与者只需要听到另一个人质疑小组令人困惑的回答的准确性。阿施的经典研究在不使用实验助手的情况下得到了重复，并且观察到了类似的结果（Mori & Arai, 2010）。近年的研究表明，当个体对独特性有高度的需求时，即当他们感觉自己与他人难以区分，并有动力重新确立个体感时，他们就能抵抗从众的压力（Imhoff & Erb, 2009）。

从众与依从

阿施研究中的参与者在面对社会压力时，是真的改变了自己的信念抑或只是假装改变了？后来的研究让参与者私下而非公开作答（Deutsch & Gerard, 1955; Insko et al., 1985）。当参与者只需写下他们的答案时，从众行为显著减少。因此，阿施实验的参与者可能并未真正改变自己的信念。基于这些证据，理论家们认为阿施的实验激发的是一种特殊的从众类型，即依从。**依从**（compliance）是指人们私下的信念并未改变，其公开的行为只是屈从于社会压力。例如，许多人每天都要依从于一定的群体压力，虽然他们愿意穿更休闲的衣服，但还是穿西装、打领带、穿连衣裙，"打扮起来"去上班。

从众的原因

人们经常因害怕受到批评和拒绝而从众。**规范性影响**（normative influence）指人们因害怕消极的社会结果而服从社会规范。依从一般由微妙的、隐含的压力导致。例如，为避免留下消极印象，你在工作面试时可能会去掉你的眉环。然而，在面对明确的规则、要求和指令时，依从也会发生。因此，尽管你认为老板的指示很糟糕，仍然可能遵从。

人们在不能确定如何行事时，也可能从众（Cialdini, 2001）。因此，如果你在一个高档餐厅吃饭，却不知道使用哪个叉子时，你可能会观察其他人怎么做。**信息性影响**（informational influence）指人们在模糊情境下会看他人如何行事。在这种情况下，把他人作为恰当行为的参照是一件好事。但是不久你将看见，有时在不熟悉的情境中依靠他人来了解如何行事也会出现问题。

抵御从众压力

有时从众只是无伤大雅的娱乐，例如参加互联网上召集的"快闪"行动。另一些时候，人们在一些琐事上从众，例如为去高档餐厅而打扮。在这种情况下，从众和依从能减少人们在不熟悉的情境中感受到的焦虑和困惑。然而，当人们迫于压力而遵从反社会的规范时，就可能会产生悲惨的结果。随大流的消极例子有：由于别人说"来，再喝一杯！"就喝过量的酒；由于别人一再催促，就在酒精或药物的影响下驾车。其他的例子包括：仅仅由于某人不被某个社会群体喜欢，就不与他交往；由于害怕自己因此不受欢迎而不去为他人辩护。

上面列举的都是规范性影响的例子，但压力也会来自信息性影响。一个例子是关于旁观者效应的悖论，**旁观者效应**（bystander effect）指个体在他人在场时比自己单独一人时更不可能提供帮助的倾向。大量研究证实，在紧急情况下若有他人在场，人们更少提供帮助（Fischer et al., 2011; Levine et al., 1994）。值得庆幸的是，如果求助方非常需要帮助，或者人们的自我意识得到增强，旁观者效应就不太可能发生（Fischer, Greitemeyer, & Pollozek, 2006; van Bommel et al., 2012）。

旁观者效应的原因是什么？原因有很多，从众是其一。旁观者效应在模糊的情境中最可能发生，因为人们会环顾四周，看看其他人是否表现得好像有紧急情况一样（Harrison & Wells, 1991）。如果每个人都犹豫，这种不作为（信息性影响）便会暗示人们不需要帮助。因此，当你下次目睹可能的紧急情况时，不要自动屈服于不作为的信息性影响。

他是我们中的一员，让我们热烈欢迎。

为了抵御从众的压力，我们提供以下建议：第一，请努力注意作用在你身上的社会力量。第二，当你发现有人对你施加压力时，试图找出群体中与你观点一致的人。回想一下，在阿施的实验中，仅仅一个持异议的人就显著地降低了从众压力。最后，如果你提前知道将会面临这样的情境，那么可以考虑邀请一位与你观点相似的朋友一同前往。

权威人物的压力

服从（obedience）是依从的一种形式，指人们遵从直接的命令，这种命令通常来自权威人物。就其本身而言，服从谈不上好坏，关键在于命令的内容。例如，如果教学楼的火警响了，老师"命令"你离开，这时服从是好的。另一方面，如果你的老板要你做不道德或违法的事情，那不服从才是恰当的。

服从的动力机制

正如其他许多人一样，第二次世界大战后，社会心理学家斯坦利·米尔格拉姆困惑于为何德国人民能轻易遵从独裁者希特勒的命令，即使这些命令违反道德，例如对数百万犹太人、俄国人、波兰人、吉卜赛人和同性恋者的大屠杀（Blass, 2004）。这一现象促使他研究服从的动力机制。米尔格拉姆（Milgram, 1963）的参与者是当地社区背景各异的40名男性，自愿参加一项关于惩罚对学习影响的研究。当参与者来到实验室时，要从一顶帽子里面抽一张小纸条以确定自己的任务。抽签是事先操纵的，因此参与者总是扮演"老师"，而实验助手（一名47岁的可爱会计）则总扮演"学生"。

"老师"看着学生被捆在椅子上，并且手臂被连上电极（当学生做任务犯错时给予电击）。"老师"被带到一个相邻的房间，里面有一个他可以控制的电击发生器。尽管仪器看似真实，但实际上是假的，"学生"一次也不会受到电击。主试扮演权威人物的角色，告诉"老师"做什么，并解答实验中发生的问题。

实验设计故意使学生犯很多错，而老师被要求在每一次错误的回答之后都增强电击强度。在电击达到300伏时，学生会开始敲击两个房间共用的墙壁以示抗议，此后很快不再回答老师的提问。从这时起，参与者经常向主试寻求指导。但不管参与者什么时候这样做，主试都坚持要求老师继续给沉默的学生越来越强的电击。米

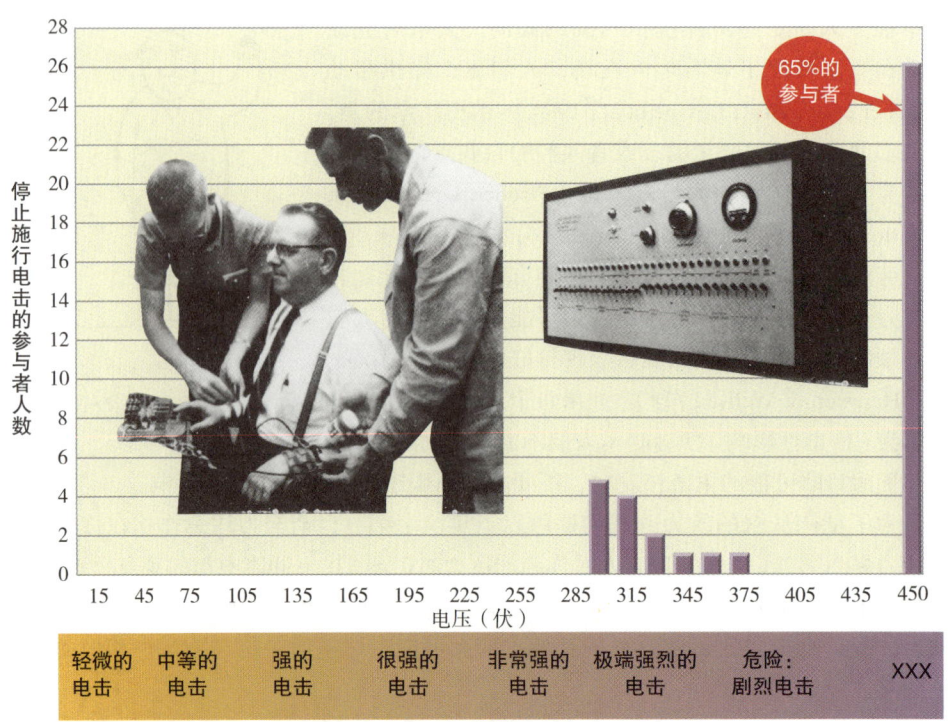

图 7.16 米尔格拉姆（Milgram, 1963）的服从实验

照片展示了假的电击发生器和把"学生"与电击发生器连在一起的场景。实验结果总结在条形图中。大多数参与者（65%）都对学生给予了所有强度的电击。

资料来源：Film *Obedience*, copyright © 1968 by Stanley Milgram; copyright renewed 1993 by Alexandra Milgram and distributed by Alexander Street Press. Reprinted by permission of Alexandra Migram.

尔格拉姆想知道，老师在拒绝合作之前愿意给予的最大电击强度是多少。

如**图 7.16** 所示，65% 的参与者给予了所有 30 种强度的电击。尽管他们服从了主试，但许多参与者都对伤害学生表达和显露出了相当大的痛苦。他们抗议、抱怨、紧咬嘴唇、颤抖、大汗淋漓，但他们继续给予电击。基于这些发现，米尔格拉姆认为对权威的服从比人们预期的更为普遍。伯格（Burger, 2009）所做的一项重复研究表明米尔格拉姆的结论依然成立：尽管出于伦理原因，在 150 伏时就让参与者停止了实验，但 70% 的参与者在听到痛苦的哭泣后仍然继续电击学生（米尔格拉姆发现 80% 的参与者在 150 伏后仍继续电击）。

服从的原因

在最初的实验之后，米尔格拉姆（Milgram, 1974）在实验程序中尝试了约 20 种变化，以寻找影响参与者服从的因素。例如，他研究了女性参与者以考察服从的性别差异（发现并无性别差异）。在另一种条件下，两名助手扮演了老师角色，他们分别在 150 伏和 210 伏时拒绝了实验者继续下去的要求。在这种条件下，只有 10% 的参与者给予了最高强度的电击。

是什么导致了米尔格拉姆所观察到的服从行为？第一，对参与者的要求是逐渐升级的，因此强电击的要求只在参与者进入实验相当一段时间之后才会发出。第二，参与者被告知，学生出现任何问题由权威人物负责，与他们无关。第三，参与者评价自己行为的依据是他们是否达到了权威人物的期望，而非对学生的伤害。综上所述，这些研究结果表明，决定人们行为的原因与其说是人们是哪种人，不如说是他们所处情境的类型（Lewin, 1935）。把这一洞见应用到纳粹的战争罪行和其他暴行之中，米尔格拉姆得出一个令人不寒而栗的论断：残忍和邪恶的想法可能源于一个像希特勒这样的权威人物错乱的头脑，但只有通过普通人的服从行为，这些想法才能变成可怕的现实。

人们在不同的情境、使用不同的参与者和程序重复米尔格拉姆的研究，得出了一致的结论（Blass, 1999, 2000; Burger, 2009）。总的来说，已有足够的证据支持米尔格拉姆的结果。当然，批评者们对米尔格拉姆实验程序的伦理提出了质疑（Baumrind, 1964; Nicholson, 2011）。当今，在大多数大学，重复米尔格拉姆的研究都很难获得许可。对于这个可能是心理学最著名的实验，这是一个极具讽刺意味的墓志铭。

服从还是不服从

服从的研究结果让我们面对一个可怕的现实，即大多数人都可能被迫做出违反道德和自己价值观的行为。你可能听说过1968年的美莱村事件，一宗美国的"服从犯罪"，在该事件中美军杀害了400~500名越南妇女、儿童和老年男性（Kelman & Hamilton, 1989）。另一个更近的事件是2004年发生于伊拉克阿布格莱布监狱的虐囚丑闻，它提醒我们强大的社会压力可导致违背道德的行为（Fiske, Harris, & Cuddy, 2004; Post, 2011）。一项近期研究表明，亦步亦趋地听从领导的指令会导致毁灭性的服从行为（Wiltermuth, 2012）。

米尔格拉姆发现参与者在有两名不服从的实验助手的条件下更容易违抗权威。与此相一致，人们发现社会支持似乎在不服从行为中具有关键作用。一个有关的研究考察了大学生是否选择乘坐醉酒司机的车（Powell & Drucher, 1997）。参与者被随机分配到四种条件中的一种：(1) 带了一瓶啤酒的司机；(2) 醉酒的司机；(3) 醉酒的司机和一名进入汽车的实验助手；(4) 醉酒的司机和一名拒绝乘车的实验助手。除了在助手拒绝乘车的条件下，所有参与者在其他条件下都一致地选择乘车。尤其当不服从有风险时，使自己与有支持作用的他人（例如家人、朋友、工会）结盟可以减少焦虑，增加安全感。

在接下来的应用部分，我们将提醒你，人们会使用一些让你和其他人同意其请求的社会影响策略。

应用：看穿依从战术

学习目标
- 描述基于互惠性原则和一致性原则的依从战术
- 讨论稀缺性原则如何增强人们对某件东西的欲望

下面的叙述哪个是正确的？
____ 1. 在恳求别人帮大忙之前，先请求对方帮个小忙是个好主意。
____ 2. 在你想让别人帮个小忙之前，先请求对方帮个大忙是个好主意。

你相信上面两句冲突的叙述都是正确的吗？尽管这两种方法起作用的原因不同，但两者都能有效地让他人为你所用。理解诸如此类的社会影响策略是有利的，因为广告商、销售人员和募捐者（更不必说朋友和邻居）经常使用它们来影响人们的行为。因此你可以看出这些策略与你的生活息息相关，我们根据其起作用的原理进行了归类。以下论述很多都是基于社会心理学家罗伯特·西奥迪尼（Cialdini, 2007）的研究，他多年致力于观察让他人依从的专业人员所使用的社会影响战术。

一致性原则

一旦人们同意了某件事情，他们就倾向于坚持其最初的承诺（Cialdini, 2007）。个体偏好保持行为一致性的倾向可以用来使他人依从，方法有两种。两者都涉及一个人使另外一个人对最初的请求做出承诺，然后改变协议的条件，使之有利于请求者。由于人们经常坚持自己最初的承诺，因此很可能会同意修改后的协议，尽管该协议对他们并没有好处。

登门槛技术

挨家挨户推销的销售人员很早就认识到，在真正推销产品之前，先从销售对象那里获得一点合作（登门槛）十分重要。**登门槛技术**（foot-in-the-door technique）指先使人们同意一个较小的请求，以增加之后同意较大请求的可能性（如**图 7.17a** 所示）。该技术应用广泛，例如，募捐小组经常先让人们仅在一份请愿书上签名。销售人员通常在"硬推销"之前先让人们无偿使用产品。同样，妻子可能让丈夫先帮她倒杯咖啡，当丈夫起身去拿时，她会说："既然你已经起来了，能帮我做个花生酱三明治吗？"

乔纳森·弗里得曼及其同事率先研究了登门槛技术。在一项研究（Freedman & Fraser, 1966）中，大的请求是打电话询问主妇是否同意一个由 6 名男性组成的消费者调查小组进入家中，对她家的产品进行分类。想象 6 个陌生人走进你家翻箱倒柜，你就会明白为什么控制组只有 22% 的参与者同意了这个奇怪的请求。在给实验组的参与者提出这个较大的无理请求的前三天，就给他们打电话询问家中肥皂使用的一些问题。三天之后提出较大的请求时，实验组有 53% 的参与者同意了这个请求。其他一些研究发现，古怪或不寻常的最初请求能够提高依从性（Dolinski, 2012），提出请求的人身上散发的淡淡清香也有类似的效果（Saint-Bauzel & Fointiat, 2012）。甚至通过网络而非当面提出的请求也能引发依从（Guéguen & Jacob, 2001; Markey, Well, & Markey, 2002）。

这一策略为什么有效？最好的解释是达里尔·贝姆的自我知觉理论，即人们有时通过观察自己的行为来推断自己的态度（Burger & Guadagno, 2003）。当乔同意签署请愿书时，他推测自己是一个乐于助人的人，因此当他面对第二个更大的请求（收集请愿签名）时，"乐于助人"又出现在他的脑海中，然后乔同意了请求。

虚报低价技术

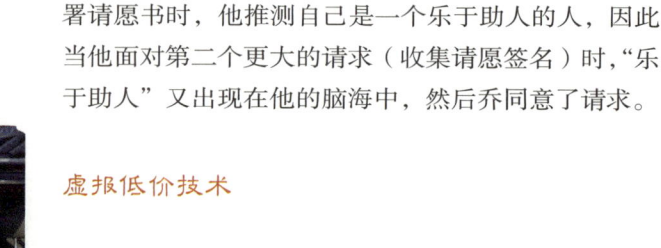

第二个基于承诺的策略是**虚报低价技术**（lowball technique），指在披露隐藏的成本之前，先让人对一个有吸引力的提议做出承诺。该技术的名称源于汽车销售中的一种常见做法，即先给顾客提供很大的折扣。折扣价格使顾客承诺购买汽车，但不久之后，销售人

员便开始透露一些隐藏的成本。顾客通常会发现本应包含在最初报价中的选项，将产生额外的花费。一旦顾客已经承诺购买汽车，大多数人都不可能取消交易。使用这种策略的人不只有汽车销售员。比如，朋友可能会询问你是否愿意与他在他那座非常吸引你的湖畔小屋待上一周。在你接受这一看似慷慨的提议后，他可能补充道"当然，我们还要做一些工作，要粉刷房门、修理码头，以及……"你可能认为，一旦泄露隐藏的成本，人们会生气并取消交易。有时的确如此，但虚报低价技术效果惊人（Burger & Cornelius, 2003）。

互惠性原则

社会化过程让大多数人都深信**互惠性原则**（reciprocity principle），即一个人应该以同样的方式回报他从别人那里得到的东西。慈善团体经常使用这一原则。慈善团体在为残疾人、流浪汉等募捐的过程中，在提出捐款请求的同时会赠送一些"免费"的地址签、钥匙链等小礼物。投桃报李的信念是一种强有力的规范，因此人们常常觉得有义务通过捐款来回报礼物。西奥迪尼（Cialdini, 2007）认为互惠性规范如此强大，以至于在下述情况下也有效：（1）礼物并不受人欢迎；（2）礼物来自一个你不喜欢的人；（3）礼物导致的是不等价的交换。让我们回顾一些基本的利用互惠信念的影响策略。

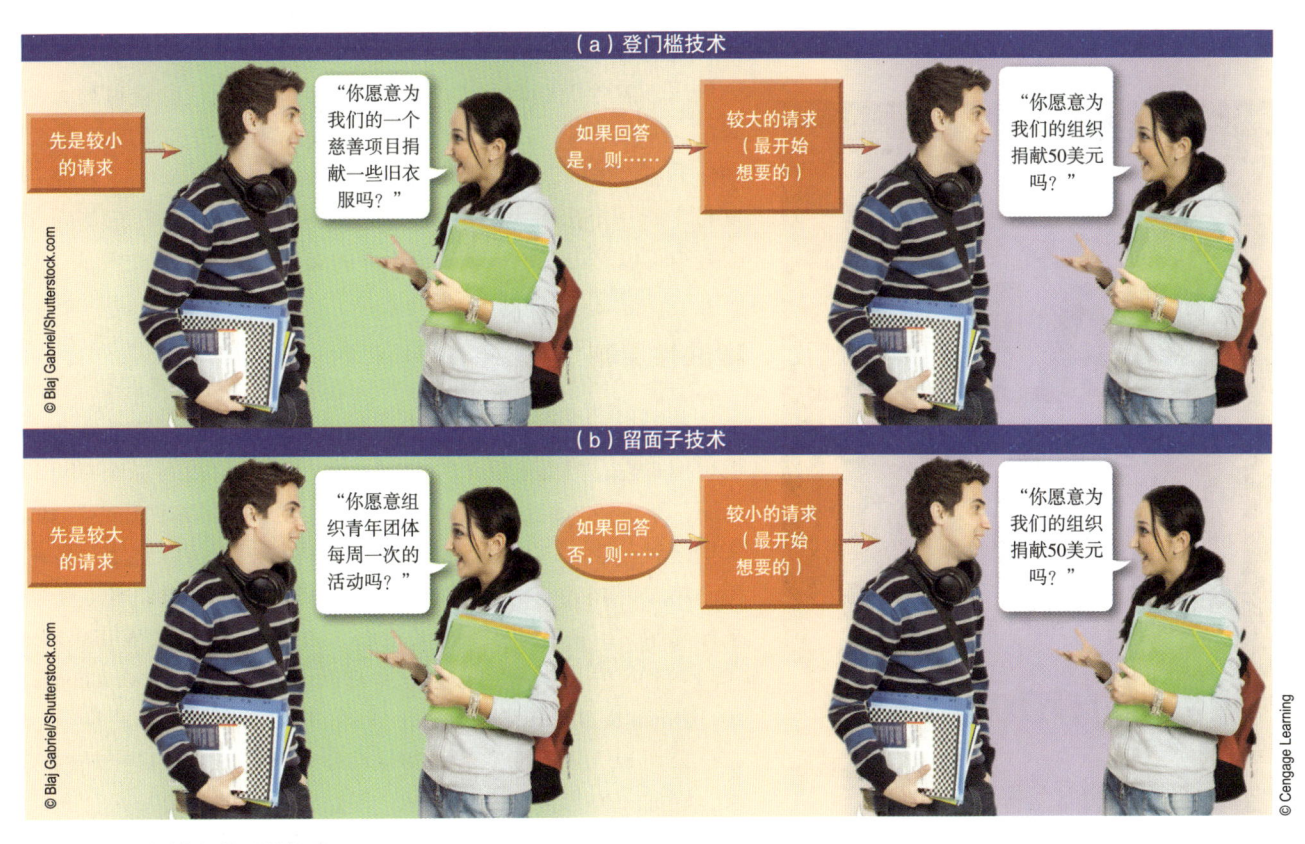

图 7.17 登门槛和留面子技术
这两种影响方法本质上是相反的，但两者都可以发挥作用。（a）登门槛技术是从较小的请求开始，然后上升到较大的请求。（b）留面子技术是从较大的请求开始，然后下降到较小的请求。

留面子技术

留面子技术与登门槛技术使用的请求顺序相反。**留面子技术**（door-in-the-face technique，又译为以退为进技术、吃闭门羹技术）指先提出一个可能被人拒绝的较大请求，以便增加人们之后同意较小请求的可能性（见**图 7.17b**）。该策略的名称来自对最初的请求将被迅速拒绝的预期。例如，妻子为了哄节俭的丈夫同意买一辆售价 3 万美元的跑车，可能会先提议购买一辆售价 4 万美元的跑车。当丈夫劝说妻子不要买较贵的汽车后，3 万美元的价格看起来就较为合理。要使留面子技术起作用，两个请求之间必须没有延迟（O'Keefe & Hale, 2001）。有研究者（Guéguen, Jacob, & Meineri, 2011）发现，餐厅的顾客在拒绝点甜品后，若服务员立即提议点饮料而非几分钟之后才提议，则顾客更可能点一杯咖啡或茶。另一项研究发现，留面子技巧能鼓励学生做功课，例如完成 20 道题的数学练习（Chan & Au, 2011）。有趣的是，在缺乏面对面互动的情况下，这种效应在线上也能增加捐款数额（Guéguen, 2003）。

基于互惠性的其他技术

给潜在的顾客分发免费样品的销售人员也利用了互惠性原则。西奥迪尼（Cialdini, 2007）描述了安利公司使用的方法，该公司销售清洁剂、地板蜡、杀虫剂等家用产品。安利公司的销售人员会挨家访问，给主妇们赠送多瓶本公司的产品，以供她们"免费试用"，在几天之后他们再回来时，大多数主妇都觉得自己有义务购买一些产品。

互惠性原则旨在提倡社会交往中的公平交换。然而，当人们操纵互惠性原则时，他们通常希望以最小的代价获得最大的回报。研究发现，如果大学生先前得到过某慈善机构的免费糖果，则他们更可能向该机构做出承诺（Whatley et al., 1999）。在商业贸易中，一个出售大型电脑系统的人可能在高级餐厅招待潜在的客户，以努力完成一笔价值不菲的交易。

稀缺性原则

众所周知，告诉人们他们不能得到某件东西，只会使他们更想拥有它。西奥迪尼（Cialdini, 2007）认为，这一原则有两个来源。第一，人们认为难得到的东西比易得到的东西质量更好。依据这种信念，人们经常错误地认为稀缺的东西就必然是好东西。第二，当人们的选择（商品、服务、伴侣、求职者）受到某种限制时，他们往往更想要他们无法拥有的东西（Williams et al., 1993）。心理学家把它称作心理抗拒（Brehm, 1966; Chadee, 2011; Shen & Dillard, 2007）。

公司和广告商经常利用稀缺性原则来提升对自己产品的需求。因此，你经常会看到大喊"限量供应""限时供应""最后几件"和"时间不多了"的广告。尽管所有的信息都有一定的作用，但研究发现，数量有限的信息更为有效（Aggarwal, Jun, & Huh, 2011）。稀缺性原则或许可以解释为什么电商平台上有那

最后的机会，5 折或更低，一件不留

广告商经常试图人为地制造稀缺性，以使他们的产品更受人期待。

么多古董和"老物件"能吸引如此多的兴趣和拍卖资金。

总之,人们使用各种方法来哄骗他人依从。虽然许多影响技术或多或少是不诚实的,但它们依然被广泛使用。我们无法完全避免被影响策略蒙蔽,并且有时个体可能更容易受到这种影响,例如当某人感到被排斥,想要重新得到某群体的青睐时(Carter-Sowell, Chen, & Williams, 2008)。然而,对这些说服技术保持警惕能使你少受不良影响的伤害。正如我们在说服部分提到的,"预先警告就会预先防备"。

本章回顾

主要观点

形成对他人的印象

- 在形成对他人的印象时，个体依赖于外表、言语行为、行动、非言语信息和情境线索。除非准确的印象非常重要，否则人们通常会对他人进行快速判断。要解释他人行为的原因，人们会进行（内部或外部的）归因。
- 人们经常试图确认自己对他人的期望，这可能会导致有偏差的印象。自我实现预言的确能使目标人物的行为朝着知觉者预期的方向改变。
- 将人们分为内群体和外群体会歪曲社会知觉。刻板印象是广泛存在的对各种群体之典型特征的信念，它会歪曲人们对他人的知觉。当人们犯基本归因错误时，他们会低估情境因素，并用内部归因来解释他人的行为。防御性归因经常导致人们责备受害者。人知觉的过程有3个特征：高效性、选择性、一致性。

偏见问题

- 偏见是一种错误地知觉他人的倾向，会导致不幸的结果。公开的歧视（"传统歧视"）在今天已不太常见，但是微妙的偏见和歧视（"现代歧视"和厌恶性种族主义）却变更为普遍。
- 导致偏见的常见原因包括：右翼威权主义、高社会支配取向、刻板印象和归因错误导致的认知歪曲、群体间的真实竞争以及对个体社会同一性的威胁。刻板印象威胁是一种内化的偏见，可以被克服。减少偏见的策略植根于社会思维和合作性的群体间接触。

说服的力量

- 说服的成功取决于多种因素。说服者的专业性、可靠性、好感度、外表吸引力及与接收者的相似性都能使说服更加有效。尽管正反两方面的论据、恐惧唤醒和积极情感激发都有一定局限性，但它们都是说服信息中的有效元素。当接收者被预先警告，或者有与所提倡的立场不一致的信念时，说服努力就会受挫。
- 说服通过两种路径起作用。说服的中心路径要求接收者有精细加工说服信息的动机。对精细加工的积极反应会导致态度的积极改变。当接收者不能或不愿仔细加工说服信息时，说服就会通过外周路径发生（基于简单的线索，例如动人的曲调）。中心路径的说服对态度会产生更持久的影响。

社会压力的力量

- 阿施发现，参与者经常顺从于团体，即使团体报告的判断不准确时也是如此。阿施的实验中可能出现了公开的依从，但参与者私下的信念并未改变。信息性影响和规范性影响都能导致从众。注意社会压力以及从持相似观点的其他人那里获得支持，都是抵御从众压力的有效方法。
- 在米尔格拉姆关于权威服从的里程碑式的研究中，参与者表现出明显的服从命令去电击一个无辜的陌生人的倾向。米尔格拉姆的发现突显了情境压力对行为的影响。尽管人们经常服从权威人物，但当他们拥有社会支持时，有时也会不服从。

应用：看穿依从战术

- 尽管起作用的原因不同，但所有的依从策略都有相同的目标：让人们答应请求。登门槛技术和虚报低价技术基于以下事实：人们倾向于保持行为的一致性。
- 留面子技术和提供赠品的技术都是对互惠性原则的操纵，即人们应该投桃报李。当广告商暗示产品供应不足时，就是在利用稀缺性原则。理解这些策略能使你不被人轻易操纵。

关键术语

人知觉	信息
归因	渠道
确认偏差	认知需要
自我实现预言	精细加工可能性模型
刻板印象	从众
基本归因错误	依从
防御性归因	规范性影响
首因效应	信息性影响
偏见	旁观者效应
歧视	服从
说服	登门槛技术
态度	虚报低价技术
信息源	互惠性原则
接收者	留面子技术

练习题

1. 人们对事件、自身行为和他人行为的起因所做的推论被称为_____。
   a. 快速判断
   b. 自我实现的预言
   c. 归因
   d. 态度

2. 下列_____不是知觉中认知歪曲的潜在来源。
   a. 社会分类
   b. 旁观者效应
   c. 刻板印象
   d. 防御性归因

3. _____不是人知觉的主题。
   a. 高效性
   b. 选择性
   c. 一致性
   d. 专注性

4. 传统歧视是_____；现代歧视是_____。
   a. 公开的；微妙的
   b. 合法的；非法的
   c. 普遍的；罕见的
   d. 基于种族的；基于性别的

5. _____是偏见的原因。
   a. 留意
   b. 右翼威权主义
   c. 基本归因错误
   d. 基于超级目标的活动

6. 接收者如果被预先警告，有人将努力说服他，就最可能_____。
   a. 开放地对待说服
   b. 专注地倾听但公开与对方讨论
   c. 更难被说服
   d. 质问说服者

7. 与经由外周路径形成的态度相比，经由中心路径形成的态度_____。
   a. 在无意识地运行
   b. 更为持续且更难改变
   c. 持续很短的时间
   d. 不能很好地预测行为

8. 当人们改变他们的外在行为却没有改变其个人信念时，是_____在发挥作用。
   a. 从众
   b. 说服
   c. 服从
   d. 依从

9. 米尔格拉姆（Milgram, 1963）的研究表明_____。
   a. 情境因素会对行为产生巨大的影响
   b. 在现实世界中，大多数人能够抵制以伤害他人的方式行事的压力
   c. 大多数人在被操纵的知觉任务中都愿意给出明显错误的答案
   d. 不服从比服从普遍得多

10. 当慈善团体给潜在的捐款者赠送小礼物时，他们运用了哪一种社会影响原则？_____。
    a. 一致性原则
    b. 稀缺性原则
    c. 互惠性原则
    d. 登门槛技术

答案

1. c
2. b
3. d
4. a
5. b
6. c
7. b
8. d
9. a
10. c

第 8 章 人际沟通

自我评估：开启他人心扉量表（Opener Scale）

指导语

对于每项陈述，请用下面的评分等级表示自己同意或不同意的程度。在每项陈述左侧的横线上写下你的回答。

4 = 我非常同意
3 = 我有点同意
2 = 我不确定
1 = 我有点不同意
0 = 我非常不同意

量　表

____ 1. 人们经常跟我讲他们自己的事。
____ 2. 别人曾告诉我，我是个很好的倾听者。
____ 3. 我能够很好地接纳他人。
____ 4. 人们信任我，会把自己的秘密告诉我。
____ 5. 我很容易让别人对我敞开心扉。
____ 6. 人们在我身边时会感到放松。
____ 7. 我喜欢听别人说话。
____ 8. 我对人们的困难抱有同情的态度。
____ 9. 我会鼓励人们告诉我他们的感受。
____ 10. 我能让人们一直讲他们自己的事。

计分方法

本量表很容易计分！你只需要将你在左侧横线上填写的数字相加。总和就是你在开启他人心扉量表上的得分。

我的得分：_____

测量的内容

开启他人心扉量表由林恩·米勒、约翰·伯格和理查德·阿彻（Miller, Berg, & Archer, 1983）编制，旨在测量你对自己让周围的人敞开心扉的能力的感知。换句话说，这个量表评估的是你唤起他人对你进行亲密的自我表露的倾向。量表中的题目评估你对以下 3 个方面的感知：(1) 他人对你的反应（"人们在我身边时会感到放松"）；(2) 你对倾听的兴趣（"我喜欢听别人说话"）；(3) 你的人际沟通技巧（"我能让人们一直讲他们自己的事"）。

本量表虽然简短，却有较高的重测信度（0.69，时间间隔 6 周）。本量表与其他的人格量表虽为中度相关，但相关的方向与预期一致。比如，人们在开启他人心扉量表上的得分与同理心的测量结果呈正相关，与羞怯的测量结果呈负相关。一项研究同性陌生人互动的实验室研究进一步为本量表的效度提供了支持性证据。与在本量表上得分低的被试相比，高分被试能够使那些不喜欢自我表露的人进行更多的自我表露。

分数解读

我们的常模基于米勒、伯格和阿彻上述研究中由 740 名本科生组成的原始样本。他们发现，男女两性在得分上存在微弱但具有统计显著性的差异。

常模

	女性	男性
高分：	35~40	33~40
中等分数：	26~34	23~32
低分：	0~25	0~22

资料来源：Miler, L. C., Berg, J. H., & Archer, R. L. (1983). Openers: Individuals who elicit intimate self-disclosure. *Journal of Personality and Social Psychology, 44*, 1234–1244. Table 1, p. 1235 (adapted). Copyright © 1983 by the American Psychological Association. Adapted with permission of the publisher and R. L. Archer. No further reproduction or distribution is permitted without written permission from the American Psychological Association.

自我反思：你对自我表露有何看法?

这项练习旨在让你思考你的自我表露行为。请先将以下不完整的句子补全（改编自 Egan, 1977）。请快速作答，并且不要花太多时间考虑你的回答。回答没有对错之分。

1. 我不喜欢_____的人。

2. 那些真正了解我的人_____。

3. 当我让别人知道我不喜欢自己的某个方面时，_____。

4. 当我处在一群陌生人当中时，_____。

5. 我嫉妒_____。

6. 当_____时，我会觉得很受伤。

7. 我幻想_____。

8. 很少有人知道，我_____。

9. 我真的不喜欢自己的一点是_____。

10. 当我与他人分享自己的价值观时，_____。

基于你对上述10个不完整句子的回答，你觉得自己的自我表露程度合适吗？太多还是太少？

总体而言，是什么阻碍了你进行自我表露？

有没有一些特定的主题让你觉得难以进行自我表露？

你从别人那里接受了很多自我表露，还是人们很难对你敞开心扉？

资料来源：© Cengage Learning

第 8 章

人际沟通

人际沟通的过程
    沟通过程的组成部分和特征
    科技与人际沟通
    社交网站：隐私与安全问题
    沟通与调适

非言语沟通
    基本原则
    非言语沟通的组成要素
    识别欺骗
    非言语沟通的重要性

迈向更有效的沟通
    交谈技巧
    自我表露
    有效倾听

沟通中的问题
    沟通恐惧
    有效沟通的障碍

人际冲突
    关于冲突的信念
    冲突管理风格
    建设性地处理冲突

应用：培养自我坚定型的沟通方式
    自我坚定的性质
    自我坚定训练的步骤

本章回顾

练习题

韦罗妮卡是一名高中毕业班学生，正在为毕业舞会精心准备。她的舞伴哈维尔此时在楼下等她。当她反复整理发型、检查妆容、打理自己新买的昂贵连衣裙时，她13岁的妹妹埃米走进了房间。韦罗妮卡看着穿衣镜里的自己，听到妹妹哼了一声："漂亮的裙子。真漂亮。"埃米的声音充满了中学走廊里那种彬彬有礼的讽刺，但这足以动摇韦罗妮卡的信心。"你什么意思？这条裙子怎么了？很漂亮，不是吗？"她说得很快，声音里带着担忧。"哦，那条裙子啊，"埃米笑着说，"怎么会有问题呢，我敢肯定哈维尔一定会喜欢它。"在说最后一句话的时候，埃米翻了个白眼。紧接着，姐妹之间爆发了一场争吵。韦罗妮卡的妈妈试着劝解，她告诉韦罗妮卡："你一定是误会了，埃米怎么会取笑这么漂亮的裙子呢。"

几分钟后，怀着忐忑的心情，韦罗妮卡走下楼梯，心里还在纠结：现在换别的衣服会不会太晚了？是不是应该换上去年舞会上穿的那条裙子？别人会不会记得她曾经穿过那条裙子？哈维尔会记得吗？过了一会儿，她听到哈维尔说："哇！这条裙子真漂亮。你看起来真美，美极了。"那些想要换裙子的想法来得快去得也快。她笑着对哈维尔说："谢谢你，哈维尔。我也觉得这条裙子很漂亮。"一个难忘的夜晚开始了。

有时候，人们说什么并不重要，重要的是怎么说。同一个词，比如漂亮，可以像埃米说得那样讽刺，也可以像哈维尔说得那样真诚。学会管理日常生活中的人际沟通是处理人际关系、准确解读他人意图的重要途径。

沟通技巧与调适密切相关，因为它对生活的幸福和成功至关重要。在本章中，我们先概述沟通过程，然后转向非言语沟通这一重要话题。接着，我们将探讨如何更有效地沟通，并考察常见的沟通问题。最后，我们会关注人际冲突，包括如何建设性地应对冲突。在应用部分，我们将探讨如何培养自我坚定型的沟通方式。

人际沟通的过程

学习目标
- 概述沟通过程的各个方面
- 讨论面对面沟通与以电子为媒介的沟通之间的重要差异

沟通可被定义为发送和接收有意义的信息的过程（Williams et al., 2012）。当然，你的个人想法是有意义的，但当你"自言自语"时，你是在进行个人内部沟通。在本章，我们将关注人际沟通——两个人或更多人之间意义的传达（Smith & Wilson, 2010）。本章的大部分内容将集中于两个人之间的互动。

我们将**人际沟通**（interpersonal communication）定义为一个人将信息发送给另一个人的互动过程。请注意这一定义的几个要点。首先，必须至少有两个人参与，沟通才是人际的。其次，人际沟通是一个过程（Hargie, 2011）。它通常包含一系列行动：凯莉说话／贾森倾听，贾森回应／凯莉倾听，等等。第三，这一过程是互动的。有效的沟通不是单向的：在互动时，两个参与者既发送信息，也接收信息。沟通者也会根据自身经验来解释和创造信息。与背景彼此不同的人相比，背景相似的人能更好地相互理解（至少在沟通的初始阶段是这样）（Schramm, 1955）。这些事实的一个关键启示是，如果你想成为一名有效的沟通者，你需要既善于表达，又善于倾听。你也需要学会提出针对性的问题来澄清你所接收到的信息的意义或意图。

沟通过程的组成部分和特征

让我们来看看人际沟通过程的基本组成部分。它们（其中大部分在第7章介绍

图 8.1 人际沟通模型

人际沟通包括六个组成部分：发送者、接收者、信息、信息传递渠道、干扰性噪声和信息传递的背景。在对话中，参与双方都扮演着发送者和接收者的角色。

推荐阅读

《多元文化礼仪：变迁社会中的礼仪新规则》
（*Multicultural Manners: New Rules of Etiquette for a Changing Society*）

作者：诺林·德雷瑟

这本有趣的书旨在帮助美国人在种族日益多元化的社会中更舒适、更有效地与他人互动。作者以幽默的风格，涵盖了在商业、社会、教育和医疗等各种背景下出现的大量实际问题。本书主要关注的是导致沟通不畅的问题和情境：肢体语言、子女养育方式、课堂行为、礼物赠送、男女关系、言语表达等等。每一章都包含了现实生活中的沟通不畅事件、对事件的解释以及避免此类问题的语言和行为指南。

在本书两个较短的章节中，作者探讨了节日和礼拜规则的多样性（为了让人们在不熟悉的地方做礼拜时感到舒适），以及多元文化的健康实践（其中有些是有益的，有些是危险的）。书中的例子涉及非裔美国人、美洲原住民、加勒比岛民、亚洲人、拉美人和新近的移民群体。作者还提供了一些关于不同宗教团体的做法的信息。

过）分别是发送者、接收者、信息、信息发送渠道、噪声或干扰，以及信息沟通的背景。当我们描述这些成分时，请参考**图 8.1** 以了解它们是如何协同工作的。

发送者（sender）是发出信息的人。在典型的双向对话中，两个人都是发送者（也都是接收者）。请记住，每个人对每个沟通情境都有一套独特的期望和理解。

接收者（receiver）是信息的目标。

信息（message）是指发送者传达给接收者的信息或意义。信息是沟通的内容，即所传达的想法和感受。信息传递的背后有两个重要的认知过程：发送者将自己的想法和感受编码或转换为符号，并将其组织成一条信息；接收者将发送者的信息解码或翻译成自己的想法和感受（见**图 8.1**）。一般而言，熟练使用某门语言的人觉察不到这些过程。然而，如果你曾学过一门新的语言，你肯定意识到了编码（寻找合适的词来表达某个想法）和解码过程（试图通过一个词的用法来发现它的含义）。

渠道（channel）是指信息到达接收者的感官途径。一般而言，人们会同时从多个渠道接收信息。他们不仅会听对方在说什么，还会看对方的面部表情，观察对方的姿势，与对方进行目光接触，有时还会感受到对方的触碰。需要注意的是，各个渠道中的信息可能是一致的，也可能是不一致的，因此信息的解释有时简单有时困难。有时候，声音是唯一可用的信息接收渠道，比如当你打电话时就是如此。通过声音，人们既能听到信息的文字内容，也能听到语气变化。在以电子为媒介的沟通中（电子邮件、聊天室等），因为个体之间是通过文字来沟通的，所以只有视觉渠道在发挥作用。

只要两个人互动，就可能出现沟通不畅的情况。**噪声**（noise）是指一切干扰准确地表达或理解信息的刺激。噪声的来源包括环境因素（街道交通、嘈杂的音乐、电脑上的垃圾邮件或弹窗、拥挤的房间）、身体因素（听力、视力差）和生理因素（饥饿、头痛、药物）。噪声也可以有语义上的来源（Verderber, Verderber, & Berryman-Fink, 2008）。比如，亵渎性、种族歧视和性别歧视的语言都会使听者忽略更重要的信息。此外，正如我们将在本章后面看到的，防御和焦虑等心理因素也会引发噪声。

所有的社会沟通都发生于某个背景之下，并受到背景的影响。**背景**（context）是指沟通发生的环境，包括物理环境（比如地点、时间和噪声水平）以及对话发生的方式（面对面、电话或通过互联网）。其他的重要方面还包括参与者之间关系的性质（工作伙伴、朋友、家人）、参与者之间的历史（先前的互动）、当前的心境（高兴、焦虑）和他们的文化背景（Verderber et al., 2008）。换句话说，背景指的是人们如何受其所处情境的影响（Reis & Holmes, 2012）。在美国，因为亚文化种类繁多，而许多亚文化有着不同的沟通规则，所以文化尤为重要。推荐阅读中的《多元文化礼仪》是一本指导人们在多文化背景下有效沟通的优秀书籍。

大多数人与人之间的沟通都有一些共同特征。比如，你可能不想与你遇到的每个人都进行亲密或私人的交流。相反，你在发起或回应沟通时带有选择性。人们之间的沟通并不是孤立的事件；相反，由于存在时间、情境、社会阶层、教育水平、文化、个人历史以及其他超出个人控制，却又会影响人们彼此之间互动方式的因素，所以人们之间的沟通具有整体性特征。特定关系（如你和你的密友）中的沟通还具有独特性，有着特殊的模式、词汇甚至节奏（Nicholson, 2006）。当你和某个人变得亲近时，对于自己如何跟对方互动，你可能会建立起特定的角色和规则，这不同于你在其他关系中所使用的角色和规则（Duck, 2006）。例如，亲密朋友之间经常分享一些旁观者根本无法理解的私人或"内部"笑话。最后，沟通具有过程性，它是一个持续的、不断发展过程的一部分，这个过程随着人们更频繁的互动而变得更加个人化。更确切地说，人们过往的沟通经历会影响他们现在和将来的沟通（Wood, 2006），因为他们无法编辑或"撤回"已经发送出去的信息。

科技与人际沟通

近年来，电子和无线通信技术的迅猛发展颠覆了我们对人际沟通的认识（Kock, 2012）。如今，除了面对面的沟通互动之外，我们还必须关注通过电子邮件、网络电话、邮件列表、短信或即时通信、推特、脸书、博客和视频博客、聊天室和视频会议进行的沟通。**以电子为媒介的沟通**（electronically mediated communication）是指借助科技（智能手机、电脑、平板电脑或其他手持设备）发生的人际沟通。甚至为了促进沟通的便捷性，还出现了一种新式俚语（"网络用语"），它们可用于短信、电子邮件和聊天室（Ellis, 2006）。图 8.2 展示了此类俚语的一些示例。

手机有利有弊。从积极的一面来看，手机是与他人保持联系的便捷工具。手机为人们提供了安全感，使人们可以在紧急情况下迅速求救。你可以用智能手机的拍照和摄像功能与家人和朋友分享自己的经历，哪怕他们身处千里之外。然而，从消极的一面来看，手机模糊了公共生活与私人生活之间的界限。当你处理一些日常事务时，某些手机功能会自动向你的朋友更新你所在的位置（如"迪安正在XX餐厅"）。手机也会使人们被工作束缚，扰乱课堂和公共秩序，将私人对话带进公共场所。谁没有

网络用语示例	
首字母缩略词	含义
B4N Or BFN	Bye For Now（再见）
CYM	Check Your Mail（请查收邮件）
GTG	Got To Go（我得走了）
IDK	I Don't Know（我不知道）
LOL	Laughing Out Loud（大笑）
NBD	No Big Deal（没什么大不了）
PAL	Parents Are Listening（爸妈在听着呢）
RUOK	Are You OK?（你还好吗？）
TY	Thank You（谢谢你）
WKEWL	Way Cool（太酷了）
DGT	Don't Go There（不要去那里）
FTF	Face To Face（面对面）
LDR	Long Distance Relationship（异地恋）
SAPFU	Surpassing All Previous Foul Ups（超越以往所有的失误）
ZZZ	Sleeping, Bored, Tired（睡觉呢，无聊，累了）

图 8.2 网络俚语

近年来，出现了一种新式俚语，使得人们可以在电子邮件、短信和聊天室中便捷地沟通。在本图中，你可以看到一些常用的首字母缩略词及其含义。这些首字母缩略词也被称为网语、科技谈或电子对话。虽然网语显然在网络沟通中很有用，但在更正式的场合（学校、工作）中使用它们，则会带来问题。

在公共场所被迫听过别人对着手机大喊自己的私事呢？现在，大多数人都熟悉在公共场所使用手机的基本礼仪：（1）当手机铃声会打扰他人时，关闭手机（或调至振动模式）；（2）通话时间不要过长；（3）在别人听不到的地方或轻声接打电话。

在以电子为媒介的沟通这一领域，电子邮件是目前使用最广泛的应用，但聊天室也很流行，尤其是在青少年和20多岁的年轻人中（Nie & Erbring, 2002）（此为本书写作时美国的情况——译者注）。研究表明，与即时通信或聊天室相比，害羞、不善社交的学生更经常使用电子邮件和社交网站（脸书）进行沟通（Chan, 2011）。一种解释是，与同步的或即时性的沟通相比，内向的个体在以不同步的或间歇性的方式与他人沟通时，焦虑程度较低。

正如我们之前提到的，面对面的沟通依赖于口语，而互联网沟通依赖于书面语。在图 8.3 中你还可以看到二者之间其他的重要差异。在以电子为媒介的沟通中，非言语线索的缺乏也意味着你需要特别注意让对方理解你想要表达的意思。因此，如果有必要的话，你应该谨慎措辞，提供清晰的细节，并描述你的感受。在发送前，不妨检查一下自己所写的内容。

社交网站：隐私与安全问题

你是否使用过社交网站（SNS），比如脸书或推

公共场合的手机使用礼仪要求我们关闭手机或将其调至振动模式、压低音量以及缩短通话时间。

面对面的沟通与电子沟通		
维度	面对面	互联网
物理距离	见面时人们需要同时处于相同的地点。	人们可以与千里之外的人相遇并发展关系。
匿名性	在现实互动中，人们无法匿名。	人们在网上披露个人信息要比其他方式冒更大的风险。因此，亲密感会发展得更快。
沟通的丰富性	人们可以观察到非言语线索，如面部表情、音调，进而识别出意义间的微小差别或是欺骗。	在网络空间中这些线索是不存在的,这使得性别、年龄、社会阶层、种族和族裔等社会和地位线索变得不那么明显。
视觉线索	在面对面的关系中，外表和视觉线索在人际吸引中起着重要作用。	这些线索在互联网上通常不存在（尽管人们可以在网上交换照片）。
时间	两个人必须同时交流。	尽管即时通信和聊天室对话是实时发生的，但无需立即回复，因此时间变得相对不重要。在互联网上，你可以花很长时间来构思一个能更完整地解释自己的回复。

图 8.3　面对面的沟通与以电子为媒介的沟通之间的差异

以电子为媒介的沟通（手机短信、电子邮件、聊天室、新闻组等）极大地改变了人们互动和发展关系的方式。面对面的沟通与电子沟通在图中的五个重要维度上存在差异。

资料来源：Bargh & McKenna, 2004; Boase & Wellman, 2006; Verderber & Verderber, 2004.

特？如果你是一个典型的大学生或年轻人，那么你很有可能在这些流行的网站上发布过自己的个人信息。社交网站的主要好处是，它们能够将你虚拟地展现给其他人，这些人可能已经认识你，因过去的共同经历（如高中）而记得你，抑或因为某些共同爱好而想与你联系（网络用语中的"加为好友"）。大多数的线上个人资料包含各种各样的个人或私人信息，从你喜欢的书、电影或食物到政治、社会甚至宗教信仰。事实上，社交网站使得人们能够表达自我和自己的人格（Carpenter, Green, & LaFlam, 2011）。

使用社交网站有没有弊端？如果你没有采取恰当的措施来保护自己的线上隐私，就可能存在隐患。为什么要关注隐私问题？简单地说，你永远不知道谁在阅读你的信息，也不知道他们在拿你分享的信息做什么（Lewis, Kaufman, & Christakis, 2008）。当然，你已经知道，在网络上分享哪些财务信息（比如密码）时应该慎重，除非你知道网站是安全的，否则不应该将信息输进去（LaRose & Rifon, 2007）。但是，你发布在社交网站上的信息呢？你应该担心吗？

可能你应该担心这个问题。想一想，脸书拥有超过8亿的活跃用户（Facebook, 2011）。然而，用户认为其他人，而不是他们自己，在发布个人信息时面临风险（Debatin et al., 2009）。假定这些用户都是出于好意似乎有些轻率。还有充分的证据表明，学生发布的帖子的内容曾被用来突击搜查学生聚会（Hass, 2006）和阻止个人找到工作（Finder, 2006）。简而言之，私人信息并不总是那么私密。想一想，你的社交网站设置成了非好友（陌生人）无法阅读、获取或搜索，还是所有人都能看到你的个人主页呢？

刘易斯等人（Lewis et al., 2008）基于他们对一个由用户资料组成的社交网站数据库的分析，认为学生们可能会出于两个因素来采取行动保护自己的线上隐私：社会影响和个人动机。就社会影响而言，学生们会效仿身边人的做法；因此，如果他们的室友和朋友将个人资料设置为仅好友可见，他们也很可能这样做。与男性相比，女性更可能将个人资料设置为仅好友可见，这一点好像并不令人奇怪。

那么"个人动机"又是怎么回事？有趣的是，不公开个人资料的人比那些公开个人资料的人更经常上网。刘易斯等人在数据库中发现，与那些页面公开的人相比，那些维护隐私的人可能在音乐、图书和电影等方面有着更深奥的品味。因此，维护隐私不仅从安全角度来看是明智的，同时也可能代表一种展示个人社会文化品味的方式（尽管是对朋友而非陌生人）。

沟通与调适

在深入探讨人际沟通这个话题之前，我们先花点时间来强调一下它的重要性。与他人（包括朋友、爱人、父母、配偶、子女、雇主、员工）沟通是日常生活中如此不可或缺和司空见惯的一个方面，以至于怎样夸大它对调适的作用都不为过。生活中的许多满足（以及沮丧和心痛）都取决于个体与他人有效沟通的能力。大量研究表明，良好的沟通可以提高关系满意度（Egeci & Gençöz, 2006; Estrada, 2012），而不良沟通则是导致异性恋和同性恋伴侣关系破裂的一个重要原因（Angulo, Brooks, & Swann, 2011; Kurdek, 1998）。

非言语沟通

学习目标
- 列举非言语沟通的五个基本原则
- 讨论个人空间的动态变化以及从面部线索和目光接触中可以识别出什么信息
- 总结关于沟通中的身体运动、姿势、手势、触碰、辅助语言的研究发现
- 指出识别欺骗的困难，并说明与欺骗有关的非言语线索
- 评估非言语敏感性在人际互动中的重要性

想象你正站在你最常去的酒吧里，目光扫过挤满了喝酒、跳舞和聊天的人的昏暗的房间。你示意调酒师再来一杯。你的同伴向你抱怨音乐过于吵闹，你点头表示赞同。你发现酒吧另一边有个陌生人很有吸引力，你们的目光交汇了片刻，你冲她笑了笑。短短的几秒钟内，在一个字也没说的情况下，你已经传达出了三条信息。换句话说，你刚刚发出了三条非言语信息。**非言语沟通**（nonverbal communication）是指通过字词之外的方式或符号，将含义从一个人传递给另一个人。非言语层面的沟通可以通过多种行为发生：人际距离、面部表情、目光接触、身体姿势和动作、手势、肢体接触和音调（如 Gifford, 2011; Murphy, 2012）。

显然，大量的信息是通过非言语渠道交换的——比大多数人意识到的还要多。通过更多地了解沟通的这一重要方面，你可以大大提高自己的沟通技巧。

基本原则

我们先来看看非言语沟通的五个基本原则。

1. **非言语沟通可传达情绪。** 人们不用说话就可以表达出自己的感受，比如"充满杀气的眼神"。积极感受的非言语表达包括坐在或站在你所关心的人身边，经常触摸他们，经常看着他们。然而，非言语信号本身并不像人们曾认为的那样是情绪状态的精确指标（App et al., 2011），因此你在做出推断时应当谨慎。

2. **非言语沟通是多渠道的。** 非言语沟通通常涉及通过多个渠道同时发出的信息。例如，信息可以通过手势、面部表情、目光接触和音调同时传达。相反，言语沟通仅限于单一渠道：讲话。如果你尝试过同时听两个人说话，你就会明白加工多重信息输入是多么困难。这就意味着很多非言语传输会在接收者未察觉的情况下发生。

3. **非言语沟通是模棱两可的。** 耸肩或扬起眉毛对不同的人可以有不同的含义。此外，接收者可能也难以确定非言语信息是否是发送者有意发出的。即便在同一种文化中，也很少有非言语信号带有人们普遍认可的含义，尽管一些关于肢体语言的畅销书暗示并非如此。因此，非言语线索虽然可以提供信息，但只有当伴有言语信息且发生在熟悉的文化和社会背景中时，它们才最可靠（Samovar, Porter, & McDaniel, 2007）。

4. **非言语沟通可能与言语信息相反。** 你是否经常看到人们声称自己没生气，但身体语言却表现出强烈的愤怒？当遇到这种不一致的情况时，你应该相信哪种信息？由于非言语信号具有更强的自发性，所以你最好留意并相信它们。研究表明，

当一个人被要求说谎时，人们最容易通过非言语信号发现此人在说谎（Sporer & Schwandt, 2007）。

5. **非言语沟通受文化的限制**。和语言一样，非言语信号因文化而异（Samovar et al., 2007; Weisbuch & Ambady, 2008）。文化影响人们如何注意、记忆和解码他们所观察到的非言语行为（Matsumoto & Yoo, 2005）。有时候，文化差异极其巨大。比如，在中国西藏地区，人们会通过伸舌头来问候朋友（Ekman, 1975）。

非言语沟通的组成要素

在人际互动中，非言语信号可以提供大量的信息。我们在探讨具体的非言语行为时，将重点关注它们所传达的关于人际吸引和社会地位的信息。

个人空间

空间关系学（proxemics）研究人们对人际空间的使用。**个人空间**（personal space）是个体周围的空间区域，这一区域在感觉上似乎"属于"该个体。在社会互动中，个人空间就像一个人们随身携带的无形气泡。这个可移动空间的大小与你的文化背景、社会地位、人格、年龄及性别有关。

在中国西藏地区，朋友之间会通过伸舌头来彼此问候。

人际关系中的距离既是心理上的，也是身体上的（Hess, 2002, 2003）。人们偏好的人际距离的大小取决于关系和情境的性质（E. T. Hall, 2008; J. A. Hall, 1990）。人与人之间的恰当距离也受到社会规范的调节，并因文化而异（Hall & Whyte, 2008; Samovar et al., 2007）。比如，与拉丁文化或中东文化中的人相比，北欧文化中的人往往更少进行身体接触，人与人之间的距离也更远。美国通常被认为是中等接触水平的国家，但不同族裔间有很大差异。情境也是一个重要的影响因素。试想一下，在使用自动取款机取款时，人们希望与他人保持多远的距离？那些在你身后排队等待的人知道你想有自己的私人空间，以保护交易过程中你输入取款机的个人信息（Li & Li, 2007）。反过来，他们也希望得到同样的礼遇。同样，如果人们想要在群体情境中与另一个陌生人直接互动，他们很可能将自己的座位挪得离对方更近（Novelli, Drury, & Reicher, 2010）。如果人们没有直接互动的想法，他们会自动地在彼此之间保持更大的个人空间。

人类学家爱德华·霍尔（Hall, 1966）描述了在美国文化中适用于中产阶级群体的四种人际距离区，参见**图8.4**。基本规则是，你越喜欢某个人，身体靠近这个人时就会感觉越舒适。女性的个人空间区似乎要比男性小（Holland et al., 2004）。在聊天时，女性彼此坐或站得比男性更近。当然，也有明显的例外，比如在拥挤的地铁或电梯里，但这些情境通常让人感到紧张。例如，一项研究调查了火车通勤者在高峰时段的乘车体验（Evans & Wener, 2007）。有趣的是，车厢内的密度（拥挤程度）对通勤者的压力水平影响很小，但座位密度（其他乘客与自己的靠近程度）的影响

图 8.4　人际距离区

爱德华·霍尔（Hall, 1966）认为，人们喜欢与他人保持一定的距离。使人感觉舒适的距离取决于人们互动的对象以及所处情境的性质。

区域与距离

区域1:亲密距离区	区域2:个人距离区	区域3:社会距离区	区域4:公共距离区
（0~45cm）	（45cm~1.22m）	（1.22m~3.66m）	（3.66m以上）

适用人群和情境

父母和孩子、恋人、配偶/伴侣　　亲密朋友　　同事、社交聚会、朋友、工作情境　　演员、完全的陌生人、重要的官员

却相当大，正如通勤者对"被包围"感的自我报告以及他们的生理和行为指标所显示的那样。想象一下，这种个人空间不适感对每天通勤两次、每周五天或以上的人会造成怎样的长期影响。

个人距离也能传达与地位有关的信息。与地位较低的沟通对象相比，人们通常会站得离地位较高的沟通对象远一些（Holland et al., 2004）。此外，在互动中，权力更大的人有着设定"合适"距离的特权（Henley, 1986）。日本的一项研究发现，与地位相同的男性或女性同事相比，女性下属会与男性上司保持最远的人际距离（Aono, 2003）。

面部表情

面部表情最能传达情绪（Hess & Thibault, 2009）。保罗·埃克曼和华莱士·弗里森确定了六种不同的面部表情，它们对应着六种基本情绪：愤怒、厌恶、恐惧、快乐、悲伤和惊讶（Ekman, 1994; Ekman & Friesen, 1984）。包括多个国家参与者的早期研究支持这六种情绪可被普遍识别的观点（Ekman, 1972）。在这些研究中，研究者将显示不同情绪的照片呈现给来自西方文化或非西方文化的参与者，并让他们将照片与情绪相匹配。图 8.5 展示了这项研究中一些有代表性的结果。

2002 年，一项包含 97 项研究的元分析（基于 40 多个国家的研究）考察了这六种情绪可被普遍识别，还是具有文化特异性（Elfenbein & Ambady, 2002）。有趣的是，这两种观点都有证据支持。支持普遍观点的证据是，个体确实可以准确识别来自其他文化的人的照片中的情绪。支持文化特异性的证据是"内群体优势"。因此，与其他文化群体相比，观察者更擅长识别来自自身文化群体的照片中的情绪。虽然这几种基本的面部表情可被普遍识别，但其他的情绪表达则因文化而异，正如我们在前面的例子中提到的那样，藏族人伸出舌头问候朋友。

有趣的是，近些年的研究表明，可能还存在第七种面部表情，即焦虑，一般产

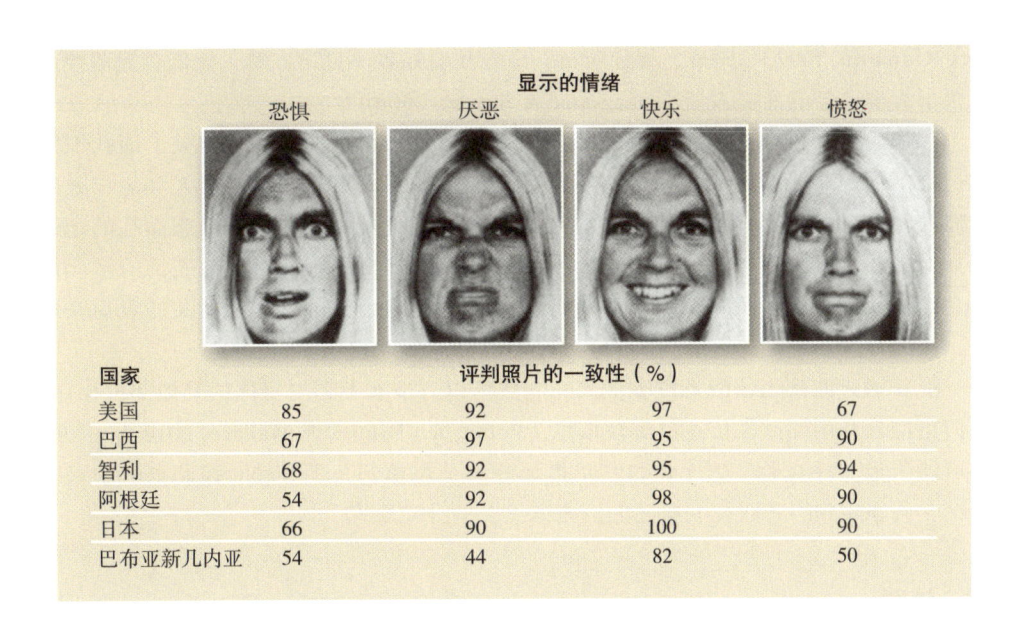

图 8.5 面部表情与情绪

埃克曼和弗里森（Ekman & Friesen, 1984）发现，文化背景高度不同的人对这些照片所描绘的情绪表现出了相当一致的看法。这种跨文化的一致性表明，与特定情绪有关的面部表情可能具有生物学基础。

资料来源：Photos courtesy of Paul Ekman, Ph.D./ Paul Ekman Group, LLC.

显示的情绪

	恐惧	厌恶	快乐	愤怒
国家	\multicolumn{4}{c}{评判照片的一致性（%）}
美国	85	92	97	67
巴西	67	97	95	90
智利	68	92	95	94
阿根廷	54	92	98	90
日本	66	90	100	90
巴布亚新几内亚	54	44	82	50

生于感知到的威胁不明确（比如被监视或被跟踪的感觉）的情况下。这种焦虑的特征是眼睛的快速转动和头部的旋转（见**图 8.6**）。作为一种情绪，人们经常将焦虑与恐惧相混淆，而后者是个体在感知到更明显的威胁（如遇到一只狂吠的狗）时产生的反应（Perkins et al., 2012）。

对于是否以及何时应该表达自己的感受，每个社会都有其规则（Koopmann-Holm & Matsumoto, 2011; Matsumoto, 2006）。**表达规则**（display rules）是在一种文化中管理情绪恰当表达的规范。例如，在美国，对自己的胜利洋洋得意或在失败时表现出嫉妒或愤怒都被认为是失礼的行为。

除了文化差异，面部表情也存在性别差异（LaFrance, Hecht, & Paluck, 2003）。比如，男性表现出的面部表情通常少于女性，这与男性抑制情绪表达的社会压力有

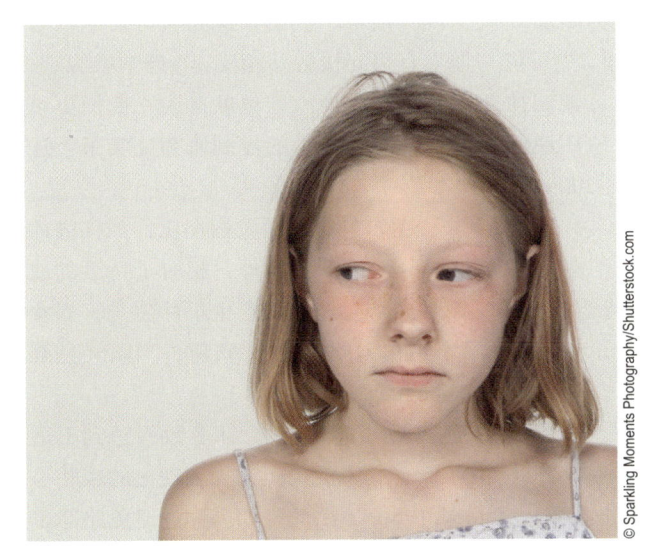

图 8.6 焦虑：一种新的普遍的面部表情？

珀金斯及其同事（Perkins et al., 2012）认为，焦虑可能是第七种普遍的面部表情。如图所示，当人们看到伴随头部快速转动的眼睛时，就能识别出这焦虑。

表达规则要求选美比赛中的落选者抑制怨恨、嫉妒或愤怒情绪的表达。

关（Kilmartin, 2007）。此外，如你所料，高自我监控者（见第6章）比低自我监控者更善于管理自己的面部表情（Gangestad & Snyder, 2000）。

如何解码面部表达的情绪呢？一些证据表明年龄很重要。在一项关于面孔识别和记忆的研究中，研究者发现，与年轻人相比，老年人更难识别年轻人和老年人的愤怒表情。此外，当老年人对他们看到的面孔进行分类后，他们对愤怒面孔的记忆不如对快乐面孔的记忆好（Ebner & Johnson, 2009）。虽然人们对面部表情的解码能力会随着年龄的增长而下降，但这种变化并不能完全由其他与年龄相关的衰退来解释，比如视觉和记忆的衰退（Lambrecht, Kreifelts, & Wildgruber, 2012）。

能否通过面部表情故意欺骗他人？当然可以。事实上，与身体的其他部位相比，人们更擅长利用面部来传达欺骗性信息（Porter, ten Brinke, & Wallace, 2012）。例如，你可能听过"扑克脸"这个词，它暗指那些善于在摸到一手好牌时控制自己的兴奋情绪（或在摸到烂牌时控制自己的沮丧情绪）的扑克玩家。

目光接触

目光接触（也称作相互注视）是非言语沟通的另一个主要渠道。目光接触的持续时间是其最有意义的一个方面。人类在6岁以后就有了利用目光接触判断他人精神和情绪状态的能力（Vida & Maurer, 2012）。在欧洲裔美国人中，经常与他人进行目光接触的人通常被认为具备有效的社交技巧，并且值得信赖。类似地，当演讲者、访谈者、实验者跟观众保持高频率的目光接触时，他们会被评价为更有能力。一般来说，人们在倾听时会比说话时进行更多的目光接触（Bavelas, Coates, & Johnson, 2002）。在目光接触上，人们表现出了有趣的自我服务偏差：他们认为有魅力的人比那些没有魅力的人更可能与他们进行目光接触（Kloth, Altmann, & Schweinberger, 2011）。就聆听而言，相互注视甚至可以促进音乐欣赏：音乐家与观众之间更多的目光接触能够使观众从音乐表演中获得更多的享受（Antonietti, Cocomazzi, & Iannello, 2009）。

有时，某些类型的沟通可能会增加或减少目光接触。例如，研究人员长期以来一直推测，人们在做真诚的陈述时，更可能与他人有目光接触。相反，心理学家假定，当人们说一些挖苦或嘲笑的话时，他们往往不愿意注视他人，也就是说，他们更可能中断与听者的目光接触。一项使用说话者-听者配对样本的控制研究证实了上述预期（Williams, Burns, & Harmon, 2009）。

注视也能传达情感的强度（但不是正负性）。比如，与其他夫妇相比，声称彼此相爱的夫妇会花更多的时间注视对方（Patterson, 1988）。此外，相对于持续的或没有目光接触，与他人保持适度的目光接触通常会让他们产生正性感受。当女性与男性进行目光接触时，长时间的注视可以引发男性的兴趣，当微笑是互动的一部分时，这种兴趣会持续下去（Guéguen et al., 2008）。

在消极的人际背景下，持续的注视变成了盯着看，会让多数人感到不适（Kleinke, 1986）。此外，就像狒狒和恒河猴等非人灵长类动物表现出的威胁一样，盯着看可以传达出攻击意图（Henley, 1986）。因此，如果你想避免路怒事件，请避免与充满敌意的司机进行目光接触。人们也会通过减少目光接触来与他人沟通。令人不悦的互动、尴尬的情境或个人空间受到侵犯常常会触发这一行为（Kleinke, 1986）。确实，在缺乏言语或背景信息的情况下，这种视线转移可以传达恐惧；事实上，人们有时用眼睛"指向"危险（Hadjikhani et al., 2008）。

文化强烈地影响着目光接触的模式（Samovar et al., 2007）。比如，美国人应该对以下事实保持敏感：在墨西哥、拉丁美洲、日本、非洲以及一些美洲原住民部落，直接的目光接触被视为一种侮辱。相反，阿拉伯国家的人直视对方眼睛的时间要比美国人习惯的时间长。

研究发现，在美国，目光接触存在性别和种族差异。例如，与男性相比，女性更倾向于注视对方（Briton & Hall, 1995）。然而，目光接触的模式也反映了地位，并且性别和地位常常混淆在一起。地位较高的人在说话时比在倾听时更多地看着对方，而地位较低的人则恰好相反。女性通常表现出地位较低的视觉模式，这是因为她们的地位通常低于男性。如**图 8.7** 所示，当女性的权力地位较高时，她们会表现出与男性同等程度的高地位视觉模式（Dovidio et al., 1988）。与欧洲裔美国人相比，非裔美国人在说话时会与他人更频繁地进行目光接触，而在倾听时更少进行目光接触（Samovar & Porter, 2004）。如果想要表达兴趣或尊重的注视行为被解读为无礼或不诚实，就可能产生误解。

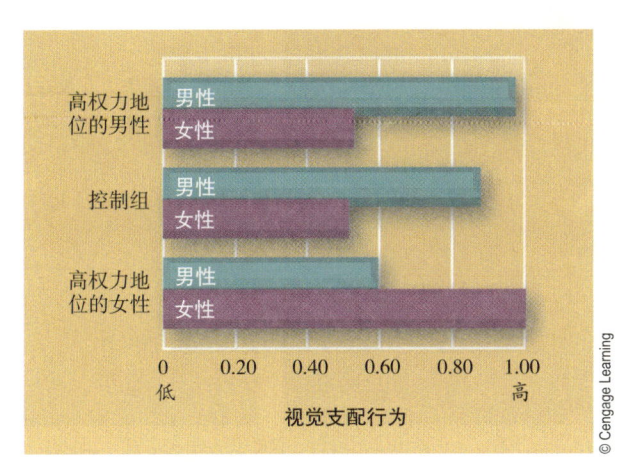

图 8.7 视觉支配性、地位与性别

女性通常表现出较低的视觉支配性（见控制组），这是因为她们的社会地位往往低于男性（Dovidio et al., 1988）。然而，当研究者将女性置于高权力地位，并测量其视觉行为时，她们表现出了较高的视觉支配模式，男性则表现出了较低的视觉支配模式。当男性被置于高权力地位时，视觉支配模式出现了反转。因此，视觉支配性似乎更受地位而不是性别的影响。

身体语言

身体动作——头、躯干、手、腿和脚的动作——也是沟通的非言语渠道（Sinke, Kret, & de Gelder, 2012; Streeck, Goodwin, & LeBaron, 2011）。**身体语言学**（Kinesics）是研究通过身体动作进行沟通的学科。通过注意一个人的身体动作，观察者可以分辨出一个人的紧张或放松程度，或者一个人所表达的悔恨是真诚的，还是只不过是编造出来的"鳄鱼的眼泪"（ten Brinke et al., 2012）。例如，频繁的触碰或抓挠意味着紧张（Harrigan et al., 1991）。

姿势也能传递信息。身体后倾、手臂或腿呈不对称或"开放"的姿势意味着放松。姿势还能反映他人对你的态度（McKay, Davis, & Fanning, 1995）。身体向你倾斜通常表示他人对你感兴趣，并对你持积极态度。相反，身体远离你或者双臂交叉在胸前则可能意味着对方对你持消极态度或防御心理。

姿势还可以传达地位差异。一般而言，地位较高者看起来更放松。与此相反，地位较低者往往姿势较为僵硬，经常坐得笔直，双脚并拢平放在地面，双臂紧贴身体（"封闭"的姿势）（Vrugt & Luyerink, 2000）。像目光接触一样，姿势上的地位和性别差异也经常同时出现。也就是说，男性更可能表现出高地位的"开放"姿势，女性则更可能表现出较低地位的"封闭"姿势（Cashdan, 1998）。

人们使用手势来描述或强调自己说的话以及说服他人（Maricchiolo et al., 2009）。例如，你可以用手势来指示方向，或用拳头重击桌子来强调自己的主张。如果想表达"不"的意思，你可以伸出自己惯用手的食指左右摆动。美国的孩子们知道，如果成人向上滑动他们的右手食指并向下滑动他们的左手食指，就是表示"你真丢人"。旅行者常常会发现，手势的意义并不具有普遍性（Samovar et al., 2007）。例如，对美国人而言，用拇指和食指做一个圆圈表示一切都没问题，但在某些国家，这被认为是下流的手势。

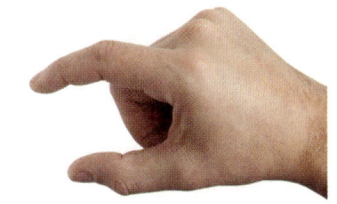

从这两张照片中，我们可以看到身体语言的潜在力量。图中为 1957 年时任美国参议院多数党领袖的林登·贝恩斯·约翰逊正在训斥参议员西奥多·格林。约翰逊与其同事之间存在明显的地位差异，他的身体靠近格林的方式显然是一种恐吓。

"好的，大声欢呼吧，但不要带给孩子压力。嗯，现在安静下来，但应该是那种默默支持的安静。注意你们的身体语言。"

触 碰

触碰有多种形式，可以表达多种含义，包括支持、安慰和性亲密。触碰也可以传达地位和权力信息（Hall, 2006a）。在美国，人们一般会"向下触碰"，即地位较高的人可以更自由地触碰下属，而不是相反（Henley & Freeman, 1995）。地位较高的人在提出请求（"我正在进行一项调查，你能帮我回答几个问题吗？"）时触碰他人确实会提高依从率（Guéguen, 2002）。人们如何解读触碰所传达的潜在信息，取决于触碰者和被触碰者的年龄、性别、触碰发生的情境以及双方之间的关系等（Major, Schmidlin, & Williams, 1990）。比如，想一想当你外出购物时被别人触碰会有怎样的感受。与未被触碰的对照组相比，在购物时被陌生人（研究者的助手）意外触碰的消费者对商品的评价更负面，在商场里停留的时间更短（Martin, 2012）。地位与触碰也存在性别差异：成年女性会用触碰来表达亲近或亲密，而男性则将触碰作为一种控制手段或是表明他们在社会情境中拥有权力的方式（DiBaise & Gunnoe, 2004; Hall, 2006a）。最后，关于人们可以触碰朋友身体的哪些部位存在严格的规范。这些针对同性互动和异性互动的规范存在相当大的差异，如**图 8.8** 所示。

关于触碰行为的其他发现来自一项包括 4 500 对波士顿人的观察研究，研究者在各种公共场所中观察了他们的互动行为，包括商场、酒店大堂和地铁站（Hall & Veccia, 1990, 1991）。结果发现，女性之间的触碰显著多于男性。其次，在年轻人中，男性更经常触碰女性；但在老年人中，这一触碰模式出现了反转。在同性之间并未发现类似的年龄变化。

一项简单但颇具争议的研究发现，一个人对另一个

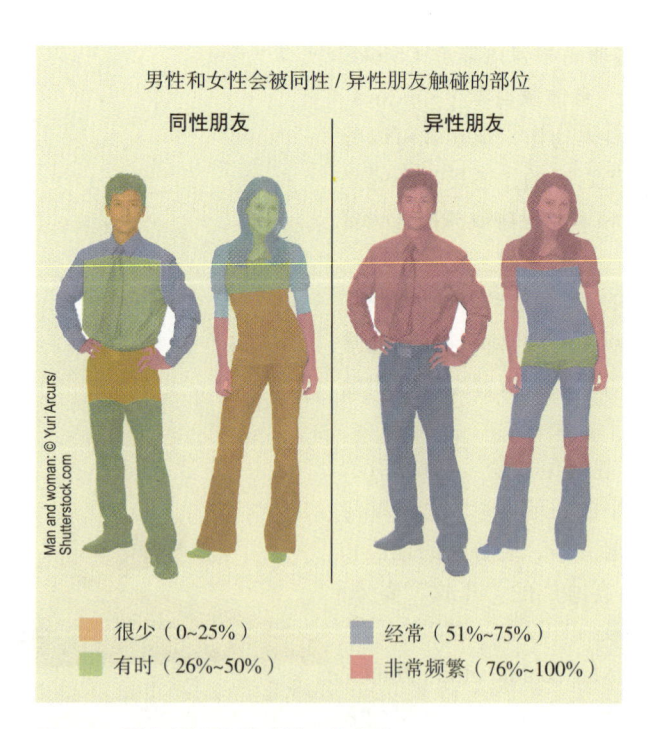

图 8.8 朋友间彼此触碰的身体部位

社会规范决定了朋友之间会触碰对方的哪些部位。如图所示，同性互动和异性互动在触碰模式上存在差异。

资料来源：Marsh, P. (Ed.). (1988). *Eye to eye: How people interact*. Topsfild, MA: Salem House. Copyright © 1988 by Andromeda Oxford Ltd and HarperCollins, Publishers.

人5秒钟的触碰通常可以传达某种特定的情绪（Hertenstein, Holmes et al., 2009）。研究者招募了一批本科生，他们要么触碰一个陌生人，要么被一个陌生人触碰。研究者要求触碰者通过他们的手指传达八种特定情绪中的一种，这八种情绪分别为同情、爱、感恩、愤怒、厌恶、悲伤、恐惧或快乐。触碰者可以选择接触对方的脸、头、手臂、手、肩、躯干或背部。触碰接受者被蒙住了双眼，以免他们知悉触碰者的性别。之后，触碰接受者查看上述八种情绪，并被告知需要从中选择他们认为触碰所传达的情绪。研究结果令人惊讶，情绪判断的准确率在50%到78%之间（如果他们只是随机猜测触碰所传达的情绪，那么平均准确率应该在12.5%左右）。一个初步的结论是，亲密的互动——人们触碰他们非常熟悉的人——可以传达像面部表情一样多的情绪。

辅助语言

辅助语言指说话的方式而不是内容。因此，**辅助语言**（paralanguage，也译作副语言）包括除言语信息本身以外的全部声音线索。辅助语言的线索包括咕哝声、叹气声、嘟囔声、喘息声和其他声音。它还包括人们说话时的声音大小、语速快慢，以及声音的音调、节奏和质量（比如重音、发音和句子的复杂性）。这些声音特征中的每一个都会影响言语信息的含义。

重音的变化可以赋予同一句话非常不同的含义。以"I really enjoyed myself"（我真的玩得很开心）为例，通过改变重读的词，你可以用三种方式来说这个句子，每一种都有不同的意思：

- *I* really enjoyed myself！（尽管别人可能玩得不开心，但我玩得很开心。）
- I *really* enjoyed myself！（我的快乐超乎寻常。）
- I really *enjoyed* myself！（出乎意料，我玩得很开心。）

从这个例子中可以看出，你可以通过表达方式（如带有讽刺）来改变言语信息的意思。本章开篇的短文也说明了辅助语言可如何改变句子的意思。

发声方式也可以传达情绪（Banse & Scherer, 1996）。比如，语速快可能意味着说话者高兴、害怕或紧张。当人们不确定或是想要强调某一点时，他们可能会放慢语速。声音大通常意味着愤怒。音调偏高可能代表焦虑。语速慢、音量小、音调低通常与悲伤相关。因此，声音特征是了解人们真实感受的另一扇窗口。

在网络沟通中，电子邮件用户会使用多种替代方式来表达言语沟通中的辅助语言。比如，使用大写字母来表示强调（"I had a GREAT vacation"）。不过，如果整条信息都使用大写字母则会被看作是在咆哮，并被认为是粗鲁的行为。使用表情符号（用标点符号来表达作者的情绪）也成了一种常见的做法。":-)"代表微笑，":-("代表皱眉。其他常见的表情符号见**图 8.9**。

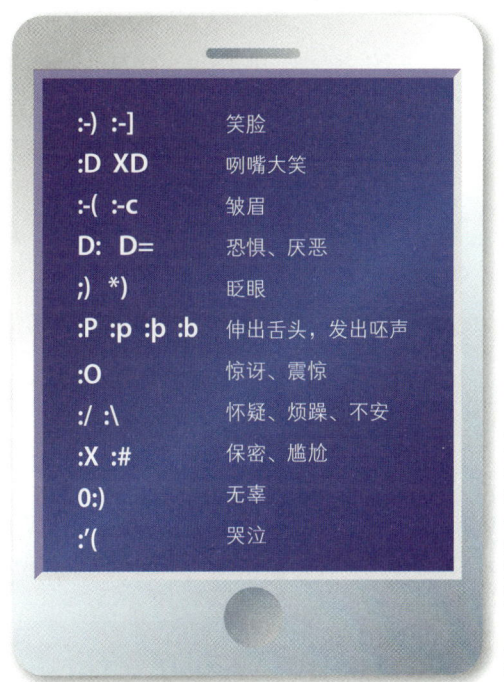

:) :]	笑脸
:D XD	咧嘴大笑
:(:-c	皱眉
D: D=	恐惧、厌恶
;) *)	眨眼
:P :p :þ :b	伸出舌头，发出呸声
:O	惊讶、震惊
:/ :\	怀疑、烦躁、不安
:X :#	保密、尴尬
0:)	无辜
:'(	哭泣

图 8.9 使用表情符号在网络空间传达情绪

人们有时会抱怨，以电子邮件和短信为主要载体的线上沟通无法让接收者了解到发送者的情绪状态。表情符号，即某些标点符号与字母合起来在视觉上表达情绪，可以填补数字化时代人际沟通中的空白。

资料来源："List of Emoticons" Wikipedia entry, accessed on June 24, 2009.

识别欺骗

无论你喜欢与否，说谎都是日常生活的一部分（DePaulo, 2004）。人们通常每天说一到两个谎言（DePaulo et al., 1997）。这些日常谎言大都是无关紧要的"白色谎言"，比如超出实际地夸赞某人或是为了避免伤害他人感情而说谎（比如"我喜欢你的新发型，真的很喜欢"）。当然，人们也会说一些更严重的谎言。这么做的目的通常是为了获得某些好处，即获得他们想要的或是认为自己有权得到的东西，比如因为一个好主意而得到赞誉（DePaulo et al., 2004）。当人们想要避免冲突或者想保护甚至伤害他人时，他们也会说严重的谎言。

有没有可能发现别人在说谎呢？有可能，但很难，即使对专家来说也是如此（Bond & DePaulo, 2006, 2008）。如图 8.10 所示，一些研究发现，与普通人相比，工作内容涉及识别谎言的专业人士（比如警察、美国联邦调查局特工和精神科医生）对说谎者的判断准确率要稍高一些（Ekman, O'Sullivan, & Frank, 1999）。然而，这些专业人士的准确率也只有 57% 左右，并不比随机猜测的概率（50%）高多少，这意味着他们的"优势"很微弱。即使已婚夫妇也不一定知道他们的配偶何时在说谎，除非他们的婚姻纽带因某种原因被破坏，双方之间的疑心很重（McCormack & Levine, 1990）。此外，近期的元分析发现，专家与非专家的识别准确率并没有显著差异（Bond & DePaulo, 2008; Ekman, 2009）。不过，人们常常高估自己识别说谎者的能力（DePaulo et al., 1997）。

关于说谎者如何露出破绽的大众刻板印象不一定符合与不诚实有关的实际线索。比如，观察者往往会关注个体的面部（信息暴露最少的渠道），并忽视其他更有价值的信息（Burgoon, 1994）。在图 8.11 中，你可以回顾一下研究发现的实际上与欺骗相关的非言语行为（DePaulo, Stone, & Lassiter, 1985）。通过对比图中的第二列和第三列，你可以看到哪些线索实际上与欺骗相关，而哪些线索被误认为与欺骗相关。与人们的普遍看法相反，说谎与语速低、说话前停顿时间长、频繁变换姿势、少微笑或缺乏目光接触没有关联。一项对 300 多个研究的元分析基本支持上述发现。这一元分析的结论是，与讲真话的人相比，说谎者说的话更少，所讲的故事不太令人信服，给人留下的印象更负面，更紧张，故事中不寻常的内容较少（DePaulo et al., 2003）。

那么，说谎者是如何露出破绽的呢？正如你在图 8.11 中看到的那样，许多线索是从非言语渠道"泄露"出来的，因为说话者难以控制这些渠道（DePaulo & Friedman, 1998）。比如，因为说谎会占用大量认知资源，所以人们在说谎时可能比平时更少眨眼。一旦说完谎话，眨眼就会增多（Leal & Vrij, 2008）。声音线索包括说话时声调更高、给出的答案相对简短以及过多的犹豫。视觉线索包括瞳孔放大。寻找面部表情

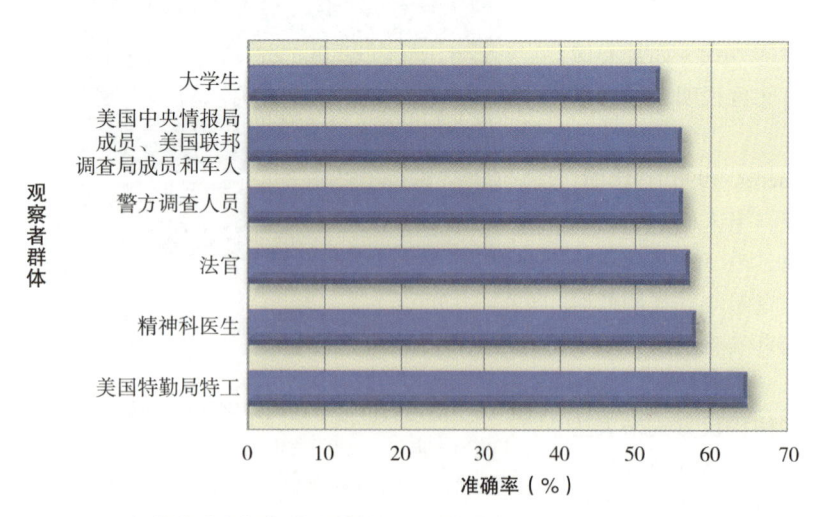

图 8.10 专家分辨真相与谎言的能力究竟如何？

研究者向经验丰富的谎言识别专家呈现了 10 名女性描述自身感受的短视频，其中有人在讲真话，有人在说谎（Ekman & O'Sullivan, 1991）。考虑到随机猜测的准确率是 50%，专家们的准确率是相当低的。只有美国特勤局特工这一群体表现出了高于随机水平的判断准确率。

资料来源：Kassin, Fein, & Markus, 2011.

非言语线索与欺骗		
线索类型	线索是否与实际的欺骗有关？	线索是否被认为是欺骗的信号？
声音线索		
言语犹豫	是：说谎者更犹豫	是
音调	是：说谎者音调更高	是
言语失误（结巴、口吃）	是：说谎者有更多的失误	是
言语潜伏期（开始说话或回答前的停顿时间）	否	是：人们认为说谎者会停顿的时间更长
语速	否	是：人们认为说谎者语速更慢
回应长度	是：说谎者的回答更短	否
视觉线索		
瞳孔放大	是：说谎者的瞳孔更大	无研究数据
指向自我的手势	是：说谎者更频繁地触碰自己	否
眨眼	是：说谎者较少眨眼	无研究数据
姿势变换	否	是：人们认为说谎者会更频繁地变换姿势
微笑	否	是：人们认为说谎者很少微笑
注视（目光接触）	否	是：人们认为说谎者与他人目光接触较少

图 8.11 从非言语行为中识别欺骗

基于德保罗、斯通和莱斯特（DePaulo, Stone, & Lassiter, 1985）所做的研究综述，本表总结了哪些非言语线索实际上与欺骗相关，哪些被认为是欺骗的信号。

与下半身动作之间的不一致也有助于我们识别谎言。比如，一个友好的微笑伴随着脚步的紧张挪动可能就是撒谎的信号。

随着时间的推移，人们也会耗尽他们的自我呈现资源——他们厌倦了一遍又一遍地创造和传达同样的印象——从而让观察者怀疑他们在说谎（Vohs, Baumeister, & Ciarocco, 2005）。比如，在竞选期间，某位政客可能会持续不断地向持怀疑态度的不同选民群体（比如商业领袖、退休人员）宣布放弃之前所持有的政策信念（提高税收对公共安全是必要的）。如果在常规的巡回演讲中，这位候选人未能管理好自己的自我呈现，就可能出现问题。

贝拉·德保罗是谎言识别领域的知名研究者，她对教会人们识别谎言的前景并不乐观，因为线索通常很微妙（DePaulo, 1994）。如果她是对的，那么机器也许可以做得更好。**多导生理记录仪**（polygraph）是一个在人们回答问题时记录他们生理唤醒波动的装置。虽然被称为"测谎仪"，但它实际上是情绪探测器。它可以监测自主神经唤醒的关键指标，比如心率、血压、呼吸频率、排汗或皮肤电反应（GSR）。其背后的假设是：当人们说谎时，他们所体验到的情绪会使这些生理指标产生可观测的变化（见**图8.12**）。

测谎仪专家声称，测谎仪测试的准确率为85%~90%，并且有研究支持测谎仪的有效性（Honts, Raskin, & Kircher, 2002）。这些说法显然没有得到证据的支持。采用可靠方法探究这个问题的研究少得惊人（主要是因为此类研究很难操作），而有限的研究证据也不是那么强有力（Branaman & Gallagher, 2005; Iacono, 2009）。其中的一个问题是，当人们回答涉及犯罪的问题时，即便他们说的是真话，也可能体验到情绪唤起。因此，测谎仪经常给无辜者带来罪名。另一个问题是，有些人可以在说

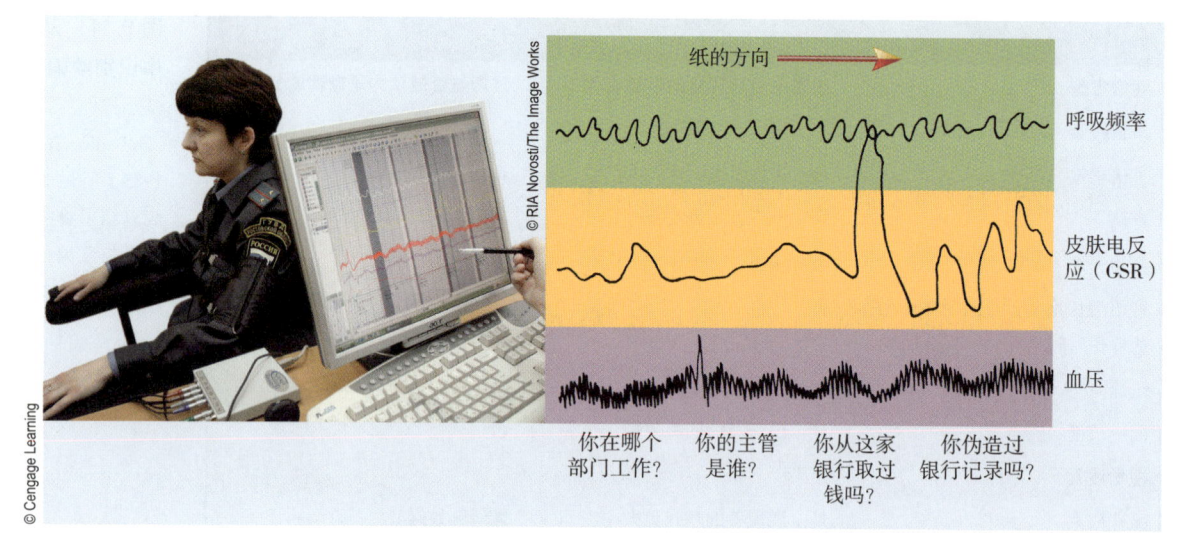

图8.12　测谎仪测量情绪反应

测谎仪测量的是大多数人在说谎时所产生的生理唤醒。测谎仪的操作者首先用不具威胁性的问题来建立基线水平，之后寻找涉及犯罪的问题所产生的唤醒标志（如这里显示的皮肤电反应的剧烈变化）。

谎时没有生理唤醒。因此，由于错误率较高，大多数法庭并不将测谎结果视作证据（Iacono, 2008）。

一种颇有前景的方法是使用脑成像技术来识别谎言。这类工具使研究者能够创建脑结构的计算机图像，并评估思维任务期间的变化（如血流）。一些初步的证据表明，在高度控制的条件下，脑成像技术可以区分出说谎者和讲真话者，其成功率高于传统的测谎仪（Simpson, 2008）。脑成像技术的弊端则包括实施此类技术的可行性、所涉及的成本，以及与窥探人们大脑有关的伦理问题。一种成本较低且更为可行的方法是，在非犯罪情境中，采用反应时（RT）范式探测隐藏的信息（Verschuere et al., 2010）。比如，对控制性问题的反应时较长表明可能存在欺骗，而初步证据表明，这一方法与测谎仪一样有效。

总而言之，欺骗是可以被探测出来的，但伴随说谎的非言语行为却是微妙的，难以被发现。

非言语沟通的重要性

良好的非言语沟通技能与良好的社会调适和关系满意度相关（Schachner, Shaver, & Mikulincer, 2005）。专家们特别关注**非言语敏感性**（nonverbal sensitivity）即准确编码（表达）和解码（理解）非言语线索的能力。非言语敏感性与社交、情绪和学业能力有关（Bänziger et al., 2011），甚至在儿童中也是如此（Izard et al., 2001）。

一项对大学生恋爱关系的研究发现，非言语敏感性与关系幸福感相关（Carton, Kessler, & Pape, 1999）。研究还发现，非言语沟通技能差的夫妇对婚姻更为不满（Noller, 1987）。由于这些都是相关研究，我们无法判断是对非言语信息的不敏感导致了婚姻不满，还是不愉快的关系导致了双方不愿意沟通。这两种可能性或许都起了作用。对非言语信息的不敏感和对关系的不满可能会引发螺旋式下降的恶性循环（Miller, Perlman, & Brehm, 2007）。

解码和回应面部表情的敏感性又如何呢？一般而言，女性比男性更善于编码和解码非欺骗性信息（Hall, 1998, 2006b）。这并不是因为女性天生就擅长这些技能，或者女性的地位低于男性，而是因为女性比男性更有动力去努力掌握这些技能（Hall, Coats, & Smith-LeBeau, 2005）。好消息是，那些愿意付出努力的男性（和女性）确实可以提高自己的非言语沟通技能，从而拥有更快乐、更令人满意的人际关系。

迈向更有效的沟通

学习目标
- 列出闲聊的五个步骤
- 解释为什么自我表露对调适很重要，列举降低相关风险的方法
- 讨论自我表露在关系发展中的作用
- 分析自我表露的文化和性别差异，讨论自我表露如何因文化和性别而异
- 列出优秀倾听者需要牢记的四个要点

如果你和大多数人一样，你可能高估了自己与他人沟通的有效性（Keysar & Henly, 2002）。在本节中，我们将讨论一些实际问题，它们会有助于你与家人、朋友、恋人及同事进行更有效的沟通。我们将学习交谈技巧、自我表露和有效倾听。

交谈技巧

说到与陌生人见面，有些人可以直接开始交谈，而有些人则直冒冷汗，大脑一片空白。如果你是第二类人，不要绝望！交谈的艺术实际上是建立在交谈技巧之上的，并且这些技巧都是可以学习的。为了让你顺利开始一段交谈，我们将提供几个一般原则，它们主要摘自麦肯及其同事（McKay et al., 1995）所著的《720° 全景沟通》(*Messages: The Communication Skills Book*)。如果你想更深入地探索这个主题，他们的书中有很好的实用建议。

首先，遵循这条黄金法则：给予他人你想从他们身上得到的东西。换句话说，给予对方关注和尊重，使其感受到你喜欢他们。其次，关注对方而不是自己。注意对方在说什么，而不是自己看起来怎么样、接下来要说什么，或者是如何赢得争论。第三，如前所述，利用非言语信息来传达你对他人的兴趣。和你一样，其他人也会觉得与表示友好的人互动更容易。在初次接触中，一个友好的微笑就会带来很大的不同。

那么，你如何让一段谈话顺利进行？心理学家伯纳多·卡尔杜奇（Carducci, 1999）提出了成功地闲聊的五个步骤。我们将采用他的模板，并补充其他建议：

1. 通过评论周围的环境来表明你愿意同他人交谈。（例如，"这队排得可真慢"。）当然，你也可以从其他话题开始，但应该注意你的开场白。因为俏皮的开场白常常适得其反（"你好，我很随和，你呢？"），所以传统的方式可能是你最好的选择。
2. 自我介绍。在陌生情境中，你可以表现得外向一些。如果没人说话，为什么你不试着主动伸出手，看着对方的眼睛，然后介绍你自己呢？在交谈中尽早这样做，并向对方提供自己的具体信息，以便找到共同话题（"我叫韦弗，在大学里学习心理学"）。

3. 选择一个与对方有关的话题。留意你与交谈对象之间的相似点和不同点。寻找你们之间的共同点（比如文身、班级、家乡），并围绕共同点展开对话（"昨晚我听了一场非常棒的乐队演出"）。或者，谈论你们之间的差异（"你是怎么迷上科幻小说的？我自己是个悬疑小说迷"）。
4. 让交谈继续下去。你可以详细谈论最初的话题以使交谈继续下去（"在听完乐队演出以后，我们一群人走到了新开的咖啡店，品尝了那儿的特色甜点"）。或者，你也可以引入相关的话题或开始新的话题。
5. 平缓地结束交谈。有礼貌地结束交谈（"好了，我得走了，很高兴跟你聊天"）。当你再见到这个人时，要向对方友好地微笑并挥手致意。你们不需要为了显得友善而成为朋友。

在你对对方有了一些了解之后，你可能希望你们之间的关系更进一步。这时自我表露将发挥作用，这是我们接下来要探讨的话题。

自我表露

自我表露（self-disclosure）是与他人分享自身信息的行为。换句话说，自我表露意味着向他人敞开心扉。你所分享的信息不必是内心深处的秘密，但也可能是。在与陌生人和熟人的交谈中，人们一般从浅层次的自我表露开始。例如，你对昨晚电视节目的看法，或者你认为谁可能赢得世界职业棒球联赛的冠军。一般来说，只有当人们喜欢并信任彼此时，他们才会分享私人信息，比如对自己体重的关注、对健康的担心（Park, Bharadwaj, & Blank, 2011），或是对哥哥的嫉妒（Greene, Derlega, & Mathews, 2006）。**图 8.13** 展示了自我表露如何随关系类型而变化。

在讨论自我表露时，我们将重点关注言语沟通——表露者和接收者如何决定与对方分享信息（Ignatius & Kokkonen, 2007）。但请记住，非言语沟通在自我表露中也起着同等重要的作用（Laurenceau & Kleinman, 2006）。例如，你已经知道，非言语信息可以支持或完全改变它们所伴随的言语的意义。非言语行为也可以决定人际互动的结果是积极的、中性的还是消极的。因此，如果你向朋友述说了一段自己的痛苦经历，她通过同情的非言语线索（目光接触、身体向你倾斜、关切的面部表情）表达了对你的关心，那么你对这次互动的感受就会是积极的。但如果她表现得漠不关心（眼睛环顾四周、不耐烦的面部表情），那么你将带着消极的感受走开。

自我表露对调适至关重要，原因有以下几方面。第一，跟值得信赖和支持自己的人分享恐惧和问题（以及好消息）有利于个体的心理健康（Greene et al., 2006）。我们在第 4 章中提到，分享你的感受可以缓解压力。在相互自我表露后，人们会体验到正性感受的增强（Vittengl & Holt, 2000）。第二，自我表露是与朋友和同事建立关系的一种方式（Tardy & Dindia, 2006）。第三，只要表露者感受到倾听者的理解和接纳，情绪上的（而非事实上的）自我表露就

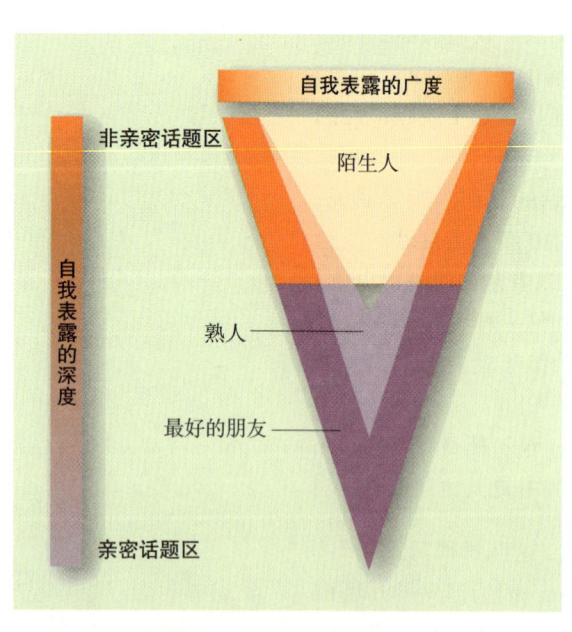

图 8.13 自我表露的广度和深度
自我表露的广度是指人们愿意谈论的话题的数量，深度是指人们透露私人信息的程度。与一般熟人或陌生人相比，人们对最好的朋友的自我表露更深、更广。
资料来源：Altman & Taylor, 1973.

能带来亲密感（Laurenceau & Kleinman, 2006）。第四，在浪漫关系中，自我表露与关系满意度呈正相关（Greene et al., 2006）。

不过，自我表露或许并不能给特定情境中的特定个体带来好处。想想那些低自尊的人，他们希望脸书这个自我表露盛行的社交网站（Ledbetter et al., 2011; Special & Li-Barber, 2012）可以帮助自己与他人建立社会联系。一项研究发现，尽管这些人认为脸书是一种低威胁的自我表露方式，但他们在线表露的内容要么不够积极要么过于消极，使得他们的线上"好友"不能做出他们想要的反应（Forest & Wood, 2012）。其他研究证实，发现沟通对象的低自尊，会妨碍积极的自我表露，因为人们担心交流不畅，但不是因为他们担心伤害对方的感情（MacGregor & Holmes, 2011）。同样有趣的是，与面对面交流相比，人们在网络上并没有进行更多的自我表露（Nguyen, Bin, & Campbell, 2012）。

"不好意思。我当时太过投入地听自己讲话，忘了自己在说什么。"

自我表露：人们告诉别人什么和不告诉别人什么

人们会与他人分享关于自己的哪些信息？又会隐瞒哪些信息？所有人都会讲述自己的故事。这些叙事体验的情感内容可能决定人们分享什么，保留什么。三项关于自我表露与叙事特性的研究发现了一些有趣的结果（Pasupathi, McLean, & Weeks, 2009）。虽然人们会讲述一些情绪事件，但如果这些事件是社会违规行为，他们就不太可能告诉别人。比如，考虑一个常见的失检行为，如入店行窃。如果某大一新生曾经在一时冲动之下做过这样的事，她可能会羞于告诉舍友和朋友这一经历。另外，如果某个事件是令人难忘的（比如敬爱的祖母在关怀医院离世），即使这件事充满消极情绪，人们也可能会跟他人表露。但是，如果某个事件很重大但时隔久远（比如父母在自己年幼时离婚），由于与此事有关的消极情绪较多，积极感受较少，人们自我表露的可能性会降低。

自我表露与关系发展

我们之前提到自我表露可以带来亲密感。实际上，这个过程要更加复杂。研究表明，只有特定类型的自我表露才能带来亲密感（Laurenceau, Barrett, & Rovine, 2005）。比如，情绪评价性的自我表露（如你觉得你姐姐怎么样）能够带来亲密感，而事实描述性的自我表露（如你有三个兄弟姐妹）则不能。此外，要在关系中发展出亲密感，表露者必须感受到对方的理解和关怀（Lin & Huang, 2006; Reis & Patrick, 1996）。换句话说，自我表露本身并不能带来亲密感，倾听者如何回应也很重要（Maisel, Gable, & Strachman, 2008）。有趣的是，人们似乎强烈地认为，他们对价值观以及关注点的表达披露了大量关于自己的信息。然而，这种自我表露并不一定被观察者视为真正透露了什么（Pronin, Fleming, & Steffel, 2008）。

自我表露会随着关系的发展而变化。在一段关系的最初阶段，相互表露的水平很高（Taylor & Altman, 1987）。一旦关系建立起来，自我表露的水平就会逐渐下降，但双方的反应性依然较高（Reis & Patrick, 1996）。此外，在已建立的关系中，人们不太可能在同一次交谈中相互表露。因此，当爱人或好友向你透露隐私时，你通常用同情和理解的话语而不是类似的自我表露回应他们。这种相互自我表露的减少似乎是出于随着亲密关系的发展而出现的两种需要：联结的需要（通过开放性）和自主的需要（通过隐私）（Planalp, Fitness, & Fehr, 2006）。通过回报支持（而不是信息），人们可以在加深关系的同时保持隐私感。实际上，能否成功平衡这两个相互矛盾的需要似乎是影响关系满意度的一个重要因素（Finkenauer & Hazam, 2000）。

当关系陷入困境时，自我表露的模式会发生变化。比如，关系中的一方或双方可能会降低自我表露的广度和深度，说明他们正在从情感上撤出（Baxter, 1988）。有时候，人格也会影响人们在亲密关系中自我表露的质量和结果。比如，在浪漫关系中，有社交恐怖症的人不仅较少进行自我表露，还常常报告情绪表达较少，亲密感和对恋爱关系的满意度也较低（Sparrevohn & Rapee, 2009）。

文化、性别与自我表露

美国人通常认为，个人分享对于亲密的友谊和幸福的浪漫关系至关重要。这一观点与个人主义文化相一致，这种文化强调每个人的独特感受和经验的表达。在集体主义文化中，如中国和日本，人们会公开自己的群体身份和地位，因为这些因素引导社会互动，而只有在已建立的关系中才会分享个人信息（Samovar et al., 2007）。个人主义文化中自我表露水平较高的一种解释是关系流动性，即人们能够经常或在必要时创造和终止一段社会关系（Schug, Yuki, & Maddux, 2010）。关系流动性较高的文化（如美国）会使人们产生强烈的动机，将自我表露作为展示社会承诺的一种方式。为了达成交易，人们在与对方建立商业关系时可能会进行高水平的自我表露，但如果出现了更有销售潜力的客户，他们就会解除这段关系。

性别对自我表露有何影响？研究发现，在美国，女性比男性更倾向于自我表露，不过这一差异似乎比以前认为的要小（Fehr, 2004）。这一性别差异在同性友谊中最为明显，女性朋友之间分享的个人信息要多于男性朋友（Reis, 1998; Wright, 2006）。在异性关系中，男女双方的自我表露水平更为接近，但那些持传统性别角色态度的男性较少进行自我表露，因为他们认为分享个人信息是软弱的表现。此外，无论是在交谈还是在电子邮件中，女性都会分享更多的个人信息和感受，而男性则会分享更多的非个人信息（Kilmartin, 2007）。

在更亲密的关系中，男性和女性的表露风格有何异同？一种理论认为，培养这种亲密互动的最佳方式是将自我表露和共情反应结合起来，后者指做一个富有同情心的倾听者并对伴侣表示支持（Reis & Shaver, 1988）。男性和女性似乎对这两种行为重视程度不同。2008年的一项研究发现，男性的自我表露和共情反应水平可以预测他们的亲密感和对关系的信心。然而，女性的亲密感更可能基于她们男性伴侣的自我表露和共情反应水平（Mitchell et al., 2008）。

自我表露方面性别差异是由社会化造成的。在美国文化中，大多数男性被教导要对他人隐藏自己温柔和脆弱的情感，尤其是对其他男性（Kilmartin, 2007）。不过，研究者在其他国家发现了不同的性别模式（Reis & Wheeler, 1991）。比如，不鼓励男女之间过早建立亲密关系的约旦和日本鼓励同性朋友间的密切接触。研究还发现，日本大学生的自我表露量表得分低于美国大学生（Kito, 2005）。

此外，在异性关系的早期阶段，美国男性通常比女性进行更多的自我表露（Derlega et al., 1985）。这一发现与传统看法一致，即男性应该主动建立关系，女性则应该鼓励男性多说话。因此,"美国女性总是比男性更容易敞开心扉"是一种过于简单化的说法。

有效倾听

倾听和听是经常被混淆的两个截然不同的过程。听是声波与耳膜接触时发生的一种生理过程。与之不同的是,**倾听**(listening)是一种专注的活动,也是一个复杂的过程,需要个体选择和组织信息、解读和回应沟通以及回忆所听到的内容。善于倾听是一项积极的技能,它甚至有一批潜心于此的追随者。

有效倾听是一项被大大低估的技能。有句老话说得好:"我们有两只耳朵,但只有一张嘴,所以我们应该少说多听。"但是,因为倾听者加工言语的速度(每分钟 500~1000 个单词)要远远快于说话的速度(每分钟 125~175 个单词),所以他们很容易变得厌烦、分心、注意力不集中(Hanna, Suggett, & Radtke, 2008)。其他阻碍有效倾听的因素还有疲劳和专注于自己的想法。

要成为一名优秀的倾听者,你需要牢记以下四点。首先,利用非言语线索表现出你对说话者的兴趣。目视说话者,身体向他或她倾斜(而不是没精打采地靠在椅子上)。这样的姿势表示你对对方要说的话感兴趣。你还可以通过点头或扬起眉毛来表达你对说话者所讲内容的感受。

第二,在回应之前,先听对方说完。倾听者经常在以下三种情况下不理会或者打断对方:(1)他们很了解对方(因为他们相信自己已经知道对方要说什么了);(2)说话者的言谈风格令倾听者感到不适(口吃、口齿不清、声音单调);(3)说话者讨论会引发强烈感受的观点(堕胎、政治)或使用触发人们敏感神经的词语(福利诈骗、乡巴佬)。尽管在这些情境中,我们很容易不理睬或侮辱对方,但如果你让说话者完整地表达其想法,你就能更好地做出恰当的回应。

第三,积极倾听(Verderber et al., 2008)。注意说话者在说什么,专注地加工信息。积极倾听还涉及澄清和复述的技巧。说话者难免会跳过一些关键点,或是说一些令人困惑的话。当这种情况发生时,你需要让对方澄清。"比尔是她的男友还是哥哥?"澄清可以确保你准确地理解信息,也让说话者感到你对此感兴趣。复述比澄清更进一步。复述是指简要地阐述你认为说话者所说的内容。你可以说:"让我看看我是不是理解对了……"或"你的意思是……"对说话者说的每一件事都进行复述显然是可笑的,你只需要在说话者谈论重要的事情时进行复述。复述有许多好处:它可以让说话者确信你在听,避免误解,还可以让你专注于谈话。

复述可以有多种形式(Verderber et al., 2008)。在内容复述中,你关注信息的字面含义。在感受复述中,你关注与信息内容相关联的情绪。如果你的朋友说:"我简直不敢相信他和他的前女友一起出现在聚会上!"此时显然适合进行感受复述("你真的很受伤")。

最后,关注对方的非言语信号。倾听者可以通过说话者

"我当然在听,我处在一种高警觉状态。"

的言语来理解信息的"客观"含义，但他们需要依靠非言语线索来获取信息的情绪和人际含义。对身体语言、音调和其他非言语线索的了解能让你更深入地理解他人在表达什么（Akhtar, 2007）。请记住，这些线索不仅在对方说话时有用，而且在你自己说话时也有用。如果你频繁地发现你的听众有走神的迹象，那么你可能讲了太多不相关的细节，或是在独占谈话。这一问题的解药便是积极倾听。

沟通中的问题

学习目标

- 讨论对沟通恐惧的一些常见反应
- 指出有效沟通的四个障碍

在本节中，我们将关注阻碍有效沟通的两个问题：焦虑和沟通障碍。

沟通恐惧

今天是儿童心理学课的第一天，你刚刚得知这门课需要做一个30分钟的演示。你会将这个要求当作磨炼自己演讲技巧的机会，还是会感到惊慌失措，飞奔到最近的计算机房退掉这门课？如果你选择的是后者，你可能有**沟通恐惧**（communication apprehension），或因不得不与他人交谈而引起的焦虑。有些人在所有的讲话情境中（包括一对一的对话）都会体验到沟通恐惧，但大多数人只有必须在一群人面前说话时才会注意到自己有这个问题。

沟通恐惧是一个学生和老师都关注的问题，因为它会对学生的整体学业成绩以及课堂上的公众演讲表现产生不利影响（Bourhis, Allen, & Bauman, 2006）。一项研究发现，如果把沟通恐惧作为一个人格变量，沟通恐惧水平较高的人，其批判性思维技巧和口头沟通技巧都较差（Blume, Dreher, & Baldwin, 2010）。还有研究表明，沟通恐惧会损害有效职业规划所需的技能（Meyer-Griffith, Reardon, & Hartley, 2009）。有趣的是，个体对自己沟通技巧的信心与其倾听技巧存在正相关。然而，与不太自信的人相比，对沟通技巧更自信的人显然更难提取沟通中的情绪内容（Clark, 1989）。这可能是因为自信程度较低的人更留心沟通中的情绪信息。

文化也会影响一个人与他人沟通时是否焦虑。在一项研究中，研究者让日本大学生和美国大学生完成了麦克罗斯基（McCroskey, 1989）的沟通恐惧自评量表。结果发现，日本大学生的沟通恐惧程度显著高于美国大学生（Pryor, Butler, & Boehringer, 2005）。

与沟通恐惧有关的身体体验包括胃部不适、手部发冷、口干和心率加快。一些证据表明，沟通恐惧也与肠易激综合征存在关联（Bevan, 2009）。这些生理作用是应激引起的自主神经系统的"战斗或逃跑"反应（见第3章），它们本身并不是沟通恐惧的根源。相反，问题的根源在于说话者对这些身体反应的解释。也就是说，在沟通恐惧量表上得分较高的人常常将这些身体变化解释为恐惧的表现。相反，得分

较低的人经常把这些反应看作沟通情境中正常的兴奋反应（Richmond & McCroskey, 1995）。

研究者发现了人们对沟通恐惧的四种反应（Richmond & McCroskey, 1995）。最常见的反应是回避，即在面对某个自愿的沟通机会时选择不参与。如果人们认为发言使他们感到不适，他们通常会回避这种体验。当人们意外地发现自己陷入一个无法逃避的沟通情境时，便会表现出退缩。此时，人们可能完全不说话或者尽可能地少说话。中断指的是个体无法进行流利的口头表达或做出恰当的言语或非言语行为。当然，缺乏沟通技巧也会导致同样的行为表现，而且普通人并不总是能够确定问题的真正原因。过度沟通是对沟通恐惧的一种相对不常见的反应，但它确实会发生。例如，有人会试图通过不停说话来把控社交情境。不过，这些人往往被认为是糟糕的沟通者，而不是有沟通恐惧。这是因为我们认为沟通恐惧只存在于那些很少说话的人身上。当然，其他因素也可能导致过度沟通。

显然，回避和退缩只是应对沟通恐惧的短期策略（Richmond & McCroskey, 1995）。因为你不可能一辈子都不在人群前讲话，所以学会应对这一压力事件而不是一再回避它很重要。任由这一问题失控会导致自我限制行为，比如拒绝需要当众演讲的升职机会。严重沟通恐惧的人可能会在人际关系、工作和学校中遇到困难（Richmond & McCroskey, 1995）。

庆幸的是，有一些方法可以有效地缓解演讲焦虑。例如，利用可视化技术，你可以想象自己成功地完成了准备和做演示的所有步骤。研究表明，与视觉化前的水平相比，练习视觉化的人在实际说话时焦虑和负面想法减少（Ayres, Hopf, & Ayres, 1994）。还有研究表明，用摄像机录下反复练习的过程，可以帮助一些有沟通恐惧的人（Leeds & Maurer, 2009）。在沟通恐惧特别严重的情况下，用事先录好的讲话可能比现场演讲更可取（Leeds & Maurer, 2009）。积极的再解释（见第 4 章）和系统脱敏（见第 15 章）也是解决该问题的非常有效的方式。

有效沟通的障碍

在本章的前面，我们探讨了噪声及其对人际沟通的干扰。现在，我们将了解几种导致噪声的心理因素。这些有效沟通的障碍可能存在于发送方，也可能存在于接收方，有时可能存在于双方。常见的障碍包括防御、伏击、动机性扭曲和自我关注。

防　御

有效沟通最根本的障碍可能是**防御**（defensiveness）——对保护自己不受伤害的过度关注。当人们感到受到威胁时，比如当人们认为他人在评价自己或企图控制、操纵自己时，通常会做出防御反应（Trevithick & Wengraf, 2011）。当他人表现得高人一等时，也会触发防御反应。因此，那些炫耀自己的地位、财富、才智或权力的人经常会使接收者处于防御状态。表现出"我永远正确"的教条主义者也会让他人产生防御心理。

诱发防御行为的威胁不一定是真实存在的。如果你说服自己布兰登不会喜欢你，你与他的互动可能就不会很积极。而且，如果自我实现的预言开始发挥作用，你可能会无意中诱导布兰登做出你所害怕的消极反应。我们需要努力培养一种尽可能减少他人防御心理的沟通方式。另一方面，如果你在感受到威胁时想到了保持诚信的重要性，你或许能够减少或消除自身的防御心理（Critcher, Dunning, & Armor, 2010）。同时，请记住，你无法完全控制别人的感知和反应。

伏　击

有的倾听者可能只是在寻找攻击发言者的机会。那些想发起攻击的人——我们可以将他们称为言语"伏击者"——虽然确实是在认真、专注地倾听，但他们这样做的目的只是为了攻击讲话者（Wood, 2010）。理解、讨论或者就想法和观点进行交流并不是他们关注的重点。伏击者几乎总是会引起他人的防御，尤其是他们攻击的人。不幸的是，伏击可能是沟通的实质性障碍，因为没有人喜欢自己在别人面前被骚扰或欺负。

动机性扭曲

在第7章中，我们探讨了人知觉中的扭曲和期望。这些过程在沟通中也同样存在。也就是说，当人们听到的是他们想听到的而非发言者实际所说的内容时，便出现了动机性扭曲。每个人都有自己独特的参照系——特定的态度、价值观和期望，它会影响人们听到的内容。与个人观点相悖的信息常常会让人产生情绪困扰。人们避免这种不愉快感受的一个方式是*选择性注意*，即主动选择去关注那些支持他们信念的信息，同时忽视违背自身信念的信息（Stevens & Bavelier, 2012）。类似地，人们可能误读他人的意思或得出错误的结论。当人们讨论他们有强烈感受的话题时，比如政治、种族歧视、性别歧视、同性恋以及堕胎，这种歪曲信息的倾向最常出现。

自我关注

我们都有过这样的受挫经历——试图跟某人沟通，但对方过于关注自我，以至于我们无法跟他展开双向的对话。自我关注者会进行所谓的假倾听，即假装听他人说话，但他们的头脑被其他吸引他们注意的话题占据了（O'Keefe, 2002）。这些令人厌烦、自我中心的人似乎只想听自己说话。如果你试着谈论你的问题，他们会打断你说："那没什么。听听发生在我身上的事！"此外，自我关注的人还是糟糕的倾听者。当他人在说话时，他们会在心中演练自己接下来要说的话。因为他们以自我为中心，这些人往往觉察不到自己对他人的消极影响。

人际冲突

学习目标

- 评估回避冲突与应对冲突的利弊
- 描述五种冲突类型以及五种应对冲突的个人风格
- 阐述有效应对人际冲突的六个技巧

即使不是敌人，人们也会发生冲突，而冲突也不一定使人们变成敌人。只要两个或两个以上的人意见不一致，就存在**人际冲突**（interpersonal conflict）。根据这个定义，朋友、恋人之间或者竞争者、敌人之间都会产生冲突。每当人们有不同的观点、视角、目标、情绪反应并且希望解决他们的分歧时，人际冲突就会出现（Ruz & Tudela, 2011; Wilmot & Hocker, 2006）。这种冲突可能是由一个简单的误解引起的，也可能是不相容的目标、价值观、态度或信念的产物。因为冲突是人际互动中不可避免的一个方面，所以了解如何建设性地解决冲突至关重要。许多研究表明，有效的冲突管理与人际关系满意度之间存在关联（Kline et al., 2006）。

分歧是日常生活的一部分，因此有效的沟通者需要学习如何建设性地处理分歧。

关于冲突的信念

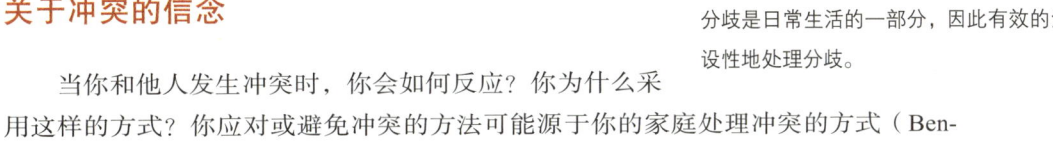

当你和他人发生冲突时，你会如何反应？你为什么采用这样的方式？你应对或避免冲突的方法可能源于你的家庭处理冲突的方式（Ben-Ari & Hirshberg, 2009; Larkin, Frazer, & Wheat, 2011; Mikulincer & Shaver, 2011）。

很多人认为，任何形式的冲突都是不好的，应当尽一切可能回避。事实上，冲突本身既不好也不坏。它是一种自然现象，可能导致好的结果，也可能导致不好的结果，这取决于人们处理冲突的方式。如果人们认为冲突是消极的，他们就倾向于避免处理它。当然，回避冲突有时是好的。如果某段关系或者某件事对你来说无足轻重，或者你认为直面冲突的代价太高（老板可能开除你），回避可能是处理冲突的最佳方式。同样，不同的文化在处理冲突的方式上也存在差异。集体主义文化（如中国和日本）常常回避冲突，而个人主义文化往往鼓励人们直面冲突（Samovar et al., 2007; Zhang, Harwood, & Hummert, 2005）。在个人主义文化中，回避冲突所带来的结果取决于人际关系的性质。如果关系或议题对你很重要，回避冲突通常会适得其反。原因之一是，它会导致一种自我延续的循环（见图8.14）。当然，在两种文化中成长的个体（如韩裔美国人）在解决冲突时往往会表现出两种方式的结合（Kim-Jo, Benet-Martínez, & Ozer, 2010）。

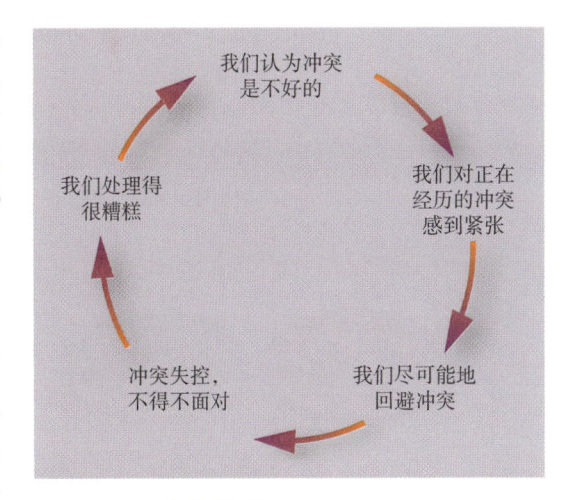

我们来考虑一个文化差异的例子：谈判是一个可能发生冲突的情境，让我们比较一下日本人和美国人的谈判方式（McDaniel & Quasha, 2000）。日本的价值观敦促参与谈判的人寻求避免冲突的方法。相反，美国的价值观鼓励竞争和自信（见图8.15）。在你查看图8.15中的内容时，请想象你正在就一些商业交易进行棘手的谈判，你更喜欢哪种应对冲突的文化风格？

以公开和建设性的方式处理人际冲突可以产生各种有价值的结果（Clark & Grote, 2003）。例如，建设性应对可能（1）使问题公开化，从而得到解决；（2）根除一段关系中长期不满的来源；（3）通过发表不同意见而产生新的见解。

图 8.14 回避冲突的循环

回避冲突会导致一个自我延续的循环：(1) 人们认为冲突是不好的，(2) 他们对正在经历的冲突感到紧张，(3) 他们尽可能地回避冲突，(4) 冲突失控，不得不面对，(5) 他们处理得很糟糕。反过来，这种消极体验为人们下一次回避冲突搭建了舞台，通常会产生同样的消极结果。

资料来源：Lulofs, 1994.

日本人与美国人的谈判方式	
美国人的方式	**日本人的方式**
夸大自己最初的立场以建立一个强硬的形象。	不完全陈述或含糊地陈述自己最初的立场，让对方说出他们的立场。
不向对方透漏自己的底线，以保持自己的控制力，获得最大利益。	通过非正式的方式让对方知道自己的底线，促使双方达成共识，而不是直接告诉对方自己的底线。
如果有分歧，坚持自己的立场并试图赢得对方的同意。	寻找双方有共识的领域，并展开重点讨论。
表现出对抗的姿态。	回避正面冲突或明显的分歧。
赢得尽可能多的利益。	努力确保对方和自己都没有损失。
推动尽快做出决定。	在做出决策之前，计划花很长时间讨论具体问题。

图 8.15　利用不同的文化价值观通过谈判解决冲突

不同的文化有不同的解决冲突和达成共识的方式。去其他文化背景的国家和地区访问时，尤其是商务人士，如果不能正确理解对方的意图，就有可能毁掉交易或可能的合作关系。这里列举了一些例子，用以说明日本人和美国人在其典型的谈判方式上有何不同。

资料来源：Wood, J. T. (2010). *Interpersonal communication: Everyday encounters* (6th ed.). Boston, MA: Wadsworth (p. 232), based on McDaniel & Quasha (2000) and Weiss (1987).

冲突管理风格

你如何应对冲突？某些应对方式比其他方式更具建设性（Deutsch, 2011）。大多数人都有应对冲突的习惯方式或个人风格。研究一致揭示了处理冲突的五种不同模式：回避/退缩、迁就、竞争/强迫、妥协和合作（Lulofs & Cahn, 2000）。这些不同风格的背后有两个维度：对满足自身利益的兴趣和对满足他人利益的兴趣（Rahim & Magner, 1995）。图 8.16 展示了这五种风格在两个维度上的分布。当你读到这些风格时，想想自己符合哪种风格。

- 回避/退缩（对自己和他人的关注度都低）。有些人认为冲突非常令人不快。当冲突出现时，回避者会改变话题、用幽默来转移讨论、匆忙离开或者假装在想别的事情。通常，喜欢这种风格的人希望忽视一个问题会让这个问题消失。然而，一些研究者认为，这一风格实际上很有目的性，完全不是对冲突的消极反应（Wang, Fink, & Cai, 2012）。对于小问题，回避通常是一个好策略——没有必要对每一个小麻烦都做出反应；而对于较大的冲突，回避/退缩并不是一个好的策略，它往往只是延迟了不可避免的冲突。
- 迁就（对自己的关注度低，对他人的关注度高）。与回避者一样，迁就者也对冲突感到不适。然而，他们会通过轻易让步来快速终结冲突，而不是忽视分歧的存在。那些过分在意他人是否接纳和赞同自己的人通常会使用这种"投降"的策略。习惯性的迁就是一种糟糕的冲突处理方式，因为它不会带来创造性的想法和有效的解决办法。此外，双方都可能会

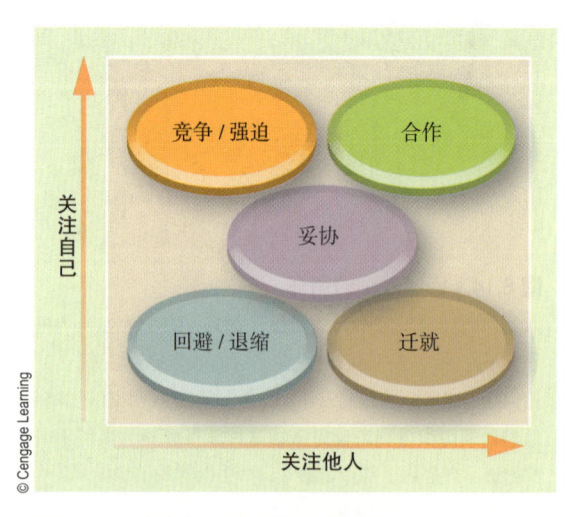

图 8.16　处理人际冲突的五种风格

在应对冲突时，人们通常偏爱五种风格中的一种。这五种风格都是基于关注自己和关注他人这两个维度。

产生怨恨情绪，因为迁就者经常喜欢扮演牺牲者的角色。当然，如果你没有强烈的偏好（比如去哪儿吃饭），偶尔迁就他人是完全合适的。

- 竞争 / 强迫（对自己的关注度高，对他人的关注度低）。竞争者将每次冲突都变为一种非黑即白、非胜即负的局面。为了在冲突中赢得胜利，竞争者几乎会不择手段。因此，他们可能采取欺骗或攻击性的手段——包括使用言语攻击和身体威胁。他们固执地坚持自己的立场，并使用威胁和胁迫来迫使对方屈服。这种风格就像迁就一样不可取，因为它不能创造性地解决问题。此外，这种方法尤其可能导致冲突后的紧张、怨恨和敌意。
- 妥协（适度关注自己和他人）。妥协是一种务实的冲突处理方法，它承认冲突双方的不同需求。妥协者愿意与对方谈判，并愿意为对方做出适当让步。采用这一方法，双方都放弃了一些东西，但同时也得到了部分满足。因此，妥协是一种相当有建设性的冲突处理方法，尤其是当问题具有中等重要性时。
- 合作（对自己和他人的关注度都高）。妥协只是在不同立场之间进行"折中"，而合作则是通过真诚的努力，寻求能够最大限度满足双方利益的解决办法。在这种方法中，冲突被视为一个需要尽可能有效地解决的共同问题。因此，合作鼓励坦诚和诚实。合作还强调在冲突中只批评对方观点而非对方本身的重要性。为了达成合作，你必须努力阐明双方立场之间的差异和相似之处，这样才能将相似之处作为合作的基础。一般来说，合作是处理冲突最有效的方法。合作往往会营造一种信任的氛围，而不是导致冲突后残留的紧张和怨恨。

建设性地处理冲突

如你所见，最有效的冲突管理方法是合作。为了帮助你使用该方法，我们将提供一些具体建议。不过，在了解具体建议之前，你需要记住几条原则（Alberti & Emmons, 2001; Verderber et al., 2007）。首先，在冲突情境中，尽量给对方以信任；不要自动假设那些与你意见不一致的人是无知或卑鄙的。对他人的立场表示尊重，并尽最大的努力去理解对方的参照系。第二，平等待人。如果你有更高的地位或更大的权力（是对方的父母或上司），试着将这一差异放在一边。第三，将冲突定义为需要双方合作解决的共同问题，而不是一件非输即赢的事。第四，选择一个双方都能接受的时间坐下来解决冲突。在冲突产生的时间和地点解决冲突并不总是最佳策略。最后，向对方传达你的灵活性和调整自身立场的意愿。

以下是一些有效应对人际冲突的具体建议（Alberti & Emmons, 2001; De Dreu et al., 2006; Verderber et al., 2007）。

- 诚实、坦诚地沟通。不要隐瞒信息或歪曲自己的立场。避免欺骗和操纵。试着让自己表现得亲切友善（Barry & Friedman, 1998）。
- 表现出值得信任。表现出值得信任和可靠可使谈判顺利、成功地进行（De Dreu et al., 2006）。
- 使用具体行为来描述对方令人讨厌的习惯，而不是对其人格的泛泛陈述。如果你对你的室友说"请把你的衣服扔到洗衣篮里"，而不是说"你真是个不为他人着想的懒虫"，你可能会跟她相处得更好。对具体行为的评论不那么具有威胁性，也不太可能被认为针对个人。这类评论还可以澄清你希望改变的是什么。
- 避免使用"有所指的"词语。有些词语是"有所指的"，它们往往会触发倾听者的负性情绪反应。比如，在讨论政治问题时，你最好不用"右翼分子"或"盲目的自由主义者"这样的字眼。

- 尽量表现得有涵养。"涵养"一词指的是尊重他人的需要，而将个人的欲望放在一边（Wood, 2010）。当个体在可能永远得不到回报的情况下还对他人表现出善意时，他的行为就是一种有涵养的行为；事实上，这个人并不期望获得任何回报。或许你与室友同意分担清洁和购物，但她在某一周未能履行她的义务，可能是有大量的功课要做。你没有挑起冲突，反而帮她做了她应做的杂务，并且什么也没有说。你的这种有涵养的行为帮助了她，同时也避免了冲突的发生。从某种意义上讲，你也在帮助你自己。
- 使用积极的方式，帮对方挽回面子。"我喜欢和你一起做饭"显然优于"你从来没帮我做过饭，我对此感到愤怒"。类似地，如果你说"我知道你很忙，但如果你能再看看我的文章，我将十分感激。我已经在希望你重新考虑的地方做了标记"，那么对方更可能接受你的请求。
- 将抱怨限定于最近的行为和当前的情境。重提过去的不满只会重燃以往的怨恨，使你无法专注于当前的问题。避免说"你总是说自己太忙"或"你从来没有做过你的那份家务"之类的话。这种绝对性的言论必定会使对方产生防御心理。
- 对自己的感受和偏好负责。你可以说"我生气了"，而不要说"你让我生气了"。或者试着说"如果你能给花园浇水，我会很感激的"，而不是说"你不认为花园需要浇水吗？"。
- 使用自我坚定型（而不是顺从或攻击型）沟通方式。这种方式使我们不太容易与他人发生冲突，也有助于建设性地解决冲突。在接下来的应用中，我们将详细阐述自我坚定型沟通及其在各种人际沟通情境中的使用，例如结交朋友、发展关系、解决冲突等。

应用：培养自我坚定型的沟通方式

学习目标
- 区分自我坚定型、顺从型、攻击型的沟通方式
- 列出可以使个体在沟通中更加自我坚定的五个步骤

请用"是"或"否"回答下列问题：
____ 1. 当有人向你提出不合理的请求时，你是否难以拒绝？
____ 2. 当退回有瑕疵的商品时，你是否感到胆怯？
____ 3. 哪怕请他人帮自己一个小忙，你是否都难以开口？
____ 4. 当大家在激烈讨论某个问题时，你是否羞于表达自己的想法？
____ 5. 当售货员催促你买自己并不想要的商品时，你是否难以拒绝？

如果你对其中的几个问题回答了"是"，那么你可能需要提高自己的坚定性。许多人有时都难以坚定地表达自我，然而，这一问题在女性中更为常见，因为社会化过程让她们比男性更顺从——要"友善"。因此，自我坚定训练更受女性群体的欢迎。男性也认为自我坚定训练很有帮助，因为有些男性在社会化过程中变得消极被动，还有一些男性想让自己少一些攻击性，多一些自信。在本节的应用中，我们会详细

介绍自我坚定型、顺从型和攻击型行为之间的差异，并讨论一些提高坚定性的步骤，这些步骤也有助于建立自尊（Sazant, 2010）。

最后还有一点：一般而言，人们倾向于将自我坚定性与直接的面对面的社会互动联系在一起。但不要忘了，这一点在间接交流中也很重要。学会在电子邮件、短信或社交网站中表现得坚定也很重要（Alberti & Emmons, 2008）。

自我坚定的性质

自我坚定（assertiveness）是指通过直接诚实地表达自己的想法和感受来实现自己的最大利益。从本质上讲，自我坚定就是当他人侵犯你的权利时，你要捍卫自己的权利，说出自己的感受而不是保持沉默。

阐明自我坚定型沟通本质的最好方式是将其与其他类型的沟通方式进行比较。顺从型沟通是恭敬的，因为它意味着个体会在可能引起争论的问题上向对方让步。顺从者经常被他人利用。一般而言，他们最大的问题是无法拒绝他人的不合理请求。举一个常见的例子：某个大学生无法告诉室友别再来借她的衣服了。顺从者难以表达与他人不一致的意见，也难以向他人提出请求。用传统的特质术语来说，他们是羞怯的。

尽管顺从的根源还未得到充分研究，但似乎与个体对获得他人的社会认可的过分关注有关。然而，这种"不得罪人"的策略更可能得到他人的蔑视而非认可。此外，使用这种沟通方式的人常常因为自己容易"受人摆布"而对自己感觉不好，并且会憎恨那些利用自己的人。这些感受常常使顺从者试图用退缩、生闷气或哭泣等方式来惩罚对方（Bower & Bower, 1991, 2004）。这些为达到自身目的的操纵企图有时被称为"被动攻击"或"间接攻击"（Hopwood & Wright, 2012）。

攻击型沟通是另一个极端，它专注于表达和得到自己想要的东西，其代价是他人的感受和权利。然而，自我坚定行为意味着个体既努力尊重他人权利，也捍卫自己的权利。现实生活中的问题是自我坚定行为与攻击行为可能有重叠之处。当他人要侵犯自己的权利时，人们常常在捍卫自己权利（自我坚定）的同时猛烈抨击对方（攻击）。因此，挑战在于如何表现得坚定而不带有攻击性。主张自我坚定型沟通的人认为，这种沟通比顺从型或攻击型沟通更具适应性（Alberti & Emmons, 2001; Bower & Bower, 1991, 2004）。他们认为，顺从行为会导致低自尊、自我否定、情绪压抑和人际关系紧张。相反，攻击型沟通往往会加剧内疚感、疏远和不和谐。相比之下，自我坚定的行为被认为可以培养高自尊、满意的人际关系和有效的冲突管理能力。以下是表达相同愿望的三种不同方式：

攻击型：我今晚想吃中国菜，所以我们去吃中餐吧。就这么定了。
自我坚定型：我今晚想吃中国菜，你想吃什么呢？
顺从型：今晚不吃中国菜也没关系，你想吃什么我都可以。

自我坚定的核心在于你能够清楚、直接地表达自己想要什么。能够做到这一点会使你对自己感觉良好，并且常常也会使他人对你感觉良好。虽然自我坚定不能确保你得到你想要的东西，但它确实能够增加你的机会。

自我坚定训练的步骤

各种书籍、CD、DVD 或讲座介绍了大量的自我坚定训练项目。其中大多数是行为取向的，强调逐步改进和对适当行为的强化。以下是我们总结的自我坚定训练的关键步骤。

1. 理解什么是自我坚定型沟通

要做出自我坚定行为，你需要先了解它是什么。因此，大多数项目都以阐释自我坚定型沟通的本质开始。培训师常常要求客户想象需要自我坚定的情境，并对比假想中的顺从（或被动）行为、自我坚定行为和攻击反应。我们来考虑一个这样的比较。在这个自我坚定训练的例子中，一个女生请求她的室友跟她合作，每周打扫一次宿舍。她的室友对这个问题不感兴趣，在对话开始时正听着音乐。这名室友在此例子中扮演对手的角色——在接下来的脚本中我们将其称为"扫兴者"（摘自 Bower & Bower, 2004, pp. 8, 9, 11）。

被动型场景

她：呃，我想知道你是否愿意花点时间考虑下打扫宿舍这件事呢。

扫兴者：（听着音乐）现在不行，我正忙着呢。

她：哦，好吧。

攻击型场景

她：听着！我受够了，每次都是我打扫宿舍，你连问都不问一句。你打算帮我吗？

扫兴者：（听着音乐）现在不行，我正忙着呢。

她：你拒绝我的时候为什么不能看着我？你根本不在乎家务和我！你只关心你自己！

扫兴者：你说得不对。

她：你从来没关注过宿舍和我。什么事情都得我来做！

扫兴者：闭嘴！你只是一直以来有洁癖而已。你以为你是谁啊，我妈吗？你能不能别来烦我，让我安静听会儿歌？你要知道，这也是我的宿舍！

自我坚定型场景

她：我知道打扫房间不是最有趣的话题，但确实需要有人做。咱们来计划一下什么时候做。

扫兴者：（听着音乐）拜托，别现在啊！我正忙着呢。

她：不会花很长时间的。我觉得如果我们有个时间表的话，可以更轻松地应对这件事。

扫兴者：我不确定我是否有时间完成所有的活儿。

她：我已经拟定了一张轮流打扫的时间表，这样每周我们都有相同的工作量。你能看看吗？我想听听你对这个时间表的意见，晚饭后说说怎么样？

扫兴者：（愤怒地）我必须现在看吗？

她：你觉得什么时间更好呢？

扫兴者：我不知道。

她：好吧，要不我们在晚饭后花 15 分钟讨论这个计划。你同意吗？

扫兴者：我想可以吧。

她：好！不会花很长时间的。有了计划我就放心了。

区分这三种沟通方式的一个有用方法是看人们如何对待自己和他人的权利。顺从者牺牲自己的权利，攻击者倾向于忽视他人的权利，自我坚定者同时考虑自己和他人的权利。**图 8.17** 提供了一些关于自我坚定行为的补充建议。

2. 监控你的自我坚定型沟通

大多数人的自我坚定水平会因情境而变化。换句话说，人们可能在某些社会情

自我坚定型表述的规则	
要	不要
描述	
客观地描述对方的行为	描述你对对方行为的情绪反应
使用具体的词语	使用抽象、模糊的词语
描述行为发生的具体时间、地点和频率	泛泛地说"任何时候"
描述行为而不是"动机"	猜测对方的动机或目的
表达	
表达你的感受	否认你的感受
平静地表达	发泄情绪
以积极的方式表达感受，与要达成的目标联系起来	消极地表达自己的感受，促使对方做出攻击行为
针对具体的冒犯行为，而不是针对整个人	攻击对方的整个人格
具体化	
明确要求对方改变行为	仅仅暗示你希望对方做出改变
要求对方做出小的改变	要求对方做出巨大的改变
每次只要求对方做出一两个改变	要求对方做出过多的改变
详细说明你想要对方停止的具体行为以及希望对方做出的行为	要求对方在模糊的特质或特征上做出改变
考虑对方能否在没有太多损失的情况下满足你的要求	忽视对方的需要，或只求自己满意
（如果合适的话）详细说明为了达成一致你愿意改变什么行为	认定只有对方需要改变
结果	
明确结果	羞于谈论奖励和惩罚
奖励你所期望的改变	只在对方未做改变时给予惩罚，但在对方做出改变时并不给予奖励
选择对方渴望的、有强化作用的东西作为奖励	选择只是你认为是奖励的东西
选择一个足够大的奖励来维持行为的改变	提供一个你不能或不会兑现的奖励
如果对方拒绝改变行为，选择一个相应程度的惩罚	夸大威胁
选择一个你真正愿意执行的惩罚	使用不切实际的威胁或自我挫败的惩罚

图 8.17 自我坚定行为指南

戈登·鲍尔和沙伦·鲍尔（Bower & Bower, 1991, 2004）概述了旨在帮助读者创建成功的自我坚定脚本的四个步骤，分别是：（1）描述对方（"扫兴者"）困扰你的不良行为，（2）向对方表达你对该行为的感受，（3）具体说明需要对方做出的改变，（4）尝试为改变提供奖励性结果。采用这一框架，本表列出了为了实现有效的自我坚定行为，一些应该做的和不应该做的。

资料来源：Bower, S. A., & Bower, G. H. (1991). *Asserting yourself: A practical guide for positive change* (2nd ed.). Reading, MA: Addison-Wesley. Copyright © 1991 by Sharon Anthony Bower and Gordon H. Bower. Reprinted by permission of Perseus Books Publishers, a member of Perseus Books, L.L.C.

境中是坚定的，而在另一些情境中是胆怯的。因此，在你理解了自我坚定型沟通的本质后，你应该监控自己的行为，确定自己何时是不坚定的。尤其是，你应该弄清楚使你感到胆怯的是何种情境、哪些话题和什么人。

3. 观察榜样的自我坚定型沟通

确定了自己在什么情境中不坚定之后，找出一个在此类情境中表现坚定的人，仔细观察其行为。换言之，找一个人作为自己的榜样。这是一种学会如何在对自己很重要的情境中表现坚定的简单方法。你的观察也会让你看到自我坚定型沟通能带来什么好处，从而加强你的自我坚定倾向。

4. 练习自我坚定型沟通

实现自我坚定型沟通的关键在于不断练习并逐步提高。你可以用几种不同的方式进行练习。在内隐排练中，你可以想象需要自我坚定的情境以及你将要进行的对话。在角色扮演中，你可以让朋友或治疗师扮演对手的角色，然后在这个模拟情境中练习自我坚定型沟通。当然，你最终需要将你的自我坚定技能应用到现实生活中。

5. 采取坚定的态度

大多数自我坚定训练项目都是行为导向的，关注个体对特定情境的特定反应（见图 8.18）。然而，现实生活情境显然很少符合书中描绘的情境。因此，一些专家认为，培养一种新的态度，即不让他人摆布自己（或者如果你是攻击型，则不让自己摆布

对一些常见贬低的坚定反应		
言论的性质	贬低人的话语	建议的坚定回应
唠叨细节	"你还没做完吗？"	"没有，你希望我什么时候完成呢？"（不回避问题，以问句回应。）
打听消息	"我知道我可能不应该问，但是……"	"如果我不想回答，我会跟你说。"（表明你不会只是为了取悦对方而勉强自己。）
让你为难	"你周二忙吗？"	"你有什么想法？"（以问句回应。）
将你片面归类	"这位女孩很适合你！"	"她只是一个女孩，不是所有女孩。"（不同意——坚持自己的个性。）
给你的行为贴上侮辱性的标签	"这么做太傻了……"	"我有权定义我的行为。"（拒绝接受对方的标签。）
基于业余的人格分析的预测	"你会很难。你太害羞了。"	"你认为我在哪些方面太害羞了？"（要求对方澄清分析。）

图 8.18 对常见贬低的坚定反应
在棘手的社交场合中，预先准备一些坚定的反应可以提升你的自信。
资料来源：Bower, S. A., & Bower, G. H. (1991). *Asserting yourself: A practical guide for positive change* (2nd ed.). Reading, MA: Addison-Wesley. Copyright © 1991 by Sharon Anthony Bower and Gordon H. Bower. Reprinted by permission of Perseus Books Publishers, a member of Perseus Books, L.L.C.

他人），要比习得一整套对特定情境的言语反应更重要（Alberti & Emmons, 2001）。虽然大多数训练项目没有明确谈论态度，但它们确实在间接地灌输一种新的态度。态度的改变可能对个体做出灵活而坚定的行为至关重要。

本章回顾

主要观点

人际沟通的过程

- 人际沟通是一个人向另一个人发送信息时发生的互动过程。当发送者用言语或非言语的方式向接收者传递信息时，沟通便产生了。电子通信设备的广泛使用给人际沟通带来了新的问题。尽管人们常常认为沟通是理所当然的，但有效的沟通有助于人们在学校、工作以及人际关系中的调适。

非言语沟通

- 非言语沟通最主要的作用是传达情绪。它往往比言语沟通更自发，同时也更模糊。有时它与言语沟通的内容相矛盾。非言语沟通常常是多渠道的。它和语言一样，也受文化的制约。
- 人们所偏爱的个人空间的大小取决于文化、性别、社会地位以及情境因素。面部表情能够传达大量的情绪信息。目光接触的变化会以多种方式影响非言语沟通。
- 身体姿势可以暗示人们对沟通的兴趣，并且常常反映出地位的差异。触碰可以传达与支持、安慰、亲密、地位、权力有关的信息。辅助语言指的是说话的方式而不是说话的内容。
- 某些非言语线索与欺骗有关，但其中的许多与人们关于说谎者如何会暴露自己的普遍看法并不一致。面部表情与其他非言语信号之间的不一致可能意味着欺骗。然而，与说谎有关的声音和视觉线索都如此微妙，以至于我们很难判断他人是否在说谎。用于检测欺骗的机器（测谎仪）不是特别准确。
- 非言语沟通，特别是非言语敏感性，在调适中起着重要作用，尤其是在人际关系的质量方面。女性通常比男性对非言语信息更敏感，因为她们为此付出了更多的努力。

迈向更有效的沟通

- 要成为更有效的沟通者，培养良好的交谈技巧十分重要，包括知道如何与陌生人闲谈。
- 自我表露，即向他人敞开心扉，与良好的心理健康、幸福感以及令人满意的关系有关。一段经历的情绪内容可能决定了个体是与他人分享这段经历，还是将其埋藏在心底。
- 在人际关系中自我表露可使双方在情感上更亲密。情绪评价性的自我表露会带来亲密感，但事实描述性的表露却不会。自我表露的水平会随关系的进展而变化。不同文化偏好的自我表露水平有所不同。美国女性倾向于比男性披露更多的信息，但这一差异并不像过去那样大。有效的倾听是人际沟通必不可少的一个方面。

沟通中的问题

- 有些问题会干扰有效的沟通。有沟通恐惧的人在与他人交谈时会过分焦虑。沟通恐惧会导致人际关系、工作和教育方面的问题。沟通有时还会产生消极的人际结果。有效沟通的障碍包括防御、伏击、动机性歪曲和自我关注。

人际冲突

- 建设性地应对人际冲突是有效沟通的一个重要方面。个人主义文化往往鼓励人们直面冲突，而集体主义文化通常鼓励人们回避冲突。不过，许多美国人对冲突持消极态度。
- 在应对冲突时，大多数人都有自己偏爱的方式：回避/退缩、迁就、竞争、妥协和合作。其中，合作是最有效的冲突管理方式。

应用：培养自我坚定型的沟通方式

- 自我坚定使人们既能捍卫自己的权利，又能尊重他人的权利。要变得更坚定，人们需要理解什么是自我坚定型沟通，监控自己的自我坚定型沟通，观察榜样的自我坚定型沟通，练习自我坚定并采取自我坚定的态度。

关键术语

人际沟通	表达规则
发送者	身体语言学
接收者	辅助语言
信息	多导生理记录仪
渠道	非言语敏感性
噪声	自我表露
背景	倾听
以电子为媒介的沟通	沟通恐惧
非言语沟通	防御
空间关系学	人际冲突
个人空间	自我坚定

练习题

1. 以下_____不是人际沟通过程的组成部分。
   a. 发送者
   b. 接收者
   c. 渠道
   d. 监视者

2. 研究表明，来自不同文化的个体_____。
   a. 对所有情绪对应的面部表情的判断都是一致的
   b. 对 15 种基本情绪对应的面部表情的判断是一致的
   c. 对 6 种基本情绪对应的面部表情的判断是一致的
   d. 对任何情绪对应的面部表情的判断都不一致

3. 以下_____不是非言语沟通的一个方面。
   a. 面部表情
   b. 同质性
   c. 姿势
   d. 手势

4. 研究表明，以下哪一条线索与不诚实有关？_____。
   a. 说话时音调高于正常水平
   b. 语速缓慢
   c. 对问题的回答相对较长
   d. 较少进行目光接触

5. 关于自我表露，最好是_____。
   a. 当你第一次遇见某人时分享很多关于你自己的信息
   b. 在很长一段时间里，只向对方透露一丁点儿个人信息
   c. 逐渐分享关于你自己的信息
   d. 第一次见面时不向对方透露个人信息，但第二次见面时与对方分享大量的个人信息

6. 复述是_____的一个重要方面。
   a. 非言语沟通
   b. 积极倾听
   c. 沟通恐惧
   d. 自我坚定

7. 当人们听到的是自己想听到的而非对方实际表达的内容时，说明_____在起作用。
   a. 自我坚定
   b. 自我关注
   c. 动机性歪曲
   d. 积极倾听

8. 以下哪种应对冲突的方式反映出对自身和他人的低关注度？_____。
   a. 竞争／强迫
   b. 妥协
   c. 迁就
   d. 回避／退缩

9. 一般而言，管理冲突的最富有成效的方式是_____。
   a. 合作
   b. 妥协
   c. 迁就
   d. 回避

10. 直接而诚实地表达自己的想法，同时也不无视他人的权利，描述的是以下哪种沟通风格？_____。
    a. 攻击型
    b. 同情型
    c. 顺从型
    d. 自我坚定型

答案

1. d   6. b
2. c   7. c
3. b   8. d
4. a   9. a
5. c   10. d

第 9 章　友谊与爱情

自我评估：社交回避及苦恼量表（Social Avoidance and Distress Scale）

指导语

下面的陈述询问你对各种情境的个人反应。请仔细考虑每项陈述。然后，根据你的典型行为指出每项陈述是否与你相符。将你的回答（"√"或"×"）填在左侧的横线上。

量 表

___ 1. 即使身处不熟悉的社交情境中，我也感到放松。
___ 2. 我尽力回避那些迫使我表现得非常善于交际的情境。
___ 3. 跟陌生人在一起时，我很容易放松。
___ 4. 我并不特别想避开别人。
___ 5. 我经常觉得社交场合令人苦恼。
___ 6. 在社交场合中，我通常觉得平静而舒适。
___ 7. 与异性交谈时，我通常感到轻松自在。
___ 8. 我尽力避免和不熟悉的人说话。
___ 9. 我通常会把握住认识新朋友的机会。
___ 10. 在两性都在场的休闲聚会中，我经常感到紧张。
___ 11. 跟人们在一起时，我常常会紧张，除非我跟他们很熟悉。
___ 12. 跟一群人在一起时，我通常感到放松。
___ 13. 我经常想逃离人群。
___ 14. 当身处一群陌生人之中时，我常常会觉得不自在。
___ 15. 当我第一次遇到某人时，我通常感到放松。
___ 16. 当自己被介绍给别人时，我会紧张不安。
___ 17. 即使一个房间里都是陌生人，我还是会进去的。
___ 18. 我会避免走到一大群人中间去。
___ 19. 当我的上级想跟我谈话时，我很乐意与之交谈。
___ 20. 当我和一群人在一起时，我经常感到紧张不安。
___ 21. 我倾向于避开人们。
___ 22. 我不介意在派对或社交聚会中与人们交谈。
___ 23. 身处一大群人之中时，我很少觉得自在。
___ 24. 为了避免参加社交活动，我经常编造理由。
___ 25. 我有时会负责把人们介绍给彼此。
___ 26. 我尽量回避正式的社交场合。
___ 27. 我通常参加我知道的所有社交活动。
___ 28. 我发现和别人在一起很容易放松。

计分方法

计分标准如下所示。如果你的回答与下面的答案一致的话，就把它圈起来。数一数你圈出了多少个回答，总数便是你在社交回避及苦恼（SAD）量表上的得分。请将你的分数填写在下面的横线上。

1. ×	2. √	3. ×	4. ×
5. √	6. ×	7. ×	8. √
9. ×	10. √	11. √	12. ×
13. √	14. √	15. ×	16. √
17. ×	18. √	19. ×	20. √
21. √	22. ×	23. √	24. √
25. ×	26. √	27. ×	28. ×

我的得分：_____

测量的内容

顾名思义，SAD 量表测量的是社交互动中的回避及苦恼。戴维·沃森和罗纳德·弗兰德（Watson & Friend, 1969）编制了本量表，以评估个体在社交情境中体验到不适、恐惧和焦虑的程度，以及个体因此试图逃避多种社交接触的程度。为了检验量表的效度，两位作者用它来预测被试在实验控制情境中的社交行为。与预期一致的是，他们发现，在 SAD 量表上得分高的被试比得分低的被试更不愿意参加小组讨论。与低分者相比，高分者还报告称，他们预计自己会在参与讨论时体验到更多的焦虑。此外，沃森和弗兰德还发现，SAD 量表与联结动机（寻求他人陪伴的需要）的测量工具之间存在很强的负相关（–0.76）。

分数解读

我们的常模基于沃森和弗兰德（Watson & Friend, 1969）所收集的 200 多名大学生的数据。

常模

高分：　　　　16~28
中等分数：　　6~15
低分：　　　　0~5

资料来源：Watson, D. L., & Friend, R. (1969). Measurement of social-evaluative anxiety. *Journal of Consulting and Clinical Psychology, 33*, 448-457. Table 1, p. 450 (adapted). Copyright © 1969 by the American Psychological Association. Adapted with permission of the publisher and David Watson. No further reproduction or distribution is permitted without written permission from the American Psychological Association.

自我反思：你是如何与朋友相处的？

下列问题（改编自 Egan, 1977）旨在帮助你思考如何处理友谊。

1. 你的朋友多还是少？

2. 不管朋友是多是少，你常常会花很多时间与朋友在一起吗？

3. 你喜欢其他人的哪些方面（也就是说，是什么使你选择了与他们做朋友）？

4. 和你一起出去玩的人跟你相似还是不同？或者他们在某些方面跟你相似，在另一些方面又不同？有多么相似或不同？

5. 你喜欢控制别人，让他们按你的方式做事吗？你会让别人控制你吗？你经常向别人妥协吗？

6. 你的友谊是否在某些方面是单向的？

7. 什么会让你的友谊更令人满意？

资料来源：© Cengage Learning

第9章

友谊与爱情

亲近关系的要素
关系的发展
　　初次相遇
　　变得熟悉
　　已建立的关系
友谊
　　怎样才是好朋友
　　性别和性取向问题
　　友谊中的冲突
浪漫爱情
　　性取向与爱情
　　性别差异
　　爱情理论
　　浪漫爱情的进程
互联网与人际关系
　　在网上发展亲近关系
　　建立网上亲密关系
　　超越网上关系
应用：克服孤独
　　孤独的本质及其普遍性
　　孤独的根源
　　与孤独相关的因素
　　战胜孤独
本章回顾
练习题

安东尼奥激动得睡不着，整夜都在翻来覆去。当清晨终于到来时，他兴高采烈。还有不到两个小时，他就要和索尼娅一起去喝咖啡了！上午第一节课，索尼娅的影子不停地在他脑海里浮现，使他无法专心听课。终于下课了，安东尼奥迫不及待地赶往学生会中心，他和索尼娅约好了在那里见面。听起来很熟悉吧？你很可能把安东尼奥的行为看作是坠入爱河的表现。

友谊和爱情在心理调适中扮演着重要的角色。社会联结是幸福的一个强预测变量；相反，社会孤立与不良的身心健康及反社会行为都有联系（Smith, McPherson, & Smith-Lovin, 2009）。在本章开头，我们将给出亲近关系的定义。接下来，我们将考虑人们为什么会彼此吸引、关系如何发展，以及人们为什么会维持或终止一段关系。在此之后，我们会深入探讨友谊和浪漫爱情，并讨论互联网如何影响人际关系。最后，在应用部分，我们关注孤独以及如何克服孤独这一棘手的问题。

亲近关系的要素

学习目标
- 描述亲近关系的典型特征
- 解释亲近关系悖论

通常来说，**亲近关系**（close relationships）是那些重要、相互依赖和持久的人际关系。换句话说，处在亲近关系中的人会花大量的时间和精力维护这段关系，并且在这一关系中，其中一方的言行会对另一方产生影响。亲近关系的特点是搭档不可替代，而在非正式的社会关系中（例如店员和顾客），搭档是可替换的（Livesay & Duck, 2009）。

亲近关系有很多形式，从家庭关系、友谊、工作关系到浪漫关系和婚姻。当要求大学生指出他们心目中最亲近的人时，47%的人认为是恋人，36%的人列出了某个朋友，14%的人提到了某个家人，剩下 3% 的人则认为是其他人，比如同事（Berscheid, Snyder, & Omoto, 1989）。不论哪种关系类型，人类是社会性动物，社会接纳对我们的生活至关重要（DeWall & Bushman, 2011）。

正如你所知道的那样，亲近的关系可能激发强烈的感受——既包括积极的感受（激情、关心、体贴），也包括消极的感受（暴躁、嫉妒、绝望）。这一现象被称为亲近关系悖论（Perlman, 2007）。亲近关系与生活最好的一面（幸福、快乐、健康）相关，但它也确实存在阴暗面（虐待、欺骗、拒绝）（Perlman & Carcedo, 2011）。由于这一悖论，友谊和爱情成为了诗人、哲学家和心理学家经久不灭的兴趣点。接下来让我们看看人际关系是如何发展的。

关系的发展

学习目标
- 讨论接近性、熟悉性和外貌吸引力在最初吸引中的作用
- 理解相互喜欢和相似性在相识过程中的作用
- 概括一些常用的关系维护策略，并解释"关注"关系意味着什么
- 总结相互依赖理论，并解释奖赏、付出和投资如何影响关系满意度和承诺

吸引是建立一段关系的最初愿望。个体会根据多种因素来评估他人作为伴侣或朋友的吸引力。此外，由于吸引是双向的，变量之间会存在错综复杂的交互作用。为了把这一复杂的话题简单化，我们将内容分为三个部分。首先，我们将回顾初次相遇时起作用的因素。然后，我们将看看随着人们变得熟识、关系加深，又有哪些要素开始起作用。最后，我们将回顾维持关系所涉及的因素。

这一节的研究回顾与友谊和浪漫爱情都有关系。有些情况下，某个特定因素（例如外貌吸引力）可能对爱情比对友谊更有影响，反之亦然。然而，这一节讨论的所有因素对两种关系都有影响。这些因素也以同样的方式影响异性恋者和同性恋者的友谊和浪漫关系（Peplau & Fingerhut, 2007）。但在这里我们要指出，同性恋者面临着三个独特的恋爱挑战（Peplau & Spalding, 2003）：他们的潜在伴侣群体较小；常常在压力下隐藏自己的性取向；遇到潜在伴侣的途径有限。另外，对敌意或拒绝的恐惧可能会使他们在向熟人和朋友进行自我表露时有所防备。

初次相遇

有时初次相遇的发生是戏剧性的，开始于两个陌生人隔空对视的眼神。但更常见的情况是，两个人由于各自的长相和之前谈话而意识到了彼此间的吸引。是什么使两个陌生人成为朋友或恋人？三个因素的作用很突出：接近性、熟悉性和外貌吸引力。

接近性

吸引通常依赖于接近性：人们必须在同一时间出现在同一个地方。**接近性**（proximity）是指地理、住所以及其他形式上的空间接近。当然，在网络空间的互动中，距离不是问题（Fehr, 2008）。但在日常生活中，人们会被附近居住、工作、购物或玩耍的人所吸引，并与他们相识。接近效应似乎是不证自明的，但是大家应该清醒地认识到，塑造我们的友谊和爱情的常常是座次表、公寓安排、排班表和办公地点。

一项考察现实生活情境中友谊发展的研究表明了接近性的重要性（Back, Schmukle, & Egloff, 2008）。在一门心理学课上随机安排大学生的座位，他们或相邻而坐，或坐在同一排但不挨着，或彼此没有这些位置上的关系（控制组）。一年之后，研究者测试了同学之间友谊发展的情况。正如接近性所预示的那样，相邻而坐的同学比坐在同一排的同学更可能成为朋友，而坐在同一排的同学比控制组的同学更可能成为朋友（见**图 9.1**）。

接近性如何增加吸引力？古德弗伦德（Goodfriend, 2009）认为，首先，离得近

的人更可能变得熟识并发现他们的相似之处。其次，与离得远的人相比，人们可能认为与住所或工作地接近的人交往更方便、代价更低（从时间和精力的角度来说）。最后，人们可能仅仅因为与接近的人变得熟悉而被其吸引。

熟悉性

你可能一周有好几次走同样的路线去上课。随着学期一天天过去，你开始能认出路上一些熟悉的面孔。你有没有发现你会朝他们点头或微笑？如果是这样，那么你已经体验到了**曝光效应**（mere exposure effect；也译作纯粹接触效应），或者说，由于频繁暴露于某一新异刺激（人），你对该刺激（人）的积极感受增加了（Zajonc, 1968）。这里要注意，这种积极感受的增加仅仅是因为频繁见到某人，而不是因为双方进行了任何互动。

曝光效应对初始吸引的影响是显而易见的。一般而言，对一个人越熟悉，你越可能喜欢他或她（Le, 2009; Reis et al., 2011）。此外，好感度越高，你越可能主动与对方交谈甚至建立一段关系。当然，人们也可能被一个完全陌生的人吸引，所以熟悉性并不是初始吸引的唯一因素（Fitness, Fletcher, & Overall, 2007）。

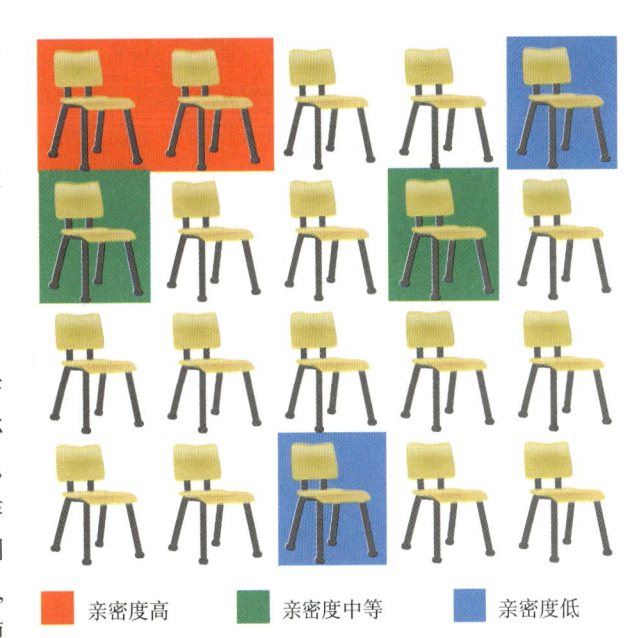

■ 亲密度高　■ 亲密度中等　■ 亲密度低

图 9.1　友谊强度与最初座位分配的关系

为了证明友谊有时只是偶然事件的结果，巴克、施穆克和埃格洛夫（Back, Schmukle, & Egloff, 2008）发现，大学生最初的座位分配预测了他们一年后的亲密程度。坐在相邻座位上的人友谊最亲密，然后是坐在同一排的人，最后是座位没有明显接近性的人。

资料来源：Back, M. D., Schmukle, S. C., & Egloff, B. (2008). Becoming friends by chance. *Psychological Science, 19*(5), 439–440.

外貌吸引力

在最初的面对面相遇中，外貌吸引力扮演着主要的角色。在过去 50 年里，美国大学生对恋爱对象的外貌吸引力越来越重视了——男生和女生皆如此，但男生表现得更明显（Buss et al., 2001）。如你所料，外貌对未来配偶或终身伴侣的重要性和对非正式关系的重要性是不同的。对于结婚对象，男女大学生都认为诚实和可信赖这两个特质是最重要的（Regan & Berscheid, 1997）。而对于性伴侣，男人和女人都将"外貌吸引力"看得最重。美貌在友谊中也扮演重要角色。人们更喜欢有吸引力的同性或异性朋友，这一情况在男性中尤其明显（Fehr, 2000）。

在对外貌吸引力的重视程度上，同性恋者和异性恋者是否存在不同？研究发现似乎并无差异（Peplau & Spalding, 2000）。事实上，研究者经常发现，在对伴侣的偏好上，性别是比性取向更重要的因素。例如，在报纸上的征婚或交友广告中，无论是同性恋者还是异性恋者，男性都比女性更可能对伴侣的外貌吸引力提出要求（Bailey et al., 1997; Deaux & Hanna, 1984）。当同性恋和异性恋参与者对与假想恋爱对象约会的渴望程度进行打分时，也出现了类似的现象：男性比女性更看重外貌吸引力（Ha et al., 2012）

不过，对美貌的重视程度可能不像目前回顾的证据所显示的那样高。在一项对 37 个文化群体的经典跨文化研究中，巴斯（Buss, 1989）探究了人们普遍希望在伴侣身上找到的特征，结果发现，无论男性还是女性都认为，诸如善良和聪明等个人特质比外貌吸引力更重要。与此类似，在 2005 年一项对 200 000 人进行的网络调查中，聪明、幽默、诚实和善良被认为是伴侣最重要的品质，而美貌排在第五位。但当按性别分析结果时，男性还是比女性更看重外貌吸引力（Lippa, 2007）。请记住，人们的口头报告并不总是能预测他们的实际想法和行为，有些人可能没有意识到真正吸引他们的是什么（Sprecher & Felmlee, 2008）。最后应该指出的是，对某个人外貌吸引力的判断会随着个体对其人格的了解而改变（Lewandowski, Aron, & Gee, 2007）。

什么让人有吸引力？ 尽管人们对什么让人有吸引力可能持不同观点，但对美貌的关键要素的看法倾向于一致。研究吸引力的学者几乎将所有的注意力都放在了面部特征和身材上。这两个因素对感知到的吸引力都很重要，但没有吸引力的身材似乎比没有吸引力的面孔责任更大（Alicke, Smith, & Klotz, 1986）。无论是同性恋者还是异性恋者，男性都比女性更强调身材和外貌吸引力（Franzoi & Kern, 2009）。事实上，如果在评价潜在的短期伴侣时只能看部分信息，那么男性更愿意看身材而非面孔（Confer, Perilloux, & Buss, 2010）。

这个研究领域的先驱迈克尔·坎宁安（Cunningham, 2009a）确定了四类使某人看起来吸引力更大或更小的特征：新生儿（婴儿脸）特征、成熟特征、表情特征、修饰品位。即使在不同的种族和国家之间，人们对有吸引力的面部特征的看法似乎也高度一致（Cunningham et al., 1995; Langlois et al., 2000）。具有眼睛大、颧骨高、鼻子小、嘴唇丰满等新生儿特征的女性往往被认为更有吸引力（Jones, 1995）。尽管较为柔和、精致的男性面孔也被认为是有吸引力的（例如莱昂纳多·迪卡普里奥的脸；Perrett et al., 1998），但新生儿特征更能增加女性的吸引力（Cunningham, 2009a）。

这些年轻特征与成熟特征（高颧骨、灿烂的笑容）的结合似乎尤其令人喜爱，比如安吉丽娜·朱莉（Cunningham, Druen, & Barbee, 1997）。具有成熟特征如坚毅的下巴和宽阔额头的男性在吸引力上得分更高（想起了乔治·克鲁尼和丹泽尔·华盛顿）（Cunningham, Barbee, & Pike, 1990）。成熟特征在形体知觉中也发挥作用。肩宽、腰腿细、臀部小的男性会获得高吸引力评分（Singh, 1995）。近些年，男性的理想体形已经向更注重肌肉和强壮的方向转变（Martins, Tiggeman, & Kirkbride, 2007）。个子高的男性也被认为更有吸引力（Lynn & Shurgot, 1984）。那些体重中等、有沙漏型身材和中等大小乳房的女性被认为更有吸引力（Singh, 1993）。非洲裔美国人比欧洲裔美国人偏爱更大的体格，并且男女都如此（Franko & Roehrig, 2011）。然而，尽管肥胖的人正变得越来越多，但美国人对明显超重仍然持非常负面的看法（Hebl & Mannix, 2003）。

表情特征，如灿烂的笑容和高挑的眉毛，也与吸引力有关（Cunningham, 2009a）。灿烂的笑容被看作更有魅力，也许是因为它意味着友好，而高挑的眉毛则被视为兴趣和亲和的标志。修饰品位指人们用化妆品、发型、衣着和饰品等来提升其他外貌特征时所体现出的风格（Cunningham, 2009a）。正如整容手术的增长所表明的那样，人们会不遗余力地提升自己的外貌吸引力。从 1997 年到 2011 年，美国人接受整容手术的数量增加了惊人的 73%。2011 年整容手术超过了 900 万例（见**图 9.2**），其中排名前二的是吸脂和隆胸（American Society for Aesthetic Plastic Surgery, 2011）。

在当今美国，人们非常看重身材苗条，尤其是女孩和成年女性。很多研究表明，反复暴露于媒体描绘的瘦削理想体型与人们对身体的不满意有关（Groesz, Levine, & Murnen, 2002; Nouri, Hill, & Orrell-Valente, 2011）。因此，高中女生低估了男生认为有吸引力的体型的大小并不奇怪（Paxton et al., 2005）。高中女生还认为其他女生比自己瘦，而且理想的体型也比自己的体型小（Sanderson et al., 2008）。与此相似，很多

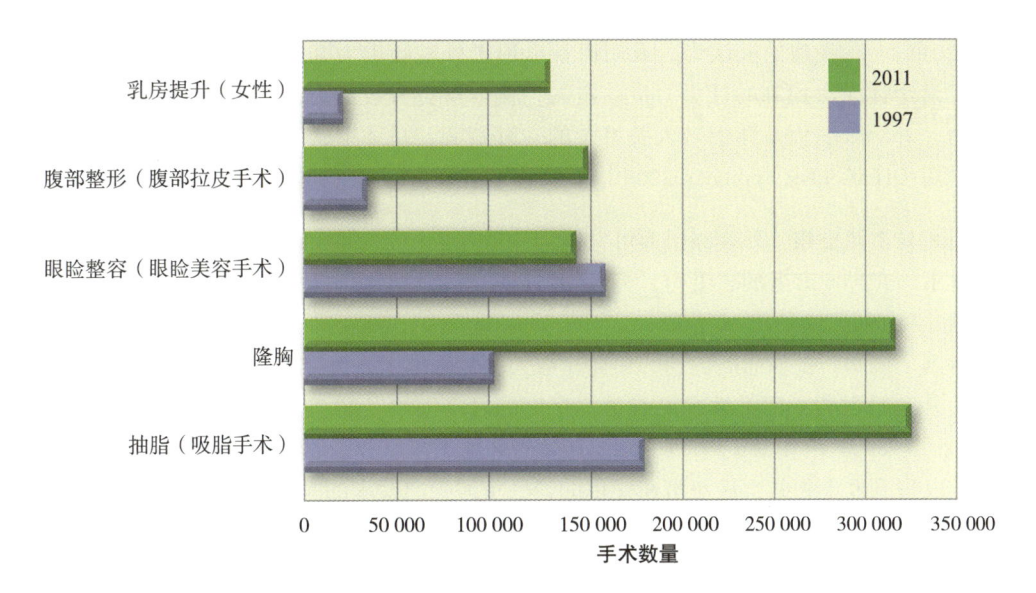

图 9.2 2011 年排名前五位的整容手术

整容手术数量逐年上升，2011 年美国进行的整容手术超过 900 万例。

资料来源：The American Society for Aesthetic Plastic Surgery (2011).

女大学生也倾向于高估自己的体重，并希望可以变得更瘦一些（Vartanian, Giant, & Passino, 2001）。无怪乎将体重过轻与积极品质联系在一起的女性中患进食障碍的比例更高（Ahern, Bennett, & Hetherington, 2008）。而且，进食障碍影响所有的种族群体（Levine & Smolak, 2010; Marques et al., 2011）。我们将在第 14 章的应用部分探讨进食障碍这一重要问题。

男同性恋者也生活在强调外表的亚文化中。一项通过实验诱导参与者自我客体化（让参与者穿泳衣或套领毛衣）的研究发现，与异性恋男性相比，同性恋男性的身体羞耻感更大，身体不满意度更高，而且在有进食机会时吃得也更少（Martins et al., 2007）。有趣的是，这些发现和另一个类似研究的结果一致，在那个研究中是女性穿泳衣（Fredrickson et al., 1998）。尽管男同性恋者对他们的整个身体表现出更大的不满，但研究显示，他们最不满意的是自己的体毛和肌肉发达程度（Martins, Tiggemann, & Churchett, 2008）。

平均来说，同性恋和异性恋男性都渴望更瘦、肌肉更发达，并且这种不满随年龄而增加（Tiggemann, Martins, & Kirkbride, 2007）。随着美国文化对男性身体越来越客体化，并且随着男性在达到理想体型方面的压力越来越大，外表对男性的自我概念可能会变得更重要，导致他们对自己的身体更不满意，并引发更多的进食障碍（Martins et al., 2007），这种情况促使专家们呼吁对这些在男性中未被充分诊断和治疗的疾病进行更多的研究（Strother et al., 2012）。

外貌匹配 庆幸的是，即使没有惊人的美貌，人们也可以享受社会生活的回报。在恋爱和择偶的过程中，人们显然会考虑自己的吸引力水平。**匹配假设**（matching hypothesis）认为，外貌吸引力水平相似的人更可能彼此吸引。支持该假设的研究发现，无论是恋爱中还是已经结婚的异性恋伴侣都倾向于具有相似的外貌吸引力水平（Feingold, 1988; Hatfield & Sprecher, 2009）。也就是说，个体倾向于跟"同一级别"的人恋爱。然而，关于这一原则在伴侣选择中的适用性还存在一些争论（Taylor et

匹配假设认为，人们倾向于选择吸引力与自己相似的人度过一生。然而，其他因素（例如人格、智力和社会地位）也会影响吸引力。

al., 2011）。有些理论家认为，人们通常会追求外貌吸引力高的伴侣，而配偶之间的匹配是个体无法控制的社会力量决定的，例如被更有吸引力的人拒绝。另一种理论认为，外貌吸引力是伴侣带入关系中的一种资源，总体上，伴侣希望保持一种合理的平衡（Hatfield & Sprecher, 2009）。

吸引力与资源交换 外表吸引力可被视为一种伴侣在关系中可以交换的资源。大量研究显示，在异性恋者的恋爱中，男性用自己的职业地位换取女性的年轻和美貌，反之亦然（Fletcher, Overall, & Friesen, 2006; Fletcher et al., 2004）。这一发现在许多文化中都得到了证实。正如前面提到的那样，在大多数国家中，男性都比女性更看重潜在伴侣的外表吸引力，而女性则更看重"良好的经济前景"和"进取心和勤奋"等品质（Buss, 1989）。维德曼（Wiederman, 1993）回顾了报纸和杂志上刊登的征婚广告的内容，发现刊登广告的女性对潜在伴侣的经济资源提出要求的频率是男性的11倍。

戴维·巴斯（Buss, 1988, 2009）等进化社会心理学家认为，这些与年龄、地位和外貌吸引力有关的发现都反映了遗传的繁殖策略上的性别差异，这些策略是自然选择在几千个世代的历史长河中塑造出来的。他们的思想受到了**亲代投资理论**（parental investment theory）的影响，该理论认为，一个物种的择偶模式取决于两性在生产和养育后代方面的投入，包括时间、精力和生存危险等。按照这一模型，如果某一性别投资较少，那么其成员就要互相竞争，以获得和投资较多的异性个体交配的机会，而投资较多的性别将在挑选伴侣时更加挑剔（Webster, 2009）。

这一分析是否适用于人类？与大多数哺乳动物一样，除了性交之外，人类男性在繁殖后代上投资很少，所以他们的繁殖潜力可以通过和尽可能多的女性交配来实现最大化（Buss & Schmitt, 2011）。而且，男性应该更喜欢年轻貌美的女性，因为这些特征被认为是生育力强的信号，和这样的女性交配能增加受孕并把自己的基因成功传给下一代的概率。女性的情况就完全不同。她们必须经过九个月的孕期，而且我们的女性祖先通常还要投入至少几年的时间用母乳来喂养后代。这些事实限制了女性所能生育后代的数量，不论她们和多少男性交配。因此，女性几乎或者完全没有动机和多个男性交配。女性可以通过选择有大量物质资源的可靠伴侣来使自己的生殖潜力最大化。这种偏爱将会增加男性伴侣忠于某一长期关系并供养女性及其孩子的可能性，从而确保该女性的基因可以传递下去（见**图 9.3**）。

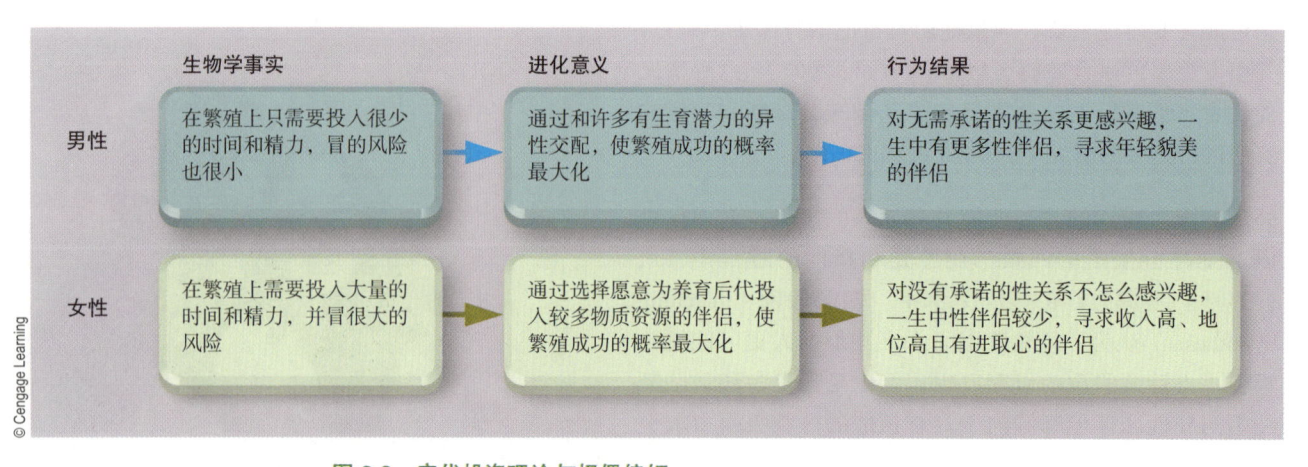

	生物学事实	进化意义	行为结果
男性	在繁殖上只需要投入很少的时间和精力，冒的风险也很小	通过和许多有生育潜力的异性交配，使繁殖成功的概率最大化	对无需承诺的性关系更感兴趣，一生中有更多性伴侣，寻求年轻貌美的伴侣
女性	在繁殖上需要投入大量的时间和精力，并冒很大的风险	通过选择愿意为养育后代投入较多物质资源的伴侣，使繁殖成功的概率最大化	对没有承诺的性关系不怎么感兴趣，一生中性伴侣较少，寻求收入高、地位高且有进取心的伴侣

图 9.3 亲代投资理论与择偶偏好
如图所示，亲代投资理论认为，男性和女性在亲代投资上的根本差异具有重要的适应意义，并导致了男性和女性在择偶倾向和偏好上的差异。

对异性恋关系中的配偶选择和资源交换模式，除了进化论外，是否还有其他的解释？答案是肯定的。社会义化模型也能提供合理的解释，这些解释的核心是传统性别角色的社会化和男性较大的经济权力（Li & Tausczik, 2009; Sprecher, Sullivan, & Hatfield, 1994）。一些理论家认为，女性学会了看重男性的经济实力，因为几乎在所有文化中，女性的经济潜力都因遭受长期歧视而被严重限制。与该假设一致，正是在那些女性的教育和工作机会受限的国家，女性对高收入男性的偏爱最强烈（Eagly & Wood, 1999）。此外，当女性的经济能力提高时，她们对外貌有吸引力的男性的偏爱也会随之提高（Gangestad, 1993）。

现在我们已经探讨过初始吸引，接下来让我们研究一下在个体彼此了解的过程中起重要作用的因素。

变得熟悉

在最初的几次相遇之后，人们通常会开始试着了解对方。是否能够预测在这些开始萌芽的关系中，哪些会开花结果，哪些会不幸夭折？我们将考察两个能使关系继续发展的因素：相互喜欢和对双方相似性的知觉。

相互喜欢

一条古老的谚语告诉我们："如果你想有朋友，那你自己要先做朋友。"这个建议抓住了人际关系中的互惠原则。**相互喜欢**（reciprocal liking）指我们喜欢那些表现出喜欢我们的人。大量研究表明，如果你相信某人喜欢你，你也很可能会喜欢对方（Montoya & Horton, 2012），尤其是如果你发现那个人有吸引力（Stambush & Mattingly, 2010）。让我们想一想，假定他人真诚地夸赞你、帮助你并用非言语行为（眼神接触、身体前倾）来表达对你的兴趣，你是否也会积极地做出回应。这些互动是令人愉快的、确认性的且具有正强化的作用（Smith & Caprariello, 2009）。因此，你通常会回报这样的行为。

你会发现，自我实现的预言在这里起了作用。如果你相信某个人喜欢你，你就会以一种友好的方式对待那个人。你友好的态度和行为又会促使对方用积极的方式回应你，这正好验证了你最初的期待。丽贝卡·柯蒂斯和金·米勒（Curtis & Miller, 1986）的一项研究证明了自我实现的预言如何发挥作用。在这项研究中，彼此陌生的大学生被分成两人一组，进行5分钟"互相熟悉"的交谈。交谈结束后，引导每组中的一个学生相信小组里的另一个人喜欢或者不喜欢他（她）。然后，各小组的两名学生再次相遇，并就最近发生的事情进行10分钟的交谈。在研究的最后，让不了解参与者实验条件的评分者听10分钟交谈的录音，并根据录音给参与者的一系列行为打分。研究结果与事先预期的一样，相信对方喜欢自己的参与者比相信对方讨厌自己的参与者进行了更多的自我表露，表现得更温和、更少反对对方，语调和总体态度也更积极。

"高冷"策略（非互惠）似乎违背了互惠原则。这种策略背后的想法是，人们不

进化论可以解释为何有魅力的女性常常与年纪大得多却很富有的男性恋爱。

应该过早做出回应，以免被视为过度渴望或饥不择食（Cupach & Spitzberg, 2008）。伊斯特威克及其同事（Eastwick et al., 2007）声称"并非所有的互惠都是平等的"，当互惠具有排他性时才是最好的。他们发现，指向一人的爱慕之情被认为是积极的，但指向多人则不然。结论是什么？总体上，你应该避免"高冷"。

相似性

到底是"物以类聚"还是"相异相吸"？支持第一条谚语的研究证据远比支持第二条的多（Montoya, Horton, & Kirchner, 2008; Surra et al., 2006）。在美国，尽管多样性不断增加，但相似性原则依然在人际吸引中扮演着关键的角色，并且无论个体的性取向如何，相似性原则都在其友谊和浪漫关系中发挥着作用（Morry, 2007, 2009）。在一项对最好的朋友进行的纵向研究中，研究者发现，朋友之间在1983年的相似性准确预测了他们19年之后即2002年时的亲近程度（Ledbetter, Griffin, & Sparks, 2007）。我们已经探讨过外貌吸引力方面的相似性（匹配假设），现在我们来考虑与吸引有关的其他方面的相似性。

异性恋情侣和夫妻倾向于在人口学变量（年龄、种族、宗教、社会经济地位和受教育程度）、外貌吸引力、智力和态度等方面表现出相似性（Watson et al., 2004）。按照唐·伯恩的两阶段模型，人们首先将不具相似性的人挑出来，避免和那些与自己不同的人交往。然后，在剩下的人里，人们会倾向于和那些最像自己的人交往（Byrne, Clore, & Smeaton, 1986）。

支持人格相似性是吸引力的因素之一的证据比较弱，而且不太一致（Luo & Klohnen, 2005）。初步结果显示，至少在结识的早期阶段，感知到的人格相似性可能比实际的人格相似性更重要（Selfhout et al., 2009）。然而，一旦人们进入有承诺的关系，人格相似性与关系满意度就存在着相关（Gonzaga, Campos, & Bradbury, 2007）。

相似性为什么具有吸引力？首先，你假定那些与你相似的人可能会喜欢你（Montoya & Horton, 2012）。其次，当别人拥有与你相同的信念时，你会觉得受到了认可（Byrne & Clore, 1970）。最后，相似的人更可能对情境做出相同的反应，由此减少了产生冲突和压力的可能（Gonzaga, 2009）。

已建立的关系

随着时间的推移，一些相识关系会发展为已建立的关系。人们共同决定他们在某段关系中想要达到的亲密程度，无论是友谊还是浪漫关系。不是所有的关系都要高度亲密才能使人满意。对有些关系而言，亲密感是关系满意的基本要素。无论哪种情况，亲近关系的继续都需要维护。

持续关系的维护

关系维护（relationship maintenance）包括用以维持期望的关系质量的行动和活动。在**图9.4**中，你可以看到一个常用的关系维护行为列表。通常，这些行为是自发的（打电话联络、一起吃饭）；有时候，行为更有目的性，需要更多的计划（拜访家人和朋友）（Canary & Stafford, 2001）。显然，策略的使用依赖于关系的性质（家人、朋友、浪漫关系）和发展阶段（开始、发展中、成熟）。例如，已婚夫妇比恋爱中的情侣更注重保证和社交（Stafford & Canary, 1991）。异地恋的情侣通常依靠沟通来有效地维护关系（Stafford, 2010）。当对异地恋情侣的电子邮件内容进行编码时，约翰逊及其同事（Johnson et al., 2008）发现，最常用的策略依次是保证、开放性和积极的心态。

自发的和有意的关系维护活动都与关系满意度和承诺相关（Canary & Dainton, 2006）。即使在同性朋友之间，积极的心态、保证和分享任务等关系维护行为都与友谊亲密度有关（Ledbetter, 2009）。此外，当一方的关系维护活动频率与另一方的期望相匹配，或双方对维护关系所做的贡献相当时，关系满意度会更高（Stafford & Canary, 2006）。同性恋者一般使用和异性恋者一样的关系维护行为（Hass & Stafford, 1998）。

维护关系的另一种方法是"在意"（Harvey & Omarzu, 1997）。在意是一个主动的、持续的过程，包括双方持续地进行自我表露，对伴侣保持有助于增进关系的信念和归因。该模型认为，对关系的高度关注与长期关系的满意度和亲密度相关，反之亦然。具体而言，对关系的高度关注包括：使用良好的倾听技巧，详细了解伴侣的观点，对伴侣的行为倾向于进行积极归因，表达对伴侣的信任感和承诺，认识到伴侣的支持和努力，以及积极乐观地看待双方关系的未来。与此相反，对关系的关注程度不够则表现为：对伴侣的自我表露缺乏兴趣，对伴侣的行为倾向于进行消极归因，老是想着伴侣的错误，以及对双方关系的未来持消极的看法。你可能已经发现，该模型有很强的认知色彩。尽管哈维和奥马祖关注的是忠诚的浪漫关系，但他们认为他们的模型可能也适用于家庭和友谊关系（Omarzu, 2009）。

关系维护策略	
策略	行为举例
积极的心态	努力表现得友好、愉快
开放性	鼓励他/她对我说出自己的想法和感受
保证	强调我对他/她的承诺
社交	表现出我愿意和他/她的朋友及家人一起做事
分享任务	平等分配需要完成的任务
共同活动	一起出去玩
媒介沟通	用电子邮件保持联系
回避	尊重对方的隐私和独处需要
反社会行为	对他/她表现粗鲁
幽默	给他/她起有趣的绰号
不与他人调情	不鼓励过于亲密的行为（指异性朋友之间）

图 9.4　关系维护策略

研究者让大学生描述他们在大学期间如何维护三种不同的人际关系。他们的回答可以分为 11 类。你可以看到，具有讽刺意味的是，有些人竟然试图采用消极的方式去提升关系。开放性是大学生最常提到的策略。

资料来源：Canary & Stafford, 1994.

关系满意度与承诺

你如何评估自己对某个关系的满意度？哪些因素决定了你会继续或结束某个关系？**相互依赖**（interdependence）或**社会交换理论**（social exchange theory）认为，人际关系是由个体对人际互动中回报与付出的感知决定的。这一模型预测，只要个体认为自己在关系中得到的好处相对于自己付出的代价是合理的，熟人、朋友以及爱人之间的互动就会继续下去。哈罗德·凯利和约翰·蒂博的相互依赖理论（Kelley & Thibaut, 1978; Thibaut & Kelley, 1959）建立在斯金纳的强化原理之上，这一原理假定，个体在生活中会努力将回报最大化、付出最小化（见第 2 章）。

回报包括情感支持、地位、性满足（在浪漫关系中）等；付出则包括一段关系所需要的时间和精力、情感冲突，以及由于关系中的义务而不能进行其他回报性活动的机会成本。根据相互依赖理论，人们根据关系的结果（即对关系的回报与付出之差的主观感知）来评估一段关系（见**图 9.5**）。

个体通过将某段关系的结果（回报减去付出）与其主观期望进行比较来评估自己对此关系的满意度。**对照水平**（comparison level）是指个体对一段关系中回报与付出之间可接受的平衡的标准。对照水平的形成有两个基础，一是个体在以往关系中

图 9.5 社会交换理论的核心要素及其对人际关系的影响

根据社会交换理论,关系的结果取决于该关系的回报与付出之差。关系满意度取决于关系结果和对照水平(期望值)的匹配情况。关系的承诺水平取决于关系满意度减去替代关系的对照水平再加上个体在关系中投入的资源。

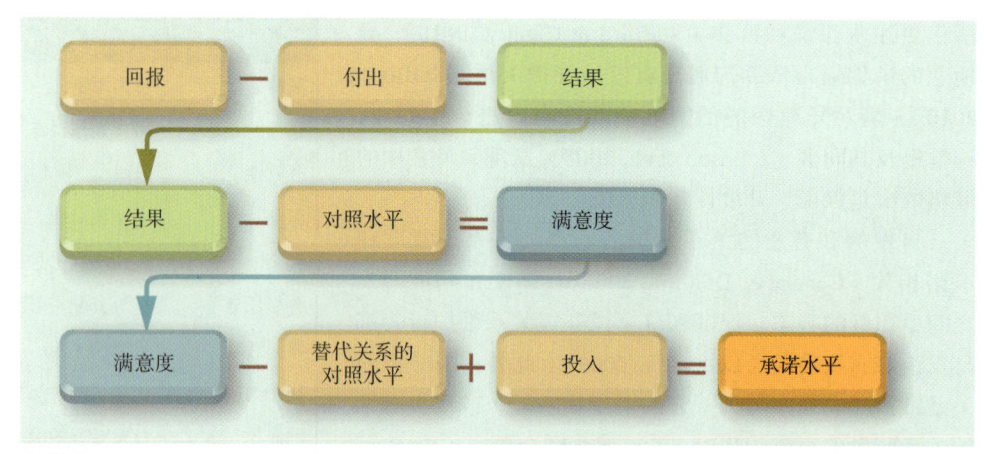

回报 − 付出 = 结果

结果 − 对照水平 = 满意度

满意度 − 替代关系的对照水平 + 投入 = 承诺水平

资料来源:Brehm, S. S., & Kassin, S, M. (1993). *Social psychology*. Boston: Houghton Mifflin. Copyright © 1993 by Houghton Mifflin Company.

体验到的结果,二是个体观察到的其他人在他们的关系中体验到的结果。你所接触到的虚构关系也会影响你的对照水平,例如你从书中读到或在电视上看到的虚构关系。与相互依赖理论的预测一致,研究发现,当个体感知到的回报相对较多、付出相对较少时,关系满意度更高。

为了理解承诺在人际关系中的作用,我们需要考虑另外两个因素。第一个因素是**替代关系的对照水平**(comparison level for alternatives),或者说个体对替代关系可能产生的结果的估计。在使用这一标准时,个体将当前关系的结果与其他可获得的相似关系的结果进行比较。这个原理有助于解释为什么很多令人不满的关系直到另一个心仪的对象出现才结束。它还解释了为什么如果一个人的期望和标准没有得到满足的话,他可能会离开一段看似快乐的关系。影响关系承诺的另一个重要因素是**投入**(investments),或者说人们在关系结束后无法收回的那些资源,包括以前投入到关系中的时间、金钱等。如果关系终止,这些投入都将一去不返。因此,我们不难理解,对某段关系的投入可以增强个体对该关系的承诺。

图 9.5 全面地展示了相互依赖理论的观点。如果双方都认为与付出的代价(一些争论,偶尔放弃自己喜欢的活动等)相比,他们从关系中得到了许多(大量的抚慰、高社会地位等),那么他们可能会对关系感到满意,并愿意继续维持关系。但是,如果任何一方觉得关系的回报付出比在下降,而且已经低于其对照水平,那么就可能感到不满意。感到不满意的那个人可能会尝试改变回报与付出的平衡,或者干脆退出关系。是否终止一段关系取决于个体在这段关系中有多少重要的投入以及是否认为还有可以带来更大满足感的替代关系。

研究总体上支持相互依赖理论及其延伸(Rusbult, Agnew, & Arriaga, 2012)。无论性取向如何,社会交换原则似乎都以类似的方式起作用(Peplau & Fingerhut, 2007)。然而,许多人反对亲近关系按照经济模型运作的观点。大部分的抵触可能是由于人们对自我利益在关系维系中扮演如此重要角色的观点感到不适。抵触还可能源于对社会交换原则对亲近关系的适用程度的怀疑。事实上,这种怀疑也确实得到了一些实证研究的支持(Harvey & Wenzel, 2006)。玛格丽特·克拉克和贾德森·米尔斯(Clark & Mills, 1993)区分了交换关系(陌生人、熟人和同事之间)和共享关系(亲近朋友、爱人和家庭成员之间)。研究显示,在交换关系中,社会交换的一般原则起主导作用;而在共享关系中,社会交换原则起作用的方式则有所不同(Morrow,

2009）。例如，在共享关系中，奖赏通常是免费的，人们并未期待对方的及时回报。此外，与交换关系相比，在共享关系中，个体更关注同伴的需要。换句话说，你会根据是否需要来帮助那些和你亲近的人，不会去计较他们是否以及何时给你回报。

友 谊

学习目标
- 总结有关怎样才是好朋友的研究
- 描述友谊中一些关键的性别和性取向差异
- 解释作为友谊冲突解决方式之一的友谊修复程序

朋友的重要性怎么强调都不过分。当我们需要时，朋友给我们帮助；当我们困惑时，朋友给我们建议；当我们失败时，朋友给我们安慰；当我们成功时，朋友给我们赞扬。朋友显然对个体的调适至关重要。事实上，友谊的质量是总体幸福感的一个预测变量，部分原因是朋友满足了基本的心理需求（Demir & Özdemir, 2010）。拥有深厚友谊的大学生更积极乐观，也更善于应对压力事件（Brissette, Scheir, & Carver, 2002）。对成年人而言，亲密而稳定的友谊与较小的压力相关；对青少年而言，它与较少的问题行为相关（Hartup & Stevens, 1999）。

怎样才是好朋友

到底什么样的人才能算是好朋友？一项研究调查了英国、意大利、日本等地的大学生，用跨文化比较的方法回答了这一问题（Argyle & Henderson, 1984）。值得注意的是，在这个多样化的样本中，人们对朋友之间该如何行事有着相当一致的看法，足以令研究者识别出六类支配友谊的非正式规则，包括与朋友分享好消息、提供情感支持、当朋友需要时伸出援手、相处时让彼此开心、信任和相互交心以及为彼此挺身而出。注意，贯穿这些规则的共同主线似乎是给朋友提供情感和社会支持。

为了理解友谊的本质，我们还可以看看所有年龄段的友谊中那些共同的主题。研究者已经确定了三个这样的主题（de Vries, 1996）。第一个涉及友谊的情感维度（自我表露、表达友爱和支持，等等）；第二个关注友谊的共享性质（参与共同的活动或在活动中相互支持）；第三个维度包括友谊的社交性和相容性（朋友是开心和娱乐的源泉）。大量研究显示，友谊中最重要的元素是情感支持（Collins & Madsen, 2006）。

性别和性取向问题

男性和女性在同性友谊上有很多共同点（Wright, 2006）；男性和女性都看重亲密、自我表露和信任（Winstead, 2009）。但两性之间仍然存在一些似乎源自传统的性别角色和社会化过程的有趣的差异。在美国，女人的友谊更多地是基于情感，而男人的友谊则倾向于以活动为基础。尽管一些研究者对这样的描述提出了质疑（Walker, 1994），但当前的主流观念依然认为男人的友谊通常以共同的兴趣和一起做事为基础，而女人的友谊则更多地集中于交谈——通常是关于私人的话题（Fehr, 1996, 2004）。

我们也能从人们在交流中喜欢谈论的话题来比较美国男性和女性的友谊。女性远比男性更喜欢讨论个人问题、其他人、人际关系以及内心感受（Fehr, 2004）。男性则更喜欢讨论运动、工作、车以及电脑等话题而不是个人问题。电子邮件沟通也表现出了这种性别差异（Colley & Todd, 2002）。那么谁的友谊更亲密，男性还是女性？目前，在这个问题上还存在一些争议。最为广泛接受的观点是女性的友谊更亲密，也更令人满意，因为她们进行了更多的自我表露（Fehr, 2004）。

是什么切断了男性之间的亲密联系？就美国男性而言，有几个突出的因素（Way, 2011）。首先，在社会化的过程中，男性被要求自立，这就抑制了他们的自我表露。其次，男性的"恐同症"甚过女性，是男性之间亲密关系的障碍，并导致男性之间情感表达与亲密关系的标准不一致且往往模棱两可（Nardi, 2007）。最后，传统的性别角色期望鼓励男人把彼此当作竞争对手。如果某个人可能会利用你，为什么要向他暴露自己的弱点呢？研究显示，男性友谊中的人际竞争水平是最高的（Singleton & Vacca, 2007）。

同性恋者的友谊与浪漫关系或性关系之间的界限比异性恋者更为复杂。很多女同性恋者之间的亲密关系都是从友谊开始的，然后发展成浪漫关系，最后是性关系（Diamond, 2007）。显然，辨别和顺利通过这些转变有时可能很困难。此外，男女同性恋者都远比异性恋者更可能与以前的性伴侣保持联系（Solomon, Rothblum, & Balsam, 2004）。对这种现象的一个可能解释是一些同性恋者社交网络的规模很小（Peplau & Fingerhut, 2007）。此外，男女同性恋伴侣从家庭和社会组织中得到的支持也比异性恋伴侣少（Kurdek, 2005）。因此，对他们来说，和朋友保持紧密联系并借此创造"安全空间"尤其重要（Goode-Cross & Good, 2008）。

友谊中的冲突

朋友，尤其是长期的朋友，必然会有冲突。与其他类型的关系一样，友谊中的冲突可能源于不兼容的目标、不匹配的期望或随时间改变的个人兴趣。如果冲突足够严重，它们可能会导致友谊的终结。或者，个人也可以采取一些行动来维护友谊。卡恩（Cahn, 2009）描述了友谊修复程序的三个步骤。第一步是责备，被冒犯的一方指出问题并要求冒犯者做出解释。第二步，冒犯者通过承担责任并提供理由、让步、道歉或三者结合的方式来进行补救。最后，在认可阶段，被冒犯的一方认可补救措施，友谊得以继续。当然，在任何一个节点，双方都可以停止程序并解除友谊。说到底，冲突是所有关系中都现实存在的，无论是柏拉图式的还是浪漫的（Reis, Snyder, & Roberts, 2009）。

浪漫爱情

学习目标

- 说明关于同性恋和异性恋伴侣爱情体验的研究发现，并讨论爱情中的性别差异
- 比较斯滕伯格爱情三角理论和成人依恋类型理论
- 讨论浪漫爱情的发展进程，包括伴侣在解除关系时所经历的过程
- 解释关系为什么会结束，伴侣们可以做些什么来维持关系

在书店里走一圈，你会看到关于爱情的书名铺天盖地，例如《不会爱的男人》《爱得太多的女人》《得到你想要的爱》等等。打开收音机，你会听到"你需要的只是爱""为爱疯狂"和"爱你如歌"的高潮部分。尽管也有其他形式的爱，例如父母的爱和柏拉图式的爱，但这些书和歌曲都是关于浪漫爱情的，一个几乎所有人都感兴趣的主题。

尽管浪漫的态度和行为存在文化差异，但浪漫的爱情在所有文化中都存在（Hatfield & Rapson, 2010）。爱情很难定义，也不好测量，而且常常难以理解。尽管如此，心理学家还是进行了数以千计的研究，并提出了多种关于爱情和浪漫关系的有趣理论。

性取向与爱情

性取向（sexual orientation）是指个体在与他人发展感情和性关系时，喜欢同性还是异性，或是两者皆可。异性恋者寻求与异性发展感情和性关系。同性恋者寻求与同性发展感情和性关系。双性恋者寻求与两种性别的成员发展关系。近些年，"gay"（同性恋者）和"straight"（异性恋者）这两个词被广泛使用。"Gay"既可以用来指男同性恋者，也可以用来指女同性恋者，但大多数女同性恋者喜欢称自己为"lesbian"（女同性恋者）。第12章提供了更多与性取向有关的细节。

许多关于浪漫爱情和关系的研究都受到了**异性恋主义**（heterosexism）的影响，也就是默认所有个体和关系都是异性恋。例如，大多数测量浪漫爱情和浪漫关系的问卷都没有询问参与者的性取向。因此，在分析数据时，我们无法知道参与者谈论的是同性还是异性的浪漫伴侣。在假设他们的参与者都是异性恋者的前提下，一些研究者开始描述他们的发现，丝毫没有提及同性恋者。由于大多数人认为自己是异性恋者，研究中的异性恋主义并不会影响关于异性恋的结论；但是，它会将同性恋关系置于人们的视野之外。此外，对同性关系的研究倾向于关注美国中产阶级白人（Peplau & Ghavami, 2009）。因此，心理学家对同性恋关系的了解并不像他们期望的那样多。不过，现在同性恋的主题已经引起了研究者们越来越多的关注。

在第10章，我们将更详细地讨论有承诺的男女同性恋关系，因此这里我们只介绍一些基本情况。我们的确知道，同性恋者的恋情和关系与异性恋者并没有本质上的差异。他们都能体验到浪漫之爱和激情之爱，并且对关系做出承诺（Kurdek, 1994, 1998; Peplau & Ghavami, 2009）。同性恋和异性恋伴侣对关系持有相似的价值观，对关系的满意度相近，都认为和伴侣之间的关系是充满爱意和令人满意的，并且都希望伴侣拥有与自己相似的特征（Peplau & Fingerhut, 2007）。此外，两个群体都渴望伴侣有体贴和友好等积极品质（Felmlee, Hilton, & Orzechowicz, 2012）。下面我们将看到，浪漫关系方面的差异更可能源于性别而非性取向。

性别差异

在人们的刻板印象里，女性比男性更浪漫，然而研究表明恰恰相反——男性更浪漫（Dion & Dion, 1988）。例如，男性拥有更浪漫的信念（"爱是永恒的"或"在这个世界上，每个人都会有一份完美的爱情"）（Peplau, Hill, & Rubin, 1993）。此外，男

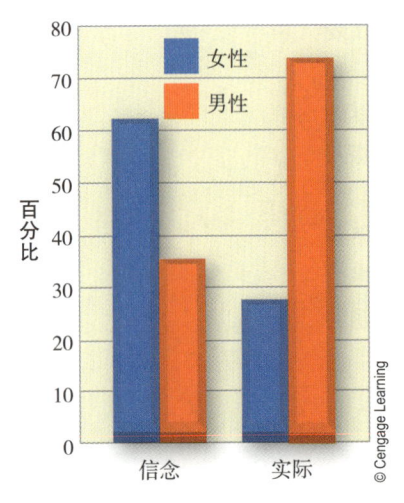

图 9.6　哪个性别更浪漫

阿克曼及其同事（Ackerman et al., 2011）发现，尽管男性和女性都相信女性更可能先表白，但实际上男性更可能先说"我爱你"。

资料来源：Ackerman, J. M., Griskevicius, V., & Li, N. P. (2011). Let's get serious: Communicating commitment in romantic relationships. *Journal of Personality and Social Psychology, 100*(6), 1079–1094.

罗伯特·斯滕伯格

性比女性更容易坠入爱河，而女性比男性更容易走出一段恋情（Hill, Rubin, & Peplau, 1976; Rubin, Peplau, & Hill, 1981）。研究发现，尽管参与者（无论男性或女性）相信女性更可能先表白，但实际上，男性更可能先说"我爱你"，而且当收到表白时，男性报告的快乐程度更高（Ackerman, Griskevicius, & Li, 2011；见图 9.6）。

相比之下，女性更可能报告与恋爱相关的身体症状，例如，感觉自己好像"漂浮在云端之上"（Peplau & Gordon, 1985），而且她们也更喜欢描述和表达温柔的情感（Dindia & Allen, 1992）。但是，我们要注意的是，男性与女性在浪漫关系方面的相似之处多于不同之处（Marshall, 2010）。"男人来自火星，女人来自金星"的说法似乎过于夸张了。

爱情理论

爱情体验能否被分解为几个关键要素？浪漫的爱情关系和其他类型的亲近关系有哪些相似之处？这正是下面两种爱情理论所探讨的问题。

爱情三角理论

罗伯特·斯滕伯格（Sternberg, 1986, 1988, 2006）提出的爱情三角理论认为，所有的爱情都包含三个关键要素：亲密、激情和承诺。每一个要素都用三角形的一个点来表示，该理论由此而得名（见图 9.7）。

亲密（intimacy）是指爱情关系中的温暖、亲近和分享。亲密的信号包括给予和接受情感支持、珍惜所爱的人、希望提升所爱之人的幸福，以及与对方分享自我和财富。为了在一段关系中获得并保持亲密感，无论是柏拉图式的还是罗曼蒂克式的，自我表露是必要的。

激情（passion）指的是爱情关系中强烈的情感体验（包含积极的和消极的），包括性的欲望。激情与引发浪漫、身体吸引和性满足的驱动力有关。尽管性需求在许多亲密关系中可能占主导地位，但其他需求也会出现在激情体验中，包括对关爱、自尊、支配、服从以及自我实现的需求。例如，当一个人感到嫉妒时，其自尊就会受到威胁。激情显然在浪漫关系中最为突出。

承诺（commitment）是指尽管可能会出现困难和代价但仍要维持一段关系的决定和意图。斯滕伯格认为，承诺有短期和长期两个方面。短期方面是指有意识地决定去爱某个人。长期方面反映了让一段关系持续下去的决心。虽然爱一个人的决定通常先于承诺，但情况并非总是如此（例如在包办婚姻中）。

斯滕伯格根据爱情三要素中的各个要素存在与否，把关系分为八种类型，如图 9.7 所示。有一种关系类型没有在图中呈现，因为这种类型的关系不包含爱情三要素中的任何一种，我们称之为"无爱"。大多数随意的互动都属于这种类型。如果爱情三要素都存在，我们就称之为"完满式爱情"。

斯滕伯格的爱情模型引起了人们的极大兴趣，并且带动了大量研究。支持此理论的研究者称，斯滕伯格提出的爱情三要素不仅描述了人们对爱情的总体看法，而且描述了他们个人对爱情的体验（Aron & Westbay, 1996）。所有三个要素都与恋爱关系中的满意度呈正相关（Madey & Rodgers, 2009）。在一项对 16 000 多名参与者进行的网络调查中，三个要素都与人格特质中的宜人性相关，或许是因为随和的人会更积极地看待他人，也更容易维持关系（Ahmetoglu, Swami, & Chamorro-Premuzic, 2010）。研究者还考察了各个要素随时间变化的情况，发现承诺随关系发展而增加，激情则随关系发展而减少。在一项中美两国的跨文化研究中，20多岁的异性恋伴侣填写了测量亲密、激情和承诺的问卷（Gao, 2001）。结果发现，随着关系变得越来越认真，爱情三要素的得分也越来越高。尽管中国人与美国人在亲密和承诺两个要素上的得分无显著差异，但在激情要素上，美国人的得分更高。最后，斯滕伯格的三要素也适用于同性之间的浪漫关系（Bauermeister et al., 2011）。

仅凭三角理论并不能完全捕捉爱情的复杂性（Hsia & Schweinle, 2012）。人们跟他人建立纽带的方式似乎也发挥着作用。马迪和罗杰斯（Madey & Rodgers, 2009）发现，一个人跟他人建立纽带的方式（或一个人的依恋类型）能够预测他的亲密和承诺水平，而亲密和承诺水平可以进一步预测关系满意度。为了理解为什么会是这种情况，让我们将注意力转向依恋理论。

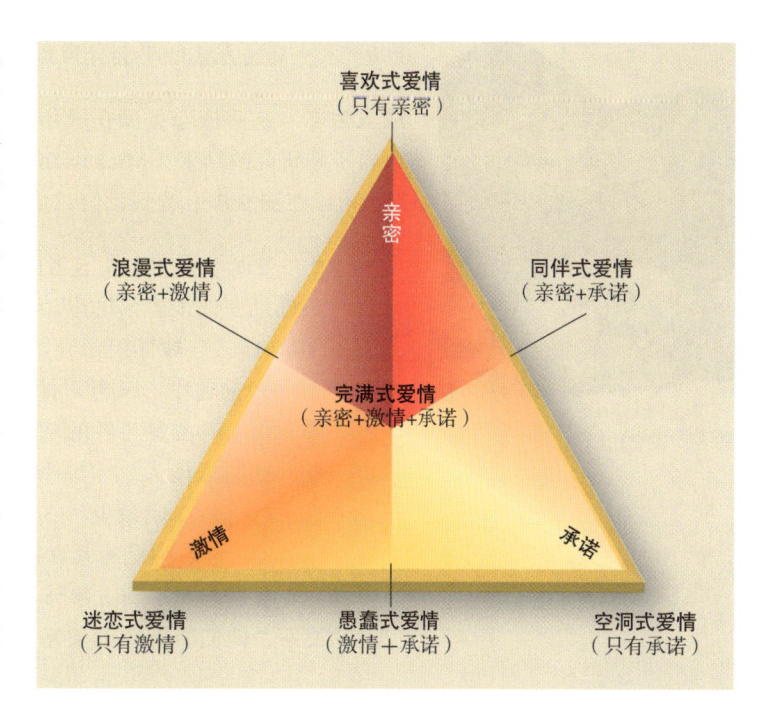

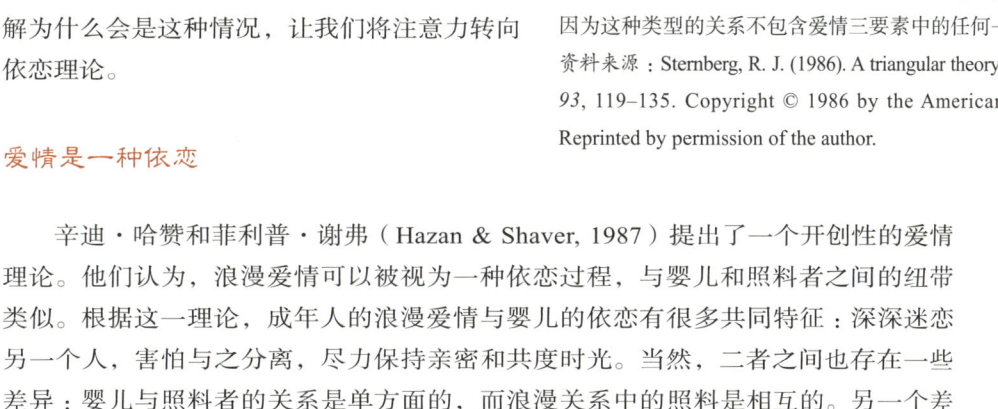

图 9.7 斯滕伯格的爱情三角理论

罗伯特·斯滕伯格（Sternberg, 1986）认为，爱情包括三个要素：亲密、激情和承诺。这些要素在图中用三角形的三个点来表示。这三个要素的可能组合形成了如图所示的七种关系类型。还有一种关系类型在图中没有显示出来，因为这种类型的关系不包含爱情三要素中的任何一个，我们称之为"无爱"。

资料来源：Sternberg, R. J. (1986). A triangular theory of love. *Psychological Review*, 93, 119–135. Copyright © 1986 by the American Psychological Association. Reprinted by permission of the author.

爱情是一种依恋

辛迪·哈赞和菲利普·谢弗（Hazan & Shaver, 1987）提出了一个开创性的爱情理论。他们认为，浪漫爱情可以被视为一种依恋过程，与婴儿和照料者之间的纽带类似。根据这一理论，成年人的浪漫爱情与婴儿的依恋有很多共同特征：深深迷恋另一个人，害怕与之分离，尽力保持亲密和共度时光。当然，二者之间也存在一些差异：婴儿与照料者的关系是单方面的，而浪漫关系中的照料是相互的。另一个差异是，浪漫关系通常含有性的成分，婴儿与照料者的关系中则没有这种成分。

如今，成人依恋理论是亲密关系研究中最有影响力的取向之一（Shaver & Mikulincer, 2012）。依恋研究者对**依恋类型**（attachment styles）——亲密关系中典型的互动方式——的性质和发展非常感兴趣。他们的兴趣源于这样一种信念：依恋类型在人生的第一年就开始形成，并对个体此后的人际互动有强大影响。

婴儿依恋 哈赞和谢弗的观点建立在约翰·鲍尔比（Bowlby, 1980）和玛丽·安斯沃思（Ainsworth et al., 1978）在依恋理论方面的早期工作基础上。基于对婴儿及其主要照料者的实际观察，他们把依恋划分为三种类型。一半以上的婴儿发展出安全型依恋，而其他婴儿则发展出不安全型依恋。有些婴儿在与照料者分开时表现得非常焦虑，而团聚时又表现出抗拒，这种反应被称为焦虑-矛盾型依恋。还有一些婴儿从来没有跟照料者形成过很好的联结，这些婴儿被归为回避型依恋。婴儿依恋是如何发展起来的？正如你在**图 9.8** 中看到的，研究者认为三种养育方式可能决定了依恋的质量。温暖/回应的方式似乎能促进安全型依恋，而冷漠/拒绝的方式则与回避型依恋相关。

菲利普·谢弗

矛盾/不一致的方式似乎会导致焦虑-矛盾型依恋。

成人依恋 这些依恋类型在成年后是什么样的？为了回答这个问题，我们将总结出自不同研究的结果（Mickelson, Kessler, & Shaver, 1997; Shaver & Hazan, 1993）。你也可以在图 9.8 中看到我们对成人依恋类型的简单总结。

- 安全型成人（约占参与者的 55%）。这些人信任他人，对他们来说，与他人亲近是一件很容易的事，他们喜欢与他人之间相互依赖的感觉。他们很少担心自己会被伴侣抛弃。安全型成人的关系持续时间最长，离婚率最低。在他们的描述中，父母对他们和对彼此都很温暖。

- 回避型成人（约占参与者的 25%）。这些人对与他人亲近既害怕又感到不舒服。他们不愿意信任他人，宁愿和别人保持较大的情感距离。在三种依恋类型中，他们的积极关系体验最少。在回避型成人的眼里，他们的父母不如安全型成人的父母温暖，母亲则是冷漠和排斥的。

- 焦虑-矛盾型成人（约占参与者的 20%）。这一类型的成人过分关注和沉迷于他们的关系。他们所期望的关系比其伴侣所期望的更亲密。由于害怕被抛弃，他

图 9.8 婴儿依恋与浪漫关系

哈赞和谢弗（Hazan & Shaver, 1987）认为，成人的浪漫关系在形式上类似于婴儿期的依恋模式，而这种依恋模式部分是由父母的照料方式决定的。父母的养育方式、依恋模式和亲密关系这三者之间的理论联系如图所示。哈赞和谢弗的研究引发了一系列后续研究，这些研究在很大程度上支持了他们这一开创性理论的基本前提，尽管婴儿期经历和成年期亲密关系之间的联系似乎要比这里描述的更复杂一些。

资料来源：Hazan & Shaver, 1986, 1987; Shaffer, 1989.

父母的照料方式	婴儿的依恋	成人的依恋类型
温暖/回应——她/他总体上是温暖且回应积极的；她/他知道什么时候该给我支持，什么时候该让我自己应对；我们的关系一直很融洽，我对此基本没有保留或抱怨。	**安全型依恋**——一种婴儿与照料者之间的纽带，在这种纽带中，孩子喜欢与照料者接触，并将其作为安全基地，由此出发去探索世界。	**安全型**——我发现与别人亲近并不难，我能安心地依赖他们，也愿意让他们依赖我。我不担心会被抛弃，也不害怕某个人会和我走得太近。
冷漠/拒绝——她/他相当冷漠和疏远，或者经常拒绝我，回应不是很积极；我不是她/他最优先考虑的，她/他的关注点往往在别处；她/他可能宁愿没生过我。	**回避型依恋**——婴儿与照料者之间的一种不安全的纽带，其特点是：婴儿很少对分离表示抗议，并且倾向于回避或忽略照料者。	**回避型**——与他人亲近时，我会感到有些不适；我发现我很难信任他们，也很难让自己去依赖他们。当任何人和我过于亲近时，我都会紧张；我的伴侣希望我能和他/她更亲密一些，而这种程度通常超出了我觉得舒适的范围。
矛盾/不一致——她/他对我的反应很不一致，时而温暖时而冷漠；她/他有自己的安排，有时这会妨碍她/他对我的需要的感受和反应；她/他肯定是爱我的，但并不总是能够很好地表达爱意。	**焦虑/矛盾型依恋**——一种不安全的婴儿与照料者之间的纽带，特点是：婴儿强烈抗议与照料者分离，并且倾向于反抗照料者发起的接触，尤其是在经历了分离之后。	**焦虑/矛盾**——我发现其他人不太愿意和我走得像我希望的那样近；我常常担心伴侣并不是真的爱我，担心她/他不愿意和我在一起。我想和他人完全融为一体，但我的这个渴望有时会把别人吓跑。

们常常处于极端的嫉妒之中。在三种依恋类型中，他们的关系持续时间最短。在矛盾型成人看来，他们与父母的关系不如安全型成人的温暖，并且认为他们的父母婚姻不幸福。

尽管存在文化差异，但成人依恋理论似乎适用于不同文化（Hatfield & Rapson, 2010）。在澳大利亚和以色列进行的研究证实，这两个国家的人们在三种依恋类型上的分布比例相似（Feeney & Noller, 1990）。此外，男性与女性在三种依恋类型上的分布情况是相似的，男同性恋者和女同性恋者的分布比例也分别与异性恋男性和女性相似（Ridge & Feeney, 1998）。

目前的观点认为依恋类型取决于人们在两个连续的维度上的位置（Brennan, Clark, & Shaver, 1998）。依恋焦虑反映了一个人对伴侣在自己需要时不在身边的担忧程度。这种害怕被抛弃的感觉部分源于个体对自己可爱度的怀疑。依恋回避反映了一个人对伴侣好意的不信任程度，以及与伴侣在情感和行为上保持距离的倾向。根据自我报告数据，人们在这两个维度上的得分产生了四种依恋类型：安全型、痴迷型（焦虑-矛盾型）、回避-疏离型和回避-恐惧型。你对安全型依恋应该已经很熟悉了，而"痴迷型"只是焦虑-矛盾型的另一种叫法而已。疏离型和恐惧型依恋则是回避型依恋的两种不同形式。

正如你在**图 9.9** 中看到的，安全型依恋的个体（低焦虑、低回避）享受亲密关系，并且不担心别人会离开自己。痴迷型依恋的人（高焦虑、低回避）渴望和别人建立亲密关系，但同时又害怕被拒绝。回避-疏离型的人（高回避、低焦虑）喜欢和别人保持距离，对是否会被拒绝并不担心。回避-恐惧型的人（高回避、高焦虑）则不同，他们不喜欢和别人太亲密，但仍然担心遭到拒绝。有证据表明，这种类型的焦虑在关系真正确立之前的早期阶段达到顶峰（Eastwick & Finkel, 2008）。

虽然这四种依恋类型在**图 9.9** 中看起来好像是完全不同的类别或类型，但事实并非如此（Shaver & Mikulincer, 2006）。回想一下，焦虑和回避这两个维度是从低到高连续分布的（如图中箭头所示）。这就意味着，人们或多或少都会有一点儿焦虑（或回避），而不是完全被焦虑淹没或完全不焦虑。因此，当你读到这四种依恋类型时，请记住它们只是"不同的焦虑和回避得分的便利标签，而不是没有任何共同点的不同类别"（Miller, Perlman, & Brehm, 2007）。

与依恋类型相关的变量 成人依恋类型这一概念激发了大量的研究。众多研究一致表明，与不安全型依恋的个体相比，安全型依恋个体的亲密关系有更多承诺、更令人满意、更相互依赖且适应更为良好（Bartholomew, 2009）。此外，高依恋焦虑与较低的恋爱关系质量相关（Holland, Fraley, & Roisman, 2012）。回避型依恋与较短的关系持续时间相关（Shaver & Brennan, 1992）。依恋类型还与异性恋关系中的性满意度相关：男性的焦虑依恋能预测其女伴的性不满，而女性的回避依恋则与其男伴的性不满相关（Brassard et al., 2012）。

当研究者将伴侣双方置于压力之下，以此来探究依恋类型和关系健康之间的联系时，研究结果总体上支持了依恋理论的预测（Feeney, 2004）。也就是说，在压力之下，安全型

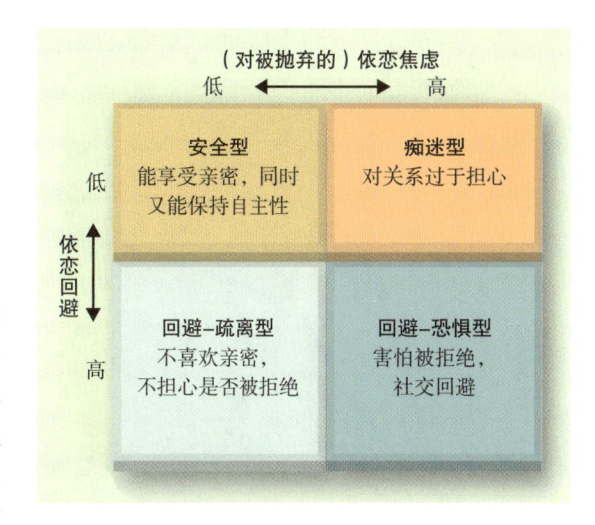

	（对被抛弃的）依恋焦虑	
	低 ↔ 高	
依恋回避 低	**安全型** 能享受亲密，同时又能保持自主性	**痴迷型** 对关系过于担心
依恋回避 高	**回避-疏离型** 不喜欢亲密，不担心是否被拒绝	**回避-恐惧型** 害怕被拒绝，社交回避

图 9.9 依恋类型及其深层维度

依恋类型取决于人们在两个从低到高的连续维度上的位置，这两个维度分别是依恋回避和（对被抛弃的）依恋焦虑。这一系统产生的四种依恋类型及其简单描述如图所示。

资料来源：Brennan, Clark, & Shaver, 1998; Fraley & Shaver, 2000.

依恋的个体既会寻求也会提供支持。相反,回避型的人在压力之下会远离他们的伴侣,而且当对方向他们寻求支持或者当他们没有得到想要的支持时,他们可能会生气。焦虑型的个体在压力之下会感到恐惧,有时还会表现出敌意。当与伴侣讨论冲突时,焦虑型依恋者会报告更多的个人痛苦,并使冲突的严重性升级(Campbell et al., 2005)。

在心理调适方面,安全型依恋者的心理健康水平高于不安全型依恋者(Haggerty, Hilsenroth, & Vala-Stewart, 2009)。不安全型依恋者容易产生很多问题,包括低自尊、低自信、自我关注、愤怒、怨恨、焦虑、孤独和抑郁(Cooper et al., 2004; Mikulincer & Shaver, 2003)。

鉴于这些发现,你可能会问自己,不安全型依恋者如何寻找伴侣?为了探索这一问题,布伦博和弗雷利(Brumbaugh & Fraley, 2010)观察了参与者与他们认为的潜在恋爱对象的互动。研究者发现,不安全型依恋的人尤其善于跟潜在伴侣接触,表现出自己有趣的一面,并且传递出自己的积极品质,例如幽默、热情和细心。研究者推测,"因为不安全型依恋的人在相对吸引力方面有很多不利因素,这或许可以解释他们为什么试图利用自己确实拥有的积极特征来隐藏或掩盖其消极特征"(p. 609)。

依恋类型的稳定性 人们早期与照料者建立纽带的经验确实会影响以后的关系类型。对纵向研究的元分析表明,在生命最初的19年里,依恋类型具有中等程度的稳定性(Fraley, 2002)。然而,尽管依恋类型相对稳定,但它们并非一成不变。在童年期,从安全型依恋到不安全型依恋的转变通常与消极生活事件(父母离婚或去世、父母滥用药物、虐待等)有关(Waters et al., 2000)。后来的生活经历,例如伴侣的持续支持(或缺乏支持),会增加或降低一个人的依恋焦虑水平(Shaver & Mikulincer, 2008)。在一项研究中,接受短期心理治疗的一大批人(年龄在26~64岁之间)从不安全型依恋变成了安全型依恋(Travis et al., 2001)。因此,对于那些有依恋困难的人来说,心理治疗可能是一个有效的选择。当代研究者认为,社会科学家应该继续探讨在成长过程中不断"积累"的社会经验如何影响成人的浪漫关系(Simpson, Collins, & Salvatore, 2011)。

浪漫爱情的进程

大多数人觉得恋爱令人兴奋,并希望这种体验能够永远持续下去。激情必然会消退吗?令人遗憾的是,答案似乎是肯定的。与这个观点一致,斯滕伯格(Sternberg, 1986)的三角理论认为,在关系的早期,激情很快达到顶峰,之后就开始下降。相反,随着两个人在一起的时间越来越长,亲密和承诺会随之增加,尽管它们增加的速度不同(见图9.10)。研究证实,人们对爱人的强烈吸引力及性吸引力确实会随时间的推移而减弱——同性恋者和异性恋者均是如此(Aron, Fisher, & Strong, 2006; Kurdek, 2005)。

激情为何会消退?似乎有三个因素在关系的早期高度活跃,然后就开始消散:幻想、新鲜感和唤起(Miller et al., 2007)。最开始,爱情是"盲目的",因此人们常常会对自己的爱人产生一些幻想(通常是他们自身需要的投射)。然而,随着时间的推移,现实的入侵将破坏这种理想化的

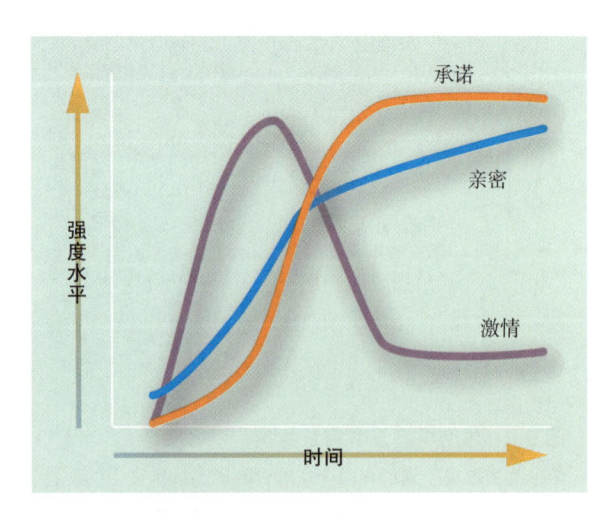

图9.10 爱情的时间进程

斯滕伯格(Sternberg, 1986)认为,爱情三要素随时间有不同的发展进程。他指出,激情在关系的早期就可以达到顶峰,之后开始下降。与此相反,亲密和承诺随时间逐渐增加。

看法。同样，随着双方互动的增加和了解的深入，新伴侣带来的新鲜感也会消退。最后，人们不可能永远处于一种高度兴奋的状态中。

激情减退就意味着关系终结吗？不一定。有些关系确实会随着早期激情的消退而解体。然而，其他许多关系则演变成与早期不同但令人深感满意的激情与友爱的混合体。此外，虽然激情确实会随时间的推移而消退，但研究者指出，激情通常是基于人们在新关系中体验的类型定义的，这种体验包含很高的痴迷成分。阿塞韦多和阿伦（Acevedo & Aron, 2009）发现，当排除痴迷的成分后，浪漫爱情（既迷人又性感）的确存在于长期婚姻中，并且和关系满意度相关。事实上，在一个结婚超过10年的美国成人随机样本里，超过50%的人说他们强烈或非常强烈地爱着自己的配偶（O'Leary et al., 2012）。

关系为何会结束

为什么有些关系能持续，而有些关系却会结束，这是关系研究中的一个热门问题。这个问题很复杂，目前还没有简单的答案。说到分手，人们公开宣称的原因、他们实际认为的原因和真正的原因之间常常存在差异（Powell & Fine, 2009）。在一项对137个研究进行的元分析中，研究者（Le et al., 2010）发现，与人格或依恋类型等个体变量相比，承诺和爱等关系变量能更好地预测分手。

让我们来看看一项经典研究——波士顿情侣研究（Hill et al., 1976）。研究者对200对情侣（绝大多数是波士顿的大学生）进行了为期两年的追踪。参与研究的情侣必须"关系稳定"，并且相信他们在恋爱。如果情侣在研究期间分手了，研究者会让他们给出分手的原因。该研究和其他研究（Buss, 1989; Powell & Fine, 2009; Sprecher, 1994）的结果表明，下面五个突出的因素导致了浪漫关系的结束：

1. 过早承诺。事实上，所有的分手原因都涉及一些必须经过长期互动才能了解的信息。因此，许多情侣似乎还没有花时间了解对方就做出了浪漫的承诺。随着时间的推移，这些人可能会发现他们并不喜欢对方，或者与对方几乎没有共同之处。鉴于这些原因，"闪婚"是有风险的。要想维持浪漫关系，需要将亲密和承诺结合起来。此外，不管个体自己的承诺和关系满意度水平如何，只要感觉到伴侣的承诺在摇摆不定，就预示着关系的结束（X. Arriaga et al., 2006）。

2. 无效的沟通与冲突管理技巧。所有伴侣都会有意见不合的时候。毫不奇怪，随着伴侣对彼此了解和依赖的加深，他们之间的分歧也会越来越多。糟糕的冲突管理技巧是造成关系紧张的一个关键因素，可能导致关系解体。苦恼的伴侣在沟通中往往有更多的消极情绪，这会降低他们解决问题的水平，并增加退出关系的可能性（Cordova & Harp, 2009）。正如我们在第8章中看到的那样，解决这一问题的办法并不是压制所有的分歧，因为冲突也可能对关系有益。关键是要以建设性的方式来管理冲突。

3. 对关系感到厌倦。那些已经分手的情侣把"对关系厌倦"列为分手的首要原因。我们在前面提到过，随着人们越来越了解彼此，新鲜感会逐渐消失，厌倦也就产生了。在亲密关系中，个体既需要新鲜感，也需要可预测性（Sprecher, 1994）。在二者之间找到平衡对伴侣来说是棘手的。

4. 出现更有吸引力的关系。一段正在恶化的关系是否真的结束在很大程度上取决于是否有其他更有吸引力的关系，以及是否意识到这一点（Miller, 2008）。我们都知道即使当前的关系令人不满，有些人仍然会留在其中，直到他们遇到更有吸引力的人。此外，与有理想的替代选择的人相比，没有理想的替代选择的人在分手时更痛苦（Simpson, 1987）。

5. 满意度低。以上这些因素都会导致关系满意度降低。对关系变得不满会削弱个体的承诺，增加关系结束的概率。显然，许多其他因素也会对关系满意度产生影响，包括个体对伴侣的期望、依恋类型和压力水平等（Powell & Fine, 2009）。

关系如何结束

有时候，关系恶化到了一定地步，一方或双方决定这段关系应该结束了。分手并不是单个事件，而是一个过程（Sprecher, Zimmerman, & Abrahams, 2010）。史蒂夫·达克及其同事提出了一个模型，描述了伴侣们在结束关系时经历的六个阶段（Duck, 1982; Rollie & Duck, 2006）。首先，这段关系会经历破裂阶段，伴侣一方或双方开始变得不满。如果破裂变得极端，伴侣中的任何一方都可能会进入内心阶段——反复考虑自己的不满、关系中的付出以及有吸引力的备选者。如果双方的承诺开始动摇，伴侣双方将会进入二元阶段，就冲突进行讨论和协商。此时关系可能得到修复。但是，如果伴侣双方决定结束他们的关系，社会阶段就会出现，朋友和家人都将注意到这个问题。随着伴侣走向分手，善后阶段就出现了，伴侣双方都会在其社交网络中对分手给出自己的解释。最后，伴侣双方都会进入恢复阶段，准备开始新的生活。该模型既适用于浪漫关系，也适用于友谊（Norwood & Duck, 2009）。

帮助关系持续下去

亲密关系对我们的健康和幸福很重要，那么我们怎样才能让其更好地持续下去？研究支持下面这些建议：

1. 在做出长期承诺之前，花足够的时间去了解对方。基于斯滕伯格理论的研究发现，通过有意义的自我表露建立的亲密感可以很好地预测恋爱情侣的关系是否会继续（Madey & Rodgers, 2009）。一些结婚多年的夫妻在被问及他们的关系为何能持续时，也给出了一些建议（Lauer & Lauer, 1985）。接受调查的 351 对夫妻均已结婚 15 年以上，他们提到最多的是：（1）友谊（"我喜欢配偶这样的人"）；（2）承诺（"我想让我们的关系修成正果"）；（3）价值观相似，对关系的看法也相似（"在表达感情的方式和频率上，我们意见一致"）；（4）对彼此有积极感觉（"我的配偶越来越有趣了"）。因此，尽早注意关系的亲密基础并且双方不断努力建立承诺有助于培养长久的爱情。图 9.11 列出了一些情侣在做出承诺前应该讨论的关键问题。

2. 强调伴侣和关系的积极品质。与伴侣多交流一些积极情感，少交流一些消极情感，这很重要。在关系早期，这一点很容易做到，但随着关系的发展，做到这一点就变得越来越难。回想一下，在用心关注的关系中，人们用能提升关系的方式来解释伴侣的行为（Harvey & Pauwels, 2009）。奇怪的是，相比陌生人，已婚夫妇通常对配偶说的消极的

我们应该结婚吗？
1. 我们各自的职业目标是什么？1 年期的目标是什么？5 年呢？15 年呢？
2. 我们怎么做花钱的决定？是否要设定一个界限（50 美元？500 美元？5000 美元？），超过这个界限的花费就得我们两人讨论决定。
3. 谁负责买菜、做饭以及与吃饭相关的其他家务？我们要出去吃吗？经常出去，还是很少出去？
4. 我是否能自如地给予和接受性爱？在性方面，我的伴侣能感觉到我对他/她的爱吗？
5. 如果我们两个人都工作，谁来照顾孩子？双方对日托的看法如何？

© Cengage Learning

图 9.11 恋人在决定结婚前需要讨论的关键问题

为了增加婚姻幸福长久的概率，专家建议恋人在结婚前多了解彼此。苏珊·皮弗（Piver, 2000）列出了恋人在做出长期承诺之前应该讨论的 100 个重大问题。这些问题涵盖了住所、金钱、工作、性、健康与饮食、家庭、孩子、社区、朋友以及精神生活等各个方面。这里列举了其中五个需要考虑的问题。

资料来源：Piver, S. (2000). *The hard questions: 100 essential questions to ask before you say "I do"*. New York: Jeremy P. Tarcher/Putnam.

话更多，积极的话更少，并且我们认为这种情况也存在于其他类型的承诺关系（Fincham, 2001; Fincham & Beach, 2006）。不幸的是，当一方做出这样的行为时，另一方往往以同样的方式回应，这就启动了一种恶性循环，使事情变得更糟。即使在冲突中也能看到彼此最好一面的伴侣更可能待在一起，并体验到更高的满意度（Murray, Holmes, & Griffin, 1996）。因此，就像老歌里唱的那样，"强调积极面"好处多多。

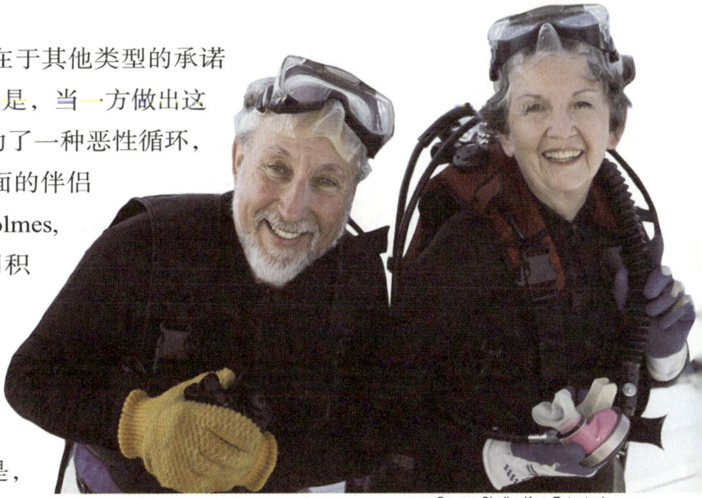

George Shelley/Age Fotostock

3. *发展有效的冲突管理技巧。*所有的关系都会产生冲突，因此处理好冲突才是关键。要记住的一点是，区分小的不愉快和严重的问题很有帮助。你应该学会正确看待轻微的不快，并意识到它们是无关紧要的。但是，对于大的问题，最好不要掩盖，别指望它们会自己消失。重要的问题很少会自行消失，如果你一再推迟对它们势在必行的讨论，"垃圾"就会不断堆积，使各种问题的解决变得更加困难。对关系不满的夫妻中普遍存在的一种互动模式是"一方要求另一方退缩"（Eldridge, 2009）。通常情况是，女性催促男性讨论两人关系中的某个问题，而男性则尽量回避或退出这样的互动。这种互动模式与"亲密和独立的两难困境"有关，在这种困境中，一方想要更亲密，而另一方则想要更多的私人空间和独立性（Sagrestano, Heavey, & Christensen, 2006）。要了解更多有关冲突处理的建议，请参见第 8 章的讨论。
4. *设法增加长期关系的新鲜感。*随着浪漫伴侣对彼此了解加深并建立起亲密感，他们在对方眼里也变得越来越可预测。但是，太高的可预测性会导致人们失去兴趣，甚至产生厌倦。正如你在**图 9.12** 里看到的那样，关系厌倦的核心是缺乏新鲜感（Harasymchuk & Fehr, 2010）。保持兴趣的一个方法是一起参加新的活动。事实上，一项研究显示，在 10 周的时间里，一起参加有趣活动的情侣（与只是待在一起的情侣相比）对关系的满意度有所提高（Reissman, Aron, & Bergen, 1993）。

排序	恋爱中	已婚
1	做同样的事情	做同样的事情
2	吵架 / 争论	不出门，在家待着
3	总是一起看电影	看不见伴侣
4	在一起的时间太多	缺少沟通
5	按部就班	把工作带入生活
6	不出门，在家待着	伴侣做事不带另一方
7	谈论同样的事	按部就班
8	做伴侣喜欢而你不喜欢的事	不与别人社交
9	没啥可谈的	总是一起看电影
10	缺少沟通	谈论同样的事

图 9.12　恋爱和婚姻关系中最常提到的厌倦原因

2010 年，哈瑞斯查克和费尔（Harasymchuk & Fehr, 2010）对关系厌倦的原因进行了研究，参与者包括正在恋爱的人和已婚的人。很多因素是重叠的，包括两个群体都提及最多的"做同样的事"，但也有一些因素是某个群体独有的。正如你看到的，关系厌倦的核心是缺乏新鲜感。

资料来源：Harasymchuk, C., & Fehr, B. (2010). A script analysis of relational boredom: Causes, feelings, and coping strategies. *Journal of Social and Clinical Psychology*, *29*(9), 988–1019.

互联网与人际关系

学习目标

- 阐明互联网与面对面互动的差异如何影响关系发展
- 描述在网上建立亲密关系的利弊
- 讨论互联网在面对面互动中所起的作用

过去，人们只有在学校、工作场所和教堂等场所才能认识未来的朋友和恋人。

后来有了酒吧、征婚交友广告和快速约会等途径。如今，互联网大大扩展了人们结交新朋友、建立新的人际关系的机会，这主要是通过社交网络服务、在线约会服务、交互式虚拟世界、多玩家在线游戏、聊天室和博客等实现的。互联网在社会互动中发挥作用的现象正变得越来越普遍。

这些社交网络趋势的批评者担心面对面互动的消亡，普遍的孤独感和疏离感，以及数百万人被不法之徒引诱进危险的关系中。但迄今为止的研究表明，互联网对人们彼此联系的影响总体上是积极的。例如，互联网为那些通常因地理或身体缺陷等因素而被隔离的人们提供了丰富的互动机会。此外，对有社交焦虑或身份受到污名化的人（例如变性人）来说，互联网提供了一个比现实生活更安全的人际互动渠道。与此相似，为患有严重疾病（癌症、多发性硬化、糖尿病、艾滋病）的人设立的互联网群组可为其订阅者提供重要的支持和信息。

在网上发展亲近关系

在很短的时间内，互联网已经成为结识朋友和发展关系不可或缺的工具。一项对具有全国代表性的美国成年人样本的调查显示，31% 的人（代表 6 300 万人）认识使用过约会网站的人，11% 的人（代表 1 600 万成人）访问过这样的网站以结识他人（Madden & Lenhart, 2006）。在那些使用在线约会网站的用户中，多数人（52%）认为自己的体验"大多是积极的"，但也有相当一部分人（29%）认为自己的体验"大多是消极的"。此外，麦肯纳、格林和格利森（McKenna, Green, & Gleason, 2002）报告，他们的研究中 22% 的参与者称自己与通过互联网认识的人同居、订婚或结婚。马登和伦哈特（Madden & Lenhart, 2006）询问了那些单身并声称正在寻找伴侣的互联网用户如何利用网络进行约会。你可以在图 9.13 中看到他们的回答。

互联网和面对面交流的差异要求心理学家重新审视我们在本章讨论的关系发展的已有理论和原理。例如，在现实世界中，好看的外表和接近的物理距离是决定最初吸引的有力因素。在网上，人们常常在看不到对方的情况下建立人际关系，因此这些因素就不那么重要了。与面对面关系相比，在看不到外表的网络中，兴趣和价值观的相似性会更早产生作用，并且作用也更大（McKenna, 2009）。研究显示，网友之间相似性越高，联系越紧密（Mesch & Talmud, 2007）。一项研究发现，在网上交谈的陌生人比面对面交谈的陌生人更喜欢彼此（McKenna et al., 2002）。但在另一项随机指派成对的参与者进行面对面交谈或网上交谈的研究中，面对面聊天组对这一经历更满意，体验到更高水平的亲密感，对搭档的自我表露程度也更高（Mallen, Day, & Green, 2003）。即使是在长期友谊中，通过电子邮件或即时信息增加自我表露也会增进亲密感（McKenna, 2009）。

与约会相关的在线活动	
在线活动	单身且正在寻找伴侣的互联网用户（%）
和某人调情	40
访问在线约会网站	37
邀某人出来约会	28
找一个可能遇到约会对象的线下场所，如夜总会、单身派对等	27
被第三方通过电子邮件或即时信息介绍给潜在约会对象	21
参加一个在线小组，希望在其中遇到约会对象	19
搜索以前某个约会对象的信息	18
保持一种长距离的关系	18
搜索某个你正在约会或将要第一次约会的人的信息	17
和某个正在约会的人分手	9

图 9.13　与约会相关的在线活动

研究者询问那些单身且正在寻找伴侣的互联网用户如何利用网络（包括电子邮件和即时信息）来约会（Madden & Lenhart, 2006）。调情和访问在线约会网站是最常被提及的活动。大多数受访者参与了其中三种或更少的活动。

资料来源：Madden & Lenhart (2006). *Online dating*. Retrieved April 29, 2007 (Dating-Related Activities Online table, p. 5) Reprinted by permission of PEW Internet & American Life Project. Washington, D.C.

建立网上亲密关系

尽管批评者担心网络上的关系是肤浅的，但研究表明，虚拟关系可以和面对面的关系一样亲密，有时甚至更亲密（Bargh, Mckenna, & Fitzsimons, 2002）。因为互联网交流是匿名的，人们在网上进行自我表露时可以冒更大的风险；因此，亲密感能更快地建立起来（McKenna & Bargh, 2000）。有时这种经历会带来一种虚假的亲密感，如果关系双方随后进行面对面的交流，也就是说和一个知道自己太多事情的陌生人见面，反而会觉得不舒服（Hamilton, 1999）。当然，这种面对面交流也可能顺利进行。专家提示，无论何时你在网上分享私人信息，你其实都是在公共空间中分享（DeAndrea, Tong, & Walther, 2011）。

除了促进自我表露外，网络的匿名性还允许人们创造一个虚拟身份。显然，如果一个人采用的是虚构身份，而另一个人认为它是真实的并开始认真对待这段关系，那就会产生问题。一个与此相关的问题便是网络的真实性。在一项调查中，只有25%的在线约会者承认自己使用了欺骗的手段（Byrm & Lenton, 2001），但在某个在线约会网站上，86%的参与者认为其他人使用了不真实的个人照片（Gibbs, Ellison, & Heino, 2006）。在线约会者最常提供的虚假信息包括年龄、外貌和婚姻状况（Byrm & Lenton, 2001）。事实上，研究发现，在线约会者的吸引力越小，他们越有可能在身高、体重和年龄等描述上撒谎（Toma & Hancock, 2010）。

一些人将在网上撒谎合理化，因为它可以带来实际的好处：在约会网站上，宣称收入高的男性得到的回复更多（Epstein, 2007）。此外还有语义上的误解：一个人所认为的"中等身材"在另一个人看来可能是"丰满的"。一些人"夸大事实"的另一个原因是为了绕过约会网站所设置的令人沮丧的限制（例如年龄界限）。最后，在网上准确地呈现自己是一个复杂的过程：个体要呈现自己最好的一面，这样才可能吸引潜在的约会对象，但与此同时，他们还需要真实地呈现自己——特别是当他们期待和某人进行面对面的交流时（Gibbs et al., 2006）。一项研究发现，为了应对这种紧张，在线约会者在网上所创造的形象往往反映了他们的"理想自我"而非"现实自我"（Ellison, Heino, & Gibbs, 2006）。斯普雷彻（Sprecher, 2011）指出，这种失实的描述在所有求爱的早期阶段都是典型的；然而，这种现象在网上更普遍，原因是人们被迫一开始就提供全面的自我描述，而在现实生活中，这些通常是随着时间的推移逐渐显现的。

超越网上关系

很多虚拟关系会转变为面对面的互动。当人们决定超越网上关系时，通常只有在电话联系之后才会进行线下会面。研究者发现，从网上开始的浪漫关系在两年内似乎和传统的关系一样稳定（McKenna, Green, & Gleason, 2002）。

在维护已有关系方面，网络的作用也很重要。在1 000名互联网用户参与的投票中，94%的人表示，互联网让他们更容易与远方的朋友和家人交流，87%的人说他们定期为这一目的使用互联网（D'Amico, 1998）。图9.14列出了最常见的社交网

聚友网和脸书用户的社交网站使用报告	
用途	报告的百分比
跟老朋友保持联系	96
跟现在的朋友保持联系	91
发照片和看照片	57
结交新朋友	56
找到老朋友	55
约会	8

图9.14 社交网站的使用目的

在社交网站的帮助下，互联网极大地扩展了人们认识和发展关系的机会。在调查中，大多数 MySpace 和 Facebook 用户用他们的账号来寻找老朋友和新朋友，并跟他们保持联系。只有很小一部分用户说他们用这些账号来约会。

资料来源：Raacke & Bonds-Raacke, (2008). MySpace and Facebook: Applying the uses and gratifications theory in exploring friend-networking sites. *CyberPsychology and Behavior, 11*(2), 169–174.

站用途。尽管一些社会评论家预言在线活动会减少面对面的互动，但互联网用户通常保持了他们的社会参与，同时减少了看电视的时间（Boase & Wellman, 2006）。此外，对青少年来说，在线交流能增加现有友谊的亲近度（Valkenburg & Peter, 2007）。然而，打网络游戏和访问聊天室与最好的友情和浪漫关系的质量呈负相关（Blais et al., 2008）。

互联网确实改变了人际关系的格局，而且不仅仅是在关系的初始阶段（Finkel et al., 2012）。个体可以用互联网来与他人保持联系，重新建立联系，甚至分手。对这个令人着迷的领域的进一步研究不仅能提供关于虚拟关系的重要信息，还可为面对面的关系提供一些有趣的新视角。专家们提醒，过度依赖互联网维持社会关系存在弊端，可能导致"友谊错觉"（Turkle, 2011），而实际上会助长孤独感。

应用：克服孤独

学习目标
- 描述孤独并讨论其普遍性
- 解释早期经历和当前的社会趋势如何导致孤独
- 理解害羞、糟糕的社交技能和自我挫败式归因如何导致孤独
- 总结战胜孤独的建议

下列说法是"对"是"错"？
____ 1. 青少年和年轻人是最孤独的年龄组。
____ 2. 很多孤独的人也是害羞的。
____ 3. 孤独的种子往往在生命的早期就种下了。
____ 4. 有效的社交技能可以相对容易地学会。

你很快会了解到，上述四种说法都是对的。但让我们从两个一般性观点开始。首先，独处并不一定会产生孤独感。在这个快节奏的时代，独处可以提供所需的停机时间来给自己充电。此外，人们需要独处的时间来加深自我理解，做出决定，思考重大的生活问题。第二，即使身边有很多人（例如在派对或音乐会上），人们同样可能会感到孤独。你可能拥有一个庞大的社交网络，但却没有一个特别亲近的人。

孤独的本质及其普遍性

当个体拥有的人际关系比期望的要少，或者这些关系不如期望的那样令人满意时，便会感到**孤独**（loneliness）。当然，人们对社会联系的需要各不相同。因此，如果你不为自己的社会和情感联结的数量或质量而烦恼，你就不会被认为是孤独的。

我们可以从不同角度理解孤独。一种方法是关注所涉及的关系缺陷的类型（Weiss, 1973）。情感孤独源于缺少亲密的依恋对象。对儿童来说，这个对象一般是父母；对成年人来说，这个对象通常是配偶、伴侣或密友。社会孤独主要是由于缺少朋友圈子（通常在学校、工作场所、教堂或社区中获得）。例如，搬到一个新城市的已婚夫妇在建立起新的社会联结之前会体验到社会孤独；但是，由于他们有彼此的陪伴，所以并不会体验到情感孤独。另一方面，一个刚刚离婚的人会感到情感孤独，

但应该不会体验到社会孤独；当然，前提是这个人的工作圈和朋友圈保持完整（但情况并非总是如此）。

无论是在大学生还是老年人中，情感孤独似乎都与缺少浪漫伴侣有关（Green et al., 2001）。然而，社会孤独似乎有不同的根源，取决于个体的年龄。在大学生中，朋友接触的数量是关键；在老年人中，人际接触的质量更重要。同样值得注意的是，社会支持并不能弥补情感孤独。例如，朋友和家人并不能替代已故的爱人。当然，这并不是说社会支持不重要。关键是，不同类型的孤独需要不同的应对方式；因此，要想有效地应对孤独，就需要知道自己的社会关系缺陷的确切性质。

理解孤独的第二种方法是关注孤独的持续时间（Young, 1982）。短暂的孤独是指短时间的、零星的孤独感，很多人都会体验到这种孤独，即使他们的社会生活相当充实。本来拥有满意社会关系的人们在社会网络突然中断后（例如爱人去世、离婚或搬家）所感受到的孤独，被称为过渡期孤独。长期的孤独是那些多年来不能建立起令人满意的人际网络的人所处的状态。这里我们将聚焦于长期的孤独。

有多少人正遭受着孤独的困扰？尽管我们对这个问题没有一个精确的答案，但轶事证据表明，受孤独折磨的人为数不少。据专门为人们解决困扰的电话热线报告，最主要的来电主题是抱怨孤独。毫无疑问，社交网站、即时通信和聊天室之所以会如此流行，部分原因就是人们感到孤独。

孤独在特定年龄人群中的普遍性实际上与人们的刻板印象相矛盾。例如，很多人认为最孤独的人群是老年人，但事实上，这一"殊荣"属于青少年和年轻的成人（Snell & March, 2008）。同性恋青少年尤其容易孤独（Westefeld et al., 2001）；孤独在大学生中也很普遍（Knox, Vail-Smith, & Zusman, 2007）。另一个令人吃惊的发现是孤独感会随着年龄的增长而下降，至少在成年后的很长一段时间里，朋友们开始去世或丧偶之前是这样的（DePaulo, 2011; Schnittker, 2007）。

与我们的预期一致，独居的人比与伴侣同住的人更孤独（Pinquart, 2003）。在一项对57~85岁的美国成人进行的全国性调查中，研究者发现，朋友和亲戚的数量以及联系的频率都与较低的孤独感相关（Shiovitz-Ezra & Leitsch, 2010）。未婚参与者亲戚的数量与孤独感之间存在负相关。

研究发现，女性比男性更孤独，但只有使用"寂寞"或"孤独"等词语进行测量时才如此（Borys & Perlman, 1985）。因此，这种明显的性别差异很可能实际上是因为男性不愿意承认自己感到孤独。事实上，在对荷兰男性和女性进行的调查中，研究者发现，离婚的男性比离婚的女性更容易遭受情感孤独的折磨（Dykstra & Fokkema, 2007）。

孤独的根源

任何破坏个体的社会网络结构的事件都可能导致孤独，因此无人能够幸免。下面我们将考虑早期经历和社会趋势在其中扮演的角色。

早期经历

长期孤独的一个关键问题可能是导致同伴排斥的早期消极社会行为（Pedersen et al., 2007）。好斗或孤僻的儿童甚至在学龄前就可能被同伴排斥（Ray et al., 1997）。是什么促使年幼儿童做出不恰当的社会行为？其中一个因素就是不安全的依恋类型。

由于早期的父母婴儿间互动存在困难，有些儿童逐渐形成了一些会招致成年人和同伴排斥的社会行为，例如攻击、冷漠、竞争和过度依赖（Bartholomew, 1990）。你可以看到恶性循环是如何形成的。一个孩子不恰当的行为引起了其他人的排斥，其他人的排斥反过来引发了孩子对社会互动的消极期望，而这种消极期望又会导致更多的消极行为，如此不断循环。要想打破这种自我挫败的循环（并避免可能导致的孤独），帮助孩子在生命的早期学习恰当的社交技能至关重要。如果没有外部干预，这个恶性循环可能会一直持续下去，并最终导致长期的孤独。的确，一项研究发现，孩子24个月大时的依恋类型可以预测之后儿童期的孤独（Raikes & Thompson, 2008）。

社会趋势

一些社会评论家和社会科学家担心，当前的社会趋势正在侵蚀我们文化中的社会联结（McPherson, Smith-Lovin, & Brashears, 2006）。卡乔波和帕特里克（Cacioppo & Patrick, 2008）讨论了"社交世界中的孤独"。导致孤独的因素有很多。父母们（尤其是单亲者）的时间太紧迫，以至于腾不出时间建立成人间的人际关系（Olds & Schwartz, 2009）。由于日程繁忙，家庭成员们常常在路上吃饭、独自吃饭或者边看电视边吃饭，缺少有意义的交谈，所以家庭中面对面的交流越来越少了。此外，随着人们越来越多地在免下车窗口订餐和办理银行业务、使用自动收银台购买食物杂货，这种肤浅的社会互动变得越来越普遍。科技让人们生活的某些方面变得更简单，提供了建立人际关系的机会，但也带来了负面影响。正如前面提到的，缺少真正联结和亲密感的网络关系会让我们感到孤独（Turkle, 2011）。

由于自动化和网络技术，今天的人们可以在不与他人互动的情况下处理很多生活中的必要事务。这种社会互动机会的减少可能加剧人们的孤独感。

与孤独相关的因素

对于那些长期生活在孤独中的人来说，痛苦的感觉是生活中无法回避的事实。造成长期孤独的三个主要因素是害羞、糟糕的社交技能和自我挫败的归因方式。当然，这些因素与孤独之间的联系可以是双向的。感到孤独可能导致个体对他人做出消极归因，但进行消极归因也可能导致孤独。

害羞

害羞与孤独呈正相关（Woodhouse, Dykas, & Cassidy, 2012）。**害羞**（shyness）是指人际关系中的不适、压抑和过度谨慎。具体而言，害羞的人往往：(1) 害怕表达自己；(2) 过于关注别人怎么看自己；(3) 很容易感到尴尬；(4) 体验到焦虑的生理反应，例如心跳加快、脸红或胃部不适。在对害羞的开创性研究中，菲利普·津巴多（Zimbardo, 1977, 1990）及其同事报告，约60%的害羞个体表示他们的害羞具有情境特异性。也就是说，他们只在某些社会情境中才会表现出害羞，例如向别人寻求帮助或与一大群人互动时。一项研究发现，在网络聊天中，只有开着网络摄像头时，自我报告的害羞水平才与自我表露减少相关。该结果支持了情境的重要性。在没有网络摄像头时，害羞与自我表露无关（Brunet & Schmidt, 2007）。

糟糕的社交技能

许多有问题的社交技能都与孤独相关（Gierveld, van Tilburg, & Dykstra, 2006）。一个常见的发现是，孤独的人对交谈对象的回应较少，而自我关注较多（Rook, 1998）。与此相似，研究者发现，孤独的人比不孤独的人更拘束、更不自信，并且说话更少。此外，与不孤独或社会焦虑较少的人相比，孤独的人似乎较少进行自我表露（Cuming & Rapee, 2010）。这种倾向（通常是无意识的）会让人们保持情感距离，并将互动限制在相对表面的水平。这些互动问题部分来源于他们对拒绝的高度恐惧（Jackson et al., 2002）。那些有"拒绝焦虑"的人认为自己表示出的兴趣对他人而言显而易见，但事实并非如此（Vorauer et al., 2003）。因此，由于没有意识到自己发出的信号其实并不明显，有"拒绝焦虑"的人可能会感到他人拒绝了自己，但实际上根本不是这样。社交技能缺乏和同伴接纳程度是孤独的预测指标，这并非只是西方社会才有的现象；研究显示，在日本和中国学生中也存在同样的情况（Aikawa, Fujita, & Tanaka, 2007; Liu & Wang, 2009）。

自我挫败的归因方式

他人的再三拒绝会引起个体对社会互动的负面期望，这点不难理解。因此，孤独的人容易对自己的社交技能、获得亲密关系的可能性、被拒绝的可能性等进行非理性思考。不幸的是，人们一旦形成了这些消极的想法，就会经常以能够验证其期望的方式行动，再次形成一种恶性循环。

杰弗里·杨（Young, 1982）指出，孤独的人会进行消极的自我对话，这会妨碍他们用积极主动的方式寻求亲密感。他发现了一些会引起孤独的观念集群。图 9.15 列举了六类认知观念集群中的典型思维以及这些观念引起的外在行为。你可以看到，图中的多种认知观念属于稳定的、内部的自我归因。这种把孤独的原因归为稳定的内部因素的倾向实际上是一种自我挫败的归因方式（Anderson et al., 1994）。也就是说，孤独的人告诉自己，他们孤独是因为自身不讨人喜欢。这种信念不但是毁灭性的，同时也会自我挫败，因为它没有提供任何改变现状的方法。值得庆幸的是，你接下来将会看到，孤独是可以减轻的。

战胜孤独

长期孤独给个体带来的影响可能是痛苦的，有时甚至会难以承受：低自尊、敌意、抑郁、酗酒、心身疾病，甚至可能是自杀（McWhirter, 1990）。长期孤独与免疫系统功能降低有关，是包括心血管疾病和癌症在内的许多疾病的预测因素（Hawkley & Cacioppo, 2009），并且它还与睡眠质量差有关（Hawkley & Cacioppo, 2010）。尽管孤独没有简单的解决方法，但有些方法被证明是行之有效的缓解策略。下面我们来看看四种有效的策略。

孤独者典型的认知观念集群		
集群	认知观念	行为
A	1. 我不受欢迎。 2. 我又迟钝又无聊。	回避友谊
B	1. 我无法和其他人沟通。 2. 我的想法和感受都藏在心底。	低自我表露
C	1. 我在床上不是一个好爱人。 2. 我不能放松地、自然地享受性。	回避性关系
D	1. 我似乎不能从这段关系中得到我想要的。 2. 我无法说出自己的感觉，否则他/她可能会离开我。	在关系中不够自我坚定
E	1. 我不会冒再次受伤害的风险。 2. 我会搞砸所有的关系。	回避潜在的亲密关系
F	1. 我不知道在这种情况下该怎样行动。 2. 我将会出丑。	回避他人

图 9.15 孤独背后的思维模式

按照杨（Young, 1982）的观点，消极的自我对话会导致孤独。这里列出了六组非理性的想法。每一组想法都会导致特定的行为模式（表右），从而助长孤独。

资料来源：G. Emery, S. D. Hollan, & R. C. Bedrosian (Eds.) (1981). *New directions in cognitive therapy*. New York: Guilford Press and in L. A. Peplau & D. Perlman (Eds.) (1982). *Loneliness: A sourcebook of current theory, research and therapy*. New York: Wiley. Copyright © 1982 by John Wiley & Sons, Inc. and Jeffrey Young.

  一种选择是利用互联网克服孤独，尽管这种方法可能是一把双刃剑。从好的方面来看，对那些忙碌的人、社会身份污名化的人以及行动不便的人（体弱或重疾者）来说，互联网显然是一个福音。在孤独的人群中，互联网使用与减少孤独感、改善社会支持以及获取网上友谊的信息等好处相关（Morahan-Martin & Schumacher, 2003; Shaw & Gant, 2002）。此外，社交焦虑的人可以在没有面对面交流的压力的情况下与别人互动（Bonetti, Campbell, & Gilmore, 2010）。另一方面，如果孤独的人花大量时间上网，他们投入面对面关系中的时间可能就会减少，就可能无法建立起发展线下关系的自信。一项研究发现，孤独的个体更经常报告上网扰乱了他们的日常功能（Morahan-Martin & Schumacher, 2003），这引起了人们对网络成瘾的关注。

  第二个建议是抵制逃避社交情境的诱惑。一项研究曾询问人们在感到孤独时做了些什么，结果最多的回答是"读书"和"听音乐"（Rubenstein & Shaver, 1982）。现在，玩电脑游戏和上网也成了一种选项。如果只是偶尔使用，这些活动可以成为应对孤独的建设性方法。然而，作为长期的策略，它们无法帮助孤独的人交到"现实世界"里的朋友。这一点对回避型依恋的人尤为重要。研究显示，对大一新生而言，参加课外活动与较低的孤独程度相关（Bohnert, Aikins, & Edidin, 2007）。积极参加社交活动的重要性再怎么强调也不过分。回想一下，接近性是发展亲密关系的一个重要因素。要想交到朋友，你必须和人们在一起。

  第三个策略是打破自我挫败的归因习惯（"我孤独是因为我不可爱"）。孤独的人还可以做出其他的归因，而这些备选的解释指向了问题的解决方案（见图 9.16）。如果某人说"我的谈话技巧差"（不稳定的、内部的原因），那么相应的解决方式是"我会设法弄清楚如何提高"。或者，如果某人认为，"当你搬到一个新的地方，结识他

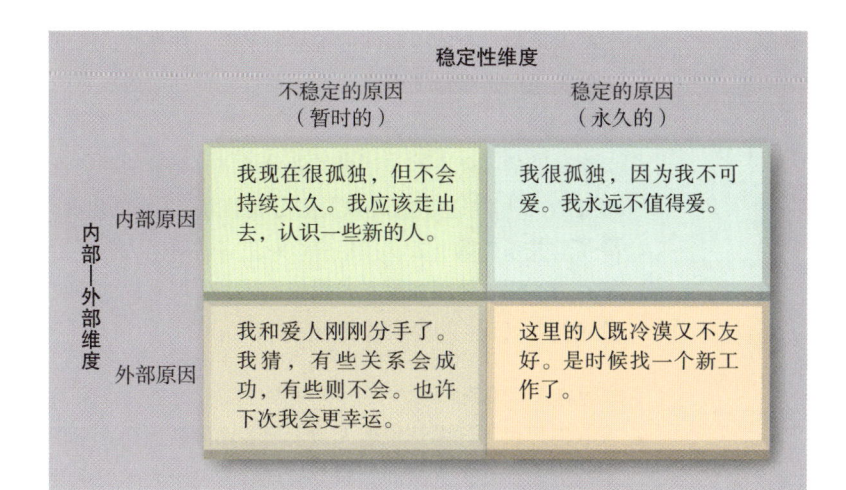

	稳定性维度	
	不稳定的原因（暂时的）	稳定的原因（永久的）
内部原因	我现在很孤独，但不会持续太久。我应该走出去，认识一些新的人。	我很孤独，因为我不可爱。我永远不值得爱。
外部原因	我和爱人刚刚分手了。我猜，有些关系会成功，有些则不会。也许下次我会更幸运。	这里的人既冷漠又不友好。是时候找一个新工作了。

图 9.16　归因与孤独

孤独的人往往有　种自我挫败的归因方式，他们把自己的孤独归为稳定的内部原因（见图中右上象限）。学会做出其他归因（见图中其他三个象限）可以帮助人们找到应对孤独的方法，并促进积极的应对。

资料来源：Shaver, P., & Rubenstein, C. (1980). Childhood attachment experience and adult loneliness. In L. Wheeler (Ed.), *Review of personality and social psychology* (Vol.1, pp. 42–73). Thousand Oaks, CA: Sage Publications.

人总是需要一些时间"（不稳定的、外部的原因），与这一归因所对应的解决方式是更努力地建立新的人际关系，并给关系的发展留下充分的时间。"我确实找过了，但在工作场所就是找不到足够多的好相处的人"（稳定的、外部的原因）——这样的归因可能导致个体做出这样的决定："是时候找一个新工作了。"你可以看到，后三种归因指向的是积极的应对模式，而不是自我挫败的归因方式所造成的消极状态。

最后，为了战胜孤独，人们需要提高他们的社交技能。在第 8 章（人际沟通）中，你可以找到很多与这一重要话题相关的信息。孤独的人尤其应该注意别人的非言语信号，深化自我表露的水平，积极倾听，提高交谈技巧，并形成自我坚定的交流风格。

任何一个对独自应对孤独感到不知所措的人都应该考虑去看咨询师或治疗师。应对孤独和害羞通常涉及两方面的工作。首先，咨询师通过社交技能训练帮助人们提高社交技能。在这个项目中，个体学习并练习建立和维护人际关系所涉及的技巧。其次，咨询师运用认知疗法（见第 15 章）帮助孤独和害羞的个体打破自动产生消极思维和自我挫败归因的习惯。在多次咨询的过程中，人们学习改变对自己（"我很无趣"）和他人（"他们既冷漠又不友好"）的消极看法。两种方法都有很高的成功率，而且它们可以为更积极的社会互动（对调适至关重要）铺平道路。

推荐阅读

《孤独：人类本性和社会联结的需要》
（*Loneliness: Human Nature and the Need for Social Connection*）
作者：约翰·卡乔波和威廉·帕特里克

在研究社会和情感对人类行为的影响方面，约翰·卡乔波（John T. Cacioppo）是国际公认的专家。他和威廉·帕特里克（William Patrick）一起撰写了这本可读性很强的书，总结了近几十年有关孤独这一最困难的人际问题的研究。第一部分"孤独的心"讨论了现代社会中孤独的根源及其影响。在第二部分，"从自私的基因到社会人"，作者从进化的角度探索了人们对社会联结的需要。最后一部分，"在联结中寻找意义"，提供了识别和减少自身孤独的建议。无论你孤独与否，这本书都是有趣而深刻的读物。

本章回顾

主要观点

亲近关系的要素
- 亲近关系是那些重要、相互依赖和持久的人际关系，包括友谊以及工作中的关系、家庭关系和浪漫关系。它们既能带来积极的情绪，也能带来消极的情绪。

关系的发展
- 人们最初会注意那些离得近的人、经常见到的人和具有外表吸引力的人。尽管外表吸引力在初始吸引中扮演重要的角色，但人们也会寻求其他期望的特征，例如善良和聪明。在什么使一个人具有吸引力这个问题上，人们达成了基本共识。伴侣通常相貌般配，但有时候男性会用地位交换女性的外表吸引力，反之亦然。
- 随着人们变得熟识，他们更喜欢那些喜欢自己的人以及各方面与自己相似的人。伴侣往往在年龄、种族、宗教、受教育水平和态度上相似。
- 一旦关系确立，人们会采取各种行动去维护关系。相互依赖（社会交换）理论用强化原理来预测关系满意度和承诺水平。人们如何运用社会交换原则取决于他们是处在交换还是共享关系中。

友谊
- 友谊的关键要素之一是情感支持。女性的同性友谊通常以自我表露和亲密为特征，而男性的同性友谊通常是一起做事情。一些关于友谊的问题对同性恋者来说比对异性恋者更复杂。如果希望应对朋友间的冲突，就必须进行友谊修复。

浪漫爱情
- 研究显示，异性恋者和同性恋者对浪漫爱情的体验是相同的。与刻板印象相反，男性可能比女性更浪漫。在择偶时，女性比男性更挑剔。
- 斯滕伯格的爱情三角理论提出，激情、亲密和承诺的不同组合形成了爱情的八种类型。哈赞和谢弗的理论认为，婴儿期形成的依恋形式会延续到爱情关系中。
- 研究者后来又把依恋类型由三种扩展到了四种：安全型、痴迷型、回避-疏离型和回避-恐惧型。每种类型都有自己的特征。尽管依恋类型表现出跨时间的稳定性，但它们还是可以改变的。
- 浪漫爱情最初通常以激情为特征，但由于种种原因，强烈的激情似乎会随着时间的推移而消退。在那些持续下去的关系中，激情之爱发展成了强度较低的、更成熟的爱情。
- 关系失败的主要原因包括过早做出承诺、无效的冲突管理技巧、对关系感到厌倦以及更有吸引力的关系的出现。要帮助关系持续下去，伴侣应该花更多的时间去好好了解对方、注重伴侣和关系的积极品质、发展有效的冲突管理技巧以及一起参加新奇的活动。

互联网与人际关系
- 互联网提供了许多结识他人和发展关系的新途径。互联网与面对面交流之间的差异，对现有的关于人际关系发展的心理学理论和原则有重要启示。
- 虚拟关系可以和面对面的关系一样亲密。然而，人们的网上介绍往往失实。许多网络关系发展成了面对面的关系。

应用：克服孤独
- 孤独涉及个体对自己人际网络的范围和质量的不满。我们的社会中有非常多的人受孤独的困扰。受孤独影响最大的年龄群体与刻板印象相反。
- 长期孤独的起源常常可以追溯到早年引发同伴和老师拒绝的消极行为。社会趋势也可能助长孤独。孤独与害羞、糟糕的社交技能以及自我挫败的归因有关。
- 克服孤独的关键包括抵制回避社交情境的诱惑、避免自我挫败的归因以及提高自己的社交技能。

关键术语

亲近关系	投入
接近性	替代关系的对照水平
曝光效应	性取向
匹配假设	异性恋主义
亲代投资理论	亲密
相互喜欢	激情
关系维护	承诺
相互依赖理论	依恋类型
社会交换理论	孤独
对照水平	害羞

练习题

1. 曝光效应是指由于下列哪种原因而增加了积极的感觉？_____。
   a. 经常见到某人
   b. 与某人互动
   c. 经常通过电子邮件联系
   d. 只见过某人一次

2. 杰克和莉兹已经约会两年了。他们是匹配假设的范例。这意味着他们在_____方面相匹配。
   a. 宗教
   b. 人格
   c. 社会经济地位
   d. 外表

3. 择偶时，女性比男性更挑剔，对这一发现的社会文化解释是女性_____。
   a. 比男性更有先见之明
   b. 经济实力不如男性
   c. 没有男性肤浅
   d. 要弥补比男性更浪漫的弱点

4. 女人的同性友谊建立在_____的基础上；男人的同性友谊建立在_____的基础上。
   a. 一起购物；一起打猎
   b. 一起看比赛；一起看比赛
   c. 一起活动；亲密和自我表露
   d. 亲密和自我表露；一起活动

5. 如果一个研究者没能确定参与者的性取向，在报告研究发现时也根本没有提到同性恋者，那么她的研究受到了_____的影响。
   a. 同性恋主义
   b. 社会交换
   c. 异性恋主义
   d. 恐同症

6. 特蕾西对人际关系中回报与付出之间可接受的平衡的个人标准被称为_____。
   a. 社会交换
   b. 对照水平
   c. 接近水平
   d. 关系满意度

7. 詹娜倾向于与别人保持距离，并且不在意社会拒绝。她可以被分为下面哪一种依恋类型？
   a. 安全型
   b. 痴迷型
   c. 回避－疏离型
   d. 回避－恐惧型

8. 罗斯正经历一场痛苦的分手。他反复地想到自己的不满，他在关系中付出的代价，以及他的替代关系。史蒂夫·达克会说罗斯正经历下面哪个阶段？_____。
   a. 破裂阶段
   b. 内心阶段
   c. 二元阶段
   d. 社会阶段

9. 下面关于网上沟通中自我表露的说法，_____是正确的。
   a. 因为网络沟通是匿名的，所以人们在网上进行自我表露的风险更小
   b. 因为网络沟通是匿名的，所以人们在网上进行自我表露的风险更大
   c. 因为人们的网络沟通可能有记录，所以人们在网上进行自我表露的风险更小
   d. 网络沟通中的自我表露与面对面沟通中的自我表露没有差异

10. 自我挫败的归因方式与孤独相关，它是指把孤独的原因归为_____。
    a. 内部的、稳定的因素
    b. 内部的、不稳定的因素
    c. 外部的、稳定的因素
    d. 外部的、不稳定的因素

答案

1. a   6. b
2. d   7. c
3. b   8. b
4. d   9. b
5. c   10. a

第 10 章 婚姻与亲密关系

自我评估：激情之爱量表（Passionate Love Scale）

指导语

我们想了解你对你最热烈地爱着（或曾经最热烈地爱过）的人的感觉（或曾经的感觉）。激情之爱的一些常用词有浪漫之爱、热恋、相思成疾或迷恋。请想想你现在最深爱的人；如果你现在没有恋爱，请想想你的前一位爱人；如果你从未恋爱过，请想想你心中最接近这种关系的那个人。

尽量描述你感觉最强烈时的感受。

你想到了谁？

_____ 我正爱着的一个人。

_____ 我曾爱过的一个人。

_____ 我从未恋爱过。

你的答案应该从"1"一点也不符合到"9"完全符合。将你的回答填在每个题目前面的横线上。

1	2	3	4	5	6	7	8	9
一点也不符合								完全符合

量 表

_____ 1. 如果他（她）离开我，我会感到深深的绝望。
_____ 2. 我有时觉得自己无法控制自己的思想，我的思绪全在他（她）身上。
_____ 3. 当我在做令他（她）快乐的事情时，我也感到快乐。
_____ 4. 在所有人中，我最愿意和他（她）在一起。
_____ 5. 如果我想到他（她）爱上了别人，我会嫉妒。
_____ 6. 我渴望知道他（她）的一切。
_____ 7. 我想从身体、情感和精神上都拥有他（她）。
_____ 8. 我对他（她）的爱有着无尽的渴望。
_____ 9. 对我而言，他（她）是完美的浪漫伴侣。
_____ 10. 当他（她）触碰我时，我可以感受到自己身体的反应。
_____ 11. 他（她）似乎一直在我的脑海里。
_____ 12. 我希望他（她）了解我——我的想法、恐惧和希望。
_____ 13. 我热切地寻找表明他（她）需要我的信号。
_____ 14. 我对他（她）有强烈的吸引力。
_____ 15. 当我和他（她）的关系出问题时，我会极度沮丧。

计分方法

本量表的计分非常简单。只要将上面 15 个横线上的数字相加即可。总数就是你在激情之爱量表上的得分。

我的得分：_____

测量的内容

激情之爱量表由伊莱恩·哈特菲尔德和苏珊·斯普雷彻（Hatfield & Sprecher, 1986）编制，测量的是个体对激情之爱的感受。哈特菲尔德和斯普雷彻将激情之爱定义为一种强烈渴望与他人结合的状态。激情之爱的认知特征包括对伴侣的痴迷、对关系的理想化以及对了解对方的渴望。激情之爱的情感特征包括性吸引、生理唤起以及对回应的渴望。行为特征包括保持身体上的亲密、试图确认对方对你的感觉以及向伴侣示爱。有数据表明本量表与其他测量工具以人们预期的方式相关，此为支持本量表效度的主要证据。例如，研究发现，人们在本量表上的得分与关系承诺度、关系信任度、关系满意度和性满意度的测量结果之间存在稳健的正相关。

分数解读

我们的常模基于伊莱恩·哈特菲尔德网站上的数据。

极富激情：106~135 分
为爱疯狂，甚至不顾一切

有激情：86~105 分
有激情，但不那么强烈

一般：66~85 分
偶尔迸发激情

冷静：45~65 分
不冷不热，或鲜有激情

极其冷静：15~44 分
没有激情，从来没有

资料来源：Hatfield, E., & Sprecher, S. (1986). Measuring passionate love in intimate relationships. *Journal of Adolescence 4*(9), p. 391, Figure 1. © 1986 with permission from Elsevier and Elaine Hatfield.

自我反思：想一想你对婚姻和同居的态度

1. 不管你目前的婚姻状况如何，你理想的择偶标准是什么？

2. 你怎么知道自己是否真的准备好结婚了？

3. 在对一段关系做出长期承诺之前，你觉得自己需要探索自我认识或自我了解的哪些领域？

4. 同居在哪些方面是婚姻的现实准备，在哪些方面又不是？

资料来源：© Cengage Learning

第10章

婚姻与亲密关系

传统婚姻模式面临的挑战
决定结婚
 文化对婚姻的影响
 选择配偶
 成功婚姻的预测因素
贯穿家庭生命周期的婚姻调适
 家庭之间：未婚的年轻人
 结合：新婚夫妻
 有年幼孩子的家庭
 有青春期孩子的家庭
 孩子进入成人世界
 晚年生活中的家庭
婚姻调适中的薄弱部分
 角色期望的差距
 工作和职业的问题
 财务困难
 缺乏沟通
离婚及其后果
 离婚率
 决定离婚
 离婚调适
 离婚对孩子的影响
 再婚和再婚家庭
非传统类型关系的生活方式
 同性恋关系
 同居
 保持单身
应用：理解亲密伴侣暴力
 伴侣虐待
 约会强奸
本章回顾
练习题

"我的手在发抖。我想再打电话给她，但我知道那样不好。她只会大喊大叫。这让我感觉很糟糕。我有工作要做，但我做不下去。我无法集中精神。我想给人们打电话，去见见他们，但我害怕他们发现我在发抖。我只是想找个人说说话。除了和尼娜的问题，我无法思考任何事情。我真想大哭一场。"——《婚姻分居》一书中引用的一位刚分居的男人所说的话（Weiss, 1975, p. 48）

这个男人在描述他和妻子分手几天后的感受。他仍然抱着复合的希望。与此同时，他感到自己要被焦虑、懊悔和沮丧压垮了。他感到非常孤独，并害怕这种孤独会持续下去。他的情绪压力很大，以至于无法清醒地思考或有效地工作。他对失去亲密关系的这种反应并不少见。分手对大多数人来说都是毁灭性的——这一事实说明了亲密关系在人们生活中的极端重要性。

我们在上一章探讨了亲近关系在个人调适中的重要作用。在本章我们关注的是婚姻和有承诺的亲密关系。我们讨论人们为什么结婚以及如何择偶。为了更好地理解婚姻中的调适问题，我们描述了家庭的生命周期，强调了婚姻关系中的主要薄弱环节以及与离婚有关的问题。我们还探讨了非传统类型关系的生活方式，包括同性恋伴侣、同居及保持单身。最后，在应用部分，我们分析了一个悲剧性的问题，即亲密关系中的暴力。最近，传统婚姻观念正面临挑战，让我们从对这些挑战的讨论开始。

传统婚姻模式面临的挑战

学习目标
- 讨论影响婚姻制度的六种社会趋势

婚姻（marriage）是得到法律和社会认可的两个有性亲密关系的成年人的结合。传统上，婚姻关系包括经济上相互依赖、共同居住、性忠诚和对孩子共同的责任。尽管婚姻制度依然流行，但有时似乎也会受到社会趋势变迁所带来的冲击。从 20 世纪 60 年代开始，已婚成年人的比例一直在逐渐降低。2011 年，成年人已婚的比例为创下历史新低的 51%（Cohn et al., 2011），这促使很多专家质疑婚姻是否陷入了严重的困境。尽管婚姻制度似乎能经受住考验，但我们应该注意一些正在动摇传统婚姻模式的社会趋势：

1. 对单身的接受度增加。近几十年来，保持单身的趋势一直在上升（Morris & DePaulo, 2009）。这个趋势部分反映了人们将结婚时间推迟到比以往更晚。如**图 10.1** 所示，从 20 世纪 60 年代中期开始，人们结婚年龄的中位数一直在逐渐上升。2011 年，女性初婚的年龄中位数为 26.5 岁，男性为 28.7 岁（Cohn et al., 2011）。因此，保持单身正成为一种越来越被人们接受的生活方式。其结果是，对单身者的负面刻板印象（孤独的、失意的和没人要的）正在逐渐消失。
2. 对同居的接受度增加。**同居**（cohabitation）是指有性亲密关系的人在没有法定婚姻约束的情况下生活在一起。尽管很多人依然不支持这种做法，但人们对同居的负面评价已经明显减少（Cherlin, 2004）。近几十年，同居的流行度急剧增加。此外，同居关系中有孩子的现象越来越多（Stanley & Rhoades, 2009）。
3. 永久关系的重要性下降。大多数人仍然把婚姻视为永久的承诺，但越来越多的人认为，如果婚姻不能满足他们的利益，那么离婚是合理的。因此，与离婚相关的社会污名已经有所减少，而离婚率约为 45%（Whitehead & Popenoe, 2001）。

图 10.1 初婚年龄的中位数

在美国，从 20 世纪 60 年代中期开始，人们初婚年龄的中位数就在不断提高，男性和女性都是如此。这一趋势表明，更多的人在推迟结婚。

资料来源：U.S. Bureau of the Census.

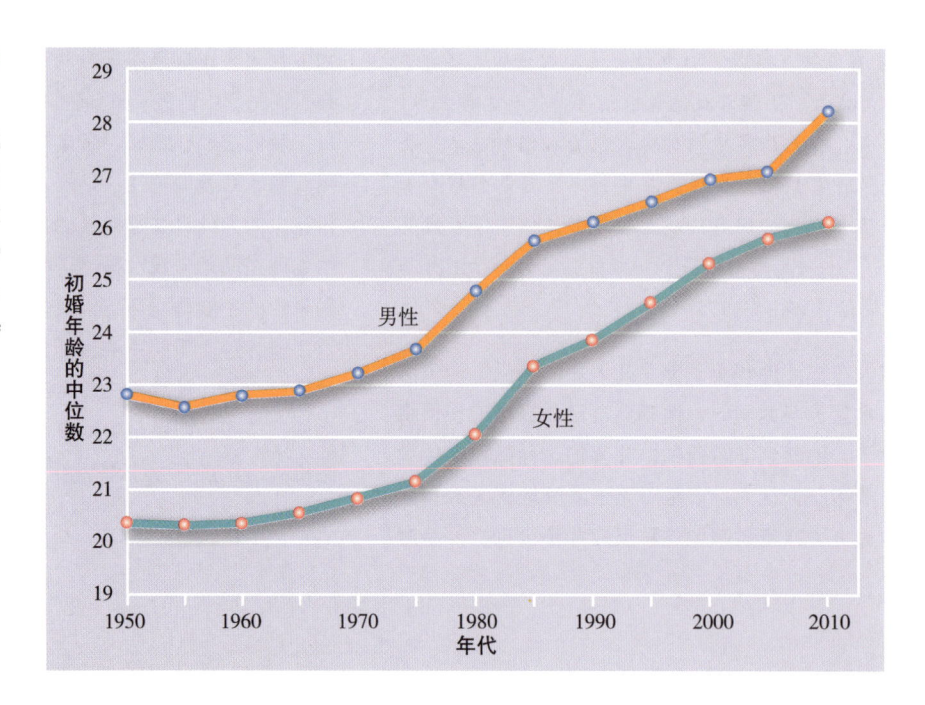

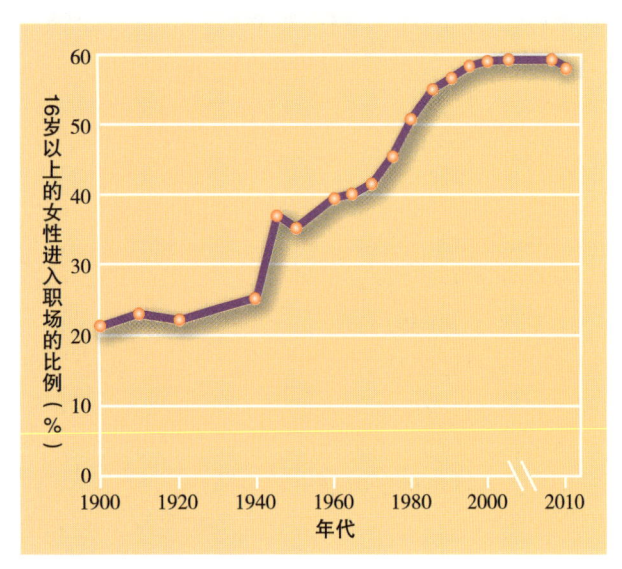

图 10.2 职场中的女性

在美国，16 岁以上的女性外出工作的比例在稳步上升，尽管近些年这一比例已趋于稳定。

资料来源：U.S. Bureau of Labor Statistics.

4. **性别角色的转变**。与一两代人之前相比，如今步入婚姻殿堂的人们对性别角色的期望有所不同。随着越来越多的已婚女性进入职场，男主外女主内的传统性别角色已被很多夫妻抛弃（Halpern, 2005；见图 10.2）。对丈夫和妻子的角色期望变得更加多样、灵活和模糊。很多人认为这一趋势是好的。然而，性别角色的变化给夫妻之间带来了新的潜在冲突。

5. **自愿不要孩子的人在增加**。在过去的 20 年里，随着越来越多的夫妻不要孩子或推迟生育计划，在各个年龄段，没有孩子的女性比例都在上升（Bulcroft & Teachman, 2004; Shaw, 2011）。专家推测，这一趋势是女性获得了新的职业机会、倾向于晚婚以及态度转变（例如对独立的渴望或对人口过剩的担忧）的结果（Hatch, 2009）。

6. **传统核心家庭在减少**。由于《快乐时光》《考斯比秀》《人人都爱雷蒙德》等电视节目的不断重播，在很多美国成年人的眼中，理想的家庭应该由初次结婚的丈夫和妻子组成，夫妻共同养育两个或更多的孩子，并且男性是主要的收入来源。正如麦格劳和沃克（McGraw & Walker, 2004）指出的那样，"如今，在学术界和大众文化中，很多人仍然将传统核心家庭的形象理想化，由养家糊口的父亲和当家庭主妇的母亲组成……由于这种思想意识依然强大，与这种理想形象不一致的家庭缺乏支持"（p. 177）。事实上，这一形象从来都不是那么准确，2010 年，18 岁以下的孩子中只有 66% 的人跟已婚的双亲一起生活（U.S. Census Bureau, 2010）。单亲家庭、重组家庭、无子女家庭以及未婚父母的增加，让传统的核心家庭变成了一个无法反映美国家庭结构多样性的海市蜃楼。有趣的是，这一变化在电视节目中也有所体现，如今很多节目都描绘了非传统的家庭结构（例如，《两个半男人》和《摩登家庭》）。

总之，传统婚姻不再是定义家庭的唯一可接受的生活方式（Laumann, Mahay, & Youm, 2007）。近几十年来，塑造婚姻和亲密关系的规则已经从根本上被重构。因此，婚姻制度正处于转型期，这给现代的夫妻带来了新的挑战。虽然对一夫一妻制的支持依然强大，但社会的变迁正在改变婚姻的传统模式。我们在本章讨论婚姻生活的方方面面时，你可以看到这些改变所造成的影响。

> **推荐阅读**
>
> 《破镜重"缘"：美国社会婚姻现象分析》
> (*The Marriage-Go-Round: The State of Marriage and the Family in America Today*)
> 作者：安德鲁·切尔林
>
> 安德鲁·切尔林（Andrew Cherlin）是约翰·霍普金斯大学社会学和公共政策专业的教授，已对婚姻制度进行了30多年的研究。他发表了大量关于结婚和离婚、孩子的幸福以及家庭政策的文章。在《破镜重"缘"》一书中，他比较了美国在婚姻和家庭生活方面跟其他西方国家的异同，回答了为什么美国人结婚和离婚更频繁的问题。他描述了婚姻的历史，从婚姻的起源到伴侣婚姻的兴起，再到当今的离婚率。最后，他探讨了社会不平等如何影响当今美国的婚姻。
>
> 《破镜重"缘"》不是一本自助书籍，不提供实用的建议。然而，对那些有兴趣了解当今的婚姻状况并理解我们如何走到这一步的人而言，这是一本重要的书。

决定结婚

学习目标

- 描述文化对婚姻的一些影响
- 确定影响择偶的几个因素
- 总结关于婚姻成功预测因素的证据

"我（很遗憾）还没有和我交往多年的男友结婚……我真的很想戴上一枚戒指，不一定要在婚礼上，而是作为承诺的一种象征。每当我跟男友谈起规划我们未来的生活时，他的回答总是一样的：'你知道我爱你，我们已经共享钱、公寓和（以前的）汽车了，你还想要些什么。'我不确定自己是否真的想结婚，但我知道，我希望我们的关系能更进一步。12年过去了，我对千篇一律的生活感到疲惫（和厌倦）。"——博主克里斯蒂娜描述她是否应该给男友下结婚的最后通牒。

这位女性正试图决定自己是否想结婚。尽管婚姻以外的选择比以往更可行了，但专家仍然预计，超过90%的美国人至少会结一次婚（Cordova & Harp, 2009）。有些人甚至会结好几次婚！这是为什么呢？正如图 10.3 所示，绝大多数美国女性认为爱情是她们决定结婚的原因。但是，文化会如何影响婚姻？个体如何选择伴侣？成

图 10.3 女人为何决定结婚？

女人结婚的原因有很多。坎贝尔、赖特和弗洛雷斯（Campbell, Wright, & Flores, 2012）对 197 名结婚时间少于 2 年的女性进行了一项网络调查，询问她们结婚的主要原因。如图所示，"爱情"是迄今为止最常见的回答，但 13% 的女性在意的是"长期稳定性"，回应中也提到了其他一些原因。

功的婚姻又有哪些预测因素？接下来我们将在讨论影响结婚决定的因素时解答这些问题。

文化对婚姻的影响

虽然浪漫爱情似乎在所有文化中都存在，但对浪漫爱情的态度和行为却存在文化差异（Hatfield & Rapson, 2010）。例如，在是否强调爱情为婚姻的先决条件上，不同的文化确实存在差异。现代西方文化在允许人们自由选择婚姻伴侣方面有些不同寻常。按照伊莱恩·哈特菲尔德和理查德·拉普逊（Hatfield & Rapson, 1993）的说法，"为爱而结婚代表了个人主义的终极表现形式"（p. 2）。与此相反，在集体主义文化中，由家庭和媒人安排的婚姻仍然非常普遍（Merali, 2012），例如印度（Gupta, 1992）、日本（Iwao, 1993）和一些西非国家（Adams, Anderson, & Adonu, 2004）。事实上，专家估计，世界上多达80%的文化中都存在包办婚姻（Pasupathi, 2009）。由于西方文化的影响，这种做法在一些社会中正在减少，尤其是在城市里（Moore & Wei, 2012）。尽管如此，集体主义社会中的人在考虑婚姻时，会更注重这一关系给自己的家庭带来的影响，而非仅仅考虑自己的心意所属（Triandis, 1994）。

不同文化对婚姻的看法与一个国家的价值观和经济状况都有关。在一项研究中，研究者对11个国家和地区的大学生问了如下的问题："如果一个男人（女人）拥有你渴望的所有其他品质，但是你不爱他（她），你会和他（她）结婚吗？"（Levine et al., 1995）。如果大学生所在国家的个人主义价值观较强、生活水平较高，那么与集体主义价值观较强、生活水平较低的国家的大学生相比，他们更可能回答"不会"。

西方社会的人对集体主义文化不重视浪漫爱情并倾向于包办婚姻的现象经常持有过于简单化的看法，认为将浪漫爱情作为婚姻基础的现代观念，肯定会比集体主义文化中的陈旧观念和习俗带来更令人满意的婚姻关系（Grearson & Smith, 2009）。然而，支持这一种族中心主义观点的研究证据很少。例如，一项对印度已婚夫妻的研究发现，随着时间的推移，包办婚姻中的爱情在增加，而在那些因浪漫爱情而结婚的夫妻中，爱情在减少（Gupta & Singh, 1982）。另一项研究发现，生活在美国且处于包办婚姻中的印度夫妻比自由结婚的美国夫妻报告了更高的婚姻满意度（Madathil & Benshoff, 2008）。鉴于西方社会极高的离婚率，自以为是地假设西方的方式具有优

基于浪漫爱情的婚姻在西方文化中是常态，包办婚姻则在集体主义文化中盛行。

越性似乎是错误的。文化只是影响婚姻决定的因素之一，接下来让我们看看影响个体择偶的一些特定因素。

选择配偶

择偶在美国文化中是一个循序渐进的过程：从约会开始，有时还会经历一段长期的恋爱期。让我们看看一些影响这一重要过程的因素。

一夫一妻制和多配偶制

一夫一妻制（monogamy）指的是同一时间只能拥有一个配偶的习俗。在我们的社会中，一夫一妻的婚姻关系既是规范也是法律。但是，很多文化实行**多配偶制**（polygamy），即同时拥有一个以上的配偶。西方人一般会将多配偶制和摩门教相联系，尽管摩门教会早在19世纪后期就已经正式谴责了这种制度（Hatch, 2009）。然而，多配偶制在全球范围内都存在，如阿尔及利亚、乍得、科威特和沙特阿拉伯等国家。在那些女性几乎没有任何独立性、受教育机会或政治权利的社会中，多配偶制最为普遍（Cunningham, 2009b）。研究发现，在约旦，一夫多妻制婚姻中的女性比一夫一妻制婚姻中的女性在家庭功能和婚姻关系方面问题更多、自尊更低、生活满意度更低，而抑郁、焦虑和敌意水平则更高（Al-Krenawi, Graham, & Al Gharaibeh, 2011）。女性报告的一夫多妻制的缺点包括不快乐、孤独、竞争意识和嫉妒。处理这些不利因素的常见方法包括：相信这种生活方式是上帝的旨意，平均分配家庭资源，对其他妻子保持尊重的态度（Slonim-Nevo & Al-Krenawi, 2006）。

内部婚配和同质婚配

正如我们在第9章中看到的，物以类聚，人以群分（Montoya, Horton, & Kirchner, 2008）。**内部婚配**（endogamy）是指人们在自己的社会群体内部进行婚配的倾向。研究表明，人们倾向于与相同种族、宗教、族裔背景和社会阶层的人结婚（McPherson, Smith-Lovin, & Cook, 2001）。这一行为由两个因素推动，即社会规范和由相似性引发的人际吸引。尽管内部婚配的比例似乎在降低，但下降的趋势很缓慢。例如，报告跨种族婚姻的家庭从2000年的7%上升为2010年的10%（U.S. Bureau of the Census, 2012）。而1970年，这一数字仅为1%（Gaines, 2009）。尽管有人推测跨种族婚姻会带来额外的负担，但新近研究表明，在关系质量、冲突模式和依恋等方面，跨种族夫妻和同种族夫妻之间并不存在差异。事实上，跨种族夫妻往往比其他人报告更高的关系满意度（Troy, Lewis-Smith, & Laurenceau, 2006），尤其是那些对自己的种族持积极态度并乐于接受对方种族的夫妻（Leslie & Letiecq, 2004）。

同质婚配（homogamy）是指人们倾向于与具有相似个人特征的人结婚。除了其他方面之外，婚姻伴侣往往在年龄和受教育程度（Fu & Heaton, 2008）、外

人们倾向于与种族、宗教和社会阶层相似的人结婚——这一现象被称为内部婚配。

貌吸引力（Hatfield & Sprecher, 2009）、态度和价值观（Luo & Klohnen, 2005）、婚姻史（Ono, 2006）甚至心理障碍的易感性（Mathews & Reus, 2001）等方面具有相似性。有趣的是，同质婚配与更持久和满意度更高的婚姻关系相关（Gonzaga, 2009）。即使是在恋爱关系中，在一系列特征上具有相似性也与关系的稳定性和满意度相关（Peretti & Abplanalp, 2004）。

性别与择偶偏好

研究显示，男性和女性在择偶偏好上既有相似之处，也有不同之处。很多特征是男女都看重的，例如外表吸引力、智力、幽默、忠诚和善良（Lippa, 2007）。对于结婚对象的诚实和值得信赖等特质，男女大学生都给予了很高的评价（Regan & Berscheid, 1997）。但是，研究发现男性和女性在各种特质的优先级方面存在一些可信的差异，而这些差异似乎具有跨文化的普遍性。

正如我们在第 9 章看到的，女性往往比男性更看重潜在配偶的社会经济地位、智力、抱负和经济前景。相反，男性总是比女性对潜在配偶的年轻和外表吸引力更感兴趣（Buss & Kenrick, 1998）。弗莱彻（Fletcher, 2002）认为，择偶标准可以分为三大类：热情/忠诚、活力/吸引力、地位/资源。与男性相比，女性更注重热情/忠诚和地位/资源，而不是那么注重活力/吸引力。与选择短期配偶相比，这一性别差异在选择长期配偶中表现得更突出（Fletcher et al., 2004）。大部分理论家用进化观点来解释这些性别差异（Buss, 2009）。

成功婚姻的预测因素

有没有什么因素能够可靠地预测婚姻的成功与否？人们对这个问题进行了大量研究。这类研究总是被一个显而易见的问题所困扰：如何测量"婚姻成功"？一些研究者只是简单地比较两类夫妻（已离婚夫妻和未离婚夫妻）的婚前特征。这个策略的问题在于，它只评估了夫妻双方的承诺水平但没有评估满意度，而很多维持婚姻的夫妻并没有快乐或成功的婚姻。还有一些研究者使用精心编制的问卷来测量夫妻的婚姻满意度。不幸的是，这些问卷测量的似乎是自满和没有冲突，而不是婚姻满意度（Fowers et al., 1994）。尽管研究表明，夫妻的婚前特征和婚姻调适确实存在一些发人深省的相关，但这些相关大部分都比较弱。因此，对于婚姻成功与否，没有完全可靠的预测因素。不过，下面还是列出了一些研究者曾关注过的因素。

家庭背景 夫妻的婚姻调适与其父母的婚姻满意度相关。父母离婚的人比其他人更可能离婚（Frame, Mattson, & Johnson, 2009）。研究人员推测，这种代际"离婚循环"可部分归因于个体学到的冲突解决方式。无论是好是坏，他们往往从自己的父母那里学到此类行为。罗兹（Rhoades, 2012）发现，与那些父母依然在婚姻中的夫妻相比，父母已离婚的夫妻报告的消极沟通更多。此外，惠顿及其同事（Whitton et al., 2008）发现，父母在家庭互动中的敌意水平预测了其后代 17 年后的婚姻敌意水平。反过来，这又能预测婚姻调适状况，对男性来说尤其如此。然而，研究人员指出，其他因素，如不安全依恋风格的形成，可能也在其中起作用。

年龄 一个人结婚时的年龄也与婚姻成功的可能性有关。结婚时年龄比较小的夫妻离婚率更高（Bramlett & Mosher, 2002），如**图 10.4** 所示。或许那些晚婚的人更仔细地挑选了他们的配偶，或者他们不太可能做出巨大的个人改变，使得他们无法与伴侣相处。研究者预计，随着越来越多的人选择晚婚，离婚率实际上可能会下降。

恋爱时间　恋爱时间越长，婚姻成功的可能性越大（Cate & Lloyd, 1988）。较长的恋爱时间让伴侣能够更准确地评估他们的相容性。另一种可能的解释是，恋爱时间长短与婚姻成功之所以存在联系，是因为对婚姻持谨慎态度的人拥有促进婚姻稳定的态度和价值观。

人格　总体而言，研究发现伴侣的特定人格特质并不是婚姻成功的强预测因素。即便如此，有些人格特征与婚姻调适之间存在中等程度的相关。例如，完美主义（Haring, Hewitt, & Flett, 2003）和不安全感（Crowell, Treboux, & Waters, 2002）是婚姻成功的两个负向预测因素。

之后，研究者在对人们潜在的情感倾向与婚姻调适之间联系的探索上取得了更多的成功。他们发现，人们在大学纪念册中的微笑程度（积极情感表达的一个指标）可以反向预测他们在以后的生活中离婚的可能性（Hertenstein et al., 2009）。这些研究者在评定老年人的童年照片时也发现了相似的结果；照片里的微笑反向预测了日后离婚的可能性。虽然他们承认这一关联有其他的解释（如微笑的人可能会吸引更多的朋友，得到更多的社会支持），但认为这些结果证明了积极的情感倾向在生活中的重要作用。

婚前沟通　正如你可能预期的那样，伴侣在恋爱期间相处的情况可以预测他们的婚后调适。因此，婚前沟通的质量显得尤为关键（Markman et al., 2010）。例如，配偶在恋爱期越是消极、尖刻、无礼和不支持对方，他们的婚姻关系紧张和离婚的可能性越大（Clements, Stanley, & Markman, 2004）。在亲密关系中，能够自我表露并接纳从自我表露中了解到的内容的伴侣，可能对关系的长期满意度最高（Harvey & Omarzu, 1999）。此外，研究表明，共同决策是婚姻冲突较少的预测因素（Kamp Dush & Taylor, 2012）。

尽管沟通领域内的大多数研究集中于对冲突的讨论，但一项研究表明，在沟通中得到理解和肯定与关系满意度紧密相关，即使讨论的是积极事件（Gable, Gonzaga, & Strachman, 2006）。这个研究关注的是恋人，但研究者认为，"积极的情感交流可能是稳定且令人满意的关系的基础"（p. 916）。事实上，夫妻在日常生活互动中的嬉闹和积极情感，似乎是婚姻调适的重要因素（Driver & Gottman, 2004）。

压力事件　到目前为止我们讨论了伴侣个人带入婚姻中的问题，但婚姻关系并非存在于真空之中。婚姻面临的压力情境（失业、慢性疾病、照护年老的父母）可能会导致冲突，增加困扰，并危害婚姻的稳定性（Frame et al., 2009）。报告外部压力水平较高的伴侣也报告其亲密

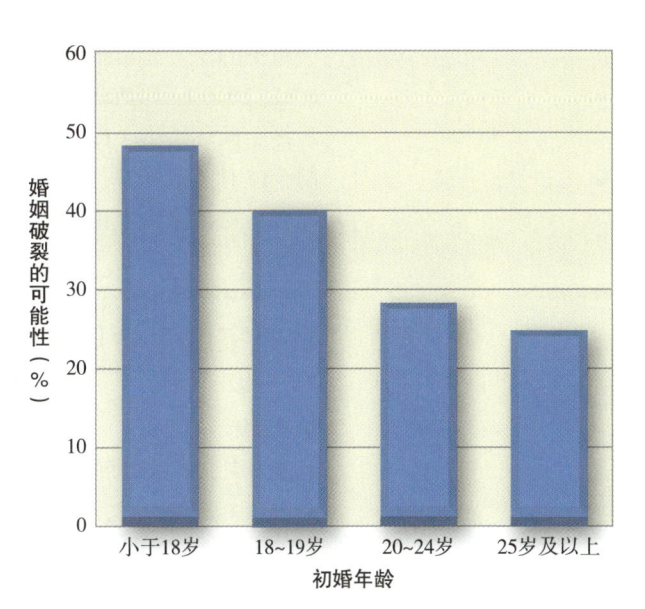

图 10.4　结婚年龄与婚后 10 年婚姻破裂的可能性

研究者估计了不同年龄组在婚后 10 年婚姻破裂（离婚或分居）的可能性。这里列出的数据显示，结婚时年龄较小的夫妻婚姻破裂的可能性显著大于结婚时年龄较大的夫妻。

资料来源：The Centers for Disease Control.

关系中的压力和紧张程度较高（Bodenmann, Ledermann, & Bradbury, 2007; Ledermann et al., 2010）。研究还发现，工作中的压力可能会影响个体在家庭生活中的情绪，这最终会破坏婚姻（Lavee & Ben-Ari, 2007）。内夫（Neff, 2012）认为，压力会通过限制个体对关系提升行为的投入而逐渐损害婚姻。压力和痛苦的联系中存在一个例外，那就是与初为父母相关的压力，稍后我们将详细讨论这个主题。

贯穿家庭生命周期的婚姻调适

学习目标
- 解释家庭生命周期的每个阶段
- 确认夫妻在决定是否要孩子时权衡的因素，并分析个体向父母身份转变的动态过程
- 识别当一个家庭的孩子进入青春期时会出现的常见问题，并讨论在家庭生命周期后期阶段发生的转变

"珍妮弗占用了我们很多时间，我们本来会用这些时间一起做事或聊天。以前，周末的时候我们会睡懒觉或者悠闲地做爱。但现在，珍妮弗一醒来就会哭闹着要吃奶……我想，只要珍妮弗长大一点，这一切都会过去的。我们只是在经历一个阶段而已。"——《美国夫妻》（American Couples）一书引用的一位新妈妈的话（Blumstein & Schwartz, 1983, p. 205）

"我们只是在经历一个阶段而已。"这句话突出了一个重点：与个体的发展一样，家庭的发展也有可预测的模式。这些模式构成了**家庭生命周期**（family life cycle），也就是家庭通常会按顺序经历的一些发展阶段。婚姻制度和家庭不可避免地交织在一起。随着婚姻的到来，两个人组成了一个全新的家庭。通常，这个新家庭构成了一个成年人生活的核心。

社会学家提出了许多模型来描述家庭的发展。我们的讨论将围绕卡特和麦戈德里克（Carter & McGoldrick, 1988, 1999）提出的六阶段模型展开。**图 10.5** 是对该模型的概述，说明了最终拥有孩子并保持完整的家庭在每个发展阶段要完成的任务。诚然，不是所有的家庭都会按顺序发展；一些研究者发现，无论一对夫妇是新婚、有年幼的孩子，还是结婚多年，婚姻问题都是相似的。尽管如此，该模型似乎是一个可以预测婚姻经历的有用工具（Kapinus & Johnson, 2003）。虽然麦戈德里克和卡特也描述了没有孩子的家庭或离婚的家庭在基本模式上的不同（McGoldrick & Carter, 2003），但在这里我们主要关注典型的基本模型。在本节我们也将着重讨论异性恋夫妻。

家庭之间：未婚的年轻人

随着年轻人脱离父母开始独立，他们会经历一个过渡期，在此期间他们处于"家庭之间"，直到他们通过婚姻组成一个新的家庭。这个阶段的有趣之处在于，越来越多的人正在延长这一阶段。正如我们在**图 10.1** 中看到的，近几十年来，结婚年龄的中位数一直在逐渐提高。这一阶段的延长可能是很多因素造成的，包括女性有了新的职业选择、职场对教育的要求变高、人们更加强调个体的自主性以及对单身的态度变得更积极。

家庭生命周期		
家庭生命周期的阶段	关键发展任务	发展所需的家庭状况的其他改变
1. 家庭之间：未婚的年轻人	接受父母与孩子的分离	a. 自我与原生家庭的分化 b. 同伴亲密关系的发展 c. 建立工作中的自我
2. 通过婚姻组成家庭：新婚夫妻	对新系统的承诺	a. 婚姻系统的建立 b. 重组与大家庭和朋友的关系，把配偶包含在内
3. 有年幼孩子的家庭	接受新成员进入系统	a. 调整婚姻系统，为孩子腾出空间 b. 承担父母的角色 c. 重组与大家庭的关系，把父母和祖父母的角色包含在内
4. 有青春期孩子的家庭	增加家庭界限的灵活性以包容孩子的独立性	a. 转变亲子关系，允许青少年进出系统 b. 重新关注中年期的婚姻和职业问题 c. 开始转向对老一辈人的关注
5. 孩子成年离家	接受子女多次进出家庭系统	a. 从二人世界的角度重新协商婚姻系统 b. 在父母与成年子女之间发展成年人对成年人的关系 c. 重组人际关系，把姻亲和孙辈包含在内 d. 应对父母／祖父母的失能和死亡
6. 晚年生活中的家庭	接受代际角色的转变	a. 面对身体机能的下降，保持自己和（或）伴侣的功能和兴趣；探索新的家庭和社会角色选项 b. 支持让中间一代扮演更重要的角色 c. 在系统内为老人的智慧和经验留出空间；支持老人，但不过度代劳 d. 应对配偶、兄弟姐妹和其他同伴的去世，并为自己的去世做准备；回顾和整合人生

图 10.5　家庭生命周期的阶段

如图所示，家庭生命周期可以划分为六个阶段（Carter & McGoldrick, 1988）。第二列展示了家庭在每个阶段的关键发展任务；第三列是每个阶段的其他发展任务。

结合：新婚夫妻

当单身的年轻人结合在一起时，下一阶段便开始了。如果选择了结婚，新婚的异性恋夫妻会逐渐进入丈夫和妻子的角色。对于一些夫妻来说，这个阶段可能相当麻烦，因为结婚的头几年常常会遇到数不清的问题和分歧。在报告婚姻满意度的时候，8%~14% 的新婚夫妻得分在"苦恼"范围内；他们报告最多的问题是工作与婚姻的平衡以及财务问题（Schramm et al., 2005）。但是总体而言，这个阶段还是以巨大的幸福为特征，也就是众所周知的"蜜月期"和"婚姻美满"。在结婚初期，也就是第一个孩子出生之前，夫妻对婚姻关系的满意度往往相对较高。

曾经，对大多数新婚夫妻来说，孩子出生前的阶段是相当短的，他们很快就开始组建家庭。传统上，夫妻都认为要孩子是理所当然的。但是，近几十年，对生孩子的矛盾心理明显增加了，皮尤研究中心（Pew Research Center, 2010）报告说，大约 20% 的女性不考虑在 44 岁之前生孩子，这一比例在 20 世纪 70 年代仅为 10%。因此，越来越多的夫妻发现他们很难决定是否要孩子。常见的情况是，在经历了无数次的推迟并最终意识到"生育孩子的正确时机"永远不会到来之后，夫妻双方才做出不要孩子的决定。

选择不要孩子的夫妻提到了养育孩子的高成本。在经济负担之外，他们还提到了很多理由，例如放弃教育或职业机会、失去休闲娱乐和本该给彼此的时间、失去自主权、担心养育孩子所需承担的责任以及对人口过剩的担忧（Hatch, 2009）。女性尤其认为职业问题在她们的决定中扮演了重要角色（Park, 2005）。此外，自愿不要孩子的女性通常比其他女性有更高的收入和更多的工作经验（Abma & Martinez, 2006）。

尽管自愿不要孩子已经变得比较普遍，但做出这种选择的夫妻仍然是少数。大多数夫妻会选择生儿育女，理由包括生育繁衍的责任、看着孩子长大成熟的喜悦、孩子带来的目标感、感情培养所带来的满足感以及抚养孩子过程中的挑战（Cowan & Cowan, 2000）。绝大多数父母认为自己作为父母的经历是积极和令人满意的，他们无悔于自己的选择（Demo, 1992）。与此相似，大多数自愿不要孩子的夫妻也并不后悔自己的决定（DeLyser, 2012）。需要注意的是，我们一直在讨论的是自愿不要孩子。那些希望有孩子但却不能实现的夫妻（例如，因为不孕不育）表达了自己对无子女的担忧（McQuillan et al., 2012）。

有年幼孩子的家庭

虽然大多数父母都为他们的生育决定而高兴，但第一个孩子的到来意味着一个重大转变，对常规生活的破坏会让人心力交瘁，并对他们的幸福产生负面影响（Umberson, Pudrovska, & Reczek, 2010）。这一转变对母亲的影响要大于父亲（Nomaguchi & Milkie, 2003）。刚成为母亲的女性已经因分娩过程而身体疲惫，尤其容易患产后抑郁。根据美国疾病控制中心（Centers for Disease Control, 2012）的数据，约11%~18%的女性报告出现产后抑郁症状。导致产后抑郁的风险因素包括既往抑郁史、高压力水平和对婚姻不满（O'Hara, 2009）。婴儿的睡眠模式和啼哭等问题都与母亲的抑郁症状相关（Meijer & van den Wittenboer, 2007）。有意思的是，不仅生孩子的母亲有抑郁的风险，领养孩子的母亲也有这样的风险。莫特及其同事（Mott et al., 2011）比较了这两个群体，发现她们的抑郁水平没有差别。此外，与养母的抑郁水平相关的仍然是相同的压力源（例如睡眠剥夺和较低的婚姻满意度）。

在丈夫应投入多少精力来照顾孩子这一问题上，如果丈夫达不到妻子的期望，夫妻向父母的转变就会更难（Fox, Bruce, & Combs-Orme, 2000）。有一篇综述回顾了数十年来有关为人父母和婚姻满意度的研究，结果发现：（1）与没有孩子的夫妻相比，为人父母的夫妻婚姻满意度较低；（2）孩子处于婴儿期的母亲，婚姻满意度下降得最显著；（3）夫妻养育的孩子越多，他们的婚姻满意度就越低（Twenge, Campbell, & Foster, 2003）。

但是，向首次成为父母的转变并非必然存在着危机。减轻这种转变压力的关键可能是对父母的责任抱有现实的期望（Belsky, 2009）。研究发现，那些高估新角色的好处而低估其代价的父母面临的压力最大。对父母角色的反应可能也取决于夫妻的婚姻状况（Lawrence et al., 2008）。如果孩子出生前夫妻的情感和承诺水平较高，那么在孩子出生后，夫妻的婚姻满意度可能就会比较稳定（Shapiro, Gottman, & Carrère, 2000）。尽管孩子给婚姻带来了考验和磨难，但没有

孩子的夫妻离婚率显然更高（Shapiro et al., 2000）。

有青春期孩子的家庭

绝大多数父母认为青春期是育儿中最困难的阶段（Gecas & Seff, 1990）。但是，有问题的亲子关系似乎是例外而非必然（Smetana, 2009）。当青春期的孩子寻求建立自我同一性时，父母的影响往往会下降，而同辈群体的影响会上升。在重要的事情上，例如教育目标和职业规划，父母往往比同辈群体拥有更大的影响力，但在一些不那么重要的问题上，例如着装风格和娱乐计划，同辈群体逐渐获得更大的影响力（Gecas & seff, 1990）。因此，青春期孩子和父母之间的冲突往往涉及日常事务，例如家务和着装，而较少涉及性和毒品等重要话题（Barber, 1994）。如果在家庭中，青春期的孩子被鼓励参与家庭决策，而父母保持最终的控制权，那么孩子往往表现出更好的调适能力（Smetana, 2009）。父母似乎会从他们与青春期孩子相处的经历中学到经验，因为他们报告说，与第二个青春期孩子的冲突比与第一个孩子少（Whiteman, McHale, & Crouter, 2003）。

除了要为他们处在青春期的孩子操心，中年夫妻通常还要操心年老父母的照料。夹在这些互相冲突的责任之间的成年人被称为三明治一代（Riley & Bowen, 2005）。来自英国和美国的全国性调查数据显示，年龄在 55 岁到 69 岁之间的女性中，大约有三分之一的人要同时为两代人提供支持（Grundy & Henretta, 2006）。女性往往承担了大部分照顾年老亲属的责任，据估计，女性未来照顾年老父母的时间会超过照顾子女的时间（Bromley & Blieszner, 1997）。许多理论家担心，照顾几代人的责任可能是沉重的负担，并导致倦怠（Fruhauf, 2009）。一项研究发现，照顾年老父母的时间与妻子的心理痛苦水平相关，这一发现为上述担忧提供了支持（Voydanoff & Donnelly, 1999）。积极的一面是，许多照顾年老父母的人认为这种经历是令人满足的，因为这使他们得以修复或提升受损的关系（Fruhauf, 2009）。此外，这种情况可以增加孩子与祖父母之间的互动（Silverstein & Ruiz, 2009）。

孩子进入成人世界

当孩子到了 20 多岁，家庭必须适应孩子的多次进出，因为孩子会走了又回来（有时带着配偶）。在这一时期，孩子通常由依赖父母走向独立，这给家庭带来了很多转变。在很多情况下，冲突会趋于平息，亲子关系会变得更亲密和富有支持性。

人们可能会说，与以前相比，如今孩子进入成人世界似乎是一个更漫长、更困难的过程（Furstenberg, 2001）。如图 10.6 所示，与父母同住的成年人数量正在增加（U.S. Bureau of the Census, 2011a）。大学教育费用的急剧攀升和就业市场的萎缩可能导致了很多年轻人留在父母家里。此外，分手、离婚、失业和单亲怀孕等危机也迫使很多已经独自生活的孩子返回父母家中。有趣的是，年轻人对独立后又回到家中的态度比其父母更消极（Veevers, Gee, & Wister, 1996）。

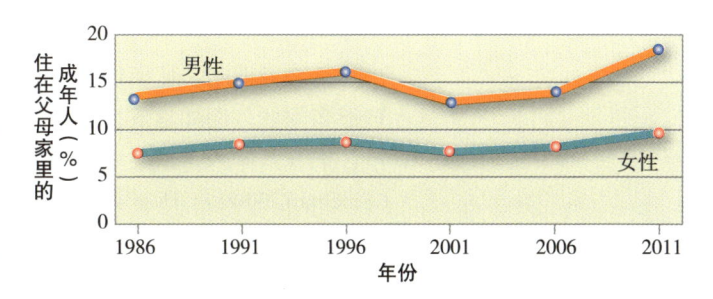

图 10.6　住在父母家里的成年人的比例

据 2011 年美国人口普查数据，在过去 25 年里，年龄 25~34 岁的成年人住在父母家里的比例有所增加，尤其是男性。近期的比例升高可能是经济衰退的结果。

资料来源：U.S. Bureau of the Census.

当父母努力让所有子女都成功进入成人世界后，他们发现自己面对着一个"空巢"。这一时期曾被认为是许多父母的艰难转变期，尤其是那些只熟悉母亲角色的女性。但近几十年来，越来越多的女性已经体验过家庭以外的其他角色，期待从养育孩子的责任中"解放"出来。大多数父母能有效地适应空巢情况的转变，而且这一时期与母亲婚姻满意度的提高相关（Gorchoff, John, & Helson, 2008）。事实上，如果子女重新返回家里，父母反而更可能出现问题，尤其是子女频繁返回的时候（Bookwala, 2009）。

晚年生活中的家庭

婚姻满意度在"后父母时期"（也称为空巢期）往往会上升，因为夫妻发现他们有更多的时间关注彼此。出现这种趋势的原因似乎是这一阶段夫妻共度的时光比之前更加轻松和愉快（Gorchoff, John, & Helson, 2008）。年老的夫妻将孩子或孙辈、美好的记忆和一起旅行评为快乐的三大来源（Levenson, Carstersen, & Gottman, 1993）。然而，夫妻必须适应相处时间增多的新状态，而且经常需要重新协商对彼此的角色期望（Walsh, 1999）。当然，与年龄相关但与夫妻关系无关的问题（如患身体疾病的可能性增加）可能会给晚年生活带来压力。晚年婚姻中最常见的三个问题是对休闲活动、亲密度和财务问题的分歧或失望（Henry, Miller, & Giarrusso, 2005）。老年夫妻在失望的对象上有一些很明显的性别差异：男性更容易对财务问题感到失望，而女性更可能对个人习惯和健康问题感到失望。

婚姻调适中的薄弱部分

学习目标
- 讨论角色期望、工作及财务问题如何影响婚姻调适
- 总结有关沟通质量与婚姻调适之间联系的证据

"我们刚结婚时，头六个月的冲突都是为了让他考虑到我在家里为他计划好的事情……他会迟到一个半小时大摇大摆地走进来吃晚饭，或者因为要去完成一单生意而取消和朋友们的约会……我们吵来吵去……不是因为我不想让他出去挣钱……而是因为我认为他得考虑周到一些。"——《美国夫妻》一书引用的一位妻子的话（Blumstein & Schwartz, 1983, p. 174）

在恋爱期间，情侣们往往专注于令人愉快的活动。但一旦结了婚，他们就要处理很多问题，例如达成彼此可接受的角色妥协、支付账单和养家糊口。婚姻冲突会给伴侣及其家人带来一些消极后果，包括抑郁、酗酒、健康问题、家庭暴力和离婚（Fincham, 2009）。所有夫妻都会遇到问题，成功的婚姻取决于夫妻双方处理这些问题的能力。在这一节，我们将分析可能出现的几类主要问题。尽管这些问题没有简单的解决办法，但知道你可能在何处遇到问题会很有帮助。

角色期望的差距

异性情侣在结婚后便开始承担新的角色——丈夫和妻子。夫妻双方都对丈夫或

妻子应该如何行事抱有特定的期望。这些期望因人而异。夫妻之间角色期望的差距对婚姻满意度有消极影响。不幸的是，在这个性别角色转变的时代，角色期望的巨大差距似乎尤其可能出现，我们将在第 11 章深入讨论这个话题。

对丈夫和妻子的传统角色期望曾经是非常清晰的。丈夫应该主要负责养家糊口，做重要的决定，并承担某些家务，例如汽车或庭院的维护。妻子应该带孩子、做饭、打扫卫生，并服从丈夫的领导。夫妻有不同的影响范围（Coltrane & Shih, 2010）。工作世界是丈夫的领域，家庭是妻子的领域。然而近几十年来，社会变革的力量使人们对夫妻角色产生了新的期望。因此，现代夫妻需要在整个家庭生命周期中反复协商各自的角色责任。

女性对于婚姻角色的转变尤其容易产生矛盾心理。越来越多的女性渴望从事高要求的职业，但丈夫的事业依然优先于妻子的抱负（Haas, 1999）。通常在人们的期望中，中断工作照顾年幼孩子的应该是妻子；当孩子生病时留在家里的仍然应该是妻子；而当丈夫的工作地点变动时，妻子应该放弃她们的工作。而且，即使夫妻都有工作，很多丈夫依然在家务、照顾孩子和决策等方面保持着传统的角色期望。

尽管自 20 世纪 60 年代起，男性分担家务的比例已经有了显著提高（Calasanti & Harrison-Rexrode, 2009），但在美国，即使妻子外出工作，她们依然承担着大部分家务（Sayer, 2005）。例如，研究显示妻子大约承担了全部家务的 65%（不包括照顾孩子），而丈夫承担了剩下的 35%。此外，妻子承担了 78% 必须完成的"核心家务"，例如做饭、打扫和洗衣服；而丈夫继续承担着能自由支配的传统"男性家务"，例如汽车和庭院维护（Bianchi et al., 2000）。

尽管已婚女性承担了大部分家务，但只有约三分之一的妻子认为家务分配不公平，因为大多数妻子并没有期望平均分配家务（Coltrane, 2001）。然而，这三分之一的妻子也是相当大的女性群体，家务是她们不满的一个来源。研究显示，当女性对性别角色持非传统态度并外出工作时，她们更可能认为家务分配不公平（Coltrane, 2001）。正如你可能预期的那样，感觉家务负担不公平的妻子往往会报告更低水平的婚姻满意度（Coltrane & Shih, 2010）。有趣的是，那些独立生活时间较长的男性（即不和父母、伴侣同住，也不住宿舍）比那些独立生活时间较短的男性在家务方面的观点更平等（Pitt & Borland, 2008）。

与丈夫持有传统态度的夫妻相比，丈夫对性别角色持平等态度的夫妻婚姻满意度更高（Frieze & Ciccocioppo, 2009）。鉴于这一发现，夫妻在婚前有必要深入讨论一下对彼此的角色期望。如果发现双方的观点有分歧，则需要认真对待可能出现的问题。很多人随意忽视性别角色期望上的分歧，认为他们以后可以"纠正"自己的伴侣。但是，对夫妻角色的假设（无论是传统的还是非传统的）可能是根深蒂固的，因此很难改变。

工作和职业的问题

一个人的职业和婚姻之间可能发生的相互作用是多样而复杂的。尽管关于收入和工作对婚姻稳定性的影响的现有数据并不一致（Rodrigues, Hall, & Fincham, 2006），但人们的工作满意度和卷入情况可能会影响自身的婚姻满意度、伴侣的婚姻满意度以及孩子的发展。

工作与婚姻调适

很多研究比较了只有男性养家的夫妻和双职工夫妻的婚姻调适情况。之所以这样比较，是因为传统观点认为男性没有工作而女性有工作违背了社会规范。这些研究通常把女性简单地分为有工作和无工作两类，而后评价夫妻的婚姻满意度。大多数研究并没有发现这两类夫妻在婚姻调适上存在一致的差异，而且这些研究还常常发现双职工夫妻的一些优势，例如社会交往增多、自尊提高以及态度更为平等（Haas, 1999; Steil, 2009）。尽管在协商职业优先权、育儿安排和其他实际事务时，双职工夫妻确实面临一些特殊问题，但他们的婚姻不一定会受到负面影响。

然而，不满意的工作所带来的挫败感和压力可能会对婚姻产生影响。当工作压力增加时，丈夫和妻子报告了更多的角色冲突，并常常感到自己被多重责任压垮了（Crouter et al., 1999）。此外，研究发现夫妻的工作压力会对他们的婚姻和家庭互动产生实质性的负面影响（Perry-Jenkins, Repetti, & Crouter, 2001）。例如，在高度紧张地工作了一天之后，夫妻往往会回避家庭互动（Repetti & Wang, 2009）。

工作对家庭产生负面影响的情况似乎在母亲身上更常见，尤其是涉及学龄前孩子时（Dilworth, 2004; Stevens et al., 2007）。之所以存在这一差异可能是因为即使要工作，女性也需要比男性承担更多的家务（Sayer, 2005）。增加压力和家庭冲突可能性的与工作相关的要求包括通勤时间长、把工作带回家和在家里进行工作联络（Voydanoff, 2005）。与上夜班有关的压力对夫妻和家庭的影响似乎尤其严重（Presser, 2000），需要出差的工作也是如此（Zvonkovic et al., 2005）。

尽管兼顾家庭角色和工作角色可能很有挑战性，但一些理论家认为，从长远看，多重角色对男性和女性都有好处。巴尼特和海德（Barnett & Hyde, 2001）指出，一个角色中压力的负面影响可以被另一角色的成功和满足感所缓解。他们还指出，扮演多重角色可以扩展社会支持的来源，并增加体验到成功的机会。此外，如果夫妻双方都外出工作，那么家庭收入一般会比较高，而且夫妻也会发现他们有更多的共同点。

父母的工作与儿童的发展

另一个人们关心的问题是父母的工作对子女的潜在影响。事实上，该领域内几乎所有研究关注的都是母亲外出工作对子女的影响。2010年，美国大约有2 100万母亲外出工作（U.S. Bureau of the Census, 2011b）。关于母亲外出工作的研究发现了什么？尽管很多美国人似乎认为母亲外出工作对孩子的发展不利，但大部分实证研究却没有发现支持这一观点的证据（Gottfried & Gottfried, 2008）。对69项研究的元分析发现，母亲外出工作与孩子的成就或行为问题没有关联（Lucas-Thompson, Goldberg, & Prause, 2010）。此外，研究也未在母亲的就业状态和母婴情感依恋的质量之间发现关联（NICHD Early Child Care Research Network, 1997）。在一项长达20年的纵向研究中，母亲在孩子年幼时外出工作没有表现出"睡眠者效应"。也就是说，在以后的生活中没有出现负面结果。这使得研究人员得出结论，母亲外出工作会有负面后果的说法是一个"大众神话"（Gottfried & Gottfried, 2008, p. 30）。

事实上，在某些情况下，母亲外出工作对孩子的发展有积极的影响。来自加拿大儿童与青少年纵向调查的数据显示，母亲外出工作与孩子4岁时较低的多动程度和焦虑水平以及较多的亲社会行为相关（Nomaguchi, 2006）。此外，即使母亲外出工作并不能消除贫困，但它确实意味着在贫困中长大的孩子会更少（Esping-Anderson,

2007; Lichter & Crowley, 2004）。和其他孩子相比，在贫困中长大的孩子身体素质较差，心理健康水平较低，学业表现较差，而且更容易违纪（Seccombe, 2001）。然而，专家们谨慎地指出，母亲外出工作的任何益处都可能以母亲与孩子之间的积极互动减少为代价（Nomaguchi, 2006）。

财务困难

财务稳定和富有都不能保证婚姻美满。然而，财务困难可能给婚姻带来压力，财务状况也是新婚夫妻最关注的问题之一（Schramm et al., 2005）。没有钱，家庭会一直生活在对财务消耗的恐惧中，如疾病、失业和家电损坏。不愿意讨论财务问题是可以理解的，但夫妻之间沟通的自发性可能因此遭到破坏。的确，对许多夫妻而言，金钱是一个"禁忌"话题（Atwood, 2012）。因此，夫妻对经济的严重担忧与丈夫的敌意和妻子的抑郁水平升高以及夫妻双方的婚姻幸福感降低相关也就不足为奇了（White & Rogers, 2001）。同样，丈夫工作的不稳定性可以预测妻子报告的婚姻冲突和离婚的想法（Fox & Chancey, 1998）。此外，证据一致表明，夫妻分居或离婚的风险随丈夫收入的下降而上升（Ono, 1998）。

尽管很多美国人似乎相信母亲外出工作对孩子不利，但实证研究却没有发现母亲外出工作对孩子有害的证据。

即使财务资源充足，金钱也可能成为婚姻紧张的根源。关于如何花钱的争吵普遍存在于各个收入水平的家庭中，对婚姻有潜在的破坏作用。例如，研究发现感知到财务问题（不论家庭的实际收入水平如何）与婚姻满意度下降相关（Dean, Carroll, & Yang, 2007）。消费习惯（吝啬还是挥霍无度）的差异也可能导致婚姻冲突（Rick, Small, & Finkel, 2011）。此外，与那些还清债务的新婚夫妻相比，消费债务增加的新婚夫妻在一起的时间更短，关于金钱的争吵也更多（Dew, 2008）。沙宁格和巴斯（Schaninger & Buss, 1986）在一项研究中比较了婚姻幸福的夫妻和最终离婚的夫妻在处理金钱问题上的差异，结果发现婚姻幸福的夫妻更倾向于共同做出财务决定。因此，避免因为钱而发生冲突的最好方法可能是夫妻一起制定全面的开支计划，也就是进行沟通。

缺乏沟通

有效沟通对婚姻成功至关重要，并且与更高的婚姻满意度相关（Litzinger & Gordon, 2005）。此外，婚姻沟通与满意度之间的相关似乎在不同文化中都很强（Rehman & Holtzworth-Munroe, 2007）。一项对正在离婚的夫妻的研究发现，无论是丈夫还是妻子，最常提到的问题都是沟通困难（Bodenmann et al., 2007; Cleek & Pearson, 1985）。此外，对已经结婚很长时间的夫妻而言，沟通是一个排在前几位的冲突来源（Levenson et al., 1993）。因为情感沟通的能力与更好的婚姻调适相关，所以夫妻在讨论冲突时需要感到安全（Cordova, Gee, & Warren, 2005）。研究支持这样一种观点，即婚姻调适并不取决于夫妻之间是否有冲突（冲突几乎是不可避免的），而取决于冲突发生时夫妻如何处理（Driver et al., 2003）。

大量研究比较了幸福婚姻和不幸福婚姻中的沟通模式。这类研究显示，婚姻不幸福的夫妻会：（1）难以传达积极信息；（2）更经常误解彼此；（3）更少意识到自己被误解了；（4）使用更频繁、更强烈的负面信息；（5）在关系中偏好的自我表露程度往往不同（Noller & Fitzpatrick, 1990; Noller & Gallois, 1988; Sher & Baucom, 1993）。他们经常陷入一种要求－退缩的沟通模式，其中一个人提出要求（如抱怨或批评），另一个人则以退缩作为回应（例如忽视或改变话题）（Eldridge & Baucom, 2012）。总之，不幸福的夫妻往往陷入无法逃脱的不断升级的冲突怪圈，而幸福的夫妻则找到了走出这个怪圈的方法（Fincham, 2003）。

约翰·戈特曼（John Gottman）及其同事在一项被广泛引用的研究中证明了沟通的重要性（Buehlman, Gottman, & Katz, 1992）。他们以52对夫妻为样本，在研究中，每对夫妻都要口述他们的关系史，并提供15分钟的互动样本，内容为夫妻就婚姻中的两个问题领域进行讨论。然后研究者在那些最能反映夫妻沟通方式的因素上给夫妻的表现打分。他们根据这些评分来预测哪些夫妻会在3年内离婚，其准确率高达94%！

戈特曼或许是世界上最著名的婚姻沟通专家，他指出，冲突和愤怒在婚姻互动中很正常，它们本身并不能预示婚姻破裂。相反，他（Gottman, 1994, 2011）发现了其他四种沟通模式，并称之为"末日四骑士"，它们都是离婚的风险因素：鄙视、批评、辩护和冷漠。鄙视指的是传达侮辱人的感觉，即伴侣不如别人。批评指的是不断表达对伴侣的负面评价。它通常以你开头，并涉及大量负面陈述。辩护指的是通过否定、反驳或否认伴侣的陈述来回应对方的鄙视和批评。这种非建设性的沟通会使婚姻冲突逐渐升级。冷漠指的是拒绝倾听伴侣，尤其是对方的抱怨。戈特曼最后还增加了第五个沟通模式——好斗，指的是挑衅攻击式地挑战伴侣的能力和权威（Gottman, Gottman, & DeClaire, 2006）。鉴于良好沟通的重要性，很多婚姻治疗方法都强调发展良好的沟通技能（Gottman & Gottman, 2008）。

离婚及其后果

学习目标

- 阐述离婚率变化的证据以及促使夫妻决定离婚的因素
- 分析夫妻和孩子如何进行离婚调适
- 总结再婚数据，讨论再婚家庭对孩子的影响

"从24岁到34岁，我经历了为期10年的婚姻，那是非常重要的10年。我开创了自己的事业，开始取得成功，买了第一幢房子，有了一个孩子，你知道的，那是非常重要的10年。但是忽然之间，一切都没有了，我回到了原点。我没有了房子，没有了孩子，没有了妻子。我不再拥有那个家庭。我的经济状况一塌糊涂。一切都无可挽回。所有我为之奋斗的目标，都一个个失去了。"——《分居》一书中引用的一位最近离婚的男子的话（Weiss, 1975, p. 75）

离婚（divorce）是在法律上解除婚姻关系。对大多数人来说，正如上面这段辛酸的引述所表明的那样，离婚是一件痛苦和充满压力的事情。上一节讨论的任何问题都可能导致夫妻产生离婚的念头。然而，人们离婚的门槛似乎各不相同，就像他

第 10 章　婚姻与亲密关系　367

们结婚的门槛一样。有些夫妻可以忍受很多不快和争吵，而不会认真考虑离婚。另外一些夫妻则不同，一旦发现现实与自己的期望不符，他们就准备给律师打电话。然而一般而言，离婚是一系列相互关联的问题的累积所导致的关系逐渐解体的结果，这些问题往往可以追溯到夫妻关系的开始阶段（Huston, Niehuis, & Smith, 2001）。

离婚率

尽管可以获得相对准确的离婚率数据，我们还是难以估计有多大比例的婚姻最终以离婚收场。20世纪50年代到80年代之间，美国的离婚率急剧上升，但从80年代开始，离婚率似乎已经稳定下来，甚至有轻微下降（Teachman, 2009）。当离婚率处于峰值时，最常被引用的对未来离婚风险的估计值约为50%。然而，近年来离婚率的轻微下降似乎已经让离婚风险降低到了43%~46%（Schoen & Canudas-Romo, 2006）。不过，鉴于有些婚姻是以永久分居而不是合法离婚结束，阿马托（Amato, 2010）认为，大约一半的婚姻会结束这种普遍的看法是合理的。尽管大多数人都意识到了离婚率很高，但奇怪的是，他们还是倾向于低估自己离婚的可能性。如果直接问新婚女性，她们会认为自己未来离婚的可能性约为13%。此外，这些女性中有整整97%的人说她们期待跟目前的配偶共度一生（Campbell, Wright, & Flores, 2012）。显然，这些估计与整体人口的实际概率相距甚远。

黑人的离婚率比白人和西班牙裔高，此外，收入较低的夫妻、教育程度较低的夫妻、有过同居史的夫妻、结婚时年龄较小的夫妻和父母离了婚的夫妻，离婚率也较高（Amato, 2010）。如**图 10.7**所示，绝大多数离婚发生在婚后第一个10年内（Copen et al., 2012）。哪些婚姻问题可以预测离婚？最常被提到的问题包括沟通困难（不说话、情绪化、爱挑剔和容易生气）、不忠诚、嫉妒、产生隔阂、愚蠢的消费行为和物质滥用问题（Amato & Previti, 2003）。

许多社会趋势可能导致了离婚率上升。与离婚有关的污名已逐渐消失。很多宗教派别对离婚越来越宽容，婚姻也因此失去了神圣性。家庭规模的缩小或许也增加了离婚的可行性。更多的女性进入职场使很多妻子在财务上不再那么依赖婚姻的延续。强调个人实现的新态度似乎已经取代了鼓励彼此不满的夫妻默默忍受的旧态度。反映所有这些趋势，离婚的法律障碍也减少了（de Vas, 2012; Teachmen, 2009）。

为了应对这些趋势，婚姻的支持者们呼吁出台增加离婚难度的政策。例如，一些州已经通过了契约婚姻法

高离婚率催生了一些处理麻烦的法律问题的新方法。律师罗伯特·诺戴克发现，他新办公室（以前是俄勒冈赛勒姆的一家储蓄和贷款分行）的免下车服务窗口特别适合为客户的配偶提供法律文件。

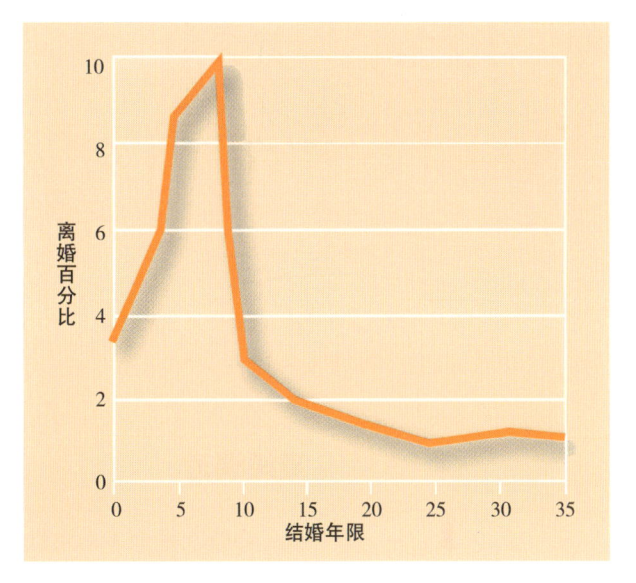

图 10.7　离婚率与结婚年限的关系

这张图显示了离婚率与夫妻结婚时间的关系。你可以看到，大多数离婚发生在结婚的头几年，离婚率在婚后5到10年之间达到顶峰。

资料来源：National Center for Health Statistics.

案（Sanchez, 2009）。选择进入契约婚姻的夫妻同意完成婚前教育计划，并承诺只在遇到严重问题（如配偶虐待或长期监禁）时才离婚，且只在寻求广泛的婚姻咨询（仍无效）后才离婚（Adams & Coltrane, 2006）。但批评者指出，在当今社会，让离婚变得更难可能不是一个现实的选择。尽管大多数成年人在理论上同意离婚的法律应该更严格，但他们并不希望自己这方面的个人自由受到限制。例如，在首先推出契约婚姻的州（路易斯安那州），只有大约2%的夫妻选择了契约婚姻，而且该州的总离婚率并没有下降（Allman, 2009）。尽管如此，那些选择契约婚姻的夫妻，离婚率确实降低了（Sanchez, 2009）。

决定离婚

人们经常反复地推迟离婚，而且很少在没有经过大量令人痛苦的深思熟虑前就付诸实施。离婚的决定通常是一长串小的决定或关系阶段的结果，可能需要几年的时间才变得明朗；因此应将离婚看成一个过程而非一个独立的事件（Demo & Fine, 2009）。妻子对婚姻最终破裂的可能性的判断往往比丈夫更准确（South, Bose, & Trent, 2004）。这个发现也许与一个事实有关，那就是大多数的离婚诉讼都是妻子发起的（Hetherington, 2003）。

离婚相较于留在不满意的婚姻中的优点很难一概而论。大量研究表明，与有婚姻关系的人相比，离异人士患身体和心理疾病的概率更大，也更不快乐（Amato, 2001; Trotter, 2009）。在一项涉及11个国家的32项研究的元分析中，萨巴拉及其同事（Sbarra et al., 2011）发现，离婚与早逝风险相关，尤其是对男性而言。不过尽管婚姻解体可能很痛苦，但维持一段不幸福的婚姻也有潜在的危害。研究表明，与离婚人士相比，婚姻不幸福的人往往身体健康状况较差，幸福感较低，生活满意度较低，自尊也较低（Hawkins & Booth, 2005; Wickrama et al., 1997）。此外，离婚常常与较高的自主性、自我意识和职业成功相联系，尤其是当个体经济状况稳定且有强大的社会支持网络的时候（Trotter, 2009）。而且，像其他充满压力的生活事件一样，离婚可以带来个人成长和自我的积极改变（Tashiro, Frazier, & Berman, 2006）。所以，离婚这件事并不完全是消极的。

"没错，菲尔。分开意味着除了其他问题外，你还要注意自己的胆固醇水平。"

离婚调适

尽管离婚似乎对男性的健康和死亡率的负面影响更大（Amato, 2010），但在财务方面，它对女性来说更为困难且更具破坏性（Trotter, 2009）。女性更可能承担养育孩子的责任，而男性则倾向于减少和孩子的接触，一些父亲甚至和孩子完全失去了联系。另一个关键问题是，与她们的前夫相比，离婚的女人更难获得足够的收入或令人满意的工作（Smock, Manning, & Gupta, 1999）。虽然离婚的经济后果对女性来说可能更严重，但在这个双职工家庭的时代，很多男性在离婚后生活水平也明显下降（McManus

& DiPrete, 2001）。

离婚的过程对夫妻双方来说都充满了压力。在对离婚的心理调适方面，研究者并没有发现一致的性别差异（Amato, 2001）。总的来说，离婚对个体心理健康的负面影响的程度，对于丈夫和妻子来说非常相似。与良好的离婚后调适相关的因素包括收入高、再婚、对离婚的态度积极以及作为主动提出离婚的一方（Wang & Amato, 2000）。离婚后，拥有社会关系，包括一对一的友谊以及朋友圈，对个体的调适至关重要（Krumrei et al., 2007）。原谅前妻/前夫与幸福感提高、抑郁减轻相关（Rye et al., 2004）。与此类似，有证据表明，自我同情（对离婚表现出善意并原谅自己）与离婚后痛苦较少相关（Sbarra, Smith, & Mehl, 2012）。

离婚对孩子的影响

随着离婚率的上升，来自离婚家庭的孩子的数量也在增加。当夫妻有了孩子，关于离婚的决定就必须考虑到对孩子的潜在影响。朱迪丝·沃勒斯坦及其同事所做的一项关于离婚对孩子的影响的研究，描绘了一幅相当黯淡的图景（Wallerstein & Blakeslee, 1989; Wallerstein, Lewis, & Blakeslee, 2000）。该研究自1971年起，对60对离婚夫妻及其131个孩子进行了长达25年的追踪。在追踪10年后，近一半的孩子被描述为"闷闷不乐、成绩不佳、自我贬低，有时候还容易愤怒"（Wallerstein & Blakeslee, 1989, p. 299）。即使在父母离婚25年后，他们中的大多数仍然被视为"问题"成年人，他们发现自己很难维持稳定而令人满意的亲密关系（Wallerstein, 2005; Wallerstein & Lewis, 2004）。

沃勒斯坦2012年逝世，享年90岁。桑德拉·布莱克斯利（Blakeslee, 2012）在关于她的朋友和长期合作伙伴的文章中，将上述研究的核心发现总结如下：（1）离婚会对孩子产生深远的影响，并且这种影响会持续到孩子成年；（2）离婚后家庭的支持质量至关重要；（3）离婚时孩子的年龄可以预测离婚对孩子影响的性质；（4）再婚家庭存在许多难以预料的危险。

沃勒斯坦等人所报告的离婚的持久影响尤其令人不安，并引起了媒体的极大兴趣，由此产生了大量的电视采访、杂志文章等。但是，批评者认为她的研究存在不少缺陷（Amato, 2003; Cherlin, 1999）。这个研究的儿童样本很小，而且全部来自加利福尼亚州的一个富裕地区，显然不能代表整个人群。此外，该研究没有设置对照组，结论也只是基于临床访谈的印象，而访谈者很容易从中看到他们期望看到的东西。批评者还提醒人们，不要从相关数据中得出因果结论（Gordon, 2005）。

在评估离婚的影响时，另一个复杂的问题是选择谁作为比较的基线。有人认为，应该将离婚家庭的孩子与完整但婚姻关系长期不和谐的家庭的孩子相比较，这样家庭的孩子同样存在多种调适问题（Papp, Cummings, & Schermerhorn, 2004）。

沃勒斯坦的发现与其他研究结果是否一致？既是又不是。梅维丝·赫瑟林顿（Hetherington, 1993, 1999, 2003）也进行了一项长期研究，她使用的样本更大、更具代表性，而且还设置了控制组，采用了传统的统计比较，结果发现沃勒斯坦的结论过于消极悲观。赫瑟林顿认为，离婚可能会给孩子带来创伤，但绝大多数孩子在两到三年后能调适得相当好，只有大约25%的孩子在成年后表现出严重的心理或情绪问题（控制组为10%）。也就是说，离婚家庭的大多数孩子并没有出现长期调适问题（Lansford, 2009）。其他研究强调了父母离婚对孩子的一些积极影响：促进个人成长，教授生活管理技能，鼓励对人际关系现实的期望以及增强同理心（Demo & Fine,

2009）。然而，研究发现，支持"好的离婚"这种说法的证据有限（Amato, Kane, & James, 2011）。

尽管沃勒斯坦的结论似乎过于消极，但它们和其他研究的结果只有程度上的差别（Amato, 2003）。经历过父母离婚后，很多孩子表现出抑郁、焦虑、梦魇、依赖、攻击、退缩、注意分散、学业成绩差、身体健康状况下降、过早发生性行为和物质滥用（Barber & Demo, 2006; Kelly & Emery, 2003; Knox, 2000）。在儿童期经历父母离异是个体成年后许多后续问题的风险因素，包括适应不良、婚姻不稳定和职业成就低（Amato, 1999）。如果父母曾长期发生激烈的冲突，孩子会有更多的调适问题（Amato, 2001）。离婚对孩子调适能力的冲击还受其他因素的影响，包括孩子的年龄、应对资源以及离婚前的调适情况（Lansford, 2009; Shelton & Harold, 2007）。

那么，关于离婚对孩子的影响，我们能得出什么结论？阿荣斯（Ahrons, 2007）警告说，对离婚的广泛研究显示出一幅"离婚的微妙画面，使人难以得出简单的结论"（p. 4）。比较合理的结论是：离婚对孩子的影响千差万别，这取决于一系列复杂的相互作用的因素。因此，阿马托（Amato, 2010）认为，研究者面临的问题不是离婚是否会影响孩子，而是它如何以及在何种情况下产生影响。

再婚和再婚家庭

离婚人士有足够多的恋爱机会，再婚的统计数据为这一事实提供了证据：大多数离婚人士最终都再婚了。从离婚到再婚的平均时间是三到四年（Kreider, 2005）。

第二次婚姻有多成功？答案取决于你的比较标准。第二次婚姻的离婚率高于初次婚姻，但第二次婚姻持续的时间和初次婚姻差不多，平均都是八到九年（Kreider, 2005）。然而，这一数据可能仅仅表明这个群体将离婚视为不幸福婚姻的一个合理替代方案。尽管如此，有关婚姻调适的研究表明，与初次婚姻相比，第二次婚姻略显不成功，尤其是对带着孩子再婚的女性而言（Teachman, 2008）。当然，如果你考虑到这些人的初次婚姻都遭遇了严重问题，那么相比之下，他们的第二次婚姻看起来相当不错。与初次婚姻一样，沟通是决定夫妻双方婚姻满意度的重要因素（Beaudry et al., 2004）。

与再婚相关的另一个重要问题是它对孩子的影响。例如，随着传统核心家庭的衰落，孩子的生活安排变得越来越不稳定和多样化，这可能导致幸福感降低（Brown, 2010）。再婚家庭或混合家庭（夫妻双方都带着来自上段婚姻的孩子）是现代生活中的一个既成事实，对孩子来说，适应再婚可能很困难（Bray, 2009）。图10.8总结了大多数再婚家庭经历的几个发展阶段。沃勒斯坦和刘易斯（Wallerstein & Lewis, 2007）认为，再婚家庭的父母既渴望建立新的亲密关系，又要保持自己的父母角色，因此他们在养育子女方面存在内在的不稳定性。对于那些感到无力或生活空间、规矩和期望等方面发生巨大变化的孩子来说，这可能是一种负面的体验（Stoll et al., 2005）。研究显示，平均而言，再婚家庭中的互动似乎没有初婚家庭中的互动那么有凝聚力、那么温暖，而且继父母和继子女的关系也比初次婚姻中的亲子关系更消极和疏远（Pasley & Moorefield, 2004），但需要指出的重要一点是，这并不意味着这些关系一定会

再婚家庭的发展模式		
阶段	描述	例子
第一阶段：幻想	家庭成员怀着不切实际的、理想的期望。	我爱我的新妻子，所以我肯定会爱她的孩子。
第二阶段：浸入	真实的生活挑战了之前的期望。	我的丈夫似乎对他的女儿比对我更亲密。
第三阶段：觉察	家庭成员试图理解新的安排。	我理解我的继子女对新的家庭结构心存抗拒，不是因为他们是坏孩子，而是因为这对他们来说很难。
第四阶段：动员	家庭成员试图就困难进行协商。	像一家人那样一起吃饭对我来说很重要，我愿意跟我的丈夫谈谈这件事。
第五阶段：行动	家庭创造解决分歧的策略。	我们将每周开一次家庭会议来表达各自的不满。
第六阶段：接触	积极的情感联结开始形成。	我和我的继子可以通过交心来解决这个问题。
第七阶段：解决	规范已经建立，新的家庭礼仪出现了。	我十几岁的继女赞赏我对她新男友的看法。

图 10.8 再婚家庭的发展模式

佩帕淖（Papernow, 1993）提出了一个七阶段模型，大多数再婚家庭在从幻想走向解决的过程中都会经历这七个阶段。

资料来源：Papernow, P. L. (1993). *Becoming a stepfamily: Patterns of development in remarried families*. San Francisco: Jossey-Bass. Reprinted by permission of the author.

出问题或功能失调。

证据显示，再婚家庭的孩子比初婚家庭的孩子调适能力稍差，与单亲家庭的孩子的调适能力大体相当（Sweeney, Wang, & Videon, 2009）。杰恩斯（Jeynes, 2006）分析了 61 项研究，发现与完整家庭或单亲家庭的孩子相比，再婚家庭的孩子学业成绩较差，心理幸福感也较低。然而，再婚家庭与其他类型家庭在子女调适方面的差别并不大。

总之，在离婚及其对家庭的影响方面，许多研究仍有待进行。例如，很少有研究探讨分居对夫妻和孩子的影响。此外，随着同性婚姻在美国一些州的合法化（我们接下来将探讨这个话题），研究者无疑将开始探究婚姻解体对同性配偶和家庭的影响（Amato, 2010）。

非传统类型关系的生活方式

学习目标
- 比较同性和异性伴侣亲密关系的动力机制和子女的调适
- 讨论同居的普遍性及其与婚姻成功的关系
- 描述人们对单身生活的刻板印象，并总结关于单身者调适状况的证据

到目前为止，我们一直在讨论婚姻的传统模式，但正如我们在本章开头提到的那样，这种传统模式受到了许多社会趋势的挑战。越来越多的人正在经历非传统类型关系的生活方式，包括同性恋伴侣、单身和同居。

同性恋关系

到目前为止，为简明起见，我们关注的一直是异性恋者，他们寻求与异性建立

情感和性关系。但是，我们忽略了一个重要的少数群体：男同性恋者和女同性恋者，他们寻求与同性建立有承诺的情感和性关系。（在英语的日常用语中，"*gay*"一词用来指代男同性恋者和女同性恋者，尽管很多女同性恋者更喜欢用"*lesbian*"称呼自己。）

在流行的刻板印象中，同性恋者很少建立长期的亲密关系。然而事实上，大多数男同性恋者以及几乎所有女同性恋者都更偏爱稳定的、长期的关系，而且在任何一个时间点上，大约40%~60%的男同性恋者和45%~80%的女同性恋者都有固定的亲密关系（Kurdek, 2004）。女同性恋伴侣在性方面通常是排他的（Goldberg, 2010a）。在有承诺的男同性恋伴侣中，"开放"的性关系更普遍，他们会允许伴侣和其他人有性活动（但不涉及情感）。

同性婚姻

美国人在同性恋伴侣关系的道德问题上依然存在分歧。事实上，如图10.9所示，2012年一份盖洛普民意调查发现，半数美国人认为同性婚姻应该得到法律的承认，这个比例一直在上升（Newport, 2012）。但在美国的大多数州，同性恋伴侣依然不能通过结婚建立合法关系。因此，他们也就无法获得已婚夫妻享有的很多经济利益。例如，他们不能共同申报纳税，而且同性恋者常常不能获得雇主提供给员工配偶的健康保险。因此，同性恋者权益向人们提出了重大的政治问题，这些问题会从社会和心理上影响同性恋者（Fingerhut, Riggle, & Rostosky, 2011）。

在美国的一些州如马萨诸塞州、康涅狄格州和佛蒙特州，同性婚姻如今是一项合法权利，在其他一些州如新泽西州和加利福尼亚州，同性间的民事结合和同居伴侣关系也得到了法律上的承认。然而，在过去几十年里，很多州（如亚拉巴马州和得克萨斯州）通过了反对同性婚姻的法律，还有人向美国国会提交过禁止同性婚姻的宪法修正案。一些人认为，允许同性婚姻会侵蚀传统的家庭观念。然而，一项使用10多年的数据进行的研究并没有证实这一点。这项研究发现，允许（或禁止）同性婚姻并未对离婚、堕胎率、单亲父母等因素产生不利影响（Langbein & Yost, 2009）。公众对同性婚姻的讨论虽然困难重重，但也突显了同性恋伴侣及其家庭关系的现实。

与异性恋伴侣的比较

本章专门用一小节的篇幅讨论同性恋伴侣，似乎暗示他们亲密关系的动力机制与异性恋伴侣不同。正如加内斯和基梅尔（Garnets & Kimmel, 1991）所指出的，同性恋关系"在社会不赞许、缺乏社会合法性和支持的背景中发展；家庭和其他社会机构常常将这种关系污名化，而且没有规定的角色和行为来构建这种关系"（p. 170）。尽管同性恋关系在不同的社会背景中发展，

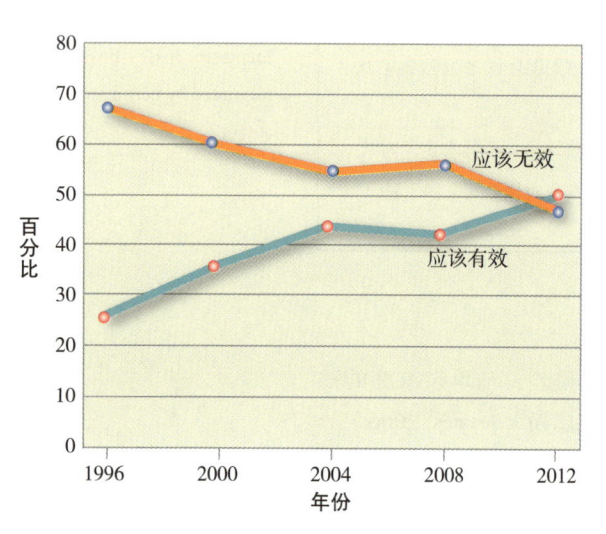

图10.9 美国人对同性婚姻合法性的态度
随着时间的推移，美国人对同性婚姻的态度已经变得越来越积极，并在2012年达到了历史新高。
资料来源：Newport, 2012.

但研究表明不论是异性恋还是同性恋关系，亲密关系的运作方式都是相似的（Herek, 2006）。异性恋伴侣和同性恋伴侣对关系持有相似的价值观，报告了相似水平的关系满意度，认为他们的关系充满爱而令人满足，并且都希望伴侣拥有和自己相似的特征（Peplau & Fingerhut, 2007）。此外，在关系满意度的预测因素、关系冲突源和冲突解决模式等方面，同性恋伴侣和异性恋伴侣都具有相似性（Kurdek, 2004; Peplau & Ghavami, 2009）。

既然同性恋关系缺少道德、社会、法律和经济支持，那么同性结合是否不如异性结合稳定？尽管研究者还没能就这一问题收集足够的数据，但有限的数据表明，同性恋伴侣的关系确实比异性恋关系短暂，而且更容易分手（Peplau, 1991）。如果真是这样的话，那可能是因为同性恋关系面临的分手阻碍更少，也就是说，让分手变得困难或代价高昂的现实问题更少（Kurdek, 1998）。

同性恋育儿

尽管研究表明同性恋和异性恋关系之间有着惊人的相似之处，但对同性恋关系本质的误解仍然广泛存在。例如，同性恋者往往被看作独立的个体，而非家庭的一员。这个想法反映了一个偏见，即同性恋与家庭不吻合（Allen & Demo, 1995）。然而在现实中，同性恋者作为儿子和女儿、父母和继父母、叔婶姨姑舅等亲属和祖父母，与家庭是紧密联系在一起的。根据2010年美国人口普查，在594 000个同性恋家庭中，有115 000个（19%）正在抚养孩子，其中84%是他们的亲生孩子。很多孩子来自同性恋者之前的婚姻，因为大约20%~30%的同性恋者曾经和异性结过婚（Kurdek, 2004）。但越来越多的同性恋者选择在他们的同性恋关系中生孩子（Falk, 1994; Gartrell et al., 1999）。

我们对作为父母的同性恋者知道些什么呢？证据显示，同性恋者养育孩子的方式与异性恋者相似。在个人发展和同伴关系上，他们的孩子也与异性恋父母的孩子相似（C. J. Patterson, 2001, 2006, 2009）。在整体调适能力上，同性恋父母的孩子也与异性恋父母的孩子相似（Goldberg, 2010b; Tasker, 2005）。此外，同性恋父母的孩子，长大后绝大多数都认为自己是异性恋者（Bailey & Dawood, 1998），而且一些研究表明，他们成为同性恋者的可能性并不比其他人大（Flaks et al., 1995）。总之，由同性恋父母抚养长大的孩子并没有受到什么特别的负面影响，与其他孩子也没有显著差异。几十年来的研究表明，在孩子的发展中，亲子互动的质量比父母的性取向更重要（Crowl, Ahn, & Baker, 2008; Patterson, 2006, 2009）。

同性恋父母养育的孩子的调适能力似乎并不比其他孩子差。研究表明，在孩子的发展中，亲子互动的质量比父母的性取向更重要。

同 居

正如我们在本章前面提到的，同居指的是有性亲密关系的人住在一起，但没有结婚。近些年，同居者的人数迅速增加（见图10.10）。尽管同居在美国的四个州（佛罗里达州、密歇根州、密西西比州和弗吉尼亚州）仍然是违法的，但2011年美国仍有超过760万对未婚情侣住在一起（U.S. Bureau of the Census, 2011a）。同居率上

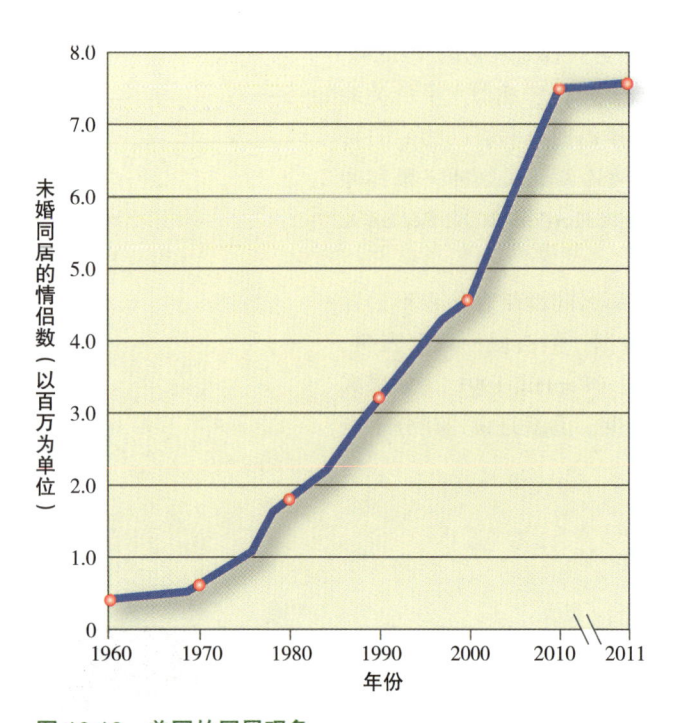

图 10.10 美国的同居现象

从 1970 年开始，未婚同居的情侣数迅速增加（基于美国人口普查数据）。这一增长毫无减缓的迹象。

升并不是美国特有的现象，很多欧洲国家的同居率甚至比美国还要高（Kiernan, 2004）。然而，由于同居关系往往比婚姻短暂，因此某个时间点的同居情侣比例并不能准确传达同居现象的普遍性（Seltzer, 2004）。

同居往往会让人联想到大学生或其他受过良好教育但没有小孩的年轻情侣，但这种联想是错误的。事实上，低教育程度和低收入群体的同居率一直较高（Bumpass & Lu, 2000）。此外，很多同居情侣是有孩子的（Bianchi, Raley, & Casper, 2012）。

尽管很多人认为同居是对婚姻制度的威胁，但不少理论家视其为恋爱期的一个新阶段——试婚的一种形式。与该观点一致，约 30% 的青少年表示，他们将来可能或肯定会同居（Manning, Longmore, & Giordano, 2007）。此外，约四分之三的女性同居者期待与当前的伴侣结婚（Lichter, Batson, & Brown, 2004）。虽然存在这样的期待，但研究显示，大多数人同居是出于现实的原因（例如经济需要、便利或满足住房需求），而并非为了试婚（Sassler & Miller, 2011）。在同居期间怀孕往往会增加情侣在一起的概率（Manning, 2004）。

作为结婚的前奏，同居应该让人们有机会尝试与婚姻类似的责任，并减少带着不切实际的期望进入婚姻的可能性。这意味着，与婚前没有同居过的夫妻相比，有过婚前同居史的夫妻应该婚姻更成功。虽然这个分析听起来似乎是合理的，但研究者并没有发现婚前同居能增加婚姻成功的概率。事实上，研究一致发现婚前同居与婚姻不和以及离婚率较高存在关联（Teachman, 2003）。这种相关被称为同居效应（Jose, O'Leary, & Moyer, 2010），而且即使在第二次婚姻中，这一效应也依然存在（Stanley et al., 2010）。然而，初步研究表明，同居效应在近些年的已婚群体中可能正在减弱（Manning & Cohen, 2012）。

如何解释同居效应？很多理论研究者认为，同居这一非传统的生活方式在过去吸引了更自由、更不保守的人群，他们对婚姻制度的承诺度较低，对离婚的顾虑也较少。这个解释得到了大量实证研究的支持（Stanley, Whitton, & Markman, 2004），但也有一些证据支持其他解释，即同居经历改变了人们的态度、价值观或习惯，而这些改变在一定程度上增加了他们离婚的可能性（Kamp Dush, Cohan, & Amato, 2003; Seltzer, 2001）。

保持单身

在我们的社会里，结婚的压力是巨大的（Sharp & Ganong, 2011）。人们在社会化的过程中形成了如下信念：在找到自己的"另一半"并与其建立终生的伴侣关系之前，我们的人生是不完整的。人们也常常将未能结婚描述为"失败"。尽管存在这样的压力，单身成年人所占的比例还是在增加（Morris & DePaulo, 2009）。2010 年，美国超过四分之一的家庭是一人户（Lofquist et al., 2012）（见图 10.11）。

单身成年人的增加是否意味着人们正在远离婚姻？也许有一点，但总体上并非如此。许多因素导致了单身群体人数的增长，其中主要的原因是人们结婚年龄的中位数更高以及离婚率上升。绝大多数从未结过婚的单身者其实希望最终能够结婚。在美国一项针对从未结过婚的成年人的全国性调查中，仅有12%的人说他们一辈子不想结婚（Cohn et al., 2011）。

单身者继续被污名化，并受到两种不同的刻板印象的困扰。一方面，单身者有时候被描绘成无牵无挂、不愿意承担婚姻责任的多情浪子。另一方面，他们被看作是没能找到伴侣的失败者，他们可能被描述为社交无能、适应不良、沮丧、孤独和痛苦的人。这些刻板印象对多样化的单身群体并不公平。事实上，人们对单身者的负面刻板印象已经引起了一些研究者的注意，他们创造了单身歧视这个术语来描述单身者如何成为偏见和歧视的受害者（DePaulo, 2011; DePaulo & Morris, 2005, 2006）。

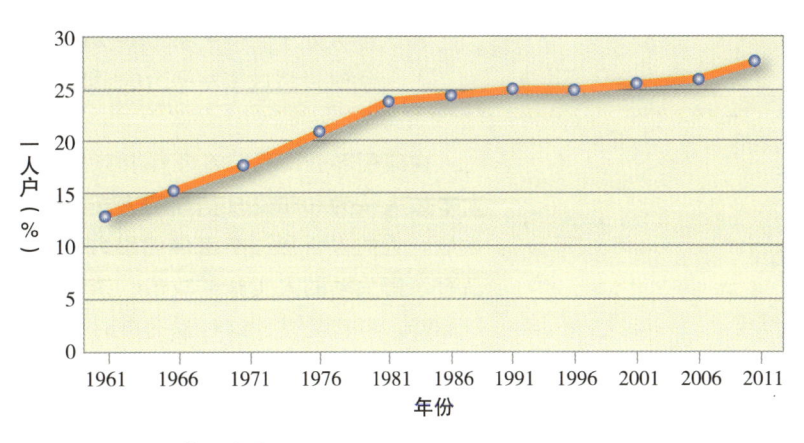

图 10.11　美国的一人户
这幅图描述了美国一人户增加的情况。图中显示，在过去 50 年里，这一比例增加了不止一倍。

资料来源：U.S. Bureau of the Census.

在刻板印象之外，科学家们对单身还知道些什么？单身者的心理与身体健康状况确实不如已婚者（Waite, 1995），而且他们认为自己更不快乐（Waite, 2000）。但是，我们在解读这些结果时必须小心；在很多研究中，"单身者"包括离婚或丧偶的人，这会夸大"单身"的负面性（DePaulo, 2011; Morris & DePaulo, 2009）。此外，单身者与已婚者之间的这些差异很小，而且幸福感的差距也在逐渐缩小，尤其是女性。结婚对男性身体健康的益处似乎大于女性（Amato, 2010）。但大多数研究发现，单身女性比单身男性更满意自己的生活，烦恼也更少，而且多方面证据表明，与没有女性陪伴的男性相比，没有男性陪伴的女性过得更好（Marker, 1996）。当采访年龄在65~77岁、终生未婚的女性时，鲍姆布施（Baumbusch, 2004）发现她们对自己保持独身的决定表示满意，并强调独立的重要性。

总之，随着传统的已婚家庭在现代生活中变得不那么普遍，心理学研究者们必须响应号召，探索和理解非传统类型关系的生活方式及其对家庭的影响。

应用：理解亲密伴侣暴力

学习目标
- 讨论伴侣虐待的发生率和施虐者的特征，并解释为什么一些伴侣会留在虐待关系中
- 讨论约会强奸的发生率和后果以及导致约会强奸的因素
- 了解如何减少约会强奸的可能性

请用"是"或"否"来回答以下问题。
____ 1. 大部分强奸是由陌生人实施的。
____ 2. 女性在亲密关系中几乎从不使用暴力。

____ 3. 大多数处于虐待关系中的女性被粗暴的男性所吸引。

____ 4. 年幼时目睹过家庭暴力的男性成年后大多会殴打他们的伴侣。

在应用部分，我们将考察亲密关系的阴暗面，你将看到上面的表述都是错误的。大多数人认为和相爱且信任的人在一起会是安全的。不幸的是，有些人会被他们感觉最亲近的人背叛。**亲密伴侣暴力**（intimate partner violence）是指攻击者针对与自己有亲密关系的人实施的攻击。亲密伴侣暴力有多种形式：心理暴力、身体暴力和性虐待。可悲的是，这种暴力有时会以杀人告终。在本节，我们将关注两个严重的社会问题：伴侣虐待和约会强奸。我们的讨论大多基于美国强奸、虐待和乱伦网络（RAINN）的工作。

伴侣虐待

名人案件（例如克里斯·布朗和蕾哈娜的案件）极大地提高了公众对伴侣暴力，特别是对虐待妻子的认识。**虐待**（abuse, battering）包括对亲密伴侣的身体虐待、精神虐待和性虐待。身体虐待包括踢、咬、打、掐、推、掌掴、用物体击打以及用武器威胁或使用武器。精神虐待的例子包括羞辱、辱骂、控制伴侣做什么及与谁交往、拒绝交流、无理由地扣钱和质疑伴侣的理智。性虐待的特征是使用性行为来控制、操纵或贬低对方。接下来我们探讨对伴侣身体的虐待研究。

发生率和后果

与其他禁忌话题一样，获得对身体虐待的准确估计很困难。根据美国疾病控制中心（Centers for Disease Control, 2011）的数据，美国每分钟就有24人遭到亲密伴侣的强奸、身体暴力或跟踪。如**图10.12**所示，大多数亲密伴侣暴力的首次受害者为年轻的成年人。男性和女性一样都可能成为受害者。大约七分之一的男性可能在

名人案件（例如蕾哈娜被克里斯·布朗虐待的案件）大大提高了公众对亲密伴侣暴力的认识。可悲的是，除了持续的身体伤害，伴侣虐待的受害者往往还要遭受严重的焦虑、抑郁、无助感和屈辱感以及创伤后应激障碍症状的折磨。

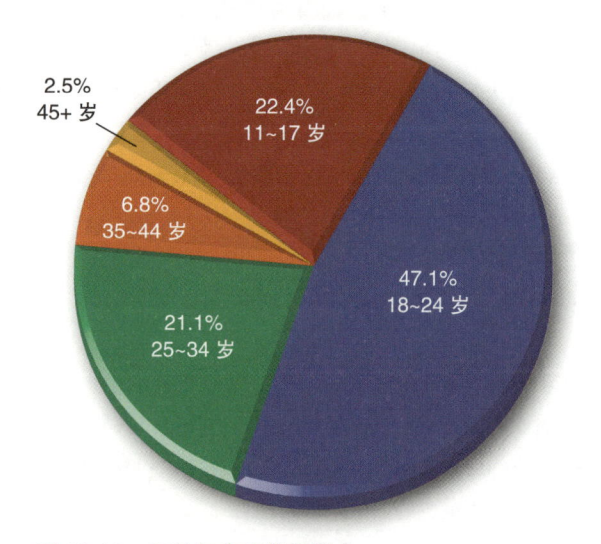

图10.12　年龄与亲密伴侣暴力

这幅图显示了女性第一次遭受亲密伴侣暴力时的年龄。如你所见，大多数是年轻的成年人。男性的模式与此类似。

资料来源：The Centers for Disease Control.

一生中的某个时候遭受来自亲密伴侣的身体暴力。不过，女性更容易成为虐待的受害者。2010年，在报告的强奸和性侵犯事件中，91.9%的受害者为女性（Bureau of Justice Statistics, 2011）。此外，在亲密伴侣犯下的非致命暴力犯罪中，85%的受害者是女性，而在配偶犯下的谋杀中，75%的受害者是女性（Rennison & Welchans, 2000）。认为亲密关系暴力只发生在婚姻关系中也是不准确的——在同居的异性恋伴侣和同性恋伴侣中，伴侣虐待也是一个严重的问题。

除了明显的身体伤害之外，虐待还有更深远的影响。伴侣虐待的受害者往往会遭受严重的焦虑、抑郁、无助和屈辱感、压力导致的身体疾病以及创伤后应激障碍症状的困扰（Lundberg-Love & Wilkerson, 2006）。目击婚姻暴力对儿童的不良影响包括焦虑、抑郁、自尊下降和不良行为增多（Johnson & Ferraro, 2001）。

施虐者的特征

性暴力犯罪者是一个多元化的群体，因此他们并没有单一的形象。某些因素与家暴风险的升高相关，例如失业、酗酒和吸毒问题、易怒、纵容攻击的态度以及压力大（Stith et al., 2004）。研究显示，与其他男性相比，幼年时被殴打或见过自己母亲被殴打的男性更可能虐待他们的妻子，尽管在这种恶劣环境中长大的大多数男性并不会成为施虐者（Wareham, Boots, & Chavez, 2009）。施虐者在关系中往往容易嫉妒，对伴侣抱有不切实际的期望，因为自己的问题责备别人，而且感情容易受伤（Lundberg-Love & Wilkerson, 2006）。其他与家暴有关的关系因素包括频繁的争执、以激烈的方式解决争执，以及坚持传统性别角色的男性与持有非传统性别角色的女性配对（DeMaris et al., 2003）。

人们为何留在虐待关系中

人们离开施虐伴侣的情况多于流行刻板印象的假设，但很多人依然留在看起来可怕且有辱人格的虐待关系中，这一事实令人困惑不解。然而，研究显示，这一现象并非那么难以理解。许多看似令人信服的理由解释了为什么有些人认为离开不是一个现实的选择，其中许多原因与恐惧有关。有些人缺乏经济独立性，害怕离开了伴侣就会陷入经济困境（Kim & Gray, 2008）。有些人只是没有地方可去，害怕无家可归（Browne, 1993a）。还有一些人对亲密关系的失败感到内疚和羞愧，他们不愿面对家人和朋友的反对，而这些家人和朋友很容易陷入指责受害者的陷阱（Barnett & LaViolette, 1993）。更重要的是很多人害怕自己一旦试图离开，就会遭到更严酷的暴力，甚至遭到谋杀（Grothues & Marmion, 2006）。不幸的是，这种害怕并不是不切实际的空想，许多虐待者持续地追踪、跟踪、威胁、殴打甚至杀害前任伴侣。尽管理解人们为何留在虐待关系中很重要，但同样重要的是探索个体为何虐待伴侣，以及有哪些干预手段可以保护被虐待者，使他们在试图离开时不至于遭到残酷对待或杀害。

约会强奸

亲密关系中的暴力并不局限于婚姻关系。**约会强奸**（date rape）指的是在约会中强迫对方非自愿地发生性关系。约会强奸可能发生在第一次约会中，也可能发生在已经约会过一段时间的情侣之间，还可能发生在已经订婚的情侣之间。区分这类虐待的关键因素是伴侣的同意。关于同意，有两个重要的考虑因素需要牢记。首先，关系的状态（无论是当下的还是以前的）和过去的亲密举动都不是同意的标志。其次，为确保性行为是双方自愿的，随着性亲密程度的提高（例如接吻时，从接吻到爱抚，等等），伴侣应该就每一个性活动寻求同意。

发生率及后果

约会强奸的发生率很难估计，因为大多数当事人都没有报告（Frazier, 2009）。尽管从20世纪90年代开始，亲密伴侣暴力的发生率有所下降（Catalano, 2012），但还是比人们广泛认为的要普遍得多。大多数人天真地认为，绝大部分的强奸是陌生人实施的，他们从灌木丛或黑暗的小巷里窜出来，让受害者大吃一惊。然而事实上，研究表明大多数受害者是被认识的人强奸的（Frazier, 2009）。

约会强奸发生后，受害者通常会体验到多种情绪反应，包括恐惧、愤怒、焦虑、自责和内疚（Kahn & Andreoli Mathie, 1999）。许多强奸受害者会出现抑郁、创伤后应激障碍症状和自杀风险增加（Foa, 1998; Slashinski, Coker, & Davis, 2003; Ullman, 2004）。如果受害者的家庭和朋友不提供支持（尤其是如果家庭和朋友将袭击归咎于受害者），负面的情绪反应可能会加剧。除了强奸带来的创伤之外，女性还要应对怀孕的可能性。与此同时，男性受害者（包括同性恋者和异性恋者）则不得不处理对与性别角色刻板印象相关的社会评价的恐惧（例如，"我不能保护自己，不够男人"）。无论对哪个性别而言，感染上性传播疾病的可能性都令人担忧。此外，如果受害者对强奸者提起诉讼，那么他或她可能还得应对复杂的法律程序、负面的公众评价和社会污名。

成　因

要理解约会强奸现象，必须了解导致这种行为的因素。大概一半的性侵犯事件可归诸于酒精，这似乎并不令人惊讶（Abbey, 2009）。酒精损害了人们的判断力和自制力，使人们更愿意展示自己的力量。饮酒还会损害个体理解模糊社会线索的能力，使他们更容易夸大约会者对性的兴趣。侵犯者喝得越醉，他们的攻击性越强（Abbey, 2009; Abbey et al., 2003）。酒精还会增加个体遭受性侵害的可能。饮酒会使人们无法准确估计他们所面临的风险，影响他们反抗或逃脱的能力。

所谓的"迷奸药"也是一个值得关注的因素。洛喜普诺（"迷奸药"）和伽马羟基丁酸（GHB）是用来使人失去抵抗能力的两种药物。尽管这些药无色、无臭、无味，但绝不是无害的，甚至可能是致命的。受害者一般会昏迷过去，回想不起在药物影响下发生的一切。为了更容易在饮料中下药，侵犯者一般会找已经喝醉的人下手。

性标准上的性别差异也助长了约会强奸。社会依然鼓励对男性和女性的双重标准。男性被鼓励拥有性欲望并采取行动，"主动和女性发生关系"，而女性则被社会化为遮掩自己的性渴望。这种社会规范可能会鼓励博弈行为，所以约会对象可能并不总是说出自己的真实想法，或者他们所说的不一定是其真实想法。例如，尽管在对性活动说"不"的时候，大多数女性确实是那样想的，但也有一些女性的真实意思是"有可能"或"行"。这种被称为"象征性反抗"的反应并不像人们曾经认为的那么普遍（Muehlenhard, 2011）。不幸的是，象征性反抗使女性是否同意发生性行为的问题变得含糊不清。

大约一半的性侵犯事件可归诸于酒精。

保护自己免遭约会强奸

美国强奸、虐待和乱伦网络建议，了解约会强奸的三个阶段有助于保护自己。首先，侵入阶段指侵犯者用不受欢迎的接触、凝视或分享信息来侵犯受害者的个人空间和舒适度。第二个阶段是脱敏，当受害者适应了侵入行为并认为其威胁较小时，就会发生脱敏。在这一阶段，受害者可能依然觉得不舒服，但她可能会说服自己这种感觉是无根据的。第三个阶段是隔离，发生在当侵犯者将受害者与其他人隔离时。了解这三个阶段可以帮助个体识别性侵犯的危险信号。

我们必须认清约会强奸的本质：它是一种性侵犯行为，并且受害者永远不应该因为他人的侵犯行为而受到指责。然而，个体可以采取以下步骤来减少受害的可能性：（1）当心过度饮酒和吸毒，这可能会损害性互动中的自控和自主能力；（2）不要让你的饮料无人看管，也不要接受你不认识或不信任的人送的饮料；（3）和生人约会时，只同意去公共场合，并且要带足回家的钱；（4）和朋友互相照应；（5）最后，通过适当的自我表露，清晰准确地传达你对性活动的感受和期望。

本章回顾

主要观点

传统婚姻模式面临的挑战

- 传统婚姻模式正在受到一系列挑战：单身的接受度越来越高，同居日益流行，对白头偕老的重视降低，性别角色的改变，自愿不生育现象日益普遍，传统核心家庭的衰落，等等。尽管如此，婚姻依然很受欢迎。

决定结婚

- 很多因素影响个体结婚的决定，包括个人所处的文化。我们社会的规范是选择一个伴侣并建立一夫一妻制的婚姻。择偶受内部婚配、同质婚配和性别的影响。女性更注重潜在伴侣的抱负和经济前景，而男性则更关注伴侣的年轻和外表吸引力。
- 有一些婚前因素可以预测婚姻能否成功，例如家庭背景、年龄、恋爱期长短及人格，但这些因素与婚姻成功之间的关系都很微弱。伴侣婚前沟通的性质可以更好地预测婚姻调适。围绕婚姻的压力事件也会影响婚姻的稳定性。

贯穿家庭生命周期的婚姻调适

- 家庭生命周期是家庭一般都会经历的几个有序的发展阶段。新婚夫妻在孩子到来之前往往非常幸福。如今，越来越多的夫妻为到底要不要孩子而纠结。孩子的到来是一个重大转变，对养家的固有困难持现实期望的父母可以最好地应对这一转变。
- 当孩子进入青春期，父母应该预料到随着自己影响力的下降，孩子和父母之间会有更多的冲突。他们必须学着把孩子视为成人，并帮助孩子成功进入成年人的世界。大多数父母不再被空巢综合征所困扰，而成年子女返回父母家更可能是一个问题。

婚姻调适中的薄弱部分

- 夫妻双方对婚姻角色期望的不同可能会给婚姻带来压力。性别角色期望和家务分配上的分歧尤其普遍并容易成为问题。工作上的担忧显然会影响婚姻的正常运作，但父母的就业与子女的调适之间的关系是复杂的。
- 财富并不能保证婚姻幸福，但缺钱会引起婚姻问题。沟通不足是一个常见的婚姻问题，可以预测离婚。

离婚及其后果

- 近几十年来离婚率大幅上升，但似乎正在趋于平稳。大多数夫妻都会低估他们离婚的可能性。决定离婚往往是一个渐进的过程而非单一事件。
- 沃勒斯坦的研究表明，离婚往往会对孩子产生消极的影响。然而赫瑟林顿的研究显示，大多数孩子在父母离婚几年后就会复原。离婚对孩子的影响各异，但消极影响可能是长期的。
- 大多数离婚者会再婚。第二次婚姻的成功率略低于第一次婚姻。再婚家庭的孩子调适能力比其他家庭的孩子稍差，但差距不大。

非传统类型关系的生活方式

- 同性恋关系发展的社会背景与婚姻关系截然不同，不过人们对同性恋关系的接受度随着时间的推移在不断增加。大多数同性恋者都渴望长期的亲密关系，且研究已经发现，同性恋伴侣和异性恋伴侣之间存在很多共同点。同性恋父母抚养长大的孩子调适能力并不比其他孩子差。
- 同居的现象急剧增加。从逻辑上讲，人们可能认为同居有助于婚姻成功，但研究一致发现，同居与婚姻不稳定之间存在相关。
- 越来越多的年轻人保持单身，但这一事实并不意味着人们在远离婚姻。尽管单身人士和已婚人士面临相同的调适问题，但证据表明，单身人士一般不如已婚人士幸福和健康。

应用：理解亲密伴侣暴力

- 亲密伴侣暴力有多种形式，包括心理暴力、身体暴力和性虐待。女性是严重、危险虐待的主要受害者。亲密伴侣暴力的施暴者各不相同，但他们往往易怒、爱嫉妒，并对伴侣抱有不切实际的期望。伴侣会因为各种难以抗拒的现实原因（包括经济问题）而留在虐待关系中。
- 大多数强奸是受害者认识的人实施的。强奸是一种创伤性经历，会引起很多严重后果。酗酒、吸毒以及基于性别的性标准都会导致约会强奸。围绕象征性反抗的误解尤其容易成为问题。个体可以采取一些步骤来保护自己免遭约会强奸。

关键术语

婚姻	家庭生命周期
同居	离婚
一夫一妻制	亲密伴侣暴力
多配偶制	虐待
内部婚配	约会强奸
同质婚配	

练习题

1. _____的社会趋势正在逐渐损害传统婚姻模式。
   a. 对单身的接受度下降
   b. 自愿不生育的现象减少
   c. 对同居的接受度下降
   d. 对白头偕老的重视度降低

2. 内部婚配指的是_____。
   a. 在自己的社会群体内结婚的倾向
   b. 与具有相似特征的人结婚的倾向
   c. 一系列一夫一妻制婚姻中的最后一段婚姻
   d. 促使人们与自己社会单元之外的人结婚的规范

3. 根据数据中的趋势，下面哪对夫妻的婚姻最有可能成功？_____。
   a. 斯蒂芬妮和戴维，他们的父母离婚了
   b. 杰西卡和卡洛斯，他们都是完美主义者
   c. 露丝和兰迪，他们的恋爱期很长
   d. 卡拉和特克，他们结婚时非常年轻

4. 向父母角色的转变在下面哪种情况下会比较容易？_____。
   a. 孩子的出生是计划好的
   b. 父母持有现实的期望
   c. 新父母比较年轻
   d. 父亲没有过多参与照顾孩子的工作

5. 年幼孩子的_____特征与母亲外出工作有关。
   a. 多动程度高
   b. 焦虑水平较高
   c. 与母亲的良性互动增加
   d. 亲社会行为增加

6. 特吕克和藤原浩有充足的经济资源。在他们的婚姻中，关于钱的争论_____。
   a. 可能是常见的
   b. 不会发生
   c. 只有当妻子赚得比丈夫多的时候才是一个大问题
   d. 与婚姻满意度无关

7. 证据显示，离婚对前配偶心理调适方面的负面影响_____。
   a. 对两性而言都被夸大了
   b. 对男性更大
   c. 对女性更大
   d. 对男性和女性几乎一样大

8. 在对同性恋者的亲密关系的研究中，_____已经得到了支持。
   a. 大多数同性恋伴侣拥有开放的关系
   b. 同性恋伴侣避免进入长期关系
   c. 同性恋伴侣家庭关系匮乏
   d. 同性恋伴侣想从亲密关系中得到的东西与异性恋者是一样的

9. 对同居的研究表明_____。
   a. 大多数同居者对婚姻不感兴趣
   b. 大多数同居者最终会结婚
   c. 同居现象正在减少
   d. 同居经历增加了个体婚姻成功的可能性

10. _____可以减少个体遭到约会强奸的可能性。
    a. 对性欲望遮遮掩掩，并对性冒犯进行象征性的反抗
    b. 避免一起谈论性
    c. 谨防过度饮酒和吸毒
    d. 将侵入行动视为不具威胁性

答案

1. d 6. a
2. a 7. d
3. c 8. d
4. b 9. b
5. d 10. c

第 11 章 性别与行为

自我评估：个人特征问卷（Personal Attributes Questionnaire, PAQ）

指导语

以下题目调查的是你认为自己是何种类型的人。每个题目都包含一对特征，中间有从 A 到 E 共 5 个字母。例如：

完全没有艺术才华　　　A　　B　　C　　D　　E　　非常有艺术才华

每对特征都相互矛盾，即你不可能同时拥有这两个特征，比如非常有艺术才华和完全没有艺术才华。

中间的字母形成了两个极端之间的评分等级，你需要圈出描述你在等级上所处位置的字母。例如，如果你认为自己没有艺术才华，则圈出 A；如果你认为自己有相当不错的艺术才华，你可以圈出 D；如果你认为自己只拥有中等程度的艺术才华，则圈出 C。以此类推。

量　表

____ 1. 完全没有攻击性	A	B	C	D	E	非常有攻击性
____ 2. 完全不独立	A	B	C	D	E	非常独立
____ 3. 完全不情绪化	A	B	C	D	E	非常情绪化
____ 4. 非常顺从	A	B	C	D	E	非常具有支配性
____ 5. 在重大危机面前完全不易激动	A	B	C	D	E	在重大危机面前非常容易激动
____ 6. 非常被动	A	B	C	D	E	非常主动
____ 7. 完全不为他人着想	A	B	C	D	E	全心全意为他人着想
____ 8. 非常粗暴	A	B	C	D	E	非常温柔
____ 9. 完全不帮助他人	A	B	C	D	E	非常乐于助人
____ 10. 完全没有求胜心	A	B	C	D	E	非常争强好胜
____ 11. 家庭生活导向	A	B	C	D	E	社会生活导向
____ 12. 完全不友善	A	B	C	D	E	非常友善
____ 13. 对他人的认可漠不关心	A	B	C	D	E	非常需要他人的认可
____ 14. 情感上不容易受伤	A	B	C	D	E	情感上很容易受伤
____ 15. 完全觉察不到他人的感受	A	B	C	D	E	对他人的感受非常敏感
____ 16. 很容易做出决定	A	B	C	D	E	很难做出决定
____ 17. 很容易放弃	A	B	C	D	E	从不轻易放弃
____ 18. 从不哭泣	A	B	C	D	E	很容易哭泣
____ 19. 完全不自信	A	B	C	D	E	非常自信
____ 20. 感到很自卑	A	B	C	D	E	很有优越感
____ 21. 完全不理解他人	A	B	C	D	E	非常理解他人
____ 22. 与他人相处非常冷淡	A	B	C	D	E	与他人相处非常热情
____ 23. 基本不需要安全感	A	B	C	D	E	非常需要安全感
____ 24. 在压力下崩溃	A	B	C	D	E	很能承受压力

计分方法

个人特征问卷（PAQ）由 3 个各含有 8 道题目的分量表构成，但我们只需要计算其中两个的分数。因此，我们首先需要删掉不使用的分量表的 8 道题目。在第 1、4、5、11、13、14、18 和 23 题左侧的横线上划"×"，这些题目属于我们不使用的分量表，可以忽略。在剩下的题目中，第 16 题需要反向计分：选 B，计 3 分；选 C，计 2 分；选 D，计 1 分；选 E，计 0 分。其他题目的计分规则为：A=0，B=1，C=2，D=3，E=4。根据你所圈出的回答，在每个题目左侧的横线上填写相应的数字。

接下来，计算你在该问卷的女性气质、男性气质分量表上的得分。将你在第 3、7、8、9、12、15、21、22 题上所填的数字相加，总和即为你在女性气质分量表上的得分；将你在第 2、6、10、16、17、19、20、24 题上所填的数字相加，总和即为你在男性气质分量表上的得分。将两个分数填写在下面的横线上。

我在女性气质分量表上的得分：_____

我在男性气质分量表上的得分：_____

测量的内容

PAQ 由珍妮特·斯彭斯和罗伯特·海姆里奇（Spence & Helmreich, 1978）编制。该问卷根据作答者认为自己拥有的各种人格特质来评估他们的男性气质和女性气质，这些人格特质被刻板化地认为可以区分性别。斯彭斯和海姆里奇强调 PAQ 只触及了性别角色的有限方面：传统上与男性气质相关的自信/工具性特质，以及传统上与女性气质相关的人际/表达性特质。尽管 PAQ 不应被视为男性气质和女性气质的全面测量工具，但它仍被广泛用于研究中，从被试的性别角色认同的角度对其进行粗略的分类。那些在男性和女性气质上得分都高的人被认为是双性化的。女性气质得分高、男性气质得分低的女性被认为是女性化的性别型。男性气质得分高、女性气质得分低的男性被认为是男性化的性别型，而那些在两个方向上得分都低的人被认为性别角色未分化。

分数解读

你可以使用下面的图表，根据自己的性别角色认同，看看自己属于哪种类型。我们的常模基于斯彭斯和海姆里奇上述研究中 715 名大学生的数据。高分与低分的分界线是每个分量表得分的中位数。显然，分界线是主观的，对那些得分非常接近中位数的人来说，分类结果可能具有误导性，因为一两分的差异就会改变他们的分类。因此，如果你的得分跟中位数只有几分之差，你应该将自己的性别角色分类视为一种暂时的结果。此外，请记住，随着时间的推移，我们对这些特质中部分特质的感知也会发生变化。正如书中所言，一些传统的男性化特质如今已不再被严格地认为属于男性气质了。

	我的女性气质得分	
	高（中位数以上）24~32	低（中位数及以下）0~23
我的男性气质得分 高 24~32（中位数以上）	双性化型	（如果是男性）男性化的性别型，或者（如果是女性）跨性别型
我的男性气质得分 低 0~23（中位数及以下）	（如果是女性）女性化的性别型，或者（如果是男性）跨性别型	未分化型

我的类别：_____

以上 4 种性别角色认同类型各占多少比例？具体的比例会根据样本的性质而有所不同，但斯彭斯和海姆里奇（Spence & Helmreich, 1978）报告了他们样本中 715 名大学生的如下分布：

类别	男性	女性
双性化	25%	35%
女性化	8%	32%
男性化	44%	14%
未分化	23%	18%

资料来源：Spence, J. T., & Helmreich, R. L. (1978). *Masculinity and femininity: Their psychological dimensions, correlates, and antecedents.* Austin: University of Texas Press. Copyright © 1978. By permission of the University of Texas Press.

自我反思：你对性别角色有何感受?

1. 你能回忆起任何在塑造你对性别角色（见第 387 页图 11.1）的态度方面特别有影响力的经历吗？如果能的话，请举几个例子。

2. 你曾做过跨性别类型的行为吗？你能想到几个例子吗？人们对此有什么反应？

3. 你是否曾感到受到性别角色的限制？如果是的话，在哪些方面？

4. 你是否曾是性别歧视的受害者？如果是的话，请描述一下当时的情况。

5. 你觉得性别角色的转变对你个人有何影响？

资料来源：© Cengage Learning

第 11 章

性别与行为

性别刻板印象
性别的相似性与差异性
    认知能力
    人格特质与社会行为
    心理障碍
    正确看待性别差异
性别差异的生物学起源
    演化学解释
    大脑半球的功能和连接
    激素影响
性别差异的环境起源
    性别角色社会化的过程
    性别角色社会化的来源
性别角色期望
    对男性的角色期望
    男性角色的问题
    对女性的角色期望
    女性角色的问题
    性别歧视：女性所面临的特殊问题
过去与未来的性别
    性别角色正在变化的原因
    传统性别角色的替代选择
应用：理解不同性别之间的沟通
    工具性与表达性沟通风格
    非言语沟通
    说话风格
本章回顾
练习题

2005年1月14日，哈佛大学的时任校长劳伦斯·萨默斯公开探讨了哈佛大学的多样性政策。萨默斯博士重点谈到了顶级大学理工科院系的终身职位中女性比例偏低的问题。他对这一性别差异提出了三个宽泛的假设。其中最受媒体关注的是他所说的"在（男性和女性中）寻找天资高的人才难易程度不同"。尽管他承认男女之间在社会化和歧视模式方面存在差异，但仍认为，数学和科学能力方面与生俱来的性别差异是解释上述终身教职性别差异的更重要的因素（*Harvard Crimson*, 2005）。

萨默斯在这个问题上的言论在学者、科学家和公众中引发了激烈的辩论。这场论战持续了几个月，最终导致萨默斯辞去了哈佛大学校长一职。这一事件非常有力地表明，性别研究是有意义的、重要的，而且经常带有争议性。显然，心理学家在这一领域大有可为。在本章我们将探讨一些有趣而又有争议的问题：男性和女性之间是否存在真正的行为和认知差异？如果存在差异，其起源是什么？传统的性别角色期望是否健康？为什么我们社会中的性别角色正在发生变化，未来又会怎样？在回答了这些问题之后，在应用部分我们将探讨性别与沟通风格。

性别刻板印象

学习目标
- 解释性别刻板印象的性质及其与工具性和表达性的关联
- 讨论关于性别刻板印象的四个要点

让我们先厘清一些英文术语。令人惊讶的是，对于何时使用"sex"一词，何时使用"gender"一词，学界几乎没有共识。一些学者喜欢用"gender"表示两性习得的差异，用"sex"表示两性生物学上的先天差异。另一些学者则认为，这种明确的区分并没有认识到生物因素与文化因素的相互作用（Hyde, 2004）。也有人不加区分地使用这两个术语（Vanwesenbeeck, 2009）。这种不一致使一些学者推测，随着时间的推移，这种区分已经变得不那么有意义了（Muehlenhard & Peterson, 2011），而另一些学者则认为，语言的精确性对科学研究非常重要（Smith et al., 2010）。为简单起见，我们将使用"**性别**"（gender）来表示个体身为男性或女性的状态。（当使用"sex"一词时，我们指的是性行为。）需要注意的是，当我们使用"gender"时，并未涉及行为的成因。换言之，如果我们说攻击行为存在性别差异，我们只是说男女两性在该领域表现不同。这种行为差异可能是由生物学因素或环境因素，抑或两者共同导致的。图11.1中列出了一些与性别有关的术语，在接下来的讨论中我们将用到它们。

显然，男性和女性存在生物学（生殖器官、解剖学的其他方面以及生理功能）上的差异。两性之间这些显而易见的身体差异使人们期望还存在其他的差异，尤其是社会角色差异（McCreary & Chrisler, 2010）。第7章谈到，刻板印象是广泛存在的信念，这种信念认为人们只要属于某个特定群体就具有某种特征。因此，**性别刻板**

与性别有关的概念	
术语	定义
性别	个体身为男性或女性的状态
性别认同	个体对自己是男性或女性的感知
性别刻板印象	人们普遍持有的关于两性的能力、人格特质和社会行为的信念，通常并不准确
性别差异	基于研究结果的两性真实的行为差异
性别角色	受文化影响的对男性和女性恰当行为的期望
性别角色认同	个体对男子气概或女性化特质的认同（对自己男子气概或女性化的感知）
性取向	个体对性伴侣的偏好：异性（异性恋）、同性（同性恋）或男女两性（双性恋）

图11.1 与性别有关的术语

性别话题涉及许多紧密关联且容易混淆的概念。这里总结了本章包含的与性别有关的概念，以便读者比较参看。

性别刻板印象	
男子气概	女性化
主动	有艺术才能
善于分析	关注他人感受
爱运动	富有创造力
好竞争	无私奉献
赚钱养家	情绪化
擅长数学	温和
善于解决问题	优雅
独立	善良
身体强壮	柔声细语
自信	照护孩子
抗压	打扫房间
立场坚定	善解人意

图 11.2　传统的性别刻板印象

性别刻板印象广为人知，与心理功能的诸多不同方面有关。这里列举了大学生认为的与普通两性有关的部分特征。在现代社会，尽管近些年与性别有关的所有问题都发生了变化，但性别刻板印象依旧非常稳定。

资料来源：Kite, M. E. (2001). Gender stereotypes in J. Worell (Ed.). *Encyclopedia of women and gender: Sex similarities and differences and the impact of society on gender* (Vol. 1). (pp. 561–570). San Diego, CA US: Academic Press.

印象（gender stereotypes）是普遍持有的关于两性的能力、人格特质和社会行为的信念。研究表明，关于两性典型特征的信念是广泛存在的（Desert & Leyens, 2006）。例如，在 25 个国家进行的一次性别刻板印象调查显示，人们对此有着相当一致的看法（Williams, Satterwhite, & Best, 1999）。自 20 世纪 70 年代以来，美国女性在教育和职业成就方面取得了全方位的进步，故而你可能觉得，现代社会的性别刻板印象发生了变化。然而，尽管美国的性别刻板印象变得更为复杂，但基本保持稳定。

性别刻板印象不胜枚举。你可以查看**图 11.2**，该图列出了人们通常认为的与男子气概及女性化有关的一些特征。注意，被刻板印象化的男性特征一般反映了**工具**（instrumentality）属性，即行动和成就导向；而对女性的刻板印象则反映了**表达**（expressiveness）属性，即情感和关系导向。

当谈到刻板印象时，我们要牢记一些要点。第一，虽然许多性别刻板印象有着大体的一致性，但不一致的情况也会出现。**图 11.2** 中的特征描绘的是美国典型的男性和女性：白人、中产阶级、异性恋和基督徒。但很显然，并非所有人都符合这些特征。例如，在能力和表达性维度上，人们对美国黑人男性和女性所持的刻板印象要比对美国白人男性和女性的刻板印象更相似（Kane, 2000）。

第二，自 20 世纪 80 年代起，性别刻板印象的界限就变得不再那么严格。此前，性别刻板印象被视为截然不同的类别（例如男性强大，女性软弱）。而今，人们似乎认为两性处在一个连续体上，而非迥异的两个极端（Beall, Eagly, & Sternberg, 2004）。

第三，传统上男性刻板印象比女性刻板印象更受赞赏。这一事实与**男性中心主义**（androcentrism）有关，也就是一种男性即常态的信念。有相当多的证据表明，在美国，男性气质与更高的总体地位和能力有关（Ridgeway & Bourg, 2004）。例如在职场中，对于两性相同的行为，男性可能会被描述为"关注细节"，而女性则会被认为"过于挑剔"；类似地，人们会认为男性在"行使自己的权力"，而女性做同样的行为则是有"控制欲"。讽刺的是，即使在性别心理学的研究中，这一偏差也很明显。赫加蒂和比歇尔（Hegarty & Buechel, 2006）考察了美国心理学协会期刊登载的 388 篇关于性别差异的文章，发现了男性中心主义报告方式的证据。具体而言，性别差异都是从女性不同的角度来报告的，而不是男性。所以隐含的假设是，男性即常态，而女性偏离常态。在你阅读本章介绍的研究时，请找找这一偏差的证据。

最后，请牢记你从第 7 章中学到的关于刻板印象的知识：刻板印象会使你对他人的感知、期望以及与他人的互动出现偏差。

让我们从性别刻板印象转到男性和女性真实的样子。请记住，我们的讨论侧重的是西方现代社会，因此可能有别于其他文化。

性别的相似性与差异性

学习目标
- 解释性别研究者为何能从元分析中获益
- 阐述性别相似性假说
- 总结言语、数学和空间能力的性别相似性与差异性研究
- 了解人格、社会行为和心理障碍的性别相似性与差异性研究
- 为什么性别差异看起来要比实际差异更大？请给出两种解释

男性比女性更具攻击性吗？女性抑郁的人比男性更多吗？数百项研究曾试图回答这些关于性别与行为以及相关的问题。此外，新的研究证据还在不断涌现。然而，很多研究报告的结果并不一致。更让人困惑的是，性别差异并不是清晰分明的，它们很复杂，且往往是微妙的。比如，说女性擅长言语表达，男性擅长空间思维，就过于简单化了（Spelke，2005）。

要跟进该领域的全部研究几乎是不可能的。幸运的是，元分析这一统计技术有助于梳理海量的研究（Murnen & Smolak, 2010）。**元分析**（meta-analysis）结合探究同一个问题的诸多研究的统计结果，可以得出某一变量的效应量和效应一致性的估计值。这种方法能让研究者评估先前所有研究的总体趋势，比如性别与数学能力或从众的关联程度。元分析给研究者带来了极大的便利，目前已有若干个性别差异的元分析研究。

基于46项元分析研究的结果，性别差异研究领域的知名权威珍妮特·希伯利·海德（Janet Shibley Hyde）提出了**性别相似性假说**。她（Hyde, 2005, 2007a）指出，男性和女性在大多数心理变量上是相似的，并且研究报告中的性别差异大多数都很小。她进一步断言，过于夸大的性别差异对职场和人际关系都会带来负面影响。这一假说的批评者认为，海德的综述遗漏了一些重要变量，并且方法学上的局限性导致她低估了真实的性别差异（Davies & Shackelford, 2006; Lippa, 2006）。这一争论的未来走向会非常有趣。

在性别差异主要是由环境因素还是生物学因素造成的这一问题上，研究者之间也存在分歧，并且双方都有证据支持（Halpern, 2000）。在考察性别差异可能的原因之前，我们先回顾一下认知能力、人格特质和社会行为以及心理障碍这三个领域中已有的研究。

认知能力

首先我们应该指出，在整体智力水平上并没有发现性别差异（Priess & Hyde, 2010）。当然，这一事实不应让人惊讶，因为智力测验在设计时便刻意尽量减少两性得分的差距。但是，在具体的认知技能上是否存在性别差异？让我们先看看言语能力。

言语能力

言语能力包括几种不同的技能，比如词汇、阅读、写作、拼写和语法能力。

女性通常在言语领域有优势，但这种性别差异较小（Hyde, 2007b）。值得注意的是，性别差异研究发现，女孩开始说话的时间一般更早，词汇量更多，小学的阅读成绩更好，言语更流畅（例如在写作测试中得分更高）。男孩的言语类比似乎更好（Priess & Hyde, 2010）。然而，男孩口吃的可能性是女孩的3~4倍，出现阅读障碍的可能性是女孩的5~10倍（Skinner & Shelton, 1985; Vandenberg, 1987）。重要的是要记住，虽然女性通常在言语能力上占优势，但两性言语能力的共同性远大于差异性。

数学能力

研究者对数学能力的性别差异进行大量的研究，包括运算能力和解应用题的能力。尽管传统观点认为男性的数学能力优于女性，但近年一项总结了20年间100多万名参与者数据的元分析否定了这一观点（Lindberg et al., 2010）。该研究使作者得出结论：在总的数学成绩上不再存在性别差异。另一项包括69个国家的近5万名学生的元分析发现，"平均而言，男性和女性在数学成绩上的差异非常小"，不过男性对数学有着更积极的态度（Else-Quest, Hyde, & Linn, 2010, p. 125）。

因此当前的观点是，一般人群在数学能力上基本不存在性别差异。然而，这一结论也有一些例外。到高中时，男生在数学的复杂问题解决上开始略优于女生（Lindberg et al., 2010）。鉴于这一模式出现较晚，研究者并不认为这是一种先天的认知差异，而是将其视为一种两性社会化的差异。例如，男孩会选修更多的高中数学和物理课程，因而得以学习复杂的问题解决方法。尽管如此，因为问题解决能力对理科课程和事业的成功至关重要（女性在这些领域人数过少），所以该研究结果令人担忧。此外，在数学能力分布的高分区域，男性的表现也优于女性（Dweck, 2007）。不过自20世纪80年代以来，这一差距一直在缩小（Ceci, Williams, & Barnett, 2009; 见图11.3）。与言语能力一样，在数学能力上，支持性别相似性的证据比支持差异性的要多，但当微弱的差异出现时，似乎男生略占优势。

空间能力

在认知领域，最令人信服的性别差异证据表现在空间能力上，包括对形状和图形的感知和心理操纵（Lawton, 2010）。在大多数空间能力上男性通常优于女性。研

图 11.3 SAT 数学考试 700 分及以上的男性与女性的人数之比

研究表明，在数学能力分布的高分区域，男性的表现优于女性。如图所示，自20世纪80年代以来数学分数的性别差距已经缩小。在1981—1985年间，700分及以上的男女人数之比超过了13:1；到了2010年这一性别比例仅为4:1。

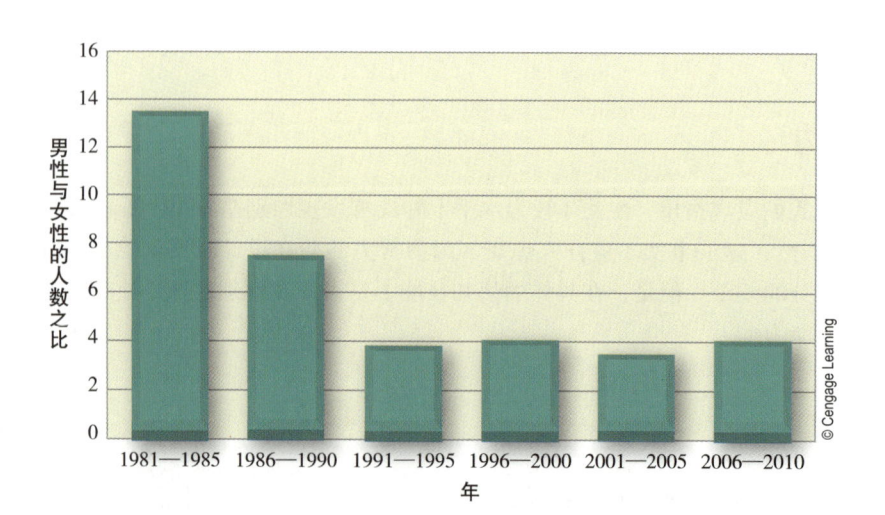

究一致发现，男性的三维图形心理旋转能力比女性更好，而这种能力对于工程、化学、建筑等行业非常重要（见图 11.4）。心理旋转能力的性别差异相对较大，且已得到反复验证（Halpern, 2000, 2004）。研究者使用创造性的方法证实，5 个月大的婴儿就存在心理旋转的性别差异（Moore & Johnson, 2008）。然而，经验和训练能够改善男孩和女孩的心理旋转能力（Newcombe, 2007）。事实上，研究表明动作类的电子游戏可以促进两性的心理旋转能力（Spence et al., 2009）。研究者（Feng et al., 2007）发现，仅仅 10 小时的动作类电子游戏练习就可以促进人们的心理旋转能力，对于女性尤其如此。

左侧的积木块能通过旋转变成右侧的样子吗？

图 11.4　心理旋转测验

空间推理任务包括多种子类型。研究表明，在大多数空间任务上，男性的表现都略优于女性。男性表现突出的任务通常涉及物体的心理旋转，比如图中的问题（答案是"不能"）。

资料来源：Kalat, J. W. (2013). *Biological psychology* (11th ed.). Belmont, CA: Wadsworth. Reproduced with permission.

人格特质与社会行为

现在我们转向人格与社会行为，先来考察一下那些已被证实在一定程度上存在性别差异的方面。

自　尊

女性的总体自尊测验得分通常低于男性，但分数差异很小（Stake & Eisele, 2010）。海德（Hyde, 2005）认为，这一差异被大众媒体夸大了。例如，一项涵盖数百个研究（参与者的年龄从 7 岁到 60 岁不等）的元分析表明，男性的自尊水平仅略高于女性（Kling et al., 1999）。该研究并未发现支持女孩的自尊水平在青少年期急速下降的证据。另一项元分析也表明，男性的总体自尊水平仅比女性略高（Major et al., 1999）。其他研究则一致发现，白人男性和女性在自尊水平上存在差异，但其他种族群体的研究结果却并不一致（Twenge & Crocker, 2002）。

显然，有关自尊的研究结果很复杂。使情况变得更为复杂的是，一项涵盖 115 项研究的元分析考察了特定自尊领域的性别差异（Gentile et al., 2009）。如第 6 章所述，研究发现男性在外貌、运动能力、自我满意度等方面的自尊高于女性；女性在行为举止、伦理道德等方面的自尊高于男性；在学业水平和社会接纳度上则没有发现性别差异。图 11.5 总结了这些研究结果。

攻击性

攻击性（aggression）指意图在口头或身体上伤害他人的行为（见第 4 章）。常见的刻板印象是，男性比女性更有攻击性，但实际情况更为复杂（Frieze & Yu Li, 2010）。攻击性的性别差异因攻击形式而异。跨文化的元分析发现，男性一致地比女性表现出更多的身体攻击（Archer, 2005）。甚至在年幼儿童身上，这一性别差异也很明显（Baillargeon et al., 2007）。在言语攻击方面（侮辱、威胁），研究结果并不一致（Geen, 1998）。在关系攻击方面，比如对某人使用冷暴力、背后说人坏话或者让人讨厌某个人，女性的评分更高（Archer, 2005）。间接攻击在一

特定自尊领域中的性别差异	
特定的自尊领域	实际的研究结果
外貌	男性更高
运动能力	男性更高
学业	无差异
社会接纳度	无差异
家庭	无差异
行为举止	女性更高
自我满意度	男性更高
伦理道德	女性更高

图 11.5　特定自尊领域的性别差异

女性的自尊测验得分通常低于男性。然而，一项元分析检验了两性特定自尊的差异。结果如图所示，自尊的性别差异要比人们想象的更为复杂。

资料来源：Gentile et al., 2009.

图 11.6 暴力犯罪获刑者的性别差异

男性因暴力犯罪被判入狱的可能性比女性高得多。实验室研究表明，男性实施的身体攻击比女性更多，图中的数据支持了此类研究结果。

资料来源：Bureau of Justice Statistics, 2011.

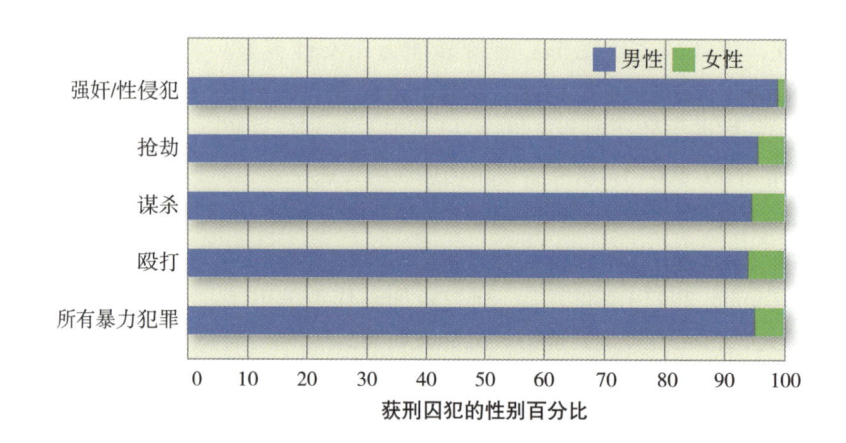

定程度上与关系攻击有重合之处，它指不直接面对目标的隐蔽行为，比如散布谣言。在一项对来自芬兰、以色列、意大利和波兰的 8 岁、11 岁和 15 岁孩子的研究中，研究者考察了身体攻击、言语攻击和间接攻击这三种攻击行为的性别差异（Oesterman et al., 1998）。结果发现，在各个国家，男孩使用身体攻击和言语攻击的可能性相同，使用间接攻击的可能性较小。女孩则最可能使用间接攻击，其次是言语攻击，最后是身体攻击。即使在有控制的实验室情境中，两性参与者都暴露在同样的诱发攻击行为的刺激之下，女性也比男性更可能进行间接攻击（Gianciola et al., 2009）。

然而，涉及极端的攻击形式时，一个无法否认的事实是，大部分暴力犯罪是男性所为。根据美国司法部的数据，2011 年全美囚犯中女性约占 7%。根据受害者的自我报告，暴力犯罪者中女性的比例为 14%（Carson & Sabol, 2012）。此外，男性犯谋杀罪的可能性是女性的 9 倍（Cooper & Smith, 2011）。图 11.6 显示了殴打、抢劫、强奸、杀人等犯罪中明显的性别差异。

性态度和性行为

我们将在第 12 章更深入地探讨性别与性活动的关系，所以我们在这里只介绍一些基础知识。彼得森和海德（Petersen & Hyde, 2010a, 2011）所做的一项元分析发现，男性的性活动比女性略多，一般有更多的性伴侣。男性对待性的态度比女性略为放纵一些，而女性更容易对性产生消极情绪（如羞耻或负罪感）。研究发现，在性的某些方面存在较大的性别差异。具体而言，男性比女性更可能发生随意的性行为、观看色情作品和手淫（Peterson & Hyde, 2010b）。此外，需要注意的是，与性别相似性假说一致，大多数与性有关的性别差异都比较小。

情绪表达

传统智慧认为，女性比男性更"情绪化"。研究是否支持这种观点？如果"情绪化"是指向外界表达个人情绪，那么答案是肯定的。很多研究发现，女性表达的情绪比男性更多（Brody & Hall, 2010）。研究发现，女性比男性表达了更多的悲伤、厌恶、恐惧、惊讶、快乐和愤怒等情绪。同样，女性比男性更擅长依据面部表情或其他非言语线索识别他人的情绪（Hampson, van Anders, & Mullin, 2006）。

女性真的会体验到更多的情绪吗？为回答这个问题，克林和戈登（Kring & Gordon, 1998）让大学生观看可以唤起快乐、悲伤和恐惧的电影。他们录下了大学生观看时的面部表情，并让他们描述自己的情绪体验。不出所料，研究者在情绪的面部表情上发现了性别差异。然而，他们并未在情绪的体验上发现任何性别差异。因此，情绪功能的性别差异可能仅限于情感的外在表达，并且可能源于父母教给儿子和女儿的不同情感表达规则（DeAngelis, 2001）。

沟 通

沟通的性别差异相当复杂（McHugh & Hambaugh, 2010）。流行的刻板印象认为，女性比男性更健谈。事实恰恰相反：男性比女性说得更多（Cameron, 2007）。与女性打断男性的次数相比，男性更多地打断女性，不过这一差异较小（Eckert & McConnell-Ginet, 2003）。然而，当女性在工作或人际关系中掌握更多的权力时，她们打断谈话的次数更多（Aries, 1998）。或许沟通中的一些性别差异更应该被视为地位差异。要了解更多关于性别与沟通的内容，请阅读本章的应用部分。

心理障碍

就精神障碍的总体发病率而言，研究者只发现了很小的性别差异。然而，当研究者评估特定障碍的患病率时，他们确实发现了一些相当一致的性别差异（Nolen-Hoeksema & Keita, 2003）。反社会行为、酗酒以及其他与毒品相关的障碍在男性中比在女性普遍得多。另一方面，女性罹患抑郁和焦虑障碍的可能性约为男性的两倍（Hatzenbuehler et al., 2010; Nolen-Hoeksema, 2012）。甚至在异性的异卵双生子中，女性心境障碍的发生率也高于男性（Kendler, Myers, & Prescott, 2005）。

我们在第3章讨论了创伤后应激障碍（PTSD）。在一组元分析中，托林和福阿（Tolin & Foa, 2006）发现，女性比男性更可能罹患创伤后应激障碍，即使创伤性事件是相同的。此外，女性比男性更可能尝试自杀，但男性比女性更可能完成自杀（真正杀死自己）（Canetto, 2008; Schrijvers, Bollen, & Sabbe, 2012）。在整个生命周期中，女性比男性更可能实施故意的自我伤害行为（Hawton & Harriss, 2008）。

女性也比男性更可能出现进食障碍（见第14章的应用部分），这种障碍与扭曲的身体意象有关（Calogero & Thompson, 2010）。**身体意象**（body image）包括个体对自己身体的态度、信念和感受。体重对于女性尤其重要。一般来说，女性比男性追求苗条身材的驱力更强，也更重视节食（Herman & Polivy, 2010）。多年来，对苗条身材的重视一直存在于美国白人和亚裔群体中，而西班牙裔和非裔美国人较少关注这一点（Polivy & Herman, 2002）。不幸的是，一些证据表明，非常纤瘦的理想女性形象可能也在蔓延到这两个群体（Barnett, Keel, & Conoscenti, 2001）。女性极度纤瘦的形象一直是媒体传递的信息，而男性肌肉发达的体型也正得到越来越多的宣传（Martins, Tiggeman, & Kirkbride, 2007）。研究表明，所有年龄的男性都希望肌肉更发达（Morrison, Morrison, & Hopkins, 2003; Olivardia, Pope, & Phillips, 2000）。因此，达到理想体型的压力是今天的男性和女性都面临的一个巨大的调适挑战。未能实现

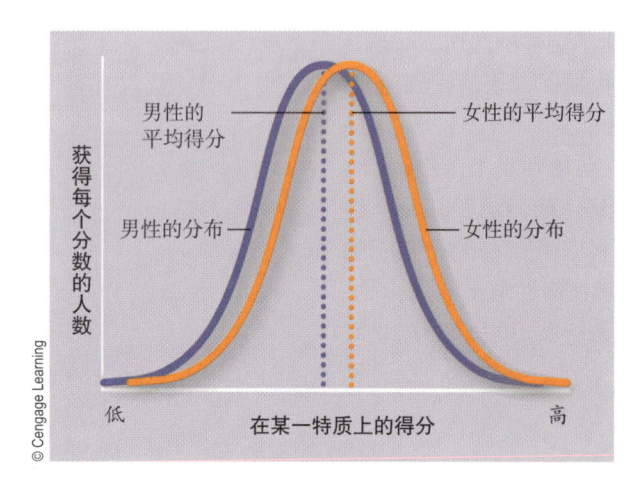

图 11.7　群体差异的性质

性别差异是群体差异，它几乎不能告诉我们任何关于个体的信息，因为两个群体有着大面积的重叠。对于某一特质，一个性别的平均分可能高于另一个性别，但每一性别群体内部的差异要远大于性别群体之间的差异。

这些理想会令人们对自己的身体不满，并导致进食障碍（Smolak, 2006）。

正确看待性别差异

我们应当谨慎地解释性别差异。虽然研究已揭示出一些行为上的真正差异，但请记住，这些差异是群体差异。也就是说，这些研究无法告诉我们任何关于个体的信息。从本质上来讲，性别差异比较的是"平均的男性"与"平均的女性"。图 11.7 显示了男女两性在某一特质上的分数分布情况。虽然群体平均值有着可观测的差异，但你可以看到每个性别内部都存在很大的差异，并且两个群体的分布还存在大面积的重合。此外，正如我们反复提到的，男女两性之间的差异一般较小（Hyde, 2005, 2007b）。从根本上说，男女之间的相似性远大于差异性。

第二个要点是，性别只能解释个体间差异的很小一部分。使用复杂的统计程序，我们可以精准地估计性别（或其他因素）对行为的影响。这些检验通常表明，性别以外的因素（例如行为发生的社会背景）是个体差异更重要的决定因素（Yoder & Kahn, 2003）。

还有一点要记住，性别差异并不意味着一个性别优于另一个性别。哈尔彭（Halpern, 1997）曾幽默地说："问哪一个性别更聪明并没有什么意义……这就好像问哪一个性别有更好的生殖器官一样"（p. 1092）。问题不在于性别差异，而在于社会如何评价这些差异。

虽然能力、人格和行为方面的性别差异在数量上相对较少，在效应量上也相对较小，但有时似乎并非如此。这是为什么？一种解释侧重于基于性别的社会角色差异。艾丽斯·伊格利（Eagly, 1987）的**社会角色理论**（social role theory）认为，男性和女性所承担的不同社会角色夸大了微小的性别差异。例如，由于女性被赋予了照护者的角色，所以她们学会了养育的行为方式。随着时间的推移，人们开始将这种与角色有关的行为与特定性别的个体而非角色本身联系在一起。换言之，人们开始将养育视为女性的特质，而不是任何承担此角色的人所表现出的一种特征。这是性别刻板印象形成并持续存在的一个原因。

对信念与现实之间差异的另一种解释是，性别差异实际上存在于观察者的眼中，而非被观察者的身上。**社会建构主义**（social constructionism）断言，个体会依据社会期望、条件作用和自我社会化构建自己的现实世界（Hyde, 1996）。社会建构主义者认为，人们特定的性别信念（以及寻找性别差异的倾向）源自全面影响社会化经历的"性别化"信息和条件作用。为更好地理解这些问题，接下来我们将探讨生物学因素和环境因素的作用，这些因素可能是性别差异的来源。

艾丽斯·伊格利

性别差异的生物学起源

学习目标

- 总结性别差异的演化学解释
- 回顾将认知能力的性别差异与脑结构和功能联系起来的证据
- 描述激素与性别差异相关的证据,包括出生前和出生后

那些确实存在的性别差异是生物学上固有的,还是通过社会化获得的?这是一个古老的天性与教养问题。"天性"派理论家关注性别间的生物学差异如何导致行为差异。而另一方面,"教养"派理论家则强调学习和环境的作用。虽然我们将分别探讨生物学因素和环境因素的影响,但请记住,当代大多数的研究者和理论家都承认,生物学因素与环境因素相互作用。此外,生物学因素可以影响性别差异,而无需具体决定它们(Berenbaum, Blakemore, & Beltz, 2011)。我们先来看看关于这一主题的三个基于生物学的研究方向:演化学解释、脑结构与功能和激素影响。

演化学解释

演化心理学家认为,行为的性别差异反映了人类历史进程中两性所承受的不同的自然选择压力(Geary, 2007)。也就是说,自然选择偏爱那些将基因传递给下一代(繁殖成功)的可能性最大化的行为。

为支持他们的论点,演化心理学家试图寻找不同文化中一致存在的性别差异。那些证据较为充分的性别差异是否存在跨文化的一致性?虽然有一些有趣的例外,但人格、认知能力、攻击性和性行为等方面的性别差异在很多文化中都存在(Buss & Schmitt, 2011; Halpern, 2000; Lippa, 2010)。演化心理学家认为,这些一致的性别差异出现的原因是男性和女性面对着不同的适应需求。例如,男性被认为在性方面更活跃和放纵,因为他们在生殖过程中的投入比女性少,并且可以通过寻找许多性伴侣来最大限度地提高他们的生殖成功率(Webster, 2009)。然而,需要记住的是,即使在跨文化研究中,每一性别的内部差异也要大于性别之间的差异,在认知能力上尤其如此(Kenrick et al., 2004)。

两性在攻击性上的差异也可以用生殖适合度(reproductive fitness)来解释。因为女性比男性对交配更挑剔,所以男性不得不比女性进行更多的竞争来争夺性伴侣。在性机会的竞争上,男性更强的攻击性被认为具有适应意义,因为较强的攻击性可能增强该个体相较于其他男性的优势(Kenrick & Trost, 1993)。演化理论家坚称,两性在空间能力上的差异反映了远古狩猎-采集社会中的劳动分工,当时男性通常负责狩猎,女性则负责采集。男性在大多数空间任务上的优势可以归因于狩猎的适应性需求(Newcombe, 2010)。

性别差异的演化学分析很有趣,但也存在争议。演化的力量可能导致两性在典型行为上表现出某些差异,虽然这一说法看似很合理,但演化学假设有很强的猜测性,难以进行实证检验。此外,演化论可被人利用,宣称社会现状是在演化力量推动下的必然结果。因此,如果男性比女性有着更优势的地位,那就可以说,自然选择必定支持这种安排。问题的症结在于,演化学分析可以解释几乎所有的事物。例如,假设两性在心理旋转能力上的得分相反,即女性得分高于男性,那么演化理论

家可能会将女性的优势归因于采集食物、编织篮子和做衣服的适应性需求，而这很难被证伪。

大脑半球的功能和连接

一些理论家提出，两性的脑存在结构和功能上的差异，这可以解释他们在一些特定能力上的性别差异（Lippa, 2005）。你可能知道，人类的大脑分为两半。**大脑半球**（cerebral hemispheres）是大脑的左右两半，大脑则是盘绕于脑的外层结构。大脑是人脑最大和最复杂的部分，负责执行最复杂的心理活动。一些证据表明，左右大脑半球专门处理不同的认知任务（Sperry, 1982; Springer & Deutsch, 1998）。例如，左半球似乎更积极地参与言语加工和数学加工，而右半球则专门处理视觉空间加工和其他非言语加工。不过，需要注意的是，大脑作为一个统一的结构发挥作用，因为左右半球并不是完全独立地运作的。

在这些关于大脑半球特异化的研究结果出现后，一些研究者开始寻找脑结构和功能的性别差异，试图以此解释当时发现的言语和空间技能的性别差异。他们报告了一些引人深思的研究结果。例如，男性比女性表现出更多的大脑特异化（Hines, 1990）。换言之，在言语加工上，男性一般比女性更依赖左脑；在空间加工上，男性比女性更依赖右脑。研究还发现，连接大脑两半球的纤维束**胼胝体**（corpus callosum）的体积也存在性别差异（Gur & Gur, 2007）。具体而言，一些研究表明，女性的胼胝体一般大于男性。更大的胼胝体可能使女性的半球间信息传递更好，这反过来又可能是女性的脑功能更为双侧化的原因（Lippa, 2005）。因此，一些理论家认为，这些脑结构和功能上的差异导致了言语和空间能力上的性别差异（Clements et al., 2006）。

虽然这种观点很吸引人，但其推理过程有严重的局限性。第一，研究并未一致地发现男性的脑功能比女性更特异化（Kaiser et al., 2007, 2009），也未总能发现女性的胼胝体大于男性（Fine, 2010）。第二，个体在出生后的前5~10年脑发育异常迅速，而这一时期也是男女两性经历不同的社会化的阶段，所以不同的生活经历可能会逐渐导致两性大脑的细微差异（Hood et al., 1987）。换言之，因为人脑会对环境做出反应，所以貌似导致认知功能性别差异的生物学因素，实际上可能反映的是环境因素的影响（Berenbaum et al., 2011）。第三，性别只能解释一小部分的大脑偏侧化差异，偏侧化更多地取决于任务类型（Boles, 2005）。最后，我们要牢记，两性的脑的相似性远大于差异性。

因此，尽管大众媒体经常宣扬存在着根本不同的"男性大脑"和"女性大脑"，但"大脑特异化与心理能力的性别差异相关"的论点仍然存在争议。随着磁共振成像等脑成像技术日趋成熟，这一领域的研究必将取得进展。

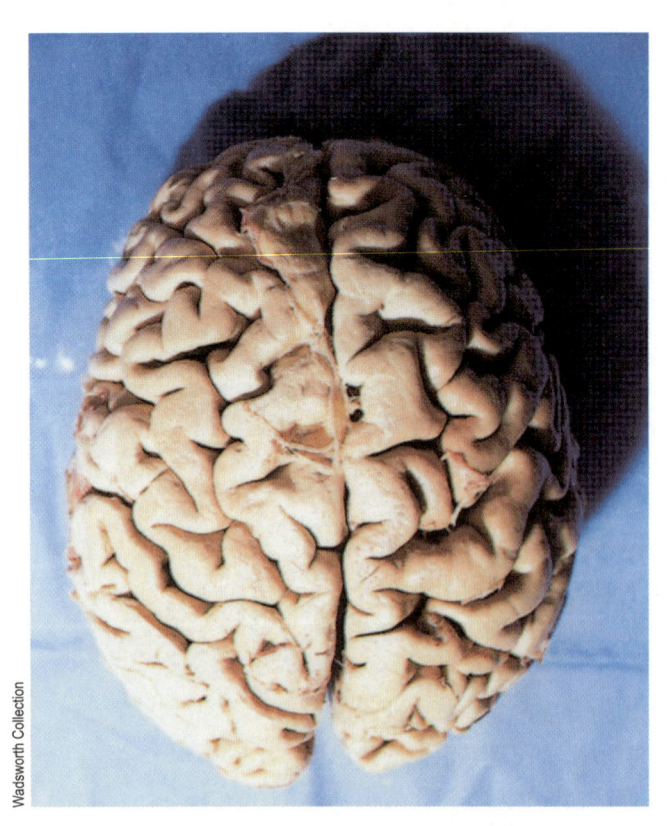

研究表明，大脑半球对各种认知任务有着一定程度的特异化加工，男性大脑的特异化要比女性更明显。这一差异是否与行为上的性别差异有任何关联还有待确定。

激素影响

如第 3 章所述，**激素**（hormones）是内分泌腺释放到血液中的化学物质。个体的生物学性别由性染色体决定：XX 配对为女性，XY 配对为男性。然而，男性和女性胚胎在受孕后约 8 至 12 周之前基本上是相同的。大约在此时，胚胎的性腺开始分泌不同的激素。男胚胎雄性激素（比如睾丸素）水平高，女胚胎雄性激素水平低，由此导致了男女性器官的分化。

出生前激素对生殖器官发育的影响显而易见，但它们对行为的影响却难以确定。不过研究发现，激素对儿童期性别特征行为（比如玩具偏好）的发展起着重要作用（Hines, 2010, 2011）。研究者对这一主题的了解大多来自对内分泌失调（出生前正常的激素分泌受干扰而导致的失调）的研究（Saucier & Ehresman, 2010）。研究者考察了使用雄性激素类药物以预防流产的孕妇所生的孩子，发现了两个趋势（Collaer & Hines, 1995）。第一，出生前暴露于异常高水平雄性激素的女孩比普通女孩表现出更多的典型男性行为。第二，出生前暴露于异常低水平雄性激素下的男孩比普通男孩表现出更多的典型女性行为。

这些研究结果表明，出生前的激素水平塑造了人类的性别差异。但这些研究证据存在很多问题（Basow, 1992; Fausto-Sterling, 1992）。第一，激素影响女性的研究证据要比影响男性的证据多得多，也更有力。第二，个体出生后的行为总会受到社会因素的影响。第三，虽然一项研究在普通人群中也证实了出生前激素与儿童期性别特征行为之间的关联（Auyeung et al., 2009），但基于异常状态的小样本研究得出关于一般人群的结论总是有一定的风险。第四，所研究的大多数内分泌失调都有多种影响（除了改变激素水平），因此很难分离出真正的原因。最后，此类研究的大多数必然是相关性研究，从相关数据得出因果结论总是存在一定的风险。

个体出生之后，睾丸素对男女两性的性欲都有重要的影响（Petersen & Hyde, 2010a）。也就是说，当睾丸素减少或消失时，两性都会表现出性驱力的减弱。此外，男女两性体内较高的睾丸素水平与更频繁的性活动相关（Petersen & Hyde, 2011）。在人类中睾丸素也与较高水平的攻击性（冲动、反社会行为）有关，但由于攻击行为也会导致睾丸素水平升高（Dabbs, 2000），所以两者的关系非常复杂。事实上，一项研究表明，仅仅摆弄手枪就会提高男性的睾丸素水平（Klinesmith, Kasser, & McAndrew, 2006）。

总体证据表明，除了明显的身体差异外，演化、脑结构和激素等生物学因素在性别差异中所起的作用较小。相比之下，将性别差异与男女两性社会化方式的差别联系起来的努力，已被证明更有成效。接下来我们将讨论这一视角。

性别差异的环境起源

学习目标

- 定义社会化和性别角色，描述玛格丽特·米德关于性别角色差异的研究结果及其启示
- 解释强化与惩罚、观察学习以及自我社会化在性别角色社会化中如何发挥作用
- 描述父母、同伴、学校和媒体如何成为性别角色社会化的来源

社会化（socialization）是指在特定社会中个体对规范和人们所期望的角色的习

得过程。这一过程包括一个社会为确保其成员学会恰当的行为方式而做出的所有努力。教给儿童关于性别角色的知识是社会化过程的一个重要方面。**性别角色**（gender roles）是某种文化对每个性别的恰当行为的期望。例如，在传统的美国文化中，人们期望女性能够抚养子女、做饭、打扫房间和洗衣服，而男性则应该养家、打理庭院和修理汽车。

其他文化中的性别角色是否与美国社会类似？通常是，但未必总是如此。虽然性别角色的跨文化一致性相当高，但也存在一些鲜明的差异。例如，人类学家玛格丽特·米德（Mead, 1950）对新几内亚岛上的三个部落进行了一项很经典的研究。在第一个部落（蒙杜古马部落）中，两性都遵循美国的男性角色期望；在第二个部落（阿拉佩什部落）中，两性的表现与美国的女性角色类似；而在第三个部落（德昌布利部落）中，男性和女性的性别角色基本上与美国的相反。三个部落彼此相距不到200公里，却如此迥异，这表明性别角色并非生物学上的必然结果。相反，与其他角色一样，性别角色是通过社会化习得的。

请记住，性别角色与性别刻板印象交织在一起，彼此促进。如前所述，伊格利的社会角色理论认为，性别差异之所以经常出现（而且人们感知到的似乎比实际的更大），是因为男性和女性受到了不同的角色期望的指引。接下来我们将考察社会如何教会个体关于性别角色的一切。

性别角色社会化的过程

人们是如何习得性别角色的？几个关键的学习过程在其中发挥着作用，包括强化与惩罚、观察学习以及自我社会化。

强化与惩罚

性别角色在一定程度上是由奖励和惩罚（操作性条件作用的关键过程，见第2章）的力量塑造的。父母、教师、同伴以及其他人经常会强化（一般采用默许的方式）符合个体性别的恰当行为。例如，受伤的小男孩可能会被告知"男子汉不要哭"。如果他忍住了哭泣，大人可能轻拍他的背部或者给予温暖的微笑——这都是有力的强化物。随着时间的推移，这种一致的强化模式会增强男孩"像男子汉一样行动"的倾向，并抑制其情绪表露。

如果儿童做出了符合自己性别的恰当行为，大多数父母（和同伴）都会视为理所应当，并不会特意奖励。然而，他们对那些不符合个体性别的行为则非常难以忍受，尤其对于男性。例如，一个10岁的男孩如果喜欢布娃娃，则可能引发父母强烈的反对。相关的反应常常包括嘲笑或言语指责，一般不涉及身体惩罚。我们稍后将更多地了解父母作为性别角色社会化根源的知识。

观察学习

年幼儿童经常模仿父母或哥哥姐姐的行为。如果儿童的行为因为观察他人而受到了影响，便发生了模仿或者观察学习。这些被观察的人被称为榜样。父母、兄弟姐妹、教师、亲戚以及其他儿童生活中很重要的人，都可以起到榜样的作用。榜样并不限于现实生活中的人，电视、电影、动画片中的人物也能成为榜样。

儿童在很小的时候就开始学习与自己性别角色相符的行为。根据社会学习理论，女孩一般做母亲所做的各种事情，男孩则一般效仿父亲的行为。

根据社会认知理论（见第 2 章），年幼的儿童更可能模仿养育他们、有力量以及与他们相似的人（Bussey & Bandura, 1984, 1999, 2004）。儿童会模仿男女两种性别的行为，但大多数儿童更倾向于模仿同性的榜样。有趣的是，同性的同伴甚至可能成为比父母更有影响力的榜样（Maccoby, 2002）。

自我社会化

儿童不只是性别角色社会化的被动接受者，相反，他们从生命早期就开始在这一过程中扮演着积极的角色（Halim & Ruble, 2010）。因为社会根据性别给人、特征、行为和活动贴标签，所以儿童知道性别是一种重要的社会类别。儿童约在 2 到 3 岁时开始知道自己是男还是女（Martin, Ruble, & Szkrybalo, 2002）。一旦儿童有了上述标签，他们就开始将各种与性别有关的信息进行组织加工，放入性别图式。**性别图式**（gender schemas）是指导个体对性别相关信息进行加工的认知结构。基本上，性别图式的工作方式就像镜头一样，促使人们根据性别来看待和组织世界（Bem, 1993）。

如果儿童将自身性别的性别图式与其自我概念联系在一起，自我社会化便开始了。这种联系一旦建立，儿童就会有选择地注意与自身性别图式一致的活动和信息。例如，特伦斯知道自己是个男孩，他也有着男孩的图式，并将其与自我联系在一起。现在他的自尊就取决于他符合自己男孩图式的程度。通过这种方式，儿童开始进行自我社会化。他们是"性别小侦探"，勤奋地寻找着应当用来支配他们行为的规则（Halim & Ruble, 2010）。

性别角色社会化的来源

性别角色信息的四个主要来源分别是：父母、同伴、学校和媒体。请记住，性别角色的社会化因个体所处的文化而异。例如，与白人家庭相比，黑人家庭通常较少区分男孩和女孩，所以黑人女性的性别角色更灵活（Hill, 2002; Littlefield, 2003）。

相形之下，亚裔和西班牙裔家庭有着定义较为严苛的性别角色（Chia et al., 1994; Comas-Diaz, 1987）。性别角色正在发生变化，所以接下来的概括可能更多地说明了你是如何被社会化的，而不是你的孩子将如何被社会化。

父 母

尽管对172项关于父母的社会化做法的研究进行的元分析表明，父母对待女孩和男孩的方式并不像人们预想的那般不同，但确实存在一些重要的差异（Lytton & Romney, 1991）。首先，父母双方都有一种强调和鼓励儿童玩"适合自身性别"的游戏活动的强烈倾向。例如研究表明，父母会鼓励男孩和女孩玩不同类型的玩具（Wood, Desmarais, & Gugula, 2002）。研究发现儿童的玩具偏好存在性别差异，学前儿童就已经对男孩玩具和女孩玩具有了清晰的定义（Freeman, 2007）。一般来说，与女孩玩"男性化"玩具相比，父母更不允许男孩玩"女性化"玩具。然而，初步证据表明，同性恋伴侣的孩子在游戏活动方面的性别差异不那么明显（Goldberg, Kashy, & Smith, 2012）。

除玩具外，父母给孩子买的图画书通常描绘了从事性别刻板印象活动的人物（Gooden & Gooden, 2001）。对200本畅销和获奖儿童读物的分析发现，男性主角的数量几乎是女性的两倍；男性人物也更可能出现在插图中；女性人物有更多的养育行为，并且不太可能有工作（Hamilton et al., 2006）。此外，一项对20年来获奖的儿童读物的内容分析发现，女性人物更多地使用居家用品（比如勺子、缝纫机），而男性人物更多地使用屋外的生产性物品（比如轿车、工具），这一模式并没有随时间的推移而改变（Crabb & Marciano, 2011）。即使那些父母和教师认为"不存在性别歧视的"书，对女性人物的人格、干的家务活和参加的休闲活动的描述也带有刻板印象色彩（Diekman & Murnen, 2004）。有趣的是，这种性别偏差也见于儿童读物对父母的描写。安德森和汉密尔顿（Anderson & Hamilton, 2005）对200本优秀儿童图画书进行了内容分析，他们发现，父亲角色很少出现，即使出现也常常表现得畏缩和无能。

男孩如果表现出与性别不符的行为，要承受比女孩更大的压力。对布娃娃表现出兴趣的小男孩可能会受到父母和同伴的责罚。

父母强化性别角色的另一个途径是他们与孩子的沟通方式。例如，一项研究发现，父亲更关注女儿的顺从性情绪，比如悲伤；更关注儿子的不和谐情绪，比如愤怒（Chaplin, Cole, & Zahn-Waxler, 2005）。另一项研究发现，与儿子交谈时，父母倾向于更多地谈论与动作有关的活动，但跟女儿交谈时则更多地涉及外貌（Cristofaro & Tamis-LeMonda, 2008）。通过这些交谈模式，父母微妙地（或不那么微妙地）强化了什么是适合女孩和男孩展现的情绪和行为。

同 伴

同伴是儿童学习性别适宜行为的重要圈子（Clemans et al., 2010）。4到6岁的儿童往往会加入同性别的群体，这种偏好似乎是儿童自发形成的，而非受成人影响（Fabes, Hanish, & Martin, 2003）。6岁到约12岁，男孩和女孩跟同性伙伴在一起的时间要比跟异性伙伴相处的时间多得多。此外，埃莉诺·麦科比（Maccoby, 1998, 2002）认为，随着时间的推移，男孩和女孩群体会发展出不同的"亚文化"（共同的理解和兴趣），这些亚文化有力地塑造着儿童性别角色的社会化。

在同性群体中男孩与女孩的玩耍形式也不相同（Maccoby, 1998, 2002）。男孩会加入较大的群体，在离家更远的地方玩耍；而女孩则青睐较小的群体，在家附近玩耍。此外，男孩往往会通过支配行为（告诉他人该做什么以及发出指令）来获得较高的群体地位；相形之下，女孩通常用建议而非命令的方式来表达意愿。男孩打打闹闹的游戏也比女孩多得多（Lippa, 2005）。

因为男孩和女孩都对违背传统性别规范的同伴很苛刻，所以他们使性别刻板行为得以延续。在3至11岁的儿童中，男孩穿戴像女孩会比女孩穿戴像男孩遭到更多的贬低；女孩像男孩一样（例如大吵大闹而不是安静温顺地）玩耍会比男孩像女孩一样玩耍受到更负面的评价（Blakemore, 2003）。此外，与"典型的"同伴相比，"性别非典型的男孩"报告自己更经常地遭受霸凌、更孤单、更痛苦（Young & Sweeting, 2004）。不过，积极的教养方式似乎可减弱非典型的性别行为与调适不良之间的联系（Alanko et al., 2008）。

学　校

学校环境在性别角色的社会化中起着重要作用（Meece & Scantlebury, 2006）。小学课本经常忽视女孩和女性角色或对她们进行刻板化描写（AAUW Educational Foundation, 1992）。尽管自20世纪70年代起，刻板化的性别角色描写已经大量减少，但研究者仍然发现对男性和女性的描写存在显著差异，在那些据称没有性别歧视的书中也是如此（Diekman & Murnen, 2004）。甚至在流行的医学教科书中也发现了性别偏见，虽然这些书中涉及性别特异化的信息很少（Dijkstra, Verdonk, & Largro-Janssen, 2008）。这些差异能带来不易察觉的影响。例如，一项研究发现，与观看刻板化图片（男科学家）的女生相比，观看反刻板化图片（女科学家）的女生在之后的科学测验中得分更高。而男生的得分情况则恰好相反（Good, Woodzicka, & Wingfild, 2010）。

学校中的性别偏见也表现在教师对待男孩和女孩的方式上（Basow, 2010）。幼儿园和小学教师常常会奖励学生符合其自身性别的行为。教师们一般也更关注男孩，对男孩的帮助、表扬和责骂都比女孩要多（Beaman, Wheldall, & Kemp, 2006）。相形之下，女孩在教室里往往不太显眼，从老师那里得到的对其学业成绩的鼓励往往也比男孩少。此外，甚至教师自己对能力的刻板印象（例如男孩擅长数学）也会使他们在对待学生的方式上出现偏差（RiegleCrumb & Humphries, 2012）。总的来说，师生之间的相互作用强化了男性更有能力和优势的性别刻板印象（Meece & Scantlebury, 2006）。

性别偏见也表现在学业与职业咨询中。尽管女性从小学到大学各科成绩都优于男性（平均而言），但很多咨询顾问一直鼓励男生去追求医学和工程领域的高职位，同时指引女生去从事不太有名望的职业（Halpern, 2004, 2006）。导致咨询顾问和教师区别对待不同性别学生的刻板印象信念，会妨碍女性的职业选择，特别是在科学和数学领域。

媒 体

电视是性别角色社会化的另一个影响源。美国年轻人看电视的时间很多。根据尼尔森媒体研究（Nielsen Media Research, 2012）的一项报告，普通美国人每天看电视直播节目的时间为 4 小时 38 分钟（如果包括录播节目甚至更长）。一项系统综述表明，当代年轻人平均每天要看电视 1.8 到 2.8 小时，其中 28% 的人每天看电视的时间超过 4 小时（Marshall, Gorely, & Biddle, 2006）。大约 35% 的儿童在电视"总是"或"大部分时间"都开着的家庭中长大（Vandewater et al., 2005）。一项研究表明，近三分之二的青少年卧室里有电视，他们比那些卧室没有电视的青少年的健康行为更少（Barr-Anderson et al., 2008）。

在传统的冒险类卡通（而非教育类卡通）童书中，男性角色出现更多，表现出更多的身体攻击行为；而女性角色则更可能表现出恐惧、浪漫、有礼貌以及支持性的行为（Leaper et al., 2002）。一项对黄金时段电视节目中的男女角色的分析显示，虽然电视节目的女性角色的数量和多样性都有所增加，但这些变化仍滞后于女性生活中的实际变化（Glascock, 2001）。对女性的描绘仍然是刻板化的，常常带有性意味（Collins, 2011）。与男性角色相比，女性角色出现得更少，不太可能拥有高声望的职位，更为年轻，更可能以次要和喜剧角色出现。与女性角色相比，男性角色仍然更可能表现出与能力相关的行为，如达成目标、展现聪明才智和解答问题（Aubrey & Harrison, 2004）。

电视广告中的性别刻板印象甚至比电视节目中还严重（Lippa, 2005）。研究者在分析了某个受欢迎的儿童频道上的 450 段课外广告后发现，性别角色刻板印象十分普遍（Kahlenberg & Hein, 2010）。广告内容带有性别导向，即使一些中性的玩具也通常会针对某个性别进行营销（见图 11.8）。此外，广告中的男孩一般比女孩更多地出现在户外，参加的活动也更丰富多彩。在对三大电视频道黄金时段的 1 337 段广

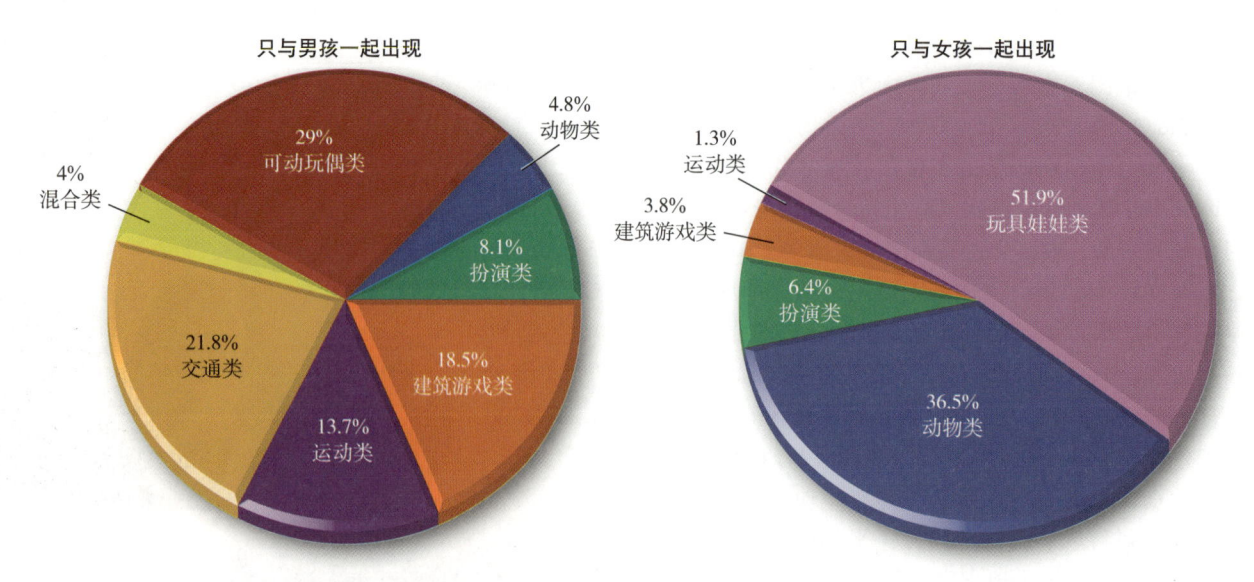

只与男孩一起出现
- 29% 可动玩偶类
- 4.8% 动物类
- 8.1% 扮演类
- 18.5% 建筑游戏类
- 13.7% 运动类
- 21.8% 交通类
- 4% 混合类

只与女孩一起出现
- 51.9% 玩具娃娃类
- 36.5% 动物类
- 6.4% 扮演类
- 3.8% 建筑游戏类
- 1.3% 运动类

图 11.8 与男孩或女孩一起出现在广告中的玩具
一项对尼克儿童频道所播广告的内容分析表明，画面中只有男孩的广告所推销的玩具跟只有女孩的广告非常不同。这些差异凸显了媒体中的性别角色刻板印象。

资料来源：Kahlenberg & Hein, 2010.

告进行内容分析后，加纳尔及其同事（Ganahl et al., 2003）发现，女性在广告中出现的次数较少（美容产品广告除外），并且通常扮演男性的配角。在另一项比较美国主流电视频道与一个非裔美国人频道（黑人娱乐电视台）的内容分析研究中，作者发现，黄金时段广告中的大多数角色都是男性和白人，即使在黑人娱乐频道上也是如此（Messineo, 2008）。

电视并不是使性别刻板印象得以延续的唯一媒介，性别角色社会化是一个"多媒体"事件。大多数电子游戏都突出一种极其阳刚的刻板印象，以搜索和摧毁任务、空战和男性运动为主（Lippa, 2005）。在为数不多的面向女孩的电子游戏中，大部分也很刻板化（如购物游戏和芭比娃娃游戏）。此外，音乐视频也经常将女性刻画为性对象，这一现象随着时间的推移在不断增多（Hall, West, & Hill, 2012）。一项对幼儿教育软件的内容分析发现，大多数软件程序有更多的男性角色，以更刻板化的方式描绘男性，并且更注重女性角色的性别刻板化外貌（Sheldon, 2004）。甚至报纸上的漫画也遵循这些性别刻板印象的模式（Glascock & Preston-Schreck, 2004）。

媒体确实会影响儿童对性别的看法吗？证据表明答案是肯定的。一项元分析显示，儿童接触媒体中的性别刻板化与其性别刻板印象信念的习得之间存在关联（Oppliger, 2007）。即使在成年人中，观看对女性的性化描述似乎也会影响观看者的性别角色和性态度（Kistler & Lee, 2010）。诚然，性别角色的社会化是复杂的，其他因素（如父母的价值观）也会起作用。尽管如此，格林伍德和李普曼（Greenwood & Lippman, 2010）认为，我们对性别差异的感知可能是"大众媒体性别刻板化作品的产物"（p. 662）。

性别角色期望

学习目标
- 列出传统男性角色的关键要素，识别与传统男性角色有关的常见问题
- 列出人们对女性角色的主要期望，识别与女性角色有关的常见问题
- 描述女性遭受性别歧视的两个方面

传统的性别角色基于几个没有言明的假设：同一性别的所有成员有着基本相同的特质；一个性别的特质迥异于另一个性别的特质；男性特质更受重视。近几十年来，心理学及其他领域的许多社会批评家和理论家对性别角色进行了深入研究，试图确定传统角色的基本特征及其影响。本节将回顾这一领域的研究和理论，并注意性别角色在过去30~40年间的变化。我们先从男性角色开始。

对男性的角色期望

很多心理学家都力求精准地确定传统男性角色的本质（Levant, 1996, 2003, 2011; Pleck, 1995）。很多人认为反女性化是贯穿男性性别角色的核心主题。也就是说，"真正的男人"不应该做出任何可能被视为女性化的行为。例如，男性不应该公开表露脆弱的情绪，应该避免从事女性化的职业，不应该对情爱关系表现出明显的兴趣——尤其是同性恋的关系。传统的男性角色包含5个关键属性（Brannon, 1976; Jansz, 2000）：

1. 成就。为了证明自己的男子气概，男性要在工作和运动中打败其他男性。拥有地位高的工作、驾驶昂贵的汽车以及赚很多钱，都是这一要素的组成部分。
2. 攻击性。男人应该坚强，并为自己认为正确的事情而战斗。在面对威胁时，他们应竭力保护自己及所爱的人。
3. 自主性。男人应该自力更生，不能承认自己依赖他人。
4. 性活动。真正的男人是异性恋者，并有强烈的性动力和征服欲。
5. 坚忍。男人不应吐露自己的痛苦或表达"柔弱的"情感。他们应在压力下保持镇静。

有证据表明，男子气概没有女性气质稳定（Bosson et al., 2009）。也就是说，它更容易受到威胁，并且需要社会的证明与确认。不幸的是，当男性地位受到威胁时，有害的男子气质展示，如身体攻击，是他们保护自己的典型方式（Bosson et al., 2009）。这一行为通常与当代的性别角色期望不符。普莱克（Pleck, 1995）写了大量关于这一问题的文章。他认为在传统的男性角色中，男子气概要通过个人体力、攻击性、情绪的隐忍来验证；然而在现代的男性角色中，男子气概则要通过经济成就、组织权力、情绪控制力（甚至能控制愤怒）、情绪敏感性以及自我表达（只表现在与女性相处时）来验证。

因此，在现代社会中，传统的男性角色与一些新的期望并存。一些理论家使用男性气质的复数形式（masculinities）来描述男性性别角色的不同内涵（Schrock & Schwalbe, 2009; Smiler, 2004）。性别角色期望的这种不稳定意味着，男性正在经历角色的不一致，也正承受着以有悖于传统男子气概的方式行事的压力：表达个人情感、养育孩子和共同做家务、整合性与爱以及抑制攻击性。一些心理学家认为，这些压力已经动摇了传统的男性规范，很多男性正在遭受男子气概危机，作为男人的自豪感也在减弱（Levant, 1996, 2003）。布鲁克斯（Brooks, 2010）认为，不断变化的性别角色所带来的痛苦加剧了三大问题：暴力、物质滥用和不当的性行为，因为男性会将自己的痛苦宣泄在这些破坏性的行为上。好消息是，心理学理论家、研究者和临床治疗师都开始更加关注男性。

男性角色的问题

人们通常认为，只有女性会受到传统性别角色的束缚，但事实并非如此。如前所述，男性角色的代价越来越令人担忧。当我们审视相关研究时，请记住男性性别角色"不应被视为心理上或生理上'天赋的'，而应被视为社会建构的"（Levant & Richmond, 2007, p. 141）。因此，很多研究者正在呼吁，要更深入地研究文化对性别角色压力的影响。

成就压力

大多数男人在社会化过程中变得特别有竞争欲，他们接受的教导是，一个男人的男子气概是通过薪水和职位来衡量的。然而，大多数内化了这一成功标准的男性无法完全实现自己的梦想。这对非裔和西班牙裔美国男性尤其是个问题，因为在通向经济成功的道路上，他们比美国白人男性遇到更多的障碍。这种"失败"会如何影响男性？尽管很多人能对此进行心理调适，但也有很多人做不到，他们可能会感到羞耻，自尊水平也会下降（Kilmartin, 2000）。男性对成功的重视也可能使他们在工作上投入更多的时间。这减少了他们陪伴家人的时间，也增加了伴侣做家务或照料子女的时间。

成就压力的性别差异可能更多地是人们感知到的，而非真实存在的。当询问大学生对成就压力的感知时，他们认为典型的男性会比典型的女性更担忧自己的成就。然而，当询问他们对自己的成就的忧虑时，女生比男生报告了对成就更多的担忧（Wood et al., 2005）。这一发现可能反映了男性不愿表露自己在为任何事情担忧。

情绪领域

在各方的影响和训练之下，大多数男孩认为男人应该强壮、坚强、冷静和超然（Jansz, 2000）。因此，他们早早就学会了隐藏诸如爱慕、喜悦、悲伤之类的脆弱情绪，因为他们认为这些情感是女性化的，意味着软弱。结果，随着时间的推移，一些男性与自己的情感生活失去了联系。对男子气概持传统看法的男人更可能压抑外在的情绪（愤怒除外），可能是因为拥有情感会使他们无法保持镇静（Jakupcak et al., 2003）。然而请记住，一些研究者对这一观点提出了质疑。与很多性别差异一样，情绪方面的性别差异往往很小、不一致，并且取决于情境。

男性在处理"温柔"情绪方面的困难会造成严重的后果。首先，被压抑的情绪会引起与压力有关的疾病。更糟糕的是，男性比女性更不可能寻求社会支持或健康专业人员的帮助（Lane & Addis, 2005）。其次，男性情绪的隐忍会给伴侣关系及亲子关系带来问题。例如，与认可传统男性角色的丈夫相比，那些赞同性别角色平等的丈夫报告婚姻更幸福，并且他们的妻子也有同感（Frieze & Ciccocioppo, 2009）。此外，那些能获得父亲温暖、慈爱和宽容对待的儿童自尊更高，攻击行为和行为问题更少（Rohner & Veneziano, 2001）。

性问题

男性经常会出现性问题，这部分地源于他们性别角色的社会化。性别角色的社会化为他们提供一种应该做到的"男子汉"性形象。几乎没有什么事情比在性生活中阳痿更让男性恐惧。不幸的是，这种极度恐惧通常会导致男性所惧怕的功能障碍（见第 12 章）。结果是，男性对自己性表现的过度关注会引起焦虑，进而干扰他们的性反应性。

另一个问题是，很多男性混淆了亲密情感与性。换言之，如果一名男性体验到了强烈的联结感，他很可能将其解释为性感受。这种混淆会导致许多后果（Kilmartin, 2000）。比如，性可能是某些男性感受到与他人亲密联结的唯一方式。因此，男性对性的强烈兴趣可能部分受到对情感亲密的强烈需求的驱动，而这一需求无法通过其他途径得到满足。与女性相比，男性倾向于将目光接触、赞美、纯真的微笑、友好的交谈或者手臂的触碰解释为性邀请，而亲密感与性的混淆可能是其背后的原因（Kowalski, 1993）。最后，当男性感受到自己对另一名男性的喜爱之情时，亲密情感

的性化会引发不恰当的焦虑,因而导致同性恋恐惧症或性歧视,即对同性恋的强烈排斥。实际上,人们对传统性别角色和大男子主义的支持与其对同性恋的消极态度有关(Parrott et al., 2008)。

对女性角色的期望

美国女性的性别角色期望经历了剧烈的变化,尤其是在工作方面。在20世纪70年代之前,人们期望女性成为家庭主妇和全职妈妈。今天,人们对女性有以下三大期望。

1. 婚姻使命。过去几十年中,独身一直呈增长趋势(DePaulo, 2011)。然而,在以婚姻为规范的社会中,独身仍被污名化(Sharp & Ganong, 2011)。社会化使大多数女性只有在找到伴侣后才能感到生命的完整。女性在结婚时才能获得成人地位。在婚姻中,人们期望女性负责做饭、打扫房间和其他家务。
2. 母亲使命。女性角色的一个主要任务便是生儿育女,这一期望被称为"母亲使命"(Rice & Else-Quest, 2006)。当今关于母亲使命的盛行观点是:女性应该渴望生儿育女;作母亲应该完全以孩子为中心;母亲应该是有自我牺牲精神而不是有自己的需要和兴趣的人(Arendell, 2000; Vandello et al., 2008)。
3. 外出工作。如今大多数年轻女性,尤其是受过大学教育的女性,都期望自己能够外出工作,同时也想拥有令人满意的家庭生活。如**图11.9**所示,过去三十年间,美国女性的劳动力参与率在稳步上升。然而,即使她们外出工作,仍然要承担大部分家务(Sayer, 2005)。

女性角色的问题

女性运动的作家对与20世纪70年代之前的传统妻子、母亲角色有关的问题给出了一些令人信服的分析(Friedan, 1964; Millett, 1970)。很多人批评了以下假设:与男性不同,女性不需要独立的身份;成为史密斯的妻子或者杰森和罗宾的母亲就应该足够了。自那时起,社会越来越鼓励女性发挥和运用自己的才智,女性工作的机会也大幅增加。然而,女性角色仍然存在一些问题。

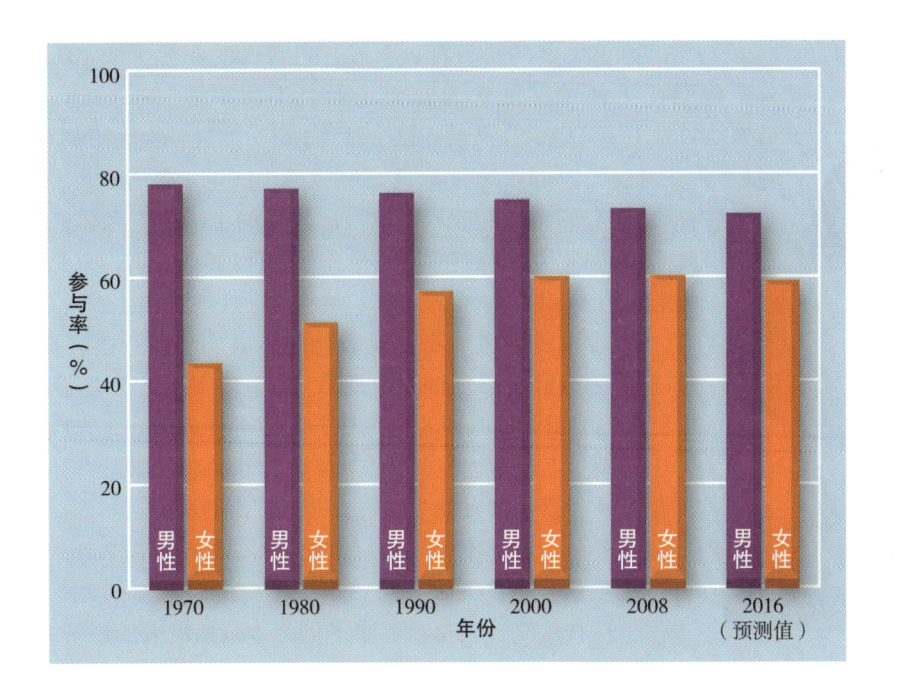

图11.9 美国女性劳动力参与率的提高

在整个20世纪，尤其是自20世纪70年代起，外出工作的女性所占的比例一直在稳步上升。不过，这一数字似乎稳定在60%左右。

资料来源：Statistical Abstract of the United States, 2010.

较低的职业抱负

尽管近年来有了增加女性取得成就的机会的种种努力，但女孩比男孩更可能低估自己的成就，而男孩更可能高估自己的成就，在估计科学、数学之类的"男性化"任务的表现时尤其如此（Eccles, 2001, 2007; Watt et al., 2012）。这一现象之所以成为一个问题，是因为科学和数学是许多高收入、高职位工作的基础，数学背景（而非能力）的缺乏常常导致一些女性的表现欠佳（Dweck, 2007）。

女性的能力与成就水平之间的差异被称为能力 – 成就差距（Hyde, 1996）。这一差距的根源似乎在于，成就与传统女性角色所具有的女性化特质存在冲突。婚姻使命和母亲使命促使女性关注自己与男性恋爱关系的成功，即学习如何吸引男性成为自己未来的伴侣。其结果是，女性对约会和婚姻的重视会使某些女性远离富有挑战性的职业——她们担心，对成功的大胆追求会使自己显得没有女人味。当然，并非所有女性都担心这个问题。此外，因为年轻男性比年长男性更支持妻子的工作，所以这种冲突在年轻女性身上应该会有所缓解。

兼顾多重角色

女性角色的另一个问题是社会制度与女性现实生活脱节，在女性选择为人母时尤其如此。在美国，2010年约有2 100万母亲有工作（U.S. Bureau of the Census, 2011b）。然而，一些职场（以及许多丈夫和父亲）仍然按照妇女都是全职妈妈并且不存在单亲家庭的模式来运转。基于过时假设的政策与现实生活之间存在一道鸿沟，这意味着那些"什么都想要"的女性会经历大多数男性不会经历的负担和冲突。这是因为大多数男性主要的日常职责通常体现在唯一的一个角色中——工作者；但大多数女性主要的日常职责体现在三个角色之中——配偶、母亲和工作者。

目前受过大学教育的女性应对这些冲突的一个方法是，推迟结婚和生育的时

间（以及少要孩子），以追求更多的受教育机会或开启自己的职业生涯（Hoffnung, 2004）。此外，她们比男性更可能认为养育子女会干扰事业（Singer, Cassin, & Dobson, 2005）。一旦她们在高层职位上站稳，部分女性便会暂时离开职场，专注于生儿育女（Wallis, 2004）。考虑到生活中三重角色的现实，她们会牺牲掉工作者的角色和收入，以换取较慢的生活节奏和较轻的养育年幼子女的压力。她们的策略是："你可以拥有一切，只是不能同时拥有"（Wallis, 2004, p. 53）。

当然多重角色本身并没有问题。事实上，一些证据表明，多重角色有益于心理健康（见第 13 章）。相反，问题源于这些角色之间的紧张关系以及角色任务的不平等分配。丈夫或其他人承担更多的家务和育儿工作、对家庭友好的职场以及有补贴的高质量育儿项目等都有助于缓解女性这方面的压力。然而，问题并不如此简单。戈德堡和佩里－詹金斯（Goldberg & Perry-Jenkins, 2004）发现，即使丈夫在第一个孩子出生后承担了更多的照护工作，持有传统性别角色的妻子仍会体验到极大的痛苦。当然，这可能是因为她们承担的育儿工作比她们所预期的要少，体验到痛苦是因为未能达到自身的性别角色期望。

对性的矛盾情绪

与男性一样，女性也可能出现性问题，这部分地源于她们的性别角色社会化。很多女性的问题在于，她们难以享受性爱。为什么会出现这种现象？研究表明，女性对传统性别角色的遵守与较低的性满意度有关（Sanchez, Fetterrolf, & Rudman, 2012）。例如，很多女孩接受的教育仍然是要压抑或否认自己的性感受（Petersen & Hyde, 2010）。她们还被告知，女性在性方面处于被动的角色。此外，女孩被鼓励关注浪漫的爱情而非获得性体验。因此很多女性会对自己的性冲动感到不适（内疚、羞耻）。的确，女孩比男孩更多地将羞耻、内疚与性联系在一起（Cuffee, Hallfors, & Waller, 2007）。因此，当谈及性时，女性可能会出现矛盾的情感，而不是男性体验到的那种总体上积极的情感（Hyde, 2004）。不幸的是，这种矛盾情绪通常被视为女性的性"功能障碍"，而非由狭隘的性别角色和信念所导致的态度（Drew, 2003）。

性别歧视：女性所面临的特殊问题

与性别角色话题紧密交织的是性别歧视问题。**性别歧视**（sexism）是指对他人基于性别的歧视。性别歧视通常指男性对女性的歧视。然而，有时女性也会歧视其他女性，有时男性也会成为性别歧视的受害者。性别歧视并不限于美国文化，它是一种跨文化现象（Brandt, 2011）。本节我们将讨论两个具体的问题：经济歧视和对女性的攻击。

经济歧视

女性是两种经济歧视的受害者：就业机会的不平等和工作待遇的不平等。女性仍然得不到与男性平等的就业机会。例如，2011 年，美国女性从事工资低于贫困线

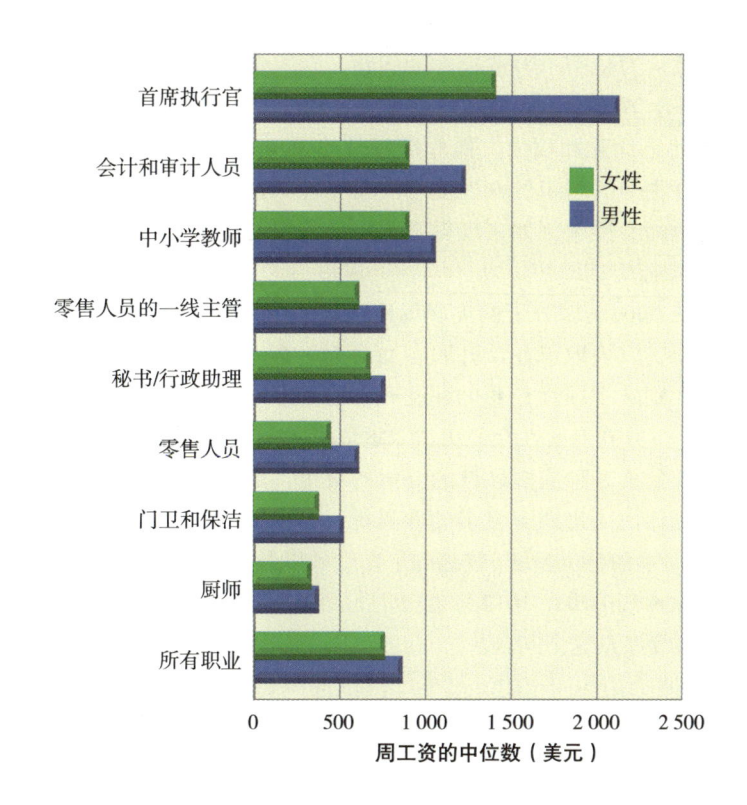

图 11.10 周工资的性别差异

在几乎所有的职业类别中，女性的收入一直低于男性，这一点从 2011 年某些职业的数据上可以看得很清楚。造成两性收入差异的原因很多，但经济歧视可能是一个主要原因。

资料来源：Institute for Women's Policy Research, 2012.

的职业的可能性是男性的两倍多（Institute for Women's Policy Research, 2012）。与白人女性相比，少数族裔女性甚至更不可能从事地位高的、由男性主导的职业。在所有经济行业中，男性都比女性更可能占据掌握决策权的职位（Eagly & Sczesny, 2009）。相比之下，女性在"粉领"职业如秘书、幼儿园教师中比例偏高。此外，女性的母亲身份在就业市场上是个不利条件。一项研究发现，就预期能力而言，人们对求职的母亲（但不是父亲）持有偏见（Heilman & Okimoto, 2007）。

经济歧视的第二个方面是工作上的不同待遇。例如，女性的薪水通常低于从事同样工作的男性（见**图 11.10**）。男性主导的职业通常比女性主导的职业薪酬更高（Pratto & Walker, 2004）。此外，当女性表现出自信、雄心、坚定等领导者品质时，她们获得的评价往往低于男性，这可能是因为此类行为有悖于女性性别的刻板印象（Lyness & Heilman, 2006）。因此，她们常因成功受到惩罚。似乎有一层玻璃天花板阻挡着大多数女性和少数族裔群体向顶级的专业职位晋升（Reid, Miller, & Kerr, 2004）。例如，2012 年世界 500 强企业的 CEO 中仅有 18 位女性，这还是历史最高纪录（Huffington Post, 2012）。产生这种天花板的一个原因是，老板认为女下属的家庭－工作冲突比男下属多（Hoobler, Lenmon, & Wayne, 2011）。讽刺的是，在传统的女性领域中工作的男性却比他们的女同事升职更快，这种现象被称为"玻璃扶梯"（Hultin, 2003）。

对女性的攻击

对女性的攻击形式包括强奸、亲密暴力、性骚扰、性虐待、乱伦和暴力色情。在其他章节中（特别是第 10 章的应用部分）我们已经讨论过其中的一些问题，所以在这里我们重点探讨性骚扰问题。**性骚扰**（sexual harassment）是一种基于性别的不受欢迎的行为。性骚扰包括性挑逗、要求性服务以及其他带有性意味的言语或身体骚扰。性骚扰被认为是一个普遍存在的问题。它不仅发生在职场中，也发生在家中（色情电话）、外出散步时（嘘声和口哨）、医疗和心理治疗的情境中以及学校里。性骚扰更多涉及的是支配和权力，而非欲望。与置身于女性主导的组织的女性相比，那些置身于男性主导的组织的女性更可能受到性骚扰。那些在男性主导的组织中违背传统性别角色的女性（例如表现得坚定自信并展现出领导能力）最可能被性骚扰（Berdahl, 2007）。

贝茨（Betz, 2006）区分了两类职场性骚扰。在交换型性骚扰中，员工被期望能够屈从于性要求，以换取就业、升职、加薪等机会。在敌意环境型性骚扰中，员工暴露在充斥着性别歧视或性色彩的评论、卡通和海报的职场环境中。研究表明，在职场性骚扰中，少数族裔女性会经历"双重危险"。伯达尔和穆尔（Berdahl & Moore, 2006）调查了5家具有种族多样性的公司的员工，发现女性比男性遭遇了更多的性骚扰，少数族裔比白人遭遇了更多的性骚扰，而少数族裔女性遭遇的性骚扰比其他任何群体都多。性骚扰的经历与较差的工作绩效以及心理痛苦的增加有关（Settles et al., 2006; Nielsen & Einarsen, 2012）。鉴于性骚扰仍然是职场的一个主要问题，未来的研究者无疑会继续探索这个问题。

过去与未来的性别

学习目标
- 解释传统性别角色的基础及其正在变化的原因
- 定义性别角色认同，讨论传统性别角色的两种替代选择

西方社会的性别角色正处于转型期。如前所述，女性角色已经发生了颠覆性的改变。我们今天恐怕很难想象距今不到100年前，女性还没有投票权和管理自己财务的权力。就在不太久以前，女性主动发起约会、管理公司和竞选公职几乎还是闻所未闻的。本节将讨论性别角色正在变化的原因及其未来的走向。

性别角色正在变化的原因

许多理论试图解释为何性别角色正处在转型期。这些理论基本上通过研究过去来解释当下和未来。一个关键的考虑因素是，性别角色一直是劳动分工的一部分。

在早期人类社会中，比如狩猎-采集社会和游牧社会，基于性别的劳动分工是一些简单现实的自然产物。男性往往比女性更强壮，因此更适合从事狩猎、农耕之类的工作；女性负责养育年幼的子女，因此被分派了采摘、家务和育儿工作。尽管（在某些文化中）存在其他的分工方式，但在前现代社会中，根据性别进行劳动分工有一些基本的原因。

因此，传统的性别角色是过去历史遗留的结果。传统一旦确立，便会自我延续。在过去约一个世纪的西方社会中，这些传统的劳动分工变得越来越过时。例如，机器的广泛使用使身体力量变得相对不重要。

这里蕴含着性别角色变化的主要原因：传统的性别角色不再有经济意义。

性别角色在未来甚至可能会发生更剧烈的变化。如今我们就可以看到这些变化的早期征兆。例如，女性虽然仍在生育子女，但照护责任现在是可选项。此外，随着女性在经济上越来越独立，她们不再需要仅仅因为经济原因而结婚。在子宫外培育胎儿的可能性现在虽然似乎遥不可及，但一些专家预测，这只是个时间问题。如果真是如此，"母亲身份"将不再只属于女性。鉴于现代社会的这些变化以及其他变化，可以肯定地说，在未来一段时间内性别角色仍将不断变化。

传统性别角色的替代选择

性别角色认同（gender-role identity）是个体对被视为男性化或女性化的特质的认同。最初，性别角色认同被定位为"男子气"或"女人味"。所有男性都被期望发展出男性化的角色同一性，所有女性都被期望发展出女性化的角色同一性。当时人们认为不认同对其自身性别的角色期望或认同另一个性别的特征的个体数量很少，并且存在心理问题。

20世纪70年代，社会科学家们开始重新审视他们对性别角色认同的看法。男性应该有男子气概、女性应该有女人味这一假设开始受到质疑。比如，未遵循传统性别角色规范的人似乎比人们普遍认为的要多，一些人在试图遵循传统性别角色的过程中承受的压力也比人们想象的要大（Pleck, 1981, 1995）。事实上研究表明，对传统性别角色期望的强烈认同与各种负面结果有关。例如，对女性而言，高度女性化与低自尊（Whitley, 1983）和心理困扰增加相关（Helgeson, 1994）。对男性而言，高度男性化与更多的A型行为（见第5章）、慢性自毁行为（Van Volkom, 2008）、青少年期霸凌行为（Steinfeldt et al., 2012），以及更强的性偏见和同性恋恐惧症有关（Barron et al., 2008）。在亲密关系中，男子气十足的男性更可能进行身体攻击和性攻击（Mosher, 1991），在同性恋关系中也是如此（Oringher & Samuelson, 2011）。此外，认同传统性别角色的异性恋伴侣的关系满意度往往较低（Burn & Ward, 2005）。因此，与最初的看法相反，证据表明：一般而言，与不太认同传统性别角色的个体相比，男子气的男性和女人味的女性调适能力可能较差。

随着人们开始认识到传统性别角色的潜在代价，关于超越传统性别角色的争论也越来越多。一个重要问题是：我们应朝什么方向发展？迄今为止最受关注的两个观点是：(1)双性化；(2)性别角色超越。让我们来看看这两种观点。

双性化

与男子气概和女人味一样，双性化也是一种性别角色认同。**双性化**（androgyny）是指男性和女性的人格特质在一个人身上同时存在。换言之，双性化的人在男子气概和女人味量表上的得分均高于平均水平。

为帮助你更好地理解双性化的本质，我们需要简单地回顾一下其他类型的性别认同（见**图 11.11**）。男性气质得分高、女性气质得分低的男性以及男性气质得分低、

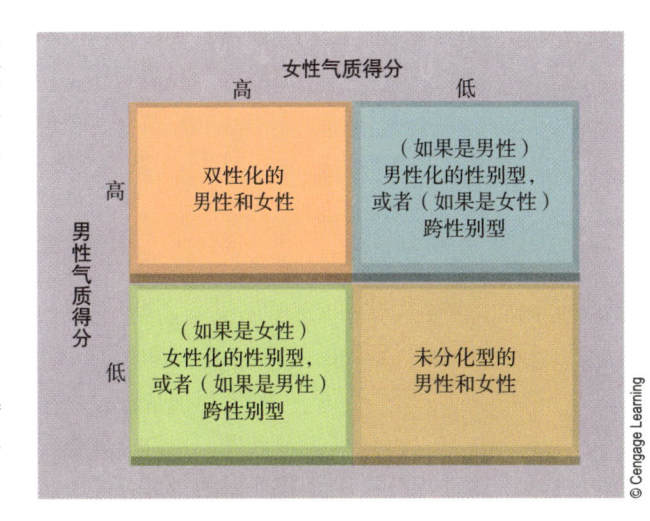

图 11.11 可能的性别角色认同

本图总结了个体在男性气质和女性气质测量上的得分与4种可能的性别认同之间的关系。

女性气质得分高的女性属于性别型；男性气质得分低、女性气质得分高的男性和男性气质得分高、女性气质得分低的女性属于跨性别型；男性气质、女性气质得分均低的男性和女性则属于性别角色未分化型。

请记住，我们依据传统上与每个性别有关的人格特质（支配、养育等）来指代个体对自身的描述。人们有时会混淆性别角色认同与性取向，但它们并不一样。一个人在性取向上可能是同性恋、异性恋或双性恋，同时在性别角色认同上，又可能是双性化、性别型、跨性别型或性别角色未分化型。

桑德拉·贝姆在几十年前的开创性研究中，挑战了当时盛行的观点——男性气质得分高的男性和女性气质得分高的女性在调适能力上强于"男性化的"女性和"女性化的"男性（Bem, 1975）。她认为，传统的阳刚男性和娇柔女性都被迫坚守严苛而狭隘的性别角色，这些性别角色不必要地限制了他们的行为。相形之下，双性化的个体应该能更灵活地工作和生活。她还进一步提出，双性化的个体比性别型的个体心理更健康。

贝姆的观点是否经受住了时间的检验？首先，双性化的人确实似乎更灵活。也就是说，他们能够根据情境，表现出独立的（男子气概）或养育的（女人味）一面（Bem, 1975）。相形之下，性别型的男性往往难以表现出养育风格，而性别型的女性通常难以表现出独立性。此外，那些拥有双性化或女性化伴侣（而非男性化或未分化型伴侣）的个体报告的关系满意度更高，抑郁症状更少（Bradbury, Campbell, & Fincham, 1995）。这一研究结果也适用于未婚同居的异性和同性情侣（Kurdek & Schmitt, 1986b）。因此，双性化在这些领域似乎具有优势。

贝姆的第二个断言（双性化的人比性别型的人心理更健康）则需要更复杂的分析。学界为回答这一问题已进行了数十年的研究。一些早期研究确实发现双性化与心理健康存在正相关。然而，证据最终不足以支持贝姆的假设（即双性化尤其健康）。

对于这些矛盾的研究结果，一个可能的解决办法是分析双性化者所拥有的男性特质和女性特质的类型。显然，男性特质和女性特质都有积极成分和消极成分。因此，如果某人拥有的两性特质大多数是积极的，那么此人就是理想的双性化个体；而如果某人拥有的两性特质大多数是消极的，那么此人就是不理想的双性化个体。伍德希尔和塞缪尔斯（Woodhill & Samuels, 2003）支持对双性化进行分类，他们发现积极的双性化个体比消极的双性化个体心理更健康，更幸福。然而，研究者推测，由于性别角色在不断变化，贝姆曾用来划分性别角色认同的特质已经过时了。一个典型例子是，有研究者（Auster & Ohm, 2000）在大学生样本中发现，虽然 20 种女性特质中仍有 18 种被认为属于女性特质，但 20 种男性特质中仅有 8 种仍被认为属于严格的男性特质。接下来你将看到，双性化概念及其测量方法上的这些问题导致了贝姆和其他心理学家从另一种视角看待性别角色。

性别角色超越

随着心理学家对双性化的思考愈发深入，他们认识到这个概念还存在其他的问题。首先，人们应当兼有男性和女性特质的观点强化了以下假设：性别是人类行为不可或缺的一部分（Bem, 1983）。因此，双性化视角设定了自我实现的预言。也就是说，如果人们使用基于性别的（"男性化的"和"女性化的"）标签来描述某种人类特征和行为，他们就很可能将这些特质与某个性别联系在一起。对双性化的另一个批评是，双性化意味着解决性别偏见的方法是改变个人，而不是解决社会及其制

桑德拉·贝姆

度中的性别不平等。

许多性别理论家认为，男性气质和女性气质实际上只是武断的标签，我们通过社会的条件作用学会将这些标签强加于某些特质之上。这一论断是性别角色超越视角的基础（Bem, 1983, 1993; Spence, 1983）。**性别角色超越视角**（gender-role transcendence perspective）提出，要成为完整的人，人们需要超越性别角色来组织自己对自身和他人的认知。这一目标要求我们不应将人类特征分成男性和女性类别（之后再像双性化视角所提议的那样将其整合起来），而应该完全摒弃这种人为构建的性别类别和标签。我们该怎么做到这一点？在描述人格特质和行为时，我们要使用中性化的术语（如"工具性"和"表达性"）来代替"男性化"和"女性化"这样的标签。特质与性别的这种"脱钩"可以减少自我实现的预言这一问题。

鉴于如今的人们已多年陷于性别信息的包围之中，向性别角色超越迈进可能会是一个渐进的过程。奥尼尔和伊根（O'Neil & Egan, 1992）认为，这一性别角色之旅从最初对传统性别角色的接受（阶段1）转变为对性别角色日益矛盾的态度（阶段2）。从这里它演变为对性别歧视的愤怒（阶段3），然后是减少性别歧视限制的行动（阶段4）。最后，人们整合自己的性别角色信念，这使他们能够以不那么性别刻板化的方式看待自己和世界（阶段5）。

应用：理解不同性别之间的沟通

学习目标

- 区分表达性和工具性沟通风格
- 描述非言语沟通和说话风格的性别差异
- 解释男性和女性不同的社会化经历如何导致沟通差异
- 讨论我们为什么应谨慎分析性别间沟通理论的四个原因

判断对错：
____ 1. 在男女混合的群体中，男性比女性说话多。
____ 2. 女性比男性更可能寻求帮助。
____ 3. 在一段关系中，女性比男性更愿意挑起冲突。
____ 4. 男性比女性更多地与朋友谈论非私人话题。

如果你认为以上陈述都正确，那么你答对了。这些只是研究者观察到的男性和女性在沟通风格上的一些差异。虽然并非所有的男性和女性，或者两性之间的对话都如此，但这些风格差异似乎是男女之间诸多误解的根源。

当人们在个人或工作关系中遭遇令人沮丧的沟通情境时，他们通常将之归咎于对方怪异的性格或弱点。然而，有些令人沮丧的经历可能源于沟通风格的性别差异。在进一步探讨之前，请记住，倡导性别相似性假说的学者认为，两性在包括沟通在内的许多领域的差异被夸大了，男性和女性在大多数心理变量上是相

推荐阅读

《火星与金星的迷思：男人和女人真的说不同的语言吗？》

(*The Myth of Mars and Venus: Do Men and Women Really Speak Different Languages?*)

作者：黛博拉·卡梅伦

在这本可读性强、简明扼要的平装书中，卡梅伦向《你就是不明白：对话中的男人和女人》的作者黛博拉·坦嫩、《男人来自火星，女人来自金星》的作者约翰·格雷等人的观点发起了挑战。她的目标是消除围绕沟通中性别差异的迷思，总结研究者在这一领域内的研究成果。如果你想更全面地了解两性沟通，那你应该读读这本书。

似的（见 Hyde, 2005）。与本章前述的许多性别差异一样，沟通的性别差异通常很小，研究结果也常常不一致（MacGeorge et al., 2004）。总的来说，沟通风格的性别差异是程度问题，而非类别问题。换言之，这不是"男人来自火星，女人来自金星"的问题，而更像是男人来自北达科他州，女人来自南达科他州（Dindia, 2006）。

工具性与表达性沟通风格

这一领域的专家区分了工具性沟通和表达性（也称为情感性）沟通。工具性沟通风格侧重于实现实际的目标和寻找解决问题的方法；表达性沟通风格的特点是能够轻松地表达温柔的情感，并且对他人的感受敏感。许多研究者认为，由于两性社会化经历的差异，男性更可能看重工具性沟通风格，女性则更可能青睐表达性沟通风格（Block, 1973; Tannen, 1990）。当然，许多个体会根据情境运用这两种沟通风格。

在冲突情境中，男性的工具性沟通风格意味着他们更可能保持冷静，直面问题，并为寻找解决问题的方法付出更多的努力。然而，这种沟通风格也有不利的一面。当工具性沟通风格中的冷静变为冷漠和不回应时，它就会起消极作用。研究表明，这种情感上的不回应是许多男性的特点，而且似乎是婚姻不满的一个重要影响因素（Larson & Pleck, 1998）。

非言语沟通

很多研究表明，女性比男性更擅长非言语沟通——表达性沟通风格的一个关键要素。例如，她们擅长解读和传递非言语信息，面部表情也更丰富（Hall & Matsumoto, 2004; Brody & Hall, 2010）。图11.12列出了常见非言语行为上的一些性别差异（Mast & Sczesny, 2010）。

女性也会做出一些"消极的"表达性行为。例如，在关系冲突中，女性更可能：

图 11.12　两性常见的沟通特征

研究表明，女性比男性更擅长非言语沟通——表达性沟通风格的一个关键要素。本图列出了常见非语言行为的部分性别差异。

资料来源：Mast & Sczesny, 2010.

两性常见的沟通特征	
女性	男性
准确的情绪表达	身体活动（如烦躁不安）
表情丰富（面部）	身体舒展
身体前倾	停顿多
注视	打断他人
做手势	声音洪亮
点头	说话时间长
自我触碰	口误
微笑	视觉支配性

（1）表现出强烈的负性情绪（Noller, 1985, 1987）；（2）使用心理胁迫策略，如内疚感操纵、言语攻击和强权打压等（Barnes & Buss, 1985）；（3）拒绝对方的和解尝试（Barnes & Buss, 1985）。有趣的是，女性似乎比男性更重视线上的表达性沟通（通常通过社交网站）（Tufekci, 2008）。

说话风格

大多数研究表明，女性的言语比男性更具试探性（"我说的不一定对，但是……"），尤其是在男女混合的群体中讨论男性化话题时（McHugh & Hambaugh, 2010; Palomares, 2009）。在对29项研究的元分析中，作者发现了支持这一现象的证据，不过这种差异很小（Leaper & Robnett, 2011）。莱考夫（Lakoff, 1973）在其经典的沟通性别差异模型中指出，说话风格上的这一差异在一定程度上导致了性别不平等。为了"纠正"这种差异，当代研究者建议女性进行自我坚定性训练（assertiveness training）（见第8章的应用部分）。

为什么会出现这种差异？一种解释是，女性的试探性语言在谈话中可被用来表达敏感性；另一种解释将女性较多地使用试探性和礼貌性的语言归因于她们较低的地位；还有一种解释将之归因于两性特定的社会化过程（Athenstaedt, Haas, & Schwab, 2004）。下面我们就来探讨一些关于语言和沟通的性别社会化的理论。

两种文化的冲突

社会语言学家坦嫩认为，两性通常是在不同的"文化"中进行社会化的。也就是说，男性可能学会"地位和独立"的语言，而女性则学会"联结和亲密"的语言（Tannen, 1990, p. 42）。坦嫩将两性之间的沟通类比为"跨文化"沟通——随时可能出现误解。图11.13列出了一些改善两性沟通的建议。

这些沟通风格上的性别差异在儿童期就开始形成，一方面源于传统的性别刻板印象，另一方面也源于社会化过程中父母、教师、媒体和童年社会互动（常常是与同性同伴）的影响。如前所述，与女孩相比，男孩通常会加入较大的群体，经常参加户外活动，在离家较远的户外玩耍。因此，男孩较少受到成年人的监督，进而更可能参与一些鼓励探索和独立的活动。此外，男孩群体通常是按照地位的高低来组织的。男孩会通过支配性行为（告诉他人做什么并强制他人遵从）来获得在群体中的高地位。男孩玩的游戏通常都有胜利者与失败者。他们经常通过相互打断、彼此谩骂、吹嘘自己的能力以及拒绝合作等方式来争夺支配地位（Maccoby, 1998, 2002; Maltz & Borker, 1998）。

相形之下，女孩通常在小团体中或两个结伴玩耍，经常是在室内，会通过让自己更受欢迎（关键在于跟同伴关系亲密）来获得高地位。女孩玩的很多游戏都不分输赢。尽管女孩们在能力和技巧上存在差异，但让人们注意到自己比其他人更优秀会令她们感到不适。女孩很可能会将自己的愿望表达为

"诺尔曼不肯合作。"

改善沟通的建议	
给男性的建议	**给女性的建议**
1. 注意自己是否有打断女性谈话的倾向。如果有，那么努力改掉这个习惯。如果你发现自己在打断他人时，请说："对不起，我打断你了。请你继续讲吧。"	1. 当被他人打断时，可以礼貌而坚定地将谈话引回到自己的话题上。比如，你可以说："不好意思，我还没有说完自己的观点。"
2. 避免只用一两个字来回答女性的问题（比如"对""不行""嗯"）。请详细告诉她，你做了什么，以及为什么这么做。	2. 看着对方的眼睛说话。
3. 学习平等对话的艺术。询问女性关于她们自己的问题，在她们回答时仔细聆听。	3. 低沉的声音会比尖细的声音（会让人联想到小女孩的声音）得到更多的注意和尊重。在说话时，绷紧腹部的肌肉有助于保持低沉的嗓音。
4. 不要支使女性。例如，不要说："把报纸给我。"首先，看看对方帮你的忙是否会给她带来不便。如果没有，你可以说："你介意把报纸拿给我吗？"或者"可以帮我拿下报纸吗？"	4. 学会自在地占据更多的空间（但不要霸占太多）。如果想被他人注意到，那就不要让自己缩在一个不显眼的位置。
5. 不要霸占太大的空间。当你与他人（尤其是女性）坐在一起时，留意自己所占据空间的大小。注意，不要让女性感到她们受到挤压。	5. 多谈论自己和自己的成就。只要情境合适，并且其他人也在这么做，就不会冒犯他人。例如，如果谈到摄影，而你恰好对摄影非常了解，那么你完全可以跟他人分享你的专业知识。
6. 学会敞开心扉地谈论个人话题。谈论你的感受、兴趣、愿望和人际关系。谈论你个人的事情有助于他人了解你（或许对你更好地认识自己也有帮助）。	6. 关注时事，这样你就可以知道他人在讨论什么，也能对此发表自己的观点。
7. 如果有需要，不要害怕去求助。	7. 克制自己过分道歉的冲动。虽然很多女性在说"对不起"时想要表达的是同情或关心（而不是歉意），但这些语言可能会被误解为道歉。因为道歉会将个体置于较低的权力位置，使用道歉性语言的女性会不恰当地使自己处于劣势地位。

图 11.13　改善两性间沟通的建议

在当今世界，如果想拥有富有成效的人际和工作关系，人们就必须充分了解性别与沟通风格。男女两性都可能从上表所列的建议中获益。
资料来源：Tannen, 1990.

建议，而不是提要求或命令（Maccoby, 1998, 2002; Maltz & Borker, 1998）。她们往往通过言语说服来获得支配地位，而不是像男孩那样通过社会互动来直接争夺权力（Charlesworth & Dzur, 1987）。这两种"文化"以不同的方式塑造着言语功能。麦科比（Maccoby, 1990）认为，"在男孩群体中，言语主要起着利己的功能，用于确立和保护自己的地位；而在女孩群体中，谈话更多地是一个社会联结的过程"（p. 516）。

一些注意事项

两性的沟通风格属于两种文化的观点有着直觉上的吸引力，因为它证实了人们的刻板印象，并为复杂的问题提出了简单的解释。但这里要指出一些重要的注意事项。首先，如前所述，性别差异的背后似乎隐藏着地位、权力和性别角色差异。其次，莱考夫和坦嫩等理论家的许多主张都是基于日常观察，一旦置于实证检验，结果并不一致（McHugh & Hambaugh, 2010）。第三，人们偏爱的沟通风格存在个体差异：某些女性会使用"男性风格"，而某些男性会使用"女性风格"。最后，与性别相比，社会情境对行为的影响要大得多。也就是说，很多人会根据情境选择使用哪种风格。例如，一项研究证实了预期中的两性发起谈判的意愿上的性别差异，即女性的意愿弱于男性。但当谈判被表述为向对方索要东西（而非磋商）时，这一差异就消失了（Small et al., 2007）。

因此，我们在此提醒，不要将两性之间所有的沟通问题都简化为基于性别的沟通风格差异。很多学者认为，我们必须以更复杂、不那么刻板化的方式来看待两性沟通；我们当前的思维方式对成就期望、性同意沟通和约会强奸、性骚扰等问题有着深远的影响（Cameron, 2007）。男性和女性并非来自不同的星球。事实上，迈克乔治等人（MacGeorge et al., 2004）认为，两性代表"不同的文化"的观点是一个应该彻底摒弃的迷思（p. 143）。

本章回顾

主要观点

性别刻板印象
- 围绕行为的性别差异形成了许多刻板印象,不过,男性和女性刻板印象的界限不再像过去那般严格。性别刻板印象可能因种族而异,并且通常有利于男性。

性别的相似性与差异性
- 一些当代研究者支持性别相似性假说,强调在大多数心理变量上男性和女性的相似性大于差异性这一事实。
- 两性的一般智力不存在差异。言语能力的性别差异较小,女性略有优势;数学能力的性别差异通常也较小,男性略有优势。男性在心理旋转这一空间能力上的表现要比女性好得多,但这一技能可以通过练习提高。
- 研究表明,男性的自尊水平通常略高于女性,但研究结果很复杂。男性倾向于在身体上更具攻击性,而女性倾向于在关系上更具攻击性。男性对随意性行为的态度比女性更放纵,在性上也更活跃。两性在情绪体验方面相似,但女性更可能对外表露情绪。两性在沟通上的差异较为复杂。两性的总体心理健康水平相当,但在特定心理障碍的患病率上存在差异。
- 那些确实存在的性别差异都非常小。此外,性别差异是群体差异,几乎不能向我们提供任何关于个体的信息。尽管如此,一些人仍然坚持认为两性之间的心理差异是巨大的。社会角色理论和社会建构主义对此给出了两种解释。

性别差异的生物学起源
- 性别差异的生物学解释包括基于演化、脑功能和激素的理论和研究。演化心理学家根据其在远古环境中的适应价值来解释性别差异。此类分析是猜测性的,难以进行实证检验。
- 在脑功能方面,一些研究表明,男性比女性表现出更多的大脑特异化。然而,由于多种原因,将这一发现与认知能力的性别差异联系在一起是有问题的。
- 将激素水平与性别差异联系在一起的尝试也受到解读方法的困扰。不过,攻击性和性行为的某些方面的性别差异可能存在一定的激素基础。

性别差异的环境起源
- 性别角色的社会化似乎是通过强化与惩罚、观察学习和自我社会化的过程发生的。这些过程通过许多社会机构运作,但父母、同伴、学校和媒体是性别角色社会化的主要来源。

性别角色期望
- 传统男性角色的五个关键属性是成就、攻击性、自主性、性活动和坚忍。反女性化是贯穿这些维度的主题。与传统男性角色相关的问题包括过度的成就压力、情绪应对困难和性问题。同性恋恐惧症对于男性尤其是个问题。
- 女性的角色期望包括婚姻使命、母亲使命和外出工作。女性角色的主要代价包括职业抱负降低、在多重角色之间挣扎以及对性的矛盾情绪。除这些心理问题外,女性在经济领域还面临着性别歧视,并可能成为攻击行为的受害者。

过去与未来的性别
- 性别角色一直代表着一种社会分工。它们如今正在发生变化,而且似乎还会继续变化,因为它们不再与经济现实相吻合。因此,一个重要的问题是如何超越传统的性别角色。双性化视角和性别角色超越视角为这一问题提供了两种可能的回答。

应用:理解两性沟通
- 由于不同的社会化经历,许多男性和女性学会了不同的沟通风格。然而,这些差异似乎是程度的问题,而非类别的问题。
- 男性更可能使用工具性沟通风格,而女性则青睐表达性沟通风格。女性似乎比男性更擅长非言语沟通,并倾向于使用更多的试探性语言。这些现象可能与性别的社会化有关,包括儿童在玩耍时如何使用语言。
- 尽管"沟通风格基于性别"的观点具有直觉上的吸引力,但研究结果并不一致。性别之外的其他因素也在其中起着重要作用。此外,男性和女性都可以改变自身的沟通风格以适应情境。学者建议我们用不那么刻板的方式探讨两性沟通。

关键术语

性别	胼胝体
性别刻板印象	激素
表达性	社会化
工具性	性别角色
男性中心主义	性别图式
元分析	性别歧视
攻击性	性骚扰
身体意象	性别角色认同
社会角色理论	双性化
社会建构主义	性别角色超越视角
大脑半球	

练习题

1. 两性在总体言语能力上的差异_____。
   a. 较小，女性占优势
   b. 较大，女性占优势
   c. 不存在
   d. 较小，男性占优势

2. 下列特质中，性别差异最大的是_____。
   a. 言语能力
   b. 数学能力
   c. 身体攻击
   d. 从众

3. 下列关于性别差异的说法正确的是_____。
   a. 男性的自尊水平比女性低
   b. 男性比女性表现出更多的关系攻击
   c. 男性对性的态度不如女性放纵
   d. 男性表达的情绪比女性少

4. 男性比女性的大脑特异化程度高这一发现支持性别差异的哪一种生物学解释_____。
   a. 演化论
   b. 脑功能
   c. 激素
   d. 社会建构主义

5. 四岁的瑞秋似乎非常关注母亲和姐姐的行为，并经常模仿她们。这是_____。
   a. 性别歧视
   b. 观察学习
   c. 操作性条件作用
   d. 男性中心主义偏见

6. 父母往往会对_____行为做出负面反应，尤其是对_____。
   a. 与性别相符的；男孩
   b. 与性别相符的；女孩
   c. 与性别不相符的；男孩
   d. 与性别不相符的；女孩

7. 下列关于同伴影响儿童社会化的说法中，_____是正确的？
   a. 同伴群体对男孩性别角色社会化的影响似乎比对女孩的影响大
   b. 女孩在较小的群体里玩耍，男孩在较大的群体里玩耍
   c. 男孩通过向他人提建议来获得较高的群体地位
   d. 同伴对性别角色社会化的影响较小

8. _____不是男性角色的问题。
   a. 成就压力
   b. 情绪的隐忍
   c. 性问题
   d. 双性化

9. _____不是女性角色的问题。
   a. 糟糕的非言语沟通能力
   b. 较低的职业抱负
   c. 兼顾多重角色
   d. 对性的矛盾情绪

10. 萨拉既表现出了男性人格特质，也展现出了女性人格特质。根据性别角色认同理论，她应被归入_____。
    a. 跨性别型
    b. 未分化型
    c. 男性中心主义
    d. 双性化

答案

1. a	6. c
2. c	7. b
3. d	8. d
4. b	9. a
5. b	10. d

第 12 章 性的发展与表达

自我评估：性量表（Sexuality Scale）

指导语

对于以下 30 道题目，请用下面的评分等级表明你对每项陈述同意或不同意的程度。将你的回答填写在题目左侧的横线上。

+2	+1	0	−1	−2
同意	有点同意	不确定	有点不同意	不同意

量　表

____ 1. 我是一个很好的性伴侣。
____ 2. 我对自己生活中有关性的方面感到沮丧。
____ 3. 我时时刻刻想着性。
____ 4. 我认为自己有很高的性技巧。
____ 5. 我对性的自我感觉良好。
____ 6. 我想的最多的就是性。
____ 7. 我在性爱方面比大多数人都要强。
____ 8. 我对自己的性生活质量感到失望。
____ 9. 我不会幻想性爱情境。
____ 10. 我有时怀疑自己的性能力。
____ 11. 想到性会让我快乐。
____ 12. 我总是一心想着性。
____ 13. 我对性接触不是很自信。
____ 14. 我从性中获得快乐和享受。
____ 15. 我总是想着做爱。
____ 16. 我认为自己是一个非常好的性伴侣。
____ 17. 我对自己的性生活感到沮丧。
____ 18. 我很多时候都在想着性。
____ 19. 我对自己作为性伴侣的评价比较低。
____ 20. 我对自己的性关系感到不开心。
____ 21. 我很少想到性。
____ 22. 我对自己作为性伴侣很有信心。
____ 23. 我对自己的性生活感到满意。
____ 24. 我几乎从不幻想做爱。
____ 25. 我对自己作为性伴侣不是很有信心。
____ 26. 当我想到自己的性经历时，我感到难过。
____ 27. 我可能比大多数人更少想到性。
____ 28. 我有时怀疑自己的性能力。
____ 29. 我对性并不气馁。
____ 30. 我不经常想到性。

计分方法

要计算你在性量表的3个分量表上的得分，你需要将你的回答抄写在下面的横线上。如果编号旁边有字母R，则该题应反向计分，因此你需要将数字前的+号和-号调换一下。填写完毕后，将每一列的数字相加，这里需要注意每个数字前的正负号。每列的总和就是你在相应分量表上的得分。在每列的底部填写你的得分。

性自尊	性抑郁	性关注
1. ____	2. ____	3. ____
4. ____	5. R ____	6. ____
7. ____	8. ____	9. R ____
10. R ____	11. R ____	12. ____
13. R ____	14. R ____	15. ____
16. ____	17. ____	18. ____
19. R ____	20. ____	21. R ____
22. ____	23. R ____	24. ____
25. R ____	26. ____	27. R ____
28. R ____	29. R ____	30. R ____
____	____	____

我的得分

测量的内容

性量表由威廉·斯内尔和丹尼斯·帕皮尼（Snell & Papini, 1989）编制，测量的是性同一性的3个方面。性自尊分量表测量的是你正面评价自己在性关系中的能力的倾向。性抑郁分量表测量的是你对自己与他人发生性关系的能力感到难过或气馁的倾向。性关注分量表测量的是你持续沉浸在性想法中的倾向。

本量表的内部信度非常好。目前，研究者已采用因素分析（可用来评估分量表之间的重合程度）检验了本量表的效度。结果表明，3个分量表测量的确实是个体性同一性的不同方面。

分数解读

我们的常模基于斯内尔和帕皮尼研究中296名大学生的数据。他们发现，男女两性只在性关注分量表上存在显著差异，因此在该分量表上我们分别报告了男性和女性的常模。

常模

	性自尊	性抑郁	性关注 男性	性关注 女性
高分：	+14~+20	+1~+20	+8~+20	-1~+20
中等分数：	0~+13	-12~0	-2~+7	-10~-2
低分：	-20~-1	-20~-13	-20~-3	-20~-11

资料来源：Snell, W. E., & Papini, D. R. (1989). The sexuality scale: An instrument to measure sexual-esteem, sexual-depression, and sexual-preoccupation. *Journal of Sex Research, 26*(2), 256–263. Copyright © 1989 Society for Scientific Study of Sex. Reprinted with permission from Taylor & Francis and W. E. Snell.

自我反思：你对性的态度是如何形成的？

1. 你觉得谁在塑造你对性行为的态度上起了最重要的作用（父母、老师、同伴、初恋女友或男友，等等）？

2. 他们影响的性质是什么？

3. 如果你第 1 题的答案不是父母，那么你在家中获得了哪种信息？你的父母对谈论性感到自在吗？

4. 童年时，你曾对性感到羞耻、内疚或恐惧吗？为何会有这种感受？

5. 你父母会公开谈论他们的性生活吗，还是闭口不谈？

6. 今天你对性感到自信吗？

资料来源：© Cengage Learning

第 12 章

性的发展与表达

成为一名"性"个体
    性同一性的关键方面
    生理的影响
    心理社会的影响
    性社会化的性别差异
    性取向

性关系中的互动
    性行为的动机
    性沟通

人类的性反应
    性反应周期
    性高潮模式的性别差异

性表达
    性幻想
    亲吻和爱抚
    自我刺激

性行为的模式
    承诺关系之外的性行为
    承诺关系中的性行为
    承诺关系中的不忠行为

性活动中的实际问题
    避孕
    性传播疾病

应用：改善性关系
    一般性建议
    理解性功能失调
    应对具体问题

本章回顾
练习题

瑞秋和玛丽萨都是大学生，两人不久之前刚成为室友。周五晚上她们驱车去了当地的一家俱乐部。过了一会儿，路易斯和吉姆加入了她们，四人曾一起上过课，但彼此之间并不熟悉。随着夜色加深，他们相处得越来越愉快。几个小时之后，瑞秋把玛丽萨叫到一边，问她能否把车开回去，因为自己想和路易斯一起走。玛丽萨同意了并独自回到了宿舍。第二天早上，玛丽萨睡醒后发现瑞秋还没回来。疑问顿时涌上了玛丽萨的心头：瑞秋怎么能和一个她几乎不认识的男生过夜呢？我这样想是不是太保守了？他们用避孕套了吗？玛丽萨知道如果换作是她，她会害怕怀孕或者感染上什么疾病。

正如这个场景所说明的，性在人们的生活中引发了许多问题。在本章中，我们将探讨性与调适。具体而言，我们将探讨性的发展和性关系中的人际互动。接着，我们将讨论性唤起、性表达的多样性以及性行为的模式。我们也将谈到避孕和性传播疾病这两个重要话题。在应用部分，我们将提供一些改善性关系的建议。

成为一名"性"个体

学习目标

- 列出性同一性的关键方面
- 解释生理和心理社会因素如何影响性的各个方面，比如性分化、性态度和性行为
- 理解性社会化中的性别差异及其对个体的影响
- 总结研究者目前对性取向的成因、人们对待同性恋的态度、同性恋者公开自身性取向的过程以及同性恋者调适问题的思考

人们在性的表达上千差万别。有些人会热切地透露自己性生活的私密细节，但有些人甚至羞于说出与性有关的话。有些人需要在发生性行为之前关上灯，而有些人却想在照相机的聚光灯下发生性行为。为了理解这种多样性，我们需要研究发展因素对人类性行为的影响。

在开始之前，我们需要注意，性研究存在一些特殊问题。由于难以进行直接观察，性研究者大多依赖访谈和问卷。因此，性研究极易受到参与者偏差的影响（McCallum & Peterson, 2012）。与一般人群相比，自愿提供信息的人往往更开放，并有更多的性经历（Wiederman, 2004）。另外，被调查对象可能会因为羞耻、尴尬、吹嘘、个人意愿或只是想给人留下一个好印象而隐瞒自己真实的性生活。因此，你需要更加谨慎地评估性研究的结果。

性同一性的关键方面

同一性是指在广阔社会中个体对自己的一种清晰而稳定的自我感知。我们用**性同一性**（sexual identity）这一术语来表示指导个体性行为的人格特征、自我感知、态度、价值观和偏好的复杂集合。换句话说，你的性同一性就是你对自己作为一名"性"个体的感知。它包含三个关键方面：性取向、性价值观和性伦理、性爱偏好。

1. 性取向。性取向是个体对与哪一性别的个体建立情感和性关系的偏好。**异性恋者**（heterosexuals）寻求与异性个体建立情感–性关系。**同性恋者**（homosexuals）寻求与同性个体建立情感–性关系。**双性恋者**（bisexuals）同时寻求与两性个体

查兹·博诺（曾用名查丝蒂蒂·博诺）是一名跨性别男性。在成长过程中，他感觉自己像是一个被困在女性身体中的男性。在经历了性别认同问题的挣扎之后，他在2008年到2010年间完成了从女性到男性的性别转变。现在，他是一名LGBT权利的倡导者。

建立情感-性关系。然而，性取向要比上述分类更为复杂，研究支持"每个类别中都存在独特亚群体"的观点（Worthington & Reynolds, 2009）。

在英语中，*gay* 和 *straight* 被广泛地分别用于指代同性恋者和异性恋者。男同性恋者被称为 *gay*，而女同性恋者更喜欢被称为 *lesbians*。LGB 这个缩写常被用作男同性恋者、女同性恋者和双性恋者的统称。跨性别者是指对自身性别的感知"与出生时的性别标签不一致"的个体（Teich, 2012, p. 135）。因此，跨性别者在外貌或性行为方面通常不会遵守传统的性别角色。虽然跨性别者与变性者经常被互换使用，但二者并不等同。跨性别者是多种性同一性的统称，而变性者只是其中之一（Jenness & Geis, 2011）。因为男同性恋者、女同性恋者、双性恋者和跨性别者群体的利益常常相互交织，所以人们用 *LGBT* 一词来指代这些群体。不过，在学术文献中，酷儿（queer）一词正在逐渐取代 LGBT（Newmahr, 2011）。

2. **性价值观和性伦理**。性价值观有以下几种形式：绝对主义（绝对禁止婚外性行为）、相对主义（人们之间的关系决定性行为是否恰当）、享乐主义（怎样都行）（Richey, Knox, & Zusman, 2009）。在性价值观形成的过程中，人们会被教导哪些性表达是"对的"，哪些是"错的"。这些性信息的本质具有文化特异性，并且因性别、种族和社会经济地位而异。比如，性的双重标准鼓励男性多尝试性，却不鼓励女性这样做。每个个体都面临一项艰巨的任务，即整理这些常常相互矛盾的信息以形成自己的性价值观和性伦理，而个体的性价值观最终可以预测他们的性行为（Balkin et al., 2009）。

3. **性爱偏好**。在性取向和性价值观的限度之内，人们所偏爱的性活动也有差异。个体的性爱偏好包括他们对自我刺激、口交、性交及其他性活动的态度。比如，研究者发现，虽然男性和女性对色情图片的兴趣是一样的，但他们对图片描绘的性活动却有着不同的偏好（Rupp & Wallen, 2009）。这些偏好是在生理和心理社会影响的复杂相互作用中发展出来的，这是我们接下来要探讨的问题。

生理的影响

在与性行为有关的诸多生理因素中，激素一直倍受研究者的关注。

激素与性分化

在出生前阶段，几种生物学发育过程决定了胎儿是男是女。激素在这个被称为性分化的过程中起着重要作用。在受孕后三个月左右，男性和女性的**生殖腺**（gonads）即性腺开始分泌不同的激素。男性的睾丸产生**雄激素**（androgens），这是男性性激素的主要类别。睾丸素是最重要的雄激素。女性的卵巢产生**雌激素**（estrogens），这是女性性激素的主要类别。事实上，这两类激素在两性身上都存在，只是比例有所不同。在产前发育阶段，生殖器的分化主要取决于个体产生的睾丸素的水平——男性高，

南非运动员卡斯特尔·塞门亚（Caster Semenya）是一名间性人，在赢得 800 米世界冠军后，人们质疑她是否有资格作为女性参赛。这一争议使性别问题成为竞技体育中的热点议题。

女性低。

极少数个体的性分化不完全，出生时外生殖器、性器官或性染色体的性别都不明确。他们被称作双性人（此前也被称作雌雄同体），通常同时拥有睾丸和卵巢组织（Vilain, 2000）。他们的性别在出生时通常难以确定，某些双性人甚至可能要到青春期才能确定自己的性别。他们也很难确定自己"真实的"性同一性（Gough et al., 2008）。

在青春期，激素再次对性发育产生影响。随着激素变化触发第一性征——生殖所必需的结构（性器官）——的成熟，青少年获得了生殖能力。激素变化也调控第二性征（可以区分性别、但不直接涉及生殖的身体特征）的发育。女性体内较多的雌激素导致她们乳房发育、臀部变宽、体态圆润。男性体内较多的雄激素使其面部毛发增多、声音低沉、身体轮廓分明。

对于女性而言，**月经初潮**（menarche）——第一次出现月经——通常标志着青春期的开始。美国女孩月经初潮的年龄一般在 12~13 岁之间，进一步的性成熟要持续到大约 16 岁（Chandra et al., 2005; Susman, Dorn, & Schiefelbein, 2003）。这个年龄段的女孩是有可能怀孕的，所以开始来月经的女孩都应该认识到自己可能会怀孕。

对于男性而言，虽然射精能力被当作青春期的一个指标，但性成熟的开始并没有明确的标志，因为精子产生的开始不是一个可见的事件。**首次遗精**（spermarche），或者说首次射精，常常是通过手淫发生的（Hyde, 1994a）。专家指出，射精可能不是真正性成熟的有效标志，因为早期的射精可能只有精液但没有成活的精子。美国男孩首次遗精的平均年龄一般在 13~14 岁之间，完全的性成熟发生在 18 岁左右（Archibald, Graber, & Brooks-Gunn, 2003; Susman, Dorn, & Schiefelbein, 2003）。

推荐阅读

《爱的博弈：建立信任、避免背叛与不忠》
(*What Makes Love Last? How to Build Trust and Avoid Betrayal*)

作者：约翰·戈特曼、娜恩·西尔弗

戈特曼对婚姻关系进行了 40 多年的深入研究。他是华盛顿大学的一名荣誉退休教授，因对离婚预测的里程碑式研究而闻名。他已经证明，基于对夫妻沟通模式的仔细考察，他能够相当准确地预测哪些夫妻会离婚。戈特曼认为，持久的婚姻并非那些看似不存在冲突的婚姻，而是那些当冲突在亲密关系中不可避免地产生时，夫妻双方能够解决冲突的婚姻。在这本书中，他将自己的研究应用于信任问题。他引入了**情绪协调**的概念，即夫妻双方通过亲密沟通得以处理消极事件并摆脱其影响的能力。他给出了一些建立信任、避免背叛以及出现背叛时修复关系的建议。

《爱的博弈》是一本非常优秀的图书。书中包含了帮助读者提升婚姻质量的测试、练习和策略。这本书实用性、可读性俱佳，里面的大量案例使作者的观点得以生动呈现。关于婚姻，戈特曼还写了其他实用性很强的书：《信任的科学》(*The Science of Trust*, 2011)、《改变婚姻的十堂课》(*10 Lessons to Transform Your Marriage*, 2006)、《人的七张面孔》(*The Relationship Cure*, 2001)、《孩子成为第三者：有孩子后保持婚姻亲密和重燃浪漫的六步计划》(*Baby Makes Three: The Six-Step Plan for Preserving Marital Intimacy and Rekindling Romance After Baby Arrives*, 2008)、《婚姻为何成功，又为何失败》(*Why Marriages Succeed or Fail*, 1995)。这些书都值得细读。

激素与性行为

激素波动在性驱力中起着一定的作用。雄激素水平似乎与男性和女性的性动机都存在相关，但与女性性动机的相关程度要弱一些（Apperloo et al., 2003）。男性和女性体内高水平的睾丸素与高频率的性活动相关（Petersen & Hyde, 2011）。奇怪的是，女性的雌激素水平与性兴趣没有显著的关联。事实上，研究者没有在被诊断为性欲低下障碍的女性与健康女性之间发现激素波动差异（Schreiner-Engel et al., 1989）。总的来说，生理因素对个体的性发育有着重要影响。然而，它们对性解剖结构的影响要远大于对性活动的影响。

心理社会的影响

性同一性的主要心理社会影响因素与第 11 章中讨论过的性别角色社会化的主要来源大体相同。性同一性是由个体的家庭、同伴、学校、宗教以及媒体塑造的。

家 庭

父母和家庭环境对个体早期的性同一性有重要影响。学龄前儿童常常进行一些性游戏和性探索，比如"扮演医生"。他们也对性问题表现出好奇，会问诸如"小孩儿从哪里来？"之类的问题。如果父母对此类纯真的、探索性的性游戏进行惩罚，或者在孩子问与性有关的问题时结结巴巴、紧张不安，就会向孩子传递出性是"肮脏的"这样一种信息。其结果是，儿童可能开始对自己的性冲动和性好奇感到内疚。

一些研究表明，在与性有关的话题上，父母与孩子之间的直接交流正在减少（Robert & Sonenstein, 2010）。如图 12.1 所示，近 50% 的青少年报告称，他们从父母之外的人那里获得关于避孕的信息。79% 的女孩和 70% 的男孩报告称，他们跟父母谈起过一般的性问题（Martinez, Abma, & Casey, 2010）。然而，即使父母与孩子有过交流，许多青少年也对他们从父母那里得到的性信息的质量和数量感到不满。虽然大多数父母都认识到与孩子交流与性有关的问题非常重要，但很多人并没有这样做，因为他们不知道如何开口。此外，即使父母确实提供了信息，他们对性相关话题的知识也经常是不正确、不完整或者过时的，这促使专家们倡导对青少年的家长开展性教育（Brookes et al., 2010）。

能够和孩子坦诚谈论性问题的家长往往有着开明的家庭沟通风格，并且他们的父母也曾跟他们谈论性问题（Fisher, 1990）。那些感到与父母亲近以及相信父母会支持自己的青少年，很可能会采取和父母相似的性态度，并限制或推迟自己的性活动（Sprecher, Christopher, & Cate, 2006）。不与孩子讨论性的父母往往也会向孩子传递关于性的约束性信息，尤其是向女儿（Kim & Ward, 2007）。父母将性视为禁忌话题，这会减少他们对孩子的性同一性发展的影响，因为孩子会去其他地方寻求信息。

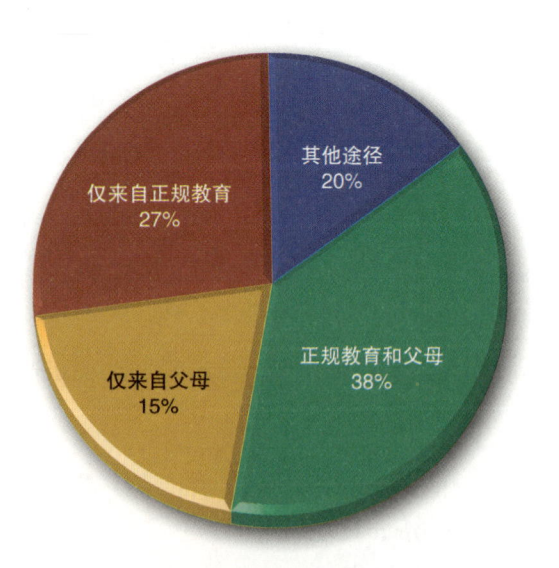

图 12.1　青少年避孕知识的来源

许多青少年没有从父母或学校获得避孕知识。

资料来源：Alan Guttmacher Institute, 2012b.

- 仅来自正规教育 27%
- 其他途径 20%
- 正规教育和父母 38%
- 仅来自父母 15%

同　伴

朋友提供了大量与性有关的信息，并且积极的同伴影响与低风险的性行为相关（Dunn, Gilbert, & Wilson, 2011）。实际上，朋友的性行为可以强有力地预测个体自身的性行为（Lyons et al., 2011）。但个体获取性信息的来源不仅仅是朋友的实际行为；青少年的性态度和行为也与他们对朋友的性态度和行为的感知呈正相关（Sprecher et al., 2006）。不幸的是，同伴可能是高度误导性信息的来源，并且常常支持与父母观点相左的性行为。研究者承认来自父母和同伴的性社会化对健康的性发展很重要，但来自学校课程的性教育也很重要。

学　校

调查显示，绝大多数父母和其他成年人都支持学校里的性教育课程，但媒体关注的是那些孤立的、强烈的抗议（Tortolero et al., 2011）。截至2012年，美国的21个州及哥伦比亚特区强制开展性教育（Alan Guttmacher Institute, 2012b）。在一项调查中，绝大多数青少年报告称，自己接受过关于性传播疾病或传染病（93%）、艾滋病（89%）以及禁欲（84%）的正规教育。然而，只有62%的男孩和70%的女孩接受过关于避孕的正规教育（Martinez et al., 2010）。

学校提供的性教育类型不尽相同。"完全禁欲"课程没有提供任何关于避孕方法的知识，而"禁欲+"课程则包括关于性传播疾病和避孕的知识。"综合课程"教授多方面的知识，如避孕、堕胎、性传播疾病、两性关系、性取向以及负责任的决策等。

这些课程的效果如何？"完全禁欲"课程并没有阻止青少年发生性行为，也没有使他们推迟初次性交的时间或减少性伴侣的数量（U.S. Department of Health and Human Services, 2007）。事实上，它与可靠避孕药具使用的减少相关（Isley et al., 2010）。相反，综合课程产生了广泛的积极结果：避孕措施的使用增加、怀孕减少和高危性行为减少（Chin et al., 2012）。另外，它没有促进（甚至可能推迟了）青少年过早发生性行为，也没有增加（可能还减少了）个体性伴侣的数量。

宗　教

个体的宗教背景（或缺少宗教背景）在性同一性的发展中起着重要作用。有证据表明，与不信仰宗教的同龄人相比，认为宗教非常重要和经常去教堂做礼拜的青少年和年轻成人发生过性行为的可能性较小，性伴侣也较少（Haglund & Fehring, 2010）。宗教教义和传统可以决定在性方面什么是自然的或不自然的。例如，从历史上看，宗教机构在诸如罪行、一夫一妻制、同性恋等议题上有很强的话语权（Francoeur, 2007）。雷格内罗斯（Regnerus, 2007）在分析了三个全美调查的数据后发现，青少年从宗教机构中收到的关于性的主要信息是"结婚前不要

在性活跃程度上，宣誓禁欲或戴贞洁戒指的青少年往往和未这样做的同龄人一致。

发生性行为"。该信息通过禁欲誓言、贞洁誓言和贞洁戒指等教会倡议传达给青少年。然而，这一信息在很大程度上是无效的。做出这些承诺的青少年与宗教信仰水平相当但没有宣过誓的同龄人在性活跃程度上基本一致，前者使用避孕套或采取其他避孕措施的可能性还更小。另一方面，他们往往对性有更多的负罪感（Rosenbaum, 2009）。这些发现表明，虽然宗教教义可能会影响个体的性态度，但并不总是会影响个体的行为。

媒 体

美国人每年会在电视、视频、DVD 和电脑上看到数以千计的性接触画面。媒体对性内容的描写，无论是与性有关的谈话还是行为，似乎都在增加。近年来，电影中的性内容有所增加，尤其是涉及女性角色的性内容（Bleakley, Hennessy, & Fishbein, 2012）。包含性内容的电视节目的比例也在提高。孔克尔及其同事（Kunkel et al., 2007）在分析了 2 000 多个电视节目后发现，性交场景在 5 年内翻了一倍。他们还发现，与性风险和责任有关的话题虽然也在增加，但仍非常少见，只有 6% 的性场景提及了此类话题。图 12.2 显示了性内容在常见电视节目类型中的分布情况。

《暮光之城》系列电影的流行表明，以年轻人为目标群体的电影和电视节目也包含性内容。一项研究发现，电视中参与性交的角色有 16% 是青少年或年轻成人（Eyal & Finnerty, 2009）。电视节目对性行为的描写会影响个体对典型性行为的看法。对青少年而言，观看电视上的性内容与其性行为的增加以及未来发生性行为的意愿提高有关（Fisher et al., 2009）。

书籍和杂志是性信息的另一来源。大约 20% 的青少年和年轻成人报告称，他们从杂志上学到了"很多"关于两性关系和性健康的知识（Kaiser Family Foundation, 2003）。遗憾的是，杂志上的性内容经常在提供"改进"技巧的幌子下，强化人们的性别刻板印象以及与性有关的错误观念（Johnson, 2007）。尽管一些出版物提供了准确和有用的信息，但许多出版物却延续了关于性的神话，并误导年轻（或年长）的读者。除了内容以外，杂志上的图片也传递了性信息。在对《滚石》杂志 40 多年封面的内容分析中，研究者发现，封面中的女性比男性更情色化，并且这一趋势随着时间的推移越来越明显（Hatton & Trautner, 2011）。

歌词和音乐视频是性社会化的另一媒介，音乐的情色化也随着时间的推移而增加（Hall, West, & Hill, 2012）。在青少年中，听歌词露骨、低俗的音乐与更多的性行为相关（Primack et al., 2009）。另外，观看露骨音乐视频的男大学生在性方面更放纵，更可能物化女性，表现出更为刻板化的性别态度，并对强奸有更高的接受度（Kistler & Lee, 2010）。即使就中学男生而言，观看音乐视频也与更高的强奸接受度相关（Kaestle, Halpern, & Brown, 2007）。

研究者发现，说唱和说唱摇滚乐中负面性信息的比例最高（Martino et al., 2006）。特纳（Turner, 2011）在分析了来自主要音乐网络的 120 个音乐视频后发现，以非洲裔美国人为目标群体（在 BET 播放）的视频中的性内容明显

《暮光之城》三部曲等系列电影的流行表明，以年轻人为目标群体的电影也含有性内容。

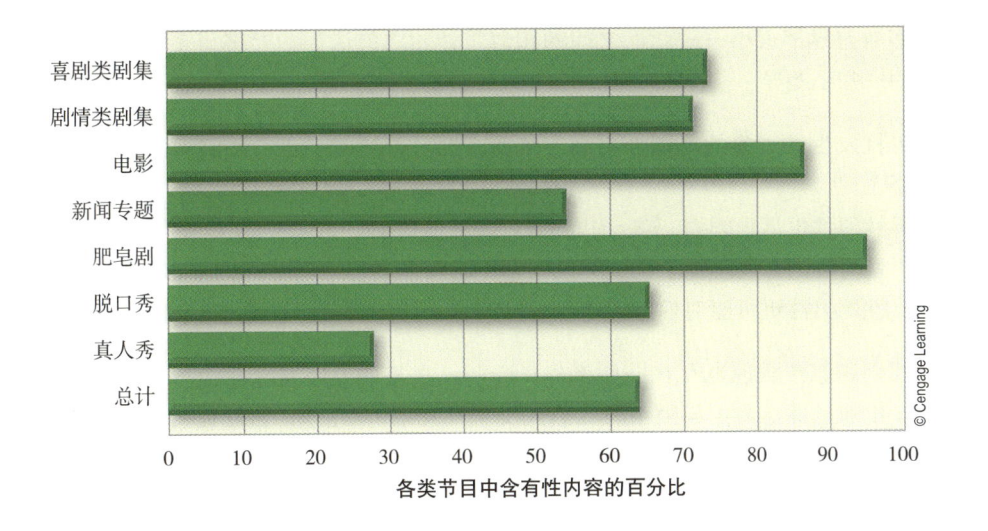

图 12.2 各类节目中含有性内容的百分比

孔克尔及其同事（Kunkel et al., 2007）调查了 2001—2002 年间每周 100 多个小时的电视节目。他们测量了性谈话（关于性的交谈、对性动作的评论）和性行为（亲密接触、暗示的性交）。正如你所见，性内容在各类电视节目中都很常见。

多于其他频道（MTV、VH1 音乐频道）播放的视频。此外，说唱音乐视频更倾向于将女性角色而不是男性角色情色化；对于非洲裔美国青少年来说，接触这些刻板印象与性伴侣数量的增加和消极身体意象相关（Conrad, Dixon, & Zhang, 2009; Peterson et al., 2007）。

至于网络空间，专家估计，2011 年全球范围内共有约 22.7 亿互联网用户（占全球总人口的 32.7%）（Internet World Stats, 2011）。带有露骨色情图片的网站非常受欢迎，尤其是在男性中。父母对孩子很容易在网上接触到色情内容感到担忧，这是可以理解的。积极的一面是，互联网为关于各种性话题的有用信息提供了方便而私密的访问途径，包括避孕方法和 LGBT 社区资源。

请注意，性行为与性媒体观看之间的因果关系可能是双向的。虽然那些在媒体上接触到性内容的人在性方面更活跃，但性更活跃的人往往会搜寻更多的性内容。事实上，50% 的青少年（男性多于女性）报告称，自己曾主动搜寻过媒体中的性内容（Bleakley, Hennessy, & Fishbein, 2011）。其他专家则认为，媒体接触与性行为之间的关联实际上可能是由外部因素造成的，比如放任型教养方式或同伴的性活跃程度较高——这些因素可同时影响性行为和性媒体观看（Steinberg & Monahan, 2010）。

诚然，媒体可以促使负责任的性行为和对性取向等问题的理解。然而，无论媒体中的性内容有何优势，专家们都认为，必须对媒体中的性描述进行彻底的改变，才能使性媒体的消费成为性发展过程中的一个健康部分（Hust, Brown, & L'Engle, 2008）。

性社会化的性别差异

美国人对男性和女性如何在性方面表达自己有许多根深蒂固的观念，科学家也已经对性的性别差异进行了数十年的研究。我们从小就被告知：男性比女性更喜欢性——相比女性，男性对性更感兴趣，想要更多的性，对性的态度也更加开放。正如我们在第 11 章中看到的，这种性别差异可能会被夸大，导致有害的性别刻板印象，那么这些普遍持有的观念在科学的审查下站得住脚吗？为了探索这个问题，彼得森和海德（回想一下，她是性别相似性假说的倡导者）进行了一项大规模的元分析研究，其样本包括 800 多篇已发表的文章和 7 个大型国家级数据集。她们（Petersen & Hyde, 2010b, 2011）得出如下结论：两性虽然在性行为和性态度上存在差异，但其中的大多数差异都很小——两性之间的相似之处比之前认为的要多得多。以下是她们发现的一些小差异：

- 男性发生性行为的可能性略高（然而，这一差异似乎正在随着时间的推移而缩小）。
- 男性的性生活更频繁一些，并拥有更多的性伴侣。
- 男性对性的态度总体上更放纵（同样，这一差异也在随时间的推移而减小）。
- 女性比男性更可能对性产生负性情绪反应（比如羞耻、罪恶感、恐惧）。

性别相似性假说也存在一些例外，即两性在某些方面差异较大。比如，男性更可能发生随意性行为（与陌生人或熟人发生性关系）。此外，男性更可能手淫和观看色情内容。

虽然生物学因素和演化因素可以解释其中的一些差异，但社会价值观和性别角色显然也起着一定的作用。美国男性被鼓励进行性尝试、发起性活动以及享受不掺杂情感的性爱。他们还被灌输了这样的信息：男性要征服女性和渴望拥有更多的性伴侣。因此，男性可能在随意性关系中强调"性是为了乐趣"，而将"性与爱的结合"留给有承诺的关系（Oliver & Hyde, 1993）。

女性则通常被教导要在与一名伴侣相爱的背景下看待性。她们会学习浪漫，并了解外表吸引力和找到配偶的重要性。与男性不同，她们不被鼓励进行性尝试和拥有多个性伴侣。虽然社会规范鼓励男性在性方面更活跃，但这些规范却阻拦女性这样做——事实上，性活跃的女性可能会因自己的行为遭到指责。

除了这一性规范的双重标准，其他因素也可能影响女性的性社会化（Petersen & Hyde, 2010a）。其中的一个因素是对性表现的担忧。认同"女性不应该享受性爱"这一观念的女性可能会性压抑。第二个因素是对怀孕的恐惧。媒体强化了"女性应该对怀孕负责"的性别刻板印象（Hust, Brown, & L'Engle, 2008）。因此，对怀孕的担忧会抑制女性对性的渴望。第三个因素是性罪恶感。美国的一项全国性调查表明，与男孩相比，女孩更容易将羞耻感和负罪感与性联系在一起（Cuffee, Hallfors, & Waller, 2007）。当我们将这些因素与约会和情感亲密所带来的积极奖赏综合起来考虑时，许多女性对性感到矛盾也就不足为奇了。如果女性早期的性伴侣缺乏耐心、自私或缺乏技巧，那么女性的矛盾情绪可能会向消极的方向倾斜。

由于对性和两性关系的看法不同，男性和女性可能会彼此不同步——青少年和成年早期的个体尤其如此。比如，男大学生更可能认为，口交不是性行为，网络性爱不是欺诈，性交频率会在婚后下降；另一方面，女大学生的观点可能与他们正好相反（Knox, Zusman, & McNeely, 2008）。这些性别差异可能会给人们带来困惑，并且意味着要想获得令双方都满意的性关系，沟通是必不可少的。

因为同性伴侣的双方有着相似的社会化过程，所以与异性伴侣相比，他们出现期望不一致问题的可能性较小。接下来我们将探讨性取向。

性取向

同性恋、异性恋，还是双性恋？在本节中我们将探讨这一有趣又富有争议的话题——性取向。

关键考虑因素

大多数人都将同性恋和异性恋看作两个不同的类别：人们不是同性恋者就是异性恋者。然而，许多将自己视为异性恋者的个体也曾有过同性恋经历，反之亦然。因此，把同性恋和异性恋视为同一连续体上的两端更为准确。阿尔弗雷德·金赛及其同事（Kinsey et al., 1948）编制了一个 7 点量表来描述个体的性取向（见**图 12.3**）。

一些研究者认为，即使是金赛的模型也过于简单化。比如，你会如何给这几个人归类？一位男士，离异，曾有过一段 10 年的婚姻，有孩子，现在与另一位男士发展出了一段有承诺的同性恋关系；一位女士，只和男士约会，但有同性恋幻想，并在互联网上与同性发生性行为；还有一个人认为自己是异性恋者，却有过同性恋经历。研究支持性取向具有复杂性和可塑性的观点（Diamond, 2003）。萨文－威廉姆斯（Savin-Williams, 2009）认为，性取向由几个部分组成，包括性吸引（个体渴望哪一性别的性伴侣）、浪漫吸引（个体和哪一性别的人建立温暖的恋爱关系）、性行为（个体和哪一性别的人发生性行为）以及性同一性（自我报告的性取向）。更复杂的是，这些成分并不总是一致的，也不总是稳定不变的。

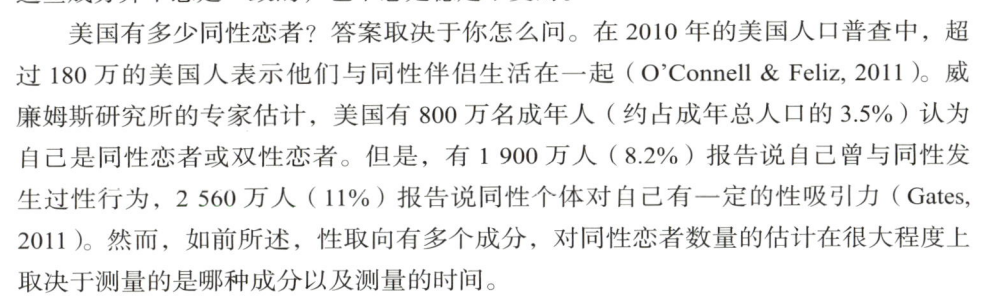

阿尔弗雷德·金赛

美国有多少同性恋者？答案取决于你怎么问。在 2010 年的美国人口普查中，超过 180 万的美国人表示他们与同性伴侣生活在一起（O'Connell & Feliz, 2011）。威廉姆斯研究所的专家估计，美国有 800 万名成年人（约占成年人总人口的 3.5%）认为自己是同性恋者或双性恋者。但是，有 1 900 万人（8.2%）报告说自己曾与同性发生过性行为，2 560 万人（11%）报告说同性个体对自己有一定的性吸引力（Gates, 2011）。然而，如前所述，性取向有多个成分，对同性恋者数量的估计在很大程度上取决于测量的是哪种成分以及测量的时间。

成 因

对于为什么有些人是同性恋者而有些人是异性恋者，为什么人们在这两种情况下都很少或根本没有控制感，研究者还没有达成共识。几种环境方面的解释被认为是性取向的原因。弗洛伊德认为，同性恋源于未解决的俄狄浦斯情结（见第 2 章）。也就是说，儿童持续认同另一性别的父母，而不是同性别的父母。学习理论家认为，同性恋源于个体早期消极的异性恋经历或积极的同性恋经历。社会学家主张，同性恋之所以会发展是由于个体与同性伙伴的关系不佳，或是因为被贴上同性恋标签导

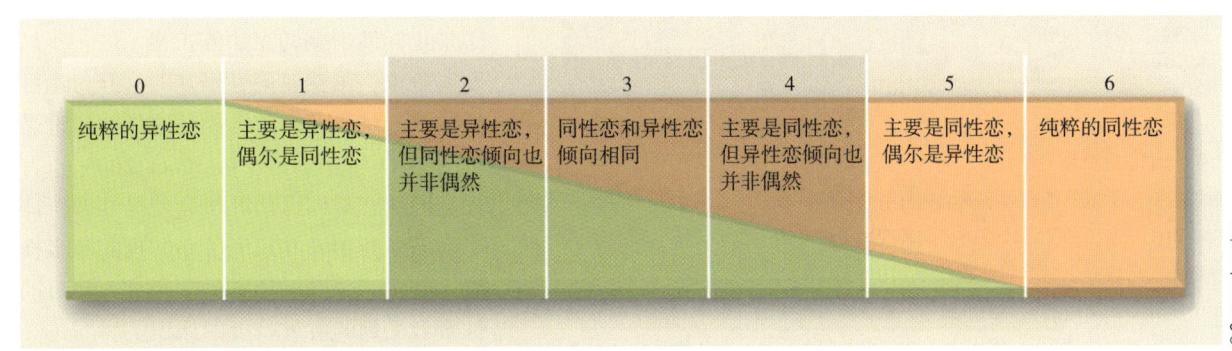

0	1	2	3	4	5	6
纯粹的异性恋	主要是异性恋，偶尔是同性恋	主要是异性恋，但同性恋倾向也并非偶然	同性恋和异性恋倾向相同	主要是同性恋，但异性恋倾向也并非偶然	主要是同性恋，偶尔是异性恋	纯粹的同性恋

图 12.3 异性恋和同性恋处于性取向连续体的两端

金赛和其他性研究者将异性恋和同性恋视为性取向连续体上的两端，而不是非此即彼的不同类别。金赛编制了图中的 7 点量表（从 0 到 6）来描述性取向。

致了自我实现的预言。令人惊讶的是，一项探究性取向成因的全面综述发现，这些解释都没有令人信服的支持证据（Bell, Weinberg, & Hammersmith, 1981）。

同样，没有证据表明父母的性取向与孩子的性取向存在关联（Patterson, 2003）。也就是说，异性恋父母的子女是同性恋的可能性与同性恋父母的子女是一样的。在同性恋家庭中长大的孩子绝大多数是异性恋者（Bailey & Dawood, 1998）。

一些理论家推测，生物学因素与性取向的发展有关。几个不同方向的研究表明，出生前发育期的激素分泌可能会影响性发育，对脑结构有长久的影响，并影响之后的性取向（Byne, 2007）。科技的进步使研究者可以实际定位脑内的活动，现在我们可以探索不同性取向个体的脑差异。但需要注意的是，我们很难确定脑差异是性取向的原因还是结果（Safron et al., 2007）。

遗传因素也受到了研究者的关注。在一项重要的研究中，研究者以男同性恋者和双性恋者及其双胞胎兄弟或被收养的兄弟为研究样本（Bailey & Pillard, 1991）。他们发现，参与者52%的同卵双生子兄弟是同性恋者，22%的异卵双生子兄弟是同性恋者，而只有11%的被收养的兄弟是同性恋者。一项以女同性恋者及其双胞胎姐妹或被收养的姐妹为研究对象的研究，也报告了相似的结果（Bailey et al., 1993；见图12.4）。虽然很难将家庭中的遗传因素和环境因素区分开，但有证据表明性取向一定程度上是可遗传的（Dawood, Bailey, & Martin, 2009）。不过，当代的研究者支持一个更具交互性的生物-心理-社会性取向模型，以反映生物、心理和社会因素的影响。

最重要的是，个体的性取向可能不是单一因素决定的。可能存在不同类型的同性恋（以及异性恋），而这需要多种解释，而非单一解释。这个问题非常复杂，还需要更多的研究。

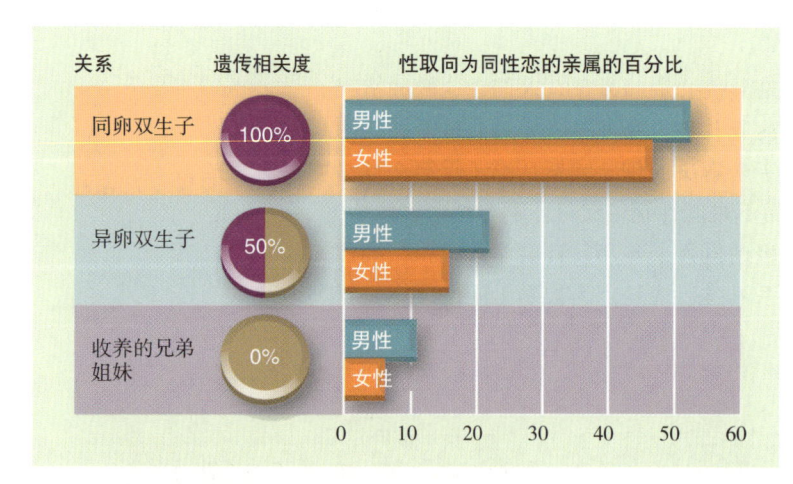

图12.4 遗传与性取向

一致率是指双生子或其他两名亲属均具有某个特征的百分比。如果与遗传相关度较低的亲属相比，遗传相关度较高的亲属表现出了更高的一致率，那么就表明该特征具有一定的遗传倾向。对男同性恋者和女同性恋者的研究均发现，在性取向上，同卵双生子比异卵双生子有更高的一致率，而异卵双生子的一致率又高于收养的兄弟姐妹。这些发现与"遗传因素影响性取向"的假设相一致。如果性取向仅由遗传因素决定，那么同卵双生子的一致率应该是100%；但由于实际的一致率要低得多，所以环境因素也必定起着一定的作用。

数据来源：Bailey & Pillard, 1991; Bailey et al., 1993.

对同性恋的态度

同性恋者的权利已经成为美国政治舞台上的一个核心议题。在美国，同性婚姻在几个州（如纽约州、马萨诸塞州和艾奥瓦州）的合法化，以及其他州对民事结合和家庭伴侣关系（如新泽西州和加利福尼亚州）的法律认可，引发了激烈的公开辩论。美国国会及许多州的立法机构都提出了禁止同性婚姻的宪法修正案，进一步加剧了争议。虽然对同性婚姻的公开讨论可能导致分歧，但有些人相信这样的讨论是有价值的（Garnets & Kimmel, 2003）。首先，同性恋群体可借此机会使异性恋群体了解同性伴侣及其家庭关系的现实和多样性。其次，公开讨论有助于提高人们对同性恋者受到的各种歧视的认识。

同性恋恐惧症（homophobia，也译作同性恋恐怖症、恐同症）是指个体对同性恋者强烈的恐惧和排斥。因为对同性恋者持负面态度的人很少有"恐怖症"所隐含的精神病理学症状，所以一些心理学家认为性向偏见一词更为恰当（Herek, 2009b）。那些认识同性恋者的人，性向偏见水平往往是最低的（Fingerhut, 2011）。较强的性向偏见则与年长、男性、受教育水平低、居住在美国南部或中西部及农村地区等因素相关（Herek & Capitanio, 1996）。性向偏见也与一些心理因素有关，比如权威主义（见第 6 章）、传统的性别角色态度（见第 11 章）以及保守的宗教与政治信仰。

不幸的是，消极的态度有时会转化成暴力。2010 年，美国报告的仇恨犯罪中有 18.6% 是由罪犯对受害者性取向的偏见引发的（Federal Bureau of Investigation, 2011）。在一项全美调查中，23% 的 LGB 参与者曾遭到过暴力威胁，49% 的参与者报告遭到过言语骚扰。如果只考虑男同性恋群体，这两个比例甚至更高（35% 的人遭到过暴力威胁，63% 的人遭到过言语骚扰；Herek, 2009a）。临床医生注意到，大多数中年 LGBT 个体都认识因性取向而成为暴力受害者的人（Scott & Levine, 2010）。

虽然许多美国人仍表现出性向偏见，但人们的总体态度似乎正在朝着积极的方向发展。2012 年的盖洛普民意调查发现，半数的美国人认为同性婚姻应得到法律认可，并且这个比例正逐年上升（Newport, 2012）。更高的接纳度在一定程度上是由于同性恋者在社会上的可见度越来越高。比如，在过去 20 年间，电视上的同性恋内容大幅增加，其中包括公开的同性恋角色（《欢乐合唱团》《摩登家庭》中的角色）和名人（脱口秀主持人艾伦）。

人们对性取向的解释会影响他们的态度，或许我们不应对此感到惊讶。与将同性恋归因于个人选择相比，将其归因于生物学或遗传因素（即不受个人控制）与更积极的态度有关（Savin-Williams et al., 2010）。与白人相比，美国黑人更可能赞同"性取向是个人选择"（Jayaratne et al., 2009），这可能解释了同性恋接受度上的一些文化差异。比如，在一项全美调查中，72% 的黑人参与者认为同性恋"总是错的"，而白人的这一比例为 52%（见图 12.5）。

公开自己的性取向

在存在性向偏见的社会氛围中，接受自己的性同一性是一件复杂而困难的事情。对同性恋者和双性恋者来说，"出柜"（come out）指的是承认和接受自己的性取向，然后向他人公开（Scott & Levine, 2010）。最近的几代人能更早地意识到并公开自己的同性恋或双性恋身份（Floyd & Bakeman, 2006）。

出柜对许多人来说是一个困难的过程。相比异性恋青少年，同性恋青少年报告更容易失去朋友，也更担心失去友谊（Diamond & Lucas, 2004）。在家庭方面，出柜前的亲子关系质量可能是父母最初会如何反应和调适的最好预测因素（Savin-Williams, 2001）。由于对同性恋的接纳度存在文化差异，LGBT 群体中的有色人种还必须应对家庭和社区的消极反应所带来的额外压力（Iwasaki & Ristock, 2007）。

在决定是否向他人公开自己的性取向时，个体必须权衡心理与社会方面的收益（诚实、获得社会支持）与代

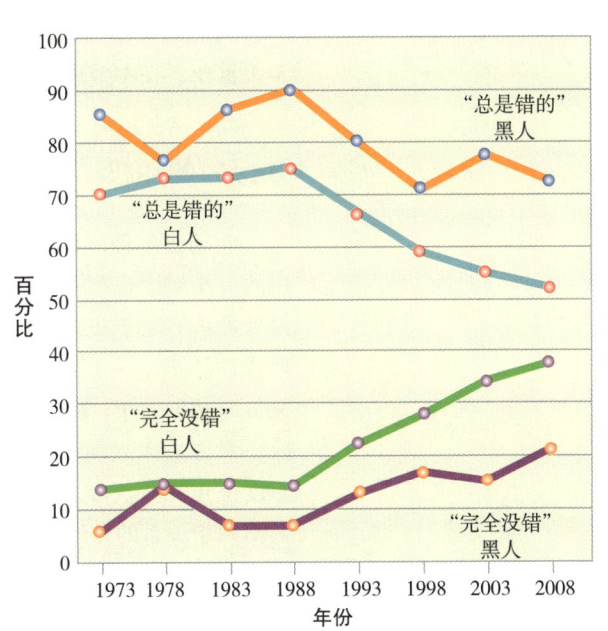

图 12.5 对同性恋态度的种族差异

一项全美调查表明，在同性恋的接受度上仍然存在种族差异。黑人受访者往往比白人更不接受同性恋。

资料来源：Glick & Golden, 2010.

价（失去朋友、被解雇、成为仇恨犯罪的受害者、失去孩子的监护权）。当代价太高或恐惧太大时，有些人选择不公开自己的性取向，即留在柜子里（Scott & Levine, 2010）。

调 适

心理健康界最初将同性恋归类为一种心理障碍。但是，研究者证明这种观念是错误的。也就是说，同性恋者和异性恋者在一般的心理过程和心理健康水平上没有差别。由于研究证据、公众态度转变以及政治游说等方面的原因，官方的心理障碍列表于1973年删除了同性恋（Newmahr, 2011）。从那时起，研究不断证实：性取向不会损害同性恋、异性恋和双性恋个体、伴侣和父母的心理调适能力（Hancock & Greenspan, 2010）。

尽管没有可靠的证据表明同性恋取向本身会损害个体的心理功能，但遭受性向偏见和歧视会给同性恋者带来巨大的痛苦。一些研究表明，与异性恋同龄人相比，同性恋者在焦虑、抑郁、自残行为、物质依赖、自杀意念、自杀尝试等方面的风险更高（Balsam et al., 2005; Cochran, 2001）。幸运的是，和异性恋者一样，大多数LGBT个体都能应对这些压力，在逆境中茁壮成长。

性关系中的互动

学习目标
- 列出几种趋近和回避性动机
- 描述性沟通中的常见障碍

人们从事性活动的动机有很多。然而，在任何情况下，沟通对健康的性关系都至关重要。在本节中，我们将简要讨论性关系中的人际动力。

性行为的动机

性动机多种多样，既有纯粹的生理动机，又有内心深处的情感动机。理解性动机的一个概念框架是将其分为趋近动机和回避动机（Impett, Peplau, & Gable, 2005）。趋近动机专注于获得积极的结果：（1）追求自身的性愉悦；（2）对自己感觉良好；（3）取悦性伴侣；（4）增进彼此间的亲密感；（5）向对方表达爱意。回避动机集中于逃避负面结果：（1）避免关系冲突；（2）避免伤害伴侣的感受；（3）防止伴侣生气；（4）防止对方失去兴趣。研究者报告称，基于趋近动机的性互动与个人幸福感和关系满意度呈正相关。与之相对的是，基于回避动机的性互动与关系满意度呈负相关，尤其不利于关系的延续（Katz & Tirone, 2009）。

性沟通

因为人们的性动机、性态度和性欲望各不相同，所以难免会在性方面产生分歧。伴侣双方必须协商是否、何时发生性行为以及性行为的频率；他们还必须决定进行何种性活动，以及性行为对他们的关系意味着什么。这一协商过程可能并不那么明确，但它真实存在。悬而未决的分歧会成为一段关系中持续不断的挫败感的来源。然而，许多人觉得很难与伴侣谈论性。在性沟通中，伴侣双方可能会遇到以下四种常见的障碍。

1. 害怕显得无知。许多美国人对性的认识是无知和错误的，这往往是由于媒体提供了不正确的信息或延续了性神话。（要测试自己对性的某些方面的了解，你可以回答一下图 12.6 中的问题。）因为大多数人都觉得自己应该对性了如指掌，但又知道自己并非如此，所以他们会感到羞愧。为了隐瞒自己的无知，他们会避免谈论性。

2. 担心伴侣的反应。男性和女性都表示，他们希望伴侣能告诉自己他们的性偏好。但讽刺的是，男性和女性都对向伴侣说出自己的性偏好感到不适。人们常常会有所隐瞒，因为他们害怕伤害对方的感受，或者如果他们吐露实言，伴侣就会不尊重、不爱他们了。研究显示，在有承诺的关系中，更广泛地谈论自己的性喜恶可以正向预测性满意度和关系满意度（Byers, 2011）。对性偏好闭口不谈的个体可能会一直感到沮丧和不满。

3. 对性的矛盾态度。许多人，特别是女性，都会受儿时习得的消极性信息的困扰。此外，大多数个体都对性有着矛盾的看法（"性是'美好的'"和"性是'肮脏的'"），而这种不一致会制造心理冲突。

4. 负面的早期性经历。一些人曾有过负面的性经历，这些经历抑制了他们对性的享受。如果这些经历是由于性伴侣的无知和不体贴造成的，那么后来的积极性互动通常会随着时间的推移解决这个问题。如果早期的性经历（比如强奸和乱伦）让个体产生了精神创伤，那么个体可能需要心理咨询来帮助自己积极地看待并享受性。

个体的性自尊可以强有力地预测其性沟通能力（Oattes & Offman, 2007）。为使性沟通更加容易和高效，你可以回顾一下第 8 章的内容。大多数关于如何改善言语和非言语沟通的建议都适用于性关系。自我坚定的沟通方式和建设性的冲突解决策略可以保持性沟通的健康运行。一条基本的规则是强调积极的方面（"我喜欢你做……"）而不是消极的方面（"我不喜欢你做……"）。

你对性有多了解

1. 在使用避孕套或子宫帽时，按摩油、凡士林和身体乳液都是很好的润滑剂。
   ____正确 ____错误 ____不知道

2. 同性恋取向与心理调适能力差有关。
   ____正确 ____错误 ____不知道

3. 十几岁的女孩或成人女性在月经期间发生性行为也可能会怀孕。
   ____正确 ____错误 ____不知道

4. 性传播疾病大多发生在 26~50 岁的人群中。
   ____正确 ____错误 ____不知道

5. 在美国，通过异性恋传播的 HIV 感染很少发生。
   ____正确 ____错误 ____不知道

答案：

1. 错误。油性霜、乳液和凝胶在涂抹后 60 秒内就会使橡胶制品出现微小的孔。
2. 错误。研究并不支持这一观点。
3. 正确。虽然女性在月经期间怀孕的概率低于其他时期，但如果在此期间发生了无保护性行为，她们也可能会怀孕。精子在女性生殖道中的存活时间可以长达 8 天，如果月经周期不规律（青少年可能会这样），精子可能会在女性的生殖道存活一周后使新的卵子受精。
4. 错误。性传播疾病大多发生在 25 岁以下的群体中。
5. 错误。目前在美国，异性之间的 HIV 病毒传播正在急剧上升。

图 12.6 你对性有多了解
你可以通过回答这 5 个问题来检查你基本的性知识。本章将讨论与每个问题有关的知识。

人类的性反应

学习目标
- 描述人类性反应周期的四个阶段
- 讨论性高潮模式的性别差异，并给出一些原因

当人们进行性活动时，身体究竟是怎样反应的？令人惊讶的是，在威廉·马斯特斯和弗吉尼亚·约翰逊于 20 世纪 60 年代开展其开创性的研究之前，人们对人类

性反应的生理机制还知之甚少。马斯特斯和约翰逊使用生理记录设备来监测志愿者在发生性行为时的身体变化。通过对这些参与者进行观察和访谈，他们得到了对人类性反应的详细描述，并因此赢得了广泛赞誉。

性反应周期

马斯特斯和约翰逊（Masters & Johnson, 1966, 1970）对性反应周期的描述是一般性的，概述了典型的而非必然的模式——人们之间的差异很大。图 12.7 展示了女性和男性在性反应周期的四个阶段中性唤起强度的变化。

兴奋期

在兴奋的初始阶段，性唤起水平通常会迅速升高。两性的肌肉紧张度、呼吸频率、心率和血压都快速升高。就男性而言，**血管充血**（vasocongestion）会使阴茎勃起、睾丸膨胀、阴囊（内含睾丸）向身体移近。就女性而言，血管充血会使阴蒂和阴唇膨胀、阴道润滑、子宫增大。大多数女性还会经历乳头勃起和乳房肿胀。

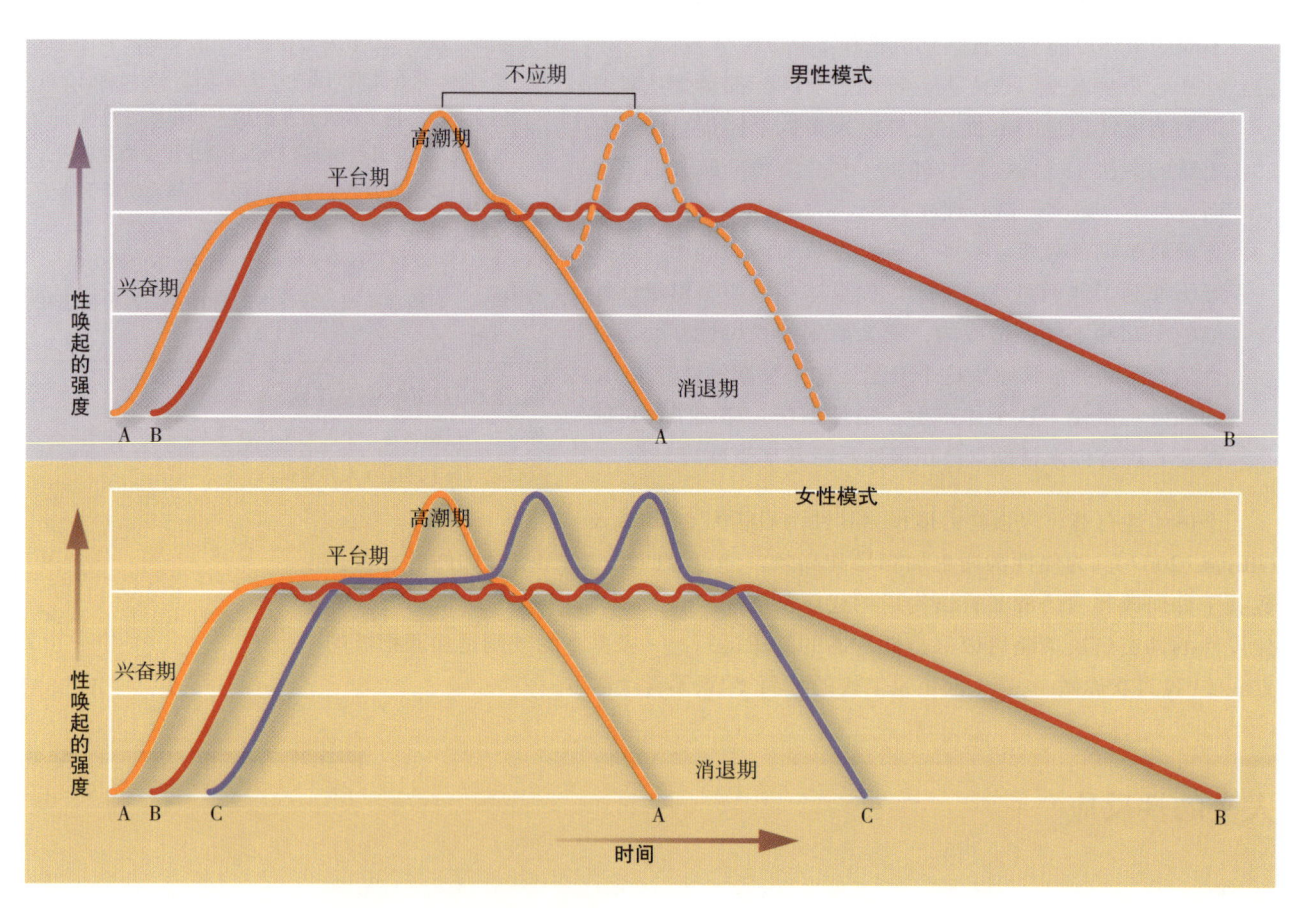

图 12.7　人类的性反应周期

男性和女性在性唤起模式上既有相似性，也有差异性。模式 A（在性高潮和消退中结束）是男女两性最典型的性反应序列。模式 B（出现性唤起，但没有性高潮，随后是缓慢的消退）在男女两性身上也都存在，但在女性中更常见。模式 C（包含多重性高潮）几乎只出现在女性身上，因为男性在能够再次达到性高潮之前会经历不应期。

资料来源：Masters & Johnson, 1966.

平台期

平台期这个名称具有误导性，因为这一阶段的生理唤起并未稳定下来，而是在以一种缓慢的速度持续上升。对女性来说，进一步的血管充血会使阴道下 1/3 段变紧和上 2/3 段"膨胀"，这使得子宫和子宫颈从阴道末端向上抬升。对男性来说，阴茎的头部可能会膨大，睾丸通常会增大并向身体进一步移近。许多男性的阴茎顶端会分泌少量可能包含精子的射精前液体。

在平台期受到干扰会使个体延迟或不能进入下一阶段。这些干扰包括电话铃响或者孩子敲卧室门等不合时宜的打扰。身体不适、疼痛、负罪感、害怕、没有安全感或者对伴侣感到愤怒以及对无法获得性高潮感到焦虑等因素也会造成干扰。

高潮期

当性唤起强度达到顶峰，并通过骨盆区域一系列有规律的肌肉收缩得以释放时，**性高潮**（orgasm）便出现了。在这个极度愉悦的痉挛反应中，心率、呼吸频率、血压都急剧升高。男性的性高潮通常伴随着射精。一些女性报告称，她们在性高潮时会射出某种液体，但女性"射精"的普遍程度以及液体的来源和性质仍有待讨论。男性和女性对性高潮的主观体验似乎基本一致，不过，男性的主观体验与生理反应之间的关系似乎更强（Suschinsky, Lalumiere, & Chivers, 2009）。也就是说，与女性相比，男性的生理反应（勃起）与其自我报告的性唤起之间有着更高程度的一致性。

消退期

在消退期，由性唤起引发的生理变化开始平息。如果个体没有获得性高潮，那么性紧张的消减可能相对缓慢，有时还会令人不快。性高潮过后，男性通常会经历**不应期**（refractory period），即男性性高潮之后的一段时间，在此期间，男性对进一步的性刺激基本上没有反应。不应期从几分钟到几个小时不等，并且会随着年龄的增长而延长。

批评者认为，马斯特斯和约翰逊的模型完全聚焦于性行为期间生殖器的变化，而忽略了认知因素。著名性治疗师海伦·辛格·卡普兰（Kaplan, 1979）提出了另外一个三阶段模型，该模型从欲望开始，接着是兴奋，然后是高潮。因为人们对性的想法和看法是许多性问题的成因，所以我们需要谨记，性反应不仅仅包含生理因素。

性高潮模式的性别差异

总的来说，男性和女性的性反应非常相似。不过，两性在达到性高潮的模式上有一些有趣的差异。在性交过程中，女性达到性高潮的可能性要低于男性（即女性更可能遵循**图 12.7** 中的 B 模式）。女性在多样化的性行为如口交中更可能达到性高潮，而男性更可能在包含性交的性行为中达到性高潮。一项全美调查显示（Herbenick et al., 2010b），91% 的男性报告称在过去一年中他们曾在性活动中达到过性高潮，而女性的这一比例只有 64%（见**图 12.8**）。

以上差异的原因是什么？首先，尽管大多数女性都报告称她们享受性交过程，但对她们而言，性交并不是最佳的刺激方式。这是因为性交不能直接刺激阴蒂——

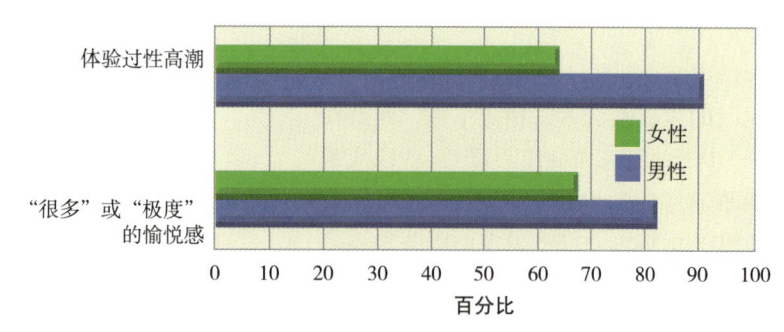

图 12.8　过去一年中两性在性体验上的差异

一项关于美国人近期性体验的全美调查表明，男性比女性更可能报告体验过性高潮，并在性行为期间体验到了高水平的愉悦感。

资料来源：Herbenick et al., 2010a.

大多数女性对性刺激最敏感的生殖器区域。因此，更长时间的前戏，包括用手或口刺激阴蒂，常常是增强女性性愉悦的关键。许多男性误以为女性在性交过程中体验到了与他们同等程度的愉悦感。但事实并非如此，因为阴道上 2/3 段的神经末梢相对较少——这是一件好事，因为阴道还起着产道的作用！与纯粹的性交相比，用手或口刺激阴蒂通常更容易使女性达到性高潮。不幸的是，许多伴侣认为，性高潮应该只能通过性交获得（就像电影中经常描述的那样），他们被这一想法束缚了。甚至前戏这个词也暗示，任何其他形式的性刺激都只是在为性交做准备。

研究表明，女同性恋者要比女异性恋者更容易、更频繁地达到性高潮（Diamond, 2006）。金赛及其同事（Kinsey et al., 1953）将这一差异归因于女性伴侣比男性伴侣更了解女性的性，也更了解如何使女性获得最大的性满足。此外，女性伴侣比男性伴侣更可能强调性行为中的情感方面（Peplau, Fingerhut, & Beals, 2004）。总的来说，这些因素支持性高潮模式中性别差异的社会化解释。

因为女性在性交中不像男性那样总能达到性高潮，所以她们比男性更可能假装性高潮。大约 67% 的女性和 28% 的男性报告称他们曾假装过性高潮（Muehlenhard & Shippee, 2010）。人们常常会为了照顾伴侣的感受或者因为太累了想停止性活动而假装性高潮。经常假装性高潮并不是一个好主意，因为它会变成一个恶性循环，破坏伴侣之间的性沟通。

性表达

学习目标
- 描述 6 种不同的性表达形式
- 讨论男同性恋者和女同性恋者所偏爱的性活动

人们通过各种各样的方式体验和表达性。大多数个体都会进行多种性活动（见**图 12.9**），异性伴侣和同性伴侣的性活动种类基本相似（Holmberg & Blair, 2009）。**性敏感区**（erogenous zones）是身体对性敏感或产生反应的区域。当谈及性敏感区时，人们常常会想到生殖器和乳房，因为大多数人的这些区域都十分敏感。但值得注意的是，许多人未能意识到身体其他部位的潜力。几乎任何身体部位都可以起到性敏感区的作用。实际上，终极的性敏感区可能是大脑。也就是说，个体的心理定势对性唤起极其重要。如果一个人没有性兴趣，哪怕伴侣对其进行再巧妙的性刺激，也可能完全没有效果。然而，即使没有任何其他的刺激，性幻想也可以引发强烈的性唤起。在本节中，我们将考察最常见的性表达形式。

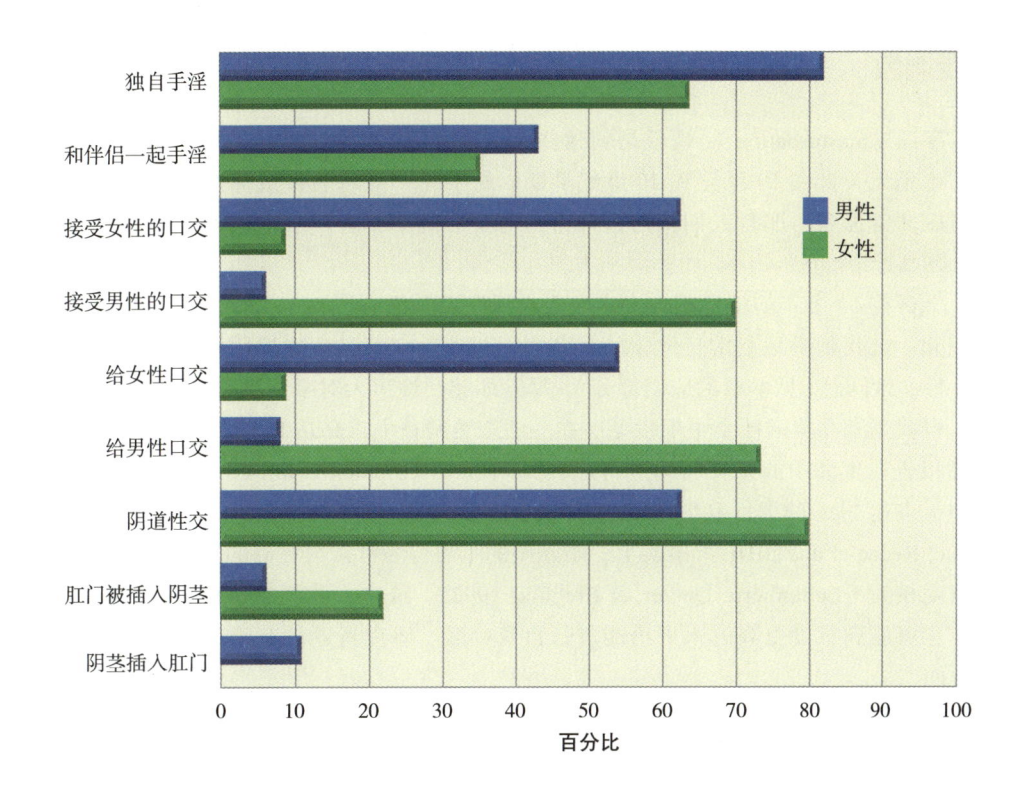

图12.9 20~24岁的美国男性和女性进行过各种性活动的百分比

来自一项全美调查的数据显示了美国19~24岁的男性和女性在过去一年中性活动的分布情况。显然，年轻人的性活动多种多样。

资料来源：Herbenick et al., 2010b.

性幻想

你是否幻想过和伴侣之外的人发生性行为？如果是的话，那么你就有过最常被报告的性幻想之一（Kahr, 2008）。事实上，一项对大学生和职员的研究显示，98%的男性和80%的女性有过涉及现任伴侣之外的人的性幻想（Hicks & Leitenberg, 2001）。正如你可能预想的那样，女性的性幻想往往更浪漫，而男性的性幻想往往包含更露骨的画面（Impett & Peplau, 2006）。大多数性治疗师都认为，在手淫或跟伴侣发生性行为时，性幻想是一种增强性兴奋、达到性高潮的无害甚至健康的方式。

支配式和屈从式的性幻想并不鲜见。研究表明，31%~57%的女性有过被强迫发生性行为的屈从式性幻想（Critelli & Bivona, 2008）。然而，不能仅仅因为个体曾幻想过某种性活动，比如强迫式性行为，就认为该个体真的想要这样的体验。

亲吻和爱抚

大多数两人之间的性活动大多始于亲吻和爱抚。亲吻常常从嘴唇开始，但可能会扩展到伴侣身体的几乎任何部位。事实上，亲吻作为一种非言语沟通方式，可能有其独特之处。有研究者（Floyd et al., 2009）将异性伴侣随机分为两组，要求其中一组增加浪漫亲吻的频率，对另一组则没有这一要求。6周之后，他们发现，增加亲吻频率的伴侣感知到的压力水平更低，关系满意度更高。即使在研究者控制了爱意的言语表达增加和冲突减少（这两个因素可能与浪漫亲吻的增加有关）之后，两组之间的差异也仍然显著。

男性经常低估亲吻和爱抚（包括对阴蒂的刺激）的重要性。因此，异性恋女性常常抱怨她们的伴侣过于急躁也就不足为奇了（King, 2005）。那些尝试了解彼此偏好并努力迁就对方的伴侣，比没有此类行为的伴侣更可能获得双方都满意的性体验。

自我刺激

手淫（masturbation），也就是刺激自己的生殖器，历来被认为是不道德的，因为它与生殖无关。在 19 世纪和 20 世纪早期，对手淫（当时通常被称作自渎）的反对和打压非常强烈，那时人们认为这种行为对身心健康有害。手淫也被称作自我刺激或自体性行为。

金赛在 60 多年前就发现，大多数人在手淫后并没有不良反应。现在，性学家们认识到，自我刺激是正常且健康的。事实上，性治疗师经常建议用手淫来治疗男性和女性的性问题（见本章的应用部分）。尽管如此，许多人对手淫仍有负罪感。

自我刺激在美国社会中很常见。在一项全美调查中，高达 85% 的女性和 94% 的男性报告在生命中的某个时间进行过自我刺激（Herbenick et al., 2010b）。在已婚夫妇中，多达 71% 的男性和 51% 的女性报告在婚内进行过自我刺激（Herbenick et al., 2010c; Reece et al., 2010）。事实上，婚姻中的手淫行为常常与更高的婚姻满意度和性满意度相关（Leitenberg, Detzer, & Srebnik, 1993）。或许自我刺激带来了更高的满意度，也可能满意度更高的人更可能进行自我刺激。研究者还没有确定这一关系的因果方向。

人们有时（女性更经常）会使用震动按摩器或其他"性玩具"进行自我刺激（在性交过程中也会使用）。一项研究发现，46% 的女性报告在手淫中使用过震动按摩器（Herbenick et al., 2010d）。近年来的证据表明，对女性而言，使用震动按摩器与更积极的性功能和更好的性健康习惯相关（Herbenick et al., 2009）。研究者也在那些使用震动按摩器与伴侣进行前戏的男性身上发现了类似的结果（Reece at al., 2009）。

口　交

口交指的是用口刺激生殖器。**舔阴**（cunnilingus）是用口部对女性的生殖器进行刺激；**吮吸阴茎**（fellatio）是用口部对男性的生殖器进行刺激。在青少年的性经历以及大多数（同性和异性）伴侣的性关系中，口交都是一种常见的行为。全美家庭成长调查显示，大约三分之二的 15~24 岁的男性和女性有过口交经历（Copen, Chandra, & Martinez, 2012）。

在进行口交时，伴侣双方可以同时刺激对方，或者一方先刺激另一方。在一次性行为中，口交可能是其中的一项活动，也可能是主要活动。它是许多异性伴侣性高潮的主要来源，并且在同性关系中起着核心作用。

关于口交是否算作"性行为"还存在争议。一项研究发现，如果只和他人进行了口交，只有 20% 的大学生会说自己和他人发生了性行为（Hans, Gillen, & Akande, 2010）。此外，大多数人认为，口交符合禁欲的要求（Hans & Kimberly, 2011）。

对某些人而言，口交的积极一面是，它不会导致怀孕。这个事实在一定程度上可以解释以下的研究发现：相比于性交，年龄小的青少年更可能进行口交。然而，某些性传播疾病（比如 HIV 病毒）可以通过口交传染，尤其是当口腔有小伤口或口腔接触到精液时。患有唇疱疹的个体可以通过口交或接吻传播疱疹病毒。不幸的是，数据表明，多达 40% 的性活跃青少年要么不知道无保护口交可以使人感染艾滋病病毒，要么对此不确定（Centers for Disease Control, 2009c）。

肛　交

肛交（anal intercourse）是指将阴茎插入伴侣的肛门和直肠中。在法律上，它被称作鸡奸（sodomy；在美国的某些州，肛交仍然是违法的）。在一项全美调查中，多达 27% 的男性和 22% 的女性报告在过去的一年中曾有过肛交（Herbenick et al., 2010b）。与异性伴侣相比，男同性伴侣更喜欢肛交。不过，即使在男同性恋者群体中，它的普遍程度也低于口交和相互手淫。

肛交是有风险的。男同性恋者如果在肛交时未使用安全套（被称作无套肛交），就会面临很高的 HIV 病毒感染风险，因为直肠组织很容易撕裂，进而使 HIV 病毒易于传播（Bauermeister et al., 2009）。

性　交

阴道性交，更专业的说法是**交媾**（coitus），是指将阴茎插入阴道，并（通常）伴随着骨盆的抽动。性交是人们最普遍接受也是最普遍进行的性行为。在一项全美调查中，80% 的男性和 86% 的女性被调查者报告称，他们在上一次性活动中进行了阴茎－阴道性交（Herbernick et al., 2010a）。经常性交与更高的性满意度、关系满意度、生活满意度和心理健康水平相关（Brody & Costa, 2009）。

将阴茎插入阴道一般需要阴道足够润滑，否则性交对女性来说可能是困难且疼痛的。这也是伴侣应该花充裕的时间相互亲吻和抚摸的另一个好理由，因为性兴奋会引发阴道分泌润滑液。在润滑不充分的情况下，伴侣们可能会选择使用人造润滑液。

伴侣在性交过程中会使用多种姿势，并且在一次性交中可能会使用一种以上的姿势。男上女下式或者说"传教士"式是最常见的，但女上男下式、并排式和后入式也很受欢迎。每一种姿势都有其优缺点。虽然人们着迷于不同姿势的相对优势，但是在性交中，姿势可能不如动作的节奏、深度和角度重要。和性关系的其他方面一样，最关键的考虑因素是伴侣们要交流彼此的喜好。

在无法交媾（根据定义这是异性间的行为）的情况下，同性恋者偏爱哪种性活动呢？与异性伴侣一样，男同性伴侣和女同性伴侣的初步活动也包括亲吻、拥抱和爱抚。男同性恋者会进行口交、相互手淫和肛交（按普遍程度排序）（Lever, 1994）；女同性恋者会进行口交、相互手淫或采取交叉体位（也称作剪刀式），即双方的外阴部互相摩擦，所以两人的外生殖器可同时受到刺激。

性行为的模式

学习目标
- 概述对承诺关系内外的性行为的研究
- 比较已婚夫妇和有承诺的同性伴侣之间性行为的差异
- 讨论对承诺关系中不忠行为的研究

性互动的背景会影响互动本身。在本节中我们将探讨个体所处的关系类型与性行为之间的关系。

图 12.10　两性对一夜情行为的舒适度的差异

研究者让男女大学生评定他们对 4 种一夜情行为的舒适度。评定在 11 点量表上进行（11= 非常舒适，1= 完全不舒适）。从图中的平均值可以看出，男性对这 4 种行为的舒适度都远高于女性。

资料来源：Lambert, T. A., Kahn, A. S., & Apple, K. J.(2003). Pluralistic ignorance and hooking up. *The Journal of Sex Research, 40*(2) 129–133. Copyright 1979 Society for the Scientifc Study of Sexuality.

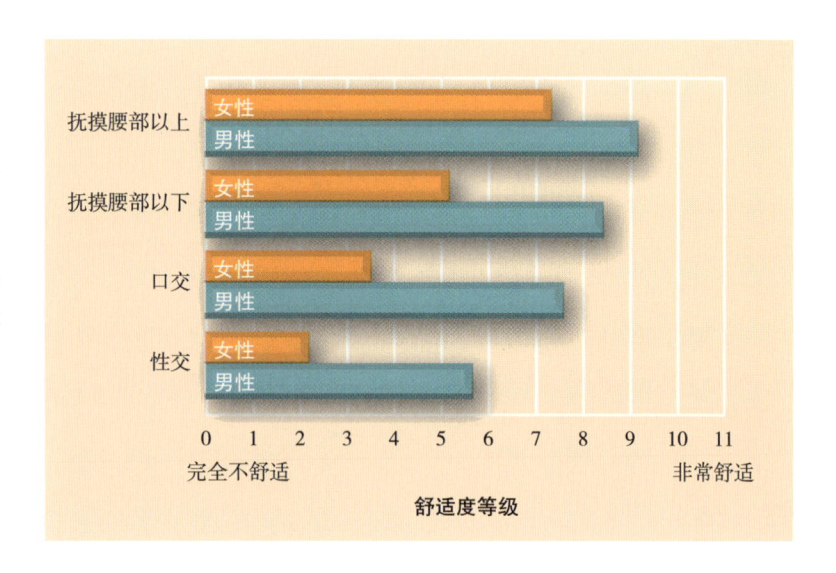

承诺关系之外的性行为

"一夜情"是 20 世纪 90 年代后期出现的一种现象，指两个陌生或短暂相识的人只发生一次性接触。一夜情并不总是包括性交（相互手淫和口交也很常见）。欧文及其同事（Owen et al., 2010）发现，50%~55% 的大学生报告称在过去的一年中有过至少一次一夜情。埃希堡和古特（Eshbaugh & Gute, 2008）在考察了包含性交的一夜情后发现：36% 的性活跃女性报告与某个人仅发生过一次性行为；29% 的女性称曾与认识不到一天的人发生了性行为。此外，包含性交的一夜情有时会令女性感到后悔。一夜情通常始于调情、饮酒和出去玩儿，结束于一方或双方达到高潮，或者一方离开或醉倒（Paul, Wenzel, & Harvey, 2008）。图 12.10 描述了男性和女性对各种一夜情行为的舒适度。

"炮友"指存在性关系但不属于恋爱关系的朋友。这种情况不同于一夜情，因为炮友关系中的人期望维持他们的友谊。在一项调查中，54% 的年轻男性和 43% 的年轻女性报告称维持过这种关系（Owen & Fincham, 2011）。处于炮友关系中的人更可能是随意的约会者、非浪漫主义者，也更可能持有享乐主义的性价值观（Puentes, Knox, & Zusman, 2008）。显然，处理这样的关系十分棘手。如果其中的一方单方面想要发展成承诺关系，或者一方想要结束性关系，那么两人间的友谊可能会破裂。

承诺关系中的性行为

性，是大多数有承诺的浪漫关系的一个重要方面。在本节，我们将探讨情侣、已婚夫妇和同性伴侣的性活动模式。

情侣间的性行为

随着初婚平均年龄的上升，大多数情侣都面临婚前性行为这一问题（Bogle,

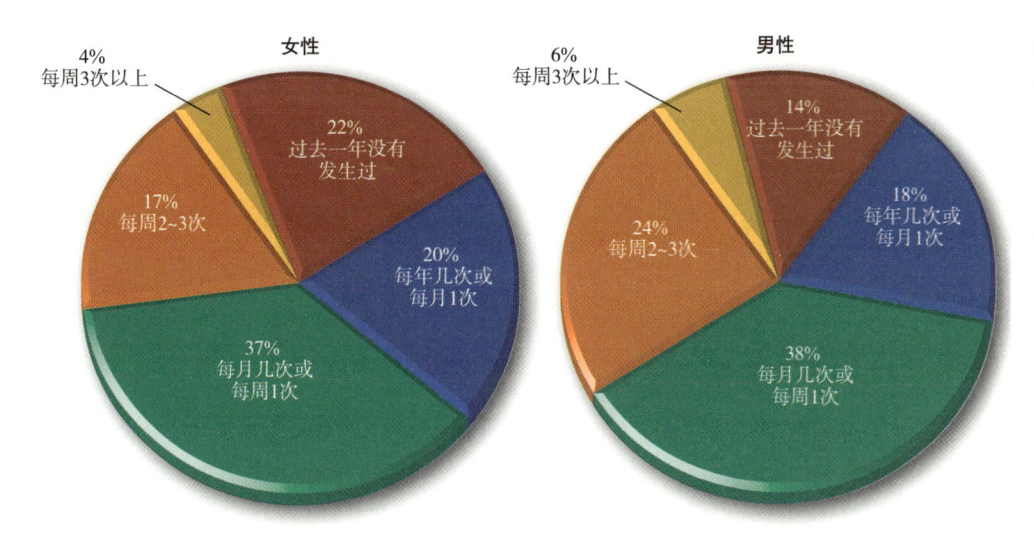

图 12.11 已婚夫妻的性生活频率

在一项大规模的全美调查中，研究者询问了已婚夫妻进行阴道性交的频率，他们回答的频率范围很广。大部分夫妻报告称，他们的性交频率在每周2~3次到每月几次之间。

资料来源：Herbenick et al., 2010c; Reece et al., 2010.

女性：4% 每周3次以上；22% 过去一年没有发生过；17% 每周2~3次；20% 每年几次或每月1次；37% 每月几次或每周1次

男性：6% 每周3次以上；14% 过去一年没有发生过；24% 每周2~3次；18% 每年几次或每月1次；38% 每月几次或每周1次

2011）。一些人担心，性行为可能会损害两人间的关系；还有人则担心，没有性行为会带来问题。以上两种观点有无研究证据支持？结果显示，性亲密可以正向预测关系稳定性（Sprecher & Cate, 2004）。然而，性别、性满意度和关系满意度也是上述"方程式"的一部分。对于男性而言，性（而非关系）满意度与关系稳定性显著相关；对于女性而言，关系（而非性）满意度与关系稳定性显著相关（Sprecher, 2002）。

婚内性行为

夫妻间的总体婚姻满意度与他们对性关系的满意度密切相关（Sprecher et al., 2006）。当然，我们难以确定，到底是好的性关系促进了好的婚姻关系，还是好的婚姻关系促进了好的性关系。两者很可能是一种双向关系。关系满意度也与关系中其他方面的满意度有关（比如家务分配的公平性；Impett & Peplau, 2006）。

已婚夫妇的性生活频率差异很大（见**图 12.11**）。大多数夫妇的性生活频率在每周2~3次到每月几次之间，随着岁月的流逝，性生活频率逐渐降低（Herbenick et al., 2010c; Reece et al., 2010）。生物学变化在这一趋势中起着一定的作用，但社会因素也很令人信服。许多夫妇将性生活频率的降低归因于工作和抚养孩子使其越来越疲惫，以及对他们的性生活程序越来越熟悉因而缺乏新鲜感。

随着年龄的增长，男性和女性的性唤起速度往往会变慢，性高潮的频率和强度也会下降。男性的不应期延长，女性的阴道润滑度和弹性降低。尽管如此，老年人，尤其是健康的老年人，依然有能力和兴趣进行性活动（Zahn, 2012）。一项全美调查显示，在70岁以上的人群中，43%的男性和22%的女性报告曾在过去的一年中发生过性行为（Herbenick et al., 2010b）。为爱结婚、依然相爱、经济稳定等因素与成年晚期的性活动相关（Papaharitou et al., 2008）。不幸的是，限制型的医疗保健机构和专业人员常常或明或暗地阻止成年晚期个体的性表达，对老年人的性活动构成了障碍。

同性恋关系中的性行为

男同性伴侣、女同性伴侣和异性伴侣的性生活频率如何？佩普劳及其同事（Peplau, Fingerhut, & Beals, 2004）报告了3种模式。首先，随着时间的推移，性生活的频率都会下降。其次，在关系的早期阶段，男同性伴侣之间的性生活频率高于其他类型的伴侣。第三，女同性伴侣之间的性生活频率通常低于其他类型的伴侣。与女异性恋者一样，大多数女同性恋者认为性与爱是相互交织的。相比之下（与男异性恋者一样），男同性恋者对随意性行为的接受度更高（Sanders, 2000）。比较研究发现，男同性伴侣、女同性伴侣及异性伴侣有着相似的性满意度水平（Kurdek, 2005）。男女同性恋者的性满意度都与总体的关系满意度相关。

承诺关系中的不忠行为

当处于承诺关系中的一方和伴侣之外的人发生了性行为时，就发生了性不忠。对于已婚人士，这种行为也被称为"通奸"或"婚外性行为"。处于有承诺的恋爱关系的（同性恋和异性恋）情侣的不忠行为被称为"关系外性行为"。美国社会中的绝大部分人（91%）认为，婚外性行为"总是"或"几乎总是错的"（Saad, 2007）。尽管如此，美国人还是热衷于不忠行为，从《傲骨贤妻》这类电视连续剧的流行就可见一斑。

某些伴侣会容忍婚外性行为，虽然这并不常见。"交换伴侣"和"开放式婚姻"就是两个例子。交换伴侣者是指那些同意为了性而交换伴侣的已婚夫妇（Rubin, 2001）。开放式婚姻现在通常被称为多边恋（Hatch, 2009），在这种关系中，伴侣双方都同意对方可以和他人发生性行为（O'Neill & O'Neill, 1972）。如前所述，男同性伴侣比女同性伴侣和异性伴侣更可能拥有开放式关系。

究竟什么样的性活动才算"不忠"仍然存在争议，尤其是在男性和女性之间。如果你和他人发展出了很深的感情但没有发生性行为，这属于不忠吗？毫无疑问，很多人会回答"是"，研究也支持"性不忠和感情不忠都令人痛苦"的观点（Lishner et al., 2008）。如果处于承诺关系中的某个人利用互联网来进行性唤起或者手淫，这算"不忠"吗？和一个从未见过面的人互发色情信息，又算不算呢？这些都是确实存在的问题，越来越多的伴侣因为网络出轨而去看咨询师。

普遍程度

因为不忠行为的污名和私密性，我们很难对不忠进行准确的估计。一项全美网络调查发现，大约28%的已婚男性和18%的已婚女性承认有过至少一次婚外性行为（Weaver, 2007）。在一项对1 300多名本科生的研究中，大约20%的人在没有告知伴侣的情况下发生过关系外的口交或性交行为（Knox, Vail-Smith, & Zusman, 2008）。

如前所述，性开放关系在男同性恋者的承诺关系中更为常见，这一群体的关系外性行为的发生率要高于其他群体。与男同性恋者相比，女同性恋者之间的承诺关系在原则上和实践中更具排他性（Peplau & Fingerhut, 2007）。女同性恋者的关系外性行为的发生率低于已婚女性。

动　机

为什么人们会寻求婚外性行为？常见原因包括对现有关系的不满、对伴侣的愤怒以及厌倦。有时人们发生婚外性行为是想证明他们依然有魅力，或者是想终结一段不满意的关系。婚外性行为的发生还可能仅仅是因为两个人相互吸引。个体对伴侣做出长久承诺后，还是会对伴侣之外的人产生性反应。不过大多数人会因为反对通奸而压抑这些性欲望。

不忠动机的性别差异与性社会化的性别差异相似。男性常常为了获得多样化或更频繁的性而发生关系外性行为，而女性则通常是为了寻求情感联结（Buunk & Dijkstra, 2006）。男性也更容易受性兴奋的驱使，而女性多是受关系不幸福的驱使（Mark, Janssen, & Milhousen, 2011）。正面沟通不足与两性的不忠行为都存在关联（Allen et al., 2008）。年龄也是一个因素。18~30 岁的人发生关系外性行为的可能性是 50 岁以上的人的两倍（Treas & Giesen, 2000）。

影 响

不忠会导致分手或离婚。然而，我们难以确定，在这些情况中，关系外性行为是关系走向破裂的迹象还是原因。当伴侣发生不忠行为时，男性的反应往往是愤怒和暴力，而女性往往会表现出悲伤，并向朋友寻求支持（Miller & Maner, 2008）。不忠行为的类型也很重要。女性对感情不忠感到更痛苦，而男性对性不忠感到更痛苦（Cramer et al., 2008）。无论是否被伴侣发现，发生婚外恋的一方都可能会体验到自尊的丧失、负罪感和压力，并可能会感染性传播疾病。偶尔，如果能够促使夫妻双方通过婚姻咨询来解决关系问题，那么婚外恋也会对婚姻产生积极影响。

性活动中的实际问题

学习目标
- 了解有效避孕的限制因素，讨论激素类避孕药和男性避孕套的优点
- 描述各种类型的性传播疾病，并讨论其患病率及传播途径
- 列举一些关于安全性行为的建议

无论性活动的背景如何，通常有两个实际问题值得关注：避孕和性传播疾病。这些话题更适合在医学领域中讨论，但避孕和性传播疾病确实受行为因素影响。

避 孕

大多数人都想控制是否怀孕以及何时怀孕，所以他们需要可靠的避孕方法，并需要了解如何有效地使用这些方法。然而，尽管有效的避孕方法有很多，许多人还是无法控制自己。2006 到 2010 年间，美国 14% 的新生儿不仅是其父母计划之外的，而且是其母亲本不想要的（Mosher, Jones, & Abma, 2012）。青少年的生育率也令人担忧。根据美国疾控中心的数据，2007 到 2009 年间，青少年的生育率有所下降；然而，每 1 000 名新生儿中，仍有近 38 名新生儿（3.79%）的母亲为青少年（Ventura & Hamilton, 2011）。

有效避孕的限制因素

有效避孕需要亲密伴侣通过一系列复杂的步骤协商解决。首先，双方必须将自

己定义为性活跃个体。其次，双方必须对生育和怀孕有准确的知识。第三，他们选择的避孕方法必须容易实施。最后，双方必须有正确地并坚持使用这种方法的动机和技巧。即使未能满足其中的一项条件，都可能导致意外怀孕。

许多高中生要么采取体外射精，要么干脆不采取任何避孕措施。事实上，在青少年群体中，体外射精是第二常见的避孕措施，排在使用避孕套之后（Martinez, Copen, & Abma, 2011）。采用这一方法的人面临很高的怀孕和感染性传播疾病的风险。另外，任何不使用避孕套的伴侣（即使他们采取了其他的避孕措施）都可能会感染性传播疾病，除非双方都经检测未患有此类疾病。

为什么某些个体和伴侣会进行危险的性行为？当研究者询问女性时，他们发现多种个体、人际和社会因素都可能起作用。个体原因包括使用避孕方法的技术问题、忘记采取避孕措施、发生意料之外的性行为。人际原因的例子包括对和伴侣讨论避孕感到不适、身边的朋友不支持采取避孕措施。常见的社会原因包括避孕用品不易获取、成本太高以及避孕知识不正确。

关于性别和性行为的相互矛盾的规范也起着一定的作用。男性被社会化为性活动的发起者，但在避孕方面，他们却常常让女性负责。女性很难既维持性方面的清纯形象，又同时对避孕负责。坚持要求男方使用避孕套可能会"威胁"到她们的女性身份（Cook, 2012）。某些性教育课程或父母传达的信息（"记得使用避孕套，但我们不会提供给你"）不一致，也加剧了这种

女性报告的发生无保护性行为的理由大都可以分为三类：个人原因（如忘记采取避孕措施或发生意料之外的性行为）、人际原因（如担心伴侣的反应）和社会原因（如避孕用品不易获取或避孕知识不正确）。

混乱。最后，酒精会影响避孕套的使用，尽管并非总是如此。有些人饮酒是为了避免讨论性，因为这可能会令人尴尬，这种方式也被社会所接受。

选择避孕方法

如果一对伴侣想要避孕，他们应如何选择避孕方法呢？要做出理性的选择就需要对各种方法的有效性、优点、成本和风险有准确的了解。图 12.12 总结了关于目前可用的大多数避孕方法的信息。理想失败率是对人们在正确且坚持使用某种避孕方法时怀孕概率的估计；典型失败率则将人们的疏忽也考虑在内，是对人们在现实世界中使用某种避孕方法时怀孕概率的估计。

个体对避孕的了解越多，就越有可能在性行为前与伴侣就此进行沟通。虽然当前适用于男性的避孕方法只有体外射精、避孕套和输精管结扎术，但避孕是双方共同的责任。因此，对伴侣来说，讨论彼此的偏好，决定采用何种避孕方法，并采取相应的行动是必不可少的。让我们更详细地了解一下西方世界中使用最广泛的两种避孕方法：激素类避孕用品和避孕套。

激素类避孕用品含有人工合成的雌性激素和孕激素（或只含孕激素，比如迷你避孕丸），这些激素可以抑制女性排卵。此类避孕用品包括口服避孕药、激素注射剂（甲羟孕酮醋酸酯）、避孕贴片（贴在皮肤上）、阴道避孕环（每月放入一次）以及皮下埋植避孕药。许多伴侣更喜欢这些避孕选项，因为这些避孕用品不必在性活动过程中使用。但这些避孕用品不能预防性传播疾病。

避孕方法	理想失败率（%）	典型失败率（%）	优点	缺点
激素法				
组合类避孕药	0.3	9	高度可靠；独立于性交过程；对健康有一定的好处	副作用；每天都需服用；有持续花费；对某些女性有健康风险；不能预防性传播疾病
小粒避孕丸（只含黄体酮）	0.5	3	被认为副作用风险较低；独立于性交过程；对健康有一定的好处	突破性出血；每天都需服用；有持续花费；对某些女性有健康风险；不能预防性传播疾病
激素注射剂（醋酸甲羟孕酮）	0.2	6	高度可靠；独立于性交过程；无需每次记着使用；降低子宫内膜癌和卵巢癌的风险	副作用；可能会增加某些癌症的患病风险；有持续花费；每三个月注射一次；不能预防性传播疾病
激素避孕环（阴道环）	0.3	9	高度可靠；独立于性交过程；无需每次记着使用；或可预防子宫内膜癌和卵巢癌	副作用；无长期使用的数据；不能预防性传播疾病
皮下埋植剂（依托孕烯埋植剂）	0.05	0.05	高度可靠；独立于性交过程；无需每次记着使用	副作用；移除时比较痛；埋植位点可能会留疤；不能预防性传播疾病
皮肤贴片	0.03	9	无需每次记着使用；独立于性交过程；非常可靠；对健康有一定的好处	有持续花费；对某些女性的皮肤有刺激性；不能预防性传播疾病
阻断法				
宫内节育器（IUD）	0.2~0.6	0.2~0.8	无需每次记着使用；非常可靠；对健康有一定的好处	腹痛，出血，排出体外；盆腔炎风险；不能预防性传播疾病
涂有杀精膏或杀精凝胶的阴道隔膜	6	12	没有重大健康风险；便宜	不美观；初始花费
（男用）避孕套	2	18	可以预防性传播疾病；简单易用；男性负责；无健康风险；无需处方	有人认为不美观；需要中断性活动；有持续花费
（女用）避孕套	5	21	可以预防性传播疾病；降低性交后避孕套滑落的风险；可在不了解性伴侣的情况下使用	难以放入；不舒服；在性交过程中会有噪音
阴道避孕海绵	9~20	12~24	提供24小时保护；简单易用；无味道或气味；便宜；对24小时内的多次性交均有效	不美观；有持续花费；不能预防性传播疾病
涂有杀精膏或杀精凝胶的宫颈帽	9~20	20~40	提供48小时保护；无重大健康风险	可能难以放入；可能会刺激子宫颈；初始花费
杀精剂	18	28	无重大健康风险；无需处方	某些人认为不美观；必须正确放入；有持续花费；不能预防性传播疾病
安全期避孕（生理周期）	1~9	24	无需花费；被天主教会所接受	需要较高的动机和一段时间的禁欲；不可靠；不能预防性传播疾病
手术法				
女性绝育术（输卵管结扎术）	0.5	0.5	有效；永久；不会干扰性活动；降低卵巢癌的患病风险	与手术相关的副作用；不能预防性传播疾病；昂贵；不可逆
男性绝育术（输精管结扎术）	0.1	0.15	有效；永久；不会干扰性活动	与手术相关的副作用；不能预防性传播疾病；昂贵；不可逆
其他方法				
体外射精	4	22	无花费和健康风险	降低性快感；不可靠；需要很强的动机；不能预防性传播疾病
不采取避孕措施	85	85	没有直接的金钱花费	怀孕和感染性传播疾病的风险较高

图 12.12　各种广泛使用的避孕方法的比较

伴侣双方可以从众多避孕方法中进行选择。本表总结了各种方法的优缺点。请注意，几乎所有方法的典型失败率都远高于理想失败率，这是因为人们有时并不能正确并坚持使用这些避孕方法。

资料来源：Alan Guttmacher Institute, 2012a.

除了甲羟孕酮醋酸酯与乳腺癌风险轻微增加有关外，激素类避孕用品的使用似乎不会增加女性患癌的总体风险（Trussell, 2004）。事实上，使用低剂量口服避孕药的女性，患某些癌症（如子宫癌和卵巢癌）的可能性反而有所下降。但这些避孕方法确实会轻微增加某些心血管疾病的患病风险，比如心脏病和中风。因此，35岁以上、吸烟、疑似患有心血管疾病、患有肝脏疾病以及患有乳腺癌或子宫癌的女性应考虑使用其他避孕方法。

男用避孕套是一种阻断避孕法，在性交时戴在阴茎上以收集射出的精液。它是唯一可供男性广泛使用的避孕工具。事实上，80%的男性青少年（和69%的女性青少年）报告称，他们在最近一次性交中使用了避孕套（Fortenberry et al., 2010）。其他的阻断避孕法包括女用避孕套（放入阴道中）、阴道隔膜和杀精剂。

避孕套无需处方就可在各药房中买到。如果正确使用，它能有效防止怀孕（见**图 12.12**）。避孕套必须在阴茎勃起后但与阴道接触之前戴上，并且必须在顶端留出空间来收集精液。男性应该在阴茎完全疲软前将其从阴道抽出，并且在抽出时紧握住避孕套的边缘，以防精液溢出进入阴道。

避孕套由聚氨酯、乳胶或动物薄膜（"皮肤"）制成。聚氨酯避孕套比乳胶避孕套更薄，但更容易破裂和滑落。使用乳胶避孕套能有效降低怀孕以及感染或传播各种性传播疾病的可能性。不过，油性乳霜和乳液（比如，凡士林、按摩油、婴儿润肤油、护手霜和身体乳液）绝不能和乳胶避孕套（或阴道隔膜）一起使用。这些产品在60秒内就会使橡胶膜上产生一些微孔，这些微孔足以使HIV病毒和其他性传播疾病的病原体通过。诸如宇宙之爱（Astroglide）或K-Y热感液之类的水溶性润滑剂则不会导致这个问题。聚氨酯避孕套不受油性润滑剂的影响。此外，动物薄膜避孕套不能预防性传播疾病。

紧急避孕

人们可能因为各种原因发生无保护性行为，在某些情况下，他们可能会在事后采取紧急避孕措施。女性可能在遭遇性侵、避孕失败或发生意外性行为等情况下寻求紧急避孕。在美国，18岁以上的女性无需处方（18岁以下的女性必须持有处方）即可在药店购买孕酮药片（也称作B计划药或事后避孕药）（Alan Guttmacher Institute, 2012b）。在发生无保护性行为后的72小时内，服用事后避孕药的有效率为89%。这种药的工作原理和避孕药类似，都是阻止排卵或受精以及防止受精卵在子宫壁着床（Planned Parenthood Federation of America, 2012b）。如果受精卵已经着床，孕酮则不会伤害受精卵。相反，米非司酮（又称"流产药"，原名RU 486）可以让怀孕不足9周的孕妇流产。米非司酮是一种处方药，通常为2片，间隔几天服用（Planned Parenthood Federation of America, 2012a）。尽管这些药物不能替代常规的避孕措施，但可以在无保护性行为之后使用，特别是用在遭受强奸之后。不过，它们不能预防性传播疾病。

性传播疾病

性传播疾病（sexually transmitted disease, STD）指主要通过性接触传播的疾病或感染。**图 12.13**列举了性传播疾病的主要类型及其症状和传播途径。当人们想起性传播疾病[也称作性传播感染（STI）]时，通常会想到衣原体感染和淋病，但这

性传播疾病（STD）		
性传播疾病	传播途径	症状
获得性免疫缺陷综合征（AIDS；俗称艾滋病）	艾滋病病毒可以通过性交或肛交传播，也可能通过口交传播，尤其是吞下精液时。（艾滋病也可通过非性途径传播：被污染的血液和注射针头，以及怀孕或分娩期间的母婴传播。）	大多数感染者不会立即出现症状；血液中的抗体通常在感染2~8周后产生。感染者可能会在5年或更长的时间内都没有症状。科学家目前还没有发现艾滋病的治愈方法。此病的常见症状包括发热、盗汗、体重减轻、慢性疲劳、淋巴结肿大、腹泻和/或血便、非典型瘀伤或出血、皮疹、头痛、慢性咳嗽、舌头或喉咙发白。
衣原体感染	沙眼衣原体细菌主要通过性接触传播。也可能通过手指从身体的一个部位传播到另一个部位。	男性尿道感染衣原体可导致尿道口出现分泌物，排尿时有灼烧感。衣原体引起的附睾炎可能会使影响的睾丸有下坠感，阴囊皮肤发炎，睾丸下方肿痛。女性衣原体感染导致的盆腔炎可能会干扰月经周期、体温，并导致腹部疼痛、恶心、呕吐、头痛、不孕和宫外孕。
人乳头瘤病毒（HPV）	人乳头瘤病毒通常存在于避孕套覆盖不到的生殖器皮肤区域（外阴、阴囊等），主要通过阴茎-阴道、口-生殖器、口-肛门或生殖器-肛门接触传播。它最常通过无症状的个体传播。	通常无症状；10%的感染会导致传染性的生殖器尖锐湿疣，它可能会在与感染者接触的3~8个月后出现；人乳头瘤病毒与多种癌症相关。
淋病	淋球菌通过阴茎-阴道、口-生殖器或生殖器-肛门接触传播。	男性中最常见的症状是尿道口有脓性分泌物，排尿时有灼烧感。如不治疗，可能会产生阴囊皮肤炎症、睾丸底部肿胀等并发症。女性会分泌淡黄色或绿色的分泌物，但女性感染淋病后通常没有明显症状。在后期，淋病可能会导致盆腔炎。
疱疹	生殖器疱疹病毒（HSV-2）可能主要通过阴茎-阴道、口-生殖器或生殖器-肛门接触传播。口腔疱疹病毒（HSV-1）主要通过接吻或口-生殖器接触传播。	生殖器（生殖器疱疹）或口腔（口腔疱疹）会出现红色且疼痛的小凸起（丘疹）。这些丘疹会变成疼痛的水泡，并最终破裂形成湿润的开放性溃疡。
阴虱	阴虱很容易通过身体接触、共用衣物或床上用品传播。	持续性瘙痒。通常可以在阴毛或其他部位的体毛处找到阴虱。
梅毒	梅毒螺旋体在阴茎-阴道、口-生殖器、口-肛门或生殖器-肛门接触中通过开放性病变传播。	一期：梅毒螺旋体进入躯体的部位出现无痛的硬下疳（溃疡）。二期：硬下疳消失，出现广泛性皮疹。潜伏期：可能没有可见的症状。三期：可能出现心力衰竭、失明、精神障碍以及很多其他症状。可能导致死亡。
阴道滴虫病	阴道毛滴虫这种原生生物寄生虫通过生殖器性接触传播，但有时也会通过被感染者使用过的毛巾、马桶或浴缸传播。	女性阴道口会出现带有难闻气味的白色或黄色分泌物；外阴疼痛发炎。男性通常无症状。
病毒性肝炎	乙肝病毒可能通过血液、精液、阴道分泌物和唾液传播。用手、口或阴茎刺激肛门与这种病毒的传播密切相关。甲肝病毒似乎主要通过粪口途径传播，口与肛门的性接触是甲肝传播的常见方式。	感染病毒性肝炎既可能无症状，也可能有轻微的流感样症状，还可能出现以高烧、呕吐、严重腹痛为特征的使人丧失能力的病症。

图 12.13　常见的性传播疾病概览

本表总结了9种性传播疾病的症状和传播途径。请注意，不是所有的性传播疾病都需要通过性交才会传播——很多性传播疾病可以通过口-生殖器接触或其他形式的身体密切接触传播。

资料来源：Carroll, 2007; Crooks & Baur, 2008; Hatcher et al., 2004.

些只是冰山一角。实际上，总共有大约 25 种性传播疾病。其中的一些是很容易被治愈的小麻烦，比如阴虱病；然而，也有一些是难以治疗的严重疾病。比如，如果不能及早发现，梅毒会导致心力衰竭、失明和脑损伤。艾滋病也会最终导致个体死亡。这些传染病中的大部分都是通过性交、口交、肛交在人与人之间传播的。

患病率与传播

没有人可以对性传播疾病免疫。即使是只有单一性伴侣的夫妇也可能感染某些性传播疾病（比如酵母菌感染）。美国疾控中心估计，美国每年约有 1 900 万新病例，其中近一半的感染者不足 25 岁（Centers for Disease Control, 2012c）。

根据美国疾控中心的另一份报告（Centers for Disease Control, 2012b），美国有 120 万人是 HIV 携带者或艾滋病患者（关于 HIV 的详细介绍见第 5 章）。在美国，由异性性传播导致的 HIV 感染在急剧增加。虽然大多数年轻人对 HIV 和艾滋病有所了解，但该中心估计，在 2009 年，有 8 300 名 13~24 岁的年轻人感染了 HIV。此外，年轻的男同性恋者和男双性恋者的 HIV 感染率正在上升，尤其是有色人种中的这两个群体（Centers for Disease Control, 2012b）。不幸的是，新的 HIV 药物疗法的出现——对大多数人而言显然是个好消息——似乎增加了男同性恋者和男双性恋者的冒险行为（Peterson & Bakeman, 2006）。此外，这些新药非常昂贵，那些没有医疗保险的人通常难以负担（Freedberg et al., 2001）。

HIV 在黑人、拉丁裔群体中的传播速度要快于白人群体（Kaiser Family Foundation, 2012a, 2012b）。**图 12.14** 显示了不同种族的 HIV 年新增感染率。如果女性的性伴侣曾有过多个性伴侣或注射过毒品，那么她们感染 HIV 的风险尤其高。更令人担心的是，某些女性的伴侣可能会偷偷地和其他男性发生性行为，并否认自己是同性恋或双性恋者。这种被称为"隐秘同性恋"（down low）的现象在黑人男性和拉丁裔男性中更为常见，这可能是由于对同性恋或双性恋的态度存在文化差异（Barnshaw & Letukas, 2010）。在一项研究中，22% 的"隐秘同性恋"男性近期发生过无保护肛交和无保护性交（Siegel et al., 2008）。这些男性报告称，他们之所以不采取保护措施，是因为他们并不总是能够找到避孕套，他们更享受无套性爱，并且他们认为女性伴侣是"安全的"（Dodge, Jeffries, & Sandfort, 2008）。显然，这种生活方式对不知情的女性伴侣有严重影响，会增加她们感染 HIV 或其他性传播疾病的风险。

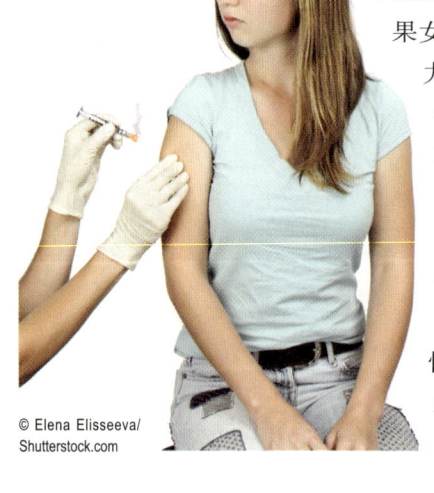

图 12.14 不同种族的 HIV 年新增感染率

本图显示了不同性别和种族的 HIV 年新增感染率的估计值。如图所示，HIV 在黑人和拉丁裔群体中的传播速度要快于白人群体。

资料来源：Centers for Disease Control, 2012b.

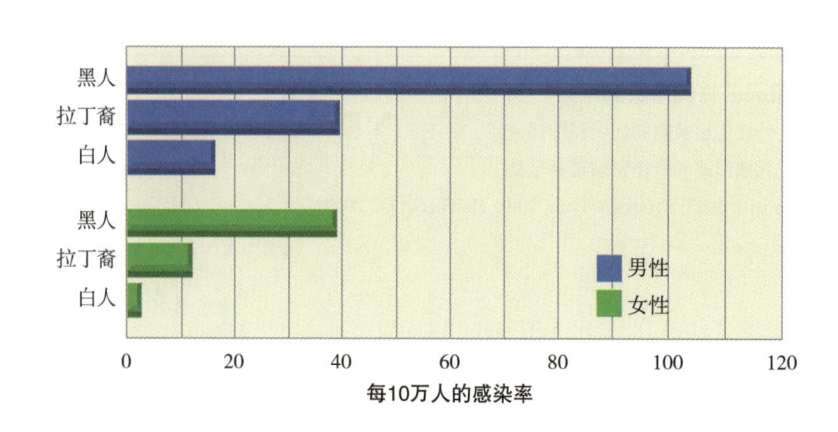

在被诊断为患有性传播疾病的 15~24 岁人群中，人乳头瘤病毒（HPV）感染者大约占了一半（Alan Guttmacher Institute, 2006）。HPV 正变得越来越常见。据估计，美国有 50% 的性活跃个体感染了生殖器 HPV（Centers for Disease Control, 2012a）。HPV 对女性的影响往往比对男性更严重，因为某些类型的 HPV 会导致宫颈癌。2006 年，美国食品药品监督管理局批准了一款疫苗（加卫苗），该疫苗可以预防会导致宫颈癌的 HPV 感染。建议男孩和女孩从 11 岁开始接种该疫苗（Alan Guttmacher Institute, 2012b）。

预 防

禁欲显然是避免感染性传播疾病的最佳方法。当然，对许多人而言，禁欲并不是一个有吸引力或现实的选择。除了禁欲，最佳策略是只在长期关系中发生性行为，因为在这种关系中双方有机会较好地了解对方。随意性行为会大幅增加感染性传播疾病的风险，包括 HIV。除了在性关系上要谨慎，你还需要和伴侣坦诚地讨论更安全的性行为。但如果你光说不做，你仍然有患病的风险。

对于更安全的性行为，我们有如下建议：

- 如果你没有和一名健康的个体建立起排他的性关系，那么请坚持使用带有杀精剂的乳胶避孕套。它能够有效预防性传播疾病和艾滋病病毒感染。（在使用乳胶避孕套时，请不要使用油性润滑剂，应使用水溶性润滑剂。）
- 如果你或你的伴侣可能患有性传播疾病，请避免发生性行为，或者每次都使用避孕套，或采用手淫等其他性表达形式。人们可能是性传播疾病的携带者而不自知。例如，在淋病的早期阶段，女性可能没有明显的症状，这使得她们可能在不知情的情况下将其传染给自己的伴侣。
- 不要和很多人发生性行为，这样会增加自己感染性传播疾病的风险。
- 不要和曾经有过很多性伴侣的人发生性行为。因为人们不会总是诚实地公开自己的性历史，所以重要的是知道自己是否能够相信潜在伴侣的话。
- 不要假定人们赋予自己的标签（同性恋者或异性恋者）准确地描述了他们实际的性行为。一项基于全美 15~44 岁个体的代表性样本的研究表明，6% 的男性和 11% 的女性报告说他们至少有过一次同性性行为（Mosher, Chandra, & Jones, 2005）。如前所述，许多人不会将这些经历告知他们的伴侣。
- 除非你和伴侣的性关系目前对彼此都是唯一，并且双方均未感染性传播疾病，否则任何会使你接触到血液（包括经血）、精液、阴道分泌物、尿液、粪便或唾液的活动都应被视为高危行为。
- 因为 HIV 很容易通过肛交传播，所以最好避免发生这种性行为。直肠组织很脆弱，容易被撕裂，这让病毒得以穿过直肠黏膜。肛交时一定要使用避孕套。
- 口交也会传播 HIV，特别是在吞下精液时。
- 在性接触前后，用温水和温和的肥皂清洗生殖器。
- 性交后马上排尿。
- 注意外阴、阴茎或身体其他部位（尤其是口部）的溃疡、丘疹或分泌物。如果你有唇疱疹，请不要接吻和口交。

如果你有理由怀疑自己感染了性传播疾病，请尽快到医疗机构做检查。感到尴尬或害怕听到坏消息都是正常的反应，但不要拖延。医务人员的职责是帮助人，而不是评判人。为了万无一失，你可以做两次检查。如果你在一年中有过多名性伴侣，你应该定期检查性传播疾病。你必须提要求，否则大多数医生和医疗机构不会主动为你检查。

记住，随着病情的进展，某些性传播疾病的症状会消失。如果你的检查结果呈阳性，要立即进行适当的治疗。通知你的性伴侣，这样他们也可以立即接受检查。在你和你的伴侣得到充分治疗，医生或医院说你不再具有传染性之前，请避免性交和口交。

即使存在这些风险，性活动也是亲密关系中正常的一部分。在应用部分，我们将关注性满意度的提升以及常见性问题的治疗。

应用：改善性关系

学习目标
- 列举改善性关系的五条一般性建议
- 讨论常见性功能失调的性质、患病率和成因以及应对策略

判断对错。
____ 1. 性问题不常见。
____ 2. 性问题属于伴侣双方共同的问题，而非某一方单独的问题。
____ 3. 性问题很难治疗。
____ 4. 性治疗师有时会推荐自慰作为某类性问题的治疗方法。

以上陈述的答案是：（1）错，（2）对，（3）错，（4）对。如果你答错了几个，也属正常。对性存在误解是一种普遍现象，而非特例。幸运的是，对于如何改善性关系，科学家已经积累了大量有用的知识。

为简单起见，我们的建议是针对异性伴侣的，但我们要说的大部分内容也适用于同性伴侣。为了获得专门针对同性伴侣的建议，我们推荐贝蒂·贝尔宗（Berzon, 2004）的《永久伴侣：建立持久的同性关系》（*Permanent Partners: Building Gay and Lesbian Relationships That Last*）一书。

一般性建议

关于如何改善性关系，我们先从一些一般性的建议开始。即使你对自己的性生活感到满意，这些建议也可以用作"预防性的药物"。

1. 了解性知识。相当多的人对性的运作几乎一无所知。所以，提高性满意度的第一步是获得关于性的准确知识。虽然大多数书店的书架上塞满了与性有关的畅销书，但其中很多充斥着不准确的性知识。挑选一本关于人类性行为的大学教科书或参加一门讲授人类性行为的课程都是不错的选择。如今，大多数大学都开设了此类课程。

2. 审视你的性价值观体系。许多性问题都源于将性与不道德相联系的消极性价值观体系。这一体系引发的罪恶感会干扰性功能。因此，性治疗师经常鼓励成年

人审视其性价值观的来源及影响。

3. 学会就性进行沟通。性沟通与性满意度和关系满意度都有关联（Montesi et al., 2011）。它在性关系中必不可少。许多常见的问题——比如，时间选择不当、前戏过少、性交后缺少温存——很大程度上都源于沟通不畅。你的伴侣并不会读心术！你必须主动分享你的想法和感受。记住：男性和女性都说他们想从伴侣那里获得更多的指导。如果你不确定伴侣的偏好，那就直接去问他/她。当你的伴侣询问你的反应时，向他/她提供坦诚（但得体）的反馈。

4. 避免关注性表现。性活动不是考试或比赛。人们可能会过于关注诸如双方同时达到性高潮之类的问题，但越想达到性高潮通常反而越难达到。这种心理定势会导致糟糕的习惯，比如评判自身的性表现。当人们放松并享受性活动时，性体验通常是最棒的。我们最好秉持这样的理念：到达目的地的过程与目的地本身一样有趣。

5. 享受性幻想。如前所述，大脑是终极的性敏感区。虽然弗洛伊德的理论最初认为性幻想是性挫折和性不成熟的不良副产品，但研究发现，性幻想相当常见，并不代表性功能失调（Kahr, 2008）。男性和女性都报告说性幻想提高了他们的兴奋度。所以，请放心地用幻想来增强你的性唤起。

理解性功能失调

许多人都在与性功能失调抗争，**性功能失调**（sexual dysfunction）是指会导致主观痛苦的性功能障碍。**图 12.15** 显示了某些最常见性问题的患病率。生理、心理和人际因素都会导致性问题。生理因素包括慢性病、残疾以及某些药物、酒精和毒品的使用。个体的心理因素包括表现焦虑、童年习得的关于性的消极态度、对怀孕和性传播疾病的担忧、诸如解雇等生活压力以及曾遭受性虐待的经历。人际因素包括关于性问题的无效沟通，以及会加剧愤怒和怨恨的未解决的关系问题。

人们通常认为性问题只存在于某一方（生理或个体的心理因素）。虽然有时确实如此，但大多数性问题源于伴侣之间独特的相处方式（人际因素）。此外，即使在那些问题更多出在一方而非另一方的情况下，伴侣双方也需要共同努力寻找一个可接受的解决方案。换句话说，性问题是伴侣双方共同的问题，而非某一方单独的问题。

现在让我们来看看四种常见性功能失调的症状和成因：勃起困难、早泄、性高潮困难和性欲低下。

当男性反复地无法实现或维持足以完成性交的勃起时，便出现了**勃起困难**（erectile difficulties）。这个问题传统上被称为阳痿，但由于其带有贬义，性治疗师废弃了这一术语。从未有过足以完成性交的勃起被称为终身性勃起困难。以前能够完成性交但现在难以勃起，被称为获得性勃起困难。后一种问题更常见，也更容易治愈。

在一项涉及 27 个国家的研究中，如果采用宽泛的标准（无法获得足以达到令人

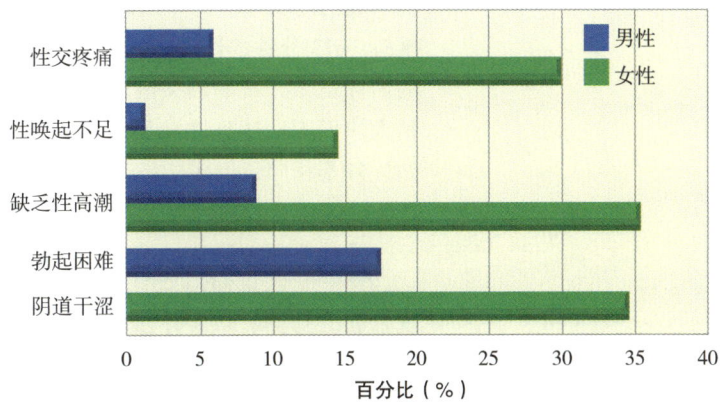

图 12.15 过去一年内报告的各种性困难的性别差异
本图显示了一项针对 18~59 岁群体性行为的全美调查结果。男性最常报告的问题是勃起困难，而女性最常报告的问题是性高潮困难和阴道干涩。
资料来源：Herbenick et al., 2010a.

在两性关系中，未解决的性问题会成为关系紧张和挫败感的来源。生理、心理和人际因素都可能导致性方面的困难。

满意的性表现的勃起），那么近一半的受访男性表示存在勃起困难（Mulhall et al., 2008）。在一项针对50岁以上群体的全美调查中，44%的男性报告有某种程度的勃起困难（Schick et al., 2010）。

除了衰老之外，其他生理因素也会导致勃起困难。比如，有些勃起困难可能是药物副作用导致的。一些常见疾病（如肥胖、糖尿病、心脏病、高血压）也会导致勃起困难。许多暂时的状况，比如疲劳、担心工作、与伴侣发生争吵、抑郁或饮酒过多也会导致勃起困难。勃起困难最常见的心理原因是对性表现感到焦虑。焦虑可能源于对自身男子气概的怀疑，或者对性欲是否符合道德的内心冲突。如果个体的伴侣把偶然的勃起困难视为严重的问题，人际因素就会产生影响。如果男性任由自己过度关注自身的性反应，就会滋生越来越多的焦虑。

早泄（premature ejaculation）是指男性总是太快达到性高潮并因此损害了性关系。多快算"太快"？为了回答这个问题，研究者询问了由美国和加拿大的性治疗师组成的随机样本的专家意见（Corty & Guardiani, 2008）。他们发现，如果人们能够维持3~13分钟的性交时间，就不用担心早泄的问题。显然，即使是"专家"对时间的估计也十分武断。关键的考虑因素是伴侣双方的主观感受。如果一方总是感到射精太快而无法达到性满足，那么这对伴侣就有问题了。虽然研究者对早泄患病率的估计各不相同，但多达三分之一的男性在生命中的某个时间会遇到这个问题（Mayo Clinic, 2011）。

是什么原因导致了这种障碍？一些有终身早泄史的患者可能有早泄的神经生理学倾向。生物学原因包括激素、甲状腺问题和前列腺炎。心理原因可能包括压力、抑郁和对伴侣有气。某些治疗师认为，如果在早期性经历中快速达到性高潮是有利的（或者说可以避免被发现），那么这些经历会使个体形成早泄的习惯（Mayo Clinic, 2009）。

当人们可以体验到性唤起，却总是难以达到性高潮时，便出现了**性高潮困难**（orgasmic difficulties）。这一问题发生在男性身上时通常被称为男性性高潮障碍。发生在女性身上时传统上被称为性冷淡，但因其具有贬义，研究者已不再使用。因为这种问题在女性中要常见得多，所以我们将只讨论女性的性高潮困难。从未通过任何性刺激体验过性高潮的女性有广泛性终身性高潮困难。只能在某些或极少情境中体验到性高潮的女性有情境性高潮困难。尽管终身性高潮困难看起来更严重，但实际上比情境性高潮困难更容易治疗。

生理原因造成的性高潮困难很少见（药物可能是一个原因）。一个主要的心理原因是对性的消极态度。那些被灌输"性是肮脏或罪恶的"观念的女性，可能会在进行性活动时带有羞耻和负罪感。这些感受会阻碍性唤起，抑制性表达，影响性高潮反应。对怀孕的担心或对达到性高潮的过分关注也可能会抑制女性的性唤起。

有些女性的性高潮困难是因为性交时间太短，还有一些则是因为伴侣不关心她们的需求和偏好。很多伴侣只需尝试一些性活动比如用手或口刺激阴蒂，就可以解决女性的性高潮困难，因为这些性行为比单纯的性交更能有效地使女性达到性高潮。

性欲低下（hypoactive sexual desire）是指对性活动缺乏兴趣。性欲低下的个体很少主动发起性行为，或者倾向于避免与伴侣发生性行为。它可发生于男性和女性，但在女性中更常见，并且有随年龄增加的趋势（Davison & Davis, 2011）。事实上，在一个 57~85 岁的美国成年人样本中，性欲低下是女性最常报告的性问题（Lindau et al., 2007）。对女性而言，性欲低下常常与两性关系困难相关。与性欲低下有关的其他因素包括童年期曾遭受性虐待、压力、分心、焦虑、抑郁以及对身体意象感到不满（Brotto et al., 2010）。对男性来说，性欲低下常常与对勃起障碍感到尴尬有关（Carvalho & Nobre, 2011）。

应对具体问题

随着现代性治疗的出现，性问题不再是挫败感和羞耻感的长期来源。**性治疗**（sex therapy）是指对性功能失调的专业化治疗。著名性学家马斯特斯和约翰逊报告了他们在治疗特定问题上的高成功率，业界也达成了共识，即更多的性功能失调可被治愈。治疗性问题的药物（比如万艾可，俗称"伟哥"）的出现导致人们对药物治疗和个体治疗的重视程度超过了关系干预。尽管如此，基于伴侣的治疗仍占有一席之地，并经常被推荐（Goldhammer & McCabe, 2012）。如果你想找一名性治疗师，一定要找在这一专业领域有从业资格的人。在美国，可以找持有美国性教育者、性咨询师和治疗师协会（AASECT）颁发的职业资格证书的从业人员。

马斯特斯和约翰逊

勃起困难

万艾可的制造商辉瑞公司称，这款广受好评的治疗勃起困难的药物对多达五分之四的男性有效。但它也并非没有缺陷——其中一些危及生命。希爱力和艾力达是两款与万艾可相似的药物，它们增强勃起的时间（24~36 小时）要比万艾可更长。这些药物可以松弛阴茎肌肉，从而增加血液流动，导致勃起。为了有效地发挥作用，这些药物还必须与伴侣的做爱方式融合起来。认为只要吃药就能解决两性关系或心理问题导致的性问题，反而可能使男性患上其他的性功能失调（McCarthy, Bodnar, & Handal, 2004）。有证据显示，锻炼和多活动有助于个体保持健康的勃起功能（Janiszewski, Janssen, & Ross, 2009）。

要克服心理因素造成的勃起困难，关键是降低男性的表现焦虑。伴侣可以坦诚

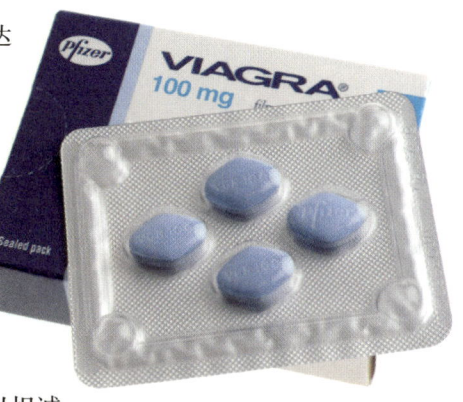

地讨论这一问题。女性（或者同性关系中的另一男性）应该放心，伴侣的勃起问题并不代表伴侣不够爱自己。显然，对女性来说，给予伴侣情感支持而非敌意或苛求至关重要。

马斯特斯和约翰逊引入了一种治疗勃起困难和其他性功能失调的有效程序。在**感觉聚焦**（sensate focus）练习中，伴侣双方轮流取悦对方，并同时给予对方指导性的口头反馈，在此过程中某些刺激是被暂时禁止的。在这一练习中，一方刺激另一方，接受刺激的一方只需躺着享受，同时给予对方自己对什么刺激感觉好的指示和反馈。最初，伴侣双方不被允许触摸彼此的生殖器或尝试性交。这一禁令应该会使男性不再因为担心自己的性表现而产生压力。几次治疗之后，伴侣双方可以逐渐地将生殖器刺激加入到感觉聚焦中，但仍然不可以进行性交。随着性表现压力的消除，许多男性可以自发地勃起。反复的勃起应该能够恢复男性对性反应的自信。随着男性自信心的回归，伴侣双方就可以逐步尝试性交了。

早　泄

受早泄困扰的男性有的几乎是即刻达到性高潮，有的则是无法持续到伴侣所需要的时间。对于后一种情况，仅仅减缓性交的节奏可能就会有帮助。有时，抛弃"性高潮应该通过性交来实现"的传统观念也可以间接地解决这个问题。如果女性伴侣喜欢口交或手淫，那么可以在性交前后，通过这些方法使她达到性高潮。这一策略可以降低男性的表现压力，并且也可能会使性交时间延长。

对于即刻射精的问题，有两种疗法非常有效：停-动法和挤压法（Semans, 1956; Masters & Johnson, 1970）。这两种方法都要求女性用手对阴茎进行刺激，使男性达到性高潮的边缘状态。然后，女性要么停止刺激（停-动法），要么挤压男性的阴茎末端3~5秒钟（挤压法）直到其平静下来。在使男性达到性高潮之前，女性需要重复以上程序3~4次。这些练习可以帮助男性识别性高潮前的感觉，并让他知道他可以延迟射精。药物，比如某些抗抑郁药和局部麻醉膏，也可能有帮助（Mayo Clinic, 2009）。

性高潮困难

对性的消极态度和尴尬往往是女性性高潮困难的根源。因此，治疗性讨论的目的通常是帮助没有性高潮的女性减少对性表达的矛盾情绪，更加清楚自己的性需要，并更加坚定地表达自己的需要。性治疗师通常建议从未有过性高潮的女性先使用震动按摩器来达到性高潮，之后再通过手淫达到性高潮，因为后者更接近伴侣的刺激。感觉聚焦也是一种治疗性高潮困难的有效方法（Donahey, 2010）。

如果女性的性高潮困难源于感觉与伴侣不亲密，那么治疗通常会更多地聚焦于伴侣的关系问题而非性功能本身。治疗师还会专注于帮助伴侣双方改善沟通技巧。

性欲低下

治疗师们认为性欲减退是最难治疗的性问题（Aubin & Heiman, 2004）。这是因为性欲低下常常有多种原因，而这些原因又难以确定。如果性欲低下是由于过度工作带来的疲劳，治疗师可能会鼓励伴侣双方分配更多的时间来满足自身和关系的需要。有时，性欲低下反映的是伴侣之间的关系问题。与更具体的其他性障碍相比，对性欲减退的治疗通常更为密集，并且往往需要从多个方面入手。

药物也可用于性欲低下治疗。男性和女性均可采用激素疗法。万艾可在医学和经济上的成功，促使制药公司去开发提高女性性欲的药物（Marshall, 2005）。然而，药物无法解决伴侣之间的关系问题。此时就需要采取伴侣治疗。就像我们在本章中看到的大多数问题一样，伴侣之间的沟通是至关重要的。

本章回顾

主要观点

成为一名"性"个体

- 个体的性同一性由性取向、性价值观和性伦理观以及性爱偏好组成。激素等生理因素对性分化和性解剖结构的影响比对性活动的影响要大。心理社会因素似乎对性行为有更大的影响。个体的性同一性受家庭、同伴、学校、宗教和媒体的塑造。由于性社会化存在性别差异,所以性通常对男性和女性有不同的含义。
- 专家认为,性取向是复杂的,有多种成分。性取向的决定因素尚不清楚,但似乎是生物学因素与环境因素的一种复杂的相互作用。
- 人们对同性恋的总体态度是消极的,但似乎在朝着积极的方向发展。接受和公开自己的性取向是一个复杂的过程。近来的证据表明,与异性恋者相比,同性恋者有更高的抑郁和尝试自杀的风险,这一现象可能与他们属于一个被污名化的群体有关。

性关系中的互动

- 性动机可以分为趋近动机和回避动机。个体的性动机与其个人幸福感和关系幸福感相关。男性往往更多受生理满足的驱使,而女性更可能出于情感上的动机。
- 伴侣双方在性兴趣和性爱偏好上的差异会带来分歧,双方需要对此进行协商。有效的沟通在性满意度和关系满意度中起着重要作用。

人类的性反应

- 马斯特斯和约翰逊描述了人类性反应的生理机制。他们发现了性反应周期的四个阶段:兴奋期、平台期、高潮期和消退期。为了更全面地了解这一过程,个体在性接触中的认知体验也需要考虑在内。
- 在性交过程中,女性比男性更少达到性高潮,这通常是因为前戏和性交时间过短,以及性社会化的性别差异。

性表达

- 性幻想是正常的,并且是性表达的一个重要方面。亲吻和爱抚是重要的性活动,但男异性恋者常常低估它们的重要性。尽管历史上人们对手淫持消极态度,但这一行为相当常见,甚至在已婚群体中也是如此。口交已成为大多数伴侣性活动的一个常见元素。肛交则相对不常见。
- 性交是当今社会中最普遍的性活动。男同性恋者之间的性活动包括相互手淫、吮吸阴茎以及相对较少的肛交。女同性恋者则会进行相互手淫、舔阴和交叉体位等性活动。

性行为的模式

- 一夜情自20世纪90年代以来一直呈上升趋势,在年轻成人中是一种常见行为。与一夜情有关的随意性行为是有风险的。许多年轻人也与朋友保持炮友关系。这些关系可能难以处理。
- 性亲密可以预测关系稳定性。年轻的已婚夫妇通常每周进行2~3次性交。同性伴侣和异性伴侣的性爱频率都会随着年龄增长而下降。不过,成年晚期的性活动依然普遍。
- 大多数美国人强烈反对婚外性行为。不忠行为在已婚夫妇和女同性伴侣中较不常见,而在男同性伴侣中较为常见。人们发生关系外性行为的原因多种多样。

性活动中的实际问题

- 避孕和性传播疾病是许多性活跃个体面临的两个实际问题。很多不想怀孕的人没有或未能有效地采取避孕措施。各种避孕方法在有效性上存在差异,并各有优缺点。
- 性传播疾病的患病率在增加,尤其是在25岁以下的人群中。有过多个性伴侣的人感染性传播疾病的风险更高。在美国,由异性性行为导致的HIV感染率在上升,特别是在黑人和拉丁裔群体中。使用避孕套可以降低感染性传播疾病的风险。性传播疾病的早期治疗很重要。

应用:改善性关系

- 为了改善性关系,个体需要有足够的性知识和积极的性价值观。人们也需要能够与自己的伴侣就性进行沟通,并避免关注自己的性表现。享受性幻想也很重要。
- 常见的性功能失调包括勃起困难、早泄、性高潮困难和性欲低下。对性欲低下的治疗不如对更具体的性问题的治疗有效。性治疗可以有明显效果。

关键术语

性同一性	手淫
异性恋者	舔阴
同性恋者	吮吸阴茎
生殖腺	肛交
雄激素	性交
雌激素	性传播疾病
月经初潮	性功能失调
首次遗精	勃起困难
同性恋恐惧症	早泄
双性恋者	性高潮困难
血管充血	性欲低下
性高潮	性治疗
不应期	感觉聚焦
性敏感区	

练习题

1. 安东尼对性的态度是"怎么都行";他的伴侣则认为,关系的类型决定了什么是恰当的性活动。安东尼持有_____性价值观,他的伴侣持有_____性价值观。
   a. 绝对主义的;相对主义的
   b. 享乐主义的;绝对主义的
   c. 相对主义的;享乐主义的
   d. 享乐主义的;相对主义的

2. 下列关于性取向的陈述,哪一个是正确的?
   a. 异性恋和同性恋最好被视为两个不同的类别
   b. 性取向是复杂且可塑的
   c. 生物学因素可能单独决定了性取向
   d. 环境因素可能单独决定了性取向

3. 斯泰茜正处于性唤起的初始阶段。她的肌肉紧张,心率和血压升高。她现在正处于马斯特斯和约翰逊所描述的性反应周期的_____。
   a. 前戏期
   b. 高潮期
   c. 兴奋期
   d. 消退期

4. 性幻想_____。
   a. 是异常的标志
   b. 是十分正常的
   c. 很少涉及与伴侣之外的人发生性行为
   d. 很好地指示了人们想在现实中有什么体验

5. 研究表明,总体婚姻满意度与性满意度之间_____。
   a. 有很强的关系
   b. 有较弱的关系
   c. 没有关系
   d. 只在结婚第一年有很强的关系

6. _____更可能拥有"开放式"关系。
   a. 一对异性夫妻
   b. 一对男同性伴侣
   c. 一对女同性伴侣
   d. 上述三者的可能性相同

7. 下列关于不忠行为的说法,_____是正确的?
   a. 女性更为情感不忠而痛苦,而男性更为性不忠而痛苦
   b. 女性的不忠行为更多受性兴奋的驱使,而男性更多受关系不幸福的驱使
   c. 与50岁以上的人相比,18~30岁的人更不可能发生关系外性行为
   d. 如今美国社会的大多数人都支持婚外性行为

8. 下列关于避孕套的说法,_____是正确的?
   a. 在使用乳胶避孕套时,可以使用油性润滑剂
   b. 聚氨酯避孕套比乳胶避孕套更厚
   c. 动物膜避孕套可以预防性传播疾病
   d. 在使用乳胶避孕套时,可以使用水溶性润滑剂

9. 性传播疾病_____。
   a. 都是非常严重的
   b. 感染后立即出现症状
   c. 在25岁以下的人群中最常见
   d. 在26~40岁的人群中最常见

10. 下列选项中,_____是本章提到的关于改善性关系的建议?
    a. 为每次性活动设立清晰的目标
    b. 坚持消极的性价值观
    c. 不要给你的伴侣反馈
    d. 接受充分的性教育

答案

1. d
2. b
3. c
4. b
5. a
6. b
7. a
8. d
9. c
10. d

第 13 章 职业与工作

自我评估：求职自信问卷（Assertive Job-Hunting Survey）

指导语

本量表旨在提供有关你求职方式的信息。想象自己在下面每一种求职情境中，并指出你有多大可能会按描述的方式行事。如果你以前从未找过工作，可以根据你会如何找工作来作答。请使用如下的评分等级进行回答，并将你的回答填写在题目左侧的横线上。

1	2	3	4	5	6
非常不可能	不可能	有点不可能	有点可能	有可能	非常可能

量　表

____ 1. 当被问到与申请职位相关的工作经验时，我只会提起有偿工作经历。
____ 2. 当听到有人在谈论某个有趣的职位空缺时，除非我认识这个人，否则我不愿意询问更多的信息。
____ 3. 我会向没有职位空缺的雇主询问他（她）是否认识其他有职位空缺的雇主。
____ 4. 我淡化自己的资历，这样雇主就不会认为我比实际更有资格。
____ 5. 我宁愿通过职业介绍所找工作，也不愿意直接向雇主申请。
____ 6. 在面试前，我会联系该组织的员工以了解更多关于该组织的信息。
____ 7. 在工作面试时，我不太愿意问问题。
____ 8. 我避免通过电话联系潜在雇主或去找他们，因为我觉得他们太忙了，没有时间和我交谈。
____ 9. 如果面试官迟到太久，我会离开或安排另一场面试。
____ 10. 我相信一个经验丰富的职业顾问比我更清楚我应该申请什么工作。
____ 11. 如果秘书告诉我潜在的雇主因为太忙而不能见我，我会不再试图联系该雇主。
____ 12. 找到想要的工作主要靠运气。
____ 13. 我会直接联系我未来工作的主管，而不是该公司的人事部门。
____ 14. 我不愿意请教授或主管为我写推荐信。
____ 15. 除非我具备公布的职位描述上列出的所有任职资格，否则我不会申请该职位。
____ 16. 如果我觉得第一次面试表现不好，我会请求雇主对我进行第二次面试。
____ 17. 除非我知道有职位空缺，否则我不愿意联系某个组织。
____ 18. 如果我没得到工作，我会给雇主打电话，询问我如何才能提高获得类似职位的机会。
____ 19. 我不喜欢向朋友打听工作机会。
____ 20. 现在就业市场这么严峻，我最好能找到什么工作就干什么。
____ 21. 如果人事部门拒绝给我安排面试，而我认为自己符合职位要求，我会直接联系该职位的主管。
____ 22. 我更愿意与到大学校园招聘的人面谈，而不是直接联系雇主。
____ 23. 如果面试官说"有职位空缺我会联系你"，我就知道自己没戏了。
____ 24. 我会先查一查已有的职位空缺，再决定想找什么样的工作。
____ 25. 我不愿意联系我不认识的人以获取我感兴趣的职业领域的信息。

计分方法

在开始计分前，你需要先将你对 18 个问题的回答进行反转。转换规则如下：1=6，2=5，3=4，4=3，5=2，6=1。这 18 个需要反转的问题为第 1、2、4、5、7、8、10、11、12、14、15、17、19、20、22、23、24、25 题。反向计分后，将你在 25 个问题上所填的数字相加。总和就是你在求职自信问卷上的得分。

我的得分：_____

测量的内容

求职自信问卷由希瑟·贝克尔等人（Becker et al., 1980）编制，测量的是你的求职风格。有些人求职的方式比较被动——等着工作找上门；另一些人则倾向于以更积极、更自信的方式求职，他们根据所处环境采取行动，获取所需的信息，寻找对求职有帮助的联系人，主动接近他们青睐的公司。本量表测量的是你主动求职的倾向。

本量表的重测信度良好（0.77，间隔时间为两周）。被试在参加了旨在提高主动求职能力的培训项目后得分有所提高，这一证据支持了量表的效度。此外，那些有过求职经历的人往往比没有求职经历的人得分更高。

分数解读

我们的常模是基于向学校咨询中心申请进行职业生涯规划咨询的大学生样本。

常模

高分：	117~150
中等分数：	95~116
低分：	0~94

资料来源：Becker, H. A. (1980). The Assertive Job-Hunting Survey. *Measurement and Evaluation in Guidance, 13*, 43–48.

自我反思：你对自己感兴趣的职业了解多少？

　　做出重要的职位决策需要信息。在本练习中，你的任务是选择一种职业并对其进行调研。你应该先读一些职业文献，然后采访该领域中的某个人。请使用下面的提纲概括你的发现。

1. 工作性质。日常工作的职责是什么？

2. 工作条件。工作环境令人愉快还是不愉快？工作压力大吗？

3. 入职要求。进入这个职业领域需要什么样的教育和培训经历？

4. 可能的收入。入门级的工资是多少？如果你非常成功，你有望拿到多少薪水？

5. 晋升机会。你在这个领域如何晋升，有充足的晋升机会吗？

6. 内在工作满意度。你能从这份工作中获得多少个人满足感？

7. 未来前景。你预计这个职业领域未来的供需状况会如何？

资料来源：© Cengage Learning

第 13 章

职业与工作

选择职业
    考察个人特征和家庭对职业选择的影响
    研究工作的特性
    在职业选择中使用心理测验
    把重要因素考虑在内

职业选择与发展模型
    霍兰德的个人 – 环境匹配模型
    休珀的发展模型
    女性的职业发展

变化中的职场
    职场趋势
    教育与收入
    劳动力的变迁

应对职业危害
    工作压力
    性骚扰
    失业

平衡工作与生活的其他领域
    工作狂
    工作与家庭角色
    休闲与娱乐

应用：在求职游戏中取得先机
    制作简历
    寻找你想为之工作的公司
    获得面试机会
    打磨你的面试技巧

本章回顾

练习题

"工作与爱情……爱情与工作，这就是全部。"这句话被归于弗洛伊德，他关于爱情和性的观点广为人知，尽管有时也会被误解。然而，很少有人知道，弗洛伊德将工作看作理解人类处境的一个重要元素。工作对许多人而言是人生的定义特征，它可能也是美国人的定义特征。想一想，你认识的大多数人是不是用所从事的职业来表明自己的身份？当你第一次遇到某个人时，你首先想问的可能是："你从事什么职业？"人们对这一问题的回答，不仅可以反映他们的职业，还可以折射他们的社会地位、教育背景、生活方式、人格、兴趣、志向和资质。换句话说，工作在成人的生活中起着关键作用，在美国尤其如此。一项民意调查表明，73%的美国人认为工作在生活中"极其重要"或"很重要"（Moore, 2003）。从图13.1中你可以看到，人们对工作的看法与他们的收入之间有着很强的相关。在一个很现实的意义上，一个人从事什么样的工作他就是什么样的人。如果你觉得这一观察有道理，那么为什么失业会给人们的自我感和幸福感带来致命后果也就不难理解了。

由于工作在我们生活中有着重要作用，因此心理学家对工作有浓厚的研究兴趣。**工业与组织心理学**[industrial/organizational (I/O) psychology] 就是研究人在职场中的行为的科学。工业与组织心理学家们致力于提高劳动者和他们所效力的组织的尊严与绩效（Islam & Zyphur, 2009; Zedek, 2011）。它研究员工动机和满意度、工作绩效、工作伦理、领导力、职业危害、人员选拔以及组织内的多元性等问题。近年来人们开始关注员工如何平衡工作和家庭生活的问题（Greenhaus & Powell, 2006; Major & Morganson, 2011）。这两个领域间的不平衡会导致工业与组织心理学家所称的"工作–家庭冲突"（例如，Glavin & Schieman, 2012; Odle-Dusseau, Britt, & Greene-Shortridge, 2012）。

我们通过回顾职业选择中的一些重要因素来开始本章

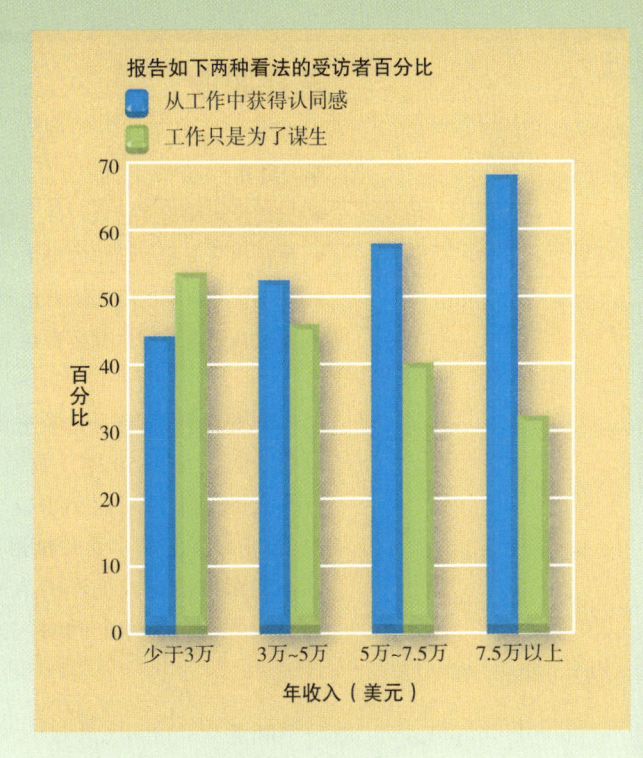

图 13.1 员工如何看待自己的工作

员工如何看待自己的工作与他们的收入相关很强，收入高的员工更可能从工作中获得认同感，而收入低的员工只是把工作看作谋生的一种手段。

资料来源：Moore, 2001.

的内容。然后我们探讨两个有关职业发展的模型，并讨论女性的职业问题。接下来，我们考察职场和劳动力正在发生着哪些变化，同时关注工作压力、性骚扰和失业等职业危害。最后，本章讨论了平衡工作、家庭和休闲所涉及的重要问题。在应用部分，本章就如何提高找到理想工作的机会提供了一些具体的建议。

选择职业

学习目标

- 描述个人和家庭因素对职业选择的影响
- 请列出获取职业信息的渠道以及潜在职业的关键方面
- 阐明职业兴趣问卷在职业选择中的作用
- 概述在职业选择中需要重点考虑的六个因素

职业选择是生活中最重要的决定之一。试想一下：普通人一天至少工作 8 小时，每周 5 天，每年 50 周，持续 40 到 45 年。一些人的工作时间比这更长，不可否认，有些人的工作时间远小于这个值。无论如何，这样的时间投入（事实上一辈子的投入）意味着你应该享受并精通你所从事的工作。想象一下那些既不喜欢所从事的职业，又不能很好地完成工作的人们整天所感到的不满（如果不是折磨的话）。除了睡觉，大多数人花在工作上的时间比花在任何活动上的时间都多。只考虑一个典型的工作日：

睡觉	6~8 小时
上下班通勤	1~2 小时
工作	8 小时
做饭、吃饭	2 小时
看电视、上网	1~3 小时
其他活动	1~2 小时

正如你所看到的，职业决策非常重要。它可能决定你能否就业，财务是否有保障，生活是否快乐。日新月异的技术以及不断增加的进入大多数领域所需的培训和教育，使谨慎选择职业比以往任何时候都更重要。从理论上讲，做一个成功的职业选择所涉及的因素非常简单。首先，你需要清楚地了解自己的个人特点；其次，你需要掌握潜在职业的真实信息。从这一点出发，你只需要选择一个与你的个人特征非常匹配的职业就可以了。然而在实践中，这个过程远比简单寻求两个要素的匹配要复杂得多，接下来让我们详细地了解一下。

考察个人特征和家庭对职业选择的影响

缺乏工作技能和资格（包括教育、培训和经验）的人可选择的工作有限。因此，他们常常不得不从事任何能找到的工作，而不是寻找适合自己的工作。从真正意义上说，不是他们在选择工作，而是工作在选择他们。实际上，选择职业通常是中、上阶层享有的一种奢侈品。对那些能够选择职业的人而言，个人品质和家庭因素都会发挥作用。

个人特征

做职业选择可能会令人恐慌。拥有安全型依恋的人（见第 9 章）和对自己的职业能力有自我效能感的人（见第 6 章），比较容易做职业选择（Fouad, 2007; Meredith,

Merson, & Strong, 2007; Song & Chon, 2012）。还有哪些个人特征会影响职业选择？虽然智力并不必然预测职业成功（Griffeth, Hom, & Gaertner, 2000），但能预测人们进入某一行业的可能性。这是因为智力与人的学业成功有关，而学业成功是进入某些领域的入场券。法律、医学和工程等行业只对符合标准的人开放，这些标准越来越严格，过去只需高中毕业，后来需要大学学历，现在则需接受研究生教育和专业训练。对男性而言，智力和职位之间往往存在关联；然而对女性来说，正如我们在第11章中提到的那样，能力和个人成就之间存在差距。

一些心理学家也想知道智力与工作满意度的关系。虽然这一领域还未引起人们的广泛关注，但一项研究表明，在不复杂或缺少挑战性的工作中，聪明的人往往比不聪明的人工作满意度低（Ganzach, 1998）。因此，选择一份与自身智力水平相匹配的职业是明智的选择。

尽管如此，在许多行业，特殊天赋比一般智力更重要。能够使人更好地适应某一行业的特殊能力倾向包括创造力、艺术或音乐才能、机械操作能力、文书能力、数理能力和说服能力。一个特别重要的特征是社交技能，因为团队和人际网络在各种各样的组织中越来越重要（de Janasz & Forret, 2008; Kozlowski & Bell, 2003）。一名员工不仅需要与同事和谐相处，而且需要向他们提供建议或监督他们。社交情感智力或人际智力，即在人际关系中明智行事并准确解释情绪和意图的能力，无疑是这种社交技能的重要组成部分（Albrecht, 2009; Kafetsios et al., 2009; Lievens & Chan, 2010; Mayer, Salovey, & Caruso, 2008）。

在生命旅程中，人们会产生各种各样的兴趣。你可能会对商业世界感兴趣，也可能对学术研究感兴趣，可能会对国际事务、户外活动、物理科学、音乐、体育运动或文化与艺术感兴趣，也可能对公共服务、接待业或娱乐业感兴趣。这一潜在兴趣的列表几乎可以无限长。因为兴趣是工作动机和工作满意度的基础，所以在你的职业规划中一定要考虑到这一点。

最后，选择一个与你的性格相容的职业很重要（Swanson & D'Achiardi, 2005）。在后面的小节中，我们会考察人格类型和职业选择的关系。

家庭影响

家庭背景对个体的职业选择有非常重要的影响（Whiston & Keller, 2004）。也就是说，对人们有吸引力的工作往往与他们父母的工作相似。例如，在中产阶级家庭长大的人更渴望从事律师、医生和工程师等高收入的工作。而来自低收入家庭的人则经常倾向于从事建筑、办公室和餐饮服务等低收入工作。

家庭背景影响职业选择有几个原因。首先，个体的受教育年限是职业地位的一个重要预测因素（Arbona, 2005），而父母和孩子的受教育水平往往非常相似，所以他们可能会有类似的工作。其次，职业成就与社会经济地位有关，而在这种关系中起中介作用的因素是求学期间的教育抱负和成就（Schoon & Parsons, 2002）。这意味着父母和老师可以通过鼓励孩子好好学习提高他们的职业抱负和机会。虽

本·斯蒂勒决定效仿他的父亲杰里·斯蒂勒，开始自己的演艺生涯。

然社会经济地位似乎比种族因素对职业抱负的影响更大，但职业抱负的种族差异依然存在（Rojewski, 2005）。例如，一项跨文化、多种族的研究表明，中国大学生和亚裔美国大学生更经常选择研究性（涉及分析、智力活动和数学等）职业；此外，与欧裔美国大学生相比，他们的职业选择更容易受父母的影响（Tang, 2002）。

最后，父母的教养方式也会产生影响。大多数中产阶级家庭会鼓励孩子保持好奇心和独立性，而这些品质对于在许多高地位的职业中取得成功至关重要。相比而言，较低阶层家庭的父母常常要求孩子顺从和服从（Hochschild, 2003）。因此，这些孩子很少有机会培养高地位工作所需要的品质。正如我们在11章提到的，父母的性别角色期望也会影响子女的工作抱负，有时还会与社会经济地位和种族因素发生交互作用。

研究工作的特性

职业选择的第二步是搜寻有关工作的信息。由于招聘广告数量庞大，因此在开始收集前你需要缩小搜索范围。

职业信息来源

一旦你选择了一些你可能感兴趣的工作，接下来的问题便是从哪里获得有关它们的信息。在大多数图书馆和互联网上都能找到的《职业前景手册》是一个不错的切入点。这份政府文件由美国劳工统计局每两年出版一次，是一份全面的职业指南。该手册包含了800多种职业的工作描述、教育和经验要求、薪水，以及雇佣前景。

如果你想了解关于某个职业的更详细的信息，你通常可以通过在线搜索。如果你对心理学的职业感兴趣，你可以通过美国心理学协会获得一些小册子或书籍，或查阅一本专门介绍心理学职业的书（Helms & Rogers, 2010; Kuther & Morgan, 2012; Landrum, 2009）。此外，美国心理学协会网站还提供了下属50多个分支的网络链接，其中许多提供了有用的职业信息。社会工作、学校心理等相关职业也有自己的网页。马基·劳埃德（Marky Lloyd）的"心理学职业"网站提供了相关的网址。

关于工作的基本信息

在查阅职业文献和向人请教时，你应该寻求哪些信息？在某种程度上，答案取决于你的兴趣、价值观和需要。然而，有些东西几乎是所有人都关心的。员工通常看重的因素包括：良好的医疗保险，退休计划，有限的工作压力，以及对优秀工作表现的认可（Saad, 1999）。你需要了解的一些关键问题包括：

- 工作性质：在每天的工作中，你的职责和义务是什么？
- 工作条件：工作环境舒适吗，工作压力大吗？
- 入职要求：要进入本行业，需要什么学历和专业训练？
- 继续培训或教育：是否需要在工作中或工作之外不断地学习以便精通所从事的工作？
- 潜在收入：入门级薪水是多少，工作特别优秀能拿多少薪水？一般员工薪水多少？有哪些附加福利？

- 潜在地位：这一职业的社会地位怎样？
- 晋升机会：在这一领域你如何晋升？是否有足够的晋升和发展机会？
- 内在工作满意度：除了工资和正式的附加福利外，你在工作中能得到哪些满足？这份工作可以让你帮助他人、得到乐趣、发挥创造力或承担责任吗？
- 未来前景：这一职业领域将来的供需情况如何？
- 工作保障：工作是否倾向于稳定，如果经济不景气，这份工作会消失吗？

顺便说一下，如果你想知道从经济的角度看大学教育是否值得，那么答案是肯定的。总体来说，受过高等教育的人找到的工作要比那些学历较低的人找到的工作工资更高（Crosby & Moncarz, 2006）。实际上，根据现有估计，一辈子下来，取得学士学位的人要比高中毕业的人多赚 100 万美元（Reuters, 2012）。但仅凭受教育程度并不能很好地预测谁会在特定工作环境中表现出色（Hunter & Hunter, 1984）。换句话说，大学的学位不如读大学时的分数重要。为什么这样说？平均绩点（GPAs）高意味着接受训练的能力强（Dye & Reck, 1989），进而影响随后的工作绩效（Roth et al., 1996）、工资水平（Roth & Clarke, 1998）和晋升频率（Cohen, 1984）。尽管如此，专家们一致认为，未来属于受过更好教育的人（Gordon, 2006），一个主要原因是教育对雇主的吸引力。有研究者（Ng & Feldman, 2009）发现，相对于受教育程度较低的员工，受教育程度较高的人工作绩效更好，是所在组织的好员工，更少缺勤，并且在工作中滥用药物的可能性要小得多。

在职业选择中使用心理测验

如果你还不能决定是否从事一项职业，可以考虑去校园咨询中心做一些测验。**职业兴趣问卷**（occupational interest inventories）可测量你对各种工作和职业的兴趣。这些问卷可以帮助使用者确定可能的职业领域。斯特朗兴趣量表（Strong Interest Inventory, SII; Kantamneni & Fouad, 2011）和自我探索量表（Self-Directed Search, SDS; Brown, 2007）是两种常用的量表。另一种比较流行的测验是库德职业搜索与个人匹配测验（Kuder Career Search with Person Match; Zytowski & Kuder, 1999）。

职业兴趣问卷并不试图预测你在哪些职业上能成功（Aamodt, 2004）。相反，相对于工作成功，它更关注工作满意度（Nye et al., 2011）。当你做一份职业兴趣问卷时，你会得到很多分数，这些分数表明你的兴趣与不同职业的人的典型兴趣有多相似。例如，会计量表的高分意味着你的兴趣与一般会计师的兴趣相似。这种兴趣上的对应不能确保你会喜欢会计职业，但它是工作满意度的一个不错的预测指标（Hansen, 2005）。

虽然兴趣问卷在职业选择中可能有帮助，但有几点需要注意。首先，你可能在你肯定会讨厌的职业上得高分。考虑到测验中职业量表的数量之多，这种情况很容易偶然发生。然而，你不能因为确信几个特定的数字有"错误"，就否定其余的测验结果。其次，不要让测验替你做出职业选择。一些学生天真地认为，应该从事在职业兴趣量表上得分最高的职业。这不是使用职业兴趣量表的目的。测验结果仅仅是为你的考虑提供信息，不管怎样，最终你还是必须自己考虑清楚。

第三，你应该知道大多数职业兴趣问卷都有挥之不去的性别偏见（Einarsdóttir & Rounds, 2009）。许多这类问卷都编制于三四十年前，当时直白的歧视或微妙的泼冷水行为阻止女性从事传统上的"男性"职业。批评者声称，兴趣问卷引导女性进入

人们对工作环境的偏好不同。有些人喜欢高压力的工作，另一些人则更喜欢低调的工作。

护士和教师等"女性"行业，同时远离声望更高的"男性"行业，如医生、工程师等。毫无疑问，这在过去确实存在。虽然尚未被完全消除，但近年来人们在减少职业测验中的性别偏见方面已经取得了一些进展（Hansen, 2005）。研究表明，兴趣测验中的种族偏见没有性别偏见严重（Hansen, 2005），不过仍有一些问题值得关切（Fouad & Walker, 2005）。

把重要因素考虑在内

当你考虑职业选择时，以下几点需要特别注意。

1. 在许多职业上你都有获得成功的潜力。职业规划师强调，人们有多种潜能（Spokane & Cruza-Guet, 2005）。考虑到工作机会的多元性，认为只有一种职业适合你是愚蠢的。如果你期望找到一份完美地适合自己的工作，你可能需要一生的时间。

2. 职业成功往往与流动性相关。现在的职业道路比以往更加动荡，也更容易出现突然的、意想不到的变化。职业成功取决于个体是否愿意将工作的变换视为意料之中，并以积极的心态去拥抱这种变化（Chudzikowski, 2011）。

3. 选择职业时不要只考虑薪水。由于美国人过于强调物质成功，所以人们往往只依据收入和社会地位选择职业。然而，研究表明，是意义和目的（而不是金钱）为人们带来快乐和幸福（例如 Diener & Biswas-Diener, 2008）。专家告诫人们不要采取只考虑预期收入的择业策略（Pollack, 2007）。如果人们在选择职业时忽略了个人特征，他们就可能面临错配的问题。这种工作错配容易导致人们在工作中感到厌倦、挫败和不快乐，而这些消极情感会扩散到生活的其他领域。

4. 在进行职业选择时会有许多限制。进入某一行业并不仅仅是你选择自己喜欢的职业，而是一种双向选择。你可以做出选择，但你也必须说服学校和雇主选择你。你的职业选择某种程度上会受经济和劳动力市场波动等非你所能控制的因素的影响。

5. 职业选择是贯穿一生的过程。职业选择不是一个单一的决定，而是一系列决定。虽然过去人们认为职业选择只从青春期延伸到二十出头，但现在专家也承认职业选择贯穿于一生。一些专家预测一般人在一生中先后会有十份工作（Levitt, 2006）。尽管如此，中年人可能会低估自身可选择的职业，因而错过做出建设性改变的机会。我们想强调的是，做职业选择不仅限于年轻人。

6. 一些职业选择一旦做出便不容易扭转。虽然无论何时开始新的职业都不晚，但重要的是认识到许多选择不易扭转。学会掌控你的职业和工作的环境很重要（Converse et al., 2012）。比如说，很少有中年律师决定转行就读医学院或去做小学教师，不过这样的例子也确实存在。一旦你在某一职业方向上投入了时间、金钱和精力，改变道路可能就不再那么容易。家庭责任，尤其是照顾孩子和老人也会使重大的职业改变变得很困难。这个潜在问题突显了为什么在职业选择时仔细考虑很重要。

在下一节我们将详细讨论个体特征与职业选择和职业发展的关系。

职业选择与发展模型

学习目标
- 总结霍兰德的职业选择模型和休珀的职业发展阶段模型
- 认识女性和男性的职业发展差异

人们如何选择职业？在兴趣问卷出现以前，职业规划师们通常会要求人们分享他们的好恶，找出他们崇拜的偶像，并对他们的爱好分类（Reardon et al., 2009）。自我报告和兴趣测验有其作用，但心理学家更感兴趣的是从理论上理解个体如何做出职业选择，以及他们的职业如何随时间而发展。在这些问题上学者们提出了多个研究取向，这里将介绍两个比较有影响的模型。

霍兰德的个人 – 环境匹配模型

最有影响的职业选择特质模型是由约翰·霍兰德创建的（Holland, 1996, 1997）。他认为，职业选择与个体的人格特征有关（如价值观、兴趣、需要、技能、学习风格、态度等），而这些特征被认为是相对稳定的。在霍兰德的概念体系中，人们可被归入6种人格类型（个人倾向）中的一种。同样，职业也可以被分入6种理想的工作环境。

霍兰德认为，人们寻找那些允许他们发挥自己的能力和技能，与他人分享自己的态度和价值观，并且承担合适的任务和角色的工作环境。当人们的人格类型和工作环境相匹配，即工作环境与他们的能力、兴趣、自我信念相一致时，他们就能如鱼得水。"工作环境"这一术语应从广义而不是狭义上理解。它可以指一份工作或职业、一个研究领域、一个教育项目、一所大学或学院、一种休闲活动，或某一组织中的特殊文化。在霍兰德看来，工作环境甚至可以指人与人之间的社会关系（Reardon et al., 2009）。一个人的人格与工作环境的良好匹配通常会带来职业满足感、成功和稳定性。例如，与工作环境匹配良好的员工更少报告工作上的冲突，在工作场所中也较少表现出攻击性（Pseekos, Bullock-Yowell, & Dahlen, 2011）。霍兰德的6种个人倾向及其最佳工作环境见**图 13.2**。

具有霍兰德所称的社会型个人倾向的人善解人意并愿意帮助他人。教师通常在社会型倾向上得分较高。

很明显，这6种个人倾向都只是理想的类型，没有人能跟其中的任何一种完全吻合。实际上，大多数人都是其中两到三种类型的组合体（Holland, 1996）。你可以通过学习**图 13.2**，对自己的个人倾向做一个粗略的分类。看看与之匹配的工作环境，以获得一些关于可选职业的构想。

在职业心理学领域，对霍兰德模型的研究比对任何其他理论的研究都要多。在

霍兰德的个人倾向及相关的工作环境		
主题	个人倾向	工作环境
现实型	看重有形的、动手的任务；认为自己有机械技能但缺乏社交技能	环境：需要机械技能、坚持性和肢体活动的有形的、动手的任务 职业：机械操作员、飞行员、绘图员、工程师
研究型	想解决智力、科学和数学问题；认为自己善于分析和批判、好奇心强、喜欢内省、做事有条不紊	环境：研究实验室、医疗个案诊断会议、科学家工作组 职业：海洋生物学家、计算机程序员、临床心理学家、建筑师、牙医
艺术型	喜欢从事非系统性的任务或艺术项目，如绘画、写作和戏剧等；认为自己善于想象和表达，独立性强	环境：戏院、音乐厅、图书馆、广播或电视演播室 职业：雕刻家、演员、设计师、音乐家、作者、编辑
社会型	喜欢教育、助人和宗教职业；喜欢社交、教堂、音乐、阅读和戏剧；合作性强、友好、助人、洞察力强、说服力强和有责任感	环境：学校和大学教室、精神科医生办公室、宗教会议、精神病院、娱乐中心 职业：咨询师、护士、教师、社会工作者、法官、部长、社会学家
企业型	看重政治和经济成就、管理和领导；享受领导层的控制力、口头表达、认可和权力；认为自己外向、好交际、快乐、果断、受欢迎和自信	环境：法庭、政治集会、汽车销售厅、房地产公司、广告公司 职业：房地产经纪人、政治家、律师、推销员、经理
常规型	偏好有序、系统、具体的文字和数据任务；认为自己按部就班、有文书和数字技能	环境：银行、邮局、档案室、商务办公室、税收办公室 职业：银行业者、会计师、计时员、财务顾问、打字员、接待员

图 13.2 霍兰德职业选择理论概览
约翰·霍兰德（Holland, 1985）认为，可以把人分成6种人格类型（个人倾向），每种类型偏好不同的工作环境，如上图所述。
资料来源：Holland, J. L. (1985). *Making occupational choices: A theory of occupational personalities and work environments* (2nd ed.). Englewood Cliffs, NJ: Prentice-Hall.

文章作者设立的截止日期之前，已有大约 1600 份出版物对其进行了检验（Ruff, Reardon, & Bertoch, 2008），并且大多数研究都支持该理论（Spokane & Cruza-Guet, 2005）。例如，研究者报告，霍兰德的模型相对准确地描述了不同种族的男性和女性大学生的职业偏好（Fouad &Mohler, 2004）。另一方面，工作与人格匹配良好的个体应该比匹配不好的个体对工作更满意并且在职时间更长，但研究表明，工作与人格的匹配对工作满意度的影响很小，只有 5%（Fouad, 2007）。

与认为职业选择是一个特定事件的特质模型（如霍兰德的模型）不同，阶段理论认为职业选择是一个不断发展的过程。我们接下来探讨这一取向。

休珀的发展模型

唐纳德·休珀提出了一个非常有影响的职业选择发展模型（Super, 1988, 1990）。他认为职业发展是一个过程，始于儿童时代，在人生的大部分时间内逐渐展开和成熟（Patton & Lokan, 2001），结束于退休（Giannantonio & Hurley-Hanson, 2006）。休珀认为自我概念是这一过程的关键因素。换句话说，关于工作和职业承诺的决定反映了人们试图表达他们对自己不断变化的看法。为了展现这些变化，休珀把职业生涯分成 5 个主要阶段及数量不等的亚阶段，见**图 13.3**。

成长阶段

成长阶段发生于儿童期，年少的孩子幻想着令他享受的梦幻工作。通常来说，他们想成为侦探、飞行员和脑外科医生，而不是管道工、推销员和簿记员。直到这一阶段末期，孩子们才会注意到一些现实问题，比如具体工作所需的能力和教育等。毫无疑问，孩子们的梦想和期望会因家庭和教育环境的不同而有很大的不同（Cook et al., 1996）。

探索阶段

高中时，来自父母、教师和同辈的压力开始加剧，个体需要发展出大致的职业方向。在高中末期，人们希望个体能够将大致的职业发展方向进一步具体化。年轻人尝试从书本上或做兼职工作来真正了解他们打算从事的职业。在探索阶段的后期，年轻人通常会寻找全职工作。如果第一份工作令人满意，那他们本来试探性的职业承诺就会得到强化。然而，没有回报的早期工作经历可能会促使个体转到另一个职业，继续开始他们的探索过程。实际上，及早探索某一职业并发现其不符合自己的期望比晚发现好。赫尔维格（Helwig, 2008）发现，虽然父母和教师的支持很重要，但个体在高中阶段还没有充分的职业准备，这意味着休珀模型中的下一阶段变得尤为重要。

确立阶段

在确立阶段的前半部分，职业承诺的摇摆不定仍很常见。一旦人们做出了令人满意的职业选择，他们的职业承诺就会得到加强。除了少数例外情况，未来的工作变动将发生在喜欢的职业领域内。做出了职业承诺后，个体接下来需要证明自己有

职业发展的阶段		
阶段	大致年龄	主要事件和转变
成长阶段	0~14	身体和心理全面成长的阶段
职业前亚阶段	0~3	对职业没兴趣或不关心
幻想亚阶段	4~10	幻想是职业思考的基础
兴趣亚阶段	11~12	根据个体的好恶进行职业思考
能力亚阶段	13~14	能力成为职业思考的基础
探索阶段	15~24	全面的工作探索
试探亚阶段	15~17	需要、兴趣、能力、价值观和机遇成为试探性职业选择的基础
转变亚阶段	18~21	现实开始逐渐成为职业思考和行动的基础
尝试亚阶段	22~24	做出第一次职业承诺后,个体开始尝试第一份工作
确立阶段	25~44	个体寻求长期职业
尝试亚阶段	25~30	由于对职业选择不满意而进行职业调整的阶段
稳定亚阶段	31~44	在选定的职业领域稳定工作的阶段
维持阶段	45~65	在所选职业上持续发展
衰退阶段	65+	适应退休
减速亚阶段	65~70	职业活动下降阶段
退休亚阶段	71+	职业活动终止

图 13.3　休珀的职业发展理论概览

唐纳德·休珀认为,人们在生命周期中会经历职业发展的 5 个主要阶段(以及一些亚阶段)。

资料来源:Zaccaria, J. (1970). *Theories of occupational choice and vocational development*. Boston: Houghton Mifflin. Copyright © 1970 by Time Share Corporation, New Hampshire.

能力在这一行业有效地工作。为了取得成就,个体必须运用之前获得的技能,不断学习新技能,并展示适应组织变化的灵活性。

维持阶段

随着时间的流逝,职业晋升和流动的机会减少。然而,正式或非正式的终身学习通常都是必要的,唯有如此个体才可以跟上不断变化的工作步伐(Pang, Chua, & Chu, 2008)。四十多岁时,很多人进入了维持阶段,此时人们更担心的是如何保持已有的地位,而不是如何提高。虽然中年员工需要更新自己的技能以便与年轻人竞争,但他们的主要目标是保护他们获得的安全、权力、优势和特殊福利。随着对职业晋升重视程度的降低,许多人开始把精力和注意力由工作转移到家庭生活和业余活动上。

衰退阶段

在退休前的几年,人们的工作活动会"减速"。他们把精力和注意力转向规划这一重大转变。休珀最初的模型基于 20 世纪 50 年代的研究,他当时预计人们在大约 65 岁时开始减速。然而 20 世纪 70 年代的生育高峰导致了熟练劳动力和专业人才的过剩，这种社会变化增加了人们提前退休的压力。由于这一情况，减速期常常早于休珀最初提出的 65 岁。另一方面，美国和世界各地的人们所经历的经济衰退和随之而来的金融担忧可能会使情况再次发生改变。失去工作或退休储蓄的人可能需要计划更长远些，所以他们的职业减速可能直到接近 70 岁时才开始。盖洛普（Gallup, 2001）的一项调查表明，80% 的美国员工认为到了退休年龄后，他们仍然会继续全职或兼职工作。其中 36%~44% 的员工声称他们会继续工作是因为他们"想工作"，而不是"不得不继续工作"。

退休使工作活动完全停了下来。人们对退休的看法相当不同。有的人看法很积极，热切地盼望那一天的到来；有的人忧心忡忡，不确定该如何安排自己的生活，担心自己的经济来源；还有人既有热切的期盼又有焦虑和担忧。虽然退休可能意味着收入减少，但它也可能意味着人们有更多的时间和朋友相处、发展自己的爱好、旅游、做有意义的志愿者工作或慈善活动。对一些人来说，从主业退休可能促使他们开始一份新的职业。

作为一名阶段理论家，休珀认识到人们在职业发展中遵循不同的模式，这一点值得称赞。例如，他识别出几种男性和女性的职业发展模式，这些与我们所描述的常规模式不一致。研究发现，职业成熟度与自尊和自我效能感相关，这支持了休珀的模型（Creed, Prideaux, & Patton, 2005; Kornspan & Etzel, 2001）。休珀理论的一个更为严重的问题是假定人们在整个职业生涯中都会从事一种职业。但现在的美国人会多次改变自己的职业，这一现实与一些长期模型（例如休珀模型）的理论假设不符。目前人们对职业阶段或周期的看法是，它们用时较短，并且会在一个人的职业生涯中周期性地重复出现（Greenhaus, 2003）。要具有实用价值，阶段模型必须反映今天的职场现实（Patton & Lokan, 2001）。

女性的职业发展

据估计，在美国 58.6% 的成年女性在工作（男性为 71.2%）（Hall & Solis, 2011; U.S. Bureau of the Census, 2006b; 也见 Toossi, 2007）。此外，女性在成年期出去工作的可能性超过 90%（U.S. Bureau of the Census, 2003）。在过去 50 年中，女性就业对美国经济、女性自身及其家庭的社会和经济生活也产生了积极影响（Sloan Work and Family Research Network, 2009）。虽然女性的工作参与率正在接近男性，但在职业选择和发展方面仍然存在着性别差异。首先，大多数已婚女性的职业目标仍服从于其丈夫的职业目标（Betz, 2005）。即使是有学术天赋的女性也是如此（Arnold, 1995）。如果一名已婚男性想要或需要换一份工作，那他的妻子通常会跟随他，并在新居住地找一份尽可能好的工作。因此，已婚女性相对于已婚男性对自己的职业控制更少。此外，高离婚率（45%）意味着许多女性不得不养活自己和孩子（Betz, 2006）。有研究表明，离婚后女性的生活水平下降了 27%（Weitzman, 1996）。当今的女性在选择职业时需要将这些因素考虑在内。

另一个性别差异涉及职业路径。男性的职业路径通常是连续的，而女性的往往是不连续的（Betz, 1993）。换句话说，男性一旦开始全职工作，他们通常会一直工作下去。女性更可能中断职业生涯，以专注于生儿育女或处理家庭危机（Hynes & Clarkberg, 2005）。由于女性生育的孩子越来越少，并且能越来越快地返回职场，她们离开工作大军的时间在减少。工作的不连续性是导致女性薪水少、地位低的因素之一，但有证据表明身为女性本身就使其工资低于男性（Dey & Hill, 2007）。没有孩子的女性通常会一直留在劳动力市场，并且往往有着与男性类似的职业发展模式（Blair-Loy & DeHart, 2003）。

那些丈夫符合传统男性养家糊口模式（即男性工作，女性照顾家庭和孩子）的女性又如何呢？有趣的是，丈夫收入排在前20%和后20%的女性工作参与率最低（Cohany & Sok, 2007）。可以推测，在仍然实行男性养家糊口模式的家庭中，女性选择不外出工作。

变化中的职场

学习目标
- 指出7种与工作相关的趋势
- 描述教育与薪水之间的关系
- 概括人口结构变化对劳动力的影响，指出多元化带来的挑战

在你进入职场之前，了解一些相关情况很重要。在本节中我们将探讨几个重要的背景问题：当代职场的趋势，教育与收入之间的关系，以及劳动力的多元化。

职场趋势

工作（work）是一种能为他人提供某种价值的活动。工作对有些人来说只是谋生的手段，对另一些人来说则是一种生活方式。对于这两种人来说，工作的性质正发生着巨大的变化，影响着人们的身份认同（Reissner, 2010）。由于这些变化会影响你的工作前景，因此你应该知道7种重要的变化趋势：

1. 技术正在改变工作的性质。计算机和电子设备使工作场所发生了极大的变化。对员工而言，这些变化既有好处也有坏处。从消极方面看，计算机使原来需要人工操作的一些工作变得自动化，减少了很多工作岗位。数字化的工作场所也对雇员的教育和技能提出了更高的要求（Cetron & Davies, 2003）。员工需要不断地提高自己的技术能力，而这会带来压力。从积极方面看，先进的技术和设备使员工可以在家工作，可以在远程办公室甚至旅游时与他人沟通。在家工作但通过电子设备与办公室连接被称为远程办公（Lautsch, Kossek, & Ernst, 2011），大约45%的组织使用某种形式的远程办公（SHRM, 2011）。这种办公形式既有利于员工的心理健康，又有明显的实际好处，包括家庭-工作冲突减少、员工离职率降低和工作满意度提高（Gajendran & Harrison, 2007）。
2. 需要新的工作态度。过去，员工们通常可以指望工作有保障。因此，许多人在塑造自己的职业生涯时有某种被动的态度。但如今，员工只有为公司增加价值他们的工作才会安全，组织变革是经常性事件（Burke,

技术的发展正在极大地改变着工作的性质，既有积极的影响，也有消极的影响。

2011）。这意味着员工必须更主动地规划自己的职业发展（Smith, 2000）。另外，员工们必须发展一系列有用的技能，成为工作能力强的人，并巧妙地把自己推销给未来的雇主。在新的工作环境下，工作成功的关键要素是自我引导、自我管理、最新的知识和技能，以及灵活性和流动性（Smith, 2000）。因此，认真尽责的员工明智的做法是不断地进行自我评估，以提高并扩展自己的技能。

3. 终身学习成为必要。专家预测，当今的工作变化如此之快，以至于在许多情况下，工作技能在10~15年内就会过时（Lock, 2005a）。因此，终生学习和培训对员工来说将变得至关重要。在美国，每年有近三分之一的员工参加培训课程，以提高自己的工作技能（American Council on Education, 1997）。在有些情况下，工作本身就提供了再培训的机会；在另外的情况下，社区学院和技术机构会提供继续教育。远程学习课程和项目也随手可得，尽管你不得不仔细辨别项目的真伪（Mariani, 2001）。懂得如何学习的员工将能够跟上工作环境快速变化的步伐，并将受到高度重视；那些做不到的人则可能会被甩在后面。

4. 自由职业者不断增加。为了应对不断变化的经济形势并在全球化中保持竞争力，企业在不断缩小规模和重组。在这一过程中，企业削减了成千上万个永久性岗位，并将工作分配给临时雇员或国外的劳动力，后者被称为"外包"。通过缩减正式员工的数量，公司可以减少其在工资、医疗保险、养老保险等方面的支出，因为临时雇员通常不享有这些福利。更精简的员工队伍还可以使组织快速响应不断变化的市场。丹尼尔·平克（Pink, 2001）认为，在新环境下的一种生存方式就是让自己成为自由职业者，在合同的基础上为一个或多个组织提供服务。许多专业人士都受益于"包工"，他们自由、灵活，薪水也高。但对于那些缺乏技能和创业精神的人来说，这样的工作却充满压力和风险。大约有三分之一的自由职业者喜欢为别人工作，而不是为自己打工（Bond et al., 2003）。

5. 工作和家庭生活的边界被打破。如前所述，当今的科学技术使人们可以在家工作，通过互联网、电话和传真机与办公室保持联系。在家工作很便利，人们既可以节省时间（不用通勤），又能省钱（汽油、停车和服装的花费）。不过家庭成员和朋友可能会打扰在家工作的人，因此必须制定一些规则来保证工作时间。随着智能手机、无线网络和掌上电脑的发展，员工们随时随地都可以被呼叫，这让一些人感觉自己好像被"电子紧箍咒"所束缚。从另一方面看，一些大公司提供的现场日托服务意味着传统的家庭功能已经搬到了办公室（Drago, 2007）。这一发展很大程度上是对单亲家庭和**双职工家庭**（dual-earner households）——伴侣双方都有工作——数量增多的反应。目前，美国约70%的员工有18岁以下的孩子（U.S. Bureau of the Census, 2012b）。优质的现场日托服务让父母在白天也可以和子女互动，因此对员工有很大的吸引力。

6. 就业增长最快的将是专业性行业和服务行业。与其他工业化国家一样，美国仍在继续由制造业（或称"物品生产"）经济转向服务业经济（U.S. Bureau of Labor Statistics, 2006）。虽然过去大量的工作集中在制造、建筑、农业和采矿等行业，接下来十年的工作将集中于专业性（以及相关技术）职业和服务业。在专业性职

远程办公的人员工可以灵活地在家工作。

2008—2018年"最佳选择"职业预测	
生物医学工程师	理疗助手
网络系统和数据通信分析师	牙科保健员
家庭健康助理	兽医技师和技术员
个人或家庭护理助理	牙医助理
财务督查员	计算机应用软件工程师
医学科学家（流行病学家除外）	医疗助理
医师助理	理疗师助理
皮肤护理专家	兽医
生物化学家、生物物理学家	自我成长教育培训师
运动训练师	监察主任（农业、建筑、健康与安全以及运输业除外）

图 13.4　增长最快的高收入职业

根据美国劳工统计局的预测，在2008—2018年间，增长最快、收入最高的将是上述20个职业。年收入中位数从85 430美元（计算机应用软件工程师）到20 460美元（家庭健康助理）不等。

资料来源：*Occupational Outlook Handbook*, 2010–2011.

业中，计算机和医疗行业的工作岗位预计将大幅增加。在心理学领域，健康、临床、咨询和学校心理学等方向的工作预计将出现强劲增长。在服务行业，教育、健康服务、社会服务、专业服务和商业服务方面的工作将出现快速增长。图13.4描述了预计2018年之前增长最快和薪酬最高的20种职业（这是2008年的预测——译者注）。

7. 工作共享越来越普遍。并不是每个人都想每周工作40小时，或者能够工作40小时。有机会共享工作（即两人共同承担一份工作）可能是有益的。目前，大约13%的组织提供这种选择（Burke, 2005; Society for Human Resource Management, 2011）。当配偶双方从事相似的职业时，经常会出现工作共享现象。例如，高中的教学工作就很适合共享，作为历史老师的丈夫可以上午上课，而作为数学老师的妻子可以把课排在下午。共享工作时，每个人通常可以在不同的时段每周工作20小时。每周可以留几个小时两人一起工作，这样双方可以及时共享最新信息，同时又能与上级主管和其他同事会面。你可以想象，对于有小孩或其他家庭义务（照顾老人）、正在攻读学位、想要兼职工作或考虑逐渐结束职业生涯的夫妻而言，工作共享是理想的选择。雇主也喜欢工作共享，因为它可以提高员工对组织的承诺，同时可以吸引无法接受全职工作的高素质人才。

教育与收入

虽然很多工作不需要员工拥有大学学位，但这样的工作通常只提供最低的薪水和福利。实际上，在50个收入最高的职业中，只有一个不需要大学或者更高的文凭（这个唯一不需要大学文凭的高薪职业是空中交通管制员；U.S. Bureau of Labor Statistics, 2004）。许多建筑管理工作也不需要学士学位（U.S. Bureau of Labor Statistics, 2012b）。图13.5表明，你学的越多，收入就越高。获得大学文凭还意味着有更多的职业选择，更多的晋升机会和更低的失业率（Dohm & Wyatt, 2002）。学历与收入的相关在男性和女性中都存在，尽管你会发现男性比同等学历的女性多挣大约7 000到30 000美元。虽然有旨在减少性别相关差异的法规，但研究发现，即使从事同样或近似的工作，女性的工资仍然低于男性（Blau & Khan, 2007）。据估计，女性的工资大约是男性的81%（Kelleher, 2007）。与以往相比，女性的工资有所增加。例如，1979年女性的工资只有男性的63%（Kelleher, 2007）。

从另一方面看，大学文凭并不能保证一份好工作。实际上，许多大学生处于未充分就业状态。**未充分就业**（underemployment）是指勉强接受一份没有充分利用自己的知识、技能和训练的工作。未充分就业除了会影响员工的满意度，还会带来社会和心理挑战（Maynard & Feldman, 2011; McKee-Ryan & Harvey, 2011）。大约18%的大学生从事通常不需要大学学历的工作，专家预测这种情况在近期不太可能改变（Lock, 2005a）。虽然上过大学的人能够获得的工作确实比那些对教育程度要求不高的工作薪水高，但高薪工作是给那些阅读、写作和计算能力达到大学水平的人准备

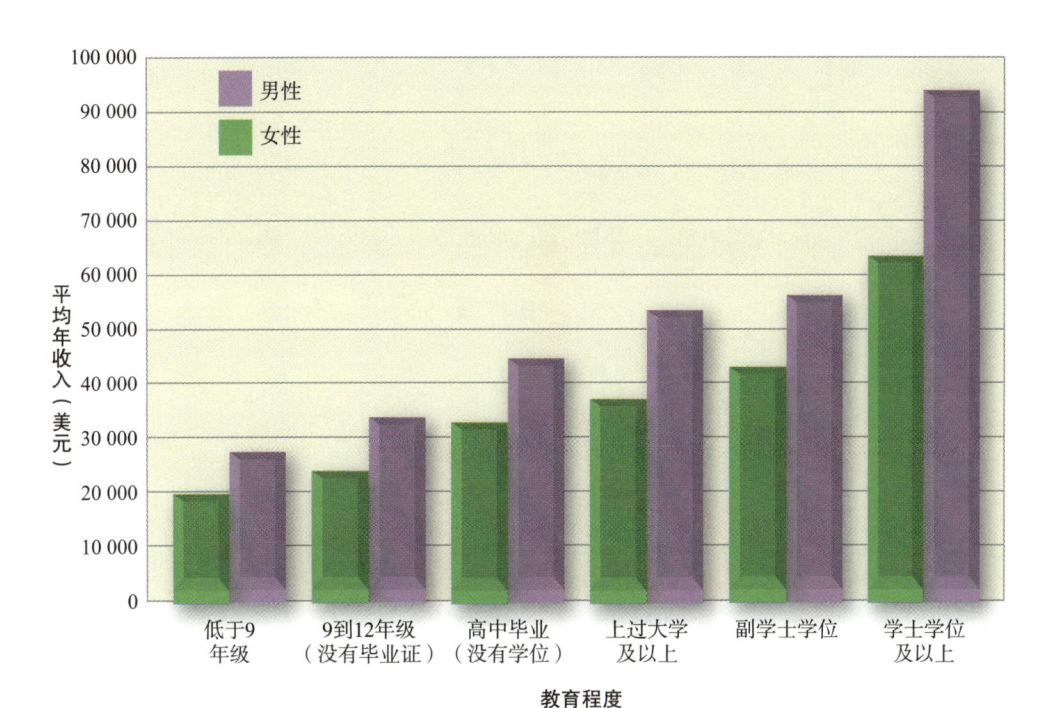

图 13.5 教育与收入

图表按性别和受教育程度显示了 18 岁以上全职员工的年收入。你会发现，所受的教育越多，工资收入也越高。然而，在所有的教育水平上，女性的收入都要低于男性。

资料来源：U.S. Bureau of the Census, 2012a。

的，不具备这些能力的大学毕业生通常只能从事高中水平的工作（Pryor & Schaffer, 1997）。

目前的雇主对许多员工的学术技能并不满意。美国大学理事会全国写作委员会的一项调查表明，大多数美国雇主认为，大约三分之一的雇员不能满足其职位的写作要求（College Entrance Examination Board, 2004）。能够写出清晰、简洁和正确的文案是每个精明的大学生都应该向潜在的雇主力证的能力。随着新工作的出现，员工需要更多的教育和更高的技能。国际化竞争和技术进步是两个重要的推动力量（Toossi, 2009）。因此，计算机知识也是对优秀基础教育的必要补充。

劳动力的变迁

劳动力（labor force）包括所有就业者以及目前没有工作但正在找工作的人。在本节我们将关注一些影响劳动力市场的变化，并考虑女性和少数群体在工作场所的待遇。

人口学变化

劳动力在性别和种族方面正在变得越来越多元化（Howard, 1995）。2005 年，61% 的美国已婚女性在工作，而 1970 年只有 41%（U.S. Bureau of the Census, 2012a）。这一比例的增长甚至适用于有年幼孩子的女性。例如，1975 年，有 3 岁以下孩子的母亲中只有 33% 的人会出去工作，到 2005 年这一数字已经达到了 57%（U.S. Bureau of the Census, 2012b）。这种变化不仅对工作和家庭生活有影响，对男性和女性的角色也有影响。

劳动力的种族成分也正在变得多元化（见图 13.6；U.S. Bureau of Labor Statistics,

图 13.6 劳动力多元化的提高

女性和少数族裔进入劳动力市场的人数比以往更多。本图预测 2018 年与 1990 年相比女性和少数族裔在劳动力市场上的份额变化。

资料来源：Toossi, 2009.

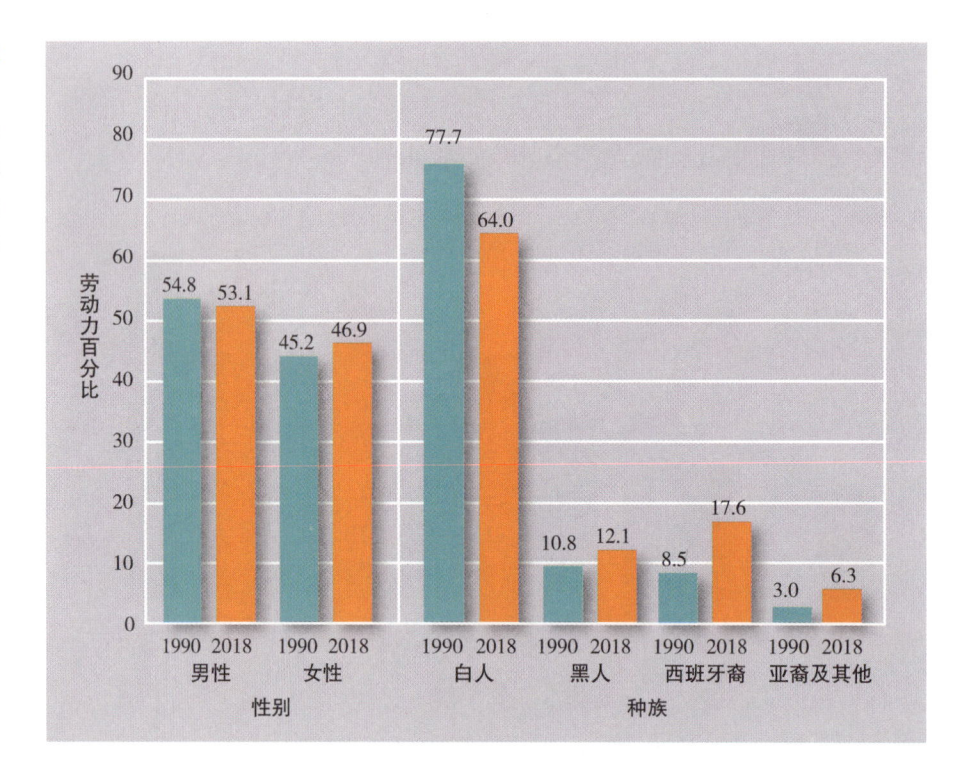

类别	1990	2018
男性	54.8	53.1
女性	45.2	46.9
白人	77.7	64.0
黑人	10.8	12.1
西班牙裔	8.5	17.6
亚裔及其他	3.0	6.3

2006）。亚裔美国人的高中毕业率与欧裔美国人相当，但其大学毕业率超过了后者。尽管西班牙裔和非裔美国人的高中和大学毕业率近几十年来已有所提高，但仍落后于欧裔美国人（Worthington, Flores, & Navarro, 2005）；因此，他们在竞争好工作时处于不利地位。

尽管男女同性恋者和双性恋者长期以来都是职场的参与者，但却常因为害怕受到歧视而"不出柜"。这些员工中的大多数在反就业歧视方面没有异性恋同行享有的法律保护（Badgett, 2003）；因此，性取向可能会影响薪资水平。有研究表明，同性恋女性要比异性恋女性赚得稍多一些，而同性恋男性却比异性恋男性赚得稍少一些（Antecol, Jong, & Steinberger, 2008）。此外，披露性取向可能导致同性恋雇员被恐同上司解雇、拒绝升职或削减收入。遗憾的是，工资处罚可能与披露性取向有关（Cushing-Daniels & Tsz-Ying, 2009）。与是否在工作中披露自己的性取向相关的因素包括雇主的政策和感知到的雇主对同性恋的支持程度（Griffith & Hebl, 2002）。关于性取向披露对就业歧视的影响的研究很少。一项实验室研究在保持虚假简历的学历和经验等不变的情况下，操控了性取向、性别和男性化/女性化特质（Horvath & Ryan, 2003）。结果发现，实验参与者对男女同性恋"应聘者"的评价低于对男异性恋"应聘者"（但高于对女异性恋"应聘者"）的评价。在一项对 534 名男女同性恋雇员的调查中，受访者报告男性上司或男性工作团队有更强的异性恋主义倾向（歧视同性恋者而偏爱异性恋者），并且女同性恋者比男同性恋者对此感受更为强烈（Ragins, Cornwell, & Miller, 2003）。

长期担任英国石油公司首席执行官并且与前英国首相托尼·布莱尔关系密切的约翰·布朗，在法官允许报纸登载其前男友关于两人同性情的爆料后，除了辞职别无选择。布朗私生活的曝光结束了他在英国石油公司 41 年的职业生涯。布朗职业生涯的突然终结向人们说明了为什么许多同性恋者由于担心被指责而隐藏自己的同性恋身份。

女性和少数群体当今的职场环境

近年来，职场中的女性和少数族裔数量急剧增加。如今的职场环境对这些群体来说与对白人男性基本上是一样的吗？在许多方面，答案似乎是否定的（Denmark, German, & Brodsky, 2011）。尽管基于种族和性别的工作歧视在 40 年前就是违法的，但女性和少数族裔在通向职业成功的道路上仍然面临着障碍。其中最重要的障碍是工作隔离。许多工作被同时打上了性别和种族标签。例如，机场行李搬运工通常是非裔美国男性，而大多数酒店服务员是少数族裔女性。大多数白人女性和少数族裔员工所从事的工作，晋升和加薪机会非常有限（Equal Employment Opportunity Commission, 2007）。正如我们在第 11 章中所讨论的，即使工作所需的培训、技能和责任相似，女性主导行业的员工通常比男性主导行业的员工收入低。

越来越多的女性和少数族裔正在进入地位较高的职业，但他们仍然面临歧视，经常在升职中被跳过，因为白人男性更受偏爱（Whitley & Kite, 2006）。在高层管理职位上这种歧视似乎尤为突出（Cotter et al., 2001）。例如，2010 年，《财富》评选的世界 500 强公司中，约 14.4% 的管理职位由女性担任（Catalyst, 2011）；而据一项研究估计，只有约 1.5% 由有色人种女性担任（Catalyst, 2007）。此外，对女性、少数族裔和同性恋等少数群体的歧视越来越隐秘、微妙和间接（Nadal, 2011; Nadal & Haynes, 2012）。雇主和同事不太可能公开地表现出歧视行为，然而他们持有的偏见可能在与不同群体的成员交往时无意识地表现出来（Nadal, 2008; Sue et al., 2008）。

似乎存在着一层**玻璃天花板**（glass ceiling），或者叫隐形障碍，阻止着大多数女性和少数族裔晋升到职业中的最高岗位（见**图 13.7**）。管理岗位很少有黑人女性的事实，使许多人将针对有色人种女性的玻璃天花板称作"水泥墙"。在公司的高层管理人员中，女性的比例仍然过低（Barreto, Ryan, & Schmitt, 2009）。很大程度上是由于职业发展机会的减少，许多女性管理者辞去工作，成立了自己的公司。2007 年，女性拥有 28.7% 的美国非农业企业（National Association of Women Business Owners, 2010）。在工作图谱的另一端，似乎有"粘人的地板"使女性和少数族裔"粘"在低

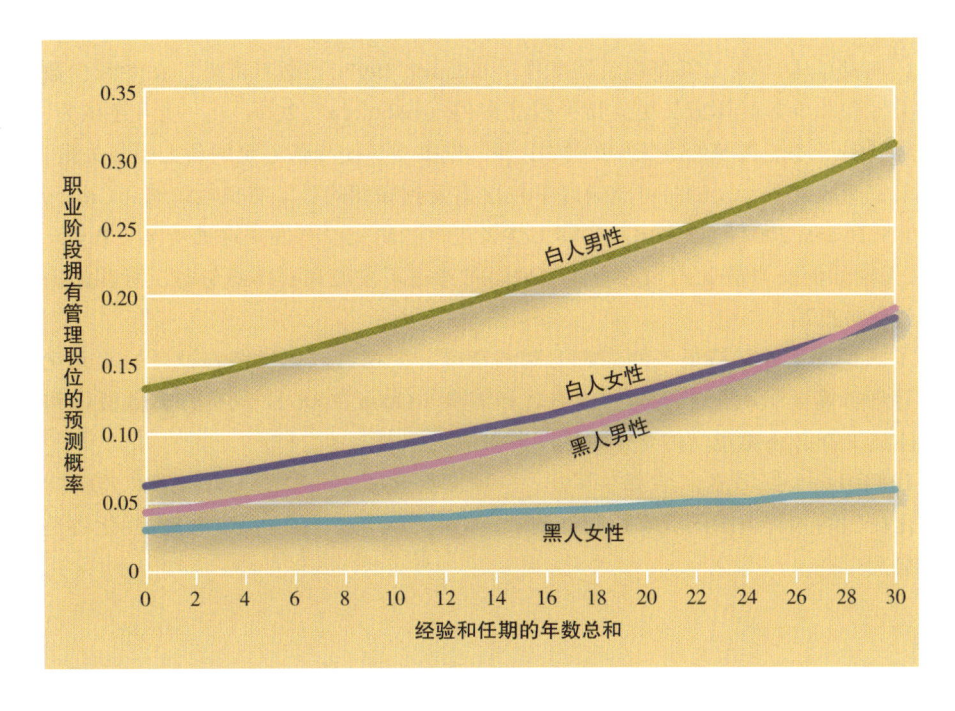

图 13.7 女性和少数族裔的玻璃天花板

一项纵向研究考察了 26 000 多人在 30 年职业生涯中升任管理职位的可能性。该图表明白人男性随着职业经验的累积，职位晋升的可能不断增加。相对比而言，白人女性和黑人男性的晋升机会要低得多。正如你所看到的，黑人女性远远落后于所有群体。这些趋势与女性和少数族裔头顶上存在一层玻璃天花板的观点是一致的。

资料来源：Maume, D. J. (2004). Is the glass ceiling a unique form of inequality? *Work and Occupations, 31*(2), 250–274. Copyright © 2004 by Sage Publications. Reprinted by permission of Sage Publications.

收入的职业上（Brannon, 2005）。

当办公室里只有一位女性或少数族裔员工时，这个人就成了一个**象征**（token），或者说是所在群体所有成员的代表。这样的代表比占主导地位的多数群体的成员更独特且更容易被注意到（Richard & Wright, 2010）。正如第 7 章所讨论的，由于他们的独特性，其行为容易被更严格地审视、刻板化和评判。因此，如果一个白人男性犯错，这件事就会被解释为个人问题。而如果女性或少数族裔的"代表"犯错，人们就会以此为证据，认为那个群体的所有成员都缺乏能力。因此，"代表"们承受着很大的表现压力———一种额外的工作压力源（King et al., 2010）。有趣的是，如果代表们的工作"过于优秀"，他们可能会被贴上"工作狂"的标签，或被谴责为试图让多数群体的成员"难堪"。这些不利的看法可能会在绩效评估中反映出来。人们不太可能以这些消极的方式去解读成功的白人男性的表现。

对女性、少数族裔和同性恋群体来说，职场的另一项不同是他们接触到同性或同群体的角色榜样和导师的可能性更小（Murrell & James, 2001）。最后，性骚扰（我们稍后将探讨这一主题）对女性来说也更可能是个问题。总之，女性和少数族裔个体必须与各种形式的工作歧视做斗争。

变化带来的挑战

日益多元化的员工队伍对组织和员工都提出了挑战。这些挑战既出现在工作场所，也出现在公司和员工所在的社区（Pugh et al., 2008）。在时间和人员管理、对工作的认同和决策等方面存在重要的文化差异（Thomas, 2005）。这些差异可能引起冲突。毫不奇怪，多数群体（通常是白人男性）并不像少数群体那样认为歧视经常发生（Danaher & Branscombe, 2010）。另一个挑战是，有些人认为他们个人在为工作场所的歧视买单，而这种看法会引起怨恨。考虑到这个问题，许多公司为他们的员工提供关于多元化的培训项目。

许多人主张废除旨在提高女性和少数族裔工作机会的平权法案，他们认为，这些计划通过不公平的工作机会和晋升助长了"反向歧视"。对一些人来说，这种看法可能反映了一种特权感，一种未经审视的假设，即应该保障白人男性在社会中的一席之地，而其他人应该去争夺剩余的工作（Jacques, 1997）。毫不奇怪，女性和少数族裔比男性和非少数群体成员更支持平权法案（Harrison et al., 2006）。一些人还认为，平权法案削弱了才能在雇佣决策中的作用，并（据推测）使准备不足的员工面临失败。一些实验室研究表明，人们对可能通过平权法案受到雇佣的员工有负性情绪（Crosby et al., 2003; Evans, 2003）。然而，对实际工作者进行的研究没有发现这种情况（Taylor, 1995）。无论如何，当员工们知道雇佣决策同时考虑了才能和群体身份时，潜在的消极影响就会被抵消。

为了减少冲突并保持员工的生产力和满意度，公司可以提供精心设计的多元化项目。管理者需要了解员工不同的价值观和需求（Ocon, 2006）。同样，多数群体和少数群体员工都必须愿意学习与来自不同背景的员工融洽地合作。

让我们用一个好消息来结束本部分。一项调查表明，92% 的人力资源总监将招聘多元化员工纳入其组织的战略招聘计划中（Koc, 2007）。当今的职场，多元化将是必然趋势。

应对职业危害

学习目标
- 了解一些重要的工作压力源
- 概括工作压力对身心健康的影响
- 描述性骚扰的普遍性和后果
- 确定失业的原因和影响

工作能给人们带来深深的满足感，能够促进心理健康和幸福感（Blustein, 2008）。同时，工作也是冲突和挫折的来源。在本节，我们将探讨当今员工要面对的三种主要挑战：工作压力、性骚扰和失业。

工作压力

生活的方方面面都可能存在压力（见第3章）。但很多学者认为，职场是现代社会主要的压力来源。首先，让我们考虑一下这个发人深省的统计数据——超过75%的美国员工声称他们的工作充满压力（Smith, 2003）。为了更好地理解这一数据，让我们来比较一下年轻人（17~21岁）和年长一些（25岁以上）已工作的成年人的典型压力源。如图13.8所示，前者承受的更多是与个人有关的压力，而后者的烦恼主要是与工作相关的压力（右侧栏）。让我们来看看普遍存在的工作压力问题，以及雇主和员工应该做些什么。

工作压力的来源

从2001年到2004年，声称劳累过度的美国人的比例从28%上升到了44%（Galinsky et al., 2005）。据估计，全职工作目前每周的平均工作时间是48小时；在法律和金融行业，每周60小时的工作时间更是家常便饭（Hodge, 2002）。根据联合国的一份报告，1990年美国人平均每年工作1 942小时，2000年上升到1 978小时（International Labour Office, 2002）。这比前十年增加了几乎一整周。2000年，加拿大、日本和墨西哥等国家的员工投入工作的时间比美国员工少100个小时，大约为2.5周。德国员工投入工作的时间要比美国员工少几乎12.5周。此外，在发达国家中，只有美国没有规定员工至少享有多少天的带薪病假（Heymann et al., 2004）。

除了工作时间长，常见的工作压力还包括缺乏隐私、噪音大、轮班等不正常的工作时间、最后期限的压力、对工作缺少控制感、资源不足，以及在工作中感受到不平等（Fairbrother & Warn, 2003）。工作场所的温度（如钢铁厂的高热，肉类加

年轻人和年长者常见的压力源	
年轻人（17~21岁）	**年长的成年人（25岁以上）**
从高中毕业	组织变革
上大学	工作不安全感（裁员）
离家	平衡工作和家庭需求
爱唠叨的父母	付账单
同辈压力	不断增长的工作需求
考试	单调、无挑战性的工作
对未来的恐惧	工作超载（时间压力）
从大学毕业	主管或同事不支持
找工作	不愉快或危险的工作环境
开始工作	不公平的薪酬
工作面试	全职工作还要上学
财务问题（学校贷款）	工作调动
	计划退休

图13.8 不同阶段成年人常见的压力源

比较一下年轻人和年长的成年人所报告的典型压力来源。这些压力源是否反映了你自己的经历？正如你所看到的，随着年龄的增长，人们的压力越来越多地来自与工作有关的问题。

资料来源：Aamodt, M. (2010). *Industrial/organizational psychology: An applied approach.* Belmont, CA: Wadsworth/Cengage. © 2010 Wadsworth, a part of Cengage Learning, Inc. Reproduced by permission.

CATHY

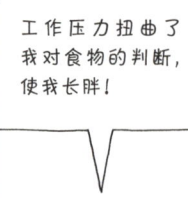

工厂的极寒）等环境条件会影响人们在需要动手的任务以及认知和感知任务上的表现（Evans et al., 2012）。害怕被裁员，担忧医保福利（失去医保或保险费不断飙升），担心养老金计划等问题都在困扰着当代的员工。办公室政治，与主管、下属和同事的冲突等都是工作压力的来源（Chang, Rosen, & Levy, 2009; Miller, Rutherford, & Kolodinsky, 2008）。当个人的价值观与公司的价值观不一致时，人们也会感受到压力（Kristof-Brown, Zimmerman, & Johnson, 2005）。例如，想象一下，一名环保主义者在一家打算钻探北极保护区的石油公司工作时将感受到的心理挑战。

不得不适应技术的变革和办公自动化是工作压力的另一个来源。消防员、执法人员和矿工的人身安全经常受到威胁。空中交通管制员和外科医生等高压力的工作需要近乎完美的表现，因为失误会带来灾难性的后果。具有讽刺意味的是，"工作不足"（沉闷、重复性的任务）同样会带来压力。

女性比男性更可能遭受某些职场压力，例如性别歧视和性骚扰（Betz, 2006）。非裔美国人和其他少数族裔必须在工作中应对种族主义和其他类型的歧视（Betz, 2006），这意味着少数族裔成员可能比非少数族裔成员承受更大的压力（Sulsky & Smith, 2005）。同性恋员工也面临着歧视问题（Badgett, 2003）。来自社会经济地位较低群体的员工所从事的工作，一般要比来自社会经济地位较高群体的员工所从事的工作更危险。

为什么美国员工有如此大的工作压力？格温德琳·凯塔和约瑟夫·赫里尔（Keita & Hurrell, 1994）认为下面四个因素是罪魁祸首：

1. 越来越多的员工在服务行业工作。从事这些工作的员工日常工作中必须与形形色色的人打交道。虽然大多数顾客都很文明且容易相处，但也有一些客户非常难缠。尽管如此，即使再令人讨厌、再麻烦不断的顾客也"总是对的"，因此员工不得不咽下沮丧和愤怒，而这样做是有压力的。这种情况可能导致压力残留，由于"往事随风"并非易事，员工可能将工作中的压力和紧张带入生活。想象一下，如果一些人的工作不允许他们"正确"或坦率地与顾客交谈，他们会有多么沮丧。

2. 经济形势难以预测。在充斥着收购和破产的时代，即使再优秀的员工也不能像过去的员工一样确保自己的工作。为应对经济压力而做出的改变常常以裁员和重组的形式出现（Robinson & Griffiths, 2005）。因此，对失去工作的恐惧可能会萦绕在员工的脑海。人们会花费相当多的时间和精力担忧不确定的未来，而这些未来人们又不能掌控。有时，即使是那些在公司剧变中保住工作的员工也不能幸免于心理挑战，因为他们可能会患上"幸存者综合征"（Marks & De Meuse, 2005）。

3. 员工的能力必须跟上快速发展的计算机技术。计算机"接管"了许多工作，迫使员工快速发展新的技能。在其他工作领域，员工为了跟上科技（硬件和软件）的快速持续发展而产生压力。员工可能会觉得自己没有合适的技能或足够的资源在规定时间内完成任务（Bolino & Turnley, 2005）。

4. 职场正变得越来越多元化。随着更多女性和少数族裔进入职场，来自所有群体的人都必须学会和不熟悉的人交往。发展这些技能需要时间，而且可能会有压力。

从更广泛的角度来看，罗伯特·卡拉赛克认为，对员工的心理要求和员工的决策控制权大小是职业压力的两个关键因素（Karasek & Theorell, 1990）。心理要求可以通过询问员工"你的工作是否太多？"和"你必须更快（更努力）地工作吗？"等问题来测量。决策控制权则可以通过询问员工"在工作中你能表达看法吗？"和"你有做决定的自由吗？"等问题来测量。在卡拉赛克的要求-控制模型中，高心理要求和低决策控制权的工作具有最高的工作压力。依据员工提供的数据，卡拉赛克尝试性地在工作压力的二维图上画出了各种工作的位置，如**图 13.9** 所示。高要求、低决策控制权的工作被认为是压力最大的工作（如图中右下角）。人们对要求-控制模型进行了大量的研究，其中多数的结果支持该模型（Sonnentag & Frese, 2003）。然而，一些批评者认为这个模型过于简单（Ippolito et al., 2005）。

工作压力的影响

与其他来源的压力一样，职业压力也有许多消极影响。在工作场所内，工作压力与更多的工业事故、更高的缺勤率、低工作绩效和高离职率有关联（Colligan & Higgins, 2005）。专家估计，与压力有关的生产率降低每年给美国工业造成的损失或可达数千亿美元。在美国，每个工作日有近3%的员工缺勤，而13%的员工缺勤可归因于压力的影响（Commerce Clearing House, 2007）。

如果工作压力是暂时的，比如重要截止日迫近，那么员工通常只会受到轻微和短暂的压力影响，比如失眠和焦虑。长期高水平的工作压力会带来更多的问题，在公共服务（社会服务）、教育和医疗等以人为对象的行业工作的人可以证明这一点（Maslach, 2005）。这些行业的员工职业倦怠较为普遍的一个主要原因是他们需要持续地"为人服务"，即执行客户、消费者、学生和患者所需的情

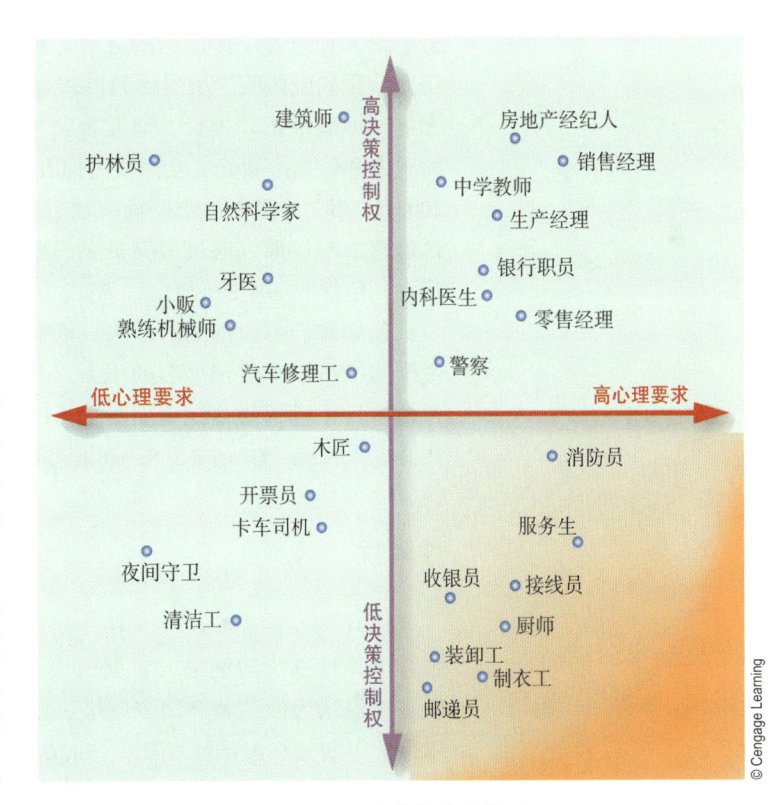

图 13.9 具体工作相关职业压力的卡拉赛克模型

罗伯特·卡拉塞克（1979）认为，心理要求高而决策控制权低的工作职业压力最大。基于调查数据，本图显示了多种熟悉的工作在这两个维度上的位置。根据卡拉塞克模型，压力最大的工作在右下角的阴影区域。

员工职业倦怠的常见迹象	
精神不振	消极、抱怨的态度
工作效率降低	越来越健忘
冷漠	害怕上班
上班经常迟到	不知所措
注意力不集中	沮丧、紧张
感觉对组织或同事可有可无	

图 13.10　员工职业倦怠的常见迹象

倦怠是一种以疲劳、悲观、低工作绩效和低工作质量为标志的生理和心理状态，上面列举的是一些常见的由压力导致的职业倦怠症状。如果工作中的压力和重负是持续的而不是偶然或零星的，最可能出现职业倦怠。

资料来源：Aamodt, M. (2010). *Industrial/organizational psychology: An applied approach*. Belmont, CA: Wadsworth/Cengage. © 2010 Wadsworth, a part of Cengage Learning, Inc. Reproduced with permission.

感劳动（Brotherridge & Grandey, 2002）。正如我们在第 3 章中提到的，长期的压力会导致以精力耗竭、玩世不恭和低工作绩效为特征的职业倦怠（Maslach, 2005）。人们的人格特点以及所选择的工作和职业的性质也会影响职业倦怠（Lohmer, 2012）。**图 13.10** 列举了员工中一些最常见的倦怠迹象。倦怠员工的无精打采、冷漠和抑郁倾向与高缺勤率、高离职率、低工作绩效和低工作质量有关（Jawahar, Stone, & Kisamore, 2007; Ybema, Smulders, & Bongers, 2010）。

毫无疑问，职业压力的消极影响超越了工作场所。在工作压力的负面影响中，最重要的是对员工身体健康的影响。工作压力与一系列身体疾患有关，包括心脏病、高血压、溃疡、关节炎、哮喘和癌症（Thomas, 2005）。一项检验卡拉塞克职业压力模型的研究表明，在从事心理要求高但决策控制权低的工作的瑞典男性中，心脏病症状更为普遍（Karasek et al., 1981）。工作压力对人的心理健康也有消极影响。职业压力与痛苦、焦虑和抑郁有关（Blackmore et al., 2007; Melchior et al., 2007）。

应对工作压力

应对职业压力主要有三种途径（Ivancevich et al., 1990）。第一种是在个体层面上干预人们应对工作压力的方式。例如，员工经常尝试通过短时间远离工作来应对压力，比如说休假。虽然休假可以通过减轻压力和倦怠感来帮助人们为"职业电池"充电，但效果比较短暂。研究表明：在假期即将开始、休假中和刚刚结束时，个体的压力和倦怠症状确实会减少；但几周后，这些症状又会恢复到原来的水平（Etzion, 2003）。第二种是在组织层面上通过重新设计工作环境进行干预。第三种是在个体与组织交互的层面，通过提高员工与所在组织的匹配度进行干预。应对压力源的具体建议，包括职场中的压力源，请参见第 4 章。

正如我们前面提到的，来自低社会经济地位群体的员工要比来自高社会经济地位群体的员工感受到更多的压力。具有讽刺意味的是，这些员工从压力管理和其他帮助项目中得到的关注反而更少（Ilgen, 1990）。研究者已开始更多地关注工薪阶层和低收入家庭（Crosby & Sabattini, 2006）。也许他们的发现会鼓励职场变革。

性骚扰

1991 年，在克拉伦斯·托马斯被提名为美国联邦最高法院大法官的电视确认听证会上，性骚扰问题进入了美国人的视野。尽管托马斯法官侥幸通过了确认听证，许多人仍认为他的名声因安妮塔·希尔公开的性骚扰指控而受到损害（安妮塔·希尔是十年前他在美国教育部工作时的助手）。性骚扰的指控也给比尔·克林顿总统带来了大麻烦。这些引起广泛关注的性骚扰指控案为个人和公司敲响了警钟，因为两者都可能因为性骚扰而被起诉（相关法规于 1980 年制定）。性骚扰是全球范围内持续存在的问题（McDonald, 2012）。虽然大多数员工认识到他们需要认真对待性骚扰问题，但很多人对性骚扰的了解仍然相对幼稚。

当员工遭受本人不欢迎的带性暗示的行为时就出现了**性骚扰**（sexual

harassment）。根据法律，性骚扰可分为两种。第一种是"交易"（quid pro quo，来自拉丁语，意为"为了换取某些东西而给予或接受某些东西的行为"）。就性骚扰而言，"交易"是指为了被雇佣、加薪、晋升或避免被辞退而屈从于不想要的性冒犯行为。换句话说，员工是否能保住工作取决于是否同意进行不喜欢的性行为。第二种是敌意的工作环境，或任何类型的不受欢迎的性行为，这些行为会造成敌意的工作情境，从而造成心理伤害并干扰工作表现。

性骚扰可能以各种形式出现：不请自来和不受欢迎的调情、性冒犯或性提议，对员工外表、衣着和身材的侮辱性评论，不合时宜的黄色笑话和性姿势，询问冒犯性的或性方面的个人问题，对骚扰者自身性经历的公然描述，"甜心"和"亲爱的"等亲昵称呼的滥用，抚摸、拥抱、捏或接吻等不需要的和不受欢迎的身体接触，喝倒彩，暴露生殖器，身体或性侵犯，以及强奸。正如专家们所指出的，性骚扰是权威者对权力的滥用。要在法律上确定哪些行为构成性骚扰，法庭会考虑"该行为是否受受害者的性别驱使，是否不受欢迎，是否多次重复以及是否会导致心理伤害和消极的组织后果"（Goldberg & Zhang, 2004, p. 823）。也有针对同性别的性骚扰，起诉的标准与异性性骚扰的标准相同，尽管对这一问题的研究还比较少（不同观点见 Ryan & Wessel, 2012）。

性骚扰的普遍性与后果

职场中的性骚扰比大多数人认为的更普遍，但随着研究的不断增多，人们对此的了解也逐步加深（O'Leary-Kelly et al., 2009）。据估计，美国大约有四分之一的女性在职场经历过某种形式的性骚扰（Ilies et al., 2003）。对男性员工受过性骚扰的比率的一个合理的估计是 16.3%（Catalyst, 2012）。典型的女性受害者有如下特征：年轻、离婚或分居中、担任非高级职位、在男性主导的行业工作（Davidson & Fielden, 1999）。一项有关美国军队女性的研究综述表明，女性报告的性骚扰比率从 55% 到 79% 不等（Goldzweig et al., 2006）。从事蓝领工作的女性也面临着高风险，但专业性领域也存在性骚扰。很不幸，对于黑人、其他少数族裔或少数群体而言，性骚扰经常与其他形式的职场歧视相关（Rospenda, Richman, & Shannon, 2009）。

经历性骚扰对人的身体健康和心理健康都有负面影响（Norton, 2002）。负面反应包括愤怒、自尊降低、抑郁和焦虑。受害者在人际关系和性调适方面（如对性失去欲望）也可能产生困难。也有报告酗酒、吸烟和毒品依赖的情况（Rospenda et al., 2008）。另外，性骚扰还会殃及工作：受骚扰的女性生产率、对工作满意度以及对工作和雇主的承诺都可能会降低（Woodzicka & LaFrance, 2005）。除了工作满意度低，受性骚扰的女性还可能会因为身体和心理健康问题而退出工作。一些女性甚至会出现创伤后应激障碍的症状（Willness, Steel, & Lee, 2007）。最后，随着工作满意度降低和组织承诺减少，性骚扰可能会导致离职率升高（Kath et al., 2009）。

终止性骚扰

为了预测性骚扰的发生，研究者提出了基于潜在骚扰者和社会环境的两因素模型（Pryor, Giedd, & Williams, 1995）。根据这个模型，个体在性骚扰倾向上存在差异，而不同的组织在性骚扰可接受性上也存在差异。当个体倾向性和组织规范的接受度都较高时，最可能发生性骚扰。因此，各种组织可以通过提倡不容忍性骚扰的规范来减少性骚扰的发生。

对性骚扰的回应既可以是个人层面的，也可以是组织层面的。有研究者提出了一种对可能的回应方式进行分类的系统（见**图 13.11**），并探讨了每种回应的相对有效性（Bowes-Sperry & Tata, 1999; Knapp et al., 1997）。具有讽刺意味的是，最常使用的策略（回避/否认）是效果最差的一个。对抗/谈判和寻求支持是最有效的策略，却很少被使用。

失 业

经济动荡的一个主要后果就是**下岗员工**（displaced workers），即由于工作岗位消失而失业的人。1999—2001 年间，由于工厂关闭、生产任务不足、工作岗位被取消等因素，美国大约 500 万有三年或三年以上工作经验的员工下岗（U.S. Bureau of the Census, 2006b）。失去工作往好了说是艰难的，往坏了说是毁灭性的。研究表明，失业在一个人可能经受的最大压力事件中可以排进前十（Maysent & Spera, 1995）。2012 年底美国的失业率高达 8.1%（U.S. Bureau of Labor Statistics, 2012b），许多美国人发现自己失去了工作，对未来充满了担忧。失业不仅导致经济压力，还会导致健

图 13.11　对性骚扰回应的有效性

根据回应的关注点（对自我或对施害者）和回应模式（涉及自我或他人）两个维度，对性骚扰的回应方式可被归为四类。不幸的是，最常出现的反应却最无效。有效的策略虽然有，却不常用。

资料来源：Bowes-Sperry, L., & Tata, J. (1999). A multiperspective framework of sexual harassment. In G. N. Powell (Ed.), Handbook of gender and work (pp. 263–280). Thousand Oaks, CA: Sage Publications. Copyright © 1999 by Sage Publications. Reprinted with permission of Sage Publications, Inc.

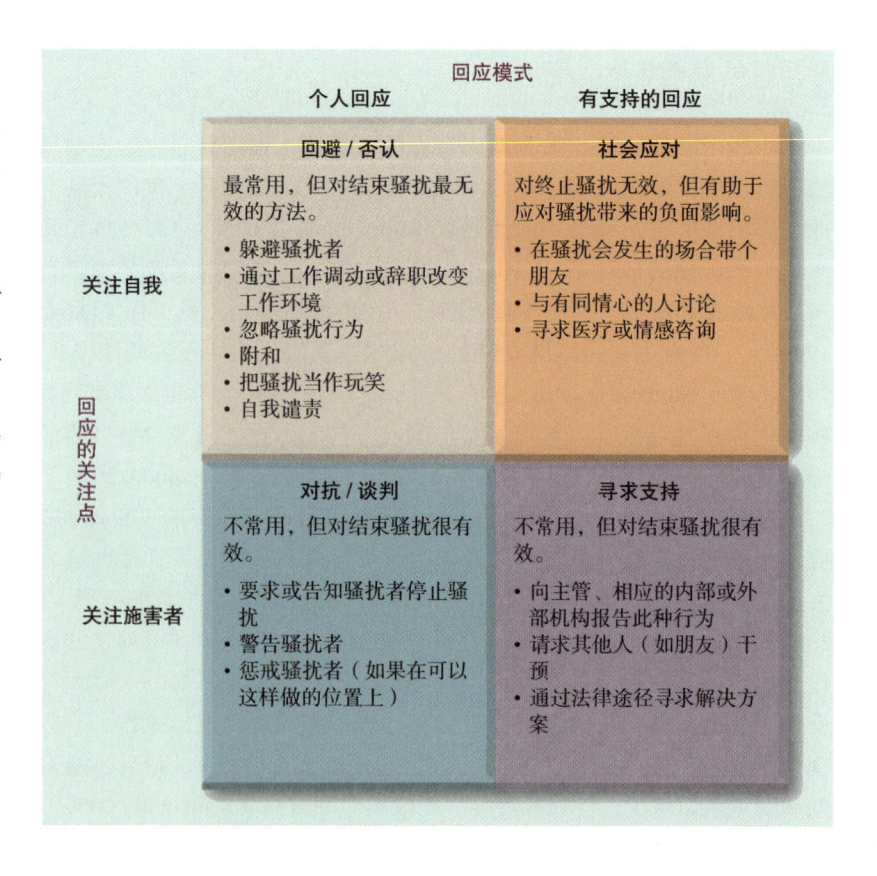

	回应模式	
	个人回应	**有支持的回应**
关注自我	**回避／否认** 最常用，但对结束骚扰最无效的方法。 • 躲避骚扰者 • 通过工作调动或辞职改变工作环境 • 忽略骚扰行为 • 附和 • 把骚扰当作玩笑 • 自我谴责	**社会应对** 对终止骚扰无效，但有助于应对骚扰带来的负面影响。 • 在骚扰会发生的场合带个朋友 • 与有同情心的人讨论 • 寻求医疗或情感咨询
关注施害者	**对抗／谈判** 不常用，但对结束骚扰很有效。 • 要求或告知骚扰者停止骚扰 • 警告骚扰者 • 惩戒骚扰者（如果在可以这样做的位置上）	**寻求支持** 不常用，但对结束骚扰很有效。 • 向主管、相应的内部或外部机构报告此种行为 • 请求其他人（如朋友）干预 • 通过法律途径寻求解决方案

（回应的关注点）

康问题和心理障碍，如失去自尊、抑郁和焦虑（Bobek & Robbins, 2005; Wanberg, 2012）。最近的一项元分析发现，失业人员的心理问题发生率是在职员工的两倍以上（Paul & Moser, 2009）。失业员工的自杀尝试和自杀身亡的概率也更高（Yang, Tsai, & Huang, 2011）。长期失业是高自杀率的一个风险因素（Classen & Dunn, 2012）。失业会给男性和女性造成同等程度的痛苦（Kulik, 2000）。员工即使在裁员风波中"幸存"下来，也不能幸免于心理痛苦（Paulsen et al., 2005）。

虽然在任何年龄失去工作都会产生巨大的压力，但中年被解雇的人似乎感觉最艰难（Breslin & Mustard, 2003）。首先，他们通常比其他年龄段的人有更多的经济责任。其次，如果家庭的其他成员不能负担健康保险，整个家庭的安康就会受到威胁。再次，年龄大的人通常不如年轻者容易再就业。因此，经济困境很可能成为现实并威胁到员工家庭的生活质量。最后，中年人已经工作了许多年，由于他们通常觉得自己高度卷入工作，工作已成为其人生满足感的重要来源，而切断这一来源令人痛苦（Broomhall & Winefield, 1990）。当然，并不是所有中年员工都会受到失业的负面影响（Leana & Feldman, 1991）。50多岁且接近退休的员工和那些打算从事新行业的员工受影响最小。事实上，在找工作的过程中有追求目标的中年人心理健康水平更高（Niessen, Heinrichs, & Dorr, 2009）。

销售额的下降似乎恰巧发生在清除销售人员的决定之后。

应对失业

美国近年的经济衰退使10%的劳动力人口失去了工作，有些州失业率可能更高。许多人因为被解雇、裁员或业务终止而失去工作。心理健康专家把失业和死亡、离婚、重大疾病和残疾看作同等重大的灾难性生活经历。首先，人们面领着失去收入的可怕前景，同时必须考虑收入减少时如何生活。失去工作在心理上也是一种打击，因为它损害了成人个人同一性的重要组成部分——有份工作。被裁的员工还必须应对因现状的不公而产生的愤怒和不满。

不难理解，失业会对心理健康造成负面影响（Paul & Moser, 2009），会降低人们的自信，使人产生失败感和被拒绝感，并且与焦虑和抑郁多发有关（Bobek & Robbins, 2005）。不幸的是，失业还会引起婚姻问题。了解失业对心理的影响有助于人们走出困境。一些专家认为，个体对失业的反应与他们面对死亡时的体验相似（Bobek & Robbins, 2005）。

职业方面的专家迈克尔·拉斯科夫（Laskoff, 2004）和罗伯特·洛克（Lock, 2005b）为应对失业提供了一些实用的建议：

1. 尽快申请失业救济金。2012年，美国平均的失业时间是38周（U.S. Bureau of Labor Statistics, 2012b）。因此，你需要关注一下失业救济金，通常你可以领取26周，有些情况下领取时间更长。此外，与你所在州最近的就业安全委员会或劳工部办公室保持联系。

2. 确定你的收入和花销。明晰你的失业救济金、配偶或伴侣的收入及储蓄等，看看每月你能有多少收入。细化你每月的花费。制定一个现实的预算并坚持下去。

如果需要的话，和你的债权人谈谈。

3. 降低你的花费并考虑如何获得额外收入。暂时减掉不必要的花费。减少信用卡消费，每月付清账单以免背上巨额债务。若想获得额外收入，可以考虑出售汽车或其他二手物品，或在电商平台上拍卖物品。利用自己的技能找一份临时的工作。

4. 保持健康。为了节省医疗费用，应该平衡膳食，坚持运动并保证充足睡眠。使用放松技术管理压力（见第 4 章）。回顾过去的辉煌成就，想象美好的将来，使自己保持积极的心态。

5. 寻求支持。尽管有点难，但还是要把自己工作上的变动告诉家人和朋友。你需要他们的支持，他们也需要知道你的失业将如何影响他们。如果你有人际关系问题，可以求助于咨询师。让你的朋友知道你在找工作，他们可能会为你提供相关的线索。

6. 有条不紊，开始行动。留出时间和精力开始找工作。考虑自己的情况：简历更新了吗？你能找到同样的工作，还是需要考虑其他工作？你需要搬家吗？你需要更多的教育或再培训吗？有的人决定自己创业，所以不要忽略这一选项。阅读一些优秀的职业规划书籍（例如本章的推荐阅读——《你的降落伞是什么颜色》）并浏览相关网站。每周花 15~25 个小时找工作。

平衡工作与生活的其他领域

学习目标
- 概述当前对工作狂的看法
- 解释工作-家庭冲突，讨论多重角色的好处
- 界定休闲并列举几种休闲活动

如今人们面临的一个主要挑战是如何令人满意地平衡好工作、家庭和休闲活动（Cleveland, 2008; Major & Morganson, 2011; Warr, 2007）。我们在本章前面部分提到，双职工家庭越来越普遍，家庭和工作间的传统平衡正在被打破（Voydanoff, 2005）。这两种发展趋势具有相关性。在过去，传统的性别角色要求女性操持家务，男性在外工作；这种劳动分工使家庭与工作之间存在边界。随着更多女性进入职场，这一边界开始变得模糊。职场中技术的发展带来的变化也正在侵蚀家庭和工作的区别（Jackson, 2005）。接下来我们讨论与平衡不同生活角色有关的三个问题。

工作狂

大多数人都珍惜休闲活动以及与亲人和朋友的关系。然而，工作狂几乎把自己所有的时间和精力都花在了工作上，工作让他们上瘾（Griffiths, 2011）。他们经常加班，很少休假，把办公室的工作带回家里，牺牲生活中的其他角色，大多数时间都在考虑工作，但却未必喜欢所从事的工作（Ng, Sorenson, & Feldman, 2007）。他们精力充沛、热情且雄心勃勃，这些通常是积极特质；然而，完美主义和负性情绪这两个消极特质也可以预测工作狂倾向（Bovornusvakool et al., 2012; Clark, Lelchook, & Taylor, 2010）。除了个人因素，情境因素也会催生工作狂（Murphy & Zagorski,

2005）。因此，在组织文化支持工作和个人生活不平衡的情况下会出现更多的工作狂（Burke, 2001）。近期的证据表明工作狂与工作场所中攻击行为（人际冲突）的发生相关（Balducci et al., 2012）。人们甚至将工作狂看作21世纪的成瘾行为（Griffths, 2011; Shifron & Reysen, 2011）。

虽然工作狂在大众媒体上受到了很多关注，但对这一问题的实证研究却相对有限（Harpaz & Snir, 2003）。一项对800名高层管理者的调查表明，近四分之一的人认为自己是工作狂（Joyner, 1999）。对于工作狂究竟是不是一种问题，心理学家存在分歧。是应该赞扬工作狂们的奉献精神，鼓励他们一心一意地通过工作达成自我实现（也称为以工作为中心，Paullay, Alliger, & Stone-Romero, 1994）（Baruch, 2011; Burke, 2009）？还是说工作狂是一种成瘾（Shifron & Reysen, 2011），个体被自己不能控制的冲动所驱使？一些工作狂对生活和工作高度满意，这一证据支持了前一种观点（Bonebright, Clay, & Ankenmann, 2000）。他们努力工作仅仅是因为工作是他们所了解的最有意义的活动。然而另一些证据表明，工作狂的情绪和身体健康水平低于非工作狂（Bonebright et al., 2000）。如何调和这些相互矛盾的发现？

要是我想到了带那该死的手机，我现在就能把一些工作做完。

工作狂似乎有两种类型（Aziz & Zickar, 2006）。一种是满腔热情的工作狂，他们工作纯粹是因为乐趣。这种人从工作中获得巨大的满足感，在高要求的工作中一般表现出色。这些人也可以说是有高工作投入——一个与工作专注度相关的积极的、令人满足的概念（Bakker et al., 2008）。另一种是缺乏热情的工作狂，他们感觉有工作的驱力，但工作乐趣并不高。此外，相对于满腔热情的工作狂，缺乏热情的工作狂报告的生活满意度和人生目的感都较低。因此，缺乏热情的工作狂更容易出现职业倦怠也就不足为奇了（Maslach, 2005）。

两种类型的工作狂都会经历工作和个人时间的失衡。毫不奇怪，这种失衡状况会转化成严重的工作 – 家庭冲突（Bakker, Demerouti, & Burke, 2009）。并且，这两种群体的家庭都会受到伤害（Robinson, Flowers, & Ng, 2006）。一项研究表明，父母是工作狂的学生倾向于报告更低水平的心理健康和自我接纳，以及更多有关身体健康的抱怨（Chamberlin & Zhang, 2009）。因此，即使满腔热情的工作狂喜欢工作，他们对工作的奉献仍然有成本，只不过这一成本通常由他们家庭的其他成员来支付。

工作与家庭角色

劳动力市场的最大变化之一是双职工家庭的出现，这是美国现在最为普遍的家庭模式（U.S. Bureau of the Census, 2006b）。双职工夫妇正在努力探索平衡家庭生活和工作要求的更好方法。工作和家庭生活的这些变化已经激起了包括心理学在内的许多学科的研究者的兴趣。

双职工夫妇生活中一个重要的事实是他们要同时扮演多重角色——配偶和员工。有孩子的双职工夫妇还多了第三个角色——父母。因此，如今在职的父母会经历**工作 – 家庭冲突**（work-family conflict），或者在工作和家庭的竞争性要求中感受到被多

种不同方向的力量拉扯。异性恋双职工家庭中的丈夫比传统家庭的丈夫承担更多的家务劳动和照顾孩子的责任，但妻子在这些方面仍然承担更多的责任（Drago, 2007）。在同性双职工家庭中，家务和责任的分配更公平（Kurdek, 2005; Patterson, 2003）。单亲家庭尤其可能出现工作-家庭冲突。

虽然目前雇主在减少对员工福利的投入，如养老金和退休计划、医疗福利等，但似乎没有缩减弹性工作时间、探亲假以及在照顾孩子和老人方面为员工提供的支持（SHRM, 2011）。雇主保留这些福利措施的主要原因在于其有利于招聘和留住员工。然而，事实是许多员工享受不到这些福利。一些人认为，这种情况部分导致了带婴幼儿的母亲参加工作的比率下降（Stone & Lovejoy, 2004）。1998年，这一群体参加工作的比率高达59%，到2005年，这一比率降为56%。家庭与工作协会主席埃伦·加林斯基认为，她们不是在逃离工作，而是在逃离苛刻的工作方式（Armour, 2004）。事实上，女性的工作时间越长，她们的婚姻满意度越低——请注意这只是相关关系，而不是因果关系。不过，一个简单的道理是，工作时间长导致留给家人的时间减少，因而给家庭生活带来压力（Hughes & Parkes, 2007）。为了获得对生活的更多控制权，一些女性选择了暂时退出职场，另外一些女性则选择了自己创业。

公平地说，女性工作参与率的下降或许可部分归因于观念的代际转变，即人们对什么是工作与家庭角色的最佳平衡的看法发生了变化。如图13.12所示，与婴儿潮一代相比，更多有孩子的X世代人认可以家庭为中心而不是以工作为中心的观点。一些人认为，代际差异主要是因为X世代人看到他们的父母尽管努力工作，却由于裁员而失去工作（Families and Work Institute, 2004）。

虽然今天的在职父母可能感到有压力，但研究者发现，多重角色对男性和女性的心理、生理和关系健康都有好处，对男性和女性都是如此——至少在中产阶级家庭中如此（Barnett, 2005）。对于女性，多重角色的优势主要得益于员工角色的影响；对于男性，家庭参与很重要，尤其是在关系健康方面。罗莎琳德·巴尼特和珍妮特·海

图 13.12 工作和家庭优先性的代际差异

出生于X世代的父母与出生于婴儿潮时期的父母相比更可能以家庭为中心（与工作相比更强调家庭），而后者则更可能以工作为中心（与家庭相比更强调工作）。这两个群体家里都有18岁以下的孩子需要照顾的事实表明，上述差异是代际差异而不是生命周期的差异。

资料来源：Families and Work Institute (2004, October). *Generation and gender in the workplace*. New York: Families and Work Institute.

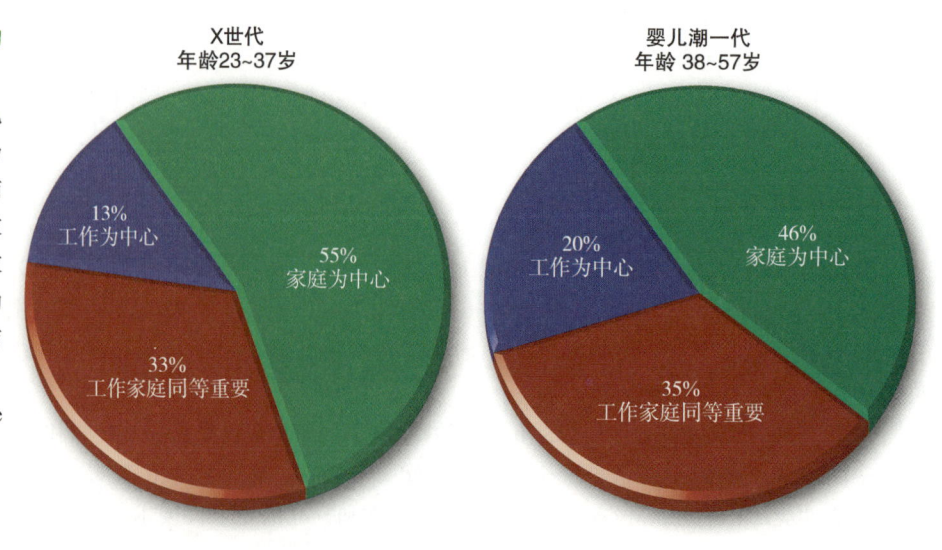

X世代 年龄23~37岁
- 工作为中心 13%
- 家庭为中心 55%
- 工作家庭同等重要 33%

婴儿潮一代 年龄 38~57岁
- 工作为中心 20%
- 家庭为中心 46%
- 工作家庭同等重要 35%

德（Barnett & Hyde, 2001）认为，多种因素促成了与多重角色相关的积极结果，包括收入增加、社会支持、体验成功的机会以及更多的缓冲。后者指的是一个角色中的成功和满足可以为另一个角色中的压力或失败的负面影响提供缓冲。在不丧失多重角色的优势的情况下，人们可以承担的角色和工作的数量是有外在限制的（Barnett & Hyde, 2001）。角色过多也可能导致心理困扰。

休闲与娱乐

正如前面提到的，大多数美国人每周工作 48 小时，还有许多人的工作时间更长。部分员工是迫于雇主的要求而加班。另一部分人则不得不工作更长的时间来维持自己的生活水准，因为人们的实际购买力，尤其是低收入员工，已落后于 25 年前（Joyner, 2001）。而且，当员工回到家里，没有报酬的家务劳动又在等着他们。根据盖洛普民意测验，近 60% 的美国人认为拥有休闲时间在他们的生活中"极其重要"或"非常重要"，考虑到当代美国人的生活节奏，这一点也就不足为奇了（Moore, 2003）。

工作 5 年后，美国员工每年平均有 14 天的带薪假期（U.S. Bureau of Labor Statistics, 2009）。美国员工的带薪假期远低于许多欧洲员工（见**图 13.13**）。而且，欧盟大多数国家的法律规定员工必须享有 4 周的带薪假期（Roughton, 2001）。加上大量的公共假期，欧洲员工的假期甚至可以达到 7 周！

我们把**休闲**（leisure）定义为人们选择从事的无报酬活动，因为这些活动本身对个人有意义。我们怎样区分有意义的活动和无意义的活动？虽然人们可能在电视机前一坐就是几个小时，但大多数人也会承认这种使用时间的方式和在美丽的湖边徒步存在重要区别。一种活动只是为沉闷和劳累的一天提供了休息，而另一种活动却可真正激发活力。做一个"沙发土豆"可能对你的心理状态没有任何帮助，甚至可能会让你感到冷漠和抑郁。另一方面，参加有意义的和令人充实的活动可以提高个体的幸福感和生活质量（Brajša-Žganec, Merkaš, & Šverko, 2011; Iwasaki et al., 2006）。

休闲活动的类型

人们喜欢的休闲活动的类型五花八门。流行的休闲活动包括：

- **爱好**。最流行的爱好有摄影、表演、音乐（演奏和聆听）、跳舞、园艺、编织、绘画、收集（邮票和签名等）、徒步旅行、野营、钓鱼和观鸟。
- **阅读**。尽管现在读书的人越来越少，许多人仍然喜欢蜷缩着读一本好书。书能使读者摆脱日常烦恼，

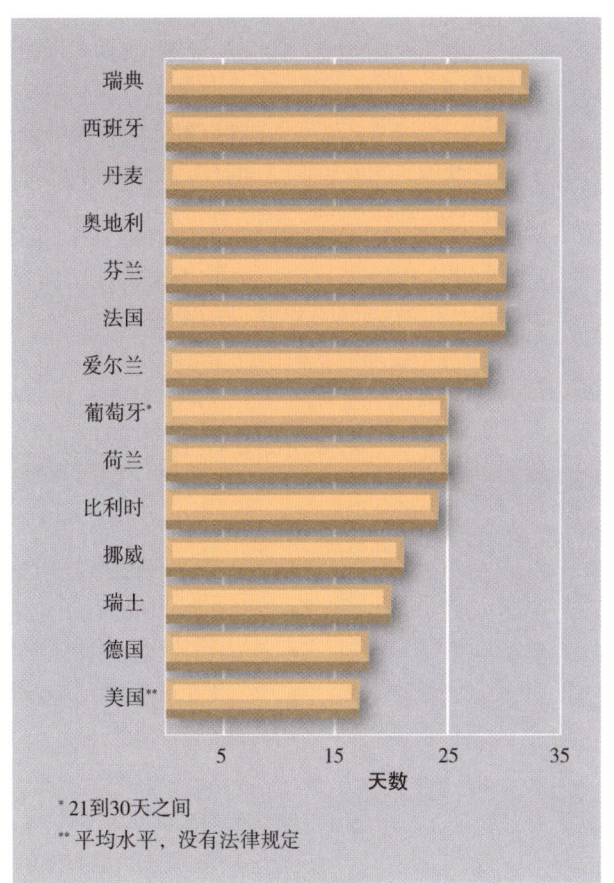

* 21到30天之间
** 平均水平，没有法律规定

图 13.13　美国和欧洲的休假天数

美国员工每年平均有 16 天的带薪休假。大多数欧洲员工有更长的假期，并且这些都是法律规定的福利。

资料来源：Mischel, L., Bernstein, J., & Schmitt, J. (2001). *The state of working America 2000–2001*. Ithaca, NY: Cornell University Press. Copyright © 2001 by Cornell University Press. Adapted by permission of the publisher, Cornell University Press.

休闲活动应该是使人放松的和有个人意义的。在花园里种植花草可以同时达到这两种目的。研究表明，对工作和休闲活动的满意度可以预测心理健康。

解开谜团，前往真实或想象的地方，获得有用的信息，并找到灵感。

- 网上冲浪。一种相对较新的休闲方式。网络提供了一系列令人惊叹的活动，比如：给朋友和亲戚发送电子邮件，在交友软件上建立社交网络，在朋友圈或留言板上发帖，打联机游戏，听音乐，等等。这只是其中的几个例子。
- 旅行。一些人随机选择自己的目的地，而另一些人有系统的旅行计划，有人想游览美国所有的国家公园或者联邦的每一个州。有支付能力的人还会游览其他国家——去品尝正宗的法国大餐或亲眼目睹古埃及的文明遗址。
- 游戏与拼图。一些人喜欢打桥牌放松，另一些人喜欢拼字或国际象棋等棋盘游戏。电脑和视频游戏很受欢迎，尤其是在儿童和青少年中。对一些人来说，没有玩填字游戏或数独游戏就不能算过了一天。
- 运动。许多人喜欢团体运动，如保龄球或垒球，享受锻炼身体和社交的双重乐趣。另一些人则喜欢慢跑、游泳、冲浪、滑冰或滑雪等个人运动。
- 志愿活动。帮助他人几乎对所有年龄段的人都有吸引力。人们可以在多到令人难以置信的各种场合用自己的技能为人提供帮助，比如无家可归者收容所、医院、学校、受虐妇女庇护所、男孩和女孩俱乐部以及运动队。

了解休闲活动的广泛性能够增加选出对你最有意义的活动的机会。

在接下来的应用部分，我们将介绍怎样富有成效地找工作，并提供一些更有效的求职面试技巧。

应用：在求职游戏中取得先机

学习目标
- 总结写出一份有效简历的指导原则
- 讨论怎样找出你心仪的公司
- 列出几种获取面试机会的策略，并讨论在工作面试中该如何表现
- 列举影响面试官对应聘者评价的一些因素
- 列出面试中能做什么，不能做什么

回答下列陈述"正确"还是"错误"
____ 1. 最常见和最有效的求职方法是回复分类广告。
____ 2. 你的技术资格是决定找工作成功与否的主要因素。
____ 3. 职业介绍所是找高水平专业工作的好渠道。
____ 4. 你的简历应该很详细，包括你做过的每件事情。
____ 5. 面试时带点幽默是个好主意，有利于你和面试官放松。

大多数职业顾问都会同意，以上所有陈述基本上都是错误的。虽然没有一种"行之有效"的方法能确保你获得理想的工作，但专家的一些指导原则可以增加你成功

的机会。本应用部分总括了专家们的洞见。为了尽可能得到你所能获得的最好工作，你需要了解比我们这里提供的更多的细节。阅读《你的降落伞是什么颜色》是一个不错的开端，它是市面上最好的求职指导手册之一（见推荐阅读）。

最重要的是，求职应该是一个有组织、全面、系统的行动。把一份匆忙写就的简历随机地投到几个公司是在浪费精力。有效的求职需要充足的时间和谨慎的计划。因此，在你需要一份工作之前尽早开始搜索至关重要。

当然，再多的计划和努力也不能保证求职的结果称心如意。运气绝对是其中的一部分。成功可能取决于在正确的地方或在正确的时间遇到正确的人。同时请记住，雇主手里往往有大量满足所有教育和经验要求的应聘者简历。实际上，最后选择的应聘者也许不是最有技术资格的那些人。相反，大多数雇佣决策都是根据从简历、电话交流和面试中得出的主观印象做出的。这些印象是基于对性格、外表、社交技能和身体语言的感知。知道了这些，你就可以练习一些策略，使结果对自己更加有利。

无论你在找哪种类型的工作，成功的求职都有一些共同点。首先，你必须准备一份简历；接下来，你需要锁定想去工作的具体公司或组织；最后，必须以让公司对你感兴趣的方式传递你对公司的兴趣。

制作简历

无论采取哪种求职策略，一份优秀的简历都很关键。简历的目的不是让你得到一份工作，而是让你获得一次面试机会。为了有效，你的简历必须表明你至少具备该职位所需的最低技术资格，了解职场的标准惯例，并且是一个走在通向成功的快车道上的人。此外，达成这些目标一定不能靠华而不实的东西。尤其不能有拼写和语法错误。

以下是一些基本的指导原则，可以让写出的简历展现出应聘者积极而传统的形象（Lock, 2005a）。要了解更多关于制作简历的技巧，你可以在最喜爱的搜索引擎输入"如何写简历"和"简历范例"进行搜索。

1. 使用白色、象牙色或米色硬质纸来打印简历。
2. 确保简历内容没有任何拼写错误。
3. 尽量简短。对大多数大学生来说，一页 A4 纸就足够了，不要超过两页纸。
4. 不要写完整的句子，避免用"我"。每句话都用一个动词描述具体的成绩，如"管理过 15 个员工"或"处理了所有的客户投诉"。
5. 避免提供与工作无关的信息。这样的信息是不必要的干扰，可能会让阅读者不喜欢你并因此拒绝你的申请。

推荐阅读

《你的降落伞是什么颜色：求职跳槽实用指南》
（*What Color Is Your Parachute? 2013: A Practical Manual for Job-Hunters and Career-Changers*）
作者：理查德·尼尔森·鲍利斯

理查德·鲍利斯（Richard Bolles），一位聪明且富有创意的作家，撰写了这本关于求职过程的里程碑式的书。这本书于 1970 年第一次出版并很快热销，以至于每年都需要更新。如果你只能读一本关于找工作和换工作的书，那就选这本。鲍利斯的作品既幽默又观点鲜明。不过，由于作者下了苦功，他的观点都很有价值。这本书的内容经过了充分的研究和证明。作者打破了许多找工作应该做什么和不应该做什么的谬见。他讨论了各种实用话题，如哪里有工作，什么会让你被雇佣，如何去见老板，应该拜访谁、避开谁，以及如何开创自己的事业。他对可迁移技能的讨论是本书的必读内容。在使用互联网搜索职业信息和找工作方面，读者也会获得有用的信息。鲍利斯还写了非常有趣的一章，内容是关于工作和信仰的整合。该书还包含许多有用的附录，包括帮助人们确定理想工作和找到职业顾问或教练的练习。

一份有效的简历一般会包括以下内容，并且以一种方便阅读的形式排版（图13.14是一份吸引人的、精心准备的简历）：

- **开头**。在页面顶部给出你的姓名、地址、电话和电子邮箱（顺便说一句，确保你的语音信箱问候语和电子邮箱地址给人一种"职业的"印象）。这是简历中唯一没有标签的部分（你无需在文档的开头写上"简历"二字）。
- **求职目标**。准确、简洁地陈述你所寻求的职位，切记使用动词并避免使用"我"。例如，"需要在报纸、广播和电视行业有资深背景的具有挑战性和创造性的传媒领域职位"。
- **教育**。列出你所获得的所有学位，给出每个学位的主要研究领域、获得日期以及授予机构。你应该最先列出你获得的最高学位。如果你有大学学位，就没必要再列出高中文凭。如果你获得过学术荣誉和奖励，在这部分要提到。
- **经验**。这部分的介绍应按时间顺序。首先是你最近的工作，然后一步步往回写。

图 13.14　一份格式精美的简历样例

简历的外观非常重要。右侧的例子展示了一份准备充分的简历应该是什么样子。

资料来源：Lock, 2005b.

特蕾莎·摩根

学校地址	固定地址
1252 River St., Apt. 808	1111 W. Franklin
East Lansing, MI 48823	Jackson, MI 49203
(517)332–6086	(517)782–0819
tmorgan@michstate.edu	tmmor@gmail.com

求职目标　　寻找一份可以充分利用自己设计技能的室内设计及相关领域的职业。2013年6月后可以入职。

教育背景
2011.9—2013.6　**密歇根州立大学**（位于密歇根州东兰辛城）
室内设计艺术学士，专攻设计沟通和人类居所。所学课程包括照明、计算机、公共关系和艺术史。通过美国室内设计教育与研究基金会认证，GPA为3.0（4.0 = A）。

2012.7—2012.8　**密歇根州立大学海外交流项目**（英国、法国）
装饰艺术与建筑。GPA为4.0（4.0 = A）。

2009.9—2011.6　**杰克逊社区学院**（位于密歇根州杰克逊城）
副学士学位。GPA为3.5（4.0 = A）。

工作经历
2012.12—2013.6　密歇根州立大学欧文研究生中心，**食品服务与环境维护**
- 准备和售卖食物。
- 管理维护邻近的范何森宿舍楼。

2011.9—2012.6　密歇根州立大学麦克唐纳宿舍大楼，**食品服务与环境维护**
- 售卖食物和清洁设备。
- 处理一般的楼宇维护工作。

2008.6—2008.12　密歇根州杰克逊城查理王餐馆，**服务生**
- 传菜，在个人层面上与各种人打交道。
- 附加责任：收银、迎宾、酒保和员工培训。

荣誉与活动
- 密歇根州立大学提供的社区学院转学奖学金。
- 美国室内设计协会宣传部主席；执行委员会，密歇根州立大学分会。
- 斯格码池小姐妹成员。
- 2008年夏天，独自到欧洲旅行。
- 戏剧和音乐剧的舞台经理和表演者。

可根据要求提供推荐信和作品集。

每一个职位都应介绍从事的时间,并描述工作职责和获得的成就。内容要具体,并确保你最近的职位是取得了最大成就的那一个。避免不厌其烦地介绍琐碎的成就。读者看到这些令人讨厌的内容,会认为你没有重要内容可介绍。

同时,注意简历不要有夸张或虚假之处。一家简历写作公司声称,6个多月间,他们收到的1 000份简历中,43%都有一处或多处"严重失实"之处(Cullen, 2007)。如果你想知道是否将一个有问题的条目写在简历上,你可以使用"嗅探测试"(Theisen, 2002)。你能轻松地跟面试官谈论你简历上的内容而不感到紧张吗?如果不能,删除这些信息。另外请记住,如果你不设置隐私保护,你放在博客、个人网站、脸书、领英等网站上的信息和照片对任何人都是可见的(Chamberlin, 2007)。

哎呀!冗词赘句从你的简历里掉出来了!

如果你现在是学生或刚毕业,你的学校教育可作为你的经验和资格的基础。你可以通过实习、兼职或暑期工作,在你想去工作的领域获得一些经验,使自己在竞争中脱颖而出。如果条件不允许,可在这一领域做些志愿工作,放在简历的"荣誉与活动"部分。

技术进步改变着求职的许多方面,包括简历的准备和筛选。越来越多的公司通过电子设备查看简历中与工作说明相匹配的关键词(Lock, 2005a)。因此,除了传统的纸质简历,知道如何制作电子简历也很有帮助。你可以从学校的就业服务办公室或互联网上获得这些信息。一些公司也会把格式说明放在网站上,供希望提交电子简历的人参考。简历制作领域的"下一件大事"也许是2到3分钟的视频简历。这是一种新的尝试,因此带有风险。由于种族、性别、年龄等线索可见,许多雇主担心视频简历会带来偏见指控(Cullen, 2007)。另一种方法是在你的简历上列出你的网站或博客的链接,前提是里面的内容是相关的并且传达了一种"职业的"印象(Richter, 2007)。

寻找你想为之工作的公司

首先,你需要确定哪种类型的公司最适合你的需要。你想在学校、医院、小公司、大集团、政府机关还是公共服务机构工作?为了选择合适的工作环境,你需要对自己的个人素质有一个准确的了解,同时还需要了解各种职业及其特点。像《你的降落伞是什么颜色》这样的求职指南可以为你提供有用的自我探索练习。为了解各种职业的特点,你可以浏览相关网站,例如"职业展望手册"(Occupational Outlook Handbook),或咨询职业服务机构。

为了面试成功,求职者必须着装得体,并表达出自信、热情和对工作的兴趣。

获得面试机会

在"验货"之前，没人会雇佣你。这一了解过程一般会涉及一次或多次正式面试。那么你该如何获得面试机会呢？如果你正在申请某一空缺职位，传统做法是把一封求职信和你的简历投递到公司。如果你的求职信和简历能够脱颖而出，你就可能获得面试邀请。提高胜算的好方法是说服未来的雇主你对该公司很有兴趣，已经对组织进行过一番研究（Pollak, 2007）。通过花时间了解一家公司，你应该能令人信服地说明你的专业知识在哪些方面会对公司特别有用。

如果你想进入一个没有职位空缺的组织，你的策略就应该有所不同。你仍然可以选择投简历，并同时附带一封详细的求职信，解释为什么选择这家公司。鲍利斯（Bolles, 2007）建议的另一种选择是直接找到招聘主管毛遂自荐（面对面或电话），并请求一次面试机会。为了提高成功的机会，你可以使用个人的关系网，找出招聘负责人和你都认识的熟人。然后你可以利用这个人的名字来帮助你应聘。

打磨你的面试技巧

现场面试是获得工作的最后一步，也是最关键的一步。如果你已经做到了这一步，那么雇主已经知道你有必要的培训和经验。你的挑战是使雇主相信你是那种能很好地融入这个组织的人。你的面试官会试图验证你是否具有让你成为优秀团队成员的无形品质。更重要的是，面试官会试图找出任何"红线"行为、态度或特征，这些红线将你标记为不可接受的风险。

为了给人留下正确的印象，你必须表现得自信、热情和雄心勃勃。顺便提一下，自信有力的握手（不绵软无力，但也不至于把人捏疼）有利于形成良好的第一印象，对女性来说更是如此（Chaplin et al., 2000）。你的举止应该偏向正式而稳重，避免尝试制造幽默，因为你不知道什么会冒犯面试官。首先，不要提供面试要求之外的信息，尤其是消极信息。如果面试官直接问你的不足是什么（一个常见的策略），用一个实际上是优点的"瑕疵"来回答，如"我有时工作太投入"。最后，不要指责或批评任何人，尤其是你的前雇主，即使你认为这些批评很有道理（Lock, 2005b）。

培养一种有效的面试技巧需要练习。许多专家建议不要拒绝任何面试，即使你不需要这份工作，你也总能从面试实践中受益。提前准备至关重要：永远不要毫无准备地去面试。在你出发之前，尽你所能地了解公司。试着想象会被问到的问题，并事先有所准备。你可以在网站和关于求职的书籍中查看一般会被问到的面试题（Yate, 2006）。然而你需要知道，一些未经训练的面试官会将面试视为非正式的和不需要事先计划的，这意味着他们经常会问非结构化的问题。与此相反，训练有素的面试官经常用一套标准化的问题考察潜在的雇员。图13.15展示了这两种类型的面试官的样题。一般来说，你不会被要求简单重述简历上的信息。记住，这一节点评估的是你的个人品质。

最后一点建议：如果可能的话，在初次面试时避免谈论薪水。协商薪水的合适时间是在聘用意向明确以后。你可以通过访问相关的网站了解到许多工作的薪资信息。

面试之后，你应该写一封表示感谢的信，并附上一份简历，以唤起未来雇主对你的培训经历和才能的记忆。

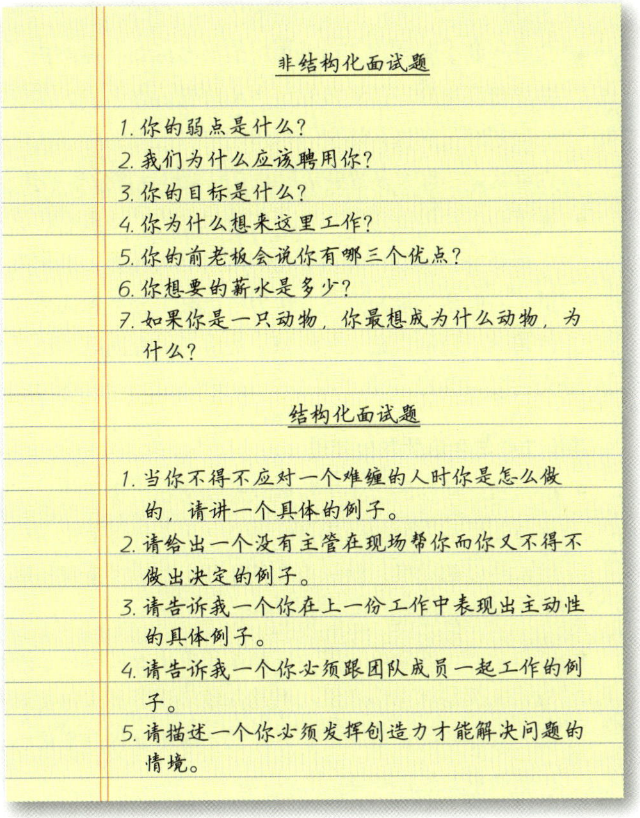

图 13.15　结构化面试和非结构化面试的一些典型问题

未经训练的面试官会将面试看作非正式的和不需要事先计划的,因此倾向于问非结构化的问题。相比之下,训练有素的面试官通常用一套标准化的问题来考察潜在的雇员。结构化面试和非结构化面试的样题如上图所示。

资料来源:Baumeister & Bushman, 2011.

非结构化面试题

1. 你的弱点是什么?
2. 我们为什么应该聘用你?
3. 你的目标是什么?
4. 你为什么想来这里工作?
5. 你的前老板会说你有哪三个优点?
6. 你想要的薪水是多少?
7. 如果你是一只动物,你最想成为什么动物,为什么?

结构化面试题

1. 当你不得不应对一个难缠的人时你是怎么做的,请讲一个具体的例子。
2. 请给出一个没有主管在现场帮你而你又不得不做出决定的例子。
3. 请告诉我一个你在上一份工作中表现出主动性的具体例子。
4. 请告诉我一个你必须跟团队成员一起工作的例子。
5. 请描述一个你必须发挥创造力才能解决问题的情境。

本章回顾

主要观点

选择职业

- 理想情况下，人们会寻找与自己个性相符的工作。因此，个体需要对自己的能力、兴趣和个性有所了解。家庭背景也会影响职业选择。
- 对于那些想了解可能的职业选择的人，当代社会有丰富的资源可供查询。在确定未来的职业时，了解工作的性质、工作条件、入职要求、潜在收入、潜在地位、晋升机会，内在满足感以及工作前景是很重要的。
- 做一套职业兴趣问卷可能会对那些难以做出职业决策的人有帮助。个体有在不同职业中成功的潜力，在做职业决定时，需要把这一点和其他因素考虑在内。

职业选择与发展模型

- 约翰·霍兰德的个人–环境匹配职业发展模型认为，人们基于自己的个性特征选择职业。霍兰德广受支持的理论包括6种个人倾向和与其匹配的工作环境。
- 休珀的阶段理论认为自我概念的发展是职业选择的基础。根据这一模型，职业生涯周期中包括成长、探索、确立、维持和衰退5个阶段。然而，人们整个职业生涯都从事一种职业的理论假设却与当代的职场现实不符。
- 女性的职业发展模式仍在构建之中。由于女性需要同时承担多种角色并且很多女性在生养孩子时会中止工作，因此女性的职业路径更无规律，更难预测。

变化中的职场

- 工作是一种能为他人带来价值的活动。当今的许多趋势正在改变着职场。一般来说，个体所受的教育越多，薪水越高。
- 在未来，更多的女性和少数族裔将进入劳动力市场。虽然在各种职业层次上都有女性和少数族裔，但他们往往集中在低收入和低地位的职位上。而且，女性和少数族裔在许多方面面临歧视。劳动力的不断多元化对组织和员工都提出了挑战。

应对职业危害

- 与工作有关的主要危害包括工作压力、性骚扰和失业。压力既影响员工也影响雇主。工作场所中的压力管理干预可以在个体水平、组织水平和个体–组织交互的水平上进行。
- 性骚扰的受害者经常会出现压力的身体和心理症状，这些症状可导致工作动机和生产率降低。许多组织正就这一问题对员工进行培训。个体也可以采取一些措施应对性骚扰，尽管大多数最常用的应对策略往往效果不佳。
- 由于经济形势的急剧变化，失业对熟练员工和非熟练员工都是一个问题。失去工作会带来巨大压力，中年失业员工对此感受最为强烈。认为自己被不公平和武断地对待的员工经常会感觉到愤怒。在应对失业问题时，社会支持至关重要。

平衡工作与生活的其他领域

- 当今员工面临的一个主要挑战是如何在平衡工作、家庭和休闲活动方面做到让自己满意。工作狂可能出于积极的或消极的动机，但对工作狂及其家庭成员来说，过度工作仍然会造成工作–家庭冲突。
- 随着双职工家庭成为常态，兼顾多重角色已成为一种挑战，尤其是对女性来说。不过一般来说，多重角色对心理、身体和关系健康都是有益的。休闲在提升幸福感和生活质量上起着重要作用。

应用：在求职游戏中取得先机

- 一次成功的求职包括以下基本要素：（1）确定最能满足自己需要的公司类型；（2）写一份有效的简历；（3）获得面试机会；（4）掌握有效的面试技能。
- 简历应该简短，并展现出积极但稳重的形象。为了找到未来的雇主，最好使用多种策略。
- 在面试中，非言语交流技巧很关键。你应该尽量表现出自信和热情。在面试之初，尽量避免讨论薪水。

关键术语

工业与组织心理学	玻璃天花板
职业兴趣问卷	象征
工作	性骚扰
双职工家庭	下岗员工
未充分就业	工作–家庭冲突
劳动力	休闲

练习题

1. 个体的职业选择经常_____。
   a. 比父母的职业地位高很多
   b. 与父母的职业地位相似
   c. 比父母的职业地位低很多
   d. 与家庭背景无关

2. 关于受教育程度与收入的研究结果表明_____。
   a. 在所有教育水平上，男性都比女性挣得多
   b. 在所有教育水平上，女性都比男性挣得多
   c. 在教育和收入方面没有性别差异
   d. 教育和收入之间没有关系

3. 职业兴趣问卷是用来预测_____。
   a. 个体在某一工作上成功的可能性
   b. 个体会从事某一职业多长时间
   c. 个体对某一工作的满意程度
   d. 上述全部

4. 霍兰德的职业选择理论强调_____。
   a. 自尊在职业选择中的作用
   b. 职业兴趣随着时间的推移而逐渐显露
   c. 父母的影响与职业选择
   d. 人格特质与工作环境相匹配

5. 下面选项中，_____不是与工作相关的趋势？
   a. 技术正在改变工作的性质
   b. 需要新的工作态度
   c. 大多数新工作将出现在制造业
   d. 终身学习成为一种必要

6. 当工作环境中只有一个女性或少数族裔成员时，这个人就成为他或她所在群体的"符号"，被称为_____。
   a. 象征
   b. 替罪羊
   c. 性对象
   d. 受保护的物种

7. 工作压力不会导致以下哪种消极影响？_____
   a. 职业倦怠
   b. 双相障碍
   c. 高血压
   d. 焦虑

8. 依据法律，性骚扰的两种类型是_____。
   a. 交换型和环境型
   b. 合法型和非法型
   c. "买者自负"型和对抗型
   d. 工业型和组织型

9. 与欧洲员工相比，美国员工会获得_____。
   a. 少得多的带薪假期
   b. 同样多的带薪假期
   c. 多得多的带薪假期，但更少的病假
   d. 多得多的带薪假期和更多的病假

10. 以下哪一条对写简历是好建议？_____
    a. 尽可能写得长
    b. 使用完整的句子
    c. 尽量简短
    d. 提供大量个人信息

答案

1. b
2. a
3. c
4. d
5. c
6. a
7. b
8. a
9. a
10. c

第 14 章　心理障碍

自我评估：显性焦虑量表（Manifest Anxiety Scale）

指导语

下面的陈述询问你行为和情绪方面的一些情况。请仔细考虑每一条陈述，然后指出陈述的内容是否通常与你的情况相符。请在题目左侧的横线上填写你的回答（"√"或"×"）。

量　表

____ 1. 我不会很快疲倦。
____ 2. 我认为自己不比大多数人更紧张。
____ 3. 我很少头疼。
____ 4. 我工作时精神很紧张。
____ 5. 当我想做某事时，我经常发现自己的手在发抖。
____ 6. 我不比其他人更经常脸红。
____ 7. 我每月会有一次或更多次腹泻。
____ 8. 我很担心可能会发生的不幸。
____ 9. 我几乎从不脸红。
____ 10. 我经常担心我会脸红。
____ 11. 我的手脚通常很暖和。
____ 12. 即使天气凉爽，我也很容易出汗。
____ 13. 有时，当我感到尴尬时，我会大汗淋漓，这让我非常恼火。
____ 14. 我几乎没有发现过自己心跳剧烈，也很少呼吸急促。
____ 15. 我几乎总是觉得饿。
____ 16. 我很少受到便秘的困扰。
____ 17. 我经常胃部不适。
____ 18. 我有过因为担心而失眠的时候。
____ 19. 我很容易感到尴尬。
____ 20. 我比大多数人更敏感。
____ 21. 我经常发现自己在担心某些事情。
____ 22. 我希望自己能像别人一样快乐。
____ 23. 我通常很冷静，不容易心烦意乱。
____ 24. 我几乎每时每刻都对某件事或某个人感到焦虑。
____ 25. 我大多数时间都很快乐。
____ 26. 等待会让我感到紧张。
____ 27. 有时我兴奋得难以入睡。
____ 28. 我有时感到困难堆积如山，以至于我无法克服它们。
____ 29. 我必须承认，我有时会对实际上无关紧要的事情过度担忧。
____ 30. 与朋友相比，我很少害怕。
____ 31. 我有时觉得自己毫无用处。
____ 32. 我发现自己很难专注于任务或工作。
____ 33. 我特别容易感到害羞。
____ 34. 我往往把事情看得很严重。

____ 35. 我有时觉得自己一点儿都不好。
____ 36. 我确实缺乏自信。
____ 37. 我有时觉得自己快要崩溃了。
____ 38. 我非常自信。

计分方法

计分标准如下所示。如果你的回答与下面的答案一致，就将你的回答圈起来。数一数你圈出了多少个回答，总数便是你在显性焦虑量表上的得分。

1. ×	2. ×	3. ×	4. √	5. √
6. ×	7. √	8. √	9. ×	10. √
11. ×	12. √	13. √	14. ×	15. √
16. ×	17. √	18. √	19. √	20. √
21. √	22. √	23. ×	24. √	25. ×
26. √	27. √	28. √	29. √	30. ×
31. √	32. √	33. √	34. √	35. √
36. √	37. √	38. ×		

我的得分：_____

测量的内容

你刚刚完成的只是泰勒显性焦虑量表（Taylor, 1953）的一个版本，由理查德·休因（Suinn, 1968）修订。最初的量表有 50 个陈述，休因找出了其中存在社会赞许性偏差（11）或反应定势（1）的陈述。在删除了这 12 个陈述后，休因发现量表的信度和效度并未明显下降。从本质上讲，该量表测量的是特质性焦虑，即个体在多种情境中体验到焦虑的倾向。

已有成百上千的研究使用了各种版本的泰勒显性焦虑量表。研究表明，很多精神病患者群体的得分均高于"正常"群体的分数，并且这一量表与其他的焦虑测量工具有很好的相关性，这些证据支持了该量表的效度。虽然显性焦虑量表不再是测量焦虑的"最先进的工具"，但它是一种相对容易计分的经典工具。

分数解读

我们的常模基于休因（Suinn, 1968）收集的 89 名匿名回答该测验的本科生的数据。

常模

高分：	16~38
中等分数：	6~15
低分：	0~5

资料来源：Taylor, J. A. (1953, April). A personality scale of manifest anxiety. *Journal of Abnormal and Social Psychology, 48*(2), 285–290. Table 1, p. 286 (adapted). Public Domain. Originally published by The American Psychological Association.

自我反思：你对精神疾病的态度是怎样的？

1. 请列出 7 个与被诊断为精神疾病患者的人有关的形容词。

2. 如果遇到一个曾被诊断患有精神疾病的人，你的第一反应是什么？

3. 请列出你儿时听到的一些对心理障碍患者的评论。

4. 你是否与"精神疾病患者"进行过实际互动，这些互动支持还是违背了你的预期？

5. 你同意心理障碍应被视为疾病的观点吗？请为你的观点辩护。

资料来源：© Cengage Learning

第 14 章

心理障碍

异常行为：一般概念
    适用于异常行为的医学模型
    异常行为的标准
    心理诊断：障碍的分类
    心理障碍的患病率

焦虑障碍和强迫症
    广泛性焦虑障碍
    恐怖症
    惊恐障碍与广场恐怖症
    强迫症
    病因

分离障碍
    分离性遗忘症
    分离性身份障碍
    病因

抑郁和双相障碍
    抑郁症
    双相障碍
    心境功能失调与自杀
    病因

精神分裂症
    症状
    病程和结果
    病因

孤独症谱系障碍
    症状和患病率
    病因

应用：理解进食障碍
    进食障碍的类型
    历史和患病率
    病因

本章回顾
练习题

美国女演员杰茜卡·阿尔芭过去常常会拔掉家中所有电器的插头，因为她担心这些电器会引发火灾。她还会反复检查屋门，以确保门锁好了。足球明星大卫·贝克汉姆则承认自己非常关注对称性和匹配性等细节。只要有任何东西不能呈直线或成对摆放，他就会感到不舒服。例如，如果冰箱里有 5 瓶可乐，他就必须扔掉 1 瓶，以恢复成对的状态。入住酒店时，他会立刻整理好所有的传单和书，以恢复房间的秩序。

阿尔芭和贝克汉姆的上述行为并不是他们身为名人的小怪癖，而是强迫症（OCD）的临床表现。喜剧演员兼脱口秀主持人霍伊·曼德尔在其 2009 年出版的自传《不要碰我》（Here's the Deal: Don't Touch Me）中对强迫症做了解释。曼德尔从不与人握手，因为他害怕细菌，他说，"这并不仅仅是害怕细菌的问题"。和别人握手后再洗手没什么大不了的。但"如果洗手后，你还一直在想手没有洗干净，有东西在手上爬，所以你要再洗一遍，并且这个想法一直挥之不去，以至于你不得不一遍又一遍地洗手，这就有问题了，"曼德尔说，"如果你不能摆脱这种状态，那就是强迫症。强迫症并不是你害怕细菌，而是你一直被这样的想法所挟持，并且不得不做洗手之类的事情来缓解内心的不安。我总是有这种侵入性的想法和习惯。"

是什么导致了这种异常行为？曼德尔患有精神疾病吗？还是他只是行为怪异？判断行为正常与否的根据是什么？强迫症常见吗？可以被治愈吗？以上只是本章将要回答的问题中的几个。在本章中，我们将讨论心理障碍及其复杂的成因。

© s_bukley/Shutterstock.com

异常行为：一般概念

学习目标
- 描述和评价异常行为的医学模型，并指出异常的关键标准
- 讨论 DSM-5 的形成过程
- 总结关于各种心理障碍患病率的数据

有关异常行为的错误观念很常见。因此，在描述各种心理障碍之前，我们需要澄清一些比较初级的问题。在本节中，我们将讨论以下四个问题：（1）异常行为的医学模型；（2）异常行为的标准；（3）心理障碍的分类；（4）心理障碍的患病率。

适用于异常行为的医学模型

毫无疑问，在开篇的例子中，曼德尔对细菌的极度恐惧是异常的。但是，将这种不寻常且非理性的行为视为疾病合理吗？这是一个有争议的问题。**医学模型**（medical model）主张，将异常行为视为疾病是有用的。这一观点是许多用以指代异常行为的术语的基础，这些术语包括精神疾病、心理障碍和心理病理学（病理学指的是疾病的临床表现）。在 19 世纪和 20 世纪，医学模型逐渐成为人们思考异常行为的常规方式，其影响至今仍占据主导地位。

与异常行为的早期模型相比，医学模型无疑具有进步意义。18 世纪之前，大多数关于异常行为的观念都基于迷信。行为怪异的人被认为是恶魔附体，或是与魔鬼勾结的女巫，抑或是被上帝惩罚的受难者。人们用圣歌、宗教仪式、驱魔术等方式

图 14.1 历史上精神疾病的概念

纵观历史，心理障碍大都被认为是由恶魔附体导致的，并且有精神疾病的人可能会被锁链拴起来、施以酷刑，或如本图所示接受驱魔。

来"治疗"他们的怪异行为。如果这些人的行为被认为是危险的，他们就可能会被锁链拴起来、关进地牢、施以酷刑或被处死（见图14.1）。

医学模型的兴起改进了人们对异常行为者的治疗方式。人们将其看成某种疾病的受害者，抱有更多的同情，敌意和恐惧也大为减轻。尽管早期精神病院的生活条件通常较为恶劣，但对精神疾病患者的照护逐渐变得更为人道。虽然经历了很长时间，但无效的疗法最终被对心理障碍成因和治疗的科学研究所取代。

然而近几十年来一些批评者认为，医学模型可能已经失去了效用（Boyle, 2007; Kiesler, 1999）。已故的托马斯·萨斯（Szasz, 1974, 1993）是一位特别直言不讳的批评者。他声称："严格地说，疾病只能影响身体，因此不可能存在精神疾病……只有在笑话是'病态'或经济是'病态'的意义上，精神才可能是'病态的'"（1974, p. 267）。他进一步解释说，异常行为常常是对社会规范的偏离，而不是疾病。他主张，这种偏离是"生活问题"，而非医学问题。萨斯认为，医学模型将异常行为类比为疾病，是将关于"什么是可接受行为"的道德和社会问题转化成了医学问题。

一些批评者也担心，异常行为的医学诊断会给人们贴上带有潜在贬低性的标签（Overton & Medina, 2008）。被贴上精神病、精神分裂症或精神疾病的标签会给人们带来难以摆脱的社会污名。那些被定性为精神疾病患者的人会被他人视为古怪的、危险的、无能的和低等的（Corrigan & Larson, 2008）。这些刻板印象会加剧人们对精神疾病患者的疏远、蔑视、偏见和排斥。即使完全康复后，那些被贴上精神疾病标签的人也难以找到住处和工作。精神疾病的污名使那些已经有问题的人雪上加霜（Hinshaw, 2007）。不幸的是，这一污名似乎根深蒂固，难以消除。近几十年的研究越来越多地发现，许多心理障碍至少可以部分归因于遗传和生物因素，这使其看起来更像是身体疾病（Pescosolido et al., 2010）。你可能会认为，这些研究趋势会减少与精神疾病相关的污名，但研究表明，精神障碍的污名化不是在减轻，而是在加剧（Hinshaw & Stier, 2008; Schnittker, 2008）。

虽然批评者对医学模型的分析有一定的价值，但我们的立场是，异常的疾病类比依然是有用的；不过你要牢记，这只是一种类比。在对异常的治疗和研究中，诸如诊断、病因和预后等医学概念被证实是有价值的。**诊断**（diagnosis）是指将某种疾病与其他疾病区分开来。**病因**（etiology，也译作病因学）是指某种疾病明显的起因和发展历史。**预后**（prognosis）是指对某种疾病可能进程的预测。这些基于医学的概念有着被人们广泛认同的含义，使临床医生、研究者以及社会公众在讨论异常行为时能够更有效地沟通。

异常行为的标准

如果你隔壁的邻居每天都要擦洗自家门廊两次，几乎整天都在一遍遍地打扫屋子，那么他正常吗？如果你嫂子为了某个似乎是臆想出来的小病，接二连三地去寻求治疗，那么她心理健康吗？我们如何判断什么是正常，什么是异常？更重要的是，由谁来判断？

这些都是复杂的问题。从某种意义上说，所有人都会对正常与否做出判断，因为所有人都会就他人（或许是他们自己）的精神健康状况表达看法。当然，心理障碍的正式诊断是由精神健康专家做出的。临床医生会依据多种标准做出诊断，其中最重要的诊断标准如下：

1. **偏离常态**。正如萨斯指出的那样，某些人之所以常常被认为有心理障碍，是因为他们的行为偏离了社会认可的行为标准。虽然不同文化对"正常"的标准有所不同，但所有文化都有此类规范。如果人们无视这些标准和期望，他们就可能会被贴上精神疾病的标签。例如，异装癖是一种性障碍，是指男性通过穿女性的衣服来实现性唤起。这一行为之所以被看作障碍，是因为男性穿裙子、胸罩和尼龙长袜偏离了我们的文化规范。这个例子说明，关于正常的文化标准具有人为性，因为人们可以接受女性做出相同的外在行为（穿异性的衣服），但男性这样做却是反常的。

2. **适应不良的行为**。在许多情况下，人们之所以被判定为患有心理障碍，是因为他们的日常适应行为受到了损害。这是诊断物质（药物）使用障碍的关键标准。饮酒和使用药物本身并不是严重的不寻常或反常行为。然而，如果某种物质（例如可卡因）的使用开始干扰个体的社会或职业功能，就存在物质使用障碍了。在这种情况下，行为的适应不良是其成为障碍的原因。

3. **个人痛苦**。心理障碍的诊断常常是由于个体报告了巨大的个人痛苦。被抑郁或焦虑障碍困扰的人通常符合这一标准。例如，抑郁者可能也可能不表现出反常行为或适应不良的行为。当他们向朋友、亲人或精神健康专家描述自己的主观痛苦时，通常会被贴上抑郁的标签。

这位男士的囤积行为显然是一种反常，但这意味着他有心理障碍吗？精神障碍的标准比大多数人认为的更主观、更复杂。在一定程度上，对心理健康的判断代表的是价值判断。

虽然某些特定情况可能适用两个或三个标准，但当人们只符合一个标准时，也经常会被认为有心理障碍。你可能已经注意到，心理障碍的诊断包括对什么是正常或异常行为的价值判断（Sadler, 2005）。精神疾病的标准不像身体疾病的标准那样不受价值观的影响。在评估身体疾病时，不论个人价值观如何，人们常常都同意，心脏衰弱或肾功能不全是病态的。然而，对精神疾病的判断反映了主流的文化价值观、社会趋势、政治力量以及科学知识（Kutchins & Kirk, 1997; Mechanic, 1999）。

诸如正常与异常、精神健康与精神疾病等反义词似乎意味着，人们恰好可以被分成两个截然不同的群体：正常群体和异常群体。事实上，我们通常很难清楚地区分正常与异常。每个人偶尔都会体验到个人痛苦，偶尔都会做出反常行为，也都会表现出一些适应不良的行为。只有当人们的行为变得极其反常、适应不良或令人痛

图14.2 正常与异常作为一个连续体

异常行为与正常行为之间没有清晰的界限。行为在多大程度上是正常的或异常的，取决于其反常、令人痛苦或适应不良的程度。

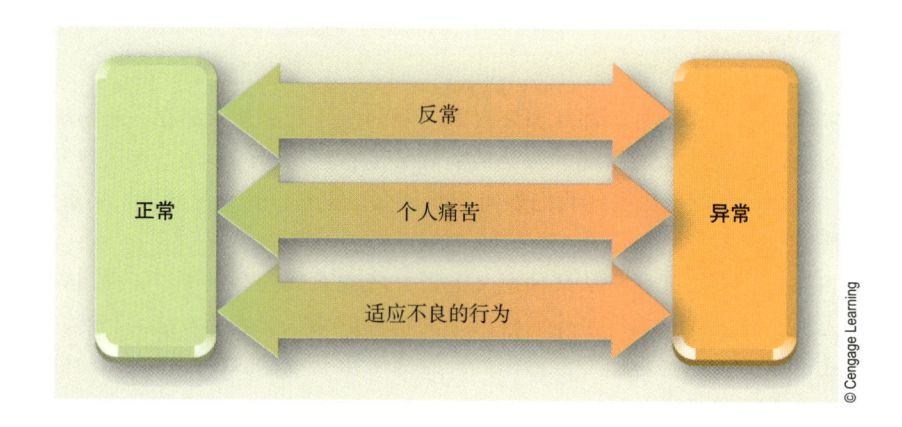

苦时，才会被判定为有心理障碍。因此，正常与异常存在于一个连续体上。这是程度问题，而不是非此即彼的问题（见**图14.2**）。

心理诊断：障碍的分类

将所有的心理障碍混为一谈会使我们很难更好地理解它们。对心理障碍进行合理的分类能够促进实证研究，并加强科学家和临床医生之间的交流（First, 2008; Zimmerman & Spitzer, 2009）。因此，研究者为制定一套精细的心理障碍分类系统付出了巨大的努力。美国精神医学学会（American Psychiatric Association）出版的《精神障碍诊断与统计手册》（*Diagnostic and Statistical Manual of Mental Disorders*; DSM）一书概述了这一分类系统。该书第4版即DSM-IV于1994年发布，并于2000年进行了细微的修订。DSM-IV采用多轴分类系统。也就是说，它要求在5个独立的"轴"上对个体进行判断。心理障碍的诊断是在轴Ⅰ和轴Ⅱ上做出的，其他轴则涉及对患者躯体障碍、压力水平及当前适应功能的评估。

心理诊断专家付出了十多年的努力来制订该诊断系统的新版本（例如，Andrews et al., 2009; Helzer et al., 2008b; Regier et al., 2009），它被命名为DSM-5（而不是DSM-V），以便于未来的逐步更新（如DSM-5.1）。对于是否应该增加、删除或重命名一些综合征，临床研究者收集了大量数据，举办了多场会议，并展开了激烈的讨论。在所有上述工作完成之后，DSM-5于2013年5月出版。其中的一个重大变化是，DSM-5不再使用多轴系统。轴Ⅰ和轴Ⅱ障碍之间的区分也被废弃了。DSM-5仍然鼓励临床医生对患者的躯体疾病、压力源和整体功能加以记录，但它并没有提供正式的轴来评估这些额外的信息。

DSM-5制定过程中的一个重要议题是，是否要减少该系统对类别取向的倚重。近年来，DSM系统的很多批评者质疑该诊断系统的基本原理，即假定人们能够被可靠地归入非连续（非重叠）的诊断类别中（Helzer et al., 2008a; Widiger & Trull, 2007）。这些批评者指出，不同障碍有大量重叠的症状，这使得不同诊断之间的界限要比理想状态模糊得多。他们还指出，人们常常符合不止一种障碍的诊断标准。这种情况被称为**共病**（comorbidity）——同时存在两种或两种以上障碍。共病的广泛存在使研究者开始考虑另一种可能性：特定的诊断结果或许反映的不是不同的障碍，而只是同一潜在障碍的变体（Lilienfeld & Landfield, 2008a）。由于存在上述问题，一些理论家认为，应该用诊断的维度取向来取代当前的类别取向。维度取向根据人们在数量有限的连续性维度上的得分来描述障碍，例如人们表现出焦虑、抑郁、烦乱、疑病、妄想的程度（Kraemer, 2008）。从类别取向转换成维度取向需要在实践中付出巨大的努力。人们必须就评估哪些维度、如何测量这些维度等方面达成一致。由于存在这些困难，DSM-5 的构建者选择了保留类别取向；不过，对人格障碍这一主要的心理障碍类别，他们用维度取向对传统的诊断系统进行了补充。

心理障碍的患病率

精神疾病患者占总人口的多大比例？10% 还是 25%？这个比例会高达 40% 或 50% 吗？这样的估计属于流行病学的范畴。**流行病学**（epidemiology）研究心理或躯体障碍在某一人群中的分布情况。20 世纪 80 年代和 90 年代，精神疾病的流行病学取得了重大进展。当时，许多大规模的调查提供了一个关于精神障碍分布的新的大型数据库（Wang et al., 2008）。在流行病学中，**患病率**（prevalence）指的是在特定时期内患有某种障碍的人占总人口的百分比。就精神障碍而言，最令人关注的数据是对终生患病率的估计，即在一生中的任何时间有过某种心理障碍的人占总人口的百分比。

发表于 20 世纪 80 年代和 90 年代早期的研究发现，心理障碍患者约占总人口的三分之一（Regier & Kaelber, 1995）。一项后续研究则关注了较年轻的样本（年龄在 18~54 岁之间，而非 18 岁以上），结果表明，约 44% 的成年人会在他们一生中的某个时间患有某种心理障碍（Kessler & Zhao, 1999; Regier & Burke, 2000）。稍后的一项大规模流行病学研究估计，个体在一生中患有某种精神障碍的风险为 51%（Kessler et al., 2005a）。显然，所有这些数字都是估计值，它们在一定程度上取决于研究者采用的抽样和评估方法（Wakefield, 1999）。一些专家认为，近年来的患病率估计值高得令人难以置信，可能会贬低精神病学诊断的价值（Wakefield & Spitzer, 2002）。

总之，心理障碍的患病率比大多数人想象的要高得多。**图 14.3** 汇总了上面得出

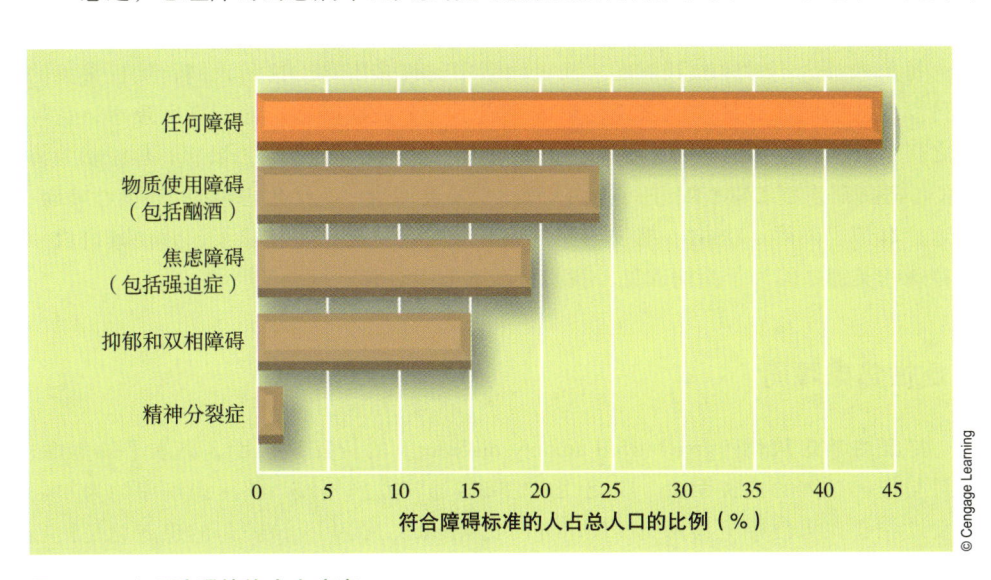

图 14.3 **心理障碍的终生患病率**
本图显示了在一生中的任何时间患过 4 种心理障碍之一或任何一种障碍（最上面的横条）的人占总人口的百分比。不同研究得出的患病率估计值存在差异，取决于研究者在抽样和评估时采用的具体方法。本图显示的估计值是基于美国的一项流行病学划定区域研究项目的第一批和第二批，以及美国共病研究的合并数据（Regier & Burke, 2000; Dew, Bromet, & Switzer, 2000）。这些研究共评估了 28 000 多人，提供了至本书成书为止美国精神疾病患病率的最佳数据。

终生患病率估计值为 44% 的研究项目的数据，图中显示了最常见的几类心理障碍终生患病率的估计值。你可以看到，最常见的心理障碍是：（1）物质（酒精和药物）使用障碍；（2）焦虑障碍（包括强迫症）；（3）抑郁和双相障碍，二者近年来才被合并为心境障碍。

心理障碍的高患病率意味着在现代社会中，精神疾病的经济代价是巨大的。2003 年的一项报告估计，美国每年花在精神疾病治疗上的费用约为 1 500 亿美元（New Freedom Commission on Mental Health, 2003）。另一项研究估计，美国每年因精神障碍而损失的角色表现超过 13 亿天（能够工作、做家务，等等）（Merikangas et al., 2007）。这一过高的数字意味着，心理障碍导致的失能天数是心血管疾病的 3 倍，并远远超过癌症。此外，精神疾病患者的家人所承受的巨大痛苦是无法用金钱来衡量的。因此，心理障碍的社会经济成本是惊人的。

现在我们准备开始探讨特定类型的心理障碍。显然，我们无法涵盖 DSM 系统中列出的所有心理障碍。不过，我们会介绍大部分主要类型的心理障碍，以便于你了解异常行为的诸多表现形式。在讨论每一类障碍时，我们将先对其具体症状或亚型进行简要描述。然后，我们会关注此类障碍的病因。虽然多方面的原因可导致特定的障碍，但有些原因更为常见。我们将强调一些常见的原因，以增进你对异常行为根源的理解。

焦虑障碍和强迫症

学习目标
- 描述三种类型的焦虑障碍，并讨论什么是强迫症
- 讨论生物学因素、条件作用、认知和压力在对上述障碍病因学中的作用

每个人都会不时体验到焦虑。面对生活中的许多困难，这是人们自然且常见的一种反应。然而，对某些人来说，焦虑变成了一个长期问题。他们高度焦虑，且频率之高令人不安。**焦虑障碍**（anxiety disorders）是一类以过度的恐惧感和焦虑感为特征的心理障碍。在 DSM-IV 中，焦虑障碍的主要类型为广泛性焦虑障碍、恐惧性障碍、强迫症和惊恐障碍。DSM-5 把强迫症从焦虑障碍这一类别中移除了，并使其自成一个特殊的类别，但为了简便起见，我们将在本节中对其进行介绍。

广泛性焦虑障碍

广泛性焦虑障碍（generalized anxiety disorder）的特征是长期、高水平的焦虑，而且与任何具体的威胁无关。广泛性焦虑障碍通常发病缓慢，终生患病率约为 5%，在女性中比在男性中更为常见（Brown & Lawrence, 2009）。该障碍的患者总是担心昨天的错误和明天的问题。他们会过度担心与家庭、财务状况、工作和个人疾病有关的小事。他们希望自己的担忧会帮助他们避开负性事件，但他们还会担心自己的担忧程度。他们的焦虑常伴有诸如肌肉紧张、腹泻、头晕、眩晕、出汗、心悸等躯体症状。

恐惧性障碍

在恐惧性障碍中，令个体痛苦的焦虑有特定的焦点。**恐惧性障碍**（phobic disorder, 也译作恐怖性障碍）的特征是对某个没有实际威胁的物体或情境的持续的、非理性的恐惧。轻微的恐惧极其常见，只有当人们的恐惧严重干扰其日常行为时，他们才被认为患有恐惧性障碍。恐惧反应常常伴有焦虑的躯体症状，比如战栗和心悸（Rapee & Barlow, 2001）。下面的个案是一个恐惧性障碍的例子：

> 32岁的希尔达有一种相当罕见的恐惧——她极度怕雪。她无法在下雪时外出。她甚至不敢站着看雪，或是在天气预报中听到下雪的消息。她的恐惧严重限制了其日常行为。在心理治疗中发现，她的恐惧是由11岁时的创伤经历引起的。那时，她在一家滑雪度假小屋中玩耍，被一场小雪崩短暂地埋在了雪里。她直到接受心理治疗时才回想起这一经历。（改编自Langhlin, 1967, p. 227）

正如希尔达不寻常的恐雪症所表明的，人们几乎可以对任何东西产生恐惧反应。不过，某些类型的恐怖症还是比较常见的（见**图 14.4** 中的数据）。尤为常见的是恐高症（害怕高处）、幽闭恐怖症（害怕小的、密闭的空间）、雷电恐怖症（害怕雷电）、恐水症（害怕水）以及各种动物和昆虫恐怖症（McCabe & Antony, 2003）。恐惧性障碍患者虽然通常能认识到自己的恐惧是非理性的，但在面对恐惧对象时，依然无法使自己平静下来。

惊恐障碍与广场恐怖症

惊恐障碍（panic disorder）的特征是无法抗拒的焦虑的反复发作，通常突然和意想不到地发生。这些发作可使人失去行动能力，并伴有焦虑的躯体症状。在多次焦虑发作之后，患者常常变得忧虑不安，不知道下次发作会在何时出现。他们担心在公共场所惊恐发作，有时甚至因此不敢离开家。这便引起了广场恐怖症。

广场恐怖症（agoraphobia）是指害怕去公共场所（字面意思是"对市场或露天场所的恐惧"）。虽然很多人可以在其信赖的同伴陪同下"冒险"外出，但有些人会因为这种恐惧，把自己像犯人一样关在家里（Hollander & Simeon, 2008）。顾名思义，广场恐怖症曾被视为一种恐怖症。然而，在DSM-III和DSM-IV中，广场恐怖症被

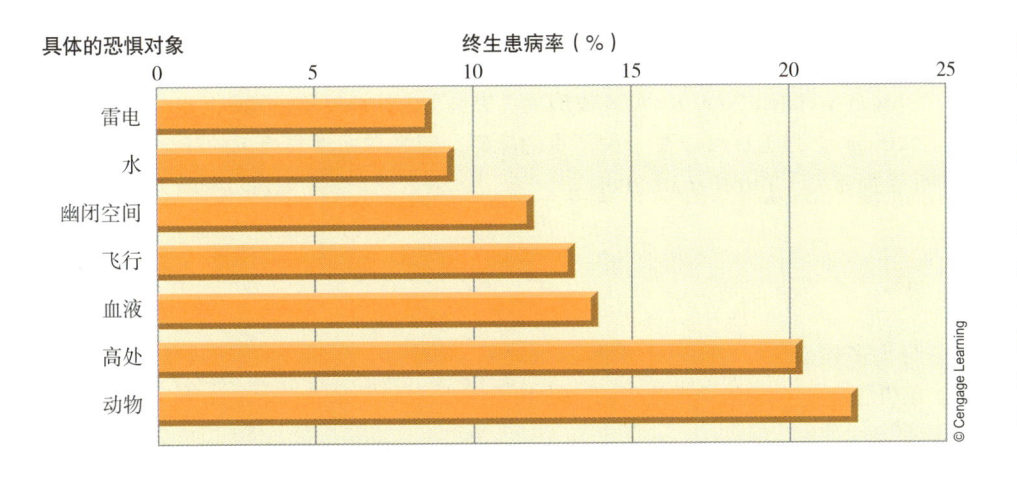

图 14.4 常见的恐怖症

本图显示了一项研究中参与者所报告的最常见的恐怖症的终生患病率（Curtis et al., 1998）。如图所示，很多人都有各种各样的特定恐怖症。请注意，这些人中只有一部分符合恐惧性障碍的诊断，因为只有当个体的恐怖症严重损害了其日常功能时，才能做出此类诊断。

认为是惊恐障碍的常见并发症。在 DSM-5 中，它被单独列为一种焦虑障碍，可能与惊恐障碍并存，也可能单独存在。

大约三分之二被诊断患有惊恐障碍的人是女性（Taylor, Cox, & Asmundson, 2009）。惊恐障碍的发病通常在青少年晚期或成年早期（McClure-Tone & Pine, 2009）。

强迫症

强迫观念是以令人痛苦的方式反复侵入个体意识的想法。强迫行为是个体感到自己被迫实施的行为。因此，**强迫症**（obsessive-compulsive disorder, OCD）的特征是不受欢迎的想法（强迫观念）持续和不受控制的入侵，以及从事无意义的仪式化行为（强迫行为）的冲动。为了说明这一点，我们来看看一位曾被誉为世界上最富有的男人的怪异行为：

> 著名实业家霍华德·休斯非常担心自己可能会被细菌感染。为此，他设计了特殊的仪式化行为来尽可能地避免感染。他会花几个小时系统地清理电话。他曾写过三页长的备忘录来指导助理如何正确地给他打开水果罐头。休斯给到他别墅送电影胶片的司机也提供了详细的指示，下面是其中的一小部分。"从靠路中间那边的车门下车，任何时候都不要从靠马路边的车门下车……一次只能拿一盒胶片。走到人行道尽头，跨过排水沟，跨的时候要离路边远一些，尽量跨到路中央。千万不能在草坪上走，也不能踩到排水沟里去。在走向别墅的路上，尽可能靠中间走。"（改编自 Barlett & Steele, 1979, pp. 227-237）

强迫观念通常集中在对污染、伤害他人、自杀或性行为的恐惧上。强迫行为通常包括可以暂时缓解焦虑的仪式化行为。常见的例子包括：不停地洗手；反复清洁那些已经干净的东西；没完没了地重复检查锁、水龙头等；过度地整理、计数和囤积东西（Pato et al., 2008）。特定类型的强迫观念往往与特定类型的强迫行为相关。例如，有关污染的强迫观念往往伴随清洁这种强迫行为；有关对称性的强迫观念往往与排序或整理等强迫行为相关联。

我们中的许多人有时都会有点强迫症。近年的研究确实发现，在没有患精神障碍的人群样本中，17% 的人报告他们有明显的强迫观念或强迫行为（Fullana et al., 2009）。然而，仅有约 2%~3% 的人真正患有强迫症（Zohar, Fostick, & Juven-Wetzler, 2009）。大多数病例（75%）会在 30 岁以前发病（Kessler et al., 2005a）。强迫症可以是一种严重的障碍，因为它通常与严重的社会及职业功能受损相关（Torres et al., 2006）。

病因

与大多数心理障碍一样，多种因素之间复杂的相互作用导致了焦虑障碍和强迫症。条件作用与学习似乎尤为重要，生物学因素也可能起了一定的作用。

生物学因素

近年的研究表明，焦虑障碍可能有轻度到中度的遗传易感性，具体程度取决于焦虑障碍的特定类型（Fyer, 2009）。这些研究结果与以下观点一致：气质的遗传差异可能会使某些人比其他人更容易患焦虑障碍。卡根及其同事（Kagan et al., 1992）发现，大约15%~20%的婴儿会表现出抑制型气质，其特征是害羞、胆怯和警惕，该气质似乎有很强的遗传基础。研究表明，这种气质是个体患焦虑障碍的一个风险因素（Coles, Schofield, & Pietrefesa, 2006）。

一个颇有影响力的理论认为，焦虑敏感性可能使人们容易患上焦虑障碍（McWilliams et al., 2007）。根据这一观点，有些人对焦虑的内部生理症状非常敏感，当他们体验到这些症状时，容易出现过度的恐惧反应。焦虑敏感性可能会引发恶性循环，使焦虑滋生出更多的焦虑，并最终失控，从而形成焦虑障碍。

近年来的证据表明，焦虑障碍可能与脑中的神经化学活动存在关联。**神经递质**（neurotransmitters）是将信号从一个神经元传递至另一个神经元的化学物质。用于减轻过度焦虑的治疗性药物（如安定），似乎改变了一种叫作 γ-氨基丁酸（GABA）的神经递质在突触处的活动。这一发现和其他研究方向的证据表明，使用GABA的神经环路紊乱可能在某些类型的焦虑障碍中起着一定的作用（Rowa & Antony, 2008）。使用神经递质5-羟色胺的其他神经环路的异常则与强迫症有关（Pato et al., 2008）。因此，科学家已开始揭示此类障碍的神经化学基础。

条件作用与学习

许多焦虑反应可通过经典条件作用习得，并通过操作性条件作用得以维持（见第2章）。根据莫勒（Mowrer, 1947）的观点，一个原本中性的刺激（比如希尔达例子中的雪）可能与一个可怕的事件（雪崩）成对出现，因此中性刺激就变成了引发焦虑的条件刺激（见**图14.5**）。一旦恐惧经由经典条件作用习得，个体就可能开始回避引发焦虑的刺激。随之而来的是焦虑的减轻，回避反应因而得到负强化。这个过程就是操作性条件作用（见**图14.5**）。因此，不同的条件作用过程可能会导致并维持特定的焦虑反应（Levis, 1989）。与此观点一致的是，研究发现，大部分恐怖症患者都可以找出一段创伤性条件作用的经历，这些经历可能导致了他们的焦虑障碍（McCabe & Antony, 2008）。

马丁·塞利格曼（Seligman, 1971）提出的防备（preparedness）概念或许可以解

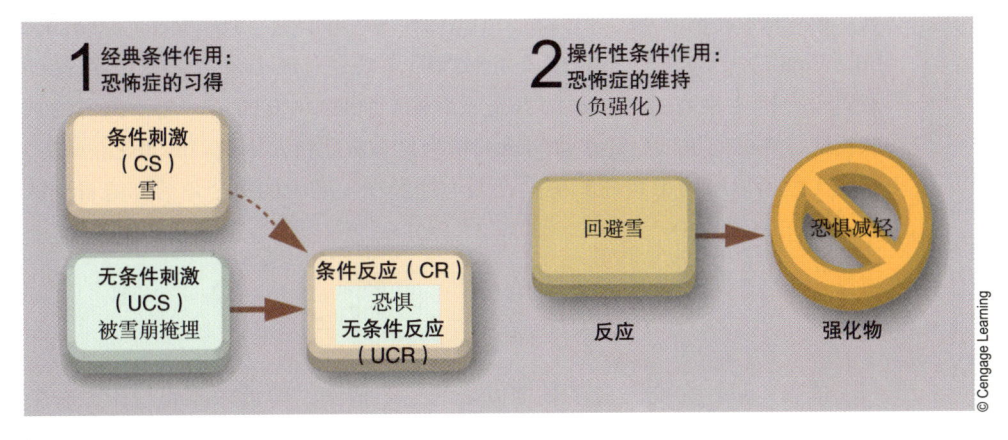

图14.5 恐怖症的条件作用解释
（1）许多恐怖症似乎是通过经典条件作用习得的，在经典条件作用中，中性刺激与引发焦虑的刺激成对出现。
（2）恐怖症一旦习得，就可能通过操作性条件作用得以维持，因为对恐怖刺激的回避会使焦虑减轻，进而导致负强化。

人们很容易对蛇产生恐怖症，但很少对热炉灶产生恐怖症，即使后者造成的痛苦程度可与前者相当。防备理论可以解释这种矛盾。

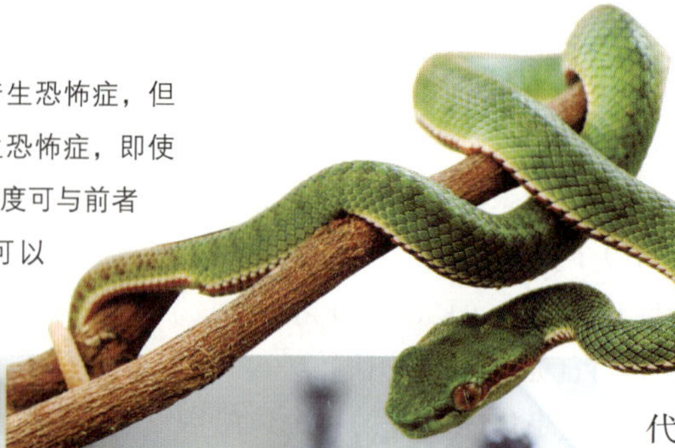

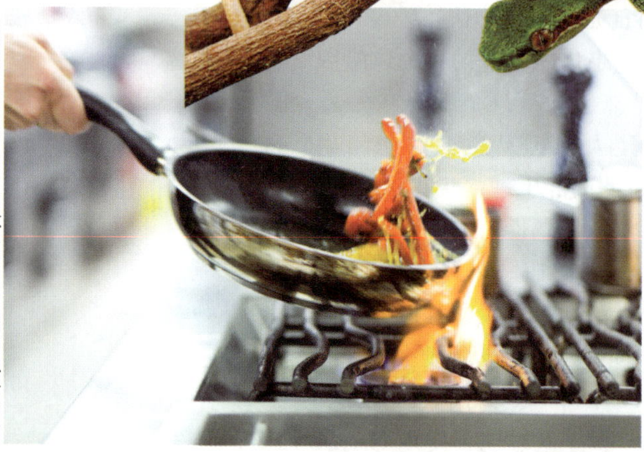

snake: © paytai/Shutterstock.com; fry pan: © Kzenon/Shutterstock.com

释，为什么人们倾向于对特定类型的物体和情境产生恐怖症。与许多理论家一样，塞利格曼认为，经典条件作用导致了大多数的恐惧反应。不过，他认为，演化史使人们在生物学上做好了防备，更容易习得对某些而非其他东西或情境的恐惧。他的理论可以解释为什么与现代的威胁来源（如插座、锤子或热熨斗）相比，人们更容易形成对远古时期就已存在的威胁来源（如蛇、蜘蛛和高处）的恐怖症。奥曼和米尼卡（Öhman & Mineka, 2001）更新了防备的概念，将其称为恐惧学习的演化模块。他们认为，这一演化模块会被演化史上与生存威胁有关的刺激自动激活，并使个体很难抑制由此产生的恐惧。与此观点一致的是，他们发现，与现代恐怖刺激（如枪和刀）相比，与演化威胁相关的恐怖刺激（蛇、蜘蛛）常常使人们更快速地产生恐惧条件作用和更强烈的恐惧反应（Mineka & Öhman, 2002）。

批评者指出，恐怖症的条件作用模型存在许多问题。例如，许多恐怖症患者无法回忆或识别导致他们恐怖症的创伤性条件作用的经历；相反，很多人忍受着极度痛苦的经历，根据上述理论，这些经历理应导致个体产生恐怖症，但实际上却没有（Coelho & Purkis, 2009）。此外，恐怖症也可以通过观察他人对特定刺激的恐惧反应或接受引发恐惧的信息（想象一位父亲不停地说闪电有多危险）间接习得（Coelho & Purkis, 2009）。因此，恐怖症的产生可能取决于各种学习过程的协同作用。

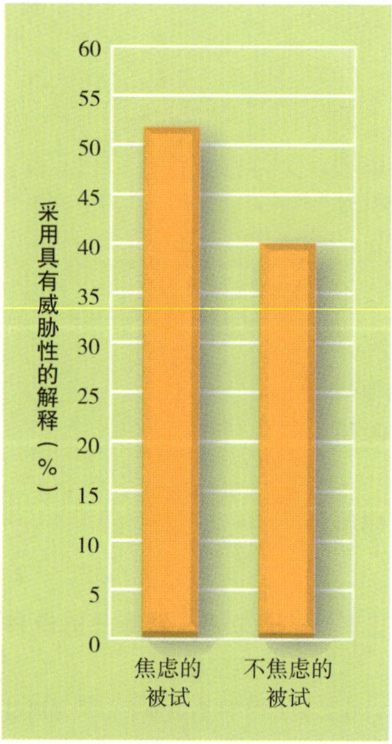

© Cengage Learning

图 14.6 焦虑障碍的认知因素

埃森克及其同事（Eysenck et al., 1991）对比了有无焦虑障碍的被试倾向于将句子解释为有威胁性还是没有威胁性。与焦虑障碍的认知模型相一致的是，焦虑的被试更可能将句子解释为具有威胁性。

认知因素

认知理论家认为，某些思维方式会使一些人特别容易患焦虑障碍（Craske & Waters, 2005）。根据这些理论家的观点，这些人之所以易于患焦虑障碍，是因为他们倾向于：（a）把无害的情境误解为威胁性情境；（b）过度关注感知到的威胁；（c）选择性地回忆威胁性信息（Beck, 1997; McNally, 1996）。在对认知观念进行的一项有趣测试中，研究者要求焦虑的被试和不焦虑的被试读 32 个句子，这些句子既可被解释为有威胁性，也可被解释为没有威胁性（Eysenck et al., 1991）。例如，其中的一个句子是“The doctor examined little Emma’s growth”（growth 也有肿瘤的意思——译者注），这句话可能的意思是，医生检查了 Emma 的身高或肿瘤。如**图 14.6** 所示，与不焦虑的被试相比，焦虑的被试更经常将句子解释为具有威胁性。因此，认知观点认为，某些人之所以容易患焦虑障碍，是因为他们在生活中的每个角落都能看到威胁（Riskind, 2005）。

压　力

最后一点，研究支持了长期以来的一个猜测，即焦虑障碍与压力有关

（Beidel & Stipelman, 2007）。例如，法拉韦利和帕伦提（Faravelli & Pallanti, 1989）发现，惊恐障碍患者往往在发病前的一个月内经历过压力水平的激增。另一项研究（Brown et al., 1998）发现，压力与社交恐怖症的形成之间存在关联。所以，我们有理由相信，压力大常常与焦虑障碍的发病有关。

分离障碍

学习目标
- 区分两种类型的分离障碍
- 总结分离障碍的已知病因

分离障碍可能是诊断系统中最具争议的一组障碍，在向来低调的研究者与临床医生之间引发了激烈的争论（Simeon & Loewenstein, 2009）。**分离障碍**（dissociative disorders）是人们与其部分意识或记忆失去联系并导致个体身份感瓦解的一类障碍。在本节中我们将描述两种分离性综合征，即分离性遗忘症和分离性身份障碍，两者均相对不常见。

分离性遗忘症

分离性遗忘症（dissociative amnesia）是指对重要个人信息的记忆突然丧失，这些信息过于广泛，不可能是正常遗忘造成的。个体可能会丧失对单一创伤性事件（例如车祸或家中失火）的记忆，或者失去对此事件前后的一段时间的记忆。人们在经历灾难、车祸、战争压力、身体虐待和强奸之后，或目睹父母死于暴力之后，可能会罹患分离性遗忘症（Cardeña & Gleaves, 2007）。在某些情况下，有些人还会忘记自己的名字、家人、家庭住址和工作地点，离开家乡，在外游荡。虽然遗忘了大量信息，但他们还能记得与身份无关的事情，比如怎么开车和计算。

分离性身份障碍

分离性身份障碍（dissociative identity disorder, DID）是指个体身上同时存在两种或两种以上基本完整且通常截然不同的人格。这一障碍的旧称是**多重人格障碍**（multiple personality disorder），目前仍被非正式地使用。分离性身份障碍患者在行为上的差异性，要远大于人们在适应不同生活角色时通常表现出来的行为差异性。具有"多重人格"的人觉得自己有不止一种身份。每个人格有自己的名字、记忆、特质和身体举止。分离性身份障碍虽然罕见，但"杰基尔博士和海德先生"（《化身博士》——译者注）经常出现在小说、电影和电视节目中。大众传媒经常错误地把这种综合征称作精神分裂症。稍后你会看到，精神分裂症与之完全不同，不涉及"分离的人格"。

在分离性身份障碍中，不同的人格通常报告称他们意识不到彼此的存在（Eich et al., 1997），尽管有研究者怀疑这一说法的准确性（Allen & Iacono, 2001）。交替人格通常会表现出与原始人格非常不同的特质。例如，一个害羞、拘谨的人可能会发展出一个爱炫耀、外向的交替人格。不同身份之间的转换经常会突然发生。因为不同人格可能在年龄、种族、性别或性取向上不同，不同身份之间的差异可能很怪异（Kluft, 1996）。分离性身份障碍常见于女性（Simeon & Loewenstein, 2009）。

自20世纪70年代起，被诊断为多重人格障碍的人数急剧增加（Kihlstrom, 2001, 2005）。截至1970年，有据可查的病例累计只有79例，但到90年代后期，估计已报告的病例达到了约4万例（Lilienfeld & Lynn, 2003）。一些理论家认为，这种障碍过去常常诊断不足，也就是说，它们往往没有被发现（Maldonado & Spiegel, 2003）。然而，还有一些理论家认为，一小部分临床医生开始过度诊断该障碍，一些临床医生甚至鼓励和导致了分离性身份障碍的出现（McHugh, 1995; Powell & Gee, 1999）。与此观点一致的是，一项对瑞士所有精神科医生的调查发现，90%的医生从未见过分离性身份障碍病例，但其中有3名精神科医生每人都见过20多个分离性身份障碍患者（Modestin, 1992）。来自该研究的数据表明，在瑞士，6名精神科医生（被调查者共655名）做出了三分之二的分离性身份障碍诊断。

病　因

人们常将分离性遗忘症归因于过度的压力。然而，对于为什么这种极端反应发生在极少数人身上，而不是在承受类似压力的绝大多数人身上，研究者还知之甚少。一些理论家猜测，某些人格特质——幻想倾向以及高度专注于个人经历的倾向——可能会使某些人更容易患分离障碍，但这一观点还缺乏足够的证据（Kihlstrom, Glisky, & Angiulo, 1994）。

分离性身份障碍的病因尤其费解。一些理论家（Gee, Allen, & Powell, 2003; Lilienfeld et al., 1999; Spanos, 1996）怀疑，多重人格患者在进行有意的角色扮演，他们用精神疾病作为自己失败的借口，以保全颜面。斯潘诺斯（Spanos, 1996）还认为，少数治疗师通过巧妙地鼓励交替人格的出现，帮助病人创造出多重人格。根据斯潘诺斯的观点，分离性身份障碍是现代西方文化的产物，就像恶魔附体是早期基督教的产物一样。

为了支持自己的观点，斯潘诺斯讨论了分离性身份障碍患者的症状表现如何受到了大众传媒的影响。例如，分离性身份障碍的典型患者过去常常报告自己有2~3种人格，但自从《人格裂变的姑娘》（Sybil; Schreiber, 1973）以及其他描述具有多个人格的患者的书籍出版以来，交替人格的平均数量增加到了约15种。类似地，自《米歇尔牢记》（*Michelle Remembers*; Smith & Pazder, 1980）这本关于自称深受撒旦仪式折磨的分离性身份障碍患者的书出版之后，报告自己在儿时曾是撒旦仪式受害者的分离性身份障碍患者数量出现了戏剧性的激增。

尽管存在这些争议，许多临床医生仍然相信分离性身份障碍是真实存在的（Van der Hart & Nijenhuis, 2009）。他们的理由是，无论患者还是治疗师都没有动机去"制造"多重人格的病例，因为多重人格患者面对的常常是怀疑和公然的敌意。他们认为，大多数分离性身份障碍病例都源于童年期发生的严重情感创伤（Maldonado & Spiegel, 2008）。绝大多数分离性身份障碍患者报告有不幸的家庭生活、被父母排斥和打骂、性虐待的历史（Van der Hart & Nijenhuis, 2009）。然而，性虐待的影响通常没有得到独立的证实（Lilienfeld & Lynn, 2003）。此外，个体在儿童期遭受虐待的历史不仅与分离性身份障碍存在关联，还会增加多种障碍的患病可能性，尤其是对女性而言（MacMillan et al., 2001）。

说到底，分离性身份障碍仍然是一个有争议的诊断，我们对其病因所知甚少

（Lilienfeld & Arkowitz, 2011）。在一项对美国精神科医生的调查中，仅有四分之一的被调查者认为分离性身份障碍诊断的科学有效性有坚实的证据支持（Pope et al., 1999）。与此结果一致的是，一项较近的研究发现，自 20 世纪 90 年代中期开始，研究者对分离性身份障碍的兴趣在逐渐减少（Pope et al., 2006）。

抑郁和双相障碍

学习目标

- 描述抑郁和双相障碍，讨论二者的发病率，并解释它们与自杀风险的关系
- 解释遗传、神经化学、神经解剖和激素因素如何导致抑郁障碍和双相障碍
- 讨论认知过程、人际因素和压力如何导致抑郁障碍和双相障碍

亚伯拉罕·林肯、列夫·托尔斯泰、玛丽莲·梦露、文森特·梵高、欧内斯特·海明威、温斯顿·丘吉尔、弗吉尼亚·伍尔夫、谢里尔·克罗、欧文·威尔逊、欧文·柏林、科特·柯本、弗朗西斯·福特·科波拉、凯丽·费雪、特德·特纳、斯汀、迈克·华莱士、拉里·弗林特和本·斯蒂勒，他们有何共同之处？是的，他们都取得了巨大的成就，尽管在不同的时期，以不同的方式。不过，我们更感兴趣的是，他们都患过抑郁或双相障碍。虽然这些障碍会使人极度虚弱，但因其往往具有间歇性，患者仍然可能取得巨大成就。换句话说，此类障碍常常来去不定。因此，障碍的发作期会穿插在正常时期之间。这些障碍的发作期在时间长度上有很大差异，但通常持续 3~12 个月（Akiskal, 2005）。

在 DSM-III 和 DSM-IV 中，抑郁症和双相障碍被归为一类，即心境障碍。在 DSM-5 中，它们被各自归为一类，不过，在本节中我们将一并加以讨论。**图 14.7** 描述了这两类障碍的主要不同之处。抑郁症患者在经历抑郁的周期性发作时，只会经

心境障碍很常见，很多知名的成功人士都曾罹患过此类障碍，比如乔·哈姆和安妮·海瑟薇。

图 14.7 抑郁障碍和双相障碍的发作模式

在抑郁障碍和双相障碍中，情绪失常的发作难以预测。抑郁症患者只经历抑郁发作，而双相障碍患者既经历躁狂发作，又经历抑郁发作。情绪失常发作之间的时间间隔差别很大。

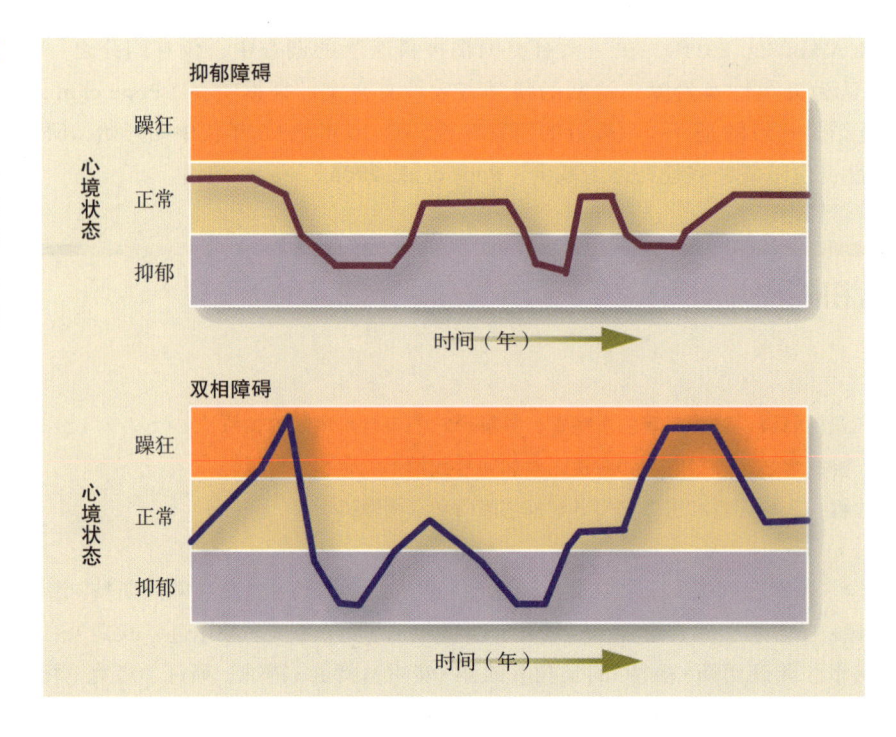

历位于心境连续谱一端的极端情绪；双相障碍患者则会经历位于情绪连续谱两端的极端情绪，既经历抑郁期，又经历躁狂（兴奋和高涨）期。

抑郁症

我们很难在正常抑郁与异常抑郁之间画出一条界线（Akiskal, 2009）。最终，我们还是需要对其进行主观判断。在主观判断中，关键的因素包括抑郁的持续时间及其破坏性影响。如果抑郁严重损害日常适应行为超过几个星期，我们就有理由担心了。

抑郁症（major depressive disorder，也译作重性抑郁障碍）患者会表现出持续的悲伤和绝望感，对先前的快乐来源失去兴趣。图 14.8 总结了抑郁发作的最常见症状，

抑郁症状和躁狂症状的比较		
症状	抑郁发作	躁狂发作
情绪症状	烦躁不安、沮丧的心境 体验快乐的能力减弱 绝望感	狂喜、狂热的心境 过度追求愉悦的活动 无来由的乐观
行为症状	疲劳、缺乏活力 失眠 语速和行动缓慢 社交退缩	精力充沛、不知疲倦、过度活跃 睡眠需求减少 语速快、焦躁不安 社交能力增强
认知症状	思考和决策能力受损 思维过程迟缓 过度担忧、反刍思维 内疚、自责、对个人价值有着不切实际的消极评价	制定宏伟的计划、随意做出决策 思维奔逸、容易分心 行为冲动 自尊和自信心膨胀

图 14.8 躁狂发作和抑郁发作的常见症状
躁狂发作和抑郁发作时表现出的情绪、认知和行为症状在很大程度上是相反的。

并与躁狂发作的症状进行了比较。抑郁的核心特征是**快感缺乏**（anhedonia）——体验快乐的能力下降。抑郁者缺乏活力或动机去应对生活中的任务，以致他们常常难以下床（Craighead et al., 2008）。所以，抑郁者经常放弃那些他们过去喜欢的活动，例如一个抑郁的人可能放弃打保龄球或诸如摄影这样的爱好。食欲下降和失眠的症状较为常见。抑郁者常常缺乏活力，行动迟缓，语速缓慢。他们经常表现出焦虑、易激惹和反刍思维。当抑郁者开始感到自己没有价值时，他们的自尊往往也随之降低。抑郁使人们陷入绝望、沮丧和无尽的内疚。更糟糕的是，抑郁患者也时常会表现出其他障碍，尤其是焦虑障碍和物质使用障碍（Boland & Keller, 2009）。

抑郁障碍的首次发病可能发生在一生中的任何时候，但绝大多数病例都发生在 40 岁之前（Hammen, 2003）。儿童、青少年和成年人都可能出现抑郁（Wijlaars, Nazareth, & Petersen, 2012）。绝大多数抑郁患者都会在一生中遭受不止一次的抑郁发作。抑郁发作的平均次数为 5~6 次，平均发作时长约为 6 个月（Akiskal, 2009）。有证据表明，发病年龄越早，抑郁发作次数越多，症状越严重，社会和职业功能受损也越严重（Zisook et al., 2007）。虽然抑郁往往是间歇性的，但有些人会经受慢性抑郁持续数年的折磨（Klein, 2010）。慢性抑郁与特别严重的功能损害有关。慢性抑郁患者往往发病相对较早，且共病率（同时有其他障碍）高。

抑郁障碍的患病率如何？如前所述，由于我们很难在正常的情绪低落和异常抑郁之间画出一条界线，所以不同研究对抑郁患病率的估计值有很大差异。即便如此，抑郁也显然是一种常见的障碍。来自大规模研究（图 14.3 所引用的研究）的合并数据表明，其终生患病率的估计值为 13%~14%。

研究表明，女性的抑郁患病率约为男性的两倍（Nolen-Hoeksema & Hilt, 2009）。对这一性别差异的诸多可能的解释引起了广泛的争论。这一差异似乎不能归因于两性在基因组成上的不同（Kessler et al., 2003）。其中的一小部分可能是由于女性在生育周期的某些阶段对抑郁的易感性较高（Nolen-Hoeksema & Hilt, 2009）。显然，只有女性才不得不担心产后抑郁和绝经后抑郁的现象。苏珊·诺伦-霍克西玛（Nolen-Hoeksema, 2001）认为，女性之所以会比男性经历更多的抑郁，是因为她们更可能是性虐待的受害者，也在一定程度上更可能经受着贫穷、骚扰和角色限制。换句话说，她将女性较高的抑郁患病率归因于女性会经历更大的压力和不幸。诺伦-霍克西玛还认为，女性比男性更倾向于对挫折和困境进行反刍思维。有证据表明，这种沉湎于自身困难的倾向会提高个体对抑郁的易感性，这一点我们稍后会讨论。

双相障碍

双相障碍（bipolar disorder，过去被称作躁狂-抑郁障碍）的特征是，患者既经历抑郁期又经历躁狂期。躁狂期的症状通常与抑郁期的症状相反（见图 14.8 中的比较）。躁狂发作时，个体的心境会提升到狂喜的程度。他们充满了乐观和活力，滔滔不绝地诉说着他们宏伟的计划，自尊也随之迅速上升。个体变得极度活跃，可能几天不睡觉。他们的思维飞快运转，语速变得很快，并疯狂地切换话题。他们的判断力通常受到了损害。有些人在躁狂期会冲动地赌博，疯狂地花钱，或者在性方面变得轻率。和抑郁障碍一样，双相障碍在严重程度上也有相当大的差异。

你或许在想，躁狂发作时的狂喜状态听起来很吸引人。如果真是这样的话，你也没有全错。轻微的躁狂状态似乎很有吸引力。精力、自尊和乐观的增加看似很诱人。由于精力增加，很多双相障碍患者报告称，他们的生产力和创造性都有了暂时的飞

跃（Goodwin & Jamison, 1990）。

虽然躁狂发作可能有一些积极的方面，但双相障碍最终被证明会给大多数患者带来麻烦。躁狂期常有与之相矛盾的不安和易怒的潜在负性情绪。此外，轻度的躁狂发作常常会逐步上升到更严重的程度，变得可怕和令人不安。判断能力受损使许多患者做出一些事后极为后悔的事情，正如下面的例子所示：

罗伯特是一名牙医，一天早晨醒来时，他觉得自己是纽约大都会区最有天赋的牙科医生。他决定，自己应该努力为尽可能多的人提供服务，让更多的人从他的才能中获益。于是，他决定改造自己那个只放了两张椅子的诊室，安装 20 个隔间，这样他就能同时照顾 20 位病人。当天，他就为这一安排制定了计划，并给多家装修公司打了电话，询问报价。那天晚些时候，他迫不及待地想要改造诊室，于是卷起袖子，拿起大锤，开始砸办公室的墙。当这项工作进展得不顺利时，他十分恼怒，砸碎了他的牙医工具、洗手池和 X 光设备。后来，罗伯特的妻子开始对丈夫的行为感到担忧，并叫两个已成年的女儿过来帮忙。女儿们很快响应，与她们的丈夫一起回到娘家。在随后的讨论中，罗伯特吹嘘自己的性能力，然后向自己的女儿们示爱。他的女婿不得不制服了他。（改编自 Kleinmuntz, 1980, p. 309）

双相障碍虽不罕见，但比抑郁要少见得多。大约 1% 的人患有双相障碍（Merikangas & Pato, 2009）。与抑郁障碍不同，男女两性的双相障碍患病率基本一致（Rihmer & Angst, 2009）。如图 14.9 所示，双相障碍的发病与年龄有关，发病年龄的中位数是 25 岁（Miklowitz & Johnson, 2007）。双相障碍中的心境波动有多种模式。躁狂发作一般持续 4 个月左右。抑郁发作的持续时间往往稍长一些，大部分双相障碍患者最终处于抑郁状态下的时间要多于躁狂状态（Bauer, 2008）。

心境功能失调与自杀

与抑郁障碍和双相障碍相关的一个令人心碎的悲剧性问题是自杀，它是美国第 11 大死因，每年导致约 3 万人死亡。官方统计数据可能低估了问题的严重程度，因为许多自杀事件被企图自杀者或事后试图掩盖的幸存者伪装成了事故。此外，专家估计自杀未遂与自杀身亡的比率高达 10:1（Sudak, 2009）。任何人都可能自杀，但某些群体的自杀风险更高（Carroll-

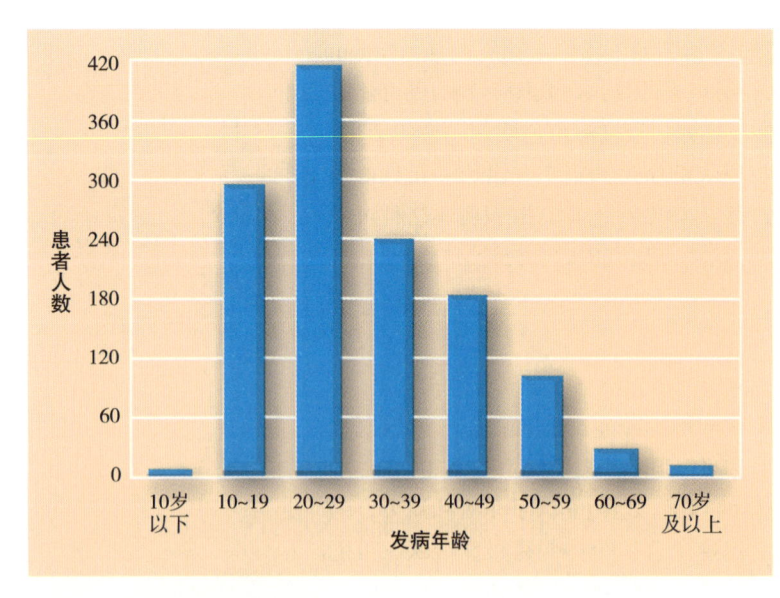

图 14.9 双相障碍的发病年龄

双相障碍通常始于青少年期或成年早期。图中的数据来自 10 项研究，显示了 1 304 名双相障碍患者发病年龄的分布情况。如图所示，双相障碍最常在 20~29 岁时发病。

资料来源：Goodwin, F. K., & Jamison, K. R. (1990). *Manic-depressive illness*. New York: Oxford University Press. Copyright 1990 Oxford University Press, Inc. Used by permission of Oxford University Press, Inc.

Ghosh, Victor, & Bourgeois, 2003）。有证据表明，女性企图自杀的次数是男性的3倍。但男性更可能在试图自杀时杀死自己，所以男性自杀身亡的人数是女性的4倍。在年龄方面，75岁以上年龄段的自杀身亡率最高。

事后看来，90%的自杀身亡者患有某种心理障碍，尽管在某些案例中，这种障碍可能事先并不明显（Melvin et al., 2008）。正如你可能预期的那样，双相障碍和抑郁均与自杀率的剧增有关。研究表明，双相障碍患者自杀身亡的终生风险约为15%~20%，抑郁患者的风险约为10%~15%（Sudak, 2009），但一些专家认为这些估计值过高（Joiner et al., 2009）。精神分裂症、酒精和物质滥用患者群体的自杀率上升幅度较小（Mann & Currier, 2006）。不幸的是，我们没有万无一失的办法来阻止自杀者结束自己的生命，但图14.10讨论了一些有用的建议。

病　因

虽然关于抑郁障碍和双相障碍的谜题还没有完全解开，但我们对其病因已有相当多的了解。导致这些障碍的原因似乎有很多，涉及心理因素与生物学因素之间复杂的相互作用。

遗传易感性

强有力的证据表明，遗传因素会影响个体罹患抑郁症或双相障碍的可能性（Lohoff & Berrettini, 2009）。在评估遗传对心理障碍影响的研究中，研究者重点关注同病率。**同病率**（concordance rate）是指表现出相同障碍的双生子或其他成对亲属占对应总体的百分比。如果与遗传相似性较低的亲属相比，遗传相似性更高的亲属表现出更高的同病率，这一结果就支持遗传假说。比较同卵和异卵双生子的研究表明（见第2章），遗传因素与抑郁障碍和双相障碍有关（Kelsoe, 2009）。同卵双生子的同病率平均约为65%~72%，而遗传相似性较低的异卵双生子只有14%~19%。

因此，证据表明，遗传可使个体产生对这些障碍的易感性。环境因素可能决定了这种易感性是否会转变为真正的障碍。试图精准定位影响抑郁障碍和双相障碍易感性的特定基因的遗传图谱研究报告了一些有前景的结果（Levinson, 2009）。然而，令人不安的是研究结果并不一致。科学家似乎尚未接近破解这些障碍的遗传密码，这些密码可能取决于由多个基因构成的基因序列的细微差异（Bearden,

预防自杀的建议

1. **认真对待涉及自杀的谈话。**当人们含糊其辞地谈论自杀时，我们很容易当作随口一说而不予理会。然而，谈及自杀的人群是一个高风险群体，他们隐晦的威胁不应被忽视。预防自杀的第一步是直接询问这些人是否在考虑自杀。

2. **与之共情并提供社会支持。**向有自杀倾向的人表现出你的关心很重要。人们之所以经常想到自杀，是因为他们认为周围的世界冷漠无情。因此，你务必向有自杀想法的人表现出真诚的关心。自杀威胁通常是最后的求助。所以，你必须主动提供帮助。

3. **找出并澄清关键问题。**自杀者通常感到迷惑，感觉自己迷失在众多挫折和问题之中。对此，一个好办法是努力帮他们理清这些困惑。鼓励他们试着找到其中的关键问题。一旦将关键问题分离出来，它可能就显得不那么难以解决了。

4. **不要承诺为某人的自杀意念保密。**如果你真觉得某人想要自杀，那就不要为了维护你们之间的友谊而同意为其自杀计划保密。

5. **在危急情况下，不要让有自杀倾向者独处。**与这个人待在一起，直到获得其他帮助。设法将枪、药、尖锐物体等拿走，因为它们可能是实施自杀的可用工具。

6. **鼓励对方接受专业咨询。**大多数心理健康专业人员都有一定的应对自杀危机的经验。许多城市设有自杀预防中心，提供24小时的热线服务。这些中心的职员都受过应对自杀问题的专业训练。尽量让有自杀倾向的人寻求专业帮助是非常重要的。

图 14.10　预防自杀

正如苏达克（Sudak, 2005）所说，"想要防止所有的自杀或完全彻底地保护某个患者不自杀是不可能的。我们能做的就是减少自杀的可能性"（p. 2449）。因此，如果你必须要帮助某个人度过自杀危机，这里总结的建议可能有用。

资料来源：American Association of Suicidology, 2007; American Foundation for Suicide Prevention, 2007; Fremouw, de Perczel, & Ellis, 1990; Rosenthal, 1988; Shneidman, Farberow, & Litman, 1994.

Jasinka, & Freimer, 2009）。

神经化学和神经解剖学因素

遗传可能在脑中造成某些类型的神经化学异常，从而影响个体对抑郁障碍和双相障碍的易感性。研究已经发现这些障碍与脑中的两种神经递质（去甲肾上腺素和5-羟色胺）水平异常相关，尽管其他神经递质的紊乱也可能与之有关（Duman, Polan, & Schatzberg, 2008; Dunlop, Garlow, & Nemeroff, 2009）。虽然还不清楚其中的细节，但较低的 5-羟色胺水平似乎是大多数形式的抑郁背后的关键因素（Johnson et al., 2009）。多种药物疗法对治疗抑郁障碍相当有效。已知这些药物中的大多数会影响（脑内）与抑郁障碍相关的神经递质的可用性（Bhagwagar & Heninger, 2009）。因为这种作用不太可能只是巧合，所以它支持了神经化学变化导致抑郁障碍和双相障碍这一观点的合理性。

研究还发现，抑郁障碍与多种脑结构异常之间存在一些有趣的关联（Kempton et al., 2011）。其中，证据最为充分的可能是抑郁与海马体积缩小之间的关联（Davidson, Pizzagalli, & Nitschke, 2009）。与正常被试相比，抑郁被试的海马（已知在记忆中起重要作用，见图 14.11）往往要小约 8%~10%（Videbech & Ravnkilde, 2004）。

一个关于抑郁的生物学基础的有趣理论或许可以解释这个结果。该理论基于以下发现：成人的脑还会继续产生新的神经元，尤其是在海马结构中（Gage, 2002）。这一过程被称为神经发生。有证据表明，当重大生活压力引发抑制神经发生的神经化学反应，进而导致海马体积缩小时，便会出现抑郁（Duman et al., 2008; Jacobs, 2004）。根据这一观点，神经发生受到抑制是抑郁的主要原因，而缓解抑郁的抗抑郁药之所以有效，就是因为它们能够促进神经发生（Duman & Monteggia, 2006）。研究者还需要进行大量的研究来全面检验这个关于抑郁障碍的生物学基础的创新模型。

激素因素

近年来，研究者开始关注激素的变化如何导致抑郁的出现。正如我们在第 3 章中讨论的，当个体处于应激状态时，脑会沿着两条通路发送信号。其中一条从下丘脑到垂体，再到分泌皮质类固醇激素的肾上腺皮质。这条通路常被称为下丘脑–垂体–肾上腺

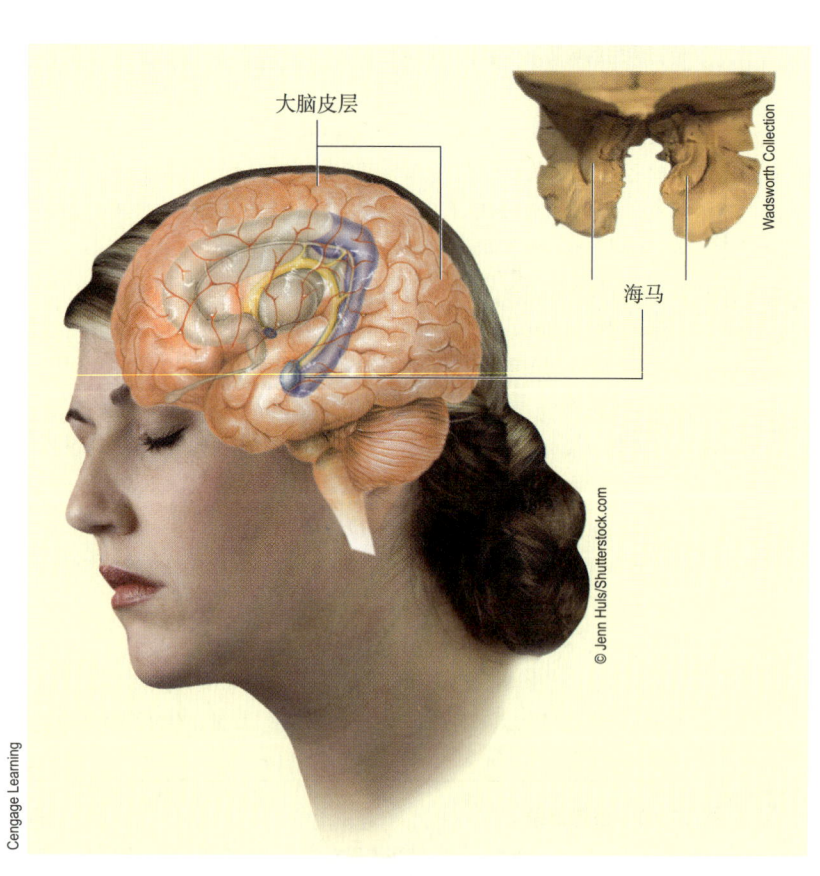

图 14.11 海马与抑郁
本图蓝色的部分即为海马。右上角的脑解剖图显示了左、右半球的海马。研究者在很久以前就知道海马在记忆中起关键作用，但它在抑郁中的可能作用直到近年来才为人所知。研究表明，神经发生受到抑制导致的海马结构缩小，可能是导致抑郁障碍的一个关键因素。

皮质轴（hypothalamic-pituitary-adrenocortical, HPA）。有证据表明，在应对压力时，HPA轴的过度活跃可能常常在抑郁的发病中起着一定的作用（Goodwin, 2009）。与此假设一致的是，抑郁患者往往表现出皮质醇（HPA活动产生的主要应激激素）水平升高（Thase, 2009）。一些理论家认为，这些激素变化最终会对脑产生影响，它们可能触发了脑内对神经发生的抑制（Duman et al., 2008）。

认知因素

很多理论强调认知因素对抑郁障碍的影响。我们将在第15章描述阿伦·贝克的治疗方法时，讨论其影响广泛的抑郁认知理论（Beck, 1987, 2008）。在本节中，我们将探讨马丁·塞利格曼提出的抑郁的习得性无助模型。塞利格曼（Seligman, 1974）基于动物研究提出，抑郁是由习得性无助导致的，而习得性无助是指因暴露于无法避免的厌恶事件（如实验室中无法控制的电击）而产生的被动"放弃"行为。他最初认为，习得性无助是条件作用的产物，但最终他修改了自己的理论，在其中加入了认知因素。修正后的习得性无助理论假定抑郁的根源在于人们如何解释自己所经历的挫折和其他消极事件（Abramson, Seligman, & Teasdale, 1978）。根据塞利格曼（Seligman, 1990）的观点，表现出悲观解释风格的人尤其容易抑郁。这些人倾向于将挫折归因于个人的缺点而非情境因素，并且往往会根据这些挫折对自身不足做出以偏概全的结论。

与抑郁的认知模型一致，苏珊·诺伦-霍克西玛（Nolen-Hoeksema, 1991, 2000）发现，对自身的问题和挫折进行反刍思维的人比不这样做的人抑郁的概率更高，而且抑郁的时间往往也更长。有反刍思维倾向的人反复地将注意力集中在压抑的感觉上，不断地想自己是多么悲伤、无精打采和没有动力。过度的反刍思维往往因增加消极思维、干扰问题解决、削弱社会支持而助长和加剧抑郁的发作（Nolen-Hoeksema, Wisco, & Lyubomirsky, 2008）。诺伦-霍克西玛认为，女性比男性更倾向于反刍思维，这一差异可能是抑郁在女性中更为普遍的一个主要原因。此外，反刍思维的影响不仅限于加重抑郁障碍；反刍思维还与焦虑增加、暴饮暴食和酗酒有关（Nolen-Hoeksema et al., 2008）

总之，抑郁的认知模型认为，消极思维是导致许多人抑郁的原因。认知理论的主要问题在于难以区分原因和结果（Feliciano & Areán, 2007）。究竟是消极思维导致了抑郁，还是抑郁引发了消极思维（见图14.12）？要清楚地证明消极思维与抑郁之间的因果关系是不可能的，因为这需要在足够的程度上操纵人们的解释风格（这不容易改变），以引发抑郁障碍（这不符合伦理）。然而，劳伦·阿洛伊及其同事（Alloy et al., 1999）的一项研究，为消极思维与抑郁易感性之间存在因果关系提供了令人印象深刻的证据。他们评估了在研究开始时没有抑郁史的大一学生样本的解释风格。然后，根据是否表现出消极的认知风格，将其划分为高抑郁风险组和低抑郁风险组。随后两年半的随访数据表明，这两组之前没有抑郁史的学生在抑郁易感性上出现了巨大的差异。在这个相对较短的时间里，高抑郁风险组中有17%的学生患上了抑郁症；而在低抑郁风险组中，这一比例只有1%（见图14.13）。上

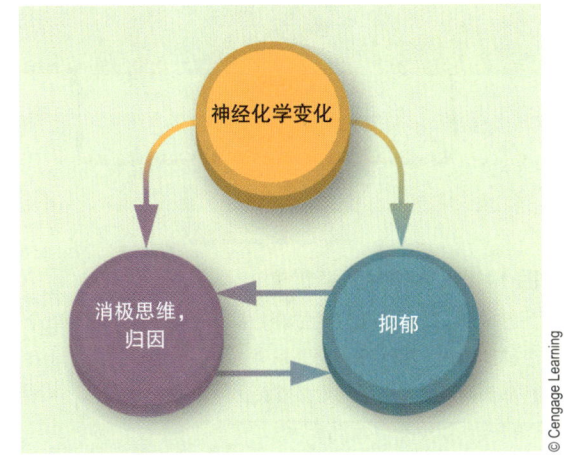

图14.12　解读消极思维与抑郁之间的相关

抑郁的认知理论认为，持续的消极思维模式会导致抑郁。虽然这些理论非常可信，但抑郁也可能会引发消极思维，或者两者都可能是由第三个因素引起的，比如脑中的神经化学变化。

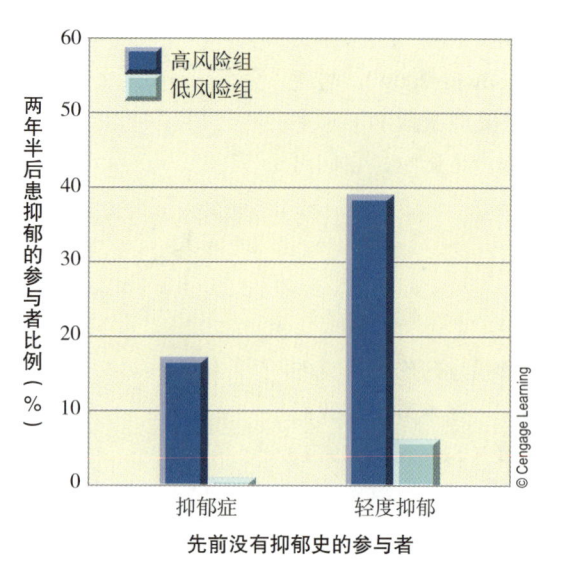

图 14.13 消极思维与抑郁预测

阿洛伊及其同事（Alloy et al., 1999）测量了大一学生的解释风格，并将其划分为高抑郁风险组和低抑郁风险组。本图显示了在接下来的两年半时间里经历过抑郁症或轻度抑郁发作的学生的百分比。如图所示，表现出消极思维方式的高风险组学生更容易抑郁。

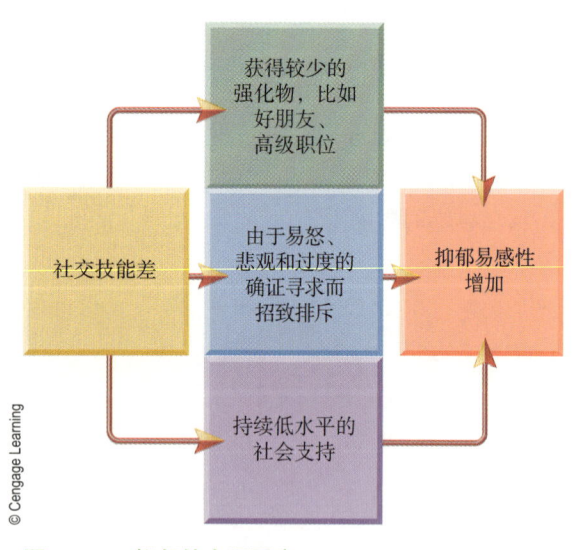

图 14.14 抑郁的人际因素

关于抑郁病因的人际理论强调，社交技能不足可能导致个体患抑郁障碍。近年来的研究发现，过度的确证寻求可能在促进抑郁的社会互动中起着极其关键的作用。

述结果和这一研究的其他数据表明，消极思维使人们更容易抑郁。

人际根源

一些理论家认为，社交技能不足会使人们容易患抑郁障碍（Ingram, Scott, & Hamill. 2009）。根据这种观点，容易抑郁的人缺乏获得多种重要强化物（比如好朋友、高级职位和称心如意的伴侣）所需的社交技巧。强化物的不足会顺理成章地导致负性情绪和抑郁（见**图 14.14**）。与此理论一致的是，研究者的确发现了社交技能差与抑郁之间的相关（Petty, Sachs-Ericsson, & Joiner, 2004）。

另一个人际因素是，抑郁者往往令人压抑（Joiner & Timmons, 2009）。他们常常易怒和悲观。他们经常抱怨，并不是特别令人愉快的同伴。抑郁者还会因不断地向人们寻求对他们的关系和自身价值的确证而疏远人们（Burns et al., 2006）。其结果是，抑郁者往往会招致周围人的排斥（Joiner & Timmons, 2009）。另一个问题是，与非抑郁者相比，抑郁者往往拥有较少的社会支持来源。这很不幸，因为社会支持少会增加人们对抑郁的易感性（Lakey & Cronin, 2008）

压　力

抑郁障碍和双相障碍有时神秘地"突然"出现在那些看似过着温和、无压力的生活的人身上。由于这个原因，专家们过去常常认为，这些障碍相对不受压力的影响。然而，近年来个人压力测量上的进展改变了这种观点。现有的证据表明，压力与抑郁障碍和双相障碍的发病之间存在中等强度的相关（Monroe, Slavich, & Georgiades, 2009）。压力似乎还会影响患者对治疗的反应以及障碍是否会复发（Monroe & Hadjiyannakis, 2002）。

当然，大多数经历严重压力的人并没有抑郁（Monroe & Reid, 2009）。压力对个体的影响之所以存在差异，部分原因是人们对抑郁或双相障碍的易感性不同。易感性的差异似乎主要取决于生物学构成。压力与易感性之间类似的相互作用可能会影响许多障碍的发病，包括我们即将讨论的精神分裂症。

精神分裂症

学习目标
- 描述精神分裂症的患病率和症状
- 概述精神分裂症的病程和结果
- 解释遗传易感性、神经化学因素和脑结构异常对精神分裂症发病的影响
- 总结脑的神经发育损伤、情绪表达和压力对精神分裂症发病的影响

从字面上看，精神分裂症的含义是"分裂的心智"。然而，尤金·布洛伊勒在1911年创造这个术语时，他指的是在该障碍中观察到的思维过程的破碎，而不是"分裂的人格"。不幸的是，大众传媒中的作者们常常假定，心智分裂的概念指的是个体表现出两种或两种以上人格的综合征。如前所述，这种综合征实际上被称为分离性身份障碍。精神分裂症是一种完全不同的障碍，而且要常见得多。

精神分裂症（schizophrenic disorders）是一类以影响知觉、社交和情绪过程的思维紊乱为特征的障碍。精神分裂症有多普遍？据估计，大约1%的人患有精神分裂症（Lauriello, Bustillo, & Keith, 2005）。这个数字听起来好像并不大，但它意味着，仅在北美可能就有数百万人在遭受精神分裂症的折磨。此外，因为精神分裂症是一种会令人衰弱的严重疾病，往往发病较早，并且需要长期住院治疗，所以对社会而言，精神分裂症是一种代价极其高昂的障碍（Samnaliev & Clark, 2008）。由于这些原因，据估计，精神分裂症的经济影响超过了所有类型癌症的费用总和（Buchanan & Carpenter, 2005）。

症　状

精神分裂症是一种会对患者生活造成巨大破坏的严重障碍。在下面的病例中，我们可以清楚地看到精神分裂症的很多关键症状（改编自 Sheehan, 1982）。西尔维娅在15岁时首次被诊断为精神分裂症。从那以后，她就一直在各种精神病院进进出出。她一直都无法胜任一份工作。在精神分裂症严重发作期间，她极不注意个人卫生：很少洗澡，穿的衣服既不合身也不相配，随意地浓妆艳抹，饭菜洒得满身都是。西尔维娅偶尔还会听到有人在跟她说话。她变得喜欢争吵、好斗、情绪反复无常。多年以来，她与周围的病人、精神科工作人员和陌生人打了无数次架。从下面的引文中可以明显看出，她的想法很不合逻辑：

> "贾格尔想娶我。但如果我有了贾格尔，我就不用想着里韦拉了。贾格尔是圣尼古拉斯，马哈里希是圣诞老人。我想组建一个叫"荆棘泪"的福音摇滚乐队，但是杰拉尔多想让我成为《目击者新闻》的音乐评论家，所以我能怎么办？我得听我男朋友的意见。肯尼迪让我变得漂亮。我怀了上帝的儿子。我要嫁给伯克维茨，然后离婚。克里德莫尔市是美国纳粹党的总部。他们正在这儿吃病人。邦克想让我在他的电视节目中扮演他的侄女。我在史诗唱片公司工作。我是圣女贞德。我是弗洛伦斯·南丁格尔。病房和走廊之间的门是纽约州和加利福尼亚州的分界线。离婚不是一张纸，而是一种感觉。我忘了邮政编码。我需要电击治疗。"（Sheehan, 1982, pp. 104-105）

西尔维娅的例子清楚地表明，精神分裂症患者的思维非常怪异，并且精神分裂症是一种非常严重的、扭曲心理的障碍。没有一种症状是必定会出现的，但精神分裂症通常会有以下症状表现（Lewis, Escalona, & Keith, 2009; Liddle, 2009）。

推荐阅读

《什么是精神疾病？》(What Is Mental Illness?)
作者：理查德·麦克纳利

在《什么是精神疾病？》这本书中，理查德·麦克纳利仔细筛选了精神健康领域的学者所面临的一些最具争议和最复杂的话题。麦克纳利任教于哈佛大学，是一名著名的临床心理学家，在创伤、惊恐障碍、创伤后应激障碍以及儿童期受虐记忆的恢复（见第15章）等方面发表了一些有影响力的研究成果，同时也为DSM-IV和DSM-5的修订做出了贡献。

在这本书中，麦克纳利首先概述了当前关于近几十年来精神疾病是否"盛行"的争议。他解释了为什么一些批评者会认为精神疾病的患病率已经高得令人难以置信。以这个棘手的话题为背景，他接着探讨了关于DSM系统将日常调适问题病态化和医学化的争论。

他对DSM背后的历史和政治的回顾包含了非常有用的信息。在展示了为什么很难精确定义精神障碍的边界条件后，他审视了演化心理学家近来提出的解决方案。之后，他讨论了社会是否会创造出某些精神障碍这一问题。此外，他还分析了文化背景对特定障碍表现形式的影响，例如神经性贪食症、分离性遗忘症、分离性身份障碍和创伤后应激障碍。在随后的章节中，他讨论了心理障碍来源于遗传的程度，并探讨了关于诊断的类别取向和维度取向的争论。

麦克纳利以一种公平、客观和精细的方式分析了这些争议性问题，这一点令人钦佩。正如书名所示，这不是一本讲述如何应对精神疾病的书；确切地说，它讲述的是，那些我们视之为精神疾病的综合征是否应该被定义为精神障碍。麦克纳利对此并没有给出简单的答案，但在读完以后，你会对现代诊断系统的复杂性和主观性有一个全新的认识。

1. 非理性思维。认知缺陷和紊乱的思维过程是精神分裂症核心的、最典型的特征（Heinrichs, 2005）。各种妄想都很常见。**妄想**（delusions）是指那些明显脱离现实但个体仍然坚持的错误信念。例如，一位患者认为自己是只（有着人形身体的）老虎的妄想持续了15年（Kulick, Pope, & Keck, 1990）。更典型的妄想是，患者认为他们的私人想法正在被广播给其他人听，或者某些思想正在被强行注入他们的大脑，或者他们的想法正在被某种外在力量所控制（Maher, 2001）。在夸大妄想中，人们认为自己非常出名或很重要。西尔维娅表现出了非常多的夸大妄想，比如她认为贾格尔想娶她，她把霍比特人的故事讲给了托尔金（《霍比特人》作者——译者注），她即将获得诺贝尔医学奖。除了妄想，精神分裂症患者的思维过程也会恶化。患者的思维变得混乱，不再具有逻辑性，无法线性思考。精神分裂症患者会毫无连贯性地转换话题，因而表现出"联想松弛"。上面的引文很好地说明了这一症状。虽然整段引文包含一种狂野的"思维奔逸"，但从某处（克里德莫尔市是美国纳粹党的总部）开始，她飞快地说出了10个连续的句子，这10个句子之间并没有明显的关联。

2. 适应行为退化。精神分裂症患者在工作、社会关系和个人护理方面的日常功能明显退化。朋友们经常会说这样的话："哈尔已经不再是他自己了。"在西尔维娅的例子中，这种退化显而易见：她不能与人和睦相处，无法工作。对个人卫生的忽视也很明显。

3. 知觉扭曲。精神分裂症可能会出现多种知觉扭曲，其中最常见的是幻听，大约75%的患者报告了幻听症状（Combs & Mueser, 2007）。**幻觉**（hallucinations）是指在没有真实外部刺激的情况下出现的感官知觉，或者严重扭曲了感知觉输入的感官知觉。精神分裂症患者经常报告说他们听到了不存在或不在场的人跟他们说话的声音。例如，西尔维娅听到过保罗·麦卡特尼的声音。这些声音通常会对个体的行为给出侮辱性的评价（"你真是个傻子，居然跟他握手"）。这些声音可能是争论性的（"你不需要洗澡"），也可能是向个体发号施令（"打扫好你的房间，迎接外星来客"）。

4. 情绪紊乱。精神分裂症会以多种方式扰乱正常的情绪基调。虽然或许并不能准确地代表他们内心的情绪体验，但有些患者表现出非常少的情绪反应，这种症状被称作"情感淡漠"。另一些患者则表现出与情境或他们所说的话不相符的情绪反应。精神分裂症患者也可能会变得情绪反复无常。西尔维娅表现出了这种模式，她经常表现出不稳定的、难以预料的过度情绪反应。

精神分裂症传统上被分成四种亚型：偏执型、紧张型、瓦解型和未分化型（Minzenberg, Yoon, & Carter, 2008）。顾名思义，偏执型精神分裂症的主要症状是被害妄想，同时伴有夸大妄想。紧张型精神分裂症的特征是明显的运动障碍，既包括退缩状态下的肌肉僵直（这一症状被称作紧张性木僵），也包括紧张性兴奋状态下的随机肌肉活动。瓦解型精神分裂症被视为一种特别严重的综合征，其特征是频繁的语无伦次、适应行为的明显退化以及几乎完全的社会退缩。如果患者表现出了明显的精神分裂症状，但不能被归入以上三类，那么该患者便患有未分化型精神分裂症，其特征是精神分裂症状的独特混合。

然而，DSM-5彻底背离了传统，废除了四种精神分裂症亚型。这样做的原因是什么？研究者多年前就指出，这些传统的亚型在病因、预后和对治疗的反应上并不存在有实质意义的差异。正因如此，人们对区分不同亚型的价值产生了怀疑。批评者还指出，紧张型和瓦解型这两种亚型在当代临床实践中很少见，未分化型与其说是一种亚型，不如说是"剩饭剩菜"的大杂烩。

南希·安德烈亚森（Andreasen, 1990）和其他研究者则提倡另一种理解和描述精神分裂症的方法，即区分精神分裂症的阳性症状和阴性症状（Carpenter, 1992）。阴性症状包括行为缺陷，例如情感淡漠、社交退缩、冷漠、注意力受损、穿着打扮邋遢、在工作或学习上缺乏毅力、言语贫乏。阳性症状包括行为过激或行为独特，例如幻觉、妄想、思维不连贯、焦虑不安、行为怪异、思维奔逸。大部分患者会表现出两种症状，但在以阳性（或阴性）症状为主的程度上有所不同（Andreasen, 2009）。阳性症状相对占优势的患者通常比其他患者在发病前适应情况更好，并对治疗有着更好的反应（Combs & Mueser, 2007）。

病程和结果

精神分裂症通常在青少年期或成年早期发病，75%的患者会在30岁以前发病（Perkins, Miller-Anderson, & Lieberman, 2006）。虽然大多数精神分裂症患者在儿童期没有表现出某种心理障碍的全部症状，但他们常常有一段较长的怪异行为、认知和社会功能缺陷史（Walker et al., 2004）。精神分裂症的出现可能是突然的，但通常是潜伏和渐进的。精神分裂症明显出现后，不同患者的病程并不一致，但通常可以分为三大类。某些（可能是症状较轻的）患者可以被成功治愈，完全康复。另一些患者会经历部分康复，因此能暂时独立生活。然而，他们会经历频繁的复发，余生大部分时间都在进出治疗机构。最后，第三类患者的精神分裂症会发展成慢性病，有时会导致他们永远住在医院。研究者对每类患者所占比例的估计并不一致。

总的来说，大多数研究表明，只有约20%的精神分裂症患者可以完全康复（Perkins et al., 2006）。然而，在某种程度上，这一低康复率可能反映了在绝大多数国家（包括富裕国家），对严重障碍的精神健康治疗和护理质量较差或一般。当快速启用综合的、协调良好的高质量治疗和护理时，患者的康复率可高达近50%（Hopper et al., 2007; Liberman & Kopelowicz, 2005）。虽然精神分裂症常被视为一种不断恶化

电影《美丽心灵》讲述了数学家、诺贝尔奖得主约翰·纳什的故事。自 1959 年以来，纳什一直在与偏执型精神分裂症做斗争。（纳什于 2015 年去世——译者注）

的障碍，但很明显，相当一部分患者恢复良好（Jablensky, 2009）。因此，我们对精神分裂症的看法可能不需要像过去那样普遍地消极。

许多因素与精神分裂症的康复可能性有关（Cancro & Lehmann, 2000; Liberman et al., 2002）。当患者符合以下情况时，通常有相对良好的预后：（1）突然而不是逐渐发病；（2）发病年龄较晚；（3）发病前的社会和工作适应情况相对较好；（4）阴性症状占比相对较低；（5）认知功能相对没有受损；（6）对治疗干预表现出较好的依从性；（7）有相对健康的、支持性的家庭环境。这些预测因素中的很多都与我们即将介绍的精神分裂症的病因有关。

病　因

至少在某种程度上，我们中的大多数人能够理解那些有抑郁、强迫症和惊恐障碍的人。你也可以想象出一些让你抑郁或焦虑的事件。但是，如何解释西尔维娅认为自己是圣女贞德，或者她将霍比特人的故事讲给了托尔金的想法呢？尽管这些妄想看起来很神秘，但你将看到，精神分裂症的病因并非与其他障碍的病因完全不同。

遗传易感性

大量证据表明，遗传因素在精神分裂症的发病中起着一定的作用（Kirov & Owen, 2009）。例如，在双生子研究中，同卵双生子的精神分裂症同病率平均约为 48%，而异卵双生子的同病率约为 17%（Gottesman, 2001）。研究还表明，父母均为精神分裂症患者的人患精神分裂症的概率约为 46%（而在总人口中，这一概率只有 1% 左右）。图 14.15 总结了上述及其他证实精神分裂症遗传根源的研究结果。总之，精神分裂症的情况与抑郁障碍和双相障碍相似。来自几个研究方向的证据一致表明，

图 14.15　精神分裂症的遗传易感性

精神分裂症患者的亲属患精神分裂症的风险较高，血缘关系越近，风险越高。虽然环境因素对精神分裂症的发病也有一定的影响，但本图所示的同病率表明，一定存在遗传的精神分裂症易感性。这些同病率的估计值基于来自 40 项研究的合并数据。

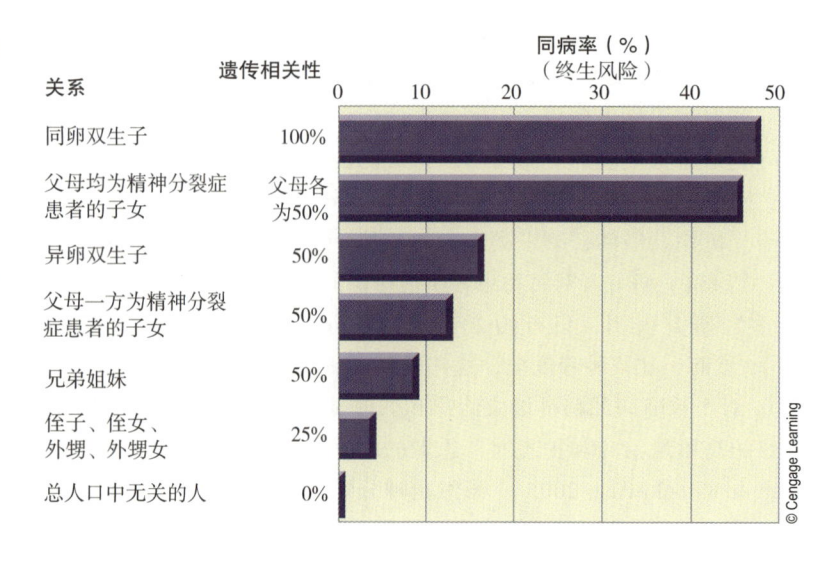

关系	遗传相关性	同病率（%）（终生风险）
同卵双生子	100%	~48
父母均为精神分裂症患者的子女	父母各为 50%	~46
异卵双生子	50%	~17
父母一方为精神分裂症患者的子女	50%	~13
兄弟姐妹	50%	~10
侄子、侄女、外甥、外甥女	25%	~4
总人口中无关的人	0%	~1

精神分裂症的易感性是可遗传的（Cornblatt et al., 2009）。一些理论家怀疑，遗传因素或许可以解释高达 80% 的精神分裂症易感性差异（Pogue-Geile & Yokley, 2010）。然而，遗传图谱研究在识别起作用的具体基因上尚未取得太大进展（Gunter, 2009）。

神经化学因素

与抑郁障碍和双相障碍一样，精神分裂症似乎也伴有脑内一种或多种神经递质活动的改变。过量的多巴胺活动可能是精神分裂症的一个成因（Patel, Pinals, & Breier, 2008）。这个假说之所以有道理，是因为可以有效治疗精神分裂症的大多数药物已知都会抑制脑内多巴胺的活动。然而，将精神分裂症与高水平的多巴胺联系起来的研究证据充斥着不一致性、复杂性和解释问题（Bobo et al., 2008）。近年来，多巴胺假说变得更加微妙和复杂了。研究者认为，多巴胺环路中发生了失调，而这种失调的性质在不同脑区可能有所不同（Howes & Kapur, 2009）。科学家们也在考察使用谷氨酸的神经环路的功能失调是否在精神分裂症中起作用（Downar & Kapur, 2008）。

近些年的研究表明，青少年期吸食大麻可能会使对精神分裂症有遗传易感性的年轻人更快地患上这种障碍（McGrath et al., 2010）。例如，一项对 83 项研究进行的元分析发现，大麻使用者精神病性障碍出现的时间比非使用者早 2.7 年（Large et al., 2011）。这一发现引发了人们对大麻是否会导致以及如何导致精神分裂症发病的激烈争论（Castle, 2008）。一些批评者认为，精神分裂症会导致人们吸食大麻，而不是相反。换句话说，精神病症状的出现可能会使年轻人用大麻来"自我治疗"。然而，德国的一项经过严格控制的长期研究并未发现支持这种解释的证据（Kuepper et al., 2011）。在控制了年龄、性别、社会阶层、其他药物使用、童年期创伤经历以及是否存在其他障碍等因素以后，该研究发现，吸食大麻使精神病性障碍的患病风险增加了大约一倍。目前的观点是，大麻的主要化学成分（四氢大麻酚）可能增强了多巴胺环路中神经递质的活动（Kuepper et al., 2010）。

脑结构异常

数十年的研究表明，精神分裂症患者在注意、知觉和信息加工等方面表现出多种缺陷（Belger & Barch, 2009; Harvey, 2010）。工作（短时）记忆的损伤尤为突出。这些认知缺陷表明，精神分裂症可能是由神经缺陷导致的。然而，在几十年前，这个理论更多地是基于推测，而不是实际研究。不过，自 20 世纪 80 年代中期开始，脑成像技术的进步使研究者获得了海量的有趣数据。采用各种脑扫描技术的研究表明，脑室（脑内充满液体的空腔，见图 14.16）扩大与精神分裂症存在关联（Shenton & Kubicki, 2009）。研究者认为，脑室扩大反映了附近脑组织的退化或发育不良。然而，脑室扩大的意义引发了激烈的争论。脑结构异常可能是精神分裂症的病因，也可能是其结果。

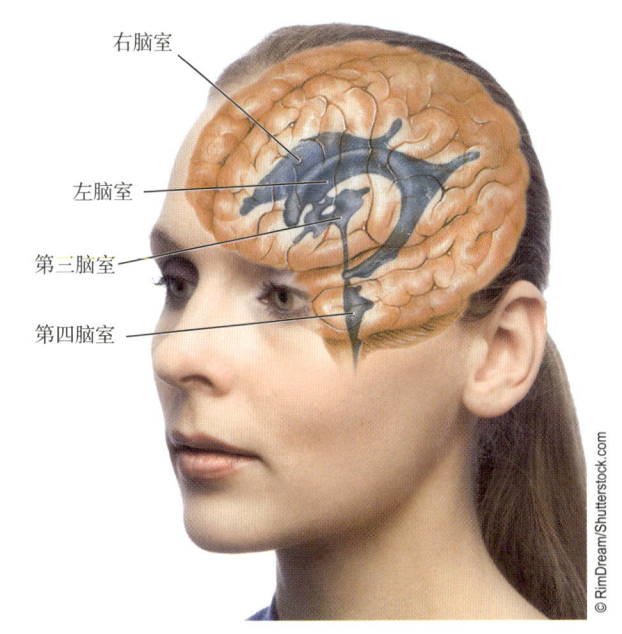

图 14.16　精神分裂症与脑室
脑脊液在脑和脊髓周围循环流动，脑内充满脑脊液的空腔被称作脑室。本图显示了人脑的四个脑室。使用现代脑成像技术的研究表明，脑室扩大与精神分裂症的发病之间存在关联。

图 14.17 精神分裂症的神经发育假说

研究表明，在产前发育阶段或出生时遭受的大脑损伤可能会干扰脑内关键的发育过程，进而导致轻微的神经损伤，这一损伤会随着青少年的发育逐步表现出来。研究者认为，这种神经损伤会增加人们对精神分裂症的易感性，还会增加微小躯体异常的发病率。

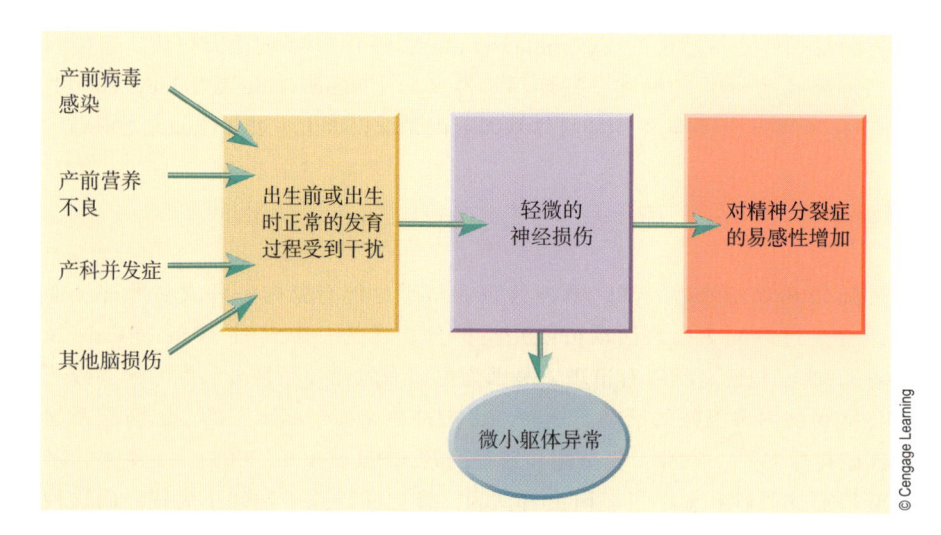

神经发育假说

一些新的研究方向提供的证据使研究者提出了精神分裂症的神经发育假说，该假说认为精神分裂症的部分原因是个体在出生前或出生时脑的正常发育过程受到了干扰（Fatemi & Folsom, 2009）。根据这一假说，脑在产前发育的敏感阶段或出生时受损会导致轻微的神经损伤，而这会增加个体多年后在青少年期和成年早期对精神分裂症的易感性（见**图 14.17**）。这些早期损伤的来源是什么？到目前为止，研究主要关注的是产前发育过程中的病毒感染和营养不良以及分娩过程中的产科并发症。

萨尔诺夫·梅德尼克及其同事（Mednick et al., 1988）发现，那些在1957年芬兰流感流行期间处于产前发育中期的个体患精神分裂症的概率偏高。自此之后，有关病毒感染的证据在不断积累。相当多的后续研究也发现，产前发育期间暴露于流感或其他传染病与精神分裂症患病率的升高有关（Brown & Derkits, 2010）。另一项关于产前营养不良可能影响的群组研究发现，那些在出生前经历了因纳粹在二战期间对荷兰的食物封锁而造成的1944—1945年的严重饥荒的人，精神分裂症的发病率偏高（Susser et al., 1996）。对一些出生前经历过这一饥荒的精神分裂症患者的一项追踪研究发现，这些患者有较多的脑异常，这与神经发育假说的预测一致（Hulshoff et al., 2000）。近些年的研究证实，如果孕妇经受了极端的压力，其子女的精神分裂症患病率也较高（Malaspina et al., 2008）。其他研究表明，与对照组被试相比，精神分裂症患者更可能有产科并发症史（Murray & Bramon, 2005）。最后，研究表明，与其他人相比，与出生前神经受损相一致的微小躯体异常（头部、手、足和面部轻微的结构缺陷），在精神分裂症患者中更常见（Schiffman et al., 2002）。总之，这些不同的研究证明，早期的神经创伤与精神分裂症的易感性之间存在关联（King, St-Hilaire, & Heidkamp, 2010）。

情绪表达

情绪表达研究主要关注的是精神分裂症发作之后，家庭互动中的这一元素如何影响其进程（Leff & Vaughn, 1985）。情绪表达反映了精神分裂症患者的亲属在多大程度上表现出对患者高度批评的态度或情绪过度卷入的态度。研究者从以下三个方面对患者亲属的访谈录音进行了仔细的评估：批评性言论、对患者的敌意和过度的情绪卷入（过度保护、过度关心的态度）（Hooley, 2004）。

研究表明，家庭中的情绪表达可以很好地预测精神分裂症患者的病程。在患者出院回家后，高情绪表达家庭中的患者的复发率是低情绪表达家庭中的患者的2~3倍（Hooley, 2009）。对于那些回到高情绪表达家庭的患者来说，部分问题在于家庭更可能是压力来源，而不是社会支持来源。然而，罗森法尔布等人（Rosenfarb et al., 1995）提醒，不要把所有责任都推到高情绪表达的家庭上。他们发现，回到高情绪表达家庭的患者比回到低情绪表达家庭的患者表现出了更多的怪异和破坏性行为。因此，高情绪表达家庭中的患者所体验到的更挑剔、更消极的态度，可能在某种程度上是由他们自己的行为造成的。

压力

关于精神分裂症的许多理论都假设，压力在一定程度上触发了精神分裂症（Walker & Tessner, 2008）。根据这一观点，多种生理和心理因素会影响个体对精神分裂症的易感性，而压力大可能会促使易感个体患上精神分裂症。研究表明，压力大还会使那些已在康复中的患者复发（Walker, Mittal, & Tessner, 2008）。

并不太久以前，研究者对压力与精神分裂症之间关系的兴趣还局限于青少年期或成年早期的负性事件在诱发精神分裂症中所起的作用。然而近年来，对童年早期的巨大压力（重大应激事件）如何增加个体10~20年后的精神分裂症易感性的研究兴趣急剧增加（Larkin & Read, 2008）。特别是，相当数量的研究报告了童年早期的创伤与长大后的精神病性障碍和症状之间的关联（Bendall, Jackson, & Hulbert, 2010）。例如，一项研究发现，精神病性症状与个体在童年期受到性虐待、身体虐待、霸凌和机构抚养有关（Bentall et al., 2012）。类似地，另一项研究发现，精神分裂症与童年期受到虐待或忽视的经历存在相关（Heins et al., 2011）。然而，目前尚不清楚童年期创伤是否只对精神分裂症有长期的消极影响。例如，2011年的一项研究发现，童年期的性虐待增加了个体对很多障碍的易感性，包括抑郁、焦虑障碍、进食障碍以及酒精和药物依赖（Jonas et al., 2011）。

孤独症谱系障碍

学习目标
- 描述孤独症的症状、患病率及病因

与我们已讨论的其他障碍不同，根据定义，孤独症在生命早期就会表现出来。近年来，这一诊断受到了越来越多的关注。**孤独症**（autism，也译作自闭症）或者说**孤独症谱系障碍**（autism spectrum disorder，也译作自闭症谱系障碍）的特征是社交和沟通能力严重受损，兴趣和活动的严重受限，通常在3岁时就表现得很明显。孤独症最初被称为幼儿孤独症，儿童精神科医生利奥·坎纳于20世纪40年代首次描述了这一

患有孤独症的儿童往往无法与他人进行目光接触，并且往往觉得社会关注令人不快。

障碍。

症状和患病率

孤独症的核心特征是儿童对他人缺乏兴趣。孤独症儿童表现得好像周围环境中的人与附近的无生命物体（比如玩具、枕头或椅子）没什么不同。他们往往不与他人进行目光接触，也不需要与其照护者进行身体接触。他们不试图与他人交往，不能与父母建立联结，也不能发展出正常的同伴关系。他们的言语沟通能力可能严重受损，因为约三分之一的孤独症儿童不会说话（Wetherby & Prizant, 2005）。那些发展出言语能力的儿童发起和维持对话的能力也非常有限。他们对语言的使用常常比较古怪，例如言语模仿，即机械地重复他人的话语。孤独症儿童的兴趣非常有限，因为他们常常专注于物体或重复性的身体运动（旋转、身体摇摆、摆弄手等等）。他们也可能非常缺乏灵活性，环境中微小的变化都能使他们暴怒和大发脾气。有些孤独症儿童会表现出自伤行为，例如敲自己的头、拽自己的头发或者打自己。大约一半的孤独症儿童智商低于正常水平（Volkmar et al., 2009）。

孤独症儿童的父母通常在孩子约 15~18 个月大时开始对孩子的发展感到担忧，并且通常在约 24 个月大时寻求专业咨询。绝大多数的孤独症诊断都是在患儿 3 岁之前做出的。在多数情况下，孤独症是一种终身的痛苦，患者在整个成年期都需要家庭和机构的广泛支持。但是，通过有效的早期干预，约 15%~20% 的孤独症患者能够在成年后独立生活，另有 20%~30% 的患者接近这一功能水平（Volkmar et al., 2009）。

直到不太久以前，孤独症的患病率还被认为远低于 1%（Newschaffer, 2007）。然而，自 20 世纪 90 年代中期以来，孤独症的诊断量大幅增加（约为以前的 4 倍），其患病率估计值接近 1%（Brugha et al., 2011）。大多数专家认为，孤独症诊断量的激增主要是由于人们对孤独症有了更多的认识以及采用了更宽泛的诊断标准（Wing & Potter, 2009）。目前，孤独症患病率的估计值通常包含相关综合征的患病率，例如阿斯伯格综合征（Asperger's disorder），这些孤独症的轻度形式过去并没有计算在内。虽然上述解释有道理，但科学家并未排除孤独症患病率确实在增加的可能性（Weintraub, 2011）。男性约占孤独症诊断量的 80%，但奇怪的是，女性患者往往表现出更严重的缺陷（Ursano, Kartheiser, & Barnhill, 2008）。DSM-5 承认孤独症包括几种严重程度不同的相关障碍，因此将其重新命名为孤独症谱系障碍。

病　因

孤独症最初被归咎于冷漠疏远的教养方式（Bettelheim, 1967），但这种观点最终被研究证伪（Bhasin & Schendel, 2007）。考虑到孤独症在一生中很早出现，如今大多数理论家将其视为一种源于生物功能失调的障碍。与此观点相一致，双生子研究和家庭研究已经证实，遗传因素是导致孤独症的主要因素（Robinson et al., 2011）。许多理论家认为孤独症一定是由某种脑异常导致的，但他们在确定这种异常的性质上并未取得太大进展。最可靠的研究发现是，孤独症与 2 岁时开始明显的广泛性脑膨大有关（Hazlett et al., 2011; Schumann et al., 2010）。磁共振成像研究表明，脑的这种过度生长大约开始于 1 岁末，这正是孤独症的症状通常开始显现的时候。目前尚不清楚脑的这种过度生长是否导致了孤独症的出现，但理论家猜测，这种过度生长可能会导致神经环路的紊乱。

一个被广泛报道的假说是，孤独症可能是由某些儿童疫苗中用作防腐剂的汞导致的（Kirby, 2005）。然而，1998 年首次报告疫苗接种与孤独症存在关联的那项研究已被证明是虚假不实的（Deer, 2011; Godlee, Smith, & Marcovitch, 2011）。此外，试图重复上述疫苗接种与孤独症之间关联的独立研究皆以失败告终（Paul, 2009; Wing & Potter, 2009）。人们之所以普遍相信孤独症与疫苗接种之间存在这种明显虚假的关系，可能仅仅是因为儿童接种疫苗的年龄（12~15 个月）与父母最初开始意识到孩子未能正常发展的年龄大体相同（Doja & Roberts, 2006）。疫苗接种假说的流行也可能是因为它填补了孤独症成因解释的空白，因为科学对孤独症的成因还没有合理的解释。

应用：理解进食障碍

学习目标
- 描述进食障碍的亚型、历史、患病率和性别分布
- 解释遗传因素、人格、文化、家庭互动和思维扭曲如何导致进食障碍

判断对错。
____ 1. 进食障碍虽然在近些年才引起人们的关注，但它们有着漫长的历史，并且一直相当普遍。
____ 2. 进食障碍是几乎存在于所有文化中的普遍性问题。
____ 3. 神经性厌食症患者远比神经性贪食症患者更有可能认识到其进食行为是病态的。
____ 4. 女性进食障碍的患病率是男性的两倍。
____ 5. 神经性贪食症中的暴食–清除症状在神经性厌食症中并不常见。

正如你将在本应用中看到的，上面五个陈述都是错误的。本章主体部分所探讨的心理障碍大多在几个世纪以前就已被承认，它们通常以某种形式存在于所有文化和社会中。然而，进食障碍却完全不同：它们直到最近几十年才被承认，并且最初主要存在于富裕的西方文化中。虽然存在这些有趣的差异，进食障碍与传统形式的心理障碍有很多共同之处。

进食障碍的类型

虽然大多数人似乎并不像重视其他类型的心理障碍那样重视进食障碍，但你将看到，进食障碍很危险且令人虚弱（Thompson, Roehrig, & Kinder, 2007）。在所有心理障碍中，进食障碍与死亡率的关系最大（Striegel-Moore & Bulik, 2007）。**进食障碍**（eating disorders）是进食行为的严重紊乱，其特征是过分关注体重以及采用不健康的方式控制体重。DSM-5 描述了三种综合征：神经性厌食症、神经性贪食症，以及一种叫作暴食障碍的新综合征。在本应用中，我们将重点关注神经性厌食症和神经性贪食症，但我们也会简要概述暴食障碍的症状。

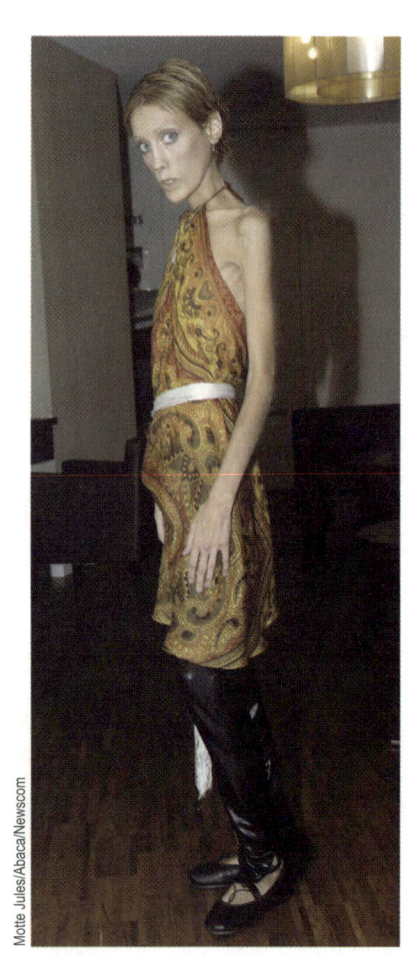

在西方文化中，进食障碍在年轻女性中已经成为一种令人苦恼的普遍现象。患有厌食症的人无论变得多么虚弱，都坚持认为自己太胖了。

神经性厌食症

神经性厌食症（anorexia nervosa）的特征是对体重增加极度恐惧，身体意象扭曲，拒绝维持正常体重，以及采用危险的方法减肥。神经性厌食症有两种亚型。限制型神经性厌食症患者会大幅度减少食物的摄入，有时会让自己饥肠辘辘。暴食–清除型神经性厌食症患者试图通过饭后强迫自己呕吐、滥用泻药和利尿剂、过度运动等方式来减肥。

这两种类型都会导致身体意象扭曲。不论患者变得多么虚弱消瘦，他们都坚持认为自己太胖了。他们对肥胖的病态恐惧意味着，他们对自己的体重从来都不满意。如果体重增加一两磅（1 磅约 0.45 千克），他们就会感到恐慌。唯一能让他们感到高兴的事情就是减掉更多的体重。神经性厌食症的常见结果是体重持续下降——事实上，接受治疗的神经性厌食症患者一般比其正常体重轻 25%~30%（Hsu, 1990）。由于其扭曲的身体意象，神经性厌食症患者一般意识不到自身行为的适应不良性，并且很少主动寻求治疗。他们一般是被对他们的外貌变化感到震惊的朋友或家人哄骗或强迫去接受治疗的。

神经性厌食症最终会导致大量的医学问题，其中包括闭经（女性月经周期停止）、胃肠道问题、低血压、骨质疏松症（骨密度降低），以及会导致心脏停搏或循环衰竭的新陈代谢紊乱（Halmi, 2008; Russell, 2009）。神经性厌食症是一种与死亡率急剧升高相关的令人衰弱的疾病（Arcelus et al., 2011）。有研究者（Steinhausen, 2002）估计，神经性厌食症会导致 5%~10% 的患者死亡。

神经性贪食症

神经性贪食症（bulimia nervosa）是指惯性地、失控地过度进食，随后伴有不健康的补偿行为，比如自我诱导性呕吐、禁食、滥用泻药或利尿剂以及过度运动。患者常常偷偷地暴食，随后伴有强烈的负罪感和对体重增加的担忧。这些感受会促使患者采取不明智的策略来减少过度进食的影响。然而，呕吐只能阻止约一半的新摄入食物的吸收，泻药和利尿剂对热量的摄入基本没有影响，所以神经性贪食症患者通常会维持相对正常的体重（Fairburn, Cooper, & Murphy, 2009）。

与神经性贪食症有关的医学问题包括心律失常、牙科问题、新陈代谢低下和胃肠道问题（Halmi, 2008）。神经性贪食症常与其他的心理障碍并存，包括抑郁、焦虑障碍和物质滥用（Hudson et al., 2007）。

显然，神经性贪食症与神经性厌食症有很多共同特征，例如对肥胖的病态恐惧、对食物的过度关注，以及基于幼稚的全或无思维而采取严格的、适应不良的体重控制方法。这两种障碍之间的密切关系得到以下事实的证实：许多最初患有某种综合征的患者会交替出现另一种综合征。然而，两种综合征在某些关键方面也有所不同。首先，神经性贪食症对生命的威胁较小。其次，虽然神经性贪食症患者的体重和外貌常常比神经性厌食症患者更"正常"，但他们更可能认识到自己的进食行为是病态的，也更倾向于认为自己需要治疗（Guarda et al., 2007）。与神经性厌食症类似，神经性贪食症也与死亡率的升高相关，不过，其升高幅度仅为神经性厌食症的约三分之一（Crow et al., 2009; Arcelus et al., 2011）。

暴食障碍

暴食障碍（binge-eating disorder）涉及引发痛苦的暴饮暴食，但不伴有神经性贪食症中常见的清除、禁食、过度运动等行为。显然，这种综合征类似于神经性贪食症，但没那么严重。然而，暴食障碍依然会给个体造成巨大的痛苦，因为暴食障碍患者往往厌恶自己的身体，并对自己的过度进食行为感到心烦。暴食障碍患者通常超重。他们的过度进食常常是由压力触发的（Gluck, 2006）。研究表明，这种相对温和的综合征可能比神经性厌食症或神经性贪食症更常见（Hudson et al., 2007）。

历史和患病率

历史学家已经能够追踪到几个世纪前人们对神经性厌食症的描述，所以神经性厌食症并不是一种全新的障碍。但是，直到20世纪中叶，神经性厌食症才成为一种常见的苦恼（Vandereycken, 2002）。虽然暴食和清除行为在某些文化中有很长的历史，但它们彼时并不是个体为控制体重而做出的病态努力的一部分。神经性贪食症似乎是一种在20世纪中叶逐渐出现的新综合征，在20世纪70年代首次得到承认（Steiger & Bruce, 2009）。

这两种障碍都是现代的、富裕的西方文化的产物，那里食物通常充足，苗条的身材得到普遍的推崇。直到近些年，这些问题才在西方文化之外出现（Hoek, 2002）。然而，交流的增加将西方文化输出到世界的各个角落，进食障碍开始出现在许多非西方社会，尤其是富裕的亚洲国家（Becker & Fay, 2006）。

进食障碍的患病率存在巨大的性别差异。大约90%~95%在接受治疗的神经性厌食症和神经性贪食症患者是女性（Thompson & Kinder, 2003）。这种惊人的性别差异似乎是文化压力而非生物因素造成的。相对于男性，吸引力的西方标准更强调女性要身材苗条，并且女性通常在身体吸引力上承受着更大的压力（Strahan et al., 2008）。在某些过度强调苗条的群体中，比如时装模特、舞者、女演员和运动员，也有着更高的进食障碍患病率。患进食障碍的人主要是年轻女性。神经性厌食症的典型发病年龄在14~18岁之间，而神经性贪食症的典型发病年龄在15~21岁之间（见图14.18）。

进食障碍在西方社会中有多普遍？研究表明，在女性群体中，约1%的人患有神经性厌食症，约1.5%的人患有神经性贪食症，约3.5%的人患有暴食障碍（Hudson et al., 2007）。近些年的数据也表明，男性进食障碍的患病率可能比人们普遍认为的要高。在某些方面，这些数字可能只触及了问题的表面。证据表明，另有2%~4%的人可能存在严重的进食问题，但这些

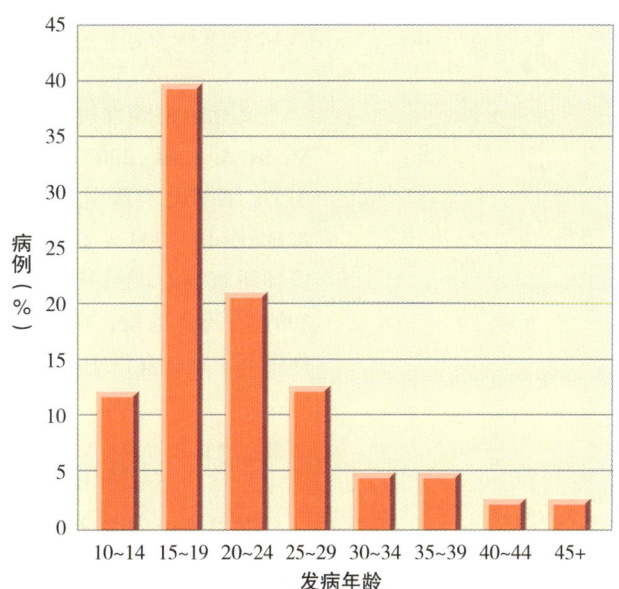

图14.18 神经性厌食症的发病年龄

正如神经性厌食症的数据所显示的那样，进食障碍主要出现在青少年期。本图显示了来自美国明尼苏达州的166位女性患者发病年龄的分布情况。如你所见，半数以上的患者在20岁之前发病，神经性厌食症的易感性在15~19岁之间明显达到高峰。

资料来源：Lucas et al., 1991.

问题不太符合正式的诊断标准（Swanson et al., 2011）。

病 因

与其他类型的心理障碍一样，进食障碍也是由多个相互作用的决定性因素导致的。

遗传易感性

关于进食障碍的科学证据远不如许多其他类型的精神障碍那么有力或完整，但一些人可能遗传了对进食障碍的易感性（Thornton, Mazzeo, & Bulik, 2011）。研究显示，进食障碍患者的亲属患神经性厌食症和神经性贪食症的比率较高（Bulik, 2004）。对女性双生子的研究发现同卵双生子的同病率要高于异卵双生子，表明遗传易感性可能在起作用（Steiger, Bruce, & Israël, 2003）。

人格因素

遗传因素可能通过使个体形成易于罹患进食障碍的特定人格特质，间接地施加影响。尽管有很多例外，但神经性厌食症患者往往有强迫症倾向、刻板、神经质并且克制情绪，而神经性贪食症患者往往冲动、过度敏感和低自尊（Wonderlich, 2002）。研究还表明，完美主义是神经性厌食症的一个风险因素（Steiger & Bruce, 2009）。

文化价值观

文化价值观在进食障碍患病率上升中所起的作用怎么估计都不为过（Striegel-Moore & Bulik, 2007）。在西方社会，年轻女性被社会灌输的观念是：她们必须有吸引力，而要想有吸引力，她们必须像主导媒体的女演员和时装模特那样苗条（Levine & Harrison, 2004）。由于这种文化环境，许多年轻女性对自己的体重感到不满，因为媒体所宣扬的理想身材对她们中的大多数人来说是难以达到的（Thompson & Stice, 2001）。不幸的是，在瘦身的压力以及遗传易感性、不良家庭影响和其他因素的共同作用下，这些女性中的一小部分采取不健康的方式来控制体重。

家庭的作用

许多理论家强调家庭互动会导致年轻女性患上神经性厌食症和神经性贪食症（Haworth-Hoeppner, 2000）。主要的问题似乎是，一些母亲仅仅通过认可"你越瘦越好"这样的社会信息，以及示范自己不健康的节食行为，就提高了女儿患进食障碍的可能性（Francis & Birch, 2005）。这种角色示范连同媒体压力导致许多女儿内化了这样的观念："你越瘦，你就越有吸引力。"

认知因素

许多理论家强调思维扭曲在进食障碍的病因学中的作用（Williamson et al., 2001）。例如，厌食症患者通常认为自己很胖，而实际上他们正在消瘦，这种典型信念就是思维扭曲的一个生动的例证。进食障碍患者会表现出僵硬的、全或无的思维方式以及很多适应不良的观念，比如"我必须瘦才能被接受""如果不能完全控制体重，我就会完全失控"以及"如果我长胖一磅（约0.45千克），体重就会继续增加很多"。我们还需要更多的研究，以确定思维扭曲是进食障碍的原因还是仅仅是一种症状。

本章回顾

主要观点

异常行为：一般概念

- 医学模型将异常行为视为一种疾病。医学模型虽然存在一些问题，但这种疾病类比有其实用性。判断人们是否患有心理障碍有三个标准：偏离常态、个人痛苦和适应不良的行为。通常，我们很难在正常与异常之间画一条清晰的界线。
- 一些批评者担忧，对异常行为的医学诊断会给人们贴上污名化的标签，但不管有没有标签，与精神疾病相关的污名似乎都很难减少。在美国，DSM-5 是官方的心理诊断分类系统。一些批评者质疑 DSM 系统所采用的类别取向，但 DSM-5 基本上保留了这种类别取向。心理障碍比人们普遍认为的要更常见，终生患病率约为 44%。精神疾病的经济代价是巨大的。

焦虑障碍和强迫症

- 焦虑障碍包括广泛性焦虑障碍、恐惧性障碍和惊恐障碍。在 DSM-5 将强迫症（OCD）单独归为一类之前，数十年来强迫症一直被归入焦虑障碍。这些障碍与遗传易感性、抑制型气质、焦虑敏感性以及脑中的神经化学异常有关。
- 许多焦虑反应，尤其是恐怖症，可能是由经典条件作用引起并因操作性条件作用而得以维持。认知理论家主张，某些人之所以对焦虑障碍具有易感性，是因为他们随处都能看到威胁。压力也可能导致这些障碍发病。

分离障碍

- 分离障碍包括分离性遗忘症和分离性身份障碍（DID）。尽管关于分离性身份障碍的患病率存在一些争议，但这些障碍似乎并不常见。压力和童年创伤可能会导致分离性身份障碍，但总的来说，分离障碍的病因还不清楚。一些理论家认为，分离性身份障碍患者在进行有意的角色扮演，将精神疾病作为自身失败的一个借口，以保全颜面。

抑郁和双相障碍

- 抑郁症和双相障碍过去常被一起归入心境障碍，但在 DSM-5 中，它们各自被归为一类。这两种障碍都与自杀风险升高相关。人们在对抑郁障碍和双相障碍的遗传感性上存在差异；这两种障碍还伴有脑内神经化学活动的变化。海马体积缩小和神经发生受到抑制可能是导致抑郁的因素。
- 应激反应中下丘脑－垂体－肾上腺皮质轴上的激素变化可能常常在抑郁的形成中起了一定的作用。认知模型假定，悲观的解释风格、反刍思维以及其他类型的消极思维会导致抑郁。抑郁常常源于人际缺陷，因为缺乏社交技巧的人通常难以获得生活中的强化物。抑郁障碍和双相障碍有时与压力有关。

精神分裂症

- 精神分裂症的特征是适应行为受损、非理性思维、知觉扭曲和情绪紊乱。事实证明，区分阳性症状和阴性症状是有用的，但大多数患者会表现出两种类型的症状。精神分裂症的预后较差，因为只有约 20% 的患者能够完全康复。
- 研究表明，精神分裂症与遗传易感性、神经递质活动的改变以及脑室扩大有关。神经发育假说将精神分裂症归因于个体在出生前或出生时脑内的正常发育过程受到了干扰。回到高情绪表达家庭中的患者复发率较高。童年早期的压力事件可能会提高个体对精神分裂症的易感性。青少年期或成年期的突发应激事件可能会触发易感个体的病。

孤独症谱系障碍

- 孤独症的特征是社会交往和沟通能力严重受损以及兴趣和活动严重受限，这些症状到 3 岁时就已经很明显。自 20 世纪 90 年代中期以来，孤独症的诊断量急剧增加。这种增加可能是由于人们对孤独症有了更多的认识以及采用了更宽泛的诊断标准。
- 遗传因素会导致孤独症，但我们对孤独症的病因还知之甚少。研究未能发现疫苗接种与孤独症发病之间存在关联。

应用：理解进食障碍

- 主要的进食障碍包括神经性厌食症、神经性贪食症和暴食障碍。神经性厌食症和神经性贪食症都与其他心理异常有关，两者都会导致大量的医学问题。进食障碍似乎是现代、富裕的西方文化的产物。
- 90%~95% 的进食障碍患者是女性。典型的发病年龄大约在 15~20 岁之间。进食障碍似乎存在遗传易感性，可遗传的人格特质可能在其中起中介作用。要求年轻女性保持苗条身材的文化压力无疑助长了进食障碍。一些理论家强调家庭互动和思维扭曲可导致进食障碍。

关键术语

医学模型	分离性身份障碍（DID）
诊断	多重人格障碍
病因	抑郁症
预后	快感缺乏
共病	双相障碍
流行病学	躁狂－抑郁障碍
患病率	同病率
焦虑障碍	精神分裂症
广泛性焦虑障碍	妄想
恐惧性障碍	幻觉
惊恐障碍	孤独症
广场恐怖症	孤独症谱系障碍
强迫症（OCD）	进食障碍
神经递质	神经性厌食症
分离障碍	神经性贪食症
分离性遗忘症	暴食障碍

练习题

1. 塞尔吉奥刚刚开始接受双相障碍治疗,医生告诉他,大多数患者会在一个月内对药物治疗产生反应。这一信息表示的是_____。
   a. 预后
   b. 病因
   c. 组织学
   d. 一致性

2. 虽然苏珊总是体验到高水平的恐惧、担忧和焦虑,但她仍然可以履行自己的日常职责。苏珊的行为_____。
   a. 不应该被视为异常,因为她的适应功能没有受损
   b. 不应该被视为异常,因为每个人都会不时体验到担忧和焦虑
   c. 仍然可以被视为异常,因为她感受到了巨大的个人痛苦
   d. a 和 b

3. 近些年的流行病学研究发现,最常见的心理障碍类型是_____。
   a. 分离障碍和焦虑障碍
   b. 焦虑障碍和精神分裂症
   c. 物质使用障碍和焦虑障碍
   d. 物质使用障碍和孤独症

4. 为克服自身焦虑而重复进行无意义的仪式化行为的人患有_____。
   a. 广泛性焦虑障碍
   b. 躁狂障碍
   c. 强迫症
   d. 惊恐障碍

5. 下列关于分离性身份障碍的说法,_____是正确的?
   a. 原始人格总能意识到交替人格的存在
   b. 分离性身份障碍是精神分裂症的别称
   c. 多种人格通常非常相似
   d. 自 20 世纪 70 年代起,分离性身份障碍的诊断量大幅增加

6. 在经历了几个月的忧郁和沮丧之后,马里奥突然振作起来。他兴高采烈,精力充沛,日夜不停地写作。他还开始在互联网上对体育赛事下大赌注,这可是他以前从未做过的事。马里奥的行为与_____一致。
   a. 精神分裂症
   b. 强迫症
   c. 双相障碍
   d. 分离性身份障碍

7. 同病率是指_____。
   a. 表现出相同障碍的双生子或其他成对亲属占相应总体的百分比
   b. 特定障碍的患者中,当前正在接受治疗的人所占的百分比
   c. 特定障碍的患病率
   d. 特定障碍的治愈率

8. _____是精神分裂症的阴性症状。
   a. 幻听
   b. 被害妄想
   c. 基本没有朋友
   d. 夸大妄想

9. 研究表明,精神分裂症与_____相关。
   a. 5-羟色胺耗竭
   b. 脑室扩大
   c. 海马退化
   d. 小脑异常

10. 大约_____% 的进食障碍患者是女性。
    a. 40
    b. 50~60
    c. 75
    d. 90~95

答案

1. a   6. c
2. c   7. a
3. c   8. c
4. c   9. b
5. d   10. d

第15章 心理治疗

自我评估：对寻求专业心理帮助的态度（Attitudes toward seeking Professional Psychological Help）

指导语

请认真阅读每一项陈述，并用下面的评分等级表明你同意或不同意的程度。请坦诚地表达你的意见，根据你真实的感受或观念来回答。

0 = 不同意
1 = 有些不同意
2 = 有些同意
3 = 同意

量 表

____ 1. 虽然有为心理障碍者开设的诊所，但我对其并不信任。
____ 2. 如果好朋友就心理健康问题询问我的建议，我可能推荐他（她）去看精神科医生。
____ 3. 因为考虑到有些人的想法，我对去看精神科医生感到不安。
____ 4. 性格坚强的人可以自己克服心理冲突，不需要精神科医生的帮助。
____ 5. 有时我会觉得完全迷失了方向，并希望得到对个人或情感问题的专业建议。
____ 6. 考虑到心理治疗所花费的时间和费用，像我这样的人会怀疑其价值。
____ 7. 如果我认为向一个合适的人叶露秘密能够对我或我的家人有帮助，我就愿意这样做。
____ 8. 我宁愿带着某些心理冲突生活，也不愿经历接受精神治疗的折磨。
____ 9. 像很多事情一样，情绪上的困难往往会自行缓解。
____ 10. 有些问题不应该与直系亲属之外的人讨论。
____ 11. 情绪严重紊乱的人在一家好的精神病院里可能会感到最安全。
____ 12. 如果我认为我的精神崩溃了，我的第一反应是获得专业的帮助。
____ 13. 专心工作是摆脱个人担心和忧虑的好办法。
____ 14. 曾经患过精神病是一个人一生的污点。
____ 15. 即使是情绪问题，我也宁愿听亲密朋友而不是心理学家的建议。
____ 16. 一个有情绪问题的人不太可能独自解决它，他（她）可能会在专业的帮助下解决该问题。
____ 17. 我讨厌任何想知道我个人困扰的人，无论他们是否受过专业训练。
____ 18. 如果我长期感到担忧或沮丧，我会希望得到精神科医生的帮助。
____ 19. 在我看来，与心理学家谈论问题是一种糟糕的摆脱情绪冲突的方式。
____ 20. 患有精神疾病会让人感到羞耻。
____ 21. 有些生活经历我不会与任何人讨论。
____ 22. 人们可能最好不要了解有关自己的一切。
____ 23. 假如我在人生的这个阶段正经历着严重的情绪危机，我相信我可以在心理治疗中找到解脱。
____ 24. 在一个愿意不依靠专业的帮助来应对自身的冲突和恐惧的人的态度中，有一些令人钦佩的东西。
____ 25. 在将来的某个时候，我可能想接受心理咨询。
____ 26. 一个人应该解决自己的问题，接受心理咨询是不得已而为之。
____ 27. 如果我在一家精神病院接受治疗，我不觉得这件事情一定要遮遮掩掩的。
____ 28. 如果我认为自己需要精神科医生的帮助，不论其他人是否会知道，我都会去接受治疗。
____ 29. 很难与医生、教师和牧师等高学历人士谈论私事。

计分方法

先将你在第1、3、4、6、8、9、10、13、14、15、17、19、20、21、22、24、26和29题上的回答反转（0=3，1=2，2=1，3=0）。然后，将本量表29个题目上的数字相加。总和就是你的得分。请将你的得分填写在下面的横线上。

我的得分： _____

测量的内容

本量表评估的是你对专业心理治疗持赞许态度的程度（Fischer & Turner, 1970）。正如书中所讨论的，人们对心理治疗有很多负面的刻板印象，很多人并不愿意去寻求治疗。这种情况很不幸，因为消极态度经常阻碍人们寻求对他们有益的治疗。

分数解读

我们的常模如下所示。你的得分越高，说明你对治疗的态度越积极。

常模

高分：	64~87
中等分数：	50~63
低分：	0~49

资料来源：Fischer, E. H., & Turner, J. L. (1970). Orientation to seeking professional help: Development and research utility of an attitude scale. *Journal of Consulting and Clinical Psychology, 35*, 82–83. Table 1 (adapted). Copyright © 1970 by the American Psychological Association. Adapted with permission of the publisher and Edward Fischer. No further reproduction or distribution is permitted without written permission from the American Psychological Association. For educational use only.

自我反思：你对心理治疗有什么看法？

1. 如果你正在找一位治疗师，你认为哪种治疗方法会对你最有效？在考虑这个问题时，不仅要考虑治疗师的理论取向和专业背景，还要考虑自己更喜欢男性还是女性治疗师，个体治疗还是团体治疗，等等。

2. 你希望治疗师具备什么样的个人特质？

3. 你知道自己的家人对心理治疗及其使用有什么看法吗？请用几句话来概括。

4. 你所想象的治疗情境是什么样的？你的想象准确吗？你对治疗有哪些不准确的看法？（后面两问请读完本章后作答。）

5. 统计数据表明，寻求心理治疗的女性人数要多于男性。你认为这是为什么？

资料来源：© Cengage Learning

第 15 章

心理治疗

治疗过程的要素
- 治疗：有多少种类型？
- 来访者：谁在寻求治疗？
- 治疗师：谁在提供专业治疗？

领悟疗法
- 精神分析
- 来访者中心疗法
- 受积极心理学激发的疗法
- 团体治疗
- 夫妻治疗和家庭治疗
- 评估领悟疗法
- 治疗与关于恢复记忆的争论

行为疗法
- 系统脱敏
- 厌恶疗法
- 社交技能训练
- 认知行为疗法
- 评价行为疗法

生物医学疗法
- 药物疗法
- 电休克疗法（ECT）

治疗的当前趋势
- 混合疗法
- 提高治疗中对多元文化的敏感性
- 利用技术扩大临床服务的提供范围

应用：寻找治疗师
- 在哪里可以找到治疗服务？
- 治疗师的专业或性别重要吗？
- 治疗总是很昂贵吗？
- 治疗师的理论取向重要吗？
- 治疗是什么样的？

本章回顾

练习题

当你听到心理治疗这个术语时，脑海中会浮现出怎样的情景？如果你像大多数人一样，你可能会想象一位忧心忡忡的病人躺在治疗师诊室的沙发上，治疗师问一些尖锐的问题并给出明智的建议。人们通常认为心理治疗只适用于那些"生病"的人，并且治疗师具有"看穿"来访者的特殊能力。人们还普遍相信，心理治疗需要数年的时间来探究来访者内心最深处的秘密。许多人进一步认为，治疗师通常都会告诉来访者应该如何生活。你将在随后的内容中看到，与大多数刻板印象一样，人们对心理治疗的这些想象既有符合事实的地方，也有虚构的成分。

在本章中，我们将采用心理治疗这一术语最广泛的含义，即治疗心理问题的各种不同方法，切合实际地审视心理治疗的过程。我们首先讨论一些关于治疗的一般性问题：谁在寻求治疗？哪些专业人员可以提供治疗？有多少种治疗方法？在考虑了这些一般性问题之后，我们将探讨一些广泛使用的心理疾病治疗方法，并分析它们的目标、技术和疗效。在本章结尾的应用部分，我们将关注与寻找治疗师有关的实际问题，以便你在必要时向他人提供如何寻求帮助的建议。

治疗过程的要素

学习目标
- 列出治疗的三个主要类别，并讨论人们寻求治疗的模式
- 区分提供治疗的不同类型的心理健康专家

如今，人们有大量令人眼花缭乱的心理治疗方法可选择。事实上，治疗方法之间的巨大差异使得人们难以定义心理治疗这一概念。杰弗里·泽伊格（Zeig, 1987）组织了一场由多位世界顶尖的心理治疗权威参加的里程碑式会议，会后他评论道："我相信，没有任何一个心理治疗的定义可以得到 26 位与会者的集体同意"（p. xix）。不过，我们可以找出各种治疗方法共有的一些基本要素，以此来代替定义。所有的心理治疗都包含经过特殊训练的专业人员（治疗师）与需要帮助的人（来访者）之间的帮助关系（治疗）。在我们审视这三个要素中的每一个时，你将会看到现代心理治疗的不同本质。

治疗：有多少种类型？

在努力帮助人们的过程中，心理健康专业人员会使用多种治疗方法，包括讨论、情绪支持、说服、条件作用程序、放松训练、角色扮演、药物治疗、生物反馈和团体治疗。一些治疗师也会使用多种不太常规的治疗程序，比如再生疗法、诗歌疗法和原始疗法。没有人知道到底有多少种治疗方法。有专家（Kazdin, 1994）估计可能有 400 余种不同的心理治疗方法！幸运的是，我们可以理顺这一混乱局面。尽管治疗师所使用的程序多种多样，但治疗方法可以分为以下三个主要类别。

1. 领悟疗法。领悟疗法在弗洛伊德精神分析的传统中是"谈话疗法"。当你想到心理治疗时，跃入脑海的很可能就是这种治疗方法。在领悟疗法中，来访者与治疗师进行复杂的言语互动。这些讨论的目标是希望对来访者所遭遇困难的本质有更多的领悟，并梳理可能的解决方案。领悟疗法可以一对一实施，也可以在团体中实施。

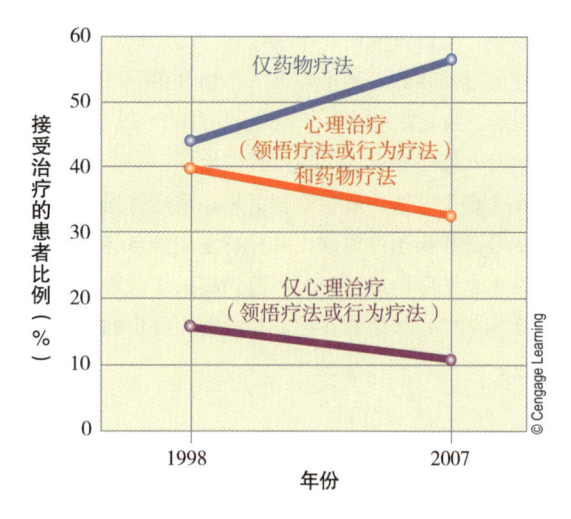

图 15.1 对药物疗法的依赖不断升级

利用一项进行中的全美医疗保健使用模式调查的数据，奥尔夫森和马库斯（Olfson & Marcus, 2010）发现了心理障碍门诊治疗的一些有趣的趋势。他们比较了 1998 年和 2007 年的治疗程序，发现只接受药物疗法的患者比例从 44% 上升到了 57%。在同一时期，只接受领悟疗法或行为疗法以及同时接受心理治疗和药物疗法的患者比例都下降了。

2. 行为疗法。行为疗法的基础是学习和条件作用原理（见第 2 章）。行为治疗师不强调个人领悟，而是直接努力改变来访者有问题的反应（如恐惧行为）和适应不良的习惯（如药物使用）。行为治疗师致力于改变来访者外在的行为。对于不同的问题，他们会采用不同的治疗程序。

3. 生物医学疗法。生物医学疗法涉及对个体生理功能的干预。应用最广泛的治疗程序是药物疗法和电休克疗法。最近几十年，药物疗法已经成为心理障碍的主要治疗方式。如图 15.1 所示，一项大规模研究发现，57% 的心理健康患者只接受了药物疗法，而就在 9 年前，这一数字是 44%（Olfson & Marcus, 2010）。正如生物医学疗法这一名称所示，这些治疗传统上只由持有医学学位的医生（通常是精神科医生）提供。然而，这种状况正在发生变化，因为心理学家一直在为处方权奔走呼吁（Price, 2008a）。这场争取处方权运动的主要原因是，许多乡村地区和缺医少药的人群难以得到精神科医生的治疗（Ax et al., 2008）。迄今为止，心理学家已经在美国的两个州（新墨西哥州和路易斯安那州）获得了处方权，而且在其他许多州也取得了立法方面的进展（Munsey, 2008b）。

在本章中，我们将考察这三个类别中的具体疗法。虽然每个类别会使用不同的方法，但这三个主要治疗类别并非完全不相容。例如，一位正在接受领悟疗法的来访者也可能会被给予药物。

来访者：谁在寻求治疗？

寻求心理健康治疗的人有着人类所面临的各种问题：焦虑、抑郁、令人不满的人际关系、令人苦恼的习惯、糟糕的自我控制、低自尊、婚姻冲突、自我怀疑、空虚感及个人停滞感。成年人最常见的两种问题是抑郁和焦虑（Olfson & Marcus, 2010）。

接受治疗的来访者并不一定患有某种可识别的心理障碍。有些人会因为日常问题（如职业决策）或模糊的不满情绪而寻求专业帮助。近年来，一项惊人的研究发现是，在某一年使用心理健康服务的人中，只有大约一半的人完全符合精神障碍的诊断标准（Kessler et al., 2005b）。

人们在寻求心理治疗的意愿上有很大差异。一些人会在拖延多年之后才最终决定为自己的心理问题寻求治疗（Wang et al., 2005a）。如图 15.2 所示，女性比男性更可能接受治疗，白人比黑人或拉美裔更可能接受治疗。有医疗保险和受教育程度更高的人也更可能接受治疗（Olfson & Marcus, 2010）。不幸的是，许多需要治疗的人似乎并没有获得治疗。研究表明，在需要治疗的人中，只有约三分之一的人获得了治疗（Kessler et al., 2005b）。原本可以从治疗中获益的人会因为各种原因而不去寻求心理治疗。对大多数人而言，没有医疗保险和担心费用似乎是获得必要治疗的主要障碍。最大的障碍或许是与接受心理健康治疗有关的污名。不幸的是，许多人将寻求治疗等同于承认个人弱点。

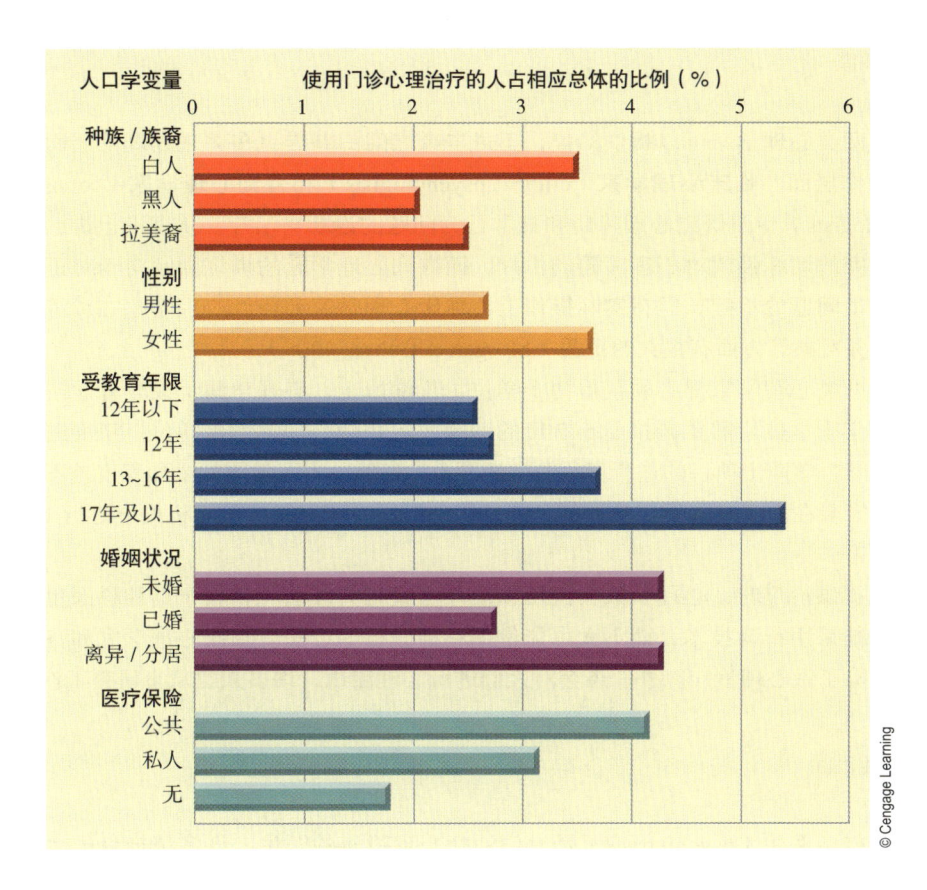

图 15.2 治疗的使用率

奥尔夫森和马库斯（Olfson & Marcus, 2010）分析了美国使用门诊心理健康服务的数据与各种人口学变量的关系。就婚姻状况而言，离异者或未婚者的使用率高；受教育程度更高的人使用率也较高；女性比男性更可能寻求治疗，但少数族裔和没有医疗保险的人的使用率相对较低。

治疗师：谁在提供专业治疗？

虽然朋友和亲人可能会就个人问题给出很好的建议，但他们的帮助并不能算作治疗。心理治疗指的是由受过专门训练的人提供的专业治疗。然而，关于心理治疗的一个常见的困惑来源是可以提供帮助的各种"助人职业"。心理学家和精神科医生是参与心理治疗的两种主要职业，提供绝大部分的心理健康服务。不过，如图 15.3 所示，社会工作者、精神科护士、咨询师以及婚姻与家庭治疗师也可以提供治疗。

治疗师的类型

职业	学位	取得学士学位后继续教育的年限	典型的角色和活动
临床心理学家	哲学博士或心理学博士	5~7 年	心理测试，诊断，使用领悟或行为疗法进行治疗
咨询心理学家	哲学博士、心理学博士或教育学博士	5~7 年	与临床心理学家类似，但更关注工作、职业和调适问题
精神科医生	医学博士	8 年	诊断和治疗，主要使用生物医学疗法，但也使用领悟疗法
临床社会工作者	社会工作硕士、社会工作博士	2~5 年	使用领悟和行为疗法，经常帮助住院病人回归社区
精神科护士	注册护士、文科硕士或哲学博士	0~5 年	护理住院病人，使用领悟和行为治疗来帮助病人
咨询师	文科学士或文科硕士	0~2 年	职业咨询、药物咨询、康复咨询
婚姻与家庭治疗师	文科硕士或哲学博士	2~5 年	婚姻/夫妻治疗、家庭治疗

图 15.3 主要的心理健康职业

心理治疗师有着不同的专业背景。本图概述了各种治疗师的教育背景和典型的职业活动。

* 注意，这里的"哲学博士"指的是学历架构中最高级的学衔，而不是指哲学专业的博士。在心理学领域，研究型博士可获"哲学博士"头衔（Phd），专业型博士可获"心理学博士"头衔（PsyD）。——编者注

心理学家

有两类心理学家可以提供治疗，不过二者之间的差异更多体现在理论层面而非实际操作层面。**临床心理学家**（clinical psychologists）和**咨询心理学家**（counseling psychologists）专门研究心理障碍和日常行为问题的诊断与治疗。从理论上讲，临床心理学家的训练强调对心理障碍的治疗，而咨询心理学家的训练则倾向于对正常人日常调适问题的治疗。但在实际操作上，临床心理学家和咨询心理学家在训练、技能和服务对象等方面有很大的重叠（Morgan & Cohen, 2008）。

这两类心理学家都必须获得博士学位（哲学博士、心理学博士或教育学博士）。在取得学士学位后需要再接受5~7年的训练才能获得心理学博士学位。获准进入临床心理学哲学博士项目的过程竞争非常激烈（与竞争进入医学院的激烈程度差不多）。心理学家会在大学校园里接受大部分的训练，但还要在医院等临床机构中进行1到2年的实习。

在提供治疗时，心理学家会使用领悟疗法或行为疗法。相较于精神科医生，他们更可能采用行为技术，而不太可能使用精神分析的方法。临床心理学家和咨询心理学家除了做心理治疗以外，还会对人们进行心理测试，许多人也从事研究工作。

精神科医生

精神科医生（psychiatrists）是专门治疗心理障碍的医生。许多精神科医生也治疗日常行为问题。然而，与心理学家相比，精神科医生在相对严重的障碍（精神分裂症、心境障碍）上投入的时间较多，而在日常的婚姻、家庭、职业和学校问题上投入的时间较少。精神科医生拥有医学博士学位。他们的研究生培训需要在医学院学习4年课程，并在经认可的医院实习4年。他们的心理治疗训练在实习期才开始，因为所有学生（不论他们要进入外科、儿科还是精神科）在医学院的必修课程基本上是一样的。

在提供治疗时，精神科医生越来越重视药物疗法。实际上，一项研究分析了精神科医生的14 000多次出诊，发现仅有29%的出诊涉及提供某些心理治疗而非开具和管理药物（Mojtabai & Olfson, 2008）。此前不到10年，这个数字还是44%，由此来看，精神科医生显然正在放弃谈话疗法和行为干预，转而支持药物疗法。

其他心理健康专业人员

一些其他的心理健康专业人员也在提供心理治疗服务。在医院和其他机构中，精神科社会工作者和精神科护士经常在心理学家或精神科医生的治疗团队中担任部分工作。精神科护士可能拥有其专业领域的学士或硕士学位，在住院病人的治疗中发挥着重要作用。精神科社会工作者一般拥有硕士学位，通常与患者及其家人一起帮助患者重新回归社区。虽然社会工作者传统上都在医院和社会服务机构工作，但许多人持有独立的私人从业执照，提供广泛的治疗服务。

许多种类的咨询师也提供治疗服务。咨询师常常在学校、大学和人类服务机构（青少年中心、老年中心、计划生育中心等）工作。咨询师一般拥有硕士学位。他们通常专门解决特定类型的问题，例如职业咨询、婚姻咨询、康复咨询和药物咨询。与社会工作者一样，很多咨询师持有独立的私人从业执照，他们会为不同的来访者提供不同的服务。

婚姻与家庭治疗师一般拥有硕士学位，这使他们做好了为存在关系问题的夫妻或功能失调的家庭提供治疗服务的准备。在美国，除两个州以外，他们都可以取得独立从业执照（Bowers, 2007）。自20世纪80年代起，婚姻与家庭治疗经历了巨大的增长（Lebow, 2008）。

虽然这些助人职业在教育和训练上存在明显的不同，但他们在治疗过程中的角色有相当大的重叠。在本章中，我们会在必要时称呼他们心理学家或精神科医生，但在其他情况下，我们会使用临床医生、治疗师和心理健康专业人员等术语来指代各种类型的心理治疗师，而不考虑他们的专业学位。

我们已经讨论了心理治疗的基本要素，接下来就可以从目标、程序和有效性的角度来考察具体的治疗方法了。我们从几种有代表性的领悟疗法开始。

领悟疗法

学习目标

- 理解精神分析的逻辑，描述治疗师用来探测潜意识的技术
- 描述来访者中心疗法以及受积极心理学启发而出现的领悟疗法的新方法
- 描述团体治疗、夫妻治疗和家庭治疗一般是如何实施的
- 评估领悟疗法的疗效
- 回顾关于恢复记忆的论战中双方的观点

关于如何实施领悟疗法，存在许多理论流派。不同理论取向的治疗师会使用不同方法来寻求不同类型的领悟。这些不同方法的共同之处是都属于**领悟疗法**（insight therapies），因此都包括旨在提高来访者自我认识的言语互动，从而促进人格和行为的健康改变。虽然领悟疗法有上百种，但领先的8种或10种方法似乎占了治疗的大部分。在本节中，我们将深入探讨精神分析、来访者中心疗法、从积极心理学中发展起来的疗法以及团体治疗。

精神分析

作为一名心理治疗师，西格蒙德·弗洛伊德在维也纳工作了将近50年。经过艰苦的试误过程，他开创了治疗心理障碍和心理痛苦的新技术。他的精神分析体系主导了精神病学超过半个世纪。虽然这种主导地位在最近几十年已经动摇，但大量不同的精神分析方法还在继续发展，在今天仍有影响力（Luborsky, O'Reilly-Landry, & Arlow, 2011; Ursano, Sonnenberg, & Lazar, 2008）。

精神分析（psychoanalysis）是一种领悟疗法，强调通过诸如自由联想、梦的解析和移情等技术来恢复潜意识的冲突、动机和防御。为了理解精神分析的逻辑，我们必须了解一下弗洛伊德对精神障碍根源的思考。弗洛伊德主要治疗以焦虑为主的障碍，比如恐怖症、惊恐障碍、强迫症和转换性障碍，这些障碍当时都被称为神经症。他认为，神经症问题是由童年早期遗留的潜意识冲突导致的。正如第2章所解释的，他认为这些内部冲突涉及本我、自我和超我之间的斗争，通常是关于性冲动和攻击冲动。弗洛伊德提出，人们会依靠防御机制来避免面对这些隐藏在潜意识深处的冲突。

西格蒙德·弗洛伊德

然而，他指出，防御策略经常会导致自我挫败行为。此外，他坚称，防御在减轻焦虑、内疚和其他痛苦情绪上往往只能获得部分成功。让我们带着这个模型来看看精神分析所使用的治疗程序。

探测潜意识

按照弗洛伊德的假设，我们可以看出精神分析的逻辑非常简单。分析师试图探测潜意识的黑暗深处，以发现导致来访者神经症行为的未解决的冲突。在某种意义上，分析师的作用就像心理侦探。在努力探索潜意识的过程中，分析师依赖于两种技术：自由联想和梦的解析。

在**自由联想**（free association）中，来访者自发地如实表达他们的想法和感受，并尽可能不加以审查。来访者躺在沙发上，这样他们就能更好地让自己的思绪自由飘荡。在自由联想过程中，来访者详细讲述出现在他们脑海中的任何事情，不论这些事情有多么琐碎、愚蠢或令人尴尬。渐渐地，大多数来访者开始不经意识审查地畅所欲言。分析师研究这些自由联想，以寻找关于潜意识中在发生什么的线索。

在**梦的解析**（dream analysis）中，治疗师解释来访者所做的梦的象征意义。对弗洛伊德而言，梦是"通往潜意识的康庄大道"，是获取来访者内心深处的冲突、愿望和冲动的最直接的方法。治疗师会鼓励和训练来访者记住他们的梦，并在治疗中描述出来。然后，治疗师会通过分析这些梦中的象征性符号来解释它们的含义。

为了更好地说明这些问题，我们来看看一个通过精神分析治疗的实际案例（改编自 Greenson, 1967, pp. 40~41）。N 先生因婚姻不美满而烦恼。他声称爱他的妻子，但却更喜欢与妓女发生性关系。N 先生报告称，他父母一生的婚姻都有问题。N 先生的问题似乎与他关于父母关系的童年冲突有关。在下面对 N 先生某次治疗会谈的描述中，我们可以看到梦的解析和自由联想这两种技术：

> N 先生报告了梦的一个片段。他所能记得的是，当他在等红绿灯的时候，他感觉有人从后面撞上了他……自由联想让 N 先生想到了自己喜欢车，尤其是跑车。他尤其喜欢那些宽敞、昂贵的旧车在身边呼啸而过的感觉……N 先生的父亲总说自己曾是一名优秀的运动员，但他从未证明过……N 先生怀疑父亲是否真行。他的父亲会在咖啡馆里跟女服务员调情，或者对路过的女性说些挑逗的话，但他似乎是在显摆。如果他真的很强，他就不需要靠这些。

N 先生的思绪漫无方向，这正是自由联想的特点。不过，有关其潜意识冲突的线索还是显而易见的。N 先生的治疗师从这次会谈中提取了什么线索？从 N 先生被人从后面撞了一下的梦境片段中，治疗师看到了性暗示。根据宽敞、昂贵的旧车从身边呼啸而过的自由联想，治疗师还推测 N 先生对他的父亲有竞争倾向。如你所见，分析师必须要解释来访者的梦和自由联想，这是贯穿精神分析的一个关键过程。

解 释

解释（interpretation）指的是治疗师试图解释来访者的想法、感受、记忆和行为的内在意义。与普遍的看法相反，分析师并不解释所有的事情，他们一般不会试图揭露令人吃惊的真相来使来访者叹服。相反，分析师会一点点地向前推进，提供刚刚超出来访者能力范围的解释（Samberg & Marcus，2005）。N 先生的治疗师最终向他的来访者提供了以下解释：

> 在 1 个小时快结束的时候，我对 N 先生说，我感觉他正在与其对父亲性生活的感受做斗争。他似乎在说，他的父亲在性方面不是一个非常强大的男人……他还回想起，在他还是个少年的时候，他曾经在父亲的枕头下面发现了一盒避孕套，他想："父亲一定是要去找妓女了。"然后我打断他，并指出他父亲枕头下的避孕套似乎更明显地表明，他的父母用了避孕套，因为他俩睡在一张床上。然而，N 先生想要相信如其所愿的幻想：母亲不想和父亲做爱，父亲不是非常强大。N 先生沉默了，时间到了。

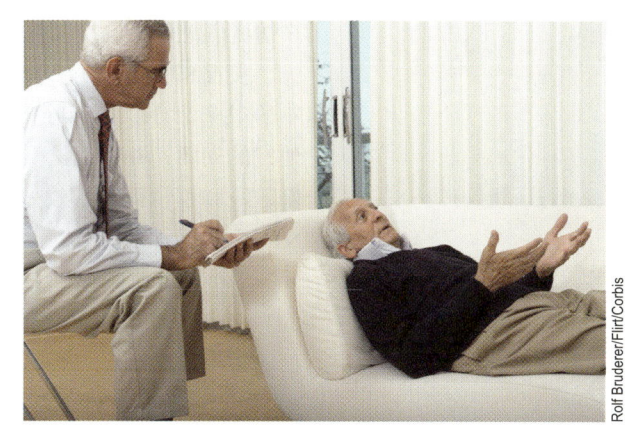

在精神分析中，治疗师鼓励来访者说出他们的想法、感受、梦和记忆，然后解释它们与来访者当前问题的关系。

你可能猜到了，治疗师得出结论，N 先生问题的根源是俄狄浦斯情结（见第 2 章）。N 先生对母亲怀有未解决的性感受，对父亲则有敌对感受。这些源于童年期的潜意识冲突正在扭曲他成年后的亲密关系。

阻 抗

对治疗师关于 N 先生在与其父亲争夺母亲的性关注的说法，你预计 N 先生会做何反应？显然，大多数来访者都很难接受这样的解释。弗洛伊德完全预料到了来访者会对治疗表现出一些阻抗。**阻抗**（resistance）是指意图阻碍治疗进展的多为无意识的防御言行。阻抗被认为是精神分析过程中不可避免的一部分（Samberg & Marcus，2005）。为什么来访者会努力抗拒治疗的进展呢？因为他们不想面对自己埋藏在潜意识中的痛苦的、令人不安的冲突。他们虽然已经在寻求帮助，但却不愿面对自己的真实问题。

阻抗可以有多种形式。来访者可能会迟到，可能只是在假装参与自由联想，或者对治疗师表现出敌意。例如，在上面描述的那次会谈后，N 先生的治疗师指出："第二天，会谈一开始他就告诉我，他对我感到很愤怒。"分析师会使用多种策略来应对来访者的阻抗。通常，一个关键的考虑因素是移情的处理，这是我们接下来要讨论的内容。

移 情

当来访者开始以模仿其生命中重要关系的方式与治疗师建立联结时，便出现了**移情**（transference）。因此，来访者可能开始以新的方式与治疗师建立关系，就好像治疗师是一位过度保护的母亲、排斥自己的兄长或消极被动的伴侣。从某种意义上讲，来访者将自己对重要他人的矛盾情感转移到了治疗师身上（Høglend et al., 2011）。例如，在 N 先生的治疗过程中，他将对父亲的某些竞争性敌意转移给了分析师。

精神分析师通常鼓励移情，这样来访者就可以在治疗情境中开始重演他们与重要他人的关系。这些重演有助于使压抑的感受和冲突得以浮现，从而让来访者得以处理这些感受和冲突。治疗师对移情的处理是复杂和困难的，因为移情可能会唤起来访者困惑的、高度紧张的情绪。

接受精神分析并不容易。这是一个缓慢、痛苦的自我审视过程，一般需要 3~5 年的艰辛治疗。精神分析往往是一个长期的过程，因为来访者需要时间来逐步解决他们的问题，并真正接受治疗中揭露的令人不安的真相（Williams, 2005）。最后，如果阻抗和移情得到有效处理，治疗师的解释应该会使来访者产生深刻的领悟。例如，N 先生最终承认："治疗师可能是对的，想象母亲更喜欢我，我能打败父亲，确实能使我感到满足。后来，我想这是不是跟我和妻子糟糕的性生活有关。"根据弗洛伊德的观点，一旦来访者认识到冲突的潜意识来源，他们就能解决这些冲突，并抛弃他们的神经质防御。

现代心理动力学疗法

虽然弗洛伊德创立的古典精神分析依旧可用，但治疗师们已经不再广泛使用这一疗法（Kay & Kay, 2008）。弗洛伊德的精神分析疗法适用于一个世纪以前他在维也纳接触的一类特定的来访者。随着他的追随者分散到欧洲和美国，很多人发现有必要修改精神分析以使其适用于不同文化、不断变化的时代以及新的来访者类型。因此，多年来，弗洛伊德最初的精神分析疗法发展出了许多不同的版本。这些精神分析的衍生版本被统称为心理动力学疗法。

如今，我们有各种各样的心理动力学疗法（Magnavita, 2008）。近年来对这些疗法的综述表明，解释、阻抗和移情依然在治疗中发挥关键作用（Høglend et al., 2008）。现代心理动力学疗法的其他核心特征包括：（1）关注情绪体验；（2）探索来访者为回避令其痛苦的想法和感受所做的努力；（3）识别来访者生活经历中反复出现的模式；（4）讨论过去的经历，尤其是童年早期的事件；（5）分析人际关系；（6）关注治疗关系本身；（7）探索梦以及幻想生活的其他方面（Shedler, 2010；见图 15.4）。近年来的研究表明，心理动力学疗法有助于治疗多种障碍，包括抑郁、焦虑障碍、人格障碍和物质滥用（Gibbons, Crits-Christoph, & Hearon, 2008; Shedler, 2010）。

心理动力学疗法的独特特征

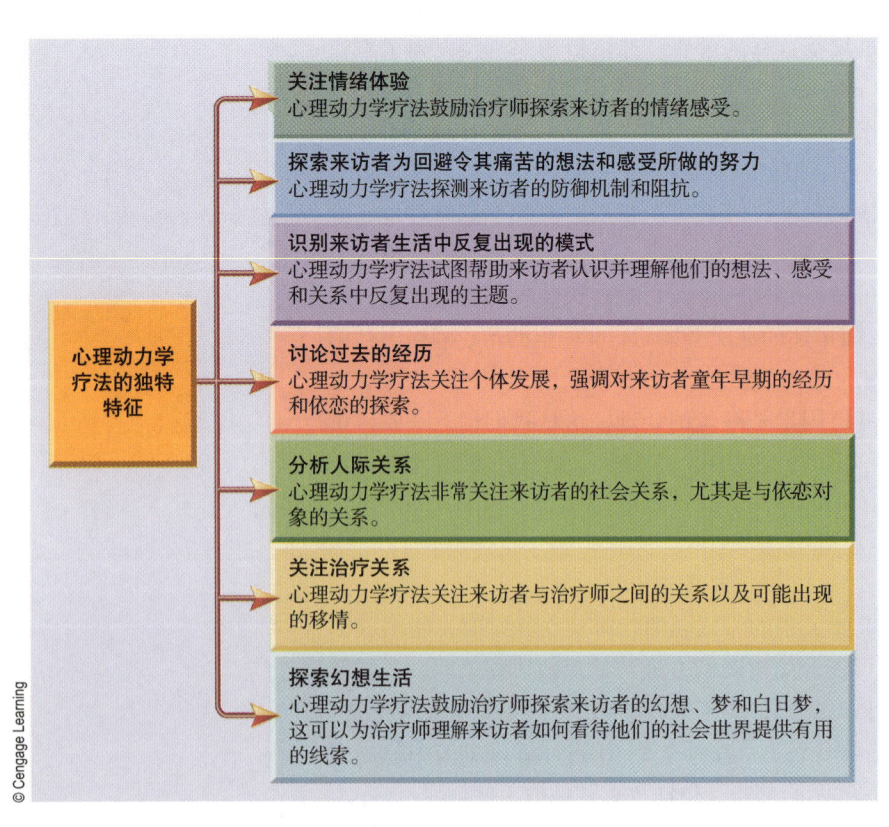

- **关注情绪体验**
  心理动力学疗法鼓励治疗师探索来访者的情绪感受。
- **探索来访者为回避令其痛苦的想法和感受所做的努力**
  心理动力学疗法探测来访者的防御机制和阻抗。
- **识别来访者生活中反复出现的模式**
  心理动力学疗法试图帮助来访者认识并理解他们的想法、感受和关系中反复出现的主题。
- **讨论过去的经历**
  心理动力学疗法关注个体发展，强调对来访者童年早期的经历和依恋的探索。
- **分析人际关系**
  心理动力学疗法非常关注来访者的社会关系，尤其是与依恋对象的关系。
- **关注治疗关系**
  心理动力学疗法关注来访者与治疗师之间的关系以及可能出现的移情。
- **探索幻想生活**
  心理动力学疗法鼓励治疗师探索来访者的幻想、梦和白日梦，这可以为治疗师理解来访者如何看待他们的社会世界提供有用的线索。

图 15.4　心理动力学疗法的核心特征

在一篇关于心理动力学疗法疗效的文章中，乔纳森·谢德勒（Shedler, 2010）概述了现代心理动力学技术和过程的独特之处。本图所描述的 7 个特征代表了现代心理动力学疗法的核心。

来访者中心疗法

你可能听说过有人去接受治疗是为了"寻找自我"或"触碰自己真实的感受"。这些当前流行的短语源于人类潜能运动，这项运动部分地受到了卡尔·罗杰斯（Rogers, 1951, 1986）工作成果的激发。罗杰斯采取人本主义视角，在20世纪40年代和50年代创建了来访者中心疗法（也称作以人为中心疗法）。

来访者中心疗法（client-centered therapy）是一种强调为来访者提供支持性情绪氛围的领悟疗法，来访者在决定其治疗节奏和方向上起着重要作用。你可能想知道，为什么要让深受困扰、未经训练的来访者对治疗的节奏和方向负责。罗杰斯（Rogers, 1961）给出了一个令人信服的理由：

> 来访者自己最清楚他们的伤心之处、前进的方向、至关重要的问题以及深藏内心的经历。我开始意识到，除非我需要表现自己的聪明才智，否则在治疗过程中我最好依靠来访者来决定治疗的方向。(pp. 11-12)

罗杰斯关于神经症性焦虑主要成因的理论与弗洛伊德学派的解释截然不同。正如第2章所讨论的，罗杰斯认为，大多数个人痛苦是个体的自我概念与现实之间的不一致或"不协调"造成的（见**图15.5**）。根据他的理论，由于这种不一致的存在，即使他人的反馈实事求是，个体也容易感受到威胁。例如，如果你误认为自己是一个勤奋、可靠的人，那么朋友或同事与之矛盾的反馈会让你感受到威胁。根据罗杰斯的观点，对此类反馈信息的焦虑经常会导致对防御机制的依赖、对现实的扭曲以及个人成长的受阻。过度不协调的根源在于来访者对他人认可和接纳的过度依赖。

根据罗杰斯的理论，来访者中心法治疗师寻求的领悟与精神分析师试图追踪的被压抑的冲突大不相同。来访者中心法治疗师要帮助来访者认识到，他们不必总是担心如何取悦他人和赢得认可。他们鼓励来访者尊重自己的感受和价值观，帮助人们重构自我概念，使之更好地符合现实。从根本上说，这些治疗师试图促进来访者的自我接纳和个人成长。

治疗氛围

在来访者中心疗法中，治疗过程不如治疗进行时的情绪氛围重要。根据罗杰斯的观点，治疗师营造一个温暖、支持和接纳的氛围至关重要，在这种氛围中，来访者可以正视自己的缺点而不会感受到威胁。没有威胁可以降低来访者的防御倾向，从而帮助他们敞开心扉。罗杰斯认为，为了营造这种支持性的情绪氛围，来访者中心法治疗师必须提供下面三种条件：

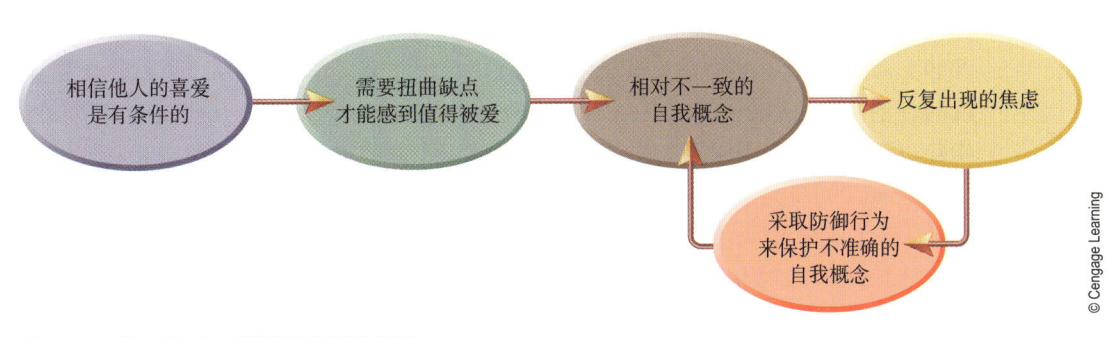

图15.5 罗杰斯对心理障碍根源的看法

卡尔·罗杰斯的理论假定，焦虑和自我挫败行为源于不一致的自我概念，它使得个体容易反复焦虑，进而触发防御行为，进一步加剧不一致。

来访者中心法治疗师强调支持性情绪氛围在治疗中的重要性。他们也致力于澄清而非解释来访者所表达的感受。

1. 真诚。治疗师必须对来访者真诚，以一种坦诚、自然的方式与来访者交流。治疗师不应该是虚伪的或防御性的。
2. 无条件的积极关注。治疗师还必须对作为一个人的来访者表现出完全的、非评判性的接纳。治疗师应该无条件地给予来访者温暖和关心。这种要求并不意味着治疗师必须赞同来访者所说或所做的每件事情。治疗师可以不赞成来访者的特定行为，同时继续将来访者作为一个人来予以尊重。
3. 同理心（empathy，也译作共情）。最后，治疗师必须给予来访者准确的同理心。这就意味着，治疗师必须从来访者的角度理解来访者的世界。另外，治疗师必须足够清晰地向来访者传达出这种理解。

罗杰斯坚定地认为，支持性情绪氛围是促使来访者在治疗中做出健康改变的主要力量。然而，某些来访者中心法治疗师更强调治疗的过程。

治疗过程

在来访者中心疗法中，来访者和治疗师几乎是平等地一起工作。治疗师给予来访者相对较少的指导，并尽可能少地给出解释和建议（Raskin, Rogers, & Witty, 2011）。那么，除了营造一种支持性的氛围，来访者中心法治疗师还做些什么？治疗师主要是提供反馈信息，帮助来访者梳理他们的感受。他们的关键任务就是澄清。

来访者中心法治疗师努力像一面镜子一样工作，将澄清后的陈述"反射"给来访者。他们通过突出来访者散漫话语中的模糊主题，帮助来访者更清楚地认识他们的真实感受。

通过与来访者一起努力以澄清他们的感受，来访者中心法治疗师希望可以让来访者逐步建立更深远的领悟。特别是，他们试图帮助来访者更加了解和适应真实的自我。显然，这些都是艰巨的目标。来访者中心疗法与精神分析相似，因为二者都试图实现来访者人格的重大重建。

受积极心理学激发的疗法

积极心理学运动的发展已开始激发出若干新的领悟疗法（Peterson & Park, 2009）。如第 3 章所述，积极心理学运用理论和研究来更好地理解人类积极的、适应性的、创造性的和令人满足的方面。积极心理学的拥护者认为，从历史上看，心理治疗过于关注异常、弱点和痛苦（以及如何治愈这些疾病），而非健康和心理韧性（Seligman, 2003a）。他们呼吁增加对满足感、幸福感、人类优势和积极情绪的研究（对积极心理学的深入讨论见第 16 章）。

这种哲学取向引发了新的治疗干预方法。例如，乔瓦尼·法瓦及其同事（Ruini & Fava, 2004）创建了幸福感疗法，旨在提高来访者的自我接纳、生活目标、自主性和个人成长。该疗法已被成功用于治疗心境障碍和焦虑障碍（Fava & Tomba, 2009）。另一种新疗法是塞利格曼及其同事创建的积极心理治疗（Rashid & Anjum, 2008;

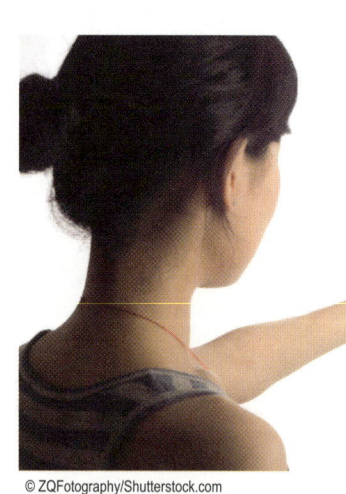

Seligman, Rashid, & Parks, 2006）。迄今为止，积极心理治疗主要用于治疗抑郁，不过近年来，该疗法经过调整也被用于治疗精神分裂症（Meyer et al., 2012）。**积极心理治疗**（positive psychotherapy）试图让来访者认识到他们的优势、感激生命中的幸事、品味积极的体验、原谅那些伤害他们的人，并找到生命的意义。初步的研究表明，积极心理治疗可以有效治疗抑郁。例如，一项研究比较了积极心理治疗、常规治疗（治疗师通常采用的任何一种疗法）和结合药物的常规治疗三者的疗效。**图 15.6** 中的数据比较了研究结束时三组参与者的平均抑郁得分（Seligman et al., 2006）。如你所见，接受积极心理治疗的小组抑郁得分最低。虽然这些受积极心理学运动激发的新型干预方法仍处于发展初期，但早期的研究结果预示着这些疗法似乎很有前景，未来的发展令人期待。

团体治疗

虽然团体治疗可以追溯到 20 世纪初，但它在第二次世界大战期间以及战后的 20 世纪 50 年代才发展成熟。在此期间，心理治疗服务需求的不断增加迫使临床医生采用团体技术（Burlingame & Baldwin, 2011）。**团体治疗**（group therapy）是指在一个团体中同时治疗几个或更多的来访者。大多数主要的领悟疗法经修改都已被用于团体治疗。由于心理健康保健的经济压力，团体治疗的应用在未来几年可能会增加。虽然团体治疗可以通过多种方式进行，但我们可以概述它通常的展开过程（见 Cox, Vinogradov, & Yalom, 2008; Spitz, 2009; Stone, 2008）。

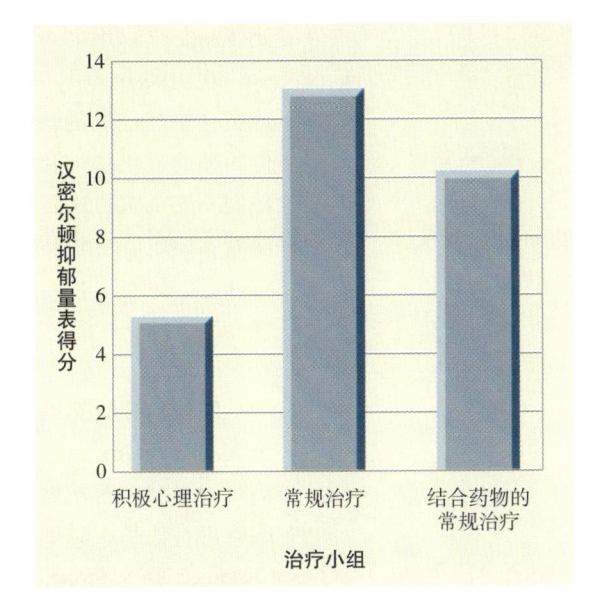

图 15.6 抑郁的积极心理治疗

在一项评估积极心理治疗疗效的研究中，研究者比较了积极心理治疗、常规治疗（临床医生提供了他们认为适宜的任意一种疗法）和结合抗抑郁药的常规治疗三者的疗效。在为期 12 周的治疗结束时，研究者采用广泛使用的汉密尔顿抑郁量表测量了参与者的抑郁症状。本图显示了每组的平均抑郁得分。如你所见，积极心理治疗组的抑郁得分要低于其他两个治疗组，表明积极心理治疗是一种有效的抑郁干预方法。

资料来源：Seligman, Rashid, & Parks, 2006.

参与者的角色

一个治疗团体一般由 4~12 人组成，理想人数是 6~8 名参与者（Cox et al., 2008）。治疗师通常会筛选参与者，排除任何一个可能会引发混乱的人。一些理论家认为，谨慎地选择参与者对有效的团体治疗至关重要（Schlapobersky & Pines, 2009）。在同质团体（年龄、性别和存在的问题相似的人）是否优于异质团体这个问题上存在着一些争议。实际需要通常要求团体至少有一定的多样性。

在团体治疗中，治疗师的责任包括选择参与者、为团体设定目标、发起并维持治疗过程，以及保护来访者免受伤害（Cox et al., 2008）。治疗师通常扮演相对不起眼的角色，居于幕后，主要致力于团体凝聚力的提升。治疗师总是保持着特殊的地位，但与个体治疗相比，治疗师与来访者的关系在团体治疗中要平等得多。团体治疗中的领导者（治疗师）会表达情绪、分享感受，并应对来自团体成员的挑战。换句话说，团体治疗师会参与

当团体成员有相似的问题（如酗酒、药物滥用、过度进食或抑郁）时，团体治疗已被证明特别有用。

团体的交流，并在一定程度上"袒露自己的灵魂"。

在团体治疗中，参与者本质上互相扮演着治疗师的角色（Schachter, 2011）。团体成员会描述他们的问题、交换观点、分享经验，并讨论应对策略。最重要的是，他们为彼此提供接纳和情感支持。在这种支持性的氛围中，团体成员会努力摘下掩盖他们不安全感的社会面具。一旦他们的问题暴露出来，团体成员就会努力纠正它们。随着团体成员逐渐重视彼此的观点，他们会努力做出健康的改变以赢得团体的认可。

团体体验的优势

团体治疗显然可以节省钱和时间，这对人员不足的精神病医院和其他机构而言至关重要（Cox et al., 2008）。私人执业的治疗师对团体治疗的收费一般低于个体治疗。显然，这使更多人可以负担得起团体治疗。然而，团体治疗不只是个体治疗的廉价替代品，对于许多类型的来访者和问题，团体治疗可以与个体治疗同样有效（Knauss, 2005; Stone, 2008）。此外，团体治疗有其独特的优势。例如，在团体治疗中，参与者通常会逐渐意识到他们的痛苦并不是独一无二的。当他们了解到很多人也有相似的甚至更严重的问题时，他们会感到安心。另一个优势是，团体治疗为参与者提供了一个可以在安全环境中学习社交技能的机会。还有一个优势是，某些类型的问题和来访者对团体治疗所提供的社会支持有着非常好的反应。

夫妻治疗和家庭治疗

与团体治疗一样，婚姻治疗和家庭治疗在二战之后才声名鹊起。顾名思义，这些干预方法是根据治疗对象定义的。**夫妻治疗**（couples therapy），或者说**婚姻治疗**（marital therapy），指的是对有承诺的亲密关系中的伴侣双方的治疗，该疗法主要关注关系问题。夫妻治疗不只限于已婚夫妻；它还经常提供给同居伴侣，包括同性恋伴侣。**家庭治疗**（family therapy）是指将家庭作为整体来治疗，该疗法主要关注家庭动力学和沟通。家庭治疗通常源于治疗师对儿童或青少年进行个体治疗的努力。例如，一位儿童治疗师可能逐渐意识到治疗有可能会失败，因为儿童终将回到导致其问题的家庭环境中，因此会提议使用治疗范围更广的家庭干预。

与其他形式的领悟疗法一样，关于如何进行夫妻治疗和家庭治疗也有不同的学派（Goldenberg, Goldenberg, & Pelavin, 2011）。其中一些思想体系是颇具影响力的个体治疗方法的延伸，包括心理动力学疗法、人本主义疗法和行为疗法。其他方法则基于将家庭作为复杂系统的创新模型，或对个体治疗模式的明确拒绝。尽管夫妻治疗和家庭治疗的各种方法在术语以及关于关系和家庭功能失调的理论模型上存在差异，但它们往往有着共同的目标。首先，它们都试图理解导致来访者痛苦的根深蒂固的互动模式。在这种努力中，他们会将个体看作家庭生态系统的一部分，并假定人们的行为方式是由他们在该系统中所扮演的角色决定的（Lebow, 2008）。其次，它们都试图帮助夫妻和家庭改善他们的沟通方式，走向更健康的互动模式。

什么类型的问题会让伴侣来做婚姻治疗？答案是各

种各样的关系问题，比如毫无结果的无休止争吵、对权力失衡的怨恨、对情感退缩的感知、出轨的发现或披露、性困难、关系瓦解的威胁，以及对夫妻关系问题会如何影响孩子的担忧（Spitz & Spitz, 2009）。婚姻治疗师会努力帮助伴侣：澄清他们在关系中的需要和渴望；认识到问题是双方共同造成的；改善沟通模式；提升角色灵活性和对差异的容忍性；达到权力的平衡；学会更有建设性地应对冲突（Glick, Ritvo, & Melnick, 2008）。

哪些迹象表明人们需要接受家庭治疗呢？当一个年轻人的心理困扰似乎源于家庭异常，当家庭遭受诸如严重疾病或重大转变等严重压力事件的冲击，当重组家庭遇到调适问题，当兄弟姐妹之间的冲突失去控制，或者当某个人试图破坏另一个家庭成员的个体治疗时，家庭治疗可能会发挥作用（Bloch & Harari, 2009; Spitz & Spitz, 2009）。家庭治疗师会努力帮助家庭成员认识到他们的互动模式如何会导致家人痛苦，以实现更有效的沟通；重新思考僵化的角色和联盟，以解决家庭系统中的权力问题；在有相关问题时，更好地理解儿童的精神病问题（Ritvo, Glick, & Berman, 2008）。

评估领悟疗法

评估任何一种疗法的疗效都是一项复杂的挑战（Crits-Christoph & Gibbons, 2009; Staines & Cleland, 2007）。评估领悟疗法的治疗结果尤为复杂。假如你要接受领悟疗法，你会如何判断它的有效性？根据自己的感受或行为变化？询问你的治疗师？咨询朋友和家人？你想要实现什么结果？不同的治疗流派追求完全不同的目标。来访者对其治疗进展可能倾向于做出正面评价，因为他们想要证明自己的努力、伤痛、花费和时间没有白费。即使专业治疗师的评价也可能非常主观（Luborsky et al., 1999）。此外，人们需要治疗的问题不同，严重程度也有差异，这给评估治疗干预的有效性制造了巨大的难题。

尽管存在这些困难，人们依然进行了数以千计的结果研究来评估领悟疗法的有效性。这些研究考查了广泛的临床问题，并使用了不同方法来评估治疗结果，包括心理测验得分、家庭成员的评分以及分析师和来访者的评分。这些研究一致表明，领悟疗法要优于不治疗或安慰剂治疗，并且效果相当持久（Lambert, 2011; Torres & Saunders, 2009）。当将领悟疗法与药物疗法进行直接比较时，二者通常显示出大体相当的疗效（Arkowitz & Lilienfeld, 2007）。研究通常发现，来访者会在治疗早期表现出最大程度的症状改善（前13~18

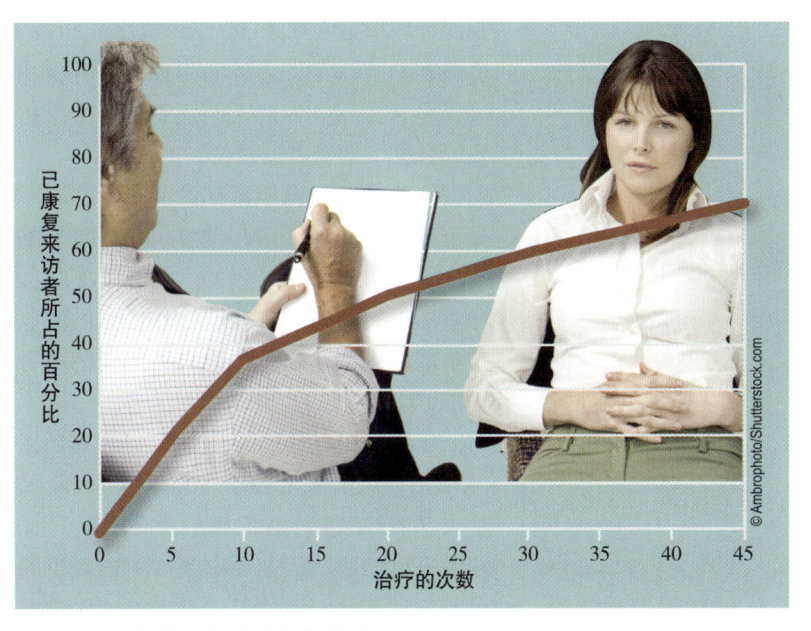

图 15.7　康复情况与治疗次数的关系

基于由6 000多名来访者组成的全美样本，兰伯特、汉森和芬奇（Lambert, Hansen, & Finch, 2001）绘制了康复情况与治疗时间的关系。这些数据显示，在20次每周一次的治疗之后，约50%的来访者表现出了具有临床显著性的康复。在45次治疗后，约70%的来访者已经康复。

资料来源：Lambert, M. J., Hansen, N. B., & Finch, A. E. (2001). Patient-focused research: Using patient outcome data to enhance treatment effects. *Journal of Consulting and Clinical Psychology*, 69, 159–172. Copyright © 2001 by the American Psychological Association. Used by permission of the authors.

周的每周一次的治疗），随着时间的推移，改善程度逐渐降低（Lambert, Bergin, & Garfield, 2004）。总的来说，约50%的来访者在经过不到20次治疗后会表现出有临床意义的康复，还有25%的来访者在约45次治疗后可达到这个目标（Lambert & Ogles, 2004；见图15.7）。当然，这些宽泛的概括性结论掩盖了不同结果间的巨大差异，但总体趋势令人鼓舞。

治疗与关于恢复记忆的争论

虽然关于领悟疗法有效性的争论已经持续了数十年，但20世纪90年代，一场全新的争论以前所未有的方式撼动了心理治疗行业。大量关于人们通过治疗恢复了被压抑的性虐待和其他童年创伤的记忆的报道，点燃了这场充满感情色彩的争论。你肯定在媒体上读到或看到过一些人（包括一些名人）的故事，他们通常在治疗师的帮助下，回想起了遗忘已久的关于性虐待的记忆。这种恢复的记忆引发了大量诉讼，成年原告指控他们的父母、老师、邻居和牧师等涉嫌在二三十年前虐待儿童。大多数被指控的人都否认了此类指控。他们中的许多人似乎真的对这些指控感到困惑，而这些指控也摧毁了一些原本幸福的家庭（McHugh et al., 2004）。为了理解这些指控，许多被指控的父母辩称，他们孩子的回忆是善意的治疗师通过暗示的力量无意中创造出来的虚假记忆。

争论的症结在于，儿童虐待往往是暗中进行的，在缺乏确凿证据的情况下，我们无法可靠地辨别恢复记忆的真伪。虽然少数恢复记忆的案件被独立证人或被告迟来的认罪所证实（Brewin, 2007; Shobe & Schooler, 2001），但在绝大多数案件中，被告强烈地否认关于虐待的指控，并且也找不到独立的证据。恢复的性虐待记忆已经变得非常常见，为此人们成立了一个支持小组，专门帮助那些感到自己是"错误记忆综合征"受害者的被告。

心理学家在恢复记忆的问题上存在严重分歧，因此公众对这个问题感到困惑也是可以理解的。许多心理学家，尤其是临床治疗师，对大多数恢复的记忆照单全收（Banyard & Williams, 1999; Gleaves & Smith, 2004; Legault & Laurence, 2007）。他们坚称来访者将创伤性事件埋藏在自己的潜意识之中是很常见的。这些心理学家引用了童年期性虐待远比大多数人意识到的更为普遍的证据，认为大多数被压抑的虐待记忆很可能是真实的。

相反，还有许多心理学家，尤其是记忆研究者，表达了对恢复记忆现象的怀疑（Kihlstrom, 2004; Loftus, 2003; McNally, 2007; Takarangi et al., 2008）。他们认为，某些难以理解深刻个人问题的易受暗示、困惑的来访者，被有说服力的治疗师说服了，相信自己的情绪问题一定是多年前发生的虐待造成的。批评者指责少数治疗师虽然可能出于善意，但抱着一个可疑的假设在治疗，即几乎所有的心理问题都可以归因于童年期的性虐待（Lindsay & Read, 1994; Loftus & Davis, 2006）。这些治疗师使用催眠、梦的解析和引导性问题来刺激和探查来访者，直到后者在无意中创造出他们在寻找的虐待记忆（Thayer & Lynn, 2006）。

一些心理学家怀疑被压抑的记忆的真实性，他们通过指出一些虚假的恢复记忆的案例来支持自己的分析（Brown, Goldstein, & Bjorklund, 2000）。例如，一位女士在教会咨询师的帮助下恢复了以下记忆：她的牧师父亲曾屡次强奸她，致使她怀孕，然后用衣架使其流产。然而，随后的证据表明，这位女士仍然是个处女，而她的父亲在多年以前做过输精管结扎术（Brainerd & Reyna, 2005）。怀疑者还将矛头指向一些已公布的明显涉及暗示性问题的病例记录，以及一些来访者在认识到自己被虐待的记忆是心理治疗师植入的之后，宣称放弃这些恢复的记忆的案例（Loftus, 1994; Shobe & Schooler, 2001）。事实上，已经有相当多的针对治疗师的医疗事故诉讼，指控他们给来访者植入了错误记忆（Brainerd & Reyna, 2005; Ost, 2006）。那些质疑恢复记忆的学者还指出，各种严格控制的实验室研究表明，创造出对从未发生过的事件的"记忆"并不那么困难（Lindsay et al., 2004; Loftus & Cahill, 2007）。怀疑者进一步指出，许多被压抑的虐待记忆是在催眠的影响下恢复的，但研究表明，催眠往往会增加记忆歪曲的程度，同时又矛盾地使人们对自己的回忆更有信心（Mazzoni, Heap, & Scoboria, 2010）。

那么，关于恢复记忆的争论，我们能得出什么结论？似乎很明确的一点是，治疗师可以在无意中让来访者产生错误的记忆，并且很大一部分恢复的虐待记忆是暗示的产物（Follette & Davis, 2009; Ost, 2009）。但是，某些恢复记忆的案例也可能是真实的（Brewin, 2007; Smith & Gleaves, 2007）。我们很难估计在所有恢复的虐待记忆中这两种情况各占多大比例。不过，近年来的证据表明，通过治疗恢复的虐待记忆要比那些自动恢复的记忆更有可能是错误记忆（McNally & Geraerts, 2009）。报告恢复虐待记忆的人似乎分为两个非常不同的群体（Geraerts, Raymaekers, & Merckelbach, 2008）。一些人在暗示性的治疗技术的帮助下逐渐恢复了虐待记忆；而另一些人则是在遇到相关的提取线索（如回到虐待场景中）时，突然出乎意料地恢复了这些记忆。一项研究试图确证这两组人所报告的虐待，结果发现，那些自发恢复记忆的人的确证率（37%）要比那些在治疗中恢复记忆的人（0%）高得多（Geraerts et al., 2007）。

因此，在处理这一问题时需要非常慎重。一方面，在没有确凿证据的情况下，人们应当极其谨慎地接受恢复的虐待记忆。另一方面，我们不能草率地将此类恢复的记忆弃之不顾，如果关于被压抑记忆的争论使人们对童年期性虐待这个问题的真实性过分怀疑，那将是一个悲剧。

行为疗法

学习目标
- 描述系统脱敏和暴露疗法的目标和程序
- 描述厌恶疗法和社交技能训练的使用
- 理解认知疗法的逻辑、目标和技术
- 评估关于行为疗法疗效的证据

行为疗法不同于领悟疗法，因为行为治疗师并不试图帮助来访者对自己产生更深刻的领悟。为什么不这样做呢？因为行为治疗师认为，这种领悟并不是产生建设性改变的必要条件。请想象一位深受强迫性赌博困扰的来访者。行为治疗师不关心其赌博行为的根源是潜意识的冲突，还是父母的拒绝。来访者需要的是摆脱适应不良的行为。因此，治疗师只需设计一个程序来消除来访者的强迫性赌博行为。领悟疗法与行为疗法之间的核心差异在于如何看待症状。领悟治疗师将病理症状看作是某个潜在问题的标志。相反，行为治疗师认为症状即问题。所以，**行为疗法**（behavior therapies）运用学习原理来直接改变来访者适应不良的行为。

自20世纪20年代以来，行为主义一直是心理学中一个有影响力的学派。但

是，行为主义者直到20世纪50年代才开始关注临床问题，彼时行为疗法产生于分别由美国的斯金纳（Skinner, 1953）、英国的艾森克（Eysenck, 1959）和南非的沃尔普（Wolpe, 1958; Wilson, 2011）领衔的三个独立的研究方向。此后，人们对行为疗法产生了极大的兴趣。

行为疗法基于两个主要假设（Stanley & Beidel, 2009）。第一个假设是，行为是学习的产物。无论来访者的行为有多么自我挫败或病态，行为主义者都认为这些行为是过去条件作用的结果。第二个假设是，习得的行为可以被消除。解释如何习得适应不良行为的学习原理，也可用来消除这些行为。因此，行为治疗师会通过运用经典条件作用、操作性条件作用和观察学习的原理来试图改变来访者的行为。

系统脱敏

系统脱敏由约瑟夫·沃尔普（Wolpe, 1958, 1987）创建，它为治疗师提供了第一个可以替代传统"谈话疗法"的有用疗法，彻底改变了心理治疗（Fishman, Rego, & Muller, 2011）。**系统脱敏**（systematic desensitization）是一种通过对抗性条件作用来减轻来访者焦虑反应的行为疗法。该疗法假设，大多数焦虑反应都是通过经典条件作用习得的（正如我们在第14章讨论的）。根据这个模型，无害刺激（比如桥）可能与令人恐惧的事件（击中桥的闪电）成对出现，因此无害刺激变成了一个可以引发焦虑的条件刺激。系统脱敏的目的是削弱条件刺激（桥）与焦虑这一条件反应之间的联结（见图15.8）。

系统脱敏包括三个步骤。第一步，治疗师帮助来访者建立焦虑等级。这是一张与特定焦虑来源（比如飞行、学业测试、蛇）相关的引发焦虑的刺激清单。来访者按照"最不容易引发焦虑"到"最容易引发焦虑"的顺序对刺激进行排序。第二步是训练来访者进行深度肌肉放松。第二步可能在前面几次治疗中就已经开始了，那时治疗师和来访者还在构建焦虑等级。第三步，来访者学习在想象各种刺激的同时保持放松，努力逐级通过整个焦虑等级。从最不容易引发焦虑的刺激开始，来访者要尽可能生动地想象刺激情境，同时保持放松。如果来访者体验到强烈的焦虑，他（或她）就需要停止想象，专注于放松。来访者不断重复这个过程，直到他（或她）可以在想象刺激情境时几乎体验不到焦虑为止。一旦战胜了特定的场景，来访者就转向焦虑等级的下一个刺激情境。经过多次治疗之后，来访者会逐渐通过所有的焦虑等级，摆脱令其苦恼的焦虑反应。

系统脱敏在减少恐惧反应方面的有效性有据可查（Spiegler & Guevremont, 2010）。不过，强调让来访者直接暴露于焦虑引发情境中的干预方法，已经成为行为治疗师治疗恐怖障碍和其他焦虑障碍的首选方法（Rachman,

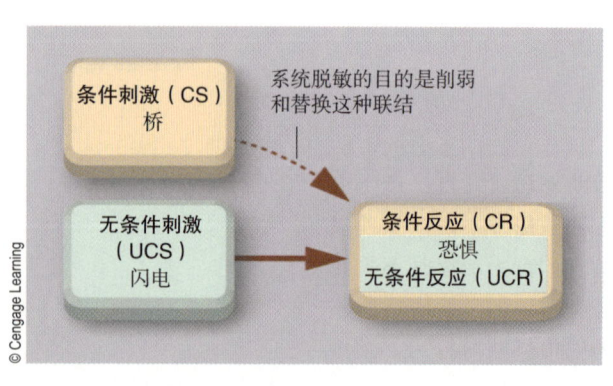

图 15.8 系统脱敏背后的逻辑

行为主义者认为，许多恐惧反应是通过经典条件作用习得的，如本图中的例子。系统脱敏针对的目标是恐怖刺激与恐惧反应之间的条件联结。

2009）。在**暴露疗法**（exposure therapies）中，来访者直接面对他们恐惧的情境，这样他们就会知道这些情境实际上是无害的。暴露疗法在有控制的场景中进行，通常涉及一个从接触不太害怕的刺激到较为害怕的刺激的逐渐的过程。这些对焦虑引发情境的真实接触通常被证明是无害的，并且个体的焦虑反应会减轻。近几十年来，一些治疗师已经在采用虚拟现实技术通过计算机生成的图像来高度逼真地呈现恐怖情境（Meyerbröker & Emmelkamp, 2010; Reger et al., 2011）。暴露疗法的适用范围很广，可被用于治疗所有的焦虑障碍，包括强迫症、创伤后应激障碍和惊恐障碍。

对恐怖症的有效暴露治疗甚至可以在一次治疗中完成！恐怖症的一次性治疗由拉尔斯－戈兰·厄斯特（Öst, 1997）开创，该疗法包含一次 3 小时的密集干预，主要依靠逐步增加来访者对特定的恐怖对象和情境的暴露程度。例如，治疗师会让蜘蛛恐怖症患者分几步接近一只小蜘蛛。一旦焦虑在某个特定距离处减弱，来访者就可以更靠近蜘蛛并再次等待，直到焦虑减弱后再往前走。当来访者可以忍受与小蜘蛛的近距离接触时，治疗师就可能会将小蜘蛛换成更大或更吓人的蜘蛛。一次性治疗经证明可以有效治疗各种特定的恐怖症，包括蛇、蜘蛛、猫、狗、黑暗、雷雨、高处和电梯（Ollendick et al., 2009; Öst, 1997; Öst et al., 2001）。

厌恶疗法

厌恶疗法无疑是最具争议的一种行为疗法。除非你非常绝望，否则你不会同意接受这种治疗。心理学家通常认为，厌恶疗法是在其他的干预措施都失败后的最后治疗手段。厌恶疗法有何可怕之处？来访者必须忍受明显令人不快的刺激，比如电击或药物引发的呕吐。

厌恶疗法（aversion therapy）是一种将令人厌恶的刺激与引发不良反应的刺激配对呈现的行为疗法。例如，在治疗期间，酗酒者在喝他们最喜欢的酒时会出现药物引起的恶心（Landabaso et al., 1999）。通过将催吐剂（一种引发呕吐的药物）与酒配对，治疗师希望来访者对酒产生条件性厌恶（见图 15.9）。

厌恶疗法利用了通过经典条件作用产生的反应的自动性。不可否认的是，接受厌恶疗法的酗酒者知道，他们在非治疗期间不用吃催吐药。然而，厌恶疗法可能改变了他们对酒精刺激的反射反应，因此他们会对酒产生恶心和厌恶的反应。这种反应显然会使酗酒者更容易抵制饮酒的冲动。

厌恶疗法并不是一种广泛使用的技术，当确实使用时，它通常只是一个更大的治疗方案的一部分。可用厌恶疗法成功治疗的问题行为包括：药物和酒精滥用、性异常、赌博、商店行窃、口吃、吸烟和过度进食（Bordnick et al., 2004; Grossman & Ruiz, 2004; Maletzky, 2002）。

社交技能训练

许多心理问题源于人际困难。行为治疗师指出，人们并非生来就具备社交技能。人们要通过学习才能获得社交技能。不幸的是，一些人没有学会如何表现得友善、如何进行交谈、如何恰当地表达愤怒，等等。缺乏社交技能会导致焦虑、自卑感和各种障碍。鉴于这些研究结果，

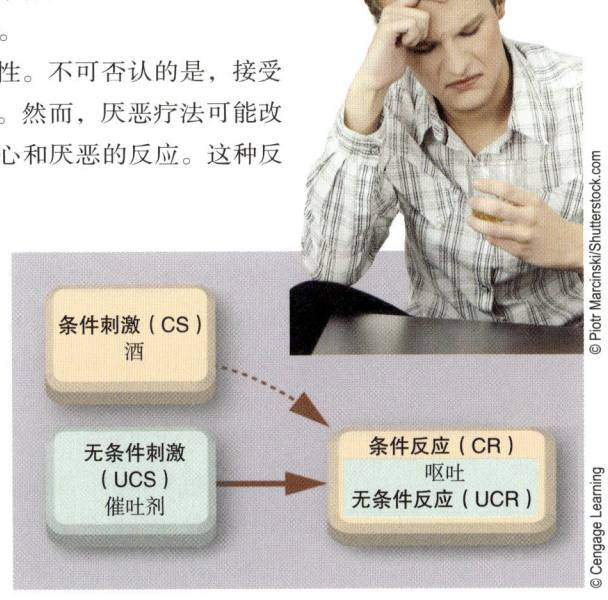

图 15.9 厌恶疗法
厌恶疗法利用经典条件作用使来访者对引发问题行为的刺激产生厌恶。例如，在酗酒问题的治疗中，酒可以与催吐药一起使用，以使酗酒者对酒产生条件性厌恶。

治疗师正越来越多地使用社交技能训练来努力提高来访者的社交能力。这种治疗方法已经在社交焦虑（Bögels & Voncken, 2008）、孤独症（Cappadocia & Weiss, 2011）、注意缺陷障碍（Monastra, 2008）和精神分裂症（Kurtz & Mueser, 2008）的治疗上取得了较好的效果。

社交技能训练（social skills training）是一种旨在提高来访者人际技能的行为疗法，该疗法强调模仿、行为演练和塑造。它既可用于个体治疗，也可用于团体治疗。社交技能训练依赖于操作性条件作用和观察学习的原理。治疗师会利用模仿的作用，鼓励来访者观察善于社交的朋友和同事，以便其通过观察来习得诸如目光接触、积极倾听等反应。

在行为演练中，来访者在结构化的角色扮演练习中努力练习社交技术。治疗师为其提供纠正性反馈，并使用赞许来强化来访者的进步。最终，来访者在现实互动中尝试他们新获得的技能。通常情况下，治疗师会给来访者布置特定的家庭作业。塑造是指逐渐要求来访者应对更复杂和微妙的社交情境。例如，一个不太自我坚定的来访者可能会从努力向朋友提出请求开始，直到很久以后，治疗师才会让其去对抗他（或她）的老板。

认知行为疗法

在第 3 章中我们看到，人们对事件的认知解释对其应对压力的能力有巨大的影响。在第 14 章我们了解到，认知因素在抑郁和其他障碍的发展中起着关键作用。鉴于上述研究发现的重要性，治疗师从 20 世纪 70 年代开始将更多的注意力集中在来访者的认知上（Hollon & Digiuseppe, 2011）。**认知行为疗法**（cognitive-behavioral treatments）采用言语干预与行为矫正技术的不同组合来帮助来访者改变适应不良的思维模式。某些认知行为疗法，比如艾伯特·埃利斯（Ellis, 1973）的理性情绪行为疗法和阿伦·贝克（Beck, 1976）的认知疗法，源自领悟疗法的传统；而其他治疗方法，如唐纳德·梅肯鲍姆（Meichenbaum, 1977）和迈克尔·马奥尼（Mahoney, 1974）开创的治疗体系，则源自行为疗法的传统。因为我们在第 4 章讨论应对策略时介绍过埃利斯方法的主要观点，所以我们在此主要关注贝克的认知疗法体系（Beck, 1987; Newman & Beck, 2009）。

认知疗法（cognitive therapy）采用特定的策略来纠正各种障碍背后的习惯性思维错误。认知疗法最初是为治疗抑郁而设计的，但近年来已被卓有成效地应用于多种障碍（Beck & Weishaar, 2011），并且研究者已证明，认知疗法对焦虑障碍的治疗非常有价值（Rachman, 2009）。根据认知治疗师的观点，抑郁是由思维中的"错误"导致的（见图 15.10）。他们认为，有抑郁倾向的人往往：（1）将挫折归咎于个人的不足，而不考虑情境因素；（2）选择性地关注消极事件，同时忽视积极事件；（3）对未来做出过度悲观的预测；（4）基于一些无关紧要的事件，对自身价值做出消极的结论。例如，想象你在一次课堂小测验中得了低分。如果你犯了刚才描述的多种思维错误，那么你可能会将分数归咎于自己的愚蠢，忽略某位同学关于这次测验不公平的评论，悲观地预测自己肯定通不过这门课程，并得出自己天生就不是上大学的料的结论。

认知疗法的目标是改变来访者的消极思维和适应不良的信念（Kellogg & Young, 2008）。一开始，治疗师指导来访者去发现他们自动化的消极想法，即人们在分析问题时容易给出的那种自我挫败的说法，例如"我不够聪明""没有人真的喜欢我"或"这都是我的错"。随后，治疗师会训练来访者将这些自动化想法置于现实的检验之下，

加剧抑郁的认知错误	
认知错误	**描述**
过度泛化	如果某事在某种情况下如此，那么在任何稍微相似的情况下也是如此。
选择性抽象化	只有失败、能力匮乏是重要的事情。我应该用错误、缺点等来衡量自己。
过度的责任感（假设是自己的原因）	我对所有的坏事、失败等都负有责任。
假设时间上的因果关系（没有足够证据地预测）	如果某事过去如此，那么它将永远如此。
自我参照	我是每个人关注的中心，尤其是涉及糟糕的表现或个人属性时。
"灾难化"	总是想到最坏的情况。事情最可能发生在自己身上。
两极化思维	任何事要么是这个极端，要么是那个极端（非黑即白，非好即坏）。

图 15.10　贝克的抑郁认知理论

贝克的理论最初专注于抑郁的成因，但后来逐渐扩展到解释其他障碍。根据贝克的观点，抑郁是由本表列出的各种消极思维引发的。

资料来源：Beck, A. T. (1976). *Cognitive therapy and the emotional disorders*. New York: International Universities Press. Copyright © 1976 by International Universities Press, Inc. Adapted by permission of the publisher.

帮助他们看到这些消极想法是多么不切实际。

认知疗法会使用多种行为技术，包括模仿、系统监控个人行为以及行为演练（Beck & Weishaar, 2011）。治疗师会给来访者布置着重于改变其外在行为的"家庭作业"。来访者可能会被要求在诊室之外独自做出反应。例如，在认知治疗中，一位害羞、没有安全感的年轻男子被要求去一家单身酒吧，与三位不同的女性交谈，每位必须超过五分钟（Rush, 1984）。他还被要求记录自己在每次交谈前后的想法。这项"家庭作业"可以揭示年轻男子多种适应不良的思维模式。在下次治疗中，他和治疗师将审视和纠正这些思维模式。

评价行为疗法

行为治疗师历来比领悟治疗师更强调测量治疗结果的重要性。因此，有大量关于行为疗法有效性的研究（Stanley & Beidel, 2009）。当然，行为疗法并不能很好地适用于某些类型的问题（例如模糊的不满情绪）。另外，对行为疗法的有效性进行总体评价是有误导性的，因为行为疗法包含多种为不同目的设计的治疗程序。例如，系统脱敏对恐怖症的疗效与厌恶疗法对性异常的疗效之间没有关联。就我们的目的而言，我们可以说，大多数广泛使用的行为干预的疗效都有支持性证据（Zinbarg & Griffith, 2008）。行为疗法可以有效治疗抑郁、焦虑问题、恐怖症、强迫症、性功能失调、精神分裂症、药物相关问题、进食障碍、多动、孤独症和精神迟滞（Emmelkamp, 2004; Hollon & Dimidjian, 2009; Wilson, 2011）。

生物医学疗法

学习目标

- 描述用于治疗心理障碍的主要药物疗法，并总结关于其疗效的证据
- 列出与药物疗法和药物研究相关的一些问题
- 描述电休克疗法，讨论其疗效和风险

20世纪50年代，一名法国外科医生正在寻找一种能够减弱患者手术应激反应的药物。这位外科医生注意到，氯丙嗪能产生轻微的镇静作用。基于这一发现，迪莱和德尼克（Delay & Deniker, 1952）决定给住院的精神分裂症患者服用氯丙嗪，看看该药对他们是否有镇静作用。结果，他们的实验取得了巨大的成功。氯丙嗪成为第一种有效的抗精神病药，由此开启了精神病学的一场革命。由于抗精神病药的治疗效果，成千上万的严重精神失常患者得以陆续返回家中，而当初他们似乎注定要在精神病院里度过余生（见图15.11）。如今，诸如药物疗法等生物医学疗法是精神病治疗的核心。

生物医学疗法（biomedical therapies）是一类旨在缓解与心理障碍相关的症状的生理干预。这类疗法假设，心理障碍至少部分是由生理功能失调引起的。正如我们在第14章中所讨论的，这一假设显然对许多障碍是适用的，尤其是那些更严重的障碍。我们将讨论心理治疗的两种生物医学疗法：药物疗法和电休克疗法。

药物疗法

精神药物疗法（psychopharmacotherapy）是指用药物治疗精神障碍。我们将之简称为药物疗法。治疗心理问题的药物分为四大类型：抗焦虑药、抗精神病药、抗抑郁药和心境稳定剂。

抗焦虑药

我们中的大多数人都知道有人服用药片来缓解焦虑。这种常见的应对策略涉及

图15.11 精神病院住院患者人数的下降

自20世纪50年代后期起，公立精神病院的住院患者人数大幅下降。这种下降的部分原因是"去机构化运动"——一种强调尽可能提供门诊护理的理念。然而，最重要的是，有效的抗精神病药的研发使这种下降成为了可能。

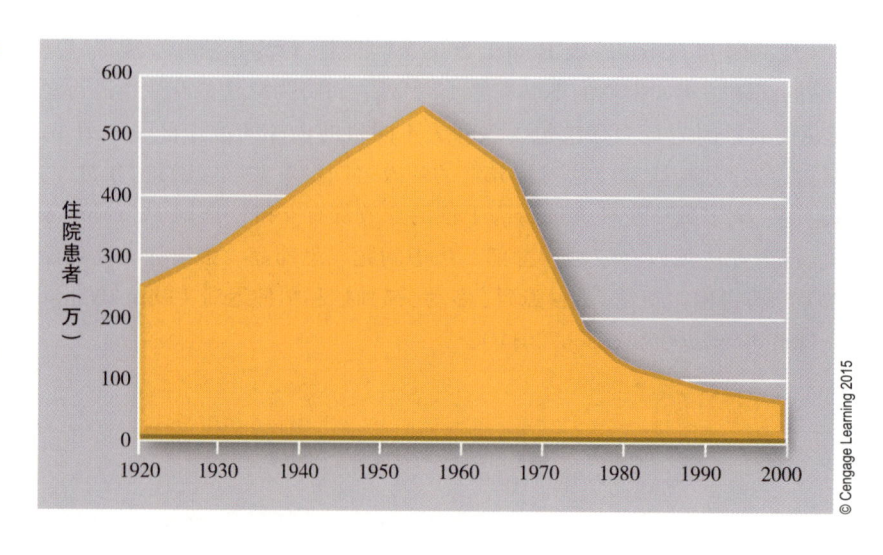

的药物是**抗焦虑药**（antianxiety drugs），此类药物能缓解紧张、忧虑和不安。其中最流行的是 Valium 和 Xanax，二者分别是地西泮和阿普唑仑的商品名（制药公司在销售药品时使用的专有名称）。

地西泮、阿普唑仑和其他苯二氮䓬类药物常被称作镇静剂（tranquilizers）。临床医生通常会给被诊断患有焦虑障碍的人开这些药物，也会开给数百万慢性神经紧张的人。20 世纪 70 年代中期，美国的药剂师每年要经手近 1 亿张地西泮和类似抗焦虑药的处方。许多批评者认为这类药物的使用量过高了。自 20 世纪 90 年代起，苯二氮䓬类药物的处方已明显减少（Raj & Sheehan, 2004）。

抗焦虑药几乎可以立刻起作用，并且在缓解焦虑感上相当有效（Dubovsky, 2009）。然而，它们的作用是以小时为单位的，所以其药效相对短暂。抗焦虑药的常见副作用包括嗜睡、抑郁、恶心和思维混乱。这些药物也有一定的滥用、依赖和过量使用的可能性，不过这些问题的普遍性被夸大了（Martinez, Marangell, & Martinez, 2008）。抗焦虑药的另一个缺点是，患者如果服用了一段时间的抗焦虑药，停药后常会出现戒断症状（Edwards et al., 2008）。

抗精神病药

抗精神病药主要用于治疗精神分裂症。这类药物也适用于那些有严重的心境障碍并产生妄想的人。这一类别中比较知名的药物是氯丙嗪（Thorazine）、硫利达嗪（Mellaril）和氟哌啶醇（Haloperidol）。**抗精神病药**（antipsychotic drugs）被用来逐步减轻包括多动、精神混乱、幻想和妄想在内的精神病症状。

研究表明，抗精神病药可以减轻约 70% 的患者的症状，但减轻的程度不同（Kane, Stroup, & Marder, 2009）。当抗精神病药起效时，它们会逐渐发挥作用（见**图 15.12**）。患者常常在 1~3 周内开始有反应，但在反应性上存在相当大的差异。进一步的症状改善可能会持续几个月的时间。因为抗精神病药可以降低精神分裂症复发的可能性，所以许多精神分裂症患者需要终生用药（van Kammen, Hurford, & Marder, 2009）。

不可否认，抗精神病药对治疗严重精神障碍做出了巨大贡献，但它们也并非没有问题。抗精神病药有很多令人不适的副作用（Dolder, 2008; Muench & Hamer,

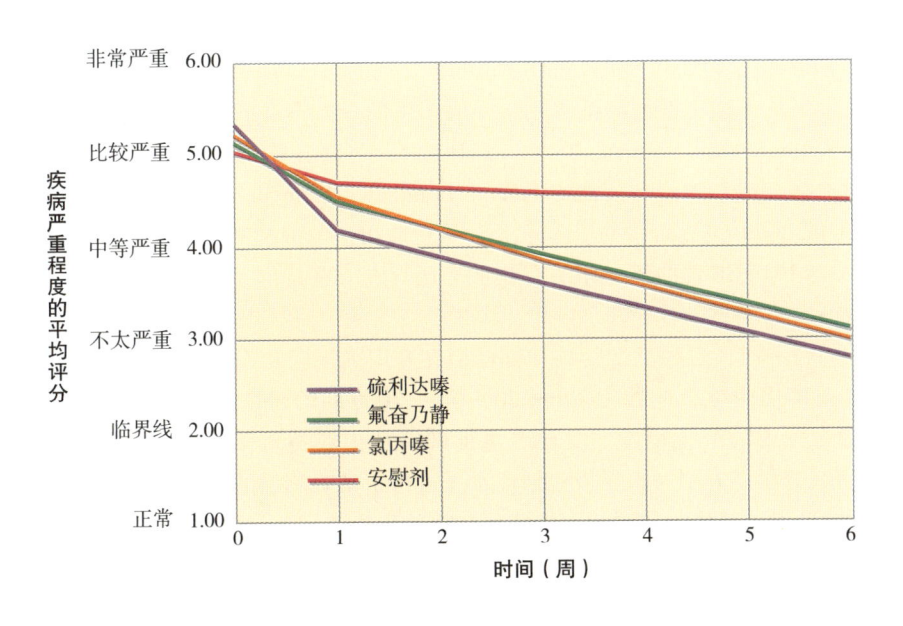

图 15.12 抗精神病药起效的时间进程
如图所示，抗精神病药会在数周内逐渐缓解患者的精神病症状。相比之下，服用安慰剂的患者几乎没有好转。

资料来源：Cole, J. O., Goldberg, S. C., & Davis, J. M. (1966). Drugs in the treatment of psychosis. In P. Solomon (Ed.), *Psychiatric drugs*. New York: Grune & Stratton. From data in the NIMH-PSC Collaborative Study I. Reprinted by permission of J. M. Davis.

2010）。其中较为常见的是：嗜睡、便秘和口干。患者也可能出现震颤、肌肉僵硬和协调受损等症状。由于这些令人不适的副作用，许多本应终身用药的精神分裂症患者在出院后停止用药。不幸的是，在停止用药后，约 70% 的患者会在一年内复发（van Kammen et al., 2009）。近期的一项研究发现，即使只是短期内不严格遵守用药方案，患者复发的风险也会增加（Subotnik et al., 2011）。除了轻微的副作用，抗精神病药还可能会导致一种称作迟发性运动障碍的严重的持续性问题。在长期接受传统抗精神病药治疗的患者中，约 20%~30% 的人会出现这种问题（Kane et al., 2009）。**迟发性运动障碍**（tardive dyskinesia）是一种神经障碍，特点是慢性震颤和不自主的痉挛性运动。这种令人衰弱的综合征一旦出现就不能被治愈，但在停用抗精神病药后有时会出现自发缓解。

目前，精神科医生主要依靠一类被称作非典型或第二代抗精神病药的新型药物，例如氯氮平、奥氮平和喹硫平（Marder, Hurford, & van Kammen, 2009）。这些药在治疗效果上与第一代抗精神病药基本相当，但相比之下它们有一些优势（Meltzer & Bobo, 2009）。例如，它们可以帮助一些对传统抗精神病药没有反应的难治性患者。同时，第二代抗精神病药令人不适的副作用较少，导致迟发性运动障碍的风险也较低。当然，跟所有强效药物一样，它们也有一些风险。这类药物似乎会增加患者对糖尿病和心血管问题的易感性。虽然第二代抗精神病药要比传统的第一代抗精神病药贵得多，但它们已经成为精神分裂症治疗的第一道防线。

抗抑郁药

顾名思义，**抗抑郁药**（antidepressant drugs）可以逐渐提升心境，帮助人们走出抑郁。在过去的 10 到 15 年间，人们对抗抑郁药的依赖急剧增加，在美国，它们已经成为医生最常开具的一类药物（Olfson & Marcus, 2009）。1987 年之前，抗抑郁药主要有两类：三环类抗抑郁药（例如盐酸阿米替林）和单胺氧化酶抑制剂（例如苯乙肼）。这两类药物以不同的方式影响神经化学活动，并且往往适用于不同的患者。总的来说，大约三分之二的抑郁患者能够从中获益（Gitlin, 2009）。与单胺氧化酶抑制剂相比，三环类抗抑郁药明显有较少的副作用和并发症问题。

现今，精神科医生更可能开具一类被称作选择性 5-羟色胺再摄取抑制剂（SSRIs）的新型抗抑郁药，它们能减缓 5-羟色胺在突触处的再摄取过程。此类药物包括氟西汀（Prozac）、帕罗西汀（Paxil）和舍曲林（Zoloft）。选择性 5-羟色胺再摄取抑制剂治疗抑郁的效果与三环类抗抑郁药基本相当，但产生的令人不适或危险的副作用更少（Boland & Keller, 2008; Sussman, 2009）。选择性 5-羟色胺再摄取抑制剂经证明也可有效治疗强迫症、惊恐障碍和其他焦虑障碍（Mathew, Hoffman, & Charney, 2009; Ravindran & Stein, 2009）。然而，关于选择性 5-羟色胺再摄取抑制剂（以及其他抗抑郁药）在缓解双相障碍患者抑郁发作的有效性上还存在一些疑问（Berman, Jonides, & Kaplan, 2009）。

和抗精神病药一样，各种类型的抗抑郁药会在几周内逐渐起作用，但大约 60% 患者的症状在前两周内就会改善（Gitlin, 2009）。一项近期的研究仔细分析了药物治疗开始时患者抑郁的严重程度，发现严重抑郁者从中获益最多（Fournier et al., 2010）。这项研究分析了 6 项对患者最初抑郁水平进行了精确测量的研究，其中包括各种抑郁程度的患者（很多药物试验不让症状轻微的患者参加）。研究结果中最让人惊讶的是，抗抑郁药对中轻度抑郁患者的作用相对较小。

近年来人们的一个主要担忧是，许多研究证据表明，选择性5-羟色胺再摄取抑制剂可能会增加自杀风险，主要是在青少年和年轻成人中（Healy & Whitaker, 2003; Holden, 2004）。在这个问题上收集确切数据所面临的挑战，比人们想象的要艰巨得多，部分原因是在使用这类药物治疗相应障碍的人群中，自杀率已经高于正常（Berman, 2009）。一些研究者收集的数据表明，由于这类药物的广泛使用，自杀率已略有下降（Isacsson et al., 2009）；而其他研究者则发现，选择性5-羟色胺再摄取抑制剂与自杀之间没有关联（Simon et al., 2006）。

总体而言，当将抗抑郁药与安慰剂相比时，数据表明抗抑郁药轻微增加了自杀风险（Bridge et al., 2007; Hammad, Laughren, & Racoosin, 2006），尽管近期一项对41个抗抑郁药试验的分析并未发现自杀风险增加（Gibbons et al., 2012）。当研究发现自杀风险增加时，这似乎是一个主要存在于少数儿童和青少年中的问题。美国食品药品监督管理局（FDA）发出的监管警告已使针对青少年的选择性5-羟色胺再摄取抑制剂处方量有所下降。这一趋势引发了人们的担忧，即未接受治疗的个体自杀率可能会上升（Dudley et al., 2008）。这种担忧看起来是合理的，因为自杀风险明显在人们开始接受抑郁治疗前的一个月达到顶峰，无论人们接受的是选择性5-羟色胺再摄取抑制剂治疗，还是心理治疗（Simon & Savarino, 2007）。这种模式的出现可能是因为不断加剧的抑郁痛苦最终促使人们去寻求治疗，但它也表明，接受药物或心理治疗可以降低自杀风险。归根结底，抗抑郁药与自杀风险的关系是一个复杂的问题，但是专家似乎都同意的一点是，应当对开始服用选择性5-羟色胺再摄取抑制剂的青少年进行严密监控。

心境稳定剂

心境稳定剂（mood stabilizers）是用来控制双相障碍患者心境波动的药物。多年来，锂盐曾是心境稳定剂中唯一有效的药物。锂盐已被证明可有效预防双相障碍患者未来的躁狂和抑郁发作（Post & Altshuler, 2009）。锂盐还可以用来帮助双相障碍患者摆脱当前的躁狂或抑郁发作，不过，抗精神病药和抗抑郁药也可用于这些目的。从消极的一面来看，如果使用不当，锂盐的确存在一些危险的副作用（Jefferson & Greist, 2009）。必须仔细监测患者血液中的锂含量，因为高浓度的锂盐有毒，甚至致命。肾脏和甲状腺并发症是与锂盐治疗有关的另一个重要问题。

近年来，研究者研发了众多的锂盐替代品。在这些新的心境稳定剂中，最流行的是一种叫作丙戊酸盐的抗惊厥药，它在治疗双相障碍中的应用比锂盐还要广泛（Thase & Denko, 2008）。丙戊酸盐在治疗当前的躁狂发作和预防双相障碍的发作上与锂盐一样有效，但副作用较小（Muzina, Kemp, & Calabrese, 2008）。

评价药物疗法

药物疗法对许多类型的患者都能起到明显的治疗作用。特别令人印象深刻的是，药物疗法可以有效治疗那些其他方法无法治疗的严重障碍。虽然如此，药物疗法仍然存在争议。药物疗法的批评者提出了许多问题（Andrews et al., 2012; Bentall, 2009; Breggin, 2008; Healy, 2004; Kirsch, 2010）。首先，一些批评者认为，药物疗法往往治标不治本。例如，地西泮（俗称安定）并不能真正地解决焦虑问题，它只是暂时缓解令人不适的症状。此外，这种暂时缓解可能使患者认为自己的问题已经得到解决，

而不再去寻找更持久的解决方案。

其次，批评者指出许多药物被开得太多，许多患者用药过量。这些批评者认为，许多医生会习惯性地在没有充分考虑更复杂和更有难度的干预方法的情况下开处方。与这种批评一致的是，近期对精神科门诊的一项研究发现，精神科医生越来越多地给病人开两种甚至三种药物，但他们对这些精神药物之间的相互作用知之甚少（Mojtabai & Olfson, 2010）。

第三，一些批评者指责用于治疗的药物的副作用比它们本应治疗的疾病危害更大。这些批评者列举了诸如迟发性运动障碍、锂盐中毒和抗焦虑药成瘾等问题，认为药物带来的好处抵不上它们的风险。一些批评者还认为，精神类药物可能在短期内有用，但从长期来看，它们会扰乱患者的神经递质系统，而这实际上会增加患者对心理障碍的易感性（Andrews et al., 2011）。

批评者认为，精神类药物的负面影响还没有被充分认识，因为制药行业设法对与药物测试有关的研究机构施加了不当影响（Angell, 2004; Insel, 2010; L. J. Weber, 2006）。如今，在美国，大部分研究药物疗效和风险以及起草诊断标准和治疗指南的研究者，都与制药行业有着报酬丰厚的财务协议，而他们往往不会透露这些消息（Bentall, 2009; Cosgrove & Krimsky, 2012）。他们的研究由制药公司资助，并经常获得大量的咨询费用。不幸的是，这些财务纽带似乎损害了科学研究所需的客观性，因为由制药公司和其他生物医学公司资助的研究比非营利机构资助的研究更有可能报告有利的结果（Bekelman, Li, & Gross, 2003; Perlis et al., 2005）。

与这一发现一致的是，在比较特定抗精神病药的临床试验中，90%的研究报告资助公司的药物优于其他药物（Heres et al., 2006）。受制药行业资助的药物试验也往往过于短暂，无法发现与新药相关的长期风险（Vandenbroucke & Psaty, 2008），并且当出现不利结果时，研究者通常拒绝公布相关数据（Rising, Bacchetti, & Bero, 2008; Turner et al., 2008）。此外，研究设计经常以多种方式倾斜，以夸大试验药物的正面效果，并尽量减小其负面影响（Carpenter, 2002; Chopra, 2003）。在美国当代的药物研究中，这种利益冲突似乎普遍存在，这引起了研究者、大学和联邦机构的严重关切。

显然，药物疗法引发了一些争论。然而，与电休克疗法引发的激烈争论相比，这一争议就显得微不足道了。电休克疗法极具争议，以至于加利福尼亚州伯克利市的居民投票将电休克疗法在他们的城市定为违法。然而，在随后的诉讼中，法院裁定科学问题不能通过投票解决，推翻了这一法律。是什么让电休克疗法如此有争议？你将在下面的部分看到。

电休克疗法（ECT）

20世纪30年代，一位名叫拉迪斯拉斯·梅杜纳的匈牙利精神科医生推测，癫痫和精神分裂症不能在同一个人身上并存。基于这一观察结果（后来被证明是不准确的），梅杜纳推断，在精神分裂症患者身上诱发癫痫样发作或许能够治疗精神分裂症。最初，人们使用药物来诱发癫痫样发作。然而，到了1938年，两位意大利精神科医生（Cerletti & Bini, 1938）证明，用电击诱发癫痫样发作更安全。现代电休克疗法由此诞生。

电休克疗法（electroconvulsive therapy, ECT）是一种用电击引起伴有抽搐的皮层癫痫发作的生物医学疗法。在电休克疗法中，医生会将电极贴在患者大脑一侧或两侧颞叶处的颅骨上（见插图）。患者会被轻度麻醉，并被给予多种药物，以尽量减少并发症的可能性，例如脊柱骨折。然后，将电流施加于大脑右侧或双侧约一秒钟。对右半球进行单边电击是目前治疗的首选方法（Sackeim et al., 2009）。电流会诱发一次短暂的抽搐发作（大约30秒），在此期间患者通常会失去意识。患者一般会在一两个小时内醒来。人们通常每周接受3次治疗，疗程为2~7周（Fink, 2009）。

电休克疗法的临床应用在20世纪40年代和50年代达到高峰，那时有效的药物疗法尚未广泛使用。电休克疗法在当今并不是一种罕见的治疗方法，但它的使用一直在逐渐减少。一项近期的研究报告称，精神科能够提供电休克疗法的医院比例从1993年的55%下降到了2009年的35%（Case et al., 2013）。同期，接受电休克疗法的患者数量减少了43%。电休克疗法的倡导者认为，因为公众对其风险和副作用有很多错误认识，所以电休克疗法未得到充分利用（Kellner et al., 2012）。相反，一些电休克疗法的批评者则认为，这种疗法被过度使用，因为它是一种利润丰厚的治疗程序，能增加精神科医生的收入，同时与领悟疗法相比，耗费的时间相对较少（Frank, 1990）。

电休克疗法的有效性

关于电休克疗法疗效的证据可以有多种解释。电休克疗法的支持者主张它是一种非常有效的抑郁症治疗方法（Fink, 2009; Prudic, 2009）。此外，他们还注意到，许多没有从抗抑郁药物中获益的患者在接受电休克疗法后症状有所改善。然而，电休克疗法的反对者认为，现有的研究是有缺陷的，并无定论，电休克疗法可能并不比安慰剂有效（Rose et al., 2003）。总的来说，似乎有足够的有利证据证明，在治疗那些对药物没有反应的严重心境障碍患者时，保守使用电休克疗法是合理的（Carney & Geddes, 2003）。不幸的是，患者在接受电休克疗法治疗后的复发率非常高。例如，在一项严格控制的研究中，64%的患者在6个月内复发了，并且复发时间的中位数只有8.6周（Prudic et al., 2004）。不过，让接受电休克疗法的患者服用抗抑郁药可以降低复发率（Sackeim et al., 2009）。

关于疗效的争论并非电休克疗法所独有。大多数心理障碍治疗方法的有效性都存在争议。然而，围绕电休克疗法的争议尤其容易成为问题，因为这种疗法存在一些风险。

与电休克疗法相关的风险

就连电休克疗法的支持者也承认，记忆丧失、注意力受损和其他认知损伤是电休克疗法常见的短期副作用（Nobler & Sackeim, 2006; Rowny & Lisanby, 2008）。然而，他们宣称这些损伤是轻微的，通常在 1~2 个月内消失（Glass, 2001）。美国精神病学协会（American Psychiatric Association, 2001）特别工作组得出结论：没有客观证据表明电休克疗法会导致脑结构损伤，或者对学习和记忆信息的能力有持久的消极影响。与之相对的是，电休克疗法的批评者主张，电休克疗法引发的认知损伤通常很明显，并且有时是永久性的（Breggin, 1991; Rose et al., 2003），不过，他们的证据似乎主要来自轶事。考虑到人们对电休克疗法风险的担忧以及对其疗效的怀疑，电休克疗法的使用在今后的一段时间内仍将存在争议。

治疗的当前趋势

学习目标
- 描述混合疗法的优点，并讨论少数族裔为什么未充分使用治疗服务
- 解释如何使用技术来提高临床服务的可及性

在精神卫生保健领域，关于电休克疗法的争议只是诸多争议话题和转变趋势之一。在本节中，我们将讨论结合使用不同疗法这一持续的趋势，治疗师为更有效地应对西方社会不断增加的文化多样性所做的努力，以及治疗提供方式上的创新。

混合疗法

在本章中，我们探讨了多种治疗方法。然而，并没有规则限定来访者必须只能接受一种疗法。通常，临床医生会同时使用几种疗法对来访者进行治疗。例如，一位抑郁患者可能会接受团体治疗（一种领悟疗法）、社交技能训练（一种行为疗法），并服用抗抑郁药（一种生物医学疗法）。当提供治疗的是治疗团队时，尤其可能会同时使用多种方法。研究表明，混合疗法具有一定的优势（Glass, 2004; Szigethy & Friedman, 2009）。

混合疗法的价值或许可以解释，为什么心理治疗领域会悄然出现下面这种重要趋势：治疗师不再强烈地忠于单个思想学派，而是转为整合各种治疗方法（Castonguay et al., 2003）。大多数临床医生过去完全依赖一种治疗体系，而拒绝所有其他体系的效用。各种疗法各自为战的时代可能正在结束。一项对心理学家理论取向的调查发现，36% 的被调查者认为自己是折衷取向（见**图 15.13**；Norcross, Hedges, & Castle, 2002）。折衷主义（eclecticism）是指从两种或更多治疗体系中汲取思想，而不只是忠于一种治疗体系。折衷取向的治疗师会从各种来源借鉴观点、洞见和技术，同时根据每位来访者的独特需求制定干预策略。折衷主义的拥护者，例如阿诺德·拉扎勒斯（Lazarus, 1995, 2008），主张治疗师应该问问他们自己："对这个独特的来访者、问题和情境而言，什么才是最好的方法？"然后相应地调整他们的治疗策略。

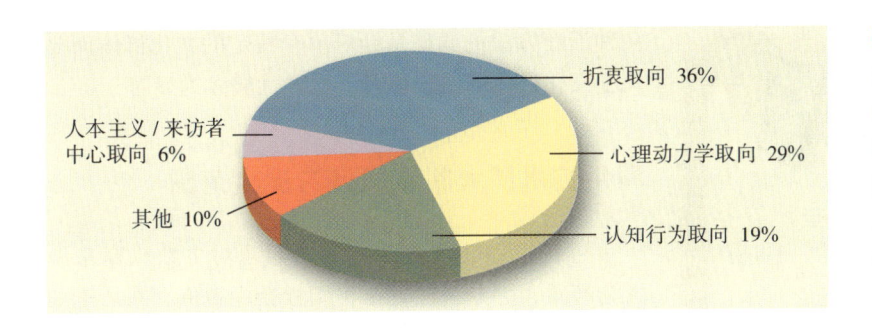

图 15.13　心理学家的主要治疗取向

这些数据源自一项对 531 名美国心理学协会心理治疗分会会员的调查，它们在一定程度上说明折衷治疗取向已经变得很普遍。这项研究的结果表明，最广泛使用的治疗方法是折衷疗法、心理动力学疗法和认知行为疗法。

资料来源：Norcross, Hedges, & Castle, 2002.

饼图数据：折衷取向 36%；心理动力学取向 29%；认知行为取向 19%；其他 10%；人本主义/来访者中心取向 6%

提高治疗中对多元文化的敏感性

近年来，关于文化因素如何影响心理治疗过程和结果的研究迅速增加，部分是因为需要改善美国社会中少数族裔群体的心理健康服务（Worthington et al., 2007）。研究表明，美国少数族裔群体普遍没有充分使用治疗服务（Bender et al., 2007; Sue et al., 2009）。为什么会这样？多种障碍似乎共同导致了这个问题（Snowden & Yamada, 2005; Zane et al., 2004）。一个主要因素是，许多少数族裔群体成员与美国的官僚机构有过令其受挫的互动经历。所以，他们不信任诸如医院、社区心理健康中心等令其生畏的大型机构。另一个问题是，大多数医院和心理健康机构都没有配备足够的、会说其所在服务区域的少数族裔语言的治疗师。

还有一个问题是，绝大多数治疗师接受的训练几乎都是专门针对美国中产阶层白人的治疗。所以，他们对各个族群的文化背景和独特特征并不熟悉。这种文化差异往往导致治疗师误解来访者，给出不明智的治疗策略，并且难以与患者建立和谐的治疗关系。与该主张一致的是，一项研究发现，精神科医生花在非裔美国人患者身上的时间要少于白人患者（Olfson, Cherry, & Lewis-Fernández, 2009）。另一项对 3 500 多名非裔美国人的研究发现，他们只在 27% 的心理健康诊次中得到了"最低限度的恰当治疗"（Neighbors et al., 2007）。而且，近期一项对 15 000 多名抑郁患者的研究发现，墨西哥裔美国人和非裔美国人得到治疗的可能性明显低于美国白人（González et al., 2010；见图 15.14）。

怎样才能改善美国少数族裔群体的心理健康服务？该领域的研究者提出了多种建议（Hong, Garcia, & Soriano, 2000; Miranda et al., 2005; Pedersen, 1994）。关于可能解决方案的讨论通常是从招募并培训更多的少数族裔治疗师开始的。研究表明，少数族裔更可能去那些与其族裔背景相同的员工占比更大的心理健康机构（Sue, Zane, & Young, 1994）。个体治疗师被建议更努力地与他们的少数族裔来访者建立强有力的治疗联盟（支持性联结）。不论何种族裔，强有力的治疗联盟都与更好的治疗结果有关，但一些研究表明，这一点对少数族裔来访者尤为重要（Bender et al., 2007）。最后，大多数权威人士敦促进一步研究如何修改和调整传统的治疗方法，使之更符合特定文化群体的态度、价值观、规范和传统。考察根据文化调整的干预措施效果的研究发现，这种调整过程通常会产生积极的作用（Griner & Smith, 2006; Sue et al., 2009）。当

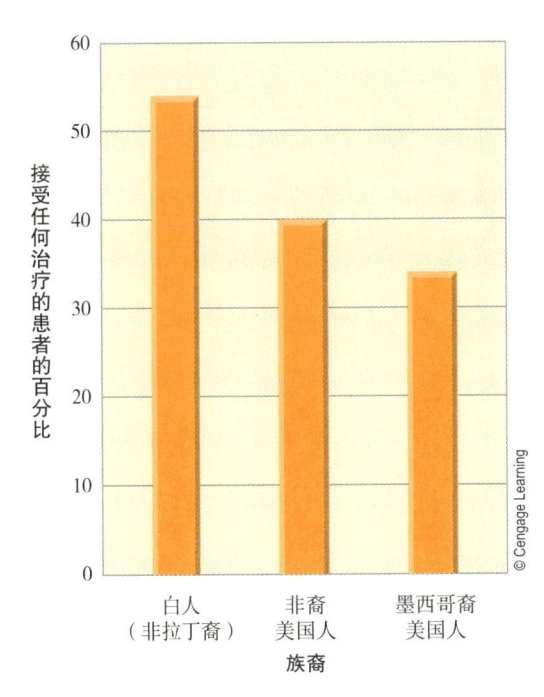

图 15.14　族裔与抑郁的治疗

冈萨雷斯及其同事（González et al., 2010）找出了一个由近 16 000 名参与者组成的全美代表性样本中的抑郁患者，并查明了他们接受了什么类型的治疗。当从族裔的角度分析这些数据时，他们发现，少数族裔群体的成员接受治疗的可能性低于白人。图中数据显示的是接受任何治疗的患者所占的百分比。

推荐阅读

《疯狂：一位父亲对美国心理健康乱象的探查》
（Crazy: A Father's Search Through America's Mental Health Madness）

作者：皮特·厄利

这本书会令你震怒，也会让你哭泣。最重要的是，这本书将使你了解到，那些深受严重精神障碍（比如精神分裂症和双相障碍）困扰的人想要得到有效的心理健康保健服务是多么困难。你会发现，美国的心理健康系统有时看起来很疯狂。

这本书的作者是《华盛顿邮报》前调查记者。当他的儿子迈克在23岁那年患上双相障碍时，他突然陷入了美国心理健康系统的泥潭。迈克变得严重精神错乱——他曾一度将铝箔纸包在头上，以防人们读取他的想法。他的行为变得难以预料：他曾尝试闭着眼睛开车，结果车撞坏了；他告诉咖啡店的陌生人自己有超能力；他不顾警报器的鸣叫，闯入一所民宅，在地毯上撒尿，打开所有水龙头，结果房子被水淹了，而他自己洗了个泡泡浴，直到警察过来拘捕他。在这种精神错乱的状态下，厄利的儿子不愿意主动配合治疗。医生告诉厄利，作为一个成年人，即使判断力明显严重受损，迈克也有权拒绝治疗，所以医院无法收治迈克。厄利一家因此反复进出多家医院的急诊室，以期获得治疗。

这种受挫经历促使厄利对美国当前的心理健康保健体系进行了大规模的调查。他寻访了精神病院、监狱、法庭、收容精神疾病患者的其他机构、心理健康倡导团体的会议，以及无家可归的精神疾病患者聚集的街角。他了解到，"发生在迈克身上的事并不稀奇。它只是冰山一角而已。美国发生了巨大的变化。过去在州立精神病院接受治疗的精神疾病患者现在正在被逮捕。监狱变成了新的精神病院"（p.2）。

这本书讲述了两个互相交织的故事——厄利为了让他的儿子获得有效治疗而进行的个人斗争，以及他对现代心理健康保健系统的调查分析。这两个故事都引人注目、令人心痛且发人深省。并且，两个故事都表明，美国社会没有为相当大部分的精神疾病患者提供适当的治疗。

一种治疗方法的调整是针对单个特定的文化群体而非几个文化群体的混合体时，这种优势尤为显著。

利用技术扩大临床服务的提供范围

尽管心理健康服务不足的问题对少数族裔来说尤为严重，但这一问题在美国社会中普遍存在。正如第14章所讨论的，心理障碍远比大多数人认为的更普遍。对患病率的估计表明，在任意一年中，约25%的美国人口，即大约7 500万人，可能从治疗干预中获益。但是，我们在本章开头提到过，只有约三分之一需要接受治疗的人获得了治疗。艾伦·卡兹丁和斯泰西·布拉泽（Kazdin & Blase, 2011）在一篇有影响力的文章中提出，美国现有的临床医生和治疗机构不足以满足美国人的心理健康需要。这种短缺在小城镇和农村地区尤其严重。卡兹丁和布拉泽还指出，一对一的传统治疗模式限制了治疗的可用性。传统治疗的高昂花费也导致了对心理治疗服务的利用不足以及精神疾病负担的不断增加。为了解决这些问题，临床医生正越来越多地试图利用技术来扩大心理健康服务的提供范围，并降低治疗费用。

人们利用技术采取多种形式为提供心理治疗服务创建新的平台。其中一种较简单的方法是通过电话提供个体和团体治疗。这种方法已被用来治疗有焦虑问题的老年人（Brenes, Ingram, & Danhauer, 2012），以及受孤独和抑郁折磨的退伍军人（Davis, Guyker, & Persky, 2012）。一项对考察电话治疗效果的研究进行的元分析发现，电话治疗对缓解抑郁症状似乎有效，并且其退出率要低于传统的个体治疗（Mohr et al., 2008）。另一个相对简单的创新是使用视频会议技术来提供个体和团体治疗。例如，图尔克等人（Tuerk et al., 2010）曾用这种方法治疗创伤后应激障碍。视频会议治疗已被用于治疗各种障碍，包括心境障碍、焦虑障碍和进食障碍。近期，一项对该治疗方法的综述得出结论，其临床效果与面对面治疗基本相同，并且接受者通常满意度较高（Backhaus et al., 2012）。

通过互联网提供的干预措施甚至更有希望惠及那些否则可能得不到治疗的广大人群。例如，人们开发了软件程序用以治疗抑郁（Thompson et al., 2010）、广泛性焦虑障碍（Amir & Taylor, 2012）、强迫症（Andersson et al., 2011）和惊恐障碍（Opris et al., 2012）。这些治疗大部分都包括线上、交互式、多媒体化的认知行为疗法。计算机化治疗通常由一系列模块组成,这些模块会让个体了解其障碍的本质和成因,并提供改善其问题的认知策略,同时还配有练习题和家庭作业。在大多数情况下,干预措施包括有限的由治疗师提供的人工线上咨询,但有些软件是完全自动化的,使用者接触不到治疗师。对计算机化治疗的研究表明,它们可以有效治疗多种障碍,但在对其价值得出可靠的结论之前,我们还需要进行更多、更高质量的研究(Kiluk et al., 2011)。不过,从早期的结果来看,这种治疗方法很有前景。显然,自动的互联网干预能够大大降低治疗费用,增加人们接受治疗的途径。但尽管如此,证据表明这些治疗的退出率往往较高,研究者也很少关注潜在的不利影响,所以一些临床医生对互联网治疗的价值持怀疑态度(Waller & Gilbody, 2009)。不过,人们在未来仍可能会更努力地通过技术创新来增加治疗的途径。

应用:寻找治疗师

学习目标
- 讨论去哪里寻求治疗,以及治疗师性别和专业背景的重要性
- 评价治疗师理论取向的重要性,并理解人们应对治疗抱何期望

判断对错。
____ 1. 心理治疗是一门艺术,也是一门科学。
____ 2. 治疗师持有的专业学位类型相对不重要。
____ 3. 心理治疗可能会对来访者造成伤害。
____ 4. 心理治疗不一定很昂贵。
____ 5. 选择治疗师时,"货比三家"是一个好主意。

上述所有说法都是对的。这些说法中有让你感到吃惊的吗?如果有的话,吃惊的可不止你一个人。许多人对选择治疗师这个现实问题知之甚少。寻找一名合适的治疗师这项任务的复杂性并不亚于选择购买其他重要服务。你应该去找心理学家还是精神科医生?你应该选择个体治疗还是团体治疗?你应该选择来访者中心导向的治疗师还是行为治疗师?这个决策过程中令人遗憾的一点是,寻求心理治疗的人往往饱受个人问题的折磨,他们实在不想再面对另一个复杂的问题。

尽管如此,找到一名好的治疗师的重要性再怎么高估也不为过。治疗有时会产生有害而非有益的影响。我们已经讨论过,药物疗法和电休克疗法有时会给来访者带来伤害,但不是只有这些干预方法存在问题。与治疗师谈论你的问题可能听起来没什么害处,但研究表明,领悟疗法也会导致事与愿违的后果(Lilienfeld, 2007)。虽然心理治疗行业有很多有才能的治疗师,但与其他行业一样,这一行业也有一些不称职的从业者。因此,你应该谨慎地选择一位老练的治疗师,就像你选择一位好律师或好技工一样。

如果你需要为自己、朋友或家人寻找治疗师,那么我们在这个应用部分提供的信息应该会对你有帮助(基于 Beutler, Bongar, & Shurkin, 2001; Ehrenberg & Ehrenberg, 1994; Pittman, 1994)。

治疗服务的主要来源	
来源	评价
私人从业者	在黄页上，私人从业的治疗师被列在其职业分类下，例如心理学家或精神科医生。私人从业者通常收费较为昂贵，但他们往往也经验丰富。
社区心理健康中心	社区心理健康中心的工作人员有带薪的心理学家、精神科医生和社会工作者。中心可以提供多种服务，一般在周末和晚上均有人员值班，以应对紧急情况。
医院	有几类医院可以提供治疗服务。公立和私立精神病院专门治疗和护理心理障碍患者。很多综合性医院有精神科病房，而那些没有精神科病房的医院通常会有在职的精神科医生和心理学家随时待命。虽然医院倾向于集中治疗住院患者，但很多医院也提供门诊治疗。
人类服务机构	多种社会服务机构会雇用治疗师提供短期咨询。你可能会找到处理家庭问题、青少年问题、药物问题等的服务机构，这取决于你所在的社区。
学校和工作场所	大多数高中和大学都有咨询中心，学生可以在那里得到对个人问题的帮助。类似地，一些大型企业会为员工提供内部咨询服务。

图 15.15　治疗服务的来源
治疗师就职于多种组织机构。其中最重要的是这里所描述的五种。

在哪里可以找到治疗服务？

多种机构都提供心理治疗。与一般的看法不同，大多数治疗师并非私人从业者。许多人都在公共机构中工作，比如社区心理健康中心、医院和人类服务机构。**图 15.15** 描述了治疗服务的主要来源。治疗服务的具体配置因社区而异。要了解你所在社区有哪些治疗服务，不妨咨询你的朋友、当地的电话号码簿或当地的社区心理健康中心。

治疗师的专业或性别重要吗？

心理治疗师可能接受过心理学、精神病学、社会工作、咨询、精神病护理或婚姻与家庭治疗等方面的训练。研究者并未发现治疗师的专业背景与治疗效果之间存在可靠的关联（Beutler et al., 2004），这可能是因为所有这些职业中都有许多有才能的治疗师。因此，在你选择治疗师的过程中，治疗师的学位类型不必是你考虑的关键因素。

治疗师的性别是否重要取决于你的态度（Nadelson, Notman, & McCarthy, 2005）。如果你觉得治疗师的性别重要，那么对你来说它就很重要。治疗关系必须具有信任和融洽的特点。对某一性别的治疗师感到不适可能会阻碍治疗过程。因此，如果你在意治疗师性别的话，那么你应该自由选择男性或女性治疗师。

谈到性别，你应该意识到，在治疗情境中偶尔会遇到性剥削的问题。研究表明，少数治疗师会在性方面占来访者的便宜（Pope, Keith-Spiegel, & Tabachnick, 1986）。这些事件几乎总是涉及男性治疗师向女性来访者提出性要求。目前的证据表明，这些性关系往往会对来访者造成伤害（Gabbard, 1994）。在任何情境中，治疗师与来访者之间的性关系都绝非一种符合伦理的治疗实践。如果治疗师提出性要求，来访者应该终止治疗。

治疗总是很昂贵吗？

心理治疗并不一定昂贵到令人望而却步。私人从业者往往收费最高，每小时（50分钟）收费在25美元到140美元之间。这些费用可能看似很高，但它们与类似的专业人员的收费标准持平，比如牙医和律师。社区心理健康中心和社会服务机构通常有政府税收支持。所以，它们的收费标准要比大多数私人从业的治疗师低一些。许多这样的机构采用浮动收费制度，可以根据来访者的承受能力来收取治疗费用。因此，大多数社区都有低收费的心理治疗机会。另外，许多健康保险计划至少会部分报销治疗费用。

治疗师的理论取向重要吗？

从逻辑上讲，你可能会预期不同的治疗方法效果不同。然而，在大多数情况下，研究者却发现并非如此。杰尔姆·弗兰克（Frank, 1961）和莱斯特·鲁波斯基及其同事（Luborsky et al., 1975）在回顾了相关证据之后，都引用了《爱丽丝梦游仙境》里渡渡鸟在评判一场比赛时所说的话："每个人都赢了，所有人都应该有奖品。"在大多数研究中，不同理论取向的改善率通常非常接近（Lambert & Ogles, 2004; Luborsky et al., 2002）。史密斯和格拉斯（Smith & Glass, 1977）对一些结果研究进行了里程碑式的综述，估计了多种主要治疗方法的有效性。如**图15.16**所示，这些估计值非常接近。

然而，这些结果带有误导性，因为它们是许多类型的患者和许多类型的问题

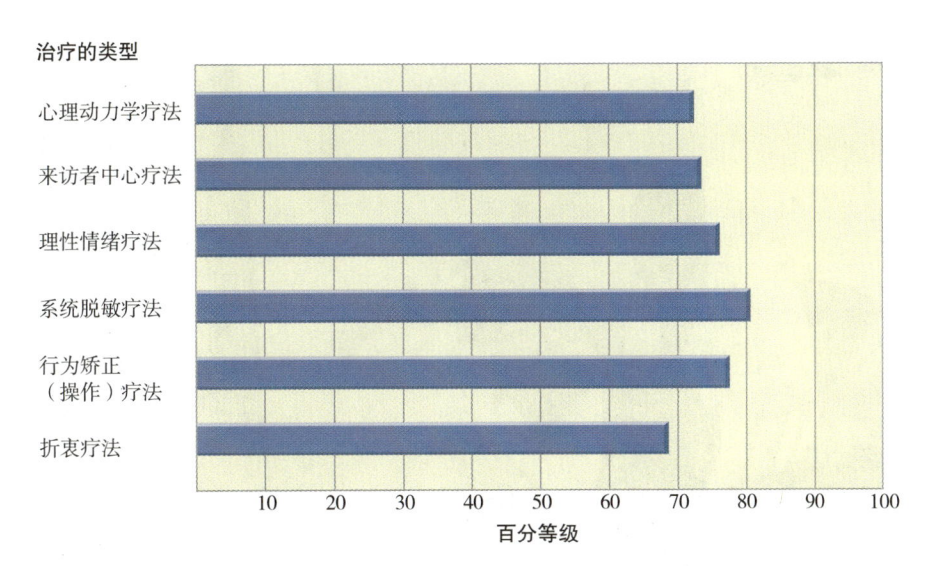

图15.16　各种治疗方法的疗效

史密斯和格拉斯（Smith & Glass, 1977）回顾了近400项研究，这些研究均比较了接受某种特定治疗的来访者与存在相似问题但没有接受治疗的控制组参与者的结果。图中的条型表示与控制组参与者相比，接受每种治疗的来访者（在结果指标上）所获得的百分等级的平均值。百分等级越高，治疗越有效。如你所见，各种方法在疗效上相当接近。

资料来源：Smith, M. L., & Glass, G. V. (1977). Meta-analysis of psychotherapy outcome series. *American Psychologist, 32,* 752–760. Copyright © 1977 by the American Psychological Association. Adapted by permission of the authors.

的平均值。大多数专家似乎认为，对于某些类型的问题，一些治疗方法要比其他方法更有效（Beutler, 2002; CritsChristoph, 1997）。例如，马丁·塞利格曼（Seligman, 1995）认为，认知疗法对惊恐障碍最有效，系统脱敏疗法最适合用于治疗特定恐怖症，而行为疗法或药物疗法是治疗强迫症的最佳方法。因此，对于特定类型的问题，治疗师的理论取向可能会有影响。

还有一点也很重要：各种治疗方法在整体疗效上基本相同这一发现并不意味着所有治疗师都水平相当。一些治疗师无疑比其他治疗师治疗效果更好。然而，这些疗效上的差异似乎取决于治疗师的个人技能，而非他们的理论取向（Beutler et al., 2004）。每种思想流派中都有好的、差的和平庸的治疗师。事实上，治疗师技能上巨大的个体差异，可能是我们很难在不同治疗理论取向之间发现疗效差异的主要原因之一（Staines, 2008）。

问题的关键是，有效的治疗需要技能和创造性。多态疗法（multimodal therapy）的创建者阿诺德·拉扎勒斯（Lazarus, 1989）强调，治疗师要"跨越科学与艺术的藩篱"。治疗的科学性在于，干预要基于广泛的理论和实证研究（Forsyth & Strong, 1986）。然而，归根结底，因为每个来访者都是独特的个体，所以治疗师必须创造性地设计治疗方案来帮助这个人（Goodheart, 2006）。

治疗是什么样的？

对治疗抱有现实的期望很重要，否则你可能会体验到不必要的失望。一些人期盼奇迹，他们认为他们会毫不费力地迅速扭转自己的生活。还有一些人期望治疗师替他们经营生活。这些都是不切实际的期望。

治疗既是一门科学，也是一门艺术。它的科学性在于，从业者的工作受到大量实证研究的指引；它的艺术性在于，治疗师常常需要创造性地调整治疗程序，以适应每个来访者及其特质。

治疗通常是一个缓慢的过程。你的问题不太可能很快消失。此外，治疗还是一项艰辛的工作，你的治疗师只是一位辅助者。最终，你必须直面改变你的行为、情感或是人格的挑战。你必须解决那些正在降低你的幸福感的问题。这一过程可能是令人不快的。你可能不得不面对一些关于你自己的令你痛苦的事实。正如埃伦伯格等人（Ehrenberg & Ehrenberg, 1994）所指出的，心理治疗需要时间、努力和勇气。

本章回顾

主要观点

治疗过程的要素

- 心理治疗包括三个要素：治疗、来访者和治疗师。治疗方法虽然多种多样，但它们可以被分为三类：领悟疗法、行为疗法和生物医学疗法。人们在寻求心理治疗的意愿上存在非常大的差异，许多需要治疗的人并没有获得治疗。
- 治疗师的专业背景多种多样。临床心理学家和咨询心理学家、精神科医生、社会工作者、精神科护士、咨询师以及婚姻与家庭治疗师是治疗服务的主要提供者。

领悟疗法

- 领悟疗法涉及旨在增强自我认识的言语互动。在精神分析中，分析师使用自由联想和梦的解析来探索来访者的潜意识。当分析师的探查触及敏感领域时，可能会遇到阻抗。移情关系可用来克服这种阻抗。虽然古典的精神分析已不再被广泛使用，但弗洛伊德的思想在现代心理动力学疗法中依然存在。
- 罗杰斯创建了来访者中心疗法，该疗法旨在为来访者提供支持性氛围，来访者可以在这种氛围中重构他们的自我概念。这种疗法强调治疗师对来访者感受的澄清以及来访者的自我接纳。积极心理治疗试图让来访者认识到他们的优势、感激生命中的幸事、品味积极的体验以及找到生命的意义。
- 上述各种学派的领悟疗法中的大多数经过调整都适用于团体治疗。团体治疗有其独特的优势，而不仅仅是个体治疗的廉价替代品。婚姻与家庭治疗师试图理解那些给来访者带来痛苦的根深蒂固的互动模式，将个体看作家庭生态系统的一部分，并试图帮助夫妻和家庭改善他们的沟通模式。
- 大量证据表明，领悟疗法是有效的。研究普遍发现，来访者的症状在治疗早期改善最大。通过治疗恢复的被压抑的童年性虐待记忆是心理健康领域的一个争议来源。虽然许多恢复的被虐待记忆可能是暗示的产物，但有些可能是真实的。

行为疗法

- 行为疗法运用学习原理直接改变行为的特定方面。沃尔普的系统脱敏是一种治疗恐怖症的方法。它包含构建焦虑等级、放松训练和逐步修通焦虑等级三个步骤。在暴露疗法中，来访者会直面他们惧怕的情境，这样他们就会知道这些情境实际上是无害的。
- 在厌恶疗法中，与不良反应有关的刺激会与令人不适的刺激配对呈现，以努力消除这种适应不良的反应。社交技能训练可以通过模仿、行为演练和塑造等方法提高来访者的人际技能。贝克的认知疗法着重于改变来访者对生活事件的思维方式。大量证据表明，行为疗法是有效的。

生物医学疗法

- 生物医学疗法的两个例子是药物疗法和电休克疗法。药物可以治疗多种障碍。治疗用药的主要类型有抗焦虑药、抗精神病药、抗抑郁药和心境稳定剂。
- 药物疗法虽然有效，但也有缺陷。许多药物会产生严重的副作用，有些还会被过度使用。批评者还担忧，制药行业对药物试验研究施加了太多影响。
- 电休克疗法（ECT）被用来触发皮层癫痫发作，而癫痫发作被认为对抑郁有治疗价值。关于电休克疗法的有效性以及使用可能带来的风险，存在着相互矛盾的证据和激烈的争论。

治疗的当前趋势

- 领悟疗法、行为疗法和生物医学疗法的结合在心理障碍的治疗上通常是卓有成效的。很多现代治疗师是折衷取向，使用从多种理论取向中汲取的观点和技术。
- 由于文化、语言和获得治疗的障碍，美国的少数族裔群体未能充分使用治疗服务。问题的症结在于，治疗机构未能向少数族裔提供具有文化敏感性的治疗形式。
- 临床医生正越来越多地试图利用技术来扩大治疗范围并降低治疗费用。这些应用技术的努力包括通过视频会议、电话和互联网进行干预。从初步证据来看，这些创新的治疗方法很有前景。

应用：寻找治疗师

- 许多机构可以提供治疗服务，而且这些服务并不一定昂贵。在所有心理健康相关职业中都可以找到优秀和平庸的治疗师。所以，治疗师的个人技能比他们的专业学位更重要。在选择治疗师时，坚持选择某一性别的治疗师有其合理性。
- 各种治疗理论取向在总体疗效上似乎基本相当。然而，对某些类型的问题而言，某些治疗方法可能比其他方法更有效。治疗需要付出时间、努力和面对问题的勇气。

关键术语

临床心理学家	行为疗法
咨询心理学家	系统脱敏
精神科医生	暴露疗法
领悟疗法	厌恶疗法
精神分析	社交技能训练
自由联想	认知行为疗法
梦的解析	认知疗法
解释	生物医学疗法
阻抗	精神药物疗法
移情	抗焦虑药
来访者中心疗法	抗精神病药
积极心理治疗	迟发性运动障碍
团体治疗	抗抑郁药
夫妻治疗	心境稳定剂
婚姻治疗	电休克疗法（ECT）
家庭治疗	

练习题

1. _____的基础是西格蒙德·弗洛伊德及其追随者的理论。
   a. 行为疗法
   b. 来访者中心疗法
   c. 生物医学疗法
   d. 精神分析疗法

2. 米丽亚姆正在接受治疗，治疗师鼓励她放飞自己的思绪，说出脑海中浮现的任何事情，无论看起来多么琐碎和无关紧要。治疗师解释说，她对探测米丽亚姆潜意识的深处很感兴趣。这位治疗师在进行_____，并使用了一种叫作_____的技术。
   a. 精神分析；移情
   b. 精神分析；自由联想
   c. 认知疗法；自由联想
   d. 来访者中心疗法；澄清

3. 由于苏珊娜对她的父亲有一种无意识的性吸引，所以她对治疗师表现出诱惑性。苏珊娜的行为最有可能是_____的一种形式。
   a. 阻抗
   b. 移情
   c. 误解
   d. 自发恢复

4. 来访者中心疗法强调_____。
   a. 解释
   b. 探测潜意识
   c. 澄清
   d. 以上都有

5. 关于各种疗法疗效的研究表明_____。
   a. 领悟疗法优于不治疗或安慰剂治疗
   b. 个体领悟疗法是有效的，但团体治疗无效
   c. 团体治疗是有效的，但个体领悟疗法很少起作用
   d. 领悟疗法是有效的，但前提是来访者至少要接受3年的治疗

6. 根据行为治疗师的观点，病态行为_____。
   a. 是潜在的情绪或认知问题的迹象
   b. 应该被看作潜意识中的性冲突或攻击冲突的表达
   c. 可以通过应用条件作用原理直接修正
   d. a 和 b

7. 在_____中，一个会引发不良反应的刺激与一个有害刺激配对出现。
   a. 系统脱敏
   b. 认知疗法
   c. 厌恶疗法
   d. 精神分析

8. 布莱斯的精神科医生给他开了抗抑郁药和锂盐，医生对他的诊断可能是_____。
   a. 精神分裂症
   b. 强迫症
   c. 双相障碍
   d. 解离性障碍

9. 药物治疗受到批评的原因是_____。
   a. 它们对大多数患者无效
   b. 它们能暂时缓解症状，但不能解决实际问题
   c. 许多药物被过度开具，许多患者过度用药
   d. b 和 c

10. 治疗师的理论取向不如他 / 她的_____重要。
    a. 年龄
    b. 外貌
    c. 个人特征和技能
    d. 专业训练的类型

答案
1. d   6. c
2. b   7. c
3. b   8. c
4. c   9. d
5. a   10. c

第16章 积极心理学

自我评估：你的幸福概貌是什么样的？（What is Your Happiness Profile?）

指导语

下面所有的陈述都被认为是令人期望的，不过，你需要根据陈述的内容是否描述了你实际的生活方式进行回答。请使用如下的评分等级，诚实准确地回答。

5 = 非常符合
4 = 大部分符合
3 = 比较符合
2 = 有点符合
1 = 完全不符合

量 表

____ 1. 我的人生是为了追求一个更高的目标。
____ 2. 人生苦短，要及时行乐。
____ 3. 我会寻找那些挑战我的技能和能力的情境。
____ 4. 我在生活中不断取得成功。
____ 5. 无论工作还是玩耍，我常常沉浸其中，进入忘我的状态。
____ 6. 我总是非常专注于我所做的事情。
____ 7. 我很少被周围发生的事情分散注意力。
____ 8. 我有责任让世界变得更好。
____ 9. 我的生命有长久的意义。
____ 10. 对我来说，无论做什么，赢都很重要。
____ 11. 在选择要做什么事情时，我总是考虑它是否会令我快乐。
____ 12. 我所做的事情对社会很重要。
____ 13. 我想比其他人有更多的成就。
____ 14. 我同意这句话："人生苦短，先吃甜点。"
____ 15. 我喜欢做刺激感官的事情。
____ 16. 我喜欢竞争。

计分方法

你的快乐取向得分是第2、11、14和15题的得分之和；你的投入取向得分是第3、5、6和7题的得分之和；你的意义取向得分是第1、8、9和12题的得分之和；你的成功取向得分是第4、10、13和16题的得分之和。

我的快乐取向得分：_____

我的投入取向得分：_____

我的意义取向得分：_____

我的成功取向得分：_____

分数解读

本问卷测量的是四条通向幸福的可能途径：快乐、投入、意义和成功。四条途径中你得分最高的是哪一条？这就是你的主导取向。你的分数结构是怎样的？也就是说，你在四种取向上都是"高分"（> 15）吗？如果是这样的话，你的生活可能较为充实，并且你很可能对生活高度满意。或者，你在四种取向上都是"低分"（< 9）吗？如果是这样的话，你的生活可能较为空虚，并且你很可能对生活不太满意。你可以考虑在生活中做一些不同的事情，任何事情都行。如果你在其中一个或两个取向上的得分较高，你可能对生活感到满意，不过，你可以寻找更多的追寻幸福的机会。

资料来源：Peterson, C. (2006). A primer in positive psychology. New York: Oxford University Press; and Peterson, C., Park, N., & Seligman, M. E. P. (2005). Orientations to happiness and life satisfaction: The full life versus the empty life. *Journal of Happiness Studies, 6*, 25–41.

自我反思：想一想你如何理解幸福

请想象医药公司研发出了一种新的"幸福"药片。如果你每天服用这种药片，它会使你更频繁地体验到积极情绪。该药物没有不良副作用，而且也不贵。你会服用它吗？为什么？

请想象你找到了著名的"阿拉丁神灯"，灯中的精灵会实现你的三个愿望。你会许什么愿呢？抱歉，你的愿望不能是可以许更多的愿望。

1.

2.

3.

（a）关于你对幸福或美好生活的想法，你从自己的回答中了解到了什么？

（b）你的回答是否基于任何关于人性或人们与其所处社会之间的关系的具体假设？这些假设是什么？

资料来源：Based on Compton, W. C. (2005). *An introduction to positive psychology*. Belmont, CA: Thompson/Wadsworth.

第 16 章

积极心理学

积极心理学的范畴
    积极心理学的定义及其简史
    用积极心理学的视角重新审视过去的研究
    介绍积极心理学探究的三条主线

积极的主观体验
    积极心境
    积极情绪
    心流
    正念
    品味：刻意让快乐持久

积极的个人特质
    希望：实现未来的目标
    心理韧性：对生活的挑战做出良好的反应
    坚毅：付出长期的努力
    感恩：心怀感激的力量
    精神性：寻求更深层的意义

积极的机构
    积极的工作场所
    积极的学校
    有美德的机构

积极心理学：问题与前景
    问题
    前景

应用：提升你的幸福感
    每天数一数你的幸运之事，并坚持一周
    写一封感恩信并寄出去
    分享一个故事来展现你最好的一面
    与他人分享好消息并进行资本化
    亲社会消费让你快乐

本章回顾
练习题

2009年1月15日，一个惊人的事件引起了美国公众的注意，并让人们充满了欣喜之情。这是一个史无前例的事件：一架客机奇迹般地降落在纽约的哈德逊河面上。飞机从纽约拉瓜迪亚机场起飞后，飞行员切斯利·萨伦伯格（萨利）报告说，一群鸟飞进了飞机的引擎，导致飞机迅速失去动力并快速下降。这样的飞鸟撞机事件很危险，因为它往往会导致飞机的一个引擎无法工作。这次事故还要糟糕得多，因为飞行员认为两个引擎都受损了。灾难迫在眉睫，但片刻之后飞行员执行了一次近乎完美的水上降落，机上155人全部从冰冷的河水中获救。新闻媒体上不断播放这架客机以及用直升机和船只营救乘客和机组人员的画面。

除了如释重负，人们对这架飞机的神奇操作的普遍反应是兴高采烈，很快这被称为"哈德逊河上的奇迹"。这一事件让那些目睹耳闻或者通过电视或网络看到此事件的人精神振奋。虽然这位飞行员谦虚地说是他接受的训练让他受益，但他立即成为了一名英雄，他的行为让旁观者产生了一种欣赏和惊叹的感觉。人们在这一事件后所共享的体验可被称为敬畏感，一种被一些心理学家称为道德、精神甚至审美情感的状态（Haidt & Keltner, 2004; Keltner & Haidt, 2003; Schurtz et al., 2012）。那些感到兴奋或敬畏的人报告说感到胸中有一股暖流，心胸更加开阔，以及一种与他人紧密相连的强烈而清晰的感觉。

全美航空1549号航班奇迹般的安全着陆唤起了人们的敬畏感，让全世界的关注者精神为之一振。

你曾目睹过一件让你深受感动，并带给你一种超越感（即超乎寻常的美好）的事件吗？你的经历不必是一次公共"奇迹"，比如避免了一次灾难；它可以是一些简单的事情，比如目睹无私的善举或观看壮丽的落日。关键在于你看到的一切让你感觉自己变得更好了。

本章致力于通过介绍心理学的最新研究领域之一即积极心理学来探索这种乐观现象的影响。为此，我们首先定义这个新学科领域以及构成该领域的三个研究领域。然后我们具体讨论每个领域的代表性话题。最后，我们将考虑在对人们为何以及如何繁盛的研究中存在的问题和前景，并结束我们对积极心理学的学习。本章的应用部分提供了很多简单的练习，你可以用来提高自己的幸福感水平。

积极心理学的范畴

学习目标

- 定义积极心理学，并解释为什么它是对心理学这门学科历史上主要关注消极面的一种平衡
- 解释为什么积极心理学为过去和现在对幸福的研究提供了一种框架
- 找出积极心理学的三条探究主线

你可能见过一个很流行的保险杠贴纸，上面写着："随心随意求美，无来无由行善。"如果你看到一辆车贴着这样的贴纸，你很可能认为司机或车主是某种理想主义者或天真的乐观主义者。或许他是那种俗话中所说的"把装满一半的水杯看作是半满而不是半空"的人。但如果保险杠贴纸传达的信息背后真有一些重要的心理资产呢？接下来让我们探讨一下对生活中美好事物的关注如何对人们有益。

积极心理学的定义及其简史

积极心理学（positive psychology）是心理学内部的一场社会和知识运动，它关

注人类的优势以及人们怎样才能繁盛和成功（Csikszentmihalyi & Nakamura, 2011; Lopez & Snyder, 2009; Peterson, 2006; Snyder & Lopez, 2007）。从某种程度上讲，积极心理学的出现是对大多数其他心理学领域主要关注消极面的一种反应。停下来想想你自己对心理学的理解。如果你像大多数学生一样，你很可能认为心理学是一个助人的行业。这种看法有道理，但想想这些"帮助"中有多少主要是基于对人们在社会、情感、认知和行为等方面表现出的弱点和问题的研究（Seligman, 2002）。心理学的语言植根于（人性的）消极面，如"抑郁""焦虑"和"障碍"（Bowers, 2008）。

关于积极品质及其对健康和幸福的影响的研究，直到不久前仍然完全是在心理学的主流视野之外进行的。积极心理学的提倡者认为它为这门学科提供了必要的平衡。要指出的是，积极心理学研究并没有否认消极状态、体验、情感和情绪的重要性。如果不能认识到人类经验的全部及其复杂性，那么这种取向将是不完整的（Brown & Holt, 2011）。例如，虽然并不总是令人愉快，但体验消极情绪可以促进自我理解并指引个人成长（Algoe, Fredrickson, & Chow, 2011; Lambert & Erekson, 2008）。我们通过认识生活的悲剧成分学会欣赏生活的丰富多彩（Woolfolk, 2002）。所以，让我们明确一点：积极心理学不是"快乐学"（Seligman, 2011），相反，它代表了心理学探究的一个新方向。

因此，这种视角的转变所要求的不仅仅是戴上玫瑰色的眼镜或者表现得像童话人物"波莉安娜"（一个被愚蠢甚至是盲目的乐观主义拖累的人）一样。积极心理学的倡导者们（包括一些自称"积极心理学家"的人）想去发现如何利用人们的优势、美德和其他良好品质来帮助他们改善生活。积极心理学的主要目标之一就是创造促进幸福感与心理健康的工具和技术，这对个体、个体与他人的关系以及个体的身体健康都有影响。认识积极心理学的一个好方法是将其看作一个具有潜在有益"副作用"的心理学分支，这些"副作用"包括通过培养人类的优势（如勇气、希望和心理韧性）以及帮助人们在生活中蓬勃发展来预防心理疾病和减少不满（Seligman, 1998, 2011）。

是什么让心理学家们考虑发展一个新的（尤其是以积极心理学来命名的）分支领域？作为一个研究和教学的主题，积极心理学直到1998年才被认可和命名。马丁·塞利格曼在担任美国心理学协会（APA）主席的第一年提出了积极心理学，以此作为对心理学历史中消极取向的一种平衡（Seligman, 1999）。他因研究习得性无助、抑郁和恐怖症的形成而闻名，这些悲观的主题与强调人性消极面的心理学传统非常吻合。那么是什么促使他突然对人们积极本性的潜在力量产生了兴趣呢？塞利格曼（Seligman, 2002）提到，他与5岁的女儿妮基的一次交流激发了他的兴趣，并引起了一系列最终导致他创建积极心理学的事件。事情很简单，当父女俩打理花园时，妮基告诉父亲，他是一个爱发脾气的人（显然经常是这样）。塞利格曼回忆道：

> 妮基……把杂草扔到空中，蹦来蹦去。我冲她大吼。她默默走开，然后回来说："爸爸，你记得我五岁生日前的事吗？三到五岁的我是个爱哭鬼，每天都哭闹。当我五岁时，我决定不再哭闹，那是我做过的最难的事儿。如果我能不再哭闹，你也能不再这样发脾气。"（2002, pp. 3-4）

通过"对权力说真话"，妮基让父亲体验到了某种顿悟，对一件事情突然有了洞察力。例如，养育孩子不是告诉孩子该做什么（更不用说对他们大吼大叫了），而是要发现和培养他们的良好品质和优势（Carr, 2011）。塞利格曼由此引申开来，开始思考过去几代心理学家本来可以（也应该）不仅仅关注消极、病态的状态和人类的痛苦（Seligman, 2003a）。

但这只是近期的历史，心理学历史上还有哪些事件导致了现代积极心理学的诞生？例如，从二战开始，心理学一直专注于治疗日益多样化的心理障碍（见第15章）。实际上，临床心理学的诞生就是为了应对与现代世界的生活有关的精神异常和心理疾病。社会进步产生了各种压力、焦虑和冲突。想想日常生活中的压力源——工作、金钱、爱（或缺少爱）、家庭、目标，以及在所有这一切中寻找某种意义的需要。自20世纪中叶开始，心理学界对这些变化和压力的回应是遵循疾病模型，该模型强调修复损伤而不是预防，或者更进一步，提前让人们对心理痛苦产生免疫（Maddux, 2009）。

塞利格曼和志同道合的研究者们认为，是时候发动一场变革运动了，这样心理学家和他们所研究、治疗和教育的对象才能学会把自己的生活看作是充实和繁盛的，而不是充满压力和功能失调的（Aspinwall & Staudinger, 2002; Keyes & Haidt, 2003; Seligman & Csikszentmihalyi, 2000）。他们组织非正式的聚会、制定计划，然后举行更正式的活动，比如会议和工作坊。年轻和资深的心理学家们在这些场合会面，讨论（后被称为）积极心理学的理念并确立了这一领域的一些目标。不久之后，探讨积极心理学的学术文章、书籍甚至期刊开始出现（Linley, 2009）。正如塞利格曼和该运动的另一位发起者米哈伊·奇克森特米哈伊（Seligman & Csikszentmihalyi, 2000）所说，"积极心理学的目标是促进心理学关注焦点的转变，从只专注于修复生活中最糟糕的方面到同时注重增强积极品质"（p. 5）。

撇开其他不谈，积极心理学至少想通过帮助人们达到繁盛（即有高水平的幸福感和低水平的心理疾病）来改变传统的心理健康观念（Keyes, 2009; Keyes & Lopez, 2002）。抗争中（struggling）的个体既有高水平的幸福感也有高水平的心理疾病；挣扎中（floundering）的个体往往有低水平的幸福感和高水平的心理疾病；最后，一个幸福感低和心理疾病水平低的人被认为是颓废的（languishing）。图16.1展示了在另一个全面心理健康模型中，这几种类型的组合。注意，当个体真正繁盛时（拥有高水平的幸福感和低水平的心理疾病），他们也会表现出高水平的情绪幸福感、心理幸福感和社会幸福感的组合（Keyes & Lopez, 2002）。

用积极心理学的视角重新审视过去的研究

对心理学这门学科来说，积极心理学代表了一个转折点，甚至是时代思潮的一种转变。"时代思潮"一词指由很多人贡献并共享的一种带有时效性的智识状态。积极心理学的出现似乎符合这一描述，但是我们真的能得出这样的结论：在塞利格曼开始与其他志同道合的心理学家交流、组织，然后构想并发表相关研究之后，这一分支学科就"出现了"吗？

答案可能是否定的，因为在某人开始研究一些好的想法或一个话题领域被正式命名之前，这些好的想法常常已经"飘荡在空中"了。所以，作为一种有组织的努力，积极心理学运动是新的，但很多研究问题却不新；事实上，相当多的问题已被学科主流之外的心理学家们研究了数

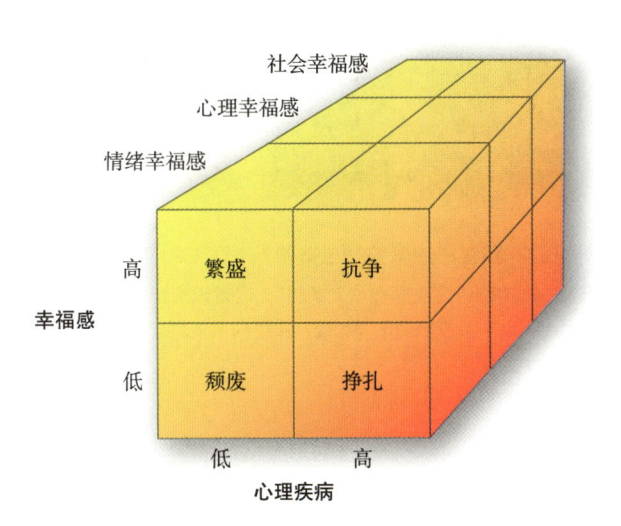

图 16.1 一个基于积极心理学概念的全面心理健康模型

凯斯和洛佩兹（Keyes & Lopez, 2002）提出了一个全面心理健康模型，对繁盛、抗争、挣扎和颓废在幸福感的三个层次上（情绪的、心理的、社会的）进行心理评估，由此产生了心理健康的12种分类。繁盛是全面心理健康的理想状态，以低水平的心理疾病和高水平的情绪幸福感、心理幸福感和社会幸福感为特征。

资料来源：Figure 1.1 on page 6 in Compton, W. C., & Hoffman, E. (2013). *Positive psychology: The science of happiness and flourishing*. Belmont, CA: Wadsworth/Cengage.

十年。例如，关于人类经验中有益的品质以及心理主题的各种理论、假设和研究结果，在 20 世纪 50 年代和 60 年代就已出现（例如，Allport, 1961; Maslow, 1973; Rogers, 1961）。确实，人本主义心理学长期以来所探讨的问题似乎与积极心理学家现在提出的问题很相似（Linley, 2009; Linley & Joseph, 2004a; Robbins, 2008）。实际上，一些人本主义心理学家发现这两个领域之间存在紧张关系（Medlock, 2012），而其他人则认为积极心理学未注意甚至有意忽视了人本主义心理学已有的学术工作（Friedman & Robbins, 2012; Rennie, 2012）。正如许多积极心理学的倡导者很快承认的那样，自柏拉图和亚里士多德以来，哲学家们一直在追寻什么构成一个人的美好生活的问题（Deci & Ryan, 2008; Schimmel, 2000）。

在你读了本章余下的部分时，你会发现以前的研究和参考文献常常与新的研究（那些在 1998 年积极心理学"诞生"之后出现的研究）混合在一起。将旧的研究与新的研究放在一起似乎并不奇怪，因为以前提出的问题和得到的答案，现在可以根据积极心理学的三个探究领域的新数据进行富有成效的检验。

介绍积极心理学探究的三条主线

正如最初设想的那样，积极心理学有三条探究主线，如**图 16.2** 所示，它们构成了积极心理学的"三条腿"（Gillham & Seligman, 1999; Seligman & Csikszentmihalyi, 2000）。第一，积极心理学对人们的积极的主观体验感兴趣。这些体验包括好的心境、积极情绪、快乐、爱，以及提升或维护个体幸福感的其他心理过程。关注的第二个领域是使人们能够茁壮成长的积极的个人特质。这类特质常被称为人格力量和美德，包括希望、心理韧性、感恩和精神性等品质。第三条主线关注积极的机构，或者说那些把人们聚集起来，以集体的方式促进公众对话、提升积极主观体验和积极个人特质的环境和组织。积极的机构包括关系紧密的家庭、优质的学校、良好的工作环境以及安全和支持性的社区。

每一个探究领域都试图理解日常生活中人们能够达到繁盛的方式。本章接下来的三个小节将回顾这些领域中代表性的概念和例证性的研究。我们先从人们对幸福的个人感受即积极的主观体验开始。

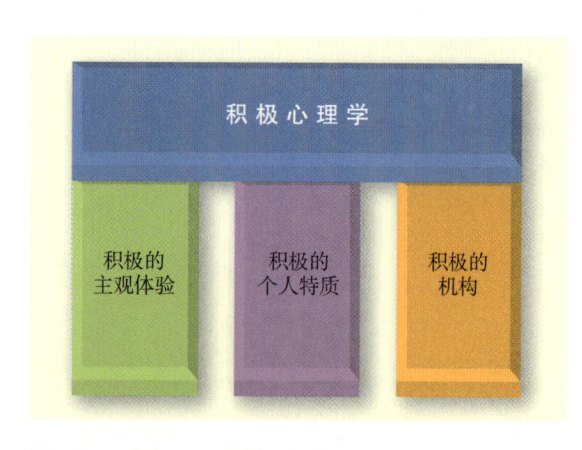

图 16.2 积极心理学的"三条腿"
积极心理学的研究建立在"三条腿"（或者说实证的科学探究主线）之上：积极的主观体验、积极的个人特质以及积极的机构。

积极的主观体验

学习目标
- 区分心境和情绪，并讨论思维速度和拓展构建模型如何与积极状态相关联
- 解释心流体验以及引发该体验的典型活动
- 列举正念相对于潜念的优势，并定义品味

一些积极心理学家专注于研究**积极的主观体验**（positive subjective experiences），即人们对自己和生活事件的积极但私密的感受和想法。积极主观体验的频率与人们

在婚姻、友谊、收入、健康以及日常生活中其他方面的成功有关。这些个人成就不仅会带来良好的感受，也会让人们更加成功（Lyubomirsky, King, & Diener, 2005）。

主观体验往往聚焦于当下。事实上，正如第 1 章所述，已有大量研究讨论了快乐这一最常见的积极主观状态（也见 Diener & Biswas-Diener, 2008; Gilbert, 2006b; Haidt, 2006）。感官愉悦能激发人们积极的主观状态，例如美味（巧克力）、香气（新烤的面包）以及令人舒适的触碰（友好的轻拍、爱抚）。

但主观状态不仅仅源于当下。人们可以通过回忆过去的经历而唤起满足感。回想童年的记忆，例如假期、生日或家庭旅行，尤其令人愉悦。这样的事件也并不需要来自遥远的过去。一个公司职员可通过回忆一个月前从老板那里得到的优秀绩效评价，或者上星期她的女儿踢进了一个球来获得满足感。无论你想到的是一件遥远的、近期的还是当下发生的事情，只要它令你愉悦甚至高兴，你就能体验到心境从中性状态变成了更积极的状态。

积极心境

当心理学家谈到心境时，比如当有人报告自己处于"好的心境"中时，他们通常并不是指情绪本身。情绪是更强烈的主观体验，与心境相比有更多的特异性。心境是对经验更总体的反应，往往更模糊和弥散，持续时间也比情绪长得多（Morris, 1999）。想想你认识的某个人，她总是快乐和乐观的，也就是说，她总是处在一种好的心境中。想象这个朋友回到她停着的车旁，发现挡风玻璃上有一张违规停车罚单。她会有怎样的反应？她可能会因为忘了往停车计时器里投零钱而对自己生气，但是半小时后，她已经忘了昂贵的罚单，回到了平时微笑和平静的自我。换句话说，她再次体验到了相对好的心境。

当人们处在好的心境中时，他们预期好事情会发生在自己身上；因此，他们经常让好事情得以发生。事实上，积极的心境有很多有益作用，包括让人更随和、更乐于助人、更少有攻击性，甚至更好地做出决策（Isen, 2002; Morris, 1999）。

积极的心境能促进创造性的解决方案

我们也知道，保持积极的心境可以提高人们的创造力。例如，伊森和她的同事们假设积极心境会促进创造性地解决问题（Isen, Daubman, & Nowicki, 1987）。在一个实验中，男女参与者用五分钟的时间，要么观看一段有趣的"花絮"，要么看一段情绪中性的电影。之后，每个参与者被要求完成"蜡烛任务"，这是一个创造性解决问题的标准测验（Duncker, 1945）。实验者大声读出了下面这段指导语：

> 在你面前的桌子上有一盒火柴、一盒图钉和一根蜡烛。桌子上方的墙上有一块软木板。你的任务是将蜡烛固定在软木板上，并要求蜡烛燃烧时蜡不能滴在桌子或下面的地板上。你有 10 分钟时间来完成这个任务。

你发现如何快速而正确地解决这个问题了吗？如果你倒出盒子里的东西，然后将盒子用图钉固定在软木板上，它会变成一个烛台（见图 16.3）。这样，点燃的蜡烛就能垂直放在与软木板连接的盒子上了。这种解决方法避免了蜡滴到地板上。一旦你发现了解决方法，它似乎是显而易见的，但很多参与者不能在 10 分钟内找到正确的解决方法。

图 16.3 展示创造力的邓克尔蜡烛任务：问题与解决方法

解决问题的人会得到一根蜡烛、一盒火柴和一盒图钉（左图）。他们被告知将蜡烛固定在墙上，但燃烧时蜡不能滴在桌面上。正确的解决方法是将盒子固定在墙上，这样盒子就可以当成点蜡烛的烛台（不让蜡滴在桌子上），如右图所示。

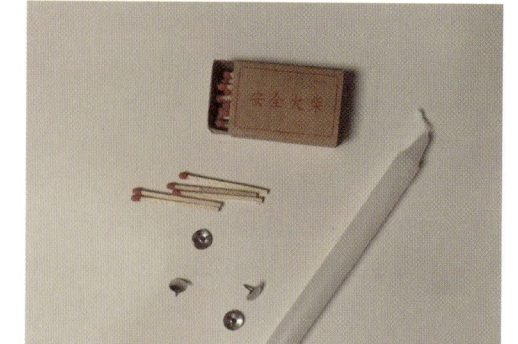

问题　　　　　解决方法

"我不是因为快乐而唱歌。我是因为唱歌而快乐。"

操纵心境（观看两种电影中的哪一种）对创造力和解决蜡烛任务有什么影响？正如伊森和同事们（Isen et al., 1987）所预期的，看过有趣电影片段的参与者比那些看过中性电影片段的参与者更可能在规定的时间内准确地解决问题。其他的相关研究也支持好的心境和积极情绪有助于使人们的思维更具创造力这一发现（Forgeard, 2011; Isen, 2004; Isen, Daubman, & Nowicki, 1987; To et al., 2012）。无论是温和的心境还是强烈的情绪，积极情感（感受）的影响之一是帮助人们以全新的、非常规的方式看待事物。

我们已经考察了积极心境如何导致特定的结果，如创造性思维。假如我们反过来看这个过程：某些与思维相关的属性是否会导致特定的心境，尤其是积极的心境？为了回答这个问题，让我们来看一些有趣的研究。

积极心境与快速思维有关

上一次你感到思维奔涌（也就是思维速度比平时快）是什么时候？如果你的思维在以轻快的步伐飞驰，你很有可能处在好的心境中。

普罗宁和雅各布斯（Pronin & Jacobs, 2008）提出，快速思维一般会导致更积极的心境（也见 Pronin, Jacobs, & Wegner, 2008; Pronin & Wegner, 2006）。然而，当思维太快时，就可能伴有狂躁的感觉，即一种异常高涨的心境。那较慢的思维呢？你可能已经猜到了，较慢的思维经常与消极心境联系在一起。特别缓慢或迟钝的思维会产生抑郁的感受。思维速度是普罗宁和雅各布斯称之为心理运动的一般性概念的一个属性。

除了思维速度，心理运动还涉及思维的可变性（Pronin & Jacobs, 2008）。当一个人的思维灵活多变时，即想到很多不同的事物，而不是只有一两个，这个人的心境通常是积极的。反复思考同一主题，有时被称为反刍思维，与消极情感相关。在思维可变性积极一侧的顶端，人们可以体验到狂热甚至幻想或梦幻的状态。而靠近消极的一端时，想法则会变得抑郁或焦虑。当思维快速而多变时，人们会感到兴奋；

当思维缓慢而重复时，人们会体验到沮丧。思维的速度和可变性可以是相反的，当思维速度快（或慢）时，另一个特性可能是多变的（或重复的）。图16.4展示了心理运动属性的不同组合对心境的影响（注意随着思维速度和可变性的改变，正常心境相对于其周围可预测的心境状态的位置）。

最后，普罗宁和雅各布斯（Pronin & Jacobs, 2008）提出，思维速度和可变性与思维的内容是独立的。换句话说，你可能认为慢速思维肯定是消极思维，但事实并非总是如此。虽然抑郁和焦虑等情绪问题与非理性或功能失调的思维有关（Beck, 2008），但关于心理运动影响心境的论证并不要求思维有任何特定的内容。

让我们回顾一个简单的实验，它说明了思维的基本速度与心境的关系以及这种关系的心理结果。普罗宁、雅各布斯和韦格纳（Pronin, Jacobs & Wegner, 2008）让一群大学生用10分钟时间写下对一个假设问题的解决方案（如何在暑假挣到私立大学一年的学费）。快速思维组参与者被告知写下"你可能想到的每个想法"，而慢速思维组参与者则被要求写下"尽可能多的好想法"。研究结果总结在图16.5中。相对于其他组参与者，快速思维组参与者产生了更多的想法，并感觉自己的思维速度较快（见图16.5左侧）。此外，快速思维组参与者比慢速思维组参与者体验到了更积极的心境水平，并报告了更高的活力水平（见图16.5右侧）。虽然只是初步研究，但这些发现很可能为开发基于思维速度的治疗心境障碍的干预措施带来有益的启示（Pronin & Wegner, 2006）。

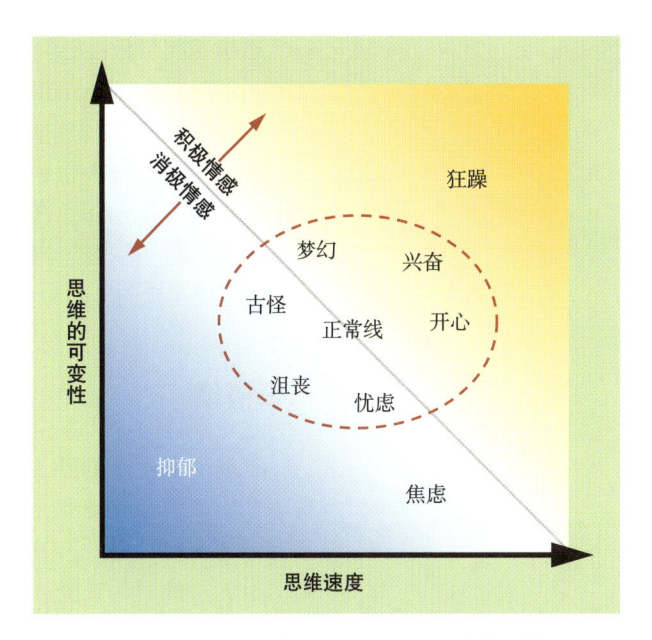

图16.4　心理运动与心境：思维速度和可变性对人们感受的影响

本图说明了思维速度和可变性与心境之间理论上的关系。多变而快速的思维会导致兴奋的感受；相反，缓慢而重复的思维则会产生沮丧感。当思维的可变性和思维速度相反（一高一低）时，人们的心境可能取决于两个因素中哪一个更为极端。这些不同组合所产生的心境状态，除了正负效价之外，还有其他方面的不同。例如，如果思维速度快，那么重复思维会产生焦虑感而不是抑郁；事实上，焦虑状态比抑郁状态更常与快速思维相联系。

资料来源：Pronin, E., & Jacobs, E. (2008). Thought speed, mood, and the experience of mental motion. *Perspectives on Psychological Science, 3*, 461–485. Copyright 2009 Sage Publications, Inc. Journals. Reproduced with permission of Sage Publications, Inc.

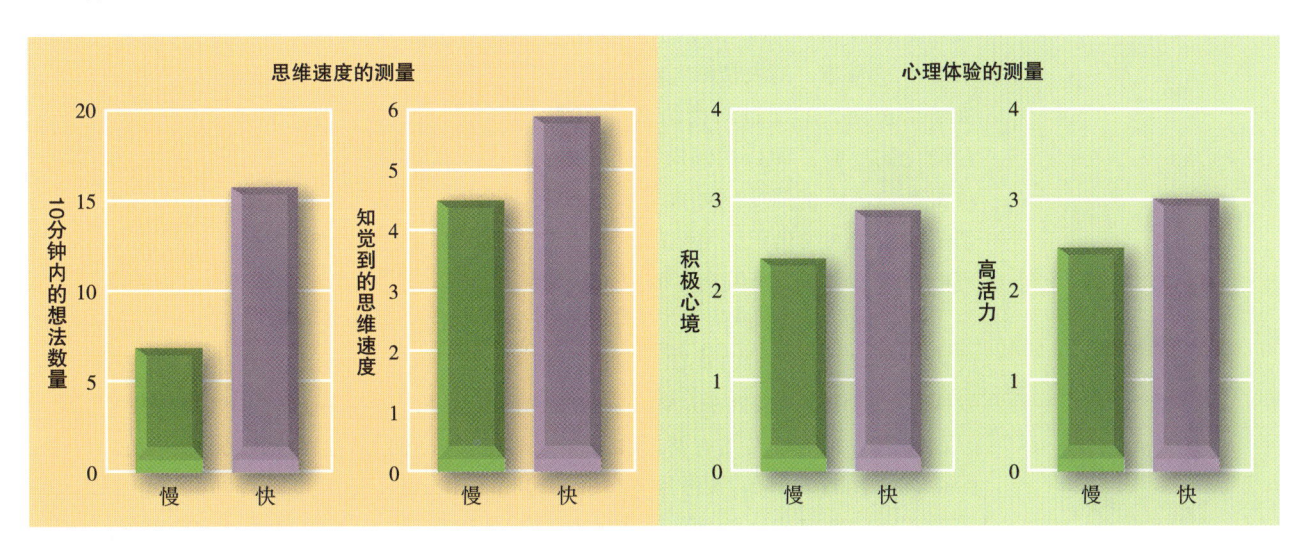

图16.5　自我产生的想法、思维速度和心境体验的研究结果

快速思维实验条件下的参与者在限定时间内比其他参与者产生了更多的想法（见最左边的图）。右边两幅图展示了关键的结果。你可以看到，快速思维组参与者比慢速思维组参与者报告了更积极的心境和更高水平的活力。

资料来源：Pronin, E., & Jacobs, E. (2008). Thought speed, mood, and the experience of mental motion. *Perspectives on Psychological Science, 3*, 461–485.

思维速度与积极心境之间的联系有没有潜在的不利影响？在一些近期的研究中，钱德勒和普罗宁（Chandler & Pronin, 2012）发现了值得关注的一点：除了好的感受，快速思维也与更多的冒险行为有关。当参与者在实验情境中被引导更快地思考时，他们倾向于拿真钱去冒相当大的风险，并表现出更多参与危险行为的意愿，如无保护的性行为或使用非法药物等。虽然心理运动的研究为积极心理学研究引入了一个新的维度，也为积极思维的力量增加了一个新的视角，但它可能有一些值得注意的局限性。现在我们转向积极的主观状态，它代表了作为特定反应的感受——积极情绪。

积极情绪

心境是低水平的感受，能持续较长的时间（"我上周整个星期都处在易怒的心境中"），而情绪是更强烈但短暂的感受，是对某些特定事件的急性反应（"当我赢了舞蹈比赛时，我欣喜万分"）。正如第 3 章提到的，**情绪**（emotions）是强有力的、基本上无法控制的感受，伴有生理上的变化。当心理学家谈到情绪时，他们通常将其分为两类：积极情绪和消极情绪。**积极情绪**（positive emotions）由对事件的愉快反应组成，包括快乐、愉悦、欣快、感激和满足等主观状态，这种反应能促进与他人的联系。当个体体验到积极情绪时，他们对自己、他人以及自己的所做或所想都感觉良好。有趣的是，有些人比其他人更容易体验到积极情绪（Watson & Naragon, 2009）。相反，**消极情绪**（negative emotions）由对潜在威胁或危险的不愉快反应组成，包括悲伤、厌恶、愤怒、内疚和害怕等主观状态。消极情绪是一种不愉快的干扰，虽然可提高警觉，但往往会导致人们转向内部，或者使他们变得暴躁或难以相处。而且，与积极情绪一样，一些个体比其他个体更常体验到消极情绪（Watson & Clark, 1984）。一般来说，消极情绪比积极情绪更能引起人们的注意，这种倾向可能是进化的结果（Froh, 2009）。积极情绪和消极情绪的这种基本划分是人们正常情绪生活的一个结构性事实（Watson, 2002）。

历史上，人们对消极情绪的研究远比积极情绪要多。一个原因是消极情绪具有进化意义。例如，体验到消极情绪常常使人们对可能的威胁产生警觉。这些情绪使人们变得谨慎，并缩小注意的范围（Derryberry & Tucker, 1994; Easterbrook, 1959）。第二个原因是，消极情绪与机体感受到威胁时发生的"战斗或逃跑反应"有关。消极情绪迫使人们通过与情绪有关的特定行动倾向或有生存价值的行为反应来行动。自动化的反应，即行动倾向，通常是逃离感知到的威胁（抢劫者、霸凌者）或击退攻击者。消极情绪受到如此多关注的另一个原因是它们的绝对数量；据估计，消极情绪的数量大约是积极情绪的三倍（Ellsworth & Smith, 1988; Fredrickson, 1998），这可能导致了心理学家偏向于研究消极情绪。

但积极情绪怎么样？它们有什么价值？对这一问题最有趣的回答来自社会和积极心理学家芭芭拉·弗雷德里克森，她断言，积极情绪在人们的心理和物质生活中发挥着特殊作用（Sekerka, Vacharkulksemsuk, & Fredrickson, 2012）。她提出了一个解释积极情绪如何对人类有益的拓展构建模型（Fredrickson, 1998, 2007; Fredrickson & Branigan, 2005）。与消极情绪相反，积极情绪引发的是非特定的行动倾向，但这仍然能导致适应性反应。例如，当成人体验到积极情绪时，他们更有可能对有需要的人提供帮助、在社会互动中接纳他人、进行一些创造性的活动或尝试一些新的体验（如 Fredrickson, 1998, 2002；也见 Isen, 1987, 2004）。积极情绪还能为与情绪障碍或精神障碍相关的烦躁和恐惧感带来有益的平衡（Garland et al., 2010）。简而言之，积极情

芭芭拉·弗雷德里克森

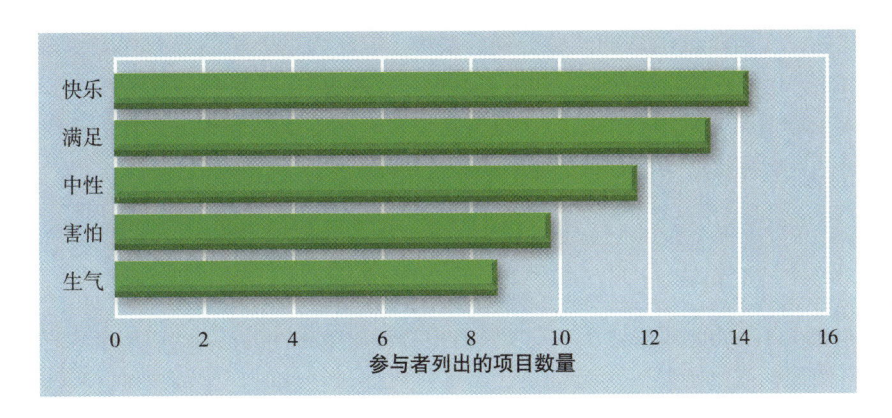

图 16.6 积极情绪相比中性或消极情绪的拓展作用

与处于中性或消极情绪状态中的个体相比，处于快乐或满足的情绪状态使研究参与者列出了更多在那一刻想进行的活动。

资料来源：Fredrickson, B. L. (2002). Positive emotions. In C. R. Snyder & S. J. Lopez (Eds.), *Handbook of positive psychology* (pp. 120–134). New York: Oxford University Press.

绪使人们有更多的行为选择，从而促进和维持心理社会幸福感。

同时，积极情绪通过促进新的、有益的思维–行动倾向来拓展人们的认知反应，在此过程中已形成的积极思维方式与特定的行为或行动产生了关联。例如，当儿童感到快乐时，他们变得更活泼，更有想象力，经常探索他们周围的环境（Fredrickson, 1998; Frijda, 1986）。这种快乐的探索可以使他们学会很多关于世界和他们自己的新东西。

在一个研究中，弗雷德里克森和布兰尼根（Fredrickson & Branigan, 2005）证明，快乐体验的确拓展了人们的思维–行动倾向。在观看了五个情绪诱导短片（快乐、满足、生气、害怕或中性情绪条件）中的一个后，研究参与者列出了当时他们想做的每一件事。如**图 16.6** 所示，感到快乐或满足的参与者比消极或中性情绪组的参与者列出了明显更多想做的事情。感到快乐或满足显然会让人们想到未来他们可能从事的活动；而消极甚至中性情绪状态则会使人们的思维变得狭窄，缩小了后续可能的行动范围。

因此，拓展构建模型提出，积极情绪拓展了人们的视野，然后人们基于后续的学习来构建未来的情绪和智力资源。积极情绪创造了"可储蓄的"社会、认知和情感资源，这些资源可以在未来动用，还带有情绪"利息"。**图 16.7** 说明了拓展构建模型。注意，弗雷德里克森假设更广泛的思维–行动库会增加幸福感，而这反过来又会引发更多产生幸福感的积极情绪，这就是弗雷德里克森（Fredrickson, 2002）所称的健康的向上螺旋。

除了拓展思维–行动库，积极思维还有什么作用？弗雷德里克森进一步发展了**消除假说**（undoing hypothesis），假设在体验一段消极情绪后，积极情绪通过恢复平衡感和灵活性让身心受益（Fredrickson & Joiner, 2002; Fredrickson & Levenson, 1998）。当人们面临压力时（例如，当一群学生参加一个特别难的考试），共同体验（例如，学生们在考试后见面，讨论考试的情况并分享他们的焦虑）所引发的积极情绪会更快地消除压力源的影响。一旦学生认识到所有人对考试都有相同的感受，他们可能就会感觉好一些。他们可能会彼此微笑，翻个白眼，吐槽考试的难度是多么离谱，从而产生积极的情绪，并有效扫清由紧张的考试体验带来的生理和

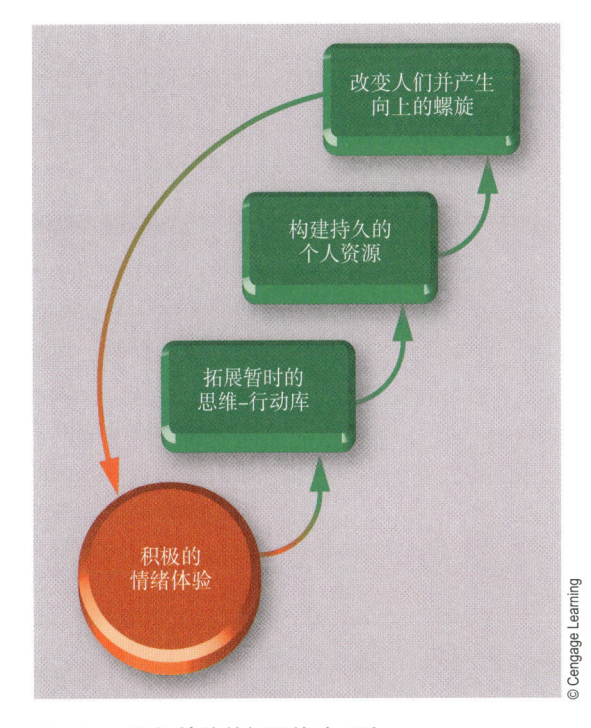

图 16.7 积极情绪的拓展构建理论

根据弗雷德里克森（Fredrickson, 2002）的观点，人们在积极情绪状态下获得的个人资源可持续一段时间。本图显示了积极情绪的三个假设的序列效应。首先，积极情绪会拓展人们思维–行动序列的范围，进而构建个人资源，最终导致积极情绪的螺旋式上升。然后再循环往复。

生化效应。此外，在高难度考试期间感受到的消极（有压力的）情绪导致视野变得狭隘之后，由此产生的积极情绪能重新建立灵活和开放的思维。

很多时候积极情绪是对事件的反应，也就是说它是由好事情引发的。我们还需要考虑人们通过从事特定活动而有意创造的积极情绪的结果。

心 流

你是否曾发现自己如此快乐地从事一项具有挑战性或趣味性的活动，以至于"忘记了自己"？例如，假如你是一名运动员，当你打篮球或网球时，你可能将这种体验描述为"进入了状态（being in the zone）"（Cooper, 1998; Kimiecik & Stein, 1992）。当然，这种活动不一定非得是体力上的，因为那些玩电子游戏的人也常常报告在玩游戏时失去了时间感。同样，外科医生也报告称，做手术对体力和智力上的挑战能让他们进入最佳表现的境界。音乐家也称在演奏乐器和为他人表演时有同样的体验。心理学家米哈伊·奇克森特米哈伊将这种心理现象称为"心流"。**心流**（flow，也译作福流）是指一个人在从事一些有趣的、有挑战性和内部奖赏的活动时，全身心投入当下的一种状态。

米哈伊·奇克森特米哈伊

奇克森特米哈伊在下国际象棋、攀岩或爬山时，意识到了心流体验在自己生活中的吸引力（Diener & Biswas-Diener, 2008）。他所说的心流是一种最佳状态，他对此研究了30余年。对他（Csikszentmihalyi, 1975）而言：

> 心流是当我们全身心投入时出现的一种整体感觉……在这种状态中，行动基于其内部逻辑一个接一个地发生，似乎不需要我们的有意识的干预。我们将其体验为从这一刻到下一刻的整体流动，我们感觉能够控制自己的行动，自我与环境、刺激与反应以及过去、现在与未来之间几乎融为一体（p. 43）。

当人们进入这种"最佳体验"时，他们的自我觉知减弱，完全忘记了时间，并将精力和注意力集中在做一些技能和挑战达到平衡的有趣活动中。心流体验是多层面的（Ceja & Navarro, 2009; Delle Fave, 2009）。体验到心流的人很少担心会失去对所做事情的控制，相反，这为他们提供了一种控制感。他们常常如此专注于正在做的事情，以至于忽略了周围的环境和周围的人（Nakamura & Csikszentmihalyi, 2009）。在奇克森特米哈伊（Csikszentmihalyi, 1990）看来，人们的生活质量至少部分取决于他们控制自身意识的能力；更多的控制会增加秩序和幸福感，而更少的控制则会产生心理障碍和不满。

寻找心流

好消息是每个人对心流体验都很熟悉。几乎每个人都能找到心流。根据奇克森特米哈伊的观点，心流最初被认为是一种介于无聊和焦虑这两种相反体验之间的现象，他认为当人们在体验的这两极之间找到一个平衡的、有意义的位置时，就体验到了心流。他还认为心流可以被描述为个人当前的技能水平与情境挑战之间的平衡。事实上，心流体验通常出现在挑战刚好处于可控状态的时候。仔细想想，这种观点颇有道理：当一项任务的挑战程度恰到好处时，人们就会知难而上。但如果挑战程度太高，人们往往会对自己所做的事感到焦虑，担心自己的表现，质疑自己的能力，结果他们因为分心而体验不到心流。

同样，如果所从事的任务是乏味或重复的，人们很快就会感到厌烦；如果一个人不专注于正在做的事情，他就不可能达到心流状态。想象一个平常的任务，比如装信封。如果你必须整天、每天做这件事，你会变得烦躁、生气和沮丧，还会无可否认地感到无聊——因为任务对你来说太简单了（更不用说令人厌烦了）。一旦你掌握了就不会有任何变化，也没有什么新的东西需要学习。

所以，为了找到心流并开发你的创造潜力，你必须找到一个与你的能力水平相匹配的挑战性活动。一旦选择了活动，并且满足了必要的挑战和能力水平，你几乎随时都能拥有心流体验。

心流体验的一个关键要素是，即使行为最初是出于其他原因，它也会变得具有内在的奖赏意义。因此，一个孩子可能被她的父母送进舞蹈班，父母告诉她跳舞可以让她减轻体重、姿态优雅、身体健康。但是一旦她开始享受学习新舞步和整套动作的挑战，跳舞本身就成为一项值得去做的活动。虽然从某种意义上讲，父母的理由仍然是正确的，但是她跳舞的理由与此无关。正如威廉·巴特勒·叶芝在其1928年发表的诗歌《在学童中间》（*Among School Children*）所描绘的：

　　随音乐摇曳的身体啊，灼亮的眼神！
　　我们怎能区分舞蹈与跳舞人？

当个体体验到心流时，他们会在新的方向扩展自己和他们的才能，并从中体会到愉悦。因此，心流经常出现在人们从事创造性或刺激性工作的时候，包括审美活动（艺术、舞蹈、音乐、戏剧、写作）、兴趣爱好或运动等（Nakamura &

当人们投入到与其能力水平相匹配的挑战性活动时（例如创作一件艺术品或读一本令人兴奋的小说），心流就会出现。

Csikszentmihalyi, 2009）。此外，任何人在几乎任何情境中都能体验到心流。社会阶层、性别、文化和年龄等因素对心流的出现没有影响。所以，好消息是个体只需要找到一个领域以及一项能在该领域中激发心流的技能活动。

除了人们发现心流是一种强化状态这一显而易见的事实外，人们为什么要寻找心流？一方面，心流让人感觉良好并成为动机的来源。除了提高某些技能外，心流还能提供积极情绪，抵御消极情绪，促进目标的承诺与实现（Nakamura & Csikszentmihalyi, 2009）。

如果心流让人感觉良好并具有强化作用，那么它不是最应该出现在人们娱乐的时候吗？或许是这样，不过这取决于如何界定"娱乐"。对许多人来说，工作就是娱乐。因此，心流可能存在矛盾的一面，也就是说，当人们在工作而非娱乐时，最可能体验到这种专注的状态。享受工作的人经常报告自己处在心流状态中，而且不足为奇的是，心流与工作满意度相关（Csikszentmihalyi & LeFevre, 1989）。为什么会这样？可能是因为这项工作很多时候在挑战与能力之间达到了很好的平衡。当然，我们需要承认，与兴趣爱好或娱乐活动相比，工作是几乎每个人都会做而且经常做的事。

奇克森特米哈伊最初是在研究艺术家的创造性过程时意识到了心流的力量（Getzels & Csikszentmihalyi, 1976）。他注意到，当艺术家真正沉浸在他们所做的事情中时，他们会对活动变得高度专注和心无旁骛。为了完成他们的创造性作品，艺术家废寝忘食，几乎忘记了所有其他的物质享受。然而，一旦一件艺术品完成，艺术家很快就会对它失去兴趣。快乐是在做事中产生的，即创造的过程，而不是过程的结果或作品。大多数人可能不认为他们所做的工作具有艺术或审美意义上的创造性，但他们在全神贯注于当前工作这一点上与艺术家是共通的。自我施加的时间压力也往往使工作者为了完成他们正在做的事情而忽略了饥饿或干渴。关键是，挑战和技能水平可能会让人们享受他们在任务、工作或职业生涯召唤中所做的事情。

当然，除了工作和工作场所，心流还存在于各种各样的情境。我们已经提到了运动领域（Cosma, 1999）。参加心理治疗（Grafanaki et al., 2007）或宗教仪式（Han, 1998）、教学（Beard, Stansbury, & Wayne, 2010; Coleman, 1994）、在线学习（Shin, 2006）、开车（Csikszentmihalyi, 1997）、趣味阅读（McQuillan & Conde, 1996）、拜访某人的家（Rathunde, 1988）都能产生心流，而且出人意料的是，考试前的突击学习也能产生心流（Brinthaupt & Shin, 2001）。甚至使用计算机也可以进入心流状态（Ghani & Deshpande, 1994）。奇怪的是，军事作战也会产生心流（Harari, 2008）。像家务这种无聊的任务似乎会阻碍心流的产生（Csikszentmihalyi, 1997），除非情境发生了改变（给地板打蜡或擦洗浴缸时听音乐通常能够奏效）。

每个人都能找到心流吗

奇克森特米哈伊发现在美国和欧洲的样本中，大约20%的被调查者说他们能经常体验到心流，通常一天几次。然而，感受到非常强烈的心流体验的被调查者比例要低一些。在一个给定的样本中，大约15%的被调查者会报告他们从未有过这样的体验。

是否存在与体验心流的可能性有关的人格特征？邓景宜（Teng, 2011）检验了气质和性格如何影响个体是否能体验心流。那些持之以恒、好奇心强以及能超越自我的人容易体验到心流，而那些具有高度自我导向的个体体验到心流的可能性较低。或许这些结果表明，在涉及最佳体验时，过度关注可能会适得其反。

正　念

　　积极参与有挑战性和有趣的活动——心流体验——是提升幸福感的一种方式。令人意想不到的是，还有另一种更简单的方法：主动、用心地关注新事物，并加以区分。社会心理学家埃伦·兰格创造了**正念**（mindfulness）这一术语，用来指一种有意培养的视角，在这种视角下人们对环境敏感并关注当下。处于正念状态的人会注意到新奇的特征，并乐于关注它们，正如他们在看到的事物中找出新的差别一样。兰格（Langer, 2002）认为，要想变得更专注，人们需要：（1）抵制减少或控制日常生活中的不确定性的冲动；（2）降低评价自己、他人以及所处情境的倾向；（3）努力克服他们执行自动化（有时被称为"刻板化"或"脚本化"）行为的倾向。对兰格来说，正念"是一种灵活的思维状态——一种对新奇事物的开放态度，一种积极发现新差别的过程"（p. 214）。

　　研究发现，正念在很多情境中都能增强或提高幸福感。例如，在课堂上，正念能改善学生的学习效果（Ritchart & Perkins, 2002），包括帮助年幼女孩克服数学学习中的性别差异（Anglin, Pirson, & Langer, 2008）。正念练习使音乐家能演奏出令听众更愉悦的作品（Langer, Russell, & Eisenkraft, 2009），还能让个体学会控制他们的心率（Delizonna, Williams, & Langer, 2009）。正念得分高的人对婚姻有更高的满意度（Burpee & Langer, 2005），正念视角甚至能够降低人们使用老年刻板印象的倾向（Djikie, Langer, & Stapleton, 2008）。

　　要了解这些与正念相关的好处，一个方法是将它与其问题多多的对应物——潜念进行比较和对照。兰格（Langer, 1998）认为，人们在从事机械的行为时会陷入**潜念**（mindlessness）状态，即在不用太多认知的情况下执行熟悉的、脚本化的行为，就像自动驾驶模式一样（例如 Langer, 1990）。从本质上说，当个体处于潜念状态时，他们不会做太多主动的思考。当然，有时潜念可能具有适应性；当你熟悉任务时，它可以释放有意识的注意和觉察资源。回想一下，当你学习开车时，你是如何全神贯注于你正在做的事；相比之下，现在开车可能就轻而易举了。然而，这种潜念的适应也有不利的一面；当你在潜念状态中做事时，你会错过大量的信息。例如，环境中出现的突然变化和新奇事物以及一些精美的细节被忽视了。当你在潜念状态中开车时，你可能会错过停车标志，直接开过去了（或者你可能撞上前面突然停下来的车，因为你从没注意到它在减速）。所以，注意和觉察过于自由或松散会有潜在的代价。这几乎就像一个人没有"在那里"在心理上追踪正在发生的事情。无论处于何种背景下，当人们注意到新信息时，情况就会好很多。

　　从实用的角度讲，怎样才能变得更专注？一种方法是，你可以把你学到的事实看作是有条件的，也就是说，该事实只与某个情境相关联，而未必与其他情境相关联（培养对体验的新视角）。正念研究者指出还有另一种方法：通过使用冥想，或对某些主题或对象的严格、连续和专注的沉思（见第4章），觉察到新奇并创造新的区别。通过定期冥想，人们学会以非分析性和非情绪化的方式训练和引导他们的注意，从而变得更加专注（Marchand, 2012; Shapiro & Carlson, 2009; Shapiro, Schwartz, & Santerre, 2002）。例如，卡巴金（Kabat-Zinn, 1982）利用东方的冥想练习和正念研究的知识，设计了一个为期10周的正念冥想项目，在一个由51位患者组成的小组中，成功地减少了慢性疼痛和情绪困扰（也见 Kabat-Zinn, 1990, 1993; Shapiro, Schwartz, & Bonner, 1998）。甚至有一些有趣的证据表明，在旁观者看来，参加正念冥想的人更快乐（Choi, Karremans, & Barendregt, 2012）。

埃伦·兰格

品质	描述
不评判	不偏不倚的见证，不加解释和归类地观察当下的每一刻
接纳	以一种清晰的理解开放地看待事物在当下的真实面貌
慈爱	仁慈、有同情心和宽容，并展现无条件的爱
耐心	让事物顺其自然，对自己、他人以及当下有耐心
开放	如初见般地看待事物，通过关注当前时刻的所有反馈来创造可能性
无功利心	非目标导向，不执着于结果或成就，不强求
信任	相信自我，也相信自己的身体、知觉和情绪，相信生活会以它本该有的方式展开
儒雅	拥有柔软、温柔和体贴的品质，但既不被动，也不散漫
感恩	对当下的敬畏、欣赏和感激
同理心	感受和理解他人当下的情境；将对对方状态的了解传达给该人
慷慨	出于当下的爱或同情而给予，不求回报
放手	不对情感、想法或体验表现出依恋或执着；放手不是指压制这些状态

图 16.8　与正念冥想相关的一些品质

学习正念冥想的人可以期望从该活动中获得一些益处。正如你所看到的，这里列出的品质与积极心理学已确立的主题非常一致。

资料来源：Shapiro, S. J., Schwartz, G. E. R., & Santerre, C. (2002). Meditation and positive psychology. In C. R. Snyder & S. J. Lopez (Eds.), *The handbook of positive psychology* (pp. 63–645). New York: Oxford University Press.

接触大自然有益于恢复，包括提高注意力、减轻压力和改善情绪功能。

有研究者（Shapiro, Schwartz, & Santerre, 2002）指出，当人们体验正念的时候，与这种心理状态相关的一些品质会进入他们的意识。图 16.8 展示了一些正念品质。注意，这些品质中有许多与积极心理学的整体焦点和目标非常一致。如果你要进行正念冥想，你希望能获得或体验哪些品质？

如果正念冥想不太可能在短期内成为你的行动方案，那么有一种更简单的方法能提高注意力，减轻压力，提升主观幸福感：走出门，体验大自然。近期的研究表明，在自然环境中（如森林或树林、公园或花园等）待上即使一段不太长的时间也有恢复活力的作用，可使人们在认知上更加专注，情绪功能更好（Berman et al., 2012; Berto, 2005; Hartig et al., 2003; Kaplan, 2001; Price, 2008b）。例如，在一项研究中，19 名本科生花了半小时绕着密歇根大学校园附近的植物园散步，而另一些同样数量的学生则在安阿伯市中心散步（Berman, Jonides, & Kaplan, 2008）。当每个人回到实验室完成一套压力和短时记忆测试时，研究者发现，相对于在市中心散步的控制组学生，在植物园散步的学生压力水平更低、注意力更强。对该结果的解释是：自然环境比城市环境产生的心理负荷要少。直觉上，人们知道绿色和枝繁叶茂的环境是平静的地方，这种地方有助于人们放松和恢复。相反，即使是中型城市也充满了汽车、公共汽车、人和警报等制造的噪音和繁杂的干扰。第二项研究通过让参与者看自然风景或城市景观的幻灯片，也发现了相似的结果（虽然差异较小）（Berman, Jonides, & Kaplan, 2008）。第二项研究的一个启示是，当你不太可能经常去公园或其他绿色空间时，在室内挂一些自然风景的照片也是适度提高恢复作用的一种方式。

所以，当超验主义者、《瓦尔登湖》的作者亨利·大卫·梭罗（Henry David Thoreau, 1817—1862）提出"世界存于荒野"时，他很可能指的是人的精神和情感世界。伯曼及其同事（Berman et al., 2008）的研究结果带来了清晰的启示：在你可以的时候，你应该试着通过享受自然和户外风光来重振你的心灵和头脑。来一次我们所说的"田园小憩"，出去走走，或者只是看看挂在墙上或书籍杂志中的自然风景画，都能让你在脑力、身体和情绪上得到恢复。这些结果也对城市、城镇或任何城市公共空间的设计有重要的启示：设计应该考虑到人们的上述需求。除了提供美感之外，添加树木、水、岩石、植物等自然元素还有其他好处（Kaplan & Kaplan, 1989; Tennessen & Cimprich, 1995）。不仅眼睛可得到享受，思维和精神显然也是如此。

品味：刻意让快乐持久

人们隔多久会放慢脚步，真正反思自己在那一刻正在做什么或正在经历什么？人们为什么不更多地品味他们日常的经历呢？

品味是积极心理学中的一个新概念，但正如你将看到的，它在概念上与积极心理学领域及其目标非常契合。从心理学上讲，**品味**（savoring）是指专注、珍视甚至是放大几乎任何体验（无论大小）的能力（Bryant & Veroff, 2007）。品味就是享受与当下某些体验有关的主观状态，它植根于过程而非结果；如果你愿意的话，旅程本身比到达目的地更重要。你可以品味一杯醇香浓郁的咖啡、一首表演精湛的音乐，甚至是新英格兰秋天红色、橙色或黄色的树叶。研究人们何时以及如何品味他们的体验的研究者声称，品味是一个主动的过程。品味不仅仅是快乐或享受某件事或某个活动。例如，当你品味阅读一本书或观看一部戏剧或电影时，就涉及一种反思的品质：无论是作为读者还是观众，你都必须关注并有意识地欣赏吸引你注意力的事情。

什么因素会影响品味的强度？有研究者（Bryant & Veroff, 2007）提出了几种因素，包括：

1. 持续时间。有越多的时间去体验，就有越多的机会去品味。你应该为锻炼或社交留出专门的时间，以享受其中独特的乐趣。
2. 压力减少。当让人分心的压力消失时（你不再纠结于周末必须完成的作业），品味就成为可能（你可以享受周五晚上和朋友在一起的时光）。
3. 复杂性。更复杂的体验会产生更高品质和更强烈的品味。审视一件精致的艺术品，比如一幅精细的画，与观看一幅简单的画相比，能带来更持久的快乐。因此，当遇到一个刺激时，专家（对某一主题有深入了解的人）能够比新手体验到更多层次的品味。例如，专业的咖啡、葡萄酒或茶叶品鉴师可能比普通人更能品味这些饮品的某些品类。
4. 平衡的自我监控。如果你对自己正在做的事情想得太多，或者太关注自我，你可能会扭曲自己品味某种体验的能力。
5. 社会联结。你可能认为品味是一种孤独的追求，但研究发现，如果你和其他人分享经历，品味会更令人愉快。例如，如果你和朋友一起去听音乐会，你会更享受。但是如果是陌生人呢——你能和他们一起品味一种体验吗？布赖恩特和威若夫（Bryant &

Veroff, 2007）举了作家弗朗西丝·梅耶斯报告的一个例子，她是《托斯卡纳阳光下》（Under the Tuscan Sun）（1996）的作者，长期以来一直在反思她在意大利托斯卡纳区的业余生活特殊乐趣。在下面的摘录中，她描述了当地教堂周围的几道彩虹：

> 教堂完全被雾笼罩了，穹顶就像漂浮在云层之上。五道交叉的彩虹在穹顶上方形成拱桥。我差点把车开出马路，在一个拐弯处我停车并下车，希望每个人都能和我在一起。这太让人震惊了。如果在中世纪，我会说这是一个神迹。另一辆车停了下来，一个穿着漂亮猎装的男人跳下车……他看起来也很震惊。随着云层移动，彩虹一道接一道地消失了，但穹顶依然漂浮在云层上，为任何可能发生的迹象做好准备。我向猎人招手，他对我说"Auguri"（意大利语，表示善意、良好的祝福和好运）。(pp. 218–219)

因此，留出时间去品味你生活中遇到的快乐。研究表明，这样做可以减少抑郁症状和消极情绪（Hurley & Kwon, 2012），你会变得更快乐、更放松（Jose, Lim, & Bryant, 2012）。

积极的个人特质

学习目标
- 解释积极的个人特质这一概念
- 定义希望、心理韧性、创伤后成长和坚毅等有益的品质
- 阐明为什么感恩是一种品格优势，而精神性是与宗教行为相关的一种积极特质

虽然主观状态解释了人们的积极感受，但**积极的个人特质**（positive individual traits）是性格品质，可以解释为什么有些人比其他人更快乐、心理更健康。特质会影响人们对事件意义的解释，影响他们的选择，帮助他们选定目标，并最终驱动他们的行为。想想你认识的某个与他人相处融洽的朋友。你觉得这个人非常随和或容易合作，这实际上正是心理学家所说的特质，即那些使这个朋友从你认识的其他人中脱颖而出的个体差异（见第2章）。你的另一个朋友可能看起来很可靠，也就是说非常有条理，自制力强，很少冒险，为了达到特定目标而刻意努力。正如上面提到的两种一样，这一领域的研究者认为积极特质的一个重要特点是它们是可以学得的（Peterson & Seligman, 2004）。积极特质也可能产生于人们对所经历的生活情境的反应或应对过程。这里我们讨论积极个人特质的五个例子：希望、心理韧性、坚毅、感恩和精神性。

希望：实现未来的目标

C. R. 斯奈德

正如特质可以解释人们当下的大部分行为一样，它们也能预测人们未来的行为。积极心理学对鼓励人们预期好结果而非坏结果的积极个人特质非常感兴趣。以**希望**（hope）为例，它指的是人们对自己的目标在未来能够实现的期望（Snyder, 1994）。相比那些似乎遥不可及或挑战太大的目标，人们对自己实际能够实现的目标感到更兴奋。考虑到其未来指向性，希望与第3章和第5章讨论过的乐观主义有关。

已故的社会和临床心理学家 C. R. 斯奈德（Snyder, 1994, 2002）提出，这些目标指向的期望有两个组成部分：动因和路径。动因（agency）涉及个体对其目标能够实现的判断。例如，一名大学生可能需要确定她是否能在专业必修课上获得高分。换句话说，萨拉是否期望自己能获得理想的分数，因为她拥有必要的驱动力或组织能力？因此，动因代表了一个人寻求理想目标的动机，它似乎与生活满意度相关（Bailey et al., 2007）。斯奈德理论的第二个成分，路径，指的是萨拉的信念，即可以精心制定成功的计划来达到高分的目标。路径代表了实现目标的现实路线图。请注意，充满希望的视角会让人找出多条通往目标的路径（更长的学习时间、提前完成指定的阅读任务、认真地去上课、做好家庭作业等），而不仅仅是一条（Rand & Cheavens, 2009）。一个人的路径可以通过充当斯奈德（Snyder, 1994）所称的"路径力"来补充他或她的动因。

斯奈德和同事们（Snyder et al., 1991）开发了希望特质量表来评估动因和路径（见图16.9）。回答问题的人就每一条陈述与自己的符合程度打分。动因和路径项目的总分代表了一个人的希望程度（得分在 8~64 之间，见图16.9）。有单独的量表来测量状态希望（一个人在某个时刻的感受；Snyder et al., 1996）和儿童的希望（Snyder et al., 1997）。

为什么要努力成为一个充满希望的人？实际上有几个原因（Snyder, Rand, & Sigmon, 2002）。毫无疑问，充满希望的人比那些悲观绝望的人体验到更多的积极情绪，正如我们已经讨论过的，这些情绪在很多方面是有益的。那些充满希望的人期望未来会更好，正如他们相信在应对可能出现的压力情境方面，自己比其他人更有准备。为什么会这样？充满希望的人可能是灵活的思考者，总是寻找替代路径以达成他们的目标或绕开障碍。他们鼓舞人心和乐观向上的天性会吸引很多人为其提供积极的社会支持，而他们也可能因此备受鼓舞（Snyder, Rand, & Sigmon, 2002）。

希望特质的测量
仔细阅读每一项，选择最能描述你的数字等级，并将该数填入空白处。
1 = 完全错误   5 = 略微正确
2 = 基本错误   6 = 有些正确
3 = 有些错误   7 = 基本正确
4 = 略微错误   8 = 完全正确
____ 1. 我能想出很多方法来摆脱困境。
____ 2. 我积极地追求我的目标。
____ 3. 我大多数时候都感到疲惫。
____ 4. 任何问题都有很多种解决方法。
____ 5. 我在争论中很容易被说服。
____ 6. 我能想出很多方法来得到生命中重要的东西。
____ 7. 我担心我的健康。
____ 8. 即使别人灰心丧气，我也知道我能找到解决问题的办法。
____ 9. 我的过往经历使我为未来做好了准备。
____ 10. 我的人生已经相当成功。
____ 11. 我总是发现自己在担心一些事情。
____ 12. 我达到了自己设定的目标。

图16.9 斯奈德的希望特质量表

斯奈德认为，作为一种特质，希望有两个特征：动因和路径。要计算你的动因分量表得分，请将第 2、9、10、12 项的分数相加。把第 1、4、6、8 的分数相加就得到了你的路径分量表得分。希望量表总得分是 4 个动因题项和 4 个路径题项的总分。总分越高，对未来的希望就越大。得分在 8~64 之间变化。在斯奈德等人（Snyder et al., 1991）研究的 6 个大学生样本中，平均得分为 25。

资料来源：Snyder, C. R., Harris, C., Anderson, J. R., Holeran, S. A., Irving, L. M., Sigmon, S. T., Yoshinobu, L., Gibb, J., Langelle, C., & Harney, P. (1991). The will and the ways: Development and validation of an individual-differences measure of hope. *Journal of Personality and Social Psychology, 60*, 570–585.

心理韧性：对生活的挑战做出良好的反应

另一个重要的积极特质是**心理韧性**（resilience），即一个人在一些重大的生活事件后恢复和蓬勃发展的能力。这些事件通常是创伤性的，比如意外事故、丧失或灾难，它们使个体必须面对并应对可能留下心理伤痕的情境。心理韧性强的人能应对威胁，并在此过程中维持、恢复甚至提升心理和身体健康（Masten, 2001; Ryff & Singer, 2003）。

培养心理韧性的10种方式
1. 加强与家庭成员、朋友和社区居民的联系。
2. 当危机发生时，尽量不要小题大做，不要将事件看作是难以逾越的。
3. 认识并接纳改变是生活的一部分。
4. 朝着你的目标前进。
5. 在任何可能的情况下都要果断，但要采取以问题和任务为中心的应对策略。
6. 不断寻找自我发现的机会。
7. 培养并保持对自己的积极看法。
8. 合理看待事件，尤其是带来麻烦的事件。
9. 对前景充满希望。
10. 好好照顾自己，特别关注自己的需要和感受。

图 16.10　培养心理韧性的10种方式

你可以在生活中做一些具体的事情来培养心理韧性，关键在于选择那些可能适合自己的。

创伤后成长的各个方面
感知的变化
将自我知觉为幸存者而不是受害者。
感觉在个人力量、自立和自信等方面有所增强。
提升了对生命（包括自己的生命）脆弱本性的理解。
关系的变化
增加了对他人的同情和给予帮助的意愿。
与家庭有了更紧密的联结。
感觉与他人更亲密，更愿意表露情绪。
生活优先级的变化
对财产、金钱和社会地位的关注减少。
更愿意让生活变得简单。
对什么是生活中真正重要的事情有了更清晰的认识。
对生命的意义有了更深刻、更精神性的理解。

图 16.11　归因于创伤后成长的积极变化

在经历创伤后，一些人会表现出积极的变化，一般可分为三个方面：感知的变化、关系的变化和生活优先级的变化。本图举例说明了每个方面的成长。

资料来源：Baumgardner, S. R., & Crothers, M. K. (2009). *Positive psychology*. Upper Saddle River, NJ: Prentice-Hall. Reproduced by permission of Pearson Education, Inc.

心理韧性研究考察各种造成动荡的事件，包括人们如何应对自然灾害、战争、离婚、父母酗酒和患有心理疾病、家庭暴力、一个人带孩子的压力以及失去亲人等威胁（Bonanno, 2009; Masten & Reed, 2002; Ryff & Singer, 2003）。这些威胁既有极端但罕见的事件（战争），也有不幸经常发生的事件（家庭问题）。无论其性质如何，这种威胁通常都非常严重且具有潜在的破坏性（如果不是危及生命的话），以至于大多数观察者都预期结果会是消极的而不是积极的。然而，尽管经历了这些创伤性的"完美风暴"，一些人仍能坚持下来并表现出心理韧性。

例如，想象一下那些在家庭中受虐待或被忽视，或者在贫穷、疾病肆虐的社区中长大的孩子们的未来生活。出生在这种环境中的人被认为比其他人出现各种心理、身体、社会和经济问题的风险更高（Masten & Reed, 2002）。会有人预测在这种环境中长大的孩子最终能茁壮成长并过上富有成效且幸福的生活吗？令人惊讶的现实是，有心理韧性的人能做到这一点（如 Garmezy, 1991; Masten & Coatsworth, 1998）。有趣的是，有心理韧性的人通常没有意识到他们的这种能力，只有创伤事件发生时这种能力才会表现出来。幸运的是，心理韧性似乎是一种相对常见的人类（包括年幼的儿童）特质，这种特质很可能出现在对压力和应对的日常情境的反应中（DiCorcia & Tronick, 2011）。

好消息是每个人都可以培养一种韧性的人生观，因为它不是一种特质，而是一种应对逆境的方式。实际上，每个人都可能以不同方式表现出心理韧性。图 16.10 列出了被认为在培养心理韧性中很重要的 10 个因素。其中有多少已经融入了你的生活？还有哪些是你能够学习的？

除了心理韧性，有些人在事故、严重疾病或出现残疾等创伤性事件后表现出了心理成长。**创伤后成长**（posttraumatic growth）是指一个人在创伤事件后个人力量的增强，对生命中真正重要的东西的认识，以及对生命、朋友和家人的感激之情的增强。创伤后成长提供了实证证据：有时个人痛苦可以带来积极的洞见（Davis & Nolen-Hoeksema, 2009; Groleau et al., 2012; Lechner, Tennen, & Affleck, 2009）。心理韧性能帮助人们恢复到创伤前的水平，而创伤后成长意味着人们可以通过表现出功能的增强和积极的变化，在心理上超越原有的水平。事实上，很多人声称创伤"是发生在他们身上的最好的事情"（Park, 1998）。

图 16.11 列出了根据现有研究可被归因于创伤后成长的各种积极变化（Ryff & Singer, 2003; Tedeschi, Park, & Calhoun, 1998）。正如你所看到的，这些变化可被分为知觉的、基于关系的或生活优先级等类别。积极心理学的倡导者帮助减少了对创伤后成长和相关应对策略的质疑。尽管验证关于积极成长的记录可能很困难，但心理学家现在不太可能将这种改变简单地归为方便的合理化、事实歪曲或无根据的自我报告（Lechner,

Tennen, & Affleck, 2009）。

坚毅：付出长期的努力

是什么让一些人比其他人更努力地迎接挑战以取得成功？随意的观察发现，一些人往往比其他人有更高的成就，即便他们的智力水平相当。积极心理学家安杰拉·达克沃思和她的同事们（Duckworth et al., 2007）提出，某些人在一种被称为"坚毅"的非认知特质上有更高的水平。**坚毅**（grit）被定义为拥有实现长期目标的毅力和激情。尽管挫折、逆境和减速会阻碍他们的步伐，但坚毅水平更高的人倾向于付出认真的努力和注意来完成目标。根据达克沃思及其同事的观点，"坚毅的人用'马拉松'的方式来不断接近成功，他们的优势就是毅力"（p. 1088）。

达克沃思及其同事们开发了坚毅量表来测量个体在坚毅方面的差异（见图16.12）。你有多坚毅？为什么不完成量表来找出答案呢？顺便提一下，达克沃思和奎因（Duckworth & Quinn, 2009）开发了这个量表的简要版，即简式坚毅量表（GRIT-S），也能得出同样的结果。

坚毅对人们行为的成功有何影响？在一项研究中，达克沃思及其同事（Duckworth et al., 2007）检验了坚毅能否预测精英大学学生的平均绩点。139名男女大学生完成了坚毅量表，并报告了他们的绩点。正如预期的那样，坚毅学生的绩点显著高于相对不太坚毅的学生。另一项研究探讨了坚毅对2005年全美拼字比赛儿童决赛选手成绩的影响。达克沃思及其同事请这些决赛选手在拼字比赛开始之前完成坚毅量表和其他测验。他们发现，坚毅可以预测比赛中谁能进入更高的轮次。为什么那些坚毅水平更高的人在具体方面的表现如此出色？坚毅的选手往往在比赛中走得更远，因为他们的学习时间更长，这一点证明了他们的动力和毅力。最坚毅的拼写者未必是最聪明或最好的拼写者，他们只是在准备拼写比赛的过程中更加坚持和努力。

还有一些研究者探讨了坚毅如何推动人们实现他们的目标（MacCann & Roberts,

"他似乎失去了他所有的心理韧性。"

坚毅量表
请用下面的数字等级对12个题项进行评分。
请如实作答，答案没有对错之分。
5 = 非常像我
4 = 很大程度上像我
3 = 有点儿像我
2 = 不太像我
1 = 一点儿也不像我
_____ 1. 为了战胜一个重要挑战，我克服了挫折。
_____ 2. 有时新的想法和项目会让我对上一个项目分心。*
_____ 3. 我的兴趣每年都在变化。*
_____ 4. 挫折不会让我气馁。
_____ 5. 我曾对某个想法和项目短暂着迷，但之后就丧失了兴趣。*
_____ 6. 我是一个努力工作的人。
_____ 7. 我经常设定目标，但之后会选择追寻另一个目标。*
_____ 8. 我很难将关注点维持在那种需要几个月的时间才能完成的项目上。*
_____ 9. 我做什么事都有始有终。
_____ 10. 我完成了一项耗费数年的工作。
_____ 11. 每隔几个月我就会对追求新的目标感兴趣。*
_____ 12. 我是一个勤奋的人。

图16.12 预测谁会在一门具有挑战性的课程中坚持下来：坚毅量表

达克沃思及其同事（Duckworth et al., 2007）认为，更高水平的坚毅，即坚持不懈的愿望和对实现长期目标的激情，会让一些人比其他人更努力工作，并拥有更强的毅力。要确定你有多坚毅，请用分数等级对第1、4、6、9、10、12题进行计分，并对第2、3、5、7、8、11题（用＊表示）进行反向计分。如果你对带星号的题的评分为5，那么反向计分需改为1，以此类推：4改为2，3不变，2改为4，1改为5。反向计分后，把所有题项的分数加起来，然后除以12。该量表的最高得分是5（非常坚毅），最低得分是1（一点儿也不坚毅）。

资料来源：Page 1090 in Duckworth, A. L., Peterson, C., Matthews, M. D., & Kelly, D. R. (2007). Grit: Perseverance and passion for long-term goals. *Journal of Personality and Social Psychology*, 92 (6), 1087–1101.

2010; Maddi et al., 2012; Tough, 2012）。坚毅可以习得吗？也就是说，那些对完成长期目标没什么动力的个体能够变得坚毅吗？达克沃思相信答案是肯定的，坚毅可能是一种可改变的特质，因为其组成部分如自律是可以培养的（Hanford, 2012）。

感恩：心怀感激的力量

目前受到研究者广泛关注的最有前景的积极个人特质之一是感恩，即对你所拥有的或他人为你所做的心存感激。作为人类的一种优势，**感恩**（gratitude）需要一个人发现和专注于生活中的美好事物，并对此心怀感激。感恩常常被认为属于道德范畴。事实上，不会感激，即不知感恩，被认为是一种不道德的行为（Bono, Emmons, & McCullough, 2004）。然而，体验感激之情（心怀感激）和表达感激（感谢某人对你的恩惠）是体验这种有益的积极情绪的最常见方式（Emmons, 2005; Emmons & McCullough, 2004）。

表达感激的社会心理效应是什么？可以预期，这样做能够加强自己与他人的社会联系：当人们做好事时，他们喜欢被感谢。然而，更重要的是，表达感激似乎可以延长人们体验与感恩相关的积极情绪的时间。消极情感往往会持续较长的时间，而积极心境往往是短暂的（Larsen & Prizmic, 2008）。除了有益于他人，表达感激也有益于自己。体验到感激之情使人感到快乐（有时甚至是欢喜），并且可以成为满足感的一种来源（Emmons & McCullough, 2004; Watkins, Van Gelder, & Frias, 2009; Wood, Froh, & Geraghty, 2010）。实验研究也表明，关注值得感恩的事情能够改善人们的心境，激发他们的应对行为，并且促使他们报告体验到健康方面的益处（Emmons & McCullough, 2003; Sheldon & Lyubomirsky, 2006）。最后，当感恩被视为一种人格特质时，报告怀有更多感激之情的人往往比不太懂得感恩的人心理幸福感更高（Watkins et al., 2003）。

或许感恩最好的地方是它很容易表达，并且作为一种美德，它在任何时间或地点几乎都能表达。所以，下次有人为你做了好事后，无论大小，一定要感谢对方的帮助或善意，说一声"谢谢"，并更具体地表达你的感激之情。你和被感激的人都将从你的这一简单行动中获得心理上的益处（参见本章的应用部分中与感恩相关的练习）。

精神性：寻求更深层的意义

有些人开始追问生活是否有比日常体验更深层的意义。具有精神性这一积极个体特质的人拥有一种信念，即生命具有值得追寻和探索的超然或非物质属性（Pargament & Mahoney, 2002; Peterson & Seligman, 2004）。所以，精神性强的个体有强烈的欲望去探寻神圣的事物（Pargament & Mahoney, 2009），并常常认为自己是虔诚的（Zinnebauer & Pargament, 2005; Zinnebauer et al., 1997）。虽然两个词经常可以互换使用，但宗教信仰（或宗教虔诚）和精神性是虽有重叠但明显不同的概念。宗教信仰主要是指人们在宗教社区（教堂、犹太会堂、寺庙、清真寺）中所做的事情，而**精神性**（spirituality）是指人类对更深层意义的需求，这种需求常常驱动和指引人们的宗教行为。宗教行为通常与某些特定的、正式宗教机构的信仰和仪式有关（Zinnebauer, Pargament, & Scott, 1999）。

积极心理学家们对宗教产生兴趣是因为参加宗教团体似乎能够提升幸福感

人们从事宗教活动以提升精神性，这可以带来更深层次的意义。

（Myers, 2000a, 2008; Peterson & Seligman, 2004）和应对能力（Pargament, 2011）。例如，参与更多宗教活动的人（做礼拜、从事慈善活动）一般在心理和生理上都比其他人更健康（Koenig, McCullough, & Larson, 2001）。他们参加的宗教活动越多，幸福感就越高，酒精和毒品问题、犯罪行为以及其他社会问题的发生率就越低（Donahue & Benson, 1995; Myers, 1992, 2000b）。信教者报告的健康问题更少，心脏病和癌症的患病率更低，从外科手术中恢复得更快，对疼痛的耐受力也更强（George et al., 2000）。甚至有研究发现他们的平均寿命比那些不太信教的人长7年（Oman & Thoresen, 2005）。

是宗教本身带来了这些心理和生理上的好处吗？不是所有形式的宗教行为都是有益的，实际上有些被证明是有害的（Raiya, Pargament, & Magyar-Russell, 2010）。然而，除了信仰本身，信教者与他人形成的社会联系可能会阻止问题行为或危险行为（George et al., 2000）。宗教可能通过各种原因影响身心健康和幸福，包括从志同道合者那里获得的社会支持（Hill & Pargament, 2003）和更健康的生活方式（Emmons, 1999; Myers, 2000a）。信教者往往也更乐观，而这一特质会影响与幸福感相关的行为（Koenig & Cohen, 2002）。

与有组织的宗教实践不同，精神性包含了人类寻找生命意义的需求，以及这种意义涉及比自我或个人存在更大的东西的假设（Zinnebauer, Pargament, & Scott, 1999）。当心理学家在这个语境中讨论意义时，他们指的是人们体验"意义感知"的方式（Park & Folkman, 1997, p. 116）。从这个角度来看，当人们寻找和发现意义时，他们所用的方式表明，生活既重要又对他们有意义。发现这种意义和重要性能给人们的经验提供连贯性和秩序（Park & Folkman, 1997; Yalom, 1980）。帕格门特和马奥尼（Pargament & Mahoney, 2009）认为，"设想、寻找、联结、坚持和改变神圣，可能是使我们成为独一无二的人类的原因"（p. 616）。

让我们考虑精神性的一个具体例子，一个根植于东方宗教和哲学的例子：佛教。佛教引起了一些积极心理学家的兴趣，因为它提供了一些关于人类对幸福和快乐的追求的有趣洞见（Compton, 2005; Haidt, 2006; Keltner, 2009）。首先，佛教徒强调一个真理：生命无常。无论你做什么，你和你周围的世界都会变化。你和你的朋友、家人出生后会变老，最终死去。这些发人深省的变化代表了一种纯粹的真理。你对这种状态的反应是试图通过一系列方式来控制这些变化：寻求安全感、找到永久性的事物，以及试图通过保持事物尽可能稳定和可预测来管理你的担忧（如果不是绝

积极心理学家对佛教感兴趣，因为它能提高人们对生活挑战的认识，并鼓励人们从这些挑战中超脱出来。

望的话）。

对安全、永恒状态的渴望是毫无根据的；根据佛教的教义，认为只要达到这种状态，一切都会变好的想法是愚蠢的。变化是不可避免的，并且还会有更多的变化随之而来。对佛教徒来说，这一真理让人类"受苦"，无休止地寻求舒适和安全也是如此。当变化发生时，你将遭受痛苦。实际上，生活的真谛就在于经历不可避免的痛苦的同时，还要寻求虚幻的安全。

走出这种痛苦的方法是停止尝试控制那些无法控制的事物，接受生活的变化是常规和绝对的。但这种看待生活的方式如何才能实现？佛教信徒提倡并发展了两项技能：觉知和超脱。觉知意味着增加对日常经历的关注，以便在世俗中寻找和发现神圣。同时，通过从这些经历中"超脱"，人们可以摆脱或"放开"他们想要控制无法控制的事物的欲望，从而让变化顺其自然。通过觉知和超脱这两种方式，个体能够变得更放松，并能接纳生活的自然展开。如果人们不再努力让事情如他们所愿，而是在每一个变化的时刻都能意识到当下的快乐，那么他们或许就能获得满足。

积极的机构

学习目标
- 描述积极机构的本质特征
- 描述积极工作场所和积极学校的特征，找出与积极机构相关的一些美德

积极的主观体验和积极的个体特质都关注个体，并使个体受益。积极心理学能为社区提供什么？积极心理学的第三个决定性领域比其他两个更宏观，该领域考察积极的机构，因而包含群体水平的分析。**积极的机构**（positive institutions）是那些培养公民美德的组织，既鼓励人们做一个好公民，同时又促进集体利益。积极的机构，包括工作场所、学校、家庭和组织，有助于建立和维持一个有益的社会（Huang & Blumenthal, 2009）。积极的机构能培养哪些品质？当积极的心理社会化发生时，有积极机构经历并从中学习的人专注于成为培养和扶持他人、利他、包容和负责任的人。从积极的机构"毕业"的人往往有良好的职业道德。

积极的工作场所

一些积极心理学家对发展和维护能够提供愉快的工作场所并让员工茁壮成长的组织感兴趣（Cameron, Dutton, & Quinn, 2003; Luthans &

Youssef, 2009; Wright, 2003）。事实上，一个被称为积极组织行为（POB）的新运动致力于研究有益的人类优势和能力，以及如何提高、评估和管理这些品质，以提升企业和组织员工的绩效（Nelson & Cooper, 2007）。积极组织行为也强调一个与此相关的方面，即通过改善同事之间关系的质量来支持组织的成就，并促进个体的发展（Harter, 2008; Luthans, Youssef, & Avolio, 2007）。

思考积极的组织或工作场所孕育出的各种职业的一个好方法，就是想一想工作和使命之间的区别。通过研究从神职人员到专业人士的各类工作者，瑞斯尼斯基等人（Wrzesniewski et al., 1997）发现人们以下述三种方式之一看待他们选择的职业：

- 仅仅是一份"工作"。钱是生存所必需的，所以工作是为了报酬。持这种观点的人通常认为自己是家庭的主要供养者。
- 一份"职业"。工作能满足这类人对成就、竞争及获得地位或声誉的愿望和需求。显然这也事关个人尊严。
- 一项"使命"。这些人将他们的工作看作是实现个人价值和社会目的的一种途径。他们认为自己的工作既服务自己，也服务他人。因此，工作成为社区服务的一种形式，也给他们提供了个人成就感。

试着从更个人化的角度来理解这些区别：你会找一份仅仅满足经济需求（付账单、提供保障）的工作，还是渴望一份能让你感到满足甚至对你的社区有所"回馈"的工作？

积极的学校

大多数关于学校和学生体验的研究都关注消极方面，强调教育工作的错误之处（Snyder & Lopez, 2007）。然而，近年来，一些心理学家开始关注他们所称的"学校满意度"或学生对其整体学校体验的评价（Huebner et al., 2009）。作为一个代表个体差异的心理构念，学校满意度是由认知（学生关于教育体验的看法）和情感（学生在教育环境中报告的积极和消极情绪的频率）构成的。

迄今为止，有关学校满意度的研究已经有了一些结果。首先，早在幼儿园时期学校满意度就可以很好地预测学生的投入程度和学业进步（Ladd, Buhs, & Seid, 2000）。学校满意度高的学生往往比其他学生有更高的绩点，更少报告心理症状，并有更强的自主感（Huebner & Gilman, 2006）。毫不奇怪，这些更加投入、学业成绩更好的学生，也更少可能出现青春期问题行为（DeSantis et al., 2006）。所以，学校满意度似乎是

推荐阅读

《幸福的神话：关于幸福的10个误解》
（*The Myths of Happiness: What Should Make You Happy, but Doesn't, What Shouldn't Make You Happy, but Does*）

作者：索尼娅·柳博米尔斯基

在追寻幸福时，成年人会"走错路"，因为他们常常关注错误的成功文化标志。在《幸福的神话》中，积极心理学家索尼娅·柳博米尔斯基（Sonja Lyubomirsky）提出，我们经常信奉被证明是错误的承诺：那些经久不衰的神话承诺一旦人们达到了某个文化等级（专属办公室、一定的收入水平），就会获得真正的幸福。人们实现这些神话的欲望使他们无法意识到自己作为个体成长的机会，即消极的生活事件对他们来说也可能有积极的一面。

柳博米尔斯基认为，人们过分强调他们对生活中的好事和坏事的最初情绪反应。她认为，人们可以学会超越自己的第一反应，这样他们如何看待特定情境（而非情境本身）就会成为他们的首要关注点。人们常常忘记他们能相对较快地适应好的和坏的变化（心理学家称之为"享乐适应"），并很快回到他们之前的快乐水平，忘记是什么让他们快乐或沮丧。柳博米尔斯基的目标是用知识武装读者，让他们做出更明智的选择，并稍微减缓适应的趋势。如果人们以一种不那么受神话驱动的心态来对待他们的生活，就可以期待持久的幸福和更令人满意的生活。

积极的学校提升学生的满意度，后者与学生投入学习的程度和学业进步有关。

研究积极学业成就的一个有前景的、积极的变量。

有美德的机构

积极的机构可以像人那样吗？换句话说，机构能够既拥有又能提升积极的美德吗？彼得森（Peterson, 2006）指出，在日常机构中可以发现良好的内在品质，包括本节讨论的机构，以及俱乐部、运动队、政府部门和社会中的各种组织。图 16.13 列出了彼得森认为可使机构对人们的生活做出积极贡献的美德。当你查看这个图表时，想想你经常接触的一些机构：有多少展现或行使了这些美德？

积极机构的美德	
美德	描述
目的	机构为其所倡导的道德目标提供了一个共同愿景；这些目标通常被人铭记和颂扬。
公平	规则存在并被人知晓；奖励和惩罚的执行具有一致性。
人道	机构关心其成员，成员也关心机构。
安全	机构保护其成员免受威胁、危险和剥削。
尊严	机构中的所有成员，无论其地位高低，都受到尊重。

图 16.13　在积极的机构中发现的美德

积极的机构被认为可以为在其中工作的人以及其所在的社区提供很多益处。本图列出了一些积极机构的基本美德。你能想到其他的美德吗？

资料来源：Peterson, C. (2006). *A primer in positive psychology*. New York: Oxford University Press.

积极心理学：问题与前景

学习目标
- 了解对积极心理学的一些批评
- 概述积极心理学未来的一些机会

积极心理学在相对短的时间内取得了相当大的进步。不过，即便是积极心理学的创立者和坚定的支持者也想知道积极心理学是否真的能长期存在。这个新领域能不断吸引学生和研究者的兴趣吗？它更像是一时的流行或心理学潮流，而不是一个真正的实证研究新领域吗？借用积极心理学的两位"助产士"克里斯托弗·彼得森和马丁·塞利格曼（Peterson & Seligman, 2003）的说法，积极心理学会像披头士乐队那样长盛不衰，还是像杜兰杜兰乐队一样遭遇"昙花一现"的命运？

问　题

更为重要的是，积极心理学并非没有受到批评和怀疑（Lazarus, 2003b;

Richardson & Guignon, 2008）。例如，已故的著名心理学家和应激研究者理查德·拉扎勒斯（Lazarus, 2003a）质疑，积极心理学所传递的信息不仅不够新，而且注定是一种来来去去的时尚。为什么呢？因为很多重要的概念和实证方面的问题可能得不到解决，而新的心理学潮流又会出现。拉扎勒斯还质疑，将心理学学科划分为积极和消极两个部分是否不仅是一种过度简化，而且会给心理学研究带来理论和实践的难题。正如拉扎勒斯（Lazarus, 2003a）幽默但有力地提出的那样：

> 上帝需要撒旦，反之亦然。没有一方，另一方也不会存在。我们需要生活中的坏事来充分欣赏好的一面，而坏事是生活的一部分。（p. 94）

同样，当你阅读本章内容时，你可能在想这个新领域是否确实是全新的。例如，或许积极心理学只不过是"新瓶装旧酒"罢了。或者更宽容地说，也许积极心理学的框架可以用来重新组织我们对积极事件、想法、感受甚至行为的认识，但它不可能是其创建者所期望的范式转换。不过，积极心理学的争议双方可能都同意，只有时间才能证明积极心理学在更广泛的学科范围内是否具有持久的生命力和影响力。在这种情况下，积极心理学若要蓬勃发展，我们应该寻找和期待什么？

前　景

或许，积极心理学的成功与否，最好由研究结果和未来的成功应用来判断。已故的彼得森（Peterson, 2006）提供了可能是最能说明问题的成功指标：心理学的积极和消极方面是否达到了所需的平衡？如果这种平衡的期望和需要已经达成，那么保留"积极心理学"这一标签或许就没那么重要了。第二个标准是研究是否能解释为什么人们不去寻求那些让他们真正开心的生活品质。换句话说，如果研究确定了哪些活动能让人们过上美好的生活（Dunn & Brody, 2008; Park & Peterson, 2009），他们会将这些研究结果应用到自己的生活中吗？随着研究证据和干预研究的出现，看看人们是否真的改变了他们的生活方式将会非常令人兴奋（本章下一节的练习将会让你有机会看到在自己生活中引入新的、积极的日常活动是多么简单）。

应用：提升你的幸福感

学习目标
- 解释为何数一数自己有多少幸运的事和表达感激可以提升幸福感
- 认识到分享关于自己的积极故事、分享好消息和亲社会消费的心理益处

用"对"或"错"回答下面的问题。

____ 1. 数一数你的幸运之事是提升幸福感的一种简单方法。

____ 2. 写一封真诚的感谢信能提高你和收件人的幸福感。

____ 3. 与感兴趣的人分享发生在你身上的好事（或者听他人的分享）可以产生有益的积极情绪。

____ 4. 有时花钱能让你快乐。

如果你对以上问题中的任何一个或全部的回答是"错",因为你认为上述活动太过简单,那么对于幸福的本质,你还了解得不够。提升你的幸福感和快乐可能比你想象的要简单。在这一章里你阅读和思考了积极心理学的洞见如何影响和造福他人的生活。现在轮到你了:如何利用积极心理学来改善你自己的生活?本应用包含五个简单的练习,每个都能带来很多心理社会益处(Mongrain & Anselmo-Matthews, 2012)。你要做的就是试一试。祝你好运!

每天数一数你的幸运之事,并坚持一周

在有些日子里,生活即使不是令人不堪重负,也似乎令人厌烦。让人消沉的往往不是生活中的大问题,而是烦恼、失落和小干扰等小问题。对有些人而言,可能是堵车;对另一些人来说,可能是忘记给手机充电。有时一个人上课迟到,忘记了承诺,或者错过了截止时间。他的衬衫或外套掉了一个扣子,房间一团糟,还有衣服要洗。把小事情看成了大麻烦,他突然间感觉有些糟糕。

该做些什么呢?一些研究者(Emmons & McCullough, 2003; Lyubomirsky, Sheldon, & Schkade, 2005; Seligman et al., 2005)建议数一数你的幸运之事(就是字面意思),从而发现你生活中阳光的一面。这些积极心理学家所说的"幸运之事"是指每天发生在你身上的好事,例如来自陌生人的一个温暖微笑、与同事的一次愉快午餐、与杳无音信的老友的一次意外联系(或许是在社交网站上)。你列出的好事也可以包括一些重要的事情,例如坠入爱河,开始一份令你兴奋的新工作,或者发现你所爱之人的健康状况明显改善。

彼得森(Peterson, 2006)提供了一些记录这些好事情的指导原则。首先,不要试着列太多事情。每天三件事就可以了,再多就会减少练习的好处。第二,每天结束时写下好事情的清单,坚持一周。彼得森报告说,如果每天记录得太早,这个练习的效果会降低。最后,在列完一天的清单后,花几分钟时间简单记下为什么这些事情对你和你的生活来说是好事。通过这样做,你会更加留意这些好事情的本质。

坚持记录生活中的好事情有什么明显的益处?研究发现,这样做了一周的人在停止记录清单6个月后,幸福水平更高,抑郁症状更少(Peterson, 2006)。更好的结果是,最初的参与者中有近60%的人在没有调查者督促的情况下仍然坚持记录他们的每日清单。后续调查发现,这种每日记录的习惯有助于人们拥有持续的幸福感,并促进了他们与重要他人的关系。

写一封感恩信并寄出去

如今没有人再写信了,人们使用手机短信、社交软件或电子邮件来发送信息。写一封真正的信是一门即将消亡的艺术。所以,这个练习不仅能让你重振一门正在消亡的艺术,还能给你提供一个让收信人感觉良好的机会。

大多数人都善于对那些为我们做了好事的人说声谢谢,但是表达感恩更难。花几分钟时间想想那些在你的生命中不遗余力地帮助过你的人。你的父母、兄弟姐妹和祖父母,还有你的一些老师或教练、室友、亲密朋友,可能还有一些邻居或其他人,都可能是这样的人。从这些人中选一个你认为到目前为止对你帮助最大的人。如果你从没有恰当地对这个人表达过感恩,现在你的机会来了。

给你选的这个人写一封私人信件,并清楚地解释他或她如何帮助了你,以及你

为什么如此感激对方。不要用电子邮件，因为这类信息通常比较简短，并且显得不够个人化。手写比打字更好，这样你的信会更自然一些。让你的信尽可能丰富而详细。在理想的情况下，拜访这个人，亲手递上你的信，请对方在你在场时看这封信（Peterson, 2006）。如果面对面的交流不太可能，你可以寄出这封信（实在不行也可以发电子邮件，但千万不要发短信），然后通过电话告诉对方。

对方看了你的信之后会发生什么？收信人会被感动（可能会感动到流泪），但你表达的感恩也会使他或她感到满足。你们俩可能都会感到快乐（Seligman et al., 2005）。这样的信更多的是对当下生活的肯定，而不是对长远生活的改变（也就是说，除非你决定在可预见的未来每隔一段时间写一封感恩信）。不过，懂得感恩仍然是一件好事，因为有感恩之心的人比那些没有的人更快乐（Park, Peterson, & Seligman, 2004）。

那些已经离开我们的人比如去世的亲人呢？有可能对他们生前给予我们的善意表达感恩吗？是的。如果你愿意，你可以以上面的说明为模板，为已故的友人或亲人写一封感恩信。你可能无法直接与对方分享这封信，但当你在纸上用文字表达你的感激之情时，你很可能会唤起愉快的记忆并进行反思。这些记忆可能让你再次与这个你亏欠很多的人进行"对话"。

表达真诚的感激对被感谢的人和表达感谢的人都有益。

分享一个故事来展现你最好的一面

大多数人都不愿自吹自擂，但都能记得自己做过哪些能激发出自己最好一面的事情。因为人们真的不喜欢吹嘘，所以通常把这些故事深埋心底。虽然这种谦虚令人钦佩，但告诉别人你的典范行为，有时能为他人树立榜样甚至带来激励。当你考虑这个建议时，让它成为你向他人表露私人善行的一个难得的机会吧。

基本准则是什么？当然，你应该诚实，尽量谦虚（再次强调不要吹嘘），除非你所做的是真正无私的和自定义的。一旦你回想起你的例子，准备好与他人分享，也许分享的对象就是使用这本书的同班同学。你可以问问这门课的讲师，是否能用一节课的时间让大家与其他人分享自己的故事。或者，你可以写一篇简短的、一页纸的文章来讲述你的故事。然后，将你的文章发布在只有你的同班同学才能登陆和阅读的网站上。还可以把每个人的故事复印一份，作为未来班会的阅读材料。虽然最后一种做法没有倾听人们讲述他们"个人最好的"故事那么有激情和冲击力，但是这个故事有可能被所有人读到。如果这种练习不是在你的课堂上做，你可以与班上的一两个同学约定交换故事，这是在你探索课程材料时结交新朋友的好方法。

最后一点：记住一条黄金法则，己之所欲，施之于人。当人们礼貌地、饶有兴致地倾听你的故事时，你也一定要用同样的方式对待他们（见下一个练习）。

与他人分享好消息并进行资本化

幽默作家弗兰·勒博维茨（Lebowitz, 1982, p.17）曾写道："说话的反面不是倾听，而是等待。"当你身边的人试图吸引你的注意时，倾听是你通常对待他们的方式吗？你是否真的认真听他们说了什么并做出相应的回应，尤其是当他们传递的消息是好消息的时候？你是否更想告诉别人在你身上发生了什么好事，而不是祝贺别人取得的成就？你当然希望朋友和亲人陶醉在你的好运中，但除非你也为他们这样做，否则你可能不会得到你所寻求的反应，或者接下来我们要提到的任何积极的心理社会收益。

积极心理学家谢利·盖布尔和她的同事们发现，人们如何与他人分享自己的好事以及如何对他人的好事做出反应，对自己和他人都有深远的影响（Gable et al., 2004）。具体而言，当我们与身边的人分享好消息时，若他们对我们所说的话表现出真诚的兴趣和热情的反应，就会产生"资本化"。**资本化**（capitalization）是指告诉别人我们自己生活中正在发生的任何好事。这个术语在这种语境下确实不寻常，但这个词有一个含义是"将某事变成一种优势"，当人们与他人分享好事时正是这样做的。为何如此？他人对分享的积极反应会让分享者产生积极情绪，这种情绪利用了他们已有的良好感受，或者建立在良好感受之上。这种互相尊重、愉悦和承认的感觉似乎能增强共享关系的质量。简而言之，当收到好消息并以善意的方式做出回应时，双方都会在社会和情感上受益。

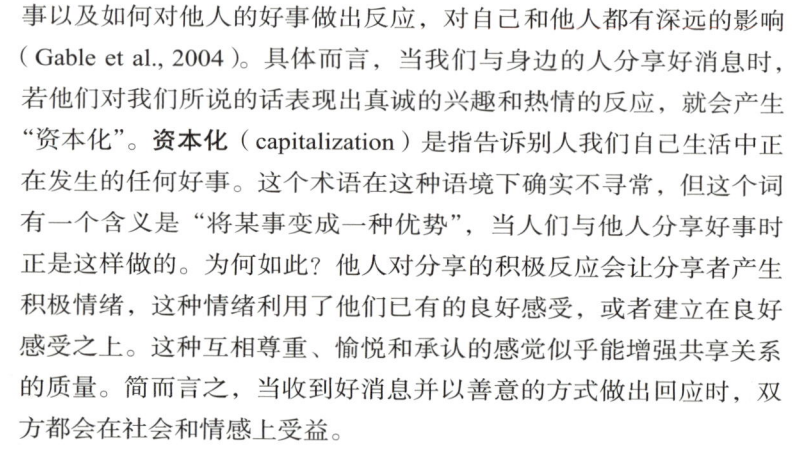

当人们对别人的好消息反应不积极时会发生什么？（注意，我们说的不是嫉妒朋友事业上的成功或者新恋情，我们考虑的是当人们忽略他人分享的一些快乐的小事的时候。）什么都没有发生：没有积极的情绪产生，自我报告的幸福感或关系质量也没有提高。下次当你忙完一天疲惫不堪，一个朋友或重要他人想与你分享自从上次谈话以来取得的一些小成功时，请牢记这一点。微笑和祝贺并不需要你付出太多的努力，而且你对他人的关注很可能在不久的将来得到回报。更好的结果是，你会更少关注自己的疲惫（总是一件好事），并有可能改善你与朋友或伴侣之间的关系。这难道不值得庆祝吗？这种简单的"先付出"能让每个人受益。

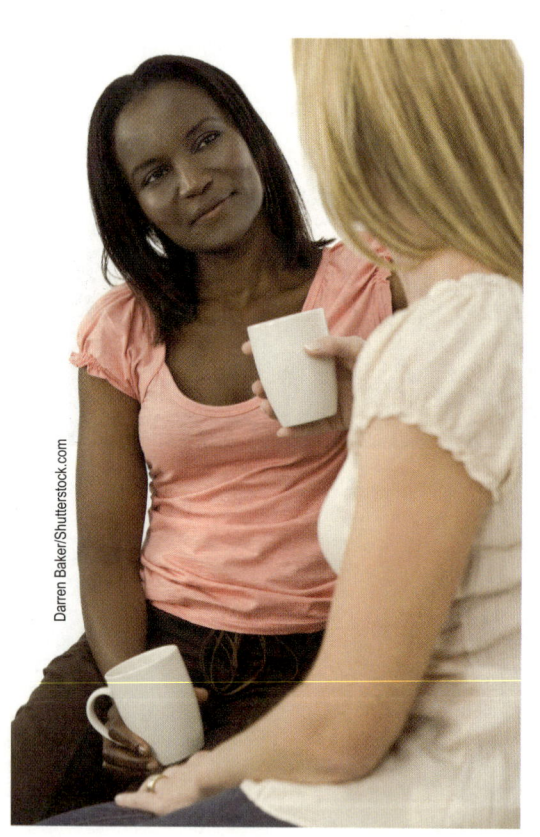

亲社会消费让你快乐

让我们用一个有趣（虽然有点儿讽刺）的活动来结束本章的应用部分。根据第1章引用的研究（Diener & Biswas-Diener, 2008; Kasser, 2002），我们知道金钱和物质商品不能买到幸福，对吧？虽然很多人相信把钱花在自己身上能带来快乐，但有大量的证据表明，这种自我放纵很少能带来积极的感受。花钱能让我们快乐吗？是的，在某些情况下，花钱似乎能让我们变得更快乐。根据邓恩、吉尔伯特和威尔逊（Dunn, Gilbert, & Wilson, 2011）的研究，当人们选择花钱时，其实有很多方法可以让他们获得更多的快乐，包括：

- 多购买体验（戏剧、电影、音乐会）而不是物质商品（衣服、小配件）；

"谁说你不能买到快乐！"

- 多买小乐趣（巧克力圣代），少买大乐趣（一辆新车）；
- 用金钱造福他人而不是自己。

最后一种方法非常有趣：我们在为他人花钱的过程中能让自己快乐吗？

有研究者（Dunn, Aknin, & Norton, 2008）给参与者 5 美元或 20 美元，让他们给自己或别人花钱。那些给别人花钱的人比给自己花钱的人感到更快乐。邓恩及其同事还发现，那些把自己的大部分收入花在别人身上或慈善捐款上的人，比那些只把收入花在自己身上的人要快乐得多。阿克南等人（Aknin et al., 2010）的一项相关研究发现，当乌干达和加拿大学生回想他们对他人慷慨的场景时，他们报告的幸福感水平比那些回想为自己花钱的场景的参与者要高（也见 Aknin et al., 2011a）。

为什么给别人花钱，即研究者所说的亲社会消费，能提高幸福感？给予他人让我们感到自己是有责任感、给予和关心他人的人。给予的行为让我们对自己感觉良好。当我们把钱花在别人身上时，我们也增强了与他们之间的社会纽带，而与他人有更牢固的社会关系的人通常更快乐。在别人身上进行亲社会消费可以让我们自我感觉良好（Anik et al., 2011）。

所以，下次你和朋友见面喝咖啡、看电影或随便吃点什么的时候，为什么不主动付钱呢？或者，如果你看到一些你知道会让朋友或所爱的人开心一天的小礼物，如一本书、一些巧克力、一束花、一笔慈善捐款或无论其他什么，出于亲社会关系的考虑，不妨适当"破费"一次。你和你的朋友都会为你所做的事感到非常开心的（Aknin, Dunn, & Norton, 2012）。

本章回顾

主要观点

积极心理学的范畴

- 积极心理学是心理学的一个新领域,致力于研究人类的优势以及人们如何在日常生活中达到繁盛。这个分支领域的出现是对心理学主要关注各种心理问题的一种反应。通过提供所需的平衡,积极心理学可以鼓励人们关注日常生活的积极方面。
- 虽然积极心理学是一个新领域,但它探索的很多问题在该学科的主流视野之外已经被研究了一段时间。积极心理学为与幸福和美好生活相关的新旧概念提供了组织框架。
- 积极心理学有三条相互关联的行为研究主线:积极的主观体验(例如好心境和积极情绪)、积极的个体特质(包括希望、心理韧性和感恩)和积极的机构(例如有益的工作环境、好学校和稳固的家庭)。

积极的主观体验

- 积极的主观体验包括人们对自己生活的积极但通常私密的想法和感受。积极的心境是对事件广泛而持久的反应,而积极情绪则是急性的特异性反应,持续时间较短。积极的心境和情绪会促进特定的想法、感受和行为。
- 弗雷德里克森的拓展构建模型解释了为什么积极情绪能产生新的、有益的思维和行为方式。消极情绪使人们的思维变得狭窄,而积极情绪会拓宽人们的视野,并在此过程中创造未来的情绪和认知资源。
- 心流是一种心理状态,其特征是完全投入到具有趣味性、挑战性和内在回报的活动中。当一个人的技能与他刚好能应对的挑战达到平衡时,就会体验到心流。
- 正念行为的特征是对日常经验的新异特征的注意和反应,而当人们从事几乎不需要积极思考的熟悉或机械的行为时,就会出现潜念现象。

积极的个体特质

- 积极的个人特质是性格的品质,有些是习得的,另一些则是天生的。这些积极的性格倾向解释了为什么一些人比其他人更快乐、心理更健康。
- 表现出希望的人们预期他们期望的目标在未来能够实现。根据斯奈德的观点,希望包括动因和路径。希望特质与积极情绪体验相关。
- 具有心理韧性的人在创伤性经历后比缺乏心理韧性的人能更好更快地恢复心理幸福感。作为心理韧性的证据,创伤后成长的标志是人们认识到什么是真正重要的事,包括对朋友、所爱之人和生活本身更为欣赏。
- 坚毅是一种与成功完成一个长期目标的毅力和激情相关的特质。坚毅水平高的人会表现出克服障碍的毅力和实现目标的动力。
- 感恩指人们对生活中的美好事物心存感激,尤其是对别人为他们所做的事情表示感激。
- 作为一种特质,精神性是指人们相信生命具有值得关注的超然或非物质的属性,这些属性赋予了生命意义。

积极的机构

- 积极的机构是促进公民美德的组织,这些美德帮助人们做关心公共福祉的好公民。学校也可以归入这一类别。积极的机构促进目的、公平、人道、安全和尊严。

积极心理学:问题与前景

- 一些批评者提出,积极心理学只不过是将陈旧或已有的观念用新的框架重新包装。积极心理学的捍卫者反驳说,如果心理学在对积极和消极的心理过程的关注上变得更加平衡,那么积极心理学这个分支领域就实现了它的目标。

应用:提升你的幸福感

- 如果人们数一数他们生活中的好事情,向过去帮助过他们的人表达真诚的感恩,分享自己有益于他人的善行故事,就可以获得幸福感。
- 与他人分享自己的好消息,认真倾听他人分享的积极信息,为别人而不是自己花钱,都有益于心理健康。

关键术语

积极心理学	积极的个人特质
积极的主观体验	希望
情绪	心理韧性
积极情绪	创伤后成长
消极情绪	坚毅
消除假说	感恩
心流	精神性
正念	积极的机构
潜念	资本化
品味	

练习题

1. 作为涵盖范围更广的心理学学科内部的一个社会与知识运动，积极心理学关注_____。
   a. 人类的优势
   b. 人们如何才能繁盛
   c. 创造日常生活中挑战和愉悦之间的平衡
   d. 以上所有都是

2. 在积极心理学的三条研究主线中，_____涉及促进良好心境和情绪的心理过程？
   a. 积极的主观体验
   b. 积极的个体特质
   c. 积极的心理韧性
   d. 积极的机构

3. 处于积极的心境被证明会让人们_____。
   a. 更少警觉
   b. 更有创造性
   c. 更谨慎
   d. 思维更缓慢

4. 心流是一种存在状态，在此状态中个体_____。
   a. 感知到消极情绪之后的平衡感和幸福感
   b. 有与广泛的后续行为相关联的积极想法
   c. 完全投入具有趣味性、挑战性和回报的活动中
   d. 以具有生存价值的方式行事

5. 在一些压力事件后，个体的人际关系发生了有益的变化，例如与家人建立了更紧密的联系，这是_____的例子。
   a. 创伤后成长
   b. 资本化
   c. 希望
   d. 正念

6. 人类在日常生活中对意义的需求主要与_____有关。
   a. 希望
   b. 冥想
   c. 创伤后成长
   d. 精神性

7. 下面的美德中，_____不是在积极的机构中发现的？
   a. 尊严
   b. 节俭
   c. 公平
   d. 人道

8. 积极心理学的批评者和怀疑者有时会说_____。
   a. 积极心理学研究是不科学的
   b. 积极的心理过程很难用实证研究来证明
   c. 积极心理学所传递的信息不是新的，可能只是一种时尚
   d. 积极心理学是一种误导，主流心理学应该只专注日常生活中的消极方面

9. 与亲近的人分享我们生活中的好消息被称为_____。
   a. 资本化
   b. 品味
   c. 心理韧性
   d. 正念

10. 人们可以通过花钱_____来获得幸福。
    a. 让他人受益
    b. 获得小乐趣，而不是大乐趣
    c. 购买一些体验，而不是物质产品
    d. 以上所有都是

答案

1. d   6. d
2. a   7. b
3. b   8. c
4. c   9. a
5. a   10. d

术语表

文化适应
acculturation Changing to adapt to a new culture.

获得性免疫缺陷综合征
acquired immune deficiency syndrome (AIDS) A disorder in which the immune system is gradually weakened and eventually disabled by the human immunodeficiency virus (HIV).

急性压力源
acute stressors Threatening events that have a relatively short duration and a clear end point.

调适
adjustment The psychological processes through which people manage or cope with the demands and challenges of everyday life.

情感预测
affective forecasting Efforts to predict one's emotional reactions to future events.

攻击（性）
aggression Any behavior intended to hurt someone, either physically or verbally.

广场恐怖症
agoraphobia A fear of going out to public places.

酒精依赖
alcohol dependence A chronic, progressive disorder marked by a growing compulsion to drink and impaired control over drinking that eventually interferes with health and social behavior.

酗酒
alcoholism See alcohol dependence

环境压力
ambient stress Chronic environmental conditions that, although not urgent, are negatively valued and place adaptive demands on people.

肛交
anal intercourse The insertion of the penis into a partner's anus and rectum.

男性中心主义
androcentrism The belief that the male is the norm.

雄激素
androgens The principal class of male sex hormones.

双性化
androgyny The coexistence of both masculine and feminine personality traits in an individual.

快感缺乏
anhedonia A diminished ability to experience pleasure.

神经性厌食症
anorexia nervosa An eating disorder characterized by intense fear of gaining weight, disturbed body image, refusal to maintain normal weight, and use of dangerous methods to lose weight.

先行事件
antecedents In behavior modification, events that typically precede a target response.

抗焦虑药
antianxiety drugs Drugs that relieve tension, apprehension, and nervousness.

预期性压力
anticipatory stressors Upcoming or future events that are perceived to be threatening.

抗抑郁药
antidepressant drugs Drugs that gradually elevate mood and help to bring people out of a depression.

抗精神病药
antipsychotic drugs Drugs used to gradually reduce psychotic symptoms, including hyperactivity, mental confusion, hallucinations, and delusions.

焦虑障碍
anxiety disorders A class of psychological disorders marked by feelings of excessive apprehension and anxiety.

双趋冲突
approach-approach conflict A conflict in which a choice must be made between two attractive goals.

趋避冲突
approach-avoidance conflict A conflict in which a choice must be made about whether to pursue a single goal that has both attractive and unattractive aspects.

原始意象
archetypes Emotionally charged images and thought forms that have universal meaning.

自我坚定
assertiveness Acting in one's own best interest by expressing one's feelings and thoughts honestly and directly.

动脉粥样硬化
atherosclerosis A disease characterized by gradual narrowing of the coronary arteries.

依恋类型
attachment styles Typical ways of interacting in close relationships.

态度
attitudes Beliefs and feelings about people, objects, and ideas.

归因
attributions Inferences that people draw about the causes of events, others' behavior, and their own behavior.

孤独症／孤独症谱系障碍
autism/autism spectrum disorder A psychological disorder characterized by profound impairment of social interaction and communication and by severely restricted interests and activities, apparent by the age of 3.

自主神经系统
autonomic nervous system (ANS) That portion of the peripheral nervous system made up of the nerves that connect to the heart, blood vessels, smooth muscles, and glands.

厌恶疗法
aversion therapy A behavior therapy in which an aversive stimulus is paired with a stimulus that elicits an undesirable response.

双避冲突
avoidance-avoidance conflict A conflict in which a choice must be made between two unattractive goals.

分享荣誉
basking in reflected glory The tendency to enhance one's image by publicly announcing one's association with those who are successful.

虐待
battering Physical abuse, emotional abuse, and sexual abuse, especially in marriage or relationships.

行为
behavior Any overt (observable) response or activity by an organism.

行为矫正
behavior modification A systematic approach to changing behavior through the application of the principles of conditioning.

行为疗法
behavior therapies The application of the principles of learning to direct efforts to change clients' maladaptive behaviors.

行为契约
behavioral contract A written agreement outlining a promise to adhere to the contingencies of a behavior modification program.

行为主义
behaviorism A theoretical orientation based on the premise that scientific psychology should study observable behavior.

暴食障碍
binge-eating disorder An eating disorder that involves distress-inducing eating binges that are not accompanied by the purging, fasting, and excessive exercise seen in bulimia.

生物医学疗法
biomedical therapies Physiological interventions intended to reduce symptoms associated with psychological disorders.

生物－心理－社会模型
biopsychosocial model The idea that physical illness is caused by a complex

interaction of biological, psychological, and sociocultural factors.

双相障碍
bipolar disorder Psychological disorder marked by the experience of both depressed and manic periods.

双性恋者
bisexuals People who seek emotional-sexual relationships with members of both genders.

身体意象
body image One's attitudes, beliefs, and feelings about one's body.

体重指数
body mass index (BMI) Weight (in kilograms) divided by height (in meters) squared (kg/m^2).

头脑风暴
brainstorming Generating as many ideas as possible while withholding criticism and evaluation.

神经性贪食症
bulimia nervosa An eating disorder characterized by habitual out-of-control overeating followed by unhealthy compensatory efforts, such as self-induced vomiting, fasting, abuse of laxatives and diuretics, and excessive exercise.

倦怠
burnout Physical, mental, and emotional exhaustion that is attributable to work-related stress.

旁观者效应
bystander effect The social phenomenon in which individuals are less likely to provide needed help when others are present than when they are alone.

癌症
cancer Malignant cell growth, which may occur in many organ systems in the body.

印度大麻
cannabis The hemp plant from which marijuana, hashish, and THC are derived.

资本化
capitalization Telling other people about whatever good things are happening in our own lives.

个案研究
case study An in-depth investigation of an individual subject.

灾难性思维
catastrophic thinking Unrealistic appraisals of stress that exaggerate the magnitude of one's problems.

宣泄
catharsis The release of emotional tension.

大脑半球
cerebral hemispheres The right and left halves of the cerebrum, which is the convoluted outer layer of the brain.

渠道
channel The medium through which a message reaches the receiver.

慢性压力源
chronic stressors Threatening events that have a relatively long duration and no readily apparent time limit.

经典条件作用
classical conditioning A type of learning in which a neutral stimulus acquires the capacity to evoke a response that was originally evoked by another stimulus.

来访者中心疗法
client-centered therapy An insight therapy that emphasizes providing a supportive emotional climate for clients, who play a major role in determining the pace and direction of their therapy.

临床心理学家
clinical psychologists Psychologists who specialize in the diagnosis and treatment of psychological disorders and everyday behavioral problems.

临床心理学
clinical psychology The branch of psychology concerned with the diagnosis and treatment of psychological problems and disorders.

亲近关系
close relationships Relatively long-lasting relationships in which frequent interactions occur in a variety of settings and in which the impact of the interactions is strong.

认知－行为疗法
cognitive-behavioral treatments Therapy approach that uses varied combinations of verbal interventions and behavior modification techniques to help clients change maladaptive patterns of thinking.

认知疗法
cognitive therapy An insight therapy that emphasizes recognizing and changing negative thoughts and maladaptive beliefs.

同居
cohabitation Living together in a sexually intimate relationship without the legal bonds of marriage.

性交
coitus The insertion of the penis into the vagina and (typically) pelvic thrusting.

集体潜意识
collective unconscious According to Jung, a storehouse of latent memory traces inherited from people's ancestral past that is shared with the entire human race.

集体主义
collectivism Putting group goals ahead of personal goals and defining one's identity in terms of the groups to which one belongs.

承诺
commitment The decision and intent to maintain a relationship in spite of the difficulties and costs that may arise.

沟通恐惧
communication apprehension The anxiety caused by having to talk with others.

共病
comorbidity The coexistence of two or more disorders.

对照水平
comparison level One's standard of what constitutes an acceptable balance of rewards and costs in a relationship.

替代关系的对照水平
comparison level for alternatives One's estimation of the available outcomes from alternative relationships.

补偿
compensation A defense mechanism characterized by efforts to overcome imagined or real inferiorities by developing one's abilities.

依从
compliance Yielding to social pressure in one's public behavior, even though one's private beliefs have not changed.

同病率
concordance rate A statistic indicating the percentage of twin pairs or other pairs of relatives who exhibit the same disorder.

条件反应
conditioned response (CR) A learned reaction to a conditioned stimulus that occurs because of previous conditioning.

条件刺激
conditioned stimulus (CS) A previously neutral stimulus that has, through conditioning, acquired the capacity to evoke a conditioned response.

确认偏差
confirmation bias The tendency to behave toward others in ways that confirm your expectations about them.

从众
conformity Yielding to real or imagined social pressure.

意识
conscious According to Freud, whatever one is aware of at a particular point in time.

建设性应对
constructive coping Efforts to deal with stressful events that are judged to be relatively healthful.

背景
context The environment in which communication takes place.

控制组
control group Subjects in an experiment who do not receive the special treatment given to the experimental group.

应对
coping Active efforts to master, reduce, or tolerate the demands created by stress.

冠心病
coronary heart disease A chronic disease characterized by a reduction in blood flow from the coronary arteries, which supply the heart with blood.

胼胝体
corpus callosum The band of fibers connecting the two hemispheres of the brain.

相关
correlation The extent to which two variables are related to each other.

相关系数
correlation coefficient A numerical index of the degree of relationship that exists between two variables.

咨询心理学家
counseling psychologists Psychologists who specialize in the treatment of everyday behavioral problems.

夫妻治疗
couples therapy The treatment of both partners in a committed, intimate relationship, in which the main focus is on relationship issues.

舔阴
cunnilingus The oral stimulation of the female genitals.

约会强奸
date rape Forced and unwanted intercourse with someone in the context of dating.

防御机制
defense mechanisms Largely unconscious reactions that protect a person from unpleasant emotions such as anxiety and guilt.

防御性归因
defensive attribution The tendency to blame victims for their misfortune, so that one feels less likely to be victimized in a similar way.

防御
defensiveness An excessive concern wth protecting oneself from being hurt.

妄想
delusions False beliefs that are maintained even though they clearly are out of touch with reality.

因变量
dependent variable In an experiment, the variable that is thought to be affected by manipulations of the independent variable.

诊断
diagnosis Distinguishing one illness from another.

歧视
discrimination Behaving differently, usually unfairly, toward members of a group.

下岗员工
displaced workers Individuals who are unemployed because their jobs have disappeared.

替代
displacement Diverting emotional feelings (usually anger) from their original source to a substitute target.

表达规则
display rules Norms that govern the appropriate display of emotions.

分离性遗忘症
dissociative amnesia A sudden loss of memory for important personal information that is too extensive to be due to normal forgetting.

分离障碍
dissociative disorders A class of psychological disorders characterized by loss of contact with portions of one's consciousness or memory, resulting in disruptions in one's sense of identity.

分离性身份障碍（DID）
dissociative identity disorder (DID) Dissociative disorder involving the coexistence in one person of two or more largely complete, and usually very different, personalities. Also called multiple-personality disorder.

离婚
divorce The legal dissolution of a marriage.

留面子技术
door-in-the-face technique Making a very large request that is likely to be turned down to increase the chance that people will agree to a smaller request later.

向下的社会比较
downward social comparison The defensive tendency to compare oneself with someone whose troubles are more serious than one's own.

梦的解析
dream analysis A psychotherapeutic technique in which the therapist interprets the symbolic meaning of the client's dreams.

双职工家庭
dual-earner households Households in which both partners are employed.

进食障碍
eating disorders Severe disturbances in eating behavior characterized by preoccupation with weight and unhealthy efforts to control weight.

摇头丸
ecstasy *See* MDMA.

自我
ego According to Freud, the decision-making component of personality that operates according to the reality principle.

精细加工可能性模型
elaboration likelihood model The idea that an individual's thoughts about a persuasive message (rather than the message itself) determine whether attitude change will occur.

电休克疗法（ECT）
electroconvulsive therapy (ECT) A biomedical treatment in which electric shock is used to produce a cortical seizure accompanied by convulsions.

以电子为媒介的沟通
electronically mediated communication Interpersonal communication that takes place via technology.

情绪智力
emotional intelligence The ability to monitor, assess, express, or regulate one's emotions; the capacity to identify, interpret, and understand others' emotions; and the ability to use this information to guide one's thinking and actions.

情绪
emotions Powerful, largely uncontrollable feelings, accompanied by physiological changes.

实证主义
empiricism The premise that knowledge should be acquired through observation.

内分泌系统
endocrine system Glands that secrete chemicals called hormones into the bloodstream.

内部婚配
endogamy The tendency of people to marry within their own social group.

流行病学
epidemiology The study of the distribution of mental or physical disorders in a population.

勃起困难
erectile difficulties The male sexual dysfunction characterized by the persistent inability to achieve or maintain an erection adequate for intercourse.

性敏感区
erogenous zones Areas of the body that are sexually sensitive or responsive.

雌激素
estrogens The principal class of female sex hormones.

病因
etiology The apparent causation and developmental history of an illness.

演化心理学
evolutionary psychology A field of psychology that examines behavioral processes in terms of their adaptive value for members of a species over the course of many generations.

实验
experiment A research method in which the investigator manipulates an (independent) variable under carefully controlled conditions and observes whether there are changes in a second (dependent) variable as a result.

实验组
experimental group The subjects in an experiment who receive some special treatment in regard to the independent variable.

解释风格
explanatory style The tendency to use similar causal attributions for a wide variety of events in one's life.

暴露疗法
exposure therapies An approach to behavior therapy in which clients are confronted with situations they fear so they learn these situations are really harmless.

表达性
expressiveness A style of communication characterized by the ability to express tender emotions easily and to be sensitive to the feelings of others.

外部归因
external attributions Ascribing the causes of behavior to situational demands and environmental constraints.

消退
extinction The gradual weakening and disappearance of a conditioned response tendency.

因素分析
factor analysis Technique of analyzing correlations among many variables to identify closely related clusters of variables.

家庭生命周期
family life cycle An orderly sequence of developmental stages that families tend to progress through.

家庭治疗
family therapy The treatment of a family unit as a whole, in which the main focus is on family dynamics and communication.

吮吸阴茎
fellatio The oral stimulation of the penis.

"战斗或逃跑"反应
fight-or-flight response A physiological reaction to threat that mobilizes an organism for attacking (fight) or fleeing (flight) an enemy.

术语表 621

固着
fixation In Freud's theory, a failure to move forward from one stage to another as expected.

心流
flow The state of being in which a person becomes fully involved and engaged in the present time by some interesting, challenging, and intrinsically rewarding activity.

登门槛技术
foot-in-the-door technique Getting people to agree to a small request to increase the chances that they will agree to a larger request later.

宽恕
forgiveness Counteracting the natural tendencies to seek vengeance or avoid an offender, thereby releasing this person from further liability for his or her transgression.

自由联想
free association A psychotherapeutic technique in which clients spontaneously express their thoughts and feelings exactly as they occur, with as little censorship as possible.

挫折
frustration The feelings that occur in any situation in which the pursuit of some goal is thwarted.

基本归因错误
fundamental attribution error The tendency to explain others' behavior as a result of personal rather than situational factors.

性别
gender The state of being male or female.

性别角色认同
gender-role identity A person's identification with the traits regarded as masculine or feminine.

性别角色超越视角
gender-role transcendence perspective The idea that to be fully human, people need to move beyond gender roles as a way of organizing the world and of perceiving themselves and others.

性别角色
gender roles Cultural expectations about what is appropriate behavior for each gender.

性别图式
gender schemas Cognitive structures that guide the processing of gender-relevant information.

性别刻板印象
gender stereotypes Widely shared beliefs about males' and females' abilities, personality traits, and social behavior.

一般适应综合征
general adaptation syndrome A model of the body's stress response, consisting of three stages: alarm, resistance, and exhaustion.

广泛性焦虑障碍
generalized anxiety disorder A psychological disorder marked by a chronic high level of anxiety that is not tied to any specific threat.

玻璃天花板
glass ceiling An invisible barrier that prevents most women and ethnic minorities from advancing to the highest levels of an occupation.

生殖腺
gonads The sex glands.

感恩
gratitude Recognizing and concentrating on the good things in one's life and being thankful for them.

坚毅
grit Possessing perseverance and passion for achieving long-term goals.

团体治疗
group therapy The simultaneous treatment of several or more clients in a group.

幻觉
hallucinations Sensory perceptions that occur in the absence of a real external stimulus or that represent gross distortions of perceptual input.

致幻剂
hallucinogens A diverse group of drugs that have powerful effects on mental and emotional functioning, marked most prominently by distortions in sensory and perceptual experience.

坚毅
hardiness A personality syndrome marked by commitment, challenge, and control that is purportedly associated with strong stress resistance.

健康心理学
health psychology The subfield of psychology concerned with the relation of psychosocial factors to the promotion and maintenance of health, and with the causation, prevention, and treatment of illness.

享乐适应
hedonic adaptation The phenomenon that occurs when the mental scale that people use to judge the pleasantness and unpleasantness of their experiences shifts so that their neutral point, or baseline for comparison, is changed.

遗传率
heritability ratio An estimate of the proportion of trait variability in a population that is determined by variations in genetic inheritance.

异性恋主义
heterosexism The assumption that all individuals and relationships are heterosexual.

异性恋者
heterosexuals People whose sexual desires and erotic behaviors are directed toward the other gender.

需要层次
hierarchy of needs A systematic arrangement of needs, according to priority, in which basic needs must be met before less basic needs are aroused.

后见之明偏差
hindsight bias The common tendency to mold one's interpretation of the past to fit how events actually turned out.

同质婚配
homogamy The tendency of people to marry others who have similar personal characteristics.

同性恋恐惧症
homophobia The intense fear and intolerance of homosexuality.

同性恋者
homosexuals People who seek emotional/sexual relationships with members of the same gender.

希望
hope People's expectations that their goals can be achieved in the future.

激素
hormones Chemical substances released into the bloodstream by the endocrine glands.

敌意
hostility A persistent negative attitude marked by cynical, mistrusting thoughts, feelings of anger, and overtly aggressive actions.

人本主义
humanism A theoretical orientation that emphasizes the unique qualities of humans, especially their free will and their potential for personal growth.

性欲低下
hypoactive sexual desire Lack of interest in sexual activity.

本我
id In Freud's theory, the primitive, instinctive component of personality that operates according to the pleasure principle.

认同
identification Bolstering self-esteem by forming an imaginary or real alliance with some person or group.

免疫反应
immune response The body's defensive reaction to invasion by bacteria, viral agents, or other foreign substances.

印象管理
impression management Usually conscious efforts to influence the way others think of one.

不协调
incongruence The disparity between one's self-concept and one's actual experience.

自变量
independent variable In an experiment, a condition or event that an experimenter varies in order to see its impact on another variable.

个人主义
individualism Putting personal goals ahead of group goals and defining one's identity in terms of personal attributes rather than group memberships.

工业与组织心理学
industrial/organizational (I/O) psychology The study of human behavior in the workplace.

信息性影响
informational influence Pressure to conform that operates when people look to others for how to behave in ambiguous situations.

讨好
ingratiation Efforts to make oneself likable to others.

领悟疗法
insight therapies A group of psychotherapies in which verbal interactions are intended to enhance clients' self-knowledge and thus promote healthful changes in personality and behavior.

工具性
instrumentality A style of communication that focuses on reaching practical goals and finding solutions to problems.

相互依赖理论
interdependence theory See social exchange theory

内部归因
internal attributions Ascribing the causes of behavior to personal dispositions, traits, abilities, and feelings rather than to external events.

内在冲突
internal conflict The struggle that occurs when two or more incompatible motivations or behavioral impulses compete for expression.

网络成瘾
Internet addiction Spending an inordinate amount of time on the Internet and inability to control online use.

人际沟通
interpersonal communication An interactional process whereby one person sends a message to another.

人际冲突
interpersonal conflict Disagreement among two or more people.

解释
interpretation A therapist's attempts to explain the inner significance of the client's thoughts, feelings, memories, and behaviors.

亲密
intimacy Warmth, closeness, and sharing in a relationship.

亲密伴侣暴力
intimate partner violence Aggression toward those who are in close relationships to the aggressor.

投入
investments Things that people contribute to a relationship that they can't get back if the relationship ends.

身体语言学
kinesics The study of communication through body movements.

劳动力
labor force All people who are employed as well as those who are currently unemployed but are looking for work.

习得性无助
learned helplessness Passive behavior produced by exposure to unavoidable aversive events.

休闲
leisure Unpaid activities one chooses to engage in because they are personally meaningful.

生活变迁
life changes Any noticeable alterations in one's living circumstances that require readjustment.

倾听
listening A mindful activity and complex process that requires one to select and to organize information, interpret and respond to communications, and recall what one has heard.

孤独
loneliness The emotional state that occurs when a person has fewer interpersonal relationships than desired or when these relationships are not as satisfying as desired.

虚报低价技术
lowball technique Getting people to commit themselves to an attractive proposition before its hidden costs are revealed.

抑郁症
major depressive disorder Psychological disorder characterized by persistent feelings of sadness and despair and a loss of interest in previous sources of pleasure.

躁狂－抑郁障碍
manic-depressive disorder See bipolar disorder.

婚姻治疗
marital therapy The treatment of both partners in a committed, intimate relationship, in which the main focus is on relationship issues.

婚姻
marriage The legally and socially sanctioned union of sexually intimate adults.

手淫
masturbation The stimulation of one's own genitals.

匹配假设
matching hypothesis The idea that people of similar levels of physical attractiveness gravitate toward each other.

摇头丸
MDMA A compound related to both amphetamines and hallucinogens, especially mescaline; it produces a high that typically lasts a few hours or more. Also known as *ecstasy*.

医学模型
medical model The idea that it is useful to think of abnormal behavior as a disease.

冥想
meditation A family of mental exercises in which a conscious attempt is made to focus attention in a nonanalytical way.

月经初潮
menarche The first occurrence of menstruation.

曝光效应
mere exposure effect An increase in positive feelings toward a novel stimulus (such as a person) based on frequent exposure to it.

信息
message The information or meaning that is transmitted from one person to another.

元分析
meta-analysis A statistical technique that evaluates the results of many studies on the same question.

正念
mindfulness A cultivated perspective in which people are sensitive to context and focused on the present.

潜念
mindlessness Engaging in rote behavior, performing familiar, scripted actions without much cognition, as if on autopilot.

记忆术
mnemonic devices Strategies for enhancing memory.

一夫一妻制
monogamy The practice of having only one spouse at a time.

心境稳定剂
mood stabilizers Drugs used to control mood swings in patients with bipolar mood disorders.

多重人格障碍
multiple-personality disorder See dissociative identity disorder

自恋
narcissism The tendency to regard oneself as grandiosely self-important.

麻醉剂
narcotics (opiates) Drugs derived from opium that are capable of relieving pain.

自然观察法
naturalistic observation An approach to research in which the researcher engages in careful observation of behavior without intervening directly with the subjects.

认知需要
need for cognition The tendency to seek out and enjoy effortful thought, problem-solving activities, and in-depth analysis.

自我实现的需要
need for self-actualization The need to fulfill one's potential; the highest need in Maslow's motivational hierarchy.

消极情绪
negative emotions Unpleasant responses to potential threats or dangers, including subjective states like sadness, disgust, anger, guilt, and fear.

负强化
negative reinforcement The strengthening of a response because it is followed by the removal of a (presumably) unpleasant stimulus.

神经质
neuroticism A broad personality trait associated with chronic anxiety, insecurity, and self-consciousness.

神经递质
neurotransmitters Chemicals that carry signals from one neuron to another.

噪声
noise Any stimulus that interferes with accurately expressing or understanding a message.

非言语沟通
nonverbal communication The transmission of meaning from one person to another through means or symbols other than words.

非言语敏感性
nonverbal sensitivity The ability to accurately encode (express) and decode (understand) nonverbal cues.

规范性影响
normative influence Pressure to conform that operates when people conform to social norms for fear of negative social consequences.

营养
nutrition A collection of processes (mainly food consumption) through which an organism uses the materials (nutrients) required for survival and growth.

服从
obedience A form of compliance that occurs when people follow direct commands, usually from someone in a position of authority.

观察学习
observational learning Learning that occurs when an organism's responding is influenced by observing others, who are called models.

强迫症（OCD）
obsessive-compulsive disorder (OCD) A psychological disorder marked by persistent uncontrollable intrusions of unwanted thoughts (obsessions) and by urges to engage in senseless rituals (compulsions).

职业兴趣问卷
occupational interest inventories Tests that measure one's interests as they relate to various jobs or careers.

俄狄浦斯情节
Oedipal complex According to Freud, a child's erotically tinged desires for the other-sex parent, accompanied by feelings of hostility toward the same-sex parent.

操作性条件作用
operant conditioning A form of learning in which voluntary responses come to be controlled by their consequences.

乐观，乐观主义
optimism A general tendency to expect good outcomes.

性高潮
orgasm The release that occurs when sexual arousal reaches its peak intensity and is discharged in a series of muscular contractions that pulsate through the pelvic area.

性高潮困难
orgasmic difficulties Sexual disorders characterized by an ability to experience sexual arousal but persistent problems in achieving orgasm.

过度学习
overlearning Continued rehearsal of material after one has first appeared to have mastered it.

过量
overdose An excessive dose of a drug that can seriously threaten one's life.

惊恐障碍
panic disorder Recurrent attacks of overwhelming anxiety that usually occur suddenly and unexpectedly.

辅助语言
paralanguage All vocal cues other than the content of the verbal message itself.

亲代投资理论
parental investment theory The idea that a species' mating patterns depend on what each sex has to invest—in the way of time, energy, and survival risk—to produce and nurture offspring.

激情
passion The intense feelings (both positive and negative) experienced in love relationships, including sexual desire.

人知觉
person perception The process of forming impressions of others.

个人空间
personal space A zone of space surrounding a person that is felt to "belong" to that person.

人格
personality An individual's unique constellation of consistent behavioral traits.

人格特质
personality trait A durable disposition to behave in a particular way in a variety of situations.

说服
persuasion The communication of arguments and information intended to change another person's attitudes.

恐惧性障碍
phobic disorder Anxiety disorder marked by a persistent and irrational fear of an object or situation that presents no realistic danger.

生理依赖
physical dependence The need to continue to take a drug to avoid withdrawal illness.

多配偶制
polygamy Having more than one spouse at one time.

多导生理记录仪
polygraph A device that records fluctuations in physiological arousal as a person answers questions.

积极情绪
positive emotions Pleasant responses to events that promote connections with others, including subjective states such as happiness, joy, euphoria, gratitude, and contentment.

积极的个人特质
positive individual traits Dispositional qualities that account for why some people are happier and psychologically healthier than other people.

积极的机构
positive institutions Those organizations that cultivate civic virtues, encouraging people to behave like good citizens while promoting the collective good.

正强化
positive reinforcement The strengthening of a response because it is followed by the arrival of a (presumably) pleasant stimulus.

积极心理学
positive psychology A social and intellectual movement within the discipline of psychology that focuses on human strengths and how people can flourish and be successful.

积极心理治疗
positive psychotherapy Approach to therapy that attempts to get clients to recognize their strengths, appreciate their blessings, savor positive experiences, forgive those who have wronged them, and find meaning in their lives.

积极的主观体验
positive subjective experiences The positive but private feelings and thoughts people have about themselves and the events in their lives.

可能自我
possible selves One's conceptions about the kind of person one might become in the future.

创伤后成长
posttraumatic growth Enhanced personal strength, realization of what is truly important in life, and increased appreciation for life, friends, and family following trauma.

创伤后应激障碍
posttraumatic stress disorder (PTSD) Disturbed behavior that emerges sometime after a major stressful event is over.

前意识
preconscious According to Freud, material just beneath the surface of awareness that can be easily retrieved.

偏见
prejudice A negative attitude toward members of a group.

早泄
premature ejaculation Impaired sexual relations because a man consistently reaches orgasm too quickly.

（表现和服从的）压力
pressure Expectations or demands that one behave in a certain way.

患病率
prevalence The percentage of a population that exhibits a disorder during a specified time period.

首因效应
primacy effect The fact that initial information tends to carry more weight than subsequent information.

初级评估
primary appraisal An initial evaluation of whether an event is (1) irrelevant to one, (2) relevant, but not threatening, or (3) stressful.

拖延（症）
procrastination The tendency to delay tackling tasks until the last minute.

预后
prognosis A forecast about the probable course of an illness.

投射
projection Attributing one's own thoughts, feelings, or motives to another person.

投射测验
projective tests Personality tests that ask subjects to respond to vague, ambiguous stimuli in ways that may reveal the subjects' needs, feelings, and personality traits.

空间关系学
proxemics The study of people's use of interpersonal space.

接近性
proximity Geographic, residential, and other forms of spatial closeness.

精神科医生
psychiatrists Physicians who specialize in the treatment of psychological disorders.

精神分析
psychoanalysis An insight therapy that emphasizes the recovery of unconscious conflicts, motives, and defenses through techniques such as free association, dream analysis, and transference.

心理动力学理论
psychodynamic theories All the diverse theories descended from the work of Sigmund Freud that focus on unconscious mental forces.

心理依赖
psychological dependence The need to continue to take a drug to satisfy intense mental and emotional craving for it.

心理测验
psychological test A standardized measure of a sample of a person's behavior.

心理学
psychology The science that studies behavior and the physiological and mental processes that underlie it and the profession that applies the accumulated knowledge of this science to practical problems.

精神药物疗法
psychopharmacotherapy The treatment of mental disorders with medication.

心理性欲阶段
psychosexual stages In Freud's theory, developmental periods with a characteristic sexual focus that leave their mark on adult personality.

心身疾病
psychosomatic diseases Genuine physical ailments caused in part by psychological factors, especially emotional distress.

公众自我
public self An image presented to others in social interations.

惩罚
punishment The weakening (decrease in frequency) of a response because it is followed by the arrival of a (presumably) unpleasant stimulus.

理性情绪行为疗法
rational-emotive behavior therapy An approach to therapy that focuses on altering clients' patterns of irrational thinking to reduce maladaptive emotions and behavior.

合理化
rationalization Creating false but plausible excuses to justify unacceptable behavior.

反向形成
reaction formation Behaving in a way that is exactly the opposite of one's true feelings.

接收者
receiver The person to whom a message is targeted.

相互喜欢
reciprocal liking Liking those who show they like you.

互惠性原则
reciprocity principle The rule that one should pay back in kind what one receives from others.

参照群体
reference group A set of people who are used as a guage in making social comparisons.

不应期
refractory period A time after orgasm during which males are unable to experience another orgasm.

退行
regression A reversion to immature patterns of behavior.

关系维护
relationship maintenance The actions and activities used to sustain the desired quality of a relationship.

信度
reliability The measurement consistency of a test.

压抑
repression Keeping distressing thoughts and feelings buried in the unconscious.

心理韧性
resilience A person's ability to recover and often prosper following some consequential life event.

阻抗
resistance Largely unconscious defensive maneuvers intended to hinder the progress of therapy.

品味
savoring The power to focus on, value, and even boost the enjoyment of almost any experience, whether great or small.

精神分裂症
schizophrenic disorders A class of disorders marked by disturbances in thought that spill over to affect perceptual, social, and emotional processes.

次级评估
secondary appraisal An evaluation of one's coping resources and options for dealing with stress.

镇静剂
sedatives Sleep-inducing drugs that tend to decrease central nervous system and behavioral activity.

自我归因
self-attributions Inferences that people draw about the causes of their own behavior.

自我概念
self-concept A collection of beliefs about one's basic nature, unique qualities, and typical behavior.

自我挫败行为
self-defeating behaviors Seemingly intentional acts that thwart a person's self-interest.

自我表露
self-disclosure The voluntary act of verbally communicating private information about oneself to another person.

自我差异
self-discrepancy The mismatching of self-perceptions.

自我效能感
self-efficacy One's belief about one's ability to perform behaviors that should lead to expected outcomes.

自我抬升
self-enhancement The tendency to seek positive (and reject negative) information about oneself.

自尊
self-esteem One's overall assessment of one's worth as a person; the evaluative component of the self-concept.

自我实现预言
self-fulfilling prophecy The process whereby expectations about a person cause the person to behave in ways that confirm the expectations.

自我妨碍
self-handicapping The tendency to sabotage one's performance to provide an excuse for possible failure.

自我监控
self-monitoring The degree to which people attend to and control the impressions they make on others.

自我调节
self-regulation Directing and controlling one's behavior.

自陈量表
self-report inventories Personality scales that ask individuals to answer a series of questions about their characteristic behavior.

自我服务偏差
self-serving bias The tendency to attribute one's successes to personal factors and one's failures to situational factors.

自我验证理论
self-verification theory The idea that people prefer to receive feedback from others that is consistent with their own self-views.

发送者
sender The person who initiates a message.

感觉聚焦
sensate focus A sex-therapy exercise in which partners take turns pleasuring each other with guided verbal feedback while certain kinds of stimulation are temporarily forbidden.

感觉寻求
sensation seeking A generalized preference for high or low levels of sensory stimulation.

设定点理论
set-point theory The idea that there is a natural point of stability in body weight, thought to involve the monitoring of fat cell levels.

调定点理论
settling-point theory The idea that weight tends to drift around the level at which the constellation of factors that determine food consumption and energy expenditure achieve an equilibrium.

性治疗
sex therapy The professional treatment of sexual dysfunctions.

性别歧视
sexism Discrimination against people on the basis of their sex.

性功能失调
sexual dysfunction An impairments in sexual functioning that causes subjective distress.

性骚扰
sexual harassment The subjection of individuals to unwelcome sexually oriented behavior.

性同一性
sexual identity The complex of personal qualities, self-perceptions, attitudes, values, and preferences that guide one's sexual behavior.

性取向
sexual orientation A person's preference for emotional and sexual relationships with individuals of the same gender, the other gender, or either gender.

性传播疾病
sexually transmitted disease (STD) An illness that is transmitted primarily through sexual contact.

塑造
shaping Modifying behavior by reinforcing closer and closer approximations of a desired response.

害羞
shyness Discomfort, inhibition, and excessive caution in interpersonal relations.

社会比较理论
social comparison theory The idea that people need to compare themselves with others in order to gain insight into their own behavior.

社会建构主义
social constructionism The assertion that individuals construct their own reality based on societal expectations, conditioning, and self-socialization.

社会交换理论
social exchange theory The idea that interpersonal relationships are governed by perceptions of the rewards and costs exchanged in interactions.

社会角色理论
social role theory The assertion that minor gender differences are exaggerated by the different social roles that males and females occupy.

社交技能训练
social skills training A behavior therapy designed to improve interpersonal skills that emphasizes shaping, modeling, and behavioral rehearsal.

社会支持
social support Aid and succor provided by members of one's social networks.

社会化
socialization The process by which individuals acquire the norms and roles expected of people in a particular society.

信息源
source The person who initiates, or sends, a message.

首次遗精
spermarche An adolescent male's first ejaculation.

标准化
standardization The uniform procedures used to administer and score a test.

刻板印象
stereotypes Widely held beliefs that people have certain characteristics simply because of their membership in a particular group.

兴奋剂
stimulants Drugs that tend to increase central nervous system and behavioral activity.

压力，应激
stress Any circumstances that threaten or are perceived to threaten one's well-being and thereby tax one's coping abilities.

主观幸福感
subjective well-being Individuals' personal assessments of their overall happiness or life satisfaction.

超我
superego According to Freud, the moral component of personality that incorporates social standards about what represents right and wrong.

问卷调查法
surveys Structured questionnaires designed to solicit information about specific aspects of participants' behavior.

系统脱敏
systematic desensitization A behavior therapy used to reduce clients' anxiety responses through counterconditioning.

迟发性运动障碍
tardive dyskinesia A neurological disorder marked by chronic tremors and involuntary spastic movements.

测验常模
test norms Statistics that provide information about where a score on a psychological test ranks in relation to other scores on that test.

象征
token A symbol of all the members of a group.

代币制
token economy A system for doling out symbolic reinforcers that are exchanged later for a variety of genuine reinforcers.

耐受性
tolerance A progressive decrease in responsiveness to a drug with continued use.

移情
transference A phenomenon that occurs when clients start relating to their therapist in ways that mimic critical relationships in their lives.

双生子研究
twin studies A research method in which researchers assess hereditary influence by comparing the resemblance of identical twins and fraternal twins on a trait.

A型人格
Type A personality A personality style marked by a competitive orientation, impatience and urgency, and anger and hostility.

B型人格
Type B personality A personality style marked by relatively relaxed, patient, easygoing, amicable behavior.

无条件反应
unconditioned response (UCR) An unlearned reaction to an unconditioned stimulus that occurs without previous conditioning.

无条件刺激
unconditioned stimulus (UCS) A stimulus that evokes an unconditioned response without previous conditioning.

潜意识
unconscious According to Freud, thoughts, memories, and desires that are well below the surface of conscious awareness but that nonetheless exert great influence on our behavior.

未充分就业
underemployment Settling for a job that does not fully utilize one's skills, abilities, and training.

消除假说
undoing hypothesis The idea that positive emotions aid the mind and the body by recovering a sense of balance and flexibility following an episode experiencing negative emotion.

不切实际的乐观
unrealistic optimism Awareness that certain health-related behaviors are dangerous but erroneously viewing those dangers as risks for others rather than oneself.

效度
validity The ability of a test to measure what it was designed to measure.

变量
variables *See* dependent variable; independent variable.

血管充血
vasocongestion Engorgement of blood vessels.

工作
work An activity that produces something of value for others.

工作-家庭冲突
work-family conflict The feeling of being pulled in multiple directions by competing demands from job and family.

参考文献

Aamodt, M. G. (2004). *Research in law enforcement selection*. Boca Raton, FL: BrownWalker.

Abbey, A. (2009). Alcohol and sexual assault. In H. T. Reis & S. Sprecher (Eds.), *Encyclopedia of human relationships* (Vol. 1). Los Angeles: Sage Reference Publication.

Abbey, A., Clinton-Sherrod, A. M., McAuslan, P., Zawacki, T., & Buck, P. O. (2003). The relationship between the quantity of alcohol consumed and the severity of sexual assaults committed by college men. *Journal of Interpersonal Violence, 18*(7), 813–833.

Abel, E. L., & Kruger, M. L. (2010). Smile intensity in photographs predicts longevity. *Psychological Science, 21*(4), 542–544. doi:10.1177/0956797610363775

Abi-Saleh, B., Iskanadar, S. B., Elgharib, N., & Cohen, M. V. (2008). C-reactive protein: The harbinger of cardiovascular diseases. *Southern Medical Journal, 101*, 525–533.

Abma, J. C., & Martinez, G. M. (2006). Childlessness among older women in the United States: Trends and profiles. *Journal of Marriage and Family, 68*, 1045–1056.

Abrahamse, W., Steg, L., Vlek, C., & Rothengatter, T. (2005). A review of intervention studies aimed at household energy conservation. *Journal of Environmental Psychology, 25*, 273–291.

Abrams, D., Viki, G. T., Masser, B., & Bohner, G. (2003). Perceptions of stranger acquaintance rape: The role of benevolent and hostile sexism in victim blame and rape proclivity. *Journal of Personality and Social Psychology, 84*, 111–125.

Abramson, L. Y., Seligman, M. E. P., & Teasdale, J. D. (1978). Learned helplessness in humans: Critique and reformulation. *Journal of Abnormal Psychology, 87*, 49–74.

Acevedo, B. P., & Aron, A. (2009). Does a long-term relationship kill romantic love? *Review of General Psychology 13*, 59–65.

Ackerman, J. M., Griskevicius, V., & Li, N. P. (2011). Let's get serious: Communicating commitment in romantic relationships. *Journal of Personality and Social Psychology, 100*(6), 1079–1094. doi:10.1037/a0022412

Ackerman, J. M., Shapiro, J. R., Neuberg, S. L., Kenrick, D. T., Schaller, M., Becker, D. V., et al. (2006). They all look the same to me (unless they're angry): From out-group homogeneity to out-group heterogeneity. *Psychological Science, 17*, 836–840.

Ackerman, S., Zuroff, D. C., & Moskowitz, D. S. (2000). Generativity in midlife and young adults: Links to agency, communion, and subjective well-being. *International Journal of Aging and Human Development, 50*(1), 17–41.

Adams, G. (2012). Context in person, person in context: A cultural psychology approach to social-personality psychology. In K. Deaux & M. Snyder (Eds.), *The Oxford handbook of personality and social psychology* (pp. 182–208). New York, NY: Oxford University Press.

Adams, G., Anderson, S. L., & Adonu, J. K. (2004). The cultural grounding of closeness and intimacy. In D. J. Mashek & A. Aron (Eds.), *Handbook of closeness and intimacy*. Mahwah, NJ: Erlbaum.

Adams, M., & Coltrane, S. (2006). Framing divorce reform: Media, morality, and the politics of family. *Family Process, 46*, 17–34.

Adler, A. (1917). *Study of organ inferiority and its psychical compensation*. New York, NY: Nervous and Mental Diseases Publishing.

Adler, A. (1927). *Practice and theory of individual psychology*. New York, NY: Harcourt, Brace & World.

Adorno, T. W., Frenkel-Brunswik, E., Levinson, D. J., & Sanford, B. W. (1950). *The authoritarian personality*. New York, NY: Harper & Row.

Aggarwal, P., Jun, S., & Huh, J. (2011). Scarcity messages: A consumer competition perspective. *Journal of Advertising, 40*(3), 19–30. doi:10.2753/JOA0091-3367400302

Ahern, A. L., Bennett, K. M., & Hetherington, M. M. (2008). Internalization of the ultra-thin ideal: Positive implicit associations with underweight fashion models are associated with drive for thinness in young women. *Eating Disorders, 16*, 294–307.

Ahmetoglu, G., Swami, V., & Chamorro-Premuzic, T. (2010). The relationship between dimensions of love, personality, and relationship length. *Archives of Sexual Behavior, 39*(5), 1181–1190. doi:10.1007/s10508-009-9515-5

Ahrons, C. R. (2007). Introduction to the special issue on divorce and its aftermath. *Family Process, 46*(1), 3–6.

Aikawa, A., Fujita, M., & Tanaka, K. (2007). The relationship between social skills deficits and depression, loneliness, and social anxiety: Rethinking a vulnerability model of social skills deficits. *The Japanese Journal of Social Psychology, 23*, 95–103.

Ainsworth, M. D. S., Blehar, M. C., Waters, E., & Wall, S. (1978). *Patterns of attachment: A psychological study of the strange situation*. Hillsdale, NJ: Erlbaum.

Akerstedt, T., Kecklund, G., & Axelsson, J. (2007). Impaired sleep after bedtime stress and worries. *Biological Psychology, 76*(3), 170–173.

Akgun, S., & Ciarrochi, J. (2003). Learned resourcefulness moderates the relationship between academic stress and academic performance. *Educational Psychology, 23*(3), 287-294.

Akhtar, S. (2007). *Listening to others: Developmental and clinical aspects of empathy and attunement*. Lanham, MD: Jason Aronson.

Akimoto, S. A., & Sanbonmatsu, D. M. (1999). Differences in self-effacing behavior between European and Japanese Americans: Effect on competence evaluations. *Journal of Cross-Cultural Psychology, 30*, 159–177.

Akiskal, H. S. (2005). Mood disorders: Clinical features. In B. J. Sadock & V. A. Sadock (Eds.), *Kaplan & Sadock's comprehensive textbook of psychiatry*. Philadelphia: Lippincott Williams & Wilkins.

Akiskal, H. S. (2009). Mood disorders: Clinical features. In B. J. Sadock, V. A. Sadock, & P. Ruiz (Eds.), *Kaplan & Sadock's comprehensive textbook of psychiatry* (pp. 1693–1733). Philadelphia: Lippincott Williams & Wilkins.

Aknin, L. B., Barrington-Leigh, C. P., Dunn, E. W., Helliwell, J. F., Biswas-Diener, R., Kemeza, I., Nyende, P., Ashton-James, C. E., & Norton, M. I. (2010). Prosocial spending and well-being: Cross-cultural evidence for a psychological universal, No 16415, NBER Working Papers, National Bureau of Economic Research, Inc.

Aknin, L. B., Dunn, E. W., & Norton, M. I. (2012). Happiness runs in a circular motion: Evidence for a positive feedback loop between prosocial spending and happiness. *Journal of Happiness Studies, 13*(2), 347–355. doi:10.1007/s10902-011-9267-5

Aknin, L. B., Sandstrom, G. M., Dunn, E. W., & Norton, M. I. (2011a). It's the recipient that counts: Spending money on strong social ties leads to greater happiness than spending on weak social ties. *Plos ONE, 6*(2). doi:10.1371/journal.pone.0017018

Aknin, L. B., Sandstrom, G. M., Dunn, E. W., & Norton, M. I. (2011b). Investing in others: Prosocial spending for (pro)social change. In R. Biswas-Diener (Ed.), *Positive psychology as social change* (pp. 219–234). New York, NY: Springer Science + Business Media. doi:10.1007/978-90-481-9938-9_13

Alan Guttmacher Institute. (2006). *Facts on sexually transmitted infections in the United States*. Retrieved from http://www.guttmacher.org/pubs/FIB_STI_US.html#11.

Alan Guttmacher Institute. (2012a). Contraception use in the United States. *Fact Sheet*. Retrieved from http://www.guttmacher.org/pubs/fb_contr_use.html

Alan Guttmacher Institute. (2012b). *Facts on American teens' sexual and reproductive health*. Retrieved from http://www.guttmacher.org/pubs/FB-Teen-SexEd.html

Alan Guttmacher Institute. (2012c). Sex and HIV education. *State Policies in Brief*. Retrieved from http://www.guttmacher.org/statecenter/spibs/spib_SE.pdf

Alanko, K., Santtila, P., Harlaar, N., Witting, K., Varjonen, M., Jern, P., Johansson, A., von der Pahlen, B., & Sandnabba, N. K. (2008). The association between childhood gender atypical behavior and adult psychiatric symptoms is moderated by parenting style. *Sex Roles, 58*, 837–847.

Alberti, R. E., & Emmons, M. L. (2001). *Your perfect right*. San Luis Obispo, CA: Impact Publishers.

Alberti, R. E., & Emmons, M. L. (2008). *Your perfect right: Assertiveness and equality in your life and relationships* (9th ed.). Atascadero, CA: Impact Publishers.

Albrecht, K. (2009). *Social intelligence: The new science of success*. New York, NY: Pfeiffer.

Aldo, A., Nolen-Hoeksema, S., & Schweizer, S. (2010). Emotion-regulation strategies across psychopathology: A meta-analytic review. *Clinical Psychology Review, 30*(2), 217–237. doi:10.1016/j.cpr.2009.11.004

Aldwin, C. M. (2007). *Stress, coping, and development: An integrative perspective*. New York, NY: Guilford.

Algoe, S. B., Fredrickson, B. L., & Chow, S. (2011). The future of emotions research within positive psychology. In K. M. Sheldon, T. B. Kashdan, M. F. Steger (Eds.), *Designing positive psychology: Taking stock and moving forward* (pp. 115-132). New York, NY: Oxford University Press. doi:10.1093/acprof:oso/9780195373585.003.0008

Alicke, M. D. (2007). In defense of social comparison [Special issue]. *International Review of Social Psychology, 20*, 11-29.

Alicke, M. D., Smith, R. H., & Klotz, J. L. (1986). Judgments of personal attractiveness: The role of faces and bodies. *Personality and Social Psychology Bulletin, 12*, 381–389.

Al-Krenawi, A., Graham, J., & Al Gharaibeh, F. (2011). A comparison study of psychological, family function marital and life satisfactions of polygamous and monogamous women in Jordan. *Community Mental Health Journal, 47*(5), 594–602. doi:10.1007/s10597-011-9405-x

Allan, R. (2011). Type A behavior pattern. In R. Allen & J. Fisher (Eds.), *Heart and mind: The practice of cardiac psychology* (2nd ed., pp. 287–290). Washington, DC: American Psychological Association.

Allen, E. S., Rhoades, G. K., Stanley, S. M., Markman, H. J., Williams, T., Melton, J., & Clements, M. L. (2008). Premarital precursors of marital infidelity. *Family Process, 47*, 243–259.

Allen, J. J. B., & Iacono, W. G. (2001). Assessing the validity of amnesia in dissociative identity disorder: A dilemma for the DSM and the courts. *Psychology, Public Policy, and Law, 7*, 311–344.

Allen, K. R., & Demo, D. H. (1995). The families of lesbians and gay men: A new frontier in family research. *Journal of Marriage and the Family, 57*, 111–127.

Allgood, W. P., Risko, V. J., Alvarez, M. C., & Fairbanks, M. M. (2000). Factors that influence study. In R. F. Flippo & D. C. Caverly (Eds.), *Handbook of college reading and study strategy research*. Mahwah, NJ: Erlbaum.

Allison, D. B., Fontaine, K. R., Manson, J. E., Stevens, J., & VanItallie, T. B. (1999). Annual deaths attributable to obesity in the United States. *Journal of the American Medical Association, 282*(16), 1530–1538.

Allison, D. B., Heshka, S., Neale, M. C., Lykken, D. T., & Heymsfield, S. B. (1994). A genetic analysis of relative weight among 4,020 twin pairs, with an emphasis on sex effects. *Health Psychology, 13*, 362–365.

Allman, K. (2009). Covenant marriage laws in Louisiana. Retrieved from http://www.bestofneworleans.com/gambit/covenant-marriage-laws-in-louisiana/Content?oid=1252802

更多参考文献请扫描二维码。

编辑后记

经过两年多的编辑工作，这本《实用青年心理学》终于要和大家见面了。但其实我们和这本书的渊源，比这还要长得多。在新曲线推出《心理学与生活》之后不久，当时汤姆森学习出版集团中国代表处负责版权的方圆女士向新曲线公司热情推荐这本《实用青年心理学》，公司负责人也看中了这本书，决定买下其中文版权。但后来她突然去英国留学，这个项目也就此搁置了下来。再后来，这本书的中文版权被其他出版社买走。几年后，新曲线的编辑在北京国际图书博览会上又看到了这本书的新版，认定这是当今社会的人们需要的一本好书，于是我们第一时间购得了新版的版权。

编辑过程历时这么久的主要原因，与引进版、大部头、专业性图书编辑所涉及的特殊问题有关。图书编辑在把握出版导向之外，一般需要注意字词差错、标点符号、语病、数字使用规范、参考文献标准以及术语准确且前后统一等技术性细节。这些很多都是浅层次的加工，其结果是，很多编辑在加工完一部书稿之后，对书的内容往往还是一片茫然。出版行业甚至流行着这样一种说法，即好编辑就应该是放下稿子之后什么也想不起来的编辑，或者"过字不过意思"。而我们所做的与此恰恰相反。从一审到三审，对照英文原文，逐字逐句对译稿进行反复打磨修改，有时即使一个词的译法也需要通盘考虑全书的内容再确定。

- 例如，stress 是本书中很关键的一个词，究竟是译成"压力"还是"应激"，业界并没有严格的规定。在通读本书内容并考虑到潜在的读者群后，我们制定了一条可能并不完美但实用的指导原则，即在介绍应激反应（包括其著名研究者汉斯·塞利和应激反应的三阶段）、应激激素、创伤后应激障碍时保留"应激"的叫法，而在谈到情境或任务等给人们带来的要求，或者人们的心理感受时，使用符合习惯的"压力"。

- 与此紧密相关的是，本书在介绍压力的来源时，其中一个小节的标题是"Pressure"。这个词本身的意思也是压力，如何翻译却很难处理。在反复审读本节的内容，并查找阅读相关文献后，最后确定本部分内容属于"表现与服从的压力"。这样既符合这个词的本意，又符合这部分与上一级标题的层级关系。

- 再比如，不止一名编辑一直被社会心理学领域很常见的一个术语 self-enhancement 所困扰，算是体验到了严复先生所说的"一名之立，旬月踟蹰"之苦。这个术语指人们追求积极自我意象和保持自尊的倾向，主流翻译是"自我提升"，心理学术语手册也将其定为"自我提升"。然而，这种翻译容易误导读者，几乎所有人都会把它理解成"让自己变好"，而它强调的却是"让自己感觉更好"。目前常见的其他译法有"自我提高""自我增强""自我美化""自我夸大"

以及"自我拉抬"等。这些译法要么同样容易误导读者，要么缩小了它的内涵，或者在句子中读起来觉得有些怪异。在新曲线的《社会心理学》《社会认知》中，我们沿用了术语手册上的翻译，但这个词始终让我们耿耿于怀。直到一位编辑在读完第6章之后谈起他终于明白了本书中的"自我提升"原来是这个意思时，我们才意识到修改译法的迫切性。最终，经过讨论和斟酌，我们决定用"自我抬升"来代替"自我提升"，并在首次出现时进行了备注。

但我们所做的远远不止这些，常常还要处理一些更深层次的问题。例如，包罗万象的专业性书籍，由于涉猎的面非常广，因此在谈到某个领域时，不可能详细论述一种理论或研究的来龙去脉，因此某些论述或者引用，其含义、作用特别是相关细节，光从字面上看并不是很清楚。本着科学严谨和对读者负责的精神，这时就需要查找原始的参考文献，以及其他相关资料，从不因内容难以理解而"自圆其说"或删节。一名好编辑应该在研究方法、学术写作以及个别研究领域具有与作者相差不多的水平。

那么，在"读"完《实用青年心理学》这样一本八九十万字的大部头之后，作为编辑，我们还能与读者分享些什么感受呢？书中让编辑们印象最深刻的往往是一些与个人经历密切相关的内容。

编辑 L：

最让我印象深刻的是第13章介绍求职技巧的应用部分，要是刚毕业时能看到这些知识，可能就会少走许多弯路。这一节开头的5个问题我全答错了。里面提到的很多求职禁忌我似乎都犯过。比如：书中建议面试时不要试图制造幽默，因为你不知道什么会冒犯面试官，而我之前一直以为面试时搞点儿幽默不仅可以缓解紧张气氛，还能体现智慧；书中提到当面试官问到你有什么缺点时，不要傻乎乎地如实作答，因为他们问这个问题是想知道面试者是否会触碰某些"红线"，而我之前一直以为如实讲出自己的缺点会给面试官留下坦诚的印象。

编辑 C：

作为一个20多年前就拿到了心理学博士学位的人，对各种心理测验本已司空见惯，但看到第16章时，还是被"你的幸福概貌"小测验吸引，忍不住算了一下自己的得分。总分不太高并不特别令我意外。但细看之下，部分原因是"投入取向"得分较低，比不工作的亲友低许多。这令我有些惊讶。这说明具体做什么不重要，重要的是做事时的专注度和投入程度。我深知自己的问题不是一般意义上的"不专心工作"，而是非常想高效率地工作，但反而被这种期望带来的压力所困扰。有的幸福维度比如"快乐取向"可能改变起来比较难，但"投入"这个因素是可以改进的。

对我触动很深的另一点是这一章描写的"心流"状态。有时上午或傍晚有那么两三个小时，坐在计算机屏幕前，专心地看着屏幕上的内容，以前学过的内容和经验都在头脑里处于可提取的状态，也会及时想到需要去查找什么材料，而这些已有的和新查证的内容都会恰好汇合成解决问题的答案。感觉自己的才智都被激发了出来——一种油然而生的自信和成就感。在深入了解积极心理学的内容之前也有一些感受，但"心流"的概念使这种感受清晰起来，并促使自己以后要更有意识地努力进入这种状态，保持更长的时间，并扩展到生活的其他领域，提高整体幸福感。

这可能就是著名的自我参照效应。研究表明，思考文本内容与自我的联系，即自我参照，通常会使对信息的记忆效果更好。希望本书也能给广大读者带来启发。《实用青年心理学》讲述的是与各个生活领域相关的心理学知识，重在应用。正如本书作者所说，"It is about you. It is about life."（关于你，关于生活）。虽然我们并不声称本书的全部内容都是独一无二的，但它基于实证，经过严谨的编辑加工，是一本实用、操作性强、内容可靠的书。与其他的事情一样，只要你找到并按照一套切实可行的规划去做，相信一定会有收益，虽然这个规划并非每一个细节都是完美或不可替代的。希望本书有助于你在你所关心的生活领域了解和提高自己。

最后，虽然我们尽了最大努力，但书中难免存在错误和不足。原因之一是本书涵盖面广，而我们并不是对每一个领域都有同等深入的了解，有时所能做的就是尽量忠实于原文。另一个原因是本书的编辑过程虽然历时较长，但还是有一定的时间压力，因此疏漏之处在所难免。诚挚欢迎老师们、同学们和广大读者为我们指出书中的错误和不足，同时欢迎一切形式的反馈；我们会在本书重印时以及今后的工作中加以改进。

《实用青年心理学》编辑组
北京新曲线出版咨询有限公司
2022 年 8 月

图书在版编目（CIP）数据

实用青年心理学：从自我探索到心理调适：第11版/（美）韦恩·韦登，（美）达纳·邓恩，（美）伊丽莎白·约斯特·哈默著；杨金花等译. —北京：商务印书馆，2023（2024.2重印）

ISBN 978-7-100-21833-7

Ⅰ.①实… Ⅱ.①韦… ②达… ③伊… ④杨… Ⅲ.①青年心理学 Ⅳ.①B844.2

中国版本图书馆CIP数据核字（2022）第245956号

本书原版由圣智学习出版公司出版。版权所有，盗印必究。

本书中文简体字翻译版由圣智学习出版公司授权商务印书馆独家出版发行。此版本仅限在中华人民共和国境内（不包括香港特别行政区、澳门特别行政区和台湾地区）销售。未经授权的本书出口将被视为违反版权法的行为。未经出版者预先书面许可，不得以任何方式复制或发行本书的任何部分。

本书封面贴有Cengage Learning防伪标签，无标签者不得销售。

权利保留，侵权必究。

实用青年心理学：从自我探索到心理调适（第11版）

〔美〕韦恩·韦登　达纳·邓恩　伊丽莎白·约斯特·哈默　著
杨金花　于海涛　黄雪娜　等译
金盛华　审校
刘　力　陆　瑜　策划
谢呈秋　特约编审
李仙杰　朱公明　责任编辑

商 务 印 书 馆 出 版
（北京王府井大街36号　邮政编码100710）
商 务 印 书 馆 发 行
山东临沂新华印刷物流集团
有 限 责 任 公 司 印刷
ISBN 978-7-100-21833-7

2023年2月第1版　　开本 889×1194　1/16
2024年2月第3次印刷　　印张 42
定价：198.00元